CHINA OCEAN YEARBOOK

2001
中国海洋年鉴

中国海洋年鉴编纂委员会
中国海洋年鉴编辑部
编

海洋出版社

2002年·北京

南麂列岛海洋自然保护区

国家海洋局海域

全国人大《海域使用管理法》立法调研座谈会

国家海洋局对中国管辖海域实施海洋综合管理，负责拟定海洋基本法律、法规和政策，拟定并实施海洋功能区划和海洋开发规划，促进海洋资源的合理配置，对海洋开发利用活动实施宏观调控；负责监督管理海域使用，管理海底电缆管道的铺设等。至2000年，已初步遏制了海域使用中无序、无度和无偿的状况，并加快了海域使用管理的法制化进程。

全国海域使用管理示范区验收会

全国海域勘界试点工作领导小组成立暨工作会议

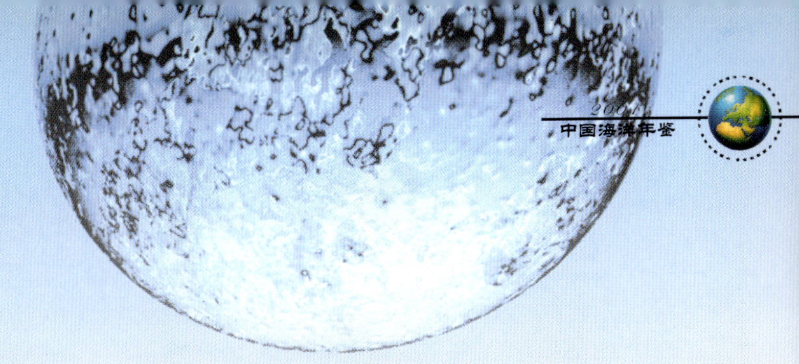

管理司

全国人大环境与资源保护委员会《海域使用管理法》立法调研座谈会

海域使用管理示范区建设工作会议

海洋资源开发利用（南沙考察）

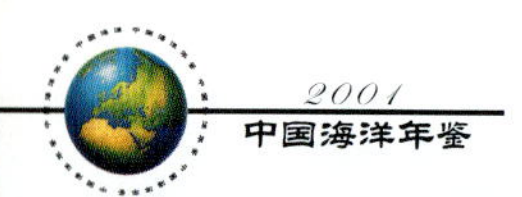

国家海洋局

GPS 联测

长城站生态环境保护座谈会

国家海洋局遵照《南极条约》的宗旨和原则，以中国南极长城站和中国南极中山站两个常年科学考察站为基地，以中国雪龙号极地考察船为平台，积极开展南极和南大洋科学考察活动。至2000年，已组织了17次大规模南极科学考察活动和首次北极科学考察活动。中国在国际南北极事务、科学考察和保护极地环境中，发挥着越来越重要的作用，为人类和平利用南极做出了贡献。

南极冰山

南极中山站鸟瞰图

极地考察办公室

帝企鹅

海水温度观测

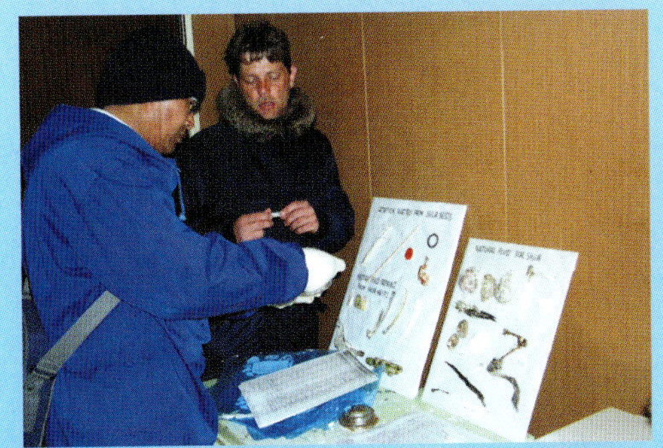
中德科学家生态环境观测

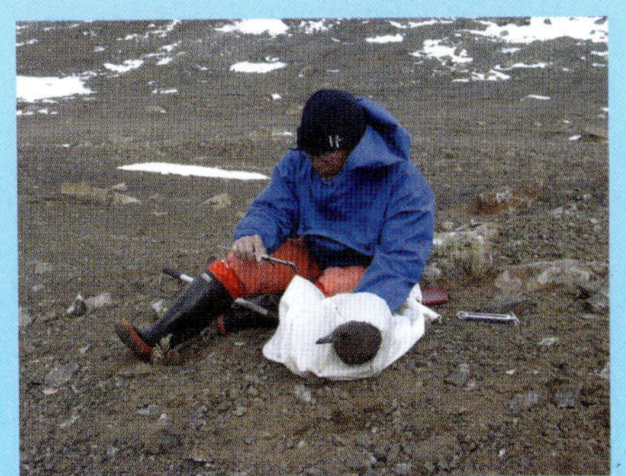
贼鸥生态观测

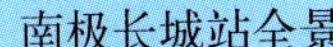
南极长城站全景

中国大洋矿产资源研究

zhongguo Dayang Kuangchan

中国大洋协会和国际海底管理局关于国际海底多金属结核矿区勘探合同签字仪式

国家海洋局通过在联合国登记注册的国际海底资源开发先驱投资者——中国大洋协会，组织有关部门开展海底资源的勘探与开发，组织协调中国开辟区的多金属结核及国际海底其他资源的调查，开展基础地质、环境评价、深海采矿技术及选冶工艺的研究，以及深海开发经济模式及发展战略等研究，积极参与国际合作，并履行相关的义务，为人类开发利用国际海底资源做出贡献。

中国大洋协会第三届第四次理事会

开发协会

Ziyuan Yanjiukaifa Xiehui

深海采矿系统集矿、扬矿试验室

多金属结核加工试验装置

深海拖曳光学拖体

深海箱式取样器

深海多管取样器

海底富钴结壳

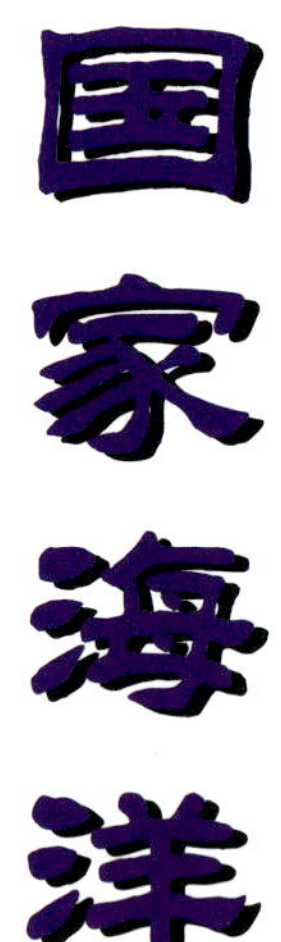

国家海洋局北海分局

2000年1月1日国家海洋局北海分局领导部署北海区海砂执法检查工作

国家海洋局北海分局成立于1965年7月，是国家海洋局设在北海区的海洋行政主管机构，主要职能是根据《中华人民共和国海洋环境保护法》、《中华人民共和国海域使用管理法》等法律以及与之相配套的法律法规在北海区组织实施海洋行政管理、海洋公益服务和海洋科研调查等工作。

北海分局现有职工1700余人，其中专业技术人员908人，高级科技人员100余人。经过30余年的探索和发展，北海分局已经初步形成了以“海洋行政管理”为主体，以“海洋公益服务”和“海洋科研调查”为两翼的“一体两翼”工作模式。

在分局各届领导和广大职工的共同努力下，北海分局在各个领域都取得了优异的成绩，仪器装备越来越先进，人员素质越来越高，在一些高科技领域取得累累硕果，共获得国家级和省部级科技成果奖30余项。

21世纪是海洋的世纪，北海分局将以高效的海洋行政管理，完美的海洋公益服务和优质的海洋科研调查，为中国海洋事业的发展而努力奋斗。

2000年4月1日国家海洋局北海分局在青岛“五四广场”开展大规模《海洋环境保护法》宣传活动

2000年7月29日国家海洋局王曙光局长视察北海分局

2000年12月6日国家海洋局北海分局王志远局长会见丹麦BMS国际公司索罗森经理

2000年3月29日中国海监航空支队对违章采砂进行航空监察取证

2000年1月1日国土资源部海砂检查团在北海区检查

2000年6月24日对国外科考船实施监视

国家海洋局东海分局
上海市海洋局

国家海洋局东海分局和上海市海洋局实行“一套二牌”行政管理体制，履行双重职能。

国家海洋局东海分局是国家海洋局设在东海区负责监督管理海域使用和海洋环境保护，依法维护海洋权益、管理东海海监队伍的国家海洋行政主管部门，代表国家海洋局在东海区行使海洋行政管理职能。

上海市海洋局是上海市人民政府管理上海海洋事务的职能部门，负责组织制订上海市海洋管理规划、计划、功能区划、科技规划；起草有关地方性法规、规章草案和政策；负责上海市海域使用的监督管理；依法开展海洋环境的监督管理；依法实施海域巡航监视和查处违法活动；负责组织海洋调查、海洋科技攻关、管理海洋观测监测等，发布海洋灾害预警报和海洋环境预报等 9 项职责。

2000 年 10 月 17 日，由国家海洋局和上海市人民政府共同建设和管理的上海市海洋环境预报台挂牌成立，中共上海市委常委、上海市副市长韩正和国家海洋局副局长陈连增到会讲话并揭牌

经国家海洋局批准，2000 年 12 月 26 日，中国海监东海总队在沪举行揭牌仪式。国家海洋局副局长张宏声和中国海监总队政委兼常务副总队长张有份到会讲话并为区总队揭牌。东海分局副局长沈阿坤兼任东海总队总队长，东海分局副书记成纯发兼任东海总队政委

为推进国家与沿海省市海监队伍的一体化建设，提高执法监察效率，降低执法成本，探索新形势下海上联合执法新模式，开创东海区海洋执法监察工作的新局面，2000年6月，中国海监东海总队会同宁波市海洋与渔业局、浙江舟山市海洋局和舟山市渔政处开展了为期一周，以海洋环境保护、海砂开采和渔政管理为主要内容的海空协同联合执法。2000年9月，在国家海洋局东海分局、农业部东海区渔政局和江苏省海洋与渔业局的共同组织下，9月26日，在江苏省连云港举行了江苏海域联合执法启航仪式。江苏省副省长姜永荣、中国海监总队政委张有份、农业部东海区渔政局局长郁明、国家海洋局东海分局副局长兼东海总队总队长沈阿坤等领导出席。启航仪式后，中国海监东海总队和江苏省海洋渔业局所属的10艘海监船和渔政船组成海上编队，由连云港起航，在中国海监飞机的协同下，对江苏海域开展海上联合执法行动

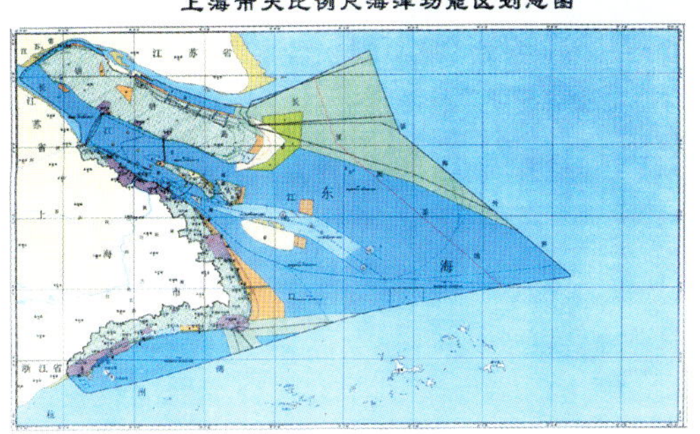

由上海市计委和市海洋局牵头组织、东海海洋工程勘察设计研究院承担编制的《上海市海洋功能区划报告》已通过验收和评审

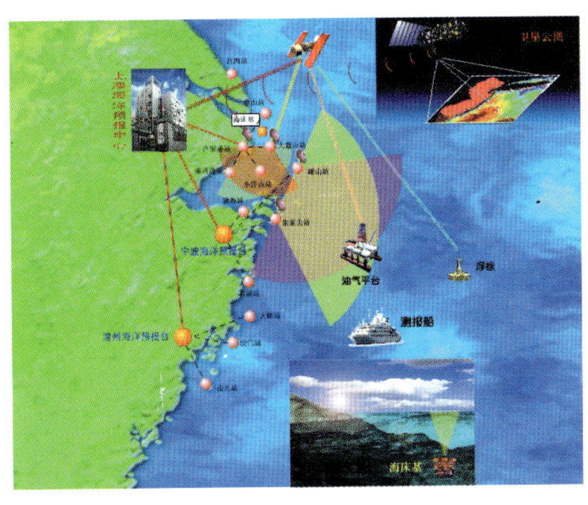

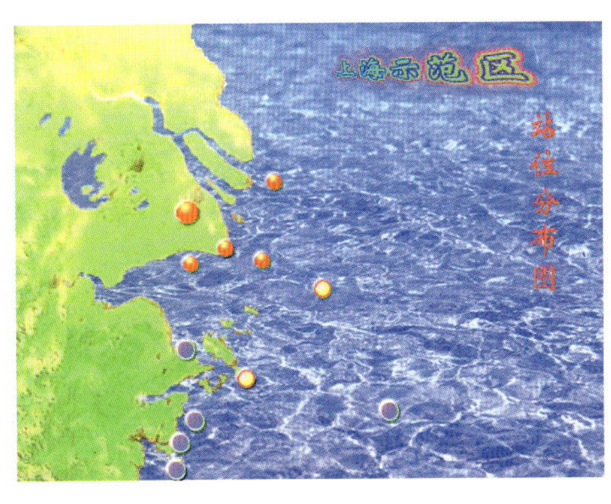

国家“863”项目“上海示范区”运用卫星遥感、地波雷达、海岸基、海床基、浮标和信息集成等先进技术，建成以上海为中心、覆盖周边海域的海洋环境立体监测和信息服务系统。通过对原上海海洋预报台部分用房进行改造，建成一级数据网络中心；新建芦潮港、佘山两个海洋站，维修改造大戢山、滩浒两个海洋观测站及相关海洋仪器设备的配备，建设朱家尖、嵊山两个雷达站，装修改造镇海、嵊山、坎门、大陈、南麂等海洋站。“上海示范区”的建成为海洋公益服务和上海国际航运中心提供了有力的技术支撑

国家海洋局南海分局

王曙光局长在南海分局张利民局长陪同下到南海监测中心检查工作

珠江口海域综合整治研讨新闻发布会

2000 年 4 月 26 日中国海监南海总队在南海分局机关大楼举行隆重的挂牌仪式

广西沿岸海域联合执法大检查

围洲岛附近海域发生的赤潮

中国海监南海总队监督拆除违法围海工程

中国海监 74 号船在南海巡航执法

国家海洋局第一海洋研究所

海洋局一所所长袁业立院士

国家海洋局第一海洋研究所重点开展国家海洋公益服务研究、海洋基础研究、应用基础研究和高新技术研究。拥有物理海洋学、环境海洋学、海洋生物学、海洋地质学硕士学位授权点，与青岛海洋大学共同拥有港口、海岸及近海工程博士学位授权点。已建成两个省部级重点实验室和两个所级重点实验室。被科技部定为首批科技体制改革试点单位。有院士2人，博士生导师14人。是国家“973”计划、“863”计划、国家海洋专项、国家科技攻关、国家自然科学基金及省部级重点科研项目的主持和承担单位。主编《黄渤海海洋》、《海岸工程》学术期刊。

中国人民解放军总装备部副部长访问海洋局一所

海洋局一所新建的250亿次 /秒计算机工作站

海洋局一所科研大楼一角

青岛海洋工程勘察设计研究院

青岛海洋工程勘察设计研究院（简称工程院）2000年随海洋局一所东迁至青岛高科技工业园并实施企业化运行。一年来全院上下积极开拓市场，科研开发工作取得了较大的成绩。完成了亚太2号等多条海底光缆路由调查、海洋石油井场管线调查以及国家重点科研调查项目，取得了较好的社会和经济效益。

同时，院内强化内部管理，优化资源配置以及人才和仪器设备的引进，年内，工程院用于购置仪器的资金达700余万元，先后引进了国际先进水平的SIS1000旁扫／浅地层系统、ORE LXT超短基线水下定位系统等，使工程院的技术装备迅速加强和提高，增强了科研开发和参与市场竞争的能力。

工程院2000年总结表彰大会

安德拉水位计

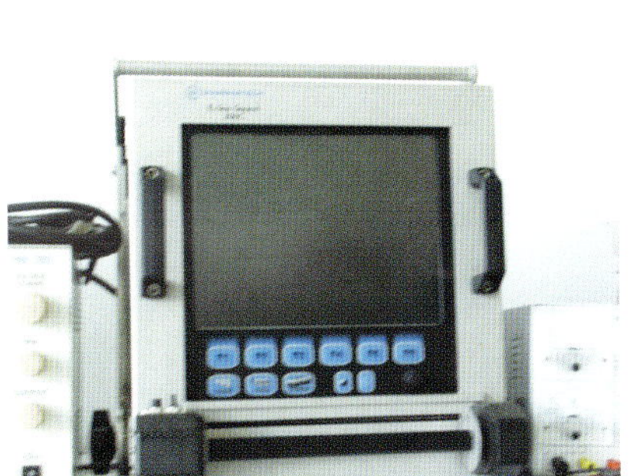

206C双频测深仪

安德拉海流计

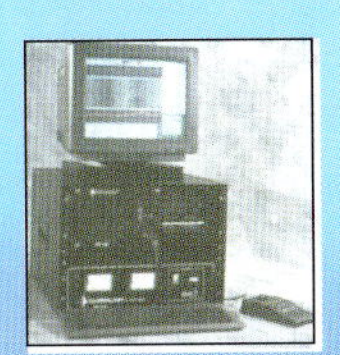

SIS1000全数字双频旁扫／浅地层系统

SIMRAD HPR410
超短基线水下定位系统

国家海洋局第二海洋研究所

国家海洋局海洋动力过程与卫星海洋学开放实验室

该实验室成立于1999年，是国家海洋局第二海洋研究所在国内海洋领域具有很强优势的海洋动力过程研究与海洋遥感技术两个学科的强强融合与学科交叉。实验室主任为苏纪兰院士，巢纪平院士任学术委员会主任。实验室在编科研人员25名，其中中国科学院院士1名、中国工程院院士1名、研究员13名。实验室主要研究方向为近海海洋动力过程、边缘海环流动力学、大洋环流与海气相互作用、海洋水色遥感和海洋微波遥感。此外。还拥有卫星数据接受部、海洋调查部和海洋数据中心三个服务保障部门。

实验室十分重视国内外的学术交流与科技合作，已与美国、德国、日本和韩国等国家及台湾省和香港特别行政区开展了合作研究。实验室设立开放研究基金，热忱欢迎国内外学者和科技工作者来实验室进行短期访问和合作研究。

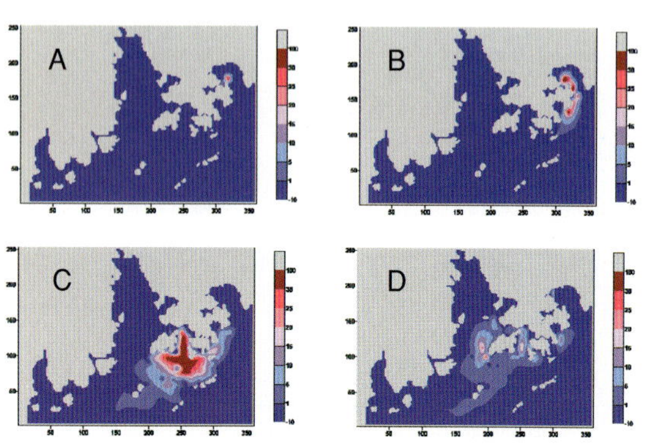

数值模拟1998年发生于香港海域赤潮生消过程，与实际蔓延过程吻合

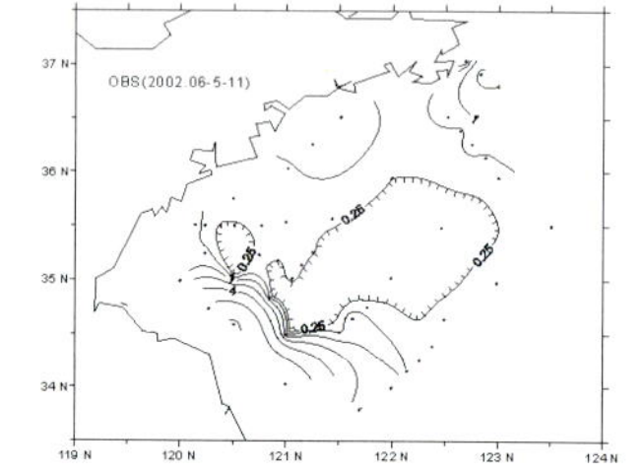

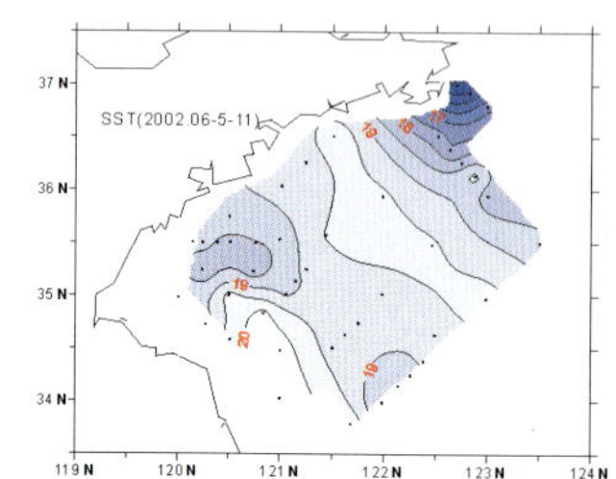

关键物理过程的生态作用

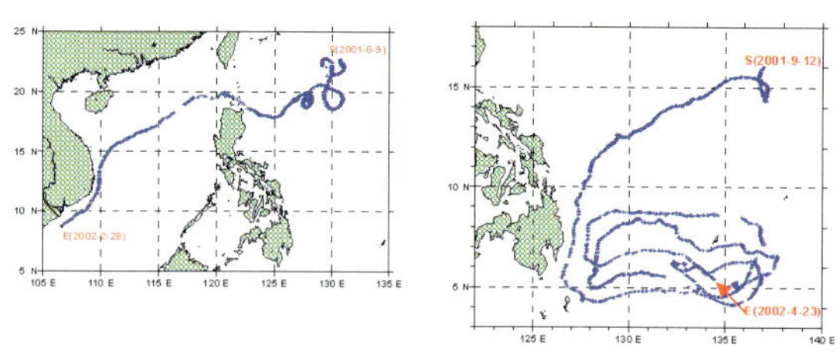

表层漂流浮标轨迹

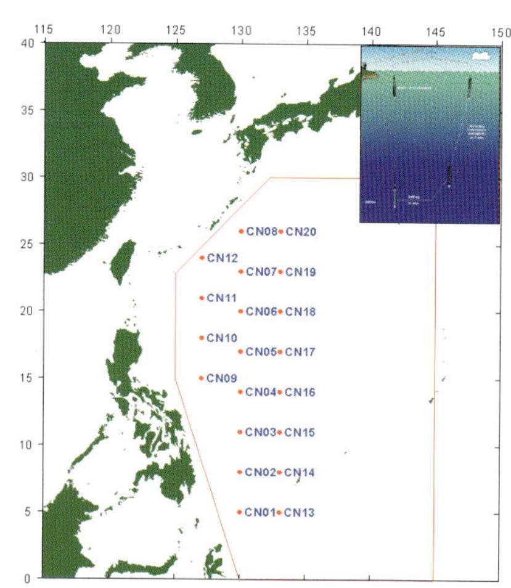

我国Argo浮标的投放位置

内波要素	内波1	内波2
速度（m/s）	0.64	/
深度（m）	26.3	24
振幅（m）	2.3	10.7

国家“863”项目成果之一：由星载SAR图像反演内波速度、深度和振幅

Fax: 0571-88839374　　E-mail: lopso@mail.hz.zj.cn　　http: www.lopso.com

国家海洋局第二海洋研究所

国家海洋局海底科学重点实验室

该实验室是国家海洋局首批设立的重点实验室之一，实验室主任为金翔龙院士，学术委员会主任为刘光鼎院士。研究方向：大洋（国际海底）和边缘海（大陆架－专属经济区）的海底资源及海底基础环境。探索海底基本特征、自然环境演变与矿产资源形成机制的理论问题，发展相应的高新技术探测手段。实验室拥有国际先进、价值约6000万元人民币的海底科学勘探测试设备，形成了一支以中青年为主的科技骨干队伍，实验室勘测研究的区域遍及我国沿岸、边缘海以及大洋、极地，主持完成了多项高水平、综合性的国家重大项目，为我国海底科学的发展做出了重要贡献。目前是大洋多金属资源勘查与研究项目、国家重大基础研究项目（"973"）、国家海洋高技术项目（"863"）、海洋勘测专项重大项目的主要承担者和技术骨干。

电话 0571－88076924－2316 传真 0571－88836690 E－mail:klsg@mail.hz.zj.cn

海洋局二所金翔龙院士在实验室工作

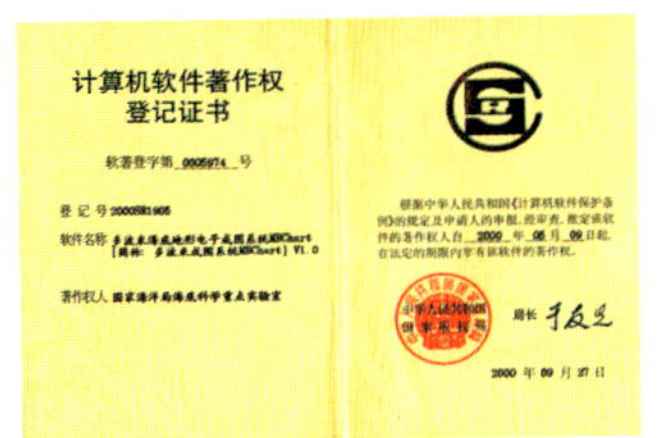

在"863"国家高技术计划支持下自主开发多波束数据处理成图系统MBChart

《中国边缘海的形成演化及重要资源的关键问题》（"973"项目）通过两年的研究工作，完成了中国边缘海地质地球物理调查航次，在中国边缘海岩石层结构、构造动力学过程、重大资源的分布规律等项目重要理论问题的研究方面取得了新认识

在南冲绳海槽发现过渡性洋壳证据的拉斑玄武岩

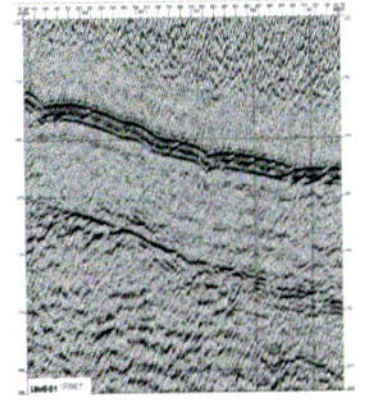

在陆坡找到天然气水合物存在的地震BSR证据

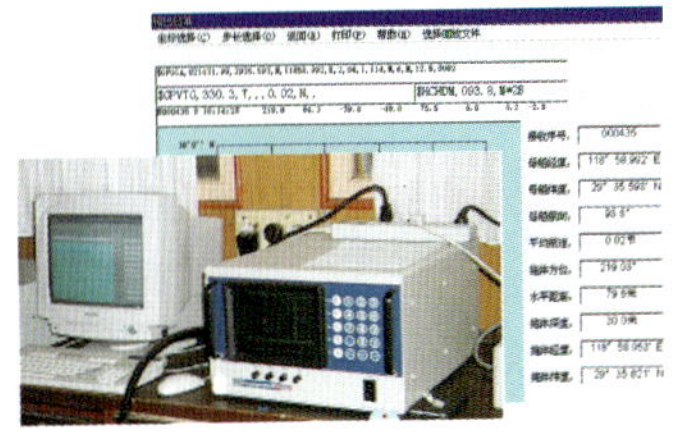

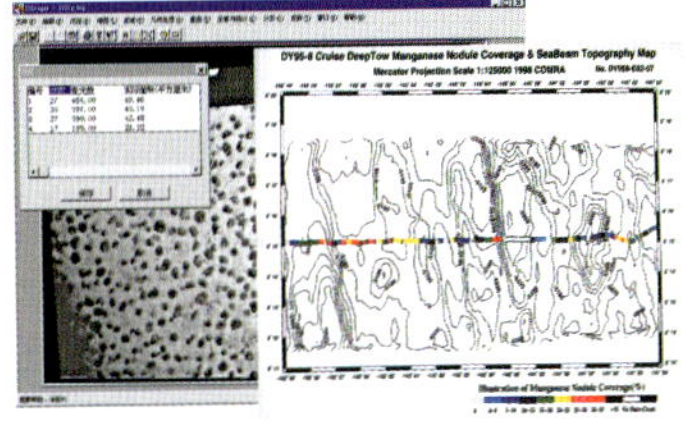

国家"863"高技术计划开发集成是国际先进水平的深拖实时超短基线定位系统，并自主开发出深拖系统视声图像处理系统，成功应用于大洋多金属资源探测资料的分析处理

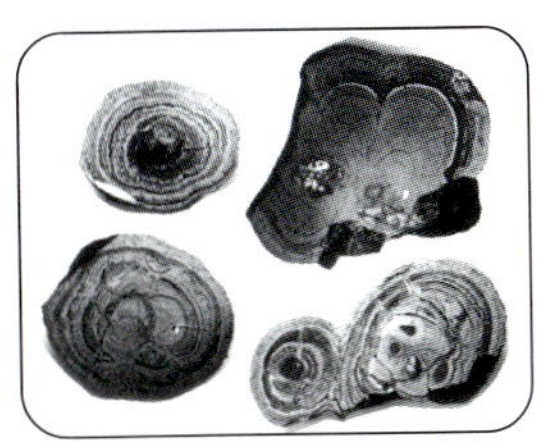

光滑型多金属结核中的胡萝卜状微小叠层石

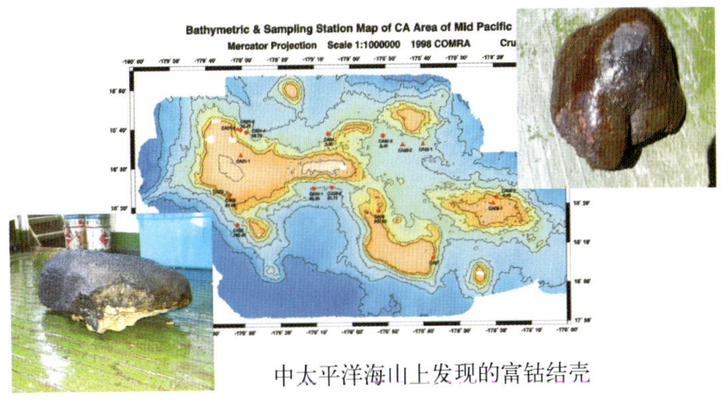

中太平洋海山上发现的富钴结壳

国家海洋信息中心

国家海洋局局长王曙光视察国家海洋信息中心

国家海洋信息中心是国家海洋局直属的公益性事业单位，其主要职能是管理国家海洋信息资源，为海洋经济、海洋管理、海洋权益维护和国防军事建设提供信息业务、技术支撑与服务，并对全国海洋信息工作实施业务指导和协调。

2000年，国家海洋信息中心率先进行了重大体制改革。改革后的业务部门主要有：海洋数据中心、网络中心、海洋档案馆、海洋文献馆、海洋环境评价预报部、海域经济资源部、海洋战略权益部、海洋遥感与基础地理信息部、国际海洋学院中国业务中心办公室及国家海洋局天津外语培训中心等9个部门。

目前，该中心在海洋信息技术支撑和服务等方面已具备了相当的规模和能力。形成了一支水平较高、结构较为合理的海洋信息工作队伍，拥有一批数量可观、性能良好的技术装备和基础设施，现正在筹建“国家海洋局数字海洋实验室”。中心已与世界上十几个有关海洋的国际组织、32个国家和地区的170余个单位建立了长期的合作和交流关系。世界海洋委员会西太秘书处也设在国家海洋信息中心。所有这些，为海洋信息工作迈入新世纪奠定了基础。

国家海洋信息中心业务体系改革动员大会

印度代表团访问国家海洋信息中心

政府间海洋学委员会西太平洋国际水深图编委会第三次会议代表来中心访问

中心的部分信息产品

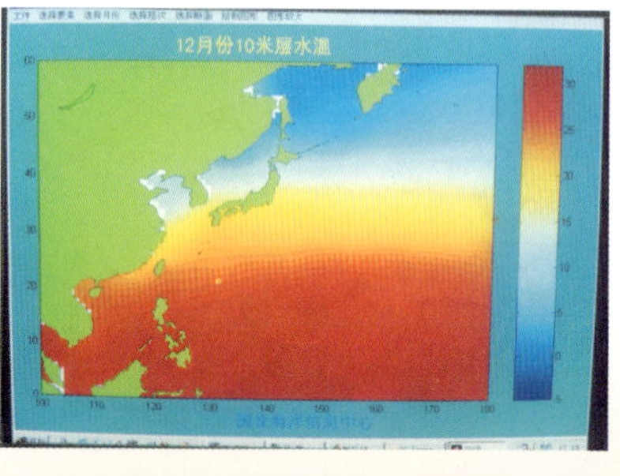

国家海洋技术中心

国家海洋技术中心(原名国家海洋局海洋技术研究所)是国家海洋局直属的公益性事业单位,其主要职能是为国家海洋规划、管理、能力建设和公益服务提供技术保障、技术支撑;同时担负我国海洋高新技术及前瞻性、基础性、通用性技术的研究与开发,综合实力及技术水平代表着我国海洋监测技术领域的总体水平。“九五”、“十五”期间,该中心承担了多项国家科技攻关、国家高技术研究和发展(“863”)、国家海洋局和海军能力建设等计划项目。在海洋环境监测、海洋遥感、水声学、浮标、潜标等技术领域形成了专业特色,取得200余项具有自主知识产权和较高技术水平的科技成果,这些技术与成果在我国的海洋执法管理、环境保护及公益服务和国防建设中发挥了重要作用。

中心主任惠绍棠

863 课题部分获奖证书

部分专利证书

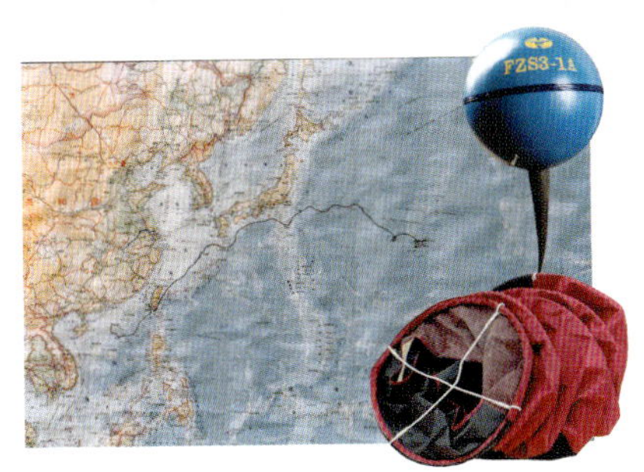

海表面漂流浮标

中国海洋环境监测系统运行状态监控室

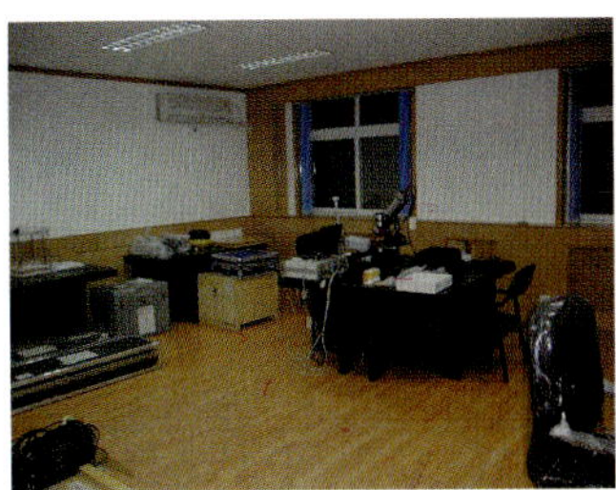
辐射校正和真实性检验实验室

高精度 CTD 剖面仪

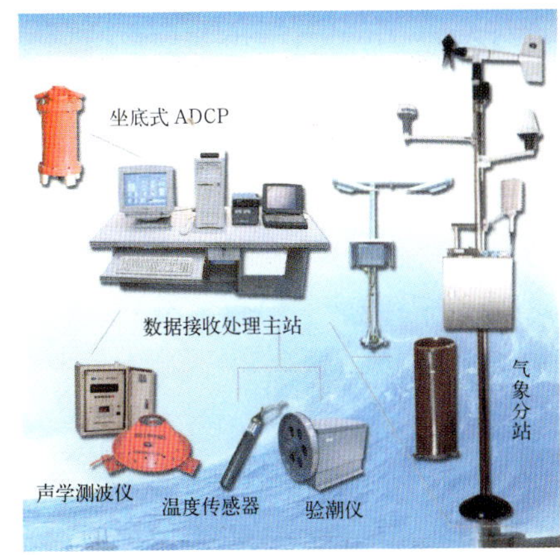

海洋监测站自动监测系统

地址:天津市南开区咸阳路60号
邮编:300111
电话:(022)27686825-6827
传真:(022)27367824
网址:www.iot.ac.cn

中国科学院海洋研究所

中国科学院海洋研究所标本馆

中国科学院海洋研究所始建于1950年，是国内规模最大、多学科综合性海洋研究机构之一。全所现有职工623人。其中科技人员463人；中国科学院院士3人；中国工程院院士1人；研究员88人；博士后16人。拥有5个博士点和8个硕士点，还设有海洋科学博士后流动站。

该所确定了蓝色农业优质、高效、持续发展的理论基础与关键技术，海洋环境与生态系统动力过程和大陆边缘地质演化与资源环境效应三大研究领域；蓝色农业的生物学基础理论，蓝色农业的关键生物技术，海洋环流动力学过程，中国近海生态，环境及生物多样性保护，东亚大陆边缘岩石圈结构，构造动力学与海底资源和西太平洋边缘海沉积过程与古环境演变6个研究方向。

2000年该所在国家重大基础研究课题“973”海洋领域的4个项目中，主持2项；完成论文310篇，出版专著6部；获得重大科技成果16项，申请国家专利16项，获得国家专利授权6项；获得中国科学院科技进步奖一等奖1项，山东省科技进步一等奖、二等奖和三等奖各1项，国家海洋局创新科技成果奖一等奖和二等奖各1项。

科学一号综合调查船

位于美丽青岛海滨的中国科学院海洋研究所（正貌）

中国科学院南海海洋研究所

中国科学院南海海洋研究所是目前中国规模最大的综合性海洋研究机构之一，全所现有职工469人，其中科技人员326人。有研究员45人（博士生导师20人），副研究员106人。有海洋生物学和物理海洋学博士学位授予点2个，物理海洋学、海洋地质学、海洋生物学、海洋化学、水产养殖、环境科学硕士授予点共6个，已初步形成了一支具有热带海洋学科特色的、有创新能力的高素质科技人才队伍。

该所根据中国实施“科技兴海”战略和维护海洋权益的要求，以南海区域海洋过程的理论创新为重点，推动海洋应用技术的重大突破，开展海洋矿产资源勘查、海洋生物资源开发利用、海洋工程环境与军事环境评价和预测等方面的社会可持续发展的重大科学问题研究，促进应用开发和成果转化，为国家发展海洋经济和维护海洋权益做出战略性和综合性的重大贡献。

全所设有5个研究室，3个开放实验室（站），4个临海实验站（分别位于湛江、汕头、大亚湾和海南三亚）。其中，大亚湾实验站为中国科学院开放实验站和生态网络系统重点站；海南实验站被列为国家重点野外台站试点站。拥有设备先进的1 100吨级“实验2”号地球物理考察船和3 300吨级“实验3”号海洋科学综合考察船。1998年该所获ISO9002质量认证证书，并具有全国建设项目环境影响评价资格证书（甲级）和海域使用可行性论证资格证书，为完成科研和开发任务提供了良好的保证。

建所40余年来，该所在南海及西太平洋热带海域开展了海洋地质地球物理、水文、气象、生物、化学、物理等基础学科的综合调查研究，共取得科研成果469项，获国家、中国科学院、部委和省市级成果奖200项，成为国内外积累南海和相邻热带海域科学资料和研究成果最为系统全面的单位之一，为海洋科学发展和南海的资源开发做出了重要贡献。

国家级紫菜

"国家级紫菜种质库"位于江苏省南通市江苏省海洋水产研究所院内，1999年经农业部批准建立。种质库设有种质制备、种质保存、种质扩增、种质鉴定、病害防治、环境监测、档案资料、技术培训等机构，配备了大量先进的仪器和设备，具备海藻种质资源研究和利用的能力。种质库在国内首次建立了完整的紫菜种质保存与应用体系，通过栽培种质选育及种质库基地的示范和辐射，现年良种推广面积达2000余公顷，占条斑紫菜栽培面积的30%。

种质库先后承担国家、农业部的全国首批农业科技跨越计划、国家科委"九五"攻关、国家海洋生物技术"863"计划及江苏省农业三项更新工程、江苏省自然科学基金等20余个重要科技项目。近年来，率先在国内系统地开展了紫菜遗传学与育种科学研究，分析阐明了紫菜遗传的特征与机制。目前种质库保存了国内外实验室中种类最多的色素突变体材料，培养保存了条斑紫菜、坛紫菜、少精紫菜和半叶紫菜4种300余株紫菜无性系种质。"国家级紫菜种质库"将立足紫菜种质资源保存、保护及开发应用，深入开展种质高新技术的研究和开发，以科技支撑种质库的建设和发展，加快科技成果转化，用高新技术改造传统的紫菜栽培业，实现紫菜栽培生产向高产、优质、高效的现代化产业转变。

部、省领导检查工作

一级保存系

种质库工作楼

丝状体接种贝壳

种质库

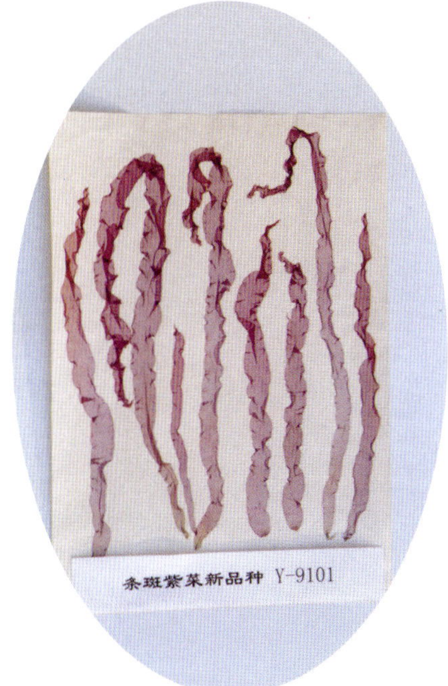

新品种 Y-9101 创产值上亿元

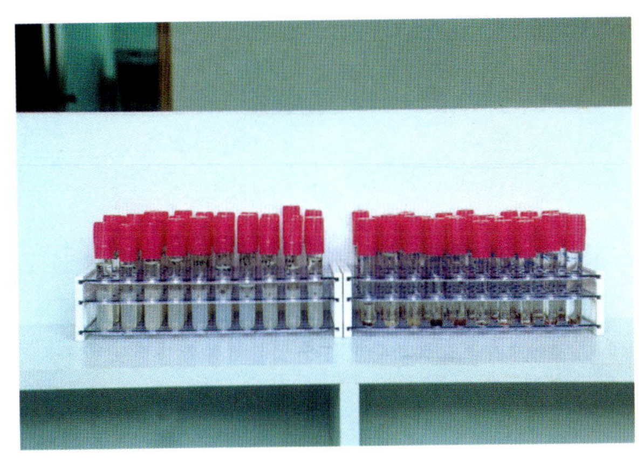

一级保存（固相、液相）

二级保存系统

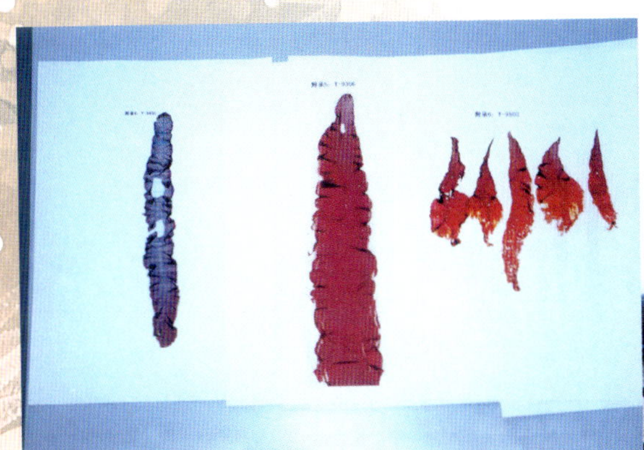

紫菜种质标本

良种海区栽培

海洋出版社

海洋出版社

海洋出版社是新闻出版总署评定的全国良好出版社。多年来海洋出版社认真贯彻党的出版方针、政策，出版了大量高品位、高质量、高科技的图书，有130余种书刊获得了国家、省部级和地区优秀图书奖，为海洋事业和社会主义精神文明建设做出了贡献。

海洋出版社的出书范围是海洋科技著作、应用知识性图书；与海洋相关的基础科学图书、通用技术图书、工具书、科普读物；海洋专业大专院校教材和职工培训教材；与海洋相关的其他科技图书。

海洋出版社设有第一、二、三、四图书编辑室，计算机、文教、自考、少儿图书项目组，海洋学报编辑部、海洋世界杂志社、海洋开发与管理编辑部、国际部、总编室、办公室、出版部、发行部、财务部。

海洋出版社诚恳欢迎各界作者、读者和朋友与我社携手前进。

青岛海洋节期间，邀请中国科学院动物所专家赴青岛举办海洋知识科普讲座

在新华书店设专柜，展销海洋版图书

第九届北京国际图书博览会海洋出版社展位

三亚风光

大连造船新厂制造的新船

2000年6月16日，中国海监东海总队会同浙江省宁波市，舟山市有关部门对宁波、舟山海域联合开展执法监察活动

2000年7月12日，第二届中国青岛海洋节开幕。2000青岛·中国海洋技术暨产品展示交易会为本届海洋节的主要内容之一

中国石化集团新星石油公司东海残雪二井试油场景

《2001 中国海洋年鉴》编委会成员名单

（按姓氏笔画排序）

顾　问：文圣常　青岛海洋大学教授，中国科学院院士
任美锷　南京大学教授，中国科学院院士
刘光鼎　中国科学院地球物理研究所教授，中国科学院院士
严　恺　河海大学名誉校长，中国科学院院士，中国工程院院士
严宏谟　国家海洋局原局长，高级工程师
杨文鹤　国家海洋局原副局长，高级工程师
曾呈奎　中国科学院海洋研究所名誉所长，中国科学院院士

主　编：孙志辉　国家海洋局副局长，高级工程师
常务副主编：徐承德　国家海洋信息中心党委书记，副主任，教授级高级工程师
副主编：王　飞　国家海洋局办公室（财务司）主任
钟自然　国土资源部规划司副司长，博士
盖广生　海洋出版社社长，编审
管华诗　青岛海洋大学校长，教授，中国科学院院士
编　委：马德毅　国家海洋环境监测中心主任，研究员
王　辉　国家自然科学基金委员会地球科学部海洋学科主任，副研究员，博士
王义库　中国船舶工业集团公司办公厅主任，高级工程师
王名文　国家海洋局南海分局副局长
王志远　国家海洋局北海分局局长，高级工程师
王春生　厦门市海洋与渔业局副局长（主持工作）
王桂忠　厦门大学海洋与环境学院副院长，教授，博导
韦　忠　广西壮族自治区海洋局副局长，高级工程师
方康保　浙江省海洋与渔业局办公室副主任，经济师
叶富良　湛江海洋大学水产学院院长，教授
朱嘉濠　香港中文大学海洋科学研究中心教授
孙　松　中国科学院海洋研究所党委书记，副所长，研究员
孙　洪　科学技术部农村与社会发展司资源环境处处长，副研究员
孙书贤　国家海洋局海域司司长
孙煜华　国家海洋局第二海洋研究所副总工程师，教授级高级工程师
刘　峰　中国大洋矿产资源研究开发协会办公室主任助理，处长，
教授级高级工程师
刘修德　福建省海洋与渔业局副局长
曲寿山　青岛市海洋与渔业局党委副书记
曲探宙　国家海洋局极地考察办公室主任
佟　羽　国家环保局海洋环保办公室副处长
李　良　中国石油化工集团公司发展计划部处长
李国平　江苏省海洋与渔业局局长，副研究员
李建新　辽宁省海洋与渔业厅副厅长(正厅级)
李海清　国家海洋局国际合作司司长

编 辑 说 明

《中国海洋年鉴》由国家海洋局主办，各涉海部门及沿海省市区协办，海洋出版社出版，国家海洋信息中心编辑，是我国海洋界惟一编年性的大型综合性、资料性、史册性工具书。其宗旨是集中、全面地反映我国海洋界各部门、各行业、各地区每一年度的最新进展和主要成就，收录并记载每年度发生的各种海洋事件和重要活动，为海内外人士了解我国海洋事业的发展现状提供一个重要窗口。

为适应海洋事业发展的需要，经上级主管部门批准，自本卷起，中国海洋年鉴出版周期改为每年一卷。

《2001中国海洋年鉴》所刊载的内容，主要是2000年度我国海洋事业的进展情况，少数资料由于事件连续性的需要而时间有所跨越。

《2001中国海洋年鉴》全书设有11个篇目，即：(1)综合篇；(2)海洋管理篇；(3)海洋公益事业篇；(4)海洋科技篇；(5)极地篇；(6)国际海底篇；(7)海洋新闻出版与教育篇；(8)国际合作篇；(9)产业篇；(10)地方篇；(11)附录。

《2001中国海洋年鉴》在内容编排上采取分类编排法，以篇目、部分、分目、条目组成框架结构的主体部分。全书条目标题统一用黑体加【】表示，个别包含多层面或多侧面资料的条目则下设分条目，以黑体示之。

《2001中国海洋年鉴》所刊载的内容和数据分别由有关主管部门和单位提供，个别部分引用了其有关部门年鉴的资料。文稿中的数据由于统计口径、方法、范围不同或其他原因，与统计表中数字不一致者，以统计资料为准。

《2001中国海洋年鉴》资料未包括澳门特别行政区和台湾省数据。

本年鉴的编辑出版，得到了海洋界各部门的大力支持和热情帮助，特别是得到了许多单位的经费支持，充分体现了全国涉海部门支持、参与和共同承办中国海洋年鉴的大协作精神。在此，对所有支持和帮助年鉴工作的单位和个人，我们表示衷心的感谢。

由于《中国海洋年鉴》内容涉及到不同部门、不同地区和不同行业，资料搜集不够全面或处理不当之处，恳请各界专家、领导和广大读者批评指正。

中国海洋年鉴编辑部

2002年10月

目　　次

综　合　篇

特　　载

专　　文

大 事 记

海洋法规选编

沿海海洋经济概况

海洋管理篇

海洋综合管理

海域管理

海洋环境保护

海洋执法监察工作

海洋科技管理

海洋标准计量管理与服务

海洋公益事业篇

海洋环境预报服务

海洋灾害

海洋信息管理与服务

海洋科技篇

海洋科学研究

海洋技术

极地篇

极地考察

国际海底篇

国际海底

海洋新闻出版与教育篇

海洋新闻与出版

海洋教育

国际合作篇

海洋国际合作

产 业 篇

海 洋 渔 业

海 洋 油 气 业

海洋交通运输业

海洋盐业和盐化工

海洋船舶业

滨海旅游业

其他海洋产业

地 方 篇

海 南 省

广西壮族自治区

广 东 省

福建省

厦门市

浙 江 省

宁 波 市

舟 山 市

上 海 市

江 苏 省

山东省

青岛市

天津市

河北省

辽宁省

大连市

香港特别行政区

附　录

彩页目录

CONTENTS

General

Marine Management

International Cooperation

Marine Industries

Local Management

Appendixes

综 合 篇

General

CHINA

OCEAN YEARBOOK

3 ~ 74

特载
Special Contributions

国土资源部部长
田凤山在全国海洋厅局长会议上的讲话

（2000年8月28日）

海洋占地球表面积71%，是人类实现可持续发展的最新领域和最广阔空间。在生物学家眼里，海洋是生命的摇篮；在经济学家眼里，海洋是资源的宝库；在环境学家眼里，海洋是地球环境的调节器；在战略学家眼里，海洋是解决人类面临的三大危机的希望所在。可以预见，21世纪是海洋的世纪，海洋经济将对人类社会的可持续发展做出更大贡献。

海洋事关国家主权、经济和安全，牵系着民族的兴衰。历史告诉我们，真正的世界强国必须是海洋强国，最近几年国际形势的变化更充分地表明了这一点。邓小平同志曾明确指出，我国近海防卫战略中的“近海就是太平洋北部”。从地缘政治来看，中华民族必须挣脱第一、第二岛链的束缚，为子孙后代的生存发展拓展出所必需的空间和资源，才能跻身于世界强国之林。实施海洋强国战略，大力发展海洋经济、海洋科技乃至于海洋政治、军事等综合力量，必将成为我国长远战略的重要组成部分。

党中央、国务院一直高度重视海洋事业。江泽民总书记指出：“开发和利用海洋，对于我国的长远发展将具有越来越重要的意义。我们一定要从战略的高度认识海洋，增强全民族的海洋意识。”“建设海洋强国是新时期的一项重要历史任务”。温家宝副总理对海洋工作多次做出重要批示，明确指出国家海洋局的工作重点是“规划、立法和管理”。

改革开放20多年来，在党中央、国务院正确方针政策指引下，沿海地区依靠科技进步，在开发利用海洋资源、开发海洋经济方面取得了巨大成就。海洋渔业、运输业、油气业、旅游业、造船业、盐业等主要海洋产业年总产值从20世纪80年代初期的不足100亿元增加到1998年的3 270亿元，平均每年递增20%以上，大大高于全国经济平均发展速度，海洋经济已成为国民经济新的增长点。沿海省市得益于临海的优势，发展快、效益高，用不到30%的陆地国土面积，承载着占全国40%以上的人口，创造了60%以上的国内生产总值。

国家海洋局和沿海省市海洋行政管理部门认真履行职责，不断开拓进取，有力地推动了我国海洋事业持续、快速、健康地发展。国家海洋局作为国土资源部管理的国家局，是国务院负责监督管理海域使用、保护海洋环境、依法维护海洋权益和组织海洋科技研究的行政机构。通过多年的建设与发展，国家海洋局已经在海洋综合管理、海洋环境保护、海洋公益服务、海洋调查和科学技术研究等方面具有相当的规模和能力，形成了一支职责明确、水平较高、结构合理的工作队伍，并拥有包括船舶、飞机、台站、浮标和各种先进仪器设备在内的工作手段和基础设施。特别是1998年国务院机构改革后，新老两届领导班子，认真履行国务院赋予的职责和任务，求真务实，开拓创新，全面推进海洋行政管理工作，取得了可喜的成绩。在这次省级政府机构改革中，海洋行政管理机构的职能和设置得到进一步加强。这些都为海洋事业在新世纪的大发展创造了极为有利的条件。

当前世界海洋国家普遍以新的眼光关注海洋，纷纷把主权管辖海域作为蓝色国土，加大开发利用和保护力度，同时加紧海洋高新技术的开发，积极参与国际海底和大洋的勘探开发，向海洋索取陆地缺乏的重要资源，争夺在海洋上的战略利益，积极发展海洋综合力量，力争成为海洋强国。在面向21世纪的新形势下，我国的海洋工作面临着艰巨的任务和严峻的挑战，任重而道远。国家海洋局和沿海省市海洋行政管理部门，要以江泽民总书记“三个代表”的重要论述为指导，着眼于社会主义现代化的全局和长远利益，进一步加强以下五个方面的工作：

一、增强海洋意识。通过各种新闻媒体包括因特网、青少年课外教育等，大力宣传海洋国土观念，强化全民的海洋意识，为海洋管理工作奠定良好的社会基础。

二、搞好海洋规划。海洋功能的多宜性使海洋管理需要充分考虑多种功能和资源利用间的冲突与权衡，需要考虑特定历史阶段社会经济对环境的要求和对资源的需求，这就要求我们认真做好海洋功能区划、海洋开发规划等海洋规划，为科学、合理使用海域，加强海洋行政管理提供科学依据。

三、健全海洋法规。依法行政的前提和基础是有法可依。当前，要制定好《海域使用管理法》，抓紧其他配套法规的制定、修订工作，尽快形成完备的海洋综合管理法律体系。

四、强化海洋管理。加强海域使用管理，在搞好海洋功能区划的基础上，促进我国海域使用步入有序、有偿、有度的良性循环。加强海洋环境保护，全面贯彻落实新的《海洋环境保护法》，抓好渤海综合整治等重点项目，努力实现我国海洋生态环境的好转。加强海洋执法监察，抓好海监队伍建设，增强执法设施，完善执法体系，不断加大执法力度。

五、发展海洋科技。管好用好海洋，必须依靠科技进步。大力贯彻科教兴国战略，面向海洋科学全球化，集中优势力量开发重点基础理论研究和应用基础研究，充分提高我国海洋科学的整体水平和国际竞争力。强化海洋科技创新，加大海洋高新技术攻关力度，促进海洋研究开发上水平、上台阶，推动海洋高新技术产业发展和科技成果的产业化。

同志们，在21世纪海洋世纪即将来临的时候，让我们在以江泽民同志为核心的党中央领导下，高举邓小平理论伟大旗帜，尽职尽责，努力工作，为把我国建设成为海洋强国、为中华民族实现伟大复兴做出新的贡献。

国家海洋局局长王曙光在全国海洋厅局长会议上的讲话

认清形势 不辱使命 努力做好工作 迎接海洋世纪

（2000年8月28日）

一、认真分析形势，充分理解21世纪是海洋世纪的丰富内涵

在1994年以前，认为21世纪是海洋世纪的人尚属少数。但是，最近一个时期以来，社会上都在讲21世纪是海洋世纪。为什么这么说，这个世纪有什么新的特点，大家并不是很清楚。当然，我们也是在研究之中。1994年，第49届联合国大会向全世界宣布1998年为国际海洋年，以提高人们对海洋重要性的认识，提高地球上每一个公民保护海洋及其生态环境的自觉性。大家知道，海洋是生命的摇篮，风雨的故乡，五洲的通道，资源的宝库。海洋在一定程度上决定着一个国家的兴衰。早在2500年前，古希腊海洋学者狄米斯托克利就预言：谁控制了海洋，谁就控制了一切。古今中外的史实说明，凡大力向海洋发展的国家，皆可国势走强，反之，则有可能沦为落后挨打的地步。昔日的海上强国葡萄牙、西班牙和荷兰，当年的日不落帝国英国，第二次世界大战后的两个超级大国之一的苏联，和现在盛气凌人、不可一世的美国，无一走的不是海上兴兵强国之路。我们中华民族5000年的文明史，更是直接证明中国的统一、稳定、繁荣和昌盛都与海洋休戚

相关。世纪之交，国际社会普遍认为，21世纪，国际政治、经济、军事和科技活动都离不开海洋。21世纪是海洋世纪。这一国际社会公认的结论有着丰富的内涵。

1. 海洋是国家存在与发展的物质基础

海洋是地球上最大的水体地理单元。地球表面积约为5.1亿平方千米，其中海洋的面积为3.6亿平方千米，约占地球表面积的71%。海洋也是地球上最大的政治地理单元，可分为领海、专属经济区、大陆架、公海和国际海底区域等五个法律地位不同的政治地理区域。其中，根据《联合国海洋法公约》，划归沿海国家管辖的1.09亿平方千米，成为各国的“蓝色国土”；国际社会共有的公海和国际海底区域2.5亿平方千米，是全人类的“共同继承财产”。国家存在的三个要素是：领土、人民和政府。21世纪海洋国土和陆地国土一样同为国家“领土”，是国家存在和发展的最主要的物质条件。根据现在掌握的资料，美国是海洋面积最大的国家，约760万平方千米；海域面积与陆地面积相比，倍数最大的是日本，约为12倍。因此，海域面积划分以后，各个国家的面积将有所变化，所以在21世纪，海洋面积在一定程度上决定这一个国家的面积大小和强弱。

2. 海洋是国际政治斗争的重要舞台

古今中外，海洋历来是军事活动的重要场所。国际安全，沿海国家的安全，都与海洋密切相关。海洋的战略地位极其重要，是国际政治、经济和军事斗争的重要舞台，海洋上存在着许多关于权益、资源和开发利用的争端。要解决这些争端，不能仅靠经济和政治的力量，还必须同时具备强大的海上军事力量。海洋逐渐成为国际政治斗争的重要舞台和国际权益斗争的重要目标，世界将在21世纪进入海洋权益斗争的新时期。

3. 海洋是人类资源的宝库

海洋是尚未充分开发利用的自然资源宝库和巨大的环境空间，是人类可以开发自然资源的“第六大洲”。海洋资源的开发对整个经济有巨大的影响力。联合国秘书长在1999年的海洋事务报告中指出，在全球23万亿美元的国内生产总值中，海洋产业总产值约为1万亿美元；海洋和沿海生态系统提供的生态服务的价值达到21万亿美元，而陆地生态系统提供的价值为12万亿美元。这些数字充分显示出海洋经济的巨大潜力。开发利用海洋是解决21世纪陆地资源逐渐匮乏、人口膨胀性增长这一矛盾的重要途径。

4. 海洋是高新技术发展的重要领域

随着世界新技术革命的兴起，各种科学技术不断得到创新，并广泛运用于海洋的开发利用。21世纪在海洋领域，基础海洋科学、应用海洋科学、海洋高新技术将不断取得重大进步，并产生研究生命起源、地球起源、全球气候变化规律的“现代海洋大科学”。人类将会在深海基因、深海矿物开发、深海空间利用等方面取得重大进展和突破。海洋高新技术的研制、开发和运用将使人类21世纪全面开发利用海洋的理想变成现实。

5. 海洋是世界各国可持续发展的最后空间

千百年来，人类对海洋的认识和利用一直局限在“通舟楫、兴渔盐”。自20世纪60年代开始，科学技术的发展，把人类对海洋的认识和开发利用带进了一个崭新的历史时期。尤其是进入80年代以来，在世界经济一体化潮流的推动下，国际社会对海洋的认识和运用，已不再局限于航运、捕捞和军事利用等活动。由于国际社会对陆地空间的分割已基本完毕，各种陆地资源逐渐趋向枯竭，近一二十年间，国际社会已把目光和精力转向海洋，新世纪海洋将成为世界经济和社会可持续发展的宝贵财富和巨大的最后空间。

21世纪是人类对海洋全面认识、充分利用、切实保护的海洋新世纪。随着人类社会的发展和进步，海洋世纪可能逐步呈现一些新的特点。

一是海洋意识普遍增强。由于人们认识到21世纪是海洋世纪，是人类生存与发展的重要空间，从而形成了许多新的海洋观，如海洋经济观、海洋政治观、海洋科技观、海洋地理观以及新的海洋国土观、新的海洋国防观、新的海洋军事空间观等。由于认识的深化，国际组织和世界各国对海洋越来越重视。自1997年起，联合国秘书长每年都向联合国大会提交一份《海洋和海洋法》报告。人类对海洋的观念将从过去的一味索取转为为生存和发展而协调行动，以实现海洋的可持续发展。

二是海洋环保成为世界各国的自觉行动。随着对海洋资源更深层次上的开发利用，将深刻改变人们的生产、生活方式和经济结构。人口趋海性增强，沿海地区人口集中，经济发达，海洋经济在国民经济中将占主导地位。在开发利用海洋的同时，人类认识到应把海洋作为生命支持系统加以保护。“维护海洋健康”将成为21世纪保护人类自己的超级保护活动。

三是海洋权益形成相对稳定格局。20世纪，世界各国对陆地空间和资源的分配基本结束。由于海洋空间和资源的广度和丰度远远超过陆地，世界战略争夺由陆地向海洋延伸是历史的必然，因此争夺将更加激烈。经过斗争甚至战争之后，海洋权益分配有可能形成相对稳定的格局，随着世界和平力量的壮大和经济全球化的进程，也有可能出现和平开发利用海洋和联合保护海洋的新局面。

四是海洋管理制度建立完善体系。以《联合国海洋法公约》为代表的国际海洋管理制度已经建立，世界各国都将在此基础上进一步建立和完善国家的海洋管理制度。21世纪海洋管理将得到全面发展和进一步加强。海洋管理的范围将由近海扩展到大洋；将由一国扩展到全球合作；管理内容将由各种开发利用活动扩展到自然生态系统；管理方式将在强调利用法律手段的同时，更多地使用培训和宣传教育手段。在适应海洋管理模式的变化的同时，海洋管理科学和技术将逐渐成熟，形成内容更为宽泛的海洋管理科学体系。

展望未来，我们不难看出海洋的前景是美好的，海洋事业是非常壮丽的，从事海洋工作也是光荣的。当然，我们也要看到在进入新世纪的时候，我国的海洋还存在一些问题：一是海洋权益争端比较激烈，与周边七国都未划定海域界线；二是海洋资源开发比较混乱，无序、无度、无偿问题仍然比较严重；三是海洋环境被破坏、污染加剧的趋势尚未得到有效遏制。再加上全民海洋意识仍然比较淡薄，以及海洋行政管理力量不足，使我们的工作还有一些困难。但是，这些困难都是前进中的困难，是完全能够克服的。党中央、国务院非常重视海洋工作，近期中央和国家领导同志在近十个关于海洋工作的文件上做了重要批示，这不仅在海洋工作史上，就是在中央各部门中也是少有的。海洋工作正在得到各级政府和各有关部门的大力支持。这次机构改革，省、市海洋行政管理机构得到强化，就说明沿海省市党委、政府对海洋工作的重视。可以相信，只要我们大家努力奋斗，海洋工作一定会出现更新局面。

二、紧密围绕我国海洋世纪的总目标，确定我们现阶段的主要工作任务

江总书记曾经指出：“我国是一个陆地国家，也是一个海洋大国。……开发和利用海洋，对于我国的长远发展将具有越来越重要的意义。我们一定要从战略的高度认识海洋，增强全民族的海洋意识。”今年初，江总书记在听取全国人大代表汇报时，进一步强调建设海洋强国是新时期的一项重要历史任务。按照江总书记的这一指示精神，21世纪我国海洋事业的总目标是建成现代化的海洋强国。全国海洋工作的指导思想是，坚持邓小平建设有中国特色的社会主义理论和党的基本路线，提高全民族的海洋意识，依法强化海洋管理，持续快速发展海洋经济，大力增进海洋科技创新，合理开发利用海洋资源，切实保护海洋生态环境，有效维护国家海洋权益，努力把我国建设成为海洋经济发达、海洋管理规范、海洋科技先进、海洋生态环境健康、海洋综合国力强大的海洋强国。

我们现阶段的主要工作任务，就是遵照今年初温家宝副总理对海洋工作的重要指示精神，将工作重点放到“海洋规划、立法和管理上”。具体地说，就是在最近几年，努力建立起海洋规划体系、海洋法规体系、海洋管理体系。

（一）建立海洋规划体系

海洋规划是对海洋事业发展的总体运筹和时空安排，它体现出海洋行政主管部门对海洋各项事业发展的宏观调控，同时也体现出海洋事业在一定时期内的发展方向，因此，科学合理的海洋规划，是海洋行政管理工作的基础。今后几年，我们的任务是认真制定以下四个方面的规划，以构建我国海洋规划体系。

1．海洋综合发展规划。要站在国家和民族长远利益的高度，制定全面系统的全国海洋经济和社会发展战略规划。不仅要规划我国管辖海域，还要放眼于远洋、极地、大洋和国际海底，借助海洋高新技术手段，进一步规划开发全球海洋的各种资源。近期需要抓好国家和地方的“十五”海洋发展规划和2010年海洋远景规划，并将其纳入国家及地方国民经济和社会发展整体规划中去。认真编制海洋功能区划，及时报请各级政府

审批后发布执行，以使其具备更强的行政效力。

2. 海洋开发利用规划。要以海洋功能区划和海域使用规划为基础，通过对海域空间资源的合理配置，实现对海洋开发利用的调控。在此基础上，制定全国和地方的海洋开发利用规划，对各类海洋资源开发活动进行综合协调，对各种海洋产业发展进行结构调整和优化配置，从而促进海洋资源开发的整体效益。

3. 海洋生态环境保护规划。要贯彻落实可持续发展战略和《海洋环境保护法》，制定完善的海洋环境保护规划、海洋生态保护与建设规划以及海洋保护区发展规划等。还要制定海洋防灾减灾规划，有效防治各类海洋灾害对海洋经济发展的破坏。

4. 海洋专项规划。要全方位地拓展海洋规划的领域，主要包括海洋执法监察能力建设规划、海洋科技创新规划、极地考察发展规划、大洋调查发展规划以及区域专项规划，如渤海整治规划等等。此外，还要充分发挥各地区的海洋资源与区位优势，"因海制宜"、合理布局，制定出具有鲜明区域特色的地方海洋发展规划。

制定海洋规划应具备一定前瞻性、先进性和可行性，既要符合现代海洋科技和海洋经济的发展趋势，又要遵循海洋资源与环境的现状及条件。制定海洋规划必须大力应用科学的规划方法，做好海洋统计等基础性工作，还要落实好实施规划的阶段性计划，最终构建起国家海洋发展规划体系。

（二）建立海洋法规体系

依法行政是对各级行政机关开展工作的基本要求。现在，我国海洋法制还不健全，特别是一些重要的海洋行政法规尚未确立，致使在实践工作中由于缺少必要的法规，一些管理行为经常难以有效实施。为此，各级海洋行政主管部门必须将立法工作放在至关重要的位置，努力建立完善的海洋法规体系。近几年的任务是，以海洋的基本法律为基础，加强三个方面法规建设，以初步形成海洋法规体系。

1. 海洋权益法规。是指维护我国国家海洋权益并建立合理的全球海洋资源开发秩序的法规。在已有的《领海及毗连区法》和《专属经济区和大陆架法》基础上还需制定一系列配套法规，如《领海无害通过管理办法》、《毗连区管制条例》、《专属经济区生物资源养护和管理条例》、《大陆架自然资源管理办法》等等。此外，在国际海底区域管理制度、公海行使权利制度、全球和极地海洋环境保护制度等方面，也要制定相应法规。

2. 海洋资源开发利用法规。是保障海洋资源可持续开发利用方面的法规。当前需要尽快出台《海域使用管理法》及其配套法规，还要制定《无人海岛开发管理办法》、《海岸带开发管理条例》、《海上人工岛屿、设施和构造物建造使用管理条例》等法规。

3. 海洋环境保护法规。是保护海洋生态环境方面的法规。现在要抓紧时间尽快制定新修订的《海洋环境保护法》的配套法规，主要包括制定《海洋工程建设项目管理条例》、《海洋监视监测条例》、《海洋生态环境保护条例》等，还应制定《海洋观测预报条例》、《海洋灾害防治办法》等等。

海洋法规建设要保持合理的工作量和进度，减少和避免相互重叠矛盾，要突出重点地制定那些在海洋行政管理中急需的法规，同时要争取各级立法机关的认可和支持。法案起草要注意立法的科学性、合法性和协调性，使其能够真正实现海洋立法目的。地方海洋行政主管部门要依据国家的法规，结合本地实际，制定地方性的海洋行政规章。

（三）建立海洋管理体系

海洋行政主管部门基本职责就是应用先进的科学技术方法对海洋实施综合管理，促进海洋事业顺利发展。具体来说，海洋管理工作主要包括以下八个方面。

1. 海域使用管理。这是海洋行政主管部门的最基本的职责。在抓紧制定《海域使用管理法》和完成区域大比例尺海洋功能区划的基础上，要切实抓好海域使用两项基本制度的贯彻实施，以海域使用空间的合理调配实现对海洋资源环境整体的管理。

2. 海洋开发利用管理。主要内容包括海岸带、海岛开发管理，近海、专属经济区及大陆架资源开发管理，大力支持发展海水综合利用、海洋药物等海洋新兴产业，积极扶植海洋旅游等第三产业。

3. 海洋环境保护管理。要坚决贯彻落实《海洋环境保护法》，强调海洋污染防治与生态保护并重，遏制近海海洋环境恶化的趋势。海洋污染防治方面尽快推行陆源污染物排海总量控制制度和污染事故报告制度，强化海洋环境监测和排海污水处理管理。海洋生态保护方面要积极防治海洋生态和生物多样性破坏，大力扶植海洋生态农业、生态养殖、生态旅游、生态工程等技术项目，积极建设海洋保护区，引导发展海洋生态和环保产业。

4．海洋执法监察管理。努力建立适应海洋行政管理工作需要的海洋巡航执法业务体系，全面监视近岸海域，基本控制我国管辖海域内的各类违法活动及突发事件，及时查处海上违法活动。加强海监队伍管理，组织海上联合执法。推进统一的、多职能的、准军事化的海上行政执法队伍建设。

5．海洋科技与调查管理。通过组织海洋科技重大项目，加强海洋基础科学和高新技术研究，建立海洋知识创新体系。搞好军事海洋环境调查和其他海洋战略资源环境调查。积极推进海洋科技产业化进程，大力开展“科技兴海”工作。

6．海洋公益服务管理。以台站、船舶、飞机、海洋卫星应用系统等为核心，建设海洋立体观测预报网络系统，不断拓宽服务范围，有针对性地开发大范围、长时效、高精度监测预报产品。对赤潮、风暴潮、海岸侵蚀、海平面上升等海洋灾害要逐步建设早期预报和防治系统。发展海洋信息技术，建立海洋基础地理信息系统等基础数据体系，提高海洋信息共享和服务水平。

7．大洋与极地调查管理。要积极参与国际海底资源勘探开发和公海海洋生物资源开发管理，发展各类深海技术，对国际海底多金属结核、钴结壳、天然气水合物及深海生物基因等战略资源开始逐步勘探开发。广泛参与各项极地事务，全面研究极地资源环境及全球变化。

8．海洋权益与涉外海洋事务管理。要深入调查划界海域资源环境要素，研究海域划界法理和方案，在划界谈判中使我处于有利地位。进一步加强管理国际组织和国外机构在我国管辖海域的科学研究活动，促进海洋领域的国际交流与合作。

各级海洋行政主管部门及从事海洋管理工作的同志，应努力提高海洋管理和服务水平，积极探索和建立适应社会主义市场经济体制的、有海洋自身特色的海洋管理体制模式和先进的管理技术方法。要不断地开拓海洋行政管理的新领域、新思路和新方法，进一步转变观念，创造性地开展工作。我们国家的海洋行政管理工作究竟怎么做，就是靠我们在座的这些同志不断开拓性地、创造性地工作，取得成功经验，并且推广这些经验。

三、努力做好当前工作，以实际行动迎接海洋世纪

新世纪的朝阳即将升起，为了实现现代化海洋强国的战略目标，我们任重道远。我们要立足当前，增强责任感、使命感和紧迫感，以出色的工作成绩，迎接海洋世纪的到来。

（一）以海洋经济建设为中心，切实做好服务工作

在社会主义初级阶段，全党的中心工作就是领导全国各族人民搞好经济建设。因此，海洋工作也必须坚持以经济建设为中心的指导思想，这是新时期贯彻落实江总书记“三个代表”重要思想的具体体现，广大海洋工作者应当自觉围绕经济建设这个中心来分析海洋工作中出现的新情况，解决实际工作中出现的各种问题。

当前，要紧密围绕经济建设这个中心，努力做好以下四个方面的服务工作。

一是为政府部门行政管理服务。围绕各级政府的行政决策以及具体行政管理工作的实施，做好技术支撑，及时将相关的数据、资料和研究成果送达各级政府。努力完成政府交办的各项任务。

二是为社会事业发展服务。努力做好为各涉海部门的服务工作，发展社会公益事业，不断拓宽面向社会公众的服务内容。

三是为人民群众生活服务。开展重点区域的海洋环境整治、建设海洋自然保护区等以营造优美生活环境。努力开辟与人民群众生活质量息息相关的服务领域。

四是为国防建设服务。周密细致地搞好海洋战场环境调查，为海洋军事提供环境技术支撑，切实搞好为国防建设服务工作。

（二）全面履行职能，认真实施海洋综合管理

当前，各级海洋行政主管部门相继建立，摆

在面前的任务很多，首要任务就是履行国家赋予的海洋行政管理职能，搞好海洋综合管理工作，重点是履行好四项基本职能。

一是监督管理海域使用职能。当前的重点是海域使用管理立法，要千方百计促进《海域使用管理法》的立法进程，力争使其早日出台；各省区市要积极促进省市人大的立法，把握主动权。需要明确指出的是，海洋行政主管部门是国务院确定的惟一代表国家发放海域使用证、确定海域使用权的部门。关于这一点，国务院以正式文件作了批复，在1993年和1998年的“三定”方案中都作了明确界定。我们一定要理直气壮地推行两种制度，要加快工作进度，加大执法力度。要本着“既要积极、更要稳妥”的原则，做好海域勘界的试点工作。要按计划推进各级海洋功能区划的编制与审批工作，提高区划的规范性、科学性和可操作性。要联合国家有关部门，探索无居民岛屿的管理办法。

二是监督管理海洋环境保护职能。修订后的《海洋环境保护法》已于今年4月1日正式实施，它是我们开展海洋环境保护工作的根本依据。各级海洋行政主管部门要认真学习，扩大宣传；要围绕这项基本法，强化政策法规、质量标准、技术规范等配套工作；做好海洋环境的监测监视，适时发布国家、省、市三级海洋环境质量公报；开展渤海等重点区域的综合整治和海洋保护区的建设；加大海洋环境保护的执法检查力度。

三是组织海洋科技调查与研究职能。当前的重点有两项：第一是把重大基础性、战略性课题组织起来，争取国家立项；同时继续组织好国际海底、极地科学考察以及海洋“863”等重点项目；二是继续推进“科技兴海”战略，依靠科技改造传统海洋产业、培育新的经济增长点，并联合有关部门，运用财政、税收、信贷等宏观调控手段，促进海水淡化与海水直接利用以及海洋生物技术等高新技术的产业化。

四是依法维护海洋权益职能。我国同周边七个相邻或相向的国家存在管辖海域的划界问题，特别是在南海和北部湾地区，矛盾更加尖锐复杂。我们肩负着依法维护国家海洋权益的神圣使命，任务十分艰巨。第一是为国家海域划界提供大量详实、可靠的海洋基础数据和资料。第二是积极配合外交部门研究拟订海域划界谈判方案，直接参与外交谈判，维护国家权益；第三是依据有关法律，完善配套法规，加大巡航执法力度，以便及时发现并查处损害海洋权益的违法案件。

（三）抓好队伍建设，为搞好海洋工作提供组织保证

为能更好地完成各项任务，各级海洋行政主管部门都要立足自身实际，切实抓好三支队伍的建设。

一是海洋行政管理队伍建设。海洋行政管理工作不仅在我国，就是在世界各国也都是迅速发展的新型工作，我们有许多不适应的地方，必须全面加强行政管理队伍建设。一要搞好培训，学习海洋行政管理工作的基本知识以及国内外的先进经验。二要搞好培养，加大干部轮岗及交流力度，努力培养复合型人才。三要搞好选拔，解放思想、开阔视野，把德才兼备的年轻干部提拔到重要领导岗位。

二是海洋专业技术队伍建设。海洋行政管理工作具有较强的专业性，必须依靠科学技术作支撑。只有尊重科学、掌握规律，我们才能提高依法行政的科学化水平，把海洋行政管理工作推向更高的层次。当前，要按照国家的统一部署，深化改革，调整结构，建设一支精干、高效的专业技术队伍，为海洋行政管理工作服务。

三是海洋执法监察队伍建设。早在20世纪80年代初，国家就批准成立了“中国海监”，并由当时担任全国人大常委会委员长的彭真同志亲笔题名。随着各级海洋行政主管部门的建立，各级“中国海监”队伍已经相继建立。为适应海洋执法监察任务日趋繁重的形势，我们要努力壮大队伍，不断加强组织领导体系建设。要加强各级“中国海监”队伍的内部管理，提高执法人员的思想政治素质和执法业务水平，在社会上树立起遵纪守法、秉公执法的良好形象。

（四）正确处理各种关系，形成搞好海洋工作的强大合力

海洋行政管理工作是社会系统工程，各有关部门必须协调一致、密切配合、形成合力才能够搞好。当前要着重处理好以下三个方面的关系。

一是处理好国家局和地方局的关系。国家海洋局成立于1964年，鉴于当时的国际政治、军事形势以及生产力水平的限制，海洋工作由国家直接管理。改革开放以来，海洋经济迅猛发展，沿海各级政府管理海洋的积极性大大提高，相继成立了海洋行政主管部门。国家确定向具备管理能力和管理条件的省区市海洋行政主管部门授权或委托管理部分海洋事务，逐步形成国家、省（区市）、地（市）、县（市）四级海洋管理体系。为了进一步明确各级海洋行政主管部门的职责，国家局在征求各方面意见的基础上，形成了海洋管理权限和工作范围分工的若干意见，将提交大会审议。这个意见的原则，就是充分调动两个积极性，把海洋行政管理工作搞上去。我们一定要站在国家利益的高度，努力做到团结一致，融为一体。

二是处理好海洋行政主管部门和其他涉海部门的关系。各级海洋管理机构是一个有机整体，同时与渔业、盐业、交通、环保、水利等部门关系密切，中央领导同志的批示精神十分明确，要求我们“加强与有关部门的配合，认真履行海洋行政管理职责”。各级海洋行政主管部门应当坚决贯彻中央领导同志的批示精神，从维护国家整体利益的角度出发，树立大局观念，主动与有关部门沟通协调，并提供力所能及的服务，形成共同推进海洋工作的良好局面。

三是处理好“中国海监”同其他海上执法队伍的关系。当前，开展海上执法的队伍有多家，应该说按照各自职责都做了大量的管理执法工作，但是也存在一些问题，而且已经不能适应海洋事业发展的需要。建立统一的海上执法队伍已是大势所趋，国家有关部门正在研究实现海上执法队伍统一的方案。针对现阶段海上存在多支执法队伍的实际，我们要立足自身现有条件，强化配合意识，在搞好我们自身执法工作的同时，积极探索与其他部门联合执法的工作机制。应当指出，“中国海监”在联合执法中取得了一定的经验，得到了立法机关的肯定，在新的《海洋环境保护法》中，已将联合执法用法律形成固定下来。

（五）加强基础能力建设，不断提高装备技术水平

随着海洋开发利用活动的进一步活跃，开展海洋管理所需要的技术装备条件也越来越高。对此，各级海洋行政主管部门也要引起足够的重视，勇于解放思想，大胆探索，积极采用新思路、新办法、新机制，通过“共建”、“联建”等多种手段，强化以下三个方面的基础设施建设，提高装备技术水平。

一是加强海洋监测监视网络建设。国家局正在按照“统一规划、科学布局、一站多能、加大共建”的指导思想，组织实施“全国海洋环境监测网络建设”和“海洋水色卫星及地面应用系统建设”项目。国家局将继续推进海洋监测台站的共建步伐，也可以将条件成熟的台站，下放给地方管理，原有经费渠道不变；地方海洋监测台站的建设，应当按照国家局的统一规划进行布局，并充分利用国家局现有的监测台站，不搞重复建设。通过上述项目的实施，我国海洋环境监测监视的技术水平和装备能力将上升到一个新的水平，跻身世界先进行列。

二是加强执法能力建设。开展海上巡航执法，船舶是主要手段。国家局正按照朱总理的批示精神，加强与国家计委的沟通，力争在“十五”期间重点抓好千吨级执法船和执法飞机的建造。对现有的“中国海监”船舶与飞机，要强化维护与管理，不再报废或挪作他用，以便适应维护国家海洋权益等重大执法任务的需要。省市局的执法工作主要集中在近海，任务量大，可以配备一些吨位较小、反应快速、适应近海执法的船舶装备。

三是加强信息网络建设。21世纪，社会经济的信息化程度大大提高。加强海洋工作信息网络的建设，对海洋工作的开展有着重要作用。我们应当搞好三个网络的建设。一个是新闻信息网络的建设，及时向社会公众宣传海洋工作的方针政策，提高全民族的海洋意识。一个是统计信息网络的建设，及时收集、整理、分析海洋工作的基本数据，以便准确把握海洋工作的脉搏，为科学、准确决策提供依据。一个是海洋行政管理信息系统的建设，将海域使用管理、海洋环境保护管理、海洋执法管理信息及时通报社会，也可以建成一个多功能的网络。

国家海洋局副局长
孙志辉在全国海洋厅局长会议上的讲话

（2000年8月28日）

一、海域使用管理工作

监督管理海域使用，是国务院赋于海洋行政管理部门的主要职责之一。做好海域使用管理工作，对于推动我们职能落实到位，对于发挥海域使用的整体效益，促进用海行业的协调发展和海上活动（包括经济、社会和军事等）的有序进行，保证海洋经济的高速发展和海洋资源的可持续利用均具有重要意义。因此，我们对这项重要工作，须有一个统一的认识，对当前的形势要有一个正确的判断，对存在的问题，要认真地进行分析，找准主攻方向，趋利避害，踏踏实实推进海域使用管理工作。

（一）加强海域使用管理是我国海洋经济发展的需要

我国早期的海洋开发主要局限于航运、盐业和捕捞等传统产业，开发活动之间的矛盾相对较少。改革开放以来，党中央、国务院十分重视海洋工作，沿海各省、市、区也先后提出了开发海洋的战略规划和目标，并不断加大对海洋的投入，海洋开发的规模和水平不断提高，海上生产活动和社会活动的深度和广度不断加大，我国海洋经济进入了一个高速发展阶段，全国海洋经济产值平均每10年翻两番多，海洋经济正在成为我国国民经济新的增长点。随着新兴海洋产业的出现，海洋经济的发展呈现多元化趋势，各种开发利用活动因占用海域资源而引发的问题和矛盾也日趋复杂和尖锐，主要反映在以下三个方面。

一是海域权属意识不强，造成海域使用混乱。海域属于国家所有，但由于没有具体的制度予以明确和落实，使得海域国家所有权虚化，有些单位、用海企业和个人错误地认为与之毗邻的海域归本地、本企业甚至个人所有，擅自占用和出让、转让、出租海域。同时，由于国家没有制定相应的法律对海域使用者确认海域使用权，海域使用者的权益也无法得到有效保护。

二是海域开发利用秩序混乱，导致海域使用纠纷不断发生。由于缺少有效的管理制度，不能统筹规范海域使用行为，造成了海域使用布局混乱，致使养殖与港口锚地、养殖与旅游、盐田与养殖、排污与旅游、排污与养殖以及海洋开发与国防设施安全等一系列矛盾突出。由这些矛盾、纠纷引发的用海部门之间的争端、群众上访和诉讼案件不断发生。

三是无偿使用海域，严重影响海域资源的合理开发和可持续利用。国家作为海域所有权人应当享有海域的收益权，从事经营活动的海域使用者必须按规定向国家支付一定的海域使用金作为使用海域资源的补偿费。但是，由于没有建立海域资源的有偿使用制度，无偿用海普遍存在，这不仅造成国有资产的严重流失，也加剧了争抢和圈占海域、乱围乱垦事件的发生，造成海域资源衰退，海洋环境恶化，甚至酿成群众性械斗等恶性事件，严重影响了沿海地区社会的稳定。

这些问题和矛盾，严重影响了海域资源整体功能的发挥，制约了海洋经济的可持续发展。我国现有的一些涉海行业的管理制度，由于多局限于某一类资源的管理，缺乏对国家海域整体利益和海洋自然资源、生态环境整体效益的统筹考虑，相互之间也没有建立起有效的协调机制，在解决用海矛盾与纠纷上显得无能为力，因此迫切需要建立一种更为合理有效的海域使用管理制度，从根本上解决各涉海行业的用海矛盾，规范海域使用秩序，发挥海域资源的最佳使用效益，切实保护国家、海域使用者和人民群众的利益，促进海洋经济的可持续发展。

（二）加强海域使用管理是党和国家的要求

对于海域使用中存在的问题和矛盾，党中央、全国人大和国务院都非常重视，党和国家领导人多次强调要依法加强海域资源的管理工作。江泽民同志在党的十五大报告中要求："统筹规划国土资源开发和整治，严格执行土地、水、森林、矿产、海洋等资源管理和保护的法律。实施资源有偿使用制度"。全国人大八届七次会议通过的《中华人民共和国国民经济和社会发展"九五"计划和2010年远景目标纲要》提出："依法保护并合理开发土地、水、森林、矿产和海洋资源，完善自然资源有偿使用制度和价格体系，逐步建立资源更新的经济补偿机制"。中央政治局常委会2000年工作要点强调：要"依法保护和合理有效利用土地、矿产、海洋等国土资源"。朱镕基总理在九届人大三次会议上的《政府工作报告》中指出：要"加强自然资源管理，依法保护和合理利用土地、森林、草原、矿产、海洋和水资源。"以上这些论述充分说明，依法加强对海域使用的管理，实施海域有偿使用制度是党和国家一贯的方针政策，是我们实施海域使用管理的根本性依据。

1991年，国家海洋局和财政部针对外商企业用海问题，向国务院写了报告，国务院办公厅于1992年5月29日，根据国务院领导的批示，批复国家海洋局和财政部，"为加强对使用我国海域的管理，应尽快制定对国内外企业使用我国海域从事生产经营活动的行政管理办法，实行颁发海域使用许可证制度（由海洋行政主管部门颁发）和有偿使用制度（由财政部门或财政部门委托的单位征收海域使用费）"。根据国务院批复，国家海洋局、财政部于1993年5月颁发了《国家海域使用管理暂行规定》。虽然该规定是部门规章，但它是国务院授权制定的，其行政地位是不容置疑的。

1998年机构改革，国务院下发的国家海洋局"三定"方案中，明确规定国家海洋局是"监督管理海域使用和海洋环境保护、依法维护海洋权益、组织海洋科技研究的行政机构"，负责"监督管理海域（包括海岸带）使用，颁发海域使用许可证，按规定实施海域有偿使用制度"。在这次省级机构改革中，各沿海省、区、市的海洋行政主管部门，也均被赋于了海域使用管理的职能，明确了颁发海域使用许可证和实施有偿使用制度的职责。"三定"方案是国务院根据我国宪法第89条即"国务院规定各部门和各委员会的任务和职责"的规定而制定的，所以，"三定"方案的效力来自宪法，新一届政府的"三定"方案又是根据九届人大一次会议通过的《国务院机构改革方案》制定的，属法律性文件，具有法律的权威性。国务院领导也多次表示，过去有关法规与"三定"方案有矛盾的，以"三定"方案为主。因此，在这个问题上，国家局和沿海厅局的所有同志必须清醒地认识到，实施海域使用管理制度，是我国海洋经济发展的需要，是党和国家的要求，是国务院明确赋予我们的职责。对此，不能有丝毫的动摇和怀疑，要坚定信心，理直气壮，大胆开拓，与财政部门密切配合，共同把海域使用管理工作做好，把我们的职责落到实处。

（三）海域使用管理制度已在沿海地区普遍推行，并取得明显效果

自1993年《国家海域使用管理暂行规定》颁布实施以来，在各级海洋行政主管部门的共同努力下，海域使用管理工作取得了明显成效。

1. 海域使用管理的法规体系初步形成

《国家海域使用管理暂行规定》颁布以来，得到了沿海各级人民政府的积极响应和支持，目前，已经颁布了50多部地方性法规，其中通过地方人大立法的有4部。在此基础上，国家海洋局又相继颁布实施了海域使用审批、可行性论证、许可证管理、普查登记等多项配套管理制度，我国海域使用管理初步走上了法制化轨道。

2. 海域使用确权发证制度全面推行

在国家局和沿海各厅局的共同努力下，海域普查登记工作进展顺利。截止到今年6月，普查登记用海面积25 000平方千米，基本掌握了我国海域使用的现状及类型，为开展海域使用管理工作打下了良好的基础。

海域使用审批、确权和发证是海域使用许可制度的核心内容，是海域使用管理制度的重要标志。经过大家的共同努力，我们在这项工作上可以说是取得了突破性进展。沿海绝大部分省、自治区、直辖市都发放了海域使用证，截止到2000年6月份，全国发放海域使用证1.5万本。其中部分地区持证用海的比例达到了90%，用海办证已经成为这些地区海域使用者的共识。有些地区的海洋行政主管部门在解决、协调行业用海矛盾方面，也取得了一定的成绩和经验，海洋行政管理部门的形象和地位得到进一步强化。

3．海洋功能区划工作正在有序展开

海洋功能区划是海域使用管理和海洋环境保护的基础和科学依据，并且它的地位和作用在国家法律中已得到了确认，因此，海洋功能区划在各项管理工作中有着十分重要的意义。根据国务院要求，国家海洋局于1989年组织沿海各省、自治区、直辖市开展全国海洋功能区划工作，并于1994年完成了全国海洋功能区划报告及图集。从1995年开始，国家海洋局在辽宁大连市和山东长岛县开展了大比例尺海洋功能区划试点。在1998年，国家海洋局正式印发了《沿海省、自治区、直辖市大比例尺海洋功能区划总体工作方案》，对这项工作提出了具体要求，组织成立了国务院有关部门、总参和海军、局属单位、沿海省区市海洋厅（局）和有关研究单位参加的全国大比例尺海洋功能区划技术指导组。目前，《海洋功能区划技术导则》已经国家技术监督局发布执行。沿海各省区市的海洋功能区划工作进展顺利，辽宁、天津、山东、浙江、海南已完成大比例尺海洋功能区划编制工作，正在进行协调论证和审批工作，河北、上海、广东已完成大比例尺海洋功能区划的主要成果，正在进行部分成果的修改和完善工作，福建、江苏、广西的海洋区划的编制工作也正在进行，预计2000年底前完成主要成果。另外厦门、青岛、大连以及浙江大部分沿海市县的大比例尺海洋功能区划已经由当地人民政府批准实施。

4．全国海域使用管理示范区工作基本完成

本着“先示范，再推广”的原则，国家海洋局和财政部在1997年制定并印发了《关于开展海域使用管理示范区工作的意见》，确定辽宁葫芦岛市、河北秦皇岛市、山东烟台市和浙江舟山市为国家海域使用管理示范区。经过3年多的建设与实践，已经摸索出了一整套海域使用管理的经验、技术和方法。国家海洋局和财政部将于近期对四个示范区进行评审验收，另外，一些省、区、市在海域使用管理的不同方面均创造了许多好的经验，如广东省、青岛市等在海域使用金的征收方面，山东省、河北省等在确权发证方面，广西、广东等在统一执法方面，大连、厦门等在协调行业用海矛盾方面，均有许多可取之处，要认真总结经验，很好地进行交流和推广。

（四）海域使用管理工作中存在的问题

各省区市在海域使用管理方面均做了大量工作，但发展也不平衡，存在问题不少，主要有以下几个方面。

1．海域使用管理涉及用海行业多，部门协调难度大

海域使用管理作为海洋综合管理的一项基本制度，与渔业、交通、旅游、盐业、矿产等多个产业或行业管理部门相关，海域使用管理制度在某些方面，与有的部门的一些规定有交叉，在对海域使用管理的认识上也不尽一致，因此，部门间协调难度大，这是目前普遍存在的问题。

2．海域使用确权发证及使用金征缴工作发展极不平衡

海域使用许可制度和海域有偿使用制度是海域使用管理的两项核心制度。这两项制度在有些省、区、市推进是比较好的，如山东省的烟台市，海域使用确权发证率已达90％以上，有的地区海域使用金的征收率也相当高。但发展极不平衡，有的省市海域使用确权发证工作才刚刚起步，发证率和海域使用的登记率还很低，有的地区在养殖用海海域使用证发放工作的关系上还未理顺。有的地区海域使用金的征收工作还未开展，这都需要在今后的工作中加以改进。

3．海域使用管理人员业务能力有待提高、能力建设需要加强

在新一轮政府机构改革中，沿海海洋管理机构和人员变动较大，有不少新同志加入到海洋管理队伍中来，海洋管理的力量得到了加强。与此同时，新同志的相关业务素质也亟待提高，如果对相关的政策和制度不熟悉，将会影响海域使用管理制度的推进。因此有必要加大培训力度，尽快提高海域使用管理人员的业务素质。

海域使用管理能力建设相对滞后，也是我们需要解决的一个问题。据了解，许多地方由于海域使用管理工作刚刚起步，缺乏必要的仪器设备，从而造成管理基础薄弱，一定程度上制约了管理水平的进一步提高。

4．少数地区的地方性法规还有待完善

如前所述，自国家海域使用制度建立以来，各地逐步健全地方性海域使用管理法规，这对推动各地的海域使用管理工作起了决定性的作用。但有的地区，直到现在海域使用管理的法规还未出台，这对海域使用管理工作十分不利。因此，

希望这些地区的海洋主管部门，要积极向当地政府和人大做工作，促进地方性法规的尽早出台。

（五）今后一段时间海域使用管理的工作重点

1．积极促进《海域使用管理法》出台

局几届领导对海域使用管理的立法问题都十分重视，张登义局长、王曙光局长多次指出，海域使用管理法是我局的立局之本，海洋环保法和海域使用管理法是我局依法行政的两根支柱。经过我局多方面的努力，去年底国务院已将《海域使用管理法》列入了国务院2000年的立法计划。今年4月，我局会同财政部拟定的《海域使用管理法（送审稿）》已上报国务院。国务院法制办已将送审稿分别送有关部门和沿海省、区、市征求了意见，现正在作进一步修改，经国务院常务会议通过后，将上报人大常委会审议。

应该充分估计到海域法出台的难度，其中，当前最主要的问题就是与老的渔业法当中的某些内容有矛盾之处。矛盾的焦点在于海域使用权是由养殖证来确认，还是以海域使用证来确认。我们必须坚持，所有行业用海，均首先要取得海域使用权，申领海域使用证，然后再开展相应的生产活动，这也是国家的要求，有关法规应与之相一致。因此，我们正在积极向人大和有关部门反映我们的意见，争取对渔业法有关条款作相应修改，使两个法都能出台，并相互衔接。希望沿海厅局各尽所能，在这方面多做促成的工作。

2．大力推进两项制度的实施

各海域使用管理示范区，要认真总结，局将在适当时候与财政部联合召开验收和现场交流会，推广他们的经验。各厅局要认真贯彻执行财政部和国家海洋局今年联合下发的“关于加强海域使用管理工作的通知”，认真抓好海域使用的登记、审批、发证和使用金的征收工作。各厅局要根据本地海域使用管理的实际情况，对两项制度的落实、海域使用金的征收标准和办法、围海造地的控制以及海砂开采的用海管理等作出具体规定和工作计划。按国家局的统一要求，沿海各省、区、市要在明年上半年全面完成海域使用普查，经过1～2年的努力，绝大部分省、区、市海域使用发证率要达到80％以上，海域使用金的征收率要达到60％以上。海域使用金的用途要按规定用于海洋的开发、保护和管理，上缴国库的要按规定比例上缴，这部分经费也将统一用于各地的海洋工作。要建立海域管理信息系统，加快海域使用管理信息化进程。从明年开始，国家将对各厅局在海域使用管理方面开展年终检查评比和表彰工作，以促进海域使用工作的健康发展。

3．加大海域使用管理的执法力度

在海域使用管理执法方面，一些厅局已创造了很好的经验。今明两年，要继续加大执法力度，特别是各分局与各厅局的统一执法力度，分局要在船舶、飞机等条件上给予各厅局以大力支持。在执法中，要敢于碰硬，要善于突破难点，带动一般。在处理某些影响大的事件上，要及时向地方政府汇报，取得地方政府的理解和支持，在处理违法事件时，可以利用多种方式，包括行政处罚和诉诸司法程序等，对有些典型事件，也可以通过新闻媒体予以曝光，以引起社会各界的重视和关注。

4．抓紧落实大比例尺海洋功能区划工作

今年的总体目标是三分之二的省市要完成大比例尺海洋功能区划，经国家海洋局审定后，报省级人民政府批准。具体工作包括抓紧修订完善海洋功能区划技术规程；制定并颁布《海洋功能区划管理规定》；建设海洋功能区划管理信息系统，实现海洋功能区划的动态编制和科学管理；进一步完善海洋功能区划工作中军地双方联系制度等。同时，要抓紧全国海洋功能区划的修订工作，争取尽早上报国务院审批。

5．积极开展海域使用管理的政策宣传和业务培训工作

海域使用管理制度作为海洋管理领域的一项新制度，要想得到沿海广大人民群众，特别是各级政府的理解与支持并最终得以贯彻落实，就必须利用多种形式，多层次、多角度地加大宣传力度，宣传加强海域使用管理的重要意义，宣传海域使用管理的各项法规，不断提高广大人民群众和地方各级领导干部对海域使用管理制度的认识水平，以促进海域使用管理制度的顺利实施。

考虑到海域使用管理业务培训对象层面宽、数量大，培训工作将分期、分批，采用多种形式进行。国家局计划在今明两年举办2～3期全国海域使用管理培训班，培训对象主要是各级海洋行政主管部门及分局从事海域管理工作的同志；希望各分局和沿海厅局也能根据自身实际情况，有针对性地开展海域使用管理培训工作。国家局将

在技术和人员上给予支持。

我国是一个岛屿资源比较丰富的国家，海岛作为联结陆域国土和海洋国土的海上基地，陆海资源兼备，在发展海洋经济，保护海洋环境，维护海洋权益等方面都具有不可替代的作用。改革开放以来，海岛社会经济有了较快的发展，人民生活水平也得到显著提高。但因地理环境等诸多因素的制约，海岛社会经济发展基础仍比较薄弱，资源环境方面的问题也较为突出。为做好海岛开发与保护工作，我国对海岛资源曾进行过大规模的摸底调查工作，并积累了许多海岛开发的宝贵经验，这些都为海岛经济发展打下了良好的基础。为进一步贯彻落实国家对海岛开发与保护工作的方针政策，我国成立了全国海岛开发保护工作指导协调小组，目前正组织拟订海岛开发保护政策和无居民海岛管理规定，并选择了四个海岛县开发试点工作，为全国海岛开发与保护工作积累经验，创造条件。对于海岛开发与保护工作，沿海各海洋厅局积极与有关地方政府密切配合，在政策制定、实施管理等方面给予重视，充分发挥了海岛的资源和区位优势，促进海岛经济的持续发展和人民生活水平的提高。

二、海洋科技工作

（一）海洋科技工作面临的新形势

海洋蕴藏着丰富的资源，但由于其开发环境的复杂和恶劣，使得海洋开发具有高难度、高风险、高投入的特点。因此，海洋开发和海洋管理的关键，就是要依靠海洋科技特别是海洋高技术的支撑。另外，海洋作为地球上最大的地理单元，其特性变化对全球的生态起决定性作用。随着全球资源、环境、人口等问题的日趋严重，世界上许多沿海国家，特别是西方发达国家，纷纷制定优先发展海洋高新技术的战略，积极发展海洋高新技术，提高其在海洋技术领域的国际竞争力，以期从海洋中获取更多的资源和战略利益。美国制定了《全球海洋科学规划》，日本制定了面向21世纪的《海洋开发推进计划》，可以预见，海洋科技领域的国际竞争将更加激烈。随着我国海洋经济的快速发展，海洋行政管理水平不断提高，海洋执法管理力度将不断强化，对海洋公益服务的需求将不断增加，海洋权益斗争也将日益激烈，这些都对海洋科学技术的发展提出了更高的要求。作为一个发展中的海洋大国，加强海洋科技创新队伍建设，强化海洋科学技术研究，对我国有效开展海洋管理、维护海洋权益、加快发展海洋经济具有重要的现实意义和深远的战略意义。

（二）我国海洋科技工作所取得的新进展

在“九五”期间，海洋科学技术得到了党中央和国务院的高度重视，国家对海洋科技的总投入达8亿多元人民币（不含地方政府和企业的投资），海洋科学技术得到迅速发展，并在一些领域取得了历史性突破。主要表现在以下几个方面：

1．海洋高新技术领域取得突破性进展

“九五”初期海洋高技术被正式列入国家高技术计划（863计划）之中，海洋水色卫星即将发射，海洋监测技术、海洋生物技术、海底探测技术、海洋卫星遥感技术等取得了跨越式发展，只用了三年的时间就大大缩短了与世界先进水平的差距，个别成果达到国际先进水平。

海洋监测技术：经过三年的技术研究与开发，海洋环境立体监测和信息服务上海示范区和珠江口示范区现已初具规模，高频地波雷达、近海环境自动监测系统、高精度温盐深剖面仪、ADCP和ACCP海流剖面仪、卫星遥感应用系统、海洋光学测量系统基本完成研制任务，目前正在进行海上现场试验工作。

海洋生物技术：我国的海洋生物技术取得了快速发展。如在海洋生物多倍体及性控方面取得了重大突破，无论是在种类还是数量上，均处于国际先进水平，三倍体牡蛎、鲍鱼、扇贝、珠母贝，全雌牙鲆等已达到规模化生产的能力，特别是三倍体牡蛎推广面积超过万亩。在病害研究及其预警预报方面，率先破译了引起我国及整个亚洲地区大规模流行病的对虾白斑杆状病毒(WSBV)基因组遗传密码，并开发出快速灵敏实用的病毒检测试剂盒。在海洋药用活性物质研究与开发方面，从海洋生物中提取的一种新型抗艾滋病药物911目前已进入了一期临床试验，此外海蛇毒素、芋螺毒素、鲨鱼软骨素等几种海洋生物活性物质研究与开发取得了初步进展，从海洋微生物中大规模筛选抗真菌、抗细菌、抗肿瘤等天然活性产物的工作已启动。

海底探测技术：为了开发海底资源，科研人

员对海底地形、地貌和地质构造探测技术，海洋油气探测技术，海底矿产资源综合评价技术，深海采矿技术，油井成像技术等进行了大量攻关研究，有些成果已应用于生产实践。

海洋卫星研制和海洋遥感技术：经国家批准，我国第一颗海洋水色卫星研制和地面站建设已立项，目前研建工作正在紧张进行之中，国家决定2001年5月发射。海洋遥感技术已成为海洋开发、海洋科技、海洋管理、海洋公益服务等不可或缺的高技术手段。经过几年的研究，在微波遥感、光学遥感等领域突破了许多难关，现已在赤潮、海冰、海浪、海温、风场、水下地形等领域监测中发挥了重要作用。

2. 海洋关键技术的攻关取得了一批成果，许多成果已转化、应用到海洋管理与海洋开发的实践中

海岸带关键技术的攻关：围绕海岸带环境监测、预测及防治技术，沿岸和浅海养殖区养殖容量与优化技术，海岸带动力环境及其灾害预测技术，海岸带综合管理技术与信息系统等 4 个方面关键技术进行攻关，初步统计已完成了140项成果，获得专利和新技术 6 项。

海水综合利用的攻关：围绕海水淡化技术、生活和工业海水直接利用技术、海水化学资源提取技术等项进行技术攻关。取得成果80余项，其中建立中试线 7 条，新产品 7 个，专利 6 个，新技术、新工艺、新材料20项。

复合反渗透膜技术、纳滤关键技术、分离膜关键设备及技术引进吸收、日产1 000吨的海水淡化示范工程技术等有所突破，并形成了具有我国自主知识产权的新型膜组器及其工程应用技术。

3. 大范围的近海和远洋调查任务进展顺利，获取了大量海洋环境、海洋资源的资料

为了维护我国的海洋权益，“九五”期间，经国务院批准，由国家海洋局牵头，联合原地矿部、农业部、中科院等部门的广大科技工作者开展了我国大陆架专属经济区的综合勘测，为开展海域划界提供了大量基础资料。

同时，还顺利组织实施了大洋资源调查、南北极科学考察以及南沙科学考查，为维护国家权益和为世界海洋科学技术发展作出了积极贡献。

4. “九五”后期海洋基础研究得到重视，海洋科研基础性工作、公益研究工作正式启动，几个海洋科研基地正在逐步形成，预计“十五”初期海洋科学研究将跃上新的台阶

1999年，国家在过去15个一级学科的基础上，把海洋科学又提升为一级学科，开辟了海洋科学的一级户头，这对全国海洋界是一件大事。1999年至今，海洋领域共有4项国家重大基础性研究项目即“中国近海环流形成变异机理、数值预测方法及对环境影响的研究”、“东海、黄海生态系统动力学与生态资源可持续利用”、“海水重要养殖生物病害发生和抗病力的基础研究”、“中国边缘海的形成演化及重大资源的关键问题研究”及“厄尔尼诺监测及形成机理研究”等得到批准，5年内经费达1亿余元人民币。目前科研人员正在开展海上调查和分析、研究工作。

几个重点海洋科研基地的形成，将加快海洋科学的创新与发展。为了加快海洋科研的发展，近几年来，重点支持了海洋环境科学、海底科学、海洋生物技术等重点实验室的发展，初步形成了几个海洋优势学科和科研基地，培养了一批年轻科技人才队伍。

5. 科技兴海已经得到沿海省市的认同，并取得了较大成果

为了在全国范围大力推进科技兴海工作，从1994年以来，我们配合科技部先后召开了四次全国科技兴海工作交流会，并推选出数十个科技兴海示范基地和技术转移中心，这些中心与基地在推广成熟海洋开发技术方面，开展了大量工作，推动了沿海海洋经济上档次、上水平。为了推动海水农业的发展、海洋化工产业的发展，我们还组织了海水农业发展战略和技术开发研讨会、海洋化工技术研讨会，选编、出版了《科技兴海适用技术汇编》。

通过支持一些较成熟的海洋科研成果的转化，促进了沿海海洋经济的快速发展。如广西的海湾扇贝育苗技术推广和对虾苗种繁育技术推广，极大地推动了当地海洋农牧化的发展；随着海洋淡化技术的日益成熟，海洋科研人员先后建设了“嵊泗日产500吨级”、“长海1000吨级”和“长岛1000吨级”海水淡化示范工程，缓解了当地用水紧张的问题。目前，山东威海等地正在与有关科研单位酝酿建设万吨级海水淡化工程，海水淡化工作将上一个新台阶。

此外，沿海各省、区、市在科技兴海方面投入了大量资金，组织了大量科研项目，有些成果已在海洋开发中发挥了应有作用。

（三）今后一段时间海洋科技工作的重点

今后一段时间，我们在海洋科技领域应主要抓以下几个方面的工作：

1．认真制定“十五”海洋科技计划和2010年海洋科技规划。在规划中，重点突出为海洋经济发展，为海洋管理和公益服务的科研项目，科技兴海项目要多听取沿海省、区、市海洋主管部门的意见，争取条件多上一些周期短、见效快、应用性好的项目。

2．努力争取在国家的科技规划中增加海洋科技的分量，增加在海洋科技方面的国家专项，在海洋高技术领域、在海洋重大基础研究领域，争取有新的突破，努力跟踪世界海洋科技最新动态，大力开展海洋科技创新，尽快缩小与先进国家的差距。

3．积极参与国家航天计划，推动海洋系列卫星专项，努力使海洋卫星成为我国的三大民用系列卫星之一，使海洋卫星成为我国海洋立体监测的主要手段之一。

4．主动为国防建设服务。要从讲政治的高度，与有关部门密切配合，认真组织好国家专项，按国家的要求圆满完成任务。

5．大力推进海洋科技体制改革，加快海洋科技产业化进程，加大海洋科技成果的转化力度，建立适应海洋发展新时期的海洋科研创新体系。

（其他内容略）

国家海洋局副局长
陈连增在全国海洋厅局长会议上的讲话

（2000年8月28日）

一、关于海洋环境保护工作

海洋环境保护工作是海洋行政管理工作的重要组成部分，它直接关系到沿海地区社会经济能否实现持续、健康和快速发展。因此，做好海洋环境保护工作是我们各级海洋行政管理部门义不容辞的责任。今年4月1日起施行的《海洋环境保护法》，为各级海洋行政管理部门依法监督管理海洋环境提供了法律依据，为我们依法治海提供了法律保障。

根据新的《海洋环境保护法》的有关规定，海洋行政管理部门对海洋倾废和海洋工程的环境保护工作行使全面的行政管理职权；对海岸工程的环境影响报告书行使行政审核权；对海洋环境调查、监测、监视和评价工作承担着组织管理的责任和义务。另外，根据法律赋予的监督管理海洋环境的职能和国务院赋予海洋行政主管部门的“三定”职责，我们在海洋环境保护规划、海洋污染物总量控制、海洋生态保护等方面也具有相应的行政职责。

为了认真履行《海洋环境保护法》和国务院“三定”方案赋予的职责，近一段时期以来，国家局按照温家宝副总理的批示，紧紧围绕“规划、立法、管理”三个方面全面开展海洋环保工作。

在规划方面，国家局在国家计委等有关部门的大力支持下，在山东省、河北省、辽宁省和天津市海洋行政主管部门的积极配合下，完成了《渤海综合整治规划》和《渤海综合整治规划“十五”计划实施方案》，并与以上三省一市人民政府共同签署发表了《渤海环境保护宣言》。国家局编拟了《全国海洋生态建设规划》，完成了《中国海洋减灾规划》的编制筹备工作。在立法方面，国家局依据《海洋环境保护法》的有关规定，在全国人大法律工作委员会、法律委员会和国务院法制办等有关部门专家的指导下，开展了配套法规的制订工作。目前，国家局已完成了《海洋工程环境保护管理条例(草案)》和《海洋倾废管理条例(修订草案)》以及立法论证材料的编写工作，近期将征求国务院有关部门和沿海省区市的意见。国家局还开展了海洋监测、调查、石油平台废弃处置、对外交换和提供海洋资料等管理的部门规章拟订工作。在管理方面，国家局向沿海省区市人民政府发出了《关于贯彻实施〈中华人民共和国海洋环境保护法〉的若干意见》和《关于加强海洋环境公报工作的意见》；向国务院、全国人大有关部门和沿海省区市人民政府发送了《20世纪末中国海洋环境质量报告》，并发布了《20世纪末中国海洋环境质量公报》。国家局加强了对海洋石油勘探开发环境保护工作的监督管理，依法审批了环境影响报告书；开始对海洋临时倾倒区进行清理，并加强了海洋倾倒区监测工作；调整了海洋环境监测体系；组织了《中国海洋监测系统—海洋站和志愿船监测系统建设》项目的实施。

为了更好地履行监督管理海洋环境的职责，国家局及时将第二次全国海洋污染调查情况以及有关建议上报国务院，引起了国务院领导同志的重视。温家宝副总理批示：“要重视和加强海洋环境保护工作”，并要求我局与国家环保总局牵头，组织国务院有关部门，就我局提出的有关海洋环境保护的几个重大问题进行讨论。为贯彻落实温家宝副总理的批示精神，我们邀请了国家计委、农业部、交通部、国土资源部、海军环办等部门的领导和同志在京召开了座谈会，对海洋环境保护规划、海洋污染物总量控制、海洋生态保护和海洋环境保护联合执法等重大问题进行研究，并在大的方面取得了共识。有关具体问题，我们还将作进一步的研究。

当前，海洋环境保护工作正处在承前启后、继往开来的历史时期。作为海洋行政主管部门，肩负着光荣的历史使命，任重道远。如何在新的海洋世纪里认真履行《海洋环境保护法》赋予的职责，搞好海洋环境保护工作，这是我们面临的共同任务和责任。因此，充分发挥国家局与地方厅(局)两方面的积极性，在海洋系统内部建立起一个分工合理、责任明确的管理体制和运行机制，上下齐心、步调一致、形成合力，是我们克服困难、全面落实法律和行政职责的重要措施。

首先，各级海洋行政主管部门要继续深入学习领会《海洋环境保护法》，提高对海洋环境保护工作重要性的认识。当前，各地方厅(局)要根据国家局《关于贯彻实施〈中华人民共和国海洋环境保护法〉的若干意见》，结合本地区的实际，积极主动地向当地政府提出本地区开展海洋环境保护工作的建议，力争使海洋环境保护工作在各级政府工作中占有重要位置。实践证明，只要我们从促进本地区社会经济可持续发展出发，考虑和部署当前海洋环境保护的工作重点并提出切实可行的建议，那么我们的工作就一定能引起各级政府和有关领导的重视和关注。

第二，要高度重视配套法规建设。新修订的《海洋环境保护法》，进一步强化了海洋行政管理部门在海洋环境保护方面的职责和任务，但仍有不十分明确的方面，需要通过配套法规加以细划。目前，国家的有关配套法规制订工作虽已全面展开，但是相应的法规出台还需协调各方面的意见，还需有一个过程。因此，在法规尚未出台之前，各级海洋行政管理部门可以依据地方政府赋予的职责，结合当地情况，及早着手地方配套法规的立法研究和调研，争取主动，积极推动地方法规建设。通过地方法规的先行，也可为制定国家的行政法规提供实践依据。同时，要通过行政性或规范性文件，加强对本地区海洋环境保护工作的政策性指导。要按照“法规依据明确的，要依法行政；法规依据不明确的，要依据职责行政”的原则，以对国家和人民利益负责的态度，锐意进取、大胆管理、勇于实践，努力开拓海洋环境保护新的工作领域。

第三，要重视海洋环境监测机构的建设，确立监测工作的基础地位。海洋环境监测是海洋环境保护工作的基础，是我们履行监督管理职能的技术依据。《海洋环境保护法》赋予了海洋行政管理部门组织并管理海洋环境监测的重任，因此，做好海洋环境监测工作是各级海洋行政管理部门应尽的法律义务。当务之急，各省区市海洋行政主管部门要利用当前机构改革的时机，结合国家局组织的《海洋环境监测系统》建设项目的实施，把各省级海洋环境监测中心或监测总站建立起来。在基本建设方面，我们提倡联建、共建，有条件的地方可以自建。总之，我们要尽快建成一个由国家、省、市、县四级业务体系组成的海洋环境监测系统，以担负起法律赋予我们监督管理海洋环境保护的职能。

第四，要做好今年的海洋环境监测工作，及早着手制定明年的监测计划。国家局已印发了《2000年海洋环境监测工作方案》。各级海洋行政管理部门要根据方案要求，切实安排好今年的监测任务，并加强对任务执行情况的监督检查，年底以前要将监测报告报国家局。此外，各级海洋行政管理部门要抓紧制定2001年海洋环境监测计划，并纳入到国家的2001年海洋环境监测方案中，有关具体要求国家局将另行规定。国家局将根据各省区市海洋监测工作进展的情况，逐步将重点放在远海常规趋势性监测上，近岸或近海海域的常规趋势性监测将由省区市海洋行政主管部门负责组织并管理；针对行政管理对象的监督性监测工作将按照管理权限由国家和省区市分工负责；对海水养殖区、浴场等的服务性监测工作由省区市海洋行政主管部门负责为主；对重大环境事故的应急性监测将按照应急监测计划实施。海洋环境监测监视资料和信息的管理，要做到互通有无、资源共享，按照统一标准和技术要求制作，并确保上传下达。

第五，要做好海洋环境公报发布工作。发布海洋环境公报是各级海洋行政管理部门履行海洋环境监督管理职能的重要形式，是行政管理形象和服务形象的具体体现。为此，国家局已于近期下发了《关于加强海洋环境公报工作的意见》，各级海洋行政管理部门要按照《意见》的要求，在做好环境监测工作的基础上，定期评价海洋环境质量，发布海洋环境公报，及时通报、报告重大海洋环境事件；有条件的地方要通过有效的传播媒介实时发布生产或生活活动频繁海域的海水环境质量状况，形成社会舆论监督力量。各省区市海洋行政主管部门要根据本地区第二次海洋污染调查成果，尽快发布本地区的20世纪末海洋环境质量公报，并向当地政府作出专门报告，以引起政府领导的重视。从明年开始，各省级海洋行政主管部门要按照《意见》要求，发布上一年度的海洋环境公报。国家局的监测机构要积极支持地方海洋行政管理部门公报编制工作，做好技术服务。

第六，要加强海洋倾废和海洋石油勘探开发环境保护管理工作。目前，国家局正在研究省区市海洋行政主管部门如何开展海洋倾废和海洋石油勘探开发环境保护管理工作的指导性意见，这是强化省区市海洋行政管理工作的一项重要措施。各级海洋行政管理部门要从大局出发，以对国家、对法律负责的态度，认真做好各项管理工作。

第七，要积极创造条件，开展污染物排海总量控制研究工作。对重点海域实施排污总量控制制度是新修订的《海洋环境保护法》确立的一项重要措施。国内外有关专家研究结果表明，在确定海洋纳污容量的基础上，实施重点海域排污总量控制制度，是一种较为科学的污染控制方法，这与环保部门目前实行的目标总量控制有不同之处。目前，国家局已经完成了大连湾、胶州湾总量控制试点方案，正在开展辽东湾和渤海湾总量控制方案的研究制定工作，宁波海洋与渔业局也正在开展象山港污染物总量控制方案制定工作。各地海洋行政管理部门可结合海洋功能区划工作，选择一两个有代表的海湾或海域，开展总量控制研究工作，制定总量控制试点方案，为全面推行总量控制制度提供依据。对此，国家局所属科研机构应予以积极的支持。

第八，要依法对海洋工程与海岸工程环境保护实施管理。根据《海洋环境保护法》和《建设项目环境保护管理条例》的有关规定，我们要对海岸工程建设项目和海洋工程建设项目的环境影响评价大纲以及环境影响报告书实施全面审查。可按照以平均大潮高潮线为界的原则，对海洋工程环境影响评价报告书实施审批，对海岸工程环境影响评价报告书实施审核，对拒不执行法律规定的建设单位要予以严肃查处。要积极与当地政府沟通，取得支持，并通过我们细致的工作来竖立海洋行政主管部门的威信。目前，有些地区在海洋工程环境管理问题上已经取得突破。总之，我们可以配合运用海域使用管理制度，积极主动向业主做好宣传工作，在管理实践上有所突破。

第九，要积极开拓海洋生态保护工作领域。虽然《海洋环境保护法》对海洋生态保护只强调了各级政府的责任，但是根据法律和“三定”职责，海洋行政管理部门负有监督管理海洋环境的法律职责，以及监督管理海洋生态环境的行政职责。目前，通过建立保护区对具有典型意义和具有高开发利用价值海域的生态环境实施海洋自然保护和特别保护，仍是我们保护海洋生态的最重要的方法和手段。各级海洋行政管理部门要高度重视保护区的建设，严格对保护区的管理，加大对保护区人、财、物的投入。要针对海洋生态破坏日趋严重的情势，尽最大努力抢建一批海洋自然保护区和海洋特别保护区。要以可持续发展为原则，积极探索保护区科学的管理模式，有选择地、有控制地开展保护区生态恢复、生态养殖、生态旅游、生态教育等活动，做到以区养区，增加保护区持续发展的后劲。同时，要加强对保护对象的监测，随时掌握生态环境变化情况，及时调整管理措施。

第十，要继续做好海洋灾害预报警报工作。减灾防灾是沿海各级政府和公众关心的大事，我们海洋行政管理部门承担着海洋灾害预报警报工作，因此要务必抓好。根据国务院办公厅的要求，国家局从今年开始向温家宝副总理报送了风暴潮、赤潮等重大海洋灾害预报、警报，温副总理非常重视，并将国家局报送的海洋灾害预报、警报批转有关部门领导。沿海各级海洋行政管理部门不但要向公众和有关部门及时发布海洋灾害预报、警报，也要积极与政府有关部门沟通，争取直接地、及时地向政府主管领导报告重大海洋灾害预警报情况和灾情，主动做好服务，以进一步发挥海洋行政管理部门在减灾防灾工作的作用。

二、关于海洋执法监察工作

海洋执法监察工作是海洋行政管理工作的一个十分重要的环节，这个环节的工作能否到位，直接关系到海洋行政管理工作的成败。执法监察工作做好了，不仅会大大促进行政管理工作的开展，还可以促进立法工作进程。在去年初的全国海洋厅局长会议上，国家局提出，强化海域使用管理、海洋环境保护和海洋执法监察是各级海洋行政管理部门必须高举的“三面旗帜”，对此，各级海洋行政管理部门应当继续坚定不移地贯彻。

随着海洋行政管理工作的不断深化，我国的海洋执法监察工作已开展了16个年头。1983年经国务院领导同意，“中国海监”队伍正式开始对我国管辖海域实施全面巡航执法活动。1984年10月9日，时任全国人大常委会委员长的彭真同志，亲自为国家局的执法船舶题写了“中国海监”四个字。进入90年代，国际间海洋权益的争夺日趋白热化，根据《联合国海洋法公约》的规定和我国的主张，我国管辖海域约为300万平方公里。同时，我国对海洋的开发利用也越来越多，海洋经济成为沿海经济发展的重要组成部分。这些使得海洋行政管理工作的任务急剧加重，随之对海洋执法监察水平和有效性都提出了更高的要求。为此，1998年国务院赋予国家局“监督管理海域使用”、“保护海洋环境”、“依法维护海洋权益”、“管理中国海监队伍，依法实施巡航监视、监督管理，查处违法活动”等职能。同年10月19日，中编办以中编办[1998]39号文，正式批准成立“中国海监总队”。1999年5月7日国家海洋局以国海人发[1999]249号文印发了中国海监总队的三定方案，这些重要举措均为中国海监队伍的发展与壮大奠定了坚实基础。

中国海监队伍经过十几年的建设，已初步形成了国家与省市相结合的执法监察体系，有效地开展了大量的海洋执法监察任务。1985～1989年，“中国海监”飞机和船舶发现船只排污419起，平台排污65起，其他违规行为530起，发现赤潮149起，处理或向有关部门通报事件582起。1990～2000年，据不完全统计，共出动“中国海监”飞机1 200余架次，航程114万多千米；出动“中国海监”船舶2321航次，航程100多万千米，仅在倾废、排污方面就发现和查处违法、违规事件1 300余起。十几年来，各沿海省区市也都先后建立起自己的海洋管理机构和执法队伍，成为海洋执法监察不可缺少的一支力量。近年来，中国海监总队组织各海区总队和各省区市总队又做了以下大量的工作，充分显示出了这支队伍的勃勃生机。

首先，开展了一些有声势、有影响的执法监察行动。去年底和今年初，中国海监总队组织三个海区总队和各沿海省区市执法队伍，开展了首次全国范围的海砂等海洋矿产资源勘查开采联合监督大检查行动。今年4月，东海总队对美国“罗杰”号海洋调查船实施了登船检查，实现了对涉外海洋科研活动执法监察零的突破，并为今后的工作积累了宝贵的经验；7月，北海总队对韩国EARDO调查船海上调查活动实行全程跟踪监视，维护了国家海洋权益。今年6月下旬，南海总队、广西国土资源厅、广西海洋局等共同在广西沿岸海域开展联合执法检查，得到了当地政府的大力支持和肯定；东海总队组织宁波、舟山海洋与水产局在宁波、舟山海域开展海空协同综合执法，取得了较好效果；为配合新修订的《海洋环境保护法》的实施，今年4月至5月北海总队开展了渤海、黄海海域海洋石油勘探开发的专项执法检查。

第二，加强了海洋执法监察规章制度的建设。一年来，中国海监总队在海监系统中已先后建立了海洋执法监察通报制度、海区海洋执法工作例会制度；印发了海洋行政执法文书格式、海洋违法案件查处工作程序、涉外海洋科学研究执法监察工作有关问题的通知等；开展了海洋行政案例分析工作；建立了中国海监海洋违法违规事件举报制度等。目前，行政处罚案件统计制度、海洋执法监察公报制度，《海洋行政处罚实施办法》、海洋环保执法工作程序等规定已完成初稿。相信经过一段时间的努力，一整套的中国海监执法监察规章制度体系将会形成。

第三，继续积极推进国家和地方海监队伍的一体化建设工作。今年上半年中国海监总队组织了调研小组，分两路赴沿海16个省区市及计划单列市海洋厅(局)，就地方海监队伍建设问题进行了专题调研。调研后，总队向局党组提交了比较有分量的调研报告，就海监队伍近期建设的一些重大问题提出了意见和建议，对推进国家和地方海监队伍的建设起到了积极的作用。此外，今年上半年，中国海监总队标志设计工作已完成，共提交设计图案30余个，有关图案已经局领导审查批准，标准图、拆分图和坐标图已制作完毕。新式服装的样服制作大部分已在1999年底制作完成，今年上半年又加强调研工作，研究各式服装的制作工艺标准，制定有关管理规定，预计年底前可完成安排生产和部分着装。

在2000年年初召开的国家局党组扩大会议上，王曙光局长提出了今年十大重点工作任务之一就是强化执法监察工作。我相信，对这项光荣而艰巨的任务，中国海监队伍会尽全力完成。下面，我就海监工作提出以下几点意见：

第一，要大力推进省区市海监队伍的组织体系建设。中国海监队伍是一支国家与地方相结合的海洋执法队伍，地方海监队伍是中国海监队伍的必要组成部分。各省区市海洋行政主管部门要以本次地方机构改革为契机，着眼长远、立足当前，加快省区市海监队伍的建设步伐。我们要求各厅(局)均应设立一支在厅(局)领导下的、相对独立的、有较完整建制的省区市海监队伍，这是各省区市开展海洋行政管理工作的必备条件。王曙光局长在年初国家局党组扩大会议上提出："我们要统一认识，统一行动，逐步建立强有力的、一体化的由国家、省区市、地市、县市四级组成的层次分明、协调一致、互相衔接的行政管理体制，保证管理工作的统一性、整体性和系统性"。根据这一要求，中国海监队伍的整体建制也应与国家海洋行政管理体制相对应，即应形成国家-省区市—地市—县市四级管理体制。中国海监总队是中国海监队伍的领导机关，国家局在各海区设立的海区总队是国家海监队伍。省区市海监队伍原则上应为三级建制，即：省区市级机构为"中国海监××省(自治区、直辖市)总队"；地市级机构(包括计划单列市)为"中国海监××市支队"；县市级机构为"中国海监××县(市、区)大队"。本次省级机构改革，各省区市海洋行政主管部门均应首先设立省区市海监总队，今后随着地方机构改革的推进，根据实际需要逐步设立市级和县级的海监队伍。在领导体制方面，每一级海监机构都受上一级海监机构和同级海洋行政主管部门的领导，以同级海洋行政主管部门领导为主，即：中国海监总队与省区市海洋厅(局)对省区市海监总队实行双重领导，以省区市海洋厅(局)领导为主，省以下类推。计划单列市海监队伍的上一级是省海监总队。

中国海监队伍的主要任务是：依照国家和地方的有关法律、法规，对我国管辖海域实施巡航监视，查处违法、违规案件，并根据行政委托或法律授权开展其他海上行政执法工作。中国海监队伍应紧紧围绕海洋权益维护、海洋资源管理和海洋环境保护三大领域开展执法工作。目前中国海监队伍所依据的法律、法规和规章主要有：《领海及毗连区法》、《专属经济区与大陆架法》、《涉外海洋科学研究管理规定》等维护国家海洋权益的法律、法规；《铺设海底电缆管道管理规定》以及国家海域使用管理方面的地方性法规、部门规章和地方政府规章等海洋资源管理的法规和规章；《海洋环境保护法》、《海洋石油勘探开发环境保护管理条例》、《海洋倾废管理条例》和《海洋自然保护区管理办法》等海洋环境保护方面的法律、法规和规章。随着我国海洋立法进程的不断加快，中国海监队伍执法所依据的法律、法规将会越来越多。

在海洋行政管理部门内部，应实行执法监察与行政管理相对分离，即行政管理权与行政处罚权由内部的不同部门分别行使：日常的海洋行政管理工作，如审批、发证、订立规章等立法和行政许可的工作由海洋行政主管部门机关的内设处室来承担；而执法检查、违法案件的查处工作可由执法监察部门(海监队伍)来承担。目前，中国海监各级机构以各级海洋行政主管部门机关的名义行使行政检查权和行政处罚权。我认为，由中国海监队伍来承担行政检查与行政处罚工作，既可以充分发挥这支队伍的作用，也可分担机关业务部门工作的压力，使他们能集中精力抓好大事，履行好日常管理职能和监督职能。同时，实行行政管理权与行政处罚权相对分离，有利于形成行政管理部门内部的权力约束机制，有利于提高两权的效力，也可以避免行政机关自批、自管、自查、自罚的模式。

第二，要强化中国海监队伍的执法能力建设。中国海监队伍是一支迅速崛起的队伍，并日益受到各方面的重视和关注。从海洋行政管理工作的迫切需要和中国海监队伍担负的重要使命看，我们必须在短时期内加快中国海监队伍发展的步伐。中国海监总队成立后，为了这支队伍的长远发展，已经做了大量的基础性工作，成绩是值得肯定的。但我们仍然要看到，我们这支队伍整体上距离人员素质好、装备精良、运转高效、准军事化的目标还有很大差距，必须励精图治，扎扎实实，通过做大量的基础性工作才能实现这个目标。当前，中国海监队伍要从以下几个方面加快能力建设步伐：

1. 应加快规章制度特别是行政执法程序性规章制度的建设。1996年出台的《行政处罚法》已经在行政处罚方面作出了比较全面的程序性规定。目前，中国海监总队正在着手组织中国海监各海区总队和省区市海监总队拟订《海洋行政处罚实施办法》，以及其他各单项法律规章的行政执法程序性规定，目的就是使我们这支队伍能依法执法、规范执法，保证行政执法行为的合法性和合理性。

2. 应尽快提高行政执法人员的素质。执法人员素质的高低是决定执法水平高低的一个重要因素，海监队伍要具有较高的执法水平，执法人员的德、才、体、能等方面都应具备较高水准。要实现这一目标需要从三个方面入手。一是要把好人员“入口关”，将有道德、有知识、守纪律的人员吸收到中国海监队伍中来；二是要加强业务培训，包括法律知识、海洋知识的培训，尽快提高业务素质，并逐步建立和推行海洋执法监察人员的等级制度；三是要加强思想政治教育，使他们具有良好的职业道德和品德修养；四是要加强工作作风的培养，使其具备认真、仔细、踏实和果断的工作作风。中国海监总队正在加紧制定中国海监队伍的教育培训规划，力争在今年内推出一些举措，以大力推进队伍的培训建设。各省区市海监总队2000年下半年的重点是做好人员的到位，并按中国海监总队的统一部署开展队伍的教育培训工作。

3. 应加强执法的装备建设和各项业务系统的建设。运用高科技手段和具有精良的装备是衡量现代海洋监察执法能力和水平的重要标志之一。我国的海洋行政执法装备与发达国家存在着较大的差距，为有效的维护国家海洋权益、监管海域开发活动、保护海洋环境，必须充分利用高科技手段，加大对执法物资装备的投入力度。目前，国家局正在认真落实国务院领导同志的批示，积极向国家有关部门申请建造中国海监船舶、飞机，以加强中国海监队伍的装备力量。明年将要发射的我国第一颗海洋卫星，必将为中国海洋执法监察提供重要的技术支持。中国海监总队拟组织制定中国海监执法监察装备的配备标准，以指导中国海监队伍的装备配备。同时中国海监标志和执法人员的新式制服已设计完毕，并将于年内正式启用。另外，中国海监总队还在加紧建设执法监察的各业务支持系统，如信息处理系统、技术支持系统等，这些基础系统的建设将大大提高中国海监执法工作的有效性和科技含量。

第三，要理顺国家与省区市海监队伍的职责分工，加快中国海监队伍的一体化进程。关于国家与省市海监队伍的职责分工问题，通过中国海监总队组织的调研，以及王曙光局长亲自指导，现在有了一个基本的考虑。基本想法是，不搞重复建设，不在同一地区重复设置执法机构，更不能造成执法内容交叉。

关于国家与省区市海监队伍的“一体化”问题，我们认为，国家与省区市海监队伍应实行

"一体化"管理。"一体化"应体现在以下几个方面：称谓一体化；领导体制一体化；主要职能一体化；服装与标识一体化；执法程序与执法文书一体化；计划任务与组织指挥一体化；执法装备一体化；业务管理制度一体化；人员培训和执法证件一体化。目前，中国海监总队正在组织海区总队和省区市总队开始考虑2001年的执法监察工作计划问题，这是贯彻"一体化"思想的一个重要行动。

对于今后一段时期内海洋执法监察工作的开展问题，根据我国的有关法律规定，国家与省区市海监队伍应统一执法，多搞联合行动，以加大执法监察力度。近年来开展的执法行动，实践证明是行之有效的。特别是在海洋环境保护方面所开展的联合执法行动，已被新的《海洋环境保护法》所确认，具有法律地位。我们要在海洋执法监察的实践中，不断总结经验，建立健全行之有效的执法运行机制，以提高我们执法监察的显示度和效率。王曙光局长提出，要真正树立"一盘棋"、"一家人"的思想，在省区市海监队伍开展执法工作中，国家局会尽自己最大努力给予各方面的支持，包括提供船舶、飞机、监测观测设备以及技术手段、资料信息等方面的支持。

（其他内容略）

专文
Monograph

保护与合理利用海洋资源 建设海洋强国

田凤山

（国土资源部）

海洋是全球生命支持系统的一个重要组成部分，也是一种有助于实现可持续发展的宝贵财富。进入新世纪，随着人口、资源、环境问题的日益突出和科学技术的飞速发展，人们更加深刻地认识到，有效保护与合理开发利用海洋资源，是解决当今全球人口膨胀、资源短缺、环境恶化的重要途径。科学家们已经预言，人类社会的繁荣和发展将越来越多地依赖海洋，海洋将为人类社会的可持续发展作出越来越大的贡献。

海洋覆盖了地球表面的71%，蕴藏着巨大的开发利用潜能。在生物学家看来，海洋是生命的摇篮。地球上所有生物的祖先——原始生命，就是在海洋中孕育诞生的。海洋既是生命的诞生地，又是生命生存和发展必不可少的条件；在经济学家看来，海洋是资源的宝库。海洋中有很高的生物生产力，有丰富的生物资源，是人类蛋白质资源的“仓库”。据科学家计算，世界上约有90%的动物蛋白质存在于海洋。许多海底区域蕴藏着丰富的石油、天然气、多金属结核等矿产资源，海水中溶解了大量的矿物物质，海洋是人类进行物质生产重要的潜在原料来源；在环境学家看来，海洋是地球环境的调节器。海洋吸收4/5的太阳能，生产大气中70%的氧气，吸收大量的二氧化碳，蒸发出的大量的水气以降雨形式滋润陆地，同时还有很强的净化能力，分解和消除某些有害物质；在战略家看来，海洋丰富物质资源和巨大的空间资源，不仅为经济发展提供了重要的基础，而且为国家战略安全奠定了坚实的基础。由此可见，海洋的有效保护与合理开发利用，事关国家的主权、经济和安全，牵系着民族的兴衰，已为世界各国尤其是沿海国家广泛关注和高度重视。

中国是一个海洋大国。按照《联合国海洋法公约》的有关条款和中国的主张，中国管辖海域面积约300万平方千米，相当于中国陆地面积的近1/3。在此广阔的区域内，大陆岸线长1.8万余千米，岛屿6 500余个，拥有丰富的滩涂、旅游资源、海洋生物、石油天然气、天然气水合物、海水化学资源，海洋开发利用潜力巨大。

目前，以海洋资源开发为主要内容的海洋经济，已经成为中国国民经济的重要组成部分。2000年，中国主要海洋产业总产值已达到4 000余亿元，海洋在国民经济和社会发展中的贡献率显著提高。中国沿海地区之所以能以占全国13%的土地养活占全国40%的人口，生产出占全国60%的国内生产总值，其中海洋发挥了极为重要的作用。实践证明，充分利用海洋资源，迅速形成与中国国际地位相适应的海洋综合开发能力，切实加强海洋资源的开发、利用和保护，是中国经济社会发展的现实需要。

21世纪，是人类全面认识、开发利用和保护海洋的新世纪。海洋在全球政治、经济、军事格局中的战略地位日益突出，维护海洋权益、保证安全的斗争更加尖锐复杂。人类开发利用海洋的能力不断提高，海洋经济特别是海洋高新技术产业将成为世界经济新的增长点。伴随世界海洋经济发展的浪潮，中国海洋事业发展虽然取得了一定成就，但我们也应深刻认识到，中国并不是一个海洋强国。海洋产业总产值在国内生产总值中所占的比重还比较低，海洋产业结构也不尽合理，海洋开发利用的科技含量较低，海洋开发利用的技术装备还比较落后，许多方面的海洋开发利用还处在粗放阶段，无序、无度、无偿开发海洋资源的现象时有发生；同时，随着沿海地区人口的不断增加和经济快速发展，海洋生态环境问题日益突出，陆源污染排放失控，近海污染范围不断扩大，突发性污染事件屡有发生；海洋管理的法律制度和体制机制也不够完善。这些问题的存在，制约了中国海洋事业的健康发展。

中国作为最大的发展中国家，耕地、石油、淡水等重要的战略性资源日益短缺，对经济社会可持续发展的保障能力不断下降。当今世界，以科技革命为动力的海洋能源开发、海水综合利用、海洋生物产业将实现重大突破，成为缓解全球能源、水资源和粮食问题的重要途径。加强海洋管理、保护海洋环境、实现海洋的永续利用，成为人类社会的自觉行动。保护海洋、开发海洋、永续利用海洋已成为世界各国的共识和愿望。我们必须与时俱进，从国家与民族的长远利益出发，以发展海洋经济为中心，贯彻实施科教兴国和可持续发展战略，切实维护海洋权益，科学保护和合理开发利用海洋资源，有效预防和减轻海洋灾害，努力增强中国海洋开发、利用、控制等综合能力，把中国建设成为海洋强国。

“十五”乃至今后一个时期，中国海洋工作要以邓小平理论和江泽民同志“三个代表”的重要思想为指导，以有效维护国家海洋权益、合理开发利用海洋资源、切实保护海洋生态环境为主线，以推动海洋经济可持续发展为中心，以满足经济社会发展对海洋资源不断增长的需要为基本出发点，建立和完善海洋法律、海洋规划、海洋管理三大体系，努力实现海洋工作管理体制系统化、执法监督一体化、行政管理法制化和行为规范国际化，促进中国海洋事业持续、快速、健康发展。

实现上述目标任务，要集中精力，突出重点，做好以下几方面的工作。

一是全面推进依法行政，强化国家海洋权益。维护国际海洋新秩序和国家海洋权益，是发展中国海洋事业的前提条件。我们要认真贯彻执行《联合国海洋法公约》、《中华人民共和国领海及毗连区法》等法律法规，着眼于和平与发展的大局，维护好国家的海洋权益。加大《海域使用管理法》的宣传教育和执法监察力度，尽快改变海域使用中的无序、无偿、无度状况，推进海域使用管理法制化、规范化、科学化。进一步完善海洋法律法规体系，强化海洋行政管理，严格组织实施海域使用许可制度和有偿使用制度，有效维护国家作为海洋所有者的权益，切实保护好海域使用者的合法权益，依靠法律手段管好用好海洋资源。建设“中国海监”队伍，加强海洋执法监察。积极推行联合执法，及时发现并依法查处破坏海洋资源、污染海洋环境、违规使用海域等违法案件。不断完善海洋功能区划和规划，加强海洋开发和保护的科学管理。在组织制定全国大比例尺海洋功能区划的基础上，积极指导沿海地区制定并完善本地区的海洋发展规划，推进沿海陆地区域与海洋区域一体化开发，推动沿海地区进一步繁荣发展。进一步健全完善管海用海体制，加强海域的使用和管理。

二是继续加强调查评价，提高海洋开发利用水平。调查评价，是海洋开发和管理的基础。当前，在中国海洋工作中，一个很重要的任务就是要做好中国海洋资源的调查评价工作，建立完善国家战略性资源可持续供应体系。中国近海大陆架油气资源比较丰富，具有相当大的开发潜力，但是目前油气勘探程度还很低，除渤海的探明率相对较高（约10％）外，其他海区的探明率约５％～６％。一方面，要进一步加大中国近海油气的勘探开发力度，保证到“十五”计划末海上油气产量达到4 000万吨油当量；另一方面，要在国土资源大调查中有计划地部署海洋基础地质调查工作，查明海底资源状况，并开始对南海和东海可能发现天然气水合物资源的海区进行调查，力争有所突破和发现。

三是依靠科学进步，发展海洋经济。海洋中的无穷奥秘，需要依靠科技才能得以揭示。海洋中的宝贵资源，需要凭借科技去开发。在新的世纪，对海洋的认识、开发和管理，将更加依赖海洋科学技术的进步。要进一步健全完善海洋科技创新体制、机制，坚定不移地推进“科教兴海”战略。加强海洋基础研究，重视海洋生物技术、海水淡化与海水直接利用技术、海洋能源开发技术、海洋新材料技术的研究和创新，组织开展海洋关键技术攻关，发挥科技对海洋经济的推动作用。加快先进应用技术的推广应用，依靠科技进步改造传统海洋产业，促进传统海洋产业的升级和新兴海洋产业的发展，抢占竞争制高点，培育海洋高新技术产业，优化海洋经济结构。

四是保护海洋环境，促进海洋资源的永续利

用。要切实把海洋保护放在事关可持续发展的战略高度，抓紧抓好，全面贯彻落实新修订的《海洋环境保护法》。坚持海洋资源开发与海洋环境保护同步规划、同步实施、同步发展。重点加强陆源污染物管理，逐步实行污染物总量控制，防止海洋环境退化。开展重点海域自净能力和环境容量的研究，提高海洋保护和开发利用水平。大力加强科技攻关，推行“清洁生产”，扶持污水处理产业的发展，力求从污染的源头上加以控制。发挥各方面的积极性，对渤海等重点污染区域进行综合整治，对沿海地区经济效益差、治理无望的污染大户坚决给予关、停、并、转，从源头上减少污染物的排放。建立新的海洋倾倒评价程序，加强海洋倾倒管理。加强赤潮的控制和治理。加强海洋生态保护区建设。

五是建立多元化的投资机制，加大海洋基础设施建设的投入。在海洋基础设施建设方面，除靠中央和地方财政外，还要制定和完善多元投资机制，积极鼓励国内社会团体、企业和个人的投入。以“全国海洋污染监测网”为基础，改造海洋监测仪器设备，提高海洋污染监测的准确、快速、全面程度。搞好海洋减灾防灾系统建设，提高海洋灾害预警预报水平和防灾、抗灾能力，减轻沿海地区人民生命财产的损失。

在建设海洋强国的过程中，还需要不断提高海洋工作者的素质，增强全民族的海洋意识，扩大海洋领域的国际合作与交流，发展海洋科学技术和教育，等等。

目前，中国已经把合理开发利用和有效保护海洋资源列入新世纪的国民经济和社会发展总体规划，把海洋事业的可持续发展作为一项重大发展战略。相信在以江泽民同志为核心的党中央领导下，通过我们多方面的积极努力，一定能把中国建设成为一个屹立于世界民族之林的海洋强国。 （本文作者系国土资源部部长）

加强海洋资源环境管理 促进海洋经济可持续发展

王曙光
（国 家 海 洋 局）

在太平洋西海岸上美丽的海滨城市青岛举行“2000年海洋科技与经济发展国际论坛”是一件很有意义的事情。我非常高兴地参加这次论坛，并预祝论坛取得圆满成功。现在介绍一下中国海洋资源、环境管理和海洋经济发展的情况。

一、中国海洋经济发展概况

中国是一个发展中的海洋大国，拥有18 000多千米的大陆海岸线和14 000余千米的岛屿岸线；按照《联合国海洋法公约》的规定，中国还对广阔的大陆架和专属经济区行使主权权利和管辖权。中国海域自然环境和资源条件总体上比较优越。海域生物种类繁多，生物多样性程度高；浅海、滩涂广阔，适宜发展人工水产养殖；沿海海湾众多，深水岸线400余千米，建港条件优良；中国海域油气资源和固体矿产资源储量丰富，具有较好的开发利用价值；沿海海洋能开发前景可观，仅潮汐能蕴藏量估计约为1.1亿千瓦。另外中国沿海地区还有众多旅游娱乐景观资源，适合发展海洋旅游业。同时，中国又是一个人口大国，陆地自然资源人均占有量低于世界平均水平，因此，海洋在中国国民经济和社会发展中具有重要的战略地位。中国政府十分重视海洋经济的发展，在稳步推进传统海洋产业发展的同时，努力培育和促进新兴海洋产业的发展。特别是改革开放以来，中国政府积极调整海洋产业结构，优化海洋产业布局，倡导科技进步，使海洋经济呈现出迅猛发展的势头。从20世纪80年代初至90年代末，全国主要海洋产业总产值连翻了5番，1998年已达3 270亿元，平均每年递增25%左右，大大高于全国经济平均发展速度，海洋经济已经成为国民经济新的增长点。

中国海洋经济虽然发展较快，但也存在一些问题，主要表现在：

海洋经济产业结构和区域布局不够合理，传

统产业仍占主导地位，新兴产业占的比例较小，海洋开发总体科技水平还较低，许多海洋开发领域尚处在粗放型阶段，海洋环境面临的压力越来越大。

由于对海洋资源的过量开发，有的资源已经开始衰退。海洋工程的大量兴建，加快了海岸形态的改变，致使生物资源再生能力和海岸带可持续利用价值降低。

由于缺少综合规划管理，各海洋产业之间用海矛盾突出，争占海域事件频频发生，海洋的综合优势未能得到充分发挥。

为了全面掌握20世纪末中国海域海洋环境质量的总体状况，国家海洋局于1997年至1999年组织了一次大规模的海洋污染调查。调查结果表明，中国近岸海域环境质量恶化的势头虽然得到了一定程度的控制，但是继续恶化的趋势仍未得到有效的遏制。主要表现为：近海污染范围不断扩大，大部分河口、海湾以及大中城市邻近海域污染日趋严重，环境污染损害事件频发。目前，有约20万平方千米的近海海域水质低于国家一类海水水质标准，其中约 4 万平方千米海域水质低于四类海水水质标准；受污染海域污染范围已扩展到离岸10～30千米，有的甚至扩展到离岸120～200千米，污染物质主要是氮、磷、油类、有机物和铅、汞等重金属。近海沉积物环境质量总体尚属良好，但一些河口、海湾的沉积物已受到有机物、营养盐、重金属以及有机氯化合物的污染。

90年代以来，中国海域营养盐污染和有机物污染呈逐年加重趋势，赤潮发生频率和范围加大，持续时间加长，10年间累计发现赤潮200余起，大规模的赤潮45起。另外中国海域溢油事件也屡有发生。这些都造成严重经济损失。

二、中国海洋环境和资源保护工作

中国政府十分重视海洋资源与环境的保护工作，在大力推进海洋经济发展的同时，积极探索一条在开发中保护，在保护中开发的发展模式，为解决海洋资源与环境问题进行了不懈的努力，做了大量卓有成效的工作。

1991年，国家组织了《全国海洋开发规划》的编制，1995年得到国务院批准，并颁布实施。开发规划为在宏观上指导全国海洋开发活动、促进海洋资源和环境的可持续发展，实现国民经济和社会发展战略目标提供了科学的决策依据。

从80年代末，国家海洋局组织沿海各省和国务院有关部门开展了全国海洋功能区划工作，根据海岸带资源与环境等自然属性和社会属性，对海域进行了功能分区，为海洋综合管理的实施提供了科学依据。

为了规范海上生产秩序，促进海洋资源的合理开发利用，国家海洋局和财政部1993年按照国务院的指示，制订了《海域使用管理暂行办法》，开始推进海域使用许可制度和有偿使用制度。通过沿海各地的积极探索，现已取得许多宝贵的经验，目前海域使用已进入国家立法程序，海域使用将步入依法管理的轨道。

为借鉴沿海发达国家管理经验，国家海洋局积极开展了与有关国际组织的合作，努力推进海洋综合管理在中国的实践与应用。1993年在联合国开发计划署等国际组织的支持下，在福建、广东、广西和海南建立了不同模式的海岸带综合管理示范区，取得了良好的效果，为在全国范围内建立海洋综合管理制度积累了经验。

为了全面掌握中国海域海洋资源、环境状况，国家海洋局会同有关部门和沿海各省开展了全国海岸带和海涂资源综合调查和多次海洋环境污染基线调查。同时，建立起以国家海洋环境监测中心、海区环境监测中心和海洋环境监测站为主体的国家海洋环境监测系统及其业务技术支持体系；组织并领导了由沿海省、自治区、直辖市、国务院有关部门监测机构组成的全国海洋环境监测网，为海洋环境监督管理和沿海经济建设做出了应有的贡献。

中国的海洋环境保护工作贯彻预防为主、防治结合的方针。环保部门、海洋部门、海事部门、渔业部门按照法律分工，加强了对陆源污染、海洋倾废、海洋石油勘探开发、船舶排污的控制与管理，为防治海洋环境污染，遏制环境恶化势头，作了大量的工作。国家建立并实施了海洋工程建设项目环境影响评价制度，有效防止了工程建设对海洋环境的污染和损害。

为加强海洋倾废管理，国家不断完善倾废管理制度，积极履行《1972伦敦倾废公约》。到目前为止，国家已建立了38个海洋倾倒区，对海洋倾废活动进行了规范，有效地控制了海上倾废活动对海洋环境造成的污染。

国家重视海洋渔业资源和渔业水域环境的保护，专门制定了《渔业水质标准》，建立了休渔区、休渔期和限量捕捞制度，重点对产卵场、索饵场、越冬场、洄游通道和养殖场进行了保护。

国务院各有关部门和沿海地方人民政府加强了对海洋生态环境的保护，国家海洋局颁布了《海洋自然保护区管理办法》。目前已建立各种类型海洋自然保护区59个，海洋特别保护区2个，为保护典型海洋生态系统和生物多样性作出了贡献。

为实施依法治国的伟大方略，扭转海洋环境恶化趋势，国家修订了《海洋环境保护法》。新法的颁布实施标志着中国海洋环境保护工作进入了一个新的阶段。目前，中国已建立起较完备的海洋环境保护法规体系和较完整的技术标准体系，为依法管海、护海提供了法律保障。

针对渤海资源与环境问题日趋严重的状况，国家海洋局从1996年开始，开展了对渤海综合整治的研究，现正在国家计委的指导下，会同有关部门编制“渤海综合整治规划”，力争用20年左右的时间使渤海的资源与环境功能得到恢复。

三、促进海洋经济可持续发展的基本对策

海洋资源与环境是海洋经济的物质基础，是沿海经济与社会发展的制约因素。实现海洋资源、环境的可持续利用是实现海洋经济可持续发展的先决条件。因此，加强海洋资源和环境管理，对于促进海洋经济可持续发展具有重大意义。在今后一段时期，中国海洋工作的基本指导思想和目标是：依法加强海洋管理，强化海洋科技创新，有效维护海洋权益，合理开发利用海洋资源，切实保护海洋生态环境，持续快速发展海洋经济，努力把中国建设成为海洋管理规范、海洋科技先进、海洋经济发达、海洋生态环境健康、海洋综合国力强大的海洋强国。为实现这一战略目标，海洋资源与环境管理将采取以下基本对策：

1．增强海洋意识，转变海洋观念。国家和社会的海洋意识和海洋观念的强弱直接影响海洋开发活动和海洋管理工作。大力开展宣传教育，使全社会关心和了解中国拥有的广阔蓝色国土，认识海洋在国民经济和社会发展中具有的重要地位和作用，提高全民的海洋意识，是海洋管理工作得以强化的社会基础。

2．做好海洋总体规划，实施海洋综合管理。海洋功能的复合性使海洋管理需要充分考虑多种功能和资源利用间的冲突与权衡，需要考虑特定历史阶段社会经济对环境的要求和对资源的需求，从而制定出各历史阶段的海洋资源开发与环境保护目标，形成有利于海洋开发利用、有利于保护区域环境的良性互动。建立海洋综合管理制度是贯彻可持续发展战略、履行国际义务的一项历史任务，也是当前国际海洋管理发展的趋势。

3．努力推进海洋法制建设。加强海洋法制建设是促进海洋资源、环境管理体制形成与完善的重要条件。当前，加强海洋法制建设的首要任务是制订海域使用管理法、海岸带管理法、海岛开发和保护管理法等，形成完备的海洋综合管理法律制度。在加强海洋法制建设的同时，要大力加强海洋执法队伍建设，加强各部门之间的协调与合作，做好执法管理工作。

4．加强海洋环境保护工作。海洋环境保护要继续贯彻预防为主、防治结合，谁污染谁治理，强化监督管理三大政策。全面贯彻落实《海洋环境保护法》，做好海洋环境保护规划，加强海洋环境调查、监测，加强污染源治理，严格海洋工程和沿岸工程的环境管理，优先解决近岸海域环境污染加速扩展问题、近岸海域大面积赤潮灾害问题、近岸海域生境破坏问题等，加强海洋生态建设，保护好近海高生产力生态系统。同时，建立重点海域排污总量控制制度，开展对渤海、长江口、珠江口、杭州湾等重点海域的污染治理和保护。

5．大力发展海洋科学技术。加强海洋基础科学研究，实施重点海洋环境调查，建立海洋环境和资源管理保障体系。加强海洋环境监测预报系统能力建设，建设海洋基础地理信息系统，提高海洋管理和公益服务能力。促进研究开发海洋高新技术，推动海洋高新技术产业发展和科技成果的产业化。

中国已经把合理开发利用海洋资源与保护海洋环境列入跨世纪的国民经济和社会发展总体规划中，已经把海洋事业可持续发展作为一项基本战略。随着生产力的不断发展，综合国力的进一步增强，以及国民海洋意识的逐步提高，中国的海洋经济一定能够实现持续、健康、快速发展的目标。 （本文作者系国家海洋局局长）

建设海洋强国必须加强高技术能力建设

孙志辉

（国 家 海 洋 局）

一、中国面临着严峻的国际海洋形势

1994年11月《联合国海洋法公约》正式生效，标志着国际海洋新秩序开始建立。世界沿海国家普遍以新的眼光关注海洋，把主权管辖海域作为蓝色国土开发利用和保护，积极向海洋索取陆地缺乏的战略资源，争夺海上战略利益。可以说，维护海洋权益，开发海洋资源，培育海洋产业，发展海洋经济，已经成为世界性大趋势和战略选择。

1996年，中国加入《联合国海洋法公约》，根据公约规定和中国的主张，中国可管辖海域由过去的37万平方千米增加至近300万平方千米，达到陆地国土面积的近三分之一。这片广阔的水域蕴藏着极为丰富的资源，充分开发利用这些资源，将是解决中国人口、资源和环境等沉重压力的重要出路之一。但同时，中国在海上面临的斗争形势十分严峻和复杂，任务也将是长期而艰巨的。

二、中国的海洋开发与管理亟需加强

海洋经济的快速发展，对海洋管理和海洋科技也提出了更高的要求。实践表明，加强海洋管理，尤其是海洋综合管理，是保证海洋资源和环境可持续发展的有效途径。中国的海洋行政管理体制从无到有，逐步形成了较为完整的体系。中国的海洋科学研究和高新技术也取得了跨跃性发展，海洋科学研究领域的多项重点攻关项目有了重大进展，海洋高新技术已经形成了包含20余个技术领域的海洋技术体系，为海洋经济的发展起到了强有力的支撑作用。

同时，中国的海洋法律也正逐步形成完善的体系。1958年，中国政府发表了关于领海的声明，确立了中国领海的基本原则和制度；1992年2月，中国公布实施《领海及毗连区法》；1998年，中国颁布了《专属经济区和大陆架法》。去年底新修订的《海洋环境保护法》已于今年4月1日起正式施行，此外，在全国人大和国务院有关部门的大力支持下，《海域使用管理法》的制订工作正在积极有序地进行，力争年底前人大常委会通过，这样一来，中国海洋基本法律体系将得以完善，将为维护中国海洋权益，提高海洋综合管理水平，推动海洋经济的进一步发展奠定良好的基础。

三、建设海洋强国，促进民族复兴

21世纪是海洋新世纪，21世纪是中国走向伟大复兴的世纪。在新的世纪里，全国人民特别是海洋工作者，肩负着把中国建设成海洋强国的伟大历史使命。历史经验告诉我们，真正的世界强国，同时也必须是海洋强国。1995年，江总书记强调：我们一定要从战略高度认识海洋，增强全民族的海洋意识。今年3月5日，江总书记在听取海南省人大代表汇报时进一步指出，建设海洋强国是中国新时期的一项重要历史任务。这些都要求我们要根据时代要求，从拓展生存空间、开发战略资源、巩固国防安全的角度出发，明确管好海洋的国家战略，作好海洋开发利用规划，强化海洋科技创新，持续快速发展海洋经济，切实保护海洋生态环境，有效维护海洋权益，加强海洋立法和海洋管理，努力把中国建设成为海洋科技先进、海洋经济发达、海洋生态环境健康、海洋综合国力强大的海洋强国。

四、加强高技术能力建设，服务于经济发展和建设

未来世界海洋领域的斗争将由单纯军事行动发展到政治外交、经济实力、海洋高技术能力相结合的综合国力较量，尤其是海洋高新技术将发挥越来越重要的作用。海洋，由于其环境的特殊和恶劣，开发难度很大，需要特殊的技术和设施。因此，加强海洋高技术能力建设，使中国的

海洋经济问题超越式发展，将是一项十分紧迫的战略性任务。充分利用现代高新技术，加强中国海洋高新技术能力建设，开展海洋调查研究，对维护海洋权益和国家安全、促进国民经济可持续发展都有着重要的现实意义和历史意义。采取军民结合、以军带民、以民促军、军地共用的方式，有利于经济建设和国防建设紧密结合、协调发展。中国整个海洋界经过几十年的发展，已形成了较为完整的科研和调查体系，拥有一支高素质的科技人员队伍，具备较强的科研调查和技术分析的能力，今后要努力促进海洋科技创新，大力发展海洋高技术，在国家的统一部署下，在努力做好为发展海洋经济服务的同时，积极为国防建设服务，为军民共用的海上工作多做贡献。

中国海洋事业在不断进步的同时，也存在不少问题。如全民海洋意识有待提高，海洋管理和执法体系须进一步加强和健全，海洋科技成果转化率偏低等，这些都需要我们进一步努力加以解决。我希望在这次会议上大家能针对中国海洋事业发展中存在的一些问题，特别是在海洋科学技术应用方面，进行更深入的探讨，提出更多、更好的建议。 （本文作者系国家海洋局副局长）

努力开拓新世纪渔业发展的新局面

杨 坚

（农 业 部 渔 业 局）

改革开放以来，中国渔业取得了长足的发展，产业结构进一步优化，产业素质明显提高。2000年，全国水产品总产量达4 279万吨，养殖与捕捞产量的比例由1978年25：75提高到60：40，水产品精深加工和综合利用能力明显增强，科技对产业发展的促进作用越来越大，为渔业的发展不断注入新的活力。渔业法制建设取得明显进展，渔业资源保护力度加大，渔业的国际化程度进一步提高，远洋渔业健康发展，水产品进出口贸易稳定增长。渔业的快速发展，为优化农业产业结构、促进农村经济全面发展、增加农民收入、满足市场供应、维护国家海洋权益做出了重要贡献，也为新世纪的渔业发展奠定了坚实的基础。

进入21世纪的中国渔业，其地位和作用与10年前、20年前相比，已经发生了很大的变化。党的十五届五中全会通过的《关于制定国民经济和社会发展第十个五年计划的建议》，特别强调要巩固和加强农业的基础地位，积极调整农业产业结构，加快发展畜牧水产业，提高农产品加工水平和效益，增加农民收入，为新世纪初期中国渔业发展指明了方向。

同时，随着农业和农村经济结构战略性调整的进一步推进，以及中国加入世贸组织后外部环境的变化，中国渔业发展面临新的机遇和更加广阔的发展空间。国务院发布的《2010年食物发展纲要》，确定到2010年中国人均水产品消费量再增加10千克的目标，说明社会对渔业的希望和要求比较高。从渔业发展的内部环境看，经过半个世纪的建设，特别是20多年来的改革开放和快速发展，为新世纪渔业的持续、稳定发展奠定了坚实的物质基础和有利的体制环境。这些都是中国渔业进一步发展的有利因素。

但我们也应该看到，新世纪之初世界经济形势复杂多变，经济全球化进程加快，人口、资源、环境矛盾日益突出，中国渔业的发展也面临许多困难和问题。如渔业水域污染严重，突发性污染事故急剧增加，破坏了水生动植物栖息环境，造成渔业生态环境恶化和渔业资源严重衰退，渔业可持续发展的基础遭到了严重的破坏。捕捞渔船盲目增加、捕捞强度过大的问题还未能有效解决，对渔业资源造成很大的压力。中国渔业管理还存在体制、制度和手段落后等问题，管理水平不高。2000年开展的全国渔船普查中清查出大量的“三无”渔船，暴露了管理体制和管理制度方面的许多漏洞。新的海洋制度实施，沿海渔业生产和渔区经济将受到严重影响，面临转产转业的巨大压力，渔民增收的难度加大。渔业产业结构调整还缺乏有力的保障措施，水产品市场体系还不够完善，水产品加工业水平不高，产业发展和渔民增收的空间受到了很大的限制。水产原良种和病害防治体系薄弱，渔港等基础设施建设还相对滞后，渔业可持续发展受到影响。

研究“十五”期间渔业发展问题，要充分分析有利条件和不利因素。有利的条件要充分利用，不利的因素要在发展中逐步消除。通过对影响中国渔业经济发展的各种因素的分析，对中国渔业“十五”发展总体目标提出以下设想：以调整优化渔业产业结构为主线，推进渔业产业化进程，提高产业素质和经济效益，努力增加渔、农民收入；以科技为动力，以质量、效益为中心，进一步提高中国渔业综合生产能力，为社会提供更加丰富、优质的水产品，改善人民食物构成，为保障粮食安全做出贡献；加快渔业法制建设，建立健全新的渔业管理制度，进一步增强养护和合理利用渔业资源的观念，使渔业资源衰退和渔业水域环境破坏的趋势得到有效控制；努力构建健康的捕捞业、发达的养殖业、先进的加工业、活跃的流通业、兴盛的休闲渔业，为实现渔业的可持续发展奠定基础。初步规划到2005年中国渔业发展的主要经济指标为：渔业总产值（1990年不变价）2 500亿元，渔业第二产业产值（1990年不变价）1 000亿元，第三产业产值(按现价)900亿元，渔民人均收入6 000元，水产品产量4 600万吨，养殖与捕捞产量的比例为65∶35，水产品人均占有量34千克。根据中国渔业发展的现状，对“十五”的发展必须充分认识到调整渔业产业结构、提高产业素质、增加渔（农）民收入的紧迫性；充分认识保护渔业资源和生态环境，实现渔业可持续发展的艰巨性和长期性。

一、把宣传贯彻新的《渔业法》作为全国渔业工作的重点，以此来带动全面工作

新《渔业法》的颁布实施，体现了国家对发展渔业的重视，体现了依法治国和依法治渔、促进渔业可持续发展的原则，具有鲜明的时代特点，标志着中国海洋渔业发展进入了一个新的阶段。

一是要抓紧相关配套法规的制定。根据《渔业法》的要求，重点开展养殖证和捕捞许可证制度、水产资源繁殖保护条例、渔船管理和检验、渔船报废制度、渔港管理和水产种苗管理等法规的制定和修订。渔业行政立法是渔业行政管理的一项基础性工作，也是依法行政的重要前提，各级渔业行政主管部门都要把这项工作放到非常重要的位置，通过相关法规的配套，形成比较完整的渔业法律体系，使《渔业法》得到全面的贯彻实施。

二是要依法加强渔业执法队伍建设。新《渔业法》根据依法行政和廉政建设的要求，对行政主体及其工作人员的行为做出了具体规范，这是这次修改《渔业法》新增加的内容，体现了时代的要求。新《渔业法》在总则中明确规定“渔业行政主管部门和其所属的渔政监督管理机构及其工作人员不得参与和从事渔业生产经营活动”。对此，各级渔业行政主管部门及其所属的渔政渔港监督管理机构要高度重视，认真执行。要继续推进渔业综合统一执法体制的改革，整顿执法队伍，不断加强渔业执法机构的制度建设和廉政建设，坚持依法行政，提高执法水平。

三是要抓紧协调，把渔业执法人员纳入公务员序列管理。1997年国务院3号文件明确指出“要切实加强渔业执法队伍建设，地方各级渔政渔港监督管理机构的工作人员，可依照公务员管理，具体范围要在机构改革的基础上按有关规定报批”。为了推进这项工作，要对全国渔政渔港管理机构（包括渔船检验机构）情况进行一次普查，摸清目前各地渔政渔港监督管理机构设置、性质、编制、经费来源、人员构成和管理范围等具体情况，为进一步解决渔业执法人员纳入公务员序列管理问题做好准备。

二、采取有效措施，千方百计增加渔（农）民收入

增加农民收入，是当前农业和农村经济工作的中心任务，具有重要的政治意义，也是一项系统性的工作。要通过进一步推进渔业经济结构的战略性调整和产业化经营，提高产业发展的质量和经济效益。从工作指导来讲，主要是以市场为导向，通过政策、技术和信息来引导广大渔民群众调整优化产业结构、品种结构，提高产品的质量和科技含量，增强产品的市场竞争力，同时改进生产组织方式，降低生产成本，减轻渔（农）民负担。

发展水产养殖在优化农村产业结构、增加渔（农）民收入方面的作用已得到广大群众的认同和各级领导的重视，各地也积累了许多经验。要通过政策引导、典型引路、资金投入等方式，积极推进水产养殖业的发展，同时加大良种繁育、病害防治和环境监测体系的建设，加强养殖水域的管理，推广健康养殖技术，为水产养殖业健康发展提供保障。

海洋专属经济区制度的实施，使中国作业渔场缩小，大批渔船将从传统渔场撤出，对中国海洋渔业和沿海渔区经济带来重大影响，渔民生产生活面临突出问题。面对这种形势，必须对沿海渔业产业结构进行战略性调整，逐步改变历史上形成的过分依赖海洋捕捞业的经济格局，引导渔民和企业发展水产养殖、水产品加工、远洋渔业、综合补给、休闲渔业及其他非渔产业，保持沿海渔区经济发展和社会稳定。发展远洋渔业，是实现中国渔业产业结构战略性调整的重要方面，是实施“走出去”发展战略的重要措施，各地要组织好远洋渔业项目的落实工作，推进远洋渔业的结构调整，加强项目管理，提高远洋渔业的经济效益。

积极推进渔业产业化经营，加快各类龙头企业、龙头组织的建设与发展，适应市场经济要求，把分散的渔（农）户组织起来形成规模经营，提高渔（农）民收入。要积极探索渔业龙头企业与渔（农）户结成利益共享、风险共担、共同发展的新机制，促进渔业整体效益的提高。

提高产品质量，是开拓市场、提高效益、增加渔（农）民收入的重要途径。中国加入WTO后，水产品关税将逐步降低，国外一部分产品将更多进入国内市场，给水产品市场带来更大的压力，同时也为中国水产品出口带来更多的机会，关键是产品质量和标准要符合国际市场的要求。2000年在全国范围内开展的“渔业质量年”活动，强化了渔业行业的质量意识，促进了质量管理体系建设和标准的制定工作。今后要继续抓好这项工作，通过加强质量监督管理，使产品更能适应国内国际市场的要求，使生产者和企业取得更好的经济效益。

减轻渔民负担是增加渔（农）民收入的一个重要措施。中央对农民包括渔民负担的监督管理有非常严格的规定，各级渔业行政主管部门及其渔政渔港监督管理机构要首先对本部门的收费项目进行自查，把不合理收费项目压减下来。同时坚决制止不合理收费，任何部门不能以任何借口，违反国家法律法规，巧立名目向渔民乱开收费的口子，增加渔民的负担。各级渔业行政主管部门要站在“三个代表”的高度来认识这一问题，切实维护渔民的利益。

三、建立和完善渔业管理制度，重点加强渔业资源和环境保护，促进渔业可持续发展

新《渔业法》的颁布以及新的海洋制度实施，对中国渔业管理制度变革将产生较大的影响，今后几年中国渔业管理方式和内容将作重大调整，并逐步形成新的渔业管理制度。渔业新制度的形成是中国渔业和国内、国际形势发展的客观要求，是一个大趋势。完善新渔业制度我们要做的事情很多，在管理和执法方面要重点抓好以下几项工作。

一是要按照有关双边渔业协定和专属经济区制度管理海洋渔业。随着中日渔业协定、中韩渔业协定生效和中越北部湾渔业合作协定即将生效，中国海洋渔业必须严格按协定的规定建立新的生产秩序和管理制度，维护国家的海洋权益，防止涉外渔业纠纷的发生。这是中国渔业制度变革的一个重要方面。

二是加快养殖证制度的实施，保障水产养殖业健康发展。养殖证制度是国家农村经济制度的重要组成部分，是中国渔业的一项基本法律制度，是被实践证明了的行之有效的渔业制度。新《渔业法》对水产养殖制度加以完善，有利于调动广大渔（农）民的生产积极性，维护农村和渔区社会稳定，要坚决贯彻实施这一制度，积极做好养殖证的发放工作。各地发放养殖证要积极稳妥，养殖证发放要贯彻优先原则，首先安排给当地没有耕地的专业渔民和根据国家要求转产转业的捕捞渔民。同时各地还要注意搞好水域养殖容量的调研，为制定科学合理的养殖容量和布局、改善渔业生态环境、合理发放养殖证提供依据。

三是要加大渔船管理力度，严格执行捕捞许可制度。渔船管理是中国渔业管理中最重要的环

节，任务最重、难度最大，存在的问题也最突出。要按新《渔业法》的规定，严格执行国家渔业船舶检验、渔船登记和捕捞许可方面的法律、法规，在妥善处理原有"三无"或"三证不齐"渔船的基础上，严禁新"三无"渔船的产生，对新出现的"三无"渔船要依照新《渔业法》严厉查处。

四是研究制定捕捞限额制度，做好资源量化管理工作。新《渔业法》已将捕捞限额确定为一项法定的渔业管理制度，这是中国渔业资源管理制度的一个重大突破，它对我们转变思想观念，推进渔业管理方式改革，意义重大而深远。由于各种条件的制约，这个制度从建立到完善要有一个较长的过程，现在要集中力量做好制度建立的起步工作。捕捞限额的确定必须体现科学性，限额的分配必须体现公平、公正、公开的原则。根据《渔业法》的规定，我们设想，对海洋捕捞业先实行总量限制，并选择一两个品种进行捕捞限额的试点，待条件成熟后再推行主要品种的捕捞限额制度。

五是控制和压缩捕捞强度，完善休渔制度。要加大对渔业资源的保护力度，采取措施严格控制和压缩捕捞渔船，通过对"三无"渔船的处理和作业结构的调整，以及建立渔船报废制度，逐步压减捕捞渔船数量。2000年江苏实施减船转产计划，共减少渔船1 500多艘，广东按照"改造一批、淘汰一批、转产一批"的调整原则，淘汰20马力以下小拖网渔船511艘。各地要借鉴江苏、广东的经验，组织实施减船转产计划，切实压缩捕捞强度。同时，在实施捕捞限额制度以前，继续实行捕捞产量"零增长"计划，进一步完善伏季休渔制度，扩大休渔范围，切实保护渔业资源。

四、加强渔业基础性工作，增强管理的科学性、前瞻性，为可持续发展奠定稳固的基础

随着市场经济的逐步建立和依法治国方针的实施，以及渔业管理制度的变革，中国渔业发展面临许多新情况和新问题，要做好"十五"工作，必须认真做好一些基础性工作。一是要做好渔业领域软科学的研究，使我们的工作更具科学性和前瞻性，提高宏观决策的准确性，提高中国渔业管理的现代化水平；二是进一步加强渔业基础设施建设，使中国的渔业发展具有更稳固的物质基础。

1．切实加强渔业基础理论研究和渔业发展战略研究。渔业作为国民经济重要产业，其功能和作用在不断地扩大。除了传统的经济贡献、增加农民收入、解决农村就业等功能外，渔业还与可再生资源的合理利用、生态环境保护、生物多样性保护、旅游资源的合理开发等紧密地联系在一起。应重新评价渔业的作用和地位，确定渔业发展的战略目标。在渔业可持续发展方向、具体途径以及渔业管理等许多方面，还需进一步研究。

2．做好渔业基础设施和渔业基本情况的调查。这是渔业行政管理和决策的基本依据，现在这方面的工作很薄弱。继2000年开展全国海洋渔船普查后，要陆续进行渔港设施、水产种苗场和渔具、渔法的普查，全面掌握中国渔业基础设施建设的情况，为进一步加强渔业基础设施建设做好基础性的准备工作。

3．积极推进渔业信息化进程，加强市场体系建设。为了适应形势的需要，农业部将编制全国渔业信息化建设规划，逐步实现全国渔业管理特别是渔船管理的网络化，提高中国渔业管理的现代化水平；同时，进一步完善水产市场网络和渔业统计网络，建立信息发布制度，为社会提供及时、准确的渔业信息，为宏观决策提供依据。

4．渔业安全工作要常抓不懈。渔业是个高风险产业，各级渔业行政主管部门要从讲政治的高度和对渔民生命财产高度负责的态度，切实抓好这项工作，做到"如履薄冰、警钟长鸣"。要加强对广大渔民的安全教育，增强安全生产的意识，严格执行有关的法律法规和规章制度，严格执行渔船船员培训、发证和渔船进出港签证和渔船检验制度，抓紧研究建立渔业抢险救助制度。

5．进一步加强渔业基础设施建设和保障体系建设。近两年，国家将继续实行积极的财政政策和稳健的货币政策，我们要抓住机遇，做好项目的组织工作，资金投入重点仍是基础性、公益性和先导性等方面基础设施和保障体系项目的建设，进一步改善渔业发展的基础条件，增强渔业执法手段，提高管理的水平，为渔业的持续、稳定、健康发展奠定重要的物质基础。

（本文作者系农业部渔业局副局长）

应用高新技术使船舶工业不断创新发展

杨 槱

（上 海 交 通 大 学）

船舶是人们在水上进行各项活动的必要工具。他们凭借原始的渡水工具迁徙到遥远的地方。后来，人们就把海洋作为通商贸易和军事运输的通途。当代船舶工业使人们进一步走向海洋，开发利用海洋里丰富的生物、矿产和能源资源。

一、船舶工业与海洋事业关系密切

船舶工业与海洋科技和海洋产业的发展有着密切的关系，它们彼此依靠，互为补充。近代海洋科学调查研究是从19世纪开始的。1872年英国的“挑战者”号是第一艘专门用于海洋调查研究工作的船只。它是由一艘2 300吨的警卫炮舰改装而成。该舰是3桅帆船，装有一台蒸气机作为辅助推进动力装置，船上备有几间供科学家用的实验室。20世纪，特别是第二次世界大战结束后，各海洋国家纷纷建造船舶，组织专家出海进行海洋调查研究。为了满足海洋生物、气象、水文、地质和矿产资源观测、勘探的要求，造船者和海洋学家们共同开发了多种类型的设施完备的海洋调查船。

科学技术的进步促进了船舶技术的发展。航天技术、电子通信技术和计算机技术已成为船上导航、通信、锚泊和安全技术的重要组成部分。现在卫星全球定位系统（GPS）已是船舶航海和海上结构物（如油气钻井和生产平台）定位的必要装备，而且定位精度愈来愈高。由于观测和通信卫星的帮助，船上可以及时收到气象和海况信息。当船舶遇到恶劣气候和海况时，能够及时得到导航机构的指导，改变航向，选取最佳航线，以避免强大风暴的损害，保证航行安全性。信息网络、自动化和机器人技术使船上的操作和维修工作更加及时、有效、安全和经济地进行。生物和化学科学技术的进步则有助于船舶的防污染和船上人员的健康生活。造船工作者必须密切注视高新技术的发展动向，并以创造精神把它们的最新成果应用到船舶设计和制造中来。

现在中国传统的两大海洋产业：水产业和航运业都已居世界前列。但中国沿海自然渔业资源已面临枯竭危机。发展远洋渔业是一方面，为此要开发功能更强，适航性更好，适于远航的渔船。而且，与鱼类产品价格有直接关系的海上保鲜问题十分重要。为此，船上深度冷冻技术必须解决。海洋运输则要求在经济、实用、安全、可靠、快速、及时上下功夫。船的载货量仍在日益增大，航速也在逐步提高。由于每年都有一些船舶在海上失事，如何增强船的安全性，仍是我们的重要研究课题。当代海上远程客运虽已被航空运输所替代，但近海豪华快速的旅客/车辆渡船仍有广阔的发展前途。天然气在中国得到愈来愈广泛的应用，因此，液化石油气船（LBG）也是中国很需要的船型。我们知道这两种船都属于高技术和高附加值船型。旅客/车辆渡船的安全性和舒适性要求很高，而要造液化石油气船则必须掌握高压和深冻技术，安全性要求也很高。现在中国对这两种船型尚处于初始研制阶段。

新兴的海洋产业中最突出的是海洋石油和天然气资源的勘探与开发。中国已成功地研制了多种类型的钻井、生产和维修平台和船舶，有的适应了浅水海域和储量较少的“边际油田”的要求，有的则适用于深水海域。海洋油气产业属于技术密集和资本密集型产业。为了对海上结构物的水下部分进行检查和维修，和探查沉没海底的船舶和物体，造船者开发了多种潜水器（也称水下机器人）。为了下潜到几千米水深的大洋海底探查多金属结核矿藏，中国已成功地造出了可在6 000米水深工作的有缆和无缆自治潜水器，并已在东太平洋5 200米水深海底进行观察、摄影和取样。但要使这种深处于大洋海底，有价值的矿藏资源具有商业开采价值，则有关矿石采集、提升、运输和冶炼等一系列难题尚有待于我们找出有效的经济的解决方法。

中国沿海岛屿风光秀丽，民族风情迷人。随

着国家经济迅速发展和人民生活水平的提高，海上旅游业也将有广阔的发展前景。各种具有中国特色的现代化的旅游船也将有待于我们去开发。

二、努力学习，不断创新，使中国造船事业迅速发展

当前中国船舶工业已有相当雄厚的基础，配套齐全，已具备建造任何大小和类型船舶的条件。但在科学技术和设计制造水平方面与世界造船强国相比尚有相当的差距。我们的创新能力较差，很少开发出具有明显特色的优点的新船型。不少造船材料和船舶配套设备还要依赖于工业发达国家。为此，我们要向造船强国学习。学习就要投入足够的人力和物力，花大力气，穷根究底，不仅要知其然，还要知其所以然。只有多实践，多探讨研究，才能“熟能生巧”，有所创造发明。在当今竞争异常激烈的市场经济中，一定要使自己处于“胜人一筹”的优势地位。

中华民族是智慧、勤劳、勇敢的民族。我们完全相信在党的正确领导下，深化改革，扩大开放，中国海洋和造船事业一定能够迅速发展，在祖国的现代化经济建设中发挥应有的作用。

（本文作者系交通大学名誉校长，工程院院士）

中国船舶工业的发展、问题和对策

魏敬民

(中 国 船 舶 报 社)

自1977年12月中国改革开放的总设计师邓小平同志高瞻远瞩地提出“中国的船舶要出口，要打进国际市场”的要求后，中国船舶工业就开始了进军国际市场的艰苦征程。20余年过去了，中国船舶工业成功地走出了一条“出口—引进—提高—再出口”的道路，船舶产品已销售到50余个国家和地区。船舶工业已发展成为中国重加工行业中少有的，能在国际市场上与发达国家一争高低的外向型出口产业，被国家领导人称为“现在中国惟一能够称得上出口的产业”。

一、中国造船工业的发展及现状

（一）造船产量和基础设施快速增长

从1995年起至今，中国造船总量一直保持世界第三，占世界市场的份额为５％～７％之间。据不完全统计，仅“九五”期间，中国造船总产量就达到了1 500万载重吨，实现销售收入1 800亿元。

中国造船产量持续增长，其原因是多方面的，除得益于加强技术改造、转换造船模式、缩短造船周期外，更重要的一点在于加快造船基础设施建设，使造船生产能力迅速扩大。尤其是1996年以后，为了在国际市场上争得一席之地，中国许多造修船企业纷纷投资进行基础设施建设和改造。而于1998年建成投产的南通中远川崎船舶有限公司和正在建设的上海外高桥造船有限责任公司，使中国造船能力急剧增加。外高桥造船有限公司建成后，将使中国造船能力增加200万载重吨左右。据统计，到2001年止，中国有5 000吨级以上干船坞35座、浮船坞11座、船台53座，造船能力约500万载重吨，年产钢制机动船约400万吨。“十五”期间，国内船厂进一步加大了技术改造投资，预计到“十五”末，造船能力和产量都会有很大的提高。

（二）造船工业“三分天下”格局初步形成

近几年，中国地方船舶企业和合资企业发展迅速，造船能力和产量急剧增加，竞争能力和规模效益明显增强。目前已基本形成了与中国船舶工业集团公司（CSSC）和中国船舶重工集团公司（CSIC）“三分天下”的格局。其中江苏６家地方骨干船厂现有生产能力69万吨，其合资和独资企业现有造船能力56万吨，有３家企业进入中国十大船舶出口企业行列。这些地方企业所建造的船舶大部分为万吨以上，出口船舶也占到了相当的比例。福建、山东船舶工业的发展也十分引人注目。

（三）出口总额与日俱增

随着中国船舶工业的发展，中国船舶出口总量和所占市场份额明显增大。纵观近年来中国船舶出口，主要呈现以下几个特点：一是出口总额大幅增加。“八五”期间，中国船舶出口累计创汇28亿美元，是“七五”期间的2.3倍；“九五”期间船舶累计出口79亿美元，是“七五”和“八五”期间总和的1.775倍，比“八五”增长182.14%。二是进入了发达国家和地区船舶市场，一些有影响的新船东加入到向中国订船的行列。近年来，中国船舶主要是出口德国、美国、丹麦、挪威、瑞典、荷兰、加拿大、英国、法国、瑞士、韩国、希腊等市场。世界航运大国挪威有近四分之一的新船是由中国建造的。法国、瑞士、芬兰、希腊、意大利、丹麦等国家的船东陆续向中国订造船舶，在国际船舶市场造成了很大影响，从而带动了更多订单的到来。三是大宗出口船订单增多。这标志着中国船舶在国际市场上竞争能力提高了。1996年，中国与马来西亚船东一次签订1.36亿美元、2艘4.6万吨化学品船和2艘7.3万吨散货船合同，这是中国建造出口船以来最大一笔批量船订单。之后，江南造船集团、沪东中华造船集团、大连新船重工、广船国际、厦门造船厂、靖江造船厂、江都造船厂等先后与国外船东签订了批量船合同。尤其是大连新船重工与伊朗国家石油航运公司签订5条30万吨VLCC油船合同，开了中国建造VLCC的先河。

（四）造船科技逐步上高阶

在中国船舶发展之初，主要以造常规船型为主。在1996～2000年的5年里，中国船舶产品结构发生了显著变化，开始向科技船舶市场挺进，中国船舶企业开发和建造了一大批高技术、高附加值的船舶。其中15万吨级苏伊士型原油船、5万吨级大舱口多用途散货船、4.6万吨大型多功能化学品船、3.4万吨大湖型散货船、1.65万立方米半冷半压式液化气船、7万吨大型自卸船、9 000吨散装水泥船和大型集装箱船关键技术研究等8项被列为国家“九五”科技攻关项目。

1999年，中国首次建造的迄今为止世界最大的2.2万立方米乙烯液化气船在江南造船集团下水。这种船只有少数几个发达国家能够建造，这标志着中国建造高水平的液化气船已经达到世界先进水平。同年8月，大连新船重工有限责任公司经过同国外造船企业的激烈竞争，接获了伊朗5艘30万吨VLCC共计150万载重吨的订单，实现了建造巨型油船零的突破，成为中国船舶科技上台阶的一个重要标志。因为VLCC是当代原油运输船中最大的，也是海上油运的主力船型。在大连新船重工成功接获5艘VLCC之后，中国地方船舶工业的另一个主力军——南通中远川崎船舶工程有限公司也接获了两艘VLCC订单。

2001年，随着中国广东LNG项目的启动，在国家计委的大力支持下，中国造船业开始了向LNG船冲刺的历程。3家国内大型船厂和一家中外合资企业正在竞标广东LNG项目目标船，不论哪家船厂中标，中国船厂参与并成功建造LNG的梦想都将变成现实，都将进一步推动中国造船向高科技、高附加值方向发展。

二、存在的问题

中国船舶工业发展的成绩是有目共睹的，其发展的潜力也被国内国外业界人士看好，但也存在着船舶工业整体竞争力不高等问题。有些问题将会对中国船舶工业的发展造成极大的影响，成为遏制中国船舶工业发展的“瓶颈”。

1. 造船企业数量多，但规模效益较差

这是中国船舶工业竞争力弱的一个重要原因。尽管CSSC和CSIC两大集团公司近两年来一直致力于推行所属企业资产重组与联合，初步形成了几家具有比较大规模的造船公司，但相对于中国船舶企业的总体数量来看，真正具有一定规模的企业还是太少。这不但使中国造船业无法实现规模效益，也使中国的造船企业无法与国际上大的造船集团和公司相抗衡。

2. 产品结构不合理、船舶科技水平低

近年来，中国几家大的船舶企业致力于调整产品结构，取得了一定的效果。但勿庸讳言，普通船舶占造船总产量的比重仍然很大，高技术、高附加值船舶所占比重仍然较小，船舶科技水平依然不够高。这种弱势严重影响了中国船舶企业的经济效益，在国际船市低迷的时候，影响尤其突出。

3. 产业结构不合理，非船产品比重小

从目前来看，中国船舶企业仍以造修船为主

营业务，非船产值占工业总产值的比重很小，与国际大型造船公司船舶业务比重下降，而非船业务比重大幅上升(韩国非船业务比重为50％以上)的趋势形成反差。这不仅使中国船舶工业抵御国际船舶市场波动的能力弱，而且发展空间比较小，经济实力增长速度慢。

4. 管理体制和机制落后，还不能适应市场经济的要求

“改变管理体制，形成新的适应市场经济发展要求的机制”这句话在中国、在国内企业叫了很多年，事实上也有了很大进展，但与市场经济的要求还差得很远。这也成为制约中国船舶工业发展的重要因素之一。

5. 船用配套设备发展滞后，造船配套能力严重不足

船用配套设备是船舶工业发展的基础。1980年以来，在国家的支持下，船舶工业先后从日本、欧洲等10多个国家引进了50多项船用配套产品的先进技术。但近些年来，国外船用配套设备技术发展十分迅速，趋势是向效率高、功率大、体积小、节能、安全可靠、使用寿命长、无污染等综合先进技术方向发展。中国的配套产品尚无法跟上这一先进步伐。如国内目前还不能生产VLCC和大型集装箱船的大功率低速柴油机等配套设备，低速柴油机曲轴还要依赖进口，船舶自动化、电子通信、导航仪器仪表等远远落后于国际先进水平，导致了国产船用配套设备的实际装船率还不足30％，造成大量外汇流失，甚至影响工期。

此外，中国船舶业还存在着产品出口结构不尽合理，价格偏低，面临反倾销的可能以及人才流失等问题。

三、对策的建议

1. 建立现代企业制度，推进企业管理向现代化发展

现代企业制度是企业发展的基础，尤其是中国加入WTO后，建立现代企业制度尤其重要。因此，与推动船舶企业发展相配套的，就是进一步建立现代企业制度。与此同时，要继续加强企业管理，要把加强管理与转换造船模式结合起来，按照现代造船模式的要求，积极采用先进的生产组织管理方法，实现造船生产技术与管理技术的共同提高。

2. 加快结构调整的步伐，提高船舶工业的竞争实力

为了提升中国船舶工业在国际船舶市场的地位，扩大发展空间，提高经济效益，就必须进行结构调整。

在组织结构调整方面，实施大企业、大集团战略。在重点将CSSC和CSIC培植为能进入世界前五强的特大型造船集团的同时，鼓励企业之间采取投资、参股、联合、兼并、托管等多种形式实施重组，推动造船资源向大型骨干企业集中。船舶配套行业要按照专业化经营的方向，以主要专业厂为基础形成几个专门生产主机、辅机、仪表产品的规模较大的设备企业。

在产品结构调整方面，要增加技术含量高、附加值大的船舶产品和能发挥船舶军工优势的非船产品的生产比例，发展具有比较优势的产品；修船行业要开发“双高”船舶修理市场、特种船舶修理市场，提高修船适应能力和水平；配套行业要重点抓好低速、中速柴油机和特辅机的生产，努力在曲轴、自动化设备的国产化上取得进展。在产业结构调整方面，以造船业为主业，实施多元化战略，努力加大非船、三产、海洋工程、修船产业、高新技术产业的比重。

3. 加大科技创新投入，增强船舶工业的科技实力

当前国际市场上的竞争，实质上是科技与人才的竞争。技术创新能力和科技创新水平是在国际船舶市场竞争中成败的关键。船舶工业要在政府有关部门的支持下，多渠道筹措科技开发基金，在继续采取技术引进、消化、吸收、创新方式的同时，积极探索采用合资、合作、联合研制、共同开发等多种方式，提高船舶企业的技术水平和创新能力；企业与科研院所加大技术交流与合作，跟踪国际先进造船及配套技术的动态和发展趋势，利用国外智力，增强技术创新力量。

4. 加大对船用配套业的支持力度

作为造船大国，首先必须是配套大国。CSSC和CSIS都把大幅提高造船能力作为2005年的目标，包括地方船舶企业也都在努力把造船能力扩大，应该说，这对发展中国造船是非常有益的。但同时必须看到，造船的发展离不开配套，如果目前配套落后的现实再任其发展，到2005年，即

使造船能力上来了，也会被配套能力不足而拖了后腿。而过分依靠进口配套设备，必将使中国造船成本大幅提高，使造船企业“有活干没钱赚”的现象更加突出。要解决这一问题，必须加大对船用设备配套企业技术引进、技术改造、技术创新的支持力度，解决船用配套设备滞后于造船发展的“瓶颈”问题。

5. 在制度上创造留住人才、吸引人才的环境，增强船舶工业企业发展后劲

人才是企业发展的重要支柱，尤其是入世后，国有船舶企业在人才竞争中面临着更为严峻的挑战。因此，船舶企业在研究如何发展时，一定要把人才问题放在首位来考虑，在制度上创造留住人才、吸引人才的环境，提高人力资源的开发与管理水平。一是改革旧的劳动人事制度，形成新型的人力资源开发和管理模式；二是实施人力资源战略，制定人力资源规划；三是强化激励机制对人力资源开发和管理的作用；四是建立有效的引进、招聘和培训制度，提高企业的人力资源质量。

6. 加强行业管理，制定和落实有关造船政策，促进船舶工业健康发展

为使船舶工业健康发展，船舶工业行业主管部门要进一步加强调控力度，以制定行业规划、行业政策为重点，以解决船舶行业发展中的突出问题为突破口，加强行业协调、大力整治产业发展中的散、乱、差现象。政府有关管理部门也要采取积极鼓励船舶出口的有关政策，通过培育市场的加大扶持政策，使中国船舶工业进一步缩小与世界先进造船国家的差距，实现“保三、赶二、争一”的目标。

（本文作者系中国船舶报社记者、编辑）

海洋资源开发利用应遵循五项原则

李珠江

（广东省海洋与渔业局）

对海洋资源进行资产化管理、保护性开发、人工性再造，是各级政府和海洋行政主管部门实施海洋经济可持续发展战略、建设海洋经济强省的重要职能。现在存在以下问题：

1. 三权混淆，国家所有权不到位。海洋资源的所有权、行政权、经营权混淆，以行政权、经营权管理代替所有权管理，使国家对海洋资源的所有权受到条块的多元分割。国家作为国有资源所有者代表的地位模糊，产权弱化，各种产权关系缺乏明确的界定，各个利益主体之间的经济关系缺乏协调和法律的明确界定，造成权益纠纷迭起。

2. 综合利用效果差，经济效益低。由于缺乏科学规划、统一协调开发，使行业与行业之间、产业内部之间存在着低水平重复建设、重复开发的现象，往往是一哄而起、不欢而散；形不成特色的区域产业和产业的龙头产品，特别是海洋高新技术产业和产品的开发严重滞后。因此不能以资源业养资源业，不能形成良性循环。

3. 重采重用，轻养护管理。由于没有实施配额开发管理的机制，造成盲目无度开发，缺乏合理保护和有效增值，出现渔业资源的酷渔滥捕、海岸线和浅海滩涂的盲目围垦、海港码头的重复建设、滨海旅游的一哄而起。

4. 法律法规不健全不配套。协调和管理海洋自然资源开发利用的法律法规严重不健全不配套，致使开发活动无序无度无偿，管理无法可依，造成国有资产大量流失。国家对自然资源的所有权在经济上得不到体现；其收益只转化为一些部门、集体或个人的利润。

因此，作为资源性资产的海洋可持续利用必须遵循以下“五个原则”来进行资产化管理和政府职能的调整定位。

1. 有偿有价原则。把海洋自然资源作为一种国有资产来经营和管理，通过政府法律的行政手段实施有偿使用，落实江泽民总书记在十五大政治报告中提出的“严格执行土地、水、森林、矿产、海洋等资源管理和保护，实施资源有偿使用制度”，使海洋资源的价值补偿和价值实现得以落实。同时，用自然资源有偿使用取得的资金，建立自然资源开发管理经费，实现自然资源生产

与再生产的良性循环。

2. 公平公正原则。培育和完善国家调控下的海洋资源产权交易市场，充分发挥市场机制和经济杠杆的作用，实施公开招标，解决海洋资源利用过程中的市场化公平竞争的问题。当前应积极推进海沙等资源开采的公开招标。广东应在这方面先作试验。

3. 有序有度原则。“有度”是指对海洋资源的开发利用实施配额管理、保护性开发以及强制性不开发；“有序”是指依托国家的法律法规来规范海洋资源开发利用活动的经济秩序，以实现资源节约高效利用、优化合理配置、保护性增值。当前应积极探索海洋资源配额开发管理的具体措施。

4. 质量效益原则。一个国家和地区的经济发展，一般要经过三个基本阶段：（资源）驱动阶段、投资（资本）驱动阶段和技术（发明）驱动阶段。其中技术驱动阶段被认为是高级的和关键的阶段，是保障可持续发展的关键手段。只有通过优化产业结构、转变增长推动方式、推动高新技术产业发展，特别是信息技术的应用，才能根本改变和提高人类利用海洋资源的方法和手段。在社会再生产过程中，科学技术进步的作用在于使原有的任何一种生产要素的组合生产出更高的产量，或者质量更高的产品；同时在使用比从前更少的生产要素生产和从前同样多或更多的更好的产品，最大限度地提高单位资源性资产的利用效益。目的是要把自然资源优势转化为经济优势，努力提高海洋对国民经济的贡献率，推进建设海洋经济强省的战略。当前重点要解决的是科技兴海的新机制问题。要按照“统分结合、突出重点、上下连动、左右支持”的思路，促使政府、企业和分散的科研机构真正形成合力，推进“科技兴海”重大项目取得阶段性成果，力争实现一年一小变，五年一大变。广东省海洋与渔业局从2000年开始连续五年每年拿出400万元资金，并要求地方政府或企业1∶1配套，每年可融资3 000万～4 000万元，对省级8～10个重点“科技兴海”项目，向企事业和行政单位公开招标，效果很好。解决科技成果加速转化为现实生产力的新途径问题，努力集中国家、企业和个人的人力、财力、物力，形成企业为主、国家扶持、科研机构参与的科技兴海新格局。

5. 保护保障原则。各级政府要着重在资源、环境保护和防灾减灾方面，实施法律、政策和机制保障。具体包括：制定可持续发展的产业规划和与之相配套的产业政策，引导和推进产业结构调整；大力推进海洋立法工作，加强法制管理，规范企业和市场的法律行为，实现公平效益；加大生态环境和资源保护、预防和治理海洋灾害的力度等。

总之，对自然资源开发利用型产业，尤其要加强政府的宏观管理和协调力度，才能防止市场失灵、企业失灵以致最后的政府失灵。

（本文作者系广东省海洋与渔业局局长）

21世纪中国海洋高技术发展与展望

孙　洪

（科技部农村与社会发展司）

海洋以其丰富的资源、广阔的空间，以及对地球环境和气候的巨大调节作用，成为全球生命支持系统的一个重要组成部分，是人类社会持续发展的宝贵财富。保护海洋、开发海洋已成为当今世界高技术领域的一大主题，提高国际竞争力，从海洋中获取更大的利益已成为众多海洋国家21世纪的发展战略。21世纪是开发利用海洋的新时代，海洋科学技术将取得重大的进步，人类将从海洋获取更多的财富，维护海洋健康将成为人类共同的使命，海洋管理将进入新的发展阶段。

中国是一个人口众多、陆地资源相对不足的海洋国家，大陆海岸线长达18 000余千米，海岛6 000余个，管辖海域面积近300万平方千米，拥有丰富的海洋生物资源和非生物资源，这些是中国实施可持续发展战略的重要物质基础。发展海洋高技术，不仅是维护海洋权益的需要，也是开发海洋资源、发展海洋经济、保护海洋环境、减轻灾害的重要保障，对于中国的国防安全、国民经济的可持续发展具有重要意义。

一、“九五”中国海洋高技术的发展现状

1996年，经国务院科技领导小组批准，海洋技术作为第八个领域列入国家高技术研究与开发计划，使中国的海洋高技术取得长足进展。“九五”期间，海洋技术领域包括海洋监测技术、海洋生物技术、海洋探查与资源开发技术3个主题，设立了3个重大项目、25个专题、102个课题、46个青年基金以及23个探索性课题。在维护海洋主权和权益、开发海洋资源、保护海洋环境、减轻海洋灾害等方面取得了一系列技术成果，掌握了12项重大关键技术，开发了60余项产品，获得专利142项，发表论文1 205篇。培养博士后、博士、硕士852名。一些主要成果已经应用于海洋产业发展，建立了4个高技术示范系统、31个海洋高技术产业化中试和示范基地，产生经济效益近25亿元，并获得了良好的社会效益。从整体上提高了中国海洋高技术的研究能力，使中国海洋高技术水平达到了20世纪90年代初期的世界先进水平，推动了中国海洋高技术产业的发展。

（一）攻克地形地貌探测关键技术难关，为维护海洋主权和权益提供了技术保障

自主开发研制的一批达到或接近国际先进水平的海底探查技术装备，连同集成创新的各种先进的海底探查技术系统，使中国海底资源与环境调查的技术能力达到发达国家90年代中期水平，大大缩小了与发达国家的差距。

（二）12项重大关键技术取得突破性进展，提高了中国海洋高技术的研究能力和水平

1．声相关海流剖面测量技术ACCP

成功研制出中国第一台ACCP试验样机，解决了4个方面的关键技术难题。该项研究成果使中国成为世界上第二个掌握ACCP设计技术的国家。

2．合成孔径成像声呐（SAS）

该项研究在合成孔径声呐成像原理方面取得重大突破，成功地研制了湖试样机，经过数据处理获得了分辨力达0.3米的目标物的清晰图像。该项研究使中国进入该项技术研究的先进国家的行列。

3．海洋环境监测高频地波雷达

成功的研制了两套作用距离200千米的中程高频地波雷达，可以监测海风场、浪高、流场等海表面动力要素及低速移动目标，开发的多项技术达到了世界先进水平。

4．高精度CTD剖面仪

完成了高精度CTD剖面仪研制，主要技术指标总体上接近或部分达到世界先进水平，工作深度30兆帕；温度传感器静态准确度±0.001℃，月稳定性±0.001℃，响应时间70毫秒；电导率静态准确度±0.003毫秒/厘米，月稳定性±0.003毫秒/厘米，响应时间70毫秒；DO、pH传感器的耐压能力达到15兆帕以上。采样速率24次/秒，可带24瓶采水器。

5．海水养殖的三倍体育种育苗和性控技术

研究开发了先进、稳定的海水养殖动物的三倍体育苗和产业化技术、性控技术，研究发展了虾、贝类染色体制备和检测一系列技术；对海水养殖的主要品种贝、虾、鱼类进行遗传改良，培育了生长快、品质优、抗逆能力强的海水养殖动物品种。

6．海藻生物反应器育苗技术

在完成新型光生物反应器的研制、海藻无性系高密度快速扩增和同步发育调控、海藻细胞工程苗生产和栽培的基础上，初步建立了海带、裙带菜和紫菜三种大型经济海藻良种繁育的细胞工程和生化工程技术和方案。

7．海水高效养殖技术

攻克了工厂化养殖海水净化和高效循环利用关键技术，并在山东建成了240平方米工厂化养鱼水处理系统。研制的封闭式循环水工厂化养鱼系统可大大增加养殖密度、减少发病、提高产量和质量，开创了首次使用国产净化系统的先例。

对健康精养高产对虾养成模式进行研究，建立并完善健康对虾的养成模式，通过健康虾苗的推广及其他相关技术的应用，取得了良好的效果。

设计制造出16台不同结构、规格的国产试验型深海网箱样机，在黄海（山东）、东海（浙江）和南海（广东）开展了中试示范。

8．海洋功能基因及转基因和克隆技术

已成功构建了13个海洋动物cDNA表达文库，通过大规模测序获得了316个新基因序列，其中包括多个潜在的药用基因、工业用酶基因和抗逆性

基因。

定点整合转生长激素基因鱼的研究。采用显微注射和精子携带方法，获得转基因海鲤800余尾，筛选出快速生长转基因鱼60余尾；以β-actin基因为靶位，neo、tk基因为选择基因，构建定点整合载体，并建立细胞有效整合参数，获得外源基因定点整合细胞；以GFP和BFP为选择基因，构建定点整合转基因载体，获得定点整合转基因鱼嵌合体。该项技术已申请专利。

克隆牙鲆鱼技术的研究。建立了由体细胞和培养细胞核作供体培养克隆鱼的关键技术，发明了保存供体胚胎移核新方法。获得16条克隆模型鱼斑马鱼，9条泥鳅和斑马鱼杂种克隆鱼，5个牙鲆原肠期胚胎；建立了牙鲆鱼鳃细胞系，已经把外源基因导入牙鲆鱼培养鳃细胞中。

对虾抗杆状病毒基因工程育种技术研究。在国际上首次测定了对虾白斑杆状病毒全基因系列（305kb），首次克隆到日本对虾肌动蛋白基因启动子，首次构建了对虾白斑杆状病毒反义RNA转录载体系统，对日本对虾转基因抗病毒系统构建也进行了探索性研究。

9．抗盐、耐海水植物的培育技术

通过种质资源和细胞工程筛选，已获得多个抗盐一级蔬菜品种和品系，抗盐性能均大于1%氯化钠，一些细胞系在1.8%氯化钠单盐培养基中保持旺盛生长。目前的海水无土栽培和滩涂盐碱地栽培中试试验取得很好效果，该项成果在北京锦绣大地农业公司进行中试试验；与海军部队合作，在海岛建立耐海水蔬菜生产的中试基地，利用天然海水进行栽培中试获得成功。突破了利用海水和滩涂种植经济作物的技术障碍。

10．海上大气田探测技术

突破高温超压地层钻井世界性难题，提高预探井的成功率；提高地震和测井技术水平，解决中深层储层高精度描述难题，做到稀井广探，减少气田评价成本。

发展一套海上中深层高分辨率地震技术，探测深度2 500～4 000米，地层分辨能力为7～10米的技术经济指标，为海上油气勘探提供了更丰富的信息；研制了一套具有自主知识产权的抗高温、耐高压的油包水钻井液体系；实现了精确的地层压力预测和监测；研究成功高温超压气藏测试与控制技术。

11．大位移钻井技术

大位移钻井技术，可在一个平台上开发周边距离较远的多个油田，从而减少平台建造数量和工程费用投资。在提高经济效益的同时，使得用常规方法开发没有经济效益的边际油田得以有效开发，是中国海上边际油田开发的重要方法之一，也是当今国际钻井的前沿技术，具有广阔的应用前景。

在国内首次开发成功具有独立知识产权的大位移井控制集成软件系统，研制开发了两种大位移井井眼轨道控制工具和适合于4 000米左右大位移井的聚合醇水基钻井液体系及其评价方法。

12．研制了中国第一座极浅海可移动筒形基础采油平台

海洋边际油田开发的另一种有效手段是运用可移动筒形基础采油技术。它以筒形基础代替桩基础承力，从而节省钢材，达到降低平台造价的目的。其可移动性和可重复使用等优点又提高了平台的利用率而且符合当今海洋环保要求。建成了中国第一座适用于渤海极浅海域的可移动筒形基础采油平台，解决了筒形基础平台的设计、建造和海上施工技术难点。

（三）开发了8类60余项重大关键设备和产品，为海洋产业发展和结构调整奠定了良好基础

1．船用350米多功能ADCP

完成了一套宽带声多普勒海流剖面仪(MADCP)，可同时测量流速剖面和水中悬浮物浓度，能实时显示水中悬浮物的运动状态。多功能ADCP设备，在世界上第一次把测海流场和海水悬浮泥沙两种换能器集成在一个设备上，具有中国特色，符合中国特定需求的实际情况。

2．近海环境自动监测系统

完成了海岸和平台基海洋环境自动监测技术、海床基海洋环境自动监测技术、海洋污染和生态环境综合测量技术的研究，接近90年代中期世界先进水平，部分已经达到90年代中期世界先进水平。

3．开发以新型抗艾滋病911为代表海洋药物

海洋药物911是中国具有自主知识产权的第一个抗艾滋病药物，已完成了临床前的所有药学和生理学研究内容，目前正进行II期临床试验。911同临床常用药物相比，具有作用环节多、耐药性出现慢、毒副作用低等优点，是一个极具开发前景，且具有明显的社会效益和潜在经济效益的新

药。该药的研制成功在国内尚属首次，在国际上也处于先进水平。

抗肿瘤新药K-001的临床研究及开发，已完成全部临床前的研究，完成中试产品的试生产。

甲壳质衍生物“916”抗动脉粥样硬化作用的研究，已按国家“新药评审办法”中对一类新药的要求完成了临床前所有药学和生物学研究工作，并通过了新药临床答辩；补充实验的研究工作完成后即可进入临床。

海洋药物的开发成功，并取得自主知识产权，是海洋生物技术的重大突破。对中国大力发展海洋药物，创新海洋生物技术，参与国际竞争具有重要意义。

4．农业用海洋生物制品

海洋生物加工品作为生态农药、农业增产剂、抗虫剂等显示了广阔的前景。

以优质甲壳质、壳聚糖为原料，经过一系列深加工技术生产新型生态农药“农乐一号”，开辟海洋生物技术为农业服务的新途径。“农乐一号”可显著促进植物的根系生长发育和光合速率，增加抗病蛋白质合成，提高植物抗病能力，还具有抗菌（尤对真菌）和保湿功能，保护种子和幼芽，提高出苗率，因而对作物具有明显地增产抗病作用。

“天达-2116”植物抗病增产剂系列产品的开发及产业化，研制并完善了复合氨基低聚糖农作物抗病增产剂的工业化生产；深入进行了产品抗病、抗逆、增产和优化农产品品质机理研究；开发出16个适应于不同农作物的专门产品；进行了不同地域、不同气候主要农作物施用试验，取得了大量可靠数据；毒理研究表明，该产品无毒，无残留，无污染，增产效果显著。

利用免疫与代谢调控剂提高珠母贝成珠率的生产技术，研制出三种免疫与代谢调控剂产品，这是国内首创的专门用于海水珍珠插核手术阶段的配套系列产品，三种产品配合使用可降低手术贝修养期的脱核率和死亡率近15%，提高珍珠产量20%～30%。

5．工业用海洋生物制品

开发了海洋碱性蛋白酶和溶菌酶，研制的碱性蛋白酶去污能力超过国外同类产品，不但符合中国洗涤标准，而且酶的稳定性与安全性都达到理想效果。该酶的研制成功使中国洗涤用低温碱性蛋白酶进入国际先进行列，可望在“十五”期间形成自主知识产权的高技术产业。

6．开发了海水养殖病害检测试剂盒

研制了对虾病原检测试剂盒，完成了PCR检测试剂盒的研制，完成了两个周期的对虾病毒的重组噬菌体抗体的抗体库构建，以及与WSSV有亲和反应的克隆，研制了SEMP采样液，检测灵敏度为10～50pgWSSV DNA数量级，24小时内完成检测。两年间实现试剂盒产业化销售266套，生产能力完全能够满足目前市场需求。

海水鱼免疫检测药盒与疫苗的研制，已完成了四联免疫检测药盒、多联单抗治疗制剂、多联抗独特型单克隆抗体疫苗制剂、灭活疫苗内毒素疫苗的制备，后四种制剂对海鱼均有很好的保护作用。

7．海水养殖的新型高效饵料

富含EPA、DHA等营养物质的海洋微藻饲料开发研究，成功地进行了大面积的培养生产和工业化采收和干燥，实现了微藻饵料的产业化。已生产出物理和化学特性适用于对虾、海水鱼和鲍育苗使用的微粒饲料，与国外同类产品比较试验证明，该系列产品质量不亚于国外同类产品，价格只有国外同类产品的70%～80%。

8．自主研制一批海底探查新装备，整体提高了海洋地质调查技术能力

开发了沉积物捕获器，宽频带、大动态、三分量数字海底地震仪，水下拖曳式多道伽玛能谱仪，海底大地电磁探测系统，分布式广域差分GPS定位试验系统，20米长岩芯重力活塞取样器，研制了一套海上多波地震采集设备。

9．数控成像测井系列仪器

瞄准国际最先进的测井技术，完成具有自主知识产权的中国第一套数控成像测井系统，其仪器性能指标全部达到和超过了国外同类仪器的水平，获得了8项专利技术，形成能与国外专业大公司相抗衡的高技术竞争实力。包括：八臂地层倾角测井仪（OCTDIP®）、多极子阵列声波成像仪、数字自然伽玛能谱仪、八臂微电阻率扫描成像仪等。

（四）建立了一批技术示范基地，推动了海洋高技术产业的发展，取得了较好的经济效益和社会效益

建立了海底地形地貌探测系统、海洋环境立

体监测系统技术及示范实验、珠江口海洋环境立体监测示范系统、海洋渔业遥感信息服务示范系统等四个技术示范系统，建立了海水养殖动物多倍体育种、育苗和性控技术产业化示范基地、对虾高健康养殖中试基地等31个中试和产业化示范基地，创经济效益近25亿元。

二、中国海洋高技术未来的发展和重点

目前世界海洋高技术发展主要集中在海洋监测与探测技术、海洋深潜技术、海洋油气勘探开发技术、大洋矿产资源勘探开发技术、海洋生物技术、海水淡化和利用技术、海洋能源技术、海洋信息技术等。海洋监测技术将逐步形成由天基、空基、岸基、海面、水下平台上的传感器组成的海洋立体监测系统。海洋生物技术将集中在利用基因工程和细胞工程培育海水养殖优良品种，海水养殖病害的检测和防治技术，耐盐植物的培养，海洋活性物质的筛选和海洋天然产物生源材料的大规模生产技术，海洋环境的修复等。海洋四维地震勘探技术，高精度海洋地球物理处理技术，海洋化探技术以及高精度，大陆架海底勘查技术，深水钻井技术，水下自动采油系统技术，高效低成本平台技术等油气田高效勘探开发技术以及深海矿产资源勘探开发技术将成为发展方向。

(一) 总体设想

中国海洋高技术的发展要紧紧围绕维护国家海洋权益、保障国防安全、合理开发海洋资源、切实保护海洋生态环境和防灾减灾的需要，以维护海洋权益、增加海洋财富、保护海洋健康、保障海上安全、推动科学技术发展为根本目的，开发出技术含量高、具有自主知识产权的海洋高技术，造就一支高水平的科研队伍，形成中国海洋和环保高技术创新体系，为海洋经济和海洋事业发展提供技术支撑。

在“十五”期间，形成近海大油田高效勘探、开发、工程和安全三大技术体系，具备海底立体探测、深水油气资源和天然气水合物的勘探技术能力。形成海水养殖种子工程技术体系，开发5～6个海水养殖优良品种（系）；获得60～80个功能明确或用途特殊的海洋生物新基因，开发1～2个一类国家海洋新药和3～5种海洋高附加值生物制品。突破100余项海洋监测关键技术，发展30项达到国际先进水平的监测技术产品，并促成其产业化，建立三个代表性的示范系统，形成海洋生态环境现场快速监测能力和海洋动力环境实时立体监测能力，为国家海洋监测系统提供核心技术装备。

“十五”期间，为了提高中国的海洋高技术水平，将在重大专项、主题项目、探索性项目和青年基金四个层面开展工作。

重大专项　渤海大油田勘探开发关键技术、海水养殖种子工程、海洋动力环境实时立体监测系统。

主题项目　海洋资源开发技术主题：深水海域油气与天然气水合物资源勘探开发关键技术，大洋矿产资源探测关键技术，海底立体探测和成像技术。

海洋生物技术主题：海水养殖动物病害控制，海水设施养殖与工程化，海洋药物的研究与开发，海洋生物制品的研究与开发，海洋生物重要功能基因的研究与开发，滩涂耐盐植物的研究与开发。

海洋监测技术主题：海洋生态环境要素现场快速监测系统技术，海洋生态环境要素遥感监测与应用技术，大洋渔业与环境信息获取与应用技术。

（二）海洋高技术发展的重点领域

1. 渤海大油田勘探开发关键技术

针对渤海大型稠油边际油田勘探、开发的技术难点，通过高精度勘探技术、三维轨迹闭环钻井技术、海水基聚合物驱油提高采收率技术和海上工程安全保障技术等关键技术的突破，形成具有中国自主知识产权的近海油气勘探开发成套技术和具有中国特色的海上边际油田开发模式，为把渤海油田建成年产能力2 100万吨以上、新增探明储量5亿吨的中国第三大石油生产基地提供高技术支撑，并带动中国近海油气资源的高效开发和相关产业的发展。重点开展：海洋油气勘探技术、海洋油气开发提高采收率技术、海洋钻井配套技术、海洋油气开发工程技术、海洋油气开发安全保障技术、数字海底技术渤海示范系统。

2. 海底立体探测和成像技术

重点开发近海底多参量精密探测和成像技术，水下立体定位导航系统，机载激光测深技

术，多参量水下探测运载系统，构成空中、海面和海底多参量高分辨率、高精度的海底立体探测和成像技术，建立数字海底示范区，为国土资源与环境调查、国防安全、海洋工程以及相关海洋产业发展，提供高技术支撑。

3. 深水海域油气及天然气水合物资源勘探开发技术

重点开发深水油气地球物理勘探关键技术、深水钻井技术、天然气水合物探测技术以及东海油气田勘探开发关键技术，集成为深水矿产资源勘探开发的创新技术体系，以重点盆地为靶区，开展海上技术试验，力争在300～3 000米水深新领域取得油气勘探技术的突破，为中国海洋天然气水合物资源勘探提供高效、准确的高新技术支撑，实现天然气水合物赋存区战略评价。

4. 大洋矿产资源探测关键技术

开发大洋海底富钴结壳及其他矿种探测关键技术，研制大洋固体矿产资源成矿环境原位、实时、可视探测及保真采样技术以及海底异常条件下的探测技术，为大洋资源勘查提供高技术产品。

5. 东海油气田勘探开发关键技术

研究东海陆架盆地复杂油气田地球物理技术、海上多相增压技术、多相计量技术以及海底混输管道设计与流动安全技术，建立一套集采集、处理及解释技术为一体的地球物理勘探技术，开发混输工艺的设计技术以及一系列适合海上油田应用的海底混输管线危险工况防治与预警技术，为经济高效地开发海上油气田的安全运行提供技术支持。

6. 海水养殖种子工程

重点开展海水养殖名特优良新种类的种苗繁育、海水养殖生物的遗传改良、重要养殖生物核心种质库的建立和利用、海水养殖动物特殊功能基因的研究与开发。

7. 海水养殖病害控制与养殖设施

重点开展海水养殖动物重要疾病疫苗和免疫增强剂的研制、工厂化养殖设施的工程优化、网箱高密度养殖设施的工程优化及深海抗风浪网箱的研制。

8. 海洋天然产物的研究与开发

重点开展海洋生物活性先导化合物的发现和优化、针对人类重大疾病的海洋创新药物的研究与开发、海洋生物酶的研究与开发、海洋生物材料的研究与开发。

9. 海洋生物重要功能基因的研究与开发

重点开展海洋生物药用及工业用酶功能基因的研究与开发、重要病毒病原基因组及功能基因的研究与开发。

10. 滩涂耐盐植物的研究与开发

重点开展滩涂经济植物新品种培育与中试示范、滩涂高效种养殖系统优化示范工程。

11. 海洋动力环境实时立体监测系统

以水下监测技术为核心，研制新型浮标、远程高频地波雷达、实时传输的潜标、各种海床基监测技术、船用剖面探测技术和拖曳式探测技术，发展能源补充技术和远距离数据传输技术，完成具有高度集成能力的实时传输立体监测系统技术。

12. 海洋生态环境要素快速监测系统的关键技术

开发以船载现场快速监测系统为核心的技术体系，完成一批具有国际先进水平的现场分析仪器和原位监测仪器，集成为现场监测船。实现同时监测包括海洋赤潮等关键生态过程的30余种海洋生态环境参数，形成对大面积海域生态环境要素的快速、实时、全过程的监测能力。

13. 海洋遥感生态环境监测技术

开发与卫星遥感和航空遥感应用相关联的技术，包括对赤潮、重污染、陆源物质扩散、养殖区环境、水体叶绿素、泥沙浓度等参量信息提取技术。在航空遥感方面发展机载高光谱辐射计、微波散射计、微波辐射计、机载激光雷达等多传感器集成与监测技术，无人机海洋遥感监测技术等。

14. 大洋渔业环境信息应用技术

发展大洋渔业环境信息应用技术，为中国的鱿鱼、金枪鱼、竹荚鱼生产提供高技术支持。重点开展太平洋、印度洋、大西洋渔场环境信息获取、处理、实时传输及信息应用技术。

新的形势为海洋高技术提出了新的要求，也提供了发展的机遇，而海洋高技术的发展将会进一步促进海洋经济和海洋事业的健康发展，从而提高海洋在国民经济与社会发展中的地位。

（本文作者系科技部农村与社会发展司资源环境处处长，副研究员）

我国海水资源开发生机无限

惠绍棠
（国家海洋局天津海水淡化与综合利用研究所、海洋技术研究所）

一、海水利用之必要

水资源是社会经济发展的命脉。随着社会经济的高速发展和人口的急剧增加，淡水资源危机已经成为仅次于全球气候变暖的世界第二大环境问题。中国是世界上12个严重缺水国家之一，华北、东北、西北地区连年干旱缺水；南方地区水体污染严重，使水源性缺水成为城市供水的突出问题。经济发达的沿海地区也存在严重的淡水危机，主要沿海大中城市不同程度地缺乏水资源，许多沿海地区由于地下水超采，已造成地下水位大幅下降、地面下沉、海水倒灌，严重地影响着这些地区的人民生活和经济发展。

同时，陆地物质资源日益减少。发达国家都在积极地发展海洋化工产业，向海水索取各种化学物质，并取得了明显的经济效益。海水中的化学元素齐全，储量巨大，在提供人类能源和发展现代工农业方面，都潜存巨大的战略意义。

据水利部预测：到2030年，中国用水总量将达7 000亿～8 000亿立方米，已接近可用水量的极限。中国政府在大力提倡节约用水的基础上，采取了如兴建蓄水工程、跨流域调水、废水回用、雨水利用等一系列有效措施。但上述传统措施只能实现水资源的时空位移，而不能增加淡水资源总量，难以解决中国2030年以后的缺淡水问题。开源节流，向大海要淡水，将成为中国解决21世纪淡水资源危机问题的必然选择。

海水（苦咸水）淡化和海水直接利用，近期可作为沿海城市用水的第二水源，岛屿用水的第一水源；中长期可缓解甚至最终解决中国北方淡水资源短缺问题；并综合利用淡化和冷却排放浓海水中的化学资源，可提供一条弥补陆地资源相对不足的有效途径及实现循环经济模式。

中国是一个海洋资源大国，有“取之不尽，用之不竭”的海水，海水利用的技术条件也基本成熟，还有国外的先进经验可以借鉴。整体经济实力的不断增强也为大力发展海水利用产业提供了有利条件。海水资源开发利用顺应国家战略需求，作为保障国家水资源安全和社会经济可持续发展的重要措施，具有鲜明的公益性特征，是充满生机、颇具魅力的朝阳产业。当前正面临着空前的发展机遇，处于大发展的关键时期。

二、海水利用之现状

海水综合利用技术主要包括：海水淡化技术，海水直接利用，海水化学资源的利用。海水淡化是指通过各种脱盐的方法和技术，从海水中提取大量淡水以供饮用；海水直接利用是指不经淡化，用海水直接代替淡水的技术，应用海水做工业冷却用水、生活杂用水，可节省大量的淡水，以缓解日缺严重的淡水危机；海水化学资源的利用是从海水中提取海盐、钾盐、溴素及镁盐等化学元素，这些元素是中国国民经济的基础化工原料。

20多年来，在科技部等部委局的大力支持下，经过4个五年计划的持续攻关，特别是“九五”以来，海水资源开发利用领域的许多关键技术取得了重大的突破和进展，除20世纪80年代初在西沙永兴岛建成的日产2 00吨饮用水的电渗析海水淡化站外，近年来，又先后在广东大亚湾、浙江嵊泗、山东长岛、大连长海等地兴建了日产500～1 000吨级的反渗透海水淡化站。“十五”期间国家将支持建立日产5 000吨饮用水的反渗透海水淡化厂，以提高中国科技和工程人员的海水淡化工程设计和运行管理能力。培养造就了一支高素质的海水资源开发利用技术队伍，中国已成为世界上掌握海水淡化等资源利用先进技术的国家之一，具备了坚实的推广应用技术基础，相关技术经济性日趋合理，产业大发展的技术经济条件已经具备。

海水淡化是实现水资源利用的开源增量技术，其吨水成本已经从20世纪90年代的7元左右降低到目前的5元左右。国内已建、在建的大型海水和苦咸水淡化工程已达到12项，均已收效。但成本仍是海水淡化推广过程中的核心问题。海水直接利用（海水冷却和海水冲厕等）技术是直接采用海水替代淡水以节约淡水资源的开源节流技术。据统计，城市用水中约50％是工业冷却用水；而冲厕用水约占城市生活用水的35％左右。另外，沿海城市中部分企业的工业用水，亦可用海水代替。海水直接利用在技术上是可行的，在经济上是划算的，因而具有明显的社会效益和经济效益。海水使用成本低，不仅在缓解城市用水中占有重要的地位，而且经济上的效益也是很明显的。海水化学物质提取由于工艺技术落后，深加工水平低，生产规模小，产量低，海水化学资源综合利用技术是从海水中提取化学元素和生产人类需要的化工产品及其深加工技术，有关海水、卤水资源利用示范工程正在天津、青海等地建设。但经济效益不高。应该加强企业管理，提高竞争力，狠抓产品质量，发展系列产品，形成适合自身特点的系列产品。

三、海水利用之瓶颈及其对策

尽管国家领导及国家计委、科技部、经贸委等部委对海水资源开发利用技术领域的工作给予了极大的重视与支持，但从整体上讲，相对于产业发展需要，仍存在认识和政府政策引导、资金投入不足、缺乏专门的机构或部门统筹规划协调等诸多问题。为加快中国海水资源开发利用事业的发展，建议：

1. 建立海水资源开发利用管理协调机构。海水资源开发利用只有走综合利用之路，即以沿海具有低位余热的企业如发电厂为依托，形成冷却、发电、淡化、化学资源提取及其深加工的一套完整生产体系，减少环境污染，形成海水综合利用产业链，才能实现海水资源的最优化利用，实现良好的经济效益、社会效益和环境效益。而海水资源开发利用产业发展是一个庞大而复杂的系统工程，涉及到多个政府部门、省市地区和多个行业领域、企业单位。因此，有针对性地在政府部门领导、行业协调、产业政策、技术创新等方面统一规划，采取统筹措施，建立海水资源开发利用管理协调机构，加强对产业发展的组织协调和指导是非常必要的。

建议由国家计委牵头，成立由国家经贸委、科技部、国家海洋局等部门参加的产业化协调机构，负责产业化总体策划及协调工作。

2. 制定海水资源开发利用政策法规和发展规划。虽然国家已经制定了一些宏观引导鼓励政策，但尚缺乏切合海水资源开发利用产业发展实际、具有可操作性的具体政策和措施。例如：国家对自来水实行补贴，并公益投入水利工程，使得尚处于起步阶段、完全市场行为的海水淡化经济竞争力受到很大影响，在很大程度上影响了企业采用海水淡化的积极性。

建议国家采取积极的产业发展政策，尽快出台关于海水资源开发利用的宏观引导政策法规和鼓励沿海城市利用海水的具体措施，并制定相关发展规划。如对沿海用水工业大户规定使用海水的硬性定额，或限制其淡水供给量；给予利用海水的产业和用户在税收、信贷、水价等方面的鼓励和扶持，并逐步提高水价，有效引导有条件使用海水的企业利用海水资源。

3. 设立专项基金，引导海水资源开发利用产业。国外的发展经验和中国的实践都证明：海水资源开发利用规模示范可以最大限度地集成相关技术，提高技术成熟度和可靠性，降低产业发展风险。规模示范工程建设需要大量资金投入，政府的投入和政策引导是规模示范的必由之路。

目前国家对规模示范阶段的资金投入不足，不能积极有效地增强企业采用新技术的动力和信心，并降低企业可能面临的经济运行风险，也带来规模示范困难重重的局面。建议采取“政府（资金、政策）引导、启动培育市场，逐步向市场化运作、企业化管理过渡”的发展模式，设立专项基金，启动“海水开源计划”重大专项。

4. 建立国家海水资源开发利用技术中心。建议组建“国家海水资源开发利用技术中心”，赋予其向国家提供领域发展战略、规划和重大基础性、公用性技术支撑，对产业进行规范和指导的职能，给予其持续稳定支持，迅速加强自主核心技术创新和规模产业化的能力，构筑中国自主知识产权保护壁垒，应对加入WTO的严峻挑战，保证海水资源开发利用技术持续创新和产业发展的需要。

（本文作者系国家海洋局天津海水淡化与综合利用研究所、国家海洋局海洋技术研究所所长）

大 事 记
Chronicle of Events

1月14日 由国家海洋局组织召开的联合国政府间海洋学委员会国内网络工作会议在北京举行。国家海洋局副局长陈连增在会上表示，中国将积极参与并努力推进海洋事务有关领域的国际合作，进一步加强与联合国海委会等国际组织的联系，充分了解和掌握国际海洋学方面的最新动态，认真组织协调好国内网络工作的建设与发展，依靠科技进步，推进中国海洋工作的开展。现任海委会主席、国家海洋局第二海洋研究所名誉所长苏纪兰院士详细介绍了海委会的组成、宗旨、发展沿革及今后努力开展的主要工作。

1月14日 中国海监南海总队首次联合广东省地矿局和广东省渔政海监检查总队，动用了中国海监74，粤渔政海监901、海监902、海监903及6艘快艇，100余名执法人员、船员和记者，对珠江口的虎门水道至龙穴水道一带海域进行了重点检查，重拳打击非法挖砂。

1月15～16日 为探索新形势下中国海洋化工发展新路，促进海洋化工技术创新，由国家海洋局、科技部联合主办，山东省寿光市人民政府承办的全国“科技兴海—海洋化工技术研讨会”在寿光举行。来自科技部、国家海洋局、国家经贸委、中国盐业总公司等有关单位的领导和专家共70余人参加了会议。会上专家们围绕国外海洋化工发展趋势和前景、中国海洋化工发展中存在的问题与对策、海洋化工技术创新及其产业化、海洋化工主要产品——溴及溴系列发展现状与展望作了充分的研讨。

1月20日 国家海洋局在北京召开机关全体公务员和驻京单位有关领导人员大会。中共中央组织部副部长张柏林在会上宣布：王曙光同志任国土资源部党组成员、国家海洋局局长、党组书记。张登义同志不再担任国土资源部党组成员、国家海洋局局长、党组书记职务。张柏林副部长在讲话中，对张登义同志任职期间的工作给予了充分肯定和高度评价，对国家海洋局新的领导班子和海洋局的工作提出了明确的要求和希望。国土资源部党组书记田凤山出席会议并发表重要讲话，对国家海洋局的工作提出要求。

1月21日 原中国新星石油公司上海海洋石油局（现中国石化集团新星石油公司上海海洋石油局）在东海西湖凹陷钻探的春晓三井首次在平湖组获得高产油气流，日产天然气143.19×10^4立方米、凝析油88立方米。这一战略性的突破，进一步扩大了西湖凹陷勘探层系，再次证实了西湖凹陷油气勘探的良好前景。

1月23～25日 为落实党的十五大要求，贯彻中央有关会议精神，认真总结国家海洋局1999年的工作，研究确定2000年的重点工作安排，国家海洋局党组扩大会议在北京召开。会上，传达了中央政治局常委会2000年工作要点，江泽民总书记在中纪委四次全会上的重要讲话和胡锦涛在全国第三次“三讲教育”工作会议上的讲话要点；传达了中央组织部副部长张柏林和国土资源部党组书记田凤山在国家海洋局机关干部大会上的讲话。王曙光局长在会上作了工作报告。会议研究确定了2000年的10项重点工作、讨论了《海域使用管理法》（草案）、贯彻《海洋环境保护法》的实施意见和国家海洋局思想政治工作重点。

2月2日 中共中央政治局委员、中央书记处书记、国务院副总理温家宝来到国家海洋局，代表党中央、国务院和全国人民，通过卫星通信，向为发展中国极地科学考察事业、不畏艰险、勇于探索、不断创新、正在南极进行科学考察的中国第16次南极考察队的队员及“雪龙”号船的同志们祝贺新春。中国第16次南极考察队队长王德正、中国南极长城站站长吴金友、中国南极中山站站长刘书燕、“雪龙”号船船长袁绍宏通过卫星电话汇报了工作，并深切地感谢党和祖国人民的关怀。

2月22～23日 《海域勘界技术规程》通过审定。《海域勘界技术规程》是由国家海洋局海域管理司下达，国家海洋环境监测中心编写的。

2月24日 中国第一部航运“蓝皮书”——《2000年水运货源调查预测报告》在上海航运交易所首次向国内外正式发布，这是由交通部水运司组织、上海航运交易所承担编制的中国第一个水上运输货源形势年度权威报告。

2月27日 中日就新渔业协定生效问题达成协议。

3月1日 “中国国际防灾减灾设备、物品与服务展览会”在北京拉开帷幕。此次展览会还同期召开了“中国减灾与经济发展（部长）论坛”。全国政协副主席、中国灾害防御协会会长李贵鲜任主席，国土资源部副部长蒋承菘、国家海洋局局长王曙光等国家有关部委领导在论坛上作了演讲。他们在发言中强调，希望借助现代科技手段，广泛调动社会各界力量，在抵御自然灾害、促进社会经济持续发展方面取得更大成就。国家海洋局局长王曙光的讲话题目是：《中国沿海经济发展与减轻自然灾害》。

3月1～3日 由联合国全球环境基金和联合国开发计划署、国际海事组织共同发起的“建立东亚海域环境及管理的伙伴关系”计划渤海示范项目在天津正式启动。在天津举办的全球环境基金东亚海项目渤海示范区计划研讨会上，来自环渤海地区海洋行政管理部门、有关海洋行业、国家海洋局有关单位、联合国开发计划署驻华代表处和东亚海项目办公室的代表约40人出席了会议。会议对渤海的环境管理问题提出了初步的建议，并提出了渤海示范项目的初步设想方案，为形成东亚海项目渤海示范区行动计划奠定了基础。会议还对下一步的工作安排提出了建议，并确定国家海洋局是东亚海计划的中国执行机构。

3月23日 农业部就《中华人民共和国和日本国渔业决定》生效问题在北京召开新闻发布会，就《中日渔业协定》于2000年6月1日生效的有关问题向新闻界作了说明。

3月24日 中国海洋石油总公司发布2000年对外合作开采海洋石油资源招商通告。重点推荐了6个招商区块，总面积为35 870平方千米，主要分布在渤海、东海、珠江口和北部湾海域。

3月29日 农业部发布《关于开展首次全国海洋渔业船舶普查的通告》。

3月30日 根据国务院决定，中国新星石油有限责任公司整体并入中国石化集团公司，更名为中国石化集团新星石油有限责任公司，上海海洋石油局随同中国新星石油有限责任公司划入。此举开辟了中国石化集团公司在近海油气勘探开发的第二个领域。

3月31日 农业部在北京召开了2000伏季休鱼新闻发布会，决定从2000年起，扩大南海海域休鱼的作业类型，将南海、黄海、东海休鱼起止时间统一后推12小时。

4月1日 《中华人民共和国海洋环境保护法》经1999年12月25日经九届全国人大常委会第十三次会议修订通过后，于2000年4月1日开始实施。这是中国政府强化海洋环境保护、促进海洋事业可持续发展的重大举措。该法律高度概括了党和国家发展海洋环境保护事业的一系列方针、政策和措施，深刻总结了原《海洋环境保护法》实施16年来取得的一系列成功经验。它的颁布实施，标志着中国海洋事业发展进入一个新的历史时期。《海洋环境保护法》实施后，学习、贯彻该法的宣传活动、研讨会、座谈会等在全国沿海各地纷纷举行。

4月1日 为更好地贯彻落实《海洋环境保护法》，中国第一部海上污染事故应急计划——中国海上船舶溢油应急计划开始在全国范围内实施。该计划由3个层次组成，即中国海上船舶溢油应急计划、海区溢油应急计划和港口水域溢油应急计划。

4月 中国万吨级新型卤水蒸发装置运行成功。早在1988年，针对盐化工业中卤水蒸发装置通常每天都要停车清垢、无法连续生产的难题，天津大学率先进行了三相流沸腾换热和防垢、除垢理论与技术的研究：1993年该校与天津汉塘盐场合作建成千吨级卤水蒸发设备。1995年，该研制工作列入国家“九五”重点科技攻关项目。经8年攻关，研究组完成了“盐化工业中万吨级新型卤水蒸发装置及设备研究”任务。3万吨级三相流行型卤水蒸发装置的换热系数增加了54.8%，总传热系数提高了41.3%，降低能耗25%以上。到2000年9月，自该装置研制成功至公开见报为止，已连续运行2 500小时而无需停产清垢，解决了不能连续生产的问题，使中国在该领域的技术水平跃居世界前列。

4月4～6日 国家海洋局第一海洋研究所在青岛组织召开了“国际北极气候会议”。来自美国、日本、俄罗斯、中国等国内外学者40人进行了学术研讨。

4月5日 中国第16次南极考察队凯旋，并在上海举行了欢迎仪式。国家海洋局原局长张登义主持欢迎仪式。国家海洋局副局长陈连增致辞欢迎南极考察队凯旋。中国第16次南极科学考察队队长王德正代表考察队在欢迎仪式上发言。上海市的有关领导也出席了欢迎仪式。中国第16次南极考察队和“雪龙”号船执行一船两站的考察补给任务，于1999年11月1日从上海起航，历时157天，4次穿越浪大涌高风急的西风带，总航程27 053海里，破陆缘冰43海里，创造了中国南极考察以来，在一个航次中，总航程最远、破冰距离最长、穿越西风带次数最多的纪录。

4月7日 中国海洋石油有限公司成功完成首期私募，共获四家国际投资机构投资2.1亿美元。这四家投资机构是美国国际集团、新加坡政府投资公司、美国国际保险（香港）公司和美国国际保险（百慕大）公司。

4月11日至5月14日 中国石化集团新星公司上海海洋石油局在东海西湖凹陷钻探的春晓五井获高产油气流，日产天然气46.38×10^4立方米、凝析油54.62立方米。

4月12日 国家科技攻关计划项目“国土资源环境与区域经济信息系统及国家空间信息基础设施关键技术研究”的子专题“中国海洋资源综合数据库空间集成”由中国科学院资源环境科学与技术局组织有关专家，在国家海洋信息中心进行了验收。

4月15～23日 在海南省海口市举办了APEC赤潮工作组会议，来自美国、英国、马来西亚、新加坡、韩国、日本、中国（含台湾省和香港特别行政区）的专家参加了会议。

4月17日 为了贯彻新修订的《中华人民共和国海洋环境保护法》，进一步加强北海区海洋环境保护和海上执法监察工作，按照国家海洋局、中国海监总队的有关部署和要求，中国海监北海总队对北海区海洋石油勘探开发进行了环保执法检查，检查重点是渤海海区内的海洋石油勘探开发部门及其所属的海上作业平台。

4月20日 中国海洋石油总公司首家股份制专业公司——海洋石油工程股份有限公司在天津正式成立。该股份公司将向社会公开发行人民币普通股股票。

4月20日 1999中华环保世纪行总结表彰大会在北京举行。全国人大常委会副委员长邹家华代表全国人大常委会向获得好新闻奖及获先进称号单位、个人表示衷心祝贺 。全国人大环境与资源委员会、国家环保总局、国土资源部、水利部、林业局、共青团中央、全国妇联、中国科协、国家海洋局有关领导出席大会。

4月20～23日 由上海船舶工业行业协会、上海博华国际展览有限公司和上海市对外科学技术交流中心联合主办的“第五届中国国际船艇及其技术设备展览会”在上海国际会议中心举行。美国、英国、俄罗斯、新加坡、德国、瑞典、瑞士、日本、韩国、中国内地及香港特别行政区、台湾省等12个国家及地区的近百家厂商展示各自最新的产品与技术设备。

4月25日 全国先进工作者、“雪龙”号极地科学考察船船长袁绍宏先进事迹座谈会在国家海洋局举行。国家海洋局副局长陈连增主持会议，局长王曙光做了重要讲话，国家海洋局机关及局驻京直属单位的有关代表参加了座谈会。袁绍宏同志为中国的极地考察事业做出了重要的贡献。他先后7次赴南北极进行科学考察，驾船安全航行10万余海里、破冰1万余海里，10余次穿越风急浪大涌高的西风带。

4月 国家海洋局王曙光局长、陈连增副局长会见了在中国进行工作访问的韩国海洋代表团。王曙光强调，中国国家海洋局重视与韩国的海洋双边合作，愿意与韩国海洋水产部在已有的良好合作的基础上，把一个更加活跃的中韩海洋双边友好关系带入新世纪。陈连增副局长简要介绍了国家海洋局的组织机构和主要工作。韩国海洋水产部副部长洪承勇介绍了韩国海洋水产部的工作开展情况，并希望进一步加强中韩海洋科技及其他领域的全面合作与交流。

5月1～31日 交通系统开展“反三违月”活动，主题为抓管理、重落实、反“三违”、除隐患。这是交通部2000年实施水上运输安全管理年中的重点之一。

5月8～14日 以印度海洋开发局局长穆桑那亚格姆博士为团长的印度海洋代表团一行5人访问了国家海洋局，王曙光局长、陈连增副局长代表国家海洋局对印度海洋代表团的来访表示欢迎。双方分别就各自主要负责的海洋工作如海洋科技、环保、大洋勘探与开发、极地等领域进行了交流并就双方今后在海洋领域合作的可能性进行了十分有益和积极的探讨。王曙光局长和穆桑那亚格姆博士分别代表两国签署了中印海洋科技合作意向书。

5月10日 国家海洋局局长王曙光会见了前来拜访的菲律宾前副总统劳雷尔一行。王曙光局长对劳雷尔先生访问国家海洋局表示欢迎，并介绍了国家海洋局的主要工作、职责及机构设置等基本情况，还就中菲海洋环境保护等方面合作的情况与劳雷尔先生进行了会谈。双方表示，要为加强两国关系和增进两国的传统友谊做出不懈努力，积极推进两国在海洋环境保护等海洋领域的合作。劳雷尔一行 6 人是应中国外交学会的邀请，于5月9日至19日来华访问的。

5月10日 中国首座以航空母舰为主题的公园在深圳诞生。1998年10月中国深圳思克航母实业有限公出资5亿元从韩国购进前苏联航母“明斯克”号用于海上旅游。该舰由广州文冲船厂经过一年多的改装和整修后，于2000年5月用 3 艘拖轮拖至深圳沙头角港区。该舰全长274米，宽47.2米，高64米，重4.2万吨。改装后的“明斯克”号突出“海味”和“军味”，甲板上恢复布放了舰载歼击机、直升机、舰对空导弹、舰队舰导弹、深水炸弹，以及各种发射装置、雷达、炮塔等一系列武器装备。航母上还增改了餐饮、娱乐、休闲的场所，供游客参观。

5月18日 国家海洋局在北京举行新闻发布会，发布《20世纪末中国海洋环境质量公报》及《1999年度海洋灾害评估》和《2000年度海洋灾害预测意见》。《20世纪末中国海洋环境质量公报》体现了1997～1999年3年间开展的全国海洋污染基线调查的成果，全面、客观、准确地反映了新世纪来临前夕中国海洋环境质量的“本底”状况，对进一步增强全社会保护海洋的意识，共同做好21世纪的海洋环境保护工作起到积极的作用。公报指出：中国海洋污染快速蔓延的势头得到了一定程度的减缓，但海洋环境质量恶化的总趋势仍未得到有效地遏制。

5月26日 由中国海事局承办的第五届中日俄韩四国搜救及防止海洋污染工作会议在上海举行，中国海事局、日本海上保安厅、韩国海洋警察厅和俄罗斯海参崴海上搜救中心的海事官员以及中国有关省市的海上搜救中心、海事局观察员共40余人出席或列席会议。此次会议是中国在搜救领域举办的第一次国际会议，中国海事局副局长、中国海上搜救中心办公室主任宋家慧出席会议并讲话。会上，中、日、俄、韩四国的海事官员就海上搜救、船舶报告系统信息交换、渔船避险和海洋防污染等问题进行了研讨和交流。会议期间，与会代表还参观了上海海上搜救中心和上海海事局吴淞水上交通管制中心。

5月29日 由中国海洋学会主办的“2000年海洋科学技术及应用高级研讨会”在北京举行。全国近百位海洋科技界专家、学者就在新世纪如何提高海洋科学技术对中国海洋事业发展贡献率问题进行了广泛的研究探讨和学术交流。会议提交学术论文50余篇。与会者认为，面对海洋经济高速发展之形势及全球经济贸易多元化，加强海洋科技应用以适应新形势需要，已是一项十分紧迫的任务；同时，海洋科技工作者也肩负着在新世纪把中国建设成海洋强国的历史使命。国家海洋局副局长孙志辉出席会议并做了重要讲话。

5月30日 农业部在浙江舟山沈家门渔港举行“实施《中日渔业协定》暨专属经济区渔政管理巡航开航仪式”，来自上海、福建、江苏、浙江三省一市的 7 艘渔政船和渔政飞机编队驶向东海，开始巡航。

6月1日 国务院正式批复，同意中国海洋石油总公司进行国家授权投资机构和国家控股公司试点。这将有利于总公司在境外融资和进行资本运作，并依照《公司法》设立全资子公司。

6月1日 新《中日渔业协定》正式生效。根据该协定的规定，1975年8月15日签订的《中华人民共和国与日本国渔业协定》自新协定生效之日起失效。

6月1日至8月31日 为全面、准确地掌握中国海洋渔船现状，加快船舶管理现代化，农业部首次进行全国海洋渔船的普查登记工作，普查对象为《中华人民共和国渔港水域交通安全管理条例》规定的从事海洋渔业生产的船舶和为海洋渔业生产服务的船舶。

6月1日 《渔业船舶法定检验规则》颁布实施，该法规是在1993年发布的《海洋渔船安全规则》的基础上进行全面修订而成，是一部更加适合中国渔业生产，满足海洋环境保护和国际船舶安全要求的重要法规。与原有同类法规相比，其特点是在保证渔船基本作业安全的情况下，尽可能降低渔船修造成本，减轻企业负担，根据不同海区、不同船舶类型因船而异，特别是强化了对渔船的防污管理，更加切合实际和具有可操作性，是中国渔船检验20年来最完善的一部技术法规。

6月15日 中海石油化学有限公司首届董事会召开第一次会议，宣布目前国内生产规模最大的化肥项目——海洋石油化肥项目正式启动。按计划，该化肥厂将于2003年11月30日投料试车出合成氨及尿素，东方1－1气田计划于2003年9月15日正式供气。

6月16～18日 中国海监东海总队组织所属海监第四支队和东海航空监察队，会同宁波市海洋与水产局和浙江省舟山市海洋局、舟山市渔政处，对北至杭州湾，南至三门湾，东至201、208渔区和28°30′～31°30′N，122°～125°E范围内的渔区，开展海空协同联合执法，依法查处宁波、舟山海域的海洋环境保护、渔政管理、海洋资源开发利用中的各类违法、违规事件。

6月27日至8月27日 中国石化集团新星公司上海海洋石油局在东海西湖凹陷钻探的天外天二井获高产油气流，日产天然气72.4×10^4立方米，凝析油17.61立方米。

7月2～8日 受核工业部委托，国家海洋局第一海洋研究所主办了国际原子能机构地区会议“利用核技术研究赤潮问题—国家计划评估”。来自印度尼西亚、马来西亚、巴基斯坦、菲律宾、泰国、越南、美国、澳大利亚、中国的30位专家参加了研讨。

7月 农业部渔政指挥中心成立。

7月5日 由导弹驱逐舰、综合补给船、舰载直升机组成的舰艇编队，在南海舰队参谋长黄江少将的率领下，应邀前往马来西亚、坦桑尼亚、南非进行友好访问。出访历时65天、航程16 000余海里，是中国海军首次航涉三大洋、首次横渡印度洋、首次通过好望角并访问非洲大陆。

7月18日 美国EDC公司和中国石化集团公司正式签定“埕岛西A区生产原油的交接、运输、销售协议”，双方就埕岛西生产原油的交油程序、原油定价、油款支付等一系列问题达成一致。

7月17～25日 国际海洋学院中国业务中心在天津举办了“海洋环境保护和海洋管理培训班”。来自全国沿海省、市涉海单位和国家海洋局系统各单位的46名学员参加了培训。

7月24～26日 由青岛海洋大学发起，中国药学会海洋药物专业委员会、国家海洋药物工程技术研究中心、中国海洋湖沼学会药物学分会等单位联合举办的海洋药物发展前景研讨会在青岛召开。来自国内的200余名专家、学者出席了研讨会。会议期间，围绕海洋药物发展前景进行了交流，并召开了临床专家委员会会议。

7月26日 东亚海域项目第七次指导委员会会议暨渤海海洋环境保护与管理论坛在大连举行。联合国开发计划署、东亚海域计划实施执行机构官员、中国、越南、菲律宾等11个国家的代表以及联合国粮农组织、联合国环境规划署、世界资源研究所等国际组织和机构的观察员出席了开幕式。会上，国家海洋局和环渤海的辽宁省、河北省、山东省和天津市，联合发表了《渤海环境保护宣言》；国家海洋局副局长陈连增和东亚海域计划主任蔡程瑛博士，分别代表中国国家海洋局和国际组织签署了渤海示范区项目协议。

7月30日 由国务院发展研究中心、国土资源部、中国科学院、中国科学技术协会、国家环保总局、国家海洋局、中国海洋学会与青岛市人民政府共同举办的“2000海洋科技与经济发展国际论坛”在青岛举行。本届论坛的主席是全国人大常委会副委员长周光召，论坛的主题是“近海资源保护与可持续利用”。论坛邀请了联合国教科文组织、环境规划署的代表进行讲演。在青岛参加两个国际性研讨会的共60余位国外代表也出席论坛。论坛有以部长为主体的“主题报告会”，分别从中国海洋立法、国家宏观政策角度阐述政府对可持续发展、海洋科技与经济发展、海洋环境、海洋资源合理开发利用等有关重大问题的立场观点；同时有院士圆桌会议，中外涉海院士围绕论坛主题发表观点。国土资源部部长田凤山、国家海洋局局长王曙光、国务院发展研究中心党组书记陈清泰、中国科学院副院长陈宜瑜、国家环保总局副局长汪纪戎、青岛市市长王家瑞等在论坛作了主题报告。

8月3日 中国外交部部长唐家璇和韩国驻华大使丙铉代表两政府正式签署了《中韩渔业协定》。

8月8日 由中国海洋石油总公司牵头的中国第一个进口液化天然气（LNG）项目——广东LNG

接收站和输气干线项目，在京举行招商新闻发布会。该项目一期规模每年进口LNG300万吨，二期每年进口LNG达500万吨，供气范围将覆盖珠江三角洲和香港特别行政区。

8月8～18日 国家海洋局、国家统计局在厦门召开了全国海洋统计工作会议暨海洋统计学术研讨会。会议总结回顾了十年来海洋统计工作经验，交流了1999年海洋统计工作情况，明确了海洋统计工作"十五"及2010年总体目标，代表们就新形势下海洋统计工作如何适应海洋事业发展等问题进行了研讨。会上，国家海洋局和国家统计局向在全国海洋统计工作中做出显著成绩的单位颁发了奖牌。

8月23日 江泽民总书记听取了中国石油天然气集团公司、中国石油化工集团公司和中国海洋石油总公司三家石油公司的汇报。

8月24～26日 中国海洋法学会在北京举行学术研讨会。百余位来自各部门、科研机构、大专院校及省市的海洋法专家、学者听取了外交、渔业、海洋石油、海上交通、大洋、海事审判等部门涉及中国海洋法最新实践情况的报告，并就有关海洋法和海事法等方面问题进行了广泛的学术交流。国家海洋局局长王曙光出席了学术研讨会。中国海洋法学会会长张登义在学术研讨会上概括了中国海洋法学会的宗旨、任务和学会今后工作。

8月28～30日 全国海洋厅（局）长会议在北京召开。国土资源部部长田凤山、国家海洋局局长王曙光等领导出席会议并作重要讲话。来自沿海各省、自治区、直辖市和计划单列市的海洋行政主管部门领导和有关部门负责人，国家海洋局各分局、机关各司及直属单位主要领导等100多人出席会议。会议学习贯彻了中央领导同志对海洋工作的有关指导精神，交流工作情况，全面分析研究当前海洋工作面临的形势任务，进一步统一思想，团结奋斗，努力开创全国海洋工作新局面。

8月30日 中国石化胜利海洋钻井公司中标意大利AGIP公司北堡西区块BPX-1井钻井及试油工程。这是中国石化胜利海洋钻井公司成功与美国科麦奇、EDC、阿帕契及香港东华公司合作后，又一次在国际反承包市场上中标。

9月12日 由中国石化胜利油建公司施工的国内第一条浅海海底天然气管线建成投产。

9月14日 国务院任命张宏声、倪岳峰为国家海洋局副局长。

9月16～19日 近1 200名来自全国药学界的专家、教授、学者在宁波市召开中国药学会2000年学术年会。会上，中国药学会海洋药物专业委员会副主任委员、天然药物及仿生药物国家重点实验室林文翰教授提出的"21世纪中国向海洋要药"这一带有中国药学研究和发展方向性的科学创新观念，得到与会全体代表的肯定并引起高度重视。

9月17～23日 国家海洋局副局长陈连增率海洋代表团赴韩国考察海洋管理体制，调查和研究了韩国海洋发展战略、海洋管理体制、海上执法和海洋科学调查研究等方面的情况。

9月29日 国家海洋局在北京组织召开了全国海洋功能区划编制工作领导小组会议。会议决定成立全国海洋功能区划编制工作领导小组和技术指导组，会议通过了全国海洋功能区划编制工作方案。会议强调，编制全国海洋功能区划，是各有关部门的共同责任。

10月 由国家海洋局和上海市共同建设、管理的上海市海洋环境预报台正式挂牌成立。上海市副市长韩正、国家海洋局副局长陈连增为预报台揭牌。该预报台将承担上海沿海主要港口、海滨旅游区、长江口、杭州湾等上海沿海海洋环境预报、海洋灾害预报和警报、海平面变化的年度报告以及上海市政府下达的其他海洋环境预报任务。其预报的海洋信息，将定期通过各公众媒体向社会发布。

10月9日 国家发展计划委员会正式批准中国石化集团公司上报的"埕岛西A区块整体开发方案(ODP)"，同意中外双方按47∶53的投资比例共同开发。

10月9～11日 国家海洋局与美国国务院海洋事务办公室在北京共同举办"亚太经济合作组织评价与维持现有近海油气设施的完整性研讨会"。来自中国、美国、澳大利亚、墨西哥、马来西亚、印度尼西亚、泰国、越南和智利的代表约150人出席。会议围绕近海石油平台的使用、其对环境的影响、报废平台处置等问题进行讨论。国家海洋局副局长陈连增出席开幕式并讲话。

10月10～14日 为了总结、推动和发展中国科学院与意大利国家研究委员会(CNR)之间的科技合作，由国家科技部、中国科学院、意大利驻华使馆等单位主办，中国科学院海洋研究所承办的“中意海洋地质和海洋环境保护学术研讨会”在青岛召开。会议对不同海岸环境的自然环境的演化和监测、中国和意大利对沿海地带环境的评估和开发利用等有关问题进行学术研讨。

10月19日 受农业部渔业局委托，全国水产原良种审定委员会对山东蓬莱鱼类养殖场申报的国家级大菱鲆良种场项目进行了验收。审定委员会委员在听取建设情况汇报、审阅有关材料并进行实地考察后，一致通过确定蓬莱市鱼类养殖场为国家级大菱鲆良种场。这也是中国第一家国家级海水鱼原良种场。

10月28日 中国海洋石油总公司和英荷壳牌化工公司在北京签署了中国最大的现代化石油化工联合企业合营合同，总投资40亿美元。全国人大常委会委员长李鹏出席签字仪式。新成立的合营公司命名为中海壳牌石油化工有限公司，位于广东大亚湾经济技术开发区，壳牌南海私有有限公司和中海石油化工投资有限公司各占50%股份，合营公司计划于2005年投入运营，每年将生产约230万吨石油化工产品。

10月31日至11月3日 由多家国际渔业组织共同发起，每4年举办一次的第三次世界渔业大会在北京国际会议中心举行。大会的主题是“21世纪的持续渔业”。来自48个国家和地区的近800位代表，就水产养殖的过去、现在与将来，水产品的加工技术与综合利用，信息技术对渔业持续发展的贡献，沿岸渔业管理，渔业在社会和经济中的作用，依靠科技解决渔业活动产生的环境问题，生物多样性与渔业生产，渔业管理、评估和政策等方面的专题进行研讨。全国人大常委会副委员长周光召任大会组委会名誉主席，农业部部长陈耀邦任大会组委会主席，中国科学院副院长陈宜瑜任大会国际指导委员会主席，上海水产大学校长周应祺教授任大会学术委员会主席。2000中国国际渔业博览会与此次渔业大会同期举行。本届博览会共有来自世界30个国家和地区的450家企业参展，展出面积10 000平方米，其中，中国、智利、丹麦、法国、美国等11个国家是以国家展团的形式参展。国际参观者来自50个国家和地区，贸易、观众达到15 000人。

11月 由国家海洋局主办的全国海域使用管理培训班在福州市举行，来自全国沿海9个省(市)的50余名代表参加了培训。本次培训旨在交流沿海各省（市）在海域使用管理方面的经验和做法，为在全国范围内实施海域使用管理制度做准备。培训内容包括海域使用调查登记、界址确定与测量、确权发证、海域使用管理系统介绍等。

11月1日 国家海洋局、联合国开发计划署、外经贸部中国国际经济技术交流中心在北京联合举办了“海岸带综合管理研讨会”。全国人大、全国政协、国务院有关单位及有关地方政府代表共110人出席了研讨会。会上，联合国开发计划署官员及沿海省市海洋管理人员和专家对项目实施3年来的进展情况和3个示范区取得的成果做了总结，并就如何在海岸带、海洋资源和环境管理方面加强协调、合作参与的方式和途径、推进沿海地区开展海岸带和海洋综合管理实践和应用等问题，进行了广泛交流和探讨。

11月2日 国务院任命傅成玉、周守为、罗汉为中国海洋石油总公司副总经理；副总经理戴焕栋办理退休手续。同日，中共中央委员会、中共中央组织部下发任免通知，中国海洋石油总公司副总经理高怀忠同志任国有重点大型企业监事会主席，免去其中国海洋石油总公司党组成员、副总经理职务。

11月9日 中、日第11届海洋水产资源培养科研人员研讨会在京举行。来自中、日、韩三国的50余名专家学者就海水增养殖、资源管理、环境与生物多样性保护、病害防治等问题进行了科学涂的研究探讨。

11月9～10日 由日本海外渔业协力财团主办、中国水产科学研究院协办的第11届海洋水产资源培养科研人员研讨会在北京召开。农业部渔业局局长杨坚、中国水产科学研究院院长雷茂良及日本驻华使馆参事、韩国驻华使馆海洋水产官员到会对本次研讨会的召开表示热烈祝贺。来自中国、日本、韩国的20余名海洋水产科研人员就海水增养殖、资源管理、环境与生物多样性保护、水产病害防治等三方共同感兴趣的问题进行了广泛的交流与探讨并到中国水产科学院南海水产研究所、福建惠安、广东大亚湾增养殖点进行了考察访问。

11月18～20日 中国海监工作会议在北京召开。来自中编办、人事部、国土资源部、国务院法制办、国家海洋局机关有关部门以及中国海监各省、区、市总队和海区总队的代表共70多人参加会议。会议全面分析总结了中国海监队伍建设的工作情况，认真研究了海洋执法监察工作面临的新形势、新问题，明确了今后一段时间海监工作的基本思路。会议期间，国家海洋局局长王曙光到会作了重要指示。

11月21～23日 中国21世纪议程管理中心在北京召开了“九五”国家科技攻关计划—中国可持续发展信息共享示范(97-925)项目的专题验收会议，由国家海洋信息中心承担的海洋信息共享专题通过验收。同时通过验收的可持续发展信息共享示范项目的其他专题有：公共基础地理信息，农作物种质资源，森林资源，地质矿产资源，宏观国土资源，自然保护区和生物多样性，环境保护，自然灾害，气候气象与环境无害化技术信息共享等专题。这些信息共享网站均已开通，全国用户都已经可以通过因特网进行访问。

11月25～30日 “'2000湛江海洋经济博览会”在湛江举行。参会的客商共6 289人，共签合同439宗，包括海水养殖、海产品加工等大农业项目在内的投资及购销总额高达176.17亿元。其中亿元以上的项目34宗，合同金额99.36亿元。

11月26日 中国石化胜利埕岛油田海四联合站—孤岛首站外输管线投产一次成功，为海上原油安全平稳顺利外输奠定了基础。

11月26日至12月10日 以国家海洋局副局长孙志辉为团长，由财政部、国家海洋局及辽宁海洋与渔业厅有关人员组成的中国代表团一行6人，赴印度、澳大利亚进行了海洋管理考察。

11月27日 中国石化集团新星公司上海海洋石油局与中国地质大学、清华大学等11家单位协作的国家“863”计划“820”海洋主题“海洋深部地壳结构探测技术”研究报告圆满完成。该课题首次实现了国内对海底30千米深部地壳结构的探测。

11月27～30日 在国家海洋局第一海洋研究所举办了“近海环流对气候的影响”国际会议，来自英国、俄罗斯、法国、美国、中国等40多位专家参加了交流。

11月29日 绥中36-1油田二期工程试投产成功。绥中36-1油田是20世纪80年代中国海洋石油总公司自营勘探发现的一个大型油田，探明储量达3亿吨。

12月1日 中国海洋石油总公司与美国菲利普斯中国有限公司在北京签订中国渤海海域11/05合同区蓬莱19-3油田开发补充协议，标志着中国目前最大的整装油田—蓬莱19-3油田进入开发阶段。

12月1日 “贯彻实施《渔业法》座谈会”在京隆重举行，全国人大常委会副委员长布赫出席座谈会并发表重要讲话，座谈会由全国人大农委会主任高德占主持。

12月 广西山口国家级红树林生态自然保护区加入联合国教科文组织世界人与生物圈保护区网络(MAB)的颁证授牌仪式在广西合浦县隆重举行。联合国教科文组织北京代表处、联合国教科文组织中国全国委员会、中国人与生物圈国家委员会、国务院法制办、国土资源部、国家海洋局有关官员及广西区、北海市、合浦县领导和有关部门代表70余人参加了颁证授牌仪式。2000年元月，在法国巴黎召开的联合国教科文组织人与生物圈计划国际协调理事会执行局会议上，广西山口国家级红树林保护区被批准接纳为世界人与生物圈保护区网络成员，这是中国第一个被批准接纳为该组织成员的红树林类型自然保护区。

12月5日 由科技部委托国家海洋局组织召开的“九五”国家重点科技攻关项目“海水资源综合开发利用关键技术研究”专题验收会在天津结束，该项目所属的9个专题顺利通过验收，并赢得有关专家的高度评价。

12月5～6日 中国石化集团新星公司上海海洋石油局承担的“东海陆架盆地大中型气田勘探开发研究”课题的3个一级专题通过国家科技部专家评委会的评审。

12月6日 中国第17次南极考察队启程仪式在北京举行。国家海洋局局长王曙光致欢送词。中国第17次南极考察队由37人组成，其中长城站22人，中山站越冬队员15人。本次考察队的主要任务是：在长城站进行国际GPS联测、人类活动对南极乔治王岛海鸟生态的影响、气象常规观测；在中山站进行气象常规观测和臭氧观测、中日合作高空大气物理观测、国际GPS联测与海平面监测。

12月10～11日 由美国国家海洋大气局、世界自然保护联盟、鲁克利湾国家河口研究保护区的项目官员和专家组成的美国专家考察团到广西山口国家级红树林生态自然保护区考察和合作项目洽淡。考察后，中美双方就红树林保护区开展公众宣传教育、红树林资源恢复、生态旅游三个方面的合作项目交流了意见并取得了共识。

12月11日 EDC公司决定按合同要求将埕子口合作区面积的25%归还给中国石化，并准予进入第二阶段工作。

12月12～15日 国家海洋局在广西北海召开了海洋权益和国际合作工作会议。来自有关政府部门、军队、沿海省、自治区、直辖市海洋机构，国家海洋局机关、执法机构、业务中心和研究机构的领导和代表共60余人出席了会议。会议回顾了1998～2000年在维护海洋权益和国际合作方面的主要工作，提出了今后维护海洋权益与国际合作工作的设想、2001年的重点任务和有关保障措施。

12月15日 受科技部委托，国家海洋局在大连组织了国家“九五”重点科技攻关计划(96-922)项目01课题海岸带环境污染监测、预测及防治技术研究、近岸特定海域纳污能力评价和污染预测技术、海岸带环境污染监测支撑关键技术应用示范四个专题的验收。

12月 中国与越南签订了两国间正式的划界协议。这是中国与海上邻国之间通过谈判划定的第一条海上边界，为今后中国与其他国家解决海上划界问题提供了一个良好的范例。

12月21日 中国石化胜利海上油田全年产油217.71万吨，比上年增加16.68万吨，原油产量连续8年保持上升。

12月25日 上海港2000年的装卸吞吐量突破2亿吨大关，成为中国有史以来的第一个年吞吐量超过2亿吨的国际型大港。同时该港的本港吞吐量、外贸进出口吞吐量和国际集装箱吞吐量等5项主要生产技术指标均创历史新高。

12月25日 在中越两国领导人江泽民和陈德良主席出席的签字仪式上，农业部部长陈耀邦代表中国政府在北京人民大会堂签署了《中华人民共和国政府和越南社会主义共和国政府北部湾渔业合作协定》。

12月25日 中越两国在北京正式签署《关于在北部湾领海、专属经济区和大陆架划界协定》。

海洋法规选编
Selected Marine Laws and Regulations

中华人民共和国水上水下施工作业通航安全管理规定

（1998年4月21日经第6次交通部部长办公会议通过，1999年10月8日发布，2000年1月1日施行）

第一章 总 则

第一条 为维护水上交通秩序，保障船舶、排筏航行、停泊和作业的安全，保护水域环境，依据《中华人民共和国海上交通安全法》、《中华人民共和国内河交通安全管理条例》及其他有关规定，制定本规定。

第二条 公民、法人或者其它组织在中华人民共和国沿海和内河水域进行下列涉及通航安全的水上水下施工作业(以下简称施工作业)，适用本规定：

(一)设置、拆除水上水下设施；

(二)修建码头、船坞、船台、闸坝，构筑各类堤岸或人工岛；

(三)架设桥梁、索道，构筑水下隧道；

(四)打捞沉船、沉物；

(五)铺设、撤除、检修水上水下电缆或管道；

(六)设置用于捕捞、养殖的固定网具设施；

(七)设置系船浮筒、浮趸、竹木排筏系缆桩以及类似的设施；

(八)进行影响水上交通安全的海洋及气象观测、水文测量、地质调查、科学研究等活动；

(九)清除水面垃圾；

(十)扫海、疏浚、爆破、打桩、拔桩、填埋、挖砂、淘金、采石、抛泥沙石；

(十一)救助遇难船舶，或紧急清除水面污染物、水下污染源；

(十二)其它影响通航水域交通安全或对通航环境产生影响的施工作业。

第三条 中华人民共和国港务监督局(以下简称港监局)主管全国施工作业通航安全监督管理工作。

各级港务(港航)监督机构（以下简称港监）具体负责其管辖水域内的施工作业通航安全监督管理工作。

第二章 资格和申请

第四条 建设者或施工者(以下统称施工作业者)从事本规定第二条规定的施工作业，应在规定的期限内向施工作业所在地的港监提出施工作业通航安全审核申请(以下简称申请)，接受港监的审核。

涉及多类型、多科目施工作业的建设工程或涉及多个施工作业者的工程，可由对工程总负责的施工作业者统一向港监提出书面申请，也可由具体从事某一类型和某一科目的施工作业者就涉及本类型和本科目的施工作业分别向港监提出书面申请。

第五条 申请从事本规定第二条第(一)至(五)项施工作业的施工作业者应在拟开始施工作业次日20天前向港监提出书面申请。

申请从事本规定第二条第(六)至第(十)、第(十二)项施工作业的施工作业者应于拟开始施工作业次日15天前向港监提出书面申请。

除第二条第(十一)项规定外，从事涉及本规定第二条中其它各项的突击性或临时、零星施工作业，其书面申请可与发布航行警告、航行通告的申请一并提出。

第六条 从事本规则第二条第(十一)项施工作业的施工作业者，应于开始施工作业之时24小时以内向港监提出口头申请。

按本条规定进行口头申请的，应在口头申请中将下列有关情况报告港监：

(一)遇险船舶、设施的情况；

(二)水域污染和清除的情况；

(三)施工作业船舶名称和施工作业方式；

(四)施工作业的地点和起止时间。

第七条 施工作业者提出书面申请时，应填写《水上水下施工作业安全审核申请书》(以下简称《申请书》)，并提供以下有关资料：

(一)有关主管部门对该项目批准的文件；

(二)与通航安全有关的技术资料及施工作业图纸；

(三)安全及防污染措施计划书；

(四)与施工作业有关的合同或协议书；

(五)施工作业者的资质认证文书；

(六)施工作业船舶的船舶证书和船员适任证书；

(七)施工作业者是法人的，还应提供其法人资格证明文书或法人委托文书；

(八)法律、行政法规、规章规定的其它有关资料。

第八条 涉及构筑水上水下固定、永久性建筑物的施工作业项目，其工程可行性研究和初步设计阶段的评审活动应有港监部门参加。施工作业项目经港监部门审查，符合通航安全要求后，施工作业者方可按本规定第五条规定办理书面申请手续。

在长江、珠江、黑龙江干线及沿海水域、进出港航道、习惯航线上进行架设、构筑桥梁、索道、闸坝、隧道等大型固定性、永久性设施；在港外建立过驳、装卸站点；扩展港区范围，建立新港区；建设新锚地；设定永久性禁航区等相关的施工作业，事前须报港监局批准，其工程可行性研究和初步设计阶段的评审活动应有港监局参加，经审核符合通航安全要求或未符合通航安全要求的情况得到改正后，方可办理施工作业书面申请手续。

第九条 施工作业水域涉及两个和两个以上港监时，施工作业者的申请应向其共同的上一级港监机关提出，或向港监局指定的港监提出。

第三章 许可证

第十条 港监自收到本规定第五条第一、二款所述的书面申请后，应自收到书面申请次日起至申请的拟开始施工作业次日7日前，作出施工作业是否符合通航安全的决定。符合的，应在上述期限内核发《水上水下施工作业许可证》(以下简称《许可证》)；不符合的，应在上述期限内通知施工作业申请者作相应修改。

港监自收到本规定第五条第三款所述的书面申请后，应审核其是否符合通航安全的要求。符合的，在核发《许可证》的同时准予办理发布航行警告、航行通告的相关手续。不符合通航安全要求的，应要求施工作业申请者作相应修改。

适用本规定第六条的施工作业，可免办《许可证》。施工作业完成后，施工作业者应于24小时内将施工作业完成情况报告当地港监。

第十一条 《许可证》的有效期由港监根据施工作业期限及水域环境的特点确定。《许可证》的有效期最长不得超过五年。

(一)期满不能结束施工作业时，持证人可于《许可证》有效期期满之日7日前到港监办理延期使用手续，由港监在原证上签注延期期限并加盖《施工作业审核专用章》(以下简称《专用章》)后方能继续使用；

(二)港监准予办理延期使用手续的次数和延期天数由港监根据施工作业的实际确定；

(三)对于施工作业期超过二年的施工作业者，其《许可证》每满一年应接受港监审核一次，施工作业状况符合港监通航安全和防污染要求的，由港监在原证上签注审核日期并加盖《专用章》后方能继续使用。

第十二条 施工作业者取得《许可证》后，如作业项目、地点、范围或实施施工作业的单位等发生变更，原申请者须重新申请，领取新的《许可证》，原《许可证》交发证机关注销。

第四章 监督管理

第十三条 施工作业水域的通航安全由受理该施工作业申请并核发《许可证》的港监实施监督管理。

第十四条 未按照本规定取得有效《许可证》的，或未获得港监许可的，不得擅自施工作业。

第十五条 施工作业者应按港监确定的安全要求和防污染措施进行作业，并接受港监的监督检查。

第十六条 专门从事水文测量、航道建设和沿海航道养护的施工作业者，应按季将测量、建设、养护工程以及施工船舶的安排计划，书面报送港监备案。

内河航道养护的施工作业，由航道管理部门根据航道维护计划和航道变化情况组织实施，并采取相关安全措施，不适用本规定有关申请和许可证等制度。

第十七条 实施施工作业的船舶、排筏、设施须按有关规定在明显处昼夜显示规定的号灯、号型。

施工作业者在施工作业期间应按港监确定的安全要求，设置必要的安全作业区或警戒区，设置有关标志或配备警戒船。在现场作业船舶或警戒船上配备有效的通信设备，施工作业期间指派专人警戒，并在指定的频道上守听。

施工作业者设置警示标志或配备警戒船进行现场巡逻的费用由施工作业者承担。

第十八条 施工作业者进行施工作业前，应按有关规定向港监申请发布航行警告、航行通告。

第十九条 施工作业者有责任清除其遗留在施工作业水域的碍航物体。

第二十条 严禁施工作业者随意倾倒废弃物。

第二十一条 划定与施工作业相关的安全作业区必须报经港监局或当地港监核准、公告；

与施工作业无关的船舶、排筏、设施不得进入施工作业安全作业区。

施工作业者不得擅自扩大施工作业安全作业区的范围。

第二十二条 施工作业结束后，除第二条第(十一)项施工作业外，施工作业者应及时向港监提交涉及通航安全的竣工报告。工程中有关涉及通航安全的部分经统一组织竣工验收合格后，方可投入使用。

第五章 法律责任

第二十三条 有下列行为或情况之一的，责令正在进行施工作业的船舶、排筏和施工作业设施立即停止施工作业：

（一）应书面申请《许可证》而未取得，擅自进行施工作业的；

（二）所持《许可证》已失效，仍然进行施工作业的；

（三）未按《许可证》要求进行施工作业的；

（四）未按规定采取安全和防污染措施进行施工作业的；

（五）未按有关规定申请发布航行警告、航行通告即行施工作业的；

（六）施工作业与航行警告、航行通告中公告的内容不符的；

（七）未按本规定第十六条的规定报备季度作业计划的；

（八）施工作业水域内发生水上交通事故，危及周围人命、财产安全的；

（九）施工作业水域附近发生或将发生重大事件，港监认为有必要暂停施工作业的。

第二十四条 未按本规定取得《许可证》，擅自构筑、设置水上水下建筑物或设施的，除可按《中华人民共和国水上安全监督行政处罚规定》进行处罚外，责令构筑、设置者限期搬迁或拆除。

第二十五条 违反本规定第十九条规定，不清除遗留在施工作业水域的碍航物体的，可责令其限期清除；在限定的期限内不清除的，港监可强制清除，有关费用由施工作业者承担。

第二十六条 违反本规定第二十条规定的，责令其立即改正，并处以30 000元以下的罚款。

第二十七条 违反本规定第二十二条规定，未申请验收即擅自投入使用的，责令其按规定申请验收，并可对其处以1 000元至30 000元人民币的罚款。

工程存在着危害通航安全的缺陷，限期改正而不加以纠正，擅自投入使用的，港监可按《中华人民共和国水上安全监督行政处罚规定》的有关规定予以处罚。

第六章 附 则

第二十八条 《许可证》由港监局统一制作。《申请书》、《专用章》由港监局统一制式。

第二十九条 本规定由中华人民共和国交通部负责解释。

第三十条 本规定自二〇〇〇年一月一日起施行。

中华人民共和国渔业行政执法船舶管理办法

（2000年5月9日经农业部第6次常务会议审议通过，2000年6月13日中华人民共和国农业部令第33号发布）

第一条 为加强渔业行政执法船舶管理，根据《中华人民共和国渔业法》等法律、法规的规定，制定本办法。

第二条 本办法所称渔业行政执法船舶是指各级渔业行政主管部门执行渔业行政执法任务的专用公务船、艇，以下称为渔政船。

第三条 渔政船实行建造审批，注册登记，统一编号，统一规范。

第四条 各级渔业行政主管部门依照本办法的规定对所属渔政船进行管理。

第五条 凡新建、改造、购置和报废渔政船的，必须填写《中华人民共和国渔政船新建、改造、购置、报废申请表》，经批准后方可进行。未经批准，不得新建、改造、购置和报废渔政船。

农业部直属渔政渔港监督管理机构和省级渔业行政主管部门需新建、改造、购置和报废渔政船的，报（沿海省级渔政船经所在海区局审核后）中华人民共和国渔政渔港监督管理局审批。

省级以下各级渔业行政主管部门需新建、改造、购置和报废渔政船的，由各省（区、市）渔业行政主管部门审批，报中华人民共和国渔政渔港监督管理局（海洋渔政船同时报所在海区渔政渔港监督管理局）备案。

渔政船的设计、建造规范和安装的设备必须符合国家有关规定。

第六条 所有渔政船必须向中华人民共和国渔政渔港监督管理局申请注册登记，经核准后，方可执行渔业行政执法任务。

海区渔政渔港监督管理局和各级渔业行政主管部门根据本办法第九条的编号规则，对所属渔政船编写船名号，并填写《中华人民共和国渔政船注册登记申请表》，向中华人民共和国渔政渔港监督管理局申请注册登记。

中华人民共和国渔政渔港监督管理局对所有核准注册登记的渔政船，采用合适的方式向社会公布。

第七条 中华人民共和国渔政渔港监督管理局对服役的渔政船每三年重新注册一次。

第八条 渔政船实行统一外观颜色和标志。渔政船船体外部水线以上部分为白色，船首两侧用黑色宋体汉字标写船名号。有条件的渔政船应在驾驶室外两侧上方用红色宋体汉字标写船名号，夜间应有灯光照明或设夜间显示灯箱。烟囱两侧或驾驶楼两侧应刷制中国渔政徽标。

第九条 渔政船实行全国统一编号。经中华人民共和国渔政渔港监督管理局注册登记的海区渔政船的编号为“中国渔政×××”。编号中的第一位数字为海区渔政渔港监督管理局的代码，第二、三位数字为所属渔政船序号。

经中华人民共和国渔政渔港监督管理局注册登记的省级以下（含省级）渔业行政主管部门所属渔政船的编号为“中国渔政×××××”，编号中的第一、二位数字为省级渔业行政主管部门的代码，第三、四、五位数字为各级渔业行政主管部门所属渔政船的序号。省以下各级渔业行政主管部门所属渔政船的序号排列，由各省自行确定，报中华人民共和国渔政渔港监督管理局备案。

单独执行渔业行政执法任务的快艇，也按上述规则编号。

渔政船备有快艇的，快艇名号为母船名号之后加“－×”，该位数代表快艇序号，由主管该渔政船的渔业行政主管部门编定。

第十条 渔政船的外观颜色、标志和“中国渔政”的名称，未经中华人民共和国渔政渔港监督管理局批准，不得擅自更改。

第十一条 渔政船必须服从其渔业行政主管部门的调度指挥，认真执行下达的执法任务。

第十二条 上一级渔业行政主管部门可以根据执法任务的需要，调用下一级渔业行政主管部门的渔政船执行执法任务。渔政船被调用期间服从上级渔业行政主管部门的指挥。

第十三条 任何单位和个人不得利用渔政船从事生产、营运等以盈利为目的的经营活动。因渔业资源调查等活动或配合政府其它部门的公务活动需使用渔政船时，应报上一级渔业行政主管部门备案。

第十四条 凡执行渔业行政执法任务需使用船、艇时，必须使用渔政船。

内陆地区或因特殊原因需借用、租用非渔政船执行渔业行政执法任务时，必须事先报经省级渔业行政主管部门批准。报告时应说明拟执行的任务、时间、范围以及拟借用、租用船舶的船名号等有关情况。执行任务时，借用、租用的非渔政船的船名号必须清晰可见，在不影响公务的前提下还应有明显的渔业行政执法标识。任务结束后应向批准部门报告执行情况。

第十五条 渔政船执行渔业行政执法任务时，有关执法检查和行政处罚等具体渔业行政执法事宜，由随船执行任务的渔业行政执法官员依法决定。

船长对渔政船的航泊安全负责，依照执法任务的要求制定航行计划。当船上渔业行政执法官员因执法任务的需要，要求调整原定的航行计划时，在不影响安全的情况下，船长应予以配合。

第十六条 各级渔业行政主管部门要按渔业船舶管理的有关规定，对所属的渔政船配齐职务船员，按执法任务需要配备渔业行政执法官员。

海洋渔政船还要按中华人民共和国渔政渔港监督管理局统一规定的标准配备通讯导航设备。

第十七条 渔政船发生事故时，船长应及时采取有效措施组织抢救，尽量减少损失，并及时报告其渔业行政主管部门。

第十八条 渔政船须按规定向渔业船舶检验部门申报船舶检验，向渔港监督部门办理船舶登记。

第十九条 违反本办法规定的，将追究有关人员的责任。

第二十条 本办法由中华人民共和国渔政渔港监督管理局负责组织实施。

第二十一条 本办法由农业部负责解释。

第二十二条 本办法自2001年1月1日起施行。原国家水产总局《渔政船管理暂行办法》[(79)渔总(管)字第23号]同时废止。

中华人民共和国和日本国渔业协定

(1997年11月签订，2000年6月1日生效)

中华人民共和国政府和日本国政府，忆及一九七二年九月二十九日发表的《中华人民共和国政府和日本国政府联合声明》，考虑到包括一九七五年八月十五日签订的《中华人民共和国和日本国渔业协定》在内的渔业领域传统合作关系，为按照制订于一九八二年十二月十日的《联合国海洋法公约》的宗旨建立两国间新的渔业秩序，养护和合理利用共同关心的海洋生物资源，维护海上正常作业秩序，经友好协商，达成协议如下：

第一条 本协定的适用水域(以下称“协定水域”)为中华人民共和国的专属经济区和日本国的专属经济区。

第二条 一、缔约各方根据互惠原则，按照本协定及本国有关法令，准许缔约另一方的国民及渔船在本国专属经济区从事渔业活动。

二、缔约各方的授权机关，按照本协定附件一的规定，向缔约另一方的国民及渔船颁发有关入渔的许可证，并可就颁发许可证收取适当费用。

三、缔约各方的国民及渔船在缔约另一方专属经济区按照协定及缔约另一方的有关法令从事渔业活动。

第三条 缔约各方考虑到本国专属经济区资源状况、本国捕捞能力、传统渔业活动、相互入渔状况及其他相关因素，每年决定在本国专属经济区的缔约另一方国民及渔船的可捕鱼种、渔获配额、作业区域及其他作业条件。该决定应尊重第十一条规定设置的中日渔业联合委员会的协商结果。

第四条 一、缔约各方应采取必要措施，确保本国国民及渔船在缔约另一方专属经济区从事渔业活动时，遵守本协定的规定以及缔约另一方有关法令所规定的海洋生物资源的养护措施及其它条件。

二、缔约各方应及时向缔约另一方通报本国有关法令所规定的海洋生物资源的养护措施及其它条件。

第五条 一、缔约各方为确保缔约另一方的国民及渔船遵守本国有关法令所规定的海洋生物资源的养护措施及其它条件，可根据国际法在本国专属经济区采取必要措施。

二、被逮捕或扣留的渔船及其船员，在提出适当的保证书或其他担保之后，应迅速获得释放。

三、缔约各方的授权机关，在逮捕或扣留缔约另一方的渔船及其船员时，应通过适当途径，将所采取的行动及随后所施加的处罚，迅速通知缔约另一方。

第六条 第二条至前条的规定适用于协定水域中除以下1及2所指水域以外的部分。

1. 第七条第一款规定的水域；

2. 北纬二十七度以南的东海的协定水域以及东海以南的东经一百二十五度三十分以西的协定水域（南海的中华人民共和国的专属经济区除外）。

第七条 一、下列各点顺次用直线连结而围成的水域（以下称“暂定措施水域”）适用本条第二款及第三款的规定。

1. 北纬三十度四十分、东经一百二十四度十点一分之点

2. 北纬三十度、东经一百二十三度五十六点四分之点

3. 北纬二十九度、东经一百二十三度二十五点五分之点

4. 北纬二十八度、东经一百二十二度四十七点九分之点

5. 北纬二十七度、东经一百二十一度五十七点四分之点

6. 北纬二十七度、东经一百二十五度五十八点三分之点

7. 北纬二十八度、东经一百二十七度十五点一分之点

8. 北纬二十九度、东经一百二十八度零点九分之点

9. 北纬三十度、东经一百二十八度三十二点二分之点

10. 北纬三十度四十分、东经一百二十八度二十六点一分之点

11. 北纬三十度四十分、东经一百二十四度十点一分之点

二、缔约双方根据第十一条规定设置的中日渔业联合委员会的决定，在暂定措施水域中，考虑到对缔约各方传统渔业活动的影响，为确保海洋生物资源的维持不受过度开发的危害，采取适当的养护措施及量的管理措施。

三、缔约各方应对在暂定措施水域从事渔业活动的本国国民及渔船采取管理及其他必要措施。缔约各方在该水域中，不对从事渔业活动的缔约另一方国民及渔船采取管理和其他措施。缔约一方发现缔约另一方国民及渔船违反第十一条规定设置的中日渔业联合委员会决定的作业限制时，可就事实提醒该国民及渔船注意，并将事实及有关情况通报缔约另一方。缔约另一方应在尊重该方的通报并采取必要措施后将结果通报该方。

第八条 缔约各方为确保航行和作业安全，维护海上正常作业秩序并顺利及时处理海上事故，应对本国国民及渔船采取指导及其他必要措施。

第九条 一、缔约一方的国民及渔船在缔约另一方沿岸遭遇海难或其他紧急事态时，缔约另一方应尽力予以救助和保护，同时迅速将有关情况通报对方的有关部门。

二、缔约一方的国民及渔船，由于天气恶劣或其他紧急事态需要避难时，可按本协定附件二的规定，经与缔约另一方有关部门联系后，到缔约另一方港口等避难。该国民及渔船应遵守缔约另一方的有关法令，并服从有关部门的指挥。

第十条 缔约双方为渔业科学研究和海洋生物资源的养护而进行合作。

第十一条 一、缔约双方为实现本协定的目的，设立中日渔业联合委员会（以下称“渔委会”），渔委会由缔约双方政府各自任命的两名委员组成。

二、渔委会的任务如下：

（一）协商与第三条规定有关的事项、与第六条第2项所指水域有关的事项，并向缔约双方政府提出建议。协商事项包括如下内容：

1. 第三条规定的缔约另一方国民及渔船的可捕鱼种、渔获配额及其他具体作业条件的事项；

2. 有关维持作业秩序的事项；

3. 有关海洋生物资源状况和养护的事项；

4. 有关两国间渔业合作的事项。

（二）协商和决定与第七条规定有关的事项；

（三）根据需要，就本协定附件的修改向缔约双方政府提出建议；

（四）研究本协定的执行情况及其他有关本协定的事项。

三、渔委会的一切建议和决定须经双方委员一致同意方能实施。

四、缔约双方政府应尊重本条第二款第(一)项的建议，并按照本条第二款第(二)项的决定采取必要措施。

五、渔委会每年召开一次会议，在中华人民共和国和日本国轮流举行。根据需要，经缔约双方同意可召开临时会议。

第十二条 本协定各项规定不得认为有损缔约双方各自关于海洋法诸问题的立场。

第十三条 一、本协定的附件(包括根据本条第二款规定修改后的附件)，为本协定不可分割的组成部分。

二、缔约双方政府可以书面协议修改本协定的附件。

第十四条 一、本协定经缔约双方履行为生效所必要的各自国内法律手续后，自两国政府通过换文达成协议之日起生效。本协定有效期为五年，之后有效至根据本条第二款的规定终止为止。

二、缔约任何一方，在最初五年期满时或在其后，可提前六个月以书面形式通知缔约另一方，随时终止本协定。

三、一九七五年八月十五日签订的《中华人民共和国和日本国渔业协定》自本协定生效之日起失效。

本协定于一九九七年十一月十一日在东京签订，一式两份，每份都用中文和日文写成，两种文本同等作准。

中华人民共和国渔业法

（1986年1月20日第六届全国人民代表大会常务委员会第十四次会议通过，根据2000年10月31日第九届全国人民代表大会常务委员会第十八次会议《关于修改〈中华人民共和国 渔业法〉的决定》修正，2000年10月31日中华人民共和国主席令第38号公布）

第一章 总 则

第一条 为了加强渔业资源的保护、增殖、开发和合理利用，发展人工养殖，保障渔业生产者的合法权益，促进渔业生产的发展，适应社会主义建设和人民生活的需要，特制定本法。

第二条 在中华人民共和国的内水、滩涂、领海、专属经济区以及中华人民共和国管辖的一切其他海域从事养殖和捕捞水生动物、水生植物等渔业生产活动，都必须遵守本法。

第三条 国家对渔业生产实行以养殖为主，养殖、捕捞、加工并举，因地制宜，各有侧重的方针。

各级人民政府应当把渔业生产纳入国民经济发展计划，采取措施，加强水域的统一规划和综合利用。

第四条 国家鼓励渔业科学技术研究，推广先进技术，提高渔业科学技术水平。

第五条 在增殖和保护渔业资源、发展渔业生产、进行渔业科学技术研究等方面成绩显著的单位和个人，由各级人民政府给予精神的或者物质的奖励。

第六条 国务院渔业行政主管部门主管全国的渔业工作。县级以上地方人民政府渔业行政主管部门主管本行政区域内的渔业工作。县级以上人民政府渔业行政主管部门可以在重要渔业水域、渔港设渔政监督管理机构。

县级以上人民政府渔业行政主管部门及其所属的渔政监督管理机构可以设渔政检查人员。渔政检查人员执行渔业行政主管部门及其所属的渔政监督管理机构交付的任务。

第七条 国家对渔业的监督管理，实行统一领导、分级管理。

海洋渔业，除国务院划定由国务院渔业行政主管部门及其所属的渔政监督管理机构监督管理的海域和特定渔业资源渔场外，由毗邻海域的省、自治区、直辖市人民政府渔业行政主管部门监督管理。

江河、湖泊等水域的渔业，按照行政区划由有关县级以上人民政府渔业行政主管部门监督管理；跨行政区域的，由有关县级以上地方人民政府协商制定管理办法，或者由上一级人民政府渔业行政主管部门及其所属的渔政监督管理机构监督管理。

第八条 外国人、外国渔业船舶进入中华人民共和国管辖水域，从事渔业生产或者渔业资源调查活动，必须经国务院有关主管部门批准，并遵守本法和中华人民共和国其他有关法律、法规的规定；同中华人民共和国订有条约、协定的，按照条约、协定办理。

国家渔政渔港监督管理机构对外行使渔政渔港监督管理权。

第九条 渔业行政主管部门和其所属的渔政监督管理机构及其工作人员不得参与和从事渔业生产经营活动。

第二章 养殖业

第十条 国家鼓励全民所有制单位、集体所有制单位和个人充分利用适于养殖的水域、滩涂，发展养殖业。

第十一条 国家对水域利用进行统一规划，确定可以用于养殖业的水域和滩涂。单位和个人使用国家规划确定用于养殖业的全民所有的水域、滩涂的，使用者应当向县级以上地方人民政府渔业行政主管部门提出申请，由本级人民政府核发养殖证，许可其使用该水域、滩涂从事养殖生产。核发养殖证的具体办法由国务院规定。

集体所有的或者全民所有由农业集体经济组织使用的水域、滩涂，可以由个人或者集体承包，从事养殖生产。

第十二条 县级以上地方人民政府在核发养殖证时，应当优先安排当地的渔业生产者。

第十三条 当事人因使用国家规划确定用于养殖业的水域、滩涂从事养殖生产发生争议的，按照有关法律规定的程序处理。在争议解决以前，任何一方不得破坏养殖生产。

第十四条 国家建设征用集体所有的水域、滩涂，按照《中华人民共和国土地管理法》有关征地的规定办理。

第十五条 县级以上地方人民政府应当采取措施，加强对商品鱼生产基地和城市郊区重要养殖水域的保护。

第十六条 国家鼓励和支持水产优良品种的选育、培育和推广。水产新品种必须经全国水产原种和良种审定委员会审定，由国务院渔业行政主管部门批准后方可推广。

水产苗种的进口、出口由国务院渔业行政主管部门或者省、自治区、直辖市人民政府渔业行政主管部门审批。

水产苗种的生产由县级以上地方人民政府渔业行政主管部门审批。但是，渔业生产者自育、自用水产苗种的除外。

第十七条 水产苗种的进口、出口必须实施检疫，防止病害传入境内和传出境外，具体检疫工作按照有关动植物进出境检疫法律、行政法规的规定执行。

引进转基因水产苗种必须进行安全性评价，具体管理工作按照国务院有关规定执行。

第十八条 县级以上人民政府渔业行政主管部门应当加强对养殖生产的技术指导和病害防治工作。

第十九条 从事养殖生产不得使用含有毒有害物质的饵料、饲料。

第二十条 从事养殖生产应当保护水域生态环境，科学确定养殖密度，合理投饵、施肥、使用药物，不得造成水域的环境污染。

第三章 捕捞业

第二十一条 国家在财政、信贷和税收等方面采取措施，鼓励、扶持远洋捕捞业的发展，并根据渔业资源的可捕捞量，安排内水和近海捕捞力量。

第二十二条 国家根据捕捞量低于渔业资源增长量的原则，确定渔业资源的总可捕捞量，实行捕捞限额制度。国务院渔业行政主管部门负责组织渔业资源的调查和评估，为实行捕捞限额制度提供科学依据。中华人民共和国内海、领海、专属经济区和其他管辖海域的捕捞限额总量由国务院渔业行政主管部门确定，报国务院批准后逐级分解下达；国家确定的重要江河、湖泊的捕捞限额总量由有关省、自治区、直辖市人民政府确定或者协商确定，逐级分解下达。捕捞限额总量的分配应当体现公平、公正的原则，分配办法和分配结果必须向社会公开，并接受监督。

国务院渔业行政主管部门和省、自治区、直辖市人民政府渔业行政主管部门应当加强对捕捞限额制度实施情况的监督检查，对超过上级下达的捕捞限额指标的，应当在其次年捕捞限额指标中予以核减。

第二十三条 国家对捕捞业实行捕捞许可证制度。

海洋大型拖网、围网作业以及到中华人民共和国与有关国家缔结的协定确定的共同管理的渔区或者公海从事捕捞作业的捕捞许可证，由国务院渔业行政主管部门批准发放。其他作业的捕捞许可证，由县级以上地方人民政府渔业行政主管部门批准发放；但是，批准发放海洋作业的捕捞许可证不得超过国家下达的船网工具控制指标，具体办法由省、自治区、直辖市人民政府规定。

捕捞许可证不得买卖、出租和以其他形式转让，不得涂改、伪造、变造。

到他国管辖海域从事捕捞作业的，应当经国务院渔业行政主管部门批准，并遵守中华人民共和国缔结的或者参加的有关条约、协定和有关国家的法律。

第二十四条 具备下列条件的，方可发给捕捞许可证：

（一）有渔业船舶检验证书；

（二）有渔业船舶登记证书；

（三）符合国务院渔业行政主管部门规定的其他条件。

县级以上地方人民政府渔业行政主管部门批准发放的捕捞许可证，应当与上级人民政府渔业行政主管部门下达的捕捞限额指标相适应。

第二十五条 从事捕捞作业的单位和个人，必须按照捕捞许可证关于作业类型、场所、时限、渔具数量和捕捞限额的规定进行作业，并遵守国家有关保护渔业资源的规定，大中型渔船应当填写渔捞日志。

第二十六条 制造、更新改造、购置、进口的从事捕捞作业的船舶必须经渔业船舶检验部门检验合格后，方可下水作业。具体管理办法由国务院规定。

第二十七条 渔港建设应当遵守国家的统一规划，实行谁投资谁受益的原则。县级以上地方人民政府应当对位于本行政区域内的渔港加强监督管理，维护渔港的正常秩序。

第四章　渔业资源的增殖和保护

第二十八条　县级以上人民政府渔业行政主管部门应当对其管理的渔业水域统一规划，采取措施，增殖渔业资源。县级以上人民政府渔业行政主管部门可以向受益的单位和个人征收渔业资源增殖保护费，专门用于增殖和保护渔业资源。渔业资源增殖保护费的征收办法由国务院渔业行政主管部门会同财政部门制定，报国务院批准后施行。

第二十九条　国家保护水产种质资源及其生存环境，并在具有较高经济价值和遗传育种价值的水产种质资源的主要生长繁育区域建立水产种质资源保护区。未经国务院渔业行政主管部门批准，任何单位或者个人不得在水产种质资源保护区内从事捕捞活动。

第三十条　禁止使用炸鱼、毒鱼、电鱼等破坏渔业资源的方法进行捕捞。禁止制造、销售、使用禁用的渔具。禁止在禁渔区、禁渔期进行捕捞。禁止使用小于最小网目尺寸的网具进行捕捞。捕捞的渔获物中幼鱼不得超过规定的比例。在禁渔区或者禁渔期内禁止销售非法捕捞的渔获物。

重点保护的渔业资源品种及其可捕捞标准，禁渔区和禁渔期，禁止使用或者限制使用的渔具和捕捞方法，最小网目尺寸以及其他保护渔业资源的措施，由国务院渔业行政主管部门或者省、自治区、直辖市人民政府渔业行政主管部门规定。

第三十一条　禁止捕捞有重要经济价值的水生动物苗种。因养殖或者其他特殊需要，捕捞有重要经济价值的苗种或者禁捕的怀卵亲体的，必须经国务院渔业行政主管部门或者省、自治区、直辖市人民政府渔业行政主管部门批准，在指定的区域和时间内，按照限额捕捞。

在水生动物苗种重点产区引水用水时，应当采取措施，保护苗种。

第三十二条　在鱼、虾、蟹洄游通道建闸、筑坝，对渔业资源有严重影响的，建设单位应当建造过鱼设施或者采取其他补救措施。

第三十三条　用于渔业并兼有调蓄、灌溉等功能的水体，有关主管部门应当确定渔业生产所需的最低水位线。

第三十四条　禁止围湖造田。沿海滩涂未经县级以上人民政府批准，不得围垦；重要的苗种基地和养殖场所不得围垦。

第三十五条　进行水下爆破、勘探、施工作业，对渔业资源有严重影响的，作业单位应当事先同有关县级以上人民政府渔业行政主管部门协商，采取措施，防止或者减少对渔业资源的损害；造成渔业资源损失的，由有关县级以上人民政府责令赔偿。

第三十六条　各级人民政府应当采取措施，保护和改善渔业水域的生态环境，防治污染。

渔业水域生态环境的监督管理和渔业污染事故的调查处理，依照《中华人民共和国海洋环境保护法》和《中华人民共和国水污染防治法》的有关规定执行。

第三十七条　国家对白鳍豚等珍贵、濒危水生野生动物实行重点保护，防止其灭绝。禁止捕杀、伤害国家重点保护的水生野生动物。因科学研究、驯养繁殖、展览或者其他特殊情况，需要捕捞国家重点保护的水生野生动物的，依照《中华人民共和国野生动物保护法》的规定执行。

第五章　法律责任

第三十八条　使用炸鱼、毒鱼、电鱼等破坏渔业资源方法进行捕捞的，违反关于禁渔区、禁渔期的规定进行捕捞的，或者使用禁用的渔具、捕捞方法和小于最小网目尺寸的网具进行捕捞或者渔获物中幼鱼超过规定比例的，没收渔获物和违法所得，处五万元以下的罚款；情节严重的，没收渔具，吊销捕捞许可证；情节特别严重的，可以没收渔船；构成犯罪的，依法追究刑事责任。

在禁渔区或者禁渔期内销售非法捕捞的渔获物的，县级以上地方人民政府渔业行政主管部门应当及时进行调查处理。

制造、销售禁用的渔具的，没收非法制造、销售的渔具和违法所得，并处一万元以下的罚款。

第三十九条　偷捕、抢夺他人养殖的水产品的，或者破坏他人养殖水体、养殖设施的，责令改正，可以处二万元以下的罚款；造成他人损失的，依法承担赔偿责任；构成犯罪的，依法追究刑事责任。

第四十条　使用全民所有的水域、滩涂从事养殖生产，无正当理由使水域、滩涂荒芜满一年的，由发放养殖证的机关责令限期开发利用；逾期未开发利用的，吊销养殖证，可以并处一万元以下的罚款。

未依法取得养殖证擅自在全民所有的水域从事养殖生产的，责令改正，补办养殖证或者限期拆除养殖设施。

未依法取得养殖证或者超越养殖证许可范围在全民所有的水域从事养殖生产，妨碍航运、行洪的，责令限期拆除养殖设施，可以并处一万元以下的罚款。

第四十一条　未依法取得捕捞许可证擅自进行捕

捞的，没收渔获物和违法所得，并处十万元以下的罚款；情节严重的，并可以没收渔具和渔船。

第四十二条 违反捕捞许可证关于作业类型、场所、时限和渔具数量的规定进行捕捞的，没收渔获物和违法所得，可以并处五万元以下的罚款；情节严重的，并可以没收渔具，吊销捕捞许可证。

第四十三条 涂改、买卖、出租或者以其他形式转让捕捞许可证的，没收违法所得，吊销捕捞许可证，可以并处一万元以下的罚款；伪造、变造、买卖捕捞许可证，构成犯罪的，依法追究刑事责任。

第四十四条 非法生产、进口、出口水产苗种的，没收苗种和违法所得，并处五万元以下的罚款。

经营未经审定批准的水产苗种的，责令立即停止经营，没收违法所得，可以并处五万元以下的罚款。

第四十五条 未经批准在水产种质资源保护区内从事捕捞活动的，责令立即停止捕捞，没收渔获物和渔具，可以并处一万元以下的罚款。

第四十六条 外国人、外国渔船违反本法规定，擅自进入中华人民共和国管辖水域从事渔业生产和渔业资源调查活动的，责令其离开或者将其驱逐，可以没收渔获物、渔具，并处五十万元以下的罚款；情节严重的，可以没收渔船；构成犯罪的，依法追究刑事责任。

第四十七条 造成渔业水域生态环境破坏或者渔业污染事故的，依照《中华人民共和国海洋环境保护法》和《中华人民共和国水污染防治法》的规定追究法律责任。

第四十八条 本法规定的行政处罚，由县级以上人民政府渔业行政主管部门或者其所属的渔政监督管理机构决定。但是，本法已对处罚机关作出规定的除外。

在海上执法时，对违反禁渔区、禁渔期的规定或者使用禁用的渔具、捕捞方法进行捕捞，以及未取得捕捞许可证进行捕捞的，事实清楚、证据充分，但是当场不能按照法定程序作出和执行行政处罚决定的，可以先暂时扣押捕捞许可证、渔具或者渔船，回港后依法作出和执行行政处罚决定。

第四十九条 渔业行政主管部门和其所属的渔政监督管理机构及其工作人员违反本法规定核发许可证、分配捕捞限额或者从事渔业生产经营活动的，或者有其他玩忽职守不履行法定义务、滥用职权、徇私舞弊的行为的，依法给予行政处分；构成犯罪的，依法追究刑事责任。

第六章 附 则

第五十条 本法自1986年7月1日起施行。

中华人民共和国水污染防治法实施细则

（2000年3月20日中华人民共和国国务院令第284号发布）

目 录

（具体内容略）

中华人民共和国海事诉讼特别程序法

（1999年12月25日第九届全国人民代表大会常务委员会第十三次会议通过1999年12月25日中华人民共和国主席令第二十八号公布自2000年7月1日起施行）

目 录

（具体内容略）

沿海海洋经济概况
Survey of Coastal Economy

【综述】 沿海地区是以有海岸线的沿海县（区、县级市）、沿海大中城市及沿海省区的行政区划界定的。中国沿海省区包括辽宁、河北、山东、江苏、浙江、福建、广东、海南、台湾9个省，广西一个自治区和上海、天津两个直辖市，以及香港和澳门两个特别行政区。按2000年沿海地区行政区划分，中国有沿海城市53个，其中包括两个直辖市和51个沿海地级市；沿海县级市有62个；沿海（区）县有77个。就总体而言，沿海市辖区、县级市和县较多的是广东省、山东省、浙江省和福建省，其次是辽宁省、江苏省和海南省，其余省、自治区、直辖市较少。由于台湾省和香港、澳门特别行政区需特殊区划，暂未统计在内。

改革开放以来，沿海经济高速发展，沿海一跃成为全国最发达地区。它的陆地面积约占全国总面积的13%，人口约占全国总人口的40%，但经济总量却超过60%。2000年沿海省、自治区、直辖市的国内生产总值达5.5万亿元，占全国国内生产总值的62%。与1999年的国内生产总值4.9万亿元，占全国国内生产总值的60%相比，分别增长了12%和提高了2个百分点。其中，第一产业0.7万亿元，占沿海省市总GDP的12%；第二产业2.7万亿元，占沿海省市总GDP的49%；第三产业2.1万亿元，占沿海省市总GDP的39%；第一、第二、第三产业结构的比例为12：49：39，而全国第一、第二、第三产业结构的比例为16：51：33，说明沿海第三产业发展较快，产业结构优于全国。

2000年沿海市县的国内生产总值合计为3.3万亿元，占沿海省、自治区、直辖市国内生产总值合计的60%，其中，沿海城市的国内生产总值为2.3万亿元，占沿海市、县合计的70%；沿海县（直辖市区）的国内生产总值为1.0万亿元，占沿海市县30%。沿海市、县的第一、第二、第三产业结构比例为11：49：40，说明其产业结构优于沿海省、自治区、直辖市的产业结构。这种优化的产业结构应归功于沿海城市，沿海城市第一、第二、第三产业结构比例为6：50：44，说明其产业结构已接近高级水平；而沿海县第一、第二、第三产业结构比例为19：49：32，说明沿海县的产业结构尚低于全国平均水平，今后应突出发展第二、第三产业。

2000年全国直接海洋社会从业人数为425.5万人，占全国从业人员总数的0.6%。按地区分，海洋社会从业人数较多的是广东省99.0万人，占全国海洋社会从业人员总数的23%；山东省71.7万人，占17%；福建省67.6万人，占16%；以下依次为江苏省51.7万人，占12%；浙江47.9万人，占11%；上海市23.3万人，占5%；广西16.6万人，占4%；海南14.2万人，占3%；辽宁省、河北省、天津市的海洋社会从业人数皆较少。按行业分，从业于海洋水产业的最多，达287.8万人，占全国海洋社会从业人员总数的68%；以下依次为，滨海旅游业64.6万人，占15%；海洋交通运输业32.7万人，占8%；海盐业17.7万人，占4%；沿海造船业13.3万人，占3%；海洋油气业、海洋环保、海洋科研服务和海滨砂矿等行业的海洋社会从业人数较少。海洋社会劳动者人数比较多的地区和行业是福建省和山东省的海洋水产业、广东省的滨海旅游业、广东省和上海市的海洋交通运输业、山东省的海盐业以及广东省、山东省和天津市的海上油气业等。

2000年全国主要海上活动船舶有30.0万艘，总吨位2 822.6万吨位。比1999年29.1万艘增长3.1%。就海上活动船舶的数量而言，海洋渔业拥有的船舶最多，达29.0万艘，占全国海上活动船舶总数的96.49%，与1999年相比，海洋渔船增加9 688艘。海洋运输业拥有的船舶数量不多，只有1万余艘，只占全国海上活动船舶总数的3.46%，但其总吨位却最多，达2 232万总吨位，占全国海上活动船舶总吨位的79.1%。海洋油气船、海洋地质勘探船、海洋管理与科研船舶很少。

2000年，全国海洋科研机构共有105个，从业人员有14 626人。由于机构调整，与1999年相比，海洋科研机构减少2个，从业人员减少了1 493人。从业人员中，专业技术人员有10 701人，占海洋科研机构从业人员总数的73.2%。其中具有高级职称的有3 484人，占专业技术人员的32.6%；具有中级职称的有3 640人，占专业技术人员的34.0%；具有初级职称的有2 332人，占专业技术人员的21.8%；其他人员有1 245人，占专业技术人员的11.6%。专业技术人员高级、中级、初级、其他的技术职称结构比例为32.6∶34.0∶21.8∶11.6。按行业分，从事海洋渔业的科研机构最多，达32个，占全国海洋科研机构总数的30.5%；其次是气象业，达18个；其后依次为，环境保护15个、海洋科学研究12个、交通运输9个、海洋事业6个，其余行业的科研机构较少。就从业人员数量而言，环境保护业的从业人员最多，达4 244人；其次是海洋渔业2 862人、海洋交通运输业2 007人；以下依次为，海洋事业1 609人、气象业1 207人、水利业762人；其余行业的从业人员较少。就海洋科研机构的人才结构而言，地质勘察业的人才比例最高，专业技术人员占从业人员的比例达96%，其专业技术人员高级、中级、初级、其他的职称结构比例为57∶23∶14∶6；其次是，海洋科学研究，专业技术人员占从业人员的比例为88%，其职称结构比例为27∶48∶20∶5；以下依次为，水利业，专业技术人员占从业人员的比例为86%，其职称结构比例为41∶25∶17∶17；气象业，专业技术人员占从业人员的比例为82%，其职称结构比例为25∶38∶30∶7；农业，专业技术人员占从业人员的比例为79%，职称结构比例为22∶20∶29∶29；海洋交通运输业，专业人员占从业人员的比例为77%，职称结构比例为33∶27∶19∶21；专业技术人员占从业人员比例最小的是仪器、仪表业，为47%，其职称结构比例为25∶33∶42∶0。按地区分，拥有海洋科研机构较多的地区是，广东16个、山东14个、辽宁和浙江均有13个、上海11个、天津10个、江苏8个，其余地区较少。就从业人员数量而言，山东省的从业人员数量最多，达2 691人，占全国海洋科研机构从业人员总数的18%；以下依次为，天津2 402人，占16%；上海2 369人，占16%；广东1 433人，占10%；北京1 355人，占9%；江苏1 183人，占8%；其余地区的从业人员较少。就海洋科研机构的人才结构而言，福建省的海洋科研机构的人才比例最高，专业技术人员占从业人员的比例为88%，专业技术人员的职称结构，高级、中级、初级、其他的比例为29∶35∶27∶9；以下依次为，河北，专业技术人员的比例为81%，其职称结构为19∶38∶24∶19；江苏，专业技术人员的比例为81%，其积称结构为35∶26∶21∶18；湖北，专业技术人员的比例为81%，其职称结构为34∶41∶17∶8；北京，专业技术人员的比例为78%，其职称结构为36∶35∶21∶8；辽宁，专业技术人员的比例为78%，其职称结构为32∶40∶22∶6；广西，专业技术人员的比例为78%，其职称结构为19∶70∶10∶1；广东，专业技术人员的比例为77%，其职称结构为29∶34∶26∶11；浙江，专业技术人员的比例为77%，其职称结构为37∶38∶19∶6；其余地区专业技术人员的比例也都在70%以上，天津的专业技术人员的比例最低，为59%。就专业技术人员的职称结构而言，职级较高的地区是浙江、北京、天津、江苏、山东、湖北、辽宁，高级职称的比例都在30%以上。职级较低的地区是河北和广西，高级职称的比例均不足20%。

【沿海海洋经济概况】 2000年是中国“九五”计划的最后一年。在这期间，中国沿海海洋经济进入了一个持续快速发展的新时期。主要海洋产业增加值年均增长速度达15.7%，2000年主要海洋产业总产值达4 133.50亿元，增加值2 297.04亿元，占全国国内生产总值的2.6%，这相当于90年代初的美国海洋经济发展水平。就总体水平而言，中国海洋经济在世界众多海洋国家中，位居中等偏上水平。目前中国的一些海洋产业在国际上占有重要地位；海洋渔业和海盐产量连续多年保持世界第一；商船拥有量居世界第五位；造船业在造船产量、手持订单等方面，连续数年稳居世界第三；中国沿海国际旅游人数已超过1 700万人次，成为世界第五位的旅游大国。

全国已形成包括海洋水产业、海洋交通运输业、滨海旅游业、海洋油气业、沿海造船业、海洋盐业、海滨砂矿业等 7 个主要海洋产业。2000年，7 大海洋产业产值占我国主要海洋产业总产值的比例分别为：海洋水产业占50.43%，海洋交通运输业占17.36%，滨海旅游业占15.43%，海洋油气业占9.28%，沿海造船业占5.42%，海洋盐业占2.01%，海滨砂矿业占0.07%。

2000年，海洋油气业总产值达383亿元，成为我国海洋支柱产业之一。全国海洋石油产量达

2 080.36万吨，海洋天然气产量达46.01亿立方米。另外，海洋盐业产量达2 364.4万吨，海水养殖产量达1 061.28万吨，海滨砂矿产量达130.33万吨。

在区域海洋经济方面，沿海11个省、自治区、直辖市在国家改革开放总的宏观形势下，海洋经济均呈上升趋势，出现喜人局面。2000年，广东省主要海洋产业总产值已突破1 000亿元大关，达1 114.57亿元，占全国海洋产业总产值的27%，位居沿海地区榜首。山东省主要海洋产业总产值达737.76亿元，占全国海洋产业总产值的18%，位居第二。位居第三的是上海市，其海洋产业总产值601.37亿元，占全国海洋产业总产值15%；依次排序为福建省、浙江省、辽宁省、江苏省、天津市、广西壮族自治区、海南省、河北省。

另外，沿海各地依据自身的资源优势和开发基础，因地制宜地实施“科技兴海”战略，进一步推进海洋经济发展，形成了各具特色的区域海洋经济格局。例如，广东省具有近海石油、海运、沿海旅游和海洋渔业资源优势，2000年其海洋石油产值达275.19亿元，占全国海洋石油总产值的72%；沿海国际旅游收入318.27亿元，占全国沿海国际旅游总收入的50%，两项海洋产业的产值均居沿海省、自治区、直辖市之冠，海洋交通运输业收入144.82亿元居第二位，海洋水产业产值335.63亿元居第三位。山东省的海洋渔业、盐业和近海油气资源比较丰富，他们以此为重点，推进“科技兴海”，建设“海上山东”。2000年山东省海洋水产创产值551.77亿元，占全国海洋水产总产值的26%，海盐业产值57.17亿元，占全国海盐总产值的69%，两者位居沿海地区榜首，海洋油气产值也超过36亿元，居第三位。上海市是中国经济最发达的地区，其海洋产业特别是海洋交通运输、沿海旅游、造船等产业很发达，海洋交通运输业产值380.37亿元，占全国海洋交通运输业总产值的53%；造船业产值74.53亿元，占全国沿海造船业总值的33%，两者位居沿海地区首位。福建省发挥水产、沿海旅游、海岛资源优势，加快海洋产业发展，培育新的经济增长点，已成为中国第二大海洋水产省份。

总的来看，“九五”期间，沿海海洋经济发展有以下特点。

(1) 海洋经济在国民经济中的地位日益提高。2000年全国主要海洋产业总产值达4 133.50亿元，增加值2 297.04亿元。主要海洋产业增加值占全国国内生产总值比重，已由1995年的1.9%，上升到2000年的2.6%，增长了0.7个百分点，十分明显，海洋经济对国民经济的贡献越来越大。

(2) 海洋经济发展速度加快。“九五”期间，中国海洋经济在“八五”的基础上，持续、快速发展，又上新台阶：“九五”期间，主要海洋产业总产值累计17 014.37亿元，比“八五”的6 437亿元翻了一番半。2000年主要海洋产业总产值4 133.50亿元，比1995年的2 463.85亿元增加了1 669.7亿元，年平均增长速度10.9%。主要海洋产业增加值，也由1995年的1 107亿元增加到2000年的2 297亿元，增加了1 190亿元，年平均增长速度15.7%，明显高于同期国民经济发展速度。

(3) 海洋产业结构发生了积极的变化。“九五”期间，由于海洋渔业发展加快，第一产业比重出现反弹，第三产业因亚洲金融危机，旅游业和海运业受到影响而比重有所下降。2000年中国海洋产业的第一、第二、第三产业的比例为50∶17∶33。但从产业内部结构看，一些海洋产业呈现不断优化的趋势，如海洋渔业生产，1996年捕捞和养殖比例为62∶38，到2000年两者比例变为58∶42，生产结构日趋合理，出现了由捕捞向养殖转变、由近海向深海远洋转变、由数量型向效益型转变的良性趋势。同时，某些技术含量高的新兴产业，如海洋石油、海水养殖、水产品加工业等都有较快的发展。“八五”期末，海洋传统产业与新兴的海洋产业的比例为73.3∶26.7，到2000年两者比例调整为69.8∶30.2，表明海洋传统产业所占比重开始下降，而新兴海洋产业比重开始上升，提升幅度虽然不大（只有3个百分点），但表明了新兴的海洋高新技术产业正在逐渐兴起。

（刘秀芳）

表1 中国沿海地区行政区划（2000年）

单位：个

地 区	沿海城市	沿海县级市	沿海（区）县
合 计	53	62	77
天 津	1		3
河 北	3	2	6
辽 宁	6	7	4
上 海	1		6
江 苏	3	5	9
浙 江	6	11	12
福 建	6	7	12
山 东	7	14	6
广 东	14	9	13
广 西	3	1	1
海 南	3	6	5

表2 沿海地区国内生产总值（2000年）

单位：亿元

地 区		年 份	国内生产总值 GDP	第一产业	第二产业	第三产业
全国总计		1999	81 910.90	14 457.20	40 417.90	27 035.80
		2000	89 403.60	14 212.00	45 487.80	29 703.80
沿海省市总计		1999	49 389.76	6 715.29	24 001.77	18 672.70
		2000	55 260.96	6 824.51	27 182.33	21 254.12
沿海市县合计		1999	27 831.00	2 977.45	13 611.43	11 242.12
		2000	33 190.08	3 457.07	16 359.84	13 373.17
沿海城市合计		1999	18 060.16	1 003.01	8 912.95	8 144.20
		2000	22 921.40	1 481.22	11 376.44	10 063.74
沿海县合计		1999	9 770.84	1 974.44	4 698.48	3 097.92
		2000	10 268.68	1 975.85	4 983.40	3 309.43
天 津		1999	1 450.06	71.01	711.93	667.12
		2000	1 639.36	73.54	820.17	745.65
	沿海区	1999	426.58	4.08	280.06	142.44
		2000	530.37	4.49	368.25	157.63
河 北		1999	4 569.19	805.97	2 243.59	1 519.63
		2000	5 088.96	824.55	2 559.96	1 704.45
	沿海城市	1999	1 518.09	290.80	720.36	506.93
		2000	1 661.88	293.94	797.40	570.54
	沿海县	1999	341.17	104.00	139.42	97.75
		2000	367.10	103.78	155.12	108.2
辽 宁		1999	4 171.69	520.80	2 001.48	1 649.41
		2000	4 669.06	503.44	2 344.40	1 821.22
	沿海城市	1999	1 235.29	60.63	624.57	550.09
		2000	1 376.35	66.05	713.09	597.21
	沿海县	1999	536.58	149.09	240.11	147.38
		2000	560.55	150.77	254.26	155.52

续表

地区		年份	国内生产总值 GDP	第一产业	第二产业	第三产业
上海		1999	4 034.96	80.00	1 953.98	2 000.98
		2000	4 551.15	83.20	2 163.68	2 304.27
	沿海区县	1999	652.35	46.77	320.39	285.19
		2000	741.60	48.66	367.38	325.56
江苏		1999	7 697.82	1 003.51	3 920.15	2 774.16
		2000	8 582.73	1 031.17	4 435.89	3 115.67
	沿海城市	1999	289.01	13.70	155.15	120.16
		2000	332.80	14.02	183.93	134.85
	沿海县	1999	940.59	288.08	354.96	297.55
		2000	1 008.07	284.40	392.48	331.19
浙江		1999	5 364.89	631.94	2 902.81	1 830.14
		2000	6 036.34	664.16	3 183.47	2 188.71
	沿海城市	1999	1 647.98	73.49	833.86	740.63
		2000	1 902.30	78.44	970.93	852.93
	沿海县	1999	2 103.95	269.62	1 227.12	607.21
		2000	2 317.70	277.37	1 343.75	696.58
福建		1999	3 550.24	628.86	1 507.29	1 414.09
		2000	3 920.07	640.57	1 711.16	1 568.34
	沿海城市	1999	1 255.17	55.75	634.13	565.29
		2000	3 416.13	453.42	1 649.49	1 313.22
	沿海县	1999	1 544.21	278.68	760.43	505.10
		2000	1 596.52	275.81	774.86	545.85
山东		1999	7 662.10	1 221.00	3 705.44	2 735.66
		2000	8 542.44	1 268.57	4 244.40	3 029.47
	沿海城市	1999	1 576.11	119.49	895.27	561.35
		2000	1 845.93	121.85	1 097.75	626.33
	沿海县	1999	1 404.72	306.67	668.35	429.70
		2000	1 573.46	311.31	769.15	493.00

续 表

地区		年份	国内生产总值 GDP	第一产业	第二产业	第三产业
广 东		1999	8 464.31	1 021.30	4 264.32	3 178.69
		2000	9 662.23	1 000.06	4 868.75	3 793.42
	沿海城市	1999	4 749.27	164.54	2 310.62	2 274.11
		2000	5 860.54	218.69	2 899.59	2 742.26
	沿海县	1999	1 479.76	363.65	624.64	491.47
		2000	1 204.77	339.43	471.60	393.74
广 西		1999	1 953.27	554.48	695.83	702.96
		2000	2 050.14	538.69	748.00	763.45
	沿海城市	1999	159.09	59.33	36.30	62.46
		2000	169.48	61.22	38.85	69.41
	沿海县	1999	56.22	22.09	14.88	19.25
		2000	57.67	22.98	14.32	20.37
海 南		1999	471.23	176.42	94.95	199.86
		2000	518.48	196.56	102.45	219.47
	沿海城市	1999	146.13	14.27	36.78	95.08
		2000	165.48	16.85	41.56	107.07
	沿海县	1999	284.71	141.71	68.12	74.88
		2000	310.87	156.85	72.23	81.79

表3 主要海上活动船舶

类别	年份	艘数（艘）	总吨（万吨位）	载客量（客位）	总功率（万千瓦）
合 计	1999	290 755	2 620.27	159 053	25 187 625
	2000	300 230	2 822.57	159 834	24 725 353
海洋运输	1999	10 567	2 056.25	159 053	13 298 984
	2000	10 378	2 232.45	159 834	11 834 508
海洋油气	1999	153			
	2000	120			
海洋地质勘探	1999	11			
	2000	11			
海洋渔业	1999	279 994	560.04		11 801 492
	2000	289 682	582.01		12 727 083
海洋管理科研	1999	31	3.98		87 149
	2000	39	8.11		163 762

表4 海洋社会从业人数

单位：人

地区	年份	合 计	海洋水产	海洋油气	海滨砂矿	海洋盐业	沿海造船	海洋交通运输	滨海国际旅游	海洋环保	海洋科研服务
合计	1999	3 698 727	2 413 068	24 874	3 206	231 103	121 791	328 375	510 997	51 015	14 298
	2000	4 254 648	2 878 473	20 526	2 672	176 878	133 352	327 231	646 443	55 802	13 271
天津	1999	81 119	9 345	8 500		12 063	7 500	23 317	16 267	1 418	2 709
	2000	85 246	8 600	8 251		12 316	9 412	25 626	17 216	1 423	2 402
河北	1999	178 278	56 888			78 574	4 230	20 922	9 065	8 186	413
	2000	123 121	57 968			23 318	4 300	20 588	7 471	9 155	321
辽宁	1999	309 103	231 984	279		15 928	19 986	6 518	27 189	6 376	903
	2000	126 233	24 347	259		14 563	20 411	31 757	26 850	7 201	845
上海	1999	230 978	7 802	129			41 812	99 546	77 159	1 987	2 543
	2000	233 205	9 824	87			39 213	99 271	80 445	1 996	2 369
江苏	1999	253 137	183 925		102	32 854	6 145	12 972	9 208	6 637	1 294
	2000	517 303	464 822			25 579	7 724	1 794	8 768	7 433	1 183
浙江	1999	518 000	442 334			9 247			61 513	3 718	1 188
	2000	478 984	439 020			7 181			28 005	3 867	911
福建	1999	494 339	374 579			10 716	9 530		39 120	3 046	719
	2000	675 867	572 893		2 208	16 188	15 000		65 817	3 089	672
山东	1999	733 838	496 411	8 836	83	57 889	17 470	56 629	41 030	10 364	2 906
	2000	716 589	533 820	5 051	50	63 969	18 299	41 283	40 808	10 618	2 691
广东	1999	607 911	357 915	7 130	818	6 839	15 118	98 849	202 701	6 269	1 499
	2000	989 617	476 470	6 878	214	7 486	18 993	106 912	364 218	7 013	1 433
广西	1999	129 574	117 878		102	3 300		9 622	6 317	1 853	124
	2000	166 464	153 337		200	3 048			6 845	2 934	100
海南	1999	162 386	39 796		2 101	3 693	39 796		21 428	1 161	
	2000	142 019	137 372			3 230				1 073	344

表5 分行业海洋科研机构、人员情况

行业	年份	机构数（个）	从业人员（人）	专业技术人员（人）				
					高级	中级	初级	其他
合计	1999	107	16 119	11 228	3 569	3 939	2 552	1 168
	2000	105	14 626	10 701	3 484	3 640	2 332	1 245
农业	1999	2	209	146	33	38	37	38
	2000	1	133	105	23	21	30	31
渔业	1999	33	3 325	2 099	473	835	548	243
	2000	32	2 862	1 852	465	696	487	204
水利业	1999	2	947	840	320	179	125	180
	2000	1	762	652	269	164	108	111
海盐业	1999	4	370	154	43	71	38	2
	2000	4	303	175	33	29	31	82
化学化工	1999	1	154	76	19	51	6	0
	2000	1	144	104	34	42	28	0
仪器仪表	1999	1	248	117	28	40	42	7
	2000	1	243	114	29	37	48	0
地质勘察	1999	1	383	225	87	71	68	0
	2000	1	96	92	52	21	13	6
交通运输	1999	10	2 286	1 700	571	458	339	332
	2000	9	2 007	1 548	514	414	300	320
科学研究	1999	8	2 482	1 792	680	699	328	85
	2000	12	278	246	67	118	48	13
气象业	1999	13	401	358	126	148	80	4
	2000	18	1 207	993	250	377	297	69
海洋事业	1999	12	3 730	2 601	890	925	595	191
	2000	6	1 609	1 183	396	430	268	89
环境保护	1999	18	1 197	984	231	375	311	67
	2000	15	4 244	3 127	1 206	1 111	555	255
其他	1999	2	387	172	68	50	35	19
	2000	4	738	510	146	180	119	65

表6 分地区海洋科研机构、人员情况

行 业	年 份	机构数（个）	从业人员（人）	专业技术人员（人）				
					高 级	中 级	初 级	其 他
合 计	1999	107	16 119	11 228	3 569	3 939	2 552	1 168
	2000	105	14 626	10 701	3 484	3 640	2 332	1 245
北 京	1999	5	1 464	1 139	395	411	265	68
	2000	5	1 355	1 061	378	370	228	85
天 津	1999	10	2 709	1 550	499	567	359	125
	2000	10	2 402	1 423	501	442	330	150
河 北	1999	2	413	255	99	78	75	3
	2000	2	321	260	49	100	62	49
辽 宁	1999	13	903	699	201	314	159	25
	2000	13	845	662	211	263	148	40
上 海	1999	11	2 543	1 757	513	507	388	349
	2000	11	2 369	1 693	484	489	341	379
江 苏	1999	8	1 294	1 016	356	256	185	219
	2000	8	1 183	960	341	247	201	171
浙 江	1999	14	1 188	829	286	254	207	82
	2000	13	911	697	260	267	130	40
福 建	1999	10	719	620	164	230	179	47
	2000	10	672	592	170	209	159	54
山 东	1999	15	2 906	1891	630	745	385	131
	2000	14	2 691	1 895	656	710	395	134
广 东	1999	16	1 499	1 140	320	410	296	114
	2000	16	1 433	1 102	325	375	283	119
广 西	1999	2	124	80	15	55	7	3
	2000	2	100	78	15	54	8	1
湖 北	1999	1	357	252	91	112	47	2
	2000	1	344	278	94	114	47	23

表7 沿海地区主要海洋产业总产值

单位：亿元

地区	年份	合计	海洋水产	海上油气	海滨砂矿	海洋盐业	沿海造船	海洋交通运输	滨海国际旅游
合计	1999	3 651.30	1 998.83	228.69	0.89	82.70	249.03	572.78	518.38
	2000	4 133.50	2 084.34	383.77	3.05	83.07	223.97	717.40	637.90
天津	1999	103.54	6.22	36.36		5.02	2.54	36.11	17.29
	2000	138.63	6.66	67.43		4.81	2.33	38.23	19.17
河北	1999	56.60	35.43			7.12	3.45	5.04	5.56
	2000	69.19	33.05			8.07	2.71	19.45	5.91
辽宁	1999	277.97	192.35	3.03		4.56	51.79	10.40	15.84
	2000	326.58	211.30	4.92		4.42	47.23	37.48	21.23
上海	1999	519.14	12.10	0.45			87.56	306.20	112.83
	2000	601.37	13.10				74.53	380.37	133.37
江苏	1999	142.46	110.76			6.88	11.27	9.44	4.11
	2000	146.04	114.37			5.39	9.71	11.28	5.29
浙江	1999	373.24	295.53			0.89	14.75	32.94	29.13
	2000	399.53	300.74			0.72	21.40	40.06	36.61
福建	1999	393.15	319.83			0.61	17.56		55.15
	2000	419.15	347.76		0.96	1.05			69.38
山东	1999	734.90	568.58	21.24	0.02	55.91	24.19	47.65	17.31
	2000	737.76	551.77	36.23	0.05	57.17	26.08	45.38	21.08
广东	1999	896.05	315.64	167.61	0.61	0.87	35.92	121.48	253.92
	2000	1 114.57	335.63	275.19	0.28	0.58	39.80	144.82	318.27
广西	1999	99.59	94.75		0.02	0.46		3.52	0.84
	2000	110.45	108.77		0.03	0.48			1.17
海南	1999	54.66	47.64		0.24	0.38			6.40
	2000	70.23	61.19		1.73	0.38	0.18	0.33	6.42

表8 “九五”期间沿海海洋经济变化情况

单位：亿元

	1995	1996	1997	1998	1999	2000	年均增长率（%）
海洋产业总产值	2 463.85	2 855.22	3 104.43	3 269.92	3 651.30	4 133.50	10.9
海洋产业增加值	1 107.33	1 266.30	1 476.80	1 602.92	2 022.20	2 297.04	15.7
海洋产业增加值占全国GDP%	1.9	1.9	2.0	2.0	2.5	2.6	

表9 “九五”期间海洋产业结构变化情况

单位：%

		1995	1996	1997	1998	1999	2000
海洋三次产业	海洋第一产业	47.8	50.6	50.5	54.2	54.7	50.4
	海洋第二产业	13.8	15.8	17.9	15.3	15.4	16.8
	海洋第三产业	38.4	33.6	31.6	30.5	29.9	32.8
海洋 传统、新兴产业	传统海洋产业	73.3	71.0	69.9	72.7	72.7	69.8
	新兴海洋产业	26.7	29.0	30.1	27.3	27.3	30.2

海洋管理篇

Marine Management

CHINA

OCEAN YEARBOOK

海洋综合管理
Integrated Marine Management

【海洋规划】 编制海洋“十五”计划是关系到海洋事业承前启后、持续发展的重要工作。截至2000年底，《海洋工作“十五”计划和2010年远景规划（草案）》编制工作进展顺利。《海洋科学技术发展“十五”计划和2010年远景规划纲要（草案）》提出的海洋减灾系统技术等海洋科技发展重点，已被纳入《“十五”国家科技发展重点专项规划》。海洋预报等8个领域的“十五”海洋科技攻关立项建议工作推进顺利，《中国近海关键海洋要素实时监测系统》有望列入“十五”国家重大科学工程项目。海洋卫星和卫星海洋应用、国际海底区域开发、极地考察能力建设等专项工作，以及全国海洋生态建设和渤海综合整治的“十五”计划和2010年发展规划纲要的编制工作基本完成。海洋卫星被国防科工委列入中国“十五”期间重点发展的三大卫星系列之一；大洋工作的请示得到国务院的正式批复，“十五”期间将实现大洋工作新的飞跃。

(1) 完成了《海洋工作“十五”计划和2010年规划（草案）》的编制工作。在广泛征求各有关方面意见、进行反复修改的基础上，已正式完稿上报国家计委。

(2) 海监船、海监飞机建设立项工作取得了阶段性进展。国家海洋局完成了项目建议书的编制、修改工作，并形成上报稿呈送国家计委。国家计委已正式批复立项。

(3) 国家海洋局与科技部有关部门积极配合，较好地完成了“十五”海洋科技规划工作前期的工作。①“十五”海洋科技规划：国家海洋局与科技部农村与社会发展司共同组织全国有关海洋院所的专家，编写了“海洋预报”、“海洋环保”、“海洋信息”、“海水利用”、“海水化学资源提取”、“海洋生物活性物质”、“南沙”和“南极研究”等8个攻关项目的建议书，已报科技部。其中“海水利用”项目作为“水资源”专项的一部分已基本同意立项，其他项目正在科技部讨论之中。此外，组织有关专家编写的《中国近海关键海洋要素实时监测系统》——重大科学工程项目建议书，已报科技部。还向科技部上报了“海洋能源利用技术”、“数字海洋”等立项材料。②“十五”海洋卫星规划：完成了《中国海洋卫星和卫星海洋应用“十五”计划和2015年发展规划》的论证及编写；2000年1月，国防科工委委托中国工程院组织召开了有40余名院士参加的“十五”民用卫星发展评审会，国家海洋局在会上作了“中国海洋卫星今后发展思路”的专题报告。海洋卫星已被国防科工委列入中国“十五”期间重点发展的五大卫星系列之一。“十五”期间，有望发射海洋1号B卫星，同时海洋2号卫星也将争取立项。在2000年11月国务院新闻办发表的《中国的航天》白皮书中，明确指出中国的航天近期发展目标之一就是建立以包括海洋卫星系列等组成的长期稳定运行的卫星对地观测体系，实现对中国及周边地区甚至全球的陆地、大气、海洋的立体观测和动态监测。③“十五”海水淡化技术发展应用立项：国家海洋局先后3次召开专家座谈会进行海水淡化项目论证，国家海洋局杭州水处理技术开发研究中心、国家海洋局天津海水淡化与综合利用研究所还分别与浙江省计委和天津市计委联合向国家计委高技术司申报“万吨级海洋淡化产业化工程示范”项目，国家计委高技术司拟于“十五”期间立项。

(4) 拟定了《全国海洋生态建设规划》编写大纲。完成了《全国海洋生态建设2001～2050年规划纲要》的起草和修改。

(5) 编制了《中国海洋减灾规划》。为贯彻落实国务院颁布的《中华人民共和国减灾规划》精神，国家海洋局组织开展了《中国海洋减灾规划》编制工作。于2000年8月联合国家计委等有关部门以及局属有关单位组成“规划”编制组，召开了第一次“规划”编制工作座谈会，对“规划”的原则、思路及编制大纲进行进一步的修改和完善。

(6) 组织完成了《渤海综合整治规划》和

《渤海综合整治“十五”计划实施方案》的编写及相关工作。为保证《规划》和《“十五”实施方案》的科学性，2000年3月22日在北京召开了《渤海综合整治规划》和《渤海综合整治“十五”计划实施方案》专家评审会，通过了由14名院士、专家组成的评审委员会的评审。同时，为广泛征求辽宁、河北、山东省、天津市地方政府的意见，7月14日，国家海洋局、国家计委地区经济发展司联合在津召开了《渤海综合整治规划》及《渤海综合整治“十五”计划实施方案》座谈会，来自环渤海三省一市的计委、海洋厅（局）领导出席了会议，根据会议精神，国家海洋局对《规划》进行了认真地完善、修改，形成的《渤海综合整治规划》及《渤海综合整治“十五”计划实施方案》已正式上报国家计委，相关内容在《中华人民共和国国民经济和社会发展第十个五年计划纲要》中已有所体现。

(7) 完成了海洋监测方案编制工作。监测方案是指导海洋监测工作正常进行的关键性技术文件，为做好2000年和“十五”期间的海洋环境监测工作，国家海洋环境监测中心承担了《2000年海洋环境监测工作方案》、《2000年丰水期海洋环境监测调整方案》、《全国海洋环境监测“十五”框架方案》及《2001年海洋环境监测工作方案》等的编制工作。

《全国海洋环境监测“十五”框架方案》经过多次讨论和修改，于2000年11月上旬通过专家最终审定，专家认为，该方案是海洋环境监测工作开展以来的最完整和最好的一套监测方案。该方案体现了“监测区域向近岸转移”的战略部署，在近岸重点海域加大了监测站位的布设密度和监测频率。

(8) 组织拟定了极地考察“十五”计划及2015年规划初稿。组织编写了上报国务院的《关于中国极地考察工作有关问题的请示》文件及附件《对中国“十五”极地考察能力建设总体方案》，同时组织15位院士等专家《对中国“十五”极地考察能力建设总体方案》进行评审。

(9) 在《中国国际海底区域资源开发战略研究报告》的基础上，国家海洋局大洋协会办公室制定了国际海底区域开发《2015年规划》、《“十五”计划》和《2001年主要任务》。根据这些基础材料起草的《关于国际海底区域工作有关问题的请示》已上报国务院。

【海洋功能区划】 海洋功能区划工作是海洋开发与管理非常重要的基础性工作。2000年4月1日生效的《海洋环境保护法》明确了海洋功能区划的法律地位，也给功能区划工作提出了新的要求。2000年国家海洋局重点抓了四个方面的工作。

(1) 加强了各种管理制度的建设。为了规范海洋功能区划工作，制定了《海洋功能区划图件绘制技术规程》、《海洋功能区划管理信息系统建设技术规程》，建立了海洋功能区划工作军地双方联系制度，印发了《海洋功能区划编制、审批工作的若干意见》，组织拟订了《海洋功能区划管理规定》（征求意见稿），已印发国务院有关部门和沿海省市人民政府办公厅征求意见。

(2) 加强了对沿海省市海洋功能区划工作的检查、指导。天津市海洋功能区划已经市政府批准实施，海南省海洋功能区划通过评审，辽宁、山东、河北、上海、浙江、广东、广西已完成功能区划初稿；福建、江苏已完成区划的主要内容。完成了年初国家海洋局党组确定的三分之二沿海省份基本完成海洋功能区划的目标。

(3) 加快了海洋功能区划管理信息系统建设工作。上半年，在完成温州市和丹东市海洋功能区划管理信息系统试点工作的基础上，分别在海南、广东、福建、浙江、上海和辽宁举办了培训班；已完成国家级海洋功能区划管理信息系统建设方案和总体框架设计，6个省已开始建设，部分地市已基本完成或在建设中。

(4) 启动了全国海洋功能区划编制工作。编制了《全国海洋功能区划、技术指导组编制工作方案》和《全国海洋功能区划编制方案》，成立了全国海洋功能区划编制领导小组和编写组，召开了编制工作会议，明确了各部门的任务和分工。

【海洋综合管理三大示范区】 海南的清澜湾、广东的海陵湾及广西的防城港被列为海洋综合管理三大示范区。在联合国开发计划署及国家有关部门的支持下，三大示范区自1997年起正式启动。在摸清示范区环境与资源家底和科学分析论证的基础上，组织编制示范区海洋功能区划，并着手实施海湾环境监测计划。海洋功能区划的实施及有关法规的逐步健全，使“科学用海，依法用海”成为人们的自觉行动，海湾开发秩序明显好转，海湾生产力布局日趋合理。3年来，示范区还先后选派275人次参加各类海洋综合管理专业技术培训，提高了示范区管理者和技术人员海洋综合管理能力。此外，原子吸收、气相色谱、荧光光度计等先进设备的引进，也使示范区的环境监理和地理信息系统建设得到进一步加强，极大地提高了海域使用监管能力和现代化科学管理水平。

通过该项目实施，使海岸带管理实现了质的突破。由过去无序的经济发展转为有序、有规划的经济发展；由单个部门的决策转为多部门协商决策；从短期经济效益转变到可持续经济发展。如海南文昌市按照资源和环境优势，协调清澜港的开发利用活动，制定综合开发利用规划，使清澜湾成为海南东北重要的经济发展区域。这三大示范区的建成，为其他沿海地区海湾综合管理将起一定的辐射示范作用，为中国海洋开发探索了一条可持续发展的新路子。

【海洋环境保护的监督管理】 海洋环境保护法实施一年来，国家海洋局以围绕海洋经济和社会发展为中心，不断加大海洋环境监测力度。调整了海洋环境监测站位和监测方案，突出了对近岸重点海域的监测，增加了海洋生物质量监测和海洋生态监测项目，建立了中央地方相结合的海洋环境立体监测网络。

同时，加强污染防治工作，严格控制各类污染物的排海和入海，有效遏制了海洋环境质量进一步恶化的趋势。

海洋生态保护是新修订的海洋环境保护法增加的重要章节，为落实工作，新建了广西北仑河口海洋生态自然保护区等若干海洋类型自然保护区，强化了现有各个海洋自然保护区的管理，其中南麂列岛海洋生态保护区和山口红树木海洋生态保护区分别加入了“国际人与生物圈”保护区网络。

为履行监督管理海洋环境的职责，建立了海洋环境公报制度。实行国家，省（自治区直辖市），市（计划单列市，地级市）三级发布体系。公报不但可引导公众积极参与海洋环境保护事业，也为地方各级政府开展海洋环境保护工作提供了重要的决策依据。

根据国务院批示，国家海洋局正在加紧建设赤潮监测预警系统业务化系统，逐步开展针对赤潮的监测监视和预报警报，组织做好赤潮信息发布和赤潮灾后评估工作。同时推动地方各级政府建立赤潮应急响应系统。一年来，发现赤潮28起，因及时通报当地政府，减少了灾害造成的经济损失。

2000年，国家海洋局组织实施的“南中国海海岸带综合管理能力建设项目”顺利完成。该项目在广东海陵湾、广西防城港和海南清澜湾建立了三个示范点。通过实施项目，各示范区初步形成了以可持续渔业发展，港口建设与生态保护，以及合理开发利用多种海洋资源为特征的南中国海海岸带综合管理模式，今后将逐步向全国推广，以促进各地海洋环境保护工作发展。

国家海洋局还通过参与编制渤海综合整治规划，有效开展海洋灾害预测预报，制定与《海洋环境保护法》相配套的规章制度，深入开展海洋环境保护执法工作等方面，积极推进各项海洋环境保护工作。

【维护海洋权益】 根据《联合国海洋法公约》（以下称《公约》）的有关规定以及中国有关法律和主张，中国管辖海域总面积近300万平方千米。但是，中国与邻国存在着不少争议海域和岛屿争端。为此，中国人大常委会在批准《公约》的同时，对中国与海上邻国之间的划界问题做了专门的声明：“中华人民共和国将与海岸相向或相邻的国家，通过协商，在国际法基础上，按照公平原则划定各自海洋管辖权界限”。根据《公约》的有关规定和上述声明，中国已与越南就北部湾划界问题进行了和平友好的协商，并于2000年12月签定了两国间正式的划界协议。这是中国与海上邻国之间通过平等、和平谈判划定的第一条海上边界，为今后中国与其他国家解决海上划界问题提供了一个良好的范例。中国还分别与朝鲜、韩国、日本等邻国就有关海洋法问题进行了非正式磋商。根据《公约》的有关规定，中国分别于1997年和2000年与日、韩签定了新的渔业协定。中国于1996年6月18日以国务院第199号令颁布了《中华人民共和国涉外海洋科学研究管理规定》，同年10月1日开始实施，使中国涉外海洋科学研究管理活动走上

海域管理

Management of Sea Area

海域使用管理

Management of Sea Area Use

【海域使用管理概况】 海域使用管理工作是国家海洋局的重要职能。2000年紧密围绕温家宝副总理关于国家海洋局要把工作重点放到“规划、立法和管理”的指示，力促《海域使用管理法》出台，经过大量的准备和协调，使《海域使用管理法》正式进入国家立法程序。同时会同有关部门妥善解决了《海域使用管理法》与其他有关法律的关系问题，海域使用管理立法工作已经取得阶段性的成果。

（1）国家和地方基本建成了一套自上而下较为完整的海域使用管理法规体系。《国家海域使用管理暂行规定》颁布以来，国家又相继发布了《海域使用申报审批管理办法》《海域使用许可证管理办法》《海域使用论证管理办法》《海域使用论证资格管理办法》《海域使用管理技术规范》等一系列海域使用管理配套制度，统一规范全国海域使用管理工作。

根据国家海域使用管理制度，河北省、青岛市、厦门市、海口市人大已经颁布了地方性法规，广东省、广西壮族自治区、山东省、天津市、浙江省、大连市人民政府发布了政府规章，辽宁省、江苏省、福建省、海南省以及全国沿海地市县制定的规范性文件达50余个，对海域使用审批、确权发证、海域有偿使用、海域使用管理技术规范等做了详细的规定。

（2）基本摸清了中国海域使用现状。海域使用普查登记是实施海域使用管理的基础性工作。国家海洋局以“国海管发[1997]389号”文件印发了《海域使用登记工作方案》，对海域使用普查登记工作进行了统一部署和安排。截至2000年底，共完成普查登记用海面积25 000平方千米，基本摸清了中国海域使用现状及类型，为开展海域使用管理工作打下了坚实基础。

（3）海域使用确权发证工作已经全面推开。海域使用审批、确权和发证的统一规范管理是海

法制化轨道。

近年来，中国还积极参与东盟国家就南海有关问题开展的对话和磋商，为缓和地区紧张局势，维护地区稳定做出了贡献。中国积极参与了国际海底管理局关于《“区域”内多金属结核探矿和勘探规章》（“采矿法典”）的谈判，并获得在东太平洋中部7.5万平方千米多金属结核矿区的专属勘探权和优先开发权。围绕2006年6月以前中国向大陆架界限委员会提出超出200海里的大陆架申请问题开展了一系列调查研究。中国积极参加涉海国际组织活动，1998年国家海洋局苏纪兰院士竞选联合国政府间海洋学委员会主席职位获得成功，中国在国际海洋事务中提高了地位，扩大了影响。今后在维护国家海洋权益方面，将努力推进以下工作：①制定和完善维护海洋权益工作的规划和战略，研究起草《领海及毗连区法》、《专属经济区和大陆架法》等配套法规，加快《海域使用管理法》的立法进程，认真执行《海洋环境保护法》，修改完善《涉外海洋科学研究管理规定》，研究起草海底资源勘探管理法规等，逐步形成和完善国家维护海洋权益的法规体系；②大力推进海上统一执法队伍建设步伐，提高装备水平，形成必要的执法能力；③进一步组织开展海域划界谈判的法理研究和技术支持准备，搞好划界谈判，切实维护国家海洋权益；④积极参与有关海洋权益地区机制和国际组织的活动，根据联合国大陆架界限委员会的要求进一步组织开展中国200海里以外大陆架的研究工作；⑤努力加强各涉海部门的联系和协调，建立定期和不定期的海洋权益磋商和情况通报制度，建立高效的维护国家海洋权益工作机制；⑥加大维护海洋权益工作的宣传，大力提高全民族的海洋国土意识和维护海洋权益意识。

（国家海洋局办公室）

域使用管理制度的重要内容。目前除上海市正开始受理海域使用申请外，沿海其他省、自治区、直辖市都发放了由国家统一印制的海域使用证，截至到2000年底，全国发放海域使用证1.5万本，其中山东、辽宁均超过3 000本，部分地区持证用海的比例已经达到90%。征收海域使用金约5 000余万元。圆满完成了对4个国家海域使用管理示范区的检查验收，在财政部的大力支持下，第二批示范区试点工作也已经启动。

（4）海洋功能区划工作正在逐步有序地展开。海洋功能区划是海域使用管理的科学基础和依据。1989年，国家海洋局组织沿海各省、自治区、直辖市开始开展全国海洋功能区划工作，并于1994年完成了全国海洋功能区划报告及图集。大比例尺海洋功能区划从1995年开始试点，1998年全面启动，目前，《海洋功能区划技术导则》（GB17108-1997）已经由国家技术监督局发布执行；辽宁、河北、天津、山东、上海、浙江、广东、海南已完成大比例尺海洋功能区划编制工作，正在进行协调论证和审批；福建、江苏、广西也将于近期完成主要成果。另外厦门、青岛、大连以及浙江大部分沿海地市县大比例尺海洋功能区划已经由当地人民政府批准实施。

（5）海域使用论证制度已经建立并启动。海域使用论证是保证海域使用审批科学合理的重要管理手段。为实施并规范海域使用论证工作，根据《海域使用论证资格管理暂行办法》，国家海洋局组织成立了论证资格审定委员会，在1999年确定了9家海域使用论证临时资格单位，在2000年又确定了10家海域使用论证（甲级）资质单位。取得资质的单位已受理论证用海项目400多个，促进了海域使用管理的制度化、科学化进程。

（6）海域使用管理示范区建设成效显著。本着抓好示范、由点到面。全面推进的工作思路，国家海洋局和财政部在1997年以“国海管发[1997]389号”文件印发了《关于开展海域使用管理示范区工作的意见》，确定辽宁葫芦岛市、河北秦皇岛市、山东烟台市和浙江舟山市为示范区。经过3年的建设，示范区工作于2000年11月4日完成检查验收。示范区的经验不仅对全国海域使用管理工作起到了推动作用，而且为海域使用管理立法提供了大量实践依据。为扩大示范区建设成果，国家海洋局和财政部在2000年底联合下发了《第二批海域使用管理示范区建设意见》（国海发[2000]41号）。

【积极推进海域使用管理立法工作】 海域使用管理立法工作是国家海洋局2000年10项重点工作任务的第一项，将立法工作作为重中之重的任务，一切服从于、服务于海域立法工作。2000年的海域立法，主要是围绕两个方面开展，一是海域立法，二是渔业法修改。

（1）制定海域使用法的工作。2000年初《海域使用管理法》被列入国务院2000年立法计划，正式进入国家立法程序。在对《海域使用管理法》草案做了修改和完善后，于4月14日，以国土资源部和财政部的名义上报国务院。4月20日，国务院法制办将海域使用管理法送审稿，发到国务院有关部门和沿海省市征求意见。6月份，国务院法制办会同国家海洋局对反馈的200条意见进行了逐条研究，并对文本进行了修改。9月14日，国务院法制办召开了海域使用管理立法专家座谈会。9月底，国务院法制办针对有关方面意见，对送审稿进行了修改，形成了海域使用管理法征求意见稿，发到国务院有关部门和沿海省市，再次征求意见。11月20日，国务院法制办形成了《关于海域使用管理立法有关问题的报告》请示国务院领导，由于有关部门对个别条款尚未达成共识，国务院法制办将进一步召开会议协调工作。

（2）参与渔业法修改的工作。国家海洋局参加了渔业法的修改过程，该法于10月31日获得通过。《渔业法》的修改，提前解决了《海域使用管理法》与其他有关法律的一些法律关系问题，对于《海域使用管理法》的出台具有重要意义。

【全面贯彻落实海域使用管理两项制度】 中国的海域使用管理工作起步晚，法规及配套制度不很健全，各地发展很不平衡。2000年，国家海洋局重点抓了6个方面的工作。

（1）继续完善海域使用管理的各项配套制度。组织有关人员研究起草了《围填海管理办法》、《海域使用登记管理办法》、《海域使用管理技术规范》、《海域使用论证大纲》和海域使用证管理补充规定等一系列管理办法和规范，并对现有的相关制度进行了修改和完善，比较成熟的已经下发试行，其他的将依据即将出台的

《海域使用管理法》，经进一步修改后下发执行。

(2) 加强了对地方海域使用管理工作的检查与指导。为了及时发现和解决问题，进一步推进海域使用管理工作，国家海洋局分别对海南、广西、广东、福建、浙江和辽宁、山东等省的部分地区进行了检查。针对检查中发现的问题，3月份，该局与财政部联合下发了《关于加强海域使用管理工作的通知》，对海域使用管理的几个重要问题作出了明确的规定。10月份，该局又下发了《关于进一步推进海域使用管理工作的通知》，要求沿海地方各级海洋行政主管部门不折不扣地完成各项工作任务。8月和11月，又先后两次召开了全国海域处处长会议，对海域使用管理工作进行了安排和部署。截至年底，发放海域使用证1.5万本。

(3) 加强了示范区建设。葫芦岛、秦皇岛、烟台和舟山4个国家海域使用管理示范区，经过3年的建设，于11月圆满完成示范区检查验收工作。各示范区在制度建设、调查登记、确权发证、有偿使用、招标拍卖、海域论证和信息系统建设等各个方面都取得了许多成功的经验，对全国海域使用管理工作起到了极大的示范和带动作用。继续对工作中的难点问题进行探索和示范。

(4) 推进重视了海域有偿使用管理工作。为了规范海域使用金的征收和上缴工作，国家海洋局与财政部在联合下发的《关于加强海域使用管理工作的通知》中，第一次明确了海域使用金的具体征收范围，并委托财政部票据中心印制了国家《海域使用金专用收据》，进一步完善了有偿使用制度。同时，对地方海域使用金的征收工作积极给予指导和支持，促进了地方海域有偿使用制度的贯彻和落实。截至年底，全国沿海11个省、自治区、直辖市，有10个已经推行了这项制度，2000年共征收海域使用金约5 000万元。

(5) 明确了国家海洋局的北海、东海、南海三个分局作为海域使用海区主管部门的地位，具体负责海区监督检查、培训、信息系统建设、海域使用证发放管理等工作，从而使地方和分局职责清楚，减少了扯皮现象，提高了工作效率。

(6) 举办了全国海域使用管理培训班，并支持分局、地方开展多种形式的培训。

【海域勘界工作进展顺利】 中国拥有大陆及岛屿岸线共32 000千米，面积在500平方米以上的海岛5 000余个，内水、领海面积辽阔，15米等深线以内海域面积约123 000余平方千米。在漫长的沿海地域，设有沿海省级行政区14个(包括香港、澳门和台湾)，集中了水产资源的增养殖、港口建设、农垦、盐田、旅游等众多行业的开发与利用。在这个广阔的区域内，目前除广东与香港之间有一条法定界线外，一直未明确地划分中央与地方政府之间的管理权限及省际之间的海域行政管理界线。由于各自管辖范围不明，有些岛屿归属不定，从而引起管理上的混乱，使得各级、各地政府不能有效、科学地规范海域使用，形成了在同一地(海)区聚集作业、交叉生产，用海纠纷迭起，海域无度、无序开发日趋严重。所有这些极大地制约了海域整体功能的发挥和各种用海项目的相互协调，削弱了海域资源基础，影响海洋资源开发和利用，对沿海地区社会的稳定及经济的发展带来极大的危害。在这种形势下，迫切需要进行海域行政区域界线勘定工作。海域行政区域界线的尽快勘定能为海域使用管理及海洋开发规划的实施提供保障，同时有利于依法行政、维护沿海地区社会稳定。

(1) 依法行政是国家行政管理的重要特征之一，行政区划界线是国家依法实施分级管理的依据。目前，中国与海洋有关的法律、法令已有40余个，但是，在涉及各级政府管辖的海域范围时，缺少法定的界线，使得对现行海域管辖范围的理解上具有随意性，影响有关法规的贯彻执行。在行政界线不明的情况下，产生的各种破坏经济秩序，侵犯公民人身财产权益等触犯法律的行为，因缺少法定边界线作为裁判的依据，难于执法。海域行政区域界线勘定可以为国家依法实施有效行政管理提供法律依据，以保护长治久安，维护社会稳定。

(2) 开展勘界，对于科学规划、合理开发、充分利用海洋的自然资源，促进沿海地区经济的健康、持续发展具有重要意义。开展勘界，有利于海洋开发规划的实施，有效促进海洋经济持续快速发展。

海域勘界工作在1999年11月国务院领导圈阅同意进行海域勘界的前期准备和试点工作之后，2000年4月18日国家海洋局组织召开了全国海域勘界试点工作会议，成立了由国务院有关部门和涉界省市领导参加的勘界试点领导小组、技术专家组，确定了辽冀、闽粤两条线作为省际间海域勘界的试点，审查通过了辽冀、闽粤线海域勘界试点实施方案和海域勘界技术规程、勘界工作管理办法、勘界档案管理办法等有关规范、文件，全面启动了勘界试点工作。

各项目承担单位非常重视海域勘界工作，安排了精干的队伍，8月底基本完成内外业工作，编制完成了划界草案、《海域勘界调查研究报告》、《海域勘界调查研究报告》（简缩本）、《海域勘界调查资料汇编》、《勘界背景资料调查报告》、《全国海域勘界试点信息管理系统》、《全国海域勘界试点报告》《全国海域勘界试点信息管理系统》、《全国海域勘界档案管理系统》、《全国海域勘界试点图集汇编》、《全国海域勘界政策研究》的初稿，《海域勘界技术规程》修改稿、《海域勘界管理办法》修改稿、《全国海域勘界总体方案初稿》和《全国海域勘界总经费预算初稿》等大量技术成果；经过3个月的修改完善，北线的划界草案已经国家海洋局党组审查通过，并已于12月7日向辽宁、河北两省提出了“划界草案”，现正在辽冀两省酝酿，正式进入了协调阶段。

【海底电缆管道的管理】 2000年审批了的亚欧、中美光缆上海段改道的路由调查和铺设施工，审批了东亚、北亚和亚太二号3条光缆的路由调查和铺设施工。完成《海底电缆管道保护规定》草稿和《海底电缆管道管理条例》修改草案第一稿。

【海洋工程勘察设计资质管理】 制定了海洋工程勘察设计收费标准；完成了海洋工程勘察设计资格分级标准的修订工作；启动了海洋工程勘察设计领域的个人执业注册制度；较好地完成了资质审查和年度质量检查。海洋工程勘察设计资质由专项升为行业。

【中日、中韩、中朝海洋法磋商】 中日第十次磋商于1月6～7日在日本外务省举行。双方对中日东海海域划界的原则、方法等有关问题交换了意见，并讨论了海洋科学调查船设立事先通报制度。第十一次磋商于9月27～28日在北京举行，除继续就划界原则进行磋商外，双方还就领海基点、中日海洋调查船相互通报、钓鱼岛等问题交换了意见。

中韩海洋法第五次正式磋商于3月10日在北京举行。双方主要就中韩海域划界以及有关海洋法问题进行了会谈。

中朝海洋法事务级和渔业专家组第二次磋商于2000年9月20～22日在朝鲜平壤举行。双方就中朝黄海海域划界和渔业等有关问题进行了磋商，就海域界限问题充分交换了意见。

按照中越两国领导人达成的共识，中越两国要在2000年内解决北部湾划界问题，因而，北部湾划界工作已经到了关键的阶段。在中越北部湾谈判进程中，国家海洋局根据谈判需要，组织局有关单位对北部湾划界方案，包括北仑河口划界及相关问题进行研究并向工作组及时提出方案建议，并组织人力、物力对国家海洋局的北部湾划界计算机系统进行了进一步更新、补充和完善，使之在技术上更成熟、使用中更可靠。

【东盟地区论坛和亚太安全合作理事会及相关的工作】 东盟地区论坛（ARF）1999～2000年度建立信任措施会间工作组第二次会议于2000年4月4～6日在新加坡举行。在讨论建立信任措施议题时，中国与会代表提出将关于建立ARF海洋信息资料中心的建立信任措施从第二篮子移到第一篮子的建议，得到了会议的认可。

东盟地区论坛（ARF）建立信任措施会间会2000～2001年第一次会议于2000年11月1～3日在韩国汉城举行。会上，国家海洋局代表就地区论坛（ARF）海洋信息中心及其网站建设的设想向大会作了较为详细的报告，受到各方称许。

此外，国家海洋局派员参加了“打击海盗研讨会”；参与亚太安全内部协调机制工作；参加了机制全体大会及有关会议，配合东盟地区论坛进行了有关问题研究。派员出席了“亚太安全合作理事会海上合作工作组第八次会议”及“亚太安全合作理事会海上工作组第九次会议”。

【随机船、自动观测系统进入中国海域的管理问题研究】 针对目前日益增多的国外有关国家和组织运用随机船进入中国海域开展调查的申请，以及以美国为首的一些西方发达国家发起的ARGO

计划，分别成立了随机船和自动观测系统两个研究组，开展对上述问题涉及的法律问题研究，对随机船和海洋自动观测系统的审批管理提出一些可行的对策和建议。

海洋资源开发管理
Management of Marine Resources Development

【海砂开采与管理】 海砂是一种重要的矿产资源，主要用于提取工业原材料，并广泛用于填海造地和工程建筑项目，具有重要的经济价值，同时它也是一种重要的海洋生态环境要素。近几年，随着国内市场和周边国际市场对海砂需求的急剧增加，海砂开采形成热潮，出现“无序、无偿、无度”的混乱状态，导致部分海域海洋环境破坏严重，海水养殖业损失重大，船舶航行安全和海底电缆、管道安全运营受到威胁。通过1999年底和2000年中国海监各海区总队和有关省区市总队的多次执法检查，海砂勘查开采秩序已有所好转。国土资源部有关部门将海上行政处罚权正式赋予中国海监队伍，中国海监已成为《矿产资源法》及其配套法规的执法主体。

加强海砂开采管理工作，制定并颁布了《海砂开采动态监测简明规范（试行）》；编制完成了“海域固体矿产平面分布图”；完成了海砂开采普查登记工作和监督执法大检查；完成了宁波港物质公司、舟山巨能公司等 6 个单位开采海砂海域使用的论证、审批、发证及收费工作。

为摸清北海区海砂勘查开采情况，彻底遏制违法勘查、开采海砂行为，北海分局组织北海区三省一市地矿、海洋行政主管部门，于1月6～16日实施了北海区海砂执法大检查。行程5 000余千米，对辽宁省、河北省、天津市及青岛海域海砂开采情况进行了全面检查。此次行动得到了国土资源部、国家海洋局的高度评价，并在青岛召开了现场交流与总结会。10月份，北海总队与青岛市海监支队，出动中国海监船、中国渔政海监船，联合组织了一次夜间突击执法检查，对非法开采海砂行为产生了较大震慑。

南海区加强海砂开采管理，积极主动与地方海洋管理部门加强联系、沟通，做好协调工作。与广东省海洋与渔业局联合召开10余次有关海砂开采的协调会，较好地解决了海砂开采中的用海矛盾；4 次主持召开海砂开采使用海域论证报告专家评审会，较好地解决了科学用海问题。制定了《南海区海砂开采过程中的动态监测实施方案（试行）》。

【岛屿资源开发管理】 中国是一个岛屿资源比较丰富的国家，海岛作为联结陆域国土和海洋国土的海上基地，陆海资源兼备，在发展海洋经济、保护海洋环境、维护海洋权益等方面都具有不可替代的作用。改革开放以来，海岛社会经济有了较快的发展，人民生活水平也得到显著提高。但因地理环境等诸多因素的制约，海岛社会经济发展基础仍比较薄弱，资源环境方面的问题也较为突出。为做好海岛开发与保护工作，中国对海岛资源曾进行过大规模的摸底调查工作，并积累了许多海岛开发的宝贵经验，为海岛经济发展打下了良好的基础。为进一步贯彻落实国家对海岛开发与保护工作的方针政策，中国成立了全国海岛开发保护工作指导协调小组，目前正组织拟订海岛开发保护政策和无居民海岛管理规定，并选择了四个海岛县开发试点工作，为开展全国海岛开发与保护工作积累经验。对于海岛开发与保护工作，沿海各海洋厅局积极与有关地方政府密切配合，在政策制定、实施管理等方面给予重视，充分发挥了海岛的资源和区位优势，促进了海岛经济的持续发展和人民生活水平的提高。

2000年，组织拟订了《无居民海岛管理规定》（征求意见稿），并已征求国务院有关部门和沿海省市的意见；《全国海岛开发保护政策纲要》已完成初稿；海岛立法的配套材料《海岛开发保护典型事例汇编》、《海岛的基本情况》、《全国海岛开发保护调研报告》已编写完成；四个海岛管理试点县均加强了组织建设，完成了海岛开发保护的专项调查，制定了海岛开发保护规划，颁布了县无居民海岛管理规定，加强了对无居民海岛的监督管理，为国家制定海岛开发保护政策和无居民海岛管理法规提供了背景资料和立法实践。

【海水资源开发管理】 积极争取国家和地方政府对海水资源综合利用技术产业化推广的支持，一方面通过积极组织专家参与国际和国内论坛，加大行业宣传的力度，向国家有关政府部门和沿海省市政府、企业和社会各界，介绍、宣传海水淡化和海水利用等技术的现状和产业化前景；另一方面，通过向各级政府申报产业化示范工程项目以及与相关企业联系接洽，积极促成示范项目和工程的落实、实施，取得了很好的效果。

(1) 国家发展计划委员会对在天津市发展蒸馏法海水淡化产业给予高度重视，日产10 000吨海水淡化的产业化示范项目的申报工作正在进行当中。

(2) 天津、大连、青岛、威海等城市的政府和企业把海水资源综合利用的产业化应用作为解决当地水资源紧缺的一条有效途径，计划上马一些大型的海水淡化工程，如天津开发区日处理5万吨污水处理工程，大连市政府日产5～16万吨的海水淡化工程，大连长海县二期日产1 000吨海水淡化工程，山东威海市政府日产1 000吨海水淡化工程，青岛黄岛电厂3台日产3 000吨海水淡化工程，天津碱厂3 000吨/小时海水循环冷却工程等。

(3) “海水循环冷却技术”、“新型高效低毒农药——二溴磷”、“大生活海水技术”、“新型镁肥”等技术成果已显示出良好的产业化前景，并与国内的一些企业达成合作意向。其中大生活用海水示范项目，已与有关沿海城市达成了一些合作意向；溴专题开发出的“二溴磷”杀虫剂，经有关部门的试用，有望在农业灭虫和城市卫生领域广泛推广；采用“盐田卤水提取镁肥技术”研制出的3个镁肥新品种，可以不同程度地增加农作物经济效益，具有较好的应用前景。

同时，国家海洋局天津海水淡化与综合利用研究所积极争取国家、地方政府及相关行业项目和资金支持，努力完成国家“十五”攻关计划的申报工作。

(4) 根据天津市要建成10个研究中心，20个工程中心的部署，国家海洋局天津海水淡化与综合利用研究所积极参与天津海水利用技术工程研究中心的筹建工作，并作为参加单位正在积极参加膜技术工程中心的筹建工作。

(5) 在“九五”研究工作基础上，结合发达国家和地区海水资源综合利用先进经验，组织编写、申报了“十五”国家科技攻关计划项目“海水资源综合利用产业化技术和新技术研究”的可行性研究报告，共三个课题、九个专题，申报前期的准备工作正在进行中。

(6) 完成了天津市重大科技攻关项目“万吨级海水淡化工程成套技术研究”及“千吨级工业海水循环冷却示范工程产业化研究”项目申报书。

(7) 2000年组织了7个项目的申报工作，3个项目获得了资助，其中国家海洋局“青年海洋科学基金”资助项目2项；天津市“21世纪青年科学基金”资助项目1项。

(8) 2000年，利用在水处理、膜分离和防腐技术上的优势，与国内的地方政府和大型知名企业联合，承揽大型工程项目，在应用领域和规模上有所突破。其中山东埕岛电厂项目的竞标成功，黑龙江哈尔滨船舶工程学院船用净水机项目的顺利完成，初步打开了水处理技术在船用领域的市场；完成的沧化集团的日产淡水18 000吨的大型苦咸水淡化工程的整体技术咨询，是迄今为止国内最大的苦咸水淡化工程。

国家海洋局杭州水处理技术研究开发中心，2000年科技发展计划项目共16项，其中科技部5项、国家自然科学基金1项、国家海洋局6项、浙江省科技厅2项、本中心课题2项。9月11日国家海洋局对国家科技攻关项目“纳滤关键技术开发”组织了鉴定验收，给予了较高评价。纳入国家计划管理的山东长岛和浙江嵊泗两座千吨级海水淡化示范工程均已安装完毕，其中长岛工程已投入正常供水。11月份，杭州水处理中心对所有科技项目逐项进行了检查，总体完成情况较好。通过市场策划，在海水淡化、石化、电力以及微电子和环保领域取得突破，全年技工贸总产值已接近1亿元。2000年顺利地通过了ISO9001质量体系的年度审核，取得了国家环保总局的环境工程乙级设计证书，获得了中国人民银行AAA级资信等级。该中心接待了中央军委副主席、国务委员兼国防部长迟浩田的视察，接待了沙特阿拉伯王国农水大臣率领的政府代表团，邀请了日本通产省造水促进中心常委理事后藤藤太郎先生访问讲学，派出6人次考察了美国、阿联酋、荷兰等国的水处理技术，承接了利比亚等国的水处理工程项目。

【国际海底区域及其资源开发管理】 位于各国管辖海域以外的国际海底区域，总面积约为2.517

亿平方千米，占地球表面积的49%，是地球上具有特殊法律地位的最大的政治地理单元。国际海底区域蕴藏着多种自然资源，是地球上尚未被人类充分认识的资源，主要有：①分布于水深4 000～6 000米海底，富含铜、镍、钴、锰等金属的多金属结核，全球洋底具有商业开发潜力的多金属结核资源总量多达700亿吨；②分布于海底山脉表面的富钴结壳和分布于大洋中脊和断裂活动带的海底热液硫化物，资源总量尚待调查确定；③生活于深海热泉区的生物，因其基因有许多特殊价值，已引起国际社会的高度重视；④世界各大洋中（包括国际海底区域和国家管辖海域）天然气水合物的总量大约相当于全世界煤、石油和天然气等总储量的两倍，被认为是一种潜力很大、可供21世纪开发的新型能源。

根据《联合国海洋法公约》，国际海底区域及其资源，是全人类的共同继承财产。为此，联合国成立了专门的国际机构--国际海底管理局，中国于1996年成为国际海底管理局第一届理事国。

通过“八五”期间和“九五”期间10个航次的勘查，在15万平方千米开辟区内优选出了7.5万平方千米的矿区，中国拥有这一矿区的专属勘探权和优先开发权，在当前预期的回采率条件下，可满足年产300万吨干结核，开采20年的资源需求。同时，中国进行了富钴结壳资源靶区的初步调查，有可能寻找到有经济价值的富钴结壳富集区。通过对海底热液硫化物的探索研究，提出了中国在国际海底区域找矿的目标区域；对海底天然气水合物、深海生物基因等资源开展了探索性的研究工作。深海资源开发技术以深海采矿海上中试系统研制和多金属结核加工工艺流程的优化为目标，形成了一定的技术储备。深海采矿中间试验系统的技术设计已经基本完成，并将于2001年在120～150米水深的湖泊内进行采矿系统联动试验。国家“863”高技术计划以深海资源研究开发为目标，研制出6 000米水下机器人。加工工艺流程的技术开发优选出两个工艺流程进行了实验室扩大试验研究。中国重视深海环境研究，已经开始执行以生物生态为主的环境基线及其时、空自然变化研究计划（NAVABA），“九五”期间共安排了5个航段的环境调查。

（国家海洋局海域管理司）

海区海域使用管理
Management of Sea Area Use in Marine Regions

【北海区海域使用管理】 **海域使用管理** 2000年度北海区海域使用管理工作以海洋矿产资源开发项目海域使用管理为突破口，积极推进北海区海域使用管理许可证制度和有偿使用制度的贯彻实施，开创了北海区在海域使用管理的新局面。同时，为促进海域使用管理立法，完成好北海区海域使用管理工作，北海分局在海域使用管理方面做了大量工作。

（1）2000年3月，为了从整体上了解和掌握北海区海域使用管理现状，分析研究海域使用管理的形势和存在的问题，国家海洋局北海分局组织北海信息中心等单位开展了北海区海域使用管理基础资料的调研工作。外业调查共历时30天，涉及到北海区沿海所有地级市、计划单列市和天津市共17个城市，5个石油勘探开发企业，18个重点港口，较为全面地收集到各地区海域使用的现有资料。组织专家编制了《北海区海域使用情况调查报告》，并制作了多媒体演示光盘。

（2）2000年7月，对北海区海域使用管理工作进行了检查，收集了部分海域使用和管理中发生的典型案例，为国家海域使用管理立法提供了依据。重点对秦皇岛、葫芦岛和烟台3个海域使用示范区进行了检查，总结了成功的经验，找出了存在的问题，并配合国家海洋局对全国4个国家级海域使用管理示范区工作进行了验收。

（3）2000年4月，中国海监北海总队对青-黄高速公路周边围海造地工程海域使用状况和对日照港务局吹填造地工程进行了调查。在中国海监北海总队调查报告的基础上，根据《国家海域使用管理暂行规定》，北海分局向青岛市海洋与水产局和山东省海洋与渔业厅进行了通报和沟通，交换了处理意见，并要求其尽快处理。履行了分局监督、指导的职能。

（4）2000年5月18日，受国家海洋局的委托，北海分局组织了“国家海洋局、分局海域使用管理座谈会”，座谈会的主要议题是：在当前形势下，如何发挥三个分局在海域使用管理中的作用。各分局的代表都畅谈了分局对目前国家海域使用管理的意见和建议。

(5) 2000年3月23日，为加强对海洋石油勘探开发海域使用管理，北海分局向国家海洋局递交了“关于开展海洋石油、天然气开发海域使用管理试点工作的请示”，得到国家海洋局的肯定和支持，并要求北海分局对有关办法及程序的制定进行探索和研究。为此，北海分局与美国的菲利普斯（中国）公司、能源开发（中国）有限公司、德士古公司以及中海石油（中国）有限公司天津分公司、胜利海洋石油开发公司等企业多次联系，向他们宣传海域使用有关规定，讲解海域使用证的办理程序，并就海洋石油勘探开发使用海域手续的办理提出了明确的要求。此项工作正在逐步深入开展。

(6) 2000年5月，为加强北海分局与地方海洋行政管理部门对近岸海洋石油勘探开发海域使用管理的相互配合，北海分局和辽宁省海洋与渔业厅的有关部门到辽河油田就海域使用管理问题进行了调研，在调研过程中，统一了对海域使用管理中一些问题的认识，为进一步加强管理和协调打下了基础。对唐山市海洋局上报的“胜利石油管理局物探公司236队在唐山海域物探作业情况的反映”一事，给河北省海洋局及唐山市海洋局书面和电话答复并提出了指导性意见，履行了北海分局对地方海洋管理部门的指导职能，同时也融洽了北海分局与地方海洋管理机构的关系。

(7) 2000年6月，北海分局向中海石油（中国）有限公司天津分公司发出书面通知，对蓬莱19-3油田海域使用手续的办理提出了要求；对绥中36-1油田的海底电缆管道铺设和海域使用状况进行了检查。

2000年11月，北海分局与唐山市海洋局就秦皇岛32-6油田海域使用管理问题进行协商提出管理办法，并向国家海洋局提交了对秦皇岛32-6油田实施海域使用管理具体办法的请示，根据国家海洋局的指示精神，北海分局给唐山市海洋局下达了管理委托书；与中海石油（中国）有限公司天津分公司多次联系，发文限期其尽快申请办理秦皇岛32-6油田海上平台海域使用手续，并要求其尽快办理其他海上平台海域使用手续；与美国科麦奇石油公司沟通，宣传中国海域使用管理，科麦奇公司已表示在使用海域时，一定按照规定办理海域使用手续。

(8) 2000年6月，北海分局对秦皇岛港围海造地工程进行了实地勘察，调查了解该工程的有关情况，为下一步对其实施管理打下了基础。配合国家海洋局组织了该项目的海域使用可行性论证报告专家评审会。

海底电缆管道管理 通过多年的努力，北海分局在北海区的海底电缆管道管理已基本成熟，实现了制度化、规范化和程序化管理。

(1) 2000年8月25日，北海分局组织专家对美国能源开发（中国）有限公司埕岛西A区块的“海底输油管道路由调查实施方案”、“海底管道铺设对海洋资源与环境影响报告编写大纲”进行了审查。召开了“埕岛西A区块油田海底输油管道工程勘测成果验收会”。组织专家对由青岛环海海洋工程勘察研究院编写的“CB102-1至CB18-1与CB18-1至登陆点海底输油管道路由调查成果报告”、“CB18-1井场调查成果报告”和“埕岛西A区块油田海底输油管道工程对海洋资源和环境影响报告书”进行了评审。与此同时，抓住对海底输油管道铺设管理的契机，向该公司重申了实施海域使用管理的要求，取得了很好的效果，为在中外合作海洋石油、天然气开发项目的海域使用管理方面取得突破打下了基础。

(2) 2000年6月5日，北海分局为胜利石油管理局海洋石油开发公司埕岛油田平台间的16条海底电缆、22条海底管道路由进行了备案、注册登记，并在中国海洋报发布竣工公告。同时向企业进一步阐明了铺设海底电缆管道的有关规定和管理程序。

(3) 2000年3月，审批中海石油公司天津分公司绥中36-1油田平台间海底电缆管道铺设申请和歧口17-2油田继续进行海底电缆管道铺设作业申请。发放施工许可证并发布施工公告。

(4) 2000年9月，对北海区海底电缆管道现状资料进行收集和整理，并组织对军队、邮电、电力、市政等有关部门海底电缆管道铺设情况进行调访、核实。完成了《北海区海底电缆管道图册》电子文本的制作。

(5) 2000年8月，根据国家海洋局指示精神，派员对由国家海洋局第一海洋研究所承担的“东亚汇交海底光缆系统（青岛北段和青岛南段）近岸段路由勘察”进行了随船监督。

海域勘界 海域堪界是中国海洋管理的一项重要的基础工作。2000年，通过大量卓有成效的工作，北海分局参与并承担了部分项目，圆满完成了所承担的任务。

(1) 参加了国家海洋局在青岛召开的辽-冀海域勘界试点方案审定会。会议部署勘界试点任务，确定了任务完成时间表。北海分局通过多次请示、汇报和协商工作，确立了北海分局在此项工作中的地位，为在今后海域勘界工作中发挥更大的作用奠定了基础。

(2) 北海分局在辽-冀线海域堪界试点工作中承担了船舶保障和生物调查两项任务。为了保证北海分局所承担的工作任务能够顺利完成，制定了工作方案，明确了工作任务和责任，曾派专人赴海域勘界现场负责对外、对内联络工作，确保了国家海洋局第一海洋研究所和国家海洋环境监测中心的科技人员及时登船作业，圆满完成了海域勘界外业调查用船保障任务。

(3) 组织修改、完善《辽-冀线海域勘界生物调查报告》和有关图件，按照国家海洋局的要求，按时向国家海洋局第一海洋研究所和国家海洋信息中心提交有关成果。完成辽-冀线海域勘界收尾和总结工作，制作多媒体材料，并向国家海洋局汇报。

海洋功能区划 (1) 2000年3月7～8日，根据国家海洋局的统一部署，北海分局组织召开了“北海区大比例尺海洋功能区划军地协调会”和“北海区大比例尺海洋功能区划阶段总结会”。会上沟通了军地双方的情况，加深了了解，密切了分局与北海区相关各大军区的关系，基本确定了在大比例尺海洋功能区划中军地资料传递的途径和方法，为建立全国海洋功能区划军地联系制度提出了很多好的建议。

(2) 2000年3月29日，向国家海洋局呈报了《关于开展渤海中部大比例尺海洋功能区划工作的请示》，得到了国家海洋局的认同。国家海洋局的批复认为：渤海中部海域海洋功能区划工作是全国海洋功能区划和渤海海洋功能区划的重要组成部分，组织开展该项工作是必要的。渤海功能区划工作已被纳入渤海综合整治规划工作之中，海洋局将根据渤海综合整治规划工作的进展情况，统筹考虑渤海中部海域海洋功能区划编制工作。 (国家海洋局北海分局)

【东海区海域使用管理】 海底电缆管道管理　国家海洋局东海分局受理审批海底国际光缆维修施工26起（具体为中日光缆6起、中美光缆4起、环球光缆3起、亚欧光缆7起、亚太2号2起）；受理审批东海平湖油气田海底输油气管道调查施工、维修4起；在《中国海洋报》发布了管理公告16期。

主持召开“亚太光缆2号（APCN2）上海北段和南段路由协调会暨桌面研究报告专家评审会”，完成有关的协调工作。依据《海洋工作中国家秘密及其密级具体范围的规定》，完成了“亚太光缆2号（APCN2）上海北段路由调查资料”的保密审查。

主持协调上海国际航运中心洋山港区一期工程芦洋大桥建设项目与中日海底光缆用海矛盾。经协调，用海单位已就共同关心的桥、缆间距问题基本达成共识，国际航运中心洋山港区一期工程芦洋大桥桥址地质取样工作也基本完成。

主持协调大陆（芦潮港）-嵊泗5万伏直流输电系统与中日海底光缆、东海平湖油气田海底输油气管道间的用海矛盾，并就交越点和近岸的电缆走向达成初步协议。

主持协调中国海洋石油东海公司钻井作业与亚欧海底光缆间的用海矛盾，并使矛盾获得妥善解决。

海砂开采使用海域可行性论证管理　组织并完成《浙江巨能实业有限公司海砂开采使用海域可行性论证报告》审查工作，组织并完成宁波经济技术开发区宁波港物资公司《宁波北仑港附近海域海砂开采使用海域可行性论证报告》审查工作，组织并完成福建惠安县东园经济开发公司《泉州湾海砂开采使用海域论证报告》审查工作，并签署上述项目的初审意见，为国家海洋局按规定颁发采砂海域使用许可证提供了依据。

(国家海洋局东海分局)

【南海区海域使用管理】 推进“两项制度”落实　2000年，国家海洋局南海分局以全力推进海域权属管理制度和海域有偿使用制度在南海区的落实为重点，强化海域使用管理。在行使指导、协调、监督、服务职能中，认真贯彻“一家人”、“一盘棋”的思想，采取联合发文、执法、举办培训班等形式，积极主动地协助地方做好海洋管理工作，如解决用海矛盾、培训海域使用论证和海域使用管理人员等。3省区沿海市、县的海洋行政管理部门根据《国家海域使用管理暂行规定》，结合当地实际，富有成效地开展工作。广东：各级政府支持，抓住违规用海典型事件为突破口，及时在全省推广一些市、县海洋管理部门的好方法、好措施、好经验；海南：根据本地实际调整海域使用政策，严格抓好重大项目海域使用的审理、报批，认真处理群众来访来信；广西：以“三率”（发证率、确权率、使用金征收率）作为定量评价海域使用管理成效的指标，在6月份联合执法大检查工作的基础上，下大力气抓好本区海域使用管理工作。

海域使用普查 根据国家海洋局的部署及南海区海域使用管理工作会议的精神，南海分局组织3省区沿海各地开展海域使用的管理及普查登记工作，并给予指导、监督和检查。同时，建立了南海区海域管理通报制度，并拟定《南海区海域使用信息库和网络系统建设方案》，进一步加强了分局与3省区海洋行政管理部门联系沟通与协作。

海域使用管理 为改变海域使用的“三无”状况，南海区各级海洋行政主管部门采取多种灵活、有效措施，大力加强海域使用管理工作，并在用海项目类型的管理上取得了突破性进展，而且填补了历年对港口码头用海项目管理的空白。全年共发放海域使用证1 398本，批准用海面积555.96公顷，征收海域使用金825万元。管理过程中，注意实地巡查，并把违规用海典型事件作为工作重点和加强管理的突破口，敦促相关的用海单位依法用海。受国家海洋局委托，南海分局先后主持召开了北亚光缆等4项光缆工程香港段、汕头段路由调查桌面论证报告专家评审会和有关涉海单位协调会。参与国家海洋局组织的《海底管道保护规定》的调研、修订工作。

海砂开采管理 根据国土资源部《关于加强海砂开采管理的通知》和国家海洋局《海砂开采使用海域论证管理办法》，南海分局制定了南海区海砂开采的相关规定，并采取积极的管理措施，使海砂开采的申请、审批和管理开始走上规范化；与广东省海洋与渔业局联合召开10多次有关海砂开采的协调会，较好地解决海砂开采中的用海矛盾；4次主持召开海砂开采使用海域论证报告专家评审会，较好地解决科学用海问题；制定了《南海区海砂开采过程中的动态监测实施方案（试行）》，并通过大量的组织和协调工作，付诸实施。

海域使用管理人员的培训 南海分局与广东省海洋与渔业局联合举办首届海域使用管理人员培训班，承担广东省海监渔政总队两期业务培训班的授课和教材编写，培训人员300余名，授课时间100余小时。 （*国家海洋局南海分局*）

做好海域勘界试点和功能区划工作 开展南海区粤闽勘界试点工作，完成了岸滩调查和旁测声呐扫海任务工作，为参与2001年开展的全国海域勘界工作储备了技术、积累了经验。主持召开了南海区军地海洋功能区划协调会，参与广东、海南及全国海洋功能区划的修改、海洋开发总体规划、技术评审，参与《无人岛管理规定》、《珠江口滩涂管理规定》等法律、法规的修订。

粤闽海域勘界试点工作已完成了所有外业工作和总结报告的编写。项目外业调查使用中国海监47号、62号、74号等海洋调查船，共出动科研人员80余人次，运用多波束测深系统、数字侧扫声呐、全球差分卫星定位系统、数字测深仪等先进设备进行地形测量、地貌调查、地质调查、生物资源调查、岸滩动态变化调查与岸线基础测量、潮位观测与理论深度基准面推算等勘界所需的基础调查，共完成海上勘测面积达1 200平方千米。调查成果包括总计200页的技术报告，1∶5万及1∶2.5万的成果图件17幅。目前正抓紧做好海域勘界研究报告、资料汇编、图件等的出版工作和两省界限确定工作，做到保质、保量完成预定计划。 （*国家海洋局南海分局，国家海洋局第三海洋研究所*）

海洋环境保护
Marine Environmental Protection

综 述
Summary

【概况】 新修订的《海洋环境保护法》于2000年4月1日颁布实施以来，中国海洋环境保护工作出现了新的局面，主要表现在：

对海洋环境保护的认识有了深刻的转变

李鹏委员长在第九届全国人大常委会第十三次会议上指出：《海洋环境保护法》是关系到实施经济和社会可持续发展战略的重要法律。为了强化海洋环境管理，适应国际海洋事务的发展，这次修订完善了法律制度的规定，强化了有关法律责任，与国际公约的衔接更加紧密，对保护和改善海洋环境，保护和利用海洋资源，维护生态平衡，防治污染及损害，将起到积极作用。《海洋环境保护法（修订）》的实施是中国海洋环境保护工作进入一个新的历史时期的重要标志。

良好的海洋环境是实现海洋经济持续、快速、健康发展的重要基础，也是沿海地区可持续发展的重要标志。海洋环保法的意义不仅在于海洋环境保护工作进入新阶段，“依法治国”、“依法行政”、依法发展海洋环境保护事业，更重要的是实施法律成为促进国民经济建设的重要组成，科学、合理、有效的管理，可以使海洋环境保护事业真正成为促进经济建设和社会发展的积极因素。

沿海地区的海洋管理机构全面宣传海洋环境保护法，并开展了省、市、县海洋管理机构的普法和培训活动。4月1日，由国家海洋局组织的《海洋环境保护法》社会公益宣传活动在北京复兴门外长安街头隆重展开。国家海洋局局长王曙光和局党组全体成员，以及全国人大法工委、国务院法制局等单位的领导同志来到活动现场，亲自为过往群众宣讲法律有关内容。在活动现场四周，挂满了宣传《海洋环境保护法》的彩旗、标语，摆放着内容丰富的海洋环保宣传展板、沙盘、模型，引起行人驻足观看。几十名国家海洋局工作人员在现场为公众回答解释海洋环保问题、发放宣传材料。北京西城区的学生们在附近的商场和街道路口向群众散发宣传品，少年儿童鼓号队用他们嘹亮高亢的鼓号声，为活动渲染热烈的气氛。为增强群众对海洋环境保护工作的感性认识，现场还设置了电视、多媒体电脑等，播放海洋环境保护电视专题片，使公众更直观、更生动地了解海洋工作和海洋知识。

强化规章制度和规划区划工作

新修订的《海洋环境保护法》进一步促进了配套法规和制度建设。《海洋工程建设项目环境保护管理条例（草案）》已拟定完成，近期报到国务院。同时，完成了《海洋倾废管理条例》修订稿初稿，并制定了有关海洋资料管理、观测预报、赤潮信息发布、海洋标准制修订、计量工作、海洋石油平台废弃管理、海洋倾倒区管理等多个方面的工作的管理制度。《全国海洋功能区划》已经报送国务院审批；沿海地区的大比例尺海洋功能区划工作已经基本结束、多数地区的省级海洋功能区划已报送当地人民政府审批。

组织编制了《渤海综合整治规划》。立足渤海资源开发与生态环境整治有序、有度，恢复渤海资源与环境的可持续开发利用能力，以支持环渤海经济的可持续发展。贯彻环境保护与资源开发并重的思想，遵循渤海海洋功能区划要求，充分调动环渤海涉海部门、单位的积极性，实行联合协作和统一调控的组织方式及国家、地方、部门联合投资的财政机制。确定的总体目标为：①形成渤海环境监测、预测预报、管理执法、科技支撑及灾害应急处置等能力系统；②实施污染物排海总量控制和健康养殖制度，资源开发有序有度；③海岸带和海域污染得到控制，达到海洋功能区划要求；④建立渤海区域性综合管理机制，规范资源开发利用活动；⑤提高公众对渤海的认识，建立公众参与机制；⑥促使渤海资源可持续利用能力得到恢复，海洋产业布局趋于合理，实现环渤海地区社会经济的可持续发展。《渤海综合整治规划》已经作为重点海域污染治理和生态环境恢复工作的指导文件。

组织编制了《全国海洋生态建设与保护规划》。规划的指导思想是全面贯彻实施"可持续发展"战略，以及海洋生态环境保护的政策法规，立足合理配置海洋资源与生态系统发展布局，使海洋资源开发利用与生态建设科学、合理、有序、有度，从而转变沿海地区的生产方式和提高生活质量。总体上，在充分利用海洋生态环境资本与生态服务功能的基础上，将生态保护、生态损害控制、生态破坏修复与恢复、生态工程、污染控制工程和生态环境管理工程有机结合于一体，并通过建设和修复工程拉动产业链发展和高技术开发，推动沿海地区经济快速发展，形成中国沿海地区可持续发展的新动力。

海洋管理机构及能力建设

到2000年底，沿海地区相继建立和完善了省、市、县级海洋管理部门，结合相应的海洋环境保护管理机构和省级的海洋环境监测预报中心，海洋环境保护工作的组织机构有了保障，形成了沿海地区海洋环境保护管理的新局面。

海洋环境监测系统的能力有了显著的变化。海洋环境监测体系正在不断完善，形成了国家中心、海区中心、海洋环境监测中心站及海洋环境监测站等四级机构组成的监测体系。特别是通过《中国海洋环境监测系统——海洋站和志愿船建设》项目的实施，使海洋环境监测能力水平得到了迅速提高。目前，各级监测机构可以开展水体、生物体和沉积物中主要污染物的监测以及赤潮监测工作；有关赤潮毒素和贝毒、难降解有机污染物、沉积物毒性、生物化学指标、生理和遗传学指标、病虫害以及生态学部分指标的监测技术开发研究已经取得突破，各项技术的业务化转化工作正在进行中，并将在监测系统中得到应用。

沿海11个省（自治区、直辖市）都在积极地推进海洋环境监测体系的建设和发展，采取的建设模式包括共建、新建、渔业监测机构转制等。辽宁省在原有机构上加挂牌子，并充分利用省内有关机构的力量共建监测体系；河北省已与秦皇岛中心海洋站共建；天津市与塘沽中心海洋站共建；山东省计划在省渔业监测中心的基础上，加挂山东省海洋环境监测中心的牌子；江苏省在省渔业生态环境监测站上加挂牌子；上海市依托东海监测中心；浙江省海洋环境监测预报中心将于2001年12月底正式挂牌成立；福建省在原省渔业环境监测站的基础上，将于2001年4月成立福建省海洋环境与渔业资源监测中心；广东省已于1998年10月成立省海洋与渔业环境监测中心，并加挂广东省渔业监测中心、广东省赤潮研究中心等牌子；广西计划在与北海中心海洋站共建的原广西海洋监测预报中心中增加监测职能；海南省已有省海洋环境监测预报中心。各省（自治区、直辖市）正在积极推进市、县级监测机构的建设。沿海地方海洋管理机构注重人才引进和监测能力的提高。多数已建的省级监测机构有重点地引进所需的专业技术人才，并通过其他渠道引进资金，投入到监测设备装备和实验室建设中。已建的地方监测机构大多数配备了开展常规监测、部分重金属监测、石油类监测、农药检测等的仪器设备，具备了常规监测能力。

相关工作有了新的发展

(1) 全国海洋环境监测工作。全国海洋环境监测工作取得了显著成绩：从组织协调全国海洋环境监测工作转向管理海洋环境监测；从水质监测逐步扩大到生物体、沉积物中污染物监测；突出近岸监测；从现状与趋势监测扩展了热点区和问题区的专项监测；从近海海洋环境质量评价年报转向年度环境质量公报；质量意识和产品服务意识明显提高；地方海洋环境监测机构的建设与任务的落实，巩固了全国海洋环境监测工作的基础。增加了近岸重点海域海洋环境质量监测、重点陆源排污口邻近海域监督监测、重点倾废区监测、海洋石油勘探开发区监测、重点水产养殖区监测、重点海水浴场监测、赤潮监测、海洋污染事故应急监测、大气监测、放射性监测和海洋生态试点监测等专项监测，使以污染为主的监测工作得到深化和扩展。

(2) 海洋环境公报工作。自2000年初发布《20世纪末中国海洋环境质量公报》以来，又发布了2000年《中国海洋环境质量公报》、《中国海洋灾害公报》、《中国海平面公报》等。有力地宣传了政府在监督管理海洋环境保护、预防和减轻海洋灾害方面所做的工作，收到了良好的社会效应。同时，地方各级政府的海洋环境质量公报编制与发布工作也有了很大进展，部分省市发布海洋环境质量公报（年报），对于促进地方海洋环境保护和协调海洋开发利用产生了重要影响。

(3) 海洋赤潮监测和管理工作。赤潮已成为中国主要海洋灾害之一。国务院领导对赤潮工作十分重视，对海洋赤潮的监视、监测、预警和管理工作也取得了一定的成效。对重点海域如渤海、长江口附近海域、珠江口附近海域开展了业务化的赤潮灾害卫星遥感监测及预警；在辽东湾、长江口附近海域开展了赤潮现场跟踪连续监测，通过中国海监飞机、中国海监船舶并结合卫星遥感，获取海上数据，并对赤潮毒素进行分析，及时发布警报和预报，对减轻赤潮带来的损害和养殖及渔业影响起到了重要作用。通过业务化监测工作的推进，正逐步形成国家与地方相结合，共同投入、分工协作、效能统一的全国海洋赤潮监测体系。各海区赤潮发生概率预报试点取得了成功经验，为全国范围开展赤潮预测业务工作奠定基础。沿海地方政府海洋赤潮防治工作的组织领导得到加强，志愿者参与海洋赤潮监测和报告的机制正在形成。

(4) 开展重点海域污染物入海总量控制制度研究。通过大连湾、胶州湾、象山湾、莱州湾、辽东湾等重点海域污染物总量控制模型及控制技术的示范研究，初步建立了在重点海域以容量为基础的污染物入海总量控制的机制、控制模型、控制技术和相关的方法和准则；正在开展渤海湾及渤海总量控制模型和技术方法的研究、近岸半封闭海湾污染物入海总量控制技术导则编制、总量控制海域监测技术规程、总量控制海域控制效果评价模式和标准等工作，为在重点海域实施污染物入海总量控制制度奠定了科学技术基础、政策基础和标准规范。

(5) 海洋自然保护区建设和管理。已建立的各海洋自然保护区深入开展了各项科研调查、规划编制与执法管理等基础性工作。新建了大连市海王九岛和老偏岛两处地方级保护区，并在涠洲岛建立了南方海洋生态监测站。同时，积极组织保护区对外合作交流，南海北部和天津的保护区分别得到全球环境基金及中美环境基金会的资助。

(6) 海洋倾倒和海洋工程建设项目环境管理工作。随着近年来沿海地区的经济发展，对海洋倾倒区的需求有所增加，为此加强了倾倒区选划工作的管理，在近海重点海域组织选划和审批了适于港口建设的海洋倾倒区。加强了倾倒管理技术标准及方法的研究制定，妥善处理了香港九号货柜码头倾倒疏浚泥产生的问题。同时，根据法律赋予的职责和规定，组织开展了海洋工程环境影响报告书的审批工作，对洋山深水港区工程、长江口深水航道整治工程等国家重大项目的环境影响评价工作实施监督管理。

(7) 沿海地区的海洋环境保护工作。为进一步控制海洋环境污染的恶化趋势，沿海地区对陆源排污入海的控制力度逐渐加大。如大连、厦门等地采取了禁止销售和使用含磷洗涤剂产品，以控制磷大量入海造成的富营养化及减少赤潮灾害发生；沿海地区入海污水总量的增加趋势有所控制；地方的海洋自然保护区建设有了新的起色；长江口、珠江口、黄河口的综合整治及辽河口的生态环境建设与管理工作纳入了地方经济建设与社会发展的重点工作之中；广东沿海的人工渔礁建设计划正在实施，以恢复生境和生物资源，促进经济与生态环境的协调发展。

（国家海洋局海洋环境保护司）

【宣传贯彻《海洋环境保护法》】 为宣传贯彻《海洋环境保护法》，在2000年4月1日《海洋环境保护法》实施日前夕，国家环保总局召集交通部海事局、农业部渔业局、国家海洋局、海军环办等《海洋环境保护法》执法部门组织召开了宣传贯彻《中华人民共和国海洋环境保护法》座谈会及其工作会议。会议邀请了全国人大法工委、全国人大环资委和国务院法制办等单位参加。

为正确理解修订后的《海洋环境保护法》所规范的内容，依法履行法律赋予的权力和责任，提高贯彻《海洋环境保护法》的能力与水平，国家环保总局组织开展了不同层次的《海洋环境保护法》宣讲、培训工作，并发出“关于认真贯彻实施《海洋环境保护法》的通知(环发[2000]22号)”。要求沿海省、市、自治区、直辖市环境保护局认真做好以下工作。

(1) 认真组织学习，提高贯彻实施《海洋环境保护法》的自觉性。海洋环境保护是中国环境保护工作中不可分割的重要组成部分。新的《海洋环境保护法》明确了国务院环境保护行政主管部门对全国环境保护工作统一监督管理和对全国海洋环境保护工作实施指导、协调、监督。各级环境保护部门要认真组织学习《海洋环境保护法》，要站在“依法行政”的高度来认识贯彻执行《海洋环境保护法》的重要性，正确理解法律所规范的内容，深入领会精神实质，准确把握和融会贯通，依法履行法律赋予的权力和责任，增强贯彻实施《海洋环境保护法》的自觉性，使法律得到有效实施。

(2) 抓紧制定配套法规，完善和健全《海洋环境保护法》法规体系。海洋环境保护工作涉及面广，新的《海洋环境保护法》颁布后，原《海洋环境保护法》体系中的六个条例必须进行修改和调整，另外新的《海洋环境保护法》增加了新的内容，也需要进行相应的后续立法工作。

(3) 突出重点，大力推进陆源污染的治理。加强陆源污染防治是保护海洋环境的关键。全国防治陆源污染物和海岸工程建设项目对海洋污染损害的环境保护工作是《海洋环境保护法》赋予国务院环境保护行政主管部门的职责。各级环境保护部门要结合2000年工作重点，突出抓好“一控双达标”工作，沿海省、自治区、直辖市要严格按照国务院的要求，采取有力措施，确保2000年沿海地区的所有工业污染源排放达到国家或地方规定的标准，沿海重点城市地面水按功能区达到国家规定的有关环境质量标准。尤其要加大对主要直排入海污染源的监督力度，确保其高质量地完成达标排放任务。

(4) 加强生态保护，落实“并重”方针。新的《海洋环境保护法》增加了海洋生态保护的内容，使环境保护实施污染防治与生态保护并重的方针在海洋环境保护工作中得到体现。要管理好现有的保护区，对各类违法事件加大查处力度，并根据保护海洋生态的需要建立、划定新的保护区。

(5) 加快编制和实施《渤海碧海行动计划》，全面带动海洋环保工作。环渤海三省一市要加快《渤海碧海行动计划》的编制。国家环保总局将在此基础上编制《渤海碧海行动计划》，并争取在4月1日之前完成向国务院的报批工作。

(6) 全面贯彻落实《近岸海域环境功能区管理办法》，推动近岸海域环境功能区划工作。

(7) 加强部门协调配合，组织开展联合执法检查。海洋环境保护涉及面广，是一项跨部门、跨地区、跨行业的工作。环保、海洋、海事、渔政、海军等部门在海洋环境保护工作中职责各异，但目标相同，应携手共进。新的《海洋环境保护法》进一步明确了各涉海部门的职责，环保总局将依照职责分工，加强监督管理，加大执法力度。

(8) 加强领导，不断开创海洋环保工作新局面。各级环境保护部门要主动向当地政府汇报海洋环境保护工作，积极争取支持，在即将进行的地方机构改革中，切实加强海洋环境保护机构建设，认真做好“三定”工作，国家环保总局要认真履行《海洋环境保护法》赋予的指导、协调、监督及其他有关职能。要加强海洋环境保护基础工作，增加投入，努力提高海洋环境保护工作水平。　（国家环保总局）

海洋污染防治与管理
Prevention，Control and Management of Marine Pollution

【全国第二次污染基线调查】 由国家海洋环境监测中心的有关领导和专家组成的验收组，于2000年6月下旬至7月上旬对渤海、黄海、东海、南海区的第二次污染基线调查项目进行了验收。沿海各省(自治区、直辖市)、计划单列市和各专题工作的验收也基本结束。在该项目实施全过程中，严格执行了《第二次全国海洋污染基线调查技术规程》规定的质量控制程序和质量保证要求，其项目总体质量良好，完全符合要求。海区总报告和重点海区报告内容丰富，资料翔实，全面、准确、真实地反映了20世纪末各海区的环境质量状况。

【继续以全球环境基金技术援助项目为主线，推动中国海洋环境保护管理】 (1)东亚海项目渤海示范区工作全面启动。3月在天津召开了全球环境基金东亚海项目渤海示范区计划会议。7月25～29日在大连召开了东亚海项目第七次指导委员会会议，会议上宣读了由国家海洋局和渤海周边三省一市领导共同签署的《渤海环境保护宣言》，由国家海洋局和东亚海项目办公室签署了渤海示范区协议备忘录，这两个文件为渤海项目的实施提供了实质性的指导文件。11月1日渤海示范区项目国家项目办公室成立。

(2) 黄海大海洋生态系保护项目进入执行阶段。1月召开了黄海大海洋生态系项目第二次区域研讨会暨第三次项目指导委员会会议，重点讨论了项目的最后文件、未来项目实施的管理模式、项目协调办公室所在地及经费预算等有关项目执行的重大问题。会议形成了项目概要文件的草案文本，经修改后分别上报各自政府。2000年3月5日获国家财政部批准，提交全球环境基金理事会审议。12月2日，中国、韩国和联合国开发计划署就该项目举行了最后一次会议，至此，黄海大海洋生态系项目顺利地完成了项目准备阶段的工作，执行阶段将正式开始。目前该项目已经得到全球环境基金理事会的批准，项目资助金额为1 400万美元。

(3) 南中国海生物多样性项目成功立项。该项目的国内执行部门为国家海洋局。2000年上半年该局多次与联合国开发计划署驻华代表处及香港科技大学等单位协商，召开项目协调会，提出项目建议书。该项目已经获得了全球环境基金33万美元的准备阶段资金。预计该项目准备阶段任务的实施将于2001年2月开始。

(4) 中美海洋与海岸带综合管理合作。美方分别于2000年7、8、9月派专家赴海南三亚珊瑚礁保护区、广西红树林自然保护区以及天津古海岸与湿地保护区开展上述合作研究。美方无偿赠送保护区6个用于保护区水质、水深、海流监测及船只抛锚的锚系浮标以及相关的零配件。为推进广西红树林恢复计划，美方于12月6～15日派专家到广西执行红树林恢复计划和生态旅游、宣传教育计划，并就中美北部湾海岸带综合管理计划的有关事项做进一步的落实和调查。另外，中美海洋与海岸带综合管理联合协调组长期项目研讨会于6月28～29日在南宁召开，讨论并确定向国际有关基金组织申请资助的长期项目建议的框架、主题及涵盖的地理区域。讨论决定，将以涠洲岛珊瑚礁生态系统保护、山口红树林保护区、用于决策的综合信息管理、儒艮保护、珠母贝保护等形成长期项目建议书，并寻求资金赞助上述项目，经费框算约为100万美元。

(5) 中日珠江口及其邻近海域海洋环境综合调查项目正式启动。由国家海洋局向日本政府申请的开发援助（ODA）项目——“珠江口海域环境监测整治计划调查”，2000年1月中日双方正式签署了项目协议。项目已正式启动。预计所有工作于2001年底结束。

（国家海洋局海洋环境保护司）

【《渤海碧海行动计划》的编制】 1999年4月，国务院同意将渤海纳入全国环保工作的重点，即为“33211”工程之一，并强调指出：“要以扎实的工作跟上去”。为落实国务院领导的指示，加强对渤海的水体污染控制和生态保护，国家环保总局在组织完成渤海碧海行动环境专项调查的基础上，于2000年初联合国家海洋局、交通部、农业部和海军以及渤海周边的天津市、河北省、辽宁省、山东省环保部门和有关科研院所及高校共同开展了《渤海碧海行动计划》编制工作，历经多次讨论修改和征求意见，截至2000年底，《渤海碧海行动计划》完成了送审稿的编制，并正式印发征求意见。

《渤海碧海行动计划》是中国首次跨部门跨省市的海洋环境整治的联合行动计划。《渤海碧海行动计划》在污染治理重点上突出氮、磷污染控制；在内容上充分考虑与现有的和正在编制的各种计划、规划的衔接配合；在项目安排上体现了污染治理工程与生态保护恢复工程并重；在编制工作上坚持了各地方各部门分工合作充分协商。

【海岸带环境保护管理调研】 2000年6月，国家环保总局海洋办公室主任刘秀菇陪同国务院参事叶汝求、邓引引、谢又予等就海岸带开发建设和环境管理问题赴福建、浙江、上海、辽宁、山东等省市开展调研，并对一些地区进行了实地考察。调查发现，沿海各地在环境资源的开发与管理，海洋经济发展与海洋生态环境保护方面做了大量的工作，取得了成效。但在海岸带管理方面仍存在不少问题，亟待解决。

根据调研情况，3位参事向国务院提出了“关于海岸带环境保护管理中的问题与建议”。建议：①要完善近岸海域环境功能区划；做好与海洋功能区划的协调；②要抓好陆源污染的控制，实施污染物排放总量控制，在沿海地区禁止使用含磷洗涤用品；③要加快沿海地区污水处理厂的建设；④要建立、完善和理顺管理体制。

3 位参事还针对渤海和其相关流域的环境保护问题向国务院提出了“关于渤海、黄河三角洲、黄河领域生态环境保护应统筹规划的建议”。建议：①渤海、黄河三角洲、黄河领域的3个生态环境保护应相互衔接，为此应成立一个领导小组，进行统一协调；②及早禁止生产、销售和使用含磷洗涤用品，污水处理厂应有脱氮除磷要求；③对水资源分配调度的要求必须统一，除考虑生活用水和工农业用水外，还必须保证生态和环境保护的用水需要。

国务院领导对“建议”给予了高度重视，并做出了重要批示。

【中韩黄海环境联合调查】 2000年12月，根据国家环保总局和韩国海洋水产部签订的中韩第四次黄海环境合作研究协议，中韩双方继续进行了2000年度中韩黄海环境合作研究，合作研究执行机构和调查海域及调查站位与1999年度相同。调查项目共28个。2000年合作研究的采样方法与1998年相同。样品的分析工作按照中国海洋调查规范和分析方法，在浙江舟山国家环保总局海洋环境生态监测站进行。2000年度联合调查分析所取得的数据结果表明，调查海域(黄海公海)的环境状况继续保持良好状态。

【南中国海项目】 由联合国环境规划署(UNEP)执行的全球环境基金(GEF)“扭转南中国海及泰国湾环境退化趋势”项目(简称“南中国海项目”)已于2000年11月获全球环境基金批准。南中国海项目是东亚海行动计划框架下由GEF资助的多边合作项目，南中国海周边七国（中国、越南、柬埔寨、泰国、马来西亚、印度尼西亚、菲律宾）参加。

项目的总目标是：培养和鼓励各参加国在各个层面参加与合作，解决南中国海环境问题；并加强各参加国将环境考虑纳入国家发展计划的自觉性。项目的中期目标是：在政府层面上制定一项保护南中国海环境的长期策略行动计划，并相互取得一致，优先解决南中国海环境保护面临的迫切问题。

该项目是中国政府参加的大型区域海洋环境保护合作项目。中国参加项目执行有湿地、红树林、海草和陆源污染四个领域，由于项目执行的地理范围主要是在兼具复杂性和政治敏感性的南中国海地区，所以从项目可行性研究开始就得到了国务院领导和有关部门的高度重视。外交部、财政部和国家环保总局等部门与外方进行了3轮14次谈判，并经国内多次协调商讨项目概要文件的修改，在工作的不同阶段三次报送国务院，得到了朱镕基总理和李岚清、钱其琛、温家宝三位副总理的批准。确定了中国在“搁置争议，共同开发”、“趋利避害，参与其中”的方针指导下参与该项目。执行好这一项目，对保护目前正遭受破坏的南海环境，特别是对维护中国在区域环境保护国际合作中的形象，体现中国在南中国海地区的权益具有重要意义。

【西北太平洋行动计划】 西北太平洋行动计划第六次政府间会议 由联合国环境署主持的西北太平详行动计划(NOWPAP)第六次政府间会议于2000年12月4～6日在日本东京举行，中、俄、日、韩共4个成员国派团与会。根据西北太平洋行动计划第五次政府间会议以来该行动计划的进展状况和本次会议的主要议题，中国代表团由国家环境保护总局、外交部有关人员组成。

根据西北太平洋行动计划第五次政府间会议(2000年3月29～30日，韩国仁川)决议，该行动计划将在区域内成立西北太平洋行动计划区域协调处(RCU)，此RCU将设于NOWPAP成员国中的某个城市，以接替目前由UNEP代行的NOWPAP秘书处职能。据此，日本(富山市)、韩国(釜山市)分别提出竞争作为RCU的东道国(城市)的承担方案。但在西北太平洋行动计划第六次政府间会议前，两国经协商就承建RCU事达成了共同建立一个RCU、设立两个办公室(分别设于日本富山市、韩国釜山市)，即由日韩联合作为RCU的东道国的方案。

会议期间日、韩立场明确，俄持灵活立场，而UNEP迫切希望各成员国能尽早于2001年2月5～9日环境署第21次理事会召开之前就建立RCU达成一致。中国代表团认真分析面临的形势，经据理力争，会议最终就此议定如下：

(1) 要求日、韩就共同承办 RCU继续磋商，同时与中、俄及UNEP经适当途径进行磋商，以完成承办RCU的详细计划，该计划应不迟于2001年1月8日前提交各成员国。各成员国将有一个月的时间(从收到详细计划日到第21次UNEP理事会会议召开日2月5～9日前)进行审议。

(2) 建立一个秘书处两个办公室的原则将取决于全体成员国在审议详细计划之后的确认。秘书处的管理将定期受到评审，以改进和加强其运行。

关于GEF项目研讨会 为推动1995年通过的“防止陆上活动影响海洋全球行动计划”(GPA)和“华盛顿宣言”的实施以及在本区域开展对海洋渔业与生态系统的保护，争取GEF经费支持，UNEP在西北太平洋行动计划第六次政府间会议前组织召开了研讨会。会议就为“GPA”和“基于生态系统保护的渔业管理”两项工作准备的GEF项目建议文件进行了讨论。会议对GPA项目给予了认可，将其设为NOWPAP项目7，并计划为明年召开的GPA政府间会议准备项目区域报告；原则接受了“基于生态系统保护的渔业管理”项目概念，同时认为该项目涉及内容相当多且必须有充足的工作基础，所以有必要给予各参与国时间协调意见和深入讨论。会议计划在下次政府间会议上审议上述两项工作的GEF PDE-B项目文件。

关于行动计划下的区域活动中心(RAC)　在西北太平洋行动计划第六次政府间会议期间，环境署召集NOWPAP各个区域活动中心主任进行了非正式会谈，其间环境署区域海行动计划项目官员谈了对RAC工作形式的想法以及各个成员国对应每个项目指定一个项目协调联络员的要求，各个RAC主任介绍了各自的工作情况。中国代表团于12月6日递交了已签署的国家环境保护总局信息中心与联合国环境署关于承建西北太平洋行动计划建立综合性数据库与管理信息系统项目区域活动中心(NOWPAP DIN/RAC)的谅解备忘录。

【开展联合执法检查】 为贯彻《海洋环境保护法》第十九条规定，行使海洋环境监督管理权的部门可以在海上实行联合执法，国家环保总局与交通部海事局共同组织并实施了对大连、青岛港环境保护情况的联合检查。此次检查的重点主要是港口陆源和船舶污染防治工作。检查组听取了当地环保和海事部门关于海洋环境保护工作的汇报，并先后在大连港、青岛港登轮抽查了在港的客滚船、油轮、集装箱船和科学考察船，检查了船舶的防污染设备和设施，查看了船舶的防污染文书和记录。检查了港区入海直排口码头的船舶垃圾回收和污水回收和处理设施。

（国家环保总局）

【海洋石油勘探开发环境保护管理】 ①组织审批了秦皇岛32－6油田开发工程环评报告书、蓬莱19－3油田一期开发工程环评大纲和报告书，埕岛西A区块石油开发工程环评大纲和报告书、番禺4－2油田评价大纲。②组织海洋石油开发油气田环境保护设施竣工验收的工作，多次与国家环保总局及海洋石油总公司进行协调，提出了组织该项工作的建议。③组织开展海洋油气田的环境后评估工作。④组织制定全国海洋石油勘探开发重大海上溢油应急计划，现已完成《编写方案》。

（国家海洋局海洋环境保护司）

【赤潮预防与管理】 国家海洋局对发生在南海和东海海域的赤潮，组织分局及有关沿海海洋管理部门开展了监测监视和灾后评估工作，及时将赤潮发生的信息报告和通报了有关部门。正在制定“赤潮毒素检测的标准和方法”，组织研究了赤潮发生的条件和赤潮的预警预报方法。起草了“赤潮灾害信息发布管理办法”和《关于进一步加强近岸海域赤潮监视与信息通报的通知》，该通知已由国家海洋局发布。

【规范倾废管理】 2000年，国家海洋局研究制定《海洋倾倒区管理规定》、《海洋倾倒许可证管理办法》、《海洋倾倒区选划资格认证制度》、《海洋倾废船舶登记管理办法》四项基本制度，组织选划和审批了一批海洋倾倒区，着手开展了收费标准调整的调研协调工作。组织开展了倾倒区的监测和倾废评价程序及倾倒物质分类标准的前期准备工作。

各保护区配合《海洋环境保护法》宣传贯彻，加大了宣传、管理及科研调查力度。大连市新建了两个地方级保护区，广西山口红树林保护区加入国际生物圈保护区网络，河北昌黎黄金海岸保护区完成了生态监测工作。中美双方签署了北部湾生态保护方面的合作协议。

【拟订《海洋工程建设项目环境保护管理条例》(以下简称《条例》)】 组织草拟了《条例》，成立了编写小组，会同中国海洋学会在南京召开了海洋工程环境保护研讨会，《条例》的编制及相关论证材料几经修改后已完成，提交国家海洋局领导审议。

【制定与海洋环境保护法配套的系列法规】 组织完成《海洋倾废管理条例》修订草案及编制说明，组织编制了《海洋油气田环评报告书报送与审批程序》、《海洋石油平台废弃处置管理暂行规定》、《海洋环境监测管理规定》、《海洋环境调查管理规定》、《海洋环境监测资格认证制度》、《海洋环境监测人员持证上岗制度》和《海洋环境监测报告制度》等规定及其相关材料。

【制定海洋环保规划、向海排污总量控制制度及制定有关标准】 《海洋环境保护规划》编制工作将于全国大比例尺海洋功能区划确定重点海域海洋环保规划的优先顺序后，提出建议方案报国务院。根据“二基”成果，国家海洋局环保司编写了《海洋专报》，提出加强海洋环境保护及重点海域总量控制等建议上报国务院，得到温家宝副总理的重要批示，并牵头组织召开有关部门代表参加的座谈会。目前正在按批示精神推动海洋环保规划和排污总量控制制度工作的开展。总量控制工作中渤海湾和辽东湾污染物总量控制研究项目已完成阶段性工作。

【建立海洋环境公报制度，发布海洋环境质量公报】 为了使修订后的《中华人民共和国海洋环境保护法》得到有效实施，国家海洋局将海洋环境公报工作作为2000年重点工作之一。2000年3月，组织各有关部门召开“海洋环境公报征求意见座谈会”，对公报的内容、形式、组织等进行了讨论，在此基础上，形成了“关于做好海洋环境公报工作的意见”，明确了海洋环境公报工作的指导思想、主要任务、基本要求和主要内容等。三个国家级年度公报编制工作方案基本完成，正在报批过程中，沿海省市也正在积极筹备本地区公报的编制工作。

在“二基”成果基础上，组织编制了《20世纪末中国海洋环境质量公报》和《20世纪末中国海洋环境质量报告》，直接为环境管理服务，同时引起了各级领导重视及社会关注，提高了公众的海洋环保意识。

（国家海洋局海洋环境保护司）

海洋生态环境保护与管理
Conservation and Management of Marine Ecological Environment

【海洋自然保护区建设与管理】 近年来，国家和沿海各级政府十分注重海洋生态环境保护工作，投入了相当的人力、物力和财力，加快了海洋自然保护区的建设步伐，使中国的海洋生态环境保护工作取得了明显成效。

至2000年，中国各类海洋自然保护区总数已达69个，其中，国家级18个，省级20个，地、县级31个，总面积达13 000余平方千米。保护区类型有海洋海岸生态系统、海洋自然遗迹和海洋生物多样性等。浙江南麂列岛海洋自然保护区和广西山口红树林生态自然保护区被联合国教科文组织人与生物圈计划国际协调理事会接纳为世界生物圈保护区网络成员。

沿海省（自治区、直辖市）海洋自然保护区数量最多的是海南省，其次是广东、辽宁、山东、福建等（见表1）。

表1 海洋类型自然保护区建设情况

地区	保护区数量（个）							保护区面积（平方千米）
	保护级别				保护类型			
	合计	国家级	省级	地、县级	海洋海岸生态系统	海洋自然遗迹	海洋生物多样性	
天津	2	1		1	1	1		226
河北	2	1		1	1	1		301
辽宁	11	4	2	5	2	2	7	2 580
上海	3		3		3			462
江苏	2	2			2			4 568
浙江	1	1				1		206
福建	6	2	2	2	2	1	3	234
山东	7	1	2	4	1	1	5	1 755
广东	12	1	3	8	2		10	949
广西	4	2	2		2		2	997
海南	19	3	6	10	13		6	786
合计	69	18	20	31	29	7	33	13 064

国家海洋局组织、协调、监督、指导已建国家级和地方级保护区的建设管理工作，组织天津古海岸与湿地、浙江南麂列岛、广西山口红树林、北仑河口4个国家级保护区开展了科研调查和科考报告、发展规划的编制工作。指导大连市新建了海王九岛和老偏岛两个地方级保护区，并完成了广西涠洲岛珊瑚礁地方级自然保护区的前期调查、选划，拟订了建设方案。

为落实中美海洋与海岸带综合管理联合协调组第二次会议纪要确定的有关合作项目，2000年6月28～29日，国家海洋局在广西南宁组织召开了中美海洋与海岸带综合管理协调组研讨会，中美双方达成了在北部湾近岸海域建立包括珊瑚礁、红树林生态系统保护、污水排海治理，生物多样性保护等内容的海岸带综合管理双边合作计划，中美双方对合作项目建议书进行了修定。与此同时，国家海洋局与美国海洋服务局合作开展的中美海洋与海岸带综合管理中短期项目也逐步实施，美国海洋服务局已为三亚珊瑚礁保护区提供6台系锚浮标。天津古海岸与湿地、三亚珊瑚礁、广西山口红树林3个中美姊妹保护区完成了中长期合作计划编制，美方派专家分别到三亚珊瑚礁、天津古海岸与古海岸湿地、山口红树林三个国家级自然保护区指导修改项目计划。通过这些活动，进一步推进了国际交流、合作项目的实施。

根据国务院有关规定和赋予国家海洋局的职责，国家海洋局提出了对海岸带湿地保护行政管理工作的意见，完成了《中国湿地保护行动计划》第四稿和送审稿中海岸带湿地保护内容的审查、修改、报送，提出的具体修改意见大多被采纳。

2000年1月，广西山口红树林国家级自然保护区被联合国教科文组织批准为国际生物圈网络成员。5月，按照联合国教科文组织惯例，国家海洋局与国家生物圈委员会共同在保护区所在地的合浦县举行颁证仪式，联合国教科文组织有关官员、国家生物圈委员会秘书长、国土资源部副司长姜建军、国家海洋局副局长陈连增，国家环保总局和广西自治区人大、国土资源厅、海洋局以及北海市、合浦县、山口镇的政府领导和有关部门代表出席并讲话。联合国教科文组织有关官员向保护区颁发证书，陈连增为保护区授牌。

2000年4月，广西北仑河口自然保护区经国务院批准升为国家级自然保护区，国家海洋局通知并督促广西自治区政府办公室和海洋局，落实了保护区机构编制、人员配备、建设管理等各项工作，加强了执法管理。防城港市政府已批准保护区20人编制，下设两个管理站，部分管理经费已在财政列支。

浙江南麂列岛国家级自然保护区依托国家海洋局第二海洋研究所，开展了保护区科研调查，编制发展规划，建立保护区地理信息系统的工作。

海南省海洋厅对大洲岛国家级自然保护区加强了监督指导，对保护区内生态环境进行了治理整顿。

国家海洋局组织国家海洋环境监测中心与河北昌黎黄金海岸自然保护区管理处合作，完成了保护区4个航次的海上生态监测，提交了生态监测报告。

为推动保护区生态监测、社区参与和生态旅游，海南三亚珊瑚礁保护区派7名管理人员参加了海南省海洋与渔业厅、UNDP11月在保护区联合举办的“珊瑚礁生态监测培训班”，使保护区管理人员和水下潜水人员掌握了国际上统一的珊瑚礁监测技术方法。同时请当地6家潜水旅游公司的潜水教练参加海上监测训练，使他们了解珊瑚礁生态保护基本知识，提高保护意识，自觉参与保护工作。保护区经常利用各种途径向旅游者宣传介绍保护区概况和珊瑚礁保护意义，其标本展室已成为“海南省青少年科技教育基地”。

（王艳香）

【海洋生物多样性】 近年来，中国海洋及海岸生物多样性保护工作又取得了新进展，特别是2000年新修订的《中华人民共和国海洋环境保护法》的实施促进了中国海洋及海岸生物多样性保护与管理工作。在这部法律中，有关海洋及海岸生物多样性保护有两个突出进展：一是以法律形式明确规定了各有关部门开展海洋生物多样性保护工作的职责；二是新增加的“海洋生态保护”一章，专门对海洋生态保护的主要内容做出规定。此外，2000年修订的《中华人民共和国渔业法》，国家海洋局正在组织制定的《生态环境保护与建设规范划》全面阐述了中国海洋资源与生态环境可持续发展与保护的行动和目标，为海洋生物多样性保护提供了工作依据。各级地方政府及各级海洋管理部门，研究制定了或正在制定当地海洋生物多样性保护管理的地方法规和部门规章，建立建全法规体系和标准规范，使中国的海洋及海岸生物多样性保护工作走上了依法管理轨道。

在具体工作领域，分别对各类海洋及海岸生物多样性资源采取了一系列的管理及技术措施：①国家海洋局组织制定了《全国海洋功能区划》、《全国海洋经济发展规划》等全国性海洋工作方面的规划，其中，许多都涉及到海洋及海岸生物多样性保护的管理。还组织制定了海洋环境监测调查和保护管理方面的一系列海洋国家和行业标准，使海洋生物多样性保护工作走上标准化和规范化轨道。②不断加强海洋自然保护区的建设和管理，截至2000年底已建立海洋自然保护区70余个，总面积2.4万平方千米，包括稀珍频危海洋生物种和海洋地貌、海洋自然历史遗址等多种典型海洋生态系统和生物多样性类型的自然保护区。③组建了由卫星、飞机、船舶、浮标和岸站组成的全国海洋环境监测系统。通过调查和监测获取了大批海洋和海岸生物多样性的珍贵资料。④日益重视对已遭破坏的典型海洋生态系统如珊瑚礁、红树林、鱼类产卵育幼场等进行恢复和整治。⑤加强了对海洋生态环境和生物多样性保护的执法监察能力建设，以联合执法和专项执法等形式，对重点海域实施巡航监视，对破坏海洋生态行为进行惩处。⑥开展了海洋及海岸生物多样性保护领域内广泛的国际合作，积极争取国际社会对该项事业的支持。

然而，由于过度捕捞、盲目围垦、海洋工程、养殖污染、农业生产及城市生活污水排放的大量营养物质、违法捕获珍稀水生野生动植物以及海洋及海岸生物多样性保护管理能力不足和措施不力等原因，中国的海洋及海岸生物多样性仍面临着严峻的态势，即海域生态结构失衡，海洋物种急剧减少，生物多样性下降，典型生境损失严重，生态环境日趋恶化，生态遭受污染及生态灾害频发等。为此，必须加强海洋及海岸生物多样性保护的能力建设，有针对性地采取保护措施，采取海洋及海岸带综合管理的手段，从根本上扼制海洋及海岸生物多样性遭受严重破坏的趋势。 （王　斌）

【海洋生态保护管理】 组织开展了珊瑚礁生态系调查研究、资料收集和外业补点调查工作，完成了软件设计包括珊瑚礁种类、数量、分布及管理状况文字材料、图件的多媒体光盘制作，《珊瑚礁生态系统信息库》建设项目已通过专家验收。组织各保护区配合《海洋环境保护法》宣传贯彻，利用电视、报刊、广播等多种方式加大了宣传力度，提高公众自觉保护和参与的意识；开展了科研调查、规划和科考报告编制工作，加强了执法管理。 （国家海洋局海洋环境保护司）

海洋环境监测、观测
Marine Environment Monitoring and Observation

【综述】 根据新修订的《中华人民共和国海洋环境保护法》，以及1999年9月全国“海洋环境监测工作会议”精神，按照“控制性监测为主，趋势性监测兼顾，逐步开拓污染源监测、总量控制监测、生态监测等监测新领域”的原则，并为保证监测工作的连续性和与“十五”海洋环境监测工作的衔接，国家海洋局制定了《2000年海洋环境监测工作方案》。

2000年海洋环境监测的目标是：掌握全海域、各海区和沿海省市邻近海域的海洋环境质量状况和变化趋势，发布海洋环境质量公报，编制海洋环境监测报告，为海洋环境保护的宏观决策和管理提供依据；实时掌握近岸重点、热点海域的环境质量动态，为沿海省市的海洋和社会经济发展及海洋环境管理提供直接服务。国家海洋局要求各级海洋行政主管部门，要提高对海洋环境监测工作重要性的认识，将海洋监测工作纳入工作计划，加强领导，精心组织，统筹安排，并提供必要的经费和条件保障。切实提高监测数据、资料的综合利用率，要实现海洋环境监测系统内的监测资料共享、共用。在方案的执行过程中，各级海洋环境监测机构必须严格执行《海洋监测规范》和海洋环境监测质量保证体系的有关规定，并要加强协商，统筹安排，在外业工作中尽可能将同一监测区域的不同监测任务结合进行，以避免海上重复工作。

2000年中国的海洋环境总体质量状况与上年基本一致，全国近岸和近海海域水质劣于国家一类海水水质标准区域的面积仍达20万平方千米以上，其中劣于四类海水水质标准的严重污染区面积约2.9万平方千米，大中城市附近和河口海域污染仍最严重。陆源排污仍然是近岸和近海海域环境污染的主要因素，主要污染物质是无机氮、活性磷酸盐、油类，以及有机物和重金属。

【海洋环境监测与管理】 完成了《海洋环境监测管理规定》、《海洋环境监测报告制度》、《海洋环境监测许可证制度》、《监测人员特证上岗制度》等规章制度的编拟、修改、修订；编辑了《2000年海洋环境监测工作方案》、《2000年丰水期海洋环境监测调整方案》、《全国海洋环境监测“十五”框架方案》等；编制了《中国海洋环境质量公报编制工作方案》和《海洋质量公报编制技术要求》；编制了《辽宁省海洋环境质量公报》；组织承担了大连湾重点海域海洋环境质量监测；开展了赤潮卫星遥感监测业务化工作，发布赤潮通报4期；进行了《污染物入海总量控制技术导则》、《海洋环境影响评价技术导则》编制工作；编拟了2000年全海域监测质量保证实施方案、质量保证工作计划、2000年质量控制培训班计划；编拟、修改了质量控制相关的规章制度；实施了海洋环境监测质量保证与实验室互校工作。

【海洋环境监测工作】 2000年，开展了以下几方面工作：①制定并组织实施了2000年海洋环境监测工作方案，组织开展了对29个近岸重点、敏感海域的环境质量常规监测，发展和完善了局例行的海洋环境趋势性监测工作。根据上半年工作情况，增加了30余个站的生态监测任务。7月份组织监测中心适时对2000年监测方案进行了调整。②在总结1999、2000两个年度监测工作经验的基础上，组织完成了“‘十五’海洋环境监测方案”（送审稿）的编制工作。③为了在地方监测业务机构逐步建立后保持国家海洋局各海区监测中心的技术优势，并进一步强化海区监测中心的监测能力，具体组织实施了3个海区监测中心的仪器设备改造项目。④组织开展了“全海网（全国海洋环境监测网）”的调整、重组工作。“全海网”第5次领导小组会议拟调整“全海网”领导小组成员，吸收地方海洋管理部门参加“全海网”，以推动省市海洋部门“组织管理邻近海域海洋环境监测”职责的落实。⑤组织开展了对各海区“二基”的验收工作。⑥海洋环境监测质量保证。为保证海洋环境监测数据的准确性和可靠性，提高海洋环境监测工作的质量，于8月份对承担2000年监测工作的业务单位进行了密码样测试。⑦为提高海洋环境监测人员的业务素质，实现持证上岗，8月份举办了生态监测的技术培训，10月份在大连举办了一期海洋环境监测管理与质量保证培训班，从各方反映来看，效果不错。

【完善全国海洋监测网络】 对于海洋监测项目，制定了《建设项目管理办法》，编制了《建设项目实施原则和框架》、《建设项目总体方案》、《建设项目技术总体方案》、《建设项目总体实施方案》、《建设项目责任书》、《海洋污染监测能力建设实施方案》以及各海区《建设项目实施方案》。确定了建设项目仪器设备的中标单位和招标项目，并编制5个分项目合同书。提出了海洋监测站标志的基本形式和设计要求。与各海区负责人签定《项目责任书》。

制定并组织实施了2000年海洋环境监测工作方案，增加了30余个站的生态监测项目。组织拟订了全国海洋环境监测业务体系建设框架方案。积极促进海洋环境监测业务系统的建设和完善，借鉴海洋预报台共建的成功经验，组织开展了与地方共建海洋环境监测业务机构的工作。国家海洋局和宁波市共建的宁波海洋环境监测中心已成立，辽宁、山东、浙江等省市也正在通过各种共建形式积极筹建监测业务机构。

（国家海洋局海洋环境保护司）

【监测概况】 2000年，中国在开展趋势性监测的同时，还进行了专项监测与调查。监测工作区域分为全海域、近岸29个重点海域、重点陆源排污口邻近海域、重点倾废区、海洋石油勘探开发区、重点水产养殖区、重点海水浴场、典型海洋生态系生态环境、大气环境、放射性、赤潮及海洋污染事故应急监测等11个部分。

全海域 实际布设水质测站155个，其中渤海38个、黄海43个、东海24个、南海50个；沉积物测站69个，其中渤海16个、黄海21个、东海15个、南海17个。在沿海11个省、自治区、直辖市近岸海域布设了36个生物测站，其中渤海8个、黄海8个、东海10个、南海10个。监测项目有风向、风速、简易天气现象、水温、水色、水深、透明度、海况8个水文气象项目，pH、盐度、溶解氧、化学需氧量、活性磷酸盐、亚硝酸盐-氮、硝酸盐-氮、氨-氮、总汞、铜、镉、铅、砷、油类、悬浮物、叶绿素-a16个水质监测项目，总汞、铜、镉、铅、砷、滴滴涕、多氯联苯、油类、硫化物、有机质10个沉积物项目以及石油烃、汞、镉、铅、砷、滴滴涕、多氯联苯7个生物残毒项目。水质和沉积物监测在8～9月份丰水期结合断面调查实施一次基本测站的监测，生物残毒监测在9～10月份生物成熟期内实施一次。

近岸重点海域 监测区域按照以沿海经济开发重点区和环境敏感区为监测重点的原则，共选择了29个重点海域，其中渤海5处、黄海5处、东海9处、南海10处；站位布设根据各重点区的不同自然状况和满足重点区域环境质量评价要求设置站位，每个重点区不少于6个站位，统一布设了水质测站214个（其中118个沉积物测站）。水质监测必测项目为化学需氧量、无机氮、活性磷酸盐、油类，其他项目可根据重点海域具体情况确定；沉积物必测项目有硫化物、有机质，其他项目可根据重点海域的具体情况确定。水质监测要求在5、8、10月各监测一次，沉积物监测在8月进行一次。

重点陆源排污口邻近海域监督监测 为掌握排污口排海污染物的扩散范围、监督排污口邻近海域环境质量、监督陆源污染物排海提供技术支持而实施。在每个排污口及其毗邻海域呈扇形布设不少于6个站位。监测项目有化学需氧量、硝酸盐、亚硝酸盐、氨盐、活性磷酸盐、油类及该排污口重点污染物。监测频率与时间视不同排污口情况酌定。

重点倾废区海域监测 为掌握废弃物倾倒入海扩散的范围及对海洋资源和环境的影响，为倾废区位移、关闭和倾倒量控制审批提供科学依据而实施。在渤海、黄海、东海、南海海区各选取了3个重点倾废区进行监测。每个倾废区布设不少于7个测站，进行水色、透明度、悬浮物、叶绿素-a、浮游动物、浮游植物、底栖生物等项目的监测。监测频率与时间视倾倒具体情况和管理要求酌定。

海洋石油勘探开发区监测 为掌握海洋石油勘探开发区的水质现状与污染情况，提出控制和管理措施而实施。在渤海、黄海、东海、南海各选1个重点石油开发区进行监测。在以海洋石油勘探开发区中心为圆点，以能够控制作业期间污染范围为原则在每个石油勘探开发区布设不少于7个测站。必测项目有化学需氧量、油类、溶解氧。监测频率视具体情况和管理要求确定。

重点水产养殖区监测 为掌握养殖环境质量状况，为沿岸海水养殖业的合理布局、养殖密度及规模提供科学依据和服务而实施。各沿海省、市海洋行政管理部门根据实际情况选取重点海水养殖区作为监测区域。在每个养殖区设置1～2条垂直于海岸线的监测断面，布设测站不少于5个。监测项目有水温、透明度、pH、溶解氧、硝酸盐、亚硝酸盐、氨盐、活性磷酸盐、叶绿素-a。监测频率与时间由各地根据实际情况确定。

重点海水浴场监测 为掌握海水质量状况，为当地旅游业及社会公众提供服务，同时为海水浴场的管理提供依据而实施。选取青岛第一海水浴场、海口假日海滩海水浴场、北海银滩3个海水浴场作为监测海域。在每个浴场布设测站不少于3个。必测项目有水温、水色、透明度、pH、潮时、潮位、海面漂浮物、大肠杆菌等。监测频率与时间：当地游泳期间内，每周不少于3次，有条件的可每天上午定时监测一次。监测结果通过新闻媒体或在浴场设置公示牌等方式向公众发布。

典型海洋生态系生态环境监测 在河北省海洋局的组织下，继续开展河北昌黎黄金海岸海洋生态监测试点工作。

大气监测 在大连老虎滩进行，监测总悬浮颗粒物、铜、铅、镉、氮氧化物、硫氧化物等项目。在5、8、10月进行3次监测。

放射性监测 为掌握中国近岸核设施附近海域的放射性环境质量、为海洋管理服务而实施。选取了葫芦岛核地址、青岛沙子口核地址、秦山核电站附近海域、大亚湾核电站附近海域4个监测区域。测站的布设根据情况自定。水质监测项目有^{90}Sr、^{137}Cs、总U、总βγ、水温等；沉积物监测项目有总β、主要人工与天然核素γ分析；生物监测项目与沉积物监测项目相同。于2000年8月进行一次监测。

赤潮监测 在渤海选取了辽东湾、渤海湾及莱州湾海域，在长江口至象山湾海域以及珠江口海域进行监测，监测时间为2000年4月至9月。采取赤潮卫星遥感监测与现场应急监测相结合的方法进行。

海洋污染事故应急监测 在海洋污染事故发生后，及时组织对其进行监测并提交污染监测报告，为灾害评估和污染事故处理提供技术支持。

【监测质量保证与管理】 海洋环境监测质量保证是监测业务中一项十分重要的技术管理工作，其内涵就是整个监测过程的全面质量管理，它包括了保证海洋环境监测数据具有代表性、准确性、可靠性和可比性的全部活动和措施。其主要内容之一就是开展实验室仪器设备、器皿的选择和校准，试剂和标准物质的选用和提纯、选择分析测试方法，确定质量控制程序，数据记录和整理要求等。

针对目前中国海洋环境监测质量保证与质量控制体系尚不完善、质量保证技术基础工作满足不了形势发展的需要、质量保证工作管理力度不够、监测人员业务素质急待进一步提高等问题，国家海洋环境监测中心加大了质量保证工作的管理力度，先后举办了“生物质量监测培训班”和“海洋环境监测管理与质量保证技术培训班”，对全国海洋环境监测的技术人员和管理人员进行了培训。同时，对参加2000年海洋环境监测的单位进行了盲样测试，并对各监测业务单位进行了质量保证工作情况检查，取得了良好的效果。所有这些成果，标志着中国海洋环境监测工作制度化、管理规范化、分析方法标准化的质量保证管理体系已基本形成，有效地保证了监测工作的质量和效能。 （国家海洋环境监测中心）

【海上排污、海洋倾倒区状况】 **海上排污** 入海污染源是造成海洋污染的“罪魁祸首”，了解、掌握其入海状况是十分必要和在污染源治理方面具有重要意义的。2000年，中国管辖海域有25个油（气）田生产运行，年排海含油污水4 648万吨，入海油量1 358吨，分别比上年增加1 473.5万吨和481吨。其中渤海有8个油（气）田，含油污水排海量为246万吨，入海油量为51吨；东海有1个油（气）田，含油污水排海量为30万吨，入海油量为5吨；南海有16个油（气）田，含油污水排海量为4 372万吨，入海油量为1 302吨。

海洋倾倒区 2000年，中国实际使用的海洋倾倒区65个，共签发倾倒许可证538份。全年倾倒疏浚物、礁渣、渣土等约9 520万立方米，比上年增加4 320万立方米。各海区中，东海增加量最大，其倾倒量达4 646万立方米。从沿海省、自治区、直辖市海洋倾倒区使用情况来看，上海市倾倒量最大，达3 349万立方米，其次是广东省，为2 683万立方米。

【近海海域水质状况】 监测结果表明，2000年中国海域劣于国家一类海水水质标准的海域面积达20.6万平方千米，其中，二、三、四类和劣于四类水质区面积分别为10.2万平方千米、5.4万平方千米、2.1万平方千米和2.9万平方千米。沿海省（自治区、直辖市）中，上海、浙江、辽宁、天津、江苏的近岸和近海海域污染较重。长江口至杭州湾海域、江苏南部海域、浙江近海海域、辽东湾、渤海湾西部海域、莱州湾南部海域以及珠江口海域等仍是污染较重的海域。2000年度，环渤海地区遭遇百年不遇的大旱，降水量锐减，辽河等河流进入渤海的径流量有较大幅度降低，受此因素影响，辽河口海域的污染程度明显低于去年。陆源污染仍然是近岸和近海海域环境污染的主要因素，海水中的主要污染物仍然是无机氮、磷酸盐、油类以及有机物和重金属（汞、铅）等。

营养盐污染 2000年中国近岸和近海海域继续受到营养盐的严重污染，海水中无机氮含量劣于一类海水水质标准的区域面积达16.4万平方千米。其中，二类水质区7.3万平方千米，三类水质区4.2万平方千米，四类水质区2.2万平方千米，劣于四类水质区2.7万平方千米。活性磷酸盐含量劣于一类海水水质标准的区域面积达17.8万平方千米。其中，二、三类水质区12.9万平方千米，四类水质区3.5万平方千米，劣于四类水质区1.4万平方千米。

渤、黄、东、南4个海区中，渤海营养盐污染面积占本海区总面积的比例最大，约20%的海域遭受磷酸盐污染，约22%的海域遭受无机氮污染。

沿海省（自治区、直辖市）中，上海、浙江、天津、江苏和辽宁近岸和近海营养盐污染较重。

营养盐污染较重的河口、海湾有珠江口、杭州湾、长江口、象山湾和三门湾等。

油污染 2000年中国海水中油类含量超过

一、二类海水水质标准海域的面积达5.6万平方千米。沿海省（自治区、直辖市）中，河北、天津、福建、浙江、上海的油污染较重；烟台近岸、湄州湾、厦门近岸等10多个近岸重点海域的油含量已超过二类海水水质标准。

重金属污染　2000年中国大部分河口、海湾以及主要城市毗邻海域的海水铅含量超过一类水质标准，其中，大连湾超过二类水质标准。部分重点海域汞含量也较高，其中大连湾、烟台近岸、秦皇岛近岸等10余个重点海域超过一类水质标准。个别重点海域的镉含量偏高，海水中其他重金属含量基本正常。

【重点海域沉积物质量状况】　海洋沉积物是许多海洋生物，特别是底栖生物赖以生存和生长的环境，由于底栖生物大都具有富集污染物质的能力，因此，沉积物质量的好坏直接影响到底栖生物的质量和人体健康，沉积物质量指标也是一个很重要的污染指标。

2000年，在监测海域实施的10个沉积物监测项目中，有4项出现超标，依次为铅、镉、汞、硫化物。渤海重点海域的主要污染物是铅和镉，超标率分别为18.75%和13.33%；黄海重点海域的主要污染物是铅和镉，超标率均为22.22%，有部分海区受到汞和硫化物的污染，超标率分别为5.56%和6.25%；东海重点海域的主要污染物是铅和汞，超标率分别为20.00%和13.33%，有部分海区受到镉的污染，超标率为2.33%；南海重点海域的主要污染物是铅、镉、汞，超标率分别为84.72%、14.49%、11.11%，其中铅的污染范围很大，同时有个别海区受到硫化物的污染，超标率为1.43%。

【海域生物质量监测】海洋经济贝类质量　2000年对全国沿岸50个地点近10种经济贝类（毛蚶、文蛤、贻贝、牡蛎、蛏子、红螺等）进行了抽样监测。监测结果表明，某些地点贝类体内有害物质残留量仍然偏高，残留的有害物质主要是石油烃和砷。

生态试点监测海域生物质量　北方海洋生态试点专项监测项目监测的海域范围为北纬39°30′～39°40′，高潮线-15米等深线，监测面积约400平方千米，监测海域包含了昌黎黄金海岸国家级自然保护区海域。试点监测的目的是：①对监测海域生态系统现状进行调查，为评价生态系统的变化趋势提供本底资料；②调查生态系统的压力；③评价生态系统的健康状况；④归纳海洋生态监测业务化技术规程，为进行生态监测网建设及在全国海域实行生态监测提供技术储备及支持。2000年的生物监测指标有粪大肠菌群、异养细菌总数、弧菌总数、石油烃、Hg、Cd、Pb、As、Zn、Cu、DDT、PCB、PAH、666、HCB、PCNB等，监测结果表明，冬季贝类粪大肠菌群含量低于贝类卫生质量标准，春季和夏季分别有40%和50%贝类样品超标。根据欧共体贝类上市标准评价，冬季异养细菌总数合格，其余3个季节均不合格。弧菌总数为50～9.3×10^{6}cfu/g。鱼类和贝类体内污染物量基本符合中国食品卫生标准。

冬、春、夏3个季节调查表明，浮游动物有42种分布。冬季生物多样性指数为1.91，春季为1.49，夏季为1.93。冬季、春季和夏季均度指数分别为0.66、0.51、0.61。冬、春、夏三个季节调查共记录浮游植物54种。经夏季一个航次调查共记录大型底栖动物76种，海区生物多样性指数范围为0.7～3.1。

从生物群落结构分析，浮游动物种类主要包括水母类及桡足类，具有种类少，种群密度大的北方海域特征；总体来看种类较为丰富，个体分布均匀，属于北方正常的浮游动物生态群落。浮游植物主要类群为圆筛藻和角毛藻；浮游植物总量和表层Chla含量均表现为冬季最高，春季最低夏季开始升高的特点；冬季近岸到外海具有明显的由高到低的梯度；浮游植物符合北方群落特点。大型底栖动物种类组成以多毛类为主，其次是软体动物及甲壳动物；本海域是渤海惟一文昌鱼栖息地，并且是海区内大型底栖生物的优势种；底栖动物栖息密度为70～1 830个/平方米，栖息密度高的站位都因有文昌鱼分布，其中文昌鱼最高分布密度为1 340尾/平方米，在中国属于文昌鱼最高分布区；底栖生物生物量低，在0.6～145.5克/平方米。

【近海海域大气质量状况】　为了掌握污染物通过大气输入到中国海域的通量，国家海洋局在“九五”期间全国近海大气污染监测试点工作的基础上，继续开展大连老虎滩海洋大气站的监测试点工作，逐步完善和充实监测手段和设备，增加监测项目，为下阶段进行气溶胶污染因子的水平及垂直通量监测、制定海洋大气质量监测分析技术标准奠定了基础。

2000年在5月、8月、10月进行了3次大气监测，监测项目有总悬浮颗粒物、铜、铅、镉、锌等。根据监测，总悬浮颗粒物含量范围为0.03～0.23毫克/立方米，有3个测站超大气环境质量标准（GB3095-82）的一级标准（0.15毫克/立方米），超标率25%，算术均值为0.12毫克/立方米；铜、铅、锌、镉的测值范围为0.8～32.8纳克/立方米、78.8～2257.6纳克/立方米、72.7～889.6纳克/立方米、0.07～9.07纳克/立方米，算术均值分别为13.3纳克/立方米、828.71纳克/立方米、416.38纳克/立方米、3.48纳克/立方米。

【近海海域放射性状况】 自1988年开始，国家海洋局有关部门对中国渤海、黄海、东海、南海沿岸海域实施放射性污染监测。监测项目包括海水、沉积物和生物体中锶-90、铯-137、铀、钍、镭、钾-40等放射性核素。1991年以后，秦山和大亚湾核电站相继投产运转，又增加了对两核电站周围海域的重点监测。

2000年，主要监测了葫芦岛近海、青岛沙子口海域、杭州湾秦山海域及大亚湾海域，上述海域是目前中国沿海主要的核地址。监测的项目是上述海域具代表性的鱼、虾、贝、藻等海洋生物样品及沉积物样品。分别于9月在葫芦岛海域、10月在沙子口海域、8月在秦山海域、11月在大亚湾海域进行了采样。

经γ谱仪分析测量，海洋生物中和海洋沉积物中的主要放射性核素状况如下：

天然放射性核素状况 海洋生物中的主要天然放射性核素是铀、钍、镭元素的放射性子体核素及钾-40。其中铀-238的含量范围是未检出至10.31贝可/千克（鲜重），在青岛沙子口石老人海青菜中测出；钍-232的含量范围是0.26～13.51贝可/千克（鲜重），也在青岛沙子口石老人海青菜中测出；镭-226的含量范围是未检出至3.21贝可/千克（鲜重），亦在青岛沙子口石老人海青菜中测出；钾-40含量范围是18.91～382.14贝可/千克（鲜重），在葫芦岛鼠尾藻中测得。与往年的监测结果大致相仿，未发现明显异常。

在海洋沉积物样品中，铀-238的含量范围是未检出至70.77贝可/千克（干重），在青岛沙子口虾池中测得；钍-232的含量范围是8.04～56.91贝可/千克（干重），也在青岛沙子口虾池中测得；镭-226的含量范围是5.86～39.20贝可/千克（干重），在大亚湾YZ149站测得；钾-40的含量范围是428.24～1277.53贝可/千克（干重），在青岛沙子口后湾测得。

人工放射性核素状况 海洋生物中的主要人工放射性核素仍然是铯-137，其含量呈下降趋势，含量范围为未检出至0.16贝可/千克（鲜重），在青岛沙子口毛蚶中测得；各海区的分布无明显差异，北方海域略大于南方海域。2000年，仅在大亚湾两个贻贝样品中监测出^{110m}Ag，其含量分别为0.05、0.13 贝可/千克（鲜重），该核素对公众可能产生的辐射剂量不会超出剂量限值；其他核设施附近环境中未发现这种核素。

在海洋沉积物样品中，铯-137的含量范围是未检出至10.29贝可/千克（干重），在葫芦岛钢梁厂测得。（国家海洋环境监测中心）

海区海洋环境保护
Marine Environmental Protection of Marine Regions

【北海区海洋环境保护】 **海洋环境监测工作** 2000年是国家海洋环境监测方案调整后的第一年，也是保证《20世纪末中国海洋环境质量公报》的时效性和延续性的关键一年。本年度工作对今后海洋环境监测工作的开展以及编制和规划“十五”海洋环境监测总体目标、方案都具有十分重要的意义。为此，国家海洋局北海分局召开专题会议，安排了工作任务，明确了职责与分工。针对丰水期海洋环境监测方案的调整，编制了“海州湾、胶州湾、青岛-鸭绿江口2000年丰水期环境监测实施方案”，将准备工作落到了实处。

在重点海域监测工作中，根据东港市水产局的要求，增加调查贝类死因测站8个，为庄河浅海贝类养殖场增加生物测站3个，水质沉积物测点1个。贝类出口是东港市的支柱产业，2000年，东港市的贝类死亡损失惨重，仅养殖场就损失了上亿元。通过这次工作，彼此建立了亲密的合作关系，为今后在东港市开展海洋环境监测以及海洋开发工作奠定了基础。

设立为公众服务的海洋环境电子显示屏 2000年7月，在秦皇岛海水浴场设立了“海洋环境要素电子显示屏”。该电子显示屏由北海分局委托秦皇岛海洋环境监测中心站负责管理，可向公众显示秦皇岛海水浴场水色、透明度、粪大肠杆菌、pH、水温等监测要素，使市民及时了解浴场海水质量状况。

举办《海洋环境保护法》培训班，提高海洋环境保护意识 2000年4月1日《海洋环境保护法》生效后，为了更好地贯彻实施《海洋环境保护法》，国家海洋局北海分局2000年3月19～20日在青岛举办了针对涉海企业有关人员的《海洋环境保护法》培训班，参加人员有100余人。培训班邀请海洋大学华敬忻教授系统讲述了海洋环境保护的目的、任务、目标和主要措施，《海洋环境保护法》及有关条例对防止海洋石油勘探开发和海洋倾废的主要规定，《海洋环境保护法》修改的必要性、过程和主要内容及修订后《海洋环境保护法》对防治海洋石油勘探开发和海洋倾废的新规定；北海分局环保处详细讲解了新、旧《海洋环境保护法》在海洋环境保护内容、目标方面的变化以及目前中国海洋环境状况。该培训班收到了良好的学习效果，学员们一致认为培训内容丰富，可操作性强。

认真做好海洋环境评价工作 根据国家海洋局国海字[1999]474号关于印发《海洋石油勘探开发环境保护管理若干问题暂行规定》通知的有关规定，国家海洋局北海分局于2000年9月18日对胜利石油管理局下发了《关于开展埕岛油田附近海域环境质量状况评价工作的通知》（海北环发[2000]286号）。通知要求胜利石油管理局于10月底前完成对埕岛油田附近海域环境质量状况评价工作。同时，参加了国家海洋局环保司于2000年2月和5月组织的对《蓬莱19-3油田一期开发工程、埕岛西A区块海洋石油开发工程环境影响评价大纲和报告书》的审定和评审。

对环渤海石油企业的海洋石油勘探开发溢油应急计划进行重新审批 自2000年3月份开始，要求环渤海石油企业重新申报其“海洋石油勘探开发溢油应急计划”，现已陆续完成了对中海石油（中国）有限公司天津分公司、胜利石油管理局和中油有限公司辽河分公司、中油北方钻井公司等单位重新申报的海洋石油勘探开发溢油应急计划的批复。

开展海洋石油勘探开发钻井泥浆年度定期检验工作 2000年1月，对环渤海石油企业下发了《关于实行海洋石油勘探开发钻井泥浆年度定期检验的通知》，要求在北海区海洋石油勘探开发钻井作业中使用的泥浆，须经国家海洋局北海分局检验核准、发放使用许可证后，方可使用。2000年共发放钻井泥浆使用许可证22份。

严格消油剂检验核准制度 根据北海监测中心化学消油剂的检验报告，国家海洋局北海分局对胜利环发化工厂、渤海油田化学工业股份有限公司、东营市科汇工贸有限公司、青岛市光明应用技术研究所及天津市马兰工贸有限公司生产的消油剂，发放了化学消油剂核准证书。

实行海洋倾废季度报表制度 2000年，在北海区实行了海洋倾废季度报表制度，要求所辖海区各级政府及有关部门每季度将辖区内的海洋倾倒情况按要求的表格形式上报国家海洋局北海分局，并由国家海洋局北海分局汇总上报国家海洋局，以全面掌握倾倒活动的实际情况并及时处理工作中出现的问题，有效地推进了海洋倾废管理向“规范化、科学化、制度化”方向发展，积极促进了沿海经济建设和社会发展。

2000年，共办理倾废普通许可证90份，审批三类疏浚物1 749.25万立方米，海葬骨灰598具。

（国家海洋局北海分局）

【东海区海洋环境保护】 **海洋环境监测** 东海海洋环境监测2000年共进行了3个水期的监测，分别为2月份、5月份和10月份。在东海共设置了63个国控站和90多个加密站，主要监测介质为水质、沉积物、生物（生态）、水文气象等，监测项目有：水文气象的气温、气压、风向、风速、天气现象、水温、水深、水色、透明度、海况；海水水质的pH、盐度、溶解氧、化学耗氧量、活性磷酸盐、亚硝酸盐-氮、硝酸盐-氮、铵-氮、总汞、铜、铅、镉、油类、悬浮物；底质的总汞、铜、铅、镉、六六六、滴滴涕、油类、有机质、硫化物、粒度、锌、铬、砷；有机氯化物和生物的总汞、铜、铅、镉、多氯联苯、油类等近50个项目的监测。通过3次大监测，共获得了大量的监测数据。通过海洋环境监测与数据分析评价，发布了3期《东海区海洋环境质量监测通报》和《20世纪末上海海洋环境质量公报》，并对保护东海和上海海洋环境提出了建议与对策。

通过监测分析表明，东海近岸海域受人类活动影响较大，海洋环境污染较重，特别是长江口附近局部海域海洋环境污染严重，超过四类海水水质标准，主要污染物质为无机氮、无机磷、重金属和油类等；东海近海海域（20～40米等深线海域）受人类海洋活动的影响，海洋环境为轻度污染，为2～3类海水水质标准；外海海域受人类活动的影响较小，海水水质为清洁海域。

石油平台管理 2000年度，国家海洋局东海分局审批了6份在东海海域实施海洋石油勘探作业的《溢油应急计划》。对上海海洋石油局的“勘探三号”石油钻井平台和东海石油公司租用的“南海五号”钻井平台实施海洋环境保护及防污染设备的登检工作。对东海平湖油气田生产平台产出的油污水经分离后，进行每月1次定期的送样监测分析工作。2000年4月，东海石油公司的“绍兴6-1-1井”的钻井井位恰位于环球海底光缆（FLAG光缆）路由上，为确保国际通讯的畅通和东海油气勘探的顺利进行，东海分局多次协调了两家的关系，最终双方达成了共识，既保护光缆的安全使用，又使井位勘探作业顺利进行。年底，还编制完成了《全国海洋石油勘探开发重大海上溢油事故应急计划（送审稿）》。

溢油事故的应急处理 10月15日平湖油气田输油管道破裂，发生了重大溢油事件，东海分局得到这一信息后，立即启动了海洋溢油应急计划，及时派出海洋环境监测船和环境监测人员赶赴事故海域进行应急监测监视，并通知各有关方面做好防范措施，减轻溢油造成的损失。同时还派遣了海洋环境管理人员赴石油生产单位和事故现场进行指导、协调和处理海洋溢油事故。

赤潮情况 2000年，东海海域发现10余次赤潮。5月3日，在长江口花鸟外海域发现红色条带状赤潮，面积约400平方千米。5月中下旬，在长江口至嵊山海域约6 000平方千米的特大赤潮，呈褐色块状、片状及条带状分布，持续时间长达7～10天。6月1日，在嵊山附近海域发现红褐色块状、条状分布的赤潮，面积约150平方千米。赤潮发生后，东海分局组织协调有关单位，开展连续的船舶、飞机监视监测，并先后向沿海有关部门发出4期东海海洋赤潮通报，并及时通过上海东方电视台以及中央电视台等新闻媒体向公众发布赤潮公报，要求有关各方采取应急防范措施，减少赤潮灾害造成的损失。

海洋倾倒管理 2000年东海区共签发废弃物倾倒普通许可证352份，倾倒三类疏浚物4 700万立方米、废弃物60万吨和骨灰962具。2000年度东海区使用的海洋倾倒区总数为22个，其中三类疏浚物正式倾倒区12个，三类疏浚物临时倾倒区9个，长江口骨灰临时倾倒区1个。主要使用的倾倒区有吴淞口北倾倒区、长江口鸭窝沙北疏浚物倾倒区、长江口深水航道专用倾倒区等，其中长江口深水航道一期工程的疏浚物倾倒量为2 914万立方米，吴淞口北倾倒区418万立方米。东海区各海域倾倒量情况为：上海海域倾倒的疏浚物3 318万立方米，废弃物45.9万吨，骨灰911具；江苏连云港海域倾倒的疏浚物863万立方米；浙江海域倾倒的疏浚物370万立方米，废弃物14.4万吨；福建海域倾倒的疏浚物150万立方米，骨灰52具。在倾倒作业中查处了15起违章违规行为并进行了处罚，共处罚款27.95万元。

为了掌握海洋倾倒区的环境现状及对周围海域环境、资源的影响，2000年度对东海辖区内的吴淞口北海洋倾倒区实施了跟踪监测。通过跟踪监测表明，吴淞口北海洋倾倒区在倾倒作业时对倾倒船周围海域的环境有所影响，但长江巨大的径流，对污染物的迁移稀释起重要作用，限量倾倒和加强海洋倾倒的有效管理使倾倒对长江口邻近海域的生态环境影响不大。

（国家海洋局东海分局）

【南海区海洋环境保护】 **海洋环境监测** 南海区各海洋行政主管部门根据“控制性监测为主，趋势性监测兼顾，逐步开展生态监测”和“有效、科学、低耗”的指导思想以及《2000年海洋环境监测工作方案》的要求，编制并组织实施了南海区2000年监测方案。通过环境质量监测，全面掌握南海近岸、近海和远海监测海域的海洋环境质量状况和变化趋势，编制发布年度《南海海洋环境质量年报》，为沿海省区海洋环境行政管理、海洋环境的监督管理和海洋环境保护政策与行动的宏观决策提供科学依据。

2000年南海区海洋环境趋势性监测站点45个（其中水质站37个，沉积物站16个，生物残毒站8

个），近岸重点海域监测站点62个（其中大亚湾8个，珠江口12个，汕头近岸6个，北海市近岸8个，钦州湾-防城港8个，海口市近岸8个，三亚-榆林港12个），重点倾废区监测站点27个（其中担杆岛南倾废区9个，九澳岛东南倾废区9个，内伶仃岛倾废区9个），海洋石油勘探开发区监测站点9个（南海流花油田），放射性监测站点8个（大亚湾）。同时开展了赤潮监测、珠海近岸海域监测和近岸海域生物质量等专项监测。

监测结果表明，南海区外海环境质量较好，近岸海域因受陆源污染，环境质量较差。海水质量：南海区各重点区域水质面积超标率平均为70%。除北仑河口外，其他各重点区域海水均有不同程度的超标现象。综合水质最差的区域是珠江口区域，主要超标要素为无机氮和磷酸盐，其次是溶解氧、铅和化学需氧量。该区域的面积超标率在春、秋两季分别为94%和100%。海洋沉积物质量：南海重点区域沉积物出现了超标现象，但不严重。沉积物综合质量较差的区域是珠江口区域，主要超标要素为铅和石油类，超标面积约为2 500平方千米，面积超标率为79%。

海洋倾废管理 南海区共有23个倾倒区，其中广东13个，广西4个，海南6个。全年倾倒量超过100万立方米的倾倒区6个，这6个倾倒区接纳的倾倒量占全年总倾倒量的93%。2000年共接受申请倾倒量2 899万立方米，批准倾倒量2 869万立方米，实际倾倒量2 786万立方米。其中广东2 227万立方米，广西0.32万立方米，海南0.71万立方米，澳门278万立方米，香港95万立方米。主要倾倒物是海洋工程产生的三类疏浚泥，占总倾倒量的99.7%，其余为碱渣，倾倒量8万立方米。

严格执行海洋倾倒许可证审批制度。南海分局全年共接受海洋倾倒申请93宗，批准92宗，其中：广东61宗，广西6宗，海南10宗，澳门4宗，香港10宗，审批碱渣倾倒1宗。

加强海洋倾倒区管理，把好临时倾倒区选划关。南海分局全年组织有关技术单位对九澳岛东南倾倒区、担杆岛南倾倒区、内伶仃岛倾倒区等3个倾倒区进行了监测；组织召开倾倒区选划大纲和监测报告审查会5次；选划临时海洋倾倒区2个；依法审批香港、澳门特别行政区倾倒申请14宗，批准其倾倒量456万立方米。此外，在严格疏浚物分类检验和评价制度、建立倾废管理通报制度、理顺和分清管理权限，以及加强与香港、澳门特别行政区联系等方面也做了大量有效的工作。

海洋石油勘探开发 环境保护 2000年正值各油气田生产高峰期，含油污水排放量较往年明显增加，全年共排放含油污水4 378.9万立方米，比1999年增加1 270.4万立方米，增长40.9%。由于严格管理，措施得力，全年达标（月平均含油量低于50ppm）含油污水排放量4 372.2万立方米，占总排放量的99.8%，且年平均排放浓度（29.8ppm）比1999年降低了13.7%。由此，在入海污水量明显增加的情况下，入海总油量仅比1999年增多27.2%。全年海上油田生产作业正常，没有发生1吨以上漏油事故。

海洋污染损害事故监测 赤潮：全年南海区记录到的赤潮共6次，累计赤潮面积近百平方千米。其中有害赤潮3次，均发生在大亚湾近岸海域，致使养殖鱼类死亡。由于及时组织了环境监测和预报，尚未造成重大损失。溢油：全年南海区发生较大的溢油事故4起，发生在珠江口附近海域2起、湛江海域2起，皆因船舶碰撞所造成。事故出现后也及时组织了现场监测并通报。

（国家海洋局南海分局）

海洋执法监察工作
Ocean Supervision and Law-Enforcement Work

【综述】 2000年是中国海监总队工作全面展开的一年。大力推进了中国海监队伍一体化的组织体系和业务体系建设。在健全规章制度，开展海洋执法监察，新造海监船、飞机立项，理顺内外关系等方面，取得了较明显的成效。截至2000年底，全国11个沿海省市已成立辽宁省、河北省、山东省、江苏省、福建省5个海监总队，沿海地级市成立17个海监支队，沿海县（含县级市）成立27个海监大队。已成立北海、东海、南海共3个海区总队，7个海监支队。开始形成国家、海区和沿海省市相结合的海监队伍体系。中国海监的业务领导体制初步形成，海监队伍之间的协调执法机制开始运行。

组织开展了有声势、有影响的执法检查行动

为配合新修订的《中华人民共和国海洋环境保护法》实施，以及落实国土资源部、国家海洋局的有关部署，围绕海洋环保、海域使用、海洋权益、海砂勘查开采等方面，中国海监总队组织开展了专项执法检查行动，主要有：1999年年底和2000年年初，组织3个海区总队和沿海各省（自治区、直辖市）执法队伍，开展了首次全国范围的海砂等海洋矿产资源勘查、开采监督检查行动；4～5月北海总队组织实施了渤海、黄海海域海洋石油勘探开发的专项执法检查；南海总队与广东省海监渔政检查总队联合开展海空配合伏季休渔期综合执法；4月份东海总队对美国“罗杰”号调查船实施登船检查；6～7月份由北海总队对韩国EARDO调查船海上调查活动实行全程跟踪监视检查；6月下旬，南海总队、广西国土资源厅、广西海洋局等共同在广西沿岸海域开展联合执法检查；东海总队组织宁波、舟山海洋与水产局在宁波、舟山海域开展海空协同综合执法；9月份东海总队和江苏省海洋与渔业局共同组织实施江苏省近岸海域综合执法行动。这些执法行动初步遏止了海洋违法、违规行为蔓延的势头，也为执法业务工作的开展探索了途径、积累了经验。

2000年，中国海监（不包括省市）船舶出航576航次，出海1 924天，15 438.8小时，158 345.9海里，其中海上巡航执法及环境监测162航次，673天，5 345.8小时，航行54 468.5海里；海监飞机完成航空执法飞行183架次，航时553.9小时。

加强了海洋执法监察规章制度的建设

按照国家海洋局局长王曙光在中国海监总队处以上干部会议上关于“尽快理顺关系，制定科学的规范工作程序”的指示，中国海监总队加强了制度建设。2000年中国海监总队先后建立了《海洋执法监察通报制度》、《海区海洋执法工作例会制度》、《海洋违法、违规事件举报制度》；印发了《海洋行政执法文书格式》、《海洋违法案件查处工作程序》、《涉外海洋科学研究执法监察工作有关问题的通知》、《关于开展海洋行政案例分析的通知》、《中国海监标志使用管理规定》。中国海监执法监察规章制度体系已逐渐形成。

积极推进了海监队伍一体化建设

2000年，中国海监总队组织了调研小组，分两路赴沿海16个省、自治区、直辖市及计划单列市海洋厅（局），就地方海监队伍的建设问题进行了专题调研，并编写了专题调研报告，对海监队伍近期建设的一些重大问题提出了意见和建议。10月中旬国家海洋局有关部门领导陪同中编办地方司领导到广西、广东两地就省级海洋管理部门调整后海洋执法机构的设置及统一海上执法队伍等问题进行了调研，对推动全国海监队伍的一体化起了重要作用。在国家海洋局的推动下，省市海洋行政管理部门加快了海监队伍的建设步伐，11个省、自治区、直辖市海监队伍各级机构的组建方案正在报批中。中国海监将形成由国家海区总队及其支队，沿海省、市、县海监总队、支队和大队组成的队伍体系。

中国海监服装、标识代表了中国海监的形象，受到各级海监机构的关注。2000年，中国海监总队完成了中国海监标志设计定稿，制定下发了《中国海监标志使用管理规定》，完成了2000式中国海监制式服装设计，征求了各省、市、区总队、各海区总队意见，完成了2000式中国海监制式服装样装制作，在11月全国海监工作座谈会上进行了全套服装展示，得到了与会代表的肯定。《中国海监制式服装管理办法》、《中国海监制式服装配发标准》方案，已报国家海洋局审批。中国海监总队队徽已经局批准，于2000年11月1日起正式启用。

《海洋监察证》是海洋执法的必备资质之一。该证由国家海洋局颁发，中国海监总队核发。持《海洋监察证》人员必须通过海洋监察员上岗培训。为此，国家海洋局制定了《海洋监察证管理办法》，中国海监总队制定了《中国海监2001～2005年教育培训工作纲要》。至2000年举办5期培训班，培训272人。至2000年底，共773人持有《海洋监察证》。

新造海监船舶、飞机项目立项工作

2000年，国家海洋局完成了新造海监船舶、飞机项目立项建议书的编写并上报国家计委；在对北海、东海、南海3个海区进行调研的基础上，起草了《新造海监船舶、飞机初步设想》；召开了两个专家座谈会，对新造海监船舶、飞机初步设想进行了修改。

国家计委正式批准立项后，中国海监总队立即组织有关单位开展了各型船可行性研究报告、飞机询价报告和申报报告的编写工作。成立了可行性研究报告编写小组，对船载专业设备和机载专业设备的配置方案进行了论证，落实了可行性研究报告编制单位和编写大纲，可行性研究报告、询价报告和申报报告初稿已完成，并进行了初审和专家咨询。

建立了海监举报监视体系

2000年，中国海监总队下发了《关于建立中国海监举报监视体系的通知》，建立了海监举报监视体系，并通过新闻媒体进行了宣传。6月12日，中国海监总队受理了第一件举报，国家海洋局领导给予了批示。截至11月，中国海监总队共受理各种举报事件15起，核实10起，移交其他主管部门4起。

船舶管理制度化

中国海监船舶管理制度的改革方案已起草完毕并经多轮征求意见。为加强船舶管理，相继制订下发了《中国海监船舶使用规定》、《中国海监船舶油料管理规定（暂行）》、《中国海监船舶自修和扩大自修管理规定》、《船舶自修工程范围》（1998年版）。按计划完成了向阳红09、14，海监21、40、41、61、62、82船厂修任务。北海、东海、南海3个海区共完成扩大自修工程项目1 161项，节约厂修经费31万元。2000年，中国海监总队组织开展了中国海监船舶安全检查和优质船评比工作，中国海监11等9条船被评为安全优质船。

召开中国海监工作座谈会

2000年11月18～20日，中国海监总队在北京召开了中国海监工作座谈会，这是中国海监总队成立后召开的第一次全国性海监工作会议，各方面都很关注，中编办、国土资源部、国务院法制局以及国家海洋局机关司室的领导参加了会议。国家海洋局局长王曙光亲自到会听取代表的意见并发表了重要讲话。参会代表普遍认为，此次会议形式新颖、内容充实，有高潮、有亮点，统一了认识，明确了方向，是一次成功的会议。

（中国海监总队办公室）

【北海海洋执法监察】 2000年中国海监北海总队加强与地方海监队伍的沟通与合作，在调研、协商的基础上，推动北海区海监队伍建设，积极探索海区执法队伍建设的新路子，优化北海区海监执法队伍力量分布，推动了北海区海洋执法工作的开展。

加大海洋执法监察力度

2000年度，在海洋执法监察过程中，北海分局共实施车辆岸边巡视3.3万余千米；船舶巡航16航次，航行8 388.6海里；飞机航空监察飞行58架次，航行185小时11分，发布《北海海洋执法监察通报》10期。

（1）涉外执法检查。①首次对外国调查船进行跟踪监视。2000年6月24日至7月7日，北海总队对“中韩黄海沉积动力学与古环境演变合作研究”项目及EARDO调查船进行了执法监察。海上监督检查，历时14天，航程1 200海里，航时125小时，对EARDO船通话调查监督18次，约420分钟，拍摄照片90张，摄像40分钟。8月2日对该项目的国内合作单位国家海洋局第一海洋研究所进行了执法检查。②涉外海洋科学研究执法大检查。2000年10月16日至20日，根据中国海监总队的统一部署，北海总队组织有关省市国家安全部门开展了北海区涉外海洋科学研究活动专项执法检查行动。对青岛海洋大学、国家海洋局第一海洋研究所、中国科学院海洋研究所、黄海水产研究所、海洋地质研究所、国家海洋环境监测中心、国家海洋信息中心等海洋科学研究单位，进行了涉外海洋科学研究执法大检查。此次检查的重点是1996年10月1日起经国家海洋行政主管部门审批的和未审批的涉外海洋科学调查研究项目情况，检查的主要内容是项目名称、中外执行单位、签定协议情况、审批情况、调查船名称、调查研究区域、时间、调查研究内容、使用的仪器设备、所获资料和样品的分享情况及研究成果上报情况等。

(2) 海域使用执法检查。2000年，全面调查了青岛发电厂贮灰场用海、鲁能仲盛置业公司集装箱业主码头围堰、日照港务局木片码头围堰、日照发电厂贮灰场用海等大型海岸工程围海情况，调查情况及时通报给当地海洋主管部门。通过调查发现，海域使用管理形势不容乐观，特别是港口、海上石油平台及大型海岸工程用海管理难度较大，北海总队将加强与地方海洋主管部门的合作，推进海域使用管理工作的开展。

(3) 海砂开采执法检查。2000年1月6～16日，北海分局组织地方三省一市地矿、海洋行政主管部门，在中国海监飞机、海监船的密切配合下，对辽宁省、河北省、天津市及青岛市海域海砂开采情况进行了全面检查。

该次联合执法行动，前后历时11天，陆岸行程5 000余千米，取得圆满成功，得到了国土资源部、国家海洋局和中国海监总队的高度评价。行动结束后，国土资源部、国家海洋局在青岛召开了现场交流与总结大会。

(4) 海洋石油勘探开发环保执法检查。①北海区海洋石油勘探开发专项执法检查。2000年4月16日至5月14日，北海总队组织海监一支队、航空支队及直属队，采取陆、海、空配合行动方式，对北海区从事海洋石油勘探开发的企业和海上平台进行了执法大检查。检查作业单位5个，登检平台20座，巡视平台14座，采集样品34份，发现“渤海5号”平台移位、“渤海4号”平台超量使用化学消油剂、“埕北B”平台溢油、“绥中36-1”油田溢油和“胜利CB251B”井组附近溢油共5起违法事件，均按有关法规和程序进行了处罚。②进行了海洋石油勘探开发试油期现场监督检查工作。试油期是海洋石油勘探开发的一个重要环节，技术复杂，危险性大，容易发生溢油等突发事故，对试油期的环保执法工作，过去一直没有列入执法议程。2000年，对“南海一号”和“渤海7号”平台的试油作业进行了现场监督检查，在此基础上，制定了《海上试油现场监督规程》，随着海上试油现场监督检查的全面展开，将不断地补充和完善该规程。

(5) 海洋倾废执法检查。①2000年3月28日至4月9日，北海总队组织各直属队与国家海洋局海洋技术研究所一起，完成北海区倾废记录仪的年度定检工作。执法人员从南到北，先后抵达12个港口和作业海域，行程1万余千米，登船验检22台仪器。本次年检，遍及北海区主要港口，深入各个施工单位，登检了所有的自航驳；既是一次仪器年检，也是一次倾废执法检查，所到之处，大力宣传《海洋环保法》和《倾废管理条例》，认真检查倾废作业情况，对发现的问题及时予以纠正。②随着国家基本建设投资的加大，港口码头疏浚建设工程纷纷上马，海洋倾废量随之增大。年初，北海总队下发了加强倾废执法检查的通知，各直属队对管辖范围的执法检查工作加大了力度。执法人员随船监视海洋倾废27艘次，登船装换记录磁盘76次。

2000年共发现各类违法违章事件95次，承办案件17起，结案4起，处罚总金额4.6万元。

应急监视

(1) 赤潮应急监视监测。2000年4月，制定了《北海区赤潮灾害应急监视监测工作安排》，并发至沿海省、市海洋行政主管部门，6月1日全面启动应急系统。要求船舶随时备航，装备器材充足完好，值班人员24小时在位。7、8月份，航空监视发现鲅鱼圈、歧口、庄河以东至大鹿岛、东港西部海域、辽东湾海域温坨岛北部海域等5次较大面积赤潮，共飞行12架次，计48小时55分，获取了大量可视化信息，并及时发布赤潮消息。

2000年的赤潮应急监视监测，进行了大胆的探索和尝试。在方法上充分发挥了卫星资料覆盖范围广、获取资料全的优势，采取各种途径进行处理，用于前期预测和对比分析，指导飞机、船舶的监视监测活动；在内容上，充分发挥分局的整体作用和化学、生物、水文、气象学科优势，增加了后期的趋势分析，以指导地方政府和海上生产业主及时采取措施防灾减灾。这种前期预测预报、中期监视监测和后期趋势分析的工作模式，不仅完善和丰富了赤潮工作的内容，而且为开展赤潮的研究探索了新方法。

(2) 突发海洋污损事件的监视。2000年，北海分局共进行了3次海洋污损事件的应急监视。一是7月24日，泊于黄岛油码头的ABNKAN号油轮发生漏油事故，将黄岛区黄岛办事处后湾村养殖场污染，块状浮油覆盖养殖水域，致使网箱里的鱼和筏子里的贝类缺氧死亡。接到举报后，迅速组织了应急监视监测，并进行了初步调查，调查结果及时通报青岛海洋与水产局和青岛港务局。二是10月4日8时30分接到满载402吨原油的“锦港油1号”轮在航行中突然沉没于埕岛油田海域的报告后，立即组织监察人员奔赴沉船现场调查取证，并要求救捞单位在打捞过程中，严格执行《海洋环境保护法》，提前备好围油栏、消油剂，以防打捞时原油外溢污染海洋。三是11月21日接到举报电话，装载着975吨原油的“乐安16号”油轮，于11月15日撞在东营港南防波堤上，大量原油溢于防波堤、海滩及海面上。沉船溢油事件发生后，立即派执法监察人员到现场进行监视监测，并派中国海监3807飞机对“乐安16”号沉船进行了应急监视飞行、取证。从沉船溢油事故发生至11月22日，漂至东营港防波堤及海滩上的大部分原油已被沙子掩盖，少量被人工清除（约2吨余）。危害较大的是仍漂浮于海面的大量原油。由于该船所载原油比重大、粘度高，因而溢油油膜在海面存留时间较长，从东营港码头至埕岛油田海域约70平方千米的海面上，有十几条宽度不等、颜色各异的漂油带，油带间隔约30～50米，其中发现的最宽的一条油带约为4 000米×100米，中间呈淡黄色，边缘为银灰色，由于潮流作用，溢油正逐渐漂离沉船点。根据海面监视情况和化验结果，初步估算，“乐安16”号沉船8天的溢油量已达60吨，给东营港附近海域造成了严重污染。北海分局密切关注事态的发展，部署烟台直属队继续就近加强对沉船海域的现场监视监测工作外，安排中国海监飞机继续进行空中监视飞行，并将有关情况及时通报各有关单位。

秦皇岛暑期联合办公

为推进中国海监队伍的一体化进程，充分发挥国家和地方海监队伍两个积极性，切实保护好海洋环境，促进地方经济发展，中国海监北海总队与中国海监河北省总队联合开展了2000年暑期秦皇岛海域环境保护与执法监察工作。对秦皇岛市所有涉海单位、涉海工程、港口码头、海水浴场、入海河口等重要目标进行了环境监测和执法检查，全面掌握污染现状及防污设施情况，共发布了工作简报10期、通报4期，查处了一起违法采挖海砂案件，环境监测结果及时通报政府有关部门，海况预报在媒体及时发布，取得良好社会效益。　　（国家海洋局北海分局）

【东海海洋执法监察】 2000年，中国海监东海总队举行了揭牌仪式，完成了《东海区海域使用监督检查试行办法》、《东海区海砂监督检查试行办法》、《东海区海洋石油勘探开发环境保护执法监察试行办法》、《东海区海洋倾废试行办法》征求意见稿和送审稿的编写，修订了《中国海监船舶海底电缆路由执法监察试行办法》。在调研和征求意见的基础上，编制了“2001年东海区执法监察工作计划”。拟订《中国海监东海总队2000年上海市近岸海域海洋环境保护执法监督检查行动方案》。海洋执法监察力度进一步加大，成效显著。

维护国家海洋权益

(1) 涉外海洋科学研究监督检查有了实质性进展。对美国“罗杰”号海洋科学调查船实施了登临检查。9月下旬至10月底，首次组织开展东海区各重点涉外海洋科研单位的执法检查。另外，还派员登临韩国科学研究调查船舶进行随航监督检查。

(2) 对海底电缆管道外国施工船舶的监督检查。除对进入中国管辖海域进行光缆维修、平湖油气田管道铺设及维修等施工作业的6国11艘船舶严格船位报告制度外，还派出海洋监察员于9月19～22日、9月28日至10月8日对新加坡籍“Pacific Supplier”船，10月22日至11月2日对英国籍“Toisa Coral”船进行了随航监督。查获违法案件2起。

海洋环境保护执法监察

东海分局抓住新修订的《中华人民共和国海洋环境保护法》的生效之际，于3月下旬开展了对以海洋倾废、排污口为主的专项环境执法检查，参加了系列宣传活动。

(1) 海洋倾废执法监察继续深化。除船舶巡视、陆上定点监视、随航核实等方式外，对倾废活动频繁的宁波、上海等海域，有针对性地开展专项整治行动，严肃查处违法违规倾废行为。对1999年度立案的4起违规案件，作出了给予罚款处罚的决定，共计罚款7.6万元；2000年查获违法违规倾废案件14起，其中罚款11起18.99万元，撤案1起，正在立案查处的2起，维持了正常的海洋倾废秩序。

(2) 海洋石油勘探开发环保执法监察。协同环保部门对平台进行例行性公务检查；同时，安排中国海监飞机、船舶对平湖油气田生产平台进行监视。

(3) 陆源污染物排海监督监视。海监飞机对上海市、浙江的主要排污口进行了重点监视，并对上海市南区、西区排污口的可见污水带扩散形状及面积进行了航空监视。

《海环法》施行后，进一步加大了陆源污染的监督监视力度。对江苏省的连云港废碱堆场、上海市的杭州湾北岸、浙江省宁波市的象山港区域的陆源污染物排放实施了专项检查。另外，还组织了对浙江省萧山市头蓬镇渔民举报的调查，移送浙江省海洋与渔业局处理。

(4) 海洋生态自然保护区监督监视等。2000年11月，东海分局会同金山县商旅委对金山三岛海洋生态自然保护区进行了监督检查与实地考察，及时将有关情况通报上海市人民政府及有关部门。同时，第六支队对厦门自然保护区进行了专项检查。

海洋资源开发利用监督检查

2000年，东海分局继续组织检查浙江、福建等地的海域使用情况；安排中国海监飞机、船舶对海底光缆路由进行巡航监视。

开展海砂开采联合执法。采取海上登临检查采砂船只与陆上调查相结合的方式，分别对浙江舟山、宁波，杭州湾、长江口，福建南部的近岸海域开展了海砂开采的专项执法检查。2000年1月，会同地方海洋、矿产部门，对宁波和舟山、福建厦门近岸海域开采海砂进行了联合执法。2月25日，调查了宁波港区堆砂场、宁波港装砂码头和宁波港卸砂码头，对正在装砂的“亚洲光辉”轮进行了摄影、拍照，及时上报调查情况。

务实开展全海域“一体化”综合执法行动

按照建设“一体化”执法监察体制的总体部署，东海分局主动与省市各级海洋行政执法机构协调，2000年，在浙江舟山、宁波，福建、江苏等海域组织了6次综合执法行动。特别是这种国家、省市“一体”，海、陆、空协同“一体”，执法与技术支持结合“一体”的综合执法体制，提高了执法监察的效益。例如，中国海监飞机监视范围大、反应速度快、取证设备先进的特点，在伏季休渔期制度检查中发挥了独特的作用。

严肃查处违法违规案件

东海分局进一步加大了东海区执法监察力度，严肃查处违法违规行为，对2000年查获的16起违法违规事件进行了立案查处。其中，对包括1999年立案的4起案件在内的15起违法违规案件给予了罚款处罚，共计26.59万元，4起正在处理之中。

及时发布《东海海洋执法监察通报》

及时发布9期计663份《东海海洋执法监察通报》，已有4期《东海海洋执法监察通报》被国家海洋局转发。

执法监察基础建设

(1) 海洋监察员培训、管理。举办了东海区海洋监察员培训班——江苏班。驻沪执法人员还参加了《行政执法行为学》和《行政管理人员的法律责任》两门课程的学习。按规定清理注销海洋监察证21本。组织对海洋监察员进行“德、能、勤、绩”的年度考评工作。

(2) 贯彻落实海洋行政处罚程序，加强执法工作制度建设。东海分局严格遵照《中华人民共和国行政处罚法》的规定，查处海洋违法违规案件，现已完成对1999年以来案卷的自查。同时，严格按照《罚款决定与罚款收缴分离实施办法》的规定收缴罚款。另外，组织了东海分局首例行政处罚听证会。　　（国家海洋局东海分局）

【南海海洋执法监察】 2000年，南海区的执法监察工作得到了不同程度的加强和改善，并取得大量的文字和图像资料，建立了执法监察档案库。一系列的执法检查初步遏制了海洋违法、违章行为蔓延的势头，震慑了违法者，促进了海洋管理中一些热点、难点问题的解决，有效地保护了海洋环境与资源，并在南海区树立了中国海监良好的执法形象。

加强队伍建设　完善管理体制

经过两年的筹备，隶属中国海监南海总队的中国海监第七、八、九支队和陆岸航空执法监察队、通信站、供应站、总队值班室已先后组建完成。2000年4月26日，中国海监南海总队举行隆重的挂牌仪式，国家海洋局局长王曙光、广东省人民政府副省长欧广源、广东省政协副主席潘金培等领导出席了挂牌仪式。为了提高执法监察人员依法行政的水平，全年举办了3期海洋监察员培训班，178名学员参加了培训学习，并领取了国家海洋局颁发的《海洋监察证》。为了加强船舶管理，同时还完成了36名驾驶员、25名轮机人员按《STCW97公约》规定的过渡期培训。2000年，中国海监南海总队共有海监船5艘，后勤补给船2艘。此外，国家海洋局按计划安排了一架中国海监飞机在南海区由南海总队组织执法巡航。

为促进南海3省(区)海监队伍的建设，着力加强相互间的联系与沟通，协同执法，全力推进一体化执法监察工作模式的建立，共同摸索出适合南海区的“团结协作、优势互补、壮大队伍、提高效率”的执法监察新路子；为加强海监制度建设，建立了《南海区海洋监察执法通报制度》以及海洋违法、违章事件举报等相关工作制度、守则、规定18个，一个完整的南海区海洋执法监察工作和船舶飞机管理制度体系正在形成。

全面开展海上执法监察

中国海监飞机全年飞行37架次，近百小时，航程两万多千米，其中在海南进行了遏制破坏海洋资源行为和保护海洋环境的巡航监视8个航次；海监船巡航25航次，海上工作453天，航程35 598海里，航时4 095小时，安全无事故完成每航次的任务；发布执法监察通报20期。

(1) 海洋倾废执法监察。中国海监南海总队全年共登检倾倒船85艘次，查处违章案件多宗。为加强对海洋倾废船的监督，南海区已在倾废船上安装倾废记录仪46台，强化了倾废作业人员遵纪守法意识，提高了船只的到位倾倒率。

(2) 海砂勘查开采执法监察。中国海监南海总队与广东省海监渔政检查总队、广东省地质矿产局、广西国土资源厅和广西海洋局等单位联合组织实施了10次较大规模的执法检查行动，共出动海监飞机5架次，中国海监船12航次，中国渔政海监船300多航次，累计检查了海砂开采船620艘次，查处非法采砂船240艘次。经过多次强有力的执法监察，有效地遏制了违法勘查开采海砂的行为。与广东地方海洋机构共同制定了《广东省沿岸海域勘查开采海砂等海洋矿产资源和海域使用执法检查方案》，开展了5次珠江口重点海域海砂开采联合执法检查，3次海域使用联合执法检查、2次海洋环境污染综合执法检查，支持地方进行了南海伏季休渔期航空执法巡航工作。

(3) 围填海海域使用执法监察。中国海监南海总队对广东湛江，广西北海市、钦州港、防城港和合浦县等6个项目海域使用区进行监察，敦促其《国家海域使用许可证》的办理。

(4) 海底电缆管道的执法监察。对南海区4条海底电缆管道的路由调查、1项铺设工程进行了全面的监督检查。

(5) 涉外海洋科学研究执法监察。中国海监南海总队全年实施监督6项，完成南海区1996年以来开展的涉外海洋科研活动的登记工作，实现了对涉外海洋科研活动每年执法检查零的突破。

(6) 维护海洋权益的执法监察。中国海监南海总队于2000年7月29日至9月6日派出“中国海监81”船对南海海域进行了巡航监视，航程6 173.3海里，重点对南沙海域的钻井平台、人工建筑物、岛礁状况进行了监视。

“腊月行动”

为进一步加大海洋执法监察工作的力度和提高执法监察工作的显示度，更好地履行赋予的职能，严厉打击海上各种违法违规行为，中国海监南海总队于2000年11月初至2001年1月初，布置并开展了代号为“腊月”的执法行动。并成立了以钱宏林总队长为总指挥的“腊月行动”指挥部，负责此项行动的策划、准备、组织实施和违法违规案件的查处工作。为时两个多月的本次行动是南海区开展规模较大的一次综合执法行动。参加此次行动的包括总队所属的七支队、八支队、九支队和陆航队，国家海洋局南海分局的海域处、环保处以及广东省海洋与渔业局的海域处、广东海监渔政检查总队、广西海洋监察大队等。执法检查的区域有珠江口、粤西、广西沿海三市及南海北部中国沿岸的石油平台。

(1) 海底电缆铺设和管道施工监督管理。香港大屿山是北亚海底光缆、东亚海底光缆的登陆点，正值巴拿马籍光缆铺设施工船“青安三号”和“玛丽小姐号”在该处施工过程，执法行动组于11月7日和11月13～7日对其船舶及施工设备进行了严格的检查和监督，强调船舶在铺设施工中可能出现对海域环境、资源等造成的恶劣影响，宣传了国家有关法律法规。

(2) 海砂开采和倾废监察。“腊月行动”对海砂开采活动的监察是以珠江口海域为重点，及至湛江和防城港市海域。执法人员对存在“三无”现象，或超范围和超量开采的30艘采砂船的违规行为采取了坚决纠正的措施。在倾废监察过程中，发现在深圳蛇口5艘倾倒船和在珠海九澳岛“娱乐28”号船在作业过程中未按照规范填写记录表，甚至不按规定安装定位设备。对这些违规船只，执法人员除采取教育措施外，并依法作出调查处理。

(3) 石油平台的检查。该项检查是“腊月行动”的重头戏，也是《中华人民共和国海洋环境保护法》和《中华人民共和国海洋石油勘探开发环境保护管理条例》实施以来力度最大的一次全面执法检查。在10月至12月间，海监南海总队在南海北部、北部湾海域，共登检了11个平台和储油轮，分别对证书、文书、防污设备及器材、废弃物的处理方法、途径及周围的海洋环境状况进行了检查，观看了部分石油公司的溢油应急演习，促进了海洋石油开采活动中的海洋环境保护。在登检中，执法人员认为大部分平台和储油轮对废弃物都处理得比较好，而且有些守法业主对海洋环境保护的意识较强，但同时也发现有不少的平台证书不齐或证书过期，部分平台缺装排油监控装置等情况。

(4) 海域使用状况监察。12月底，中国海监南海总队联合国家海洋局南海分局海域处、广东省海洋与渔业局及海监渔政总队，对湛江的海域使用进行了检查，查处了一起未经任何论证和批准的填海工程，执法人员立即令其停止施工，接受处理。12月20～25日，南海分局、南海总队有关部门会同中国海监第九支队、广西海洋监察大队、北海市海洋办、钦州市海洋局、防城港市海洋局共同组织广西沿岸海域执法检查行动。其中，西湾海域清理整顿工作组，对该海域的养殖、抽砂、采矿等活动进行清理整顿，不仅取缔了防城港市西湾违法采砂船只20余条，而且清理了在海域内所有不法海洋养殖场和网箱。对抽砂采矿船进行检查，登检作业船15艘，发放宣传资料100余份，现场扣押违法作业船4艘。由此，钦州市茅尾海和防城港市西湾违法抽砂采矿活动得到及时遏止。此外，在北海联合开展拆除廉州湾海域的“鱼箔”行动。在做好大量群众工作的基础上，总队组织5艘渔政船、8艘快艇，联合广西有关部门50余名执法人员，采取压、拖、砍等办法强行拆除，彻底铲除了北海市这一落后渔具，保护了海洋环境和北海市作为旅游城市的自然景观。

(5) 开展南海区记录仪年度检查工作。执法监察人员和天津技术所技术人员对南海区记录仪进行年度定检，分别到广东的广州、深圳、汕头、番禺和广西钦州等地的十几处码头、港池、航道、修船厂，年检记录仪25台。倾废航行记录制度的实施，强化了对倾倒船只的管理，提高了倾倒到位率，保护了海洋环境。

（国家海洋局南海分局）

海洋科技管理
Management of Marine Science and Technology

【概况】 “九五”期间，中国海洋科学技术工作得到了党中央和国务院的高度重视，取得了历史性的进展。2000年是“九五”最后一年，也是中国海洋科技硕果累累的一年。在国家重点科技攻关计划、国家重大基础性研究规划项目（973）、国家自然科学基金及海洋“863”高技术计划、海洋勘测专项计划以及科技兴海等一些重大的研究和开发计划的推动下，中国海洋科技水平整体上了一个新台阶。在海洋高新技术研究与应用、海洋基础性研究和公益性研究、海洋关键技术攻关、近海和大洋调查以及海洋科技开发等海洋学科和领域取得了突破性和跨越式发展，在海洋监测技术、海洋环境预报技术、海洋信息技术、海洋环境保护技术、海洋生态修复技术、海洋生物技术和海水增养殖技术、海洋油气资源勘探开发技术、海水综合利用技术、海洋能利用技术、深海资源探查与开发技术等方面获得了重大进展，提高了中国在海洋领域的国际竞争能力，大大缩短了中国与世界先进水平的差距，为21世纪中国海洋经济持续快速发展，保证海洋生态环境可持续利用，提高海洋公益服务水平，维护海洋权益和加强海洋管理，以及今后海洋科技的进一步发展奠定了坚实基础。

2000年海洋科技管理工作在海洋科技支撑与带动下也取得了突出业绩。海洋科技体制改革迈出坚实的步伐，海洋科技项目管理及“十五”海洋科技规划预研工作和海洋卫星“十五”规划取得了重要成绩，海洋科技硕果累累，重点实验室运行和建设得到了全面发展和完善。

【海洋科技体制改革迈出坚实的步伐】 稳步推进海洋科技体制改革。通过体制创新、优化布局、专业调整和人员分流，建立“开放、流动、竞争、协作”的新机制，通过改革建设一支精强高效、开拓创新的国家海洋科技创新队伍。为做好这项工作，国家海洋局组织人员开展了大量的调研工作，起草了《国家海洋局深化科研机构管理体制改革方案（草案）》及《稳定发展国家海洋局科技创新队伍是建设海洋强国的现实需要》。国家海洋局第一海洋研究所积极推进改革，被列为2000年全国社会公益类科研院所体制改革试点。国家海洋局第二海洋研究所、海洋技术研究所和杭州水处理技术开发中心等科研机构也积极进行体改调研和准备工作，为下一步的改革奠定基础。

【海洋科技项目管理】 **“十五”海洋科技规划预研工作取得了重要成绩** 国家海洋局科技司协同科技部农村与社会发展司，经过近两年时间，组织了近百位海洋科技专家进行广泛调研，完成了《21世纪初中国海洋科学技术发展前瞻》。分析并提出了中国今后几年海洋科技发展的思路、目标和主要任务，对海洋监测技术、海洋环境预报技术、海洋信息技术、海洋环境保护与生态环境修复技术、海洋生物技术、海洋生物资源持续开发利用技术、海水资源综合利用技术、海底探查技术、深海资源勘探与开发技术、海洋能开发技术、极地资源与环境、南沙调查等重点发展领域进行了深入分析和预测。为了促进海水淡化技术的推广和应用，国家海洋局多次召开海水淡化专家研讨会，推动海水淡化工作在全国的开展。

制定海洋卫星“十五”规划 2000年1月，在国防科工委委托中国工程院组织召开的有40多名院士参加的“十五”民用卫星发展评审会上，国家海洋局提供的“中国海洋卫星今后发展思路”的专题报告，得到了专家们的好评。经过专家们的多次论证，海洋卫星已被列为国家“十五”期间重点发展的五大卫星系列之一。2000年11月，在国务院新闻办发表的《中国的航天》白皮书中，明确提出了建立包括海洋卫星系列等组成的卫星对地观测系统。

“十五”海洋科技攻关项目立项 为了确定“十五”期间海洋科技发展和思路，落实“十五”期间海洋科技各项任务，国家海洋局协同科技部农村与社会发展司组织全国海洋院所的专家，编写了“海洋预报、海洋环保、海洋信息、海水利用、海水化学资源提取、海洋生物活性物质、南沙、南极研究”以及“中国近海关键海洋要素实时监测系统”、“海洋能源利用技术”和“数字海洋”等立项建议书和立项材料。同时国家海洋局还协调国家综合部门完成了海洋科研和调查新项目立项的各项工作，作为国家海洋局的重要职责，该项目被列入国海洋局十大重点任务之一，现已进入全面的实施准备阶段。为了能使某些项目管理工作科学化、制度化、规范化，成立了临时领导机构和办事机构，制订了相应的管理规定。

海洋水色卫星项目的管理 在卫星研制和地面应用系统建设方面，卫星研制工作进展顺利；完成了卫星地面应用系统7个分系统的实施方案设计和评审；基本完成地面站建设和其他各项技术工作。在组织管理方面，制定了各项管理规定和制度，确保了海洋卫星工作的顺利进行。

发挥科技对海洋管理、海洋执法的技术先行作用 为对中国管辖海域实施有效的管理，发挥科技对海洋管理、海洋执法的技术先行作用，2000年，国家海洋局科技主管部门拿出部分科技经费，对海域使用与管理、海洋环保、海洋执法等科研项目给予支持，其中“赤潮航空高光谱遥感监测技术研究”通过了国家“863”办公室组织的专家论证，经费为200万元。这些工作的开展为海洋工作的管理提供了有力技术支持。

加强青年科学基金管理 国家海洋局设立的青年科学基金的影响愈来愈大，越来越多的优秀青年积极申报。2000年共收到申请83份，比1999年多近20份，经评议、评审等工作，27个项目获得青年科学基金资助，其中重点项目2项，一般项目25项，共资助金额60万元。通过青年科学基金项目的培养和锻炼，许多年轻人成为单位的业务骨干，一些前期项目还获奖、获专利，有的年轻科研人员通过青年基金的锻炼，还申请到国家基金等项目。

国外专家引智与管理 通过向外国专家局的积极申请和争取，2000年国家海洋局共获批准18个引智项目，引进外国专家21名，获资助资金52万元。外国专家的来访，使有关单位在海洋科技、海洋环保、海洋管理等方面学到了许多国外先进经验和先进技术，收到了很好的效果。

【海洋科技成果管理】 **创立海洋创新成果奖** 根据国家科技奖励制度改革要求，国家海洋局新设立了“海洋创新成果奖”，并制定了海洋创新成果奖暂行办法、评审办法，推选出第一届海洋创新成果奖评审委员会。经初审、同等评议和评审委员会评审等工作，2000年共评出一等奖3项，二等奖15项。此次评奖还得到了沿海省市海洋厅(局)、青岛海洋大学以及中国科学院海洋研究所和南海海洋研究所等单位的参与和支持。

海洋科技领域重大突破和技术创新成果 至“九五”末期，中国海洋基础研究取得了阶段性成果，为海洋领域各学科发展打下良好的基础，在某些领域和技术方面实现了跨越发展和新突破，“对虾白斑杆状病毒分子生物学研究”等项目研究达到了国际先进水平；“九五”海洋科技攻关项目、海洋“863”计划项目中，“海岸带资源环境利用关键技术”、“海水资源综合开发利用关键技术”、“海洋监测技术”、“海洋生物技术”、“海洋探查与资源开发技术”和“南极对全球变化的响应和反馈作用”和“南沙及邻近海域科学考察”等取得了一大批科研成果，并顺利完成成果验收。许多项目成果已经应用于海洋经济发展和海洋管理，为海洋经济发展和海洋管理提供了技术支持。其特点是：应用成效显著，带动了一批海水利用产业市场的发展，拓展了中国海洋生物资源利用途径；在国家“九五”攻关计划和“863”计划支持下，“海洋监测技术与海洋卫星应用”、“海洋生物技术与海洋生物资源利用”、“海洋探查技术与资源开发”等一批海洋高新技术研究与应用取得关键性突破，使中国海洋科技水平整体上了一个新台阶，大大缩短了中国与世界海洋技术先进水平的差距；在近海和远洋调查方面，“中国专属经济区和大陆架勘测”、“南沙群岛及其邻近海区综合科学调查”、“南北极科学考察”、“海洋科学数据库”、“极地科学数据库”等基础调查工作皆取得了显著成绩，获得了大量宝贵资料和许多阶段性成果，并正组织对阶段性成果验收；通过海洋资源调查再获重大发现，在西沙海槽区进行的天然气水合物资源调查工作获得了突破性进展，通过室内资料综合解释分析表明，南海北部西沙海

海洋标准计量管理与服务
Management and Service of Marine Standards and Metrological Work

综　述
Summary

【概况】 2000年，中国的海洋技术监督工作，基本上完成了从海洋标准归口管理、海洋计量监督管理以及海洋计量检定测试，向以海洋质量监督管理为主、带动海洋标准和海洋计量工作全面发展的转变过程，从而为落实“以质量为中心，以标准化、计量为基础”的指导方针奠定了坚实的基础。体现这一转变的工作主要有以下几个方面。

国家海洋局进一步明确国家海洋技术监督机构的地位、职责和任务

国家海洋局2000年下发《关于国家海洋标准计量中心基本任务和机构编制等事项的批复》（国海人字[2000]303号）文件，规定了国家海洋标准计量中心（国家海洋计量站）的职责和任务；与此同时，国家海洋局北海海洋标准计量中心（国家海洋计量站青岛分站）、国家海洋局东海海洋标准计量中心（国家海洋计量站上海分站）和国家海洋局南海海洋标准计量中心（国家海洋计量站广州分站）等3个海区标准计量中心（分站）的职责和任务也有了明确的规定。上述规定，均突出强调了海洋质量监督检查和质量管理的重要性，并赋予以上4个单位海洋质量监督检查的职责。

国家海洋技术监督机构开始介入国家重大项目的质量监督检查

(1) 国家海洋局《中国海洋环境监测系统-海洋站和志愿船观测系统》建设项目领导小组，正式批准了国家海洋标准计量中心上报的关于该系统“标准制定、计量检定、质量保障实施方案”，并立即付诸实施。

(2) 国家海洋局承担的国家专项《西北太平洋海洋环境调查与研究》授权国家海洋标准计量中心为该专项“质量监督机构”，负责专项的海洋调查仪器和调查数据资料的质量监督检查。

加大投资力度，增强自身能力建设

近年来，国家海洋局加大了对国家海洋技术监督机构的投资力度；国家海洋局北海分局、东海分局、南海分局也对所属3个海区标准计量中心（分站）增加经费投入，研制、购置海洋计量标准器具，改善工作环境，培训计量检定人员，从而大大提高了海洋质量监督管理的力度。

各海洋技术监督机构都将海洋质量监督管理放在第一位

从1998年底开始，国家海洋标准计量中心开始调整自己的职责、任务和方向，并由此带动了3个海区标准计量中心职能的转变，将海洋质量监督管理放在第一位。这一转变的标志就是海洋技术监督机构的地位和显示度在国家海洋局系统内部乃至国内外海洋界有了明显的提高。

槽区存在天然气水合物已不容置疑，而且面积较大。在东海开展的东海天然气水合物研究，经过国家海洋局海底科学重点实验室的认真研究，得出了“东海蕴藏着储量可观的天然气水合物”的重要结论。

【重点实验室运行和建设】 国家海洋局现拥有7个行业重点实验室。经过几年来的运行和建设，这些重点实验室在科学研究、发展方向、队伍建设与人才培养以及开放与交流运行与管理方面都得到了全面发展和完善。2000年，国家海洋局海洋环境科学与数值模拟实验室、海底科学实验室与华东师范大学河口海岸实验室、同济大学海洋地质实验室等海洋学科实验室参加了科技部和国家自然科学基金委员会组织的全国地球科学重点实验室评估，经专家“现场评估”和“综合评估”均排在良好之列，并获得科技部一定数额的资金资助。　（国家海洋局科技司）

海洋质量、海洋标准和海洋计量是海洋技术监督工作不可分割的组成部分。强调并确立质量第一的思想，同时开展海洋质量监督检查活动，进而大大推动了海洋标准的管理、制（修）订，海洋计量监督管理、计量认证、计量检定测试和校准工作的进行。（赵维三）

【中国海洋环境监测系统项目建设】 2000年7～10月国家海洋标准计量中心制定的《中国海洋环境监测系统-海洋站和志愿船观测系统建设项目标准制定计量检定质量保障工作实施方案》（以下简称质保方案）于2000年11月正式上报国家海洋局项目办公室。国家海洋局项目办公室以国海环发[2000]444号文《关于中国海洋环境监测系统建设项目标准制定、计量检定、质量保障工作实施方案的批复》同意中心编制的“质保方案”。批复内容包括：

(1) 数据传输规程，自动监测数据文件格式，海洋环境监测仪器检验方法，监测技术应用及集成和自动监测仪器现场比对方法5项标准制定。

(2) 海洋自动监测仪器使用管理规程和海洋环境监测站业务管理规定2项管理规定制定。

(3) 声学测波仪校准装置及其校准方法，风速风向仪现场校准装置及其现场校准方法和浮子式验潮仪现场校准装置及其现场校准方法的建立。

(4) 示范站和新建站施工中，自动监测仪器制造中，系统安装和试用中的质量监督。

(5) 建立服务于监测系统业务化运行管理，监测系统业务化运行监督管理，监测系统业务化运行动态信息管理的动态跟踪信息管理库。

【《海洋环境标准体系表》和《海洋标准物质体系表》的编制】 2000年1月国家海洋局海洋环境保护司下达《海洋环境标准体系表》和《海洋标准物质体系表》编制项目（海环字[2000]8号文件）。国家海洋标准计量中心依据《中华人民共和国标准化法》、《中华人民共和国海洋环境保护法》、《中华人民共和国海洋石油勘探开发保护条例》、《中华人民共和国海洋倾废管理条例》等法律法规，依据中国海洋科学技术现状和今后5～10年发展水平，特别是“九五”海洋高新技术成果以及控制和防治海洋污染、保护海洋生态环境的需要，按照GB/T13016《标准体系表编制原则和要求》的有关规定，设计了两个体系表层次结构方框图、体系明细表和编制说明等文件。在征求有关单位意见的基础上，完成了两个体系表的送审稿。（郑仕俊）

海洋标准化
Marine Standardization

【标准宣传贯彻和培训】 2000年6月21～24日在天津工业大学（原天津纺织工学院）膜天膜工程技术有限公司召开的中国膜工业协会行业标准学习研讨会上，国家海洋标准计量中心有关人员讲解了产品标准和标准体系表的编制方法和要求。

2000年10月13日，为庆祝第31届世界标准日，国家海洋标准计量中心在天津召开了座谈会。出席座谈会的有国家海洋局环境保护司、国家海洋局海洋技术研究所、国家海洋信息中心、国家海洋局海水淡化与综合利用研究所、天津市海洋局等单位的领导和有关业务部门的负责人。

【海洋标准技术归口管理】 **标准审查技术归口管理工作** 2000年国家海洋标准计量中心对申请立项的9项海洋国家标准计划任务书、50项行业标准计划任务书、12项中国膜工业协会水处理技术标准计划任务书进行了审核。

对7项国家标准、12项行业标准的征求意见稿、送审稿和报批稿进行了技术审查，共58次数。

完成对GB/T 18190-2000《海洋学术语 海洋地质学》国家标准报批稿的审查、报批，经国家质量技术监督局批准，已发布、实施。

水处理技术标准归口管理 2000年指导中国膜工业协会标准化委员会完成了“中国膜行业标准体系表”的编制。

完成053-2000《微孔滤膜》、054-2001《中空纤维反渗透技术》、055-2001《折叠筒式微孔膜过滤芯》行业标准报批稿的审查、报批，经国家海洋局批准，已发布、实施(见国海环字[2001]281号文)。

海洋计量工作
Marine Metrological Work

【概况】 **具有国际先进水平的CTD检测设备研制**

成功　在国家“863”计划的支持下，国家海洋局海洋标准计量中心与国家海洋局海洋技术研究所经过近3年的努力，于2000年成功研制了1套CTD检测设备，其性能和各项技术指标达到国际先进水平，不仅为中国高精度CTD剖面仪的研制奠定了基础，而且可使CTD剖面仪的检测工作与国际接轨。

CTD检测设备主要由温度、电导率、深度等检测仪器组成，另外还包括溶解氧和pH检测装置。主要技术指标见下表。

名称＼指标＼性能	测量范围	不确定度
温度	-5～35℃	0.000 5℃
盐度	5～40	0.002
压力	0～60兆帕	0.005%
水槽恒温波动度		优于±0.000 15℃
水槽温场均匀度		0.000 26℃
升、降温速度		≥10℃/时
溶解氧	0～15毫克/升	0.05毫克/升
pH	2～14	0.01

该设备已为高精度CTD剖面仪的研制完成了300多小时的试验，温度、盐度和压力计量标准都取得了中国计量院的检定证书，成功地检测和校准了当前世界上最先进的美国海鸟911PLUS和海鸟25型高精度CTD剖面仪。在2000年11月15日通过国家“863”计划海洋领域“818”主题专家组的验收。

海洋计量检测工作　2000年完成了“863”计划海洋领域“818”主题有关项目全性能检测并做出客观评价，为“818”有关项目顺利通过专家验收提供了真实有效的数据。另外，国家海洋标准计量中心还完成了全国用于重大调查项目的温盐深仪器校准工作，确保重大调查项目调查数据的准确可靠。

国家海洋局第一海洋研究所从美国Mclane公司购买了G6600型浮球63个，用于“863”项目深海捕获器海上试验。该批玻璃浮球经国家海洋标准计量中心验收，通过外观检查，发现近1/3的玻璃浮球有多个气泡，最大的直径为25毫米，最小的直径为1毫米，玻璃表面有少量条纹等缺陷。经检测表明，该产品不符合该公司的产品标准。据此，第一海洋研究所要求退货，在事实面前，该公司同意退货。

中国某单位新研制的飞机黑匣子在国家海洋标准计量中心顺利通过了6 000米、24小时海水压力试验，试验后证明该黑匣子性能良好，达到了原设计要求；同时也说明，国家海洋标准计量中心的压力设备可做多种仪器的压力效应试验。

（李明钊　高占科）

【海洋计量标准器具研制】　2000年，海洋计量标准器具的研制工作主要有以下几个类型：

1. JBY1-1型波浪浮标检定装置。完成了关键技术的调试、整机测试、使用和鉴定验收。

这些关键技术主要有：

(1) 浮标平动。采用链轮结构使整体波浪浮标（包括美国949、956波浪浮标）在桁架转动时始终保持平动，有效地解决了浮标体摆动带来的误差。

(2) 相频分析。相频分析对于研究、分析重力加速度计传感器的性能指标具有十分重要的意义。采用将编码器输出信号20分频后作为中断申请信号，在同一中断服务程序中计算桁架旋转角度，给出桁架的实际波高，同时对浮标的输出信号进行采样与A/D转换的方法实现相频分析。

(3) 大变速比。采用“大马拉小车”、矢量控制变频器和变频器输出端增加滤波的方法，使变频比由1∶10扩展为1∶50，桁架旋转周期从2～40秒相应扩展为2～100秒。

同时，还解决了干扰问题和桁架的动平衡问题。

该装置经整体综合测试，证明达到了方案确定的技术性能指标。

波高测量范围：1～6米，误差：0.1%满量程，可测11个波高点；

周期测量范围：2～40秒，误差0.14%满量程；40～100秒，误差0.5%满量程；

可测浮标直径：0.5～1米，负载能力180千克；

特性曲线：幅频和相频；

可测整体波浪浮标和重力加速度计传感器。

在其后的使用中，通过对美国949波浪浮标、中国科学院海洋研究所生产的SZF1-Ⅱ型数字波温仪（整体波浪浮标）及重力加速度计的测试，证明该装置工作稳定、性能可靠。

2000年12月，国家海洋局在天津主持召开了该装置的鉴定验收会。与会的专家和领导经过严格审查，通过了鉴定和验收，并给予了较高的评价。

鉴定意见认为，该装置结构合理、技术路线正确，有一定的前瞻性，在波浪浮标检定领域填补了国内空白；在检定测试波高、波周期等主要性能指标上优于欧美发达国家的同类设备，达到国际同类设备先进水平。

验收意见认为，该装置的技术指标达到了国家海洋局下达的《计划任务书》要求。

2．波向检定装置。通过了方案论证，完成了机械结构和电路设计，开始机加工。

3．三项海洋现场校准装置的研制。它们是《中国海洋环境监测系统——海洋站和志愿船观测系统》分项目："标准制定、计量检定、质量保障"实施方案中确定的"声学测波仪校准装置"、"风速风向仪现场校准装置"和"浮子式验潮仪现场校准装置"。

2000年完成了方案论证、设计和加工等项工作。（赵维三）

【计量认证工作】 按各被评审单位的申请，2000年6月18日到7月7日，国家计量认证海洋评审组就国家海洋局第一海洋研究所海洋环境测试中心、第二海洋研究所检测中心和第三海洋研究所海洋监测技术中心这三家机构进行了计量复查认证现场评审。

现场评审按JJ1021-90《产品质量检验机构计量认证技术考核规范》进行。经评审，国家海洋局第一海洋研究所海洋环境测试中心为有条件的通过，国家海洋局第二海洋研究所检测中心通过，国家海洋局第三海洋研究所海洋监测技术中心为有条件的通过。

经过3个月整改，国家计量认证海洋评审组就这三家机构的整改记录与评审材料上报国家计量认证办公室。经国家计量认证办公室审核和对《计量认证合格证书附表》的反复修改，由国家质量技术监督局颁发了《计量认证合格证书》，有效期5年。（秦嗣仁）

海洋公益事业篇

Marine Public Welfare Facilities

CHINA
OCEAN YEARBOOK

海洋环境预报服务
Marine Environmental Forecast Service

综述
Summary

【概况】2000年，中国海洋灾害较为严重，总经济损失约120余亿元。频繁的海洋灾害已引起中国各级政府高度重视，作为国家海洋行政主管部门的国家海洋局，也加强了海洋灾害的监测预报工作，加快了全国海洋环境监测预报网的建设，不断更新有关单位的仪器设备，从而提高了对海洋灾害的监测预报能力。例如，给极地考察船“雪龙”号装备新型船载气象卫星接收系统，并根据所接收的高分辨率清晰云图和冰图制定安全经济航路。各单位在预报业务方面也有新进展，如在风暴潮数值预报上海示范区建设中，运用了模式的科学计算可视化系统，使数字信息转变为以图像或图形表示的、直观的风暴潮时空变化的过程。2000年初步建成包括国家海洋环境预报中心、区域海洋预报中心以及沿海省市海洋预报台的海洋预报网，预报范围从近海扩大到三大洋和南极大陆附近海域。海浪中、长期预报在2000年有所加强，除正常的旬、月预报外，还有年预报，年预报主要参加中国科协、国家民政部和国家海洋局等共同组织的年度自然灾害和海洋灾害预测会商，每年发布一次灾害性海浪发生次数和出现天数的年展望。为适应海洋经济发展需要，国家海洋环境预报中心开展了沿海城市单站海温预报，并通过各种媒体发布海温预报产品，收到了较好的经济和社会效益。海冰预报更得到了有关沿海省市的加盟，辽宁、河北、山东各省和天津市都先后与国家海洋局共建海洋预报台，开展冬季海冰预报工作。海洋预报服务逐步走向市场的趋势也越来越明显，尤其在中国加入WTO以后，将面临新的机遇和挑战，这就迫使有关部门不得不尽快提高自己的产品质量和服务能力。国家海洋局2000年10月24日在北京召开了赤潮预报业务化讨论会，以此为契机，国家海洋环境预报中心积极展开赤潮预警预测的筹备工作。

提高海洋预报服务能力重要的途径之一，就是不断改进各种分析预报技术和方法。2000年度在海洋预报技术研究方面也取得了不少成果。风暴潮方面有嵌套网格数值预报模式和Kalman滤波数值预报模式在上海示范区及其邻近水域的应用。海浪方面开展了浅海海浪数值计算模式研制和东海示范区监测资料在数值计算中的应用及与常规监测资料对比试验研究。海温方面进行了实况资料客观分析研究，把船舶观测资料和岸边台站观测资料融合在一起，填补了缺乏观测海区的大片空白。国家海洋环境预报中心还对1998年6月开始的拉尼娜现象进行跟踪监测和分析，确定这次过程已于2000年6月结束。 (韩忠南)

风暴潮预报
Storm Surge Forecast Service

【风暴潮预报服务】2000年国家海洋预报台共发布8个台风（0004、0008、0010、0012、0013、0014、0016和0019）的风暴潮预报102份，其中传真预报31份，网上预报30次，午间新闻电视预报14份，广播预报16份，内部明传电报10份。另外，在中央电视台新闻联播中发布风暴潮紧急警报1次。这8次台风风暴潮中有4次出现潮灾，其中灾害较严重的是派比安(200012)、桑美(200014)、悟空（200016）和碧利斯（200010）4次台风风暴潮。此外，2000年还发布温带风暴潮预报6次。

【风暴潮预报技术研究】在国家高新技术项目（863-818-01-04课题）支持下，对上海示范区及邻近水域进行了嵌套网格风暴潮数值预报模式的研究和Kalman滤波风暴潮数值预报的研究。以上模式（包括模式的科学计算可视化系统），在国家海洋环境预报中心和上海海洋环境预报中心的2000年汛期中得到应用，取得明显的经济和社会效益。

嵌套网格风暴潮数值预报模式研究 考虑海

岸形状和海水深度对风暴潮的影响，采用加大计算区域、加密重点区域计算网格的办法，设计了三重高分辨率嵌套网格系统。为节省计算时间，应用了单向松驰套网格法。在细网格的内边界附近建立一个“过渡区”，区内控制方程不变，区外在控制方程右边加牛顿松驰项，对预报物理量进行松驰，使粗、细网格预报逐步过渡，收到了良好的效果。

采用科学计算可视化(ViSc)技术，把风暴潮数值预报中所涉及的和所产生的数字信息转变为直观的、以图像或图形表示的、随时间和空间变化的风暴潮演化过程，呈现在预报员面前，使他们能够观察到计算的直观结果。

Kalman滤波的风暴潮数值预报模式研究 该模式基于Kalman滤波技术，把示范区的观测资料(海洋站、地波雷达等)同化到数值模式中去，显著提高风暴潮短期预报的精度，是一个新型业务化风暴潮数值预报模式。虽然确定性的风暴潮数值预报模式在日常的风暴潮实时预报中已经发挥了重要的作用，但是，有时候预报值与观测值相比较仍然有较大的误差。为了提高风暴潮数值预报的精度，预报模式与可利用的观测资料应该采用最优化的方法结合起来。数值模式的资料同化方法就是达到这一目标的途径。目前，仅有荷兰、挪威等少数北欧国家采用Kalman滤波的风暴潮数值预报模式。 (叶 琳 于富江)

海浪预报
Sea Wave Forecast

【海浪预报业务进展】 2000年,中国已初步建成以国家海洋环境预报中心为主，广州、上海、青岛3个区域海洋环境预报中心和海南（海口）、广西（北海）、福建（厦门）、浙江（杭州）、辽宁（大连）、山东（青岛）、天津（塘沽）、河北（秦皇岛）、辽宁（大连）9个省海洋预报台组成中国海浪预报网。预报范围已由近海扩大到太平洋、印度洋、大西洋和南极大陆近海。按照IOC和WMO的规定，由国家海洋环境预报中心每天通过无线传真，同时以3个频率向世界发布西北太平洋海浪实况图和西北太平洋海浪预报图。每天还通过中央电视台和中央人民广播电台播放中国海和西北太平洋24小时海浪预报。此外，还通过电传、电报、电话、有线传真向国内外用户提供上述海区和世界其他大洋的专项海浪预报服务，对海洋运输、海洋科学考察、海洋石油开发、海洋渔业、海军等部门进行的海上施工、重要拖航、海上救助、海上体育比赛、海上旅游等活动提供海浪预报服务。为使沿海省、市、自治区政府的防汛指挥部门及广大用户通过Internet网络及时了解海浪状况，国家海洋环境预报中心每天将中国海及西北太平洋24小时海浪预报和中国海及西北太平洋72小时大浪警报登载在国家海洋环境预报中心网页上（www.nmefc.gov.cn）。海浪预报服务系统取得了很大的进展，使得海浪预报产品越来越受到沿海各级政府和广大用户的高度重视。

【海浪中长期预报】 2000年，中国发布海浪中长期预报的部门主要是国家海洋环境预报中心和青岛、上海、广州、海口海洋预报台，以及浙江省、江苏省、山东省、天津市、河北省、辽宁省海洋预报台。现在开展的海浪中长期预报项目主要以旬、月和年预报为主，旬预报每月发布3次，每旬末发布下旬各海区海浪状况；月预报每月底发布下月各海区海浪状况；年预报主要参加中国科协、国家民政部和国家海洋局组织的年度自然灾害和海洋灾害预测会商会，每年2月和4月发布一次中国近海4米与6米以上灾害性海浪发生次数和各海区4米与6米以上灾害性海浪出现天数年展望。海浪中长期预报受到国家各部门和各级政府及广大用户的好评。海浪中长期预报的方法主要是采用目前中长期天气预报业务中使用的数理统计方法、天气学方法以及欧洲数值预报中心、日本气象厅发布的中长期天气数值预报产品，并参考中国气象局所属国家气候中心和气象科学研究院等部门定期发布的海洋、天气、天文等要素的监测公报。

【海浪数值预报模式研究】 2000年,国家海洋环境预报中心海浪预报模式的研究主要是国家计委下达的“风暴潮漫滩模式研制和浅海海浪数值计算模式研制”课题的研究工作和“863”计划818-01-04“东海示范区监测资料在数值计算中的应用与常规监测资料对比试验”课题的研究工作。浅海海浪数值计算模式的研究海域是10°～30°N，

110°～130°E的东海和南海海区，计算间距为1/8纬度。近岸浅水区海浪数值计算应用海浪数值模式采用引进的swan模式；海区范围24°～27°N，118°～121°E的福建省厦门市和福州市近海小于20米浅水区域，计算间距为200米。进行近岸浅水区海浪数值计算。“东海示范区监测资料在数值计算中的应用与常规监测资料对比试验”课题的研究海域是27°～33°N，120°～128°E以上海为中心的长江三角洲邻近海域，计算间距为1/8纬度。目的是试验上述示范区内高频地波雷达、ADCP、ACCP、CTD、合成孔径声呐（SAS）及卫星遥感等高技术自动监测资料在数值模式中所起的作用，力求弄清这些资料与常规监测资料间的关系及研究不同资料的同化处理技术等关键问题。

（许富祥）

潮汐、潮流预报
Tide and Tidal Current Forecast

【潮汐分析与预报】 从2000年开始，国家海洋信息中心编制的潮汐表中的主港预报精度验证工作及预报方法的改进研究全面展开。针对海洋环境、全球气候的变迁对潮汐变化的影响，更新了50余个主港预报站的调和常数，经过对预报结果的验证，预报精度普遍得到提高，其中大连老虎滩、塘沽、京唐港、烟台、成山头、吴淞、厦门、东方等主港高、低潮、潮时、潮高均方差分别达到±10分钟，±10厘米。

预报方法的改进工作主要针对那些位于浅水效应显著或处于江河出海口，江河段中的主港，采用“浅水潮汐预报准调和方法”推算的任意时刻的潮高和高、低潮，效果比调和方法或其他一些浅水分析预报方法有了明显的改进。同时对受江河径流量影响较大的一些主港又进行了径流量的订正，使非天文因素的影响得到了定量的估算。

为使刊载在潮汐表中的主港预报结果满足大型船舶乘潮进出港的要求，适应中国港口正朝着国际大港、枢纽港方向发展的形势，同时，港口的环境变迁，航道的加宽、浚深、防波堤的改造、修建等海上工程使潮汐预报工作面对一种“动态”状况，这些都要求加强主港的验潮监测工作，及时更新潮汐预报资料，使潮汐预报更加准确、稳定。

（储英杰）

海温预报
Sea Surface Temperature Forecast

【海温实况资料客观分析】 2000年国家海洋环境预报中心根据西北太平洋的常规SST船舶报资料和台站报资料的特点，提出了一种与之相适应的客观分析方法。通过对冬半年和夏半年船舶报资料的详细分析，发现冬半年和夏半年的资料水平有一定的差异，并给出了一种与之相适应的资料质量控制方案。考虑到渤、黄海和北部湾海区船舶报资料非常缺乏的实际情况，补充了沿岸台站报的资料。通过与人工分析场的比较表明，客观分析场能够相当好地刻画西北太平洋的SST场分布。对于西北太平洋的旬平均GTS资料，采用气候的距平判别法和观测的距平判别法进行质量控制，并采用逐步订正法进行客观分析，就能相当好地获得西北太平洋的海温分析场。在应用逐步订正法时，扫描半径R的选取对分析场有一定的影响，R越小，分析场中的短波成分越多，但对于旬平均场而言，R=4个网格距，即相当于2个纬距比较合适。应用台站报的观测资料对缺乏观测的近海海区进行补充，能够起到很好的作用。

采用Kalman滤波以及1987年1月至2000年12月逐旬的海温分析场，对海温预报的AR模型进行了滤波分析研究，结果表明各回归系数随时间有一定的波动，但其值大致稳定在±0.5之间。在计算过程中，把西北太平洋分为了相对独立的4个分区，结果发现各海区的海温距平变化具有相对独立的特点，例如，在大洋海域的距平变化比渤黄海的要相对小一些。从各回归系数的均值可以发现，海温距平的“记忆”随时间在很快失去，平均而言，当旬仅保留了20%左右的前一旬“记忆”。预报结果的对比表明，采用滤波后对预报精度有相当的提高，特别是对中国的渤黄海区域更是如此。

【增发沿海域市单站海温预报】 为适应海洋经济发展的需要，使海洋预报能全方位地为国民经济建设服务，国家海洋环境预报中心开展了沿海城市单站海温预报业务，并通过各种媒体发布海温预报产品，使用户获取海洋预报的信息更加方便快捷，在海洋经济建设中发挥了积极的作用，收到了良好的社会效益。

（张建华）

海冰监测预报
Sea Ice Monitoring and Forecast

【沿海省、市开展海冰预报】 随着海洋工作的不断深入，海洋灾害越来越引起地方省、市的高度重视，辽宁、河北、山东省和天津市均先后与国家海洋局共同建起海洋预报台，开展冬季海冰预报工作，通过地方电视台和广播电台公开发布海冰预报，对防冰减灾起到了相当重要的作用。 （张启文）

海洋气象预报
Marine Meteorological Forecast

【台风采用新命名方法】 从2000年1月1日起，对在西北太平洋和中国南海生成的台风采用新的命名方法。亚洲台风委员会决定由亚太地区14个国家和地区各提供10个共140个名字为其命名，并循环使用。中国提供的10个名字分别为：龙王、悟空、玉兔、海燕、风神、海神、杜鹃、电母、海马和海棠。

【海洋气象服务面临新形势】 21世纪海洋事业将有很大的发展，国民经济将对海洋气象预报服务有更高的要求。目前，中国沿海的一些海洋气象台站除开展海洋气象公益性服务以外，还对交通运输、石油平台等开展一些商业性海洋气象服务。中国加入WTO（世界贸易组织）以后，海洋气象服务市场将面临更激烈的挑战和对外逐步开放的问题。现在，一些外国气象公司已采取多种途径和方式开始进入中国海洋气象服务的某些领域，如海洋船舶气象导航、石油平台气象服务等。面对这种跨国的商业性海洋气象服务，中国有关部门应尽快提高自己的服务能力和竞争实力，否则将对中国的海洋气象商业性服务产生巨大的影响和冲击。 （李晓阳）

极地地区气象服务
Meteorological Service for Polar Areas

【船载气象卫星接收系统装备极地考察船】 “雪龙”号船是中国南北极科学考察惟一的海上交通运输船只，它担负着运送极地科学考察队员和南极长城站、中山站的发电机及各种车辆的用油、度夏和越冬科学考察人员的食品补给、南大洋海上调查等诸多任务。“雪龙”号船能否安全顺利的航行于极地冰区，直接关系到极地科学考察和南极两站科考任务的完成及两站人员的后勤保障。

“雪龙”号船每年都要穿越冰情复杂的南极普里滋湾到达中山站，每隔一年还要执行一船两站（南极长城站和中山站）的科学考察任务。从长城站抵达中山站，“雪龙”号船要沿极区浮冰带的外部边缘航行，而如何确定冰区外缘带的位置是很困难的。过去主要靠接收国外发布的极区浮冰分布图确定航线。由于资料时间间隔长（一星期发布一次）和极区冰情变化快等诸多因素的影响，“雪龙”号船在航行中往往由于冰情变化快而受阻，例如有些海域浮冰分布图上属无浮冰区，但是由于气象、海流的迅速变化，当“雪龙”号船航行到此地时，该海域浮冰已十分严重，大量浮冰和冰山聚集直接威胁着“雪龙”号船的航行安全，为躲避浮冰和冰山的威胁，“雪龙”号船只能绕道航行。反之，有些海域在冰图上属于浮冰分布密集型海区，考察船为躲避该海域的浮冰按原计划航行，实际上此时该海域已变为无浮冰区。由于资料信息不灵，不能及时掌握和了解极区浮冰最新变化动态，极地科学考察船为躲避浮冰和冰山的威胁往往多航行很多路程。不但经济上受到一定的损失，极地科学考察往往也受到影响。

中国极地科学考察是一项长久的事业，如何解决极地浮冰、冰山的监测和预报已成为亟待解决的迫切任务。由国家海洋环境预报中心牵头，航天部二部、川叶公司开发研制的船载气象卫星接收和图像处理系统，于1997年正式在“雪龙”号船上安装投入应用。船载气象卫星接收系统具有接收极轨高分辨卫星云图、高分辨冰图和静止低分辨卫星云图双套接收及图像处理功能。两种功能主要为解决船只在极区航行时静止卫星云图失真，而由极轨卫星资料来代替。

高分辨极轨卫星可提供分辨率（1千米）的清晰云图和冰图，该系统投入使用后发挥了重要作用。2000年第16次南极科学考察队在中山站执行考察任务时，有一个重病人急需送国外进行抢救，考察队临时党委决定根据极区冰情选择最近的路程用最短的时间把病人送到智利的彭塔阿雷纳斯进行抢救。自中山站向西逆西风带航行到智利的彭塔阿雷纳斯距离最短，但这是一条新航线，航线上浮冰、冰山错综复杂变化迅速，气象条件也十分恶劣。由于“雪龙”号船安装了船载气象卫星接收系统，一天中可以接收多个时次的高分辨卫星冰图资料。从当时接收的最新高分辨卫星冰图资料，可清楚的看出新航线浮冰北部外缘线，于是根据最新冰情资料及时制定了航行路线（航线图略），赢得了抢救危急病人的时间，同时还没有耽误南极科学考察。人们称赞船载气象卫星接收系统为冰区航行的千里眼。

（姜德忠）

赤潮预报
Red Tide Forecast

【赤潮预警预测筹备】 近年来随着工农业生产的发展，工农业废水和生活污水大量地向海洋排放，使中国近海水域富营养化的进程加速，从而使赤潮发生的频率、规模及危害程度大大加剧。据不完全统计，20世纪70年代9次，80年代29次，进入90年代后赤潮发生次数急剧上升，仅1990年就达到34次。同时赤潮影响的范围明显扩大，持续时间显著延长。例如1998年渤海大赤潮从8月18日开始一直持续到10月19日，历时71天，影响范围极盛时达到1万余平方千米。2000年5月3日从舟山首次发现面积为200平方千米的赤潮后，浙江中部、南部沿海在一个多月的时间内连续发生14次赤潮，规模最大的一次面积达7 000余平方千米，持续时间长达一周。

日趋严重的赤潮灾害引起了有关方面的重视，国家海洋局于2000年10月24日在北京召开赤潮预报业务化讨论会。同年11月20日国务院副总理温家宝在国务院办公厅秘书局专版信息《中国有害赤潮应引起政府高度关注》中批示：“近些年来，有害赤潮频繁，呈逐年上升趋势，严重破坏中国海洋生态环境，必须引起高度重视。赤潮的预防、控制、治理必须统筹规划，采取综合措施，必须建立全国性的监测、信息、研究、防治的协调机制，必须科研先行加强多学科的综合研究。各有关部门、沿海省区要相互配合，一致行动。……”在这样的背景下，国家海洋环境预报中心成立赤潮灾害预报筹备组。

国家海洋环境预报中心计划开展赤潮灾害年度趋势预报和赤潮灾害中短期预报，拉开了赤潮统计预报技术研究的序幕，并计划准备利用海洋生态系统动力学模式，模拟赤潮发生的机制，以及利用卫星遥感资料，监测赤潮的形成与移向。

（王咏亮）

厄尔尼诺/拉尼娜灾害与预报
El Nino/La Nina Disaster and Forecast

【1998拉尼娜现象结束】 1998年6月开始的拉尼娜现象于2000年6月结束，历时2年。与1950年以来的历次拉尼娜现象相比，这次事件的强度属中等。2000年下半年，赤道中、东太平洋海表温度距平在-0.5℃附近摆动。

2000年2月上旬，100°W以东的赤道东太平洋，表层海水出现局地性增暖，增暖区向西扩展，3月底到达140°W，4月上旬又迅速回撤至120°W。增暖一直维持到5月中旬，中心区最大增暖达2℃。6月份，增暖区在90°W附近消失。7月，南美沿岸海表海温出现负距平，并逐渐向西发展，12月底到达180°E，最大负距平达-1℃。与1999年同期相比，负距平值要小一半。

赤道西太平洋次表层海温正距平，在8月份之前，它一直位于日界线以西，强度比1999年稍有加强。8月至10月中旬次表层海温正距平中心沿温跃层向东移动减弱，最东达到160°W。10月下旬，正距平中心又开始西移并加强。2000年赤道东太平洋的海温负距平相对较弱。

热带太平洋海平面高度，日界线以西为正距平，以东至南美沿岸为负距平，一直维持西高东低的分布。

热带太平洋大气环流呈现从拉尼娜位相向正常位相过渡。南方涛动指数在5、6月出现负值。热带太平洋的对流活动区除8月份东移至180°E以外，主要位于160°E以西。2000年下半年，850hPa纬向风出现明显的低频振荡。赤道西风由上半年的140°E扩展至下半年的160°E。12月份出现1997/1998年厄尔尼诺现象后第一次强的西风异常，但中东太平洋仍然受较强的东风控制。（王彰贵）

海洋灾害
Marine Disasters

【综述】 2000年，中国海洋灾害较为严重。全年共发生风暴潮灾4次、赤潮28次、海浪灾害13次，死亡、失踪79人，累计经济损失约120余亿元。4次风暴潮灾共死亡15人，直接经济损失115.4亿元，其中以“派比安”台风和“桑美”台风造成的风暴潮灾最为严重。在灾害性风暴潮发生期间，江苏省、浙江省、上海市、福建省和海南省沿海增水均超过当地警戒水位。其中，江苏省经济损失56亿余元，浙江省经济损失约43亿元，福建省经济损失约12亿元，海南省经济损失近3亿元，上海市经济损失约1.4亿元。海浪灾害造成全年沉损大小船只18艘，死亡、失踪63人，直接经济损失约1.7亿元。海冰灾害是20世纪90年代以来较为严重的一年，渤海辽东湾出现的结冰范围最大，最长距离达78海里，一般冰厚10～20厘米，最大冰厚45厘米，严重影响到海上石油平台生产和交通运输的安全，并造成一定的经济损失。赤潮遍及渤海、黄海、东海和南海近海海域，其中，渤海发生赤潮7次，累计面积2 000余平方千米；黄海4次，累计面积800平方千米；东海11次，累计面积7 800平方千米；南海6次，累计面积50余平方千米。赤潮灾害严重威胁中国海域生态环境，并给海洋经济带来巨大损失，仅辽宁、浙江两次较大赤潮造成的渔业损失就近3亿元。

（韩忠南）

【台风风暴潮灾害】 2000年中国沿海共发生8次台风风暴潮过程，其中4次风暴潮过程在中国沿海酿成灾害（详见表1），“派比安”台风风暴潮和“桑美”台风风暴潮造成的灾害最为严重。

“派比安”风暴潮灾 台风“派比安”于8月30日02时形成，当晚穿过舟山群岛，直逼长江口，31日凌晨已移到长江口以东约120千米的海面北上。当时正值农历八月初大潮期，大潮伴着风暴潮裹着海浪扑面而来，形成了异常恶劣海况。受其影响，浙江、上海、江苏沿海的潮位比正常潮位偏高100～200厘米；福建、山东、天津沿海的潮位比正常潮位偏高50～100厘米。上述岸段内有20余个验潮站的潮位超过当地警戒水位50～115厘米，最大值出现在上海黄浦公园站。这次过程是近年来罕见的一次特大潮灾，浙江、江苏和上海市发生严重灾情。

浙江省：30日晚8时前后“派比安”台风穿过舟山群岛北上，舟山各地狂风呼啸，海潮裹着巨浪直冲岸边，影响长达12小时。在此期间舟山等地的风速30～48米/秒，定海水文站最高潮位超过当地警戒水位47厘米，接近历史最高。浙江省共有15个县（市、区）122个乡镇受灾；受灾人口120.6万人，紧急转移人口1万余人，2.3万公顷农田受淹。宁波、舟山对外海陆空交通一度全部中断，宁波、定海、岱山等地均发生海水倒灌，岱山县高亭城区水深达1米左右，凶猛的海潮吞没苍南县在海边摸蛏子的4名妇女，宁波江海运

表1 2000年风暴潮灾（含近岸台风浪灾）损失统计表

潮灾影响范围(省市)	受灾人口（万人）	潮水淹没农田(万公顷)	海洋水产养殖损失（万公顷）	潮灾损毁房屋（万间）	冲毁崩决海塘堤防及其他海洋工程（千米、处、座）	损毁船只（艘）	死亡人数（人）	直接经济损失(亿元)
浙江省	278.9	222.0	43.5	5.6	400处，149千米	585	4	43
上海市		27.9			64处，10千米		1	1.4
江苏省	640.7	335.3	12.8	3.5	40处，31千米		9	56.1
海南省	83.6		1.2	9.0	20处	56		3.0
福建省			0.7		1 539处，216千米	300	1	11.9
合 计	1 003.2	585.2	58.2	18.1	2 063处，406千米	941	15	115.4

输公司一艘轮船在三门湾附近沉没，全省直接经济损失11.56亿元。

上海市：台风“派比安”8月31日凌晨靠近上海时，遭遇农历天文大潮，长江口和黄浦江干流验潮站均出现了历史上第二高潮位，其中市区黄浦公园站的高潮位超当地警戒水位115厘米，上海的防汛形势一度十分严峻。此次风暴潮灾中，上海市农田受淹17 880公顷，海塘受损34处，全长30余千米。市区防洪墙有1处溃决，长约10米，80多处出现较严重的渗漏水、倒灌、漫溢，长约7.3千米。61处有渗漏水现象，100余条马路积水，死亡1人，直接经济损失1.22亿元。

江苏省：8月31日台风“派比安”沿海北上时与北方南下冷空气遭遇，江苏省淮北东部地区普降暴雨和特大暴雨。此间又逢大潮，沿海潮位明显上涨，31日灌河响水口高潮位417厘米，超出历史最高潮位14厘米；燕尾港高潮位391厘米，平历史最高潮位；连云港高潮位638厘米，为历史第二高潮位，超警戒水位58厘米。受风暴潮灾影响较重的有连云港市、响水县、灌云县、南通等县市，由于潮位高加之雨量大（据观测响水县24小时降雨量达800多毫米），响水县城内一片汪洋，积水平均140厘米，最深处达170厘米。响水县出现了建国以来最大的灾情，死亡5人，伤185人。全县农作物受灾面积达5.82万公顷，0.27万公顷特种水产、0.17万公顷鱼塘养殖漫塘损失惨重。倒塌房屋1.1万间，冲毁桥涵218座，三圩、头署两个盐场盐池全部淹没，损失成品盐17万吨，牲畜死亡12万头，全县企业全面停产。连云港市89个乡镇受灾，受灾人口293.5万，全市18.67万公顷农作物受灾，倒塌房屋1.7万间，损坏堤防5处，长0.22千米，决口6处，长0.8千米，8万亩鱼塘漫水，损失水产养殖品5.1万吨。特别是连云港市城区普遍淹水40～50厘米，局部深达80厘米，死亡4人，直接经济损失44.7亿元。根据连云港、盐城和南通三个沿海市的统计，直接经济损失约55亿元。

“桑美”风暴潮灾 台风“桑美”于9月14日14时位于东经124.1度，北纬28.2度，此时台风中心气压95.5千帕，最大风速45米/秒。由于台风“桑美”13～15日一直在浙江东部沿海徘徊逗留，期间又一次与农历八月十八天文大潮相遇，长江口、杭州湾沿岸的潮位比正常潮位偏高100～180厘米；福建、苏北、浙南沿海的潮位比正常潮位偏高50～100厘米，上述岸段内有10余个验潮站的高潮位均超过当地警戒水位30～67厘米，最大值出现在浙江省定海站。有关灾情简述如下：

浙江省：从9月12日起风暴潮席卷了浙江东部沿海。镇海验潮站最高潮位超过当地警戒水位64厘米，定海验潮站超过67厘米。受其影响舟山、宁波等市城区进水，部分房屋倒塌，农田受淹，非标准海塘受损严重，海陆空交通全部中断。台风“桑美”带来的大海潮其程度之烈，持续时间之长，危害之大，在舟山历史上并不多见。舟山市区及各县城全部受淹，全市共倒塌房屋851间，受灾人口60余万。319条海塘受损，长134.1千米，其中71条海塘被冲毁倒塌，长18.28千米；119处避风塘、167座水闸受损。6 640公顷农作物、1 520公顷海水养殖受灾，损失海产品8 000吨。62艘船只沉没，363艘船只受损。损失原盐1.92万吨，损坏码头147座，直接经济损失14.7亿元。这次潮灾给宁波市也带来了不可估量的损失，全市有145个乡镇不同程度受灾，受灾人口达98.3万，其中被洪水围困43 899人，紧急转移人口82 780人。有44个城镇进水，38个城镇积水，损坏房屋55 033间，倒塌房屋2 060间。受害农作物11.8万公顷，成灾面积7.3万公顷，粮食绝收1.45万公顷。水产养殖损失1.33万公顷，冲毁桥涵26座，全市有50座小型水库及一批海塘、江堤等水利设施受损，直接经济损失16.7亿元。

上海市：由于遭遇天文大潮和风暴潮的双重影响，长江和黄浦江验潮站均出现了超警戒水位的高潮位，其中市区黄浦公园站的高潮位超当地警戒水位67厘米。上海市农田受淹747公顷，海塘受损30处，总长10千米，市区防洪墙50余处，长约5.7千米发生不同程度渗漏水、倒灌、漫溢、管涌现象，直接经济损失0.15亿元。

江苏省：由于台风强度大、范围广、持续时间长，加之正值天文大潮期，江苏沿海潮位猛涨，小洋口站出现593厘米高潮位。狂风、暴雨、高潮给南通市的启东、海门、如东等地带来严重影响，部分江海堤防一线水利工程也遭不同程度损失。66个乡镇不同程度受灾，受灾人口72万，成灾人口21.4万。12万公顷水稻、1.2万公顷棉田受灾，其他农作物受灾面积超过3.3万公顷。此外，潮高、浪急还造成沿海200余公顷水产养殖受损，大量的鱼虾螃蟹和滩涂养殖的贝类被冲走。水利工程设施部分受损，全市江海堤防13处不同程度受损，总长达31.05千米，流失土方15.5万立方米，直接经济损失1.13亿元。

“悟空”风暴潮灾 台风“悟空”于9月9日中午登陆海南陵水后，穿过海南岛进入北部湾。受其影响，海南省东北部沿岸的潮位比正常潮位偏高50～100厘米，其中清澜站和乌场站的高潮位超过当地警戒水位10～17厘米。海南省文昌、琼海、万宁、陵水等地受灾人口83.61万，潮水损毁房屋9万间，损坏堤防20处，决口18处，损坏护岸18处，冲毁塘坝102座。海洋渔业共损失2.014亿元，其中水产养殖业损失777公顷，19 844.4万元。

“碧利斯”风暴潮灾 台风“碧利斯”于8月23日上午登陆福建晋江。受其影响福建沿岸的潮位比正常潮位偏高50～180厘米，其中闽江口白岩潭站的高潮位超过当地警戒水位3厘米，闽江口沿海出现了5～7米的巨浪和狂浪。受其影响，福建沿海全线海上水产养殖遭到毁灭性破坏，船只损坏严重。这次灾害中损坏堤防1 539处，长216千米，决口148处，长13.1千米。损坏护岸3 267处，水闸131座，水利损失7.9亿元。莆田市水产养殖损失465公顷，损坏渔船14艘；连江县渔业损失更大，仅在罗源弯南岸全国最大网箱养鱼基地的下屿养殖区，被风浪拉断渔排达203箱，损坏渔网1 590张，大黄鱼、真鲷、美国红鱼等流失30万尾。

温带风暴潮 2000年渤海湾沿岸温带风暴潮过程较多，最高潮位均不超过当地警戒水位。渤海湾塘沽验潮站出现50厘米以上增水过程42次，明显的多于常年（年平均27.4次）；100厘米以上增水过程13次；年最高潮位4.77米（8月31日16时39分）。

莱州湾羊角沟验潮站出现50厘米以上增水过程32次，少于常年（年平均36次），100厘米以上增水过程12次；年最高潮位5.08米(5月5日16时)。 （叶 琳 于富江）

【海浪灾害】 2000年影响中国近海海域台风过程有13次，主要影响东海、南海和黄海。除“派比安”和“桑美”台风浪与风暴潮共同影响，造成较重灾害外，“杰拉华”、“碧利斯”和“悟空”台风浪造成的灾害较小。

“杰拉华”台风于8月10日晚上19时30分在浙江省宁波象山登陆。登陆时，台风中心最大风力12级，普陀区实测风速38米/秒。受其影响，浙江舟山市沿岸近海出现5～6米的巨浪。受大风、巨浪影响，损坏渔船160艘，损坏码头58座，沉没1座，损坏海塘81条，长15千米，决口27处，长8.54千米。

“碧利斯”台风于8月19日14时在台湾省登陆后，又于8月23日10时30分在福建省晋江市登陆。台风在登陆前风速高达45米/秒，登陆时仍有38米/秒，沿海狂风呼啸，台湾海峡出现7～9米的狂浪到狂涛，闽江口近岸沿海出现5～7米巨浪到狂浪。受“碧利斯”台风大风、巨浪和暴雨的袭击，损失极为惨重，详情参见“碧利斯”风暴潮的叙述。

“悟空”台风于9月9日中午在海南省陵水登陆，横穿海南保亭、三亚、乐东三市县后进入北部湾。受大风、巨浪影响，海南全省遭受严重损失，死亡6人，沉没渔船56艘，搁浅2艘，损失70.2万元，水利设施损失298.6万元，防浪堤(决口)损失14.8万元。

2000年影响中国近海海域的有18次冷空气及温带气旋过程，冷空气及温带气旋引起的巨浪出现306天，比1999年多7天，所造成的灾害虽比1999年轻，但与往年相比仍是较严重的一年。

3月19日，受寒潮巨浪影响，江苏省“苏启渔01523”船，遭遇大风浪袭击，沉没在32°26′N，122°57′E附近海域，9名船员虽全被救起，直接经济损失20余万元。

4月9～10日，江苏省3艘渔船（“苏启渔08614”和“苏启渔01113”和一艘三无船），遭到冷空气与温带气旋引起的巨浪袭击，2艘沉没在北纬32°19′，东经122°21′附近海域，一艘在江苏近海搁浅后翻沉，死亡失踪11人，直接经济损失100余万元。

6月2日18时25分，大连海运总公司载有7 060吨钢材、石蜡、纯碱等杂货的“海荣”号货船，在成山头北偏西约43海里处，与马耳他籍“JOINT MIRLAM”轮相碰撞，“海荣”轮机舱破损进水沉没，船上20人获救。

11月26日，载有5 000吨原木大连轮船公司的“瑞祥”号海轮，在从马来西亚开往广州途中，在距香港100余海里时，受到7级大风、4米巨浪袭击而沉没，虽然经香港华森船务有限公司的“Worldline 2号”货轮救助，21名船员全部获救，但仍造成重大经济损失。

11月30日，载有5 000余吨玉米和钢材的“浙舟606”号货船，在上海长江口灯船附近海面，受7级大风和4米巨浪袭击，船体严重倾斜并进水沉没，20名船员除6名获救外，3名死亡、11名下落不明。

12月28日16时48分，大连远洋运输公司所属“嘉定关”号货轮，在从马来西亚开往张家港途中，遭到7级东北大风、4米巨浪袭击，在香港正南约85海里海域沉没。在中国海上搜救中心的救援下，27名船员全部获救。（许富祥）

【海冰灾害】 1999年11月至2000年3月渤海和黄海北部结冰是90年代以来较为严重的一年。2月上旬是冰情最严重时期，在此期间渤海辽东湾最大结冰范围离湾底约78海里，一般单层冰厚10～20厘米，最大45厘米。国家海洋环境预报中心成功地预报了该冬季的冰情，海冰预报与实况一致，深受海上生产作业部门和单位的好评。在冰情严重期间，辽东湾海上石油平台及海上交通运输受到严重影响，有些渔船和小型货轮被海冰围困，无法航行。2000年1月26日23时10分海军“721破冰船”在复州湾海域进行海冰调查时，突然接到海军某基地作战处紧急命令，立即奔赴营口巴鱼圈海域营救被海冰围困多日的地方船只。当时被困船只上的食油、蔬菜所剩无几，燃油也几乎耗尽，船上还有人生病，如果不及时救出，就会发生船毁人亡的严重后果。“721破冰船”马上中断冰调作业，以最快的速度奔赴遇险船只。1月27日上午08时开始救助“浙温油107”船，因冰厚及风、流的影响，刚破开的航道很快又被冰封住，107船动力不足，航行十分困难。此时“721破冰船”又接到国家搜救中心命令，去救助更危险的“枫叶518”船，107船只好由地方两只拖轮为其破冰引航。518船位于浅水区，随着流冰向岸边漂移，随时都有搁浅的危险。“721破冰船”加足马力反复破冰，于14时16分将518船引航驶出浅水区，19时成功地引至港内安全海域。“721破冰船”1月28日01时45分又接到命令，再次去救助“浙温油107船”，在地方两艘拖轮的协助下，用了10多个小时，克服重重困难，在16时15分使107船脱险，并破冰引航至安全海域。（张启文）

【台风灾害】 2000年，西北太平洋和南海上共有24个台风(包括热带风暴和强热带风暴，后同)生成，生成个数比常年偏少（1971～2000年平均每年生成27个）。其中，有5个台风(0004号启德、0008号杰拉华、0010号碧利斯、0013号玛莉亚、0016号悟空)先后在中国登陆，登陆个数比常年偏少（1971～2000年平均每年登陆7个）。另外，0012号派比安、0014号桑美台风虽未在中国登陆，但也给浙江、江苏等省造成较重损失。据不完全统计，受台风及其外围风雨的影响，全国累计受灾面积190余万公顷，倒塌、损坏房屋70多万间，直接经济损失170余亿元。与历年的情况相比，2000年台风灾害属一般年份。部分台风的影响如下：

0010号台风（碧利斯）

10号台风碧利斯于8月22日22时30分前后(北京时间，下同)在台湾台东登陆，登陆时中心附近最大风力有12级，23日10时30分前后在福建晋江登陆，登陆时中心附近最大风力仍有12级。受其影响，福建、浙江等省沿海出现了7～9级大风，部分地区风力达10～12级；福建、浙江南部、广东东部等地降了大到暴雨，局部降了大暴雨，其中福建福清过程降雨量达411毫米。福建沿海潮位比正常潮位高1～1.5米，接近或超过警戒潮位。

由于暴雨强度大，加之沿海5～7米巨浪的顶托，福建沿海诸江水位超警戒水位或危险水位，造成洪水泛滥，部分市县被淹，泉州市主要街道水深达1米，福州长乐国际机场、厦门高崎机场、晋江机场、福厦漳高速公路一度关闭；龙岩地区山洪暴发，山体滑坡，水库溢洪，大片农田受淹。广东部分地区山洪暴发，河水急涨，石窟河、柚树河、汀江、梅江等相继发生洪水，部分县堤围漫顶决堤，平远县一些城镇街道水深6米，最深达11米。据福建、浙江、广东、江西4省不完全统计，共有106个县市受灾，死62人，伤1 000余人，房屋倒塌13.9万间，损坏房屋38.5万间，农作物受灾面积29.35万公顷，毁坏水利设施7 000余处，沉损船只360艘，停产厂矿企业3 000余家，直接经济损失达46.26亿元。

0012号台风（派比安）

12号台风派比安于8月27日2时在台湾以东洋

面上生成，30日20时前后紧擦舟山普陀，并自南向北穿过舟山群岛，31日夜间在朝鲜半岛登陆。受其影响，浙江及其以北沿海出现了7～10级大风，台风中心经过的附近海面和地区风力达11～12级；华东沿海大部地区及东北东部先后降了大雨到暴雨，局部地区降了大暴雨或特大暴雨。其中，江苏省淮北东部地区过程雨量达200～800毫米，响水县最多达812毫米（约占该县平均年降水量90%）；24小时雨量响水达737毫米，居近50年来江苏最大日降水量之首，灌南353毫米、灌云320毫米、涟水256毫米、赣榆253毫米、淮安235毫米，也均为当地有记录以来日降水量之最。台风影响时，正值天文高潮期，风、雨、潮三碰头，上海黄浦江苏州河口水位达5.70米，仅比历史最高潮位低0.02米。

台风虽未在中国登陆，但狂风、暴雨和高潮位对沿海部分地区影响较大，特别是江苏淮北部分地区遭受历史罕见特大暴雨袭击，损失相当严重。据反映，江苏响水县在田农作物几乎全部被淹，县城一片汪洋，平均水位1.4米，企业全面停产，医院无法正常运转，中小学被迫推迟开学；连云港市不少地方河水倒灌，20余万户民宅进水，700余家企业受淹，其中509家企业被迫停产、半停产。据不完全统计，浙江、上海、江苏、山东4省市受灾人口超过750万人，死亡24人，伤数百人，倒塌房屋5万余间，农作物受灾面积70.14万公顷，直接经济损失达47.4亿元。

0013号台风（玛莉亚）

13号台风玛莉亚于8月29日下午在南海东北部海面上生成，9月1日4时前后在广东惠东至海丰一带沿海登陆，登陆时中心附近最大风力有10级。受其影响，广东中东部和福建南部沿海出现了6～8级大风，部分地区风力达9～10级；广东中东部、福建南部、江西西南部、湖南中北部和东南部地区降了大到暴雨，局部降了大暴雨或特大暴雨，其中广东揭阳日雨量达265毫米。

据广东、湖南两省不完全统计，受灾人口857万人，受灾面积34.48万公顷，倒房3.08万间，损坏房屋3.28万间，死84人，伤771人，死亡大牲畜7 000头，停产工矿企业3 000余家，损坏水利灌溉设施2 000余处，直接经济损失26.28亿元。

（徐良炎）

【赤潮灾害】 2000年全国共发现赤潮28次，比1999年增加了13起。其中渤海7次，黄海4次，东海11次，南海6次（见表2）。赤潮发生次数较多的有浙江、辽宁、广东、河北、福建近岸、近海

表2　2000年发现的主要赤潮一览表

日　期	具体位置	面积（平方千米）	主要藻种
7月9～15日	辽东湾	350	夜光藻
7月23日	渤海湾中部海域	1 040	
8月13日	温索子岛北部海域	217	
8月13日	长兴岛西部海域	44	
8月2日	辽宁东港、庄河附近海域	827	
7月20～21日	天津-黄骅	180	
7月23日	北戴河-南戴河海域	3	
7月25日	天津塘沽港沿岸	134	
7月20～23日	青岛胶州湾	2	夜光藻
9月16日	江苏临洪口至新沂河口海域	200	
5月3～4日	浙江舟山群岛附近海域	200	
5月12～16日	浙江台州列岛附近海域	1 000	原甲藻
5月18～24日	浙江台州列岛附近海域	5 800	齿原甲藻、多甲藻
5月30日	浙江象山港附近海域	200	
5月30日	浙江三门湾海域	6	
6月1日	浙江舟山附近海域	150	
9月4日	浙江舟山渔场附近海域	70	
5月19日	福建沙埕港海域	200	
6月26日	福建厦门西海域	20	角毛藻
1月12～14日	广东万山东澳湾	5	红色中缢虫
3月28～4月2日	广西阳西溪海域	0.2	原甲藻
6月1日	深圳大鹏湾	2.7	中肋骨条藻
6月1日	深圳湾	1.4	角毛藻、拟菱形藻、角甲藻
6月7～8日	汕头南澳县前江湾	0.01	夜光藻
8月8～20日	深圳大亚湾	20	锥形斯氏藻、五角多甲藻
9月3～6日	深圳大亚湾	30	锥形斯氏藻

海域。浙江中部近海、辽东湾、渤海湾、杭州湾、珠江口、厦门近岸、黄海北部近岸等是赤潮多发区。引发赤潮的生物以甲藻为主，其中有夜光藻、锥形斯氏藻和原甲藻。主要赤潮灾害有：5月12～16日，浙江中部台州列岛附近海域发生面积为1 000平方千米的赤潮，5月18日在该海域再次发现赤潮，赤潮区域呈褐色条状和片状分布，长约80千米，宽约57千米，面积约4 560平方千米，赤潮生物以具齿原甲藻（含有毒素）为主，密度最高值在水下2米处。5月20日赤潮区域扩展至5 800平方千米。5月24日，该赤潮仍然存在，呈暗红色块状，区域较5月20日有所北移，面积进一步扩大。造成经济损失及台州一地就达1.5亿元。7月9～15日，辽东湾鲅鱼圈海域发现中心区域以淡红色为主，边缘区域以淡黄色、红褐色为主，呈絮状、条带状分布的赤潮，面积约350平方千米。其西南方有近2 000平方千米的水色异常区分布。8月2日，辽宁省东港、庄河附近海域发生近800平方千米赤潮，直接损失1.2亿元。8月17日，深圳坝光至惠阳澳头海域发生赤潮，面积约为20平方千米，赤潮生物为锥形斯氏藻和原多甲藻。此次赤潮导致东升网箱养殖区养殖的卵形鲳参、美国红鱼、红鳍笛鲷、鲫鱼等大批死亡。直接损失200多万元。9月3～6日广东大亚湾发生约30平方千米赤潮，直接损失100余万元。

【油污染灾害】 2000年中国海水中油类含量超过一、二类海水水质标准海域的面积达5.6万平方千米。沿海省（自治区、直辖市）中，河北、天津、福建、浙江、上海的油污染较重（图1）；烟台近岸、湄州湾、厦门近岸等10余个近岸重点海域的油含量已超过二类海水水质标准。

据不完全统计，2000年中国海域发现的溢油事件约10起，其中主要有：

2月3日，四川江海集装箱轮船公司一艘货轮在旅顺蛇岛海域触礁搁浅。船上油舱泄漏，近百吨柴油和机油从船底流入海中，在蛇岛周边大连兄弟水产公司海珍品养殖区形成4千米油带，海底礁石也大面积粘油，海中鲍、海参等受到严重威胁，蛇岛周边的生态环境也受到严重影响。

6月6日，“闽油1号”与海南“东方洋”货轮在福建海域相撞，近百吨柴油泄露，造成4个乡镇附近海域污染。

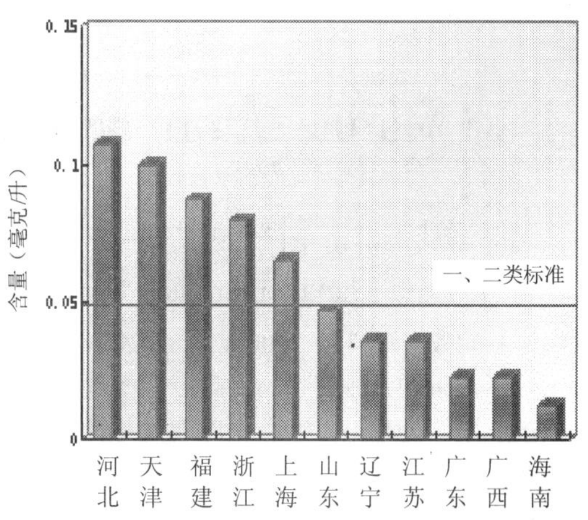

图1 沿海省（自治区、直辖市）海水油类含量比较

10月15日，东海平湖天然气海底输油管道在位于岱山登陆点KP2.46千米处断裂，造成300立方米的原油泄漏。

11月14日，“德航298”油轮在珠江口虎门大桥附近水域被挪威籍“BOW CECIL”轮撞沉，船体严重破损，所载的230立方米燃料油全部泄漏入珠江口狮子洋、伶仃洋海域，受污染水域面积约390平方千米（图2）。

11月15日，载有975吨原油的“乐安16号”油轮撞在东营港南防波堤上，大量原油溢于防波堤、海滩和附近海域。

12月24日，“莞新交机510”油船在珠江口内伶仃岛附近水域被撞沉，所载的柴油全部泄漏入海，造成约40平方千米海域的油污染。

图2 “德航298”油轮被挪威籍“BOW CECIL”轮撞沉，230立方米燃料油全部泄漏入珠江口海域

海洋信息管理与服务
Marine Information Management and Service

海洋基础资料管理与服务
Marine Data Management and Service

【海洋基础数据资料】 2000年，国家海洋信息中心完成了大量的常规资料、专项专题资料、国际交换的收集、处理，以及数据库建设与信息产品的研制。

国家海洋信息中心完成的常规资料包括33个海洋站的观测资料、常规断面调查资料、南森站资料297站次，国际交换WOD98资料25万站次。

完成国家科技部WDC-D基础海洋学科数据库群建设子项目的海洋数据同化产品制作；利用验潮站资料和T/P卫星资料制作潮汐调和常数（M2分潮）产品；利用船舶测报和卫星观测SST资料制作中国海SST分布数据同化产品伴随模型的理想数值试验；T/P卫星高度计资料的伴随法数据同化研究；西北太平洋T/P卫星测高资料处理，得到海平面高度时间序列以及可用于调和分析的海面高度时间序列资料；非线性潮汐模型开边界优化试验；SST模型建模及计算机程序化；东海SST模型伴随法孪生数值试验。

对多波束水深数据进行标准化处理；按系统设计要求，研究出资料处理方法，并对多波束水深数据进行再加工处理，形成50米×50米间距网络化数据产品。完成了全部6个航次环境资料处理质控工作，进行了数据装载试验，并完成了有关资料的数据入库工作，设计了数据库系统管理界面和各种功能模块。

完成了国际交换和特种资料包括WOD98资料25万站次、特种资料340站次、中美合作MMT资料15.8万站次198万条记录的海面气象历史资料的录入、核对和质量控制工作，解决了大量技术难题，保证了数字化资料正确可靠。副热带环流资料，已按中日副热带合作调查研究协议，制作完成了具有友好查询界面和功能的中日副热带环流调查资料光盘。

【海洋统计工作】 为解决海洋统计工作存在的问题，2000年，国家海洋局组织召开了“全国海洋统计工作会议”，根据与会代表的建议和意见，对海洋统计指标体系进行了修改、完善和补充。在此基础上，编辑出版了《2000年中国海洋统计年鉴》，并完成《2000年中国海洋统计年鉴》的光盘出版工作。

此外，按照国家海洋局主管部门的要求，完成了《中国海洋经济统计信息分类与编码》，编辑出版了《1990～1998年海洋统计摘要》、《海洋综合统计年报》、《海洋科技统计年报》等，举办了海洋综合统计软件培训班。

【海洋历史资料的抢救和协调工作】 2000年，国家海洋信息中心完成了18万条台站逐时风资料的录入和10万条海洋生物资料的录入；完成了海岸带历史调查资料的站位订正；为抢救全国各海洋单位保存的海洋历史资料，设计了海洋历史调查资料元数据调查表。

海洋信息系统、网络的建设与管理
Construction and Management of Marine Information and Network

【海洋信息系统建设】 2000年，国家海洋信息中心对各类海洋信息的收集、传输、处理、存储、产品制作与信息服务等综合能力有了明显提高。开发、设计了相关系统软件，包括用户使用界面的开发制作、各类统计产品和图件产品的设计开发、应用模块设计；并在用户需求分析、信息系统标准体系建立、海洋信息质量认证、空间数据框架设计、数据库结构设计、分析模型设计、系统功能开发、信息技术管理与质量监督等基础数据库建设诸多环节上进行了深入的探索研究。

“国家海洋信息系统”做到了建设、开发、服务三位一体，取得了良好的经济效益和社会效益，在国家海洋局第一届海洋创新成果奖评审会上获得一等奖。

【海洋基础地理信息系统建设】 海洋基础地理

信息系统是新兴的业务系统，具有广阔的发展应用前景。国家海洋信息中心围绕海洋空间数据基础设施关键技术等内容开展了相关研究，推进了国内海洋基础地理信息系统的建设。

(1) 完成“海洋基础地理”研究，提高了基础地理的制图能力。通过完成“海洋基础地理”专题，建立了容量高达1GB以上的中国海区1∶50万海底地形基础数据库，并将实测区域地形数据进行了数据对比更新，已经完成43幅全开1∶50万黄海、渤海、东海、南海域海底地形图的数字化、质量控制、检查校对、投影计算、接连处理属性赋值等工作。另外，对海域资料与陆域资料拼接配准的相关技术进行了研究；结合工作实际，作了GIS与CAD之间的数据相互转换的实验工作，探索了一条利用GIS数据快捷方便地出版任意区域的海洋图件，并能满足海洋地图格式交换的技术路线。

(2) 开展电子海洋地图的研制与应用，提供有关海域的信息和技术支撑。“中国沿岸重点海域电子海洋地图的研制与应用”项目是研究性的国家高技术产业发展项目，按照总体设计方案要求，制定了以1∶5万为基本比例尺基础图件，以其他（更大或更小）比例尺专题要素图作为充实。已经完成1∶2万天津港区图、1∶5万全开海区图、1∶20万专题图和陆部地形图等图件的数据处理工作。电子海洋地图系统组装集成的技术开发工作也将完成。

(3) 为海岛资源利用提供数据处理工作的“中国海岛资源光盘图集（辽宁篇）”是与国家测绘研究院合作的延续项目，2000年有50幅四开图幅的底图及专题图件需要做数字化工作，8月按要求完成全部数字化和数据检查校对。

(4) 继续“西太”制图工作，加强海洋制图的国际合作。继续进行中国南海及邻近海区海底地形图数据处理、部分资料整编和计算机制图工作。9月，国家海洋信息中心还承办了第三次西太制图国际会议。

【海洋信息质量保证体系】 随着海洋信息技术的发展，建立健全海洋信息质量保证体系已提到议事日程。2000年国家海洋信息中心主要围绕海洋信息的标准化、海洋信息质量认证、海洋信息技术管理与质量监督和海洋信息技术跟踪开展工作。其中标准规范方面的工作包括海洋资料元数据标准的制定，完成了标准试用稿制订和软件开发，并已在“海洋信息共享”专题中得到应用；组织了“海洋信息质量体系和标准体系建设”等项目的申请工作；进一步完善了海洋信息分类与代码、海洋资源与环境图制图规范、海洋资源和环境要素图分类与代码、海洋基础地理数据质量控制标准等。

【“国家海洋局政府网站”建设】 网站的生命在于信息资源的更新与积累。经过努力，国家海洋局政府网站开设了“海洋机构”、“政策法规”、“海域管理”、“海洋环保”、“执法监察”、“海洋科技”、“国际合作”、“开发应用”、“极地事业”、“大洋工作”、“海洋战略”、“海洋预报”、“海洋科普”、“海洋公告”、“海洋专题论坛”、“海洋工作信息”、“海洋大事记”、“中国海洋报”、“近期要闻”、“新闻导读”等20余个信息栏目，将本年度国家海洋局各司处所需发布的信息及时地反映到网上；并根据海洋工作需要，即时上网了“九五科技攻关项目成果展示”、“海洋赤潮特讯”、“沿海地方工作交流”、“中国海洋工作动态”；配合国际会议的召开，发布了“国际会议通知”、“国内外招商、招展通知”等。

“国家海洋局政府网站”充分发挥了因特网即时性、大容量的作用，主页信息根据海洋主题新闻的提供，每周更新两次，各栏目中的重要信息在主页上也有醒目的体现；“国家海洋局政府网站”沟通了全国各省、市海洋主管部门的信息，对海洋开发与管理起到了积极的推动作用。截至2000年11月底，仅主页浏览次数已有38 000余次。

【“中国海洋信息网”建设】 国家海洋信息中心在1999年工作基础上加强了组织协调，建立健全了运行机制，对全年的信息栏目进行了规划，网站内容特色突出，信息共享及服务水平明显提高，赢得了用户好评。

不断完善“中国海洋信息网”。经过多次市场调研和技术准备，提高了“拨号上网”的速度。为了使网站信息不断更新，内容更加丰富，相关的信息产品即时在“中海网”上进行了发布。主页信息增加了主题新闻，并做了与“国土资源部”、“国家海洋局”、“中国海监总队”等站点链接。

配合重点项目，建立了专题网站，圆满地完成了以下工作：①中国海洋资源综合数据库集成：站点建设专题组规划了页面栏目，确立了Web页面，并按海洋资源等9个信息栏目对海洋信息进行了组织，每个栏目又分多层进行信息发布，并在主页显著位置，设立了与其他分站点的链接。中国科学院资源环境科学与技术局组织有关专家对该项目进行了验收，认为：“研究成果高质量、圆满地完成了总体设计的各项任务，为中国实现海洋空间信息分布共享起到了成功的示范作用。”②海洋信息共享：完成了“海洋信息共享”项目的网站建设，建设了“共享信息”等多个信息栏目，目前正在项目验收过程中。③WDC-D海洋学中心——国家海洋基础信息网服务系统：建立了专题网站和“元数据信息”、“海洋基础资料”等栏目，发布了大量的相关信息。④东盟地区论坛：建立了专题网站，发布了“数据产品”等相关信息，并在主页做了与WDC-A、WDC-B、WDC-C站点的链接。（国家海洋信息中心）

【研讨因特网与水产业的最佳结合】 2000年9月2～4日，由中国水产学会、中国水产科学研究院、上海水产大学和中国水产杂志社联合举办的“水产网站建设与水产电子商务”研讨会在上海水产大学召开。来自全国各省市50余家水产行政、科研、教学、企业、新闻等单位的60余名领导、专家和代表出席了会议。

该研讨会就如何建设各具特色的水产网站和企业网站；构建、应用基于因特网的水产电子商务平台；加强水产网站间的相互合作，实现优势互补、资源共享；有效运用信息技术为经营管理及教学科研服务；评价互联网及电子商务对水产行业发展的影响等问题展开了深入研讨。中国是世界水产大国，水产品总产量位居世界第一。运用互联网络等现代信息技术，发展传统水产事业是网络经济时代的新事物。水产网站和水产电子商务在中国呈现了良好的发展势头。在近一年左右的时间，中国水产网站已从20余家发展到了150余家，初步在互联网上形成了颇具特色的水产网站部落。但专题研讨互联网和水产业的最佳结合，在中国尚属首次。

水产品，尤其是鲜活水产品有着产量不确定、保存时间短、易腐败变质、运输难度大等特点。通过水产网站提供的电子商务平台“网上渔市”，实现网上交易，可以及时发布渔获物品种、规格，扩大贸易区域，缩短交易时间，降低交易成本。在国外经济发达国家，已经有许多成功的例子。

【中国水产科技信息网】 “中国水产科技信息网”是中国水产科技研究院主办的、以传播高新技术与相关科技信息为主的服务全国的渔业科技型网站，该网站拥有高水平的技术支撑，建有国内最大的渔业科学技术、技术服务的数据库。目前可免费查询、下载，同时及时提供全国宏观经济信息、渔业管理动态、渔业经济信息、渔业科技、经济论文的查询服务。目前正在全面改版，改版后的网站将提供更大范围、更深层次、更多项目的服务，必将对渔业科技工作提供更为有效的服务。（刘大安）

海洋情报服务
Marine Information Service

【海洋情报研究和服务】 海洋情报研究和服务在海洋综合管理的各个方面的重要作用，已被人们广泛地认识并充分地加以运用。当今世界面临人口、资源和环境三大问题，向海洋要资源、要空间的强烈愿望驱动全球性的海洋开发、海洋产业和海洋经济的振兴，同时也引发海洋资源衰竭、生态环境恶化等一系列严重问题。开发利用海洋的历史证明，对海洋进行开发利用的成功与否往往取决于建立在全面深入了解海洋状况基础上的科学技术水平。随着技术的发展，全球性的海洋开发利用热潮必然推动中国研究、利用、开发海洋的步伐，由此带来的对高质量海洋情报信息研究和服务的需求也将变得更加广泛和迫切。然而就中国的海洋情报研究和服务来看，在研究应用和服务的广度和深度上，这些年的发展仍停留在零散、缺乏综合的层次上，难以全面满足海洋资源环境开发保护、海洋国土资源和海洋权益维护等决策和管理的需求。尤其是随着海洋开发活动的增加，海洋资源可持续利用的深入发展，海洋情报研究和服务的人才补充不足、现有技术力量分散、研究服务手段还不完善的现状与海洋发展对信息服务的迫切需求的矛盾显得日益突出。但是可喜的是随着海洋管理和研究人员学识水平的全面提高，外语能力的加强，可直接阅读和学习国外海洋管理方面的文献报告，并能提出适合需要的情报类研究专题和研究方向，这也无形中增强了海洋情报研究和服务的力量。在这些年的海洋情报研究和服务中，国家海洋局海洋发展战略研究所起到了积极的作用，该所在对与海洋情报研究和服务密切相关的海洋战略、海洋政策、海洋立法、海洋划界的研究方面做了许多工作，为国家宏观调控海洋资源环境的可持续利用和中国海洋经济的发展，为维护中国海洋权益提供了及时和有效的服务。国家海洋信息中心在进一步发挥传统的海洋情报研究和服务优势的基础上，结合内部管理机制的调整，充实和加强了相关研究部门对海洋情报研究和服务的职责，化集中为分散，突出重点，全面提升，结合信息技术的研究和应用，向社会提供高质量的海洋资源和经济分析及综合评价信息，为海洋管理部门对海洋资源的合理开发、海洋资源配置与海洋产业结构调整、沿海土地利用规划、海域划界等提供准确和有效的海洋情报研究和信息产品服务。

【海洋软科学研究】 在《海岸带综合管理——体制和运行机制研究》的专题研究中，在广泛收集国内外海洋管理，特别是海岸带专项管理资料的基础上，对海岸带综合管理的形成和发展、定义和内涵、标准和范围、任务和目标、战略和原则进行了详细的研究分析；对国外海岸带综合管理的运行体制和机构、管理方法和制度、管理立法和监督、管理规划和区划、管理政策和措施、管理的信息需求等方面的内容进行了全面的总结和概述；收集和分析了美国、荷兰、法国、澳大利亚、日本、加拿大、英国、韩国、新西兰、印度、俄罗斯、印度尼西亚、菲律宾和越南等国家的海岸带管理的实例，研究了各国海岸带管理的机构、政策、立法、监督，以及管理方式和模式的历史、演变和发展趋势；深入地分析研究了中国海岸带开发和管理中存在的问题，并结合中国的实际情况，提出了优化中国海岸带综合管理体制和运行机制方面的建议和措施。《海岸带综合管理——体制和运行机制研究》专题研究共分26个子专题，形成的研究报告约70万字。在《国内外海洋规划管理信息及技术方法研究》专题中，系统地分析了海洋规划的原则、程序、组织机构、监督评价；研究了海洋规划体系、国外海洋规划管理、编制海洋规划的技术方法、中国海洋规划中存在的问题；同时对海洋规划的地位和作用、编制海洋规划的技术路线、海洋规划的指标体系进行了全面总结；提出了编制中国海洋规划的几种设想和建议。在《海洋科学与技术》研究专题中，深入分析了一些海洋发达国家和发展中国家对海洋科学技术的重视和作用，介绍了海洋科技管理体制和机构，海洋科学和海洋技术的进展情况及发展趋势，并针对中国的海洋科学技术发展的状况，找出了差距和存在的问题，提出了今后的发展方向和建议。在研究报告的总论中，分析了海洋科学技术的战略地位和作用、国内外海洋科学技术进展和海洋科学技术发展趋势、中国海洋科学技术的主攻方向及其措施；在研究报告的分篇中，重点介绍了中国、美国、英国、日本、德国、法国、韩国、加拿大和印度等国家的海洋科学技术管理体制、政策、现状、趋势方面的内容。《海洋科学与技术》专题研究共分13个子专题，形成的研究报告约28万字。

近年来，国家海洋信息中心以研究和借鉴国外海洋相关领域的方法和技术为基础，结合中国海洋管理工作的实际需要，开展了相应的海洋情报研究和服务。为渤海综合整治规划项目的前期准备收集分析有关资料，完成了《国外半封闭海的整治》、《渤海海洋管理能力综合报告》和《渤海综合整治效益评估》 3 个报告的编写工作；编写了《中国海砂资源专项调查申请报告》，完成了《中国海域固体矿产资源专项调查申请报告》的起草工作；完成了《国外海洋强国战略案例研究》报告，从海洋经济发展、海洋政策、海洋科学技术等多角度，对美国、英国、印度、法国等国家的海洋强国战略进行了深入研究。编写了《中国海洋科技发展与展望》；完成了《关于海洋管理体制问题》、《大城市海岸带管理体制建设》、《中国沿海超大城市的社会、经济和环境问题》研究报告；并重点对国外的海洋管理情况进行了跟踪，编译了《加拿大联邦政府在海洋管理方面的作用》、《加拿大地方政府在海洋管理方面的作用》、《澳大利亚海洋政策》(2卷)、《加拿大海洋管理法》、《昆士兰海岸保护与管理法》、《有关国家海洋管理机构》、《日本21世纪海洋开发战略》等情报信息，提供给有关管理部门参考使用。

另外，在此期间还先后参加完成了海域勘界工作的论证和相关材料的研究，完成了海域勘界成果报告出版工作；收集整编了《全国海域勘界文件汇编》；参加了《海洋经济发展规划》的编制工作；参加《全国海洋功能区划》报审稿的相关编写工作；完成《南中国海北部海岸带综合管理能力建设》项目中的海洋功能区划汇总工作，完成《中国海砂资源分布图》(1∶300万)、《中国黄渤海海砂资源分布图》(1∶150万)、《中国东海海砂资源分布图》(1∶150万)、《中国南海海砂资源分布图》(1∶180万)及说明等专题的研究和报告的编撰及其图件的绘制，为海洋管理提供服务。

【海域立法研究工作】 结合《海域使用管理法》的讨论和修订过程中的各个环节，针对相关的问题开展了《国外海域管理及相关机构情况》、《国外海域有偿使用租赁和收费规定》、《国外海域使用管理概况》、《国外海域使用管理问题研究》、《国外海洋管理法规中有关水产、养殖和渔业的有关条款》、《国内外海域使用管理有关法规比较研究》、《海域使用管理制度与体制研究》等研究报告的编写，并重点对“海域使用管理法与现行法律的协调”、“海域使用可行性论证有关问题”、“海洋功能区划与各种规划的关系”、“沿岸海域管理中央与地方事权的划分”、“建立海洋功能区划制度”、“建立海域使用论证制度”、“海域使用有关问题的定义”、“海洋工程项目的论证管理审批”等立法中的问题进行了专题研究，编写了相应的研究报告。另外，还就海域使用各种相互影响关系、海岸带类型分类、海岸带定义等具体问题进行了针对性研究，为海域立法和管理提供相关的国内外的参考信息和研究分析报告。进行了《建立海域使用权流转市场》、《建立海域资源评估制度问题》、《海域使用权评估、招标和拍卖制度》、《海籍管理制度》等相关专题问题的预研究工作。在研究国外海域使用管理法规制度基础上，组织收集、编译整理的《国外海洋管理法规选编》由海洋出版社正式出版。在海域立法的配套制度研究方面，开展了相关配套管理制度的研究和草案的起草工作。根据职能部门安排，先后承担了起草《海域使用金使用管理办法》和《海域使用申请审批管理办法》的具体研究工作，对各个办法所管理的范围、目的、宗旨进行了分析。

【海洋划界研究和系统建设】 海洋划界关系到国家的主权和海洋权益，是一项维护中华民族整体利益和子孙后代的长远利益的重要工作。中国邻接黄海、东海和南海，与朝鲜、韩国、日本、菲律宾、马来西亚、文莱、印度尼西亚、越南等国都存在着划分海域的问题。随着专属经济区和大陆架制度的建立，中国海域划界研究和谈判的任务十分艰巨。通过对海洋划界问题的专门研究，积累起丰富的资料，掌握科学合理的海洋划界方法，特别是进行海洋划界系统的开发和建设，实现海域划界手段从传统的研究方式向计算机化方向推进，为中国海上划界研究和谈判提供一个快速可靠的技术手段。但是进行海洋划界相关问题的研究有非常大的难度，如许多问题是过去划界研究中的空白或薄弱环节，有的问题在国内外从未进行过系统的研究，特别是在此过程中需要投入大量的力量进行资料收集和研究，而且海洋划界研究的政治性极强，有些问题的分歧较大，都需要进行深入而艰苦的努力，发掘相关的证据和论点，以维护中国的海洋权益。在海洋划界系统的建设中，将系统的建设与产品开发相结合，紧密配合相关的研究实践，进行中间线、等比例线、纬度等分线等划界方法的开发，进行海域面积分割、标识叠加，以及进行总面积和区块面积的量算和评估各种功能的开发研究。同时，以系统的开发和全文信息管理库的建设应用为基础，应用海洋划界的历史资料和动态信息，结合其他相关系统的信息，开展专题性的产品设计和制作工作，提供多形式、多品种、多介质的与海洋划界相关的信息产品服务，包括进行海上划界综合产品的设计，计算机辅助制图的开发，制作和生成满足海洋划界研究参考使用的各种形势图和产品，编制海洋权益管理法规、案例等划界背景信息全文管理系统下的检索统计的专题汇编等。

(胡恩和)

海洋文献服务
Marine Literatures Service

【综述】 2000年，国家海洋信息中心订购外文期刊120余种，其中原版海洋学核心期刊80余种，中外文图书700余册。为节省经费，增加馆藏文献资源，2000年还对国际书刊文献交换实施了计算机管理，在基本对等原则下，加强了同世界上30多个国家和地区的91个单位的书刊文献交换关系，全年收到刊物110种500余册。在文献服务方面，全年共接待读者1 500余人次，借、还书刊340人次3 600余册，接待来人、来函检索70人次，提供文献信息3 500余篇，处理来往咨询信件及电子邮件40余封；为重点用户提供专题情报跟踪服务，涉及课题20余个，提供文献目录500余篇；加强了原始文献提供服务，全年为国内海洋机构和读者提供原始文献40 000余页；受理并完成海洋科技查新25项。

2000年，国家海洋信息中心的网络虚拟图书馆建设以中国海洋信息网上的海洋文献馆站点建设为核心内容，集海洋文献业务自动化系统和数据库联机检索服务系统于一体，使广大读者能通过网络直接获得尽可能多的馆藏文献信息。在网站建设方面，对栏目进行了重新规划和设计，发布最新馆藏信息，提供文献数据库的网上检索服务；上网信息内容每季度更新一次，主要更新内容包括：新书通报、外文原版期刊刊内目次、专题文献目录、期刊联合目录、文献公益服务、编辑出版等。在文献业务自动化系统建设方面，完成了海洋文献业务自动化系统软、硬件的重新配置与升级，实现了文献业务流程的计算机化，并制订了馆藏中外文图书资料数字化编目计划。在海洋文献数据库建设方面，加大了中国海洋文献数据库的更新力度，年增加记录15 000余条；2000年中国海洋信息网上的海洋文献数据库累计增加记录110 000条，总记录数达410 000条以上。

【国际水科学和渔业情报合作】 水科学和渔业情报系统（ASFIS）是一个多边合作的国际情报系统，创立于1959年，目前已成为一个由4个联合国主办成员、6个国际组织成员、40多个国家成员和一个出版成员组成的庞大系统。其宗旨是通过国际合作在世界范围内搜集和传播有关海洋和水

ASFA中国国家中心监控的期刊一览表

序号	刊　　名	ISSN
1	水生生物学报	1000-3207
2	海洋学报(英文版)	0253-505X
3	海洋学报	0253-4193
4	中国海洋药物	1002-3461
5	东海海洋	1001-909X
6	水产学报	1000-0615
7	中国水产科学	1005-8737
8	青岛海洋大学学报	1001-1862
9	黄渤海海洋	1000-7199
10	台湾海峡	1000-8160
11	海洋环境科学	1007-6336
12	海洋水产研究	1000-7075
13	海洋通报(英文版)	1000-9620
14	海洋通报	1001-6392
15	南海海洋科学集刊	
16	中国海洋学文集	
17	海洋与湖沼	0029-814X
18	海洋科学集刊	
19	海洋工程	1005-9865
20	海洋湖沼通报	1003-6482
21	热带海洋	1000-3053
22	生态学报	1000-0933
23	地理学报	0375-5444
24	环境科学学报	0253-2468
25	中山大学学报	529-6579
26	沉积学报	1000-0550
27	动物学报	0001-7302
28	极地研究	1007-7073
29	极地科学（英文版）	1007-7065
30	中国海上油气（地质）	1001-9308
31	海岸工程	1002-3682
32	大连水产学院学报	1000-9957
33	华东师范大学学报	1000-5641
34	福建师范大学学报	1000-5277
35	集美大学学报	1007-7405
36	南京气象学院学报	1002-2022
37	上海水产大学学报	1004-7271
38	热带气象学报	1004-4965
39	厦门大学学报	0438-0479
40	湛江海洋大学学报	1007-7995
41	环境科学研究	1001-6929
42	浙江海洋学院学报	1008-830X
43	海洋渔业	1004-2490
44	海洋预报	1003-0239
45	海洋地质与第四纪地质	0256-1492
46	海洋科学	1000-3096
47	海洋技术	1003-2029
48	大气科学	1006-9895
49	齐鲁渔业	1001-151X
50	热带地理	1001-5221

产方面的科技情报信息，以促进海洋和淡水环境、资源及开发利用方面的科学与技术进步。

水科学和渔业文摘（ASFA）是ASFIS系统的主要产品，有联机数据库、数据库光盘、印刷本杂志等几种形式。其收录范围包括海洋、半咸水、淡水环境的科学、技术与管理，生物与资源及其社会、经济、法律问题等。现在的ASFA数据库报道的文献信息已大大超出了水科学和渔业的范畴。文献覆盖范围包括：海洋、淡水和半咸水环境的生物学、生态学、生态系和渔业；物理和化学海洋学、湖沼学，海洋地球物理学和地球化学，海洋工程技术，海洋政策法规和非生物资源；水环境的污染、影响、监测与防治；水产养殖、管理和有关的社会经济问题；分子生物学和遗传学在水生生物领域的应用技术等。

国家海洋信息中心于1985年代表中国加入ASFIS并成为ASFA中国国家中心，负责监控国内海洋和淡水科学领域出版的50种出版物并对其中的论文用英文进行标引后向ASFIS系统提供，使中国学者的研究论文被收录到国际海洋、半咸水及淡水科学领域中最权威的ASFA数据库中，在世界范围内宣传中国的相关研究成果。

【《水科学和渔业叙词表》（英汉索引·汉英索引）编译印刷】 《水科学和渔业叙词表》是一部大型专业性叙词表，由联合国粮农组织（FAO）水科学和渔业情报系统（ASFIS）组织编制，其目的主要是用于海洋和淡水环境科学领域各类文献的主题标引与信息检索。该词表于1999年修订完成，共收录正式和非正式叙词910个，其中正式叙词670个，它是国际《水科学和渔业文摘》（ASFA）数据库、《海洋文摘》（OA）数据库以及海洋和水产领域其他相关数据库所使用的标准检索语言。

中国是一个海洋大国，又是一个渔业大国。ASFA数据库是国内海洋、水产管理工作者及研究人员使用最多的数据库之一。为方便国内广大数据库用户和检索专家使用，国家海洋信息中心文献馆翻译了该词表中的全部叙词，于2000年4月编印了《水科学和渔业叙词表》（英汉索引·汉英索引）。该索引已被推荐给国内海洋、水产信息机构以及海洋与水产科技期刊编辑部，成为数据库检索服务专家以及期刊编辑们的必备工具书。

（杨　鹰）

海洋档案管理
Marine Archives Management

【海洋档案馆建设】 2000年6月15日，国家海洋局就“海洋档案馆建设”问题，印发文件批复（国海办字[2000]174号），海洋档案馆作为全国惟一的海洋专业档案馆是永久保存和开发利用海洋专业档案的基地，重视和加强海洋档案馆建设，对发展中国的海洋事业，具有十分重要的意义。批复要求：

（1）海洋档案馆的建设要贯彻国家海洋局《关于国家海洋信息中心基本任务和机构编制等事项的批复》（国海人字[2000]152号）精神，本着力求精简、效能和一切有利于海洋专业档案的集中统一管理；有利于海洋档案的完整、准确、系统和安全；有利于充分发挥海洋档案作用的原则，抓紧做好海洋档案馆的基础设施建设和业务建设。

（2）要本着有限目标，力保重点的原则，应主要做好下列工作：

配合国家海洋局业务主管部门继续完善海洋档案管理法规体系和业务技术规范、标准。

基础建设在增加库房面积并进行相应改造的基础上，以充实馆藏为重点，将国家海洋局系统符合进馆要求的科技档案尽快接收入馆，并依法接收与征集由国家海洋局承担的国家有关大型海洋专题或攻关活动中产生的各种档案史料。

业务建设要以开发利用档案信息资源为龙头，带动海洋管理现代化的深入发展，逐步实现档案管理的“四化”，即入馆标准化，存储数字化，服务自动化，资源共享网络化，为发展中国海洋事业提供各种科学依据。

（3）为加强档案业务和基础设施建设，改善海洋档案馆目前的保管条件、库房设施和服务设备，2000年国家海洋局已为海洋档案馆安排了部分经费。望本着量入为出，从严控制，专款专用的原则，管好用好经费，按所列计划，确保基础设施建设的落实。

【全国第二次海洋污染基线调查项目档案通过验收归档】 2000年7月15日，渤海、黄海、东海、南海海区的第二次污染基线调查项目档案通过了国家海洋局的验收。

由国家海洋局环保司、办公室、国家海洋环

境监测中心的领导和专家组成的验收组听取了各个海区的工作报告和成果报告，认真审查了原始材料、基础图件、调查报告等档案资料。验收组认为：各分局、沿海省（自治区、直辖市）及部分计划单列市海洋管理部门对此项目高度重视，领导得力，从外业调查到内业整理、实验分析，基础数据处理分析、报告编写、图件编绘以及实施进度等均按照《第二次全国海洋污染基线调查总体方案》和技术规程进行，达到了国家海洋局下达的项目计划任务书的要求，并严格执行了《第二次全国海洋污染基线调查技术规程》规定的质量控制程序和质量保证要求。海区总报告和重点海区报告内容丰富，资料翔实，全面准确，真实地反映了20世纪末各海区的环境质量状况；采用地理信息系统技术分析数据绘制了大量图件，其可视化表达和图件质量达到了技术规程要求，建立了海洋环境污染监测数据评价系统；文件、资料、数据等档案材料齐全、完整、规范，符合全国第二次海洋污染基线调查技术档案归档标准和要求。（张连秋）

【海洋档案馆实行重组】 海洋档案馆在经历了约10年之久的萎缩和低迷之后，在国家海洋局领导和有关职能部门及国家海洋信息中心新班子的高度重视和大力支持下，在国家海洋信息中心文献馆领导和档案人员的不懈努力下，作为中国海洋行业的国家专业档案馆，其业务承办机构于2000年11月正式恢复与重组，人员初步聘任到位。

【大洋档案规范和使用标准制定及其业务建设课题通过验收】 2000年9月5日，大洋协会办公室组织有关专家在北京对“大洋档案规范和使用标准制定及其业务建设”课题进行了验收。该课完成了大洋档案管理规定和大洋档案整理规则、著录细则、分类法、目录组织规则四项业务技术标准的制定；配合大洋协会办公室档案升级达标工作，对协会办公室现有的“七五”、“八五”大洋文件材料进行了系统整理、分类、组卷和著录，编制完成了全引目录、案卷目录、库房馆藏指南和专题目录等多种检索工具，使协会办公室档案管理达到国家海洋局一级标准；研制和开发建设了融检索、编目和档案管理于一体的大洋档案信息服务系统；完成了符合国家“九防”（防潮、防水、防光、防热、防尘、防污染、防有害生物、防火、防盗）标准要求的协会办公室档案室的库房基础建设。（侯秀生）

【2000年度海洋档案事业情况统计】 主要包括国家海洋局系统“机构、人员”、“档案年度存档”、“档案年度利用”等情况统计。

2000年度海洋档案事业机构、人员情况

机构数：处、科、室21个；

全部档案工作专（兼）职人员：38名；

大专文化以上：18名；

中专文化以下：10名。

2000年度海洋档案事业机构档案年度存档情况

档案全宗：17个；

案卷：2 833 卷；

单位：2 418 件；

音像：224 盘；

照片：216 张；

底图：160 张；

磁盘：83 盘；

光盘：36 盘。

2000年度海洋档案事业机构档案年度利用情况

利用人次：1 896 次；

编史修志：208 卷次，85 件次；

工作查考：2 824 卷次，160 件次；

学术研究：1 491 卷次，110 件次；

经济建设：1 018 卷次；

其　他：418 卷次，193 件次；

档案资料复制：18 831 页数。

【海洋档案目标管理】 国家海洋局系统自1994年开始进行的档案目标管理工作，于2000年10月全面完成。2000年度达标定级情况见2000年度海洋档案目标管理达标定级情况一览表。

2000年度海洋档案目标管理达标定级情况一览表

序号	单位名称	级　别	考核评定时间
1	国家海洋局第一海洋研究所	国家二级	2000年7月21日
2	国家海洋局杭州水处理技术开发中心	国家海洋局（部）一级	2000年10月16日

【国家海洋局基建与房地产档案整理】 为加强基建与房地产档案管理，国家海洋局1992年7月20日印发了《关于做好基本建设项目（工程）档案资料管理工作的通知》（国海办发[1992]362号），并于1993年4月在天津召开了“基建与房地产档案工作座谈会”。会议强调，“基建与房地产档案整理”工作是国家海洋局系统各单位成立以来首次开展，具有抢救性质，各级领导要高度重视。同时，进一步明确了该项档案整理的范围、操作程序和归档案卷数量（套数）等问题。

该项工作于2000年10月全面完成，共形成基建档案1 043卷（套），房地产档案739卷。详见国家海洋局基建与房地产档案整理情况一览表。

国家海洋局基建与房地产档案整理情况一览表

序号	单　位	基建档案(卷)	房地产档案（卷）	完成年月	验收时间
1	国家海洋局机关	75	58	1999年11月	1999年12月3日
2	北海分局	120	59	1998年11月	2000年7月12日
3	东海分局	110	82	1998年8月	2000年10月15日
4	南海分局	90	84	1999年4月	1999年10月21日
5	海口中心海洋站	36	9	1995年12月	1999年10月17日
6	海洋环境预报中心	27	15	1996年6月	1996年9月28日
7	海洋信息中心	107	68	1994年12月	1994年12月27日
8	海洋环境监测中心	69	48	1997年12月	2000年7月14日
9	海洋标准计量中心	2	2	1995年4月	1995年9月27日
10	第一海洋研究所	51	33	1998年3月	2000年7月11日
11	第二海洋研究所	42	36	1995年4月	1995年4月17日
12	第三海洋研究所	52	42	1998年12月	1999年10月15日
13	海洋技术研究所	66	60	1995年3月	1995年3月25日
14	海水淡化与综合利用研究所	64	39	1998年9月	1998年11月30日
15	极地研究所	61	34	1997年4月	1997年7月10日
16	海洋出版社	8	6	1995年12月	1996年10月4日
17	宁波海洋学校	63	64	1996年6月	1996年10月18日
合计		1 043	739		

备注：水处理中心的基建档案因工程未全部完（竣）工，暂未验收。

（张连秋）

海洋科技篇

Marine Science and Technology

CHINA

OCEAN YEARBOOK

145~231

海洋科学研究
Marine Scientific Research

综 述
Summary

【海洋科技进展概况】 2000年是“九五”和20世纪最后一年，也是新世纪中国海洋科技承上启下、继往开来重要的一年。

2000年中国海洋科学技术根据国家“九五”科学技术发展的总体方针、政策和规划，全面落实“九五”海洋科技发展规划和计划确定的方向和目标。经过5年的努力，在海洋高新技术研究与应用、海洋基础性研究和公益性研究、海洋关键技术攻关、近海和大洋调查以及海洋科技开发等海洋学科和领域取得了突破性和跨越式发展，获得了卓有成效的成果，为21世纪中国海洋经济持续快速发展，保证海洋生态环境可持续利用，提高海洋公益服务水平，维护海洋权益和加强海洋管理，以及今后海洋科技的进一步发展奠定了坚实基础。在国家重点科技攻关计划、国家重大基础性研究规划项目（“973”）、国家自然科学基金及海洋“863”高技术计划、海洋勘测专项计划以及科技兴海等一批重大的研究和开发计划的推动下，中国海洋科技工作已基本形成面向经济建设主战场、发展高新技术及其产业、加强基础研究三个层次的战略格局和比较完整的科学研究与技术开发体系。在缩短与国际海洋科技发展水平差距的同时，科技兴海使海洋经济正在成为国民经济发展新的增长点。

国家高技术计划（“863”计划）中一批关键性海洋高新技术研究与应用取得了突破性进展，海洋监测技术、海洋生物技术、海底探测技术、海洋卫星研制、海洋卫星遥感技术等取得了跨越式发展，大大缩短了与世界先进水平的差距，个别成果为国际首创；海洋关键技术的攻关取得了一批成果，许多成果已转化、应用到实际海洋管理与海洋开发之中；大范围的近海和远洋调查任务进展顺利，获取了大量海洋环境、资源基础资料，并在海洋资源调查中再获重大发现；海洋基础性研究和公益性研究工作也已全面启动，几个海洋科研基地正在逐步形成，预计“十五”初期海洋科学研究将跃上新的台阶；南北极科学考察进一步加强了中国在国际极地事务中的地位；通过科技兴海项目的实施及成果的推广和转化，推动了部分沿海省市海洋经济的发展。

国际海洋科技交流与合作进一步活跃。参加了全球海洋观测系统计划（GOOS）、全球海洋生态动力学（GLOBEC）、海洋科学钻探（ODP）、海岸带陆一海相互作用（LOICZ）、全球有害赤潮的生态和海洋学（GEOHAB）等一系列国际海洋科技合作项目；联合国全球环境基金、联合国开发计划署等国际组织开展的区域海洋科技合作成绩卓著。东亚海计划渤海环境保护与管理、黄海大海洋生态系计划、南海北部生物多样性保护项目等都向世界展示了中国海洋科技发展的实力和参与世界海洋科技发展的信心。

一批海洋高新技术研究与应用取得关键性突破

在国家“九五”攻关计划和“863”计划支持下，中国海洋科技整体水平上了一个新台阶，海洋高技术的跨越发展，缩小了与国际海洋技术先进水平的差距。海洋“863”计划实施4年来，在海洋环境监测技术、海洋生物技术、海洋探察与资源开发技术等 3 个主题之下取得了丰硕成果，突破11项重大关键技术，开发了60余项产品，获得专利142项。一些主要成果已经应用于海洋产业发展，建立了4个高技术示范系统、31个海洋高技术产业中试基地和示范基地，产生经济效益近25亿元。

1．海洋监测技术与海洋卫星应用

海洋卫星已被国防科工委列入中国“十五”期间重点发展的五大卫星系列之一。在2000年11月国务院新闻办发表的《中国的航天》白皮书中，明确指出中国航天的近期发展目标之一就是建立包括海洋卫星系列等组成的长期稳定运行的卫星对地观测体系，实现对中国及周边地区甚至全球的陆地、大气、海洋的立体观测和动态监测。目前中国海洋卫星的关键星载设备已经研制成功，卫星地面应用系统已经建立和完善。

海洋遥感与卫星应用技术积极推进，具有自主知识产权的海洋水色卫星星载仪器已经研制成功，地面卫星应用系统和地面卫星地面站建设顺利实施，海洋遥感已成为海洋业务监测和预报不可或缺的高技术手段。

在海洋监测技术方面，海洋监测预报技术实现了新的突破，在一些关键技术领域打破了西方国家的技术封锁。参与国际GOOS计划(全球海洋观测系统计划)的近海海洋环境立体监测示范系统已初步建成，海洋预报已由经验预报向业务化的数值预报发展。研制成功声相关海流剖面测量技术（ACCP）实验样机，使中国成为世界上第二个掌握ACCP核心技术的国家；在“九五”突破关键技术的基础上，研制完成船用多功能声学多普勒海流剖面仪，可同时测量流速剖面和水中悬浮物浓度；在合成孔径声呐成像原理方面取得重大突破，并研制成功湖试样机，使中国进入该技术研究的先进行列；研制成功两套作用距离200千米的中程高频地波雷达，可以监测风场、波高、流场等海表面动力要素及低速移动目标；研制成功海岸平台基海洋环境自动监测技术系统、海床基海洋环境自动监测技术系统、海洋污染和生态环境综合测量技术系统；研究开发了海洋环境立体监测系统技术，初步在上海建立了海洋环境立体监测系统和珠江口海域环境污染综合监测示范系统；开发成功中国第一台高精度海水温盐深剖面仪（CTD），主要指标总体上接近世界先进水平，并可替代进口产品。

2．海洋生物技术与海洋生物资源利用

海水养殖生物核心种质的遗传多样性和遗传标记的研究已取得突破，形成了对虾主要病毒病原全国范围的系统性检测技术基础，对虾白斑症病毒病的现场快速诊断技术研究达到了国际先进水平，从海洋生物中筛选出若干有开发前景的海洋药物先导化合物，盐生植物基因移植技术等研究在发展海水农业方面也形成了一定的研究规模。

在海洋药物研究方面，开发了具有自主知识产权的第一个抗艾滋病药物911，正进入二期临床试验。在海水高效养殖技术方面，建立了高健康对虾养殖技术，在一定程度上控制了病害的发生，完成了高效过滤、高效净化和水质自动监测与控制等关键技术，使鱼类养殖的单位产量提高100%。在生物反应器海藻育苗技术方面，完成了新型光生物反应器的研制，初步建立了海带、裙带菜和紫菜三种大型经济海藻良种繁育的细胞工程和生化工程技术。在海洋功能基因和转基因技术方面，完成了13个海洋动物cDNA表达文库的建立，共获得316个新的基因序列。在世界上首次将外源基因导入对虾，育出转基因虾，并测定了对虾杆状病毒全基因系列。建立了定点整合转基因鱼的试验模型和转抗盐相关的外源基因的作物模型。

开发成功海水养殖病害检测试剂盒，可以对对虾杆状病毒、鱼类弧菌病等进行现场监测。开发了富含EPA、DHA等营养物质的海洋微藻饲料，完成了酶解新蛋白源的中试生产及工艺优化。获得了多个耐海水蔬菜品种，并在沿海地区建立了耐海水蔬菜生产的中试基地。

3．海洋探查技术与资源开发

海洋探查与资源开发技术有新的提高，开发了符合海域划界国际标准的海底全覆盖高精度探查技术系统。海洋油气勘探开发技术和海洋生物技术均取得跨越性发展，拉近了同国际先进水平的距离。重点突破了高温超压钻井世界性难题和海上中深层高分辨率地震勘探关键技术，已获探明及控制海洋地质储量石油18.82亿吨、天然气0.53万亿立方米。2000年，全国海洋石油产量1 810万吨、天然气产量42.5亿立方米。

从海上探测、导航定位、数据采集与处理、自动化成图到人机交互解释，涵盖海底地形地貌探测全过程的整体装备技术和作业能力已经形成，为维护海洋主权和权益提供了技术保障，并成功应用于中国专属经济区和大陆架精密勘测。中国自主开发完成了分布式广域差分GPS定位系统、双船地震遥测系统、超短基线定位系统等10余套海底探查新仪器新装备，整体提高了海洋探查技术能力。

在海上大气田探测技术开发方面，海上中深层高分辨率地震勘探技术跻身世界前列。解决了高温超压钻井世界性难题，开发成功抗高温耐高压的油包水钻井液体系、精确的地层压力预测和监测系统、高温超压气藏测试与控制技术，为东方1-1-11井的钻探成功，提供了技术支持。对油层、气层的识别能力有了很大提高。利用研制成功的480道四分量海底电缆采集系统等海上多波地震勘探技术，成功地完成了渤海海上试验，首次依靠自主技术取得实际多波信息。大位移井钻井成套技术，实现了水平位移距4 000米，水/垂比大于2的技术目标，为开发沿海周边小油田提供了技术条件。完成具有自主知识产权的中国第一套数控成像测井系统，性能指标全部达到或超过了国外同类仪器水平，并实现了小批量生产，创产值1 300万元。

成功开发出一种便携式高灵敏度油气探查装置——820型高灵敏度气态烃现场测定系统。该装置对沉积物中的超微量甲烷、乙烷、丙烷及氢气的含量，检测灵敏度可达到十亿分之一，该系统创新之处是，可以在勘探现场对岩芯、土壤样品进行分析测定，同时测定多种化学物质和多个其他参数，具有体积小、成本低、灵敏度高、功耗低、易操作、远距离提供数据处理结果等特点，性能达到国际领先水平，对中国普查勘探和开发“可燃冰”这种后备能源具有特别重要意义。

“九五”海洋关键技术攻关取得一批成果

1．海岸带资源与环境关键技术攻关成果应用成效显著

该项目围绕海岸带环境监测、预测及防治技术，沿岸和浅海养殖区养殖容量与优化技术，海岸带动力环境及其灾害预测技术，海岸带综合管理技术与信息系统等4个方面关键技术，历经5年攻关研究，攻克了一系列的技术难关，取得了140多项科研成果，形成了17项行业技术标准和5项国家级标准物质，获得国家专利和新技术6项，其实用技术和成果已广泛应用于中国的海岸带资源开发、环境保护、海洋综合管理、业务化建设以及近海和大洋调查工作中，并取得了显著成效。通过该项目还培养了一大批青年科技人才，培养博士、硕士生48名，发表论文360余篇，出版及待出版的专著12部。

该项“九五”攻关成果已在中国的海岸带资源开发、环境保护及海洋综合管理中得到应用。如：“大连湾、胶州湾陆源排海总量控制研究”提出的有关污染控制的原则、办法已得到普遍认可，并写入中国《海洋环境保护法》中。通过“海岸带环境污染监测支撑关键技术研究”形成的17项行业技术标准和5项国家级标准物质已被批准。通过“突发性污损灾害预测、应急处置及评估技术研究”，建立了卫星遥感赤潮监测技术体系和损害评估技术方法，其成果已应用于卫星遥感赤潮监测业务化工作中，并取得了显著成效。特别是通过攻关研制成功的“高效复合混凝剂”已获国家发明专利，CA法含油污水处理设备和CAX混凝剂作为国家重点推广新产品，已在辽河油田的生产中得到应用，取得了显著的经济效益。

2．海水淡化与综合利用关键技术攻关带动海水利用产业市场发育

围绕海水淡化技术、大生活用海水利用技术、海水化学资源提取技术等项目的技术攻关，取得80余项成果。中国复合反渗透膜技术、纳滤关键技术、分离膜关键设备的技术引进、吸收与消化、日产1 000吨的海水淡化示范工程技术等有了大的突破，形成了具有中国自主知识产权的新型膜组器及其工程应用技术；反渗透海水淡化作为一种制取淡水的手段，其经济性及实用性已为各地区所重视，开始在各沿海和海岛地区推广。通过低温多效蒸馏海水淡化技术攻关，成功研制了海水淡化专用液体分布器、不同金属传热材料弹性连续装置及海水淡化蒸汽压缩机；为青岛黄岛发电厂建设了3 000吨/日低温多效海水淡化示范工程，综合指标达到国际先进水平。研制出适用于海水直流冷却系统的缓蚀剂、阻垢分散剂和菌藻杀生剂等新产品；在海水化学资源提取和海藻资源利用方面，建立了多条中试生产线，获得2项国家发明专利，并得到推广应用，取得了显著的经济效益。

大型近海和远洋科学调查有了实质性进展

“中国专属经济区和大陆架勘测”、“南沙群岛及其邻近海区综合科学调查”、“南北极科学考察”、“海洋科学数据库”、“极地科学数据库”等基础调查工作皆取得了显著成绩，获取了一批对中国海洋经济发展、海洋资源开发、海洋环境保护、海洋权益维护和海洋综合管理具有重大意义的海洋基础数据资料。

1．海洋科研与调查是海洋工作中的基础工作

2000年，中国广大海洋科技工作者继续开展近海海洋环境与资源综合调查，获得了大量宝贵资料和许多阶段性成果。至年底，所有外业勘测工作已全部完成，已进入内业的资料整理、分析和研究阶段，并组织对阶段性成果验收。

2．海洋资源调查再获重大发现

2000年中国应用高分辨率多道地震测量和多波束海底地形测量等多种技术，在西沙海槽区进行天然气水合物资源的调查工作获得了突破性进展，通过室内资料综合解释分析表明，南海北部西沙海槽区存在天然气水合物已不容置疑，而且面积较大。此外中国开展的东海天然气水合物研究，经过国家海洋局海底科学重点实验室的认真研究，得出了“东海洋蕴藏着储量可观的天然气水合物”的重要结论。

海洋基础研究为海洋领域的学科发展打下良好基础

“九五”末期以来，国家对海洋基础研究给予了高度重视，海洋科学升为一级学科，4项海洋“973”项目立项，其中两项已开展海上调查工作。为了加强海洋科学研究资料基础建设，科技部还新开设了基础性工作专项。得到国家各类科学研究计划支持的主要海洋科学研究项目有“中国近海环流形成变异机理、数值预测方法及对环境影响的研究”、“东海、黄海生态系统动力学与生物资源可持续利用”、“中国近海赤潮发生的生态学、海洋学机制及预测防治”、“海水重要养殖生物病害发生和抗病力的基础研究”、“渤海生态系统动力学与生物资源可持续利用”、“中国沿海典型增养殖区有害赤潮发生动力学及防治机理研究”、“南海季风试验”等。这些研究项目多数已取得了阶段性的成果，如“对虾白斑杆状病毒分子生物学研究”等工作达到了国际先进水平。

1．中国近海环流研究取得重要进展

在“973”计划支持下，“中国近海环流形成和变异机理、数值预测方法及对海岸带经济可持续发展影响的研究”取得了关键性的突破，在此基础上开展环流形成和变异特征的机理研究，从而研制能反映环流形成和变异的数值预测模式，使之能够对中国近海环流的变异作出季节尺度的预测，最终将预测结果服务于海岸带社会经济的可持续发展和军事活动需求。

目前，国家海洋局第一海洋研究所等几个主要海洋研究所在南海、东海、黄海和渤海共进行了8个航次的海上调查，获取大量实测资料，并在中国近海环流形成、变异机理和数值模拟等方面取得一些阶段研究成果，发表论文70余篇。

2．黄海、东海生态动力学研究

中国水产科学院黄海水产研究所、国家海洋局第二海洋研究所等单位组织开展了3个航次多学科海上综合调查，取得一些初步研究成果。

3．边缘海地质地球物理研究

中国科学院海洋研究所、国家海洋局第二海洋研究所、国土资源部地质研究所等单位提出的“边缘海地质地球物理研究”项目通过了科技部组织的专家评审。该项目于2000年3月正式立项启动实施，9月在杭州召开第一次学术研讨会，同时对东海、南海海上调查进行了总体设计。

4．科技基础工作专项进展良好

国家海洋局海洋信息中心、中国极地研究所、国家海洋局第三海洋研究所等单位负责承担的海洋科学数据库建设、海洋历史资料抢救、极地科学数据库和海洋药源生物库等4个项目进展良好，其中由国家海洋局第三海洋研究所与青岛海洋大学共同承担的海洋药源生物库项目工作受到科技部的表扬。

5．海洋生物学研究实现跨越发展

在“973”项目“海水重要养殖生物病害发生和抗病力的基础研究”中，对虾白斑杆状病WSSV的分子生物学研究上取得突破，经由485名中国科学院院士和中国工程院院士投票，该研究被评为2000年中国十大科技进展第2名。科技人员针对造成对虾白斑病毒WSSV感染、流行的宿主与组织特异性，完成了WSSV结构蛋白的分析与糖蛋白定位、CDNA文库建立、WSSV结构蛋白和对虾细胞膜的单克隆抗体等工作，其中WSSV结构蛋白定位、囊膜弹性骨架、糖蛋白定位、病毒上的酶活性等研究在国际上属首次开展。在对虾抗病的遗传学研究中，完成了中国对虾、日本对虾、斑节对虾和凡纳对虾遗传结构的分析，初步建立了中国对虾抗病毒家系，开展了中国对虾抗菌肽基因克隆的研究，建立了PCR法用菌液快速筛选含有微卫星序列的重组阳性克隆技术。该项研究成果已由第三海洋研究所徐洵院士领导的海洋生物技术实验室攻克，他们成功测定出对虾白班杆状病毒基因组的全部序列。该病毒由约30万个碱基对组成，是世界上当时已知的最大动物病毒。该项研究表明中国在世界上率先破译对虾病毒遗传密码，从而使中国的基因组研究由人、动物、农作物延伸至海洋生物，中国海洋生物学研究已进入基因组时代。

6. 海洋生物资源持续利用研究获得新突破

"973"计划支持的"东海、黄海生态系统动力学与生物资源可持续利用"研究始终围绕东海、黄海生态系统动力学关键过程和生物资源补充机制等主要科学目标，在多学科交叉综合研究方面取得了突出进展，阶段性研究成果极具创新性，首次从物理作用机制的角度研究中华哲水蚤种群动态，形成了哲水蚤在陆架区度夏策略的新观点；第一次从生态系统的水平上开展关键种鱼是鱼产卵场形成与补充机制的研究，初步形成了鱼是鱼卵子、仔鱼期的分布与成活受限因素"物理作用大于营养支持"的新认识。

7. 有害赤潮研究取得阶段性成果

有害赤潮肆虐于中国和世界各国沿海，是国际社会共同关注的重大海洋环境问题和生态灾害，已成为制约中国沿海经济可持续发展的重要因素。有害赤潮生态学和海洋学是全球变化研究的重要内容，是当今海洋科学跨学科研究的国际前沿领域。通过开展赤潮种群动态过程的海洋学机制、中国近海有害赤潮的生态学、中国有害赤潮的管理和减灾技术等一系列研究，初步建立卫星赤潮监测技术体系，2000年卫星监测已正式列入全国海洋环境监测计划，在渤海、长江口和珠江口三个重点海域实施业务化示范监测，进行每天一次的卫星监测，发布卫星监测通报，为赤潮灾害的减轻和防污，提供了有力的决策依据。中国探索开展赤潮预报也取得了一定的成绩，预报的准确率正在稳步提高。获2001年度"国家重点基础研究发展规划"批准立项的"中国近海赤潮发生的生态学、海洋学机制及预测防治"将为中国"预防、控制和治理赤潮"，推动海洋经济可持续发展提供强有力的科学依据。

8. 极地科学研究迈上新台阶

极地尤其是南极的气候、环境变化对地球和人类影响极大。中国开展极地研究始于20世纪80年代，近20年时间里，中国科学家在海洋环流、生物及碳循环、高层大气物理、大气科学、生物、冰川、地质和南极对全球变化集成研究等方面开展了大量科研工作，取得了一批世界瞩目的科研成果。其中对南大洋普里兹湾的物理海洋学状况、水文学过程及底层水特征研究，使中国成为该海区的主要研究国家之一；在西南极布兰斯菲尔德海峡物理海洋学研究中，中国科学家的科研成果基本解决了"东海盆"和"中心海盆"底层的来源这一长期争论的科学问题；对南极现代大气和高空大气开展的综合观测研究，在南极海冰与ENSO（厄尔尼诺与南方涛动）的联系、高纬电离层特性、极隙区纬度电离层漂移特性及其与行星际磁场的关系、激光特性等问题上取得突破，其成果揭示了南极现代大气和高空大气对全球变化的影响，为建立南极系统对全球变化影响的评估模型提供了基础资料。对长城站附近湖泊的沉积序列进行的创新研究，提出了在沉积层中识别企鹅粪的标型元素组合方法，首次恢复了3 000年来企鹅数量变化与环境变化相联系，首创了研究企鹅历史的科学考古方法，其成果被收录在国际权威学术杂志《自然》上，被认为是表达了"中国科学家对南极的新认识"。

大力推进科技兴海和成果转化，为沿海地方经济建设服务

科技兴海是国家对海洋经济发展的重要战略之一。通过海洋"863"计划、海洋科技攻关计划项目所取得的海水增养殖技术、海水淡化技术、海洋药物开发技术等实用技术及成果转化，科技兴海项目效益喜人，建设了16个示范区和 8 个技术转移中心，科技成果转化成绩显著。实施科技兴海，推动了沿海省市的海洋经济发展。

（邱志高）

国家重要研究项目
State Key Scientific Research Projects

【中国近海环流形成变异机理、数值预测方法及对环境影响的研究】 按南海课题协调组的计划，完成了本年度计划内所有海上科学考察工作，并增加了计划外海上科学考察工作。参加07课题和05课题，均按计划开展研究工作，并完成一篇以上论文，将陆续发表。

"东海黑潮结构变异及其与陆架水的相互作用"课题为上述项目中的课题之一。国家海洋局第二海洋研究所袁耀初研究员等主要从三维空间研究东海黑潮的结构和变异，黑潮水与陆架水的中尺度混合过程，从中尺度、非线性的海洋过程演变来研究黑潮锋面复杂变化的规律和动力机制；关于黑潮支脉的形成机制，拟弄清它们形成的动力机制为目标，澄清目前有关台湾暖流、对马暖流和黄海暖流起源路径等争议；研究大洋环流对陆架环流影响的机理，从全球的角度探讨陆架环流变化的机制。课题组根据强化调查所获资料，结合历史资料进行分析研究，撰写了15篇论文，其中SCI文章2篇。

“南海季风环流及其变异机理”课题亦为该项目中的课题之一。由国家海洋局第二海洋研究所承担，课题组着重研究在东亚季风驱动下，具有明显季节特征的南海海盆尺度海洋环流和结构及其成因，运用现今较为成熟和先进的海洋模式对南海海洋环流和温盐场结构进行三维时空变化模拟，并进行动力学分析，以阐明东亚季风控制下的南海风生和热盐环流形成的物理机制，揭示其变异机理。主要研究内容包括三个方面：南海海洋环流与东亚季风的关系；风生、热盐环流对南海总环流的贡献；南海季风环流的时空特征及其演变机制。重点解决南海上层海洋的热盐结构及其变异；南海环流的形成及对季风演变的响应。从历史资料分析入手，实施强化补充观测，并利用客观分析和数值模拟相结合的方法，全面认识南海季风环流的时空结构和变异规律；运用海洋高新技术，采用卫星、浮标和船只相结合的立体观测方法，收集瞬时、大范围的表层海洋信息和长期、细致的海洋内部资料，以揭示南海海洋上层大尺度环流的运动特性和长期变化规律。已发表论文12篇。（国家洋海局二所,·三所）

【黄、东海总环流形成变异及其与长江冲淡水的相互作用机理】通过现场观测资料和有关历史资料及卫星遥感资料的分析得出：在近口门段，长江冲淡水扩展方向与径流量密切相关。发现山东半岛东南沿岸流夏季向西南；冬季向东北；长江口外终年有一反时针环流；台湾暖流可达33.5° N，以冬季为强。基于POM模式的黄海东海环流的数值模拟结果表明，在黑潮左侧常年存在着1个气旋性椭圆回流。对黄海东海悬浮物输运的数值模拟结果显示，渤海、黄海、东海悬浮物在秋冬季向外海输运；长江入海物质只在冬季沿岸南下输运。（中国科学院海洋所）

【南海海洋环流时－空结构及其形成机制的研究】 主要研究内容及研究方法：南海独特的地理位置和海底地形，使其成为拥有最大的热带半封闭海域的边缘海。此项研究通过海上现场观测，并结合已有历史资料和卫星遥感资料的分析诊断以及数值模拟和理论分析，揭示南海海域的大、中尺度海-气相互作用过程，确定南海海盆内的质量和热量收支，建立适合南海特点的海洋环流数值模式并开展相应的资料同化方案，探讨了南海上层大尺度环流系统的低频变异及其成因，从而在总体上提高对于南海海洋环流时－空结构及其形成机制的认识。

主要研究成果：①利用南海南沙海域13年11个航次的南海南沙群岛及其邻近海域综合科学考察的CTD资料，计算了各航次调查期间的地转流场分布；应用卫星遥感的海面风场资料、高度计资料和 Levitus 温-盐资料，研究了南海环流的季节变化、年际变化及中尺度涡，并给出了南海的第一斜压模态的Rossby变形半径的地理分布；利用深海与陆架耦合的数值模式探讨了南海上层流场对季风及其转变的响应和动力机制。②简化模式研究指出：上层海洋在季节平均意义上总处于准稳定的Sverdrup平衡状态；在风应力和海面热通量共同作用下的受迫振荡是南海SSH和温跃层季节变化的主要机制。利用COADS资料分析了南海表层水温的年际变化特征；应用Princeton海洋模式（POM）对冬季南海环流与卫星遥感海面高度资料进行混合同化试验。③应用Princeton海洋模式（POM）模拟了南海的海平面高度、上层环流和海温季节变化的主要特征；模拟了吕宋冷涡和越南冷涡的时空尺度以及演变过程，证实黑潮是以流套形式影响南海，并且黑潮流套常年存在；夏季南海暖流的流速和流幅均大于冬季；而黑潮对冬季的南海暖流起主要控制作用。④采用一个改进了的涡分辨模式，对冬季处于强盛的东北季风强迫以及黑潮在巴士海峡入侵的共同作用下的南海北部环流的中尺度涡旋体系进行了数值研究，初步再现了冬季南海北部中尺度涡的生命史；不同的敏感性试验表明，斜压调整是形成冬季南海中尺度涡旋体系的决定性因子，而边界的入流和风应力驱动则是影响中尺度涡旋运动的主要因素。（甘子钧）

【西北太平洋环流及其变异预测数值模式】为了

研究西北太平洋环流对中国近海的影响，最终为中国近海环流预测数值模式提供较可靠的开边界条件，该所建立了一个1/6度分辨率的亚太边缘海环流模式。该模式涵盖了南海、渤黄东海和日本海。为了考虑全球海洋变化对中国近海的影响，该模式嵌套于一个3度低分辨率全球模式之中。中国科学院海洋区域模式的计算方案采用了美国普林斯顿大学的MOM2模式。现已作了6年积分运算。模式结果良好反映了西北太平洋环流的基本结构，东海黑潮流量与已有公认的量值比较一致，南海、东海与外部海区之间的通量计算结果合理。该工作与韩国成均馆大学合作。

利用上述模式研究了南海、东海和日本海与外部海域的水、热、盐交换。主要结果有：①通过南海的流量约占太平洋印度洋贯穿流流量的1/4；②东海黑潮约有1/5的流量来自冲绳以南水道；③东海和日本海海水向大气供给热量而南海海水则从大气吸收热量；④南海和东海从陆地和大气得到的淡水多于蒸发，而日本海则相反。

进一步发展了大气物理所IAP/LASG全球环流模式，垂向30层，水平格距1.875°已完成1年积分，初步结果良好。利用模式结果分析了暖池SST季节内变化及其与海面热通量的关系。表明二者关系密切。（中国科学院海洋研究所）

【东、黄海生态系统动力学与生物资源可持续利用】 国家重点基础研究发展规划项目。主持单位是中国水产科学研究院黄海水产研究所。黄海水产研究所所长唐启升院士为首席科学家。该项目共分解为12个课题，2000年黄海水产研究所收集和研究了历史资料，根据科学问题提出理论假设和实验设计，全面开展了海上调查和各项试验工作。其中“东海、黄海食物网营养动力学关键过程的研究”课题，对蓝点马鲛、玉筋鱼、梭子蟹的摄食、生长和生态转换效率及其主要影响因素进行了研究，初步建立了黑鲪、牙鲆、石鲽和黄姑的能量收支模型，鲈鱼（真鲷）摄食和生长预测模型；“东海、黄海生物资源优势种交替规律及人类活动对生物资源可持续利用影响的研究”课题开始收集自20世纪50年代以来的东海、黄海区生物资源及栖息环境调查、水文气象、渔捞统计等历史资料，并于6月份进行了鳀鱼产卵场调查，10月份进行了秋季典型水域海上调查工作，取得了较好的结果；“东海、黄海生物资源种群动力学与关键种早期补充机制的研究”课题，完成了3次海上调查和取样，室内进行了鳀鱼卵子孵化试验，鳀鱼仔稚鱼水平和垂直分布研究试验，鳀鱼仔稚鱼摄食习性研究试验，获得了1999年度鳀鱼的补充量和黄海、东海主要资源种类越冬期的密度分布资料。从海上采集受精卵在室内进行孵化试验，证明鳀鱼在室内进行人工培养是可行的，降低水温，延长混合营养时间可能是提高其开口期成活率的重要措施。该项目曾派员参加国际学术会议和科学考察达10余人次，项目出版《中国海洋生态系统动力学研究I.关键科学问题与研究发展战略》专著一部，完成论文20余篇。

国家海洋局第二海洋研究所科技人员在苏纪兰院士和黄大吉研究员带领下，重点研究东黄海高生产力区中尺度物理过程的特征和演变机制，揭示形成舟山渔场、黄海越冬场等高生产力区的物理环境及其变异规律，探讨关键物理过程在东黄海生态系统中生源要素的更新、浮游生物及资源优势种早期补充中的地位和作用。其特色主要体现在，从研究物理过程入手，建立物理-化学-生物耦合的生态系统动力学模式，采用调查和模式相结合的方法，深入探讨关键物理过程在生态系统中的作用和地位。

研究表明，山东半岛以南海区潮锋显著，锋区是水体垂向混合强烈、营养物质补充快、浮游生物生产力高、鱼产卵、鱼卵和仔稚鱼密集区，锋面的生态作用显著。在深水的层化区，跃层的生态作用非常突出：在跃层的下界出现溶解氧和叶绿素a的最大值。调查研究揭示，夏季在黄海冷水团近底层，中华哲水蚤密集；在温跃层处出现盐度的极小值层，可能与截锋面方向的环流有关。黄海东海潮混合和潮余流的作用很重要。

（刘世禄　孙惠玲　孙煜华）

2000年6月和10月至11月，厦门大学黄邦钦博士及王大志博士等与中国科学院海洋研究所共同主持“973”计划“东、黄海生态系统动力学及生物资源可持续利用”的第六课题，分别进行了两个航次的现场调查和实验，获得了该海域微微型浮植物丰度、生物量和生长速率，微型硅藻丰度及多样性，鞭毛虫的丰度和生物量等第一手资料，达到了预期的目的。获得了以下初步结果：①秋季，黄海和东海北部浮游植物生物量在组成上相类似，均以微型浮游植物占优势(平均70%)；②各粒级浮游植物生物量的水平分布格局不同，总生物量在近岸较高，由微微型则在靠东侧的水域较高；③断面分布表明，A断面（黄海）微微型由近岸至离岸逐渐升高，小型则降低；然而，PN、F断面（黄海）微微型由近岸至离岸逐渐升高，小型则降低；然而，PN、F断面（长江口外）的小型的分布与上述相反，可能与黑潮区的束毛藻的存在有关；从北至南微型和微微型升高，而小型则降低。昼夜变化表明，E4测站（长江口外）微微型呈持续升高趋势，微型则呈下降趋势，小型呈波动。④特定海域的结果表明，黄海冷水团（E2）各粒级生物量均小于上层水；底层黑潮水亦小于上层水，且在粒级结构上亦有差异。⑤夏季，黄海北部异养鞭毛虫生物量在100～1 300个/毫升之间，与世界同纬度边沿海区的数量相近；⑥异养鞭毛虫在平面分布上具有从外海向近岸数量增高的趋势，高生物量区集中于近岸水域；在垂直分布上具有向温跃层数量增高的趋势，高生物量区集中于近岸水域；在垂直分布上具有向温跃层数量增加的趋势，温跃层附近的生物量明显高于临近水层；⑦鞭毛虫与甲藻（主要是异养甲藻）的数量显著相关，表明两者之间有较明了的食物关系。

（厦门大学海洋与环境学院）

【东、黄海浮游动物群落结构和生物量的动态变化及其对生态系统的调控作用研究】在3个航次的现场考察与现场实验中收集了东黄海浮游动物生物量和种类组成的空间分布和数量变化的样品以及相关的的环境资料。与以往不同的是，增加了重点端面上的分层取样，以深入了解浮游动物群落结构特点、动态变化、与水团和环流的关系。在小型浮游动物研究方面增加了大容量采水，以弥补过去这方面研究的空白。

进行了浮游动物不同功能群对浮游植物的摄食压力和生态转换效率的现场实验，进行了浮游动物昼夜24小时垂直移动和昼夜24小时摄食节律的研究。在3个航次中还进行了浮游动物粒径与含能量的测定。

【东黄海的初级生产、异养微生物二次生产以及微型生物生态过程研究】该课题参加了2000年大面站和连续站的海上调查，调查内容有叶绿素、初级生产力和分级叶绿素与初级生产力；浮游植物优势种和微型硅藻、超微型浮游植物；蓝细菌生物量、异养细菌生物量和生产力；微型浮游动物(异养鞭毛虫、纤毛虫)组成、生物量和优势种及其食性特点；微型浮游动物的垂直分布和移动；微型和微微型浮游植物的类群组成、丰度的时空变动及其影响机制等进行了现场取样和现场培养试验研究。（中国科学院海洋研究所）

【中国边缘海的形成演化及重大资源的关键问题研究】 在刘光鼎、金翔龙、秦蕴珊等院士的指导下，经过2年的预研究，尤其通过国家海洋局科技项目“中国边缘海的形成演化及重大资源的关键问题预研究”的资助，明确了中国边缘海形成演化的关键科学问题、研究内容和技术途径，为中国边缘海973项目的立项申请打下了基础。该所联合3大部委、7个优势单位和大学，于2000年3月获审批通过。该项目由中国科学院海洋研究所高抒和国家海洋局第二海洋研究所李家彪共同担任首席科学家。项目着重开展3方面的研究：①中国边缘海岩石层结构及其深部作用：剖析中国边缘海的岩石层结构、演化及大陆岩石层破裂机制，洋陆岩石层相互作用，以及边缘海演化过程中的物质与能量交换作用；②中国边缘海形成演化的地质构造系统及其动力学过程：研究大陆边缘的张裂、增生作用及其大洋板块俯冲碰撞的关系，中国边缘海基底特性、沉积成盆、构造体系时空演化特征，东海、南海构造演化的差异及其成因机制，建立中国边缘海形成演化的动力学模式与理论；③中国边缘海演化与重大资源形成的关系：研究中国边缘海演化过程中油气、天然气水合物及热液矿物等重大资源的分布、形成条件，揭示海相残留盆地和深海浊积盆地的油气特征，提出中国边缘海资源形成和分布的规律性认识。上述研究从中国边缘海的岩石层深部过程至碰撞俯冲的地质构造系统、从形成演化的动力学模式至资源形成的条件与规律，内容涉及中国边缘海形成演化研究的主要方面，是解决中国边缘海形成演化关键科学问题的基础。2000年9月在杭州组织召开了第一次项目大型学术研讨会，来自8个单位及大学共48人参加了会议，共提交40篇研究论文的详细摘要，38位科研人员在会议以边缘海的形成演化为主题宣读了学术论文，并准备出版相应的学术研讨会论文集。海洋二所在该项目中主要研究内容为中国边缘海岩石层结构、中国边缘海新生代沉积盆地的基底特征及其构造格局、中国海沟-弧-盆体系形成演化、中国边缘海形成演化的动力学机制、中国边缘海形成及油气资源效应等。（孙煜华）

【海水重要养殖生物病害发生和抗病力的基础研究】 由中国科学院海洋研究所相建海研究员担任项目首席科学家。该项目瞄准中国海水养殖业面临的病害、种质和环境重大科学问题，从分子、细胞、个体和群体不同水平，实现学科交叉，开展相关基础研究，着重解决重要海水养殖动物大规模死亡的流行病学、海洋生物抗感染的防御体系、抗病力的遗传学基础和环境因子对病原流行及宿主抗病力的影响等关键科学问题。研究内容涉及养殖动物病因学和主要病原致病机理，不同类型养殖生物防御病原体的反应过程与特征，养殖生物抗病力的遗传基础和选育途径以及环境胁迫对抗病力的影响机制和生态调控等 4 个方面。其目标是从基础理论上对病害和抗病力问题给予科学的回答，培育2～3个具有较高抗逆性的养殖新品种，创建2～3种结构优化的浅海和池塘养殖模式，提出2～3种养殖环境清洁技术，为全面指导中国海水养殖业健康、可持续发展提供理论支撑和技术储备，在国际海洋生物学和水产学科前沿领域占有一席之地，培育和造就一批富有创新能力的中青年学术带头人。

【养殖环境清洁工程的生态学原理与关键技术】 研究了虾池环境水质因子变动规律研究；对具有降解作用的微生物进行了筛选与技术研究；对海水、沉积物或生物体中磷的灰化分析法进行了有效改进；研究了滤食性贝类、海带、刺参等在养殖系统的作用；首次系统研究了刺参的代谢活动；在烟台四十里湾的不同养殖海区（8 个站位）对扇贝的生物沉积进行了现场测定。

【对虾抗病力的遗传学基础】 ①完善了RAPD标记技术，利用RAPD标记开展了中国对虾和日本对虾野生和养殖群体遗传结构的分析。②与美国TUFTS大学就对虾微卫星标记和EST技术开始了合作研究，利用此技术筛选与对虾抗病性状相关的遗传标记。③开始了中国对虾cDNA文库的构建、EST标记的筛选和中国对虾抗菌肽基因的克隆研究。④与法国国立海洋研究所达成了合作关系，将就海产虾贝类抗病基因的筛选开展合作研究。⑤利用经过两代筛选的对WSSV病毒具有一定抗性的中国对虾养殖群体为亲本，培育出第三代苗种，开始了该苗种与普通中国对虾苗种的养成对比实验。（中国科学院海洋研究所）

【扇贝生物种群遗传结构及遗传多样性的应用】 自2000年3月执行课题合同以来，主要取得了以下几方面的进展：①建立了韩国栉孔扇贝、山东荣成、长岛、胶南、青岛沙子口等不同地理群体的资源库，特别是发病区存活贝及野生贝，对于研究极具价值；②首次获得了日本栉孔扇贝与中国栉孔扇贝杂交的两个品系，发现了以日本贝为母本、中国贝为父本F1代在体色上的显著差异，也显示了杂交贝的生长优势；③建立了中国栉孔扇贝的cDNA文库；④确定了以AFLP标记作为扇贝遗传结构及其多样性研究的方法，初步筛选并建立了扇贝群体AFLP分析的限切酶组合、接头、引物以及扩增等实验条件，并在此基础上对 9 个群体进行了初步的分析。

【鱼类病原菌致病因子的作用过程】 调查了牙鲆发病及流行现状，对发病个体的病症表现进行了系统研究，对致病菌进行了病原分离、鉴定和保存进行了系统研究，分离到 4 株可疑细菌性病原，从皮肤溃烂症分离到一株病原M3，对其进行了分离纯化鉴定；通过轮虫携带和直接注射方法对牙鲆进行了致病性实验，主要症状为内脏器官弥漫性出血，103～109 cfu/mL的M3对成年牙鲆有致死作用；对为神经性坏死病毒感染的脑和肝组织做电镜超薄切片观研究。

【藻类抗感染反应的特征及生理学基础】 确定了海带的主要病变现象；建立了海带表面微生物的实验室培养体系，建立了负感染生物检测模型，经过筛选获得了具有较高感染性的菌株。具有病源感染特征的微生物主要是杆菌，而不是弧菌。感染过程必须经过海带组织创伤才能实现，而在正常的幼苗液体培养条件下不能获得感染。初步观察了海带在病原体感染过程中的组织学、细胞学现象，海带的病变主要为色素体组织的破坏。测定了多酚物质及多酚氧化酶的活性变化规律，发现了海带感染过程中的新现象：病原体是通过海带组织的粘液管道进入繁殖引起的。初步推断：海带的外分泌能力在育苗后期减弱造成微生物粘附进入粘液管道引起，在感染初期，首次确定，海带在受到病源体感染时具有主动化学防御现象。另外，在海带表面细菌的分子生物学鉴定、不同海带种质的遗传差异、不同海带组织病变现象等方面也开展了积极的工作。

【浮游动物关键种种群动力学和种群生产力研究】 课题对浮游动物关键种中华哲水蚤的数量分布、产卵率、孵化率和种群动态变化进行了研究。分别对成体、幼体和拟成体的水平和垂直分布、昼夜垂直移动等进行了现场取样和实验室分析，取得了完整的资料；对浮游动物关键种小拟哲水蚤的成体、幼体和成体的垂直分布与水平分布及其数量变动规律的现场调查与实验室分析，获得了完整的资料；另外，对浮游动物关键种强壮箭虫的数量分布现场调查和数据分析，取得了初步的资料；对浮游动物关键种中胡哲水蚤的个体生态学进行了研究，获得了室内培养有关资料，测定了有关的生物学参数。

同时，对东海、黄海的以往进行的研究资料进行了收集和初步分析，掌握了一些历史数据和资料，为下一步的时间序列分析和探讨物理海洋学过程对生态系统的影响打下了基础。

（中国科学院海洋研究所）

【厄尔尼诺-拉尼娜的形成、预测和对中国自然灾害影响的研究——西太平洋暖池变化监测（浮标站）】 该专题是“973”项目ENSO监测动力学与预测理论研究课题的专题。在巢纪平院士的指导下，国家海洋局第二海洋研究所以许建平研究员为主的科技人员根据专题计划任务的要求，首先对拟从国外引进的ATLAS锚碇浮标系统进行全方位摸底、调查，提出了2套方案。并就浮标的布放位置开展调研，提交了“西太平洋暖池变化监测设计方案”。在对ATLAS浮标系统调研过程中，获悉目前国际上正在推动一个全新的国际海洋观测计划（ARGO），将利用一种PALACE浮标对全球海洋进行动态观测。目前，专题组正在不断跟踪这一计划（ARGO）的进展，做好中国参与这一计划和在西北太平洋布放PALACE浮标的准备工作。在对观测浮标选型和调研的同时，利用相关的历史资料，对该专题涉及的有关物理海洋学问题进行分析探讨，撰写了2篇论文。

（孙煜华　杨士英）

【南大洋生态系统动态变化和碳的生物地球化学研究】 该课题为国家“九五”科技攻关项目“南极地区对全球变化地响应和反馈作用研究”的第二专题。

该课题围绕科学核心问题，获得了一批高水准的研究成果：①利用南极大磷虾的体长与复眼直径比率作为磷虾生长状况和环境状况的指标，对各年份不同地区及不同年份相同地区磷虾的生长状况进行了分析和对比，发现磷虾负生长的程度呈逐年增加的趋势。②首次给出了包括大、中、小3种类型浮游动物的群落结构和地理分布特征，给出了不同群落的指示种和优势种，阐明了不同地区群落结构的差异。③首次在南大洋普里滋湾进行了生物生产过程研究，南场测定了浮游动物摄食率、代谢率、产卵率和孵化率，并对浮游动物优势类群的粪便产生率进行了估算，为阐明浮游动物种群补充机制及其在南大洋垂直碳通量中的作用特征提供了重要的现场资料。

（中国科学院海洋研究所）

【南海季风试验】

南海季风　目前全球有60％以上的人口生活在季风区，而季风活动造成的干旱和洪涝对该地区的经济建设和社会发展有直接的影响；季风区又是全球大气运动能量和水汽的主要供应区，全球大气环流和天气气候变化都直接与季风活动有关。中国处于亚洲季风区，每年的天气和气候都深受季风活动的影响；特别是在5～9月的汛期，中国大范围地区的降水分布、降水带移动以及旱涝灾害，在很大程度上受夏季风的控制。

为了研究季风的活动规律，近30年来国际上进行了不少与季风有关的大规模科学试验，如印-苏季风试验（ISMEX-73）、国际冬夏季风试验(MOMEX，1978～1979)、澳大利亚季风试验(AMEX，

1986～1987）等。但这些试验的重点大都放在印度-阿拉伯海和西、中太平洋地区，主要研究夏季（6～8月）的印度季风，很少注意到过渡季节（4～5月）和其他地区的季风活动。因此季风的一些科学问题，包括东亚季风的暴发及其影响问题，仍然未得到确切的解答。

近年来，通过中国科学家和各国科学家的努力，发现了南海地区的季风活动不仅具有一些特殊的活动规律，而且它还与印度洋季风和南半球季风以及东亚中高纬的天气和西太平洋暖池的热状况密切有关。特别值得注意的是，南海地区又是世界上夏季风暴发最早的地区，而南海的夏季风更为中国华南地区、台湾省和日本的汛期降水提供了主要能量与水汽来源；因此，南海季风的暴发和演变成为东亚季节转变和雨季来临的一个重要标志。目前人们对东亚季风与季风雨的预报水平还不高，主要限于短期预报（1～3天），还没有中长期的预报；而季风的中长期预报和旱涝预报密切相关，对国民经济尤其是农业有重要意义。通过以往的许多大规模季风试验，印度地区的季风预报有了很大的改善，但南海地区的季风预报能力还较弱、尤其是季风活动和副热带高压、季风雨的数值预报更为薄弱。因此，在90年代初期，中、美两国气象学家在中-美大气科技协定之下，对南海季风问题开展了合作研究，并共同制定了一个为期5年的南海季风试验（SCSMEX）科学计划。

南海季风试验（SCSMEX）计划 “南海季风试验”（SCSMEX）是中国“九五”期间的国家基础性重大研究“攀登”计划的一个预研究项目，也是一个多国和多地区协作的大型海洋-大气联合观测计划。南海季风试验的目标是利用南海夏季风外场试验的观测资料和有关历史资料，研究南海及邻近地区季风暴发与维持的主要物理过程以及水分和能量循环过程，从而改进对季风的预报能力，尤其是提高对夏季风的暴发和中国南方主要雨带变化的中短期预报能力。试验计划包括外场观测和分析研究两部分：外场观测主要是进行为期4个月（1998年5～8月）的外场强化观测（包括大气观测、海洋观测、海-气界面观测、卫星观测等），观测内容包括无线电探空、地面观测、双多普勒雷达、科学考察船、无人气象飞机、卫星观测、海洋边界层和通量观测、综合探空系统、辐射、ATLAS浮标和漂流浮标、声学多普勒海流剖面仪(ADCP)、温-盐-深(CTD)观测系统和空投式温-深仪(AXBT)等观测手段和试验平台；分析研究部分包括观测资料分析、物理成因研究、数值模式模拟与预报方法研究等方面，为改进对南海地区季风暴发和维持的认识，提高南海和华南地区的天气与气候预报以及东亚季风预报水平提供理论依据。

南海季风试验（SCSMEX）的国际合作 南海季风试验（SCSMEX）属于中-美大气科学技术合作协定之下的项目，中、美两国科学家为此试验做了大量的准备工作。迄今，除中美两国以外，日本、菲律宾、印度尼西亚、新加坡、马来西亚、越南等国家和中国香港、澳门特别行政区已参与南海季风试验，台湾省的气象和海洋学界也积极投入此项试验。世界气象组织（WMO）对南海季风试验计划予以积极支持，并为此成立了东亚季风指导委员会以协调南海季风试验的活动。此外，南海季风试验也正式列入全球规模的“气候变率和可预报性”（CLIVAR）研究计划季风委员会的重点工作之一。 （甘子钧）

【季风暴发过程南海海洋动力结构演变研究】 本项目为国家攀登计划——“南海季风试验研究”课题中的专题。以许建平研究员为主的专题组在完成了南海季风外场观测试验课题中“海洋观测网的设计、组网和观测”工作的同时，对观测资料进行深化处理、分析和初步研究，运用了多种分析手段和数值计算方法，对发生在南海的有关物理海洋现象进行了深入探讨，对季风暴发前后上层海洋动力结构进行客观分析和数值模拟研究，结果表明：在季风暴发后，南海上层温度场有明显的改变，平均海面升温在0.75℃以上，其影响可及500米以深水域。局地环流的相互作用使得南海上层海水温、盐度结构复杂多变，冷、暖水区（块）相间分布。季风暴发后，西北太平洋次表层高盐海水明显由巴士海峡入侵南海，而中层低盐海水则由南海流入西北太平洋。南海环流场主要由多个反气旋涡和气旋涡组成，呈现了复杂的分布和变异，对南海环流复杂的形成机制进行了初步探讨，取得了可喜的初步研究成果，完

成论文5篇。（孙煜华　杨士英）

【南海西南季风暴发前后海－气热量交换试验研究】 海－气交换问题是当前气候系统各层圈相互作用研究的重点之一。国际上已经开展了多项观测试验，并将实施新的研究计划“近海面层大气研究”（SOLAS）。从1998年开始国家气候中心联合中国科学院大气所、解放军理工大学气象学院等单位在南海西沙通量观测塔上进行海-气通量交换试验，获得了非常丰富的近海面层大气湍流和辐射、梯度资料，为精确量化季风暴发前后海洋-大气之间的通量交换和近海面层湍流结构，改进气候模式参数化方案，研究热量、能量输送的时空变化及其与东亚季风发展乃至中国夏季降水的关系奠定了基础。

2000年试验是在总结1998年南海季风试验基础上进行的第二次试验，观测期为5月6日至6月17日，获得的资料包括：第一次记录了长达43天高精度的大气、海面短波及长波辐射资料，海面上2，4，8，12.5，17米5个高度上风速及干、湿球温度变化资料；连续地记录了季风暴发前期、暴发期、中断期、冷空气影响期、西南大风期风、温、湿资料和三维风速-温度脉动资料。利用上述铁塔通量观测资料，对南海区域在季风暴发前后海-气通量交换及海洋热量净收支变化作了计算和分析，发现季风暴发前后太阳短波辐射、潜热通量、海洋热量净收支变化尤为显著；不同天气过程海-气热量、水汽、动量交换存在明显差异；南海在季风暴发期海洋热量、水汽交换方面与阿拉伯海、孟加拉湾、西太平洋暖池等不同海域既相似也有差别。在研究南海潜热通量变化基础上，进一步讨论了南海季风水汽输送与中国夏季降水关系。主要研究结论如下：

（1）南海季风暴发是一个季节的转折，也是一次强烈的天气过程，随着大范围环流调整，低空风向、风速、云量、降水、湿度、辐射及至海面状态等发生突然变化，海-气热量、水汽、动量交换也随之突然变化，其中太阳短波辐射、潜热通量、海洋热量净收支变化尤为显著。太阳短波辐射大约为季风暴发前的1/2，潜热通量大约为季风暴发前的2/3，海洋热量净收支降低到接近零。这说明季风暴发前海洋是一个能量积累过程，季风暴发是一个能量释放过程。与之相对应，大气在季风暴发前是一个水汽、能量积累过程，季风暴发降水增多是一个水汽、能量释放过程。

（2）南海季风暴发前后可以分为暴发前、暴发期、冷空气影响期、季风中断期、西南大风期等天气过程。不同天气过程海-气热量、水汽、动量交换存在差异：冷空气影响期和暴发期海-气交换特点相似；季风中断期，海面吸收的短波净辐射明显增多，潜热通量、海面长波净辐射有所增大，海洋热量净收支达到最大，对海洋来说，这又是一个能量积累过程，对大气来说，这是一个水汽积累过程；西南大风期（由于副热带高压西侧偏南气流、105°E附近越赤道气流、印度洋赤道西风三股气流汇合于南海西部，形成的西南强风；南海东部季风中断）海洋吸收的短波净辐射增大，潜热通量达到最大，对海洋来说，这是一个能量释放过程，对大气来说，这是一个水汽输送过程。

（3）南海与阿拉伯海、孟加拉湾、西太平洋暖池等不同海域试验个例对比，表明在季风暴发期海洋热量、水汽交换方面基本趋势一致，但南海也有自己独特之点：一是南海季风暴发期潜热通量较之阿拉伯海、孟加拉湾偏小；二是南海季风暴发后海洋热量净收支较之阿拉伯海、孟加拉湾偏大。阿拉伯海、孟加拉湾季风暴发后海面热量净收支出现了较大负值，这是阿拉伯海、孟加拉湾季风暴发后SST明显降低的主要原因。

（4）南海季风暴发开启了印度洋→南海→中国大陆的西南水汽通道，季风发展过程中的水汽输送成为东亚海-陆-气相互作用的重要形式和纽带。西南水汽通道的水汽输送量年际之间是不同的，它与季风暴发的早（强）晚（弱）特别是季风暴发后南海西南大风强度、大风持续时间长短有关，由于该时段风速大、云量少，导致潜热通量异常增大。1998年南海季风暴发偏晚、季风强度偏弱；6月西南大风期持续时间长，水汽蒸发量偏大，大量水汽随着强风被输送到大陆上，中国长江流域、江南地区会出现较强降水。反之，2000年南海季风暴发偏早，季风强度偏强，6月季风暴发时段和冷空气活动期持续时间长，潜热通量偏小，水汽蒸发量、输送量少，中国长江流域、江南地区降水偏少。（闫俊岳）

【中国ARGO计划】ARGO是"Array for Real-time Geostrophic Oceanography（地转海洋学实时观测阵）"的缩写，通俗称"全球海洋观测网"。

国际ARGO计划于1998年由美国等国家大气和海洋科学家共同发起制订，旨在利用一种由卫星跟踪、并能实时发送探测数据的剖面漂流浮标，快速、准确、大范围地收集全球海洋上层(0～2 000米)的海水温度和盐度资料，以提高气候预报的精度，有效防御全球日益严重的气候灾害(如飓风、龙卷风、冰暴、洪水和干旱等)给人类造成的威胁。

ARGO计划构想用3～4年时间在全球大洋中每隔300千米布放一个卫星跟踪浮标，总计为3 000个，组成一个庞大的ARGO全球海洋观测网。一种称为自律式的拉格朗日环流剖面观测浮标（简称ARGO浮标）将担当此重任。这种新型沉浮式浮标，如同气象观测中使用的探空气球一样，用于获取海洋内部的海流、温度和盐度等资料，以了解全球海洋各层的物理状态；也如同气象学上可以画出实时的天气图那样，监视海洋各个时刻的运动状态。从而大大地加深对海洋温、盐垂直结构、环流及能量、水分平衡过程的了解，并可揭示海－气相互作用的机理，改善模式的初始场，进一步完善海气耦合模式、提高长期天气预报和短期气候的预测能力，其中包括与ENSO有关事件(如洪水、干旱等)的预报能力和对太平洋10年涛动等的再认识。同时也为提高长期数值天气预报和短期气候预测的能力等方面提供了难得的机遇。

该计划的推出，迅速得到了包括澳大利亚、加拿大、法国、德国、日本、韩国等10余个国家的响应和支持，并已成为全球气候观测系统(GCOS)、全球大洋观测系统(GOOS)、全球气候变异与观测试验(CLIVAR)和全球海洋资料同化试验(GODAE)等大型国际观测和研究计划的重要组成部分。2000年，该计划还得到了在法国巴黎召开的国际海委会(IOC)会议的认可，已成为一个由世界众多沿海国推动的大型国际观测计划。

迄今为止，世界上已经有15个国家和团体表示愿意提供浮标，并参与ARGO计划。全球已经布放的ARGO浮标有337个。预计到2002年底，施放的浮标数会达到1 380个。未来3年(即2003～2005年)计划投放的ARGO浮标数量将达到2 517个。届时，全球投放ARGO浮标的总数将会达到3 897个，加上一些国家还尚未纳入ARGO计划的浮标(346个)，预计到2005年末，全球投放剖面浮标的总数在4 000个以上。

预计2001年，中国将加入ARGO全球海洋观测网计划。并由科技部将"中国新一代海洋实时观测系统(ARGO)——大洋观测网试验"项目正式立项。该项目计划将通过引进国际上新一代、先进的沉浮式海洋观测浮标(即ARGO剖面浮标)，施放于邻近中国的西北太平洋海域，建成中国新一代海洋实时观测系统(ARGO)中的大洋观测网，并共享全球海洋中3 000个ARGO浮标资料，为中国海洋和气象界承担的相关研究项目提供资料服务，丰富中国的海洋环境数据库。

计划2002年3月，中国从美国Webb研究公司引进第一批ARGO浮标，中国ARGO计划即将进入实施阶段。（许建平）

国家自然科学基金重要项目
Key Projects of the National Natural Science Fund

【长江河口通量研究】 该项目系国家自然科学基金"九五"重点项目，已通过结题验收。项目主持人华东师范大学沈焕庭。该项目以长江口作为研究区域，进行了大量的现场观测和基础研究工作，运用了数学模拟、GIS、DEM等先进手段，首次对长江口的水、沙和碳、氮、磷、硅等生源要素进行了全面系统的研究。主要成果有：

(1) 根据1923～2000年和20世纪50年代以来的水、沙数据资料，分别对长江入河口区的年平均水、沙通量进行了研究，结果表明二者均有明显的年际和年代际变化。20世纪50年代以来水通量虽无趋势性变化，但泥沙通量呈明显下降的趋势。生源要素浓度的年际变化可分三类：①HCO_3^-比较稳定；②NO_3^-、NO_2^-、PO_4^{2-}呈上升趋势；③游离CO_2、NH_4^+、和SiO_3^{3-}呈下降趋势。

(2) 根据265个钻孔地层资料，得出了长江河口冰后期的沉积通量、年均输沙量和输向外海与邻近岸段的泥沙量。通过铅-210测年分析，得到长江水下三角洲泥质沉积区内以100年为时标的年均沉积量。应用1861～1997年的水深图进行冲淤的定量分析，构建了长江河口泥沙收支模式，并得出了包括入海断面在内的若干典型断面的泥沙通量。

(3) 根据现场观测资料构建了长江河口营养盐收支模型，计算出长江河口溶解态无机磷和溶解态无机氮从口门入海的通量、从水下三角洲前缘向海输送的通量。

该项目与前人所完成的其他两个有关通量研究的重点基金项目相衔接，使中国通量研究形成一个体系，把中国的JGOFS研究提到一个新的高度和水平。 （王 辉）

表1 国家自然科学基金资助海洋科学学科项目目录

自由申请项目

序号	批准号	项目名称	负责人	所在单位	合作人数	起止年月	资助金额（万元）
1	49976001	厄尔尼诺-拉尼娜形成和发展物理的研究	巢纪平	国家海洋环境预报研究中心	7	2000 01～2002 12	19.00
2	49976002	南海障碍层及其成因和热力学特性	方欣华	青岛海洋大学	8	2000 01～2002 12	15.00
3	49976003	风浪成长及演变规律研究	王 伟	青岛海洋大学	7	2000 01～2002 12	17.50
4	49976004	北太平洋副热带逆流的气候特征及形成机制的研究	刘秦玉	青岛海洋大学	7	2000 01～2002 12	15.00
5	49976005	海浪外方向谱的特性及其计算方法研究	隋世峰	中国科学院南海海洋研究所	4	2000 01～2002 12	15.50
6	49976006	卫星高度计波高资料的同化研究	齐义泉	中国科学院南海海洋研究所	4	2000 01～2002 12	15.00
7	49976007	全球冰海洋耦合模拟	刘钦政	北京大学	7	2000 01～2002 12	15.00
8	49976008	南极海冰变化对热带太平洋上层海洋年际变化影响的研究	陈锦年	中国科学院海洋研究所	7	2000 01～2002 12	15.00
9	49976009	海洋激流的成因和预报方法研究	刘爱菊	国家海洋局第一海洋研究所	7	2000 01～2002 12	15.00
10	49976010	南海中尺度环流的研究	李 立	国家海洋局第三海洋研究所	4	2000 01～2002 12	16.00
11	49976011	浅海沙波运动的卫星遥感分析	李 炎	国家海洋局第二海洋研究所	4	2000 01～2002 12	18.00
12	49976012	黄海、东海及朝鲜海峡涡旋泥质沉积的环境磁学比较研究	刘 健	地质矿产部海洋地质研究所	3	2000 01～2002 12	15.00
13	49976013	东海北部涡旋区冰消期以来高分辨率微相与气候信息	李广雪	地质矿产部海洋地质研究所	6	2000 01～2002 12	15.00
14	49976014	陆架区黄河和长江物源准确识别及在东海的沉积动力分区	杨作声	青岛海洋大学	6	2000 01～2002 12	18.00
15	49976015	海南岛鹿回头地区珊瑚古气候代用指标研究	张叶春	中国科学院南海海洋研究所	4	2000 01～2002 12	18.00
16	49976016	长江三角洲地区晚第四纪古土壤及其记录的古环境	李从先	同济大学	6	2000 01～2002 12	21.00
17	49976017	大洋中脊热水硫化物成因与铜富集过程研究	初凤友	中国科学院海洋研究所	3	2000 01～2002 12	16.00
18	49976018	黄海沉积物热光性标型特征及其指示意义	石学法	国家海洋局第一海洋研究所	5	2000 01～2002 12	17.00
19	49976019	东海晚第四纪沉积硅藻中的古海洋学记录	蓝东兆	国家海洋局第三海洋研究所	4	2000 01～2002 12	16.00

续　表

序号	批准号	项　目　名　称	负责人	所 在 单 位	合作人数	起止年月	资助金额（万元）
20	49976020	大气气溶胶干沉降对青岛近海水域几种微量金属的输入	李先国	青岛海洋大学	7	2000 01～2002 12	17.00
21	49976021	珠江口与南海北部胶体有机组成与结构表征	徐　立	厦门大学	8	2000 01～2002 12	18.00
22	49976022	南极中山站及普里茨湾上空海洋气溶胶化学研究	黄自强	国家海洋局第三海洋研究所	4	2000 01～2002 12	16.00
23	49976023	细颗粒物质长程输运的人工核素示踪研究	夏小明	国家海洋局第二海洋研究所	6	2000 01～2002 12	18.00
24	49976024	长江河口分汊耦合系统盐度的多因子响应研究	肖成猷	华东师范大学	8	2000 01～2002 12	15.00
25	49976025	澳门水域抛泥引起的泥沙与污染物迁移规律及环境影响	王光谦	清华大学	3	2000 01～2002 12	18.00
26	49976026	潮滩水流面及边界层研究	柯贤坤	南京大学	6	2000 01～2002 12	18.00
27	49976027	应用海洋围隔生态实验现场测定生态动力学和生态毒性动力学参数	王修林	青岛海洋大学	10	2000 01～2002 12	20.00
28	49976028	黄河三角洲地下水向渤海的营养盐输送及其生态环境意义	邱汉学	青岛海洋大学	10	2000 01～2002 12	15.00
29	49976029	中国沿海典型赤潮生物氮同位素分馏作用及其动力学研究	俞志明	中国科学院海洋研究所	5	2000 01～2002 12	16.00
30	49976030	坛紫菜分子克隆和测序	刘必谦	宁波大学	6	2000 01～2002 12	15.00
31	49976031	控释海水植物肥的研究	孙恢礼	中国科学院南海海洋研究所	5	2000 01～2002 12	19.00
32	49976032	渤海生物-物理相互作用的过程研究	孙　松	中国科学院海洋研究所	5	2000 01～2002 12	22.00
33	49976033	中国近海生物-光学特征及其与初级生产力关系的研究	朱明远	国家海洋局第一海洋研究所	8	2000 01～2002 12	17.00
34	49976034	海鞘幼体附着机制的研究	柯才焕	厦门大学	7	2000 01～2002 12	15.00
35	49976035	中国海与北太平洋大气海洋间二氧化碳通量的卫星遥感研究	赵朝方	青岛海洋大学	7	2000 01～2002 12	15.00

青年科学基金项目

序号	批准号	项　目　名　称	负责人	所 在 单 位	合作人数	起 止 年 月	资助金额（万元）
1	49906001	南中国海卫星高度计潮波反演技术的研究与应用	左成军	青岛海洋大学	8	2000 01～2002 12	15.00
2	49906002	中尺度数值模式应用于海面风场预报的研究	马　艳	国家海洋局第一海洋研究所	5	2000 01～2002 12	15.00
3	49906003	热带太平洋年代际变化及其对ENSO影响的研究	吴爱明	中国科学院海洋研究所	4	2000 01～2002 12	14.00
4	49906004	二维声散射与KDD可视化海底地质分类研究	陶春辉	国家海洋局第二海洋研究所	5	2000 01～2002 12	14.00
5	49906005	结构材料在海底泥土区腐蚀破坏机理的研究	黄彦良	中国科学院海洋研究所	5	2000 01～2002 12	13.00
6	49906006	北极格陵兰海海冰微小生物生物学、生态学研究	张　庆	国家海洋局第二海洋研究所	4	2000 01～2002 12	14.00
7	49906007	鱼毒类有害藻的致毒机理及其毒素的初步分类研究	颜　天	中国科学院海洋研究所	8	2000 01～2002 12	13.00
8	49906008	台湾海峡表层水温的长期变动及其生态响应研究	商少凌	厦门大学	6	2000 01～2002 12	13.00
9	49906009	海洋浮游幼虫变态实验在环境保护中的应用	张学雷	国家海洋局第一海洋研究所	8	2000 01～2002 12	14.00

地区科学基金

序号	批准号	项目名称	负责人	所在单位	合作人数	起止年月	资助金额（万元）
1	49966001	海口湾污染状况的水交换可比性模式研究	陈春华	海南省海洋厅	6	2000 01-2002 12	13.50

国家杰出青年科学基金

序号	批准号	姓名	性别	专业技术职务	学位	专业	所在单位	起止年月	资助金额（万元）
1	49925614	宋金明	男	研究员	博士	海洋化学	中国科学院海洋研究所	2000 01～2003 12	80.00

学部主任基金

序号	批准号	项目名称	负责人	专业技术职务	所在单位	合作人数	起止年月	资助金额（万元）
1	49946011	西太平洋暖池区三百万年来的古海洋学研究	王汝建	副教授	同济大学	8	2000 01-2002 12	15.00

研究成果专著出版基金资助项目

序号	批准号	姓名	书名	工作单位	承担出版社
1	49924029	徐德伦	随机海浪	青岛海洋大学	高等教育出版社

（范元炳）

表2 2000年国家海洋局青年海洋科学基金资助项目

编号	项目名称	申请者	单位
2000206	近海上升流系形成变异机理的动力学分析	陈显尧	一所
2000207	关于快速响应测流计现场实测数据的质量控制模型	赵 新	一所
2000304	污染物对海洋底栖无脊椎动物早期发育的影响	张学雷	一所
2000505	晚第四纪东海潮流沙脊发育与海平面升降的响应	吕京福	一所
2000507	南黄海油气资源区海底土工程地质特性及其变化规律研究	李 萍	一所
2000209	海洋温盐场与流场动力调整过程及海流计算方法研究	王惠群	二所
2000302	生物工程技术在海鲜酱油酿制中的应用研究	毋瑾超	二所
2000306	东海重点养殖海湾新生产力与供饵力研究	蔡昱明	二所
2000502★	多波束振幅海底底质分类研究	陶春辉	二所
2000503	横穿河口陆架颗粒物传输的137CS示踪研究	夏小明	二所
2000107	楚科奇海沉积物中多氯联苯和有机氯农药的研究	霍文冕	三所
2000401★	走航非接触式早期赤潮监测模式研究	杨燕明	三所
2000802	抗污染电导率微结构传感器研究	李红志	技术所
2000601	海水高浓缩倍数（N≥3.0）循环冷却阻垢分散剂的研制及其阻垢机理、协同效应的研究	赵 楠	淡化所
2000602	低表面能海水淡化用铝传热管研究	吕庆春	淡化所
2000901	南极中山站至Dome A表面雪样和雪芯样品氧同位素组成及其气候意义	闫 明	极地所

续 表

编 号	项 目 名 称	申 请 者	单位
2000903	高纬极光现象的南北极对比研究	胡红桥	极地所
2000704	海洋特别保护区建设与管理技术方法研究	王 斌	战略所
2000203	高分辨率移动套网格台风浪数值预报模式研究	王彩欣	预报中心
2000904	北极地区冰-气相互作用的研究	陈 陟	预报中心
2000101	沿岸水域游离氨基酸生态功能的研究	王立俊	监测中心
2000109	大连海湾陆源污染物排海量动态模拟模型研究	陈志宏	监测中心
2000111	贻贝作为海洋环境PCBS污染指示生物研究	姚子伟	监测中心
2000310	鱼胚胎发育异常与海洋污染相关性研究	马明辉	监测中心
2000706	海洋经济资源信息网上可视化技术研究	章任群	信息中心
2000710	面向海洋管理决策支持系统的数据库技术应用研究	崔文林	北海分局
2000213	上海沿海ECOM-SI风暴潮数值预报模式的研究及应用	龚茂洵	东海分局
2000114	大亚湾核电站温排水排放对所在海区浮游植物多样性的影响	彭昆仑	南海分局
合 计			

★为重点资助项目

（辛红梅）

【渤海生态系统动力学生物资源的持续利用】 项目负责人为国家海洋局第二海洋研究所苏纪兰院士和黄海水产研究所唐启升院士。项目组按照任务书提出的研究内容，选择渤海作为研究区域，针对渤海生态系统中的重要科学问题，进行了大量的调查观测及基础研究工作，较深入地探讨了渤海海洋生态系统结构、生物生产及动态变化规律，促进了海洋生态系统动力学这一新学科前沿领域在中国的发展。首次将中国海洋生态系统与生物资源变动的研究深入到过程与机制的水平，研究成果反映了受人类干预及气候变异影响较大的区域海洋环境与生态的特点，为全球海洋生态系统动力学提供了一个半封闭陆架浅海生态系统的研究实例。

该项目对对虾早期栖息地环境和关键动力学过程、浮游动物种群动力学及其在生态系统中的调控作用、高营养层食物网营养动力学及资源优势种交替机制、渤海生态系统动力学模型等方面开展研究，取得了若干重要研究成果。主要的创新性认识有：

(1) 河口建闸、黄河断流和入海口改变等人类活动严重影响了中国对虾仔稚虾进出河口栖息地的可能性，气候的长期变化导致了渤海水文环境的显著变化，并对生态系统的生物生产产生影响。

(2) 在浮游植物群落的小型（Net）、微型(Nano)和微微型(Pico) 3 种不同粒级中微型和微微型的作用不容忽视。小型桡足类在浮游动物中起主导作用，从分布、产量和粒度多方面看都比大型桡足类重要。

(3) 高营养级种间的能量收支存在明显差异，在胁迫条件下不同营养级生物间的生态转换效率会发生改变。渤海渔业生物资源的群落结构正在向低质化转变，食物网营养级下降，食物链缩短。随着外部影响条件的变化，生态系统生物生产受到多种不同机制的综合作用。

(4) 三维初级生产模型和水层-底栖多箱模型模拟结果表明，在渤海生态系统的物质循环中，浮游植物光合作用固定的碳量约有13%进入主食物链，还有很大一部分碳量进入底栖亚系统。动力学模型模拟结果显示，气候变化导致的海洋环境变化是引起渤海营养盐和浮游植物生产力变化的重要原因。

该项目主要成员积极参与国际合作与交流，项目负责人苏纪兰院士担任国际GLOBEC科学指导委员会委员，参与了国际GLOBEC“科学计划”和“实施计划”的发展和制定；成功地争取到了中国承办GLOBEC第二届开放科学大会，表明中国海洋生态系统动力学研究处于国际前沿，已经在国际上产生了很大的影响。

在项目组织实施过程中，项目学术领导小组重视多学科交叉与综合，对项目的顺利完成起到了积极作用。（孙煜华　杨士英）

【典型海湾生态系统动态过程与持续发展】 ①通过对不同类型超微型生物的FCM同步测定，准确地测定超微型生物种群数量及其特殊生理生态特性；②建立了环境生物指标的中子活化（INAA）、原子荧光光谱（AFS）、等离子体耦合原子反向谱（ICP-AES）等监测技术，揭示了胶州湾污染状况的变化；③首次在国内运用切向（cross-flow）超滤方法对海水胶体营养要素进行了研究；④进行了生源气候所体DMS及DMSP生态过程研究，特别是发现N营养盐对细胞DMSP的生长高速控为两段式；⑤从16srDNA角度研究了胶州湾浮游真细菌多样性；⑥开展了海洋微表层浮游动物的生态学研究，发现微表层和次表屋的群落结构有明显的差异；⑦对胶州湾及其邻近海区下行(Top-down)和上行(Bottom-up)效应作出了较准确的描述；⑧通过对胶州湾长期生态学研究，揭示了胶州湾在60年代初期，初级生产力受氮、磷共同限制，但最近几年，氮不再是限制因子，磷的限制性也在降低，而硅在大的时空范围内成为限制因子的可能性在增大；⑨建立了物理－生态耦合数值模型。

项目所获成果拓展了海洋生态学学科的研究方向，对学科发展会起到推动作用，对于海湾系统环境监测与调控，生物资源合理开发和利用，城郊型海湾的管理与政府决策提供了理论依据，同时对于中国众多沿海地区未来发展规划的提供了生态环境方面的科学依据。

（中国科学院海洋研究所）

【东海黑潮环流数值研究】 该课题为国家自然科学基金重点项目。国家海洋局第二海洋研究所袁耀初研究员等科技人员系统地研究了1992～1998年琉球群岛两侧海流，发现两侧海流变异有着密切关系，同时计算了东海黑潮与琉球海流的流量，发现1995年与1998年出现异常现象有两个重要原因：①与大尺度海洋与大气相互作用有关，即与厄尔尼诺现象过渡到拉尼娜现象有关；②东海黑潮的流量变异与琉球群岛以东中尺度暖涡的强度与位置的变化有关。东海黑潮流量的变异，与东海黑潮季节变化与风应力涡度随季节变化有关；与台湾以东黑潮的变异也有直接关系。系统研究了黑潮与涡的相互作用。该课题将各种数值模式，即改进逆模式，*P*矢量方法，三维非线性诊断模式、半诊断模式与预报模式密切结合。此外，也将观测结果与数值模拟密切相结合，这是该课题研究的主要特色。该课题共发表一级刊物以上论文21篇，其中SCI源期刊1篇。

【黄东海入海气旋暴发过程的海气相互作用研究】 以国家海洋局第二海洋研究所袁耀初研究员为主申请获准的该课题为国家自然科学基金重点项目。该项目还被列为中、韩、日国际合作研究项目。于1999年12月由国家自然科学基金会对该项目进行了中期检查，以巢纪平院士为组长的专家组对该项目的进展给予了高度评价，被评为A级。同时有8篇（英文）论文在韩国召开的“黄东海入海气旋暴发性发展过程海气相互作用及环流研究”的第二次国际会议上作了大会报告。该项目共完成论文28篇。

该项目的主要成果与创新之处有：采用几种数值模式系统地揭示1999年6月航次黄东海海域各流系，即长江冲淡水，苏北沿岸水，台湾暖流、黑潮以及济州岛西南高密度水、冷涡等的变异及其相互作用。同时采用实测流揭示了上述流系的变化，估算了上述各流系的流量及其变化，估算了大气强迫力作用海洋的反应，表明海表面温度反应明显，但在海洋内部反应相对缓慢，揭示了黄海冷水团结构与海洋垂直涡动系数等关系；观测表明黑潮提供气旋发展较大的热通量，对气旋发展很重要；发现潜热通量有明显的日变化，但感热通量则不明显，且前者远高于后者。首次发现气旋中心区域出现负的潜热通量和感热通量；揭示气旋的移动轨迹基本受5×10^4帕风场的影响，同时也受海洋本身状况的影响，特别是黑潮的影响；数值模拟表明，热通量是影响气旋移动轨迹的重要因素之一；黄海、东海海域冬季净通量为海洋向大气输送，夏季则反之；能量收支的计算结果表明，5月和6月白天海面净通量是从海面向海洋深处输送，夜间则海面净通量是从海洋向大气输送；用MM4大气模式，选用2个东海气旋过程分析大气资料，诊断计算了海面感热和潜热以及凝结潜热对东海气旋发展的相对贡献。

（孙煜华　杨士英）

【莱州湾及黄河口水域渔业生物多样性及其保护的研究】 国家自然科学基金重点项目。主持单位是中国水产科学研究院黄海水产研究所。

该项目1999已按课题任务书内容完成所有工作；2000年第二季度已完成；部分有关遗传多样性的补充实验；莱州湾渔业生物种类及生态多样性数据库和主要经济种群遗传多样性数据库正在构建。该项目已完成论文38篇（已发表和已接受），拟在2001年第一季度末或第二季度初按期结题。（刘世禄　孙惠玲）

【厦门大学海洋与环境学院基金项目】

台湾海峡生源要素生物地球化学过程研究 厦门大学洪华生教授主持的国家自然科学基金“九五”重点项目——“台湾海峡生源要素生物地球化学过程研究”(100万元)通过结题评审。本项目自1997年实施以来，收集和分析了该海域的历史资料，组织了4个航次的现场调查和现场实验，并在实验室进行模拟实验，取得了丰硕的成果；本项目以微食物网在C和P的生物地球化学循环中的动力学为核心，比较深入地研究该海域生源要素生物地球化学循环的物理驱动力；比较全面地研究了该海域微型生物组成、生态特征及对碳流的贡献，取得了一批创新性成果。总体水平处于国内领先水平，某些成果达到国际先进水平。该成果不仅对中国近海生物地球化学、环境海洋学和生态学等学科的发展具有重要学术意义，并且在海洋资源开发和环境保护产业的发展方面具有潜在的应用价值。

珠江三角洲及其邻近的南海海域中碳及微量元素的生物地球化学循环定量研究 2000年7月10日至8月2日，由国家杰出青年基金资助、厦门大学戴民汉教授主持的课题“珠江三角洲及其邻近的南海海域中碳及微量元素的生物地球化学循环定量研究——胶体在该循环中的显著作用”行了第一个航次的调查。该航次联合了福建省海洋研究所、北京大学、国家海洋局第三海洋研究所、中科院青岛海洋研究所、美国乔治亚大学、美国麻省大学的研究力量在南海东北部、珠江口及台湾海峡进行了为期24天与国际接轨的综合性的科学考察，较为系统、细致地研究了碳的生物地球化学过程（有机碳的迁移、转化、输出、无机碳的形态），海-气界面过程（CO_2的通量，气体CO_2 -^{14}C，DMS的含量分布），微食物环在碳循环中的作用，以及营养盐与浮游植物的动力学。得到了大量的第一手资料，现在进入数据处理和整理阶段。

红树林异地保护的生态恢复问题研究 将海岸带生态恢复与生态工程的研究与厦门市经济特区建设过程中所要解决的生态工程问题很好地联系起来。卢昌义教授承担的课题厦门海沧投资区开发滨海大道建设遇到的，不仅保护了红树林湿地，保护了附近白鹭自然保护区所需的生境条件，而且保证了海沧投资区滨海大道建设的如期开工。一年来卢昌义教授在红树林湿地生态恢复、海洋珍稀物种保护、筼筜湖景观生态建设和水质良性运行方式等方面以重点实验室为依托力量，积极是取，努力开拓，已争取到教育部博士点基金、福建省科委重大课题基金和厦门市政府部门基金共248万元，并通过承担课题的研究，推动了学科的发展。（厦门大学海洋与环境学院）

学科研究

Disciplinary Research

【物理海洋学】　海浪与小尺度海气相互作用

(1) 海浪数据模式的研究。正致力于发展新的具有中国自主创新的海浪数值模式，该模式在性能上优于目前国际上盛行的第三代海浪模式，能更好地刻画复杂浪场的时空演化，将有利地促进中国海浪数值预报的业务化水平。

(2) 海浪与大尺度海洋运动的相互作用研究。研究地转效应下海浪产生的辐射应力对大尺度运动的贡献。研究浪-流相互作用，从海面粗糙度、辐射应力、浪流共存底摩擦三方面考察。研究表面波-内波相互作用，考察内波在波浪谱上的反映。在海浪运动效应在海流模式中的体现上将有所突破。

(3) 海浪在海气交换中的作用研究。研究波浪破碎引起的海气界面间的物质、动量、能量交换。利用物理海洋教育部重点实验室的大型风浪槽进行实验研究。可望在海气界面的新参数化方面有所突破。

(4) 海浪对海洋遥感机理的作用。研究微波和光波在波面上的散射与反射，建立回波信息与海洋信息间的物理联系。将有助于提出更合理的海洋遥感反演地球物理模型函数。

内波与混合

(1) 非线性内波的理论、实验和数值研究。研究浅海陆架断裂带区域内波的生成、传播、分裂、破碎和混合的机制，建立海洋环境参数与非线性内波波要素之间的联系、分裂条件和破碎的几何特征等。利用该研究的结果，可望在内波SAR影像的反演和仿真研究中有所突破。

(2) 潜艇内波的理论、实验和数值研究。这一方向的成果可望给出潜艇激发内波的特征——近场和远场特征（尾迹）。由于这一研究成果均为各国军方所应用，因此本研究主要是填补国内空白。

(3) 海洋内潮，即所谓的潮频内波研究。研究内潮生成和传播及消衰规律。这一研究可望提出自己的数值模型。这一研究对于SAR内波影像的反演问题有着重要的应用价值。

(4) 内波破碎的混合研究。该研究是内波破碎机理和破碎后的混合过程、上层海洋热力学过程、混合层及跃层和海气热交换。可望在内波与海流相互作用研究中得到突破，提出新的参数化方法。

海洋环流与海平面

(1) 基于对赤道深层射流的研究，提出不同密度水体的运输或形成所产生的局部性浮力振荡激发的波动以及关联的能量辐射和赤道波沿赤道的局部性能量辐聚是形成赤道射流的主要机制。基于洋底涡旋的变化和迁移规律遵从5种相应的次锋面地转动力学。基于热带海区波动研究，建立了热带海区波致环流动力学和波致物质输运理论框架。基于对热带海区观测资料的分析，提出热带海区混沌输运和海洋大屏障对热带海区物质与能量输运起着相当重要作用的观点，并对热带海洋混沌动力系统进行了研究，已取得初步成果。

(2) 连续开展了3个（“七五”、“八五”、“九五”）国家科技攻关项目中有关风暴潮数值预报方案的研究专题，其成果均被专家们鉴定为达到国际先进水平，而其中关于渤海风暴潮的数值预报更达到了国际领先地位。从而这些工作曾获得国家自然科学奖，国家科技攻关重大成果奖，以及省、部级奖励。近几年来，研究人员又对风暴潮漫滩的机理及其数值预报方法进行了深入研究。

(3) 利用多年潮汐资料研究中国沿岸现货海平面变化并已成功地应用于中国测绘、海洋预报和海军航保等部门。成果的主要内容为：①建立统一的水准点高程。②提出了新的平均海面计算方法，包括潮汐的交点、近点调和分析j、v模型。③建立了海平面变化的均衡基准。提出了5种平均海面变化的分析预报、预测模型和方法。④确定了全国统一高程基准。

【海洋化学】 **海洋生物地球化学** 研究内容：以建立定量的化学海洋学为目标，在河口生物地球化学和物质通过大气向海洋的输送两个方面做出了系统和创造性的工作。主要研究内容有：在海-气界面附近研究生源要素通过大气干、湿沉降向海洋的输送；在沉积物-水界面附近生源要素的界面交换；研究河流、河口及海洋中溶解与颗粒态元素的分布，结合颗粒物动力学研究元素在海洋中的迁移转化规律；海洋溶存温室气体（如N_2O、CH_4等）的生物地球化学研究等。

研究物质通过大气向海洋的输送，进一步认识气源物质向北太平洋的传输机制与过程及其对海洋环境与生态系统的影响。以河口与陆架为切入点，研究痕量元素、生源要素与有机污染物的生物地球化学，研究河流化学与地质过程的相互关系及作用机制。通过现场培养和实验室模拟研究沉积物——水界面物质的交换通量及其变化特点，系统分析沉积物-水界面物质的交换过程及其影响机制。研究海洋中等溶存温室气体的分布特征、变化规律、影响因素、海气交换通量及其在海洋中的产生和消失过程。将生源要素和痕量元素的循环与动力边界（河流、大气）的输送模式结合，研究整个水体中生源要素和痕量元素的动力变化过程和机制。

海洋资源利用与保护化学 (1) 海洋资源利用研究。以钱佐国、孙明昆教授为首的研究组在溴素的深加工方面做了大量的工作，合成溴系列产品几十个，溴系阻燃剂乙撑双（五溴苯）通过省级鉴定，并得到山东省计委支持，与鲁北化工合作中试，现已申报“十五”攻关课题。以陈国华教授为首的研究组在甲壳质的深加工方面做了大量的工作，已研制开发近10个结构创新的壳聚糖表面活性剂，已与东营环宇化工有限公司签定科技产品开发协议并已联合申报山东省科技攻关项目。由化学化工学院研制的功能海水现已进入工业化生产。王薇教授、孙汉章教授在海水常量元素（如镁、钾）的深加工利用方面也做了卓有成效的工作。

(2) 海洋资源保护化学。以陈国华教授为首的研究组首次开发成功了用于海洋溢油及含油废水处理的凝油剂和集油剂，对原油、柴油、汽油、机油、色拉油和苯等有显著的凝油效果，并且对海洋生物无毒害作用，并较系统地开展了凝油、集油机理研究。此项研究于2000年10月通过了科技部验收和山东省科技厅的鉴定，鉴定意见认为产品属国内外创新成果，达到了国际先进水平。产品已列为国家高科技产品，并转让青岛高科园，正在实施产业化。海上溢油胶凝剂已获得国家发明专利。

【海洋生物学】 **海洋生物遗传学** 该研究方向所做工作的主要内容有海藻、鱼类、贝类和海洋微生物的细胞遗传学、生化分子遗传学和群体遗传多样性研究。其特点是利用细胞生物学、分子生物学和计算机技术进行海洋生物的种质多样性鉴定，特殊功能基因的克隆、分离；分子标记辅助育种和细胞工程选育优良品种；藻类转基因药物以及海洋微生物产酶优良株系的诱变筛选等。

近期，在细胞工程育种和优良种苗的培养研究上提出的目标是：获得2～3个新品系，并应用于生产；在倍性遗传、性别遗传、细胞遗传、配子冷藏保存的技术水平和学术水平上，达到国际先进水平；在海洋生物基因工程育种方面，将在世界占有一席之地；在杂交选择与分子标记上，对几种重要海洋生物进行种质鉴定和性状识别，使海洋生物分子遗传学的学术水平接近国际前沿。

海洋微生物学 徐怀恕在世界上首次发现和报道了“一种细菌的特殊存活形式——活的非可培养状态”：它是“细菌处在不良环境条件下，整个细胞缩小成球形，在培养基上于常规条件下培养时，不生长繁殖，但仍具有代谢活性及致病力的活菌”，是细菌的一种休眠状态。这一发现修正了百年来细菌学家认为这些在培养基上不生长的细菌已经“死亡”了的传统观点。共发表论文17篇，其中 3 篇主要论文被SCI收录，被他人引用288次。2000年美国微生物学会出版了《环境中非可培养状态微生物》一书，书名就使用本项发现提出的术语。书中引用徐怀恕的论文17次、48处，并对这一发现做了极高的评价。这一发现开辟了细菌学的一个新的研究领域，增加了细菌遗传学、基因组研究以及细菌生理生化领域的新研究内容。

继续开展活的非可培养状态细菌的形成与复苏的遗传调控机理及分子生物学特征研究，开展其与人类公共健康及生物安全性的研究，以期获得更深入的研究成果。

近年来，该方向开展了水产养殖动物病害的微生物学研究，包括虾病、鱼病、贝病等方面。完成“八五”、“九五”攻关子课题（虾病），欧盟国际合作项目（对虾苗期病害），出版了专著。目前承担“973”项目子课题2项：有益微生物在水产养殖中的应用及扇贝病害研究；国家自然科学基金项目花鲈主要弧菌病的免疫防治研究。获教育部二等奖 1 项。

现在正进行英国达尔文合作项目——山东沿海细菌多样性研究，海洋放线菌及真菌研究，为海洋微生物活性物质的开发利用做准备。

细胞与发育生物学 该研究方向有 2 个方向，一是细胞与发育生物学，二是细胞毒理学。

(1) 细胞与发育生物学。主要研究内容：从分子、亚细胞、细胞的组织水平，研究海洋原索动物胚胎发育过程及其机理，包括细胞决定与分化、基因表达与调控以及组织与器官发生，同时探讨原索动物和脊椎动物起源的关系。

特色：这是一个多学科交叉和多层次研究方向，在国内外首次把实验胚胎学和分子生物学相结合，研究原索动物个体发育和系统发育关系。目前的研究，重点在于阐明文昌鱼免疫系统构成和发生及其与脊椎动物免疫系统起源的关系；阐明文昌鱼内胚层分化以及脊椎动物肝脏起源。

研究成果：已发表学术专著42篇（其中，近 4 年发表16篇），其中在SCI源期刊发表16篇，被SCI收录16篇，有32篇被BA收录。出版《海洋生物技术原理和应用》与《海洋生物技术新进展》专著 2 本。主持两期国家自然科学基金项目“濒危动物文昌鱼的生殖和发育”的研究。先后主持国家“973”、“863”、“攀登计划B”各一项，国家自然科学基金多项。

(2) 细胞毒理学。主要研究内容：从细胞和生理水平研究海洋典型污染物对海洋单细胞藻和培养的动物细胞的毒性过程及毒性机制；探讨了海带抗感染的细胞免疫学过程。

特色：运用现代分子细胞生物学、生物化学和细胞毒理学的方法，结合生物活性氧伤害理论，在国内外率先揭示了典型污染物对海洋单细胞藻致毒机理；首次以低等植物——海带为材料，探讨了褐藻酸降解菌感染早期活性氧的细胞免疫抗感染机制，证实褐藻酸降解菌感染早期海带活性氧的大量产生具有普遍性，并且是海带细胞最早启动的抗感染反应之一。在国内首次把培养的海水鱼细胞系用于水生污染物毒性检测。

研究的重点是：解决海洋单细胞藻对典型污染物的响应机制及典型污染物在海洋单细胞藻中的降解变化过程，为维持海洋生态系统的健康提供科学依据；解决活性氧在海带抗感染反应中的作用途径及作用机理，为海带养殖业的健康发展提供依据。

【水产养殖学】 **水产动物病害学**　水产动物病害学是水产养殖学科的重要研究方向之一，主要研究水产养殖动物疾病发生的规律，疾病的控制措施及诊断技术等。主要包括4个研究领域：

(1) 水产养殖动物的免疫学研究。主要是利用分子生物学手段研究鱼虾贝的细胞免疫，研究细胞类型及其参与免疫反应的关系和特性，探讨细胞免疫机理。研究鱼类的特异性免疫、开展主要疾病的疫苗研制等。

(2) 水产养殖动物疾病发生规律及诊断技术研究。主要研究养殖动物疾病发生与养殖环境和病原之间的关系，疾病发生的机理和病原学；研究和开发水产养殖鱼类、对虾以及经济贝类（扇贝、牡蛎、鲍鱼等）的立克氏体、病毒、细菌病的早期、快速诊断与检测技术，为防治疾病提供依据。

(3) 水产养殖动物的寄生原生动物研究。通过现代手段研究寄生原生动物的病原学，给出详细至种级的病原鉴定资料；研究常见、高发类群的病原构成，数量变动及分布，病害发生与环境的关系；探讨病原生物繁殖习性及与宿主的关系、感染途径、危害性和感染方式及发生规律。对危害较大的种类，开展药物杀灭试验和寻找可行的防治方法。

(4) 水产养殖动物疾病的防治研究。主要研究水产药物的药理、药代、药动；在正确诊断疾病基础上的药物防治；研制免疫促进剂，提高抗病力；在研究疾病的传播途径，发病及致病机理的基础上进行疾病控制。

国家“863”和“国家重点基础研究发展规划”（海水重要养殖生物病害发生和抗病力的基础研究）都把水产养殖病害放在重要位置。该项研究在水产养殖动物寄生原生动物方面做出重大成就，近5年发表论文70篇，其中被SCI收录20篇，获省部级一等奖2项，出版专著2部，该方向的研究成果和研制的药物给水产养殖生产带来重大的经济和社会效益。目前该方向承担的国家973等重大课题9项。

水产养殖生物学及养殖技术　主要从事虾蟹类、贝类和鱼类的繁殖生物学及苗种生产、养殖技术等的教学和科研工作。目前已取得的进展和成果有：

(1) 虾蟹类的生理生态学及健康养殖新技术、养殖模式等；

(2) 虾蟹类幼体营养生理的研究；

(3) 扇贝、贻贝和文蛤的半人工采苗与人工采苗技术及水的理化和生物净化处理；

(4) 牡蛎扇贝三倍体苗种培育、牡蛎雌核发育。完成的科研课题有：国家科委攀登计划B项目“对虾繁殖和发育生长研究”、“贝类繁殖、变态及附着的有关生物学研究”和“海水鱼类繁殖、发育和养殖生物学的研究”及国家“863”项目“牡蛎三倍体育苗与养殖技术研究”和多项省部级科研课题。

近期主要进行的研究如下：

(1) 虾蟹类养殖环境清洁工程的生态学原理与关键技术及对虾育苗水质调控新技术的研究；

(2) 甲壳动物、贝类摄食生物学和甲壳动物幼体营养生理方面的研究；

(3) 牡蛎三倍体和四倍体的研究和杂交鲍的生物学性状和生产性状；

(4) 滩涂贝类（文蛤、青蛤和缢蛏）的半人工采苗、半人工育苗和全人工养殖技术及栉孔扇贝大规模死亡原因及对策；

(5) 海水鱼类健康养殖技术的研究。

该方向的研究人员曾从事海水养殖与海洋底栖生物群落关系的研究：封闭自净对虾养殖法的研究和国家科委攀登计划B项目“对虾早期发育的营养生理和生态学研究”等多项科研项目，现承担国家973项目“养殖环境修复工程的生态学原理与关键技术”及省部级项目3项，发表论文（著）20余部。主持贝类人工育苗、养成技术和国家“863”项目“牡蛎三倍体育苗与养殖技术研究”等科研

项目8项，获省部级以上奖励7项，获国家专利局专利2项。　　（刘安国　谢正侠）

【锯缘青蟹生长生殖调控的研究】　由国家海洋局三所方永强研究员和厦门大学李少菁教授承担的福建省重中之重项目“福建省海洋生物优良种质生物学和生物活性物质应用基础研究”于1998年8月立项并启动，该项目分6个课题：①鲻鱼性腺发育调控及优良种质生物学；②锯缘青蟹生长生殖调控的研究；③虾池生物多样性与对虾疾病生物防治机理；④牡蛎四倍体、化学信号对牡蛎四倍体幼体附着变态的影响；⑤海洋生物活性物质的分离、提取、纯化和药理研究；⑥藻类螯合微量元素的培养研究。至2000年，各课题的研究取得了许多突破性进展和成果。其中，锯缘青蟹生长生殖调控的研究，在课题组长李少菁、王桂忠教授领导下，在锯缘青蟹性腺发育的内分泌和神经内分泌调控机制研究，受精生物学及其应用研究和生长生殖与营养代谢的研究等方面均取得了一批可喜的成果，在学术刊物上正式发表论文24篇，完成博士学位论文4篇，博士后研究报告2册。　　（厦门大学海洋与环境学院）

【经验模态分解的镜像延拓方法与环型Spline函数】　经验模态分解（EMD）及其Hilbert谱是一种新发展的时间序列数据分析方法。该方法经验地依据数据本身的形态特征定义时域与频域，适用于各种非线性和非稳态的时间过程分析。应用EMD方法，通过求取曲线的上下包络和均值，将信号分解为若干有限个正交的本征模态函数(IMF)，是一种区分不同时间尺度过程的有用方法。

由于分解采用的是Spline拟合方法，需要给出端点的极值，因此EMD方法面临边界延拓问题。但是，EMD方法的端点数据延拓的技术并不是很有根据的，而且具体的延拓方法没有公开。该课题研究人员认为，由于数据本身没有提供数据端点以外的任何信息，因此，任何可能的延拓都是没有依据的，都不能真正给出端点以外的信息；端点延拓的目的是使数据得到扩展，扩展的数据用来保证端点数据的取值对内部的数据不产生影响。

据此，国家海洋局第二海洋研究所赵进平研究员提出了一种新的端点延拓方法，称为镜像延拓（ME）方法。设想在数据的两个端点分别放置一面镜子，使数据得到对称地延拓，形成一条闭合的数据曲线。闭合的曲线由于没有端点，因此不再存在数据延拓的问题。因此，ME方法仅仅延拓数据一次，便可以求出避孕药的IMF，与原来的每次延拓方法相比减少了误差传递的机会，因而结果更为可靠。ME方法经过广泛的试验，适用于各种类型的数据。　　（孙煜华　杨士英）

【海岸带侵蚀与淤积灾害的预测和预防关键技术研究】

完成单位：国家海洋局第一海洋研究所，南京大学，华东师范大学

成果简介：(1)半封闭海湾淤积灾害预测技术：该技术流程是通过海湾古地形和其流场历史变化研究相结合的方法，通过数值模拟完成对拟建工程或自然淤积对海湾未来海底地形的预测，达到工程预可行研究精度。

(2)砂质海岸侵蚀预测技术：该方法通过沙岸物质的盈亏变化和动力过程研究，建立起了海岸线变化与两者的对应关系，可预测中长期(100年)、年际和偶发事件海岸侵蚀的速率、岸线位置变化等。

(3)淤泥质海岸潮汐水道动态模型及深水航道利用技术：应用GIS和RS相结合的方法，预测潮汐水道演化，达到工程预可行研究精度。

推广应用前景：半封闭海湾淤积灾害预测技术和淤泥质海岸潮汐水道动态模型和深水航道利用技术已将过去要高级研究人员经过较复杂的研究调查过程大大简化。该项技术可供政府规划管理部门、港口设计与建设部门、海岸带科研技术开发部门在海湾、淤泥岸开展规划和工程预可行研究使用。

砂质海岸侵蚀预测技术是目前国内最成熟和系统的关于预测海岸侵蚀的技术，可供海洋管理、城建、旅游和减灾防灾等部门在海滨规划、防灾预案中使用。（国家海洋局科学技术司）

近海与大洋调查研究
Offshore and Ocean Investigation and Research

【国家勘测专项】　2000年已经初步完成南海海洋环境海水化学调查数据汇编和底质环境化学调查

数据汇编，南海海洋环境海水化学要素图集和底质环境化学要素图集，南海海洋环境海水化学调查报告和底质环境化学调查报告，以及海水化学专题和底质化学专题研究报告。各专题都取得令人满意的研究成果，各专题的研究成果将在年终进行验收。

南海区块地形地貌勘测的内业工作按合同计划进展正常，东海区块的现场勘测完成部分工作。（国家海洋局南海分局）

【西太平洋沟弧盆系海底热水矿床地球化学异常圈定方法研究】 高爱国等通过资料的收集和总结，系统地对比了西太平洋边缘典型热水矿床的产出背景与矿床地球化学特征；以冲绳海槽为例，通过热水活动区和非热水活动区沉积物地球化学特征对比，采用元素对比值法和多元统计方法提取了以锰、铅等对热液活动具有指示意义的元素组合；对沉积物中的主要金属元素铜、铅等多金属元素进行了较为仔细的元素富集相研究，系统地讨论物质来源对多金属元素富集相的制约；通过指示元素（锰、铁、铜、铅等多金属）的统计分布特征分析，确定了用以圈定海底热水矿床地球化学异常范围的异常下限和异常系数；在冲绳海槽确定了热液矿床（矿点）的地球化学异常范围。该研究成果中的多金属元素相态分析和指示元素的提取对于寻找海底热水矿床具有重要意义。（路应贤）

【多金属结核成矿控制的模型研究】 该课题是国家海洋局第二海洋研究所李家彪研究员为主承担的中国大洋协会“九五”项目“资源评价与地质研究”下设课题之一（DY95-02-03）。课题组以大量海底调查资料为基础，创造性地运用分形理论和人工神经网络方法，并结合GIS技术对多金属结核的成矿控制模型进行了系统研究，取得了一系列重要成果，特别是在以下几个方面有所创新。

(1) 建立了基于GIS应用的多金属结核分布的空间属性数据库，开发出了《多金属结核资源信息系统》，实现了多金属结核的空间分布信息的可视化，为多金属结核的控矿规律及成矿预测提供有效的分析平台。

(2) 通过数据资料分形研究，发现多金属结核的粒径、丰度和覆盖率存在分形结构，主成矿元素存在分维吸引子，构造控矿作用明显，为深入探讨多金属结核分布规律、成矿物质来源、控矿因素及勘探和开发提供科学依据。

(3) 成功地建立了具有良好预测效果的经度、纬度、水深、地形与结核分布和沉积环境与结核品位的BP神经网络模型，首次利用神经网络内部连接权研究了控矿因素和沉积物组分对结核丰度和品位的相对贡献，这对结核分布的预测有重要指导作用。

鉴定委员认为，该研究立足于学科前缘，应用新的理论方法，得出了可靠且颇具新意的结论，对深化成矿理论和勘探应用具有重要的科学意义和实用价值，总体上达到国际先进水平。

【SB资料精细处理和中国开辟区（西）海底地形图集】 该课题为国家海洋局第二海洋研究所吕文正研究员承担的中国大洋协会“九五”资源评价与地质研究项目中的课题之一（DY95-02-05）。该课题利用DY85-5航次多波束海底地形全覆盖测量资料和DY95-8航次对部分海域补测所获资料进行精细处理，完成了中国第一批电子海图形式的中国开辟区（西区）多波束高精度海底地形图集。课题的创新点有：

(1) 利用大洋一号SEABEAM2112.360系统获得的中国首批多波束海底地形资料，完成了东太平洋中国开辟区西区（约85 000平方千米）大比例尺（1∶10万）水深图为主的多波束高精度全覆盖海底地形图集。

(2) 改进了国际广泛采用的GMT软件，对GMT绘图软件原程序进行了再开发，解决了绘图软件中的难题。

(3) 开发了多波束高精度海底地形图集电子地图，大大降低了图集制作成本。为保证多波束图件精度，将海量的多波束数据在SGI工作站上完成PS格式的图形文件，再利用微机CorelDRAW软件进行再开发，制作了汉化微机界面，在微机上直接浏览和打印A0图幅图件。提供的数字式图件，用户将可根据需求对现有图件进行再开发。

鉴定委员会认为，该图集的完成为中国开辟区多金属结核区的进一步勘探和基础地质研究，采矿和管理部门提供了重要和可靠的基础图件，其工作在多金属结核先驱投资国中先于俄、韩、印和海经联。该图集内容丰富，资料翔实，数据可靠，图件美观规范，在总体上达到了国际先进水平。

【中国多金属结核勘探区资源动态评价和矿区圈定综合研究】 该课题为国家海洋局第二海洋研究所张富元研究员承担的中国大洋协会“九五”“资源评价与地质研究”项目中的课题之一(DY95-02-07)。主要成果如下：

(1) 创新性地提出和建立融丰度和锰、铜、钴、镍5个参数为一体的镍等量丰度和镍等量品位综合指标，提出4层剔除法，定量、合理解决了不同矿区资源评价指标问题；

(2) 提出并建立边界指标-资源量(储量)-矿区面积动态关系，确定适合中国矿区特点的边界丰度和边界品位指标；

(3) 从多方面对丰度和品位变差函数进行优选，获得了良好的拟合效果，建立了理想的变差函数模型；

(4) 从结核丰度、品位特征、地形地貌、沉积物工程力学性质和水深等方面，对中国多金属结核保留矿区和放弃区域进行了综合性权衡利弊分析；

(5) 研制开发完成《中国多金属结核勘探区资源动态评价系统》软件，实现多金属结核资源动态评价及其成果的计算机可视化，提高了资源评价工作效率和质量，为“中国多金属结核50％区域放弃”专家决策提供一个直观快速的工具；

(6) 进行了地质采样密度的资源估计误差分析，为加密地质采样及测站、测线的合理布设提供科学依据。

鉴定委员会认为，该成果为中国按时完成多金属结核50％区域放弃工作和向联合国提交区放弃报告起到了关键作用，达到了国际先进水平。

（孙煜华）

【浅层剖面的底质分类和声学特征研究】 该课题为以国家海洋局第二海洋研究所华祖根为主承担的中国大洋协会“九五”研究项目中的课题之一（DY95-02-08）。该课题以航次浅地层剖面资料为基础，结合航次土工取样资料和深拖资料进行研究，主要成果如下：

(1) 对声学底质分类作了较系统研究，对大洋沉积物物理力学性质（孔隙度、孔隙比、湿密度、含水量、粒径等）与海底表层声学参数（反射系数、声速、声阻抗、声吸收系数）建立了相互关系的公式。

(2) 实测的沉积物物理量与声学参数的计算得到了相互验证。

(3) 用海底反射系数的方法圈出DY85-4航次勘探区的软区、特软区和可能的基岩出露区的分布图，并附有典型特软区和基岩出露区的浅地层剖面图以便对比。

(4) 深入研究和总结了浅层剖面特征和多金属结核富集的关系。

(5) 对同一测线上的浅层剖面资料中用分区段求平均反射系统的方法估算的结核覆盖率与深拖探测结核覆盖率资料作对比，大部分区域是吻合的。

课题的创新点是充分利用浅层剖面中的所有声学参数，尤其是对海底反射系数的应用是其特色。

鉴定委员会认为，成果具有重要的实用价值，总体上达到了国内领先水平。

【大洋多金属结核矿区工程地质条件综合研究】 该课题为以国家海洋局第二海洋研究所宋连清研究员为主承担的中国大洋协会“九五”研究项目中的课题之一（DY95-02-09）。主要成果如下：

(1) 该课题首次对中国多金属结核矿区进行了工程地质条件研究，详细研究了矿区地层分布、地层工程性质及其在垂向和平面上的变化特征。指出矿区土特殊的岩土力学性质，并进行了矿区工程地质条件分区。填补了中国大洋多金属结核矿区工程地质条件研究的空白。

(2) 在矿区土的灵敏度与动力学性质研究中，指出矿区土灵敏度很大，受扰动会失去抗压强度，振动易液化，动力学性质很差等特点。特别是发现扰动土在自然固结一定时间后能恢复一定的抗压强度，这一发现对未来矿区开采的环境评价具有重要意义。

(3) 依据工程地质学地基承载力计算方法，计算了矿区土在20厘米和30厘米处的承载能力。并与沿海及内陆粘土的物理力学性质进行了比较，证明大洋土强度极弱，仅是一般粘性土的1/4～1/15。这一结果为采矿机械的设计与研制提供了依据。矿区工程地质条件分区，为未来矿产资源开采提供了依据。

鉴定委员会认为，课题组从工程地质学理论

出发，通过试验研究，对矿区工程地质条件进行了分区和评价，总体上达到国内领先水平。

【中国开辟区多金属结核生物成因研究】 该课题为以国家海洋局第二海洋研究所陈建林研究员为主承担、南京大学现代分析中心合作的中国大洋协会“九五”“资源评价与地质研究”下设课题之一（DY95-02-12）。主要成果可归纳如下：

(1) 论证了锰质叠层石及其建造者（中华微放线菌与太平洋螺球孢菌）普遍存在于锰结核中；

(2) 建立了3个叠层石新“形”：胡萝卜状微小叠层石、短柱状微小叠层石和姜状奇异叠层石；

(3) 查明了锰质叠层石纹层与超微生物之间的关系，即锰质叠层石纹层是由上述两种超微生物韵律性生长所致，并用功率谱分析方法对锰结核纹层周期进行了探讨；

(4) 锰结核中锰、铁等元素及钙锰矿、水羟锰矿等含量变化与叠层石类型有关；

(5) 在锰结核形成中，超微生物的生化作用和沉积粘附作用可能直接导致铁、锰元素的沉淀，同时也不排除金属离子的交换作用和胶体化学作用。

以上成果从生物成矿观点揭示了大洋锰结核的形成机制。其中不少看法至今在国内外文献中尚无类似报道，具创新之处。

鉴定委员会认为，成果内容丰富、观点明确新颖、论述有据，锰结核生物成因观点得到了进一步确认，该研究成果达国际先进水平。

【1纳米锰矿相的人工合成及其特性研究】 该课题是由国家海洋局第二海洋研究所钱江初研究员为主承担的中国大洋协会“九五”“资源评价与地质研究”项目中的课题之一（DY95-02-16）。主要成果如下：

(1) 该课题利用人工模拟的方法，合成纯净的1纳米锰矿相，并且开展有关1纳米锰矿相与金属阳离子交换能力和1纳米锰矿相结构稳定性等方面的研究。通过上述的研究工作，对多金属结核中铜、钴、镍等有价金属元素的富集机制、结核中主要锰矿物相的相互关系和它们的结构构造等方面的知识有了进一步深入的了解与掌握，为多金属结核的成矿机制的研究提供了宝贵的资料。

(2) 该课题在解决了一系列的关键技术问题后，获得了如下的主要成果：①用人工模拟的方法合成出纯净的1纳米锰矿相单矿物；②用合成产物1纳米锰矿相和Cu^{2+}、Co^{2+}、Ni^{2+}等金属阳离子进行离子交换反应，制备出各种合成1纳米金属阳离子类质同像单矿物；③得出几种阳离子与合成1纳米锰矿相的交换优先顺序为Cu＞Co＞Zn≥Ni＞Ca＞Mg；④根据多种形式的阳离子交换反应实验的结果，深入地探讨了结核中铜、钴、镍等有价金属元素的富集机制；⑤发现了各种1纳米锰矿相在不同的潮湿度的情况下普遍存在的相变现象，而1纳米锰矿相的结构稳定性的主要控制因素是其结构中Cu^{2+}、Co^{2+}、Ni^{2+}等金属阳离子的含量；⑥Cu^{2+}、Co^{2+}、Ni^{2+}等金属阳离子在稳定1纳米锰矿相结构的能力的大小顺序为：Ni＞Cu＞Co＞Zn＞Na＞Ca≥Mg；⑦对陆上矿物钡镁锰矿、结核中的1纳米锰矿相和合成1纳米锰矿相进行了分析与比较，认为结核中1纳米锰矿相和钡镁锰矿两者是两种不同的矿物相，而和合成1纳米锰矿相具有更多的相似性；⑧提出了有关钡镁锰矿和结核中的1纳米锰矿相的结构模式，前者具隧道结构而后者具类似隧道结构。

鉴定委员会认为，该研究课题用人工模拟的方法来研究有关多金属结核成矿机制的一些问题，填补了中国在该方面研究的空白，在有关1纳米锰矿相的结构模式等方面的研究成果，都有较大的创新性，达到国际先进水平。（孙煜华）

【利用深拖资料对中国开辟区多金属结核分布的综合研究】 该课题是由国家海洋局第二海洋研究所王洪法高级工程师承担的中国大洋协会“九五”“资源评价与地质研究”项目中的课题（DY95-02-17）。该课题通过对大量深拖资料的处理、计算分析和研究，获得以下几方面成果。

(1) 使用多波束海底地形资料对中国开辟区中多金属结核的分布特征以及海底地形坡度对多金属结核分布的控制作用进行了综合分析和研究，对进一步确定储量、矿址选定和开采范围有重要意义，是“九五”期间大洋多金属结核勘探工作的重要内容。

(2) 该课题解决了一系列关键技术问题，主要成果包括：①完成了1 856.8千米深拖视像（电视摄像、照相）调查测线资料的处理、计算分析任务；②实现了深拖视像系统多金属结核的丰度资料与多波束海底地形资料的同步复合，并绘制成1∶125 000图集；③深拖测线多金属结核分布特征的分析；④海底地形坡度对结核分布控制作用的探讨；⑤不利采矿作业的地形障碍物类型和分布特征；⑥利用深拖资料对中国开辟区多金属结核分布的综合研究报告。

(3) 研究创新点有：①对深拖视像系统多金属结核的丰度和覆盖率资料与多波束海底地形资料同步复合；②根据深拖连续图像资料对结核覆盖率、丰度及粒径的分布特征分析；③对测线资料数据进行去畸、采样、高度校正等处理，计算地形坡度、与实时图像采集数据对比，研究海底地形坡度对结核分布的控制作用。

鉴定委员会认为，此项研究工作是深入的，有创新意义，总体上达到国内领先水平。在深拖资料与多波束海底地形同步复合技术上达到国际先进水平。

【中国开辟区化学基线调查研究】 该课题系国家海洋局第二海洋研究所周怀阳研究员为主承担的中国大洋协会“九五”“环境研究”项目中的课题（DY9506-03）。该课题主要成果如下：

(1) 采用先进、规范的手段和方法，通过1997～1999年3年间，每年重复或部分重复一次对中国开辟区东、西两区有关水柱海水、上覆水、孔隙水、表层沉积物的观测和采样，比较系统全面地概括并研究了1997～1999年间热带东北太平洋中国开辟区的化学基线及其时空变化和控制因素。填补了世界上对该海域化学环境研究的空白。

(2) 1997～1999年期间，相应于El Nino和La Nina异常事件造成的温跃层的上下迁移和厚度变化，水柱中生源要素、重金属元素等具有明显的年际变化。重金属的行为对环境条件的改变具有“放大效应”和明显的指示意义。

(3) 中国开辟区东、西两区存在比较明显的化学海洋学特征差异。

(4) 与上层海水化学环境较大幅度的变化相比，底层水的主要化学参数也有一定程度的变化，且时空变化趋势与上层海水基本一致。

(5) 东、西区之间的沉积特征和沉积环境也存在明显差异。西区海底的氧化程度高于东区，而由底层海水向沉积物的锰扩散通量是西区明显低于东区。

(6) 沉积物中有机质的降解反应控制了表层沉积物中的氧化还原条件及沉积物通过孔隙水向底层水输送铜、镍、营养盐等化学组分。

(7) 进一步确证东区沉积物中含有较多的蒙皂石和以自生石英-钠长石-重晶石为代表的热水沉积矿物组合，指示东区可能存在一定程度的热水活动或地热异常。

鉴定委员会认为，该课题取得了关于厄尔尼诺海洋异常事件对主要化学要素迁移的影响、底层水对上层水的响应等方面的创新性研究成果，达到了国际先进水平。

【现有深海采矿环境影响实验影响方法和结果评价】 该课题系国家海洋局第二海洋研究所周怀阳研究员为主承担的中国大洋协会“九五”研究项目中的课题之一（DY95-06-06）。该课题在广泛收集、整理和深入分析国外大量资料的基础上，对现有深海采矿的环境影响实验方法和结果进行了全面系统的研究和评价。取得了如下主要成果：

(1) 首次对深海与近海环境影响研究方法进行了比较分析；

(2) 为中国今后开展浅海和深海环境影响实验方案的制定提供科学的依据；

(3) 丰富和发展了中国大洋环境研究和监测的理论体系；

(4) 提出了中国大洋环境研究和保护中、长期战略建议。

通过对现有深海采矿环境影响实验方法和结果的分析，发现有些结果不尽一致，甚至相互矛盾，认为除了实验设备和方法不同外，基线的自然变化是另一个重要的原因。创新地提出了只有在比较充分地了解自然变化的基础上才能对非自然的人为影响及其影响程度作出科学的评价。

鉴定委员会认为，该课题的立项和选题有重大意义，并提出“NaVaBa”环境研究计划，是一篇优秀的前瞻性的科研报告。为中国政府参与国际海底管理事务和环境保护提供技术支持。研究成果达到国际先进水平。 （孙煜华）

【大洋悬浮沉积物基线调查】 该课题是由国家海洋局第二海洋研究所董礼先研究员为主承担的中

国大洋协会“九五”“环境研究”项目中的课题(DY95-06-07)。课题组通过3个航次的调查和室内测定、实验等，取得了以下较好的结果。

(1) 在国内外首次开展中国开辟区中太平洋中悬浮体沉积物基线调查，获取了20个调查站位上的79个有效悬浮沉积物样品，分析和统计了海区悬浮沉积物浓度分布特征，并初步研究了悬浮体与DOC、POC、TOC的关系。

(2) 通过在实验室的絮凝实验，认识了调查海区水中悬浮体和底床沉积物的絮凝特性，得出了底床沉积物被扰动到水层中后可能发生絮凝现象的结论。

(3) 通过调查海区海水和底床沉积物样品在实验室进行的沉降实验，研究了大洋沉积物的沉降特性，得出了底床沉积物在海水中的沉降速度大约为0.1厘米/秒，沉降速度与沉积物浓度的关系与近岸细颗粒粘性沉积物相类似。

(4) 获取了调查海区31个站点上的底床沉积物样品，进行了粒度测定，得到了海区底床沉积物粒级分布并划分了沉积类型。通过分析不同粒度测定方法的差别和沉积物中有机物对粒度测定的影响，得到马尔文激光法测定的粒度比吸管法稍粗和海区沉积物中有机物不影响沉积颗粒粒度的认识。

鉴定委员会认为，课题的调查资料和研究成果将为中国正在开展的大洋环境基线调查提供重要的科学依据和基础资料，达到了国际同类研究先进水平。　　(孙煜华)

【中国锰结核开辟区及邻域物理基线和羽状流研究】　该项目由国家海洋局第二海洋研究所董礼先研究员等为主承担，采用先进的仪器设备进行了大洋温盐和海流的观测，并结合大量的长期历史资料分析了中国锰结核开辟区及邻域的水文、气象状况，给出了中国锰结核开辟区及邻域的气候、热带气旋、温盐结构、海流结构及水团结构的基本变化特征。绘制了中国锰结核开辟区及邻域的水文、气象要素分布特征图集，对大洋开采时冷热水排放形成的羽状流进行了数值模拟，建立了锰结核开辟区羽状流扩散数值模型。鉴定专家对成果给予了高度评价，认为这是中国首先对该区域的海洋水文、气象环境进行系统全面的研究，首先开展羽状流数值研究，为锰结核开辟区的海上作业和环境评价提供了重要的科学依据。其成果达到国际同类研究水平。

(孙煜华　杨士英)

【多波束系统振幅、定位提取与解释处理模块的开发及在多金属结核勘探中的运用】　该课题是由国家海洋局第二海洋研究所陶春辉研究员为主承担的中国大洋协会“九五”研究项目中的课题之一(DY95-07-04)。

课题组针对1995年引进的SeaBeam2100多波束测深系统成功地开发出了多波束系统的潜在功能，取得了以下主要成果。

(1) 系统开发了多波束系统振幅、定位信号提取软件。

(2) 开展多波束物理模型研究，建立了海底二维声散射物理模型和平坦海底二维声散射的经验公式。

(3) 分析提出了垂直波束振幅和多角度波束定量估算结核覆盖率经验公式，并开发出相应软件。结果表明，同时利用垂直波束和多角度波束可提高估算结核覆盖率的可信度。经过中国开辟区13条实际深拖测线资料的验证对比，估算的绝对误差东区平均为4.32%，西区平均为6.11%。表明了该成果的可靠性。这一成果对太平洋锰结核的勘探评价有重大的意义，具有重要的推广应用前景。

(4) 得到了海底地形对中央波束振幅影响的经验公式。

鉴定委员会认为该课题从实验研究、方法研究到实际应用系统工作，其成果具有多项创新性，研究成果总体上达到国际先进水平。

(孙煜华)

【中太平洋富钴结壳预选区地质特征和资源评价】　该课题是国家海洋局第二海洋研究所张海生研究员为主承担的中国大洋协会“九五”项目“富钴结壳资源研究”下设课题之一(DY95-08-02)。该课题的主要成绩有：

(1) 首次开展了中国在中太平洋海山区富钴结壳前瞻性的研究，所获得的中太平洋海山区近40 000平方千米富钴结壳矿产资源的有关地形、地质特征、矿物学、地球化学等方面的资料和成果，填补了中国对该区域富钴结壳资源研究的空白，对中国大洋富钴结壳资源的调查与勘探具有重要的指导意义。

(2) 较全面地阐述了中太平洋海山区富钴结壳的形态、产状、厚度、品位、覆盖率、丰度、矿物组成等特征，探讨了中太平洋预选区海山富钴结壳的成矿规律与富集特征。

(3) 结合当前富钴结壳资源调查工作的实际，应用地质块段法和最近区域法相结合的综合方法对中太平洋预选区海山富钴结壳进行了初步的资源量评估，并初步圈定了预选区内具有资源潜力的海山位置及相应的资源量。

鉴定委员会认为，该研究报告的完成为中国富钴结壳金属矿区的进一步调查和基础地质矿产研究提供了重要和可靠的基础，达到了国际先进水平。

【中太平洋结壳区基岩岩石学与地球化学特征研究】该课题是由国家海洋局第二海洋研究所陈建林研究员为主承担的中国大洋协会“九五”研究项目中的课题之一(DY95-08-06)。其主要成果如下：

(1) 确定了中太平洋结壳区基岩以碱性玄武岩、磷块岩和磷酸盐化碳酸盐岩等为主的10余种类型及其分布特点。基性火山岩均为钾质类型碱性玄武岩，属轻稀土富集型。

(2) 本区结壳分为板状壳、砾状壳及结核状结壳。其主要成矿元素铁、锰、铜和镍含量均高于世界海山结壳平均值，但钴含量低。结壳中矿物以水羟锰矿和羟铁矿为主。

(3) 燧石岩为浅海环境中氧化硅化学沉淀结果。

(4) 玄武岩以CN海山年代最老（晚古新世早期），CJ海山相对年青（晚渐新世早期），结壳年代从古新世到更新世，均晚于其相应海山玄武岩年代。

(5) 认为不同类型基岩都会有结壳生成，但风化玄武岩、磷块岩对壳体生长有贡献。

鉴定委员会认为该成果填补了中太平洋海山区基岩岩石学与地球化学研究的空白，丰富了中国大洋地质基础科学研究内涵，为大洋富钴结壳矿床的评价提供了重要科学依据。研究成果达到国际先进水平。

【中国交国际海底管理局保留区综合评价报告】该课题是由国家海洋局第二海洋研究所沈华悌研究员为主承担的中国大洋协会“九五”研究课题，该课题对大量调查资料进行系统整理和总结，对保留区海洋环境、地质条件、多金属结核矿区特征和结核（金属）资源量及其变化等进行系统的研究和综合评价。为全面了解保留区提供了重要信息和依据，对今后勘探工作有重要的指导意义。取得如下成果：

(1) 系统的总结了保留区海洋环境、地质条件、结核矿区特征及其区域构造、沉积物、水深、CCD界面和地形等对多金属结核分布、富集的相互关系。

(2) 完成了保留区结核（金属）资源量计算和结核丰度、品位标准差分析统计，对保留区结核（金属）资源量及其变化进行了分析，并认为丰度变化是引起结核资源量变化的主要因素。

(3) 根据国内、外有关技术指标，计算可圈出矿块个数、面积及可供开采资源量。

(4) 通过对结核矿区特征、结核资源量和海洋环境等因素分析、对比，对保留区各矿块的质量、可能矿块面积与资源量等进行定量和半定量分析，并对可能出现变化的因素进行了分析与评估。

鉴定委员会认为：该报告首次对中国保留区进行全面综合评价；该项研究达到国际先进水。

（孙煜华）

【中国开辟区海洋生物生态基线研究（DY95-06-02）】该项目由国家海洋局第三海洋研究所主持，国家海洋局第二海洋研究所参与，是国家“九五”重大科研项目(中国大洋矿产资源研究开发)的研究课题之一。该项目历经4年的时间，采用先进的研究设备、规范的手段和方法，完成了4个航次的深海作业和大量的样品分析及研究工作，分别在中国大洋多金属矿产开辟区的东、西两区内进行了深海巨型、大型、小型底栖生物、叶绿素a、初级生产力、浮游生物、鱼卵、仔稚鱼和浮游植物粒级结构等的调查和研究，比较系统地阐述了1997～1999年期间热带东北太平洋中国开辟区海洋生物基线及其时空变化，取得了较丰硕的科研成果。对太平洋多金属结核区连续3年进行生物基线自然变化研究，这在国际上尚属首次。该项目通过了由中国大洋协会组织的验收，验收等级优秀。（国家海洋局第三海洋研究所）

【中法东海沉积地层和古环境合作研究】 1996～

2000年，国家海洋局第一海洋研究所刘振夏与法国海洋开发中心（IFREMER）Serge Berne'合作，在东海长江三角洲至冲绳海槽之间开展了多波束测深、浅地层、重力、磁力、海流、温度、盐度、声速调查和重力岩芯取样，获得84条剖面、6 482千米综合调查资料。对岩芯进行2厘米间隔采样，开展了粒度、碳酸钙、有孔虫、孢粉、硅酸体、硅藻、放射虫、氧同位素、古地磁、粘土矿物、地球化学、颗粒有机碳、UK37、^{14}C测年等分析测试。研究发现：东海第四纪冰期、间冰期的陆、海交替沉积地层在外陆架保存完好，其间共有4次海退-海进的沉积旋回；末次冰期有3次小冷期，大致对应于7万、4万和2万年以前，东海陆架大部分裸露成陆；陆架上可见海退时期形成的四期埋藏水下三角洲。晚更新世早期、长江水下三角洲发育在东海中、外陆架东北部现40～90米水深处；晚更新世中期长江三角洲发育在东海外陆架中部现70～120米处。全新世海侵以来，潮流改造了海侵席状砂，并侵蚀下伏晚更新世地层，在早全新世形成规模巨大的海底潮流沙脊体系。末次冰期以来东海有新仙女木（YD）和5个Heinrich事件，反映短尺度古气候突变事件具有全球性意义。冲绳海槽中部DG9603孔的硅藻组合和典型硅藻种类含量变化，显示了2万年以来冲绳海槽中西部黑潮变动具有明显的2 450年左右的周期性变化，存在3次明显反极性事件，大致对应于H_1、H_3、H_5事件，地磁倒转造成了全球气候变化。发现了13 500年以前的水稻硅酸体化石。

（路应贤）

【1∶50万八滩镇幅海洋区域地质编图】 ①首次全面汇总了该区70年代以来的地质地球物理资料，并按1∶50万海区地貌图编图规范编制了地貌图，依据浅层剖面资料对该区域的主要地貌单元作了重新界定，并进行了详细的论述；②对陆架区首次编制完成了1∶50万第四纪地质图，增加了应用第四纪地质内容，对陆架区第四纪沉积物成因类型有新的认识，图面表现方式有创新，用立体方式表现出底质、成因类型和灾害地质类型，提高了其在防灾减灾中的应用价值；③布格重力异常图揭示了异常展布的规律性，新划分出了多个三级异常带，为三级构造单元的划分奠定了基础；④磁力异常（△T）图揭示了区域构造轮廓；⑤前晚第三纪地质图着重展示了北部坳陷下第三系主要生油岩系的分布，及前晚第三纪的地层、岩浆岩和构造的分布特征，为在该区寻找前新生代油气资源提供了基础地质图件；⑥构造区划图集中反映了该区次一级构造单元及新全球构造阶段的构造特征，认为该区构造演化为四个阶段。

【西-北太平洋边缘海地质图编图】 ①课题总结、反映了中俄双方等国家与地区多年来在太平洋西部及边缘海进行的海洋地质-地球物理调查资料与研究成果，填补了中国在这方面的不足；②该课题收集和利用了最新的地质资料，对整个西北太平洋沿岸及边缘海的地质资料进行了采集和编绘，有助于太平洋板块与欧亚板块的相互作用的分析；③在边缘海内采用层层透视的方法表示出新生代各地层组合（构造层）的发育特征与分布情况，比原来用截面法反映的地质内容更为丰富和明了，在编图方法上具有创新性；④该课题编制完成的“西北太平洋边缘海地质图(1∶500万)”填补了这项空白。此前，国际上尚无一幅系统而完整的相近比例尺（1∶500万）的西北太平洋边缘海地质图。

【南黄海地质地球物理综合调查研究】 ①通过对南黄海及其周边的中生代地层的对比研究，认为该区的白垩系应三分化，具“黑红黑”的韵律结构。其厚度最大可达2 000米以上，推断在研究工区的某些地段有存在侏罗系的可能；②首次编制了南黄海北部盆地统一连片的基底构造图，并进行了构造单元的划分，基底构造图反映了盆地的整体面貌，为中生界的整体评价和下一步勘探部署提供了重要依据；③对中生界进行了盆地油气资源早期评价。

【1∶100万南通幅海洋区域地质调查】 通过海上浅地层剖面实际调查和陆上实地考察，均有重要发现。其中，在海上调查中发现近几年山东和江苏岸线变化大，在浅地层剖面上可清楚地反映浅层气、冲刷沟、三角洲等的存在。陆上实地考察中首次在山东诸城发现大批恐龙足迹化石，这一发现对古环境研究、山东与江苏古地理研究、地形地貌发展变化研究和地质构造演化研究均有重要意义。

【南黄海选定海域1:50万油气地球化学勘查】 通过对南黄海选定海域基础地质和以往油气勘查工作的分析，认为在南黄海海域的坳陷区和隆起区都具有油气勘查远景，前新生界是应给予足够重视的寻找油气的新领域；编制完成了海域1：50万油气地球化学勘查技术规范，对海域油气地球化学勘查的目的任务、设计编写、海洋调查与样品采集、指标选取、分析测试技术、数据处理及成图技术、异常的筛选和查证、综合解释与评价、成果报告等进行了严格的规定；通过海上地球化学勘查试验，完善了海域油气地球化学勘查样品采集技术和样品保真技术，为2001年度大规模海域油气地球化学勘查工作的开展提供了技术保障。

【东海陆坡天然气水合物资源调查评价】 确认调查区存在5种BSR反射类型，进行了初步成因类型分析，并对其可靠性程度进行了评价；建立了天然气-水合物-盐-水体系中主要组分在气、液、固三相中的活度模型和化学势函数模型和天然气水合物的状态方程；编制了水合物一天然气一海水体系相平衡模拟与天然气水合物稳定带厚度计算的软件；根据研究区天然气水合物稳定带潜在厚度计算结果，编制了研究区天然气水合物稳定带潜在厚度与分布预测图。

（青岛海洋地质研究所）

【台湾海峡中、北部海洋综合调查】 受福建省科委委托，福建海洋研究所进行了台湾海峡中、北部海区综合调查研究，内容包括海洋地质地貌、海洋水文气象、海洋物理、海洋化学及海洋生物等多学科，阐述了该海区的一些海洋学现象及其运动规律，提出了一些新见解，为今后开发利用台湾海峡资源提供十分有用的科学依据。

【闽南—台湾浅滩上升流区生态研究】 经多学科综合研究，证实在闽南沿岸和台湾浅滩海域有多处上升流存在，肯定了闽南—台湾浅滩渔场为上升流渔场，对该上升流区生态系生物群落结构特征、初次级生物生产力及其转换效率、营养盐和碳循环进行了较为全面的探讨，并对渔场资源量进行了估算，提出了对该渔场渔业资源合理开发利用的意见，达国内先进水平。

【台湾海峡油气地质、地球物理调查】 以盆地探边和区域地质构造研究为目的，开展物探和化探工作，对实测的物探和化探资料应用先进的方法进行计算和处理，提供较为准确、丰富的地球物理和地球化学信息，同时收集了大量围区及测区的地质、地球物理和地球化学资料，进行综合分析对比，对盆地结构、发育特点、油气远景的评价水平达国内领先，其中化探综合研究达到国际先进水平。

【福建省海岛资源综合调查】 按全国海岛资源综合调查简明规程完成了水文、海水化学要素、海洋地质地貌、水域环境质量、微生物、初级生产力、浮游生物、大型底栖生物（含潮间带生物）、游泳生物等9个专业的调查，系统地获取和积累了海域环境基本资料，初步查清海岛资源现状，并作出评价，提出保护管理措施，为经济建设、国防建设、环境保护、国土整治和海岛管理提供了科学依据。

【福建省海洋污染基线调查】 依据《福建省海洋污染基线调查实施方案》及《全国第二次海洋污染基线调查技术规程》实施本次调查。调查范围为福建省沿岸的港湾、河口等区域。共设水文气象观测和水质污染测站68个，沉积物污染测站18个，生物学污染测站11个。主要成果有福建省海洋污染基线调查资料汇编、福建省海洋污染基线调查研究报告、省海洋污染基线调查图集、21世纪福建省海洋环境监测、保护、治理战略对策建议。

【福建省大比例尺海洋功能区划】 根据《海洋功能区划技术导则》，结合福建省实际情况，制定了福建省大比例尺海洋功能区划技术实施方案，采用指标法、协调法，结合省情处理海洋功能区划与海洋现状、规划、地方与部门之间及军事用海的各种关系。采用五类四级分类体系，划定本省领海范围内的海洋功能区，并研制开发海洋功能区划管理的信息系统，实现海洋功能区划管理的科学化、数字化、信息化。本成果已经在福建省的海域使用管理中得到应用，作为涉海项目海域使用管理的依据。（福建海洋研究所）

【东亚交汇（EAC）海底光缆系统青岛段路由勘察】 东亚交汇（EAC）海底光缆系统是连接东亚的日本、韩国和中国的台湾、香港、青岛的重要光缆干线系统，由香港EGC（亚洲）有限公司总承包。其中青岛至韩国的青岛北段（麦岛附近36°05.30′N，120°27.49′E至黄海中部35°37.56′N，123°31.50′E）284.5千米和南段（麦岛附近36°05.30′N，120°27.49′E至黄海中部35°32.92′N，123°31.18′E）288.5千米的两条光缆路由勘察，由青岛海洋工程勘察设计研究院于2000年9月完成。海上路由段由DGPS定位（动态精度≤±3.0米），进行了多波束系统水深地形测量、旁侧声呐海底形态及障碍物探测、浅地层剖面探测、沉积物柱状取样、磁力仪已铺海缆及管道探测、路由开发活动及军事训练活动调查；登陆段开展了地形、地貌、沉积、交通及施工条件、海洋开发活动等调查。勘察成果达到世界先进水平。

【亚太2号（APCN2）海底光缆系统S_4A段、S_8A段、S_7段路由勘察】 亚太2号（APCN2）海底光缆是连接亚洲太平洋地区的重要干线光缆系统，由日本NEC公司总承包。其中上海段（S_4A，31°48.800′N，122°19.824′E至30°34.681′N，127°23.815′E）521千米、汕头北段（S_8A，23°13.431′N，116°40.681′E至21°43.458′N，117°02.566′E）185千米和汕头南段（S_7，23°13.431′N，116°40.681′E至21°53.970′N，117°36.838′E）185千米，由青岛海洋工程勘察设计研究院于2000年12月完成勘察。海上路由段用DGPS定位导航，开展了多波束水深地形测量、旁侧声呐海底地貌及障碍物探测、浅地层剖面探测、沉积物柱状取样、已铺设海缆及管道磁力仪探测、开发活动及军事活动调查；登陆段进行了地形、地貌、沉积物、交通及施工条件、开发活动等调查。勘察成果达到世界先进水平。 （路应贤）

重点实验室简介
A Brief Introduction to Key Laboratories

【国家海洋局海洋环境科学和数值模拟重点实验室】 该重点实验室从事从近岸到大尺度的各种海洋现象的动力学研究，并包括与相关的生物、化学和沉积过程的相互作用研究。在研究手段上特别强调数值方法对海洋现象的模拟和预测，并结合海上观测和遥感资料开展同化技术研究，旨在获得对海洋中各种现象的清晰认识。优先发展领域包括对国民经济具有重要意义的中国近海环境过程以及与全球气候变化相关的大洋环流变异和海气相互作用。主要研究领域为：①大洋环流和气候变化——热带海洋年际变化及其对中国海影响的研究，中高纬度太平洋低频变化研究，极地海洋学和极地气候变化研究；②区域海洋学——中国近海环流系统研究，黑潮与陆架海相互作用研究，海洋调查技术研究；③海洋动力学——大尺度海洋运动动力学，中小尺度海洋运动动力学，遥感的动力基础；④海洋数值模拟关键技术——大洋环流模拟关键技术，近海环流模拟关键技术，风、浪、流耦合过程模拟关键技术；⑤海洋信息系统——大气、海洋数据库系统，科学计算可示化。在研重大项目有“中国近海环流形成变异机理、数值预报方法及对环境影响的研究”、“东海黑潮结构变异及其与陆架水的相互作用”、“渤黄东海环流及其变异预测数值模式和海洋大气灾害应用”、“黄海水循环和长期物质输运”等，完成重大项目有“海面微结构研究”、“上海示范区遥感立体监测示范系统”。获得一项杰出B类基金和一个面上基金项目。参加了国家重点实验室评估，被列为培育对象。拥有ADCP、CTD、WLR、S4、Waverider等调查设备及250亿次/秒电子计算机系统和配套齐全的外围设备。2000年在核心以上期刊发表研究论文35篇。

（国家海洋局第一海洋研究所）

【国家海洋局海底科学重点实验室】 2000年度主要完成科研项目有“863”海洋高技术项目“820-01-01海底高精度地质构造探测技术研究”课题的3个子课题和“九五”大洋矿产资源勘查与研究项目15个课题，上述课题均通过了专家评审和验收；正在进行的主要科研项目有国家专项8个课题，现已通过了专家组的中期评估，目前正处在课题扫尾和成果总结阶段。通过上述课题的研究，已获得一些重要的、有一定创新性的科研成果：成功开发了具有中国自主版权的多波束处理软件MBCHART，填补了国内空白；在多波束勘测技术和数据处理技术的研究上，通过发表专著和论文持续保持国内领先地位；大洋矿产资源勘查与研究中形成了一批新的成果。发表于CSCD数据库刊物上的文章共43篇，SCI、EI文章4篇，主编专著1部，参加专著编著1部。在新项目立项方面，2000年度主要围绕国家需求和国家海洋局的业务工作组织进行了多层次、多方位的立项申请，并投入了一大批主要科学家追踪国家和国家海洋局的大型项目并取得了良好的成绩，为“十五”科研项目的持续增长奠定了基础。其中“中国边缘海的形成演化及重要资源的关键问题”“973”项目，已于2000年3月审批通过，国家海洋局第二海洋研究所为首席科学家单位之一。

实验室加强了对外开放的力度，多次邀请国内外知名专家来实验室进行学术交流。2000年来实验室进行学术交流的中外专家有12人次。实验室有16人次参加国内学术研讨会（其中1人为大会特邀报告，2人为大会报告，13人为专题发言），金翔龙院士两次受邀到浙江大学作学术报告。

与国家海洋局海洋环境保护研究所、中国海洋学会海洋调查专业委员会共同主办一次国内学术研讨会；主办一次国家重点基础研究“973”项目学术研讨会等。

国家海洋局海底科学重点实验室经过两年多试运行，于2000年4月11～13日接受国家重点、部门开放实验室的现场评估，5月14日在北京进行了复评估汇报与答辩，经综合评议，本实验室评定为“良好”，专家一致认为：该实验室在中国大洋研究以及海洋高新探测技术开发应用等海底科学领域作出重要贡献。　（孙煜华）

【国家海洋局海洋生物工程重点实验室】 国家海洋局第三海洋研究所海洋生物工程实验室于1991年成立，1997年在此基础上成立了国家海洋局海洋生物工程重点实验室。该实验室开展了海洋病原生物的分子生物学检测技术研究，海水鱼类生长激素基因工程研究，以及海洋环境污染的生物检测技术研究，先后承担并完成了多项国家基金、国家攻关课题及国家海洋局重点课题。目前承担了国家“863”项目4项，国家“九五”攻关项目1项，大洋协会项目1项，以及各类基金项目多项。

该实验室在海洋动植物和微生物基因的分离、分析、克隆、表达及表达产物的纯化、鉴定等方面有着丰富的经验、雄厚的技术力量和优良的实验条件。例如率先在中国克隆了3种海水鱼的生长激素基因，基因的序列收录在国际基因库中，并且已将鱼生长激素基因转入酵母细胞中通过基因工程进行中试生产，拟开发新型的海水鱼促生长饲料；在研究危害中国对虾养殖业的对虾杆状病毒方面，本实验室的工作处于国际领先水平，在国际上首次报道了大量纯化对虾杆状病毒基因组DNA的方法，并进行了该病毒的全序列测定，为建立有效的防治方法奠定了基础，其工作成果被评为“1999年中国基础科学研究十大新闻”（科技部主办），在此基础上开发的快速检测对虾杆状病毒的PCR试剂盒正在推广应用，为对虾病害的预防提供了科学依据；同时该实验室还开展了海洋微生物及深海极端环境微生物特殊基因的分离克隆研究，着重进行纤维素酶基因及甲壳素酶基因应用的开发研究。

该实验室目前有中国工程院院士1人，高级职称人员9人，中级职称人员2人，博士学位2人，硕士学位2人。本年度申请并获得受理的国家专利2项，美国专利1项；在国内外刊物上发表论文近20篇。（国家海洋局第三海洋研究所）

【国家海洋局海洋动力过程与卫星海洋学重点实验室】 国家海洋局海洋动力过程与卫星海洋学重点实验室于1999年10月25日正式挂牌运行。实验室将针对国际前沿方向和中国经济建设的重大海洋科学问题，研究各种尺度的海洋动力过程，发展卫星遥感和数值模拟技术，揭示其发生机理和变化规律，并探索其预测方法，为推动中国海洋科学的发展作出积极贡献。实验室以海洋动力过程与卫星海洋学作为自己的研究方向。

该实验室是以物理海洋学和卫星海洋学两个研究领域为基础组建的，充分发挥两个学科的互补优势，走出一条海洋动力过程理论与遥感技术密切结合的道路。

2000年是实验室发展的重要一年。实验室共承担了国家和省部级科研项目79项，其中承担并主持国家“863”计划9项，联合主持国家“973”计划7项，国家攀登计划2项，国家自然科学基金11项（含重大基金2项，重点基金2项），国家攻关计划3项，国际（地区）合作7项，省部委重大（重点）计划24项。各项目均按计划进行，取得了一大批阶段性科研成果，其中有11个课题已结题验收。

实验室十分重视国内外的学术交流与科技合作，已与德国、日本、韩国、西太平洋国家等和香港特别行政区进行了合作课题研究，其中有15人次赴美国、澳大利亚、韩国、日本等国和香港特别行政区进行访问、考察和合作研究。合作完成了9篇学术论文。同时，实验室充分利用自身的特色与优势，与国内有关单位联合申请并主持“863”、“973”课题，国家自然科学基金重大、重点项目，国家攀登计划，国家攻关等课题。

2000年接待国内外专家、学者来室访问讲学15人次。有10人次参加国际学术会议并进行学术交流；15人次参加国内学术会议并进行学术交流。 （孙煜华 杨士英）

【国家海洋局海洋生物活性物质重点实验室】 该实验室1997年由国家海洋局批准成立。以极端海洋环境（包括南北极、深海底部、河口咸淡水交混处和滨海盐碱荒滩）中生物活性物质为主要研究对象，瞄准国际发展前沿，以现代生物技术为手段，进行海洋生物活性物质相关基础理论研究和应用基础研究，同时积极研究开发海洋食品、保健食品、药物、农业增产剂和杀虫剂、生物功能材料和精细化学产品等。现有科研人员20人，其中博士生导师2人，研究员5人，副研究员3人，博士学位3人，硕士学位4人，在读博士生7人，硕士生6人。

2000年，完成了“海葵毒素基因转入衣藻体的表达、克隆研究”、“美国红鱼遗传多样性研究”、“甘氨酸镁的制备及应用”、“海水鱼类病害与国际信息研究”、“产色素海洋细菌的开发利用”、“盐生植物加工利用研究”、“低沸点溶剂萃取茵陈籽油的研究”、“电融合法构建富含EPA和DHA异养藻株的研究”。在研的课题有“牛蒡生物活性物质利用”、“海洋鳗弧菌减毒活菌疫苗的研制”等9个。进行了共轭亚油酸口服液、微囊、胶囊、添加共轭亚油酸牛奶等产品配方、加工工艺、产品稳定性等研究。进行了碱蓬籽油共轭反应中试，改进了中试生产线，完善了中试工艺，达到可批量生产水平。与青岛鹏洋公司签订了合作研究开发海洋微生物杀菌剂协议；与荣成鸿洋神集团合作生产微囊化鱼油。年内在核心期刊以上刊物发表论文30篇，其中以外文发表4篇。出版论文集1本。获省部级科技进步二等奖1项，申请国家发明专利3项。

（国家海洋局第一海洋研究所）

【国家海洋局海洋环境监测与保护重点实验室】 该实验室于1995年筹建，1998年经国家海洋局批准成立。它以跟踪海洋生态环境保护学科发展前沿为目标，重点开展海洋生态环境监测理论与技术研究、突发性海洋污染灾害应急处理技术、海洋生态修复与生态建设机理研究等；目前主要研究方向包括赤潮的快速监测技术、海洋污染物生物效应监测技术、海洋污染的生态指标、污染对海洋生物的毒理作用和含油污水处理与沉积物污染处置技术等，是一注重学科交叉的基础性研究实体。

实验室现有研究员11名，副研究员14名（含高级工程师），其中10人具有博士学位，已形成了一支精干的有较高理论水平的科研攻坚力量。

近年来该实验室主持承担国家“863”计划项目课题、国家科技攻关专题、国家自然科学基金项目、国家专项和世界银行支持项目20余项，取得了一批高质量的科技成果，发表高水平学术论文50余篇，荣获国家海洋局科技创新二等奖4项。

该实验室由赤潮HABs实验室、海洋生物化学实验室、海洋生态毒理实验室、海洋地球环境化学实验室、海洋分子生物学实验室等几部分组成。拥有各种监测分析仪器和生物化学实验设备多套。 （国家海洋环境监测中心）

【中国科学院海洋生物学开放研究实验室】 实验室成立于1987年，是中国第一个海洋科学方面的开放实验室，也是中国海洋生物技术与开放的重要基地。现任主任是中科院海洋所所长相建海研究员。实验室聘请国内外著名生物学家组成学术委员会。

研究方向及内容：实验室以海洋生物资源的持续开发利用为目标，开展海洋生物个体发育、系统发育、生殖生物学和遗传学方面的基础研究，以及海洋生物技术方面的应用研究。在个体、细胞和分子等不同水平上，着重发展海水养殖生物育种、育苗、病害防治技术，提高光能利用率，开发海洋生物天然产物，促进中国海洋生物资源开发产业转化为高新技术产业。

组织结构与人才培养：实验室于1999年7月被批准加入中国科学院知识创新体系。进入创新体系后的实验室设置了7个责任研究员岗位。实验室拥有海洋学博士后流动站，现在站博士后2人，在读博士、硕士研究生20余人。

对外合作与交流：实验室与美国、加拿大、日本、德国等许多著名大学和海洋研究机构建立了合作关系，并开展了广泛的合作研究，如中美海洋与渔业科技合作项目、与加拿大多伦多大学的转基因鱼合作研究、与德国马普学会开展的海洋微生物合作研究等，取得了丰硕的研究成果。

承担课题及成果：实验室有国家攀登计划B首席科学家，国家海洋“863-819”主题专家组组长和“973”项目首席科学家。近年来，先后承担各类科研项目达100余项。其中国家任务包括：“863”计划13项，“973”计划4项，攀登计划9项，国家科学基金8项，国家攻关项目9项，以及省部委项目国际合作项目等。近年来出版专著7本，在国际学术刊物上发表论文40余篇。2000年度获得中国科学院和山东省科技进步一等奖各1项。

仪器设备：拥有国内一流的从事海洋生物技术研究的设备，如：激光共聚焦显微镜系统、毛细管电泳仪系统、DNA合成仪、DNA测序仪、超薄切片机、小型生物发酵罐、制备超速离心机、流式细胞仪、荧光扫描仪、显微操作仪、细胞转基因仪等，还具有从事生物养殖的水族楼。

（中国科学院海洋研究所）

【青岛海洋大学物理海洋教育部重点实验室】 在国家教委的支持下，青岛海洋大学利用世界银行贷款110万美元和自筹资金384万元于1987年建成了中国惟一的物理海洋实验室，填补了中国物理海洋学室内实验的空白。国家教委于1990年1月正式批准该室为教委开放实验室。1996年2月被批准为“211工程”重点建设实验室。1999年被首批批准为教育部重点实验室。实验室主任：管长龙教授；学术委员会主任：黄瑞新教授（美国Woods Hole 海洋研究所）；学术秘书：张润秋。

实验室研究方向和内容为：上层海洋动力过程研究（海-气界面过程及参数化、风、浪、流耦合机制及数值模拟、风浪与内波的生成机制及传播）、浅海动力过程及环境效应（近海环流及物质输运、近海动力过程及生态系统响应机制、海洋环境灾害形成机制及预报）、海洋环流、海洋-大气相互作用与气候变化（海洋环流的年际及年代际变化、热带与副热带海洋-大气相互作用、阻塞现象与气候变化）海洋物理环境探测机理与仿真（海面与水下目标的遥感机理、海洋中尺度现象探测机理及中尺度现象对声波的影响、海洋物理环境多元遥感信息获取、仿真与数值同化）。

该实验室有固定研究人员30名，其中科学院院士2名，博士生导师17名，教授28名，45岁以下的研究人员24名，其中80%以上具有博士学位并且具有国外研究工作经历。实验室目前拥有5个硕士点（物理海洋、气象学、环境科学、流体力学、大气物理与大气环境）、3个博士点（物理海洋、气象学、环境科学）、3个博士后流动站（海洋科学、大气科学、环境科学与工程），平均每年培养毕业10名博士生、15名硕士生。

该实验室自1990年以来，经实验室学术委员会批准共接待并完成开放研究课题30项。参加开放研究的单位有：俄罗斯远东水文气象研究所，乌克兰科学院海洋研究所，台湾大学海洋研究所，中国科学院海洋研究所，国家海洋局第一海洋研究所，海洋工程设计单位，北京大学，天津大学，上海交通大学，西安交通大学，厦门大学，武汉大学等。实验室自2000年初开始启动访问学者基金，至今已有4批。获得资助的访问学者包括美国Wisconsin-Madison大学，北卡罗莱纳州立大学，美国伍兹霍尔海洋研究所，University of New South Welsh，Universite de Toulon et du Var（法国），及国内的中国科学院海洋研究所、中国科学院南海海洋研究所、国家海洋局第一海洋研究所等全国各研究单位的专家。该实验室与国内外研究机构有广泛的学术交流与合作研究。主持召开了多次国际学术研讨会及双边研讨会。邀请国内外专家学者讲学及专题报告50余次。参加各种国际学术会议80人次。进行合作研究12项。实验室发表了许多高水平的学术研究论文。在国际学术刊物《物理海洋杂志》上发表的论文占中国大陆学者在该刊发表的论文数一半以上。在国内学术刊物《中国科学》上发表的论文占中国物理海洋学者在该刊发表的论文数一半以上。“九五”期间实验室共发表学术论文345篇，其中SCI收录85篇。

该实验室撰写了中国物理海洋方面大多数著作与教材，为培养中国物理海洋高层次人才做出了特殊的贡献。

【青岛海洋大学海洋遥感教育部重点实验室】 1993年12月原国家教委批准设立海洋遥感开放研究实验室。1999年9月被批准为第一批教育部重点实验室，实验室更名为海洋遥感教育部重点实验室。1999年12月执行高等学校重点实验室访问学者制度，访问研究计划共12项。实验室主任：贺明霞教授；实验室学术委员会主任：徐冠华院士；学术秘书：曾侃博士；办公室秘书：徐萍工程师。

该实验室研究方向：①卫星海洋遥感。主要研究内容包括：海洋表层与电磁波相互作用机理和海洋/大气辐射传递理论；卫星数据反演海洋环境参数新方法；卫星遥感图像处理和特征识别；海洋观测卫星传感器新方案及其仿真技术；多传感器卫星数据融合及在海洋动力学模式中的数据同化；多传感器卫星数据进行海洋多学科交叉研究；发展海洋GIS。②海洋激光探测。主要研究内容包括：激光在海洋/大气中的传输特性；上层海洋环境剖面参数遥测；海洋激光高光谱探测；水下目标探测；浅海地形测绘；潜海激光探测；海/气边界层探测；气溶胶剖面参数遥测；三维海面风场探测。

该实验室1999年设置教育部“长江学者奖励计划”海洋遥感学科特聘教授岗位。2000年成为“地图学与地理信息系统”博士点。

2000年实验室主任贺明霞教授被选为全球海洋遥感学会（PORSEC）副主席。美国总统奖获得者、美国Delaware大学遥感中心主任严晓海教授/博士应聘“长江学者”海洋遥感学科特聘讲座教授。国际知名科学家应聘该实验室客座教授共10余人。通过教育部访问学者计划推动的在该实验室作短期访问研究的国际同行10余人。与国外著名遥感单位和著名科学家建立广泛、深入、有效的国际合作。其中，国际海洋卫星计划PI （Principal Investigator）项目5项，政府间国际合作项目9项，单位间双边国际合作项目8项。国际合作项目配套承担的国家科研项目以及国际前沿课题有5项。年轻教师和博士研究生出国进行半年至两年合作研究25人次，组建了一支以博士和留学生为主体的年轻学术队伍，平均年龄37岁。该实验室适时开展了ESA-1/2 卫星资料反演海表温度、海平面高度、海浪方向谱和海面风场及其在中国海和西北太平洋的应用，中国海海色遥感生物光学算法，东亚海域吸收性气溶胶对大气校正的影响，从卫星SST资料反演海表流场的新方法，从SAR海表图像反演内波振幅及内波传播特性研究，东中国海海洋通量和CO_2气体交换的卫星遥感研究，海洋降水遥感新方法研究，卫星高度计海洋探测的理论、方法和应用，多传感器卫星资料用于黑潮十年尺度研究，多传感器卫星数据反演海洋环境参数应用软件（10项），海洋激光探测基础与应用研究，新型非相干多普勒激光测风雷达的研究。研制成功三种新型的海洋激光雷达系统，用于海水温度、叶绿素浓度、悬移质浓度测量，研制成功中国第一套激光雷达测风系统等国际前沿研究，科学研究获得重要突破。

【青岛海洋大学海水养殖教育部重点实验室】 海水养殖教育部重点实验室于1994年2月由原国家教委批准建立，1996年建成开放。实验室挂靠青岛海洋大学，是水产养殖国家重点学科点的重要组成部分。该实验室以水产养殖学科应用基础研究为主要研究内容，其主要功能是吸收和承担代表本学科发展水平的各项重大和探索性前沿课题，对外开放，培养高层次专业人才，促进和推动学科发展。实验室主任宋微波，副主任战文斌、潘鲁青，实验室学术委员会主任赵法箴，办公室秘书朱洺壮。

实验室的主要研究领域有海水养殖病害学、海水养殖生态学（研究海水养殖生物个体生态学、养殖生态系统结构与功能、养殖动植物与环境相互作用关系、养殖水环境管理的原理与技术）、营养生理学（研究海水养殖动物消化酶的分泌、功能及调节、营养物质的转运、营养需求的生理机制以及海水经济动物的人工全价配合饲料的配方和加工工艺等）、遗传育种学（研究海水养殖经济动物的遗传学基础理论与繁殖、培育技术以及优良抗逆品种的选育和人工繁衍技术）。

近6年来实验室获教育部科技进步一等奖项2项、二等奖1项，国家海洋局科技进步奖一等奖2项、二等奖2项，共完成和发表研究论文400余篇；主编和参编出版教材和著作16部。主要研究成果有中国北方海区海水养殖环境中病害原生动物研究、对虾病毒病的研究（该成果获2000年教育部中国高校自然科学一等奖、国家海洋局创新成果二等奖）、牡蛎三倍体育苗与养殖技术研究（该项技术从1998年起进入中试，先后在全国建立了5个中试基地，2年来已培育三倍体牡蛎苗种30余亿粒，总产值达2.4亿）、营养及配合饲料的研究。

目前该室共有专职人员39人，其中包括教授19人，副教授14人，博士生导师15人，博士学位获得者23人。近年来该室成员先后有3位获得国家杰出青年基金资助，2人获教育部重点基金资助，7人为国务院特殊津贴获得者或山东省科技拔尖人才，有9人分别担任各自所属相关国家级学会理事职务。

该实验室目前依托水产养殖国家重点学科，分别涵盖1个博士后流动站（水产学）、3个博士点（水产养殖、水生生物、生态学）和2个“长江学者特聘教授”岗位。作为水产学科高级人才培养的摇篮，近4年来自该室毕业的博士生44人，硕士生86人；目前在读研究生共127人，其中博士生42人，硕士生85人。先后招收、培养来自5个国家留学生6人。

1996年以来，该实验室每年均有10～20余人次出国讲学、合作研究或参加国际会议。先后与日本、美国、加拿大、以色列、韩国、澳大利亚、德国、英国、沙特、等国家和中国的台湾省、香港特别行政区开展了多种形式的合作研究。主办了《中日水产养殖与水产品加工研讨会》、《对虾养殖生态学国际研讨会》《第二届中日韩东黄海国际研讨会》3次国际学术研讨会。（青岛海洋大学）

【农业部海洋渔业资源可持续利用重点开放实验室】 该实验室主要研究方向及其内容如下：

(1) 海洋渔业可持续捕捞量与生态系统管理研究。重点研究渔业声学/拖网资源评估技术，可持续产量评估及管理模型，优势种早期生活史及补充量动态，食物关系、营养动力学及优势种更替规律，增殖放流的生态效应及对遗传多样性影响，为海洋生物资源限额捕捞和生态系统管理提供理论依据和技术支撑。

(2) 海水养殖容纳量与生态优化模式研究。重点研究养殖生物生态、生理学特征，养殖水域水交换与营养动力学，养殖种间关系及与环境相互作用和容纳量建模等，为优化养殖生态系统、发展负责任的海水养殖业提供理论依据和技术支撑。

(3) 海水养殖病原生态学与环境修复研究。重点研究中国海水养殖生物主要病毒病和细菌性疾病的流行规律及传播途径、病毒病流行与宿主生态学关系、环境生态因素对宿主抗病毒影响、主要疾病流行的病原分子学基础及变异趋势、养殖环境质量评价体系和生物修复技术，为健康养殖和管理提供理论依据和技术支撑。

(4) 海水养殖种质资源与重要性状遗传改良研究。重点研究主要海水养殖生物的遗传背景及遗传多样性组成，建立细胞及分子水平的种质资源保存技术体系；应用杂交、染色体操作、基因转移和胚胎干细胞介导的基因定点突变及分子标记辅助选育等技术对重要海水养殖生物进行遗传改良，为培养抗逆、优质、高产的海水养殖新品种提供理论与技术依据。

该实验室的主要目标是致力于海洋渔业科学的技术创新，使中国在海洋渔业资源评估、海洋生态系统动力学、海水养殖容纳量、海水养殖病原生态学及环境修复技术，以及海水养殖生物遗传多样性、细胞和基因工程育种等方面跃居国际先进行列，在某些方面达到国际领先水平，为中国海洋渔业资源的可持续利用提供理论依据和技术支撑，推动中国海洋渔业健康、稳定和可持续发展。

在队伍建设和人才培养方面，已形成了以室主任为学术核心的高素质研究群体，其年龄与学识结构合理，与学科重点配套，国际交流活跃，其管理及科辅人员精干稳定。其中，有中国工程院院士2人，国家突出贡献专家2人，省市专业拔尖人才6人。并借助该重点实验室的人才优势，与青岛海洋大学、中国科学院海洋研究所、国家海洋局第一海洋研究所等组建了“海洋科学研究生教育中心”，成为研究生的培养基地，有30余人攻读了在职博士生和硕士生，有18人已经完成学业并获学位。

在开放交流与运行管理方面，鼓励强强联合，与青岛海洋大学等3个单位组建“国家海洋科学研究中心”，并十分重视国际间的学术交流，先后有100余人次赴挪威、美国、日本等多个国家或地区进行学术交流与合作研究，60余人参加了国际学术会议，接待国外来访和交流的专家200余人次，并与许多国家和国际组织开展实质性的国际合作。（刘世禄）

【南京大学海岸与海岛开发教育部重点实验室】 该实验室始建于20世纪60年代，1990年命名为南京大学海岸与海岛开发国家试点实验室，系世界银行贷款重点学科发展项目建立的应用基础型的地球科学与海洋科学实验室，2000年批准为教育部重点实验室。实验室现任主任为高抒教授，学术委员会主任为王颖教授。现有在编人员21名，其中中国科学院院士2人，教授6人，副教授6人。

实验室具有多学科交叉渗透的特点，主要从事海岸带、岛屿和大陆架浅海的资源、环境与生态系统的调查研究，探索全球变化背景下海岸海洋演变规律，进行规划与决策分析、开发利用与防灾、减灾实验。实验室近期的研究方向为：在基础理论方面，研究季风、潮流作用、强烈人类活动条件下的海岸沉积动力学、地貌演化及其全球变化效应。特别是在淤泥质海岸、潮汐汊道港湾、陆架潮流沙脊群研究方面取得创新成果。在应用基础与产业化方面，重点进行海岸环境资源管理技术、海岛资源合理开发与灾害防治以及海洋权益研究。

实验室拥有属于国家重点学科（自然地理学）和江苏省重点学科（海洋地质学）的国家级理科人才培养基地，含4个博士点(自然地理学、海洋地质学、地貌与第四纪地质学、人文地理学)和1个博士后流动站。实验室贯彻“开放、流动、联合”的方针，以国家重点研究任务为主体，积极开展国内与国际合作研究，并大力支持开放课题。实验室由现场勘测、室内分析、海洋地理信息系统等3个主要系列组成，设备总金额超过1 500万元。（高 抒）

【教育部、福建省海洋环境科学联合重点实验室】 该实验室由福建省政府和教育部共建。实验室将以厦门大学原有的海洋环境科学教育部重点实验室相关人员与设备和福建海洋研究所相关人员及“延平2号”海洋科学调查船为主组成，厦门大学与福建海洋研究所共同挂牌。

建立实验室的指导思想：通过共建实验室加强福建省海洋科学研究的硬件设施条件以及资源合理配置和优化利用，带动福建省海洋科学研究队伍的建设。通过科研攻关和技术服务，将相应的多渠道资金投入转变为现实生产力以促进福建省海洋经济的发展。运用最新技术手段建设福建省海洋资源、环境与开发的动态管理信息库及模式，为该省海洋经济的发展提供服务，巩固并提升该省海洋科学研究力量与水平的先进性和前瞻性，充分发挥该省海洋科研队伍的人才优势和设备优势。

重点实验室主要职能：

(1) 研究方向：福建沿海河口和港湾（包括台湾海峡）生态系统动力学及其在海洋资源开发和海洋环境保护中的理论体系和应用技术体系的建设与研究。

(2) 建设目标：运用最新技术手段，建设福建省海洋资源、环境与开发的动态管理信息库及模式，为该省海洋经济的发展提供服务，尽快使该实验室成为国家级的海洋环境科学重点实验室；同时将福建省建成中国海洋科学研究中心之一。

(3) 承担福建省政府下达的其他海洋研究领域的任务。（张 影）

【大连理工大学海岸和近海工程国家重点实验室】 海岸和近海工程国家重点实验室于1986年由国家计委批准筹建，1990年通过国家验收后被批准对国内外开放。现任实验室主任王永学教授，实验室学术委员会主任由中国科学院院士、中国著名海岸工程专家邱大洪教授担任。实验室设有水动力实验室、结构实验室及抗震实验室分实验室。水动力学实验室主要研究方向为浪、流、冰、风等动力因素对建筑物及海岸泥沙的作用；海岸和近海环境（污染和灾害）的动态分析和保护的研究；海岸和近海工程数值模拟试验与可视化的研究。实验室拥有可模拟多向不规则海浪、海流、潮汐及风的综合作用多功能综合水池；浑水水槽、大波流水槽、溢油水槽、激光质点成像法流场测量系统（PIV）、数值波浪试验工作站系统等大型设备和仪器。结构实验室在海岸和近海工程结构的分析、设计与材料研究方面开展了科研工作。抗震实验室致力于开展海岸和近海工程领域的应用基础研究。（大连理工大学）

【上海交通大学海洋工程国家重点实验室】 海洋工程国家重点实验室包括海洋工程水池、船模拖曳水池、空泡水筒以及结构加载系统，是一个设备比较齐全的现代船舶及海洋工程试验研究基地，为开展船舶及海洋工程领域的基础研究、应用基础研究、重大工程项目研究及人才培养提供了先进的实验条件。其主体海洋工程水池可以模拟风浪流等各种海洋环境条件，主要尺度为50米×30米×6米。水池主要装备有：①双推板大功率液压造波系统(最大波高为0.6米)；②消波系统；③高压喷水造流系统(最大流速为0.2米/秒)及局部造流系统：④可移动式的鼓风机造风系统(最大风速为10米/秒)；⑤由大面积可升降假底组成的水深调节系统(水深为0～5米)；⑥拖车系统；⑦非接触式光学六自由度运动测量系统；⑧各类测试仪器和数据自动采集及实时分析系统。

该实验室实行实验室主任负责、学术委员会评审的制度，学术委员会由海洋工程领域著名专家17人组成。实验室现有研究人员16名(教授12名、副教授4名)，高级工程师、工程师等技术人员13名，并有客座研究员多名。实验室主任：李润培。

该实验室的主要研究方向：极限海况下海上结构物的波浪载荷及运动理论的研究；浪流对结构物联合作用的研究；流固耦合分析研究；海洋工程结构强度的分析研究，新型海洋工程结构的研究；潜水器和水下工程的研究；海洋环境模拟及其测试分析技术；高性能船舶的研究。其目标是通过理论研究和试验研究、解决船舶及海洋工程结构物在风浪流作用下的运动、流体动力载荷和结构强度问题，为中国新型船舶和海洋石油开发系统的有关工程实际问题提供科学依据。

该实验室是应用基础类型的实验室，有针对性很强的工程技术背景。除从事本领域高水平的基础理论研究外，还以高新技术和应用基础理论研究为重点，积极承担对国民经济建设具有重大意义工程项目的研究工作。此外，承担和承接国外重大工程项目研究工作的招标，在国际同行的激烈竞争中争取重大研究项目。

实验室采取各种形式对国内外实行开放：一是根据实验室的研究方向按基金申请指南申请课题，经学术委员会或试验室主任审批后获得开放课题资助经费在实验室进行研究工作；二是自带课题和经费来实验室工作；三是根据实验室的研究方向和一流设施，与国内外产业部门的设计研究人员共同完成重大工程项目的理论研究或试验研究工作。

近年来，通过国际投标承接了美国AMOCO公司应用于开发南海流花11-1油田的试验研究项目“深水海区非对称多锚腿半潜式生产平台水动力性能的研究”。与西日本流体技研开展了“船舶在极浅水域中操纵性能系列试验研究”的国际合作项目。进行了“渤海油田延长测试系泊工程新技术的研究”；“泰山核电站二期工程厂区挡浪墙(防波堤)系列试验研究”、“广西钦州湾开发工程——5万吨级油轮输油终端系泊工程研究”等重大工程研究项目。 （上海交通大学）

【交通部航运仿真中心重点实验室】 航运仿真中心是以计算机控制和仿真为技术平台，以海洋运输、港口设备、电气与自动控制系统以及物流管理、港口管理、船队组织、航运企业营运为仿真对象，是一个集科学研究、模拟仿真、技术开发与人才培养为一体的大型开放性综合实验中心。该航运仿真中心于1999年11月通过交通部科教司评审，被交通部首批确认为17个部重点实验室之一。它拥有“电力电子与电力传动”一个上海市重点学科，具有较强的科研、实验和教学力量。目前航运仿真中心有研究人员10名，其中教授3名、副教授2名，在中心投入研究工作的博士和博士生5名。另有许多兼职的教师参与中心的研究开发工作。几年来，该中心在学院的领导下，充分发挥专家教授的作用，发扬团队精神，形成了一支有创新精神的队伍。电力电子与电力传动学科在交通部1999年硕士点评估中，全部指标达到A级，在交通部64个硕士点中名列第一，并在2000年获得国务院授予的博士点学位。

该中心承担了几十项国家、上海市、交通部及港航企事业单位的重大科研项目，其中“自动化机舱-柴油机舱仿真系统”获得交通部科技进步二等奖，“网络型集装箱船舶轮机模拟器”获得上海市科技进步二等奖。

近年最新研制的“SMSC-2000型轮机模拟器”项目，根据上海国际航运中心建设的需要，选择中国远洋运输船队中最先进的集装箱船舶作为研制的仿真母型船，以培养适应21世纪新一代高级船员为目标，综合当代最新航海技术、计算机技术、集成技术、网络技术、智能化技术。该大型轮机模拟器可与该院研制成功的航海操纵模拟器、自动化机舱等联网，建成国际上领先的驾机联网中心。远洋船员通过学习和训练，可以形象而牢固地掌握各个系统的原理、结构及操纵管理知识和技能。

该中心积极将科研成果转化为生产力。向交通部和港航企事业推广船舶操纵模拟器、轮机模拟器、船舶电站模拟器、船港大型机电设备技术改造等项目30余项，取得直接经济效益3 000余万元，获得上海市产学研二等奖、三等奖各1项，国家知识产权局专利3项，上海市新发明产品推广实施优秀发明二等奖、三等奖各1项。此外，获得了交通部、上海市的优秀发明一、二等奖计5项。

航运仿真中心已培养硕士生20多名。还与国外高等院校开展了多层次的科技合作交流，如联合培养博士学位研究生及开展合作科研项目等。近3年来，该中心共在国内外公开发表论文200余篇，其中20余篇被SCI、EI、ISTP等国际权威检索刊物收录。其教学、科研成果和论文水平在全国航运同行学科中属于前列。目前正在开展现代集装箱港口仿真系统与船舶电力推进系统的仿真研究。 （胡荣山）

【湛江海洋大学广东省海洋药物重点实验室】 湛江海洋大学广东省海洋药物重点实验室以研究、开发和保护天然海洋药物资源为宗旨，面向南海海域，寻找有药用价值的海洋生物活性成分，通过系统的基础研究和临床研究，开发有防病、治病功能的海洋新药。同时，注意海洋生态环境和资源的保护，以免在开发过程中破坏环境，造成资源枯竭，保持可持续发展。在进行研究开发的同时，为国家培养具有硕士、博士学位的海洋药物专业的高级专门人才。该室在行政上直属湛江海洋大学领导，业务上接受广东省科技厅和教育厅指导。

实验室现承担广东省科技兴海重大课题1项，广东省自然科学基金课题1项，广东省科技攻关课题1项，湛江市重大攻关课题1项，主要从事抗癌、抗老年性痴呆病海洋新药的研究开发。自2000年重点实验室立项以来，该室研究人员（包括客座人员）已在国内外学术期刊上发表学术论文8篇（其中SCI引用1篇），被国际学术会议采用论文4篇，申请专利2项，获德彪—中国癌症基金会二等奖1项。实验室现有在编人员7名（包括2名研究员），硕士研究生11名，客座研究人员2名。 （于立坚）

【宁波大学海洋生物工程重点实验室】 宁波市科委1997年7月16日发文下达，组建“宁波市海洋生物工程实验室”。1998年3月1日经宁波市科委同意，宁波大学发文组建“宁波市海洋生物工程重点实验室”与“全国科技兴海技术转移宁波中心”，“中心”与“实验室”实行两块牌子、一套班子，为学校科研处直属的科研与科技开发技术转移机构。该实验室研究方向如下：①藻类生物技术：坛紫菜光生物反应器育苗技术及优化；应用型光生物反应器的研制；高虾青素含量雨生红球藻的诱导及高密度扩大培养；海洋药物研制开发及抗肿瘤复合多糖研究等；②分子生物学与遗传育种：坛紫菜、大黄鱼遗传多样性研究；坛紫菜分子克隆和测序；泥蚶多倍体诱导及遗传育种研究和泥蚶的提纯复壮；三倍体太平洋牡蛎苗种生产及养殖产业化；异源多倍体鲫鱼的开发研究等；③海洋动植物病害防治与检测研究：藻类病害网络；泥蚶、缢蛏病害综合防治研究；象山港网箱养殖区污染负荷的研究等；④海洋名特优品种育苗与养殖：美国红鱼引种及养殖技术研究；羊栖菜人工育苗及栽培技术研究；银鲳人工育苗及养殖技术研究；墨西哥湾扇贝苗种生产及养殖开发研究等。

该实验室已建成藻类种质及培养技术研究室、分子生物学及遗传工程研究室、光生物反应器研究室、海洋生物病害防治研究室和无菌操作室。实验室设备可为开展生物多样性、种质鉴定与保存、水产养殖品种病害发生机理、诊断与防治、养殖环境监测以及植物细胞与微型藻类高密度培养试验等研究工作以及研究生毕业学位论文的写作提供条件，并可通过科委组建的大型仪器设备共享服务网络为校内及宁波市内其他单位提供服务。 （宁波大学）

海洋技术
Ocean Technology

海洋观测和监测技术
Ocean Observing and Monitoring Technology

【海洋观测和监测技术概况】 2000年，国内海洋调查、观测、监测、监视技术的发展，主要以国家“863”计划海洋监测技术主题的高技术研究为主。作为国家“863”计划“九五”阶段的最后一年，主要任务是成果的验收。“863”的成果基本反映了2000年国家海洋调查、观测、监测、监视技术的最新进展和水平。在卫星遥感技术方面还有921-2民用遥感器的应用研究，取得了较大的进展。

【“863-818”海洋监测技术主题概况】 818主题从1996年底起动，到2000年12月结束。主题的战略目标是，瞄准海洋监测技术的世界先进水平，研究和开发海洋环境监测高技术，为维护海洋权益、发展海洋经济、保护海洋环境、预警海洋灾害和加强国防建设提供高技术支撑，提高沿海和海洋经济、社会可持续发展的环境保障能力，提高海洋监测技术和仪器设备的市场竞争能力，在GOOS框架下，加速建设中国海洋环境监测系统，力争到2000年，在海洋环境自动监测技术、水声遥测技术和卫星遥感海洋应用技术的某些方面接近20世纪90年代中期的世界先进水平。818主题“九五”计划经费1.2亿元，各地区、部门配套经费约4 700万元。在科技部和“863”联办领导下，在海洋领域办公室的具体指导下，“九五”期间围绕主题确定的战略目标，动员和组织了全国29个科研机构和高等院校的千余名科研人员，努力拼搏，完成了主题计划的课题研究任务，实现了“九五”发展战略目标，取得了一批具有自主知识产权的高新技术研究成果：3项前沿性海洋监测高技术取得重大突破，发展了一批海洋监测高新技术和关键仪器设备；初步建立了3个高新技术集成和应用示范系统，从而使中国的海洋监测技术得到跨越式的发展，显著缩短了中国与发达国家在海洋监测技术上的差距，达到了90年代中期国际先进水平；培养了一批专门从事海洋监测高新技术研究的高级人才，为中国海洋监测高新技术的进一步发展奠定了基础。

818主题选题立项贯彻了以下原则：①涉及国家权益、国家安全以及国民经济建设中的难点、热点和重点问题的海洋监测技术项目；②高技术含量高、应用前景明确、有创新、有望形成自主知识产权的海洋监测技术项目；③有产业化背景，市场潜力大，有望形成产业，有较好显示度的海洋监测技术项目；④有产业部门和地方政府在经费上支持匹配的海洋监测高技术项目；⑤已有较好工作基础的海洋监测技术项目。

围绕主题“九五”战略目标，共安排了研究和研制课题68项，其中前沿性海洋监测高技术3项，海洋监测关键仪器设备或系统 5 项、遥感应用关键技术或应用系统研究 8 项、系统集成和示范应用课题 4 项、青年基金项目14项、其他项目34项。按课题性质分类，重大课题4项、重点课题20项、一般课题44项。1997年启动的课题共18项，其中818-01专题“海洋环境立体监测系统技术和示范试验”被列为国家“863”重大项目Z40。

(1) 1997年安排的 7 个专题共18个课题（见表1）。

(2) 1998～2000年安排的新技术研究和青年基金项目。新技术研究和青年基金项目共26个，并启动了部分课题，保持与S-“863”相衔接。其中：①以遥感应用技术研究和光纤化学、生物传感器研究为主的青年基金项目14个；②激光布里渊散射、超长电磁波被动遥感、相控阵ADCP、自沉浮剖面浮标、浅海高速水声通信、船用海洋监测高技术集成和示范试验等新技术研究项目 9 个；③北太平洋鱿鱼渔场环境信息研究方面的项目3个。

表1 818项目7个专题一览表

818-01专题	海洋环境立体监测系统技术和示范试验（重大项目Z40）
818-01-01 818-01-02 818-01-03 818-01-04	近海环境自动监测技术 高频地波雷达海洋环境监测技术 海洋遥感环境监测应用技术 系统集成和信息产品技术及示范试验
818-02专题	高精度温盐深剖面仪和定标检测设备
818-03专题	船用多功能ADCP，ACCP
818-03-01 818-03-02	船用多功能声学多普勒海流剖面测量仪（ADCP） 船用声相关海流剖面（ACCP）测量关键技
818-04专题	合成孔径声纳（SAS）技术
818-05专题	海面和海水层光学测量技术
05-01 05-02	海面和海水层光学测量技术 海面微结构光学测量装置
818-06专题	海洋遥感应用关键技术
06-01 06-02 06-03 06-04 06-05	卫星高度计遥感信息应用技术研究 合成孔径雷达遥感信息应用技术 海洋光学遥感信息应用技术研究 卫星遥感海冰检测技术研究 海面风场和海流场多源遥感信息复合分析技术研究
818-07专题	海洋渔业遥感信息服务系统技术和示范试
818-07-01 818-07-02 818-07-03	卫星遥感渔业信息分析技术 海洋渔业服务地理信息系统技术 海洋渔业遥感信息与资源评估服务系统技术及系统集成和示范试验

【三项前沿性海洋监测高技术】

声相关海流剖面测量技术ACCP

通过攻关，解决了以下4个方面的关键技术，从而使中国的ACCP技术取得重大突破。

(1) 建立了ACCP测流模型，获得了海流回波信号的声呐阵时空相关函数理论公式和ACCP流速估计误差（测流精度）理论公式。ACCP时空相关函数理论公式是流速估计算法的必要条件。测流精度理论公式是研制性能优良的ACCP的重要理论依据。将测流精度公式与声呐方程相结合，可得到ACCP系统的接收信噪比和流速估计精度随作用距离的变化情况。

(2) ACCP信号设计技术。得到了多种编码序列，这些编码序列和产生的回波信号的时间相关函数同样满足延时为某一值时相关函数出现峰值，延时为其他值时相关函数很小。这不但解决了ACCP工作原理中采用双脉冲发射引起的声混响信号层间混淆的问题，而且大大减小了最大似然法中时空相关矩阵的阶数，从而减小最大似然法的运算量。

(3) 换能器阵设计及制造技术，包括阵型设计、发射接收波束角宽的选择、接收基元数的确定、基元的研制和基元的一致性保证。通过对非均匀阵、均匀阵和蜂窝阵等3种阵型的对比分析、计算机模拟和海上试验，证明非均匀阵性能最好。通过精确设计、工艺控制和接收基元筛选，基本上保证了基元的一致性。

(4) 适用于ACCP的信号处理技术。ACCP的流速估计问题是非线性参数估计问题。通过理论模型分析、回波的模拟计算和东海海试数据的分析，基本证明了最大似然法比非线性最小二乘法更适用于ACCP的信号处理。

合成孔径成像声呐SAS

合成孔径声呐利用声呐收／发基阵在水中的移动，把运动过程中所采集到的不同时间、位置的信号加以合成、综合，得到远比原来收／发基阵尺寸大的声呐才具有的指向特性，从而获得远比普通声呐要高的目标分辨率。重点解决了以下5项关键技术。

(1) 高稳定的拖曳系统。合成孔径声纳对拖曳系统稳定性要求极高，采用数字仿真和水池拖曳实验，确定了拖体的流型、重心和浮心配置。拖体直径为820毫米，长度为3 200毫米，如此大尺寸和高稳定性拖体的研制在国内尚属首次。

(2) 高精度水下导航系统。研制了捷联惯导和多普勒测速仪构成的组合导航系统，提高了导航精度，接近美国类似系统的指标。

(3) 高速数据传输技术。首次将同轴电缆Cable Modem技术应用于水下数据高速传输，其码速率最高可达20Mbit/s，解决了合成孔径声呐海量数据的传输问题。已经可以用这套技术传送数字图像，传输速率15Mbit/s。

(4) 高效、高灵敏度宽带声基阵。发射换能器电压灵敏度达到164分贝，Q值接近或低于2（-6分贝带宽）。接收换能器阵元水听器平均灵敏度为-185分贝左右。

(5) 信号处理算法。拖体速度提高后，其成像算法、运动补偿算法和偏置相位中心DPC自聚焦算法均需相应的改进。研究了拖体运动速度较高时的多子阵逐点成像算法和逐点运动补偿方法，并进行了实验验证。

海洋环境监测高频地波雷达

由于高频电磁波的波长较长以及海水的高导电性，垂直极化的高频无线电波可以沿弯曲海面绕射到地平线下很远的距离上。因此近30年来，国外利用高频电波传播的这种特性迅速发展了地波雷达探测技术。采用合适的技术，高频地波雷达可以实现中远程海面动力要素及海上目标探测，对海流、风场、浪高等的测量以及对海上目标的检测和跟踪已达到相当高的精度，且能实现全天候、大面积、实时、连续的超视距探测，起到其他探测手段不可替代的作用。

研制成两套采用线性调频中断连续波（FMICW）和相控阵技术的高频地波雷达，分别于1999年12月和2000年8月在浙江沿海的朱家尖和松兰山进行了海试，并与美国CODAR公司的SeaSonde短程雷达进行了对比验证实验，取得了很好的结果。解决的关键技术和取得的成果有以下几个方面。

(1) 小型相控阵天线一发八收、收发共用技术。优点是：①有源天线特性好，发射天线满足照射区要求，有足够的增益，且大大简化了系统；②小型相控阵天线收发共用，大大减少了占地面积。

(2) 宽频带收发开关技术。其特点是电路结构简单，效率高，控制特性好，可供整个高频段工作，整体性能优于目前国外已采用的高频雷达收发开关。

(3) 系统软件及应用软件。用“多重信号分类（MUSIC）”和“最小方差（MVM）”两种算法，实现了雷达回波到达方向的超分辨率扫描。MVM比MUSIC优越的地方在于数据处理结果既含有海流的信息，也含有海浪的信息，而MUSIC只能得到海流的信息。

(4) 矢量海流图制作的“两块三段法”。其特点是把被探测海域分成两台雷达共同覆盖区域及其以外区域两大块，每个区域又分为近、中、远三个区段，分别采用双站矢量流生成法与单站矢量流生成法，作出矢量海流图，好处是扩大了探测面积，提高了数据精度。

(5) 系统集成中采用了一系列新技术和新方法，包括线性调频（Chirp）技术、电容耦合双调谐电路、低电平宽频带电子移相器、数控衰减器及天线阵特性测试新方法等；

(6) 高频地波雷达OSMAR2000探测海流和海面风方向的距离达到180～220千米，探测浪高和风速的距离达到80～120千米。夜间由于电离层D层消失，短波低频段干扰十分强烈，导致雷达回波信噪比下降，海流探测距离减小到100～150千米。

【海洋监测关键仪器设备】

高精度CTD剖面仪和定标检测设备　海洋中的各种现象、过程、海洋生物的生存与繁殖，以及人类的海上活动几乎都与海水盐度和温度的时空分布直接或间接相关。海洋水文微细结构，诸如水团边界的相互叠置、锋区热盐结构、湍流和内波等的研究，都要求CTD剖面仪具有高准确度、高分辨率和快速时间响应，因此CTD测量技术和仪器设备成为海洋监测高技术发展的重要内容和主要海洋高技术产品。CTD测量技术的研究提高了中国CTD测量技术水平和国产CTD剖面仪的市场竞争能力。

1. 高精度 CTD 剖面仪

完成了两套高精度CTD剖面仪样机，最大工作水深分别大于3 000米和1 500米，采样速率为每秒24次，可测量温度、电导率、深度、溶解氧、pH 5 个参数，携带12瓶采水器，每瓶容量2.5升。剖面仪由 5 个传感器、数据采集器、数据存储器、采水器和采水控制系统、供电系统、耐压密封外壳及水上终端处理单元组成。仪器为自容工作方式，能够测量海水垂直剖面的温度、电导率、溶解氧、pH随深度（*D*）变化。完成了 4 种传感器的研制，包括温度传感器、电导率传感器、溶解氧传感器、pH传感器。

(1) 研制成功高精度、高稳定性、耐高压、小时间常数的温度传感器，静态测温精度可以达到±0.001℃，稳定性优于±0.003℃/月，最大工作压力大于30兆帕，时间常数小于70毫秒，处于国内领先水平，达到世界先进水平；

(2) 研制成功高精度、高温定性、小时间常数、耐高压的电导率传感器，静态电导率测量精度达到±0.003毫西/厘米，稳定性达到±0.003毫西/(厘米/月)，最大工作压力大于30兆帕，时间常数小于70毫秒，处于国内领先水平，接近世界先进水平；

(3) 研制了耐高压的溶解氧和pH传感器，最大工作压力达到15兆帕以上，处于国内领先水平，达到世界先进水平；

（4）解决了深海采样器中的耐高压、可靠的、电磁开关技术，使电磁控制采样能力达到60兆帕以上，实现了采水器可靠翻转，而且采水和数据采集可同步作业。用国产硬铝合金研制剖面仪耐压外壳，突破国内耐压容器民用设计规范，设计能力达到75兆帕以上。

（5）用复杂可编程逻辑控制器CPLD研制成高水平的数据采集器，频率采样精度达到0.03赫，采样速率达到每秒24次，提高了系统的可靠性，减少了体积和功耗。采用Windows98操作系统和Visual Basic 6.0软件平台进行数据处理和人机界面设计，使用先进的Flash存储技术和存储器，提高了剖面仪的整体水平，人机界面友好，系统可靠。CTD剖面仪整机性能在某些方面优于国外产品。

研制的高精度CTD剖面仪填补了国内空白，主要性能和技术指标处于国内领先水平，总体上接近、部分达到世界先进水平，与CTD剖面仪市场主流产品美国SBE PLUS CTD系统相当。

表2　818-02高精度CTD剖面仪与世界先进CTD仪器性能比较表

			818-02 CTD剖面仪	SBE911PLUS	MARK3C
传感器	温度	范围	-5～35℃	-5～35℃	-5～32℃
		精度	±0.001℃	±0.001℃	±0.003℃
		响应	65毫秒	65毫秒	30毫秒
	电导率	范围	0～65毫西/厘米	0～70毫西/厘米	0～70毫西/厘米
		精度	±0.003毫西/厘米	±0.003毫西/厘米	±0.003毫西/厘米
		响应	65毫秒	65毫秒	30毫秒
	压力	范围	0～36兆帕	0～60兆帕	0～60兆帕
		精度	±0.015% F.S.	±0.015% F.S.	±0.015% F.S.
		响应	20毫秒	20毫秒	10毫秒
采水器	容量		12瓶，2.5升	12瓶，2.5升	12瓶，2.5升
	驱动		电磁铁	电磁铁	电机
	功能		测量和采水并行作业	测量和采水并行作业	采水时不能测量
采集器			CPLD	IC	IC
存储器			8 MB FLASH	4 MB RAM	4 MB RAM

2. 定标检测设备

以恒温水槽和计量标准为主体的CTD定标检测设备，用于CTD剖面仪传感器和整机的定标或检测。时间常数和压力效应检测设备，用于传感器时间常数和压力效应的室内检测和试验，为传感器的研制提供基本实验手段。计量标准是CTD定标检测设备的重要组成部分，任务是研究建立温度、盐度、压力、溶解氧、pH 5项计量标准，目的是使CTD剖面仪的测量值溯源到国家或国际基准。

解决的关键技术和取得的主要成果有以下几个方面：

（1）研制了一套CTD剖面仪定标检测设备。恒温主槽Φ850毫米×1 300毫米。采用常规和非常规的隔热保温措施，使20℃温差时自然降温达到每分钟0.003℃。采用高测温灵敏度的AT-1测温电桥和100欧姆铂电阻相组合实现了0.000 03℃的测温分辨率。设计了精密的微机测控温系统，采用位控、开关函数和微分、积分相结合的调整模式进行数控，实现了恒温主槽热量和冷量的精密控制。水槽内采用导流筒和双搅拌结构，并合理设计搅拌速度，使槽内的海水充分搅拌，温场均匀。采用微机软仪表面板和Visual Basic 5.0可视化编程语言，定标检测过程有全中文界面。经过中国计量科学研究院检测，恒温主槽的控温波动度达到±0.000 15℃，温场均匀度达到0.000 26℃，实现了主海水槽±0.000 3℃的温度波动度和温场均匀度的预定指标，达到同类设备的世界先进水平。

（2）建立了可以与国际接轨的温度、盐度、压力、溶解氧、pH计量标准。温度计量标准已经达到了国家温度工作基准等级；压力计量精度达到±0.005%F.S，达到国家副基准等级；盐度计量标准实现了与国际接轨；溶解氧和pH计量标准也达到了行业最高标准。制定了5项计量标准的操作规程，开发了相应的应用软件，开展了5项计量标准的方法研究。5项计量标准都取得了合格的检定证书，其中温度、压力、溶解氧、pH 4项标准经国家计量院检定合格，盐度标准由国家海洋标准计量中心自检合格。

(3) 研制了时间常数测量装置和中国第一套温度、电导率传感器压力效应测量装置。建立了小于1厘米的温度和电导率阶跃界面，微机通过光电开关控制隔板开启和传感器以0.03～3米/秒的速度穿越界面。数据采集系统将数据进行记录、计算、时间响应曲线的显示和打印。应用MATLAB工具软件对传感器的时间响应曲线进行频域的分析。进行了传感器动态校准实验，并取得了大量珍贵的实验数据。为中国CTD测量数据后处理的理论研究和提高测量数据质量提供了基本的实验设备（见表3）。

表3 国内外CTD定标检测设备技术指标对比

国家	时间	参数	测量范围	准确度	分辨率
美国海鸟公司	20世纪90年代	温度	−5～35℃	±0.000 5℃	0.000 01℃
		盐度	5～40	±0.002	0.000 2
		压力	0～60兆帕	±0.005% F.S	
		水槽恒温波动度		±0.000 1℃	
		水槽温场均匀度		±0.000 2℃	
美国EG&G公司	20世纪80年代	温度	0～32℃	±0.000 3℃	0.000 01℃
		盐度	5～40	±0.003	0.000 2
		压力	0～60兆帕	±0.02% F.S	
		水槽恒温波动度		±0.001℃	
		水槽温场均匀度		±0.001℃	
加拿大贝得福海洋研究所	20世纪90年代	温度	-5～35℃	±0.001℃	0.000 1℃
		盐度	5～40	±0.003	0.000 2
		压力	0～60 兆帕	±0.005% F.S	
		水槽恒温波动度		±0.003℃	
		水槽温场均匀度		±0.003℃	
中国	20世纪90年代末	温度	−2～35℃	±0.000 5℃	0.000 1℃
		盐度	5～40	±0.002	0.000 2
		压力	0～60兆帕	±0.005% F.S	
		水槽恒温波动度		±0.000 2℃	
		水槽温场均匀度		±0.000 3℃	

声学多普勒海流探测技术ADCP

海洋水体的运动及在海面发生的海气交换是影响全球变化和水旱风浪潮等自然灾害的最重要的因素。油气开发、建港、运输、海底矿产开发、捕捞及养殖业等海洋资源开发活动都需要掌握海流的长期变化规律。海流的实时测量和预报是海上各项活动基础资料。多普勒海流剖面测量（ADCP）不干扰流场，一次声发射可获得数十以至百余层的海流剖面，是当今最主要的测流手段。声学方法又是惟一能够在不干扰流场的条件下连续、实时和长时间对水中悬浮污染物质的垂直分布及其随时间的变化过程进行高分辨率和定量测量的新方法，也是对水底泥沙运动和水泥交界层中沉积变迁的动态过程进行观测的有效手段。

2000年完成了最大工作水深分别为350米和60米的船用多功能声学多普勒海流剖面仪（MADCP）两台，可用于测量海流剖面和悬浮沙浓度剖面，并初步形成了生产能力，可以替代进口。总体上达到或接近90年代中期国外同类产品的先进水平。

1. 350米多功能声学多普勒海流剖面仪(MADCP)

MADCP的系统组成包括3部分：①水下分机，由内置前放的换能器阵、专用水密多芯电缆及安装支架组成；②水上电子机箱，完成信号的发射、接收和高速运算；③显示和控制平台、DGPS及电罗经接口。采用宽带和窄带相结合，工作频率150千赫有5个波束，中间的垂直波束用于测量悬浮沙浓度剖面，工作频率220千赫。

主要技术成果和解决的关键技术：

(1) MADCP将宽带、窄带声多普勒海流剖面仪（BBADCP，NBADCP）和声浓度剖面仪(ACP)集成为一个设备，能同时测量流速和水中悬浮物的浓度，能实时显示水中悬浮物的运动状态。在接收机中采用数字时间增益控制（TVC）电路，补偿了声波的吸收和衰减，使数据采集器处于最佳工作状态，采集的数据质量良好。

(2) 基于声反向散射理论，开展了BBADCP测流理论的研究，将理论的标准偏差与实验数据得到的标准偏差进行了比较，两者符合良好。这说明了理论的普适性，可用来设计ADCP。

(3)声学浓度剖面仪 ACP的浓度测量结果为N_1/N=90%，其中N为实验数据总量，约21万余组数据；为在误差范围0～20%内的数据量。在整个水深上将声学方法得到的浓度值与六点法的浓度值用最小二乘法进行拟合。

2. 最大工作深度60米的多功能ADCP

完成了干湿端分离式（Ⅰ型）和干湿端组合式（Ⅱ）船用多功能ADCP正式样机各一套。主要用于测量60米以内浅海及江河湖泊水流流速剖面和悬浮物浓度剖面。水槽率定和宽水域比测结果表明，样机的各项技术指标接近90年代末国外同类产品的先进水平。

主要成果和解决的关键技术：①Ⅰ型机为便携式，换能器阵体积小，安装方便，且下表面为球面，具有一定的导流功能，适用于走航时进行测流。换能器阵体内备有电子罗盘，解决了江河及近海吨位小且无电罗经的船只使用ADCP时的流向测量问题。Ⅱ型机为直读式，适用于低速和定点测流；②流速流向剖面和悬浮沙浓度剖面的功能集成于一体。系统采用频率分隔、电源分置、局部屏蔽、合理布线、程序及数据采集和处理统一管理等措施，解决了两种频率、两种功能同时工作时的相互干扰问题。采用切割、布阵等方法，选择合适的共振频率组合，并采用多层复合材料实现声阻抗匹配，增大辐射阻抗，既实现带宽又提高换能器的灵敏度和效率；③解决了宽带换能器、底跟踪、悬浮沙浓度测量信号处理等一系列关键技术。

近海环境自动监测系统

1. 海岸和平台基海洋环境自动监测系统

(1) 海洋藻类和悬浮物浓度测量仪。课题的研究目标是利用海水的衰减率（透光率）测定海藻和悬浮物的浓度，识别海藻的种类，进而为赤潮监测提供一种新的手段。

国内研制的海洋藻类和悬浮物浓度测量仪测量光谱400～760纳米，光径固定，用CCD接收信号。根据中国海上、室内人工纯种藻类培养、海水池人工诱发赤潮优势种等不同类型试验获得的光谱数据，编制仪器的计算识别软件，并在浙江嵊泗海域的试验中得到验证，其计算识别方法具有明显的创新性。目前仅能自动识别中肋骨条藻，并给出浓度量级。要识别更多的藻种，需要建立赤潮优势藻种光谱数据库。

(2) 多功能波浪浮标。在海洋遥测波浪浮标领域，荷兰Datawell公司的“波浪骑士”浮标至今仍然保持着领先地位。浮标使用波高／倾斜一体化传感器和长周期摆（40秒），采用圆球形浮体，附有表层水温测量。国内新研制的多功能波浪浮标使用波高／倾斜一体化传感器，短周期摆（0.5秒），扁椭球形浮体。浮标既测波高，又测波向，还测表层水温和表层盐度。所有传感器都是国内自行研制的，全套系统在功能上接近“波浪骑士”浮标的水平。

(3) 坐底式声学海流波浪测量仪。国内新研制的坐底式声学海流波浪测量仪是跟踪这项前沿技术的创新研究。在硬件方面，仪器的主体是中国第一套自行研制的、坐底式的宽带ADCP；仪器中增加了第五个波束，可以对波高进行估计，以便合理选择两个水层的位置。在软件方面，先根据测流原理给出ADCP流速与波生流流速的关系，再从海浪运动的基本方程组出发，导出ADCP流速与波浪振幅的关系，并根据谱分析原理给出ADCP流速交叉谱与海浪方向谱之间的关系，利用两层8点ADCP流速连续数据进行波向谱反演。

(4) 强风计。新研制的强风计采用螺旋桨-尾翼式。关键部件是螺旋桨，研制工作中既进行了理论推导，又利用计算机辅助设计（CAD）软件建立三维模型，然后输入计算机辅助制造（CAM）系统加工模具，从而保证了产品的质量。样机在2个风洞（中国气象局，0～70米/秒；航天部空气动力研究所，0～97米/秒）中进行了测试，又在2个海洋站进行长期运行试验。结果表明，风速全程线性良好，试验数据重复性良好，基本达到了R.M.Young公司同类产品的水平。

2. 海床基海洋环境自动监测系统

新研制的海床基海洋环境自动监测系统是为满足国内海洋工程和港湾航道建设而立项研制的。系统中安装了声学悬浮泥沙浓度剖面仪、声光悬浮泥沙粒径谱测量仪、悬浮泥沙自动采样器、压力式波潮仪、声学海流计等观测仪器。系统设计最长工作时间为30天，最大布放深度30米，用声学释放器按声学指令应答释放。沙浓度测量范围0.1～5克/升，剖面深度从海底到表层。粒径谱仪中的线光源技术和散斑图形层析技术是原始创新技术。系统功能比国外已有系统更为齐全，而且创新特色显著。该系统可以在恶劣海况下工作，在工程上有很好的应用前景。

(1) 声学悬浮泥沙浓度剖面仪。中国长江口、杭州湾等地区水流较急，悬浮泥沙浓度较高，监测深度较大，国外设备的技术指标不能满足使用要求。国内研制的声学悬浮泥沙浓度剖面仪针对中国这种实际需要，着重采取了3个措施：一是引入了空间和时间统计平均处理技术来描述悬浮泥沙的动态变化；二是使用了低频换能器，浓度测量范围增至5克／升；三是安装了两只声换能器，消除了盲区，剖面测量范围从海底延伸到其上方10～30米。

(2) 声光悬浮泥沙粒径谱测量仪。新研制的声光悬浮泥沙粒径谱测量仪，用半导体激光线光源照亮被测海水中的一个薄层，薄层海水中的颗粒产生光散射，在与薄层互相垂直的方向上用CCD接收散射光，转换为散斑图，分析散斑的大小和数量与悬浮颗粒的对应关系，就可以计算得到悬浮颗粒的粒径谱。该仪器发展的新技术引起同行的广泛注意。

(3) 悬浮泥沙自动采样器。海床基监测系统中配备了24个悬浮泥沙自动采样器。在系统回收之后对采集的样品进行室内分析，可以修正声学悬浮泥沙浓度剖面仪和声光悬浮泥沙粒径谱测量仪的测量结果，提高这两种仪器的准确度和整套系统的可用性。悬浮泥沙自动采样器采用以主释放销带动副释放销的方式控制采水器的闭合动作。

(4) 压力式波潮仪。新研制的压力式波潮仪采用了国际上的流行做法，直接使用精密石英压力传感器权威厂家的器件。与国内外其他测量波浪潮位的仪器进行了一系列的现场比测试验。仪器的数据处理软件包含了中国海洋学者多年来对中国海区波浪、潮汐方面的研究成果。

3. 海洋污染/生态环境测量传感器、仪器和系统

90年代国外海洋水质自动监测系统发展迅速，其中少数以岸基水质监测站的形式出现，多数以水质监测浮标的形式出现。国内新研制的水质监测浮标采用聚氨酯泡沫塑料浮体和太阳能蓄电池混合电源。浮标上搭载的传感器和仪器有营养盐现场自动分析仪、溶解氧和pH传感器、氨氮传感器、水温和盐度传感器。

(1)营养盐现场自动分析仪。新研制的营养盐现场自动分析仪属于微型实验室法中的非压力平衡式，可以测量3种营养盐，其技术水平接近90年代中期德国ME公司生产的APP4004型。课题研究解决了仪器中两个关键部件——泵吸式光度计和八

位一通转动控制阀，基本解决了化学分析流程的优化和试剂稳定性问题。

(2) 溶解氧和pH传感器。新研制的溶解氧传感器为原电池设计，自身具有防生物附着能力；正、负电极引线各自走不同的通路，可防止由于长期工作极间电阻下降而引起电极性能漂移；电极离子通道采用半封闭式结构，限制了腔内外氧气的相互扩散干扰，有利于输出信号稳定；电解质溶液中加入适当的络合剂，阻止了电极反应生成物的沉积。pH传感器增加了参比电极和pH玻璃电极的面积，提高了抗极化能力；采取三电极的测试方式，克服了漂移问题；采用一点定标法，现场使用时只用一种pH标准溶液定标即可完成测量。

(3) 水温和盐度传感器。水温和盐度（尤其是盐度）传感器水下长期使用的稳定性是一个难题，这是因为温度、盐度探头的输出信号较弱，需要高倍数的交流、直流放大，而模拟电路的温度漂移和时间漂移不易解决。对盐度（电导率）传感器这种四端网络应用自动校准技术远比一般两端网络复杂。项目组经过不断试验、改进和简化，最后得到一种形式比较简单的电路，可以把电路漂移降到5×10^{-3}以下，使传感器的复检周期至少延长3倍。

(4) 氨氮传感器。目前国外商品化的氨氮传感器主要用于实验室、淡水和微咸水（电导率小于2毫西／厘米）测量。课题研制的氨氮传感器目标是能够在普通海水中正常使用。考虑到海水中NH_3与NH_4^+共存，由于K^+、Na^+等离子干扰的缘故，测量NH_3比测量NH_4^+容易，项目组采取了同时测量氨的离解度、水温和pH，再由三者计算氨氮含量的技术路线，并采用“数字信号处理器”（DSP）进行采集、控制、处理和发送，加强复合探头各传感器之间的隔离，取得了较好的效果。

4. 海面和海水层光学测量系统

海面和海水层光学数据，对水色卫星遥感、海洋上层热结构和海水生物资源开发研究有重要价值。新研制的海面海水层光学测量系统包括光谱辐射计、光谱辐亮度计、海水透过率计、海水荧光计、海水电导率、温度、盐度计等测量单元，船上总控和水下集中控制系统，以及数据处理系统。现场测量海面和海水层太阳辐射产生的光谱辐照度和辐亮度、海水透射率、海水层中的光合作用有效辐射、海水层中的叶绿素荧光分布、系统所在深度，以及海水的温盐度。系统主要应用于海洋水色卫星应用的海面与海水层校准和海水层生化过程的光学测量。

完成了“海面海水层光学测量系统”整机一台，水下光场的Monte Carlo 模拟软件一套，并给出了试验海区生物——光学特性分布。主要成果和解决的关键技术如下：

(1)提出了单一余弦集光器的多通道结构小型化辐射传感器技术，直径只有$\phi40$（辐亮度）和$\phi45$（辐照度），这是目前国际上同类传感器中体积最小的，有利于减小仪器自阴影的影响。辐射测量的光谱精度达到1纳米、辐射精度达±5%、动态范围达6个量级；

(2)设计了一套水下余弦响应特性检测设备，解决了余弦集光器的设计和水下余弦响应特性的检测难题。

(3)提出了一种用于清洗海洋光学测量仪器窗口的新技术和新方法，减少海洋光学仪器的窗口污染，提高了光学测量数据的准确度。

(4)仪器的倾角和方位角同时进行监测，可确定仪器在水下相对太阳的姿态，从而减少了阴影产生的系统测量误差。

(5)发展了一套基于后向散射的水下光辐射场Monte Carlo模拟程序，在模拟计算阴影误差时考虑船体和仪器的立体形状、水体固有光学特性的垂直不均匀、水底反射率等因素的联合影响，比已有的研究成果前进了一大步。

5. 海面微结构光学测量装置

研究完成了海面微结构室内实验装置和海上海面微结构光学测量装置各一套，该设备属国内首创。该装置的最大技术特色就是结合了颜色编码技术与数字成像技术，目前在国际上只有美国、法国有类似装置。德国正在开展类似研究。该装置的总体技术指标达到了国际同类观测装置的水平，其中观测面积和斜率、分辨率高于国际同类装置的水平。2000年3月初在胶洲湾和黄海进行了海上现场实验，包括装置的拍摄范围、微结构影像空间分辨率、拍摄速率等，达到了预期效果。

解决的关键技术如下：

(1)高精度的颜色编码技术。完成满足颜色编码装置精度要求的编码器制作，颜色精度和编码位置几何精度都达到预期指标，其中颜色编码种类可达到4 000种以上，几何位置精度达到0.1毫米以内。

(2)大面积海面微结构影像成象和坡度场反演技术。光学系统设计、影像信息提取以及边缘视场畸变校正都具有相当的难度。所研制的装置观测面积为国际同类装置中最大的，精度要求也是最高的。

(3)同步触发/摄像技术。以CCD系统的视频信号脉冲经视频分离器处理，作为脉冲氙灯光源的触发信号，满足了同步触发和摄像的要求。

（国家海洋局海洋技术研究所）

【三个高新技术和关键仪器设备集成应用示范系统】

以上海为中心的区域性海洋环境立体监测和信息服务示范系统 该系统将“863-818”主题“863-818-01”专题研制和开发的设备和技术、示范区内可资利用的原有及新购置的监测设备，集成为一个以上海为中心，覆盖长江三角洲濒临海域的区域性海洋环境立体监测和信息服务示范系统。该系统由近海环境自动监测系统、高频地波雷达、卫星遥感应用系统、系统集成和信息产品制作等部分组成。获得的主要成果有以下几项：

(1) 系统在上海预报台的示范区数据处理中心安装，经过初步联调试验证明，该网络软件和操作系统配置合理、功能齐全、运行可靠。

(2) 实现了海洋环境立体监测系统现场数据遥测、监控通信功能。可在15分钟内将现场实时监测数据传送到数据处理中心，并为监测数据处理和分析、信息产品制作与分发服务提供硬件和基础软件的支持。

(3) 实时数据的处理和质量控制、实时数据库数据刷新、网上服务工作实现了完全自动化；编写了示范区实时数据分类、译码处理、数据质量控制和实时数据显示程序；编写了示范区实时数据监控、检索、等值线分析和显示程序；设计、建立了示范区实时数据库和网络服务软件。

(4) 开发研制了示范区延时海洋监测数据的质量控制方法和质量控制软件包；建立了示范区海洋站和浮标站从1985～1999年的历史数据库系统；完成了示范区海洋环境数据产品和图形产品库的制作。

(5) 完成了海浪预报产品制作，可以以示范区内任意点为中心，分别按50千米、100千米、250千米及500千米4条警戒线，给出风浪值和72小时之内全场海浪波高高危值区域分布及示范区内高危值区域台风路径和强度分布。

(6) 完成了示范区海洋环境评价子系统的研制，制作出了时间统计分析产品。

为提高示范区灾害性海洋环境的预报、警报能力和准确度，系统设置了3条监测警戒线：以上海为中心半径约400千米的第一警戒线；以上海为中心半经约200千米的第二警戒线；在上海外围的第三警戒线。

系统投入业务化运行后，将实现对上海及其邻近海区海洋环境的实时监测和信息的处理，形成信息产品，为上海地区发展海洋经济、保护海洋环境、减轻海洋灾害损失提供海洋环境信息服务，改善上海市作为国际大都市和国际航运中心的投资环境，提高防灾减灾能力，促进社会和经济的可持续发展。

珠江口海洋环境立体监测系统和示范试验 该示范试验总体目标是参照国际先进的近岸海洋立体监测系统的技术框架，研制珠江河口及邻近水域海洋环境立体监测系统的系统集成技术以及水质和气象自动监测高新技术，在珠江河口建立一个立体环境监测和信息服务示范系统。

根据珠江河口动力与生态环境实际情况，设计和初步完成了可操作、存在业务化前景的珠江河口自动立体监测示范系统。该系统由监测中心、海洋水质自动监测系统、海洋自动气象站、高频岸基地波雷达、船载水质监测系统、天基海洋监测平台、通讯网络、历史与实时数据库、珠江河口数值模型库、因特网与GIS发布平台等部分组成。

系统主要监测仪器设备以引进为主。地波雷达CODAR应用于河口流场监测，已成功地将3台雷达数据合成，得到了珠江河口伶仃洋段连续的流场图。应用了一种卫星遥感数据的新算法来计算珠江河口叶绿素a和悬浮颗粒物的量（浑浊河口，II类水体），取得了比较合理的结果。在引进设备的同时，研制了水质自动分析仪和强风传感器等少量监测仪器。

系统研究开发了网河模型和3D模型的水动力模拟并进行了实测验证，成功地将POM模型应用于珠江河口水文动力过程的模拟，可以较好地对高度层化河口水域的重要环境参数的动态过程进行模拟。完成了信息系统集成，具有珠江河口环境信息源、环境决策辅助以及环境研究工具等项功能。

海洋渔业遥感信息服务系统技术与示范试验 系统技术研究包括卫星遥感渔业信息分析技术、海洋渔业服务地理信息系统技术、海洋渔业遥感信息与资源评估服务系统技术及系统集成和示范试验。

(1) 卫星遥感渔业信息分析技术。① 研制了“渔人2000”（FISHERMAN2000）软件，该软件采用模块化设计和构件式开发技术，具有可移植性。软件的核心模块是遥感渔业环境信息提取，可以提取海面温度SST、温度梯度信息和叶绿素浓度信息，对海洋渔业有重要意义。该软件是针对东海渔区的业务化运行系统而开发的；②研制了云检测与替补模型，找出了可见光波段最小反射率与云区最高反射率之间的相互关系和特征，并采用计算机自动判云方法进行云检测。找出亮温特征和相应关系，达到计算机自动判云的目的。对检测云的云区剔除采用膨胀法消除边缘影。采用水、陆分界反演替补法分别对有云区域进行相对变化率反演替补；③研制了业务化运行系统的海表温反演模型，精度达到0.8℃。

(2) 海洋渔业服务地理信息系统技术。①开发了实用化的海洋渔业服务地理信息系统，技术先进、功能强大、数据项齐全；②开发了海洋渔业综合数据库系统。提出了适合于海洋渔业数据库概念模型设计的海洋ER方法；在国内首次将数据库技术应用于海洋渔业，对海洋渔业数据库的概念模型及系统结构进行研究，并建立了部分基于多维数据模型的海洋渔业数据OLAP数据立方体。基于数据流的海洋渔业信息遥感处理系统、海洋渔业地理信息系统和渔情分析专家系统的集成技术；③开发了海洋渔业GIS基础软件与海洋渔业数据时空分析技术。多种格式海洋渔业数据的组织与管理技术、海洋渔业统计观测数据的空间图形化和时空动态化技术、海洋渔业模型库系统管理技术等；基于图层→地图→图集的海洋渔业电子地图数据组织管理模型及其功能实现；开发了海洋渔业矢量符号库及矢量符号智能化制作技术；④开发了GIS渔船多目标监控等渔政信息管理软件。

海洋渔业遥感信息与资源评估服务系统技术及示范试验 系统研究目标是：为海洋渔业经济的可持续发展和为维护中国海洋渔业权益，在渔业资源的养护与管理、渔业水域生态环境与生物资源监测、渔业生产信息分析、渔业生产管理与渔场海渔况预报、资源评估等方面提供信息服务，最终为中国渔业管理领导部门宏观调控渔业生产和对外谈判提供决策支持。

课题研究瞄准当代国际同类最新技术，应用范例推理和规则修正技术，开发研制成功中心渔场智能预报系统；采用面向对象的知识表示方法开发研制成功渔业资源评估专家系统；采用以数据库为基础的分块集成和Winsocket技术建立Client/Server结构，把卫星遥感渔业信息分析系统、海洋渔业服务地理信息系统、渔情分析与资源评估专家系统，集成为海洋渔业遥感信息服务系统。

建立了东海区海洋捕捞生产和资源动态信息网络，包括17个信息点，60艘信息船及东海区三省一市国有渔业、群众渔业、各种作业方式(拖、围、流、张网)，保证业务运行系统所需的渔业生产动态信息。

建立了可业务化运行的海洋渔业遥感信息服务系统。系统的硬件包括极轨气象卫星接收机、计算机和外设及局域网。系统软件包括卫星遥感渔业信息分析软件、海洋渔业服务地理信息系统软件、中心渔场智能预报系统软件、渔业资源评估专家系统软件及一些通用的基础软件。系统由RS、GIS和ES三个分系统构成；在技术层面上分别由用户接口层、应用层、支撑软件层及数据获取层构成，根据需要各个分系统可相对独立运行，同时又达到数据共享，协同工作。建成的服务系统已成功地进行了业务化试运行。

（国家海洋局海洋技术研究所）

【新技术研究】

海洋遥测应用技术研究

1. 海洋参数实时监测的布里渊散射方法研究

课题在以下方面开展了深入的研究：不同温度、盐度海水中布里渊频移的测量；水中声速的测定；不同温度、盐度海水中布里渊线宽的测量；探测水下物体；边缘探测系统的测量精度及定标；分子吸收池的研制及理论体系上的完善。在同位素碘-129分子吸收池的研制、碘-129同位素的分离和提纯、用布里渊散射测量水的体粘滞系数、理论体系的完善、边缘探测系统的定标等方面取得了创新性的成果。

2. 超长电磁波被动遥感技术原理研究

开展了浅层（20～1 000米）和深层（100～10 000米）BD-4型探测仪的研究和改进。

在国际上首次利用超长电磁波理论自主研制出了可以应用的探测仪，并经过改进研制出了新型抗干扰的探测仪。探讨了超长电磁波形成机理和穿透机制；分析了超长电磁波频谱曲线的数学特征，建立探测到的频谱曲线的地质解译方法，使本技术达到工程试用阶段。

3. 风暴海洋过程环境噪声场及其反演方法研究

研制了一套岸基长电缆海洋环境噪声数字化监测系统，100Hz～20kHz频段的海洋环境噪声数据直接进硬盘。系统可同时存放16通道数据，可以定时连续自动采集数据。

开发了一套海洋环境噪声反演估计海面风速的应用软件，给出了环境噪声谱分析、谱级-风速对应关系图、最小二乘法计算线性拟合关系曲线图的a、b 系数值、典型的环境噪声谱级图以及由实测海洋环境噪声数据计算风速值的结果等。

提出分段（三段）线性拟合海洋环境噪声谱级-对数风速关系曲线的方法，由此获得高精度海面风速估计值，误差10%。国际上环境噪声反演估计海面风速的误差一般在实测值的15%～20%。

获得一批麦岛海区近岸环境噪声数字化观测数据。连续观测最长时间 7 天以上，风速0.1～22.6米/秒。

4. Ku 波段相检雷达海洋波高和潮位探测技术研究。采用 Ku 波段微波信号在岸站同时探测海浪波高和潮位，并可用于船载测量波高。测量精度为：岸站波高基本达到不高于5%，岸站潮位不高于10厘米；船载波高不高于8%。采用了多普勒相检雷达体制和线性调频雷达体制，两套系统作为一个整体，分别测量海浪波高和潮位，共用一个天线。在分辨率和精度方面比用X波段微波信号测量均有提高，而且既可测量波高，也能测量潮位。研究了船体颠簸校正处理技术，用加速度匀变模型和简谐振动模型进行船体颠簸实时修正，并采取措施消除可能出现的误差积累，均取得了较好的效果。

相控阵ADCP和ADCP数据后处理技术

(1) 船用相控阵ADCP技术研究。该研究旨在缩小低频大探测深度ADCP换能器基阵的尺寸、重量，提高中国在ADCP仪器研究领域的技术水平，使国产ADCP仪器赶上世界先进水平。

完成了课题的理论研究，并在此基础上研制了一套包括相控换能器阵、相控发射机和相控接收机在内的演示系统，进行了水池和莫干湖的测量和试验，取得了预期的效果。

相控换能器阵由近千个换能器组成，换能器的布放形式及每个换能器的发射及接收信号的相位控制是关键技术，采用的相位控制原理打破了常规的设计思想，使得发射和接收电路的相位控制十分简单。先后完成了直径为30厘米、频率为37.5千赫的相控换能器阵和直径为66厘米、频率为37.5千赫的相控换能器阵，满足船用ADCP的要求。

相控接收波束形成方案简单、实用，所设计的接收波束形成电路设备量小、可靠性高，形成波束的旁瓣小于-15分贝，相邻波束回波信号干扰小于-30分贝。

（2） 船用ADCP数据后处理技术研究。研究目标是通过进行ADCP资料质量控制技术、ADCP换能器位置标定技术、ADCP资料质量评价技术的研究及ADCP资料潮流分离方法的研究，掌握能够提高ADCP资料精度、资料可信度等后处理技术，提高资料应用水平，最终建立一既适合国际上普遍应用的ADCP又适合国产ADCP，具有一定集成度的ADCP资料后处理系统。

课题研究达到了预期的目标。很好地解决了ADCP资料的质量控制技术、标定技术和质量评价技术。在理论上给出了ADCP资料的潮流分离方法。开发了船用ADCP资料后处理软件，有利于提高中国ADCP资料的处理速度和资料处理精度。

化学和生物传感器技术

(1) 海洋发光菌生物传感器。开展了光纤生物发光仪的研制和发光菌维持系统及探头的研制。开展了离线状态下，重金属、营养盐、农药等污染物对海洋菌发光强度的影响研究及与污染物种类和浓度关系的研究。提出了新的发光菌毒性动力学方法，解决了发光强度本底差异较大、检测期间发光自然变化幅度较宽等问题，简化了发光菌毒性试验方法、减少了测量步骤和试剂种类、降低了发光菌的保存条件，使发光菌传感器的实际应用成为可能。改进了几种发光菌保存液，使传感器的使用寿命得到提高。并发展了菌膜培养和菌液加入两种传感器模式，使该传感器可用于不同的应用场所和环境。

(2) 溶藻弧菌免疫传感器。开展了对海水养殖业危害最大的溶藻弧菌的免疫传感器的研制，为海水中溶藻弧菌提供快速的检测手段。采用光纤光学检测器为换能器，根据海水中菌的密度和危害程度的关系建立化学发光或荧光免疫传感器检测方法。传感器可以快速、灵敏地检测海水中溶藻弧菌和副溶血弧菌的密度，而且便于携带，操作简单。荧光免疫方法具有抗干扰能力强、灵敏度高、测量时间短等特点，并可携带至养殖现场，解决养殖场缺乏检测手段的问题。

(3) 光纤传感器。①光纤pH传感器。采用溶胶-凝胶技术，通过有机掺杂制备基于染料吸收原理的光化学pH传感膜，获得了对溶液具有6个pH单位动态响应的敏感膜，目前，尚未见有关动态响应范围大于5个pH单位的光化学传感器的文献报道。②光纤湿度传感器。采用溶胶-凝胶技术制备基于荧光猝灭原理的光纤化学湿度传感膜，并就用于大气中湿度在线监测的光纤光谱仪的搭建、传感探头的设计与制作进行了实验室探索。传感探头的设计与包装，以及数种可逆性、选择性、稳定性、使用寿命、响应时间、灵敏度等响应特性俱佳的化学传感膜的配方和制作技术，是该项研究的特色。利用这些技术，可以实现在现场及实验室模拟条件下对样品的选择性检测，扩充了仪器的应用范围。③光纤氧传感器。成功合成了对氧浓度有敏感荧光淬灭响应，且不溶解于水的苯基邻菲咯啉钌化合物，使得荧光检测波长红移在可见的蓝光区，便于使用现有的蓝光二极管作为检测光源。利用sol-gel 技术，在温和和合成条件下，将所用的荧光试剂包埋，敏感膜具有稳定、对氧浓度变化敏感等优点。制备敏感膜材料所需设备简单，成本较低，便于大规模生产。④光纤氨传感器。成功选用了对氨有较好荧光响应的指示剂——氨基荧光素。通过sol-gel的杂化，调节膜内环境的极性，获得了对水体中氨浓度有较好荧光增强响应，而对测定体系的pH、温度和盐度均只有微小响应的敏感探头。进行海水水体中氨含量的初步检测，结果与国家标准方法基本相符合。氨传感探头稳定，对氨浓度变化响应灵敏。氨光纤传感器的研制，国内外研究都在实验室阶段，目前尚未有氨光纤传感器的产品出现。⑤光纤磷酸盐传感器。成功合成了适用于磷酸盐测定的极性sol-gel功能膜，利用该技术进行铝-桑色素的包埋，具有荧光强度稳定，指示剂不泄漏的优点。利用该荧光敏感膜，成功测定了水体中的磷酸盐含量，最低检测浓度为0.20毫克/毫升。

(4) 剖面浮标技术。剖面自动探测浮标是一种新型海洋自动观测设备。该浮标在水下海洋环境观测、气象研究、遥感数据的解释和检验等方面都有重要应用价值。可应用于海洋科学研究、海洋环境监测、军事海洋学机动监测。该项研究是解决关键技术，并为“十五”期间剖面浮标的研制和开发创造条件。

完成了机械结构、电气控制、高压柱塞泵、皮囊等关键部件的研制，进行了原理性模拟试验与测试。完成了原理样机的湖试。

（国家海洋局海洋技术研究所）

【海面和海水层光学测量系统】 课题于1997年由国家高技术研发计划(“863”计划)海洋监测技术主题(818主题)立项。中国科学院南海海洋研究所、国家海洋局第一海洋研究所、中国科学院长春光学精密机械与物理研究所、国家海洋局海洋技术研究所、中国科学院安徽光学精密机械研究所、青岛海洋大学、山东省科学院海洋仪器仪表研究所等单位承担了该课题研究任务。2000年研制出国内第一台海面和海水层剖面光学测量系统样机，2000年8月在南海海区完成了样机的首次海上试验，2000年11月通过海洋监测技术主题专家组主持的验收。拟于2001年5月在东海海区开展样机的海上应用试验。

海面海水层海洋光学系统的主要技术特点在于采用模块化设计，集高精度的水下光谱辐射观测、海洋生态要素观测和海洋水文要素观测于一体，可同步观测水面入射辐照度(12个波段)、水面出射辐亮度(12个波段)、水中上行/下行辐照度(各12个波段)、水中上行辐亮度(7个波段)、海水透过率(3个波段)、叶绿素浓度、光合有效辐射、水温、海水电导率、深度、观测点经纬度、仪器倾角和方位角等67个参数，水下剖面测量系统的工作深度达200米。其综合观测能力超过了最具代表性的同类仪器，如Mer-2048c型海洋环境辐射计、SPMR型剖面多通道辐射计等。观测数据可实时传输到数据处理平台，也可采用自记方式，控制、操作和数据处理平台为Windows98或Windows2000。

课题解决了水下多通道光辐射测量技术、浸

没因子测试技术、感器小型化等方面关键技术，并获得4项国内专利技术，发表6篇研究论文。

课题任务的完成和预期目标的实现，第一台海面和海水层剖面光学测量系统研制成功，标志着中国在水色遥感的现场海洋光谱测量、海洋生态环境光学监测、海洋军事环境光学监测，以及海洋环境光学调查方面形成了自主知识产权的高技术。

课题的技术成果可以多种形式开发，形成如大型船载海洋生物光学测量系统，或者小型化水下光谱辐照度计、水下光谱辐亮度计、叶绿素荧光计、海水透过率测量仪、光合有效辐射计、海面光谱辐射计等多方面的高技术产品。

（曹文熙）

【海面微结构光学测量装置】 国家海洋局第一海洋研究所丁永耀与浙江大学、青岛海洋大学的科学家合作，利用光学测量手段，采用颜色编码原理，开发了微尺度海面坡度场测量的光学编码技术和海面微尺度谱结构的计算分析技术，研制了实验室用和船用两套海面微结构光学测量装置，实现了海面微尺度坡度场的高精度测量，其斜率测量准确度为1度，波长空间分辨率为0.5毫米，测量时间间隔小于0.05秒。经海上比测实验，技术指标超过了国际同类仪器。研究成果将为海面电磁波辐射、散射和反射等遥感测量数据的校正、反演提供基础数据和数理模型，为风浪成长机理和海气表层交换等研究领域提供良好的实验手段，对发展中国微波传感器定标测试和现场比测具有重要的应用价值。为此，课题负责人丁永耀获得“863”计划突出贡献奖。

【ADCP海波方向谱反演研究】 华锋等从海波波动方程出发，直接导出了座底式ADCP所测波生流速与波面振幅之间的理论传递函数，并建立波生流速交叉谱与海波方向谱之间的理论反演积分关系式，最终实现海浪方向谱的反演。通过多次海上试验，证明此项研究成果能够正确地反演出海浪方向谱，通过了“863”专家组的成果验收。反演研究工作达到了国际同类先进水平。

座底式ADCP由于能够较S4和Seapac更准确的测量波要素的空间（垂直）位置，因而能更好地反演海波谱；此外座底式ADCP能够测量不同空间位置上（不是一点上）的波要素值，因此方向谱反演能力将强于956和Wave-rider等浮标。此项成果具有较好的产业化前景，目前正在进行产业化前期工作。

【上海示范区海洋遥感环境立体监测系统】 潘增第等建立了一套NOAA/GMS/FY卫星接收站；建立了一套高度集成化的红外遥感信息处理、海洋环境预报系统；开发了利用NOAA卫星资料反演海面温度（SST）的软件；采用IDL语言，实现了系统集成。

（路应贤）

【典型河口冲淤灾害观测技术研究】 “长江口、黄河口风暴潮对河口冲淤的危害及观测技术”项目为“九五”国家科技攻关项目中的子专题。国家海洋局第二海洋研究所许卫忆研究员为主的专题组围绕现场原位观测技术的难点，对长江口、黄河口关键研究区段的水文、泥沙、浮泥、底质、地貌等进行了10余次现场观测，并在底部边界层、河床形态、悬浮泥沙遥感、细颗粒泥沙流变特性、高浓度泥沙及环境多因子等观测技术方面取得了重要进展。通过对南港冲淤演变分析及其主控影响因素、近底边界流态和泥沙运动的研究，提出了长江入海径流具有“丰水年群”、分汊口形态结构的相似性、九段沙沙尾北拓趋势、近底泥沙浓度与水力粗糙度的正相关关系、泥沙垂向分布跃层和河口浮泥的3种类型等新观点，揭示了长江口南港冲淤演变规律和近底泥沙运动特性及浮泥的形成、发育与消失过程；在此基础上，分别建立了长江口南港在常态和灾害性天气下的冲淤演变观测模型，模型准确反映了风暴潮对河口冲淤危害的全过程，即风暴来临时风暴浪和风暴潮造成浅滩快速冲刷、浅滩淤积与风暴来临时冲淤过程相反，模拟的过程符合实际情况。并对9711号台风和洪水引起的冲淤变化进行了后报和观测，达到工程前期论证精度。

黄河口专题用统计模型和数值模型对黄河水沙锐减和高浓度集中输沙等引起的冲淤灾害进行了观测。首先观测到河口入海泥沙异重流过程全貌，揭示了周期性特点和作用机制，建立了河口泥沙异重流新模型。建立了冲淤演变的控制系统模型和人工神经网络模型，反映了黄河断流的影响。建立了黄河口第一个泥沙及环境多因子冲淤预测动力学模型。模型后报验证良好，可用于工程规划。建立的黄河口风暴潮冲淤灾害的三维斜压数值模型，技术较先进。研究了因液化触发的灾害机理，提出了可供工程基础观测灾害的临界指标。

以上部分成果在长江口深水航道治理工程和胜利油田海上石油开采中得到应用。取得了良好的经济效益和社会效益。（孙煜华　杨士英）

海洋遥感技术
Marine Remote-Sensing Technology

【海洋遥感应用关键技术】

卫星高度计遥感信息应用技术　卫星高度计是一种主动式微波测量仪，能给出瞬时海面至卫星之间的距离、电磁波海面后向散射系数及回波波形信息。由高度计数据可进一步分析或反演海洋风浪场、海洋大地水准面、海洋重力场和海洋潮波系统等，是海洋遥感中最有价值的传感器之一。

取得的主要成果和解决的关键技术：①高度计潮波系统技术达到国际同类水平；②高度计资料成功地应用于波浪分析；③提出了三种风速反演模式；④高度计重力场反演和应用技术方面，提出了混合轨道误差模型，建立了国内首个完整到720阶次的区域重力场模型；⑤编制了中国海及西北太平洋高度计波高图集；⑥探讨了全球海面风速的空间分布和季节变化的基本规律；⑦对全球极端海面风速和有效波高进行了预测；⑧1997～1998年特大El Nino事件中的海面风速异常；⑨高海况海面散射的物理机制及物理模型。

合成孔径雷达SAR遥感应用技术　①SAR影像处理技术，主要研究了海洋SAR影像信息分离、图像弥补和海浪、水下地形及中尺度过程的SAR影像信息增强技术。发展了一维经验模分解（EMD）技术。提出了ARMA模型；②水下地形SAR影像仿真技术研究，获得了水下地形SAR成像的最佳海洋环境条件和最佳雷达参数条件；③内波SAR影像探测技术。在仿真的基础上，建立了内波反演模型，并得到内波跃层附近的振幅；④SAR波谱反演研究，改进了Hasselmann的SAR波谱反演理论，避免了对初猜值的强依赖性，建立了先进的波谱仿真与反演模型。⑤系统集成。将海底地形仿真与反演、内波的仿真与反演、海浪方向谱仿真与反演、海浪数据同化、SAR图像处理等程序模块进行系统集成。完成了模块接口标准的设计，搭建了系统集成的总框架。

海洋光学遥感信息应用技术　海洋光学遥感信息应用技术是指利用航天、航空遥感器测量海洋水体的可见光和近红外的光谱信息，提取海洋的叶绿素浓度、悬浮泥沙和黄色物质以及其他污染物质等主要水色因子，为海洋环境监测与资源开发服务。

取得的主要成果和解决的关键技术：

（1）8个算法模型国内领先，国际先进，其中可见光遥感二类水体大气校正算法和赤潮信息提取模型处于国际领先地位。8个算法模型包括：立体测量归一化的离水辐射率校正算法；可见光遥感大气校正算法；悬浮泥沙信息提取模型；水深探测算法；赤潮信息提取溢油信息提取模型；溢油监测模型；黄色物质测量算法；污水排放监测模型。建立了相应的软件包和演示系统。立体测量归一化遥感离水辐射率校正算法解决了中国二类水体海区的可见光遥感大气校正难题。

（2）3个数据集填补了国内空白。其中：①中国海区离水辐射率断面测量数据集，填补了中国生物——光学遥感的基本参数数据集；②二年之久的长时相的悬浮泥沙数据集，是当前国内时相最长的中国海区悬浮泥沙分布数据集；③典型海区赤潮、溢油、黄色物质和排污数据集，该数据集扩充了海洋环境因子库的参数范围。

（3）建立了二个准实时业务运行的遥感监测和监视系统。包括：①赤潮遥感监视和监测系统；②溢油监视和速报系统。

卫星遥感海冰监测技术研究　每年冬季，中国的渤海和黄海北部受西伯利亚南下冷空气影响，都有不同程度的结冰现象，属典型的一年冰。冰期约3～4个月。严重的冰情对海上石油平台和其他海上结构物具有极大的危害。因此，对海冰的探测、研究和预报已受到中国政府和科学家的广泛关注。

取得的主要成果和解决的关键技术：①海冰遥感信息提取与数据融合技术。建立了两种冰厚反演模式；进行了两次海上冰面、沿岸固定冰调查和卫星、飞机联合大型试验，取得了宝贵的第一手资料，为冰参数反演和验证提供了基本数据；多源遥感数据融合取得一定突破。②海冰数值模式研究。在海冰漂移规律研究中，发现了渤海冰漂移主要受潮流控制；研制的冰－海洋耦合模式，进一步发展了冰模式与三维斜压海洋模式的耦合；海冰形变参数化研究中，提出了海冰模式中冰脊和水道形成的变形函数参数化方案，进行了模拟试验，实现海冰数值预报业务化；提出了适合于渤海海冰的热力增长函数，发展了1～5天和1～7天的海冰业务数值预报，提高了海冰5～7天预报精度。

海面风场和海流场多源遥感信息复合分析技术研究 海面风场、海流场信息是海洋学和气象学诸多领域中被广泛采用的参量,具有重要的科研和工程价值。在海洋-大气动力系统中，风场是至关重要的因素，海面风场在气象学中是行星边界层下界的边界条件之一，在气候模式中占有重要的地位。海流场是海洋动力和热力过程中最基本也是最重要的要素之一，是海洋学，特别是物理海洋学的核心问题。它决定着海洋中各种能量和物质，如温度、盐度、营养盐、泥沙、浮游生物、化学物质（如碳）及污染物质等的运输、循环和再分配。

取得的主要成果和解决的关键技术：①首次建立了适合中国海域及毗邻海域的卫星散射计反演海面风场技术。反演的海面风场资料风速均方根误差小于0.14米/秒，风向均方根误差小于4.3°。提出了中国近海散射计反演中风向多解排除方法，特别是其中数滤波法进行风向多解排除，是一项技术创新；②建立了用近海海面高度提取的海洋潮汐专用软件，弥补了原高度计数据集内潮汐模型数据在近海不准的弱点，有创新性。提取精度达到5.5厘米；③改进了中尺度大气模式MM5v3，研制出适合南海海域特点的高分辨率的卫星遥感资料数值同化大气模式；④在POM98模式的基础上，引入多源遥感信息同化技术，结合大洋环流模式，研制出多源遥感资料数值同化海洋模式；⑤成功地发展了南海多源遥感信息提取技术，发展了从简到繁程度不同的海洋资料同化方案；⑥利用TOPEX/POSEIDON 1994～1995年的数据作为工作数据组，经多项修正，得到了沿轨道的海面动力高度数据库。

海洋遥感应用技术研究

1. 可见光卫星遥感光谱复合技术研究

主要研究利用大气辐射传输理论和水次表面辐射传输理论，建立NOAA/AVHRR和SeaStar/SeaWiFS遥感资料光谱复合模型，完成光谱复合软件包,应用于海洋遥感。

在几何复合方面，建立了逐象元点的几何参数（卫星高度角和方位角、太阳高度角和方位角）的计算模式，并与光谱辐射计算模式相结合，来精确计算逐象元点的辐射率。

在波段光谱复合技术方面，建立了可见光遥感的大气瑞利辐射率、气溶胶辐射率、太阳耀斑辐射率、离水辐射率等模式，其中大气瑞利辐射率的精度与Gordon结果相当。建立了实用的SeaWiFS资料二类水体大气校正模型。经卫星资料处理结果比对和有关专家认定，该模型比美国NASA模型更适合中国海区。

在卫星光谱复合技术方面，利用SeaWiFS与AVHRR有关波段的光谱关系式，建立了AVHRR波段1的大气校正模型。

利用SeaBASS已收集的大洋1 000余个实测光谱曲线和叶绿素浓度值建立了叶绿素浓度提取模型。

2. 干涉合成孔径雷达测量海浪海流的研究

开展了合成孔径雷达海浪反演、干涉合成孔径雷达海浪成像理论和干涉合成孔径雷达反演海浪方向谱等研究，取得多项创新性成果。得到任意方向双天线干涉雷达海浪成像公式，推广了沿轨迹干涉雷达海浪成像公式；研究了海浪方向谱的反演理论，提出了干涉雷达和极化雷达海浪方向谱的反演方法，并进行了实验研究；提出了海表面流的反演方法；结合极化雷达理论，提出了极化雷达海浪反演方法，并进行了数值验证。

3. 微波遥感资料应用于台风浪分析和预报的技术研究

研究的初步结果显示，利用卫星遥感资料分析海面风、浪场特征与常规观测资料获得的结果基本一致，但在台风等灾害性海况下，卫星遥感资料具有一定的优势，而且随着卫星遥感资料的不断积累，在分析区域海面风、浪统计特征方面将具有更加明显的优势。

创建了课题研究主页，放置在中国科学院南海海洋研究所（www.scsio.ac.cn）的WWW服务器上。目前主页已放置了共计10年的常规台风资料，以及有关的卫星遥感资料。

在分析多年遥感资料和船舶报资料的基础上，指出了南海台风风、浪空间分布不同于西太平洋海域台风风、浪空间分布的特点。提出了南海台风风、浪间的定量关系。

初步研究结果显示，由于目前观测资料的制约，数值模式的初边值较难确定，从而导致数值模式结果精度不高。经验的台风风场模式在台风中心附近风场计算精度较高，在远离台风中心处计算精度较差。

建立了南海区域的第三代海浪数值模式，并开展了一个台风过程的台风后报试验，后报试验结果与高度计资料基本一致。

4. 利用卫星资料和海洋温、流数值模式的高精度海况研究

开展了资料评估及质量控制研究、温流三维结构的反演模式研究、温度场的三维结构与SST的相关研究、短期海表温度场（SST）的预报模式研究，并取得了一系列成果和创新。

基于海温的受控因子及变化规律，采用最优插值方法，研制出卫星遥感SST缺测场的恢复技术及资料控制方法。完成NOAA系列卫星SST产品在东中国海的精度评价研究，实现了卫星遥感SST缺测场的恢复及SST良好资料质量控制。

研究了黄海、渤海的三维热结构，最终达到对其三维热结构进行预报的目的。这一模拟避开了复杂的海表面热通量的计算，而且对黄海、渤海的模拟结果比通常用表面热平衡方程的结果要好。该研究在确保黄海、渤海三维热结构的精度方面是一种创新。模式结果也得到了实际观测资料的证实，并较好地解释了一直存在较多争议的黄海暖流的主轴位置、黄海冷水团的维持机制等焦点问题。

5. 卫星高度计遥感信息应用技术研究

开发了不同卫星轨迹（弧段）之间的交叉平差新技术，固定T/P测高弧段作为控制径向轨道误差的参考框架，系统地解决了不同精度测高数据的统一问题。

在国内首次联合利用多代卫星测高资料，建立了中国海域及邻海2.5′×2.5′网距平均海平面测高模型，精度优于0.1米。

利用多代卫星测高资料，反演了海洋重力异常和大地水准面高；联合陆地和海洋2.5′×2.5′重力异常数据，确定了中国陆海统一大地水准面。以2.5′×2.5′作为最后成果的分辨率，垂线偏差精度为2″，重力异常为9毫伽；大地水准面的精度优于0.3米。

6. 同化多源遥感信息优化海面风场和海流场技术及应用研究

课题研究了基于复杂海洋模式、简单同化方法的海流场四维同化系统和基于简单海洋模式、复杂同化方法的海流场四维同化系统。

采用气象学中处理陡峭地形的成熟而有效的坐标方法，改造了原有的坐标POM区域海洋模式，建立了新的坐标POM模式+Nudging方法的海流场同化系统，减少了POM模式在陡峭海底地形海域应用时的压力梯度误差。

伴随方法是真正意义上的四维同化方法，能有效地利用各种海洋遥感观测资料，并且能够充分反映海洋环境要素的动力机制和统计规律。研制了“P-Vector模式+伴随方法”的海流场同化系统，与国际上海流场同化技术发展水平保持同步。

7. 无人机海监遥感验证系统

课题目标是，研制由无人驾驶飞行器、轻型光学传感器及稳定平台、差分GPS导航定位、遥控/程控系统及地面监控站组成的高智能化、高机动性、低成本海监遥感无人机验证系统，使其具备面积覆盖、垂直或倾斜成像的技术能力，为维护国家海洋权益及资源开发提供快速获取高分辨率影像及高精度定位海洋环境监测数据的新型技术手段，为实用化无人机海监遥感系统提供技术储备。

研制成功一套样机，并在洛阳龙门镇进行了陆地飞行试验。示范飞行数据包括：摄区录像带、彩色影像、黑白立体象对及由此生成的DEM数据和三维景观图，用于战场环境与战况评估。其主要性能如下：

有效载荷：12千克；回收方式：滑行/伞降；飞行高度：100～2 000米；飞行速度：80～100千米/小时；活动半径：20小时；续航时间：3小时；DGPS导航定位精度：平面5米，高程10米。微波传输系统：上传GPS基准站差分修正数据，下传GPS差分定位数据及视频图像；传输距离：100千米；无线电遥控距离：100千米。

（国家海洋局海洋技术研究所）

【海洋光学遥感信息应用技术研究（“863”-818-06-03）】 该项目由国家海洋局第二海洋研究所潘德炉院士为主承担的“863”项目。内容主要包括以下4方面：

（1）海水层辐射校准和大气校正技术。通过海上航线的光学剖面测量、二次航空遥感试验以

及SeaWiFS、FY-1C和AVHRR卫星资料配合，以海水（上层）光学-生物光学理论为基础建立了归一化离水辐射率的校准模型，这一技术大大提高了卫星遥感测量离水辐射率的精度，解决了中国沿岸二类水体的大气校正难题，首次获得了与国际接轨的中国海区的生物光学遥感数据集，填补了中国在该方面的遥感基础数据空白，为进一步发展中国可见光遥感事业打下了基础。

(2) 无外标定下遥感悬沙信息提取和输运分析技术。提出了在无同步实测标定情况下，悬浮泥沙信息提取算法以及垂直悬浮输运预报模式。利用该算法和模式制成的2～5年长时相中国长江口和珠江口的悬浮泥沙数据集，是至今国内时相最长的悬沙分布数据集，这些数据集已在杭州湾交通通道工程项目和亚太2号光缆路由调查项目中应用，并在两个示范区内试验应用。

(3) 海洋污染遥感监测技术。利用水色水温卫星遥感资料提取赤潮信息，成功地获取了1998年8～10月历史上最大的黄海、渤海赤潮。1998年以来，准实时监视到发生在黄渤海、东海、福建和香港沿岸的赤潮，并及时通过国家遥感中心向国务院信息办发报，取得了良好的社会效益。

(4) 海洋可见光遥感软件集成及演示系统软件集成了离水辐射率校准、水色水温信息提取、海洋环境监视因子提取和工程环境应用等技术，是国内海洋可见光遥感软件集成最广的系统。

以上研究成果已开始在海洋工程和海洋环境监测中发挥重要的作用。在专题鉴定会上，鉴定委员会对研究成果给予了高度的评价，一致认为成果的主要方面属国内领先，总体上达到国际先进水平。

【SAR水下地形和内波遥感仿真与探测技术研究】 该项目为国家高技术研究计划“863”-818项目的子课题，由国家海洋局第二海洋研究所黄韦艮研究员、周长宝研究员为主执行。根据航天SAR水下地形和水深的成像机理，建立了水下地形和水深的仿真模型，编制了模拟仿真软件，利用仿真技术和软件开展SAR水下地形和水深遥感仿真，得出了航天SAR水下地形和水深遥感的最佳雷达参数、最佳海况条件和可观测水深等结果；建立了浅海水深探测模型和技术，并编制了软件，利用该技术及软件，探测了中国近海一些海区的水下地形和水深；根据SAR内波成像机理，建立了内波遥感仿真模型及其相应的软件，开展SAR内波遥感仿真研究，给出内波SAR图像特征、内波遥感最佳雷达参数、内波要素与SAR探测等方面的仿真结果。内波振幅是内波的一个重要要素，目前国际上仍未找到由SAR图像探测内波振幅的方法，课题组根据内波要素之间的关系和内波的SAR图像特征，提出了由SAR图像探测内波振幅的一种方法，解决了技术难题，并基于内波要素之间的关系和内波SAR图像特征，提出了一种由SAR图像探测内波跃层深度的新方法。以上成果已通过鉴定，鉴定委员会对研究成果给予了很高的评价，成果达到国内领先水平，其中部分成果达到国际先进水平。

【海岸带多平台传感器综合应用研究】 该课题是国家高技术航天“863”项目的子课题，由国家海洋局第二海洋研究所黄韦艮研究员为主执行。主要进行SAR图像信息提取技术研究、可见光图像和SAR图像的复合信息的攻关技术及利用水色、水温、追踪目标获取流场信息研究。主要工作有：海岸带的潮间带环境参数遥感信息提取方法，重点岸段水下地形SAR图像遥感探测和多平台、多传感卫星数据的复合应用研究。该项目已通过鉴定，成果水平属国内领先、国际先进。

【微波辐射模海温遥感研究】 国家海洋局第二海洋研究所潘德炉院士等利用多模态微波辐射模进行了海面微波辐射特性、海温微波辐射遥感的反演方法与建模研究，海温分布专题图制作方法与软件开发研究。建立了通过海面微波辐射亮温反演海温的模型，并用航空模飞数据反演结果与现场测量进行对比验证，误差在±1℃内，为微波遥感监测海温提供了依据。（孙煜华　杨士英）

【可见光卫星遥感光谱复合技术研究】 该课题是由国家海洋局第二海洋研究所毛志华研究员申请获准的国家“863”-818资助的青年基金项目。现已完成了课题合同中有关研究目标和内容，在某些方面取得了较大突破。主要成果有：

(1) 建立了逐步元点几何参数（太阳高度角、方位角、卫星高度角、方位角）的精确计算模型；不同卫星资料和不同时相的遥感图像的自动几何配准模型；海上象元点精确几何定位模型。几何复合精度在像底点像元几何误差小于1个象元。

(2) 建立了可见光遥感的大气瑞利辐射率、气溶胶辐射率、太阳耀斑辐射率、离水辐射率等模型；SeaWiFs可见光波段的大气校正模型、AVHRR波段1的大气校正模型和FY-1C 3个海洋水色通道的大气校正模型。

该项目的成果可推广到中国将于2002年发射的海洋一号（HY-1）卫星的自动几何配准、替代定标、大气校正等方面的研究。（孙煜华）

【浙江海区赤潮灾害的卫星遥感实时监测】 该课题为浙江省海洋开发管理专用资金项目，国家海洋局第二海洋研究所黄韦艮研究员为主的课题组，主要进行卫星遥感资料的接收、辐射定标处理和地理校正处理，赤潮水色、温度及发生的地点和面积等信息提取的研究。利用卫星遥感高技术实时、同步和快速监测浙江海区赤潮灾害，获取赤潮发生地点和面积等信息，为海洋与渔业等政府部门及时了解浙江省沿岸的赤潮灾情，组织防灾、减灾和加强海洋综合管理提供重要的信息和决策依据。同时可直接服务于海洋水产养殖和其他相关产业，预防和减少赤潮灾害所造成的经济损失，促进浙江省养殖业和海洋经济的健康持续发展。（孙煜华 杨士英）

【中国航天白皮书】 2000年11月22日，国务院新闻办发表了《中国的航天》白皮书。它的发表引起了世界各国的关注。在航天白皮书中，首次将海洋系列卫星列入中国长期稳定运行的卫星对地观测体系。

《中国的航天》中指出了近期（今后10年或稍后的一个时期）发展目标：建立长期稳定运行的卫星对地观测体系。以气象卫星系列、资源卫星系列、海洋卫星系列和环境与灾害监测小卫星群组成长期稳定运行的卫星对地观测体系，实现对中国及周边地区甚至全球的陆地、大气、海洋的立体观测和动态监测。

中国航天白皮书首次将海洋卫星系列列入中国对地观测体系，从而明确海洋卫星系列在国家中的地位，为今后海洋卫星的发展指明了方向。

（国家卫星海洋应用中心）

【卫星高度计遥感信息应用技术研究】 研制了卫星高度计遥感信息应用系统，系统包括高度计资料潮汐反演、潮汐同化模式、潮汐预报模式；高风速反演模式、风速应用系统；海浪分析系统和同化模式；大尺度海底地形反演、重力异常反演；潮汐调和常数、海浪极值分布和海表面风速极值分布等方面。编写了《卫星高度计遥感信息海洋应用》专著1本。

（中国科学院海洋研究所）

【合成孔径雷达遥感信息应用技术研究】 国家海洋局第一海洋研究所张杰等在国内首次开展了海洋内波SAR影像仿真，建立了SAR影像的仿真和探测模式。在高分辨率潮流数值模拟、给出水下地形仿真SAR影像的基础上，反演了南沙群岛美济礁水下地形，与实测资料对比，反演的水深值空间分辨率和精度均较高。

建成了包括图像预处理模块、图像处理模块、水下地形探测模块、海浪谱探测模块、海洋内波探测模块在内的综合示范系统。通过了“863-818”海洋领域海洋监测技术主题组织的专家验收。

【海面温度场的观测信息反演】 根据海洋光学理论，结合数字图像处理技术，针对颜色编码装置的结构设计，通过实验对海面坡度场的斜率测量信息在色度空间方面予以误差校正，完成海面坡度场彩色图像的信息反演、误差校正及时序分析，提供运行于Windows95平台上的工作软件包及相关处理分析技术，为海面微结构测量装置提供直接色度校正的数理模型及相应处理软件，同时可广泛应用于海洋光学图像处理。（路应贤）

【海面风场散射计信息提取技术、光学遥感在海洋监测中的应用】 该课题属国家高新技术发展项目。该项目污染信息提取已按合同圆满完成了研究计划，并且通过了“863”主题办组织的验收。台湾周边海域及海岸带综合遥感应用研究、项目子课题——海洋藻类吸收光谱测量和仪器海上验证，对虾杆状病毒基因工程育种技术研究、对虾病原检测试剂盒的研制、大黄鱼性早熟防治技术研究也已按合同圆满完成了研究计划，并参加了由“863”主题办组织的验收会。

（国家海洋局第三海洋研究所）

【海洋污染水体波谱特征测量及卫星遥感探测海洋污染物可行性研究】 该项目由国家海洋局第三海洋研究所主持，国家海洋局第一海洋研究所、国家海洋环境监测中心参加，3年来，项目组通过开展大量的工业废水、生活污水和河口、港湾、内湾、近海海域污染水体的室内外光谱测量、分析和进行卫星-海面、航空-海面同步测量与遥感数据分析，获得了光谱及其和污染物的关系数据和资料，建立了相应的定量分析关系模式，得出了卫星遥感探测海洋污染具有可行性的结果。在此基础上，项目组还进行了海水化学耗氧量、悬浮泥沙、叶绿素等海洋环境因子的遥感实验，均获得了很有价值的资料。11月中旬，该项目在厦门通过项目下达单位组织的验收。

验收专家认为，卫星遥感技术在探测海洋环境污染领域是当今大有作为、令人关注的、值得予以深化的一项技术。“海洋污染水体波谱特征测量及卫星遥感探测海洋污染物可行性研究”探索性基础研究所取得的成果，为进一步研究传感器指标和卫星遥感探测海洋环境提供了大量翔实的资料和依据，圆满完成了预定任务，同时为深入开展该方面的研究工作打下了很好的基础。（国家海洋局第三海洋研究所）

【全国海洋功能区划管理信息系统建设（温州市试点）】 温州海洋功能区划管理信息系统作为全国海洋功能区划管理信息系统建设的试点，由国家海洋局第二海洋研究所周长宝研究员为主执行。该课题在系统建设、数据库建设、系统集成和开发功能方面都具有开创性的研究成果。该管理信息系统具有输入输出显示、编辑查询、统计分析、空间分析等功能，使用方便快捷。课题组制定了海洋功能区划管理信息系统建设的标准规范和制图规则，为海域管理和有偿使用提供了现代化的手段，是一项创新性工作。该项目已通过专家评审，认为该成果属国内领先水平，并已正式颁布实施。

【国家级海洋自然保护区环境与资源遥感动态监测——南麂列岛示范研究】 该项目为国家计委高技术项目，由国家海洋局第二海洋研究所周长宝研究员为主执行，是国家级海洋自然保护区中以贝藻类为主要特色的管理信息系统。该方法利用卫星遥感特别是利用高分辨率卫星遥感信息等高技术手段对保护区进行动态监测，实现管理、执法的现代化，对建立国家级海洋自然保护区及其他类型的管理信息系统具有重要的示范和指导作用。目前已完成系统设计、软硬件配置、数据库建设及无级比例尺分形技术等关键技术研究，进展顺利，是国内开创性的研究工作。

（孙煜华 杨士英）

海洋生物技术
Marine Biotechnology

【优质甲壳质、壳聚糖工业化生产新技术】 通过从海洋生物中提取具有特殊结构和功能的活性物质，用于农作物使之达到抗病增产。“农乐一号”浸种剂是从海洋甲壳类动物外壳中提取活性物质氨基多糖，再经过一系列深加工而成。这种氨基多糖被认为是迄今为止自然界中惟一的一种带阳子的天然多糖，植物体内不含这种物质，但是含有这种物质的多糖酶，而且这种酶是可以诱导的。因此通过活性物质，诱导增加种子或植物体内酶的形成，促进植物细胞代谢，增加抗病蛋白质合成，提高植物免疫能力。同时它本身就具有很强的抑制真菌能力。“农乐一号”可用于农作物、蔬菜或果树的种子浸泡或叶面喷施，大量试验表明抗病增产效果明显，且无毒、无害、无污染，符合生态农业发展方向。在多种农作物（如小麦、玉米、水稻、花生及蔬菜）上做了大量的小区和示范试验。结果表明：“农乐一号”具有明显的抗病增产效果，对粮食作物，小区试验增产幅度在20%～30%，抗病指数提高10%。大面积试验经专家现场测产验收，小麦增产12.07%。“农乐一号”的研制成功为海洋科技用于农业开辟了一条新途径。

【贝类四倍体新技术的开发研究】 该项目对种贝的选择和四倍体贝类制备的一些重要技术环节上进行了改进。首次从二倍体制备出2～4毫米的四倍体栉孔扇贝稚贝，虽然数量较少，但已经证明该四倍体诱导技术的有效性，该技术已经应用于其他贝类种类的四倍体制备；建立了倍性活性检测技术和倍性检测样品的常温保存技术，建立了四倍体与二倍体杂交培育全三倍体的技术规程。该课题顺利通过了专家组和联办的验收。

【高性能琼脂糖层析介质的研制和应用】 该项目从中国海域筛选到产生高品质琼脂糖的海藻原料，对琼脂糖的提取工艺进行了优化，找到了影响产品质量的关键，制备出的琼脂糖达到国外产品的指标，其中：凝胶强度大于800克/平方厘米、SO_4^{2-}含量小于0.3%、电内渗(EEO)小于0.3。发表学术论文3篇。（中国科学院海洋研究所）

【衣藻转海葵毒素基因研究】 由国家海洋局第一海洋研究所李光友与山东师范大学、中国科学院上海植物研究所的科学家共同完成。通过合成方法合成海葵毒素aPB基因，构建得到原核表达载体pBV-aPB和海葵毒素衣藻叶绿体整合质粒pCQ-aPB基因枪法实现海葵毒素基因转化衣藻叶绿体，筛选到具有海葵毒素基因的藻株；实现海葵毒素基因在大肠杆菌中的转化和表达，表达产物具有海葵毒素的活性。海葵毒素为49个氨基酸构成的多肽类毒素，具有较强的强心活心性，是目前临床上取代洋地黄的较为理想的药物。因海葵毒素在天然海葵生物体内含量极低，用生物工程技术解决海葵毒素资源是良好途径。该项目成果已通过国家验收。（路应贤）

【电融合法构建EPA和DHA高产异养藻株】 利用细胞融合技术，将富含EPA和DHA的自养藻株和生长迅速的异养藻株相融合，经过大量筛选得到一株稳定生长的杂交藻体，并进行了融合藻株的优化培养和反应器培养。实现融合藻株的总脂含量达到干重0.5～1.0克/升。EPA和DHA含量达到15.85%。融合藻株在弱光下达到15升的培养水平，其培养密度在摇瓶中达到2.57克/升，在反应器中达到1.865克/升的水平。研究成果整体上处于国际同类研究领先水平。

【酶法合成甘油酯型共轭亚油酸的研究及共轭亚油酸系列产品研制】 利用脂肪酶催化技术，制备高共轭亚油酸含量的油脂，开发出了共轭亚油酸甘油酯型产品。利用微生物脂肪酶催化技术，在温和的条件下催化油脂酯交换反应，得到共轭亚油酸含量达30%以上的甘油酯，具有各组成脂肪酸的特性，从而增强其在食品、营养和治疗方面的功能。完成了共轭亚油酸微囊化技术研究，对均质优化条件、淀粉、CLA、水配比及干燥进出口温度、进气流速、压力条件等进行了优化。研制成功的共轭亚油酸微囊粉末，共轭亚油酸含量30%以上，颗粒直径为10～300微米，颗粒均匀、松散、不粘连，其含水量为0.68%～2.80%，表现过氧化值为每升1.19～3.95米摩尔。研制成功的亚油酸钙盐产品，钙含量为6%～8%，水分含量小于10%，共轭亚油酸酰基含量占总脂肪酸的70%，产品质量满足国际客户要求。上述两项产品生产技术已申请国家发明专利。

【马尾藻碘晶、海藻天然抗氧化剂提取技术的研究】 自主开发形成的马尾藻碘晶具有保护海藻碘的特殊还原性微环境，能够保持碘的长期稳定、人体吸收效果好。马尾藻碘晶的各项理化质量指标符合GB 14880-94。已经形成成熟的产业化技术，每年可产碘晶上百吨。利用海藻碘高度稳定的生物化学原理，开发形成的食盐添加海藻碘仿生技术，已经进行的食盐添加海藻碘与食盐添加碘酸钾高温下碘的稳定性实验，结果证明，120～200℃烘烤2小时，海藻碘盐中的碘损失率为22%，一般碘盐的损失率为58.6%，海藻碘的稳定性高出2倍以上。海藻天然抗氧化剂可以广泛应用于油脂防酸败、健康保健及植物抗逆、促生长等领域。提取技术成熟，已经申报两项国家发明专利，产品安全无毒。

通过该项目的实施和完成，技术已经完全成熟，可以单独形成马尾藻碘晶片剂生产线，也可以利用生物仿生学原理，解决食盐加碘在生产、加工、储运保存过程中挥发损失的技术难题，使老百姓吃到放心的碘盐，经济效益巨大。海藻天然抗氧化剂可以开发形成多种剂型，如饮料、食品添加剂、生物肥料等，中试技术成熟，还有望形成保健食品及海洋药物。该项目所形成的高技术市场广阔，成果正在推广。

【重组生长因子】 该项目为国家“九五”攻关项目，承担单位国家海洋局第三海洋研究所和中国科学院海洋研究所。完成了大肠杆菌高效表达重组鲑鱼生长激素基因质粒的构建和工程菌的转化研究及高效表达重组鲑鱼生长激素基因大肠杆菌的培养及表达诱导条件的研究，确立了从大肠杆菌中分离鱼生长激素的方法；用提纯的鱼生长激素配制了促生长剂，证明鱼生长激素可以明显地提高幼苗的成活率和抗病力，提高鱼虾的生长速度。完成了重组鲑鱼生长激素基因酵母菌表达质粒pAOsGH的构建和改造；完成小型反应器发酵条件培养基配方筛选实验，确立了发酵条件及新的培养基配方。（中国科学院海洋所）

【富含EPA或DHA的海洋微藻胶囊（片）】

完成单位：中国科学院海洋研究所

成果简介：该成果包含海洋微藻中筛选富含EPA或DHA的海洋微藻藻种及高效营养配方，建立一系列优化的养殖包括收集，确定复方微藻胶囊配方等技术关键。胶囊（片）中含EPA或DHA，脂肪含量占藻粉干重的10%～15%，中性脂和极性脂占总脂的30%～60%。主要技术经济指标：①富含EPA的海洋微藻：EPA2%～4%，总糖30%～40%，维生素，微量元素镁（在9612中含6%～7%）、锌、锰、钴、钙、硒等，粗蛋白19%～23%；②富含DHA的海洋微藻：DHA占藻干重的1.8%～3.6%，氨基酸25%～35%，总糖18%～22%。

该产品优于螺旋藻，它除了含有螺旋藻的有效成分外，还含有EPA或DHA及富含结合镁，其藻多糖是螺旋藻多糖的1～2倍；具有比螺旋藻更好的降脂降压的功能，是国内首创产品。

推广应用前景：①项目属国内领先水平，技术成熟，可应用于工厂化生产，该产品国内首创；②实用于沿海企业及食品加工业，主要是靠有海水的地方；③可作为保健品投放市场；④已与日照时代饲料有限公司达成意向书共同开发胶囊产品。（国家海洋局科学技术司）

【“联合国教科文组织中国海洋生物工程中心”活动】作为联合国教科文组织生物工程委员会在世界范围内建立5个地区性“植物与水生生物工程中心”中惟一的海洋生物工程中心，在推动发展中国家的科学技术的发展与进步方面，发挥着重要作用。

2000年7月，“联合国教科文组织中国海洋生物工程中心”接待了由科技部资助的“中泰科技合作联委会项目”的泰国Burapha大学及宋卡王子大学“水产与海洋科学考察团”一行7人。

“中心”将继续履行其职责，为推动本地区（东南亚）的科技发展与进步服务，并进一步扩大其影响。（李 筠）

【海洋微生物与应用】

海水鱼类主要致病弧菌的致病性及免疫防治研究

联合国教科文组织中国海洋生物工程中心、青岛海洋大学海洋生命学院微生物研究室先后承担了国家自然科学基金和国家“863”项目、国家“973”高技术计划项目，进行海水鱼类主要致病弧菌的致病机理及免疫防治研究。从患病的鲈鱼（*lateo labrax japonicus*）、大菱鲆（*Scophthalmus maximus*）等鱼体分离到致病性鳗弧菌（*Vibrio anguillarum*）、哈维氏菌（*Vibrioharveyi*）、副溶血弧菌（*Vibrio.parahaemolyticus*），进行了病原菌的致病机理的研究，对鳗弧菌、哈维氏弧菌、副溶血弧菌等的致病因子进行了分析，发现它们均有较高的淀粉酶、明胶酶、几丁质酶、蛋白酶及溶血素活性。较高的蛋白酶活性及溶血活性可能是导致鱼体溃烂及出血的主要原因。进行了哈维氏弧菌溶血素基因的克隆和表达，对鳗弧菌胞外蛋白酶进行了部分纯化，进行了其理化性质，病理组织学研究，从几株致病菌中克隆了金属蛋白酶基因，与其他致病菌进行了序列比较分析研究，并在大肠杆菌中高效表达。

进行了病原鳗弧菌、哈维氏弧菌灭活疫苗研制和疫苗的安全性试验。用鳗弧菌疫苗进行了鲈鱼、大菱鲆的现场免疫试验。鳗弧菌浸泡免疫鲈鱼28天后，其免疫保护力达到67.3%，注射免疫后免疫保护力可以达到90%，用浸泡、口服和注射3种途径交叉免疫，结果2个月后免疫保护力仍有85.7%。

研究了温度、盐度等环境因子及激素对鱼体免疫功能的影响：低温能增强鱼的非特异免疫活性，而对特异抗体水平有抑制作用，正常温度可刺激机体特异性抗体产生；在等渗条件下，鱼体生长良好，而低渗和高渗对免疫机能都有抑制作用；鱼体激素水平对生理代谢和免疫都有影响，其中催乳激素、生长激素对免疫机能有激发作用，而肾上腺素、皮质醇和地塞米松有抑制作用。

建立了检测病原鳗弧菌的酶联免疫吸附（ELISA）方法、免疫荧光抗体检测方法及PCR快速检测方法，3种方法都有较高灵敏度和特异性。

（陈吉祥　李　筠）

有益微生物在水产养殖中的应用研究

联合国教科文组织中国海洋生物工程中心、青岛海洋大学海洋生命学院微生物研究室先后承担了中欧合作科研项目“对虾苗期细菌病害的诊断与控制”、国家“九五”攻关项目“有益细菌在对虾养殖中的作用”、国家“863”高技术计划项目子课题“虾池有机污染污染生物修复”、国家“973”高技术计划项目子课题“虾池有机污染的生物治理”，进行水产养殖有益微生物的应用研究。先后从对虾和水产养殖环境分离筛选了多株有益细菌，并在养殖动物与养殖水体中应用取得良好的效果。

从中国对虾（*Penaeus chinensis*）肠道分离筛选得到两株有益菌，这两株菌施入对虾育苗养殖水体后，能够增加不同发育时期对虾幼体的成活率。当有益细菌加入养殖水体后，对虾幼体的抗病力、低盐度耐受力都有所提高，平均体重和体长增加。加入有益细菌后，实验水体中的细菌总数、NH_3-N和COD值没有显著变化。有益细菌能产生许多消化饵料的酶，进入对虾肠道后，能促进对虾幼体的消化功能，增加其抗逆能力。

在实验室条件下通过富集培养分离的120余株细菌利用需氧性、BOD_2/COD_0、胞外酶等指标进行筛选，得到7株对有机物具有较高降解能力的细菌，5天内它们对对虾饵料培养基的COD_{Mn}去除率达到59.6%～79.2%。通过优化组合得到一最佳配比组合，在此细菌组合下能在5天时间内对对虾饵料的COD去除率超过88%。在日本对虾（*Penaeus japonicus*）养殖水体中加入此复合降解菌，可改变水体中异养菌区系的种属结构。加菌虾池的COD含量略低于对照池，NH_4-N浓度为对照池的1/3～1/2，加菌虾池对虾的存活率、抗病及抗逆能力均高于对照池。

从健康对虾幼体及其养殖环境中分离到210多株海洋细菌，从中筛选出对养殖动物病原菌哈维氏弧菌、鳗弧菌等细菌有拮抗作用的有益菌，其中菌株A18具有较强的拮抗活性。对A18菌的胞外产物进行分析发现，其胞外抑菌活性成分为糖蛋白质，蛋白酶处理可使其失活，对pH的耐受范围较广。在日本对虾（*Penaeus japonicus*）养殖实验中使用有益菌A18，通过饵料投喂可提高其生长率和抗病力，加入水体可推迟感染病原弧菌仔虾的死亡时间。经检测，有益菌A18可在仔虾养殖水体存活24小时以上，在仔虾肠道中存活12小时左右，在对虾成虾养殖池水及其肠道中都检测到存活的A18菌。在海湾扇贝D形幼虫期施用10^3、10^4、10^5 cfu/mL三个浓度的有益细菌A18，经该菌处理后，扇贝幼苗的变态率与各个发育期的成活率均比加氯霉素组和未加任何处理的对照组高。其中以10^4cfu/mL处理的扇贝幼苗的变态率和成活率最高。对实验扇贝幼苗水体细菌总数和弧菌数分析发现，经10^5、10^4cfu/mL A18菌处理水体的细菌总数和弧菌数均比相应的对照组低。在扇贝育苗水体加入10^6、10^7、10^8cfu/mL的有益细菌A18，检测高浓度A18对扇贝幼苗的毒害作用，当该菌浓度在10^6cfu/mL时，经48小时扇贝幼苗成活率79%，高于对照组的68.5%；当浓度达10^7、10^8cfu /mL时，处理48小时后的扇贝幼苗死亡率分别为95.6%和100%。

（王祥红　池振明）

【稼棵安——植物营养素生产技术】 稼棵安是由几丁聚糖等海洋生物活性物质和多种微量元素络合而成的植物营养素，其主要功效有：提高种子发芽率和种子活力；促进根系生长，提高根系活力，使作物吸收更多养分，生长健壮；诱导作物产生抗病性，具有植物疫苗；促进土壤有益菌繁殖，改善土壤生态环境；显著提高农作物产量，改善农作物品质。该产品无毒、无害、无污染、无残留，为绿色产品。

稼棵安对农作物的施用效果明显：①增产。试验及研究证明，稼棵安对多种农作物有增产作用，增产效果因使用方法、作物种类及品种、气候条件、土壤条件、其他施肥条件不同而有一定差异。一般小麦、玉米、水稻、大豆、花生增产10%～30%，甘薯、马铃薯、姜、萝卜增产15%～40%，瓜果类增产30%～70%，林果类增产10%～30%。②改善作物品质。提高小麦、玉米蛋白含量10%～30%；苹果着色率7.9以上，糖度提高1度。葡萄的维生素C含量提高10%～60%。③抗病作用浸种或喷施，可使小麦赤霉病减少30%，大豆根霉病减少20%～60%，苹果腐烂病、菜瓜霜霉病发病率也大大减少。

该项目中试已完成年产1 500吨生产线中试；

技术标准已登记，已申请专利并被受理新肥料生产许可申请。（刘安国 谢正侠）

【海洋多组分生态调节剂的开发与应用】 青岛海洋大学研制成功的多组分植物生长态因子调节剂系列产品，含有源于海洋的9大类物质。一方面，在保水、保肥、增加土壤的透气性、保证土壤的营养、滤除土壤的有毒物质、杀灭土壤的有害真菌、激活土壤微生物活性等环节改善植物的生长环境；另一方面，增强植物的免疫调节能力、抗病虫害能力，从而达到植物的抗恶劣环境的能力、增加生物量。这两方面协同作用，充分利用雨水、土壤等固有资源，建立适应于各类植物生长的优良生态环境为核心的多作用、高容量地修复治理生态环境。

早在20世纪80年代初，青岛海洋大学已经开始利用较为廉价的海洋生物资源，开展了植物生长调节剂、土壤改良剂、病虫害防治剂、植物生长矿物营养等方面的研究，并且取得了可喜的成果。近年来在网状高分子聚合物吸水材料的研究方面也取得了突破，这些成果的积累构成了植物生长态因子调节剂的主要基础。

该课题在长期研究的基础上，充分利用海洋生物资源，改善陆地生态环境。目前已经成功获得的植物生长态因子调节剂系列产品中包含吸水剂、调节剂、抑菌剂等多种成分。确定了植物生长生态因子调节剂的构成（九大类），并且确立了各组分的主要理化性质，证实了它们的协同作用。

该课题从选题立项到研制开发、大田实验和推广应用，都围绕中国国民经济发展的重大战略目标，遵循市场经济规律和科技发展规律，有着很好的应用前景。在山东省黄河三角洲以及西部大开发中大有用武之地，同时可应用在城市绿化中，将产生巨大的经济和社会效益。

（刘安国 谢正侠）

【海洋微藻高度不饱和脂肪酸的提取】 该专题经过对20余种海洋微藻的筛选，已筛选出9603和9612两种含海洋微藻富含EPA或DHA的海洋微藻藻种及高效营养配方，建立一系列优化的养殖包括收集、确定复方微藻胶囊配方等技术关键。该产品优于螺旋藻，它除了含有螺旋藻的有效成分外，还含有EPA或DHA及富含结合镁，其藻多糖是螺旋藻多糖的1～2倍；具有比螺旋藻更好的降脂降压的功能，是国内首创产品。

【藻类大规模培养生产生物活性物质】 中国科学院海洋研究所承担的“藻胆蛋白”，实现了5种藻胆蛋白藻类原料的全部国产化并新开发出2种原料藻类；采用国产或自制试剂和独创的分离纯化技术，大大降低了藻胆蛋白的生产成本，售价比国外进口产品（100美元/毫克）降低一半以上，RPE产品已提前用于荧光诊断试剂研制；研制成100升反应器及配套装置，获2项国家专利，已用于螺旋藻（CPC、APC原料）生产，并达到所需规模。（中国科学院海洋研究所）

【国家基础性工作——海洋药源生物资源及基因库的构建】 该项目在海洋药源微生物（长江以南）种质资源库建设方面，已对现有收集保存的大量海洋微生物菌种进行全面鉴定、分类，其中包括具有药用价值的菌种和不易采集的深海、南极、北极菌种，并在此基础上不断收集新种，根据这些菌种的特性进行整理。目前通过抗菌活性实验和细胞毒活性实验筛选出具有价值的微生物XX株，并对其进行菌种鉴定。在海洋药源生物基因库的建设方面，对具有重要药用价值但无法以种质形式保存、难以采集及濒临灭绝的海洋药源生物进行基因库构建，通过基因工程手段对资源进行持续利用。目前已经提取了珊瑚、对虾、鲍鱼、海鞘、海兔的染色体DNA和mRNA，并构建其DNA和cDNA文库。同时，构建了一些不易采集的微生物（如深海、极地微生物）基因文库。在海洋药源生物标本库的建设方面，已完成了包括鱼类、棘皮动物、软体动物等约100种药源生物标本的收集和保存，并收集到了一些极有药用价值又很难收集到的珍稀生物，其中有：抹香鲸肉液浸标本，中华鲟、中华白海豚、海龟、中国鲎、澳洲草海龙等整体干制标本。在海洋药源生物信息库的建设方面，已完成了信息库基本框架的构建和计算机系统编程工作，并查阅和收集了中国多年来有关海洋生物资源调查与研究的报告和文献，从中归纳整理出100多种具有药用功能的海洋生物的信息，对每种生物从主要产地、生态、化学成分、药理作用、保存方法及注意事项等方面进行了详细地记录，并附有图片说明。目前已基本将上述工作成果收集整理录入计算机数据库，并已发布于因特网，可供社会公众查询。 （国家海洋局第三海洋所）

【国家级紫菜种质库】 “国家级紫菜种质库”位于滨海临江的江苏省南通市江苏省海洋水产研究所院内，1999年经农业部批准建立。种质库建有2 300平方米的综合工作楼，设有种质制备、种质保存、种质扩增、种质鉴定、病害防治、环境监测、档案资料、技术培训等机构，配备了大量先进的仪器和设备，具备海藻种质资源研究和利用的能力。种质库在国内首次建立了完整的紫菜种质保存与应用体系，通过栽培种质选育及种质库基地的示范和辐射，现年良种推广面积达2 000余公顷，占条斑紫菜栽培面积的30%，有效改善了紫菜栽培生产种源混乱、种系品质低下的状况。

种质库现有科技人员10人，其中高、中级科研人员8人，种质库的科技人员多年来致力于海藻生物学与栽培学研究，先后承担国家、农业部的全国首批农业科技跨越计划、国家科委“九五”攻关、国家海洋生物技术“863”计划及江苏省农业三项更新工程、江苏省自然科学基金等20余个重要科技项目，获得的研究成果为种质库建设及紫菜产业持续、健康、稳定的发展提供了技术保障。近年来，率先在国内系统地开展了紫菜遗传学与育种学研究，分析阐明了紫菜遗传的特征与机制。目前种质库保存了国内外实验室中种类最多的色素突变体材料，培养保存了条斑紫菜、坛紫菜、少精紫菜和半叶紫菜4种300余株紫菜无性系种质。利用紫菜细胞技术选育的11个紫菜种质通过了农业部水产种质与渔业环境检测检验测试中心检测，表现出稳定的良种性状，其中Y-9101、Y-9430、Y-9502三个条斑紫菜新品系，具有适温广、抗逆性强的特点。自推广应用以来增产效果显著，平均达到10%～20%水平，现已成为条斑紫菜栽培的主要品种。

“国家级紫菜种质库”将立足紫菜种质资源保存、保护及开发应用，深入开展种质高新技术的研究和开发，以科技支撑种质库的建设和发展，加快科技成果转化，用高新技术改造传统的紫菜栽培业，实现紫菜栽培生产向高产、优质、高效的现代化产业转变。 （沈颂东）

海洋养殖技术
Marine Mariculture Technology

【高健康对虾培育技术开发】 主持单位是中国水产科学研究院黄海水产研究所。

该课题采用封闭循环水养殖系统及普通对虾养殖等多种养殖模式。经过反复试验及大量资料表明，不携带病原高健康虾苗成活率高、发病晚。除采用对虾卵子脱毒（白斑病毒）技术培育高健康虾苗外，也可采取有效的池塘管理措施有效控制病害发生。2000年在青岛即墨建立国家“863”计划海洋领域对虾重点项目综合中试基地，中试基地建成13公顷高健康对虾高产精养示范池，养殖产量超过2 319千克/公顷，苗种成活率75%。120公顷示范区内养殖产量超过1 167千克/公顷或经济效益15 000元/公顷。全年高健康苗种的覆盖养殖面积超过670公顷。斑节对虾共生产高健康对虾苗种560万尾，示范养殖面积为34公顷，苗种养殖期间的成活率超过70%，养殖产量达到2 525千克/公顷。

【工厂化养殖海水净化和高效循环利用关键技术】 主持单位是中国水产科学研究院黄海水产研究所。2000年完成了膜增氧技术与设备研制、臭氧消毒技术、工厂化养殖排污水处理与养殖技术研究；完成了工程工艺研究与工程设计，建成投产的水处理系统工程具有高科技、实用性强的优点，突破了高效过滤技术、高效氮源净化技术以及水质自动监测与控制 3 项关键技术，并达到国际先进水平，慧星式纤维滤体、膜增氧设备分别填补了国际、国内空白；申报专利 4 项，已取得 4 项。养鱼单产比流水式养鱼提高一倍以上，鱼的质量好，实现了高科技、产业化的目标。

【扇贝三倍体技术的研究】 主持单位是中国水产科学研究院黄海水产研究所。

2000年已较好地解决了栉孔扇贝三倍体技术产业化的主要关键技术，即大规模扇贝三倍体的稳定、高效诱导技术，实验室批量诱导的三倍体率超过85%，生产规模的诱导率可稳定在80%以上；已掌握幼体和成体扇贝的染色体倍性快速检测技术，可满足染色体倍性的检测需要；三倍体扇贝的优化养殖技术和疾病防治技术，通过对比试验，已基本掌握三倍体苗种的适宜过渡（暂养）技术、成体的优化养殖技术。养殖实验证明，成体三倍体率超过60%，三倍体的鲜肉柱出率比二倍体增长66%～110%。中试规模的养殖试验证明，三倍体的综合经济指标比二倍体提高20%。 （刘世禄）

【对虾病原检测试剂盒】 主持单位是中国水产科学研究院黄海水产研究所。

2000年度开展了5种对虾病毒检测手段的研制和优化工作，实现了4种检测手段的试剂盒装配及应用。以下是5种检测手段的研制情况。

(1) 对虾病毒重组噬菌体单链抗体的研制。在1999年的基础上，进一步进行了所获得的抗体库的ELISA筛选，筛选得到7个弱阳性克隆，上述克隆亲和力低，经测定其抗体用于ELISA检测的灵敏度为2微克病毒蛋白，不适于用作制备WSSV检测试剂盒。在其后进行的研究中，亦未得到亲和力更强的重组噬菌体克隆。

(2) 对虾WSSV核酸探针斑点杂交检测试剂盒系列进一步针对对虾WSSV核酸探针斑点杂交检测试剂盒进行技术改进、优化和产品开发，使核酸探针检测的主要步骤更为便捷，进一步摆脱了烘箱、水浴锅等的仪器设备，实用性更强，灵敏度更高，实现了核酸探针检测技术现场应用。

在对该试剂盒的技术改进的同时，黄海水产研究所进一步对试剂盒进行了产业化推广，并应邀在广东湛江、上海等地举办了培训班。

已为试剂盒办理了两项专利申请。

(3) 扩增WSSV核酸的探针检测试剂盒研制。在核酸探针检测试剂盒的基础上，开展了扩增WSSV核酸的探针检测试剂盒研制。这种试剂盒大大增加了检测灵敏度，缩短了检测时间，操作简便，增加了对大规模的样本的检测能力。该检测技术最短可在4～5小时内对制备好的样品DNA模板得出检测结果。

(4) 对虾病毒PCR检测试剂盒。改进试剂盒的配方，提高试剂盒稳定性，验证本试剂盒在37℃放置7天，试剂盒仍较稳定。

(5) WSSV半定量PCR检测试剂盒。进一步优化WSSV半定量PCR检测试剂盒，在已确定的无感染病毒的对虾样品中，加入104分子/毫升的内标模板，进行模板提取的回收率实验，经定量PCR方法测定，结果表明回收率约为50%。

该课题已完成了项目验收，本年度发表论文4篇，申报专利2项。 （刘世禄 孙惠玲）

【全雌牙鲆遗传育种技术研究】 该课题利用雌核发育诱导技术，培育雌核发育牙鲆鱼新品种，雌核发育牙鲆鱼与正常牙鲆鱼相比，生长速度提高20%，具有明显的生长优势。通过该项目的实施，研究提出了获得全雌牙鲆鱼苗种的两种方法：①灭活牙鲆精子的遗传物质，但保持其活动及受精能力，用灭活遗传物质的精子与正常的卵子进行人工授精，利用低温、高压等方法处理，抑制受精卵第二极体排放，产生全雌二倍体。②对上述培育的全雌牙鲆仔鱼，进行性转换诱导处理，抑制其雌性生殖器官的发育，诱导雄性生殖器官的发育成熟，培育功能雄牙鲆亲鱼。待功能雄亲鱼性腺成熟，使其与正常性腺发育成熟的雌鱼，自然产卵受精，培育全雌牙鲆鱼苗种。

该项研究在前期突破了关键技术研究的基础上，已进入中试实验阶段。由于全雌牙鲆鱼生长速度快，养殖周期短，该项养殖技术深受养殖单位的青睐，使全雌牙鲆养殖的产业化前景十分广阔，具有巨大的市场潜力。

【对虾多倍体育种育苗和性控技术研究】 经过5年研究，解决了对虾三倍体育种育苗和雌性化的一些关键技术以及河蟹三倍体诱导技术，为进一步获得对虾和河蟹多倍体新品种以及大批量雌性化虾苗，大规模高效生产高产、优质、抗逆性强的新品种奠定基础。

课题组经过研究和技术攻关，在对虾染色体倍性检测方法上获得了重要突破，在国际上首次发展了用流式细胞仪及时、快速、准确地检测对虾、河蟹染色体倍性技术，同时能够利用少量组织进行活体检测，从而可以单个地挑出三倍体或四倍体进行生物学等方面的研究，为推动虾蟹染色体组操作研究的深入进行奠定了很好的基础。开发了6-DMAP，PC，PA等安全高效、新型的诱导剂作为虾蟹多倍体的诱导剂。首次将安全、水溶性强的6-DMAP用于对虾三倍体诱导，最高诱导率达95%以上。同时又开发了无毒的PC作为对虾三倍体的诱导剂，PA成功地用于河蟹三倍体诱导，诱导率高达80%。这些新型诱导剂的成功应用，对于虾蟹细胞工程育种研究将起到很好的推动作用。

对中国对虾三倍体的诱导条件进行了优化、筛选，最高诱导率达95%以上。同时还在国际上首次研究了对虾三倍体的生物学特性。三倍体中国对虾生长比二倍体大约可提高15%～20%。同时研究了三倍体对虾的性腺发育特点，说明三倍体对虾的性腺发育明显受到阻滞。这在国际上属于首报。中国对虾四倍体诱导研究取得明显进展，四倍体胚胎期最高诱导率可达90%，为对虾四倍体的进一步研究打下很好的基础。雌性化虾苗的培育方面，雌性化率稳定在75%以上，可以进行大规模的雌性化虾苗的培育，已达到实用化生产阶段。　　（中国科学院海洋研究所）

【中国对虾病毒性暴发流行病综合防治示范养殖研究】 “九五”国家科技攻关计划项目。主持单位为中国水产科学研究院黄海水产研究所。

该子专题和山东省海水养殖研究所合作，在乳山市进行中国对虾病毒性暴发流行病防治示范养殖研究，2000年为最后一年，基本完成了攻关目标和主要研究内容。养殖3个月，8月15日进行中期验收，大多数虾池对虾生长正常。9月15日示范养殖全面验收，平均每公顷产1 360千克，每公顷产量最高达4 418千克。对虾平均体长10.13厘米。个别虾池对虾体长为12.9厘米。示范养殖技术内容是，重点对原有养殖池适当改造，使用自然海水和配合饲料，应用课题组提出的防病技术，养殖80～90天，可控制发病率在30%以下，每公顷产量在1 500千克左右，高于北方地区对虾平均单产量。

示范养殖研究5年，达到了预定目标。应用研究成果和实际生产经验，组装先进配套技术，形成了一个较为系统的，适应中国国情的“对虾病毒性疾病防治技术规范”。该规范的核心技术已经为农业部渔业局、全国水产技术推广总站颁布的《对虾精养健康养殖技术规范》所采纳。

【对虾病毒性暴发流行病防治技术研究】 “九五”国家科技攻关计划专题。主持单位是中国水产科学研究院黄海水产研究所。

该专题已按计划完成专题各项研究内容及考核指标，已按国家科委要求完成各项有关文件及技术总结，并已经在2000年10月27日通过农业部组织验收。专题取得如下主要结果：

按国际病毒分类指标，深入进行了病毒病原生物学特征研究，为病毒分类提供了依据。指标包括：核酸特性，多肽特性，病毒感染特性，病毒复制特点，宿主范围、传染方式，病毒对理化因素的敏感性，制病特征，病毒生物物理性状，病毒血清学特性，毒株间的差异等。5年来坚持对中国主要流行病区作病原监测，表明WSSV仍然是中国对虾主要病毒性流行病病原。此外，HPV及另一种球状病毒也有一定检出率。

完成两种已达规范化、快速、灵敏、准确的WSSV病原检测技术，并已应用于生产。研制出两种细小病毒HPV的核酸探针检测技术，已应用于科研。筛选出一种抗对虾病毒药物——庆康灵6号及一种可提高对虾免疫力的免疫增强剂——A3肽聚糖为主要成分的药物。

基本明确了诱发对虾暴发WSSV病大量死亡的生态条件，主要是低溶解氧、高氨态氮、盐度急剧变化、其他病原体合并感染等。病毒对对虾致病及大量死亡的原因是，病毒感染在细胞内大量扩增后，引起大量的细胞凋亡和胞溶裂解，使对虾不能保持正常生理活动和代谢。示范养殖达到了示范养殖目的，示范养殖面积，产量指标，控制发病率等，完成考核指标。其中福建示范区，完成原定产量，控制发病率等考核指标，每公顷产量达2 250千克以上，发病率控制在20%以下；北方地区示范区养殖，发病率可控制在30%以内，产量可达1 500千克/公顷。示范区辐射面积2000年总计超过333公顷，生产好于原有养殖方式。

完成研究论文及报告79篇，已发表49篇。取得6项研究成果。　　（刘世禄　孙惠玲）

【渤海内湾规模化养殖技术研究】 国家“九五”攻关专题，主持单位是中国水产科学研究院黄海水产研究所。

进展情况：

(1) 杂色蛤规模化养殖技术。在不同底质、不同潮区，用不同规格苗种、不同密度进行了底播试验。成活率在75%以上，经过1年生长大部分可达到商品规格。在此基础上，1998年5～8月在三山岛外面选择潮流平缓、海底坡度小的海区，扩大试播面积133公顷，经过 6 个月左右的生长，平均壳长达到2.36厘米，平均单产达13.1吨/公顷。产量和面积已超过合同规定的26.67公顷和500千克的指标。1998年11月已通过专家现场验收。

在技术上提出适宜杂色蛤底播增殖的底质、潮区、苗种规格、放苗密度、播苗方法、放苗期间的管理技术，研究了莱州湾天然产卵场杂色蛤的繁殖规律，提出自然苗种繁殖保护以及苗种持续生产的管理技术。

(2) 太平洋牡蛎平拉式吊养。太平洋牡蛎平拉式吊养试验通过在不同小区、不同密度，采用秋季人工育苗，经越冬后的苗种和顺流吊养等技术措施，在6.7公顷示范区采用平拉式吊养太平洋牡蛎取得成功，平均每公顷产量达到1 235 08千克，达到和超过面积6.7公顷、产量5 000千克的攻关指标。1999年9月通过专家现场验收。

在技术上采用浅滩平拉式养殖，解决了太平洋牡蛎底播式养殖陷入泥底致死，而悬挂式养殖由于水浅浪大容易脱落等问题。提出了平拉式牡蛎养殖中养殖区布设，木桩、绠绳、苗绳间距，苗种种类和规格，附苗密度，夹苗密度，用苗数量等一系列配套技术措施。

(3) 对虾清洁养殖示范工程。1996～1998年通过水处理和病源控制、强化营养、改良水质、防病药物等在小面积水域上的试验，完成了对虾清洁养殖试验。1999年扩大实验面积到53公顷，平均每公顷产量达到825千克。在此基础上，2000年示范区面积扩大到79公顷、平均每公顷产量达到1 248千克，完成了示范区面积67公顷，产量80千克的指标。1997～2000年每年都组织专家现场验收。

在技术上提出用微生物制剂埃必兴和水质净化剂净化水质；用封闭式循环水、沙滤水混养肉食性鱼类，切断和预防病源传播；提出动物性基础饵料培养和繁殖方法；使用虾病消、驱氨增氧防病灵、对虾康、鱼菌净等防治爆发性病害，使用优质配合饵料和微生物多肽加快对虾生长速度和提高免疫力等一系列配套技术。

(4) 浅海多元化立体增养殖技术。经过1996～1998年 3 年的实践，证明除东部龙口以东小部分海区外，莱州湾大部分海区不适于海带生长，扇贝、藻类、甲壳类综合养殖试验未能成功。因此，1999～2000年主要研究内容改为扇贝、梭子蟹间养试验。

1999年梭子蟹、扇贝间养试验，在扇贝养殖水面间养梭子蟹与扇贝，面积为1.3公顷。到收获时成活率在80%以上，梭子蟹个体平均重量为181克，每公顷产量10 425千克。当年已通过专家现场验收。2000年扩大到10公顷，每公顷产量为9 750千克。

在技术上提出间养梭子蟹的苗种规格、放养密度、不同饵料、不同养殖期与不同水温气候条件下的投饵量、投饵间隔等一系列配套的技术措施。

(5) 内湾容纳量与规模化养殖合理布局的研究。①进行了莱州湾生态系统基本结构调查研究，包括水文、化学、初级生产力、海水悬浮颗粒、浮游植物、浮游动物、采泥底栖生物、卵子、幼体、游泳动物等。通过这些调查，使我们了解了莱州湾生态系统的基本结构和1992年以来发生的变化，为海湾生态容纳量研究提出基础资料。②进行了杂色蛤、扇贝、牡蛎，以及扇贝养殖的主要附着生物——海鞘摄食率的研究，贝类代谢产物对浮游植物影响的研究，莱州湾主要幼鱼摄食率的研究，为研究莱州湾的饵料消耗和养殖贝类对环境的影响提供了基础资料。

【海湾系统养殖容量及环境优化技术】 “九五”攻关专题。主持单位是中国水产科学研究院黄海水产研究所。

在前期工作的基础上，该专题进行了莱州湾养殖容量评估、养殖水域布局和养殖技术优化，桑沟湾多元生态优化模式和技术，鳌山湾化学生态调控技术等研究工作，并解决和取得了以下关键性技术和重大科技成果。

(1) 首次提出了海湾系统多参数养殖容量评估指标和模型，包括建立了主要养殖和附着生物不同季节的能量需求变化的测定技术，半封闭养殖水域和开放式养殖水域的多参数养殖容量评估技术，以及对莱州湾的海湾扇贝、桑沟湾的栉孔扇贝养殖容量进行了评估等。根据这些关键性技术提出的适宜养殖总量及最佳养殖密度优化措施，已被莱州、荣成等当地政府和养殖单位采纳实施，并取得显著效果。该项研究成果同时也在福建省养殖容量研究项目及养殖实践中应用。

(2) 根据养殖容量研究结果和不同养殖种类

间的生态互补性，提出并实施了扇贝与海带、牡蛎与海带、鲍鱼与海带等贝藻多元生态优化养殖模式与技术，在桑沟湾推广应用规模达到了800公顷，实现了产业化。每公顷提高经济效益1 800元，示范区平均经济效益提高20%以上，每年增加经济效益1 400万元以上。

(3) 首次提出了三疣梭子蟹浅海筏式养殖技术，每公顷每年获纯利润30万元左右，经济效益高于扇贝养殖2～3倍。该项技术既减轻了因扇贝养殖密度过大而对养殖水域容纳量的压力，又为沿海群众开辟了一条新的致富途径，已迅速在威海、青岛等地推广应用，2000年青岛市发展笼养梭子蟹30万笼，约5公顷。

(4) 掌握了莱州湾海湾扇贝养殖中主要敌害生物——牡蛎的繁殖及幼虫附着规律，提出了降低水层和延缓海湾扇贝入笼时间等防治技术与措施。该项技术措施不但提高了扇贝养殖产量，而且可以因附着牡蛎的减少而扩大养殖水域的养殖容量。该成果在莱州湾推广应用后，效果显著。除每公顷可节约苗种清理费15 000元左右外，同时因附着牡蛎减少而产量提高所增加的经济效益达到每公顷每年45 000元以上。2000年推广应用面积达到200公顷，每年增加经济效益1 200万元，示范区平均经济效益提高30%以上。

(5) 在国内外首次开展了既考虑环境健康又考虑营养水平和饵料状况的浅海养殖环境的评价研究，并建立一种“浅海水域贝类养殖环境质量评价模型”，较好地解决了养殖环境评价问题。应用该模型对莱州湾、鳌山湾、日照沿海、胶州湾和崂山沿海的养殖水域进行了评价，其评价结果与实际养殖生产效果能很好地吻合。可广泛应用于北方沿海浅海养殖场所的新建、扩建、改建工程规划中。

(6) 在国内外首次提出了浅海营养贫瘠养殖区化学生态调控技术并应用于鳌山湾生态调控，收到了十分满意的效果。无机氮最高可以提高2.57倍，维持4天；无机磷最高可提高5.56倍，维持一个半月；浮游植物细胞数量施肥后逐渐升高，第5天是施肥前的2.66倍，第6天是3.85倍，一个半月后增加到12.28倍。调控前后，浮游植物的优势种发生明显变化，为人工控制海湾生态系提供了范例。　　（刘世禄　孙惠玲）

【新型海藻植物生长剂的研究】

完成单位：中国科学院海洋研究所

成果简介：海藻植物生长剂是指从海洋大型藻类中提取的能够促进作物生长、增加产量、减少病申虫害、增加作物抗旱能力的一类农用海藻液体喷洒促进生长剂，也被称为海藻液体肥或海藻喷施肥。海藻植物生长剂是天然的有机肥料，与生态环境有良好的生物相容性。

海藻植物生长剂的制备采用了特殊的“全物理细胞破碎法”，这种方法的细胞破碎率在放大640倍和400倍的生物显微放大镜下观察达到了95%以上，细胞内的内含物全部释放进入了植物生长剂中，因此，它含有与新鲜海藻同样多的未失活的化合物。

推广应用前景：该研究项目首次在国内利用丰富的海藻资源开展海藻的深加工研究，使海藻的综合利用向高科技和生物技术领域发展。海藻植物生长剂原料丰富(中国人工养殖海带的年产量约30万吨干品)，制备工艺简单，原材料价格便宜。海藻植物生长剂使用时稀释1 000倍，每亩喷洒量稀释后大约65千克，只需成本1～2元，有很大的市场潜力和竞争力。喷洒过海藻植物生长剂的农作物可增产10%～30%。海藻植物生长剂已经连续三年进行了农田效果试验，试验证明其不仅可以增加作物的产量，而且还可以改善作物的品质，改善土质环境，避免土壤板结等。已经建成了中试生产基地，制备工艺已定型，技术成熟度高。

现已有3家企业与该项目签署了合作研究协议，并投入了相应的研究经费，合同规定这些企业在成果转化后，可以优先进行转让。

【浅海养殖系统养殖容量与优化技术】

完成单位：中国科学院海洋研究所，中国科学院南海海洋研究所

成果简介：针对中国浅海养殖业面临的重大生态问题，在系统研究浅海养殖系统的营养动力学特征、基础生产力和供饵力、养殖生物生理生态学特征、养殖活动对环境的影响的基础上，建立浅海养殖系统养殖容量技术；设计不同类型的养殖系统，进行对比实验，提出贝藻轮养和贝类离岸养殖等2项优化水域环境的养殖技术；提出的贝藻轮养、离岸养殖模式和养殖密度已被当地有

关生产单位所采用，并取得良好的效果，经济效益提高了15%以上。与国内外相比较，该成果主要有以下特点：贝类对浮游植物等悬浮颗粒物的处理过程、区别并诠释了负荷力和养殖容量、模拟测定了实验海区扇贝、海带和刺参的负荷力等颇具创新性的研究；研究出的优化技术具有保护环境、节约资源、提高产品质量和产值等优点。

推广应用前景：该项成果建立的评估指标体系，可以评估浅海养殖系统中不同养殖生物的养殖容量，贝藻轮养和离岸养殖等 2 项优化水域环境的养殖技术已在生产单位得以推广应用。浅海是中国海水养殖的主战场，离岸养殖尤为重要，急需科学评估养殖容量，实施合理的优化养殖技术。而该成果可通过不同方式为结构调整和技术优化提供了理论依据和技术支撑。目前，该成果推广面积已达133公顷，年总产值近 2 亿元，年利润达4 000万元以上，年度递增15%以上。显示出很好的推广应用前景。

【菲律宾杂色蛤生态优化养殖及洁净生产技术】

完成单位：中国科学院海洋研究所，国家海洋局第一海洋研究所。

成果简介：该技术通过潮间带养殖区沉积环境粒度、颗粒有机物POM时空分布及来源的分析，评测了水体及底质的供饵力，建立了针对菲律宾杂色蛤投养时间、底质、规格和密度等生态优化养殖技术。每年选择春季(4～5月)投苗，贝苗适宜规格在1.5～2 厘米，合理投放密度为700个/平方米，产量可达22 500千克/公顷，比靠传统蛤苗繁生方法的产量提高了10%以上。并通过对贝类养殖区的分级管理及贝类对藻毒素、细菌污染物等净化过程的研究，完善了清洁生产技术，提高了菲律宾杂色蛤的品质。

推广应用前景：通过与青岛海洋与水产局渔业技术推广站和山东胶南市红石崖镇水产公司等单位合作，在胶州湾营海、张戈庄等地进行了该技术的推广实验，取得了良好的经济效益。

（国家海洋局科学技术司）

【大菱鲆的引进】 主持单位是中国水产科学研究院黄海水产研究所。该课题1999年初取得苗种生产关键技术的重大突破，2000年实现了年周期内多茬育苗，年总育苗量超过100万尾，平均育苗成活率达17%，总的育苗技术达到或超过欧洲目前的水平，并且创造了具有中国特色的深井海水全年育苗技术工艺。由于苗种生产取得了突破性进展，有力地促进了大菱鲆养殖新产业在北方沿海的蓬勃发展。现总计有大菱鲆养殖厂家200余家，总养殖水体达20万平方米，入池养殖总数达280万尾，已开始向浙江和福建推广。目前大菱鲆苗种、成品鱼购销两旺，成鱼出厂价280元/千克，利润高，有力地刺激了生产的发展，同时带动了一大批相关产业的发展和技术升级。大菱鲆养殖的社会效益和经济效益相当明显。

(1) 育苗方面：2000年初在蓬莱试验点进行了以白化机理和防止白化为中心的育苗试验，连续获得两茬苗，白化率低于3%的结果。2000年上半年，威海崮山点鱼苗场面积5 000立方米，育出苗种40万尾，向山东、辽宁提供商品苗获得了良好的经济效益。

(2) 在养成方面，威海崮山点主要对大菱鲆的养成技术、鱼苗与环境、饲料、投喂强度的关系等进行了研究。

在荣成靖海点和莱州朱旺点，主要是进行了小型网箱对比试验和工厂化生产性养成试验。

试验于2000年6月10日至8月10日在养殖场进行，共进行了60天的饲养对比试验。其结果说明配合饲料在提高鱼体健康、防止鱼病发生、促进鱼体增长方面具有良好的作用。

【红鳍东方鲀纯种引进】 主持单位是中国水产科学研究院黄海水产研究所。

(1) 纯种红鳍东方鲀受精卵引进和种苗培育：2000年4～5月从日本引进纯种红鳍东方鲀受精卵 3 千克，与威海市华信海珍品养殖场合作，培育红鳍东方鲀 3 厘米苗种37万尾，6月17日通过农业部组织的专家组现场验收，达到课题合同计划指标。

(2) 亲鱼培育：1999年5月30日将越冬后红鳍东方鲀大规格苗种252尾，全长16.5～21.3厘米，平均体重214克，转入海阳养殖场虾池养殖，当年10月底获得体重500～750克可用作纯种红鳍东方鲀亲鱼200尾，已剪牙处理，移入威海市室内水泥池越冬，2000年在虾池培养，11月平均体重1 450.96克，性腺发育正常/良好，2001年有望解决受精卵的批量生产。

(3) 鱼种养殖和培养：鱼种养殖分室内水泥

池利用电厂余热水(威海)工厂化养殖、室内水泥池利用地下水(海阳)工厂化养殖和露天虾池(威海和海阳)养殖三部分。室内水泥池利用电厂余热工厂化养殖的红鳍东方鲀12月测量平均体长15.6厘米，平均体重159.3克，测量最重290克，成活率达80%，现养殖情况正常。

室内水泥池利用地下水工厂化养殖的红鳍东方鲀10月27日测量平均体长13.1厘米，平均体重81.9克，现养殖情况正常。

露天虾池养殖为红鳍东方鲀与南美白对虾混养，红鳍东方鲀放养12 000尾，当年11月收获10 000尾，成活率80%，现移入室内越冬，12月测量平均体长13.8厘米，平均体重106.5克，混养南美白对虾每公顷产量4 500千克；2000年4月将150克左右的鱼种下池养殖，6月下旬平均体重50克，最大个体450克，现养殖情况一切正常。

(4) 红鳍东方鲀人工配合饲料：针对红鳍东方鲀规模化生产的实际需要，在前期工作的基础上，进行几种饲料添加剂对纯种红鳍东方鲀生长影响的试验，试验结果比较满意，饲料系数1.36，增重率比对照组提高38%。

(5) 中试和推广工作：2000年在山东省海阳市进行了纯种红鳍东方鲀工厂化育苗中试，并获成功（按工艺要求操作），单位产量40余万尾3厘米红鳍东方鲀鱼苗，可推广养殖面积1.3公顷。威海试验区3厘米的鱼苗37万尾。

【无特定病原对虾种群选育】 主持单位是中国水产科学研究院黄海水产研究所。

按计划完成消化、吸收各项引进任务，现已形成中国对虾良种选育、对虾高健康苗种培育和对虾健康养殖三大支柱技术。已在日照市水产研究所建立了SPF选育中心，筛选了SPF亲虾种群，开展了幼体培育和健康养殖工作。目前该所已被农业部确定为对虾国家良种建设基地，每年可供应健康亲虾3万～5万尾，SPF虾苗2亿尾。

2000年10月6日由山东省海洋与渔业厅主持，中国科学院海洋研究所、青岛海洋大学、国家海洋局第一海洋研究所等单位的专家，在刘瑞玉院士、赵法箴院士的带领下对选育的不携带WSSV（对虾暴发性流行病病原）子四代对虾养殖进行了现场验收。经现场测量对虾平均体长13.58厘米，比对照池增大7.75%。

“无特定病原（SPF）对虾种群选育技术”项目自1997年正式立项启动起来，在项目办公室的指导和地方水产部门的支持和配合下，取得了显著的进展，产生了较好的经济效益和社会效益。

【渔用药物代谢动力学及药物残留的研究】 主持单位是中国水产科学研究院黄海水产研究所。

2000年按计划完成了了鲈鱼和黑鲷的药物代谢和药物残留研究。

掌握了土霉素、呋喃唑酮在黑鲷及噁喹酸、氯霉素、复方新诺明、诺氟沙星在鲈鱼体内的药物代谢动力学规律，得出了六种药物在两种鱼体内的药物代谢动力学模型和参数。

掌握了6种药物在两种鱼体内的药物残留情况，提出了部分药物在鱼体内的的休药期：土霉素在黑鲷体内的休药期为30天；呋喃唑酮在黑鲷体内的残留为10天；复方新诺明在黑鲷体内的残留为20天；噁喹酸在鲈鱼体内的休药期为25天；复方新诺明在鲈鱼体内的残留为28天。

试验存在的主要问题及原因：药物的性质不同，而且受环境（尤其是温度）、剂量、鱼的品种不同的影响，在不同动物体内的代谢和残留不同，生物个体之间存在的差异较大。因活鱼价格较高及试验经费限制，在试验设计时某些采样点不够，部分代谢快的药物缺乏短时间的采样点，部分代谢慢的药物缺乏时间长的采样点。

（刘世禄　孙惠玲）

【海水鱼类抗病基因转移的研究】 中国水产科学研究院基金项目。主持单位为中国水产科学研究院黄海水产研究所。

进行了鱼类基因启动子克隆的实验，将GFP（绿色荧光蛋白）报告基因与鲤鱼肌动蛋白基因启动子及斑马鱼ARP基因启动子连接构建了GFP报告基因表达载体，通过磷酸钙-DNA共沉淀方法及电穿孔方法进行了GFP报告基因转移到海水鱼细胞内的实验。

进行了海水鱼类抗菌肽基因克隆和表达载体构建的实验，将海水鱼类抗菌肽基因分别与鲤鱼肌动蛋白基因启动子及斑马鱼ARP基因启动子连接构建了2个抗菌肽基因表达载体，目前正在进行将其转移到花鲈胚胎中的实验。

进行了大菱鲆肌动蛋白基因启动子克隆的实验，根据大菱鲆肌动蛋白cDNA的序列，设计了特异引物，采用5-RACE方法，对肌动蛋白基因5'末端调节序列进行了PCR扩增，目前已获得特异PCR片段，正在进行序列分析。

【海水鱼类胚胎干细胞培养及基因打靶的研究】

该项目为中国水产科学研究院人才培养基金A类项目。主持单位：中国水产科学研究院黄海水产研究所。

以海水名贵鱼类花鲈、真鲷和大菱鲆为材料，摸索了囊胚细胞分离与原代培养的技术条件，开展了胚胎干细胞诱生、体外分化及核型分析的研究。成功地建立了花鲈、真鲷和大菱鲆胚胎干细胞系，目前已分别传至36代、60代和32代。

用新霉素抗性基因作正选择标记基因，用胸苷激酶基因作负选择标记基因，构建了正-负选择载体，并用鱼类EPC细胞检测了该载体的可行性，首次表明正-负选择技术在鱼类上也是行之有效的，为建立鱼类基因打靶技术奠定了基础。

进行了真鲷脂肪酶基因和花鲈生长激素基因克隆及同源重组载体构建的实验。设计了特异引物，利用Long-PCR技术，扩增出4 kb的真鲷脂肪酶基因和2.5kb的花鲈生长激素基因组片段，并成功地克隆到质粒载体中，获得了这两个基因的大片段克隆。测定了这两个基因片段的序列。同时，还构建了正选择标记基因（SVTK-neo）和负选择标记基因(SVTK-tk)表达盒，目前，正在将这几个元件组装在一起，构建基因打靶载体。

将GFP（绿色荧光蛋白）报告基因成功转移到花鲈和真鲷胚胎干细胞中，观察到GFP的表达。

该项研究已在中国水产科学和国际刊物Aquaculture(SCI刊物)上各发表论文1篇。

（刘世禄　孙惠玲）

【海藻生物技术】

海带生物技术

海带是中国海洋渔业的支柱产业之一。“九五”期间，青岛海洋大学戴继勋、崔竞进等承担的海带研究课题有国家科技攻关项目“海带细胞工程育种”、“海带的品种选育”、国家“863”攻关项目“海带良种克隆纯培养及保存技术研究”、国家自然科学基金“海带雄性生活史的研究”以及国家重大基础研究“海洋药源生物基因库的构建”中有关海带种质库构建。

5年来，在良种克隆纯培养和种质库的构建中，从日本引进了海带（*Laminaria japonica*）和长海带（*L. Langisima*），从福建引进了中国南移福建的海带，它们是经过20余年在福建的自然选择和人工选择的地方种群。从这些引进材料中分离培养保存了30个配子体克隆细胞系，为今后育种扩大了种质材料。对部分配子体进行了同工酶和RAPD分子标记。在海带雄性生活史研究中，研究了雄配子体的生长发育条件和单性生殖叶状体的遗传特点，获得了雄性配子体的染色体诱导加倍，为海带雄性生活史的构建和杂种优势的应用提供了可能。

在海带品种选育工作中，进行了种内和种间杂交，其中有日本长海带和山东品系，欧洲海带与山东品系、福建品系与山东品系杂交和自交选育多种组合。“远杂10号”海带新品种的选育是90年代初，从海带（*L. japonica*）的雌配子体H10与糖海带（*L. saccharina*）雄配子体种间杂交，通过几代自交，再杂交，到1995年后通过提纯培育，形成了一个藻体厚成早，孢子囊发达的高产早熟品种。到1999年，该品种增产30％以上，累计推广2万余公顷，增收效益5.7亿元。“荣福品系”的培育，是1997年以“远杂10号”为母本与福建雄配子克隆杂交，经过二代自交定向选育，于2000年获得的新品系——“荣福”，其产量比“远杂10号”增产5％。“海带配子体细胞工程研究及其应用”项目2000年1月获教育部科技进步一等奖。（戴继勋）

海藻工具酶及其应用研究

该项目属国家“九五”科技攻关，由青岛海洋大学戴继勋、刘万顺等承担。“海藻工具酶及其应用研究”是一个具有开创性的海洋生物技术系统工程。它包括酶的筛选、制备、纯化，海藻细胞的解离，紫菜酶法育苗和大型藻生产活饵料用于海产动物育苗等。

解离大型海藻的工具酶是从海洋动物和海洋微生物中筛选、诱变制备的。从海洋动物石鳖、帽贝提取消化酶，对20余种海藻进行了细胞解离效果的研究。从海洋微生物中筛选出两株高效产酶菌株。一株为主要分泌琼胶酶的假单胞菌（*Pseudomonas atilantiea*），适于经济红藻的单细胞和原生质体制备；另一株为主要分泌褐藻酸酶和埃氏交替单胞菌(*Alteromonas espeiiana*)，适合于褐藻单细胞和原生质体的制备。“从海洋微生物制备海藻解壁酶”于1997年12月获山东省科技进步三等奖，“海藻工具酶及其应用”于1999年12月获青岛市科技进步二等奖。

利用海藻工具酶解离紫菜叶状体，进行育苗养殖，该研究也是戴继勋、刘万顺等所承担的山东省科委课题“紫菜叶状体细胞工厂化育苗技术研究”并于1998年12月通过山东省科委组织的鉴定。1999年获日照市科技进步一等奖。在5年时间里，总计育苗3 217个网帘，面积20 259平方米，养殖规模达到中试。育苗时间由传统育苗5～6个月，缩短到5天；克服了传统育苗仅秋季采苗的局限，可实施随时生产种苗，保证了海区的利用率和紫菜的优质率，具有很好的经济效益。

“大型藻酶法生产单细胞活性饵料”研究应用于海产贝类育苗试验，在提高亲贝存活率、性腺指数、产卵量、孵化率和幼体变态率、生长率等方面都取得了很好的结果。该研究2001年获山东省自然科学优秀论文一等奖。目前海产动物育苗由于单细胞饵料不足，每年的经济亏损占育苗生产的1/3以上，经济损失数以亿计。利用大型藻活细胞饵料，既可提供丰富的营养，又可改善水质，使育苗水体成为一个自我调节，高效和稳产的良性生态体系。

由青岛海洋大学、荣成市海水育苗场、荣成市海水养殖场和日照市海水育苗场共同研究的“大型海藻生物技术研究及其应用”于2000年获国家科技进步二等奖。（戴继勋）

【紫菜细胞技术育种】 江苏省海洋水产研究所许璞主持的“海藻良种化养殖的研究”“紫菜细胞技术育种”专题（1996～2000年）来源于国家“九五”重点科技项目（攻关）计划“农业生物关键技术研究”项目的“生物技术培育海水养殖生物优良品种”课题。

该项目研究在“单倍体组织细胞育种”与“类愈伤组织技术育种”两个方面展开。“单倍体组织细胞育种”目前国外未开展同类研究，研究人员在前期研究工作中获取的基础性研究结果，在该项目执行期间获突破性进展，形成了一项重要的紫菜同型单倍体组织细胞育种技术方法。通过建立单孢子个体发生与生长的培育系统，经组织培养，获取纯合的丝状体，以种质保存、应用。国内外在紫菜类愈伤组织的分化生长有许多研究描述，但主要集中在叶状体的发生与生长方面。该研究不仅肯定紫菜类愈伤组织可以发生丝状体，而且根据这一研究结果建立了利用类愈伤组织培养获取纯系丝状体技术的育种方法。

通过单倍体组织细胞的培养由“单倍体组织细胞育种”与“类愈伤组织技术育种”形成的紫菜细胞技术育种方法成功地培育出了Y-9502、Y-9101、Y-9430条斑紫菜3个新品系（农业部水产种质与渔业环境质量监督检验测试中心报告）及20余个条斑紫菜品系的保存株系（国家级紫菜种质库保存）。新品系具有适温广、抗逆性强的特点。2000年推广面积近1 333余公顷，占全国条斑紫菜栽培生产面积的20％多。累计推广面积达到 4 333余公顷。平均增产增效达到10％的水平，已成为条斑紫菜产区的主要推广应用良种，具有良好的产业前景。

【紫菜种质保存与应用】 建立紫菜种质保存与应用的技术体系是实现海藻良种化栽培的技术基础之一，目前国内尚未有完整的技术体系。本研究采用的技术路线：建立制备保持种质性状特征无性系丝状体的培育系统→种质丝状体的纯化→纯净丝状体（纯系、保持系）→种质一级保存→种质二级保存→种质扩增培养→种质应用。

该研究成果为建立紫菜种质制备技术与操作系统制定了《条斑紫菜栽培种质操作规程》（DB32/T168-1997）；建立了紫菜种质扩增培养的操作程序及生产性应用的技术方法；为国家级紫菜种质库的建立提供了可靠的种质保存与应用技术支撑。应用本研究技术制备保存了344株（系）紫菜种质（国家级紫菜种质库，1999年）。通过种质制备获取的紫菜良种无性系种质适合于不同条件的育苗生产单位使用。无性系种质丝状体接种贝壳不受天气与环境的影响，具有极强的实用效果。该研究推广应用的3个优良品种，在相同栽培生产条件下提高产量20％以上，具有较好的生产推广前景。

【海藻种质鉴定和育种的分子生物学技术】 2000年10月29日，“863”项目专家组对“海藻种质鉴定和育种的分子生物学技术”课题进行了验收审查，其结论为：主要考核指标已超额完成，研究工作比较踏实，其研究水平达国内先进水平。

该项研究中，“紫菜种质鉴定和分子生物学技术辅助育种”列为专项研究内容，由中国科学院遗传所、中国科学院海洋研究所、江苏省海洋水产研究所 3 单位承担。研究取得的主要成果为：①获得紫菜多态性DNA片段100个以上，建立了供试材料的DNA指纹图谱。②获得紫菜10个栽培品系种质无性系的特异分子标记，其中 2 个已转换成生产上可直接使用的SCAR标记。③应用特异分子标记，建立 2 个优良条斑紫菜品系的保存技术规范，并已在实际生产中应用。（许 璞）

【海藻生物反应器育苗技术】2000年10月28日，“863”项目专家组对“海藻生物反应器育苗技术”课题进行了验收审查，其结论为：整体上，该项成果达到国内领先水平，部分达到国际先进水平。

该项研究中，“紫菜生物反应器育苗技术”列为专项研究内容，由中国科学院海洋研究所、江苏省海洋水产研究所、上海水产大学和宁波大学 4 单位合作承担。研究取得主要成果为：①研制成功适合于紫菜等海藻种质无性系培养的生物反应器，并获实用新型专利证书。②建立了紫菜细胞工程和生化工程的技术基础及应用方案。③应用藻类生物反应器建立了紫菜种质无性系快速扩繁技术，在研究过程中，培育了240公顷优良紫菜苗种，为紫菜优良品系产业化提供了技术支持。（沈颂东）

【人工养殖褐牙鲆、大菱鲆体色异常机理的研究】 体色异常是常发生于人工养殖鲆鲽类的一种体表皮肤色素异常现象，体色异常大大降低了成鱼的商品价值，也严重降低增殖放流鲆鲽类苗种的存活率，对增养殖经营造成很大威胁。虽然通过各种饲育技术的改良，已大大减少了人工养殖鲆鲽类的白化现象，但大规模工厂化养殖中仍有20%左右的白化率，新品种大菱鲆的白化现象更为严重。对于两者体色异常的机理及其与变态的相关性、白化与黑化的发生机理等问题尚缺乏系统的理论研究。

该研究利用细胞组织学、生物化学及PCR实验技术对人工养殖体色正常及异常褐牙鲆和大菱鲆的体色调控机理进行研究。详细观察其体表色素细胞的形成时期、发育及分化以及皮肤的发育及其结构特征，确定了白化发生的时阈及条件，补充了大量鲆鲽类皮肤发育的形态学和组织学资料。首次对白化和黑化现象进行同步研究，并提出变态期为体色异常现象发生的关键时期，白化和黑化的发生机制相同，是体表黑色素胞转化异常在鱼体两侧体表出现的不同表现症状，应作为一个问题来研究。首次在褐牙鲆和大菱鲆皮肤中发现发达的氯细胞，并观察到皮肤氯细胞的退化过程。证实皮肤在鲆鲽类早期发育阶段的渗透压调解中起到重要作用，这一发现对了解鲆鲽类仔稚鱼的耐盐能力具有重要意义。同时初步对体色异常鲆鲽类的体色恢复现象进行了研究，提出鳞片由圆鳞向栉鳞的转化与褐牙鲆白化的可恢复性有密切关系的新观点。利用生化方法对相同生长环境及相同饵料条件下培育的白化和正常褐牙鲆皮肤及肌肉组织中的脂肪酸含量进行测定。结果发现白化褐牙鲆皮肤中DHA的含量显著低于正常鱼，但两者肌肉中DHA含量没有明显差异。由此推断，白化和正常个体皮肤中脂肪酸的转换效率存在差异。另外，首次从遗传学角度对体色异常与正常褐牙鲆的基因表达进行了比较研究。测定部分体色正常和异常褐牙鲆线粒体细胞色素b基因片段，发现正常个体的遗传多样性较高于体色异常褐牙鲆。

该研究可为中国鲆鲽类养殖技术的改良提供可靠的理论依据。为人工养殖褐牙鲆和大菱鲆的种质结构优化服务，并为预防白化苗种人工放流后所产生的生态负效应提供理论依据，具有重要的社会、经济和生态效益。（张秀梅）

【花鲈种质及群体的遗传学、形态学研究】 形态学研究表明：中日花鲈在鳃耙数、脊椎骨属、侧线鳞数上存在显著差异。同工酶分析表明：中国花鲈群体间根井遗传距离为0.000 4～0.001 1，平均为0.000 8；中日花鲈间遗传距离为0.191 8，远远大于中国花鲈群体间遗传距离；中日花鲈在*GPI-1**、*GPI-2**、*LDH**基因位点上的基因频率近乎完全置换。中日花鲈线粒体DNA Cytb基因片段序列（长度410bp）差异大于7%。以上研究结果表明中日花鲈间差异很大，中国花鲈应为不同于日本花鲈的一个种，为区别于日本花鲈，建议暂用 *Leteolabrax* sp.表示中国花鲈。（高天翔）

【鳀鱼深度综合开发利用】 该课题由国家海洋局第二海洋研究所朱碧英研究员承担，属浙江省科技兴海重大项目，并得到国家海洋局的大力支持与资助。该课题以丰富的海洋中上层低值鱼——鳀鱼为原料，通过实验试验、工厂化中试及生产，综合开发了鳀鱼鱼油。其主要特色和创新点如下：

（1）鱼油脱胶不加氮气低温精炼的特殊工艺，减少了设备投资、降低了开发鳀鱼鱼油的成本；采用复合酶水解鳀鱼蛋白质生产工艺，已中试成功。

（2）通过对鳀鱼的高值化综合开发利用，使鲜鳀鱼的产值比单一生产鱼粉提高近10倍。

（3）提供的精制饲料鳀鱼鱼油达到部颁一级质量标准，营养保健鳀鱼鱼油EPA和DHA含量高达41.8%，酶法制取的可溶性鳀鱼蛋白质短肽类物质分子量在1 000以下的占54%，在鳀鱼的综合利用方面已达到国内领先水平。

（4）在舟山嵊泗县黄龙鱼品有限公司建成的3 000吨精炼鱼油生产线，已生产精炼鱼油700吨，产值达400万元。该生产线自动化程度高、效率高、产品质量稳定，对环境基本无污染。以上成果应用将改变浙江省多年来海洋低值鱼加工的落后局面，为水产品的深度加工、加快海洋药物及功能食品的研制和生产开辟了新路，取得了良好的经济效益和社会效益。（孙煜华）

【牡蛎壳土壤调理剂】 牡蛎壳土壤调理剂是由牡蛎壳为主要原料，应用生物工程技术，通过对牡蛎壳粉改性并与多种海洋生物活性成分胶联而开发研制的一种新型多功能土壤改良和调理剂。牡蛎壳具有纳米级微孔结构，含有生物活性的氨基多糖及特性蛋白。富含大量的钙元素和镁、钠、钡、锶、铜、铁、锌、钼等微量元素。该产品能显著改善土壤理化结构，使土壤形成良好的团粒结构，为作物根系的生长创造了良好的条件，使作物能很好地吸收各种养分，从而促进作物的生长发育，而且使用后可有效地缓解由于大量使用化肥而造成的土壤板结、肥料利用率降低等问题，且对土壤没有任何污染。该产品可广泛适用于大田和大棚土壤，是解决大棚或温室由于长期高强度耕作及大量使用速效化肥而造成的土壤结构变差、土壤养分失衡、地力下降等一系列问题的理想用品，对推动中国种植业的发展有着不可估量的作用。（刘安国 谢正侠）

【大规模海水养殖区养殖容量与优化技术】 该专题解决了潮间带养殖系统沉积环境生态评价、潮间带养殖系统供饵力评测、潮间带养殖系统养殖容量评估、潮间带养殖系统卫生质量监测与分级和潮间带养殖系统贝类洁净生产等关键技术问题。通过对潮间带养殖区沉积环境粒度、颗粒有机物POM时空分布及来源的分析，评测了水体及底质的供饵力，并根据实验室内及野外的菲律宾蛤仔生长实验，估算了蛤仔的能量及物质收支模式，建立了针对菲律宾蛤仔投养时间、底质、规格和密度等生态优化养殖技术。每年选择春季（4～5月份）投苗，贝苗适宜规格在1.5～2厘米，合理投放密度为700个/平方米，产量可达22 500千克/公顷，比靠传统自然蛤苗繁生方法的产量提高了10%以上。并通过加速贝类自净速率的清洁生产技术，提升了菲律宾蛤仔的品质，取得了显著的成果。（中国科学院海洋研究所）

【海藻良种化养殖】 研究开发了“海带细胞工程育种”新技术，培育出“远杂10号”海带新品养殖80公顷，总产282.4万千克，增产30.47%，每公顷增值16 500元，共增收132万元。

进行了裙带菜不同克隆系间的杂交实验，培育出多个具有优良性状的杂交组合，并对其子代孢子体进行了筛选，其中优良新品系LD及No.1.具有叶片柔嫩、光滑、少毛囊，口感好的特点，受到养殖者的好评，培育出的子代孢子体遗传性状稳定，都具有该新品系的优良经济性状。将其应用到生产性育苗实验，获得成功。

研究了单克隆系的培养和保存方法，建立了一套保存单克隆的技术，研制了一个合理的营养配方。提出一套工厂化快速培养单克隆的技术，在适宜的条件下，其日生长率可达30%。研究了裙带菜单克隆转化为孢子体的诱导技术，使裙带菜单克隆在10天左右即可发育成熟转化为幼孢子体。建立了适用于大规模生产条件下的裙带菜细胞工程育苗技术。利用该项技术进行规模化育苗，为产业用苗提供了较成熟和实用的技术。

（中国科学院海洋研究所）

【大型海藻良种克隆纯培养与保存技术】 主要进行了海带良种克隆纯培养及保存技术研究；海藻良种克隆无菌纯培养技术研究；海藻良种克隆无杂藻培养技术研究和海藻良种克隆长期保存技术研究。通过研究创建的大型海藻配子体克隆种质库培养技术、用海带配子体克隆的两系杂交法制备杂种优势海带种苗的种质工程研究与应用、紫菜丝状体和膨大藻丝克隆单藻纯培养技术、紫菜壳孢子冷冻干燥低温保存技术、裙带菜雌、雄配子体分离纯培养技术、裙带菜雌、雄配子体无菌纯培养技术、紫菜丝状体和膨大藻丝克隆和裙带菜配子体克隆种质库等方面均居国内领先水平。（中国科学院海洋研究所）

【珠母贝多倍体育种及养殖研究】 该项目是由中国科学院南海海洋研究所、全国科技兴海技术转移广西中心完成，“珠母贝多倍体育种及养殖研究”是“863”计划“819”主题“海水养殖动物多倍体育苗和性控技术”项目的课题之一。主要研究开发珠母贝多倍体诱导技术和一系列配套技术，获得四倍体成贝，为大规模高效率生产三倍体奠定基础。同时开展珠母贝直接诱导三倍体提高其三倍体诱导率的研究，筛选高效低毒的多倍体诱导剂，进行三倍体种苗生产工艺研究和三倍体育珠的生产性中试，培育出育珠生产性状优良的新品种，为进一步促进中国海水珍珠事业的发展提供重要的科学资料。

三倍体的珠母贝生长较快，个体大，珠层厚。它能插大核，培育大型珍珠提高珍珠品质，三倍体珠母贝是不育的，生殖腺发育差，插核部位宽松，能减少脱核污珠，提高成珠率。科技人员通过几年努力，取得了以下主要成果：①通过三倍体诱导处理条件及处理方法研究提高了直接诱导三倍体的诱导率；②筛选出高效低毒的三倍体新诱导剂——6-DMAP，并应用于实验与生产性中试；③进行了三倍体种苗生产工艺研究（三倍体育苗中试），二年内培育出三倍体组贝苗4270万只，编写了“珠母贝直接诱导三倍体的种苗生产操作规范”；④进行了三倍体贝苗养成中试，在近二年的海上养殖期间，三倍体组的壳高和体重比二倍体对照组增加13.5%和 24.9%，插核率提高22%；⑤完成了三倍体育珠生产性中试，3n组的留核率、成珠率、大型和中型珍珠的比例，珍珠重量分别比2n组提高35.4%，30.8%，38.6%和14.3%；⑥用雌性三倍体同雄性二倍体交配通过抑制第一极体排放成功地诱导出四倍体。这是国际上首次在珠母贝培育出四倍体贝类，也是国内贝类多倍体育种方面最早培育出四倍体成贝，为实现4n和2n杂交产生全三倍体的育种途径奠定基础；⑦开展贝类多倍体产生机理，非整体倍体及基因杂合度和生产关系的研究。（何毛贤）

海洋药物和保健品开发
Marine Medicines and Health Care Foods Development

【新研制及生产的海洋药物和海洋保健食品】 在预防、治疗重大疑难的药物研制方面，2000年青岛海洋大学海洋药物与食品研究所的两个一类新药D-聚甘酯、911已进入临床二期研究阶段，抗动脉粥样硬化一类新药916也已进入临床一期研究，抗尿路结石多糖类药物HSH-872已完成临床前所有研究内容，估计2002年下半年进行临床研究答辩。在海洋保健品方面，开发了欧参宝免疫增强、记忆功能改善胶、尔森深海鱼油软胶囊、鳗精胶囊、抗疲劳理想牌螺旋藻胶囊，它们具有调节血脂的作用，海鸿生牌鲨鱼软骨胶囊具有免疫调节作用等。

【新成立海洋药物教学、研究机构和生产企业】 中国开展海洋药物及海洋天然产物研究的主要单位有：青岛海洋大学、中山大学、中国科学院海洋研究所、中国科学院植物研究所、北京大学、中国药科大学、清华大学等。

2000年9月23日，青岛国风生物海洋药物工业园在青岛经济技术开发区正式破土动工，它是一个集科研、开发、生产于一体的、总投资7亿元（含土地投资）的新型现代化工业园，主要包括海洋药物、生物工程产业及现代中成药的研究开发及生产。国风生物海洋药物工业园是青岛市充分利用海洋科研资源、发展海洋药物、生物工程的载体，它在海洋科研与产业之间搭建了一座无形的桥梁，同时又是企业筑巢引凤，吸引科研人才、项目、资金的基地。它的建成促成大量的实验室成果在此孵化、成熟，从而带动整个制药业的发展，并成为同行业进步的技术辐射源，对国家具有十分重要的现实意义。

（耿美玉　管华诗）

【新型抗艾滋病海洋药物911的开发】 海洋药物911是1987年从海藻中分离提取后经分子修饰而成的同糖化合物。根据糖类药物多年抗病毒构效关系研究的结论，经过5年多的改构工艺摸索，于1991年确定了该化合物的化学结构、制备工艺及质量控制标准等，在此基础上经过大量的抗病毒活性筛选明确了911抗HIV病毒的活性，并于1995年申请了专利，专利申请号95110396.2。

(1) 临床前研究基础：①药学。按Ⅰ类新药的要求，完成了所有药效学实验研究的内容，即确定了它的制备工艺路线（包括反应条件，精制方法），测试并确证了它的化学结构；测定它的理化常数，确定了它含量测定方法，纯度检查方法，在此基础上制订了临床原料药的质量标准；确定了制剂的处方及质量标准（胶囊），并观察了原料药及制剂的稳定性。②生物学。毒理试验：按卫生部对Ⅰ类新药的要求，系统进行了毒理学研究，研究了911对动物的急性毒性、长期毒性、特殊毒性及一般药理学试验。药效学试验：911在抗艾滋病活性研究方面，进行了体外、体内药效实验。③工程化及产业化研究。已在国家海洋药物工程中心进行了911的中试放大试验，完成了911工艺路线及物料衡算研究；设计出了年产10吨原料药生产线的设计图纸及相应设备配备明细。

(2) 临床研究基础：911已经国家药品监督管理局批准进入临床研究，目前已在北京协和医院完成Ⅰ期临床研究，即将进入Ⅱ期临床研究。

该药研制单位为青岛海洋大学。

【D-聚甘酯的临床研究及产业化开发】 D-聚甘酯，是1987年从海藻中分离提取后经分子修饰而成的同聚糖化合物。根据抗脑缺血病药物构效关系研究的结论，经过多年的分子结构修饰和工艺优化，确定了该化合物的化学结构、制备工艺、理化性质，并起草了临床用质量标准等，并在此基础上经过大量的活性筛选明确了D-聚甘酯抗脑缺血病的活性。D-聚甘酯是具有中国自主知识产权的国家Ⅰ类海洋创新药物，1995年12月6日获国家发明专利，1997年7月8日获美国专利。

(1) 临床前研究基础：①药学部分。到目前为止，D-聚甘酯已按国家一类新药的要求全部完成了临床前所有药学部分的研究包括D-聚甘酯化学结构分析和确证、制备工艺的研究、理化性质的研究、临床用药品质量标准的研究，并确定了制剂的处方及质量标准（片剂和注射液），观察了原料药及制剂的稳定性；②生物学部分。药效学试验：对D-聚甘酯的系统实验研究表明，该药对缺血脑组织具有明显的保护作用，疗效确切，且具有口服易吸收、毒副作用小等特点，有望将其开发成为一类抗脑缺血的新药。

(2) 临床研究基础：D-聚甘酯已经国家药品监督管理局批准进入临床研究，目前已在北京解放军301总医院完成Ⅰ期临床研究，正在进行Ⅱ期临床研究。

该药研制单位为青岛海洋大学。

【海洋抗尿路结石药物HSH-872的研制】 青岛海洋大学已确定了该药物化学结构和制备工艺路线（包括反应条件、精制方法），完成了理化常数、纯度检验、含量测定等质量研究。在药效学实验体外机理实验方面：①HSH-872对草酸钙成石反应影响的动力实验，证实HSH-872可抑制草酸钙晶体晶核的形成；②应用种子晶模型和恒组份模型证实HSH-872可抑制草酸钙晶体和磷酸钙晶体的生长和聚集；③Zeta电位测定证实HSH-872能增加晶体表面负电荷分布从而使其具有抑制活性；④晶体-细胞粘附实验证实HSH-872具有抑制晶体向MDCK细胞系（肾小管细胞）细胞表面粘附的作用；⑤HSH-872保护膀胱粘膜实验表明HSH-872对由盐酸引起的大鼠膀胱损伤具有保护作用。在体内药效学实验方面：①HSH-872对由氯化铵和乙二醇导致的大鼠肾结石有明显的预防和治疗作用，12.5毫克/千克、25毫克/千克、50毫克/千克三个剂量表现出明显的量效关系，病理切片结果表明，HSH-872可以改善氯化铵和乙二醇导致的肾组织损伤；②将人结石颗粒植入大鼠膀胱中，发现HSH-872可以部分溶解植入的结石，将锌粒植入大鼠膀胱中，发现HSH-872可经明显抑制结石颗粒的增重；③大鼠一次性口服HSH-872后，发现尿液中总硫酸多糖含量显著升高，口服后第一、二天可以在尿液中用电泳检测到原型HSH-872。小鼠的急性毒性实验：证实小鼠静脉注射10克/千克、口服

15克/千克HSH-872未表现出毒性反应。HSH-872的特殊毒理实验（Ames实验）表明HSH-872对TA97、98、100、102号菌株的回复突变没有诱导活性。

该药研制单位为青岛海洋大学。

【海洋纳米靶向抗癌药物的研制与开发】 纳米靶向抗癌药物是集缓释和靶向定向于一体的新型抗癌药物，将给癌症治疗开辟一条有效的途径，具有重要的社会意义。

青岛海洋大学海洋药物研究所对海洋活性物质进行了大量的筛选、化学修饰及构效研究，优选获得了一种新型化合物（简称SC-960），它在肿瘤组织中呈显著富集，具备了抗癌药物靶向载体的特性，在此基础上，利用"等点临界法"纳米制备技术，将抗癌药物包封于载体中制备了纳米微球。

药理学和药物动力学实验结果表明，SC-960克服了壳聚糖在体内易发生酶解保留时间较短、与组织或细胞发生相互作用而产生一定的毒副作用等缺点。利用SC-960进行了包载抗癌药物X的相关试验，药理实验表明载药微球的抗癌活性明显提高，毒性显著降低。因此，该课题设计开发的纳米靶向抗癌药物具有广阔的开发前景。

该课题解决了纳米靶向抗癌药物的三个关键问题：①靶向抗癌药物的载体（简称SC-960）的获得。经过大量的构效关系研究和体内代谢动力学的研究，得到得 SC-960在肿瘤组织中呈显著富集，具备了抗癌药物靶向载体的特性。而且，具有显著的缓释作用，其半衰期为40.0小时；②纳米微粒的制备利用物理法将靶向抗癌药物制成纳米级微粒；③药物体内分布的测定利用荧光标记法，测定了药物载体载体内各组织中的分布。

青岛化工学院承担纳米制备部分的研究及中试部分的工作，其余部分由青岛海洋大学承担。 （刘安国　谢正侠）

【抗肿瘤海洋生物新药】 科研人员从海洋生物获得4种先导化合物进行抗肿瘤药物的临床前研究。特别是针对4种先导化合物的药效展开了重点攻关，并取得突破。

【海洋生物多糖新药】 中国科学院海洋研究所承担的"褐藻多糖硫酸脂"完成了临床前的全部工作，最终临床研究待随诊患者结束后完成，计划年底完成本专题按合同规定的攻关目标和考核目标，已经完成了二期临床研究，申报并将取得新药证书；取得发明专利1项；完成了年产1亿粒（10吨原料药）肾海康胶囊的初步设计。 （中国科学院海洋研究所）

海水淡化与综合利用技术
Technologies for Seawater Desalination and Multipurpose Use

【海水直流冷却技术】 "海水直流冷却技术研究"是国家海洋局天津海水淡化与综合利用研究所承担的"九五"国家重点科技攻关项目专题之一，专题系统总结并规范有关防腐蚀、防海洋污损、生物附着等成熟技术，同时开展有关新技术研究，编写海水直流冷却实用技术指南，为制订海水直流冷却设计规范提供技术依据。

该项目已完成全部研究内容，2000年12月通过科技部组织的终期验收。取得两项科技成果，实现两项技术突破，技术水平达到国内领先。

【海水化学资源综合利用】 海洋中包容着丰富的化学资源，海水化学资源主要是指海盐、钾盐、溴素及镁盐等四大主体要素，是中国国民经济的重要基础化工原料。

海水化学资源综合利用主要包括海水中钾、溴、镁及微量元素提取技术，淡化后浓缩海水、制盐母液、地下卤水、盐湖卤水综合利用技术，溴系列产品、无机功能增强材料研究等项内容。

"海水卤水提取硫酸钾技术研究及产业化"、"溴素深加工技术研究"、"盐田卤水提取镁肥、高纯镁系物技术研究及应用开发"及"无机盐功能材料晶须硼酸镁的研制"是国家海洋局天津海水淡化与综合利用研究所承担的"九五"国家重点科技攻关项目的4个专题，2000年12月通过国家科技部组织的终期验收。取得了10项科技成果，其中，"天然沸石法海水卤水直接提取钾盐技术"实现了海水提钾技术的重大突破，达到国际领先水平；"气态膜法海水、卤水提取溴素技术”实现了技术创新，术国内领先水平；“高效、低毒农药——二溴磷”新产品填补了国内该项技术和市场的空白。

海水化学资源综合利用技术不仅在制盐化工、制药、化肥、阻燃剂等领域得到广泛应用，同时也适用于对西部丰富的地下卤水、盐湖卤水中化学资源的提取，随着中央西部大开发战略实施，其应用前景将更加广阔。

（国家海洋局天津海水淡化与综合利用研究所）

【大生活用海水技术研究】

完成单位：国家海洋局天津海水淡化与综合利用研究所。

成果简介：该专题主要研究了冲厕海水的后处理技术，同时提出了海水冲厕技术推广应用的相关政策和法规，为在沿海有条件的地区和城市推广海水冲厕提供了科学、实用的依据。专题组在经过充分调研和查阅文献的基础上，完成了以下研究内容：①提出大生活用海水与城市污水混合后含盐城市污水生化处理的工艺和技术参数；②提出了合理利用海水稀释自净能力将大生活用海水深海排污的条件；③完成了大生活用海水的技术经济分析；④提出了大生活用海水的水质标准建议；⑤提出了大生活用海水排放标准建议；⑥提出了沿海城市利用海水作为大生活用水的相关政策及法规建议。

该项目已完成全部研究内容，2000年12月通过科技部组织的终期验收，取得了4项重大科技成果，实现了5项技术创新，技术水平达到国际先进水平，填补了国内空白。

推广应用前景：随着经济的高速发展和人口的急剧增长，中国面临的淡水紧缺问题日益严峻。据不完全统计，城市生活用水占城市供水的20%，而冲厕用水占城市生活用水的35%左右。目前，中国沿海地区已有居住人口2亿多，若有10%的居民采用海水冲厕，每年可节约淡水5亿立方米，可大大缓解沿海地区淡水资源紧缺的局面，具有重要的经济效益和社会效益。目前，大生活用海水技术基本成熟，青岛、大连等多个沿海城市，已经与国家海洋局海水淡化与综合利用研究所达成了建立大生活用海水示范区的初步意向。大生活用海水技术应用前景广阔。

【高效、低毒农药——二溴磷工业技术】

完成单位：国家海洋局天津海水淡化与综合利用研究所。

成果简介：通过“九五”科技攻关已完成中试研究，形成250吨/年的小型生产装置，并完成了原油和50%乳油两项地方标准，取得了农药生产的登记证和准产证，填补了国内空白。该农药是一种高效、低毒农药，杀虫谱广，且具击倒速度快的特点。特别适用于蔬菜、果树、茶叶等经济作物，有望取代敌敌畏。敌敌畏收率为92.62%，溴素收率为95.68%。该产品含纯达94.02%，美国标准含纯为94%～96%。基本达到国外同类产品的水平。该成果已通过河北省科委新产品鉴定，成果编号为98213037D。

推广应用前景：该成果已取得农药生产所需的通行证，并形成批量生产，产品已投放市场，达到成熟的生产技术。该产品投放市场反馈意见良好，认为对害虫击倒快，杀虫率高，是受农民欢迎的产品。由于毒性较敌敌畏低近十倍，而杀虫谱与敌敌畏相当，因此，有望取代敌敌畏，市场前景较好。

【低温多效蒸馏海水淡化技术】

完成单位：国家海洋局天津海水淡化与综合利用研究所，山东黄岛发电厂。

成果简介：低温多效蒸馏海水淡化技术是在低温压汽蒸馏技术的基础上发展起来的，根据低温压汽蒸馏的研究成果，在“九五”计划后期，调整研究方向，为黄岛发电厂3 000吨/日低温多效蒸馏海水淡化示范工程。目前，已经完成淡化装置及工程的初步设计，吨水耗电指标1.5千瓦时，造水比9.6，蒸发器效数9，综合指标达到国际先进水平。该项目的技术关键在于蒸发器的设计和效间连接技术。在蒸发器的设计技术上，实现了特种铝合金作为传热管，以提高传热系数和降低结垢速度；传热管与管板弹性连接等技术突破，降低了设备造价，也便于更换传热管。另外，使用了碳钢加特种防腐蚀涂料为设备的外壳，根据用户的不同需要安排不同的液滴捕集装置，以达到不同的产品水纯度等效间连接技术。

推广应用前景：中国的人均淡水资源量仅为世界平均值的1/4，属于贫水国家；沿海城市和岛屿地区缺水更为突出。解决缺水的方法除了传统意义上的调水和蓄水工程、节水以及污水回用之外，海水淡化技术受到越来越多的重视。

低温多效蒸馏海水淡化技术，利用电厂、化工厂或是由化工厂的低品位余热，生产纯度极高的蒸馏水(<10ppm)，以作为锅炉的补充用水、生产过程的工艺用水或者大规模的市政供水。与传统的多级闪蒸相比，它具有设备的一次性投资低、热电消耗低、传热效率高、操作弹性大、装置的安全性好等诸多优点。特别适合于利用低位余热的大中型海水淡化使用。

低温多效蒸馏技术目前可提供的设备规格从1 000吨/日到25 000吨/日，并可以根据用户的要求提供特种设计。其推广应用范围在以下几个方面：

(1) 为电厂、化工厂、石化厂等滨海企业提供优质的锅炉补水或工艺用水，同时也可以利用低品位余热大规模提供市政用水。

(2) 某些粘度较高、有回收价值而又不适用膜法处理的废水及废液的蒸发浓缩；与反渗透联合以提高浓水收益的hybrid过程；高浓度苦咸水的淡化。

【低温压汽蒸馏海水淡化技术】

完成单位：国家海洋局天津海水淡化与综合利用研究所。

成果简介：低温压汽蒸馏是“916”项目的重要专题之一，通过攻关，完成以下成果：

(1) 成功地研制了海水淡化专用的液体分布器具有流体阻力小、喷淋面积大且均匀、不易堵塞的特点。

(2) 研制了不同金属传热材料的弹性连接装置，研制了蒸发器管板与蒸发管连接的弹性密封胶圈，实验证明有良好的密封性和绝缘性。弹性连接装置的研制成功，将为海水淡化设备使用廉价的铝合金材料提供可能，从而明显降低国产设备的价格，提高竞争能力。

(3) 开发海水淡化用特种铝合金管以及特种表面处理的铝管，指导国内铝合金厂开发了海水淡化专用铝合金传热材料A5052，机械性能和化学性能优于国外产品，已经有100吨铝合金管出口到以色列等国家。正在与国内相关机构合作开发特种低表面能处理的铝合金管，并取得重大突破。此种铝管的开发成功，改写了普通铝材不能作为海水淡化材料的历史，并将蒸馏淡化的操作区间扩大一倍，大大降低造价、提高装置性能。

(4) 成功地研制了海水淡化用蒸汽压缩机，目前完成的蒸汽压缩机效率大于78%，达到和超过了国外同类产品水平。1999年12月，国际著名的海水淡化公司——法国sidem公司的专家来该所访问时，认为该蒸汽压缩机的性能和价格方面已经达到了国际领先水平，表示sidem公司有相关项目时将进口我们的蒸汽压缩机。

(5) 完成了MVC设计软件的编制，完成的设计软件具有方案自动生成、装置设计、经济评估等多种功能，是MVC的综合软件。

该项目已完成全部研究内容，2000年12月通过科技部的终期验收。实现了6项技术突破，取得3项技术创新，技术水平处于国内领先、国际先进水平，压汽蒸馏设计软件填补了国内空白，完成了3 000吨/天低温多效海水淡化装置的设计，并将在山东黄岛发电厂建立示范工程。

推广应用前景：低温压汽蒸馏海水淡化技术适合于仅有电能可供利用的岛屿和地区，由于它的电力消耗较低(7～11千瓦时/立方米)，在燃料和电力价格较高的地区有竞争性；低温压汽蒸馏可以长期无故障运行，在造水成本中人工和维修费用较低，可靠性好；低温压汽蒸馏的产品水纯度高(TDS$<5\times10^{-6}$)，可以与当地的苦咸水资源混合，达到提高淡水资源总量和提高质量的双重目的；另外，低温压汽蒸馏海水淡化的产水量基本不受环境温度的影响。

低温压汽蒸馏技术目前可提供的设备规格从30吨/日到3 000吨/日，并可以根据用户的要求提供特种设计。其推广应用范围在以下方面：

(1) 解决海岛、旅游景点、宾馆和饭店等区域性供水，提高生活质量。

(2) 用于化工物料、制药、粘稠液体、工业废水等难以用膜法处理的物料的浓缩，达到回收有用物质和减少废水排放的目的。

除了海水淡化方面的应用研究之外，海水淡化所正在开展压汽蒸馏用于物料浓缩和废水处理方面的研究；同时，该种技术还可以用于蒸汽为循环介质的制冷和制热空调系统以及海水制冰。

【海水循环冷却技术】

完成单位：国家海洋局天津海水淡化与综合利用研究所。

成果介绍：海水循环冷却技术，是以原海水(苦咸水)为冷却介质，经换热设备完成一次冷却后，再经冷却塔冷却，并循环使用的冷却水处理技术。

循环冷却方式较直流冷却用水可节约95%以上，同时减少环境污染。

海水循环冷却具有海水取水量小、工程投资和运行费用低及排污量小等优点，因而具有如下优势：①便于海水处理场的社会统筹建设和集中供水管理；②便于原有淡水循环或海水直流的海滨工厂改、扩建；③便于离海较远和海拔较高的企业选用；④便于防腐、阻垢和防污技术的选用；⑤利于保护海洋环境，维护生态平衡。

海水循环冷却技术在投资、环保、技术、经济等方面较海水直流和淡水循环更具优势，是海水冷却技术的主要发展方向之一。有关技术国外已有应用实例，在中国尚处于研究阶段。由该所承担的“八五”国家、“九五”国家和天津市重点科技攻关项目，已经完成100立方米/时海水循环冷却工业试验，2000年将建成千吨级海水循环冷却示范工程，有关技术填补了国内空白。

推广应用前景：海水循环冷却技术是沿海城市和地区急需的环保型节水新技术，在节省大量淡水资源的同时，利于保护环境、维护生态平衡。可广泛用于沿海城市和苦咸水地区的电力、钢铁、化工、能源(石油煤炭)、建材、有色金属和食品等多种行业，应用前景十分广阔。

【苦卤与氯化钾制取硫酸钾万吨级工业技术】

完成单位：国家海洋局天津海水淡化与综合利用研究所，河北省大清河盐化集团公司。

成果简介：苦卤制取硫酸钾研究一直是国内苦卤利用领域科研重点。其技术关键是钠钾分离，先后有浮选法、旋流法、混合盐转化法等投入运用，但因其普遍采用物理方法进行氯化钠与钾盐的分离，存在工艺流程长、控制点多、投资大等缺陷。该工艺采用淡化所的发明专利及专有技术，通过调整兑卤比在蒸发过程中用盐析方法使系统中氯化钠以工业盐形式分离出来，达到钠钾分离的目的。该方法具有工艺简单、设备改动少、投资省的特点，普遍适用一般盐化工企业苦卤生产氯化钾或硫酸钾工艺改造。

主产品硫酸钾达到国家专业标准ZBG21006-89优级品水平，副产品氯化钠达国家工业盐GB5462-85优级品标准。

推广应用前景：该工艺发明单位多年从事苦卤综合利用研究工作，获多项发明专利及国家科技发明奖、部级科技进步奖。在大清河盐化集团建成万吨级生产装置并试验成功，生产硫酸钾达到国家优级品标准，替代进口作为制造复合肥原料或出售给当地农民作肥料直接在经济作物上使用，效果令人满意，有着广泛的市场前景。

【二溴磷原药、乳油中试技术】

完成单位：国家海洋局天津海水淡化与综合利用研究所。

成果简介：二溴磷是一种高效、低毒的农药。它具有杀虫谱广、杀虫兼杀螨且击倒速度快的特点。二溴磷农药的合成技术是国家海洋局天津海水淡化与综合利用研究所的扩试成果，并按国家规定连续进行了两年两地大田药效试验及原药的毒理、毒力试验，在此基础上1996年列为国家“九五”科技攻关项目，中试地点设在石家庄绿丰化工公司。1998年又被河北省科委列为河北省新产品攻关项目。合成工艺路线为敌敌畏溴化制得，目前已基本完成了100吨/年二溴磷中试。中试产品已投放市场。建立了一整套分析检测方法，同时完成了二溴磷原药和乳油的两项地方技术标准，现已被审定执行，编号分别为：DB13/374-1998；DB13/375-1998。制备的二溴磷标品通过了质谱、元素分析、核磁共振等诸项检测，从而填补了产品和生产技术双项空白。完成了二溴磷乳油的毒理和毒力试验。该项目已通过了河北省科委主持的新产品鉴定会。专家认为该产品填补了中国空白，工艺技术居国内领先水平，原药质量基本达到了国外同类产品的水平。

推广应用前景：中试产品投放市场后农民们反馈的信息很好，烟台福山区农技推广中心、深泽县农业局植保服务站及大田试验报告结果均表明二溴磷对害虫击倒速度快，杀虫率高。

【湿式筛分法制取硫镁肥（10 000吨/年）工业技术】

完成单位：国家海洋局天津海水淡化与综合利用研究所。

成果简介：湿式筛分法制取硫镁肥通过“九五”科技攻关已建成1 000吨/年的中试装置和完成中试研究，并形成专利(专利号99122218.0)。在中试基础上完成了干燥试验，中试表明：采用该工艺生产硫镁肥具有投资少、易操作、分离彻底、产品质量稳定、生产成本低等优点，产品质量超过了法国硫镁肥质量标准。中试干燥后产品质量为：氧化镁≥25%，三氧化硫≥49%(折硫≥19.6%)。法国硫镁肥质量标准(NFU42-001-1992)：氧化镁≥ 24%，三氧化硫≥48%(折硫≥19%)。国外硫镁肥主要为硫鲜矾矿精制而成，和本工艺没有可比性。

推广应用前景：本成果经过室内试验、扩试和中试逐级放大，放大过程中产品质量和工艺稳定，技术成熟度高。钙、镁、硫是重要的中量元素化肥，中国南方大量红壤土普遍缺乏硫镁，在缺硫、镁地区施用硫镁肥可以大幅度提高农作物的产量并可以改善其品质，其市场前景广阔。

（国家海洋局科学技术司）

海底探查与油气勘探开发技术
Seabed Probing and Offshore Oil & Gas Exploration and Development Technologies

【海底地形地貌电子数字化成图技术】 由国家海洋局第二海洋研究所高金耀、陶春辉两研究员为主承担的海洋领域“863-820”项目“海底地形地貌的全复盖高精度探测技术”课题下设的子课题。该课题在综合研究国内外现有海底地形地貌成图软件性能及发展基础上，从承担单位及依托部门的硬件和软件平台的实际出发，从底层自主开发的MBChart软件系统、SeaMap软件系统，为大洋矿产资源勘查和环境调查与资源开发提供了技术支撑，绘制出标准规范化的海底地形地貌图件，具有广阔的市场前景。这两个自主开发的软件填补了国内空白，取得的成果总体达到国际先进水平。

【深拖系统的高分辨率海底地形地貌扫描成像技术研究】 由国家海洋局第二海洋研究所包更生研究员为主承担的“深拖系统的高分辨率海底地形地貌扫描成像技术研究”以拖体定位技术、海底视声像图像处理技术为研究对象，建立拖体声学超短基线定位系统，开发专用的海底视声像处理系统，在海底地貌、海底表面微结构和海底变化复杂地段的微地形探测方面起核心作用。

课题在综合研究现有水下定位和视声像图像处理系统性能及发展的基础上，建立了拖体声学超短基线定位系统和从底层自主开发的海底视声像图像处理系统，为大洋矿产资源勘查和环境调查提供了技术支撑，填补了国内空白，取得的成果总体达到了国际先进水平。 （孙煜华）

【海底沉积物多源烃叠加地球化学场定量分析技术】 该课题针对海底沉积物油气地球化学测量中的地球化学变量具有多源性（生物成因烃、热解成因烃和幔源烃）和区域化变量性质的特点，采用多源地质统计学方法，定量分解叠加地球化学场。孟宪伟等全面收集了莺歌海盆地的沉积物油气地球化学测量资料（包括烃类、微量元素和碳同位素）和渤海渤中凹陷两个钻井的实测甲烷碳同位素资料；系统地阐述了油气地球化学场分解的理论和方法；以莺歌海盆地东部L29-1圈闭块段的油气地球化学勘测指标（H_4，C_2H_6，C_3H_8，iC_4，Hg，U_{210}，He，F_{320}）为输入参数，分别利用R型因子分析的“逆演”运算方法和空间因子分析方法，实现了该块段的多源烃叠加地球化学场分解，并绘制了该块段油气地球化学异常场分布图；以渤海渤中两个钻井（bz29-4-1和bz25-1-7）的实测$^{13}CH_4/^{12}CH_4$结果为参数，定量分离了生物成因气、油型气、煤成气和深部气的相对体积百分比；编制了空间因子分析方法、交叉变差函数和稳健克立格方法的FORTRAN-77源程序，并对因子分析“逆演”运算方法和空间因子分析方法的优缺点进行了初步讨论；研究成果为未来海洋油气地球化学异常圈定和评价提供了有效的方法和手段。

（国家海洋局第一海洋研究所）

【海上油气资源区域快速综合评价技术】 课题执行来源于科技部“863”计划，由青岛海洋地质研究所和中国科学院地球物理研究所共同承担，中国海洋石油总公司勘探开发研究中心、中国地质大学、广州海洋地质调查局等单位协作完成。该课题针对中国边远海区，在无钻孔或钻孔与其他地球物理资料很少的条件下，以地震方法为主线，集成多学科的评价技术，建立一套海上盆地油气早期快速综合评价技术系统，完成了一套多学科海上盆地油气早期评价综合技术及软件系统。该系统包括盆地描述和盆地模拟两大部分。该软件系统经820主题软件测试专家组测试后认为：总体设计先进，结构合理，用户界面和联机手册规范，具备海上油气资源早期评价的盆地描述和盆地模拟功能，具有很好的实用性。该项技术集成系统，目前是第一套海上油气资源综合评价的高新技术，已成功地应用于实际工作中。二维盆地模拟技术已作为中国海洋石油总公司的高技术支撑予以全面推广应用，地震反演等软件已推广到中国石油天然气集团公司。

（青岛海洋地质研究所）

【地质勘探技术】 在地质勘探技术方面，中国石化集团公司形成了三套油藏描述技术：应用河流相砂岩油藏建模技术、神经网络、多参数储层描述技术和测井约束反演技术的上第三系储层描述技术；应用高分辨率地层学理论宏观描述斜坡带低扇位体的下第三系储层描述技术；应用迭前深度偏移、地震相干分析、构造平衡剖面等技术描述潜山构造和应用Seiloq、测井约束反演描述储层空间展布。还开发了利用数值模拟及经济评价方法确定最佳井网井距、注水开发技术优化、提高经济可采储量的途径和方法、高效开发的经营管理模式等。

地质勘探技术应用效果显著。采用现代油藏描述技术，对钻遇的油层进行定量描述，计算探明储量，平均单井探明储量1 100万吨；采用油藏工程优化技术部署的近30口探井均获日产100吨以上的高产工业油流。通过先进地质勘探技术的应用，1998～1999年度新增探明含油面积27平方千米，三类石油地质储量5 172万吨；控制含油面积16.4平方千米，控制石油地质储量4 883万吨。

【勘探开发装备】 为适应滩海滚动钻探的需要，中国石化集团公司研制了海上组装式钻井平台，采用井口平台与工艺平台合二为一的结构，节约用钢量1/3左右，节省海上施工时间1/3左右。适应不同水深和采修一体化的需要，研制了采修一体化开发平台，坐底式可移动开发平台，推广应用自行开发的直立式井口保护导管架、导管架封隔器（已推广应用145套，每个可节约资金6.8万元）、火炬头（已推广应用15套），替代进口产品，节约了大量资金。建立了中国石油行业第一个现代化的滩海工程模拟试验室，进行了平台防冲淘实验研究、混凝土平台应用实验研究、桶形基础应用技术实验研究。（中国石化集团公司）

【多缆多源三维地震勘探技术】 东海三维地震勘探一直采用单缆单源作业。2000年，中国石化集团公司在东海海域首次采用多缆多源（六缆双源）三维地震作业，大大提高了地震船作业能力和降低了采集费用，仅用5个月的时间就完成采集面积2 154平方千米。

这次六缆双源采集中，采用差分GPS定位技术，充分满足了三维地震作业对导航定位精度的要求；三维实时面元控制，满足了近、中、远道面元覆盖要求；采用宽方位角的采集方法，有利于数据处理后噪音压制和侧面波的归位。

资料处理中采用了全三维的处理方法，取得了良好的处理效果：地震反射层次齐全，波组特征清楚、信噪比高，主要地震层位能连续追踪；中深层资料有明显改善，基底之下的中古生代反射界面有明显反映；断层清楚，不同级别断层均能得到很好显示；构造形态清楚，高点位置准确；同时为三维DMO叠加和偏移创造了良好条件，特别是在断层和构造复杂地区叠加效果好，偏移成像清楚，地质效果明显。

多缆多源三维地震数据体将在东海西湖凹陷的油气勘探和开发中发挥重要作用。

【测井约束波阻抗反演技术】 储层预测和气藏描述是东海气田勘探开发中要解决的主要地质问题，随着气田勘探开发程度的不断加深，难度越来越大，测井约束波阻抗反演技术是目前使用广泛而且很有成效的储层预测和气藏描述新手段。

测井资料具有较高的纵向分辨率，地震资料拥有横向分辨率优势，两者结合，通过声波、密度测井资料合成地震和地震层位标定，建立地下地质模型，在最小误差的优化原则下，进行测井约束反演。

测井约束波阻抗反演技术在东海西湖凹陷春

晓气田群的勘探和开发中取得良好的地质效果，处理获得的三维波阻抗数据体为春晓气田群的气藏描述和储量计算提供了可靠的基础资料。

【钻井工艺技术】推广应用并发展完善了海上丛式井交叉作业、高效PDC钻头、定向井井下导向技术、串接井下动力钻具复合钻井、密集型丛式井组科学施工技术、优质海水钻井液、顶驱钻井、油气层保护等八大优质高效钻井技术。

近年完成同类型丛式开发井组：开钻44口，交井46口，进尺68 963米，平均建井周期10.96天。与1997年相比，机械钻速提高7.08米/小时，钻机月速提高1 155.23米/（台·月），建井周期缩短3.25天，节约钻井成本近7 000万元。依靠优快钻井技术，有3条钻井平台进入国内和国际反承包钻井市场，创产值1.2亿元，其中外汇收入680万元。

【采油工艺技术】 形成了适合浅海油田防砂的定向井防砂工艺，主要包括绕丝筛管砾石充填、双层预充填绕丝筛管、金属棉滤砂管、金属毡滤砂管、复合防砂等。这5种防砂工艺在埕岛油田应用153口井，效果良好。形成了具有浅海特色的海上定向井采油生产管柱配套技术，主要包括自喷采油生产管柱技术、电潜泵采油生产管柱技术（电泵井平均检泵周期达486天）、螺杆泵采油生产管柱技术（螺杆泵平均检泵周期达640天），大面积推广了空心抽油杆。发展了油层保护技术，主要包括应用海水基入井液，采用负压（掏空）射孔方式，采用TR-5屏蔽暂堵剂对地层进行屏蔽暂堵。发展了海上油井安全生产配套技术，包括海上油井安全生产控制系统和油井自动生产测试系统，它是中国第一套海上定向井安全生产管柱专家系统。发展了定向井测试技术，包括井下毛细管压力感应系统、地面压力检测系统和数据转换系统、数据采集系统和回放系统。发展了海上注水工艺技术，主要包括同心双管分层注水工艺管柱技术、单管分层注水工艺管柱技术。

【油气集输和海底管线】 油气集输方式由最初的单井采油、穿梭油轮运输为主的生产方式发展到井组与井组、井组与中心平台、中心平台与陆岸管网联结为主体的集输模式。自行设计开发的海底管线刚性节点生产工艺简单且价格低，替代了进口产品。刚性节点从最初的隔板式结构逐步改进为锻制式结构，推广应用164套，价格仅为国外产品的1/3，大大低于隔板式刚性节点。

【液-液分离、海水处理技术】 中心一号平台污水处理和海三站燃料油处理，均采用了液-液旋流分离新工艺；设计了中心二号平台海水处理流程，解决了海上注水水源问题。

【自动化测控与计量技术】 埕岛油田自动化系统结构为“两级控制、三级网络”。两级控制即卫星平台遥测遥控和中心平台就地控制，三级网络是自动化网络延伸到海洋开发公司和管理局综合信息网。建立了手动计量和自动计量相结合、遥测遥控与就地显示相结合的海上油气计量新模式。自动化测控系统在陆地监控中心、两座中心平台和近20座采油平台投入运行、实现了监控中心到中心平台、中心平台到卫星平台的遥测遥控。

【滩海工程施工技术】中国石化胜利滩海工程不断进行科技攻关：自行研制开发了滩海驳载撬式挖沟敷缆装置和180千瓦震动式打桩锤，使施工能力和技术得到迅速提高；1999年5月1日，国内第一艘非自航式滩海铺管敷缆船下水，标志着海上油田开发建设装备水平迈上新台阶；海底管线电缆检测维修装置已完成了整体设计和部分项目的实验工作，目前正在武汉造船厂加紧制造；完成了滩海道路的设计与建设；进行了多种防腐试验；2000年6月引进的管道内防腐作业线正式投产，成为中石化系统首条高技术预制防腐作业线，标志着胜利油田在管道内防腐技术上实现了重大突破。

全年完成科研课题13项，其中海四联脱水工艺优化研究、埕岛油田天然气开发潜力研究、动态数值模拟跟踪系统推广应用等项目取得重大进展。有7项科技成果分别获胜利石油管理局科技进步和新技术推广奖。“实施三大创新战略高速高效建成中国浅海最大油田”获第十三届中国石油企业管理现代化优秀成果一等奖。先后完成了CB11D等25座平台仪表柜的更换调试工作，有23座平台实现了无人值守。（中国石化集团公司）

【大洋多金属结核及海底沉积物分析测试标准方法的研究】 建立了海底沉积物中碳酸钙的测定方法；研制确定了大洋多金属结核中吸附水的测定方法；针对大洋多金属结核形成环境特殊、颗粒极细的特点，建立了结核中铁的测定方法；依据结核中铝的赋存特性，建立了三氧化二铝的测定方法；用磷钒钼黄光度法在波长440纳米处测定五氧化二磷，既保证了其测试结果的准确性，又可以有效地避开铁的干扰；建立了海底沉积物中吸附水、化合水的测定方法；建立了等离子体原子发射光谱法（ICP-AES）测定大洋多金属结核及海底沉积物中常量、微量和稀土分量的方法。研究成果有利于测试技术方法的标准化、规范化和科学化，具有重要的实际应用价值。该项目最终成果将申报《大洋多金属结核及海底沉积物化学分析方法》国家标准。该标准的建立，将填补国内外大洋多金属结核及海底沉积物分析测试标准方法的空白。

【石油地质“哑层”ESR测年的研究】 ①发现沉积物中石英氧空位深度和所接受的总剂量存在正相关关系，相关系数都在0.9以上，有的地区相关系数高达0.98，证明石英氧空位可以作为一种Ma-Ga范围内新的地质计时计；②首次报道了塔里木盆地北缘库车河剖面烧变岩形成年龄，计算出该剖面三叠统烧变岩的形成年龄为3.26±0.3兆年，中侏罗统烧变岩的形成年龄为2.33±0.2兆年；③对珠江口盆地XF33-2-1号样品进行了热力学实验，发现I1/I2值与古地温呈相关关系，并与地层年龄有很强的相关性，具有古地温指示和地质计时的实际意义；④对塔里木盆地深层样品（5 000余米）进行了寿命实验，得出的沉积物中石英氧空位在27℃时的平均寿命为1018年，比日本学者报道的花岗岩石英氧空位平均寿命高了3个数量级。这也是国内外首次进行石英氧空位的寿命实验；⑤发现一种测定花岗岩年龄更简便的新方法，有待进一步研究。该项研究成果，创新性强，得出测年结论可信，得到了胜利油田、渤海油田等用户单位的好评，已应用于生产实践，为测定“哑层”年龄提供了一种新方法，对油气勘探工作有较大的应用价值，得到了国内外专家很高的评价。 （青岛海洋地质研究所）

【海洋工程的环境条件研究】 近年来，由于海上石油、气、矿产资源的不断开发，海上交通运输的系靠码头逐渐向外海、深水海域推进，使国内外学术界、工程界对海洋工程的环境条件及其荷载的研究给与高度重视，并取得相应的研究成果。

由于海上水文、气象基地质等方面的环境条件比较复杂，为了建造安全、可靠和耐用的海上采、储、运等各类海洋工程建筑物需要花费较高的投资，从而形成较高价格的海上油气产品。为降低海上油气产品及其他设施的成本，减少海洋工程建筑物的建造、维修费用，中国已进行海上建筑物结构新型式研究及工程设计方法的改进：即对海洋工程的环境条件、环境荷载、工程总投资与结构物的可靠度进行综合的优化分析，以逐步代替传统的设计方法。

与海洋工程有关的环境现象其内容是相当广泛的，例如气象学中的气温、气压、风等因素；海洋水文中的海浪、潮汐、海流、海啸、风暴潮、海冰等现象，海岸地理地貌及海底地基的结构特征及力学性能，海底泥沙的运移，海岸的变迁等，都属于海洋工程的物理环境。除此以外，海洋结构物的腐蚀现象属海洋工程的化学环境；结构物水下部分的海生物附着现象则属海洋生物学的研究范畴。

风、海浪、海流及海冰是诱导海洋工程结构物环境荷载的主要动力因素，由于这些环境现象都是随时间及空间不规则变化着的随机过程，所以不仅要研究一场风暴过程掀起的不规则海浪与结构物相互作用的短期过程，而且还要分析它们的多年变化规律(长期分布规律)，才能为结构物设计的优化分析提供必要的环境资料，并进一步确定各项环境条件的设计参数。在这些方面，青岛海洋大学、国家海洋局北海分局、第一海洋研究所等单位做出了突出成就。

固定式海洋结构物底部的泥沙冲淤现象，可能使结构物底部形成冲刷坑，使结构物前沿水深加大，甚至导致结构物可靠度的降低。对此青岛海洋大学、天津大学等单位做了大量室内模拟试验，得出较有意义的结果。

海上结构物的腐蚀及海洋生物的附着现象，属于海洋化学和海洋生物学的范畴，但是作为海洋工程结构物的设计工程师，必须关心这些现象的发展趋势及对结构物的危害程度。据国外某些实测资料公布，在结构物的潮位变化段，钢结构的腐蚀深度为每年0.51～0.76毫米，水下段及大气段的腐蚀深度每年平均为0.25毫米左右。对此中国科学院海洋研究所做了大量工作，为了减缓腐蚀速度，海洋工程金属结构物的电气阴极防腐设施已成为海洋工程设计中的一个不可缺少的部分。它要求海洋环境工程师提供准确的潮位变化资料，要求结构工程师们在腐蚀严重段采取结构局部加强措施。水下生物的附着，使结构物构件的糙度增加，尺度加大，可能导致环境荷载的增加，在工程结构物的设计阶段必须考虑这些现象。 （冯秀丽 林 霖）

【海洋平台研究】 对于各种石油平台，如设计标准过低，将引起平台的倾覆破坏或坍塌，造成巨大经济损失，甚至带来严重环境污染问题。如设计标准过高，将造成巨大浪费。由于海洋环境条件的复杂性、随机性和多变性，惯用的海洋工程设计标准无法考虑多种环境因素联合出现的概率，往往过高估计环境条件设计标准，造成不必要的浪费。传统的海洋工程设计标准，采用各种环境条件分别进行概率分析，然后选取每种环境条件在某一概率下的极值作为设计标准。该方法没有考虑各环境参量之间的相关性，且是独立于各种不同的海洋结构之外的。API规范针对固定式平台提出了3种不同的设计标准：①100年重现期波高及相伴的风和海流；②风速、波高和海流速度的任何“合理”组合，其结果是得到100年重现期的组合平台响应；③100年重现期风速和100年重现期海流速度以及100年重现期波高进行组合。而该规范本身存在一些缺陷，首先，“相伴”一词的意义有些模糊；其次，在第三种规定中，三者同时以百年一遇值出现的概率是极小的，可能是几万分之一，因此所得结果必然是非常保守的。2000年青岛海洋大学工程学院刘德辅教授提出联合概率法，认为采用“百年一遇的风暴或台风”的概念是符合实际情况的。每一海况都是由海洋环境要素联合作用的结果。用每次风暴过程中同时出现的风、浪、流作为分析的基本序列，得到具有一定概率水平的风、浪、流联合作用，来取代传统的设计标准显然更为合理。

联合概率设计考虑了各环境参量之间的相关性，其标准取重现期为多年各外荷条件同时出现的组合，从而建立多维联合概率模型。

联合概率法已应用于导管架平台、自升式平台及海洋输液立管。与一些传统解法比较，该法更经济合理。 （史宏达）

海洋环保技术
Marine Environmental Protection Technologies

【海面溢油分散剂】

完成单位：国家海洋局海洋环境保护研究所。

成果简介：该成果是用天然原料合成的多种非离子表面活性剂、溶剂和适量的湿润剂、稳定剂等多组分复配而成的化学消油剂。它能大大地降低油－水界面张力，使石油乳化分散成微小粒子，形成O/W型乳状液。由于这种乳状液是水包油型的，不易粘附在轮船和岩土上，借助于水动力或机械力的作用，能在海面上迅速扩散，使溢油“消失”。而形成的乳化油的表面积又非常大，易于水生生物的降解和分散，以及大气光氧化的快速进行，其结果是避免或减少对水生生物的危害，使溢油对海洋环境的污染程度降低到最小。因而在处理海洋石油污染时，特别是在海况恶劣的情况下，往往首选海面溢油剂。

推广应用及前景：由于对溢油乳化分散特性好，能与水互溶，毒性低，其应用前景广阔。目前已应用于海面溢油处理、钻井平台的清洗和交通运输船舶的油污处理等。

【CA法含油污水处理设备和CAX混凝剂】

完成单位：国家海洋局海洋环境保护研究所。

成果简介：CA法含油污水处理设备和CAX混凝剂，是国家海洋局海洋环境保护研究所研制的环保新技术和新产品。其中的组合污水处理设备是国家实用新型专利，专利号为ZL96225895.4。CAX混凝剂的专利受理号为96115195.1，并于1998年获科技部、国家技术监督局、国家环保局等五部委批准为1998年度国家重点推广新产品，编号为98G041B4180001。

用该技术设备进行石油开发工业采油污水、印染工业废水、造纸(抄纸)废水、电镀工业废水、制革废水、机械加工废水、无机化工废水和生活污水处理，废水中油类、硫化物、磷酸盐、色度、重金属汞、铅、铜的去除率大于98%，挥发酚去除95%，CODcr去除90%。该项技术和设备已通过国家海洋局和辽宁省经贸委组织的技术鉴定和新产品鉴定，专家们一致认为该项技术和设备属国内领先和国际先进水平。

推广应用前景：该产品可广泛用于石油开发工业废水及城市生活污水处理，在油田有广阔市场。　　　（国家海洋局科学技术司）

【无污染海洋防污涂料的研究】 无污染海洋防污涂料的研究是“九五”国家重点科技攻关项目“海水资源综合开发利用关键技术研究”的子专题，已通过国家科技部验收。该涂料是一种不含有机锡（无污染）的具有一年以上防污期效的自抛光防污涂料，与挪威JTUN公司的产品相比，表现出了较高的技术水平，该专题的完成为进行二年以上防污期效的长效无污染海洋防污涂料的开发积累了丰富的经验。“无溶剂防腐涂料”的实验室研究开发工作基本结束，试验结果表明，涂层防腐效果良好，为开发使用寿命5年以上的海洋防腐蚀涂料打下了良好的基础。

青岛海洋大学负责技术开发及生产工艺流程的设计。

青岛市新宇田化工有限公司负责中试及产业化的生产、推广应用工作。

【污水高效回用生物反应——膜设备的研究开发】 该项目选用国内外典型滤膜制做膜滤器，针对不同性质的废水筛选生物菌种，并根据菌种的作用能力制做生物反应器。在此基础上，对由生物反应器和膜滤器组成的反应系统选择典型废水进行处理实验，通过对处理过程中反应器的运行动力学参数测定和处理后水质指标的连续监测，调整生物反应器制做工艺参数和运行工艺条件，最终制造出适合典型废水处理的生物反应-膜设备，并确定该设备的制做和运行工艺参数。

该项目研究完成投入生产后，以成套系列设备为主，在具体开发时，对于处理规模低于500立方米/日的污水处理场，膜生物反应器可制成成品直接安装使用，对于大规模处理场，可以组合使用，也可以混凝土浇注反应器池体，池内安装专用处理设备使用。

该项目研究的膜-生物处理器，既可以作为一项成套设备使用，也可以根据不同的废水来源和不同的处理要求分解使用。在具体应用时可以将其连接在住宅小区、建筑大厦的化粪池出口，对污水处理后做为小区绿化水、生活杂用水利用，也可以将其连接到工业企业的排污口，将工业废水处理后作为工艺洗涤水回收利用。全套设施安装方便，操作管理简单，便于推广应用，经济和社会效益显著。

青岛海洋大学承担膜-生物反应器生产工艺、技术以及污水处理工艺。

青岛兰海系膜有限公司膜-生物反应器工业生产。

【废弃物白泥综合利用】 海水-白泥乳脱除烟气二氧化硫 以海水为吸收液，加入0.05%～0.5%碱厂白泥提取物作为助剂，可提高吸收速率2～3倍，提高吸收容量2～10倍。脱硫率≥70%，同时减少了碱厂白泥污染和烟气SO_2污染。海水脱硫已在国内沿海电厂应用并将推广。本方法优于海水脱硫，适于沿海地区特点。具有突出的经济效益和环境效益。本项目被列为青岛市市长工程项目，在青岛碱厂100Nm^3/h规模的现场中试已经完成。该技术除电厂脱硫外也可用于中、小锅炉脱硫，可整套设备产业化。

碱厂白泥废液生产盐卤脱硫（酸根）剂 以碱厂白泥上清液（主要是$CaCl_2$）为原料，加入少量助剂，制成盐卤中硫酸根脱除剂（W-2号）。该技术已成功地用于生产，并在江苏建成100万吨/年盐卤精制厂。每个盐矿需2 000～3 000吨/年脱硫剂。该技术取代了传统的方法，不但淘汰了价格高、毒性大的$BaCl_2$，而且消除了$BaSO_4$的潜在污染。由于利用生产废液，以废治废，生产产物又是良好的建筑材料，一举三得，具有突出的经济效益、社会效益和环境效益。该产品利用青岛碱厂分厂现有设备生产W-2脱硫剂，在江苏、湖南等地推广应用。青岛碱厂的排放废渣白泥，是污染胶州湾的主要大害之一，青岛发电厂与黄岛发电厂排放烟尘和二氧化硫则是污染青岛大气的主要大害之一。为恢复青岛碧海蓝天的旅游景观和生活环境，白泥和二氧化硫必须治理。1997年青岛市科委将碱厂白泥与电厂二氧化硫双向治理作为重点项目列入计划，重点支持和关注。

该项目很快取得突破性进展。在结束实验室

研究后，1997年12月至1998年2月在青岛碱厂设制、安装了1 000Nm^3/h 烟气量的海水白泥乳脱硫中试，并取的满意的阶段成果，申请了发明专利。海水中加入白泥后，在正常操作条件下脱硫比海水脱硫提高了15个百分点；海水中加入白泥可显著减少海水用量，使总体气液比值提高3倍多，显著降低功耗，提高出烟温度；海水中加入白泥可将排出液pH始终维持在中性，避免了重金属溶液和SO_2 逸出，并利于加速氧化，从而改善了作业环境，降低了曝气费用；海水白泥乳脱硫摆脱了海水脱硫只适用于低硫煤的限制，为山东省高硫煤开拓了出路；本技术的最大特点是无二次污染，无大量固体物处理之患，水质达标（接近一级海水标准）排放，以废治废和双向治理，而且投资、占地和运行费用都低于海水脱硫方法。

目前已在黄岛发电厂设制安装了1 000Nm^3/h烟气量的海水废灰乳脱硫装置。脱硫剂由白泥扩展到废灰、废渣和石灰石，且无二次污染和固体之患。 （刘安国　谢正侠）

中国海洋年鉴编辑部

地址：天津市河东区六纬路93号
邮编：300171
电话：022-24010825
传真：022-24010825
E-mail: coy@mail.nmids.gov.cn

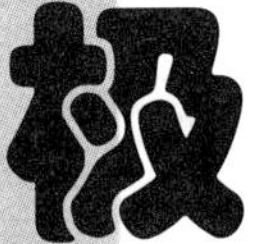

Polar

CHINA

OCEAN YEARBOOK

235~239

极 地 考 察
Polar Research

综 述
Summary

【概况】 2000年是中国执行国家“九五”科技攻关项目南极地区对全球变化的响应和反馈作用的研究的最后一年。中国派出了第十七次南极考察队，执行科学考察和后勤补给工作。引人注目的是中国首次派遣赵萍和林清2名女队员前往南极长城站考察一年。

该次科技考察活动包括气象常规观测、地震地磁观测、国际GPS联测、人类活动对乔治王岛海鸟生态的影响、中层大气探测、南极中山站重力场和固体潮观测、中日高空大气物理现场观测和中澳合作地磁项目、中澳合作自动验潮站的建设与常规观测、中澳合作自动验潮站的建设与常规观测等。

南大洋考察项目因“雪龙”船停航没有进行。

后勤保障工作因“雪龙”船停航，没有执行大的基建和设备更新任务，只是进行正常的维修工作。为长城站购买了两艘橡皮艇，基本上解决了长城站水上交通和进行科学考察活动的需要。

极地科学研究
Polar Scientific Research

【长城站冬季科学考察】常规气象观测 长城站的气象观测业务始于1985年2月14日。1985年3月14日,长城站气象站得到世界气象组织的承认,国际区站号为89058。1987年，中国第三次南极考察队对长城站进行了扩建。新建的气象栋面积36平方米，观测场长20米、宽14米，有2座10米高的测风铁塔和3个百叶箱。

常规气象观测内容包括地面气象观测：长城站每日进行4次气象观测，时间分别为当地时间19时、01时、07时、13时（北京时07时、13时、19时、01时，世界时23时、05时、12时、17时）。夜间不用守班。气象观测项目有：云量、云状、云高、能见度、天气现象；气温、气压、湿度、风向、风速以及要素的极值；地面0厘米温度、地面最高（低）温度、较深层地温（40厘米、80厘米、160厘米直管地温）、降水、蒸发、日照等。此外还有地面辐射观测。

地磁、地震常规观测 南极地区是地球磁极所在地，这里的地磁场变化比中、低纬度复杂得多、丰富得多，是研究地球磁场的重要窗口。南极地区是太阳风、磁层、高层大气能量耦合和交换的重要区域。

在南极开展地震观测研究，可以了解南极大陆的地震活动性，这些地震资料与其他地球物理资料的综合分析，可以为矿产资源的研究提供背景依据。对今后和平利用和开发南极资源具有重要的战略意义。同时有助于了解和监视其他国家在南极地区进行的各种活动。所得到的地磁、地震资料，结合中国大陆上地磁、地震资料对研究全球地震及地球动力学具有特殊意义。

内容包括完成地震、地磁常规观测任务，维护站上现有仪器设备；进一步完善观测系统，用新型的24位地震数据采集系统EDAS-C24A代替原来的16位地震数据采集系统；架设宽频带地震计；为地磁仪器GM-2更换监视器；架设GPS天线等。

【长城站夏季科学考察】GPS国际联测 GPS国际联测是由SCAR-WGGGI（国际科联南极研究科学委员会下属的大地测量与地理信息工作组）组织实施的一项国际大型合作科研项目。其目的和意义在于：①测量南极板块与各相邻板块以及微板块之间的相对运动速率和其运动方向；②确定南极板块内部的各个地壳块体之间的相对运动；③统一南极的垂直系统的基准，确定各南极验潮站的海拔高程；④进行由于冰盖融化和海洋负荷变化引起的南极岩石圈的垂直运动等“全球与南极的相互作用”方面的科学研究。本次国际GPS联测时间为：2001年1月20日零时至2001年2月10日。每日24小时连续观测。

人类活动对乔治王岛海鸟生态的影响　南极乔治王岛是国际南极科学考察、旅游等人类活动最为频繁的地区之一。人类活动无疑对岛上的自然生态环境包括植被和动物群落造成极大影响。1985年以来中国、德国、智利等国科学家在该岛区进行了有关人类活动对岛上生态环境影响的研究，发现在近20年中本岛原始植被分布范围减小，外来种类迁入，多种海鸟繁殖力下降等等。1999年中德科学家在相互学术交流中酝酿并促成在该岛进行合作研究，以了解迄今为止人类活动对该地区生态环境造成的影响和危害程度，并推进各国在该岛的自然环境和生态保护，也为国际南极组织制定环保计划提供科学依据。

主要观测内容包括：①长城站邻近区贼鸥种群生态观测；②长城站邻近区贼鸥食性观测采样；③其他重要南极海鸟种群及相关植被生态观测采样；④法尔兹半岛区各国考察站环境现状；⑤法尔兹半岛区人类活动类型与频率调查。

【中山站冬季科学考察】　气象常规观测及部分研究观测　气象常规观测包括每天进行8次定时地面气象观测，同时4次定时观测（北京02、08、14、20时），编制气象报，通过电话传给澳大利亚的戴维斯站。观测项目有：云、能见度、天气现象、风向、风速、温度、湿度、气压、日照、辐射等。

南极臭氧及其有关观测包括Brewer观测　每天进行大气臭氧、二氧化硫、二氧化氮总量及紫外UV-B观测。

天气预报、卫星遥感云图资料、气象传真接收、海冰实况监测　主要观测内容为：①地面气象常规观测；②每日及时接收澳大利亚发的南大洋地面天气图；③每天及时接收一份高分辨NOAA卫星云图；④海上辐射观测（夏季项目）；⑤中山湾海况观察；⑥气象预报工作。

中层大气探测　探测内容包括：①用“激光雷达”探测平流层气溶胶；②大气电场观测；③用“光度计/辐射计”测量太阳辐射。

地磁常规观测　观测内容包括：①地磁场仪系统；②检查甚低频哨声（VLF）仪系统及其信号传输线；③地磁脉动（ULF）仪系统。

GPS跟踪观测与国际联测　观测内容包括：①中山站常年GPS跟踪观测；②GPS国际联测。该工作内容为SCAR-WGGGI国际合作项目，旨在研究南极的板块运动规律及机制。联测时间为世界时2000年1月20日0:00:00至2月10日24:00:00止，共22天；③格罗夫山地区的精密GPS定位联测。在格罗夫山考察与行进过程中，中山站GPS跟踪站一直与格罗夫山考察队保持同步观测和精密联测，观测数据提供给格罗夫山考察队使用，为格罗夫山地区定位、测图提供了服务。

重力场和固体潮观测　“南极重力场和固体潮观测研究”是中国科学院资源与生态环境研究“九五”重大项目（KZ951-A1-205-02）下的一个二级子课题，属南极中山站常规观测项目，通过对南极地区重力场的长期定点连续观测，研究该地区重力场随时间的潮汐和非潮汐变化规律，对了解重力潮汐因子的纬度依赖关系、建立全球重力潮汐实测模型、探讨南极地区地壳的构造及南极冰盖运动、南大洋的海平面变化及南极地区的大气和海洋潮汐与重力场的耦合机制具有非常重要的意义。

中日高空大气物理现场观测和中澳合作地磁项目　观测项目的内容及日常工作为：①磁通门磁力计（中日）；②宇宙噪声接收仪（中日）；③扫描光度计（中日）；④全天空电视摄像机（中日）；⑤CCD全天空单色电视摄像机（中日）；⑥地面臭氧仪（中日）；⑦感应式磁力计（中澳）；⑧电离层测高仪（中）。

中澳合作自动验潮站的建设与常规观测　①自动验潮站的建立：应澳大利亚方要求，中国十五次队越冬队员多次在中山站附近的普里兹湾水域及冰面进行了实地勘测，选定预备位置并进行了水深、冰厚等测量。十六次队队员上站后，结合澳方要求考察附近水域的冰山及其移动情况。澳方于2月下旬将仪器用飞机吊放到预定位置，完成建站工作。2000年3月开始正式观测；②验潮站的常规观测。

极地后勤保障
Polar Logistic Support

【长城站】　2000年12月7日中国第十七次南极考

察队长城站队乘飞机经法国、智利于12月12日到达长城站。按计划完成了部分建筑文体栋、污水处理房墙体、2号栋底部、码头两侧钢板及西湖吊桥、气象观测区栏杆的除锈和油漆。对发电栋、文体栋房顶进行了防水处理和加固。清理了发电栋外储油罐的残油积垢。长城站3台6315型120千瓦余热利用发电机组自1993年以来已经运行8年多，按计划本次队对其中2台进行局部改造，试用6138型的燃油喷射系统更换高压油泵总成、喷油器总成等部件，提高了可靠性，排气烟度得到改善，油耗减少。此外，对3号发电机组发生飞车事故的原因进行了认真的分析和查找，更换了调速器中的向心球轴承，对其主要部件喷油器等进行了保养；针对发电机用柴油结蜡比较严重问题，采取定时加热加温、改造供油管路等措施。完成了发电机、吉普车、装载机、吊车等车辆、管道、焚烧炉的日常维修保养。本年度还对新建“长城站发电栋——宝钢楼”的方案和设想在中国南极长城站召开了现场调研和论证会。

当年因国内无考察船到长城站，部分补给物资通过国际海运到智利后转智利的极地运输船运抵长城站。为提升长城站科研能力，此次给站上新增配2艘橡皮艇，建立了电子邮件传输系统，采用了新的电子邮件系统软件。

【中山站】 由于极地考察船“雪龙”号当年不去南极，原计划确定由澳大利亚“极鸟”号极地考察船协助中方运送中山站的人员和物资，但因南极冰情严重，4次更改出发日期，最终于2001年2月11日十七次队中山站队才离开澳大利亚霍巴特港，2001年3月5日到达中山站。中山站补给物资一部分在国内准备，通过集装箱海运至霍巴特，食品等部分物资在澳大利亚采购，所有物资都在霍巴特代理处集中，随人员一起到达中山站。

本次队对3台发电机组、上下水管路等各项设备进行了日常维护。内陆冰盖考察用的3台PB240雪地车辆等交通工具按条例规定进行了保养、充电。继续做好保护南极自然环境、强化环境保护意识工作，及时解决了油泵房油泵漏油问题。对垃圾进行了分类管理，可燃垃圾不准长期在站区堆放，及时登记并送焚烧炉就地销毁；金属垃圾在压实机上压实、玻璃垃圾被粉碎后分别在指定地点有序堆放，视机会与可燃垃圾焚化遗留的固体残余物一起运回国内处理。规范了短波通信、VHF电台、海事卫星通信系统，建立了《中国南极中山站无线电通话记要》、《通讯设备维修记录》、《通讯及电子维修工作备忘录》、《通讯设备、器材使用情况记录》、《其他设备电子维修记录》等规章制度，旨在加强中山站通讯及电子维修部门自身的管理，规范有关操作，为后继工作的顺利进行提供经验、依据，更好地服务于全站各部门，为整个南极科学考察工作提供有力保障。

【“雪龙”船】 由于“雪龙”船当年要在国内进行改造安装，维修保养任务繁重，又由于“雪龙”船船员已连续多年进行极地考察工作，特别是1999/2000年连续完成南极－北极－南极考察，需要休整。为此，中国第十七次南极考察期间，“雪龙”船不赴南极。借此机会，国家海洋局极地考察办公室、中国极地研究所对“雪龙”船管理工作进行了整顿和提高，使之进一步系统化、规范化，并制订出相应的措施。船员利用这一年时间，加强业务学习和练兵，提高了业务能力。

极地国际合作
Polar International Cooperation

【概况】 (1) 国际北极气候联合研究会议于2000年4月4～6日在中国青岛召开，由国家海洋局第一海洋研究所主办，国家海洋局极地考察办公室协办。约30名专家参加了本次会议。

(2) 南极乔治王岛地理信息系统（GIS）国际研讨会于2000年7月6～7日在中国武汉召开，由原武汉测绘科技大学南极测绘研究中心和测绘遥感与信息工程国家重点实验室联合主办。7个国家的14名代表参加了会议。

(3) 第26届国际南极研究科学委员会(SCAR)和第12届国家南极局长理事会（COMNAP/SCALOP）会议于2000年7月10～21日在日本首都东京召开，除波兰外26个成员国的约250名代表参加了此次会议。中国政府代表团由国家海洋局极地考察办公室主任陈立奇任团长，来自国家海洋局、中国科学院、卫生部、教育部系统共9名成员出席了会议。中国生产极地品牌的企业首次走出国门，派员参加了其中的第9届南极后勤研讨会(SCALOP)，宣传提高了中国极地产品的知名度。会议期间，中国代表陈立奇应会议主席的邀请，宣布了第27届SCAR和第14届COMNAP/SCALOP会议将于2002年7月在中国上海召开。

(4) 第12届南极条约特别协商会议2000年9月11～15日在荷兰海牙召开。27个南极条约协商国、11个缔约国和7个国际组织约200人参加了会议。中国代表团以驻荷兰大使华黎明为团长、极地办陈立奇主任为副团长和徐世杰等一行5人参加了会议。会议分为南极环境议定书责任附件的非正式磋商和环境委员会第三次会议。重点讨论了南极活动环境评价、区域管理计划、赔偿责任等问题。中国代表团提交了中国1999/2000年南极环境报告。

(5) 2000年10月17～19日，韩国海洋开发中心所长韩相俊等3人访问了极地办和极地研究所，并在北京签订了中韩南极合作备忘录。

(6) 2000年11月7日，日本驻华使馆公使宫家帮彦为参加日本第42次南极考察队的中国队员阎明（来自中国极地研究所）举行送行宴会。

极地考察大事记
Chronicle of Events

【2000年】 **1月26日** 中国第六次中国南极考察代表团一行10人，前往南极长城站。代表团成员分别来自8个国家部、委、局等单位，国家海洋局原副局长陈炳鑫任团长，人民日报社副总编李仁臣任名誉顾问。

2月2日 中共中央政治局委员、书记处书记、国务院副总理温家宝来到国家海洋局，通过卫星通信，代表党中央、国务院和全国人民向正在南极进行科学考察的中国第十六次南极考察队员以及“雪龙”号船的同志们祝贺新春。慰问仪式由国家海洋局局长王曙光主持。陪同参加慰问活动的有关部门领导和负责人有：国土资源部党组书记田凤山、国务院副秘书长马凯、科技部副部长邓楠、教育部副部长韦钰、信息产业部副部长娄勤俭、卫生部副部长曹荣桂、中国科学院副院长陈宜瑜、国家测绘局局长陈邦柱、中国地震局局长陈章立、中国气象局副局长李黄。国家海洋局原局长张登义，国家海洋局副局长孙志辉、陈连增，纪委书记吕子耀等也参加了慰问活动。

4月5日 中国第十六次南极考察队和执行“一船两站”环球航行的“雪龙”号船全体队员，克服种种艰难险阻，全部航程历时157天，航行27 053海里，完成了主要科学考察和两站物资补给任务后，4月5日安全抵达上海港外高桥码头，第十五次南极考察队中山站越冬队员也随船返回祖国。

国家海洋局在上海举行了隆重的欢迎仪式。欢迎仪式由全国政协委员、国家海洋局原局长张登义主持，国家海洋局副局长陈连增讲了话。参加欢迎仪式的还有上海市有关部门领导及国家海洋局驻沪各单位的领导。

4月2～7日 国际北极科学高峰周（ASSW）在英国剑桥大学召开，由国家海洋局极地考察办公室主任陈立奇任团长的中国代表团一行5人参加了会议。

4月13日 应福建省武夷山市委、市政府的邀请，国家海洋局极地考察办公室副主任、中国第十六次南极考察队队长王德正率领中国极地科学考察团一行39人前往武夷山市，进行为期4天的考察访问。国家海洋局极地考察办公室与武夷山市人民政府决定结成精神文明共建单位，签订了精神文明共建协议书，并相互赠送了纪念品。

4月17～19日 “南极航行及相关活动指南”手册首次专家会议在英国伦敦举行。来自24个南极条约成员国的代表出席了会议。会议还邀请了国际海事组织（IMO）、世界气象组织（WMO）等6个国际组织及国际南极旅游组织协会（IAATO）作为行业专家参加了会议。由外交部、交通部、国家海洋局等部门组成的中国代表团参加了会议。

5月12日 根据国家海洋局办公室海办字[2000]15号关于编制《海洋工作“十五”计划和15年规划》（草案）重点项目的有关问题的通知，国家海洋局极地考察办公室编制了“南极中山站、长城站基础设施改善项目建议书”（草案）。

6月21日 国家海洋局局长王曙光致电中国南极长城站、中山站全体考察队员，并祝大家仲冬节快乐。

7月6～7日 国际南极乔治王岛GIS学术会议在武汉测绘科技大学召开。会议由中国南极测绘研究中心、国家测绘与遥感重点实验室组织，来自8个国家的12名外国科技专家参加了会议。

7月10～21日 第26届国际南极科学委员会（SCAR）和第12届国家南极局长理事会（COMNAP/SCALOP）在日本东京召开，除波兰未到会外，其余26个成员国均派代表出席了会议。由国家海洋局极地考察办公室主任陈立奇任团长的中国代表团一行9人参加了会议。

9月 国家海洋局极地考察办公室编辑出版了大型文献画册《中国南北极考察》，展示了中国组队南极考察16年和中国首次北极科学考察取得的辉煌成就。

9月11～15日 第12届南极条约特别协商会议在荷兰海牙召开，共有27个南极协商国、11个缔约国及7个与南极有关的国际组织参加，与会人员200多人。中国派出以驻荷兰大使华黎明为团长、国家海洋局极地考察办公室主任陈立奇为副团长的一行5人出席了会议。

10月3～8日 由国家海洋局主办、国家海洋局极地考察办公室承办的"中国南北极考察摄影展"在中国美术馆举行。国家海洋局局长王曙光致开幕词。国土资源部副部长孙文盛、外交部部长法律顾问许光健、中国气象局副局长李黄、国家测绘局副局长王春峰以及中国地震局等部门的负责人出席了开幕式并观看了摄影作品，这次展出的摄影作品共有200幅。

10月17～19日 以韩国海洋开发研究所韩相俊所长为团长、韩国极地研究室李尚勋主任和金东烨博士为团员的代表团到国家海洋局进行访问，就中韩在极地事务领域的合作问题，与国家海洋局极地考察办公室、中国极地研究所进行了磋商。董兆乾所长代表中国极地研究所，韩相俊博士代表韩国海洋开发研究所签署了"中国极地研究所与韩国海洋开发研究所科技合作备忘录"，国家海洋局极地考察办公室陈立奇主任、贾根整副主任出席了签字仪式。

10月25日 国家海洋局在北京举行了《中国"十五"极地考察能力建设总体方案》专家评审会，共有15名院士参加了会议。专家们建议国家海洋局会同有关部门对总体方案做进一步修改后报国务院审批。

12月6日 中国第十七次南极考察队长城站全体队员和部分在京的中山站考察队员在天安门观看了升旗仪式后，国家海洋局举行了欢送仪式，局长王曙光发表了讲话。中共中央宣传部、福建省委宣传部、鹭江出版社等部门领导出席了仪式。

12月7日 中国第十七次南极考察队长城站22名队员离开北京前往南极。其中有中国首次派出的2名女性队员参加南极越冬和6名人文学者赴南极长城站体验生活，了解考察队员在南极特殊环境条件下如何工作、学习和生活。

（王 勇）

国际海底篇

International Seabed

CHINA

OCEAN YEARBOOK

243~250

国 际 海 底
International Seabed

综 述
Summary

【概况】 2000年是中国大洋协会组织国际海底研究开发活动的第10个年头，同时也是总结“九五”、开辟“十五”的关键年份。通过一线科学家的艰苦努力，协会“九五”大部分课题完成了项目总结工作，并顺利通过协会组织的验收，课题研究取得了一批高质量的成果，水平明显强于“八五”。中国大洋协会理事会如期于2000年5月在青海西宁召开，会议审议通过了《国际海底区域研究开发“十五”计划》，为协会“十五”工作制定了宏伟蓝图。为了适应社会主义市场机制的形势，协会在总结“八五”、“九五”项目管理经验的基础上，研究制定了一整套符合协会业务工作特点的管理办法。《中国大洋协会项目管理暂行办法》、《中国大洋矿产资源研究开发项目专家组暂行规定》、《项目首席科学家及责任专家暂行规定》等配套的管理细则从管理体制上保证协会业务工作的顺利进展。

【国际海底区域形势】 2000年7月3～20日国际海底管理局举行的第六届续会经过艰苦谈判和协商，最终通过了《“区域”内多金属结核探矿和勘探规章》（简称《规章》 MINING CODE），这是国际海底管理局自1994年11月成立以来通过的规范有关国家开展国际海底区域探矿与勘探活动的第一个规章。根据《规章》的要求，各先驱投资者要与国际海底管理局签订勘探合同，从法律上进一步保证了国际海底先驱投资者的利益。《规章》的审议通过，将使国际海底管理局的精力转移到大洋多金属结核以外的其他资源上，拟订其他资源（特别是海底热液硫化物和富钴铁锰结壳资源）的探矿和勘探规则、规章和程序将是国际海底管理局下一步工作的重点。

根据《“区域”内多金属结核探矿和勘探规章》的要求，先驱投资者应尽快同国际海底管理局签订关于区域内多金属结核资源的《勘探合同》。中国大洋协会同国际海底管理局进行了多次协商，讨论签订合同事宜。协会办公室组织国内法律、资源、技术、环境等方面的专家对合同的文本进行了认真研究，编制了《勘探合同（草案）》，并报请协会三届十次常务理事会讨论审议了该草案。 （刘 峰）

中国大洋矿产资源研究开发协会
China Ocean Mineral Resources R&D Association (COMRA)

【协会简况】 中国大洋矿产资源研究开发协会是1991年经国务院批准成立的社会团体，负责组织协调中国在国际海底区域矿产资源研究和开发活动。1991年协会在联合国登记注册为国际海底区域先驱投资者。协会的宗旨是通过国际海底区域矿产资源的研究开发活动，为中国经济可持续发展储备新的矿产资源和能源，促进中国深海高新技术产业的形成与发展，维护中国在国际海底区域的权益，并为人类开发利用国际海底资源做出贡献。协会主要机构为理事会、常务理事会和协会办公室。理事会为协会的最高权力机关，对有关协会发展的重大事项做出决定；常务理事会是协会的执行机关，由国家有关部门推荐、经协会理事会选举的常务理事组成，主要负责审定协会的重大业务问题；办公室为协会的常设办事机构，根据协会理事会和常务理事会决定，负责承办协会日常事务。陈炳鑫为协会现任理事长，曾绍金、李尚诣和钮因健为副理事长，金建才为秘书长，马洪为协会高级经济顾问，倪征燠为协会高级法律顾问，张炳熹院士、王淀佐院士、李廷栋院士和陈毓川院士为协会高级技术顾问。

【协会三届四次理事会】 2000年5月14～17日中国大洋协会三届四次理事会在青海西宁召开，协会理事、名誉理事、理事代表、协会高级顾问及国务院有关部门代表等50余人参加了会议，青海省副省长穆东升到会祝贺并介绍了青海省在“西部大开发”战略下的形势和思路。会议审议通过了《中国大洋协会第三届理事会第四次会议工作报告》、《国际海底区域研究开发“十五”计划》，听取了协会办公室提交的《中国大洋协会三届四次理事会专项经费财务报告》及国家海洋局、中国地质调查局、国家冶金工业局、国家有色金属工业局提交的本系统大洋工作进展情况的报告；国家海洋局北海分局向会议专题报告了“大洋一号”船的管理情况，外交部条法司刘振民副司长作了题为《海洋资源的开发与海洋法的发展》的学术报告。

【协会常务理事会】 2000年共召开了4次常务理事会。第三届常务理事会第八次（扩大）会议审议并通过了协会办公室提交的《国际海底区域研究开发“十五”计划（草案）》，讨论了协会业务工作布局调整和实施计划的有关安排，研究了向国务院请示报告的有关事宜。第三届常务理事会第九次（扩大）会议根据有关部门意见，同意由外交部条法司副司长刘振民更换尹玉标任协会常务理事，由国家海洋局北海分局局长王志远更换万国铭同志为协会理事。考虑到国家计委、财政部、外交部、科技部等国家综合部门对中国国际海底区域活动和协会工作负有重要的指导作用，会议建议，上述部门主管业务司作为协会的常务理事单位，其分管领导应为协会的常务理事。第三届常务理事会第十次会议审议通过了协会与国际海底管理局拟签定的勘探合同文本和《中国大洋协会2001年工作计划和预算草案》，讨论确定了协会换届工作的有关原则。第三届常务理事会第十一次会议研究了国务院对《关于国际海底区域工作有关问题的请示》的批复，审议了《协会2001年业务工作要点和预算调整方案》，审议了《中国大洋协会章程（修正案）》和《机构职责与组成（修正案）》及协会“十五”项目管理模式。

【协会办公室】 协会办公室作为国家大洋专项的常设办事机构，根据协会理事会和常务理事会的决定，组织落实经协会理事会、常务理事会确定的工作，并承办协会日常事务。根据1999年国家海洋局“关于中国大洋协会办公室机构调整的批复”，协会办公室现内设机构为秘书处、项目管理处、计划财务处和技术开发处。办公室的主要职责为：①执行协会理事会和常务理事会的决定和指示；②组织研究中国国际海底区域资源研究开发战略，拟定规划、计划和规范；③组织有关国际海底区域制度等方面的研究，向国家提出有关的决策建议；④组织协调中国在国际海底区域的勘探、环境评价、采矿、冶炼等研究开发活动，进行业务监督；⑤组织实施协会对外交流与合作计划；⑥组织实施协会应履行的国际义务；⑦组织项目的立项论证，签订合同、中期评估和验收工作；⑧负责国家大洋专项经费的日常管理工作；⑨向协会常务理事会、协会业务主管部门和国际海底管理局提交工作报告。

【联合办公会议】 联合办公会议由协会办公室领导和国家海洋局、国土资源部、国家冶金工业局、国家有色金属工业局等协会原业务依托部门委派的代表组成。其主要职责为：①审议协会年度计划与经费预算；②审议协会办公室编制的协会年度工作报告；③听取协会办公室业务部门的工作报告；④交流有关部门的业务工作进展；⑤就协会业务工作向办公室提出建议；⑥就协会重要事项向常务理事会提出意见和建议；⑦建议召开常务理事会。

2000年间，联合办公会议根据协会业务工作的需要及时召开，本着民主协商的精神对协会业务工作中的重要问题进行磋商，对拟提交常务理事会的重大议题进行讨论，密切了协会办公室与政府部门、项目承担单位的联系，在协调协会航次安排、课题评估等具体业务工作中，发挥了重要作用，并有利于协会办公室根据业务依托部门反映的情况及时调整工作方向。

【2000年协会业务工作重点】 2000年协会业务工作的重点是：①“九五”阶段总结与“十五”计划制订；②建立适应市场经济和“区域”活动特征的协会运行机制和项目管理模式；③进行各大项目的总体设计，开展“十五”立项工作；④综合联动试验准备工作。（王秀梅）

国际海底区域研究开发“十五”计划
The Tenth Five-Year Plan for International Seabed Research and Development

【“十五”计划编制与审议】 1999年底，中国大洋协会相继召开了国际海底区域资源开发战略研讨会，国际海底区域“十五”计划暨2015年规划纲要座谈会，中国大洋协会“十五”计划座谈会暨1999年度业务工作会议，全面启动了协会“十五”计划的研究与制订工作。2000年2月19日，在北京召开的协会工作汇报会向有关部门领导汇报了国际海底区域战略研究成果，特别是“十五”计划的有关思路。

在听取各方意见基础上，协会办公室于2000年3月21～23日在北京编制了《国际海底区域研究开发“十五”计划（草案）》。协会三届九次常务理事会会议审核并同意由秘书长金建才代表常务理事会将《“十五”计划》提交理事会讨论。2000年5月14～17日在西宁召开的中国大洋协会三届四次理事会会议认真审议了《“十五”计划》，认为将其定名为《国际海底区域研究开发“十五”计划》，体现了当前对国际海底区域战略地位的认识；会议高度评价了《“十五”计划》的框架，认为指导思想、基本原则明确；该计划立足现有基础，充分考虑了与国家其他重大项目之间的衔接与融通，是一份站在国家利益的高度、汇集了各相关领域意见的计划；《“十五”计划》中以深海资源勘查与评价、深海技术研究与开发、环境研究与评价、综合评估与基础业务建设为主题内容的4个分部分重点突出，相辅相成。

会议责成协会办公室根据三届四次理事会对《“十五”计划》的审议意见，针对目前的“区域”形势，依据中国大洋工作的基础，尽快起草给国务院的有关请示，争取在6月上旬由常务理事会向有关部门领导进行工作汇报，在此基础上，形成上交国务院的请示报告。

【国务院批准《关于国际海底区域工作有关问题的请示》】 以《国际海底区域资源开发战略研究报告》为基础，以协会理事会审议通过的《国际海底区域资源研究开发“十五”计划》为依据，协会办公室组织起草了《关于国际海底区域工作有关问题的请示》，2000年10月下旬以国家海洋局、国土资源部、外交部、科学技术部、国家冶金工业局、国家有色金属工业局6部门联合发文的形式，经财政部、国家发展计划委员会会签后上报国务院。国务院秘书局对中国国际海底区域活动极为重视，及时对《请示》进行了认真研究，听取了协会办公室的汇报，上报国务院领导后得到迅速审批。

国务院肯定了“将大洋多金属结核资源勘探开发的国家长远发展项目扩展、调整为开发利用‘区域’多种资源，并加大资金投资力度”的重大战略调整，明确了“十五”经费由协会进行详细测算后报财政部审核。同时还明确了“十五”期间继续由协会组织协调中国的“区域”活动。国务院对《请示》的批示将成为中国今后开展国际海底区域研究开发活动的重要指导原则，是中国“区域”活动对象由单一向多元、实施全方位战略的转折点和里程碑。 （金建才）

“九五”研究开发项目的总结与验收
Review of the Ninth Five-Year Plan Projects

【深海采矿系统研究开发】 “九五”深海采矿系统研究开发项目重点对中试采矿系统总体设计、关键技术的扩大试验研究、关键技术设备和湖试系统的研制、海上中试采矿系统技术设计、中试采矿系统湖试等内容进行了深入的研究，共安排了21个研究课题，分别由长沙矿山研究院、长沙矿冶研究院、中国船舶科学研究中心、北京科技大学、中船总750试验场等国内优势单位承担。除系统湖试根据计划将于2001年完成外，其他所有课题已经在2000年完成项目总结并进行了协会办公室组织的课题成果验收。各课题均完成合同规定的任务，深海采矿技术取得了突破性进展，为“十五”浅海试验积累了经验并奠定了技术基础。

【深海勘探设备开发】 根据资源勘探与开发的需要，协会“九五”期间深海勘探技术应用研究项目重点安排了以下四方面的研究开发内容：①同国家“863”计划相融合，联合开发“CR-02”6 000米水下自治机器人；②联合开发深海超短基线定位系统；③结核丰度、覆盖率综合评定方法与技术研究；④取样设备开发。“CR-02”

6 000米水下自治机器人的研制工作进展顺利，在关键技术上的创新和突破，大幅度地改善了AUV纵垂面运动的机动性，为整机在海山区复杂地形中的运动提供了可行性，深测扫声呐可进行海底微地貌测量并给出等深线图，整机安装和陆上调试已经完成，2001年将与深海采矿系统一起进行综合湖试。箱式取样器研制、多管取样器研制、深拖系统海底电视图像处理技术研究、多波束系统振幅、定位提取与解释处理模型的开发及在多金属结核勘探中的应用、海底矿产资源的宽频声波探测技术开发研究、海底摄像系统研制、多管取样器仿制等一批实用技术和设备已经研制成功，并在大洋调查中发挥了巨大作用，为顺利完成“九五”区域放弃工作做出贡献。

【深海环境基线及其自然变化研究】 根据国际上有关深海环境保护的形势需要，“九五”期间协会将深海环境的研究和保护工作确定为与资源勘查和技术发展并列的项目。在组织国内相关领域的科学家对国外已有的深海环境调查研究方法和成果进行了认真细致的研究和评价之后，发现这些环境影响实验的结果及有关认识不尽一致，甚至互相矛盾。并且认为，这除了实验设备和方法可能不能完全模拟实际采矿活动对深海环境所造成的影响外，基线的自然变化可能是另一个重要的原因。只有在对基线的自然变化进行充分调查的基础上，才能对环境影响实验结果做出正确的解释。因此，决定暂不进行相似于DISCOL和BIE之类的环境影响实验。同时，作为中国科学家对深海环境研究和保护的重要贡献和补充之一，并结合考虑中国的实际能力和需要，制订和实施了由中国科学家自己提出的旨在研究深海生态系及其年际变化的“基线及其自然变化”（Natural Variability of Baseline，缩写为NaVaBa）计划。项目共设立 7 个课题，内容包括中国开辟区的生物、化学、水文和地质环境基线等多种基线的综合研究，调查研究的对象为位于东太平洋的中国多金属结核合同区，该区处于东太平洋海盆近东西向 Clarion-Clipperton 断裂带围隔的所谓CC区的西部，勘探区大致以150° W为界，分为互不接壤的东、西两区。东矿区地理坐标大致为：141°～149°W、7°～10°N；西矿区为151°～155° W、8°～11°30′ N，总面积为105 000平方千米。东区中心距火奴鲁鲁港约2 050千米，西区中心距火奴鲁鲁港约1 800千米。

“九五”的调查研究工作已经证明深海环境基线不仅存在空间上的变化，而且存在时间上的变化，研究结论为国际科学界进一步了解环境基线做出了贡献，为国际海底管理局制定环境保护规章制度提供了科学依据。（刘　峰）

【选冶加工技术研究】 “九五”期间，协会在资源加工利用技术方面共安排了 9 个课题，按照合同要求，对每个课题进行了验收，各课题均能按照合同要求较好地完成，圆满完成了“九五”任务，取得了两项国家发明专利权，同时进行了卓有成效的国际学术交流与合作；期间编写研究报告18篇，在期刊发表论文29篇，在国内外专业会议发表论文27篇。

“熔炼-锈蚀-萃取工艺”和“亚铜离子氨浸工艺”课题继续进行技术创新和流程优化，研制先进的配套试验设备系统，解决了工程化的系列技术难点，完成了日处理干结核量大于10千克的实验室全流程扩大试验，最终产品的质量达到或超过了国家标准，进行了技术经济分析和环保评价，为中国开辟区的资源评价提供了依据，通过专家鉴定，成果达到国际先进水平。利用结核矿具有层状和隧道结构及特殊的纳米微观结构、有色金属离子在氧化锰和氧化铁骨架上呈吸附态或类质同像取代的特点，开展了结核矿的非传统加工和应用的探索，进行了结核矿作为工业吸附剂、催化剂和高能化学电源材料的研究，拓宽了结核矿的应用范围，提高了结核资源附加值；进行了大洋富钴结壳加工处理方法的探索研究，包括“富钴结壳湿法冶金方法探索研究”和“火-水法冶炼探索研究”，实现由单一锰结核向多矿种的发展；研究了富钴结壳的工艺矿物学，针对其锰高钴、高磷、高含铂而镍铜含量低的特点，研究设计了工艺流程，完成了规模为日处理干结壳1千克的全流程试验，取得良好结果；开展了深海多金属结核作生物固定化载体研究，取得初步成果；为打破传统的结核矿冶炼加工模式，进行了结核矿海上现场加工可行性的研究，提出了在海上进行现场加工这一新的工艺模式。

【多金属结核资源评价与基础海洋地质研究】 “九五”期间，在中国开辟区10.5×10^{4}平方千米的第二阶段勘查区内执行了5个航次。在7.5′×7.5′网距的基础上进行井字型中心加密地质采样，完成约1 850千米深拖海底电视和照相光学连续剖面调查，6 000米水下自治机器人试验调查，为矿区评价和区放工作打下坚实基础。配合航次调查，分以下4个方向：即中国开辟区多金属结核矿床特征研究、多金属结核矿床储量动态评价体系、与采矿有关的综合地质条件研究和有突破前景的基础地质研究，共设立20个课题开展工作，从验收情况来看，绝大多数课题都能按照合同要求完成研究工作，并且在如下几方面取得较大的成果：①阐明东西区海底地形特征的差异是二区结核类型、品位、丰度和分布特征明显差异的主要控制因素，而构造成因的差异则是造成东西区海底地形差异和结核分布特征不同的主要原因；②从地质学、化学和生物学角度探讨洋中脊活动、火山作用、海水循环和生物活动在海底成矿系统中的作用与相互作用；③根据结核的类型、结构、成分和成因的差别，将中国开辟区多金属结核矿床类型划分为3种类型：R型、S型和R+S型多金属结核矿床；④在综合勘探和基础研究成果的基础上，完成了矿区评价和开辟区剩余20%区域的区放报告，并获得海底管理局批准。中国合同区的结核资源的数量和质量接近第一代矿区的水平。

【富钴结壳资源研究】 “九五”期间，中国在西北太平洋上述两个重点靶区共开展了8个航段的调查，调查了14座海山，完成多波束地形测量13.5万平方千米，磁力测量1.5万千米，浅地层剖面测量1 950千米，地质采样120个站位，海底连续摄影8个站位，海底照相2 199张，采集了15吨结壳及岩石样品，富钴结壳的前期调查已取得了丰硕成果，达到了“九五”设计的预期目的。配合航次调查，共安排了6个课题开展相关的研究工作，取得以下成果：①在预测的两个重点靶区内找到了富钴结壳资源，提出了“十五”调查目标、重点调查区、调查范围，为“十五”进一步开展工作奠定了基础；②对矿床勘查技术和方法、基底岩石类型、特征以及生成年代、矿床特征等方面的基础研究达到了国际上较先进水平；③对结壳资源远景的初步评价为中国未来的矿区申请提供了地质依据。

【生物基因资源研究】 由于深海基因资源独特的利用方式，现在深海生物基因资源已成为具有巨大科学研究和商业开发前景的深海资源之一，近几年来国际上深海生物基因资源的开发应用已产生数十亿美元的产业价值。协会设立的“深海生物的分子生物学及其应用研究”课题由国家海洋局第三海洋研究所承担。结合DY95-8航次进行了样品采集工作，开展深海生物的基因特征及极端酶的研究与应用方面的研究工作，已经筛选得到了低温蛋白酶、低温几丁质酶等极端酶，并对低温碱性进行了深入研究，同时在深海嗜冷生物的基因特征方面也取得了一些有意义的成果，为中国进一步开展深海生物基因资源研究与开发奠定了基础。

【天然气水合物资源研究】 天然气水合物因其能量密度高、分布广、规模巨大，是一种潜在的能源资源。近10余年，西方各国从不同侧面对其物理性质、产出条件、分布规律、开发技术、经济评价与环境关系等方面进行了不同程度的科学考察和研究，取得了大量的成果。由协会设立“西太平洋碳氢水合物找矿前景与方法的调研”课题，通过广泛地收集资料，对海底气体水合物在世界大洋中的分布进行了较为系统的分析；对它们的形成分布规律、资源量及与其相关的评价技术、开发利用前景进行了初步的研究；在总结已有调查研究方法的基础上，结合高新技术的发展，初步研究出一套更适合中国国情的调查方法；在综合分析区域基础地质、DSOP和ODP资料以及物化探信息成果的基础上，对西太平洋海域的找矿前景作出了初步评价，指出西太平洋岛弧、西南太平洋、印度洋东北部和白令海4个有利的找矿远景区，为中国今后找矿的规划部署提供了依据。

【其他探索性项目】 **海底热液硫化物** 海底热液活动和热液硫化物研究，是人类对现代海洋地质演化作用和找矿规律的最新认识，在理论上和工业远景上都具有十分重要的意义。由协会设立并于1999年完成的“世界海底热液硫化物‘矿点’资源评价和编图”，提出了以西南太平洋和西太平洋特定海区为勘探靶区的方案。在此基础上还设立“西太海底热水矿床地球化学异常圈定方法研究”课题，进行了地球化学异常圈定方法研究，根据海底热液矿床的地球化学异常特征，建立一套地球化学指标系统，为寻找海底热液矿床远景区提供科学依据。

深海粘土和软泥 为拓展资源范围，协会设立的“世界大洋深海粘土和软泥的前瞻性研究”课题，提出了深海粘土沉积和粘土矿物分布规律：即大洋中粘土矿物的分布具有明显的纬度分带性，略具对称性，含量多寡由极地向赤道呈分级现象，大洋中最主要的粘土矿物是伊利石，蒙皂石和高岭石次之，绿泥石相对较少；硅质软泥的特征及分布规律为：硅质沉积物形成的3条主要分布带在北半球高纬度区、南半球高纬度区和赤道区，放射虫软泥沉积只分布于热带；并采用单位面积资源量累加法，结果表明世界大洋中的粘土与软泥的资源量分别为2.1×10^7立方千米和3.1×10^7立方千米，资源潜力巨大。（邬长斌）

十五项目总体布局与组织管理体系
Layout of the Tenth Five-Year Plan Projects and the Projects Management System

【“十五”项目总体布局】 为保证“十五”项目安排的合理性、有效性、系统性，依据《国际海底区域研究开发“十五”计划》，2000年协会办公室组织国内有关专家对“十五”项目的总体布局进行了研究，提出协会“十五”项目的整体布局，确定项目体系的基本构成，明确各项目之间的关系。中国国际海底区域资源研究开发专项内设5个项目，即综合评价项目、资源勘查与评价研究项目、环境评价项目、技术发展项目、资源加工利用项目。根据需要项目内设子项目，以课题为基本单元采取合同管理，项目、子项目、课题设置见附图。

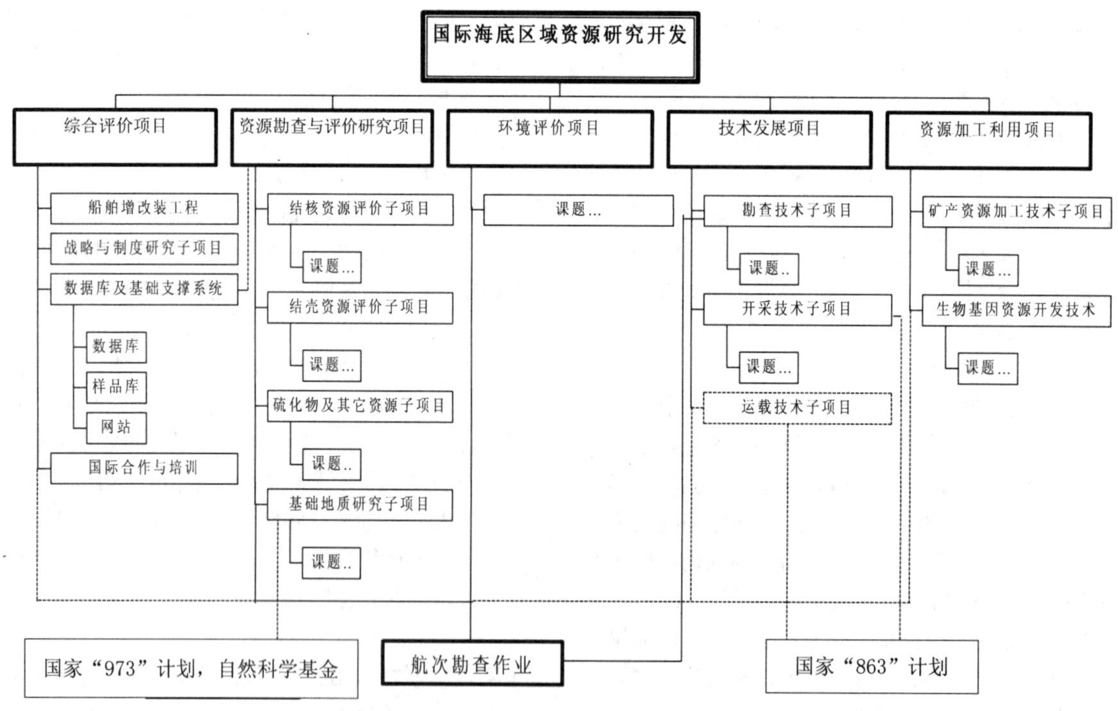

国际海底区域研究开发“十五”项目总体布局图

【项目组织管理体系】 为保证顺利实现协会“十五”全方位战略目标，完成“十五”各项任务，建立和完善适应中国社会主义市场经济体制、科技体制、适应国际海底区域活动最新形势的科学、高效、实用的项目管理体系，2000年协会办公室制订了服务于项目整体布局的项目管理组织体系，明确了项目管理的程序，界定了各级管理

建立和完善适应中国社会主义市场经济体制、科技体制、适应国际海底区域活动最新形势的科学、高效、实用的项目管理体系，2000年协会办公室制订了服务于项目整体布局的项目管理组织体系，明确了项目管理的程序，界定了各级管理

机构和成员的职能、活动规范等，编制了相关的管理制度。

项目设首席科学家，子项目设责任专家。项目首席科学家对协会办公室负责，项目内实行项目联席会议制度，项目首席科学家组织召开项目联席会议，解决项目执行过程中的问题。航次工作服务于协会项目，航次任务根据勘探项目、环境项目及其他研究开发项目的要求安排。

中国大洋协会办公室聘请国内有关专家成立资源勘查环境研究项目专家组和技术发展项目专家组作为项目管理的咨询和参谋机构，在项目的立项和实施过程中进行顾问和评议，提出咨询意见和建议。项目专家组实行回避制度，专家组成员本人不承担协会任务，专家组长所在单位一般不应承担协会任务，专家组一般成员所在单位可以承担协会任务，但在评审专家组成员所在单位提出或承担的项目时，该专家组成员须回避。

2000年完成了《中国大洋协会项目管理暂行办法》、《中国大洋矿产资源研究开发项目专家组暂行规定》、《项目首席科学家及责任专家暂行规定》等制定并通过协会常务理事会的审议。

（刘 峰）

国际海底管理局的活动及国际海底区域制度的进展
Activities in International Seabed Authority and Developments in the International Seabed Area Regime

【国际海底管理局第六届会议】 国际海底管理局第六届会议分别于2000年3月20～31日和7月3～14日在其总部所在地牙买加首都金斯顿举行了第一次和第二次会议。本届会议大会共有13项议程，理事会共有14项议程。但重要议程主要有4项：选举理事会成员，选举秘书长、审议和通过秘书长的年度报告，审议《“区域”内多金属结核探矿与勘探规章》（《采矿法典》）。国际海底管理局又将审议《“区域”内多金属结核探矿与勘探规章》作为本届会议的最优先议程，要在本届会议上完成对其审议并最终通过。会议的大部分时间用于召开理事会扩大会议，以审议《采矿法典》。在第一次会议期间，财务委员会及法律和技术委员会均未举行会议。

选举理事会成员 理事会是国际管理局最重要的机关。根据《公约》有关条款的决定，理事会由36名成员组成，分别从A组(4)、B组(4)、C组(4)、D组(6)和E组(18)通过选举产生，任期4年。理事会于1996年通过选举组成，中国从B组当选为理事会成员。在本届的选举中，中国通过努力，再次从B组中当选。

选举国际海底管理局秘书长 根据《公约》有关规定，《公约》生效时即应成立国际海底管理局。《公约》于1996年11月16日生效，经过两年的筹备，于1996年国际海底管理局完成了其内部机构的基本设置，选举了前联合国专管海洋法事务的副秘书长萨·南丹（斐济）先生为秘书长，国际海底管理局开始正式运行。

按《公约》有关条款规定，秘书长任期4年，现任秘书长的任期将于2000年底结束。因此本届大会要进行秘书长的选举。理事会对选举秘书长的事项进行了审议。截止本届会议开始时，仅有斐济政府提名萨·南丹（斐济）为秘书长候选人。理事会决定根据《公约》第162条第2（b）款向大会建议萨·南丹为管理局秘书长的惟一候选人。大会根据理事会的推荐，再次选举南丹先生为国际海底管理局秘书长。

审议和通过秘书长的年度报告 秘书长的年度报告是例行公事，但却是大会的一项重要议程。与会代表对管理局一年来的工作基本满意，但对一些悬而不决的事不能尽快解决表示担忧。秘书长在报告中重点阐述了审议《“区域”内多金属结核探矿和勘探规章》的概况，建议本届理事会能通过该规章，以便使管理局能够与各先驱投资者签定勘探合同，从而批准先驱投资者的工作计划。

审议和通过了《“区域”内多金属结核探矿和勘探规章》 理事会从1998年开始审议法律和技术委员会提议的《“区域”内多金属结核探矿和勘探规章》（《采矿法典》），就有关海洋环境保护的条款，先驱投资者与以智利为首的一些国家意见分歧很大，经过几年大会的审议和磋商，虽取得一定的进展，但一直未能达成一致。对《采矿法典》进行讨论和审议的过程实质上反映了国际上各利益集团的矛盾。大洋多金属结核所含金属的陆地生产国从根本上反对开展“区域”活动，在环境问题上层层加码，阻止“区域”内深海资源的开发；没有深海开发技术的国家，尤其是沿海的第三世界国家，因为看不到具体的利益，或要求降低资料的保密性原则以获取更多的资料，或以环境保护为由积极主张加大未来深海采矿者的各种负担，以期拖延深海资源的开发。在《采矿法典》审议过程中先驱投资者国家（包括潜在的先驱投资者国家）与其他利益集团的分歧较大。中国一方面作为发展中国家与广大的第三世界国家有政治上的共同利益，另一方面作为先驱投资者国家与发达国家有经济上的共同利益。鉴于中国对于一般性条款多采取了灵活的态度，对于直接涉及中国承担过分义务的条文，据理力争以维护中国作为先驱投资者的利益。

为了尽快通过这一采矿法典，管理局秘书处编制了对《采矿法典》的修正案。管理局在第五届会议（1999）上决定在其第六届会议的工作安排中，优先审议《采矿法典》，并要求秘书长与理事会主席和各区域集团及利益集团进行协商，找出分歧的关键所在以及解决问题的方法，以期在2000年内通过。

在该届大会的理事会期间，秘书长将通过《采矿法典》作为第一要务，穿梭于各代表团之间进行磋商和说服工作，在会议即将结束时，终于通过了这一法典，完成了管理局的一项历史使命。

《采矿法典》包括序言和导言、探矿、申请以合同方式核准勘探工作计划、勘探合同、保护和保全海洋环境、机密性、一般程序、解决争端、多金属结核以外的其他资源等 9 部分以及 4 个附件组成。

《采矿法典》的通过将使国际海底管理局对国际海底的活动的控制有章可循。根据《采矿法典》的要求，各先驱投资者要与国际海底管理局签订勘探合同，从法律上进一步保证了国际海底先驱投资者的利益。另外，《采矿法典》的通过，将使国际海底管理局的精力转移到大洋多金属结核以外的其他资源上，拟订其他资源（特别是海底热液硫化物和富钴铁锰结壳资源）的探矿和勘探规则、规章和程序将是国际海底管理局下一步工作的重点。

第六届会议是国际海底管理局发展史上一次重要会议，审议并通过了《“区域”内多金属结核探矿和勘探规章》，完成了《联合国海洋法公约》赋予的一项重要立法任务。南丹秘书长称这一规章的通过是国际海底管理局发展史上一个重要里程碑。在大会闭幕时，南丹秘书长宣布，国际海底管理局将立即着手与先驱投资者签订勘探合同。

在该届会议上，中国再次从B组当选为理事会成员，说明中国在国际海底区域中所取得的成绩和中国在国际海底管理局的事务中所发挥的重要作用，已经得到国际社会的认可。

（毛 彬 刘 峰）

国际海底合作与履行国际义务
Cooperation and Implementation of COMRA's Obligations in the International Seabed Affairs

【双边合作】 体现“以我为主，共同研制”原则的采矿中试作业车系统中法合作取得实质性进展。作业车系统总体设计以我为主完成，行驶履带底盘、机架、集矿机构、破碎机等采矿专门技术由我方研制，620千伏安发电机组和升变压器由我方自行研制和配套，液压系统、测控系统、传感器、脐带缆、水下分电箱等由法方负责研制和配套，双方共同完成系统的总装和调试。2000年10月23日至11月1日由长沙矿山研究院、长沙矿冶研究院专家和国家计委、科技部、大洋协会办公室的领导组成的验收专家组在法国马赛对系统进行了初步验收，验收组通过对设备外观检查、车间台架试验和12米水深行走试验，认为设备系统功能达到了合同规定的技术指标。

该合作项目是协会成立以来首次进行的实质性大型国际合作项目，合作既牢牢地把握了知识产权为我所有，又引进了急需的技术和部件；合作不仅加快了中国深海采矿系统研制，而且为协会今后开展高技术国际合作积累了经验，为中国深海高技术开发和研究奠定了基础。

【勘探合同准备】 根据《“区域”内多金属结核探矿和勘探规章》的要求，先驱投资者应尽快同国际海底管理局签订《勘探合同》。为此国际海底管理局秘书长南丹先生曾 3 次致函中国大洋协会秘书长金建才，并派管理局副秘书长奥敦腾（Odunton）先生专门来华商谈签订合同事宜。中国大洋协会根据《“区域”内多金属结核探矿和勘探规章》的要求以及同国际海底管理局达成的一致意见，组织国内资源、技术、法律、外交等有关领域的专家进行了研究，初步编写了勘探合同文本。

（刘 峰）

海洋新闻出版与教育篇

Marine Journalism & Publication and Education

海洋新闻与出版
Marine Journalism and Publication

海洋新闻工作
Marine Journalism

【中国海洋报社及中国海洋报】 2000年，中国海洋报社坚持以邓小平理论为指导，认真贯彻党的新闻工作方针，紧紧围绕国家海洋局的十大重点工作，加强了海洋宣传力度，保证了各项任务的顺利完成。

调整报社总体发展思路和办报方向

提出报社总体思路。报社工作的整体思路是：坚持邓小平建设有中国特色的社会主义理论和党的基本路线，坚持正确的舆论导向，使报纸更好地服务于海洋主管部门的工作，服务于海洋经济发展，服务于全民族海洋意识的提高。同时，立足版面创新发展，探索按新闻规律办报，按市场规律经营的途径。报纸发展方向是：立足主体，拓展两翼。从经营理念上讲，报社根本出路要靠走资本运营之路，搞股份制运作。近期积极开展招商引资，吸纳社会资金联合办报是报社快速发展的有效途径。

调整办报方向。过去报纸主要面对机关、事业单位及科研院所，随着机构改革不断深化，机构合并，人员精简，事业单位转制，经费逐年减少。报纸仅仅局限于这部分人群，已不能适应形势需要。报纸要发展必需丰富内涵、拓展外延，必须面对市场，由机关报转向行业报，向行业更广大的人群辐射。同时，中国海洋报既要服务于国家海洋局工作，适应国家海洋事业发展的需要，又要符合市场经济规律和新闻规律。

立足主体。立足海洋管理部门，为海洋工作发展服务。中国海洋报是国家海洋局主办的全国海洋界惟一一张综合性报纸。21世纪是海洋世纪，海洋领域将受到越来越多的人们关注。因此海洋报必须立足海洋工作主体，加大海洋工作宣传力度，保证宣传及时、准确、到位。宣传重点是规划、立法、管理。主要依托国家和地方海洋主管部门，取得他们的有力支持。

拓展两翼。拓展发展空间，寻找新的经济增长点。一翼是拓展海洋经济领域。海洋经济领域空间广阔，海洋报拟选择两三个具有优势的产业和区域逐步进入。其宣传重点是提供实用信息和技术，服务经济建设，服务企业和业界人士。2000年5月开始筹备，成立了水产周刊编辑部，8月正式出版了《水产周刊》，每周4版，周五出版。主要是依托涉海产业、企业和沿海地区地方政府，开拓新的市场。这是海洋报进入产业、服务经济社会的一个切入点，也是报社未来经济增长点。另一翼是拓展全民海洋意识教育领域，即传播海洋文化。21世纪将是人们关注海洋的世纪，向社会普及海洋知识，传播海洋文化，提高全民族大海洋意识，是中国海洋报义不容辞的责任。“让更多的人了解海洋”，应该是今后海洋宣传工作的一个重要方面。报社准备筹办新的周刊，计划成熟后正式出版，新的周刊将全面传播海洋文化，增强海洋意识的宣传。这是海洋报贴近大众、步入市场、服务社会的一个切入点，也是报社未来又一个经济增长点。

海洋宣传报道工作

2000年，报社以抓好新闻报道工作，带动和促进报社其他工作的开展。通过调整版面，改进报道思路，增强了新闻性、指导性，增加了报道深度，取得了良好的社会效果。

2000年海洋宣传报道围绕海洋十大重点工作加强了宣传力度。配合国家海域使用管理、海洋环境保护、海监执法等重点工作，开展了一系列的专题报道。先后开辟了“海域采砂执法行动特别报道”（4篇）、“加速海域使用管理立法进程”（专题报道7篇）、“谁来拯救渤海”系列报道（4篇）、“广西沿海海域联合执法大检查”系列报道、“海洋行政执法案例征集”活动等，进行了专题系列跟踪报道。4月1日，报社积极配合《海洋环境保护法》修订实施，与中国海监总队联合举办了《海洋环境保护法》实施专版宣传，在街头广为散发。围绕极地科学考察海洋报上半年继续承接“南极纪行”的特别报道，由本报首次特派记者撰写的特别报道，历时半年之久，共发稿70余篇，被浙江《钱江晚报》采纳稿件30余篇，受到读者好评，“南极纪行”专栏成为报纸的阅读热点。

为了促进沿海地区经济发展，配合当地政府做好大海洋文章。报社积极参与了湛江海洋经济博览会，报纸开辟了湛江海博会专栏，并先后派遣5名记者，采写了10余篇反映湛江海洋经济各领域发展的分析综述文章，得到当地政府领导的高度评价，也扩大了海洋报的社会影响力。

2000年报社加强了舆论监督工作。如广西沿海海域联合执法报道中，报社记者针对北海银滩存在的无偿使用海滩问题进行了及时披露。河北唐山市乐亭工业污水造成养殖场大面积污染后，报社记者对污染现场进行了实地考察，写出了“乐亭百姓欲告官”的文章，引起当地政府领导的重视。

为了配合中宣部下达的阶段性宣传要点，及时报道两会，两会期间报社连续采访报道数十篇。为反映“九五”成果，开设了“九五回眸”专栏，组织了8篇系列报道，充分反映了中国海洋工作“九五”期间取得的巨大成就。

2000年加强了海洋报内参工作，出版了多期《情况反映》，及时反映涉海重大问题。如滨海海岸侵蚀后退严重，给当地经济发展带来极大影响，对海岸基线造成威胁。有两期内参被国家海洋局办公室作为《海洋专报》上报国务院办公厅等有关部门。

改革人事分配制度，认真抓好自身建设

引入竞争淘汰机制。根据干部能上能下和破除干部身份终身制的原则，报社根据年终考核结果，调整了中层干部。

全面推行聘用制度。职工和部门按照自愿和双向选择原则选择岗位，同时按照国家有关法律法规，在平等自愿、协商一致的基础上，报社通过与全社每位职工签定聘用合同，确定了单位和个人的人事关系，明确了单位和个人的义务和权利，同时每个人确定了岗位责任。

建立多种形式的未聘人员安置制度。为精简人员，促进流动，提高在岗高素质人员比例，同时根据内部消化为主的原则，处理好改革与稳定的关系，报社实行了多种形式的未聘人员安置制度，采取了分流现有职工的办法。对一些不符合专业素质要求、工龄达到一定年限并符合报社提前离岗条件的职工，报社予以办理提前离岗手续。对长期脱离报社，但仍然在册的人员，报社予以正式办理了自动离职手续。对个别未聘职工实行办公室代管，执行待岗人员工资政策。

实行固定与流动相结合的用人制度，改变了原有单一的用人方式。初步试行了固定岗位和流动岗位相结合，专职与兼职相结合的用人办法。2000年报社新设立的水产周刊编辑部和策划部，都采取了这种用人办法，聘用了数名流动人员。

打破大锅饭，贯彻效率优先、兼顾公平的分配原则，在政策允许范围内报社扩大了内部分配自主权。对上年度未完成工作指标的职工和对本年度未聘职工，报社只发放60%的基本工资，其他效益工资不再发放。对在岗职工，报社除保证基本工资外，实行了效益工资制。原则是根据当月报社效益情况、职工不同岗位系数和月工作考核总分三项指标分档发放。从实施结果看，保证了在岗人员的利益，初步拉开了档次，打破了过去那种只要发钱不看个人工作业绩和表现，人人都得有份的“大锅饭”分配方式。

发行和经营创收工作

报纸发行和经营创收是报社的一项重要工作。2000年报社主要从以下几个方面促进海洋报的发行和创收：①积极招商引资，联合企业办报，成功引资协办水产周刊。8月份海洋报改版后水产周刊以实用性、可读性和信息量大的版面带动报纸发行，增加有效发行量，同时带动经营创收工作。水产周刊创刊时间不长，但已初显成效，在行业内产生较大影响。②调整并加强发行网络建设。报社抓住地方机构改革、海洋与渔业合并的有利时机，在各省海洋与渔业系统建立或调整记者站通联网络，实行省、市(地)、县(市)三级通联管理体制，充分利用渔业完整的架构体系，扩大报纸发行渠道。③招贤纳士，诚聘英才。报社本部外聘了几名具有正规院校本科以上学历、又有新闻工作经验以及经营能力强的编辑。在记者站人员选聘方面，报社修订了记者站管理暂行规定，打破了站长十年一贯制的管理办法，一年中物色选聘了3名比较可靠、具有经营开发能力并熟悉新闻工作的站长，实行了签约制，聘期一到两年。为报社今后的报纸发行和创收工作打下了良好的基础。④积极做好与邮发部门的沟通工作，提高报纸发行返还率。⑤利用各种渠道赠阅报纸，扩大报纸影响范围。

（中国海洋报社）

【中国海洋石油报】《中国海洋石油报》是由中国海洋石油总公司主办、面向国内外发行的一份报纸（国内统一刊号：CN11-0138），对开四版，周二刊，另外每月出版一期《蓝色特刊》（对开四版）。该报纸于1993年9月30日试刊，1994年2月21日正式创刊，现有采编人员26名，并在天津、深圳、湛江等地设有驻站记者12名。总编辑为王佩云。

中国海洋石油报社坚持正面宣传为主的办报方针和正确的舆论导向，以经济建设为中心，认真宣传党的各项方针政策，突出海洋石油、天然气的勘探、开发、生产、经营和改革开放的宣传报道，开辟了以覆盖面广、针对性强、内容丰富、群众喜闻乐见为特点的板块和栏目，充分展示了“海味、油味、洋味”的特色，对促进中国海洋石油的改革与发展，丰富广大职工的生活及国际间的文化交流等起到了积极的作用。《中国海洋石油报》在办报过程中高举“蓝色国土”大旗，为维护国家海洋权益、增强国民海洋意识鼓与呼，发挥了积极的作用，使“蓝色国土”这一概念通过各大新闻媒体广泛传播，被越来越多的国人所认知。1996年10月18日，中共中央总书记、国家主席江泽民为海洋石油工业题词“开发蓝色国土，发展海洋石油”。

《中国海洋石油报》不仅在海洋石油系统内进行宣传报道，还把50余个国家的600余家合作伙伴、周边国家、国内外同行及相关行业纳入报道范围，努力编织海洋石油产业发展的“卫星云图”，报纸发行也在向这些方面辐射，在国内外产生了越来越大的影响。

2000年，《中国海洋石油报》共有3篇作品获得中国产业经济新闻奖（其中二等奖2篇，三等奖1篇），共有7篇作品获中国石油新闻奖（其中一等奖5篇，二等奖1篇，三等奖1篇）。

2000年工作概况　2000年，中国海洋石油报社在办报工作中始终坚持以经济建设为中心，突出改革、开放和发展，并从报道方式上下功夫，努力实现内容与形式的有机结合，增强宣传效果。

(1) 为了增强报道的深度和力度，强化报纸的宣传效果，报社有计划地组织有关人员，抓住重大新闻题材开展深度报道。“深圳分公司如何适应中国海洋石油有限公司走向国际资本股市”、“加快东海天然气勘探系列报道”、“南海西部合众近海建设公司系列报道”、“形象就是竞争力”、“海洋石油工程股份公司通过资本运营把企业做强系列报道”、“基地改革发展态势系列报道”、“南方船舶公司深化改革系列报道”、“北方钻井公司创新实践系列报道”等一批既有深度又有力度的文章，从不同的侧面和不同的角度深刻地反映了中国海洋石油系统2000年的勘探开发和改革发展，同时也表现了海洋石油人努力为国家经济发展做贡献和勇于改革、勇于创新的精神风貌。

(2) 为了丰富报纸的内涵和思想深度，报社在2000年组织刊发了“21世纪中国海油发展战略思考”、“市场经济就是信誉经济”、“辩证说说两万人”、“分配制度改革难点何在”、“入世给中国海油带来什么”、“新形势下思政工作应有新思考”、“WTO与内部市场”、“雇员合同制告诉我们什么”、“对加速发展中国近海天然气的思考”、“从文化角度认识安全环保”、“人才，建立核心竞争力的关键”、“以新技术应用激发管理革命”、“渤海对外合作重大勘探成果的启示”、“创立建议体系激活智慧资产”等一系列思辩性很强的文章，从理论的高度阐述了对当前改革发展等一些重大问题的新认识、新思路、新观念，在提高广大干部职工的认识、开拓广大干部职工的视野，更新广大干部职工的观念、启迪广大干部职工的思想等方面起到了一定的作用。

(3) 为了达到增强国人海洋意识的目的，报社充分利用蓝色特刊这一宣传阵地，刊发了大量的有关维护海洋权益、加强海洋立法、保护海洋环境、发展海洋经济等方面内容的文章，像“21世纪中国海洋发展战略思考”、“南沙守礁官兵生活趣闻”、“中国钓鱼岛备忘录”、“中国海洋资源受严重侵害”、“海洋污染不断扩大”、“海洋观教育展宏图”、“中国向海洋强国挺进”、“关注南中国海的安全”、“女记者只身探访郑和下西洋之路”、“形形色色的海上走私”、“南沙主权碑下的故事”等就从不同的层面揭示了世界海洋经济发展形势和中国在保护海洋、开发海洋过程中亟需关注和解决的问题。

（陈志斌）

海洋出版工作
Marine Publication Work

【海洋出版社】 海洋出版社在国家海洋局和新闻出版署的领导下，始终坚持党的出版方针和政策，自觉遵守有关规章制度，遵守为人民服务，为海洋事业服务的宗旨，2000年第一次被新闻出版署评为全国良好出版社。

完成任务情况

2000年海洋出版社出书品种多，图书质量较好，各期刊也都按时正常出刊，圆满地并且超额完成了各项任务指标。同时，出色地完成了国际图书博览会的参展工作，在图书版权贸易方面也有所进展。在出版印制方面，狠抓印制质量，想方设法降低印制成本，消耗纸张库存；积极开辟发行渠道，已经建立了230多个发行网点，为扩大发行做了许多基础性的工作。

2000年，在利用网络宣传方面做了一些尝试，注册了国际国内域名，制作了自己的主页。在五六个网站上投放图书宣传材料，还积极尝试电子图书的销售。能承担图书封面设计和期刊设计。同时，服务意识及经营思想得到了进一步的加强，较好地发挥了职能部门的管理和后勤保障作用。

图书出版情况

2000年，共新列选图书选题310种，截至2000年12月底，共出版图书期刊360种。图书总印数达155万余册；图书印数码洋4 200万元；重印、再版率为20%。15种图书获部优产品奖。表1列出了2000年海洋出版社主要涉海出版物。

表1　海洋出版社2000年主要涉海出版物

序号	书　　号	书　　名
1	ISBN 7-5027-4917-9/P.546	中国海洋学文集11集
2	ISBN 7-5027-4921-7/P.548	渤海赤潮灾害监测与评估研究文集
3	ISBN 7-5027-4926-8/P.550	中国首次北极科学考察报告
4	ISBN 7-5027-4929-2/P.552	2001潮汐表第1册鸭绿江口至长江口
5	ISBN 7-5027-4930-6/P.553	2001潮汐表第2册长江口至台湾海峡
6	ISBN 7-5027-4931-4/P.554	2001潮汐表第3册台湾海峡至北部湾
7	ISBN 7-5027-4934-9/G.154	海洋的奥秘
8	ISBN 7-5027-4935-7/G.154	岛岸之旅
9	ISBN 7-5027-4936-5/G.154	航海与抢险
10	ISBN 7-5027-4937-3/G.154	拯救海洋
11	ISBN 7-5027-4938-1/G.154	海军与舰船
12	ISBN 7-5027-4939-X/G.155	大海的女儿
13	ISBN 7-5027-4940-3/G.155	水族大观园
14	ISBN 7-5027-4941-1/G.155	科考南北极
15	ISBN 7-5027-4946-2/P.555	世界海底热液硫化物资源
16	ISBN 7-5027-4951-9/P.556	论海
17	ISBN 7-5027-4952-7/P.557	2001潮汐表第4册太平洋及其邻近海域
18	ISBN 7-5027-4955-1/D.263	中华人民共和国海洋环境保护法
19	ISBN 7-5027-4959-4/TB.13	水下机器人
20	ISBN 7-5027-4960-8/P.558	2001潮汐表第5册印度洋沿岸（含地中海及欧洲水域）
21	ISBN 7-5027-4961-6/P.559	2001潮汐表第6册大西洋沿岸及非洲东海岸
22	ISBN 7-5027-4966-7/P.560	沉积地貌分析
23	ISBN 7-5027-4967-5/TE.5	天然气水合物
24	ISBN 7-5027-4969-1/P.562	黄河三角洲海岸带综合管理——从地学角度展望21世纪
25	ISBN 7-5027-4985-3/P.563	海岸带管理手册
26	ISBN 7-5027-4986-1/P.564	海洋监测质量保证手册

续 表

序号	书　　号	书　　名
27	ISBN 7-5027-4989-6/P.565	海鲜存养技术
28	ISBN 7-5027-4990-X/P.566	21世纪初中国海洋科学技术发展前瞻
29	ISBN 7-5027-5007-X/P.567	海岸带和海洋生态经济管理
30	ISBN 7-5027-5013-4/P.758	海洋强国论
31	ISBN 7-5027-5015-0/P.568	广西近海水文及动力环境研究
32	ISBN 7-5027-5026-6/P.569	Marine Corrosion and Control 海洋腐蚀与控制
33	ISBN 7-5027-5029-0/Q.152	海水鱼类疾病的防治
34	ISBN 7-5027-5031-2/P.570	中国海洋学文集第12集
35	ISBN 7-5027-5064-9/P.576	中国南北极考察
36	ISBN 7-5027-5066-5/Q.153	史氏鲟人工繁殖及养殖技术
37	ISBN 7-5027-5072-X/P.579	海洋赤潮知识100问
38	ISBN 7-5027-5097-5/P.581	世界金枪鱼渔业资源开发利用研究
39	ISBN 7-5027-5098-3/F.374	环渤海区域海洋经济可持续发展研究
40	ISBN 7-5027-5102-5/P.582	海洋科学与技术
41	ISBN 7-5027-5108-4/P.583	中国的海洋化学
42	ISBN 7-5027-5125-4/D.266	国外海洋管理法规选编
43	ISBN 7-5027-5127-0/P.584	中国海洋统计年鉴2000
44	ISBN 7-5027-5140-8/Q.155	小海豚的第一天——宽吻海豚的故事
45	ISBN 7-5027-5141-6/Q.156	龙虾的秘密
46	ISBN 7-5027-5142-4/Q.157	白鲸的旅途
47	ISBN 7-5027-5143-2/Q.158	沙滩上的舞蹈——大西洋青蟹的故事
48	ISBN 7-5027-5144-0/Q.159	“海洋之王”大白鲨
49	ISBN 7-5027-5145-9/Q.160	小海豹长大了——斑海豹的故事
50	ISBN 7-5027-5146-7/Q.161	冰缘生活——鞍纹海豹的故事
51	ISBN 7-5027-5147-5/Q.162	珊瑚礁中的藏身处——小丑鱼的故事
52	ISBN 7-5027-5148-3/Q.163	章鱼的窝
53	ISBN 7-5027-5149-1/Q.164	海龟的旅程
54	ISBN 7-5027-5150-5/P.586	海洋文化研究（二）
55	ISBN 7-5027-5161-0/P.587	中国海岛
56	ISBN 7-5027-5165-3/P.589	海洋开发与管理文选
57	ISBN 7-5027-5169-6/P.590	喧闹的鸟岛
58	ISBN 7-5027-5170-X/P.591	海洋中的宠然大物
59	ISBN 7-5027-5171-8/P.592	传说中的海怪
60	ISBN 7-5027-5172-6/P.593	海洋生命的延续
61	ISBN 7-5027-5173-4/P.594	海洋鱼类的奇闻轶事
62	ISBN 7-5027-5174-2/P.595	千奇百怪的海洋动物
63	ISBN 7-5027-5176-9/P.596	近海资源保护与可持续利用
64	ISBN 7-5027-5183-1/P.598	HY蓝色卡通大世界——小乌贼脸红了
65	ISBN 7-5027-5184-X/P.599	HY蓝色卡通大世界——水下狐狸
66	ISBN 7-5027-5185-8/P.600	HY蓝色卡通大世界——驼背鲸做游戏
67	ISBN 7-5027-5186-6/P.601	HY蓝色卡通大世界——小墨鱼走亲戚
68	ISBN 7-5027-5187-4/P.602	HY蓝色卡通大世界——小鲫鱼的理想
69	ISBN 7-5027-5207-2/P.603	大洋多金属结核资源评价原理和矿区圈定方法

《海洋学报》（中、英文版）、《海洋开发与管理》、《海洋世界》3种社办期刊均如期出刊，并在办刊方面进行了多方位的探讨。

2000年管理年的新举措

（1）实行生产经营会例会制度，提高生产决策的透明度和科学性。2000年，在全年工作中提出以加强管理为中心工作的思路。为此，首先在图书出版的最重要的环节——选题上下工夫。为提高图书出版过程中决策的科学性和透明度，每星期三上午召开由各生产部门领导参加的生产经营会，并形成例会制度，会议对各类选题和图书印数进行充分的论证。2000年共举行24次生产经营会，会后编制会议简报21期。生产经营会不但对提交论证的图书选题进行了认真和负责的论证，同时还经常就图书出版方向和重大选题进行了多方面的评价，为最后决策提供参考意见和建议。由于生产经营会可以集思广益，因此可以减少决策上的失误，达到了较好的效果。

（2）理畅图书流程，完善图书出版管理。在图书出版流程上，随着出版手段和方式方法的变化，原来的图书出版流程就显得不够流畅。为了简化手续，加快出版流程，在总编室主持下，广泛听取了各业务部门的意见和建议，结合实际，拟订了新的出版流程，制定了新的流程卡。

另外，随着近几年出版工艺的进步，图书出版中新的东西层出不穷。为了适应新的出版工作的需要，制定了《数字文件收存暂行规定》，为进一步完善出版管理规章制度做了有益的尝试。

（3）积极拓展出版空间，试行项目责任制。在1999年项目组工作的基础上，2000年筹备成立了以文教类图书为主的文教项目组，以计算机图书为主的计算机项目组，以科幻图书和刊物为主的科幻海洋项目组。

项目责任制的实行，可以丰富的出版方式，及时地根据图书市场的需要调整在某一类选题上的方向。同时也有利于在某一类选题上做大、做好。更重要的是，项目组的工作方式有利于对某一特定选题方向的管理和控制，容易出规模，出效益。经过试运行，计算机和文教两个项目组基本可以独立运作。

海洋出版社被评为良好出版社

新闻出版署在1999年出版社年检登记工作中，开展了1997～1998年度良好出版社的推荐评比活动。在这次评比中，海洋出版社被评为良好出版社。

海洋出版社在长期的出版工作中，始终认真贯彻党的出版方针，坚持“以科学的思想武装人，以正确的舆论引导人，以高尚的精神塑造人，以优秀的作品鼓舞人”，坚持为人民服务，为海洋事业服务的方向，模范地遵守国家的法律、法规和出版政策，坚持改革和发展，充分发挥自己的专业优势和特长，出版了一批社会效益和经济效益均佳的图书，“为全国出版社树立了良好的榜样”。

其他

（1）海洋科技著作出版基金。为解决海洋科技图书出版难，缓解出版经费紧张的局面，2000年伊始，开始运作海洋科技著作出版基金，到6月底，由国家海洋局行文，正式启动海洋科技著作出版基金。截至2000年年底，有7种海洋科技著作经过专家评审，得到基金的支持，列为基金的资助项目。海洋科技著作出版基金得到海洋界广泛的响应和支持，许多专家和学者一致认为这是海洋出版社为海洋科技界做的一件好事。

（2）2000年，第一次承担了国家海洋局海域勘界项目中的海域勘界图件出版工作。为此，专门成立了海域勘界图件出版项目组，参与海域勘界工作，已经初步完成了试点阶段的工作。

（3）2000年先后向河北承德地区和山东青岛地区捐赠价值250万元图书。（海洋出版社）

【青岛海洋大学出版社】 该出版社作为学校建设高水平特色大学的支撑体系之一，始终坚持为教学、科研和学科建设服务的办社宗旨，依托青岛海洋大学的学科优势和人才优势，立足高等学校，面向社会大众教育、科技和经济建设主战场，逐渐形成了以海洋（水产）、教育、外语3个重点板块带动一般图书的选题策划和建设思路，以出版教材、学术专著、教学参考书、教学辅导读物和工具书（包括海洋和水产类、教育类、经济类、社科类、管理类、外语类、医药类等）为主，同时出版相应的科学普及读物及适合广大群众阅读的社会生活类图书。

2000年是世纪之交、“九五”行将结束、“十五”即将开始的一年。青岛海洋大学出版社认真总结了“九五”期间出版工作的经验教训，全面分析了出版社的基本状况、存在的问题、面临的机遇与挑战后，制定了《青岛海洋大学出版社“十五”发展规划》，明确了发展思路、发展目标、主要任务和主要措施，使全社职工明确了发展方向、振奋了精神。《规划》将“强化海洋（水产）类图书选题的龙头地位、形成鲜明的海洋图书出版特色”作为选题建设的重点工作来抓，《规划》中重点建设的图书有 2 种被列为国家、4 种被列为山东省“十五”重点图书建设规划，它们全是海洋类图书。

2000年青岛海洋大学出版社加大了选题策划的力度，并对选题进行优化组合，全年共出版图书152种，其中新版图书104种。在104种新版图书中，教材和学术专著63种，占60.6%，体现了大学出版社以出版教材专著为主，为教学、科研服务的办社宗旨。

青岛海洋大学出版社2000年出版的海洋类图书主要有：《面向21世纪海洋科学教学改革与研究》、《海洋调查方法》、《海洋水团分析》、《生物海洋学导论》、《海洋固体矿产》、《中国海商法理论与实践》、《海事案例精选》、《海洋生物活性物质研究与开发技术》、《走向21世纪的海洋科学》、《再论海上山东》等，其中《海洋调查方法》和《海洋水团分析》是教育部面向21世纪课程教材。

2000年青岛海洋大学出版社出版的图书有7种获得省部级及以上奖励，其中有 4 种属于海洋类图书。

《海洋与人类丛书》获山东省优秀图书奖。该丛书是一套综合性科普读物，共10册:《海洋——深情拥抱大地》、《海洋——蓝色生命摇篮》、《海洋——奉献宝贵资源》、《海洋——气象变化万千》、《海洋——托起远航之梦》、《海洋——风景这边独好》、《海洋——人类健康卫士》、《海洋——刀光剑影聚焦》、《海洋——经济腾飞新曲》、《海洋——奥秘永无穷尽》。该书提醒人们，开发利用海洋必须以保护和优化海洋环境为前提，惟此方能实施海洋经济可持续发展战略。中国工程院院士袁业立教授评价该丛书说：“本丛书不失为一套优秀的海洋科普读物，它有助于引导青少年更全面深入地了解海洋、认识海洋、增强海洋意识；它对于宣传和普及海洋科学知识、探索海洋奥秘、开发利用海洋资源、保护和优化海洋环境、发展海洋经济、实施可持续发展战略具有重要的意义。”

《海洋知识经济》分获山东省社会科学优秀成果一等奖和华东地区大学版协优秀教材专著一等奖。该书是中国第一部从知识经济的角度探讨现代海洋科技、海洋产业发展的著作，对于宣传现代海洋科技和海洋知识经济，使人们深入了解现代海洋经济的本质和发展趋势，以更加积极的新姿态迎接海洋世纪、发展海洋经济，具有重要的理论意义和应用价值。中国科学院资深院士曾呈奎教授为该书作序，认为该书“富于科学性、时代性、现实性和前瞻性，很值得一读。”

《面向21世纪海洋科学教育改革与研究》分获山东省优秀教学成果一等奖和全国优秀教学成果二等奖。该书是全国高校海洋科学教学指导委员会主持的高等教育面向21世纪教学内容和课程体系改革计划（10～17项：海洋科学）研究成果的汇总，就专业调整方案、人才培养方案、师资队伍建设、海洋学“基地”改革与建设、教学内容和课程体系改革、教学方法和手段改革等方面提出了指导性意见，总结了阶段性改革的实践经验，对于培养适应21世纪海洋科技发展和海洋开发需要的高素质人才具有指导意义。

《海洋文化概论》获山东省社会科学优秀成果二等奖。该书是中国第一部海洋文化学教材，亦是第一部海洋文化学基础理论专著。作为一门新创立的海洋文化学科的基础理论著作，该书重点论述了海洋文化的基本性质和特色、理论框架、内容构成和分类、应用及其发展前景、研究方向和方法等问题。该书的出版对于发掘中国海洋文化的历史传统，弘扬海洋文化的当代精神，推动中国海洋事业的健康发展具有重要意义。

在新世纪里，青岛海洋大学出版社将不断深化改革，加强管理，优化结构，提高图书质量，主动为经济建设、先进生产力（科学技术）的推广、先进文化的传播和社会进步服务，密切关注高校及社会大教育的教育体制、课程体系、教学内容及教材的改革，跟踪国际、国内学术研究的前沿，出版高质量、高层次的教材和学术著作，努力将青岛海洋大学出版社办出特色、办出水平，为各界读者奉献更多优秀图书。

（青岛海洋大学出版社）

【海洋科技期刊】 据统计，全国编辑出版与海洋有关的期刊有上百种，主要海洋科技期刊有70余种，其中国家海洋局系统编辑出版的海洋科技期刊有16种，中国科学院编辑出版的有4种。在70余种主要的海洋科技期刊中，学会、协会主办的科技期刊达25种；学术性期刊数量最多，达30种，而检索类期刊只有1种。

2000年，国家海洋局期刊管理办公室对其主管的16种期刊进行了审读，总的来说，期刊的质量是好的。主要表现在：能坚持正确的政治方向；注重学术技术水平；编辑质量较以往有所提高；出版印刷质量较好。但也存在一些问题，如发现一些常见的校对错误，在标点符号、计量单位、数字用法等方面也发现一些错误，特别是发现的标点符号用法错误较多。校对质量是直接制约期刊出版质量的因素，提高校对质量，是期刊长期面对的艰巨任务。期刊出版单位规模小，人员少，很难做到设立专门的校对机构，配备专门的校对人员，绝大多数单位采用编校合一的方式。因此，加强对编辑人员的校对技能的培训显得特别重要。在编辑部内部的管理上，不仅要加强对编辑过程的控制与管理，同时还要加强对校对环节的控制和管理，树立更高的标准，把好校对质量关。

以下列出70余种主要的海洋科技期刊：

《海洋学报》　双月刊(中文版)、季刊(英文版)
　主办：中国海洋学会
　主编：巢纪平
　出版：海洋出版社

《海洋与湖沼》　双月刊（中文版）、季刊(英文版)
　主办：中国海洋湖沼学会
　主编：秦蕴珊
　出版：科学出版社

《海洋工程》　中、英文版　季刊
　主办：中国海洋学会
　主编：窦国仁
　编辑：南京水利科学研究院
　　　　上海交通大学

《热带海洋》　季刊
　主办：中国科学院南海海洋研究所
　主编：施　平
　出版：科学出版社

《水处理技术》　双月刊
　主办：国家海洋局杭州水处理技术研究开发中心
　主编：鲁学仁
　编辑出版：中国海水淡化与水再利用学会
　　　　　　《水处理技术》编辑部

《海洋科学》　月刊
　主办：中国科学院海洋研究所
　主编：周百成
　编辑：中国科学院海洋研究所

《黄渤海海洋》　季刊
　主办：国家海洋局第一海洋研究所
　主编：袁业立
　编辑：《黄渤海海洋》学报编辑部

《东海海洋》　季刊
　主办：浙江省海洋学会
　　　　国家海洋局第二海洋研究所
　主编：宣维莹
　出版：海洋出版社

《海洋技术》　季刊
　主办：国家海洋局海洋技术研究所
　主编：惠绍棠
　出版：《海洋技术》编辑部

《台湾海峡》　季刊
　主办：国家海洋局第三海洋研究所
　　　　福建省海洋学会
　主编：张金标
　编辑出版：《台湾海峡》编辑部

《海洋预报》　季刊
　主办：国家海洋环境预报中心
　主编：余宙文
　出版：海洋出版社

《海洋通报》　双月刊
　主办：国家海洋信息中心
　　　　国家海洋局北海分局
　　　　国家海洋局东海分局
　　　　国家海洋局南海分局
　主编：侯文峰
　编辑：《海洋通报》编辑部

《海洋通报》（英文版）　半年刊
　主办：国家海洋信息中心
　主编：侯文峰
　编辑：《海洋通报》（英文版）编辑部

《海洋信息》　季刊
　主办：国家海洋信息中心
　　　　中国信息协会海洋分会

主编：刘法孔
编辑出版：《海洋信息》编辑部
《海洋文摘》 双月刊
主办：国家海洋信息中心
主编：刘法孔
出版：国家海洋信息中心
《海洋环境科学》 季刊
主办：国家海洋局海洋环境保护研究所
国家海洋环境监测中心
中国海洋环境科学学会
主编：丁德文
出版：海洋出版社
《海洋湖沼通报》 季刊
主办：山东海洋湖沼学会
主编：王彬华
出版：山东海洋湖沼学会
青岛海洋湖沼学会
《南海研究与开发》 半年刊
主办：广东海洋湖沼学会
广东海洋学会
中国科学院南海海洋研究所
广东省海洋资源研究发展中心
编辑：《南海研究与开发》编辑部
《海洋开发与管理》 季刊
主办：国家海洋局海域管理司
海洋出版社
主编：鹿守本
出版：海洋出版社
《海洋世界》 月刊
主办：中国海洋学会
主编：陈泽卿
出版：《海洋世界》杂志社
《极地研究》 季刊
主办：国家海洋局南极考察办公室
中国极地研究所
主编：刘东生 许世远
编辑：《极地研究》编辑部
出版：科学出版社
《海洋地质与第四纪地质》 季刊
主办：国土资源部海洋地质研究所
国土资源部第四纪地质研究中心
主编：张光威
编辑出版：《海洋地质与第四纪地质》编辑部
《海洋地质动态》 月刊
主办：青岛海洋地质研究所
广州海洋地质调查局
主编：侯贵卿
编辑出版：《海洋地质动态》编辑部
《海洋地质》 季刊
主办：国土资源部广州海洋地质调查局情报图书室
主编：黄永祥
编辑：广州海洋地质调查局情报室
《中国造船》 季刊
主办：中国造船工程学会
主编：吴有生
编辑出版：《中国造船》编辑部
《舰船知识》 月刊
主办：中国造船工程学会
主编：王义山
编辑出版：《舰船知识》杂志社
《船舶工程》 双月刊
主办：中国造船工程学会
主编：丁 玮
编辑出版：中国造船工程学会《船舶工程》编辑部
《航海》 双月刊
主办：上海市航海学会
主编：高浩德
编辑出版：《航海》杂志社
《中国航海》 半年刊
主办：中国航海协会
主编：黄蕴和
编辑出版：中国航海学会《中国航海》编辑部
《水动力学研究与进展》 季刊
主办：中国船舶科学研究中心62个单位
主编：周连第
编辑出版：《水动力学研究与进展》编辑委员会
《中国水产》 月刊
主办：农业部渔业局
主编：刘统锦
出版：《中国水产》杂志社
《科学养鱼》 月刊
主办：中国水产学会
农业部全国水产技术推广总站

中国水产科学研究院
淡水渔业研究中心
主编：戈贤平
编辑出版：《科学养鱼》编辑部

《海洋渔业》 双月刊
主办：中国水产学会
中国水产科学院东海水产研究所
主编：乔庆林
出版：《海洋渔业》编辑部

《水产学报》 双月刊
主办：中国水产学会
主编：周应祺
编辑出版：《水产学报》编委会

《水产科学》 双月刊
主办：辽宁省水产学会
主编：陈介康
编辑出版：《水产科学》编辑委员会

《现代渔业信息》 月刊
主办：中国水产科学研究院
东海水产研究所
主编：谢营梁
编辑：《现代渔业信息》杂志编辑委员会

《中国水产科学》 季刊
主办：中国水产科学研究院
主编：吴万夫
编辑出版：《中国水产科学》编辑部

《远洋渔业》 双月刊
主办：东海水产研究所
主编：赵传絪
编辑：《远洋渔业》编辑部

《海洋水产研究》 季刊
主办：中国水产学会
主编：唐启升
编辑出版：中国水产科学研究院黄海水产研究所

《水产养殖》 双月刊
主办：江苏省水产学会
江苏省淡水水产研究所
江苏省海洋水产研究所
主编：沈 绩
编辑出版：《水产养殖》编辑部

《海洋测绘》 季刊
主任：杨印本
编辑：海军海洋测绘研究所
中国测绘学会海洋测绘专业委员会
出版：海军司令部航海保证部

《气象水文海洋仪器》 季刊
主办：中国仪器仪表学会气象水文海洋仪器分会长春气象仪器研究所
主编：吕凤华
出版单位：《气象水文海洋仪器》编辑部

《海湖盐与化工》 双月刊
主办：中盐制盐工程技术研究院
主编：高纪隆
出版：《海湖盐与化工》编辑部

《中国海上油气》(工程) 双月刊
主办：中国海洋石油生产研究中心
主编：张 钧
编辑出版：《中国海上油气》(工程)编辑部

《中国海上油气》(地质) 双月刊
主办：中国海洋石油勘探开发研究中心
主编：杨川恒
编辑出版：《中国海上油气》(地质)编辑部

《海岸工程》 季刊
主办：山东海岸工程学会
青岛市海岸工程学会
国家海洋局第一海洋研究所
山东省筑港总公司
山东省航运工程设计院
中港一航局二公司
国家海洋局北海分局
主编：曲绵旭
编辑出版：《海岸工程》编辑部

《河口与海岸工程》 季刊
主办：浙江省河口海岸研究所
主编：韩曾萃
编辑出版：《河口与海岸工程》编辑部

《海洋经济》 季刊
主办：山东省海洋经济研究中心
中国海洋学会山东分会
主编：郑贵斌
编辑出版：《海洋经济》编辑部

《沿海经济》 月刊
主办：中共南通市委员会
中国地区开发促进会
主编：李昌森

编辑出版：《沿海经济》杂志社

《青岛海洋大学学报》 季刊

主办：青岛海洋大学

主编：文圣常

出版：《青岛海洋大学学报》编辑部

《河海大学学报》 双月刊

主办：河海大学

主编：郭志平

编辑出版：《河海大学学报》编辑部

《湛江海洋大学学报》 季刊

主办：湛江海洋大学

主编：吴琴瑟

编辑出版：《湛江海洋大学学报》编辑部

《上海水产大学学报》 季刊

主办：上海水产大学

主编：周应祺

编辑出版：上海水产大学学报编辑委员会

《环渤海经济瞭望》 双月刊

主办：环渤海地区经济信息协会

总编辑：林开明

出版：《环渤海经济瞭望》杂志社

《中国海洋药物》 双月刊

主办：中国药协会

主编：关美君

出版：山东省海洋药物科学研究所

《中华航海医学杂志》 季刊

主办：中华医学会

总编辑：龚锦涵

编辑：《中华航海医学》杂志编辑委员会

出版：海军医学研究所

《中国渔业经济研究》 双月刊

主办：中国水产科学研究院
中国水产总公司
中国水产学会
中国国土经济学研究会
（海岛开发专业委员会）

主编：刘大安

编辑出版：《中国渔业经济研究》编辑部

《浙江海洋学院学报》 季刊

主办：浙江海洋学院

主任委员：佘显炜

编辑出版：《浙江海洋学院学报》编辑部

《渔业现代化》 双月刊

主办：中国水产科学研究院
渔业机械仪器研究所

主编：张淼湧

编辑：《渔业现代化》编辑部

《中国港湾建设》 双月刊

主办：中国港湾建设（集团）总公司

主编：王海滨

出版：天津港湾工程研究所

《世界海运》 双月刊

主办：大连海事大学

主编：杨守仁

编辑：《世界海运》编辑部

《港工技术》 季刊

主办：交通部第一航务工程勘察设计院

主编：毕梦雄

编辑：《港工技术》编辑部

《天津航海》 季刊

主办：天津市航海学会

主编：李开荣

编辑出版：《天津航海》编辑部

《船舶》 双月刊

主办：中国船舶及海洋工程设计研究院

主编：郭彦良

编辑出版：《船舶》杂志编辑部

《中国海洋平台》 双月刊

主办：中国船舶工业船舶工艺研究所

主编：徐学光

出版：中国船舶工业船舶工艺研究所

《海军工程大学学报》 双月刊

主办：海军工程大学

主编：李泽良

编辑出版：海军工程大学学报编辑部

《当代海军》 月刊

主办：中国人民解放军海军政治部

主编：王健娃

编辑出版：《当代海军》杂志社

《现代舰船》 月刊

主办：中国舰船研究院科技情报研究所

主编：张培元

编辑出版：《现代舰船》杂志社

《海军大连舰艇学院学报》 季刊

主办：海军大连舰艇学院

主编：陆儒德

出版：《海军大连舰艇学院学报》编辑部

《水产科技情报》 双月刊

主办：上海市水产技术推广站

主编：戴祥庆

编辑出版：水产科技情报编辑部

《南海水产研究》 半年刊

主办：中国水产科学研究院南海水产研究所

主编：王祖衍

编辑出版：《南海水产研究》编委会

《造船技术》 双月刊

主办：中国船舶工业集团船舶工艺研究所

主编：何永彬

出版：《造船技术》编辑部

《大连海事大学学报》 季刊

主办：大连海事大学

主编：刘宗德

编辑出版：《大连海事大学学报》编辑部

（张德山）

海 洋 教 育
Marine Education

国家海洋局海洋教育
SOA Marine Education

【概况】 党中央关于教育体制改革的文件指出："党的关于经济体制改革的决定，为中国社会生产力的大发展，我国社会主义物质文明和精神文明的大提高，开辟了广阔的道路。今后事情成败的一个重要关键在于人才，而解决人才问题，就必须使教育事业在经济发展的基础上有一个大的提高"。

国家海洋局及局属各单位历来十分重视教育培训工作，始终把人才培养、增强管理和科研业务工作后劲放在重要议事日程，并常抓不懈。经过多年努力，已取得显著效果。全局在培训经费投入逐年加大、培训总人数逐年增加的基础上，2000年又向前跨进一大步，培训总数达到2 435人次，比上一年度增加了67%。据统计，全局大专以上学历的职工人数已达3 892人，占正式职工总数的45.88%，硕士、博士研究生比例逐年提高，其中博士研究生和硕士研究生两项合计占正式职工总数的5.22%。特别是局机关人员在文化程度方面得到了较大的提高和改善，与"八五"末期相比，局机关研究生以上学历人员增加了84.62%。教育培训的力度不断加大的直接结果，就是加速提高全局人员的整体素质，而随着整体素质的不断提高，又为减员增效、为海洋事业的大发展奠

表1　国家海洋局系统在职人员培训情况一览表

单位名称	合计	出国学习人数	高等教育人数	中等教育人数	短期培训人数				经费支出（千元）
					小计	岗位培训	继续教育	其他	
北海分局	769		24		745	631	58	56	293.2
东海分局	871		115	1	755	722	13	20	
南海分局	65		4		61	61			100.0
中国海监总队	17		8		9	9			45.0
国家海洋信息中心	23		23						
国家海洋环境检测中心	41	1	4		36	28	8		46.9
国家海洋环境预报中心	47				47	12	15	20	8.0
国家卫星海洋应用中心	30	13			17	15	1	1	212.0
国家海洋标准计量中心	10				10	10			6.0
杭州水处理中心	13				13	6	7		
第一海洋研究所	64	8	12	3	41	17	18	6	
第二海洋研究所	75		6	5	64	35	14	15	26.0
第三海洋研究所	121	12	6	11	92	58	34		
海洋技术研究所	184		4		180	180			13.0
海洋发展战略研究所	3	1			2		2		30.0
中国极地研究所	53	2	1		50	40	10		150.0
极地考察办公室	8		4		4		4		
海洋出版社	21		3		18	17	1		11.8
北京培训中心	4				4	1	3		
海口中心海洋站	16				16	15		1	3.2
合计	2 435	37	214	20	2 164	1 857	188	119	945.1

表2　国家海洋局系统研究生教育情况一览表

单位名称	年初在读生数				本年计划招生数				本年实际招生数				本年毕业生数				年末在读生数			
	国家计划内		国家计划外		国家计划内		国家计划外		国家计划内		国家计划外		国家计划内		国家计划外		国家计划内		国家计划外	
	非定向	定向	委培	自筹	非定向	定向	委培	自筹	非定向	定向	委培	自筹	非定向	定向	委培	自筹	非定向	定向	委培	自筹
国家海洋信息中心				20				23				3								23
国家海洋环境检测中心		2		1										1		1		1		
国家海洋环境预报中心		9	1			4								3				6	1	
杭州水处理中心		1																1		
第一海洋研究所		34				18				17				8				43		
第二海洋研究所	16	2			9	1			9	1			5	1			20	2		
第三海洋研究所	9				5				3				1				11			
海洋技术研究所		5				3				3								8		
极地考察办公室				1				5												
合　计	25	53	1	22	14	26		28	12	21		3	6	13		1	31	61	1	23

定了坚实的基础。2000年，整个海洋战线从事科技活动的人员比“八五”期末减少了4 000人，而主要海洋产业总产值却大幅提升，由“八五”期末的2 855亿元增到2000年的4 133.5亿元，以10.9%的速度快速增长。主要海洋产业增加值，也以平均15.7%的速度增长，明显高于同期国民经济发展速度。

现将局属各单位2000年度培训情况示于表1、表2。　　　　　　　　　　（徐永武）

【国际海洋学院中国业务中心和国家海洋局天津外语培训中心】 国际海洋学院为一所非政府的研究和培训机构，在为促进海洋资源的合理开发和利用，提高海洋管理水平，保护和保全海洋环境而开展的教育、培训和研究方面——尤其是为发展中国家在这些方面作出了特殊贡献。

根据国家海洋局和国际海洋学院签定的备忘录，国际海洋学院中国业务中心于1994年10月14日在天津成立。该中心以国家海洋信息中心为依托单位，负责双方同意的培训和研究项目。在国家海洋局领导的指导下，在大洋协会和局国际合作司等部门的大力支持下，国际海洋学院中国业务中心在培训和研究方面取得了一定的成绩。

举办独立的世界海洋委员会亚太地区听证会 1995年成立了独立的世界海洋委员会，其主席为当时的葡萄牙苏亚雷斯总统，国际海洋学院创始人鲍基斯教授为副主席。国际海洋学院为该委员会的秘书处，国际海洋学院各地区业务中心为地区秘书处。国际海洋学院中国业务中心被指定为该委员会的亚太地区秘书处。该委员会的宗旨是致力于世界海洋事业的发展，促进全球性海洋教育，促进发展中国家的海洋开发和持续发展的能力建设，发展海洋综合管理的理论和技术，实现海洋资源的持续发展。该委员会虽是一个非政府组织，但在国际上具有极大的影响力。联合国海洋法公约生效以后，国际海洋事业发生了根本性的变化。原有的海洋管理模式要改变，概念要更新，联合国内涉海的管理机构要重组。全球性海洋新秩序正在形成。鉴于这些问题，联合国秘书长邀请独立的世界海洋委员会向联合国提供必要的信息和建议。因此独立的世界海洋委员会要求国际海洋学院中国业务中心为该委员会召开一次亚太地区海洋听证会。中国业务中心于1995年5月9～11日在天津召开了一次海洋听证会，来自国家有关部委、大学和研究所共32个单位55名代表参加了会议，就联合国海洋法生效后中国及发展中国家海洋事业发展面临的机遇和挑战进行了专题讨论。会后，国际海洋学院中国业务中心将会议纪要的英文本提交给国际海洋学院总部，得到鲍基斯教授的高度赞扬，并将该文件列为独立的世界海洋委员会第三次大会的重要文件。

举办6期培训班 国际海洋学院中国业务中心的培训项目具有广泛的多学科性，提倡合理开发人类共同遗产和国际合作的精神。按照计划，国际海洋学院中国业务中心每年举办一期为期5周的“联合国海洋法公约、21世纪议程和海岸带综合管理”或“深海采矿”培训班（交替进行）。其学员来自于亚太地区的发展中沿海国家。

国际海洋学院中国业务中心自成立以来，分别在1995年6月、1996年7月、1997年10月、1998年6月成功地举办了为期5周的“深海采矿”、“执行联合国海洋法公约和21世纪议程”、“执行联合国海洋法公约和海岸带综合管理”培训班。1999年9月首次利用国际海洋学院经费举办国内沿海省市“海岸带综合管理”培训班，2000年9月举办了海洋环保和海岸带管理培训班。6年多来，有来自22个国家的146名学员参加了培训，来自国内外十几名专家参加培训班的授课。

中国业务中心培训班已打破以往国际培训班以外国专家授课为主的习惯做法，大部分课程均由中国专家、教授、院士讲授。据学员评估的结果，中国专家、教授、院士的总体水平已达到甚至部分超过了外籍专家。这证明中国已有了一支高水平的培训班教师队伍。国际海洋学院中国业务中心基本完成了由聘请外籍教师来华授课为主到由中国自己的专家、教授、院士为培训班授课为主的过渡。

研究项目 根据备忘录确定的举办培训班和开展有关研究的任务，国际海洋学院中国业务中心开展了一系列海洋管理和政策研究项目。研究重点放在联合国海洋法生效后，中国的海洋管理问题和海平面上升对沿岸活动的影响。1995年结合亚太地区海洋听证会，在给国际海洋学院总部的报告中，提出了联合国海洋法公约生效以后发展中国家面临的机遇和挑战、权利和义务问题，建立海洋新秩序的问题，以及如何执行联合国环发大会所制订的21世纪第17篇章的有关措施。这些建议得到国际海洋学院总部的高度重视，有关建议已列入国际海洋学院的工作计划。2000年开展了远程教育网的筹建工作。

积极开展中心间的国际合作，为中国输送更多的海洋管理人员到国外培训 国际海洋学院中国业务中心自成立以来，与加拿大中心、南太中心、印度中心和日本中心积极开展合作。4年来共向印度中心、加拿大中心和南太中心输送有关海洋管理、海洋经济、海洋可持续发展、深海矿产资源等方面的16名人员进行委托培训。此外还与日本中心建立长期的合作关系，正在探讨共建世界海洋委员会西太秘书处、亚太地区培训中心和开展共同研究的可能性。

至2000年，国际海洋学院中国业务中心共培训了文莱、马来西亚、越南、柬埔寨、朝鲜、韩国、菲律宾、印度尼西亚、泰国、巴基斯坦、斐济、印度、埃及、肯尼亚、尼日利亚、塞内加尔、坦桑尼亚、智利、巴布亚新几内亚和中国等20余个国家90名学员，其中中国学员69名。扩大了中国的影响，特别是国家海洋局在国际海洋界以及联合国等机构的影响，同时也利用外资为中国培养了自己的海洋管理、研究、开发人才。这对中国在海洋管理、海洋开发、研究与国际接轨、交流国内外海洋开发、研究的经验技术都起到良好的促进作用。

参加第24届世界海洋和平大会的筹备工作 1996年11月，中国成功地举办了第24届世界海洋和平大会，来自几十个国家和国际组织近200名代表参加了本次大会，当时的联合国秘书长专门发来了贺电，全国政协主席李瑞环接见了与会代表并且发表了重要讲话。国际海洋学院中国业务中心参加了筹办本次大会的各项工作，并且在天津成功地举办了这次大会的先期会议。

国家海洋局天津外语培训中心承担国家海洋局外语培训的任务。同时也是天津市社会力量办学单位之一，具有天津市社会力量许可证。在20余年培训过程中，与天津市教委、青岛海洋大学及天津大学、天津师范大学、天津外国语学院等院校有关教授建立起了密切的协作关系。还3次聘请外籍教师来中心任教。中心有一支高素质的教学和管理队伍。先后举办过TOEFL、WSK、英、日、俄语职称外语考试、计算机有关海洋业务等方面的培训工作。累计培训近2 000人次，积累了丰富的教育和管理经验。从1998年起，又与青岛海洋大学联合举办了“工程硕士”和“环境科学”两个专业的研究生培训工作。此项工作进展顺利，得到有关主管部门及学员的一致好评。

该中心教学设备齐全，配有语音设备及微机、录像、彩电、投影等电教设备。目前正积极创造条件，努力向远程教学方面发展。

（国际海洋学院中国业务中心）

部分涉海院校简介
Marine Education in Part of the Ocean-Related Universities and Colleges

【青岛海洋大学】 青岛海洋大学是国家教育部直属并由教育部、山东省人民政府、国家海洋局和青岛市人民政府4家共同建设的重点综合性大学，是国家“211工程”重点建设高校之一。学校以海洋和水产学科为显著特色，设有理学、工学、农（水产）学、经济学、文学、医（药）学、管理学、法学等较为齐全的学科门类。

学校前身为私立青岛大学，始建于1924年。在发展历程中，曾与山东大学有30余年的共同期。1959年3月经中央批准成立山东海洋学院。1960年10月中共中央发布《关于增加全国重点高等学校的决定》，山东海洋学院被确定为全国13所重点综合大学之一。1988年更名为青岛海洋大学。邓小平同志亲笔题写校名。

学校依山傍海，坐落在景色秀丽、气候宜人的海滨旅游城市——青岛。校园分鱼山路本部和麦岛校区两部分，占地73.3余公顷，建筑面积33万平方米。设有海洋环境、信息科学与工程、化学化工、海洋生命、海洋地球科学、水产、工程、经济、管理、外国语、文学、法学、继续教育、应用技术、数学、公共管理、环境科学与工程等17个学院（系），39个本科专业，8个专科专业。学校是国务院学位委员会首批批准的具有博士、硕士、学士学位授予权的单位，具有博士生导师评定权。现有海洋科学等5个博士后流动站、16个博士学位授予点和41个硕士学位授予点，3个一级学科授予点，2个工程硕士点。拥有2个国家重点学科，设有国家海洋药物工程技术研究中心、联合国教科文组织中国海洋生物工程中心和海洋遥感实验室、水产养殖实验室、物理海洋实验室3个国家教育部重点试验室，还设有9个省级重点学科，6个省级重点实验室。学校有物理海洋、环境海洋、海洋生物、水产养殖、海洋药物和海洋遥感6个学科被列为“长江学者奖励计划”特聘教授岗位，还拥有全国首批确定的国家理科基础科学研究和教学人才培养基地——海洋学、海洋化学专业。学校现有在册各类学生11 000余人，其中博士、硕士研究生1 000余人，留学生300余人。学校拥有一支实力雄厚的师资队伍，在现有1 000余名教学、科研及实验技术人员中，有教授268人，副教授及其他高级职称的技术人员373人。有一批国内外知名的专家、学者，其中中国科学院院士2人、中国工程院院士1人，有博士生导师122人。学校先后有200余名教师和科技人员受到国家及省、市的表彰奖励，有83人享受国务院特殊津贴，9人获国家有突出贡献的中青年专家称号，26人被评为山东省专业技术拔尖人才。学校共有68个教学与科研相结合、具有不同专业特色的实验室，拥有供教学、科研使用的东方红2号海洋综合调查船，有设备先进的电教中心、计算中心和测试中心。学校图书馆被教育部认定为15个查新中心之一，已建成包括1 208种Web版外文期刊、收录全球1861年以来1 000余所著名大学理工科博士、硕士Web版学位论文文摘、文摘总量达200万条的国际上较为全面的海洋、水产学科外文数据库、8 000余种（占全国出版量90％以上）中文科技期刊全文、5万种数字化中文图书以及引进所有国内大型文献数据库（文摘量达1 300万条）的数字图书馆，有藏书近百万册、中外期刊3 000余种的传统图书馆。学校定期出版在国内外发行的《青岛海洋大学学报》自然科学版和社会科学版等学术刊物。学校出版社——青岛海洋大学出版社，几年来出版了大量优秀图书，为学校教学、科研做出了积极的贡献。海大校园网规模宏大，联通因特网和中国教育科研网，且是中国教育科研网络全国高校38个主节点之一，为学校的管理教学科研活动提供了一条高质量的信息高速公路。

学校主动适应社会发展和经济建设需求，适时调整专业，加强教学建设。学校设有海洋药物工程研究院、物理海洋研究所、海洋经济与海洋法学研究院、环境科学与工程研究院、信息工程中心、水产养殖研究所等26个研究机构，瞄准学科发展的世界水平，发挥多学科、综合性和海洋科技人才密集的优势，积极参与国家知识创新和技术创新。主要从事基础理论、应用研究、高新技术、科技咨询与服务、科技开发及产业化等方面的科技工作。在海洋动力学、海洋环境及其预测、海洋生态动力学、信息科学与技术、水产养殖及精加工技术、软科学技术、海洋药物研究开发、工程技术、海洋经济、海洋法、海事、海洋资源开发利用等方面做出了突出的成绩。学校十分重视对教师的培养提高和对外科技交流。几年来，派出国外留学、考察和讲学人员及访问学者占全校教师人数的一半以上。学校先后与35个国家和地区的60余所高等学校和科研机构建立了合作交流关系。　（谢正侠）

【湛江海洋大学】 湛江海洋大学自1997年1月10日正式挂牌成立以来，一直是广东省重点建设大学之一，经过4年建设，办学实力已明显增强。经贸系撤系改建学院、基础部撤部改建系，学校的二级教学机构调整为水产学院、农学院、工程学院、经管学院、职业技术教育学院、成人教育学院、寸金学院、基础科学系、外语系、社会科学部、体育部等7院2系2部。在编教职工人数增至1 252人。专任教师由原来的343人增加到472人，具有研究生学历的教师由原来的48人增加到148人（其中博士17人）；教授由原来的16人增加到36人。外聘教师（教授、副教授）58人。教学设备总值由原来的 1 046万元增加到3 012万元，加强了教学现代化和信息化手段。本科专业由原来的7个增到22个，研究生专业4个。校园基本建设共投资1.13亿元，完成建筑面积6.35万平方米，建成教学主楼、附楼、图书馆、田径运动场和游泳池等设施。建成并交付使用教工宿舍442套，建筑面积3.7万平方米。建成学生公寓总面积达5.57万平方米，共有床位9 700个，投资达8 100万元，为学生提供舒适的居住条件，保证扩招任务顺利完成。2000年录取新生4 413人，其中本科生2 473人，专科生1 940人；毕业生数1 284人，其中本科生548人，专科生736人。全校全日制在校生11 761人，其中本科生6 921人，专科生4 818人，研究生22人。广东省政府为发展海洋经济，决定将省海洋开发研究中心、省沿海市县干部培训基地、省级科技兴海示范基地和省级海洋药物重点实验室设在湛江海洋大学。

为保证教学质量，促进规模、结构、质量、效益的协调发展，在加强教学管理、加强教学质量监控、狠抓教风学风的同时，抓紧加强教学基础设施的建设，新建计算机网络机房5个，多媒体教室3个，实验多媒体室1个，教学主楼建立影音播放系统，所有课室装上投影仪，开通使用校园网，增加校外实习基地11个，出版教学研究刊物《高教信息与研究》，改善教学条件。深入开展教学改革，改革教学方法和手段，有2门课程分别获广东省电教优秀课程一、二等奖。水产养殖学科因教学、科研成绩显著，被广东省评为省级重点学科。

科研工作主动为海洋经济和地方经济服务，成立海洋经济研究所和机电工程研究所。全年获得科研立项40个，其中包括省自然科学基金在内的省部级项目14项，如《南海海洋特有生物mRNA标本采用及生态调查研究》（“863”子课题）、《凡纳对虾全人工繁殖养殖技术》和《南海低值鱼深加工新技术的工厂化中试》、《湛江海域鲎资源调查》，广东省重大科技兴海（招标）项目《海水经济鱼类人工繁殖、种苗生产技术和种质标准研究》和《抗癌海洋药物Hyys的研究与开发》。通过鉴定项目6项，获得广东省科技进步三等奖1项，市级科技进步一等奖1项、二等奖2项，出版专著4部。《海水珍珠养殖技术的研究和推广》获广东省农业技术推广二等奖。

积极开展对外交流工作，出访30人次，接待来访的专家学者和政界人士逾100人次，与澳大利亚航海学院签订学术交流协议，与加拿大多伦多英皇学院签订联合办学协议。向日本东京水产大学派出对方提供全额奖学金的留学生（研究生）1名，在湛江举行的2000年海洋经济博览会上，承办“南海海洋资源综合开发高级研讨会”，邀请10位两院院士来湛参加研讨会，承担论文集的编辑工作，会议期间，与青岛海洋大学、台湾海洋大学签订海峡两岸三校联合办学协议，产生良好的社会影响。 （叶富良）

【浙江海洋学院】浙江海洋学院是一所以海洋为特色，以海洋科学、水产、船舶与海洋工程为重点，工学、理学、农学、文学、管理学、医学等多学科相结合的省属本科院校，1998年由创建于1958年的原浙江水产学院和建于1978年的原舟山师范专科学校合并成立，实行浙江省和舟山市共建共管，重大事项以省为主的管理体制。2000年7月、9月，舟山卫生学校和浙江水产学校先后并入。

学校位于舟山市区，学校占地面积53余公顷，校舍建筑面积近12万平方米；教职工780余名，其中专任教师400余名，高级职称教师130多名；全日制在校生6 000余名；藏书43万余册，仪器设备总值1 400余万元。

学校现设有工程学院、渔业学院、海洋科学和技术学院、管理学院、信息学院等10个学院（校）、3个直属系；设有海洋科学、船舶与海洋工程、水产养殖等17个本科专业和若干地方经济建设急需的专科专业；建有海洋与渔业研究所、海洋科学研究所、海洋文化研究所、海洋经济研究所、渔业科学研究所、网箱养殖工程研究中心、船舶与机电研究所以及浙江省远洋渔业培训中心、海洋管理培训中心等。学校学报面向国内外公开发行。

学院重视办学条件的完善，近两年在已有基础上，又投入6 000余万元用于教学科研所需的基本建设，新建具有现代化设施的会展中心即将竣工，8 000平方米的海洋工程技术研究中心已在修改设计，在大楼中将建设浙江省惟一的为船舶设计及网具设计等所需的大型水池。

学院还重视学生基础理论学习和实验教学环节，加大投入，改善教学条件，计算机等基础实验室达到了较为先进的水平。普通物理、机械基础、电子电工 3 个基础实验室顺利通过省高校基础实验室合格评估。学院将全面贯彻落实全国和省市教育工作会议精神，抓住当前高等教育发展的有利时机，进一步完善办学条件，提高教育质量，办出海洋特色，加快学院发展。

【大连海事大学】 大连海事大学是中国著名的高等航海学府，是交通部所属的惟一的全国重点大学，是被国际海事组织认定的世界上少数几所“享有国际盛誉”的海事院校之一。

大连海事大学占地面积87万平方米，校舍建筑面积44万平方米，固定资产52亿元。学校拥有设施和功能齐全的计算中心、电化教学中心、航海训练与研究中心、图书馆、游泳馆、天像馆等，拥有航海模拟实验室、轮机模拟实验室等40余个教学科研实验室，拥有 3 艘万吨级远洋教学实习船。

大连海事大学设有航海学院、轮机工程学院、交通运输管理学院、信息学院、计算机科学与技术学院、自动化与电气工程学院、法学院、人文社会科学学院、环境科学与工程学院、远洋职业技术学院和研究生部等教学单位。学校已形成了以航海类重点学科专业为主干，以海上交通运输类学科专业为主体，包括工程、管理、经济和法律等学科在内的学科专业体系，有23个本科专业、17个硕士点、 6 个二级学科博士点和1个一级学科博士点。交通运输工程一级学科设有博士后流动站。交通信息工程及控制和轮机工程被批准为国家重点学科。学校同时招收攻读学士、硕士、博士学位的外国留学生。现有本科生和研究生约10 500人。建校40余年来，学校为国家培养了各类高级专业技术人才 3 万余名，其中大多数已成为中国航运事业的骨干力量。另外，学校还为30余个国家和地区培养、培训留学生及各类高级专业技术人才2 000余名。

大连海事大学现有教授100余人，并涌现了大批优秀中青年教师；在海上交通工程、航海信息工程、船舶智能化、船舶动力系统及节能技术、船机修造工程、通信与信息系统、海洋环境保护、海事法规体系等领域，集中了一批专业理论深厚、科研能力较强的知名专家、教授和学术思想活跃、富有创新精神的青年骨干。

大连海事大学十分注重对外交往和校际交流。改革开放以来，学校组团和派人考察、访问了世界上20余所著名高等航海院校。与俄罗斯、美国、日本、英国、韩国、澳大利亚、瑞典、埃及、越南等国家的10余所国际著名的航海院校正式建立了校际合作关系，双方在合作办学 、互派访问学者和留学生、合作科研等方面一直保持实质性联系，合作的领域正在不断拓宽 。学校还与多个国际组织和机构建立长期合作关系，其中包括：国际海事组织（IMO）、国际海事大学联合会（IAMU）、亚太航海院校联合会（AMETIAP ）、国际航海教师联合会（IMLA）、亚太经合组织（APEC）、国际航运协会(ISF)、国际船级社协会（IACS）以及世界著名的航运公司。

大连海事大学在全国高校中较早地成立了由百余家港航企事业单位参加的校企董事会，积极探索办学新模式。

【大连理工大学】 大连理工大学是教育部、辽宁省、大连市重点共建的教育部直属的全国重点大学。校区分 3 部分，校本部位于大连市西南郊凌水河，化工学院、成人教育学院等位于市中心一二九街，在大连市开发区设有分校（国家级示范性软件学院）。

学科体系以理工为主，有 9 个国家重点学科，其中涉海学科有：工程力学、应用化学、机械制造及自动化、港口海岸及近海工程、计算数学、等离子体物理、水工结构、船舶与海洋结构物设计制造、管理科学与工程，12个“长江学者奖励计划”特聘教授岗位，11个博士后科研流动站，8个一级学科博士点、41个二级学科博士点、75个硕士点。 2 个专业学位授予权。学校有 4 个国家重点实验室（其中有海岸及近海工程国家重点实验室），3个国家级技术中心，2个部省级工程（技术）研究中心，19个独立的研究中心、研究院（室），53个研究所。1978年以来，有842项科研成果获奖，其中国家级奖122项（自然科学奖、国家发明奖、国家科技进步奖共计44项），省部级奖352项。

大连理工大学海岸和近海工程国家重点实验室于1986年开始建设，1990年通过国家验收后被批准对国内外开放。海岸和近海工程国家重点实验室是在海岸工程重点学科的基础上经国家计委与国家教委批准建成的。大连理工大学海岸工程专业其前身是港湾工程，创建于1949年，是全国创建最早的海岸工程专业，是中国第一批硕士和第二批博士学位授权点，1988年被评为国家重点学科，1990年国家新增近海工程学科点，该校首批被批准设立该学科博士点现为省重点学科。这两个学科点还设有博士后流动站。

【海军大连舰艇学院】 海军大连舰艇学院素以“中国的西点军校”之名享誉海内外。是中央命名的全国高校思想政治建设典型，学员旅方队参加了历届天安门国庆阅兵。自考分院是由军地双方批准的公办自考军校。

自考分院背靠学院一流的教学设施和师资力量。设有 8 个专业系、53个教研室、10个实验中心（包括172个实验室和教练室）、1 个海上实习中心、 2 艘大型远洋军舰，拥有专家、教授200余人。自考学员可利用学院图书馆。

【大连水产学院】 大连水产学院是国家农业部直属的一所多学科水产高等院校。水产养殖学科为农业部重点学科，“水产动物增养殖生态实验室”为农业部重点开放实验室。

大连水产学院现设有 6 个系 2 个部 1 个分院和 2 个研究所：即水产养殖系、海洋渔业系、渔业机械系、土木工程系、电子工程系和经济管理系；基础理论教学部和马列主义教研部；中央农业管理干部学院大连水产学院分院；水产养殖研究所和渔业经济与社会发展研究所。全院设有23个专业：淡水渔业、海水养殖、海洋渔业、应用电子技术、船舶工程、食品科学与工程机械设计与制造、热力发动机、港口航道及治河工程、建筑工程、给水排水工程、会计学、海洋船舶驾驶、渔港监督与渔政管理、计算机应用、轮机管理、水产品贮藏与加工、制冷与空调、食品分析与检测、渔业经济管理、贸易经济、外贸英语和水产贸易日语。

学院占地面积10.6万平方米，全院现有本科生、专科生、函授生和研究生2 100余人，教职工744人，其中有高级职称的105人。

学院设有计算机、电化教学中心和水产增养殖、航海、机械工程等14个标准实验室。拥有电子显微镜、液体闪烁计数器、气相色谱仪、紫外光谱分析仪、GPS导航系统、捕捞监测系统、发动机测试装置等40余台大型先进精密仪器，以及两艘600马力实习渔轮、淡水养殖场、海水养殖场、海珍品育苗场和机械厂等教学、科研、生产三结合的实习基地。图书馆藏书20万余册，中外文期刊600余种。

【辽宁师范大学】 辽宁师范大学是一所省属重点大学，坐落在大连市。现设有10个学院。自1991年以来，获批国家科研项目68项，其中国家863项目和国家自然科学基金项目34项，国家社会科学基金10项，获批省、市科研项目442项；获市级以上科技进步奖69项，通过鉴定47项，取得专利15项，签订科技转让及服务合同190项；出版各类学术著作790部，公开发表学术论文7 247篇。

城市与环境学院 1999年招收资源环境与城乡规划管理专业本科生，成为辽宁省内惟一的一个兼有师范和非师范专业本科教育和硕士研究生教育多层次的地理人才培养中心，成为辽宁省地理科学研究与地理教育基地。2000年与海洋资源研究所合并，更为现名。

目前已具有较为完整的学科专业体系，设有地理系、地理信息科学系、城市环境系和海洋资源研究所、资源环境研究所、区域经济研究所、地理信息系统研究所。长期以来形成了一支教学与科研能力较强的师资队伍，现有教工42人，其中教授（研究员）9名，副教授20名；博士8名，在读博士2名。具有人文地理学和自然地理学两个硕士学位授权。

在学科发展方面，立足老学科为基础，不断吸收现代科学技术发展新学科，近年来形成了以海洋与海岸带为主要研究区域，以沿海土地利用与土地管理，环境质量评价与规划，空间遥感技术与地理信息系统等为主要内容的沿海环境和海洋经济研究特色。“八五”以来承担并完成国家自然科学基金11项及其他国家、省、部委和地方项目60余项，并先后与日本、美国等开展了广泛的国际合作和学术交流。

生命科学学院 前身是1953年成立的大连师范专科学校生物科，1997年更名为生命科学学院。至2000年已经为国家培养了专科毕业生695名，本科生1 964名，硕士研究生85名，博士研究生3名。

现有教职工59人，其中教授7人，副教授17人，高级实验师3人，在33名专业教师中，有18人具有博士学位（占教师总人数的53%），其中博士后4人。在校生有博士研究生12人，硕士研究生37人，本科生467人。

该院设有生物学教育、生物技术、卫生检验和环境科学4个专业；辽宁省植物工程重点实验室、大连市农业生物技术中心、生物工程研究所、海洋生物技术研究所、工业微生物发酵研究室、动物细胞研究室、植物生理研究室等科研机构，并设有动物标本室、植物标本室、资料室、微机室、多媒体教室等教学辅助设施，具有植物学、细胞生物学、海洋生物学和学科教育（生物学）硕士学位授予权，并与沈阳农业大学、大连理工大学联合培养植物基因工程与分子生物学博士研究生，已经为高等院校及科研单位培养了一批高级专业技术人员。

目前承担的科研项目有国家自然科学基金项目4项、“863”项目1项，省部级项目28项，横向课题5项，科研基金达180余万元。主要的科研方向有植物基因工程及分子生物学、鸟类及海洋动物的细胞生物学及分子进化、微生物发酵工程、海洋生物技术及病害防治、分子生态及农业生态、藻类发育调控及超低温保存等。多年来获得国家级奖励5项，省部级各类奖励60余项，市级奖励16项，取得了丰硕的成果。

【天津大学】 天津大学是教育部直属国家重点大学，有着悠久的历史和优良的传统，是中国近代教育史上的第一所大学，2000年12月25日，教育部与天津市共同签定协议，决定把天津大学建成为国内外知名的高水平大学。

学校占地面积137公顷，建筑面积80余万平方米。拥有总建筑面积2.6万平方米的两座现代化图书馆，藏书200万册。

学校设有13个学院，拥有一支实力雄厚的教学以专兼职科研队伍。有80余个实验室，110余个研究所（室），15个实验研究和工程开发中心，

该大学设有建筑学院、环境科学与工程研究院等与海洋有关的机构。

建筑工程学院 建筑工程学院设有土木工程、水利水电工程、港口航道及海岸工程、船舶与海洋工程4个本科专业；设有水利科学研究所、结构工程研究所、防灾减灾与防护工程研究所、道路桥梁与隧道工程研究所、水运水利勘测设计研究所、海洋与船舶工程研究所、岩土工程

研究所等9个科学研究所；设有结构工程检测中心，水利工程试验中心，土木水利CAD中心等15个实验室。

建筑工程学院的结构工程、港口、海岸及近海工程、水利水电工程、岩土工程、船舶与海洋结构设计制造等5个学科具有博士学位授予权，其中港口、海岸及近海工程为国家重点学科；结构工程，防灾减灾与防护工程，桥梁与隧道工程，岩土工程，水文与水资源工程，水力学及河流动力学，水工结构工程，水利水电工程，港口、海岸及近海工程，船舶及海洋结构物设计制造等10个学科具有硕士学位授予权。该学院现有中国工程院院士2名，博士生导师19名，教授30名，副教授57名，高级工程师及高级实验师20余名，每年承担多项国家自然科学基金和国家科技公关项目，掌握现代科技前沿学科动态。

环境科学与工程研究院 天津大学涉足环境科学与工程研究领域的学科有：环境工程、化学工程与工艺、机械工程、能源、力学、化学、水资源工程、管理科学和材料科学等多个学科。多年来在环境科学与工程领域进行了大量的研究，取得了一批具有国际先进或国内首创和领先科研成果。研究院联合了6个博士点学科，3个国家级重点实验室，有50余名专家、教授直接参与有关环境科学与工程的科研项目。研究院聘请9名中国科学院、中国工程院院士和环境科学界知名人士担任顾问，帮助研究院对学科发展规划和重大项目攻关咨询决策。近年来在环境科学与工程方面获得国家级重大成果奖2项，省部级科技进步奖30余项，取得国家专利20余项。研究开发的领域涉及海洋和水环境科学与技术的众多方面。

研究院还设有海洋和环境流体力学研究所、水利工程环境研究所等多个研究所。

海洋和环境流体力学研究所主要研究水环境、海洋环境及海岸方面有关的基础理论及其在工程中的应用。研究近海潮、波、流相互作用下污染物输移转化规律，渤海湾潮流及水质模型，渤海湾浮游植物氮磷营养盐吸收动力学和多因素水质模型，浅水波对排海污水输移扩散规律的影响等。

水利工程环境研究所主要从事水资源的科学利用，江河及港口、海岸、河口工程环境影响以及水旱灾害防灾减灾措施等的研究。主要研究方向有：水利工程对江、河、湖泊水环境的影响的研究；港口、海岸、河口工程对海岸区、河口区、近岸区海域环境的影响；水资源的科学利用、规划、调度，以保护水环境，支持社会经济可持续发展；泥沙与环境水力学研究。

【天津理工学院】 天津理工学院是以工为主，工、理、管、文、法相结合的市属规模最大的多科性重点大学。建校以来，为国家培养了18届3万余名本、专科毕业生。现有国家计划招收的研究生、本、专科生万余名，成人学生3 000余名，国际留学生近200名。

学院设有13个二级学院、5个系、1个教学部、1个教学区以及面向全国的造价工程师培训中心、信息技术研究所、国际教育交流中心、材料物理研究所、图书馆、学术刊物编辑部、教学实习厂等单位。有9个学科具有硕士学位授予权。

天津理工学院海运系 该系始建于1986年。设有“海洋船舶驾驶与通讯专业”和“轮机管理与船舶电气专业”。两专业均为交通部认可的具有A类一等二副和二管轮取证资格的本科海运专业，培养适应海运发展、符合国际海员培训标准的高级工程技术人员。被国家教委列为首批提前录取专业。海运系对学生实行半军事化管理，四季统一着装。学生在校期间全部享受人民助学金及海陆差补助。

海运系已建成一支拥有较高水平的学术带头人和中青年教师梯队，公共课任课教师由院内统一安排，部分技术基础课教师与院内有关专业共用，专业课及部分专业基础课由本系教师担任，海运系从事教学的师资：教授6名、讲师9名、实验师5名、助教6名、客座教授7名。

【烟台大学】 烟台大学创建于1984年，已成为一所文、法、理、工、管、经等学科门类比较齐全，有一定实力和影响的、初具办学特色的省属重点综合性大学。1995年顺利通过原国家教委组织的本科教学合格评价，1998年增列为硕士学位授予单位。

现设有法学院、经济与工商管理学院、化学生物理工学院、光电信息科学技术学院、海洋学院、环境科学与材料工程学院等11个学院，学校设有35个实验室和计算中心、网络中心、电教中心、分析中心等，有13个研究所，1个省级重点学科和2个省级重点实验室。教学科研仪器设备总价值4 000余万元。《烟台大学学报》（哲学社会科学版）2000年被确定为全国中文核心期刊。学校设有水产养殖、航海技术等本科和专科专业。

【青岛远洋船员学院】 青岛远洋船员学院始建于1976年，隶属于中国远洋运输(集团)总公司，是被国家教育部正式确立的具有普招资格的成人高等院校，是中国最大的外派船员培训中心。

学院现有教职员工470人，其中专任教师210人，具有高级专业技术职务的100余人，具有远洋船舶高级船员适岗证书的80余人，在校生2 400余人。学院下设航海、机电、管理3个系和外语部，开设远洋船舶驾驶、船舶轮机管理、船舶电气、机电一体化、船舶无线电通讯、国际航运管理、国际财会、会计电算化、电子计算机应用与维护等专业。建立了青岛高科园和黄岛两个学区，并在大连、天津、上海、南通、广州等建立了大专函授站。

学院占地14公顷，建筑面积近10万平方米，图书馆藏书13万余册，拥有先进的船舶操纵模拟器、雷达避碰模拟器、轮机模拟器、全球海上遇险和安全系统、自动化机舱、天象馆等40余个实验室（训练室、多媒体教室）和9个视听室，用于教学的设备和仪器1 200余件，大型设备50余台，教学设施处于国内航海院校领先地位。

学院集成人高等教育（含远程教育）、普通专科教育和高等职业技术教育于一体，同时开展精通船电业务培训、GMDSS培训、大型船舶操纵、高级医护、高级消防、船舶/直升机作业培训、基本安全知识培训等50多种远洋运输海上专业知识培训及国际货运业务、国际集装箱与多式联运业务、海商法、船舶成本控制、计算机、财会等各类短班培训。1999年3月份起，该院开始举办包含GMDSS内容在内的“一条龙”培训，使学员能将多种培训项目（特种船除外）一次性完成，为企业和学院节省了宝贵的时间和经费。1999年10月，学院取得了TBA培训、发证资格，学员经培训考试合格后，将统一颁发国家经贸委核准的结业证书。

学院与多个国际航运公司和国内外航海院校建立了友好合作关系，促进了航运知识的更新，提高了适应国际航运形势发展的能力。

【南京大学】 南京大学是国家教育部直属重点综合性大学。改革开放以来，南京大学逐步形成了人文、社会、自然、技术、生命、现代工程和管理等多学科协调发展的格局。

南京大学地学院城市与资源系 该系拥有国家基础科学研究与教学人才理科培养基地——地理学专业点和自然地理学国家重点学科点及地理学一级学科博士学位授予点和地理学博士后流动站。该系还是教育部地理学科教学指导委员会主任单位、建设部高等城市规划学科专业指导委员会副主任单位，是国内最重要的地理学、城市与区域规划、资源与环境、地理信息系统以及海洋科学的人才培养基地和科学研究中心之一。现设有地理科学、资源环境与城乡规划管理、地理信息系统和城市规划（5年制工科）等本科生专业；自然地理学、人文地理学、遥感与地理信息系统、第四纪地质学、城市规划（工科）、环境科学、海洋地质学、土地资源管理等硕士生专业；自然地理学、人文地理学、地理信息系统与地图学、第四纪地质学、海洋地质学等博士生专业。设有人文地理、自然地理、城市规划、资源与环境管理（土地与房地产）、地理信息系统、旅游规划与管理、地貌与第四纪等教研室；海岸与海岛开发国家试点实验室、教育部重点实验室；第四纪环境与环境预测和环境地理等研究室；以及地理信息系统与遥感等研究所。该系还挂靠有跨院系的南京大学城市科学院、南京大学海洋科学研究中心、南京大学自然资源研究中心，以及跨校的东部资源环境与持续发展研究中心。该系在海岸学、资源与环境、地理信息系统、城市与区域科学、地貌与第四纪、土地开发利用等研究领域取得了丰硕的研究成果。1995年以来有3项成果获国家级科技进步奖，有15项成果获省部级奖；有8项教材获国家、部优秀教材奖。本系名誉系主任为任美锷院士，现任系主任为顾朝林教授。

【苏州大学水产系】 苏州大学水产系创办于1983年，是江苏省内高校同类学科中设立最早的系科。十几年来，已为社会输送了一大批水产本、专科高级复合人才，其中许多人已经成为省内水产管理部门的领导、实业家和业务技术骨干。水产系现有专任教师18人，其中教授2人，副教授6人，博、硕士8人，硕士生导师4人。设有水产养殖基础、鱼类与贝类增养殖基础、甲壳类与藻类增养殖3个教研室和1个校水产科学研究所，拥有先进的中心实验室、教学实验室、生态养殖研究室、饲料研究室和水产病害研究室等。近年来，中国水产高级人才供不应求，该系水产养殖专业本科毕业生一次就业率达100%。

该系在搞好教学的同时努力进行科学研究，推广水产养殖新技术，取得了丰硕的成果。近5年来共承担国家、省、市科研项目30余项，出版专著或教材10余部，在国内外学术刊物上发表科技论文160余篇，荣获包括国家农牧渔业丰收二等奖、江苏省科技进步二等奖在内的科研奖励共8项。该系在特种水产经济动物的繁殖生物学和苗种培育技术、养殖动物饲料学与营养学、水域环境与生态保护、养殖动植物的疾病防治与免疫学等方面已形成了自己的方向和特色。大银鱼北方移植驯化，鱼虾蟹饲料配方优化及开口饲料研究、鱼虾蟹病害快速诊治技术和免疫机制与免疫药物研究，河鲀、黄颡鱼、丁鲹、南美白对虾等名优水产新品的人工繁殖和苗种培育技术研究，对虾综合养殖，太湖及有关中小型湖泊环境与生态保护研究，河蟹颤抖病研究等科研成果已产生了显著的社会和经济效益。 （沈颂东）

【华东船舶工业学院】 该院原隶属于中国船舶工业总公司。1953年始建于上海，1970年迁至江苏省镇江市。多年来，该院一直是为国防服务的院校，先后为国家舰船工业和其他行业培养和输送了3万余名毕业生，已成为一所学科门类比较齐全、专业通用性强、服务面宽、具有鲜明办学特色的高等院校。1999年，根据国务院“国办发[1999]24号文件”有关规定，实行“中央与地方共建、以地方管理为主”的管理体制，根据江苏省高校结构、布局调整的需要，江苏省将该院规划为工、商、理为主干学科的多科性大学。2000年，在江苏省人民政府和中国农科院等上级主管部门主导与支持下，中国农业科学院蚕业研究所调整建制与该院合并，使学校的服务领域进一步拓宽，科研实力进一步增强。为进一步加强学科建设，拓宽学校服务范围，提高学校整体办学实力和办学效益，江苏省人民政府于2000年12月致函教育部，提请同意将华东船舶工业学院更名为华东工程大学。

学院现有东、南、西3个校区以及驻上海办事处，占地总面积为109.67公顷。教职工1 400余名。拥有各类设备资产10 312台件，计7 532.59万元（其中教学设备固定资产为5 725.26万元）。校舍建筑面积达31.7万平方米，其中各类教学用房7.3万平方米，实验室及实习场所31个，使用面积为2.82万平方米。具有较丰富的图书资料，学院馆藏文献总量为86.65万册（件），中外文期刊分别保持在1 000及350种左右，文献光盘数据库数量8个。

【同济大学】 同济大学是教育部直属重点大学。2000年4月又与上海铁道大学合并，组建成新的同济大学。该大学是一所拥有理、工、医、文、法、经、管诸学科的综合性大学。

同济大学现有建筑与城市规划、土木工程、经济与管理、电子与信息工程、环境科学与工程、材料科学与工程、机械工程、交通运输、软件等学院。目前学校共有58个本科专业、101个硕士点、5个硕士专业学位授权点，一级学科博士授权点8个，二级学科博士授权点39个，10个博士后流动站，各类学生4.4万余人，教学科研人员4 200余人，其中有中国科学院院士6人，中国工程院院士6人，共有教授等正高级职称者530余人，副教授等副高级职称者1 300余人。作为国家重要的科研中心之一，学校有国家级和省部级重点实验室和工程研究中心15个。具有建筑、土木、海洋、环境、交通等水平居先的学科优势。

【上海水产大学】 上海水产大学是一所以海洋、水产、食品、渔业经济与法规等特色学科为主，农、理、工、经、文、管等学科协调发展的多科性大学。1985年由农牧渔业部定名为上海水产大学。2000年起由中央与地方共建、上海市主管，是国内水产类学科设置最为齐全的大学。

学校下设9个学院、5个研究中心，即渔业学院、海洋学院、食品学院、经济贸易学院、计算机学院、人文与基础科学学院、成人教育学院、高等职业技术学院、爱恩学院（中澳合作）；渔业发展战略研究中心、海洋科学与技术研究中心、食品科学与技术研究中心、生物技术研究中心、水环境研究中心。另设有农业部水产种质资源与养殖生态重点开放实验室（原农业部水产增养殖生态生理重点开放实验室）、农业部冷库及制冷设备质量监督检验测试中心、农业部远洋渔业培训中心、中央农业干部教育培训中心上海水产大学分院（原中央农业干部管理学院上海水产大学分院）、农业部渔政管理干部上海培训中心以及由中国鱼类学重要奠基人、著名鱼类学家、一级教授朱元鼎先生创建的鱼类研究室和标本室。此外，还建有水产动植物病原库、捕捞航海模拟实验室、资源环境遥感实验室、淡水渔业资源利用实验室等特色实验室。

学校占地54.6公顷。现有国家一级学科“水产”博士学位授予权（涵盖水产养殖、捕捞学、渔业资源3个二级学科博士点）、14个硕士点（包括农业推广硕士专业学位授予权）、20个本科专业、18个专科专业；水产养殖国家级重点学科；水产养殖、捕捞学2个上海市重点学科；水产养殖、捕捞学、水产品加工及贮藏工程3个农业部重点学科。2000年5月，经教育部批准，水产养殖学、生物科学、海洋渔业科学与技术、食品科学与工程、热能与动力工程、农林经济管理6个专业被列为国家管理专业。

学校最早在全国设立了水产品加工、罐头制造、水产品综合利用、工业捕鱼、海洋渔业、渔业资源、渔具力学、渔业机械、渔业电子，淡水渔业与管理、海水养殖、鱼类学，渔业经济等专业；开设的课程、编著的教材有：渔具理论与计算一般原理、渔具力学、声光电渔法，渔业资源生物学、渔业资源评估，鱼类学、鱼病学、水产增养殖学、鱼类生理学、藻类学，国际渔业、渔业经济学、冷藏工艺学、助渔导航仪器等。

学校在鱼类学、水产增养殖、水产动物种质资源、水产动植物病害防治、水产动植物苗种、水产动物生物技术、海洋生态、海洋渔业科学与技术、渔业工程、渔业资源、渔业管理、渔业经济、水产品加工与贮藏工程、渔业法规与政策、渔业经济等领域取得明显优势。1978年以来共获得数百项研究成果和数十项专利技术，其中100余项获国家和省部级科研成果奖，产生显著的经济和社会效益。学校在产学研相结合、教学改革与实践、全国大学生数学建模比赛等方面获得多项教学成果奖，其中“海洋渔业专业的教学改革和实践”(主持)获1997年国家级教学成果一等奖。

渔业学院 渔业学院是上海水产大学建制最早的教学、科研部门之一。迄今为社会培养了研究生和本、专科学生共7 000余名。近5年来，学院在科研上获得了17项国家、省部级科技奖励。

学院现有水产养殖专业博士点；水产养殖、水生生物、动物营养与饲料科学、海洋生物和临床兽医学专业硕士点；水产养殖、生物科学和生物技术本科专业。拥有一个农业部水产增养殖生态、生理重点开放实验室；水产养殖专业为农业部和市级重点学科。学院还有特种水产研究所、水族馆研究所、卤虫研究开发中心、水产苗种检测中心等研发中心。

海洋学院 海洋学院是在该校最早成立的海洋渔业系的基础上发展起来的，目前设有渔业工程、渔业资源、机械工程等3个学科，以及水域环境等相关学科；下设8个学科点：鱼类行为学、渔具力学、渔具渔法学、设施渔业工程、渔业资源评估、海洋渔业生态系统、机械工程与自动化、机械设计与理论。2个综合实验室：机电基础实验室、渔业工程实验室；2个研究室：渔业机械研究室、远洋渔业研究室；拥有两个硕士点：捕捞学和渔业资源。主要培养从事渔具渔法研究，渔业资源调查、评估和管理，渔业资源开发研究，海洋环境监测、保护及渔业管理以及从事各种产业机械及机电一体化产品的设计、开发、试验及制造的高级技术人才。

学院的主要研究方向是：渔具渔法选择性、国际渔业与政策、渔业资源与渔场、渔业资源评估与管理、渔场渔情预报技术、中国渔业发展战略与政策、海洋生物资源开发与利用、海洋工程装备、海洋环境保护与监测、海洋生态系统动力学、海洋药物、海洋旅游、海洋生物技术等。

近年来，学院获得了丰硕的教学科研成果。其中获国家级教学成果一等奖1项，国家级科技进步三等奖1项，农业部科技进步一等奖1项，农业部科技进步二奖1项，上海市产学研工程一等奖1项。

【上海交通大学】 上海交通大学是教育部直属、由教育部和上海市共建的全国重点大学。

船舶与海洋工程学院 船舶与海洋工程学院

成立于1997年6月，其前身是创建于1943年的船舶制造系。学院下设船舶与海洋工程系、国际航运系、港口航道与海岸工程系等3个系和船舶与海洋工程设计研究所、水下工程研究所、结构力学研究所、港口与海岸工程研究所等4个研究所。学院建有国际先进水平的海洋工程国家重点实验室（包括：海洋工程水池、船模试验水池、空泡水筒实验室、水下工程实验室、CAD/CAM实验室、结构力学实验室）和计算机辅助设计计算中心等科研和人才培养基地。

几十年来，船舶与海洋工程学院为中国造船工业、海军建设、海洋工程以及交通航运等领域培养了大批高级专门人才。其办学水平在国内外得到广泛的承认。有10余名教授在国际船模试验池会议(ITTC)、国际船舶与海洋工程结构力学会议(ISSC)、海洋技术委员会（M.T.S）等国际学术组织和中国造船工程学会、中国海洋工程学会、中国力学学会等国内学术组织担任重要职务。毕业于该院的校友中有两院院士8人，省部级领导以及大中型企事业单位负责人多人。该院现有2个博士点、4个硕士点、1个国家重点实验室和国家重点学科船舶与海洋结构物设计制造、船舶与海洋工程博士后科研流动站，是上海交通大学历史悠久、最具特色的专业之一。

学院具有良好的专业教学条件。海洋工程国家重点实验室下属各实验室，均承担有本科生的教学任务，学生可以自主设计并完成部分试验。学院设有学生专用设计室，配备有先进的计算机软、硬件设备。学院将上海外高桥造船有限公司、江南造船厂、沪东造船厂、中海集团公司等单位作为学生的实习基地。

为适应船舶工业发展和海洋开发的需要，学院广泛开展基础研究、应用基础研究以及工程技术应用和开发研究，积极承担国家、部委和工业部门下达的重大研究项目。研究范围覆盖了民用与军用舰船、海洋石油开发、海岸与港口工程、海洋环境与保护等重要领域。近3年来，学院就有多项科研成果获奖，如“6 000米深海拖曳观察系统”获教育部科学技术进步一等奖、国家科技进步二等奖；“软体排铺设工程船设计研究”获上海市科学技术进步二等奖；“大型、高附加值船舶--液化气船（LPG）船体设计和液舱设计技术”获中船总公司科学技术进步奖二等奖。此外，学院还获得了上海市教学成果二等奖1项，三等奖2项。

环境工程学院 学院成立于1999年，设有环境科学、环境工程两个硕士点、环境工程博士点及环境科学与工程博士后流动站。

该学院现有教授10名(含博士生导师8名)、副教授12名，全体教师队伍中82%有博士学位、56%具有海外工作学习背景。学院海纳百川，汇集了全校环境学科的优势力量，还先后从美、日、德、英、韩以及中国科学院和国内著名大学特聘引进了一大批优秀人才，使学院在水体富营养化控制与防止、水污染的高级氧化技术、环境生物技术、农业环境保护、海洋环境保护诸方向的研究上，均有高的起点与鲜明的特色。

学院现承担着多项国家自然科学基金、国家攻关、国际合作、省部级科技攻关及大量企业委托的科研项目。

【上海海运学院】 2000年学校教学、科研、学科建设、内部管理改革、校办产业、后勤保障等工作都取得了较大成绩，各项主要工作在原有的基础上都有了一定的进展，学校的办学水平有了进一步提高。

根据面向21世纪教学内容和课程体系改革的要求，学校继续加大了对教学内容、教育方法和课程体系改革的力度，制定了“关于提高教学质量意见的整改措施”和“素质教育推进计划”。根据全国交通运输事业迅猛发展和上海国际航运中心建设的需要，经教育部批准，学校增设了交通运输（物流管理）、国际经济贸易（电子商务）、船舶与海洋工程、自动化、信息与计算科学等5个本科专业。这5个专业将于2001年秋季面向全国招生。学校取得了一批教学研究成果，其中《大型航海仿真教育训练系统的研制与应用开发》和《普通高等学校建立质量保证体系研究与实践》获得上海市教学成果一等奖。

学校加大了对重点学科的建设力度，并取得了重要进展和成果，在12月份举行的国务院学位委员会第十八次会议上，“电力电子与电力传动”学科被批准为博士学位授予学科。该学科现为上海市重点学科，共有教授14人，副教授7人，具有博士学位人员6人。几年来该学科在教学、科研等方面都取得了丰硕的成果，在交通部

1999年硕士点评估中，全部指标达到A级，在交通部高校64个硕士点中名列第一；先后承担了几十项国家、上海市、交通部及港航企事业单位的重大科研项目。其中“船舶机舱仿真系统的MMI开发技术及实现”获上海市优秀发明一等奖。

2000年学校在中层干部、科及科以下干部重新聘任的基础上，又开展了教师聘任和岗位津贴制度改革的工作。在深入调研和听取广大教师意见建议的基础上，制定了《校内人事制度和岗位津贴改革方案》。该方案的主要内容包括：根据学科建设、教学工作的需要，设置学科和教学各层次岗位，所有岗位在全院公开招聘；淡化职称观念，职称只作为本人竞聘和学校聘任的依据之一。这一方案经学校教代会讨论通过。根据此方案原则，又先后起草了《教师岗位聘任实施细则》、《关于技术业务岗位设置和聘任办法》、《关于党政管理岗位设置及聘任办法》、《关于岗位津贴实施细则》、《教师岗位设置办法》和《教师关键岗基本任务指标》等6个文件。根据这些文件的规定，学校和各二级学院、系、部对教师和部分技术业务人员进行了各类岗位的精心、合理设置，并在寒假前顺利完成了对教师和部分技术业务岗位的聘任工作。

学校素质教育取得了明显成效。2000年5月13日，中共中央总书记、国家主席江泽民在视察上海张江高科技园区时，亲切接见了学校计算机系研究生傅章强及由他本人创办的必特软件公司。江主席对傅章强凭藉扎实的专业知识创办公司并取得良好成绩给予了高度赞扬。必特软件公司目前已拥有2个子公司，并在北京等地设立了办事处，公司客户中有诺基亚、贝尔等国际著名企业。

根据学科建设的总体目标与建设思路，学校对现有22个具有博士和硕士授予权的二级学科的研究方向进行了调整。强化“交通运输规划与管理”博士点学科，加强“交通信息工程及控制”学科，扶持“管理科学与工程”学科，同步重点建设以上3个学科以及“产业经济学”、“法学”、“载运工具运用工程”、“电力电子与电力传动”等学科。学校科研项目合同经费数在1999年首次超2 000万元的基础上，2000年又有所增加，达到2 500万元，创历史新高。

（胡荣山）

【华东师范大学资源与环境学院】 华东师范大学资源与环境学院始建于1993年，是一个教学与科研并重的学院。下属地理学系、环境科学与技术系、河口海岸研究所、西欧北美地理研究所和人口研究所，拥有“河口海岸动力沉积和动力地貌综合国家重点实验室”和“城市与环境遥感考古开放实验室”。另建有比较沉积研究所、遥感技术与应用研究所、环境科学研究所、城市与区域发展研究所、中学地理教学研究所、城市气候研究室等。同时，上海市海岸带开发研究中心、中国行政区划研究中心、长江发展研究院、上海市防灾咨询培训中心、中国（华东区）中小学绿色教育行动培训中心等机构挂靠学院，成为学院的一个重要组成部分。主编《世界地理研究》和《地理教学》二本学术杂志，在国内具有较大的影响。现有教职工191人，其中教师120人。教研人员中有中国工程院院士1人，博士生导师29人，教授42人，副教授47人。学院有中、外文藏书10万册，学术期刊近400种。学院设有地理科学、地理信息系统、资源环境与城乡规划管理和环境科学等4个本科专业，除地理学为师范专业外，其余3个为非师范专业。现有11个硕士点、7个二级学科博士点。地理学为国内首批建立的博士后科研流动站，1997年地理学又被授予一级学科博士点，也是国家理科基础科学研究与教学人才培养基地。自然地理学科为国家首批建立的国家级重点学科，自然地理及地理信息系统是国家“211工程”立项建设的学科，自然地理学于2000年又被列为上海市10个重中之重建设的学科之一，地理学和生态学是上海市重点学科，人文地理学被列为华东师范大学重点建设学科。

学院的地理学和生态学综合实力居国内一流，在河口海岸与三角洲研究的若干领域已接近国际先进水平或处于国内领先地位。特色学科有河口海岸与三角洲、生态、城市地理、城乡规划、城市遥感、人口学、计算地理、环境和城市气候等。

长期以来，该学院充分发挥本学科的优势，在承担国际、国内重大科研项目中，始终紧跟国际研究前沿和社会经济发展中的热点。近10年组织完成国际合作课题33余项，国家和省市部委级重大项目150余项，直接为社会经济建设服务的课题500余项。近10年来获国家级科技进步一等奖

1项（主要参加单位，排位第二）、三等奖1项，省市部委级科技进步一等奖7项、二等奖15项、三等奖13项。已在国内外高层次学术刊物上发表论文850余篇，出版专著70余本。

【宁波大学】 该大学是一所包含经、法、教、文、史、理、工、农、医、管等10个学科门类的综合性大学学校涉海院系有海运学院和生命科学与生物工程学院。

海运学院 该学院是一所培养高素质航海人才的学院。设有航海技术、轮机工程、国际航运管理3个本科专业，师资结构合理，高级职称占36%，持有甲类船长、轮机长等高级船员适任证书的教师占50%。学院设有“轮机模拟器”、“GMDSS模拟训练”等30余个实验室，新建的“海运”号散装液货模拟实习船功能齐全，处全国领先地位。

学院注重教学、管理、实践和素质能力的培养。多年来学生参加交通部组织的海船船员适任证书考试中一次性通过率和单科合格率均在全国名列前茅。学院根据《STCW78/95公约》和《中华人民共和国船员教育和培训质量管理体系》，建立了宁波大学船员教育和培训质量体系，并通过交通部海事局专家组的评审，被交通部列为向国际海事组织（IMO）推荐的中国现有7所高等航海院校之一。

为适应“面向21世纪”的国际化教育方针，学院与香港泰昌祥轮船有限公司（TCC）合作办学：该公司为海运学院设立“宁波大学顾宗瑞奖助学金”，捐资新建“宗瑞航海楼”6 000余平方米，提供船队作为实习船，促进了海运学院的建设和发展，为培养直接与国际接轨的高级航海人才奠定了良好的基础。此外，学院还与37561部队共建，实行严格的半军事化管理。

生命科学与生物工程学院 该学院由生物系，食品科学与工程系，海洋与水产系，食品科学研究所，水产养殖研究所，全国科技兴海技术转移宁波中心，浙江省海洋生物工程重点实验室，宁波市海洋保健食品与海洋药物重点实验室等教学、科研单位组成，属教学、科研并重型学院。现有教职工93人，其中教授（含博士生导师）10人，副教授32人，讲师33人；青年教师中有7人具有博士学位，40人具有硕士学位。近五年来，该院专业教师已承担国家级科研项目6项，国际合作项目3项，省、市各级科研项目81项，其他科研项目17项。研究成果获国家和省、市级奖14项，出版专著6部，发表论文314篇。学院重视本科教学，教学与科研并重，注重在学术研究上的创新，重视应用基础研究的转化，努力为国家和地方的经济建设与社会发展服务。

学院设有“水产养殖学”和“水产品加工与贮藏”两个硕士点，生物科学，生物技术、食品科学与工程，生物工程、水产养殖学5个本科专业，现有在校本科生643人，在读硕士研究生26人。学院现有“水产品加工与贮藏”，“水产养殖学”、“海洋生物学”等浙江省和宁波市重点学科，其中“水产养殖学”专业于2000年首批被学校列为重点建设专业。

【浙江大学】 1998年9月原浙江大学、杭州大学、浙江农业大学、浙江医科大学重新合并，组建为今日的浙江大学。经过几年的建设与发展，学校已成为一所基础坚实、实力雄厚，特色鲜明，居于国内一流水平，在国际上有较大影响的研究型、综合型大学，是首批进入国家“211工程”和“985计划”建设的若干所重点大学之一。学校设有与海洋有关的建筑工程学院、生命科学院等单位。

建筑工程学院 浙江大学建筑工程学院是新组建的的浙江大学21个学院之一，设土木工程学、建筑学、城市规划、港口与海洋工程、水工结构、水文水资源等6个本科专业。

学院在教学和科学研究方面，取得了丰硕的成果。1990年以来，学院获得了国家级科技进步奖和发明奖7项，省部级科技进步一等奖4项，二等奖10项；出版专著和教材30余部；获得国家级优秀教学成果一等奖4项，省部级优秀教学成果一等奖2项。

学院现有教职工260人，其中中国工程院院士1名，教授37名，副教授89名。学院位于玉泉校区“土木科技馆”。

生命科学学院 生命科学学院是国家19个生物学理科基础科学研究和教学人才培养基地之一，是生命科学研究与开发的重要基地。

学院下设生物科学系与生物技术系，目前有生物科学、生物技术和生物信息学本科专业

3个，拥有国家理科基础研究与教学人才培养基地生物学专业点及国家生命科学与技术人才培养基地，有一级学科生物学博士点及生物学博士后流动站，涵盖植物科学、动物科学、微生物学、遗传学、生态学、细胞生物学、生化与分子生物学、生物物理学、生理学及海洋生物学等12个二级学科的博士点和硕士点。有植物科学、野生动物保护与繁育、微生物学、细胞工程、遗传学、生态学、生物化学、大分子与酶工程与生物信息学等9个校级研究所。

学院现有生态学国家重点学科；植物生理学与生物化学国家重点实验室；国家濒危野生动植物种质基因保护中心；教育部野生动物保护与繁育重点实验室；农业部农业生态重点实验室；浙江省细胞与基因工程重点实验室等国家与省部级重点学科和实验室。细胞与基因工程、发酵工程、植物学、微生物学、生物化学、生态学、植物分子生理学、生理学、细胞分子及遗传、多媒体计算机等9个实验室系国家理科基地、“211工程”投资和世界银行贷款建设的重点教学实验室。

全院在研各类科研项目160余项，其中主持国家重大基础研究“973”课题2项，国家自然科学基金重点项目2项，国家杰出青年基金2项，国家转基因专项课题1项，国家自然科学基金面上项目24项，浙江省自然科学基金19项。

【浙江水产学院】 浙江水产学院是省属高等院校，坐落在东海之滨沈家门渔港。在宁波市姚江设有分院。学院占地面积15公顷，校舍建筑面积近5万平方米。

学院创建于1958年。现设渔业工程、水产养殖、食品工程、机械设计与制造、航海、经济管理等6个系和社会科学部、基础部。海洋渔业、海水养殖、淡水渔业、食品工程、机械设计与制造等本科专业；海洋渔业、制冷工艺、轮机管理、海洋船舶驾驶、经济管理等专科专业。轮机管理和海洋船舶驾驶专业的学生经考试合格后可分配到远洋船队工作。还设有海洋渔业、食品科学、渔业生物、水产养殖技术及船舶设计等5个研究所，水产品保鲜加工与综合利用为省重点学科。学院有库容60万册的图书大楼。学院已形成一支教学经验丰富、学术造诣较深的师资队伍，6名教师被载入联合国编纂的世界海洋科学家名录。石蕊试剂研制获全国科学大会奖，连头对虾冻藏防黑变研究被列入国家“星火计划”。

【厦门大学海洋与环境学院】 海洋与环境学院是厦门大学海洋与环境科学的人才培养和科学研究的基地。学院下设海洋学系、亚热带海洋研究所、环境科学研究中心、环境科学与工程系、厦门大学海洋环境教育部重点实验室、厦门海岸带可持续发展国际培训中心等单位。学院成立于1996年4月，由福建省政府和厦门大学共建，以增强厦门大学“211”工程中“海洋资源与环境”重点学科的建设实力。学院成立以来，先后承担了国家自然科学基金重点项目、国家“九五”攻关项目、国家“863”、“973”及各类科研基金、科技开发项目等各类项目。凭借学科综合优势，突出亚热带海域特色，积极推动和促进相关的应用技术，如海洋生物高新技术、海洋遥感信息的数据反演技术、水声监测技术、海洋学过程的同位素技术以及环境评价与分析监测技术的发展，在取得良好的学术成果的同时也产生了良好的社会和经济效益。该学院现有博士生12名，教授21名，副教授43名。

学院现任领导班子（2000年）党总支书记：陈腾福；副院长：袁东星、戴民汉、苏永全、王桂忠；总支副书记：沈小平。

厦门大学环境科学研究中心

于1992年在原厦门大学环境科学研究所建所10年的基础上扩建成立。环科中心奉行"面向海洋、内联外合、培养人才、服务社会"的宗旨。现设有环境科学硕士点和博士点，拥有国家环保局颁发的甲级环境影响评价证书。环科中心为厦门大学海洋环境科学教育部重点实验室的挂靠单位。与厦门市共建了厦门海岸带可持续发展培训中心。环科中心现有人员30人，其中教授8名（博士生导师5名）、副教授12名、高级工程师3名。

厦门大学海洋环境科学教育部重点实验室

厦门大学海洋环境科学教育部重视实验室成立于1995年10月，挂靠厦门大学环境科学研究中心。从1996年起正式对国内外开放，接受客座研究、博士后工作、攻读博士与硕士学位（包括国内外留学生）人员。实验室成立后，先后批准并资助了来自同济大学、中科院地质所等单位的二十几个申请项目。共争取各项资金约600余万元。

完成了国家教育部和省科委联合资助的重点项目“台湾海峡生物生产力及其调控机制研究”、国家自然科学基金委主任基金“香港维多利亚港和厦门西港海域污染沉积物对比研究”等项目的研究，以及国际和港台区的多项合作研究课题。该实验室已形成以中青年科学家为主体的、团结向上的、充满活力的科学研究队伍，具有巨大的发展潜力。

主任：洪华生；副主任：戴民汉、商少凌、张勇。

海洋教育

(1) 本科生教育。厦门大学海洋与环境学院现设物理海洋学、海洋物理学、海洋化学、海洋生物学4个专业，及海洋生物学专业与厦大生物学系合办的国家教委生物学（含海洋生物学）理科人才培养基地班。

(2) 硕士、博士研究生教育。环境科学以海洋环境学科和海岸带资源与管理为主攻方向。主要研究方向有海洋生物地球化学与海岸带管理、环境分析化学、海洋动物生理学及环境毒理学、环境微生物学和环境生态学等。

海洋物理学主要研究方向有水声遥测遥控、河口近岸物理海洋学和海洋环境动力学。

海洋化学主要研究方向有海洋生物地球化学、同位素海洋化学、河口化学、海洋环境化学、海洋有机地球化学等。

海洋生物学主要研究方向有海洋浮游生物学、鱼类学、底栖无脊椎动物学、海洋动物生态学。

(3) 博士后流动站。1994年国务院批准建立厦门大学海洋科学博士后流动站，目前已有3名博士进站工作。海洋科学博士后流动站接受相关专业毕业的博士进站，开展海洋化学、海洋生物学、环境海洋学方面的研究工作。

(4) 留学生教育。该院海洋学科（海洋生物专业）为国家教委委托接受国外留学生的开放专业。近年来，海洋学系、亚热带海洋研究所培养来自德国、墨西哥、突尼斯、索马里、乌干达、几内亚、摩洛哥、朝鲜、巴基斯坦、澳大利亚、俄罗斯等国家留学生（包括进修生、本科生、硕士生和博士生）10余人。

科学研究

厦门大学海洋与环境学院在科学研究方面以海洋生态与环境、海洋生物生理生态和生物技术、海洋遥感与信息处理、化学海洋学、海洋调查仪器研制与管理中心5个实验室为重点。各实验室的研究方向简介如下：

(1) 海洋生态与环境：①海洋生物地球化学研究。研究近海海洋环境中生源要素碳和磷以及有机示踪物(脂肪酸、甾醇、木质素等)的生物地球化学。探讨生源要素的生物地球化学过程中的重要环节及其对海域生物生产力的调控机制；②微型生物研究。研究微型生物在海洋自然生态系和人工生态系中的相互作用机制及微食物环，探讨以藻抑藻、以菌抑藻、以菌治藻的生物防治机理和技术；③环境分析化学研究。建立有机污染物分析、监测新方法，和环境样品中优先监测污染物的痕量、快速、在线分析方法，建立化学和生物监测技术指标；④海洋动物生态环境毒理学研究。开展海洋经济动物对PAHs等有机污染物的生理、生化、生态效应及毒性作用机理的研究。探索抗氧化酶作为海洋环境中PAHs等有机污染物监测指标的可能性；⑤河口海岸高等植物的环境效应研究。开展中国亚热带河口海岸高等植物对痕量有机气体的摄取、排放及海滩植被生态系沉积物酶活性动态研究。建立甲烷等有机气体和沉积物酶体系对环境生态效应的评价方法。

(2) 海洋生物生理生态和生物技术：①经济海洋动物繁殖生物学研究、名贵海水养殖新品种的繁殖生物学研究、名贵海水养殖新品种人工育苗技术开发研究。研究亲体性腺催熟、催产技术，摸索提高胚胎、幼体和幼苗存活率和生长率技术措施；②海洋生态系统的结构、功能和调控研究。厦门西海域生态系统结构、功能和调控研究，养殖水域生态系结构、功能和调控研究，台湾海峡及邻近海域生态系统动力学研究；③海洋生物受控生理生态研究。海洋动物行为生态学研究，海洋浮游动物生理生态研究，海洋动物受控实验生态研究，海洋养殖鱼类化学感觉生理研究，海洋无脊椎动物幼体附着和变态机制研究；④经济海洋动物的生化遗传学和优良养殖品种培育研究。三倍体培育研究，青蟹雌性化和多倍体培育研究，基因工程技术育种，基因工程技术应用于水产养殖，经济海洋动物种群遗传变异的研究；⑤海洋生物多样性研究。物种多样性研究，生态系统多样性研究，遗传多样性研究；⑥海洋生物活性物质提取与利用。不饱和脂肪酸的提取与利用；沙蚕类和星虫类活性物质的分离提取、结构分析和应用研究；海洋生物多糖类的分离提取、结构分析和应用研究。

(3) 海洋遥感与信息处理：①陆架风暴潮遥感分析及数值预测、预报方法研究；②长期物质运输过程的数值预测方法及其应用研究；③近海海洋生态环境与生态系统动力学模拟与预测研究；④海洋遥感信息的数值反演技术。

(4) 化学海洋学：①海洋环境中同位素的分布特征、分布规律及其应用于海洋科学各分支学科的研究；②海洋新生产力的多种同位素示踪方法的比较研究；③南沙海域上层水体的层化结构与变异及其污染物的迁移与归宿、南大洋新生产力的研究；④海洋生物地球化学过程研究，海洋初级生产力研究，海域环境容量研究，海洋化学资源的开发。

(5) 海洋调查仪器研制与管理中心：①海中声传输统计特性研究；②在①的基础上开展助渔设备、反演环境要素水声遥测设备和海洋矿产资源探测开发中水声监测设备的研制；③添置一些较为先进的船用调查仪器，改善海洋调查仪器设备，促进与国内外及港台海洋研究机构开展合作调查或配合性调查。

对外服务

厦门大学海洋与环境学院对外服务项目包括分析测试服务、环境影响评价、咨询、人员培训、地质勘查 5 个方面：

(1) 分析测试：学院拥有较先进的分析仪器设备，可提供天然水、污水、沉淀物、食品、生物制品等的分析测试服务。

(2) 环境影响评价：学院下属的环境科学中心持有国家甲级环境影响评价证书，可承担各类型建设项目的评价工作。

(3) 咨询：可为工业三废处理，污染控制，信息资料管理等有关环境方面的问题提供计划咨询和技术咨询与指导。

(4) 人员培训：学院下属的环境科学研究中心拥有环境科学与工程博士点、硕士点，师资力量较强，可为社会培养环境科技与管理的高水平人才；学院下属的“厦门海岸带可持续发展培训中心”为在职干部特别是领导干部提高在可持续发展战略方面的管理水平。

(5) 地质勘查：学院下属的海洋系拥有地质矿产部颁发的“地质勘查资格证书”，可在海洋地质调查、水文地质调查、环境地质调查、地球科学勘查、岩石、矿物、土壤及水质的分析、鉴定与测试等方面提供咨询和服务。

合作研究

该院与美国Scripps海洋研究所、罗德岛大学海洋研究生院、加拿大国家海洋研究所、美国Woods Hole海洋研究所、法国海洋生物地球化学研究所和马赛国家海洋科学研究中心、菲律宾大学、美国南加州大学、不列颠哥伦比亚大学、俄罗斯莫斯科大学、日本东京大学等学校及科研单位保持经常性的学术联系、人员交流与合作。

对港台地区海洋环境科技交流合作方面也有新的突破。如：多次召开两岸学术研讨会；与台湾大学海洋学者在台湾海峡进行首次的配合调查研究；首次在厦门－金门海域直接进行海上样品和数据的交换；与香港科技大学和香港城市大学建立长期的合作关系，共同开展香港海域研究。还参加了一些重大的国际合作计划项目。

（厦门大学海洋与环境学院）

【集美大学】 集美大学是由集美学村原集美航海学院、厦门水产学院、福建体育学院、集美财经高等专科学校、集美师范高等专科学校联合组建而成的一所省属多科性大学。1994年10月20日正式挂牌成立，1999年1月实现了实质性合并。

学校现设有航海学院、轮机工程学院、水产学院、生物工程学院、体育学院、财经学院、师范学院、工商管理学院、艺术教育学院、信息工程学院、机械工程学院、社科系（部）、职业技术学院、航海职业教育学院、成人教育学院等15个院（系）。

航海学院 航海学院的前身是陈嘉庚先生于1920年创办的集美航海学校。1989年5月经国家教委批准升格为集美航海学院，1994年10月并入集美大学。航海学院是中国高等航海教育和船员培训的重要基地之一，学院现有航海技术、交通运输两个本科专业。80年来，以航海教育为基础的交通运输工程学科初步形成，其航海技术、交通运输专业为福建省内所独有的本科专业，突出海上交通运输特色，为中国航运企事业单位培养了大批高素质的应用型人才，在国内以及东南亚具有相当影响，被誉为“航海家的摇篮”。

生物工程学院 集美大学生物工程学院前身

是成立于1972年的厦门水产学院食品工程系。集美大学实质性合并后，基于校院两级管理体制改革以及专业建设和学科发展要求，将于2001年2月正式成立生物工程学院。学院现有食品科学与工程、生物工程2个本科专业和食品营养与检测1个专科专业，现在校学生340人。全院共有教职工57人，其中专任教师33人。

该院在研的科研项目有24项，经费总额72.9万元，其中省级课题8项，集美区委托课题2项，横向科研课题1项，学校基金13项。1999～2000年学院教师在国内外各种正式出版的学术期刊及学术会议上发表论文38篇，2项科研成果获得省市科技进步二等奖，吴永沛教授被福建省人民政府授予2000年度“优秀农业科学家”称号。

水产学院 学院设有水产养殖学、海洋渔业科学与技术、动物科学、农林经济管理(本科)等多个本科专业。现有专职教师60人，客座教授1人，兼职教授2人。

轮机工程学院 该院以教学工作为中心，争办轮机工程硕士生教育，培养以海上为主，同时兼顾陆上与航运有关行业、岗位，培养两栖人员。

该院下设的轮机工程专业，培养适应21世纪国民经济和社会发展需要，德智体全面发展，获工程师基本训练，符合国际和国家海船船员适任标准要求；综合素质好，具备机械原理和轮机系统等方面的知识，能在海洋运输等企事业单位，从事轮机操纵、维修和船舶监修、监造工作，并具有国际竞争能力的高级航海人才。

水产生物研究所 1999年福建省编委批准成立集美大学水产生物技术研究所，以加强水产养殖学科研究与技术开发工作。

该所现有专、兼职研究人员53名，其中教授9名，副教授20名，讲师及工程师24名，博士10名。另外还聘请了国家海洋局第三海洋研究所研究员、中国工程院院士徐洵教授，日本东京大学校长助理、博士生导师岡本信明教授，香港城市大学生化系主任胡绍燊教授，台湾海洋大学李国添教授作为该所的兼职教授和客座教授。

【福建师范大学地理科学学院】 该学院现有“四系”（地理学系、旅游系、资源环境系、地球信息科学系）、“一所”（地理研究所）、“三中心”（自然资源研究中心、人口与发展研究中心、地球信息科学研究中心）等教学与研究机构。拥有国家理科基地地理学专业点，省“211工程”资源与环境学重点学科，自然地理学博士点，自然地理学、人文地理学硕士点，教育硕士点地理教育方向和国家旅游职业教育师资培训基地。开设地理科学(基地)、地理科学(师范)、地理信息系统(非师范)、资源环境与城乡规划管理(非师范)、旅游管理与服务(师范)、旅游管理(非师范)等6个本科专业和旅游管理高职高专专业。现有教职工93人，其中教授（研究员）16人，副教授（副研究员）23人。在学博士生19人，硕士生71人，全日制本、专科生11 019人。

“九五”期间学院承担科研课题108项，总经费1 300余万元，其中联合国粮农组织项目1项，国家和省部级58项，有5项成果获国家和中科院科技进步奖，2项获国家级教学成果奖，25项获省部级成果奖，出版各类著作39部，发表学术论文465篇。有105人次在省级以上学术团体兼职，主（承）办13次全国性学术会议。

福建省地理学会、福建省自然资源学会、福建省教育学会地理教育研究会和《福建地理》季刊（全国地理学核心刊物）编辑部挂靠本院。

【中山大学近岸海洋科学与技术研究中心】 中山大学濒临南海坐落在秀丽的珠江畔。是中国著名高等学府。1960年成立海洋系。改革开放以来，成立“近岸海洋科学与技术研究中心”。中心现有70余名科技人员。自80年代以来培养了海洋科学特别是交叉学科的博士和硕士180名。建立了一批实验室和必要的近岸海洋观测仪器。自1985年以来，承担了120余项国家和省部级科研项目和数百项的生产应用课题。成为华南以至中国近岸海洋研究的重要基地。中心的宗旨是：培养海洋科学高级人才；进行近岸海洋科学基础研究；应用高科技研制近岸海洋环境监测和预警系统，提供海洋环境基本资料；开展海洋资源开发、管理与应用的研究，为地方经济服务；探讨综合性大学进行近岸海洋科学研究与教学的模式。

该中心由河口海岸研究所、海洋天然产物研究所、近岸海洋动力研究室、近岸海洋遥感应用研究室、海洋仪器技术研究室、海洋生物研究室等研究实体组成。

河口海岸研究所 主要研究方向：①河口过

程与演变机制。河口陆架入侵与动力沉积过程，河口亚潮水位扰动和低频水流运动，河口最大混浊带与沉积形态；②海岸演变与海滩过程。研究华南海岸沙坝-泻湖-潮汐通道系统演变过程与水力学特性，海滩地形动力学与动态系统；③河口海岸环境与资源规划开发利用。研究人类活动影响下，海岸环境演变规律与资源形成及其分布。

海洋天然产物研究室 该室成立于1978年。多年来研究南海生物近200种，发现了150余种结构独特的新化合物。均为世界上首次发现。其中一些有较强的抗癌、抗心血管病、抗神经度及其他活性物质。近年开展南海海洋微生物及其代谢产物的研究，获得了1 000余种菌种，分离出多种化合物，已发现了多种抗菌物质。

近岸海洋动力研究室 研究室主要科研方向：①水波的非线性演化理论；②水波与海洋结构物的相互作用；③计算水动力学；④流动稳定性的非线性理论；⑤养殖工程、海洋工程与船舶水动力学；⑥温盐多扩散耦合系统；⑦基于湍流模式和数据同化方法的近海动力结构。研究室设有全国高校最长的拖曳水池实验室，水池全长204米，宽6米，最大水深3米。现为全国海流计的检测点和全国风标检测点。

海洋生物研究室 该室主要研究领域：①海洋动物利用与病害研究；②海洋环境生物学，开展了海洋浮游动物特别是原生动物生态学、污染微生物群落监测技术等研究；③海洋生物深加工利用；开展了对虾组织的自溶技术等研究。

近海遥感应用研究室 遥感应用研究室主要从事海洋遥感、地理信息系统的基础理论和应用的教学、科研工作。近年来，为了适应经济建设突飞猛进的发展，该中心以解决热带、亚热带自然景观条件下的地学遥感应用、城市建设规划，环境监测预测和资源综合评价为服务重点，开展了大量的富有成效的工作。

海洋仪器技术研究室 研究室成立于1982年。主要科研工作是开发研制气象、海洋、环境自动监测系统。近年来不断开发出ZDQ系列海洋气象环境测量仪器，包括传感器、数据采集处理系统，通讯网络及数据处理软件系统等产品，成功地为气象、海洋、环境保护、核电站、民航机场、农林部门提供了近百台套，数百万元的自动测量仪器。

近年来近岸海洋研究中心（仅包括以近岸海洋中心申请的）承担国家“863”高科技计划（海洋领域）“珠江口海洋环境立体监测示范试验818-09-01”、香港特首项目“珠江口污染计划”、广东省百项工程项目和多项国家自然科学基金与合同课题。在此期间，与香港科技大学、台湾高雄中山大学共同主办了SCORE 1997年，1999年和SCORE 2000年学术研讨会。

【海南大学】 海南大学是经国务院批准于1983年创办的省属综合性大学。

海南大学以本科教育为主，同时开展研究生教育和高等职业技术教育。

海南大学建有应用化学、通信与信息系统、水产养殖、生物技术、中国现代经济理论、世界经济、诉讼法学等11个校级重点学科，其中应用化学、通信与信息系统、水产养殖、诉讼法学4个学科是海南省省级重点学科。部分学科已达到较高水平，如应用化学学科的浮选药剂分子设计理论和小分子有机物金属配合物作为抗肿瘤药物研究的某些成果居世界领先水平。水产养殖学科在热带海洋名贵水产养殖动物的人工育苗技术和病害防治技术研究方面取得一系列突破性的成果；生物技术学科开展国家重点科技攻关项目“耐盐植物分子育种”成果在国内外同类研究中居先进水平。1999年《海南大学学报》社会科学版和自然科学版两种学术刊物分别被评为“全国百强社科学报”和荣获教育部优秀自然科学期刊三等奖。

海南大学广泛开展学术交流与合作。先后与国内几十所高校建立了校际关系或开展联合办学。与美国、加拿大、英国、澳大利亚、日本、泰国、马来西亚、新加坡等国家及中国台湾省、香港特别行政区的20余所知名院校建立了经常性交流协作关系，并与马来西亚汉兴教育中心、英国威尔士大学联合设立了中外联合办学机构“海南大学海外课程教育中心”。学校积极发展留学生教育，已招收的留学生来自美国、德国、法国、荷兰、丹麦、挪威、比利时、澳大利亚、日本、韩国、泰国、马来西亚、印度尼西亚等国家以及香港、澳门特别行政区和台湾省，是国务院侨办批准设立的华文教育基地之一。

国际合作篇

International Cooperation

海洋国际合作
International Marine Cooperation

国际海洋科技合作
International Marine Scientific and Technological Cooperation

【中美海洋科技合作】 中美海洋生物资源协调小组第四次会议 中美海洋生物资源协调小组是《中美海洋和渔业科技合作议定书》框架下的一个工作组。第四次协调小组会议于2000年2月28日至3月1日在美国火奴鲁鲁召开。会议重申了中美海洋生物资源合作的几点原则：①通过科学研究提高双方对海洋生物资源的认识，促使两国以可持续的方式保护和利用其资源；②水产养殖和可持续渔业具有很高的效益，如在这些领域取得技术进展将会提高两国的经济和环境利益；③中美双方在海洋、渔业和水产养殖科学方面都拥有丰富的专业技术，而且在很多方面具有互补性；④在遵守两国相关法规条件下的广泛的联合研究、公开交流和活跃的科学家互访，可以有效地促进两国在海洋生物资源领域的合作；⑤对于能使双方在交流后继续保持合作和联系的项目应给予鼓励；⑥交流资料和信息以及在重要的专业刊物上发表研究成果都是合作的重要成果。会议回顾并讨论了1997～1999年第三期海洋生物资源工作计划的各项活动，协调小组对此期间的项目进展表示满意。同时，与会双方在平等互利的基础上，本着开诚布公的原则，为2000～2001年制定了一个切实可行的合作方案。内容包括：①虾类：虾类繁殖内分泌学研究，对虾病毒与无特定病原对虾培育，虾类分子遗传标记研究，对虾细胞系研究；②贝类：中国扇贝死亡原因研究，贝类染色体控制，贝类疾病及其诊断研究，双壳类分子遗传标记技术和遗传育种研究，栉孔扇贝派金虫研究，鲍鱼病毒研究；③鱼类：鲻鱼的引进、培训和交流，大西洋黄花鱼的繁殖生物学研究，性信息素对鱼类的繁殖生理和行为的影响；④病毒研究：海洋病毒生态学研究；⑤藻类：藻类养殖、生物学及生物技术，紫菜研究；⑥有害藻华；⑦生态系统模型：新村湾生态系统模型，以微生物作为环境健康指标，黄海大海洋生态系统；⑧沿岸上升流；⑨水产教学交流；⑩资料交换。双方一致认为经费的限制可能会影响到部分项目的执行，但双方都承诺积极地、尽可能地执行第四期海洋生物资源工作计划中所议定的项目。

（李应仁）

【中德海洋科技合作】 中德海洋科技合作是中国海洋对外科技合作中卓有成效的合作领域之一。中德海洋科技合作联委会第十一次会议于2000年3月30～31日在杭州召开。由中国国家海洋局、科技部以及青岛海洋大学的有关官员及科学家共10人组成的中方代表团和由德国联邦教研部、外交部、航空航天研究院国际合作局、联邦地球科学与自然资源研究所、汉堡大学、波兹坦大学及德国驻华使馆的有关官员和科学家共10人组成的德方代表团参加了会议。双方介绍了各自国家近期的海洋工作情况，回顾了自第十次会议以来合作项目的执行情况，确认7个项目圆满完成，7个项目取消，5个项目在2000年完成，7个项目将在2000年及此后几年内继续执行。联委会讨论了双方科学家共同提出的10个新项目建议，将其中6个列为新项目，4个列为有待落实的新项目。德国代表团在华期间，访问了国家海洋局，国家海洋局第一海洋研究所、第二海洋研究所，中国科学院海洋研究所和青岛海洋大学，听取了各单位的机构设置和主要职能介绍，参观了有关实验室，对中国海洋单位有了进一步了解。同时，德方也介绍了其政府重组后联邦教研部的机构设置及其在今后15年内执行的“地学技术”项目。德方表示欢迎中方有关海洋单位和科学家参与此项目的合作，中方各有关单位对此表示了浓厚的兴趣。 （王安涛）

【中澳海洋合作交流】 澳大利亚众议院副议长加里·内尔先生访问国家海洋局 2000年5月22日，澳大利亚众议院副议长加里·内尔先生携夫人访问了国家海洋局。国家海洋局副局长陈连增对加里·内尔议长先生在百忙中访问国家海洋局表示热烈欢迎。陈连增向客人简要介绍了国家海洋局的主要职责及其机构设置情况。在谈到双边合作时，陈连增特别提到尽管中澳之间在海洋领域尚未签署双边合作协议，但两国在南极领域中的双边交流与合作已经具有很长的历史，并代表国家海洋局对澳方长期以来对中国在南极科考工作以及后勤保障工作方面给予的大力支持表示感谢，希望两国今后继续加强在海洋其他领域的合作。加里·内尔议长先生对陈连增副局长的接见表示感谢。议长先生本人在澳大利亚是一位非常热中于南极事业的知名人士，一直担任澳联邦议院南极事务联合会的召集人，该联合会主要从事南极事务的公众宣传和科普工作以及向政府做一些游说工作。议长先生本人于1992年访问过中国的中山站。会谈中，双方都表示今后将继续加强两国包括南极在内的海洋合作。

国家海洋局副局长孙志辉访问澳大利亚 2000年11月26日至12月3日，以国家海洋局副局长孙志辉为团长，由财政部、国家海洋局及辽宁海洋与渔业厅有关官员组成的中国代表团一行6人，赴澳大利亚进行访问，重点就澳大利亚的海洋机构、管理体制，特别是近年来所做重点海洋工作进行考察。通过考察，对澳大利亚的海洋工作有了进一步了解，有助于推动今后开展中澳双边海洋合作。 （梁金哲　王安涛）

【中韩海洋科技合作】 韩国海洋代表团访问国家海洋局 以韩国海洋水产部副部长洪承勇为团长的韩国海洋代表团2000年4月20日对国家海洋局进行了工作访问。国家海洋局局长王曙光、副局长陈连增会见了洪承勇一行。宾主双方回顾了两国在海洋科技领域中的合作，自1994年签署中韩海洋科技合作谅解备忘录以来有了长足的进步，两国还于1995年成立了中韩海洋研究共同中心，使海洋科技合作又向前迈进了一大步。双方一致认为，中韩两国都是亚太地区重要的海洋国家，又是近邻，两国在海洋科技合作中有许多共同感兴趣的领域，加强合作不仅有利于提高两国海洋科技水平和海洋管理水平的提高，而且也有助于促进两国的友好关系。1996年韩国成立了海洋水产部，在海洋综合管理方面积累了成功的实践经验，值得中方借鉴。陈连增在会见时向客人介绍了改革后的国家海洋局的组织机构和主要工作。洪承勇介绍了韩国水产部的工作情况。

国家海洋局副局长陈连增赴韩国进行海洋考察 为了了解国际海洋管理的发展趋势，掌握有关沿海国家海洋综合管理的实践和经验，推进和深化中国海洋管理体制和机构的进一步改革，国家海洋局副局长陈连增于2000年9月17～23日率团赴韩就韩国的海洋管理工作进行了考察。代表团在韩国期间，走访了海洋水产部、国家海洋研究所、国家海洋警察厅、海洋研究与开发研究所、釜山地方海洋水产厅等，深入细致地考察了韩国海洋发展战略、海洋管理体制和海上执法等方面的情况，达到了考察预期目的。代表团在韩期间，还就加强今后在海洋管理领域的双边合作交换了意见。

中韩海洋科技合作联委会第四次会议（联委会）和中韩海洋科学共同研究中心管理委员会第五次会议（管委会） 两会议于2000年1月在中国大连召开。联委会双方介绍了各自国家近期海洋工作情况，相互交换了对方国家的海洋政策方向和内容。会议对上次联委会以后双方合作交流项目的进展情况进行了回顾，认为上次联委会以来双方合作项目总体上进展顺利，对整体执行情况表示满意，对“黄海水循环动力学合作研究”、“黄海沉积动力学与古环境演变合作研究”、“黄东海海域海洋环流和气旋发展合作研究”、“黄海环境污染减轻对策研究”以及双方在极地和大洋领域的合作等重点项目的执行情况进行了评价、讨论和协调，对因各种原因未取得进展的项目，双方表示同意积极促进。联委会还对中韩双方于1999年5月在韩国召开的第二次黄海海洋学术讨论会情况进行了回顾并给予高度的评价。联委会确认，上次联委会达成的13个合作项目中，完成1项，于2000年启动1项，继续执行7项（其中2项合并为1项），未启动3项（其中1项改变名称）。联委会对双方新的合作项目进行了讨论和协商，同意增加2个新项目。中方提出，为了加强中国海洋机构建设，学习和借鉴韩国的先进经验，希望在2000年上半年派高级海洋代表团访韩1周。韩方对中方派代表团访韩表示欢迎，并表示愿意接待中国代表团。

管委会会议听取了中韩海洋科学共同研究中

心（以下简称中韩中心）主任虞源澄先生向管委会所作的1999年业务工作总结报告。管委会对中韩中心在过去的一年中为促进中韩两国海洋机构和海洋科学家间的交流与合作，有效支持双方的共同研究工作，以及改进中韩中心机能所做的卓有成效的工作给予了高度评价。管委会听取了中韩中心副主任朴辰均先生向管委会所作的1999年度预算决算情况报告。管委会审议并批准了中韩中心1999年度预算决算，认为中韩中心1999年度的财务账目清楚，支出合理。管委会听取并审议了中韩中心虞源澄所作的2000年业务工作计划和朴辰均所做的预算报告。管委会经过激烈的讨论，将中韩中心提交审议的预算方案进行了调整。

两会期间，韩方代表团参观了国家海洋环境监测中心并专程到北京访问了国家海洋局，国家海洋局副局长陈连增接见了韩国代表团。

（梁金哲　王安涛）

【中朝海洋科技合作】 朝鲜是中国的友好邻邦，两国在海洋领域有着许多感兴趣的问题。加强两国海洋领域的交流与合作，对促进东北亚地区海洋科技合作与交流有着重要的意义。近年来，中朝两国在海洋领域的科技交流与合作，取得了令人高兴的成果。双方的科学家往来频繁，定期进行学术交流，海洋环境保护和海洋环境预报等方面进行了广泛的交流与合作，有力地促进了双方海洋科技领域的进步。

中朝海洋科技合作联委会第十次会议　应朝鲜气象水文局的邀请，以国家海洋局党组成员、纪委书记吕子耀为团长的国家海洋局代表团于2000年10月17～24日访问了朝鲜民主主义人民共和国，出席了中朝海洋科技合作联委会第十次会议。在友好、和谐的气氛中双方回顾并总结了中朝海洋科技合作第九次会议以来交流项目的执行情况，确认了历时4年的“中朝浅海潮汐、波浪、风暴潮联合数值模式研究”合作项目圆满完成，并商定了今后两年的交流合作项目。2001年上半年朝鲜海洋科技专家代表团将访问中国，2002年上半年中国海洋科技专家代表团访问朝鲜，就有关月、季长期海表面温度和风暴潮预报以及灾害性海洋预报中卫星资料应用技术等课题进行学术交流。在朝期间，国家海洋局代表团参观了朝鲜中央预报研究所、西海海洋研究所，国家海洋局代表团吕子耀团长受到朝鲜新闻通讯社的采访，中朝海洋科技合作第十次会谈会议纪要签署的新闻刊登在朝鲜劳动党党刊《劳动新闻》2000年10月24日上。

【中菲海洋科技合作】 菲律宾前副总统劳雷尔一行6人于2000年5月10日访问了国家海洋局。局长王曙光会见了代表团。王曙光介绍了国家海洋局的主要工作、职责及机构设置等基本情况，并就中菲海洋环境保护等方面合作的情况与劳雷尔先生进行了会谈。王局长指出，中菲两国均为南海周边国家，中方愿与菲方合作把南海的事情办好，以合理、和平地开发、利用和保护南海海洋资源。王局长强调，中菲两国是近邻，两国政府和领导人都非常重视两国睦邻友好关系。1996年，中菲两国通过磋商达成共识，成立了中菲南海海洋环境保护等3个联合专家组。具体探讨中菲双方有关合作事宜。国家海洋局作为南海海洋环境保护联合专家组的中方牵头单位，已与菲方共同召开了两次专家小组会议，并提出了“海洋环境污染合作调查和监测”、“赤潮对比研究”等6个具体合作项目。第三次会议原定于1999年11月召开，后菲方提出推迟。中方希望中菲南海海洋环境保护专家组第三次会议尽快召开，使中菲海洋环保合作得到实质性发展。王局长指出，中菲两国人民有着传统的友谊，劳雷尔先生为加强中菲两国关系和增进两国人民的传统友谊做出了不懈努力，对此表示赞赏和衷心感谢，希望劳雷尔先生继续对此做出贡献。劳雷尔先生表示，作为中国人民的老朋友和中菲关系的积极推动者之一，自己会继续为加强两国关系和中菲人民传统友谊做出努力。他表示，中菲两国海洋环境保护专家组的工作应予充分肯定，愿积极推进两国在海洋环境保护等海洋领域的合作。

（梁金哲　王安涛）

【中印海洋科技合作】 印度海洋代表团访问国家海洋局。以印度海洋开发局局长穆桑那亚格姆博士为团长的印度海洋代表团一行5人于2000年5月8～14日应邀访问了国家海洋局。国家海洋局局长王曙光、副局长陈连增会见了印度海洋代表团，并对他们的来访表示热烈的欢迎。双方分别就各自主要负责的海洋工作如海洋科技、环保、大洋勘探与开发、极地等领域进行了双向交流并就双方今后在海洋领域合作的可能性进行了十分有益和积极的探讨。王曙光和穆桑那亚格姆博士分别代表两局签署了中印海洋科技合作意向书。印度代表团还分别赴天津、青岛及上海访问国家海洋局海洋信息中心、海洋技术研究所、第一海洋研究所、北海分局、中国极地研究所。在青岛和上海期间代表团还参观了“大洋一号”和“雪龙”号极地考察船。通过交流，双方认为中印双方具有很大合作潜力，双方可以首先在深海采矿技术、极地科学与研究等条件成熟的领域开展合作。双方今后将提出比较具体的合作建议。

国家海洋局副局长孙志辉率团赴印度进行海洋管理考察 2000年12月3～9日，以国家海洋局副局长孙志辉为团长，由财政部、国家海洋局及辽宁海洋与渔业厅有关官员组成的中国代表团一行6人，赴印度进行了海洋管理考察。代表团在印度访问了海洋开发局、技术研究局、海洋与海岸管理项目办公室、南极研究中心、国家海洋研究所。通过考察，了解了印度的海洋工作主要情况，同时就共同关注的海洋工作有关问题进行了交流和探讨，并就进一步发展南极合作进行了接触。双方签署了《中国国家海洋局孙志辉副局长率团访问印度会谈纪要》，重申了进一步开展合作的意向。双方已就中印海洋科技领域合作谅解备忘录的文本达成一致，双方正在联系准备签署谅解备忘录并召开双边首次联委会会议。

【中美、中加海洋领域合作】 国家海洋局局长王曙光率团赴美、加考察。为了学习和借鉴国外海洋管理工作的成功经验，进一步推动中国的海洋管理工作向纵深发展，王曙光率团于2000年10月8～21日赴美、加，就两国的海洋工作进行了考察。考察期间，代表团分别拜会了美国国家海洋与大气局（NOAA）、内政部矿产局、美国海岸警备队、佛罗里达群岛国家海洋保护区和加拿大渔业与海洋部（DFO）、DFO东海岸地区局、DFO西海岸地区局以及加海岸警备队业务中心，就两国的海洋管理体制、机构设置、法律法规、海上执法等情况进行了较深入了解，两国的工作特别是近年来工作所取得的进展给代表团留下了深刻印象。尽管代表团访问时间不长，总体上掌握了两国海洋工作的基本情况，达到了预期目的。

（梁金哲）

【中国内地与香港、澳门特别行政区和台湾省的海洋合作】 中国内地与香港特别行政区、澳门特别行政区和台湾省在海洋领域存在共同的利益，加强与香港、澳门和台湾海洋科技领域的交流与合作是中国内地海洋工作的重要方面。根据中央有关精神，祖国内地在海洋管理、人员交流与互访、海洋环境监测与保护、海洋科学研究与海洋工程等领域与上述地区开展了广泛的交流与合作。

2000年，国家海洋局继续派人参加了“珠江水域污染研究计划”（PREPP）、参加气溶胶中氨基酸含量等研究工作；派人赴香港进行了米埔自然保护区及大生活用海水技术（即海水冲厕技术）研究考察；派人赴香港进行了“亚太2号海底光缆系统路由调查”及监管工作，多次派人赴香港、澳门进行海洋倾废管理工作，派人对东亚交汇光缆系统铺设工作赴香港进行施工监督管理工作以及进行海洋环境保护管理工作；多次派人赴香港、澳门参加了“南中国海红潮预防和管理国际研讨会”、“粤港跨境水污染控制与水质保护研讨会”、“澳门海洋经济研讨会”、“尤里卡计划研讨会”等研讨会；组织科学家赴台湾参加了“海岸海洋资源与环境学术研讨会”、“第四纪地质研讨会暨海洋古全球变迁研究成果发布会”及“两岸南海问题交流与合作研讨会”。

（梁金哲　王安涛）

【渤海环境管理项目】 经过较长一段时间的协商，国家海洋局与国际海事组织建立东亚海域环境管理伙伴关系地区计划办公室（简称东亚海项目地区计划办公室）就渤海环境管理项目达成共识。2000年5月，双方在天津共同主持了一个关于该项目的研讨会，中国政府有关主管部门、环渤海三省一市海洋行政主管部门、有关科研院所的代表，东亚海项目地区计划办公室人员等共35人参加了研讨会。研讨会就渤海环境的现状、问题及渤海环境管理项目的整个框架、目标、要求、实施项目的技术、方法等进行了研讨，基本形成了该项目的初步方案。

2000年7月，在大连召开的东亚海项目第七次指导委员会会议上，国家海洋局与东亚海项目地区计划办公室签署了“渤海环境管理项目协议备忘录”，标志着这一合作项目的正式确立。国家海洋局副局长陈连增代表中国政府和东亚海项目地区计划办公室主任蔡程瑛博士代表国际海事组织在备忘录上签字，国家海洋局局长王曙光、辽宁省副省长杨新华、联合国发展规划署和国际海事组织的代表等参加了签字仪式。

同时，为了表达中国政府对保护和整治渤海环境的决心，国家海洋局与辽宁省、河北省、山东省、天津市人民政府的领导还共同签署了“渤海环境保护宣言”。

项目的实施时间为签署协议备忘录之日起，到2004年9月30日止。

在项目实施期间，国际海事组织通过东亚海项目地区计划办公室提供总额为798 852美元的全球环境基金资助用于渤海环境管理项目；中国政府通过国家海洋局提供总额为2 647 300美元的匹配经费（含实物和资金支持）用于实施项目。

该项目共由25个子项目组成，其中18个子项目需要具体实施，其中包括辽宁省、河北省、山东省、天津市和大连市的各1项示范点项目。

作为东亚海项目的一个组成部分，渤海环境管理项目的基本宗旨是试图通过渤海这样一个具有特点的半封闭海来寻求跨行政边界海域的环境管理最佳模式。　（李文海）

国际海洋经济合作
International Marine Economic Cooperation

【国际海运合作概况】 “九五”期间，交通部认真贯彻“深化改革，扩大开放”的方针，积极发展和扩大与有关国家在海运领域的合作，共与14个国家政府签订了海运(河运)协定。截至2000年底，中国政府与外国政府签订的双边和多边海运（河运）协定已达56个。

2000年2月29日至3月3日，中美两国政府海运主管部门在北京就谈判签署两国政府新的海运协定举行了事务级谈判，双方就协定文本的大部分条款取得了一致意见，但对一些原则条款仍有分歧未解决。双方同意在适当时候继续谈判。12月2～7日双方在西雅图举行了非正式会晤，并取得了进展。

3月14～15日，交通部与南非海事局就谈判签署两国政府海运协定在比勒陀利亚举行事务级谈判，并于3月15日草签。同年4月25日交通部黄镇东部长代表中国政府在比勒陀利亚正式签署了该协定。

4月13～14日，中丹两国海运主管部门在北京举行了海运会谈，5月9日黄镇东部长与丹麦贸工部长在北京签署了关于加强海运领域合作的谅解备忘录。

6月19～24日，交通部海运代表团和韩国海洋水产部海运代表团在济州岛和汉城就双方关心的海运问题进行了第8次海运会谈，并签署了会谈纪要。

10月4～6日，交通部海运代表团赴菲律宾出席了第8届亚洲航运论坛会议，会上与会代表团交流了各自的最新航运政策和实践。

12月5～9日，中俄总理定期会晤委员会运输合作分委会及下设的海运、河运、汽车运输和公路工作组在北京举行了第四次会议，双方就广泛的运输合作问题交换了意见并签署了分委会和工作会议纪要。

12月18～23日，交通部水运司与日本国土交通省海事局在东京举行了工作会晤，就进一步加强两国在海运领域的合作等相关问题交换了意见。

【东海西湖凹陷联合研究】 2000年1月24日，PSG国际有限公司和原中国新星石油有限责任公司在北京鉴署了“中国东海西湖凹陷天然气综合利用项目联合研究协议”。

联合研究的主要内容有：在双方对东海海域油气资源、管道、市场合作研究的基础上，进一步研究确定在东海建设最优成本/效益比的输气和（或）/输液管道路线系统方案；对江、浙、沪两省一市现有和潜在天然气市场所涉及的各种技术、经济等问题进行调研，对上述地区的下游市场作比较详尽的分析；根据东海西湖凹陷的勘探、储量状况及未来的勘探开发计划，研究并提出中央生产、处理平台以及集输系统的布局、设置方案；项目联合研究小组考察泰国湾的天然气管道系统。

【“胜利作业三号平台”项目】 与EMER公司签定合同，合作设计建造“胜利作业三号平台”。胜利作业三号自升式修井作业平台是国内自行设计建造的第一艘齿轮齿条升降的三腿自升式修井作业平台，海上修井作业范围比以往的修井平台扩大，作业水深达525米，可同时对9口井的采油平台修井作业，修井井深达到4 500米。该平台由胜利油田钻井工艺研究院与上海交通大学等单位联合设计，青岛北海船厂制造。

【万匹马力多用途工作船项目】 与芬兰WARTSILA公司、挪威ROLLS-ROYCE公司等10余家公司签定合同，引进主机、艏艉侧推、柴油发电机组及应急发电机组、舵机、甲板机械、动力定位、对外消防、分油机组、主拖缆、水喷淋、液位遥测、阀门遥控、通讯导航系统等设备。

【浅海海底管线电缆监测维修装置项目】 系国家“863”科研攻关项目，分别从德国SCHOTTEL公司，英国TSS公司和美国底特律公司引进了船用推进器及桨叶、海底管线跟踪检测系统及船用柴油发动机等重要部件及装置。项目完成后可解决目前浅海油田海底管线、电缆难以检测维修的困难，与滩海铺管铺缆船配套，可形成完整的海底管线电缆的施工、检测和维修系统。

【4000匹马力多用途工作船项目】 分别与芬兰WARTSILA公司、挪威ROLLS-ROYCE公司等7家公司签定合同，引进主机、艏艉侧推、柴油发电机组及应急发电机组、舵机、甲板机械、分油机组、水泥空压机等设备。 （中国石化集团公司）

国际海洋组织及会议
International Marine Organizations and Meetings

【联合国海洋法公约缔约国大会第十次会议】 联合国海洋法公约缔约国大会第十次会议于2000年5月22～26日在美国纽约联合国总部举行。中国代表团由外交部、国家海洋局和中国常驻联合国代表团的代表组成。

会议主要议题：国际海洋法法庭1999年工作报告；法庭2001年预算；法庭财务条例；缔约国会议议事规则；大陆架外部界限有关问题。

（1）2001年预算：海洋法法庭提出2001年预算为868.89万美元，最后核定为809.09万美元，比2000年增加5.7%。

（2）法庭财务条例：德国等建议成立财务委员会，但许多国家认为新设机构涉及人员、经费等一系列问题，不支持该意见。

（3）缔约国会议议事规则：英国提出，在关系到预算和财务问题的表决时，要有3/4以上的多数才能通过，而且这3/4中的国家缴纳的费用要占法庭费用的3/4以上，遭到大多数发展中国家的反对。

（4）缔约国会议的任务：海洋法公约缔约国会议已开过9次，但内容仅局限在海洋法庭的选举与法庭的行政事项方面。智利等国代表提出缔约国会议应审议海洋法公约的所有问题和与海洋法公约有关的活动，得到许多发展中国家的支持。

（5）大陆架界限有关问题：①大陆架外部界限委员会主席强调各国要在公约对其生效10年内向联合国提出大陆架超过200海里的划界案申请。一些发展中小岛国认为困难很大，要求延长期限，得到许多发展中国家的支持；②巴布亚新几内亚等国提出，许多发展中小岛国和其他一些发展中国家无法资助各自专家参加大陆架外部界限委员会会议，希望设立信托基金支持专家与会。会议将向联大正式提出建议。

（6）法庭信托基金问题：英国等建议在自愿捐款基础上设立海洋法庭信托基金，由联合国秘书长管理，用以资助发展中国家在法庭的诉讼。大会对此表示同意，决定向联大提出建议。

（李景光）

【海洋事务和海洋法非正式磋商进程第一次会议】 联合国海洋事务和海洋法非正式磋商机制第一次会议于2000年5月30日至6月2日在美国纽约的联合国总部举行。参加会议的中国代表团由外交部、国家海洋局、农业部和中国常驻联合国代表团的代表组成。

联合国海洋事务和海洋法非正式磋商机制是在一些十分关注海洋问题的国家和组织的推动下而建立起来的，目的在于强化联合国对海洋事务的关注，希望通过非正式磋商，就海洋问题向联合国秘书处提出建议，供联大开会讨论决定，推动世界海洋事务的发展。各国均十分重视，第一次会议有100余个国家、国际组织和非政府机构的代表参加。

会议主要议题：非法、未经管制或未报告的捕捞问题；海洋环境污染与退化；海上犯罪；海洋科学技术；发展中国家能力建设。

(1) 非法、未经管制和未报告的捕捞问题：会议呼吁联合国粮农组织尽快制订《防止非法、未经管制和未报告的捕捞的国际行动计划》，建议各国和各区域组织加大对该种非法活动的打击力度。

(2) 海洋环保：会议认为解决海洋环保问题要依靠综合管理方法，而不是分散式的部门管理办法。各国应把海洋环保工作列入国家可持续发展计划。智利在讨论时多次要求对深海采矿制订严格的环境标准。澳大利亚代表提出要建立公海自然保护区。

(3) 海洋科技：会议认为海洋科技在促进海洋可持续发展、保证正确决策等多方面均有重要作用，建议各国根据国际法制订相应的国内法规来促进海洋科技的发展。

(4) 海上犯罪：会议对此问题表现出极大的关注，建议国际海事组织进一步发挥其在防止、打击和减少海上犯罪问题方面的领导作用，并希望各国加强在这一领域的合作。

(5) 发展中国家能力建设：会议建议联合国秘书长同联合国下属有关机构共同研究他们的计划中与海洋管理和可持续利用海洋有关的能力建设问题，并制定有效措施。（李景光）

【大陆架界限委员会第八次会议】 联合国大陆架界限委员会第八次会议于2000年8月28日至9月1日在联合国总部举行，国家海洋局第二海洋研究所吕文正教授作为大陆架界限委员会中国委员出席了该次会议。大陆架界限委员会的21名委员中的15名委员，海洋事务和海洋法司主任秘书M r. Steiner，副主任秘书 Mr. Zinchenko 和秘书处其他秘书出席了该次会议。赞比亚委员Dr. Mdala、德国委员Dr. Hinz、委员Dr. Betah、埃及委员Dr. Beltage、毛里求斯委员 Dr. Chan chim Yuk和法国委员 Dr. Rio 请假缺席，委员缺席人数达6人。委员会共举行了10次会议。会议主要议程为：培训工作有关事务，包括帮助发展中国家准备提交委员会的划界案；培训问题；机密性问题；对设立一个信托基金协助提供经费让发展中国家成员参加委员会工作有关的事项；其他事项。

为了推动沿海国按照海洋法公约要求如期完成200海里以外大陆架外部界限的划定，会议期间还在联合国举行了一次公开研讨会，邀请了各沿海国代表团和秘书处参加，由几名委员作专题报告。研讨会的主要内容是：公约76条的履行和沿海国履行公约76条的需求。参加会议的有50个缔约国常驻团代表，以及AALCC、ISA、IOI、ABLOS、DOALOS等有关国际组织的科学家和律师代表。

【政府间海洋学委员会西太水深图编委会第三次会议】 政府间海洋学委员会西太水深图编委会第三次会议于2000年9月25～30日在国家海洋信息中心举行。会议由海委会技术秘书DMITRI TRAVIN博士主持开幕式。信息中心林绍花作为中国代表、侯文峰作为IBCWP项目主编参加了本次会议。会议选举李海清为本次会议主席，美国国家地球物理资料中心的DAVID DIVINS为报告起草人。会议主要对西太国际水深图资料交换问题、第三亚幅承担国家问题、西太国际水深图编委会职责的修改问题等进行了激烈的讨论。（朱文熙）

【伦敦倾废缔约国第22次协商会议】 《防止倾倒废物及其他物质污染海洋的公约》（简称1972伦敦公约）缔约国第22次协商会议于2000年9月18～22日在伦敦召开。出席会议的有33个伦敦公约缔约国、1个观察员国、10个政府间和非政府间组织的代表共160余人。中国由国家海洋局、外交部、交通部、海洋石油总公司和驻英使馆等组成的代表团出席了会议。

伦敦公约1996议定书自开放签字以来，迄今已有包括中国在内的18个国家签署，其中10个国家已批准或加入。本次会上一些国家介绍了研究和审议1996议定书的情况，其中澳大利亚、法国表示他们有可能在2002年批准议定书，比利时和荷兰在2001年批准，另外一些国家表示正在积极研究。

为了帮助各国在1996议定书生效之后能有效履行议定书的条款，加拿大和荷兰在此次会议上提交了一份关于制订1996议定书履约指南的建议。讨论时，中国代表认为，加、荷提出的指南建议有一定的借鉴作用，但是，指南不应超出议定书的范围，给缔约国增加新的义务；各国情况及立法差异较大，指南必须考虑到各国立法和行政的自主性；指南应简要，不应详尽规定缔约方应做什么，否则容易以偏概全，同时构成对缔约方内部事务的干预。会议基本采纳了中国代表的建议，明确指出指南不能是限定性的，而只是一个“指导性工具”。会议决定在会后建立一个以电子通信方式联络的小组，对指南草案进行修改，以拟定一份新的草案供下次协商会议讨论通过。

此次会议讨论了由秘书处和英国提出的“1972伦敦公约议事规则修改草案”和“1996议定书议事规则草案”。会议在结论中指出，伦敦公约的一贯做法是坚持合作精神，采用协商一致的办法来通过决议，少数国家的意见会得到尊重和保护，建议对上述问题开展进一步研究。

工业废物的定义是此次协商会议讨论的焦点之一。以英国为代表的一些国家认为，公约允许倾倒的物质中的第5、6款，即“未被沾污的、其化学成份不易释放到海洋环境中的惰性物质材料”和“未被沾污的自然衍生的有机材料”，被用纯粹物理方法制造和加工后，产生的废物的主要性质与原来材料的性质相比不会发生质的变化，这种“工业废物”可以向海洋倾倒。如制造加工方法是化学、生物或微生物方法，加工后产生的废物与原来材料相比会发生质的变化，则不能倾倒。日本代表团提出了一个较为宽松的定义。他们认为，对工业废物首先要考虑在陆上处置。如要在海上处置，首先对其进行测试，如果测试表明是公约禁止倾倒的污染物质，则不能倾倒，否则则可以倾倒，而不应再分加工方法是物理的、化学的、生物的或微生物的。(陈　越)

【亚太经济合作组织海洋资源保护工作组第13次会议】 亚太经济合作组织海洋资源保护工作组第13次会议于2000年6月7～10日在秘鲁举行。来自澳大利亚、加拿大和智利等13个经济成员体的代表出席了会议。会议主席由秘鲁海洋研究所所长Luis A. Giampietri担任。秘鲁渔业部部长出席了开幕式并致辞。

APEC秘书处通报了近期APEC高官会议的决定。高官会议同意APEC海洋资源保护工作组和渔业工作组应继续保持各自独立存在，但要密切协调与合作。

会议上，各经济成员体分别通报了各自一年来在海洋资源保护工作领域所取得的进展。中国出席会议代表着重介绍了新修订的《中华人民共和国海洋环境保护法》生效以来，该法的贯彻实施情况。

会议还听取了中国台北代表关于在高雄召开的“海洋环境可持续利用会议”的情况介绍，该会议旨在促进公共部门和私营企业之间的联系，以便更好地执行APEC海洋环境可持续性行动计划。会议还讨论了加拿大起草的关于执行APEC海洋环境可持续性行动计划的战略措施文件，包括建立工作组评价计划实施情况、制定计划实施指南等。日本对加拿大的文件持保留态度，认为在采用新的措施执行行动计划之前，首先需要对现有的项目进行重新评估。最后，会议经过反复协商，原则上通过了加拿大的建议。

会议还审议了工作组目前正在执行和将要执行的一些项目，包括APEC地区赤潮和有害藻类水华管理、APEC地区海洋模式与信息系统建立、召开APEC海洋与海岸带综合管理研讨会以及举办评价与维持现有近海石油平台和设施的完整性研讨会等。

韩国代表在会上提出了举办第一次海洋部长级会议的建议。会议的议题拟包括海洋资源的可持续开发、海洋清洁能源的开发以及海底资源的开发等。澳大利亚、加拿大、日本、秘鲁和美国等代表对上述议题，特别是海底资源开发问题提出了异议。一些代表认为海底资源开发是联合国海洋法公约和国际海底管理局所应涉及的问题，APEC经济成员体无权单独讨论。因此会议要求韩国代表对其建议进行重新考虑，特别要对议题进行修改后再提交下次会议讨论。韩国代表接受了会议的结论。 (陈　越)

产业篇

Marine Industries

CHINA

OCEAN YEARBOOK

297~357

海 洋 渔 业
Marine Fishery

【综述】 2000年中国海洋渔业经济发展呈现以下主要特点：

(1) 渔业产业结构调整取得了新的进展，海水水产养殖业成为农业结构调整的目标产业。2000年各级行政主管部门紧紧围绕渔业可持续发展和渔(农)民增收两大目标，加大了海水渔业产业结构调整力度，大力发展海水水产养殖业，特别是名特优新水产品的养殖成为各地调整业结构的目标产业和农村经济新的增长点。据统计，2000年全国水产养殖面积达652.14万公顷，比上年增加23.03万公顷，增长3.65%；水产养殖产量2 578.22万吨，比上年增加181.95万吨，增长7.59 %；水产品产量占水产品总产量的比重达60%，比上年提高了两个百分点。海水养殖是渔业各产业中发展最快的产业，海水养殖产量比上年增长8.93%，其中海水鱼产量42.70万吨，比上年增加8.82万吨，增长26%；对虾养殖业走出低谷，产量达21.80万吨，比上年增加4.72万吨，增长27.63%，基本恢复到历史最好水平。

(2) 海洋捕捞计划产量“零增长”目标已经实现，对渔业资源的保护产生了积极的影响。为了保护渔业资源，保持可持续发展，1999年农业部首次提出海洋捕捞计划产量“零增长”目标，得到了各级政府的重视和支持，在社会上引起了很大的反响。2000年进一步严格控制捕捞强度，制定和逐步实施减船计划，对资源破坏严重的作业方式进行调整和限制，鼓励捕捞渔民转产从事水产养殖和其他非渔产业，使海洋“零增长”目标得到了实现，并首次出现负增长的势头。

(3) 远洋渔业结构调整力度加大，经济效益有了进一步提高。各级政府和有关部门高度重视远洋渔业结构调整工作，把发展远洋渔业作为贯彻实施“走出去”发展战略和渔业产业结构调整，以及渔民转产转业的一个重要途径。加大了对大洋性公海渔业的开发力度，增加了公海渔业资源探捕和超低温冷藏设备研制和开发的投入，加强了对远洋渔业企业的宏观管理和引导，在稳定过洋性渔业生产的同时，加大对大洋性渔业开发力度，特别是金枪鱼和鱿鱼钓生产，取得了较好的经济效益。从统计数据看，2000年中国远洋渔业共派出的渔船，比上年增加67艘，涉及太平洋、印度洋、大西洋公海及30余个国家和地区管辖水域。远洋渔业产量86.52吨，虽比上年略有下降，但质量有所提高，远洋渔业国外经营总收入达7.4亿美元，比上年增长2.2亿美元，同比增长42.3%。

(4) 法制建设取得突破性进展，渔业资源、环境保护和管理力度进一步加大。2000年10月31日全国人大常委会审议通过了关于修改《渔业法》的决定，并于12月1日起实施。新的《渔业法》扩大了适用范围，涉及养殖水域、滩涂、苗种、病害防治等养殖管理制度，以及捕捞限额、渔港管理等渔业全方位管理，为新世纪渔业的可持续发展提供了有力的法律保障。

在加强渔业法制建设的基础上，农业部和各地渔业行政主管部门还进一步加大了渔业资源和环境的保护力度，调整和完善了伏季休渔制度，扩大了休渔范围，2000年三个海区共有117 467艘渔船按时泊港休渔，比上年增加了30%。达到了“船进港、网入库、证集中”的管理目标。对渔业资源和生态环境的保护起到了显著的作用。2000年农业部还组织开展全国渔船普查工作，全面掌握了海洋渔船的基本情况，为制定清理“三无”渔船政策、加强渔船管理、建立渔船报废制度奠定了坚实的基础。

(5) 国际渔业合作与交流进一步加强。双边渔业合作取得进展，多边渔业合作与竞争有效进行。《中日渔业协定》于2000年6月1日生效，《中韩渔业协定》2000年6月30日正式生效，《中越北部湾渔业合作协定》1999年12月25日正式签署。这３个协定的签署和生效，标志中国周边海域新的渔业管理框架的形成，海洋渔业管理正在逐步向专属经济区制度过渡。在正确处理双边渔业关系的同时，还积极参与多边国际渔业合作与竞争，积极参加联合国粮农组织渔委会、亚太经合组织、“大西洋金枪鱼委员会”、“印度洋金枪鱼委员会”等世界性和区域性渔业管理组织的活动，积极参与中西部太平洋跨界和高度洄游鱼类管理机制的谈判，维护中国的渔业权益，发挥中方在多边渔业管理机制中的作用，为广泛开展国际渔业合作与交流、发展渔业国际贸易奠定了基础。

存在的主要问题：

(1) 海洋渔业生产形势严峻，渔民增收难度加大。自1999年下半年以来柴油价格持续攀升，渔业生产成本随之提高，加之上年冬季和开春以来，由于水温偏低，大风天气多，对鱼类的生长造成较大影响，海洋渔业资源状况较差，海洋捕捞效益普遍滑坡，企业和渔民亏损严重，许多地方出现了生产旺季大批渔船停港的现象，渔业生产、渔民生活面临很大困难，渔民增收的难度加大。虽然2000年全国渔民人均纯收入和劳均纯收入比上年有一定的提高，但一些渔业重点省份，特别是海洋捕捞大省，渔民人均纯收入、劳均纯入增长幅度比上年明显减慢，一些省份甚至出现下降的趋势。

(2) 渔业水域生态环境恶化的趋势加剧。2000年上半年渔业水域污染事故和赤潮频繁发生，对渔业生态环境和渔业资源造成严重破坏，对渔业生产造成较大的经济损失。随着经济的发展，渔业资源和生态环境恶化的趋势正在加剧，开发与保护的矛盾越来越突出。

(3) 新的海洋管理制度实施对渔业带来重大影响。中日、中韩渔业协定和中越北部湾渔业合作协定的签订和生效，虽然在一定程度上减缓了海域划界造成的损失，为渔民转产转业争取了时间，但仍不可避免对中国渔业生产、渔民生活，以及沿海地区经济和社会的稳定带来重大影响。大量渔船要从传统作业渔场撤出，将损失上百万吨渔业产量和几十亿元渔业产值，几十万渔业劳动力和近百万渔业人口的生活将受到影响，同时还将带来相关产业的萎缩，造成渔区失业人口增加，若处理不好，将会对渔区社会稳定带来影响。

【海水养殖业】 2000年度，全国水产养殖继续保持发展态势。其主要特点如下：

(1) 养殖产量持续增长。海水养殖产量由1999年的974.3万吨增加到2000年的1 061.3万吨，增长率为8.93%，是各产业中增长最快的。

(2) 贝类产品仍是养殖生产的主要品种，其产量占总产量80%以上。

(3) 沿海省市养殖产量全面增加。2000年度全国沿海养殖产量都实现了增长，增长最多的是福建省，增加20.8万吨，其次是山东省和浙江省，分别增加17.5万吨和12.7万吨。

(4) 受效益驱动，各省市养殖面积全面增加。增加最多的是山东省、江苏省和广东省。

(5) 水产养殖苗种除紫菜外，育苗量也全部增加。海水鱼育苗量增加近一倍，由198 843.60万尾增加到388 243.37万尾，扇贝苗种增加量达70%以上，由1999年的10 007 291.40万粒增加到2000年的17 532 662.05万粒。海带育苗量增加一倍以上，由68.94亿株增加到155.32亿株。

(6) 总体单产出现下降。总体单产由1999年的8 898千克/公顷下降到2000年的8 533千克/公顷，下降的主要原因是贝类由1999年的11 151千克/公顷下降到2000年度的10 600千克/公顷。

(7) 优质养殖品种产量增长较快，养殖对虾由1999年的17.1万吨增加到2000年的21.8万吨，增长率为15%以上，扇贝由1999年的71.2万吨增加到2000年的91.96万吨，增长率近30%。鲍鱼由1999年的5 178余吨增加到2000年度的6 124吨，海参由1999年的533吨增加到2000年度的3 307吨，增加近6倍。

(8) 养殖方式中，浅海养殖和港湾养殖面积得到拓展，滩涂养殖面积利用率不断提高。

(9) 鱼类、虾蟹类养殖单产得到提高。鱼类养殖产量由1999年的4 796千克/公顷提高到2000年的5 507千克/公顷，提高率近15%，虾蟹类由1 121千克/公顷提高到1 284千克/公顷。

在完善养殖业管理制度方面，为促进养殖业健康发展，保障养殖经营者的合法权益和养殖业发展的实际需求，拟加强国家对水域利用的统一规划，修改完善养殖证制度，将发放范围由全民所有制、集体所有制单位扩大到单位和个人，明确规定申请发放程序和优先原则。

【海洋捕捞业】 2000年度全国海洋捕捞业在捕捞资源继续衰退的格局下，为全面遏制捕捞能力，国家继续实施禁渔措施，稳定和压缩捕捞产量。其主要特点是：

(1) 继续实施捕捞产量的“零增长”措施，

全面保护渔业资源。由于沿海各地积极响应中央渔业主管部门提出的“零增长”措施，除天津（增长1 043吨）、浙江（增长8.3万吨）、福建（增加1.15万吨）和海南（增加8.8万吨）以外，其余各省捕捞产量均出现负增长，减少最多的是山东，达23万吨，全国平均下降幅度为1.35%。

(2) 国有捕捞企业产量大幅度下降，降幅达25.33%。

(3) 一些优质（传统）鱼类产量回升，产量回升的品种有：大黄鱼、小黄鱼、带鱼、鲳鱼、鲷鱼、对虾等，通过2～3个月的休渔，为主要经济鱼类的产卵和幼鱼生长提供了时间和空间，主要经济鱼品种资源得到保护和养护。从各地开捕后的生产情况看，黄渤海区9月份的产量同去年基本持平，但三疣梭子蟹较往年有明显增加，毛蟹、鲳鱼资源有所回升，东海区带鱼产量明显提高，开捕后拖网平均日产量达到4 787千克，比去年同期增产44%；平均网产1 452千克，比去年同期增产15%。南海区的虾蟹类、蓝圆鲹、青鳞鱼、二长棘鲷等品种的资源量得到一定程度的恢复，所占比例明显增加。但各品种产量增加的幅度总体不大。

(4) 资源量在重点渔区继续衰退与部分渔区(南海区部分渔区)与个别品种有所恢复的交织状态下，对捕捞生产效益的总体提高仍缺乏促进作用。

(5) 捕捞强度总体降幅不大，依然对资源利用存在巨大压力。

(6) 远洋渔业总体处于胶着状态，发展力度较过去几年增加不明显。

【海洋渔业管理出现重大调整】 2000年，海洋渔业管理步入国际化、规范化、法制化的轨道。各级渔业行政主管部门不断强化渔业法制建设，把加强渔业立法、普法和强化行政执法、规范执法行为作为渔业行政管理工作的重要组成部分。为配合《中华人民共和国渔业法》的修订工作，各级人大、政府、渔业主管部门也相继出台了一批新的法规、规章及其他规范性文件，如《中华人民共和国渔业行政执法船舶管理办法》、《中华人民共和国渔业港航监督行政处罚规定》和《帆张网作业管理暂行办法》等，并进一步加大贯彻执行力度。

(1) 加大渔业执法力度。各级渔业行政主管部门及其所属的渔政渔港监督管理机构，依法积极开展渔业专项执法活动，加强了渔业行政执法管理，保护了渔业资源和水域生态环境，维护了正常的生产开发秩序。采取的措施一是加强资源保护，继续实施全面伏季休渔制度，根据实际情况对东海、黄海和南海伏季休渔规定进行了一定调整，协调各地伏季休渔管理工作，加大了违反休渔规定的违法犯罪活动的处罚；二是修订完善有关法规，修订《渔业捕捞许可管理办法》，规范捕捞渔船船网工具指标和渔业许可证的审批权限、程序等。

(2) 加强执法队伍建设。为了进一步加强执法和队伍建设，农业部渔政指挥中心(对外称中国渔政指挥中心)正式成立。对加强渔业统一综合执法，指挥、协调全国渔业行政执法行动，加大执法力度，提高执法效率，促进渔业资源和水域生态环境的保护，具有重要意义。海区和一些地方各级渔业执法总队、支队等也相继成立。

(3) 各渔区把伏季休鱼继续作为工作的重点来抓。2000年，由于伏休渔船多达11.7万艘，接近全国捕捞渔船总数的一半，加上渔业资源状况不佳，柴油价格不断上涨，中日渔业协定开始实施等因素，伏休管理难度和工作压力很大。对此，各地各级政府领导给予了高度重视。3月31日，农业部在北京举行了2000年伏季休渔新闻发布会，副部长万宝瑞作了重要讲话，会上宣布了从2000年起将全国沿海的休渔起止时间统一后推了12小时，从而使休渔制度更具可操作性，便于渔民生产安排和渔政的监督管理。

(4) 实施专属经济区渔政管理巡航执法。根据中日渔业协定生效的有关安排，在中国渔政指挥中心统一安排调配下，中国渔政执法船队在协定规定的中国管辖水域内进行了巡航执法，依法维护中国渔船生产作业秩序，并对外国渔船实施监督。

(5) 开展了首次全国海洋渔业船舶普查工作，加强渔船检验工作和渔业安全通信工程建设，进一步加强渔船渔港及安全管理。

(6) 继续通过确认农业部远洋渔业企业资格等措施，进一步加强远洋渔业企业运回自捕水产品的管理等远洋渔业生产管理工作。

(7) 完善管理制度。国家渔业相关部门根据中国海洋捕捞业管理的需要，相继制定了《渔业捕捞许可证和功率凭证申领和保管若干规定》、

《专属经济区渔政巡航管理规定》、《渔业船舶检验机构认可与管理规定》、《渔业船舶验船师资格考评管理规定实施办法(暂行)》等规范性文件，加强内部制度建设。

2000年是中国与海域邻国签定渔业协定生效、实施年。2000年6月1日新的《中日渔业协定》正式生效，标志中国海洋捕捞业进入了专属经济区时代，渔业管理进入新的阶段。《中韩渔业协定》于2000年8月3日正式签署。两大协定生效后，对中国海洋捕捞业将产生重大的影响，中国有大批的渔船将撤出东海、黄海海区日本、韩国专属经济区管理水域，众多渔民面临转产转业。为顺利实施好新中日渔业协定，农业部东海区渔政渔港监督管理局组织有关省(自治区、直辖市)渔业管理部门及其渔政渔港监督管理机构认真做好宣传、培训、监督检查和相互入渔申请手续办理等工作。主要工作是：①做好宣传工作。沿海渔业主管部门积极做好制作发放宣传片、磁带和宣传手册，举办协定实施宣讲和培训班。②加强了协定水域的各项监督检查和管理，共派出24航次渔政船到协定水域进行渔政检查；③做好相互入渔申请手续的有关工作。2000年，各级渔业管理机构共办理1 052艘中国渔船在日本水域作业的相关申请手续、捕捞与渔船标识等，对进入中日暂定措施水域的近2万艘中国渔船核发专项捕捞许可证，同时审核批准了日本193艘渔船在中国管辖水域作业的入渔申请，签发了外国渔船捕捞许可证。按规定进行了中日双方渔船进出对方管辖水域的通报、作业日记以及渔获物日报和季报等有关工作。由于各级部门的共同努力，2000年《中日渔业协定》的实施工作进展顺利。到2000年底，中国共有1 052艘渔船获准进入北太平洋、日本海和东海的日本管辖水域作业，许可渔获配额为7万吨。为配合《中日渔业协定》的实施，浙江省海洋与渔业局提出“主攻养殖，拓展远洋，深化加工，搞活流通，发展旅游(休闲渔业)”的20字渔业结构战略性调整方针，得到沿海各地的响应。为此专门举办一期《中日渔业协定》培训班，各市重点县也相继举办。同时，做好入渔船舶必需的17 000余套标志旗和捕捞日志印制、发放工作以及870套《中日渔业协定》有关文件汇编和印发工作，并编写和印发了大量宣传提纲和宣传资料，并认真做好“协定”有关海域的许可管理、入渔船舶的审核、报批和发证工作。《中越北部湾渔业合作协定》于2000年12月25日正式签署。同中日、中韩渔业协定一样，该协定生效后对北部湾沿岸渔业产生了重大影响，一大批中国渔船也从北部湾西部越南一侧撤出。南海区渔业管理部门组织广东、广西、海南省(区)做了大量的宣传、调研等准备工作，为“协定”的平稳实施打好基础。广东省从以下措施入手抓好休鱼：①严格界定休渔对象。除刺网、钓业外，其他所有作业如船、艇、筏从事底拖网、拖虾、拖贝、围网、定置、潜捕、放笼等作业一律实行休渔，包括兼刺、钓作业的上述各类渔船。②严格执行休渔规定。休渔期间，休渔渔船经审批后，允许其调整作业出海从事刺钓生产，但休渔结束后，不得恢复原作业；不增加南沙渔场作业的船数，也不安排资源监测船出海作业；取得《南沙专项捕捞许可证》的拖网渔船，不得在12°N以北海域生产，一旦发现，取消其到南沙渔场生产资格，并按违反休渔规定处罚等措施。③加大清理整顿“三无”和三证不齐渔船、外海区渔船和沙滩船厂的力度，打击各种破坏渔业资源的行为。④加强渔船安全管理。与公安、消防等部门密切配合，切实采取措施防台、防火、防盗，做好休渔安全工作。⑤关心渔民生活。对在休渔期间基本生活确有困难的渔民，给予关心和照顾，对休渔停港渔船一律不加收各种规费，减轻渔民负担。

2000年度资源增殖放流活动较为活跃。沿海渔业部门积极组织有关部门实施天然渔业水域的增殖放流活动，大力发展生态渔业，促进渔业资源及其环境的尽快恢复。广东、浙江、福建及环渤海地区的渔业部门共组织有关部门向天然水域投放海水虾苗35亿尾，海水鱼苗600万尾，对促进渔业资源的恢复与提高有积极的影响与作用。

（刘大安）

统 计 资 料
Statistical Data

表1　2000年全国海水产品主要品种产量增减情况表

单位：吨

品　　种	2000年	1999年	2000年比1999年 增（+）减（-）产量
海水产品	25 387 389	24 719 208	668 181
其中：大黄鱼	122 920	65 806	57 114
小黄鱼	281 717	243 101	38 616
带　鱼	1 285 469	1 222 454	63 015
鳓　鱼	107 689	110 359	-2 670
马　鲛	496 566	565 764	-69 198
鲳　鱼	338 848	337 919	929
鲷　鱼	105 785	78 149	27 636
鲍　鱼	350 750	402 540	-51 790
蓝圆鲹	502 289	502 590	-301
鳀　鱼	1 142 884	1 096 916	45 968
远东拟沙丁鱼	153 944	147 125	6 819
太平洋鲱	15 258	17 936	-2 678
马面鲀	221 683	240 214	-18 531
对　虾	302 328	240 741	61 587
其中：养殖对虾	217 994	170 830	47 164
鹰爪虾	312 436	400 786	-88 350
毛　虾	625 234	579 213	46 021
贻　贝	534 503	608 115	-73 612
扇　贝	919 591	712 330	207 261
海　带	830 410	894 818	-64 408
紫　菜	48 159	41 137	7 022

表2　2000年全国海水产品产量增减情况表

单位：吨

项　　目	2000年	1999年	2000年比1999年 增（+）减（-）产量	增减幅度（%）
海水产品	25 387 389	24 719 208	668 181	2.70
海洋捕捞	14 774 524	14 976 223	-201 699	-1.35
海水养殖	10 612 865	9 742 985	869 880	8.93
海水产品中：鱼类	10 327 139	10 581 126	-253 987	-2.40
虾蟹类	2 970 083	2 770 805	199 278	7.19
贝　类	10 389 488	9 590 849	798 639	8.33
藻　类	1 221 988	1 941 393	27 595	2.31
其　他	478 691	582 035	-103 344	-17.76

表3 2000年全国各省市海水产品产量增长情况表

单位：吨

地 区	2000年比1999年增（+）减（-）			
	总 产 量	海水产品小计	海洋捕捞	海水养殖
全国总计	1 565 672	668 181	-201 699	869 880
天 津	11 884	2 374	1 043	1 331
河 北	49 931	58 603	-952	59 555
辽 宁	46 230	54 620	-75 024	129 644
上 海	11 991	-559	1 837	1 278
江 苏	119 749	6 125	-23 205	29 330
浙 江	267 811	210 503	83 356	127 147
福 建	255 729	219 662	11 554	208 108
山 东	31 783	-71 949	-246 787	174 838
广 东	172 409	50 835	-30 376	81 211
广 西	89 247	40 245	-140	40 385
海 南	123 523	104 898	87 845	17 053
中水总公司	-7 176	-7 176	-7 176	

表4 2000年沿海各省、市、自治区海水养殖产量（按产品类别分）

单位：吨

地 区	海水养殖产量合计	1. 鱼 类	2. 虾蟹类			3. 贝 类			
			小 计	对 虾	其 他	小 计	贻 贝	扇 贝	蛏
全国总计	10 612 865	426 957	343 184	217 994	125 190	8 607 050	534 503	919 591	552 792
天 津	4 742	977	3 762	3 316	446				
河 北	154 661	10 673	13 582	13 582		129 951	2 660	83 739	
辽 宁	1 521 197	19 516	15 091	11 656	3 435	1 133 382	113 146	180 375	2 813
上 海	2 112			1 247	1 104	143			
江 苏	248 721	8 414	12 887	4 193	8 694	216 472			13 225
浙 江	708 846	27 053	45 694	11 242	34 452	610 345	27 349	620	290 428
福 建	2 627 057	102 040	42 875	14 094	28 781	2 161 334	69 404	8 985	168 095
山 东	2 872 690	28 730	39 228	25 184	14 044	2 338 323	227 850	641 260	75 122
广 东	1 689 744	203 168	98 383	75 229	23 154	1 357 258	87 863	4 152	2 959
广 西	706 088	18 849	43 673	35 144	8 529	641 097	6 181	424	150
海 南	77 007	7 537	26 762	23 250	3 512	18 888	50	36	

续表

地区	3. 贝类（续）				4. 藻类				5. 其他海水养殖产品
	蛤	蚶	牡蛎	其他	小计	海带	紫菜	其他	
全国总计	1 616 378	199 166	3 291 929	1 492 691	1 201 559	830 410	48 159	322 990	34 115
天津									3
河北	36 200	7 352							455
辽宁	47 935	1 485	219 857	567 771	350 243	189 577		160 666	2 965
上海									865
江苏	142 443	10 993	8 234	41 577	7 789	317	7 472		3 159
浙江	48 574	98 393	117 621	27 360	25 710	11 541	10 532	3 637	44
福建	214 264	24 203	1 558 984	117 399	317 106	276 867	26 828	13 411	3 702
山东	799 681	12 771	467 350	114 289	457 822	352 108	2 353	103 361	8 587
广东	104 207	33 500	505 058	619 519	19 069		974	18 095	11 866
广西	214 923	9 796	407 623	2 000					2 469
海南	8 151	673	7 202	2 776	23 820			23 820	

表5　2000年沿海各省、市、自治区海水养殖产量（按水面类型分）

单位：吨

地区	海水养殖产量合计	1. 浅海养殖	2. 港湾养殖	3. 滩涂养殖
全国总计	10 612 865	5 000 047	817 628	4 795 190
天津	4 742			4 742
河北	154 661	89 319	1 325	64 017
辽宁	1 521 197	1 024 983	78 743	417 471
上海	2 112			2 112
江苏	248 721			248 721
浙江	708 846	151 759	162 874	394 213
福建	2 627 057	1 673 286	84 093	869 678
山东	2 872 690	1 766 965	111 789	993 936
广东	1 689 744	19 069	313 417	1 357 258
广西	706 088	269 678	37 445	398 965
海南	77 007	4 988	27 942	44 077

表6 2000年沿海各省、市、自治区海洋捕捞产量（按品种分）

单位：吨

地　区	海水捕捞产量合计	鱼　类	虾 蟹 类	墨 鱼 类	藻　类	其他品种
全国总计	14 774 524	9 900 182	2 626 899	1 782 438	20 429	444 576
天　津	35 098	10 346	8 430	16 092		230
河　北	327 371	177 272	67 125	54 675		28 299
辽　宁	1 501 887	747 392	364 289	250 020	1	140 185
上　海	120 174	67 257	20 224	31 466		1 227
江　苏	659 967	425 922	116 339	81 323	627	35 756
浙　江	3 395 749	2 224 461	867 855	295 284	1 515	6 634
福　建	2 078 009	1 566 776	314 919	157 063	724	38 527
山　东	3 078 395	2 050 176	498 805	439 624	941	88 849
广　东	1 914 781	1 482 532	209 215	168 581	5 049	49 404
广　西	888 417	564 671	126 506	152 113	15	45 112
海　南	598 853	505 775	30 998	40 170	11 557	10 353
中水总公司	175 823	77 602	2 194	96 027		

表7 2000年沿海各省、市、自治区海洋捕捞产量（按海域分）

单位：吨

地　区	海水捕捞产量合计	按捕捞海域分					按内外海分	
		1.渤海	2.黄海	3.东海	4.南海	其他海域	1.内海	2.外海
全国总计	14 774 524	1 462 776	3 453 202	5 505 651	3 512 801	843 504	9 697 324	5 080 610
天　津	35 098	23 581	799			10 718	23 730	11 368
河　北	327 371	241 794	82 584	250		2 743	285 519	41 852
辽　宁	1 501 887	650 212	645 276	37 917		168 482	1 216 812	285 075
上　海	120 174		7 942	41 508		70 724	49 450	70 724
江　苏	659 967	3 659	502 784	136 024		17 500	498 465	161 502
浙　江	3 395 749			3 192 388		203 361	918 083	2 477 666
福　建	2 078 009			1 867 852	159 322	50 835	1 323 015	754 994
山　东	3 078 395	543 530	2 213 817	229 712	1 180	90 156	2 624 208	454 187
广　东	1 914 781				1 861 821	52 960	1 493 529	421 252
广　西	888 417				891 827		874 690	17 137
海　南	598 853				598 651	202	389 823	209 030
中水总公司	175 823					175 823		175 823

表8 2000年沿海各省、市、自治区海洋捕捞产量（按渔具等分）

单位：吨

地区	按捕捞渔具分						按捕捞产品栖息水层分	
	1.拖网	2.围网	3.小型流刺网	4.定置网	5.钓业	6.其他	1.中上层	2.中下层
全国总计	6 574 159	576 504	2 288 713	2 632 914	494 430	2 211 214	5 757 546	9 020 388
天津	7 146		13 444	1 977	10 569	1 962	25 106	9 992
河北	79 460	5 002	115 652	651 244	1 686	60 327	172 637	154 734
辽宁	493 690	69 862	362 908	279 383	53 439	242 605	828 947	672 940
上海	96 324	8 175		3 209	11 466	1 000	86 525	33 649
江苏	107 367	12 625	77 373	350 409	186	112 007	236 944	423 023
浙江	1 395 951	4 616	191 145	730 626	157 637	915 774	485 781	2 909 968
福建	815 899	119 828	237 033	626 455	24 217	254 577	1 047 230	1 030 779
山东	1 851 494	45 834	467 972	438 077	43 279	231 739	1 517 106	1 561 289
广东	1 076 037	173 935	455 348	41 198	99 830	68 433	574 434	1 340 347
广西	593 153	70 227	73 526	50 526	21 134	83 261	336 142	555 685
海南	57 638	66 400	294 312	45 810	70 987	63 706	270 871	327 982
中水总公司						175 823	175 823	

表9 2000年沿海各省、市、自治区海水养殖面积（按产品类别分）

单位：公顷

地区	海水养殖面积合计	1. 鱼类	2. 虾蟹类			3. 贝类			
			小计	对虾	其他	小计	贻贝	扇贝	蛏
全国总计	1 243 703	77 526	267 347	221 424	45 923	812 004	16 251	51 254	53 564
天津	4 438	1 203	3 233	2 534	699				
河北	69 942	4 438	19 287	19 287		46 011	296	14 677	
辽宁	236 483	1 831	38 639	38 441	198	177 089	1 879	20 697	1 686
上海	722		383	339	44				
江苏	144 180	2 747	14 867	11 067	3 800	114 766			3 407
浙江	106 358	5 520	28 502	17 581	10 921	65 957	851	48	26 125
福建	130 283	11 387	19 076	14 052	5 024	81 981	1 985	392	13 861
山东	280 476	4 849	70 143	58 120	12 023	180 664	3 959	14 483	8 224
广东	194 885	41 826	48 585	38 186	10 399	101 058	3 908	802	231
广西	61 410	2 630	15 466	14 058	1 408	42 483	3 364	132	30
海南	14 526	1 095	9 166	7 759	1 407	1 995	9	23	

续 表

地 区	3. 贝类（续）				4. 藻 类				5. 其他海水养殖产品
	蛤	蚶	牡蛎	其他	小计	海带	紫菜	其他	
全国总计	254 655	33 512	113 989	288 779	55 981	24 127	21 757	10 097	30 845
天 津									2
河 北	22 584	8 454							206
辽 宁	20 509	810	5 544	125 964	8 308	5 041		3 267	10 616
上 海									339
江 苏	58 260	1 740	393	50 966	6 753	40	6 680	33	5 047
浙 江	6 139	13 451	5 707	13 636	6 375	982	3 890	1 503	4
福 建	11 966	2 802	46 652	4 323	17 253	5 796	10 597	860	586
山 东	114 145	1 154	9 274	29 425	13 824	12 251	344	1 229	10 996
广 东	7 316	2 818	22 126	63 857	1 181		246	935	2 235
广 西	13 142	2 036	23 566	213	17	17			814
海 南	594	247	727	395	2 270			2 270	

表10 2000年沿海各省、市、自治区海水养殖面积（按水面类别分）

单位：公顷

地 区	海水养殖面积合计	1. 浅海养殖	2. 港湾养殖	3. 滩涂养殖
全国总计	1 243 703	326 346	231 101	686 256
天 津	4 438			4 438
河 北	69 942	16 966	3 626	49 350
辽 宁	236 483	111 876	40 359	84 248
上 海	722			722
江 苏	144 180			144 180
浙 江	106 358	11 747	28 556	66 055
福 建	130 283	51 773	20 875	57 635
山 东	280 476	115 344	38 426	126 706
广 东	194 885	1 181	92 646	101 058
广 西	61 410	16 541	3 407	41 462
海 南	14 526	918	3 206	10 402

表11　2000年沿海各省、市、自治区海水养殖单产水平

单位：千克/公顷

地　区	总水平	1.鱼类平均水平	2. 虾 蟹 类			3. 贝　类			
			虾蟹类平均	对　虾	其　他	贝类平均	贻　贝	扇贝	蛏
全国总计	8 533	5 507	1 284	985	2 726	10 600	32 890	17 942	10 320
天　津	1 068	812	1 164	1 309	638				
河　北	2 211	2 405	704	704		2 824	8 986	5 705	
辽　宁	6 433	10 659	391	303	17 348	6 400	60 216	8 715	1 668
上　海	2 925		3 256	3 257	3 250	3 256			
江　苏	1 725	3 063	867	379	2 288	1 886			3 882
浙　江	6 665	4 901	1 603	639	3 155	9 254	32 137	12 917	11 117
福　建	20 164	8 961	2 248	1 003	5 729	26 364	34 964	22 921	12 127
山　东	10 242	5 925	559	433	1 168	12 943	57 552	44 277	9 134
广　东	8 670	4 857	2 025	1 970	2 227	13 430	22 483	5 177	12 810
广　西	11 498	7 167	2 824	2 500	6 058	15 091	1 837	3 212	5 000
海　南	5 301	6 883	2 920	2 997	2 496	9 468	5 556	1 565	

地　区	3. 贝　类				4. 藻　类				5.其他海水养殖产品单产
	蛤	蚶	牡蛎	其他	藻类平均	海带	紫菜	其他	
全国总计	6 347	5 943	28 879	5 169	21 464	34 418	2 213	31 989	1 106
天　津									1 500
河　北	1 603	870							2 209
辽　宁	2 337	1 833	39 657	4 507	42 157	37 607		49 178	279
上　海					3 256				2 552
江　苏	2 445	6 318	20 952	816	1 153	7 925	1 119		626
浙　江	7 912	7 315	20 610	2 006	4 033	11 753	2 707	2 420	11 000
福　建	17 906	8 638	33 417	27 157	18 380	47 769	2 532	15 594	6 317
山　东	7 006	11 067	50 394	3 884	33 118	28 741	6 840	84 102	781
广　东	14 244	11 888	22 826	9 702	16 146		3 959	19 353	5 309
广　西	16 354	4 811	17 297	9 390					3 033
海　南	13 722	2 725	9 906	7 028	10 493			10 493	

表12 2000年沿海各省、市、自治区海水养殖苗种数量

地 区	海水鱼苗产量（万尾）	对虾育苗量（亿尾）	扇贝育苗量（万粒）	鲍鱼育苗量（万粒）	海带育苗量（亿株）	紫菜育苗量（万贝壳）	鳗鱼苗捕捞量（千克）
全国总计	388 243.37	583.67	17 532 662.05	102 957.00	155.32	22 017.00	27 221
天 津	251.00	27.00					
河 北	2 523.50	49.60	75 000.00				
辽 宁	55 563.00	50.40	3 178 375.00	3 850.00	1.80		
上 海							3 768
江 苏		35.35				1 976.00	12 170
浙 江	32 251.00	47.45	3 600.00		34.21	6 992.00	5 013
福 建	207 553.00	145.19	129 300.00	53 727.00	64.51	12 891.00	5 613
山 东	3 273.00	74.04	14 146 387.00	16 234.00	54.80		
广 东	84 037.00	110.59		21 746.00		158.00	492
广 西	131.00	14.79					
海 南	2 660.87	29.26	0.05	7 400.00			165

表13 2000年沿海各省、市、自治区海水产品产值

单位：万元

地 区	全社会渔业总产值（1990年不变价）	海水产品产值（1990年不变价）	全社会渔业总产值（按现行价计算）	海水产品产值（按现行价计算）
全国总计	18 404 136.62	9 078 876.05	28 077 229.79	13 523 927.55
天 津	130 200.00	34 800.00	197 600.00	60 100.00
河 北	370 920.00	202 577.00	588 850.00	336 418.00
辽 宁	1 500 741.00	1 141 379.00	1 765 578.00	1 342 799.00
上 海	177 070.90	56 901.00	379 240.00	117 097.00
江 苏	1 829 100.00	492 700.00	3 130 100.00	854 200.00
浙 江	2 061 215.00	1 730 704.00	2 944 232.75	2 261 486.90
福 建	1 934 242.00	1 459 781.00	3 258 178.00	2 427 262.00
山 东	2 548 813.81	2 083 206.67	3 471 432.11	2 810 207.39
广 东	2 219 898.60	1 007 575.67	3 834 154.34	1 814 465.84
广 西	885 920.88	548 427.08	1 571 059.00	947 558.04
海 南	397 954.01	320 824.63	658 001.01	552 333.38

表14 2000年沿海各省、市、自治区海洋渔业灾害

地 区	沉 船（艘）	冲毁养殖池（公顷）	损失水产品数量（吨）	直接经济损失（万元）	死亡人数（人）	失踪人数（人）	重伤人数（人）
全国总计	588	14 416	193 991	147 390	490	237	306
天 津							1
河 北	12		52	111	40	21	52
辽 宁	30	100	83 706	8 041	61	46	63
上 海	1			241	3	4	
江 苏	19	1 761	7 720	6 694	53	7	7
浙 江	131	1 783	5724	6 905	160	24	83
福 建	164	686	19 752	15 854	50	50	11
山 东	128	1 492	51 315	45 282	47	48	62
广 东	64	3 179	10 032	8 530	54	33	27
广 西			245	1 106			
海 南	39	5 415	15 445	54 624	22	4	

表15 2000年沿海各省、市、自治区海洋渔业乡、村及群众（非国有）渔业人口、劳动力

地 区	1. 渔业乡（个）	2. 渔业村（个）	3. 渔业户（户）	4. 渔业人口(人)	5. 渔业劳动力(人)
全国总计	429	4 280	1 442 410	5 554 665	2 804 752
天 津	3	26	6 589	17 208	8 600
河 北	13	97	31 463	112 233	54 128
辽 宁	108	529	107 398	354 545	243 473
上 海		17	4 452	13 344	10 554
江 苏	12	171	57 321	177 842	180 501
浙 江	113	816	276 610	967 548	439 020
福 建	36	431	318 609	1 375 747	572 893
山 东	51	820	312 467	1 006 002	526 739
广 东	70	965	211 411	951 614	476 470
广 西		94	47 547	242 887	155 002
海 南	23	314	68 543	335 695	137 372

表16 2000年沿海各省、市、自治区海洋渔业乡、村及群众（非国有）渔业、劳动力

地 区	(一)专业劳动力（人）				(二)兼业劳动力(人)
	合 计	1. 捕捞专业	2. 养殖专业	3. 后勤专业	
全国总计	2 068 559	1 190 967	596 391	281 201	736 193
天 津	7 625	3 602	3 380	643	975
河 北	47 092	27 712	10 491	8 889	7 036
辽 宁	206 240	129 559	56 677	20 004	37 233
上 海	6 544	5 295	1 002	247	4 010
江 苏	117 681	86 623	22 214	8 844	62 820
浙 江	342 570	199 607	63 669	79 294	96 450
福 建	376 941	191 821	146 432	38 688	195 952
山 东	391 082	191 782	153 062	46 238	135 657
广 东	353 771	228 942	87 785	37 044	122 699
广 西	97 283	51 387	36 282	9 614	57 719
海 南	121 730	74 637	15 397	31 696	15 642

（刘大安）

海洋油气业
Offshore Oil and Gas Industry

综　述
Summary

【概况】 中国海洋石油总公司（CNOOC）是1982年2月15日成立的国家石油公司，依据《中华人民共和国对外合作开采海洋石油资源条例》，享有在中国海域对外合作开采海洋石油、天然气资源业务的专营权。中国海洋石油总公司（简称中国海油）注册资本为500亿元人民币，职工近2.1万人，总部设在北京。

2000年，中国海洋石油总公司实现销售收入283亿元，比1999年增长73.8%；利润总额为98.7亿元，超过“九五”前四年的利润总和，是中国海洋石油总公司成立以来的最好经营业绩。

胜利油田浅海油气概况 中国石化胜利浅海油气勘探开发区位于渤海西南部、山东省北部沿海，西起四女寺河口，经套尔河口、老黄河口、新黄河口、小清河口、东至潍河口，海岸线全长414千米，水深0～18米，勘探面积约4 870平方千米(包括垦东凸起陆滩部分)。该地区的勘探始于1978年，1988年5月钻探埕北12井，发现了埕岛油田。截至2000年底，埕岛油田已发现明化镇、馆陶组、东营组、沙河街组、中生界、古生界、太古界七套含油层系，累计探明含油面积138.2平方千米，探明石油地质储量3.64亿吨。自1994年投入开发以来，经过6年的滚动勘探开发，累计产油946万吨。

根据第二轮资源评价结果，中国石化集团胜利浅海地区石油资源量达12亿吨，已经探明石油地质储量3.64亿吨，剩余资源量还有8.36亿吨，剩余资源丰度仍达16万吨/平方千米，高于国内大部分正在进行勘探盆地的资源丰度，还有很大勘探潜力。

东海油气概况 东海陆架盆地位于上海市、江苏省、浙江省和福建省以东的东海大陆架，东海大陆架是大陆向海区的自然延伸，面积约51万平方千米，占东海总面积的67%，是世界上最宽广的大陆架之一，包括东海陆架盆地、钓鱼岛隆褶带、冲绳海槽盆地和琉球隆褶区等5个一级构造单元。

东海陆架盆地是一个以新生代沉积为主的大型沉积盆地，面积约27万平方千米。在其次级构造单元中，油气地质条件和油气丰度存在显著的差别，据目前的认识，西湖凹陷油气地质条件最好，瓯江凹陷次之。

西湖凹陷面积5.6万平方千米，是东海陆架盆地的主力生油气凹陷，潜在油气资源量达2.63万亿立方米天然气当量，其中石油资源量为2.5亿吨，天然气资源量为2.38万亿立方米。目前在西湖凹陷已经探明油气地质储量为原油2 213万吨、天然气852亿立方米。瓯江凹陷面积约1.8万平方千米，预测资源量1.8亿吨油当量。

20余年来，中国石化新星公司上海海洋石油局（原地质矿产部上海海洋地质调查局）在东海陆架盆地进行了大量的油气勘查工作，共完成重力调查55 100千米，磁法210 000千米，二维地震约120 000千米，三维地震满覆盖面积3 000余平方千米，钻油气探井、评价井35口，钻井总进尺136 711米。钻探工作主要集中在西湖凹陷，油气钻探成功率达到63%，发现了平湖、天外天、残雪、断桥、宝云亭、武云亭、孔雀亭和春晓8个油气田和一批含油气构造，共获得油气探明储量1 073亿立方米天然气当量，控制储量500亿立方米天然气当量。

为加快东海天然气的开发利用，尽早改善华东地区的能源供给状况和能源结构，国务院领导在启动西气东输工程前期工作的同时，又于2000年2月作出了“优先开发利用东海油气”的指示，为开发东海油气资源提供了政策上的支持。为此，中国石化集团公司将进一步加大东海海域油气勘探开发力度，预计到2010年，可在东海西湖凹陷探明油气地质储量4 200亿立方米天然气当量，天然气年生产能力100亿立方米。

（中国海洋石油总公司
中国石化集团公司）

海洋油气勘探
Offshore Oil and Gas Exploration

【概况】 2000年是实施“九五”计划的最后一年，也是中国海洋石油有限公司油气勘探持续发展的一年，公司自营和合作勘探都取得了可喜成绩，尤其是对外合作勘探连续获得了重大油气发现，成果显著。

随着中国海洋石油有限公司改革的深入发展，为了使海洋油气勘探工作适应新形势发展的需要，加快与国际接轨的步伐，有限公司重视勘探管理，按规定申报矿区，照章纳税，严格履行合同，坚持以勘探项目管理为核心的勘探管理模式，保证勘探工作的顺利开展。

全年共计完成地震工作量149 394千米，其中：二维地震24 145千米，三维地震1 974平方千米。完成探井35口，其中自营井12口，合作井23口。

全年全海域勘探新发现原油地质储量4.2亿立方米，新增原油探明地质储量2.06亿立方米。

【勘探效果】 **商业发现及重要进展** 全年获得5个新商业发现（曹妃甸12-1、蓬莱9-1、蓬莱25-6、歧口18-2、惠州19-3），其中：自营区1个，合作区4个。同时对1999年已发现蓬莱19-3、渤中25-1、曹妃甸11-1、番禺5-1和丽水36-1等含油气构造进行了评价钻探。

1. 渤海油气勘探取得重大突破

2000年渤海油气勘探成果显著，获得4个商业油气发现。近两年来连续发现了8个大中型油气田（以油为主），其总油气储量比渤海过去30余年发现的油气储量之和还多，可以说渤海在今后10年或更长时间内，将成为中国海洋石油有限公司主要的石油生产基地。

2. 南海东部海域出现新的储量增长势头

南海东部海域近3年陆续获得油气发现，展示了惠州凹陷富油区以外富有潜力的新含油领域。最新研究成果显示，南海东部海域还有一批很有潜力的构造，其发现的油气储量不断增加，从而使其原油产量递减速度减缓。

3. 南海西部海域是天然气勘探的主战场

天然气勘探是公司自营勘探的重中之重，2000年南海西部海域天然气勘探出现好的苗头，展示了良好的勘探前景。

对外合作与矿区管理 2000年新签石油合同、协议和联合研究共6个，总面积10 559平方千米，第一阶段最低勘探工作量地震1 000千米，钻井5口，总投资1 705万美元。

2000年，公司向国土资源部申请变更探矿权26个，面积84 033.9平方千米；申请注销探矿权6个，面积20 191.5平方千米；新申请探矿权12个，面积27 101.1平方千米。

【主要勘探成果】 **渤海海域** 自营完成预探井1口，评价井4口，合作完成预探井10口，评价井7口。自营完成三维地震采集250平方千米，合作完成二维地震采集2 699千米，三维地震采集1 429平方千米。渤海三维地震采集工作量占全年地震采集工作量的97%，为已发现含油气构造的进一步评价和发现更多的油气奠定了良好的基础。

1. 合作勘探

（1）菲利普斯石油公司

在渤海湾11/05区块蓬莱19-3特大油田周边又获得两个油气发现，即蓬莱9-1和蓬莱25-6。

蓬莱9-1含油构造位于蓬莱19-3油田北东方向40千米，发现上第三系油层32.7米，潜山风化壳有165米裂缝段含油，测试获油流。

蓬莱25-6构造位于蓬莱19-3油田东侧仅4千米，发现井蓬莱25-6-1井钻遇油层累计183米，经流体取样分析证实原油密度0.938～0.967，虽然圈闭面积仅4平方千米，但含油丰度高，是一个小而富的油藏。

以上两个油气发现，地质储量规模可能较大，且分布于蓬莱19-3油田周围，展示出该区未来的原油生产将具有很好的经济效益。

在1999年发现的蓬莱19-3油田内又钻一口评价井，获得了预期的成功，为该油田顺利实施开发进一步探明了石油储量。

（2）科麦奇公司

在渤海湾05/36区块钻探了一口发现井曹妃甸12-1-1井，这口井距曹妃甸11-1含油构造约16千米，水深大约28米。其后的一口评价井曹妃甸12-1-2井显示该含油构造各级原油地质储量可能达到亿吨级。

继1999年科麦奇公司在04/36 区块发现曹妃甸11-1大型含油构造后，2000年该公司又在曹妃甸11-1含油构造钻探了两口评价井，达到了预期的评价效果。

科麦奇公司已经在04/36、05/36区块采集1 116平方千米三维地震资料，目前正在对曹妃甸11-1、曹妃甸12-1两含油构造进行深入研究，为进一步评价钻探和储量评价做准备。

(3) 雪佛龙公司

在渤海06/17和02/31区块积极开展地震和钻探活动。

(4) 埃索公司

在02/16区块钻探的锦州31-2-1井，获得油层3层10.5米，差油层3层3.5米，具有一定天然气勘探潜力。

(5) 德士古公司

在11/19区块渤中25-1构造的西南断块钻探了3口评价井，均获得成功。这三口井钻遇了与该构造自营区内油藏类型相似、原油性质相同的浅层油藏。

2. 自营勘探

在渤海湾的渤西海域歧口18-1油田南西方向约5千米处，发现了歧口18-2油田。发现井歧口18-2-1井有油层69米，测试获得日产原油379立方米，油质好。随即钻探的歧口18-2-2评价井也达到了很好的评价效果，探明了该油田的地质储量，为渤西油田开发体系增加了替补储量。

继在渤南海域渤中25-1构造浅层发现了油气层后，我们对这个含油构造进行了整体油藏评价。初步估计该构造原油地质储量达到2亿立方米规模。目前，中外双方正在对渤中25-1油田进行储量评价，并研究联合开发的可行性和开发方案。

南海西部海域 自营完成预探井3口，评价井1口，完成了8 021千米的二维地震采集，合作伙伴采集二维地震资料332千米。

自营钻探是围绕天然气勘探这个中心进行的。其中以钻探东方1-1构造中层为目的的东方11-1-11井获得日产天然气10万立方米,这一重要成果为进一步探索泥拱构造中深层揭开了序幕。宝岛19-2-1井解释3层9.5米差气层,展示了琼东南盆地勘探的一个新领域。

东海海域 继续实施加大东海勘探投资力度的计划。与超准公司合作在32/32区块内钻了一口评价井。自营完成了7 893千米的二维地震采集，合作伙伴完成了940千米的二维地震采集。

在超准公司32/32区块内丽水36-1含气构造钻了评价井丽水36-1-2井，取得了成功，探明了该含气构造的天然气储量。

南海东部海域 在南海东部海域，自营完成了3 618千米的二维地震采集，钻探井1口,合作伙伴完成了643千米的二维地震采集和296平方千米的三维地震采集,钻探井5口。

在15/34区块，圣太菲公司成功地钻探了一口评价井番禺5-1-2井，落实了番禺5-1油田的石油储量(探明地质储量1 896万立方米)，与番禺4-2油田合计原油地质储量4 665万立方米。目前，中外双方正在一起研究番禺5-1油田和与其相距19千米的番禺4-2油田的联合开发方案，评价认为二者联合开发具有良好的经济效益。

CACT联合作业者在16/19区块成功钻了一口预探井惠州19-3-1井，发现油层23层85.6米,测试合计日产原油1 076立方米，初步评价原油探明地质储量911万立方米，基本具备了经济独立开发的储量基础。其周围还有数个有潜力的构造。

（姜家俊）

【滩海地震勘探】 中国石化集团公司现有4个滩海地震队和1个从事滩海设备管理的滩海设备队。拥有滩海浅海地震仪器5套，2条震源船，2条测量船。海上测量设备主要有法国DSNP公司生产的中程差分定位仪2+7台套，作用距离达到200千米，定位精度达到1～3米；滩涂两栖带的测量设备有美国Trimble5700型及4700型GPS共3+14台套。另有赫格隆8台、橡皮艇50艘、罗利冈20台、陆上车辆94辆。拥有处理软件系统20多套，采集方法设计软件10多套。这些设备能够较好地满足滩海地区地震生产的需要，具有年度内完成浅海过渡带三维勘探200平方千米、水上三维勘探300平方千米、二维勘探2 000千米的地震勘探采集的施工能力。

中国石化集团公司的滩海、浅海勘探工作始于1972年，经过近30年的滩海、浅海勘探工作，积累了丰富的经验和较强的施工能力，顺利通过了ISO9002质量管理与质量保证体系认证，建立起了一整套行之有效的质量管理体系、质量保证体系和质量监督体系。目前，能够在滩浅海地区开展各种常规二维、三维地震勘探工作，圆满完成滩涂、潮间带、极浅海（0～2米水深）、浅海（5～30水深）等不同施工地表的地震采集任务，特别是在0～30米水深的浅海区内，在国内具有明显优势。同一支队伍可在既有陆地、又有两栖和浅海的同一工区内连续不间断施工，资料采集信噪比高、同相轴无畸变。

2000年，除完成中国石化内部勘探工作量外，还中标并完成了意大利阿吉普公司的冀东北堡西国际反承包三维地震采集项目，在施工中，实行了与国际接轨的项目管理模式，圆满完成了全部项目任务，共采集三维资料面积144.45平方千米，满次覆盖面积76.68平方千米，最高日产达2 650炮，达到两栖带施工的世界先进水平，充分展示了中石化滩海物探的实力。全年共完成二维577.25千米，三维满次覆盖面积446.46平方千米，三维资料面积602.93平方千米。

中国石化集团公司开发研制了应用于烂泥滩的水中检波器、水听器和水陆检波器自动转换等装备，在激发方面研制了适合盐田、虾池等复杂地区施工的聚能弹等特殊震源及烂泥滩条件下的钻井技术，并形成了一套针对滩海地区地下构造形态、特殊地表条件的观测系统设计和滩海二次定位技术。此外，块状观测系统在浅海地震勘探中的应用、胜利703震源船的改造与应用、测量数据控制与整理上交软件的开发、地震采集辅助数据生成系统的应用、海况调查技术的应用与静校正、浅海极浅层地震勘探与井场调查、VSP测井震源的应用等科研成果也都取得了较大进展，为地震生产的顺利进行奠定了坚实基础。

【中国石化集团公司海洋油气勘探效果】

基本探明春晓凝析气田

春晓凝析气田位于上海市东南方向约450千米的中国东海大陆架上，构造位置处于东海陆架盆地西湖凹陷浙东中央背斜带苏堤构造带南部。

春晓构造是中国石化新星公司上海海洋石油局于1974～1979年发现的，1986～1988年得到进一步落实。1995年，上海海洋石油局在春晓构造春一高点钻探了春晓一井，在渐新统花港组获得了高产工业油气流，首次发现了春晓气田。1996年位于春二高点的春晓二井再次获得工业油气流，进一步扩大了春晓气田的含气范围。与此同时，上海海洋石油局在春晓凝析气田完成了264平方千米三维地震勘探，基本查清了地质构造特征，对渐新统花港组和始新统平湖组二个主要勘探目的层进行了详细的研究，编制了相应的构造图，提交了春一、春二高点的油气探明储量和控制储量。1999年底至2000年，在原中国新星石油公司的统一部署下，上海海洋石油局开展了以探明和评价春晓凝析气田为主的勘探部署，先后完成了春晓三、四、五井的钻探和春晓构造264平方千米三维地震资料的重新处理和解释，重新编制了构造图，并对主要储层砂体的平面展布和储层物性进行了描述，计算了春三、春五井区的油气探明储量并通过了国家储委的审查。至此，上海海洋石油局基本探明了春晓凝析气田，提交油气探明储量近360亿立方米气当量。

天外天气田油气探明储量获国家批准

天外天气田位于上海市东南方向约400千米的中国东海大陆架，距南面的春晓凝析气田约10千米。构造位置处于东海陆架盆地西湖凹陷浙东中央背斜带苏堤构造带中部。

天外天构造是中国石化新星公司上海海洋石油局在“六五”期间地震普查时，重新解释原石油部塘沽地调处的5千米×5千米二维地震资料发现的。1984年，上海海洋石油局在该地区进行2千米×2千米二维地震半详查，落实了天外天构造，1985～1986年，在构造北高点完成天外天一井，终井深度5 000.03米，于渐新统花港组获得工业油气流，日产天然气23.41万立方米，凝析油16.7立方米，发现了天外天气田。

“九五”期间，随着春晓凝析气田勘探进程的逐步深入，以春晓凝析气田为主，包括天外天、残雪、断桥（油）气田的春晓气田群渐渐明朗。为加快春晓气田群的勘探开发，上海海洋石油局于1999年11月至2000年7月在春晓西-天外天地区完成了1 197平方千米三维地震勘探，其中天外天构造三维地震面积约300平方千米。2000年6～10月，在天外天构造南高点钻探了天外天二井，在渐新统花港组获得工业气流，日产天然气72.4万立方米，凝析油17.61立方米。经国土资源部批准，天外天气田新增天然气探明地质储量209.78亿立方米。

西湖凹陷中南部平湖组获油气重大突破

1999年10月9日至2000年1月22日，中国石化新星公司上海海洋石油局钻探了春晓三井，在井深3 345.5～3 366.5米钻遇气层，DST测试12.7毫米油嘴下日产天然气28.63万立方米，凝析油

16.74立方米，实现了春晓凝析气田乃至西湖凹陷中央背斜带南部的首次油气重大突破，为平湖组油气探明储量计算提供了重要依据。

揭示了西湖凹陷一套新的烃源岩

2000年11月，中国石化上海海洋石油局在西湖凹陷保俶斜坡的南端钻探了宝石一井，主要目的是探索该地区始新统平湖组及其以下地层的含油气性。

宝石一井在3 447.8米钻穿平湖组进入新的地层，古生物资料显示该段地层属于中、下始新统，沉积期为较湿润的亚热带气候，为半深水海湾沉积。生油岩分析认为，宝石一井揭示的这套地层生油气条件可与平湖构造带的平湖组泥质烃源岩相媲美。宝石一井揭示并证实了一套新的烃源岩地层。

西湖凹陷大面积三维地震勘探

为了加快西湖凹陷已经发现的油气田的勘探评价，同时也为了寻找更多的有利勘探目标，中国石化新星公司与美国PGS公司于1999年7月在北京签订了《中国东海西湖凹陷三维地震采集处理合同》。合同于1999年9月至2000年7月实施，采用挪威籍“Nordic Explorer”6缆双震源地震船作业，在西湖凹陷中南部、平南地区和平北地区等共完成2 000多平方千米三维地震勘探，使西湖凹陷三维地震勘探面积达到3 000余平方千米，覆盖了所有已发现的油气田和主要有利构造。

埕岛地区勘探取得新发现

埕岛地区是典型的复式油气聚集区，具有明显的浅、中、深三层地质结构。2000年在上、下第三系和前第三系潜山等3个层系勘探中都有新发现。

前第三系潜山勘探。在埕北242潜山钻探的埕北244井在奥陶系发现各类油层16层84.7米，用15毫米油嘴求产，日产油349吨、气8 730立方米。2000年，埕北242潜山探明石油地质储量349万吨。在埕北304潜山钻探的埕北304井在下古生界见到良好油气显示，中途测试，日产油26吨。该井钻探成功，向南扩大了埕北30潜山带的含油范围，2000年上报控制储量1 766万吨。

埕岛地区第三系勘探。位于埕岛东部斜坡带的埕北802井钻遇东营组油层4层8.2米，沙一段油层5.2米，对东营组试油，折算日产油48.8吨。该井钻探成功扩大了东营组含油范围，2000年上报探明储量1 236万吨。

位于埕北断层下降盘的埕北243井钻遇明化镇组气层1层3.1米、油层6层16.2米，馆陶组见油层1层1.8米。射开明化镇组油层1层6.4米，10毫米油嘴求产，日产油96吨、天然气1 450立方米。埕北245井电测解释馆陶组见油层5层14.4米，油水同层3层7.2米，试油两层，分获65.4吨和51吨的工业油流。这两口井获工业油气流，扩大了该区上第三系含油范围，2000年上报探明储量346万吨。另外，在埕岛主体西部埕北大断层下降盘的埕北246井电测解释明化镇组见油层3层9.9米，馆陶组见油层5层44.7米（最大单层厚度22.3米）。

垦东地区控制储量规模进一步扩大

位于垦东潜山披覆构造带的垦东12鼻状构造是在中生界古地形背景上继承性发育的鼻状构造，上第三系地层披覆于中生界潜山上，形成构造岩性油气藏。垦东12鼻状构造高部位的垦东125井于2000年7月22日开钻，2000年7月30日完钻，2000年8月5日完井，完钻井深1 421米，钻遇明化镇组气层1层1.8米、油层7层16.8米、油水同层6层12.6米，馆陶组油层7层18.4米、油水同层1层2.8米，对明化镇组试油，日产油26.1吨。累计控制储量达到3 758万吨。

（中国石化集团公司）

海洋油气开发工程
Offshore Oil and Gas Development Engineering

【概况】 2000年是中国海洋石油有限公司油(气)田开发工程建设再创佳绩的一年。在海油工程建设者的共同努力下，实现了歧口17-2、惠州26-1N及绥中36-1二期工程按计划投产的目标。三个油田的顺利投产，使公司当年新增原油产能346万吨/年，为原油生产保持在一个稳定水平上创造了条件。

2000年，共完成5座导管架的海上安装、2座导管架的陆地预制、5座平台组块的陆地预制、5座平台组块的海上安装、20千米海底管线的铺设、1座原油外输陆地终端、1座原油外输码头、1个项目的基本设计等工程量。

（秦小彤）

中国石化胜利油建公司在全面开拓浅海市

场的过程中，不断加大人力、物力投入，逐步形成了国内独有的系列浅海领域工程施工技术，创造和完善了一整套海底输油、注水、输气管线等不同结构、不同规格、不同水域、不同作业环境和不同技术要求的全过程施工工艺，并有4项滩海施工技术获国家专利。滩海浅海石油工程施工已成为胜利油建公司的核心竞争力。

2000年，中国石化胜利油建公司共施工综合平台8座，海底输油、注水管线17条，共计8.02千米。（中国石化集团公司）

【2000年在建的开发工程项目】

绥中36-1油田二期工程

1. 工程概况

该油田位于渤海辽东湾南部海域，距绥中港70千米，区域水深30～32米，油田全部投产后，年原油生产能力将达到500万吨。

绥中36-1油田二期工程主要包括：6座井口平台（1座与中心平台相连的井口平台及5座无人驻守井口平台）；1座中心处理平台；12条共计36千米平台间海底管线；一条70千米上岸海底管线；5条平台间海底电缆；1座陆上终端和1座原油外输码头。

2. 工程进展

该项目2000年度的主要工作有：井口平台(WHP)3/4/5导管架海上安装、WHP3/4/5组块的陆地预制、WHP1/2/6/CEP组块的陆地预制及海上安装、海底管线的铺设及试压、终端及码头工程建造，以及WHP1/2/6和陆上终端的投产等工作。工程实际总进度完成93.07%。

秦皇岛32-6油田

1. 工程概况

秦皇岛32-6油田位于渤海湾的中西部，在京唐港东南约20千米处，距塘沽约130千米，地理位置为119°08′～119°19′E，39°02′～39°10′N。平均水深为19.6米。

该油田发现于1995年，油田面积39.7平方千米，油藏埋深1 000～1 500米，原油储量约1.86亿吨，溶解气储量约33.4亿立方米，油田可采储量3 372万立方米，采收率17.4%。高峰年产油量423万立方米，生产期为20年。

该油田主要工程设施有：6座4腿无人驻守井口平台，一艘浮式生产储油装置(FPSO，可储油15万吨)，一座单点系泊系统，6条平台间输往FPSO的海底管线，6条平台间海底电缆，6条平台间的海底注水管线；共有163口井，其中133口生产井，24口注水井，6口水源井。

该油田计划按二年三期投产：

一期：井口平台A、B、单点系泊(SP米)和FPSO，2001年10月31日投产。

二期：井口平台C、D，2002年7月1日投产。

三期：井口平台E、F，2002年10月1日投产。

2. 工程进展

该项目建造工作2000年全面展开，主要工作有：项目详细设计、A/B组块预制、C/D/E/F导管架建造、单点及FPSO设计建造等工作。工程实际总进度已完成46%。

文昌13-1/13-2油田

1. 工程概况

文昌13-1油田位于海南省文昌市以东136千米海域，地理位置112°00′～112°07′E，19°34′～19°41′N。文昌13-2油田位于海南省文昌市以东132千米海域，地理位置111°58′～112°04′E，19°32′～19°38′N，距东北方向文昌13-1油田约7千米。文昌海域水深117米，区域季风特点明显、风大浪高、易受台风影响。

文昌13-1/2油田计算探明储量4 140万吨，其中文昌13-1油田2 001万吨，文昌13-2油田2 139万吨。油田计划开采10年，采收率分别为36.5%和31.3%。

文昌油田联合开发计划建成年产原油250万吨的生产规模，分两期投产：

2002年2月15日，文昌13-1油田投产。

2002年5月1日，文昌13-2油田投产。

工程设施主要包括2座4腿带修井机无人驻守井口平台，2条平台间混输海底管线及2条海底电缆(6.8千米)，一座内转塔式永久系泊的单点系统，一艘15万吨浮式生产储油装置(FPSO)。文昌13-1油田设生产井9口，文昌13-2油田设生产井11口。

2. 工程进展

该项目建造工作2000年全面展开，主要工作有：项目详细设计，导管架及平台组块建造，FPSO及单点的设计，建造等工作。工程实际总进度已完成39.2%。

东方1-1气田

1. 工程概况

东方1-1气田位于南海西部海域，距海南省东方市约110千米，气田地理位置为东经107°39′～107°49′，北纬18°31′～18°44′，平均水深69.2米。

该气田发现于1995年，目前的方案是开发浅层的天然气，气田面积287.7平方千米，气藏埋深1 200～1 600米。天然气地质储量：混合气996.8亿，纯烃612亿立方米；可采储量：混合气491.5亿立方米，纯烃310.9亿立方米，采出程度54.1%。该气田分两期开发，头3年平均年产气16.5亿立方米，第4～20年稳定年产气24.5亿立方米，第21～23年平均年产气8.5亿立方米。生产期可达23年。

该项目的ODP(油田开发总体方案)报告早于1998年12月16日获得国家计委的批复，当年总公司通过招标由美国的ALLANS公司做了基本设计，后来由于海南的杜邦-巴斯夫项目放弃而停顿，但是气田的开发设计工作一直没有停顿，气田的总体开发方案经过多次修改和优化，最后选择了目前的方案。2000年4月28日，总公司投资预算审查委员会决定开发该气田，年生产天然气16亿立方米。

2. 工程方案

该项目一期工程方案为：1座8腿的中心综合平台(CEP)，1座4腿的E井口平台，1条110千米22英寸的上岸海底输气管线，两平台间分别铺设1条3.6千米12英寸的海底管线和1条海底电缆，在陆上建1座终端处理厂。此外在海南的陆上还有1条130千米输气管线，每年将8亿立方米的天然气输往洋浦电厂；另外从儋州分出1条至海口全长113千米的输气管线，供海口民用气。陆上管线将由总公司和海南省成立的管道公司负责建设和管理。

二期工程在气田投产后第4年增加一座A井口平台，到生产第10年时，再增加一座B井口平台，并在CEP平台上增设天然气压缩机。该气田将钻12口生产井，二期再钻10口生产井。

该气田的投产计划为2003年9月15日，与化肥厂同步投产。

3. 工程进展

2000年5月中国海洋石油有限公司成立了东方1-1气田开发项目筹备组，编制了项目实施大纲、工程进度计划和招投标策略。项目组还与下游的化学有限公司和管输公司共同协调确定了工作界面，建立了正常的工作沟通渠道。截至到2000年底，项目总进度完成2.2%。

【2000年建成投产的项目】

岐口17-2油田 岐口17-2油田位于渤海西部海域，是渤西油田群的二期工程，距已建成的岐口18-1油田中心平台15.1千米。岐口17-2油田于2000年6月15日投产，比计划投产时间提前15天。从1997年9月开始基本设计到油田投产历时两年十个月。油田设施包括一座6腿导管架、上部三层主甲板和二层辅助甲板的生产组块及三层50个床位的生活模块，一条15.1千米的海底油气混输管线。工程建设还包括岐口18-1油田和渤西终端的增容改造。该油田提前投产，设备运行状态良好，工程投资比批准的预算节约24%。

绥中36-1油田二期工程 绥中36-1油田二期开发工程主要设施包括6座井口平台，1座综合平台，70千米外输管线及平台间管线，外输码头和陆地终端各1座。整个开发项目分两期投产，投产后形成年产能力350万吨。该项目于1998年1月通过ODP审查并开始基本设计工作。从该项目开始基本设计到首批WHP1/2/6井口平台投产，历时近3年的时间。与3座井口平台投产同时投入使用的还有CEP综合平台、70千米外输管线、陆地终端和外输码头等设施。

惠州26-1N油田 惠州26-1N油田于2000年6月10日基本按原计划投产。整个开发工程包括的主要设施有一套水下井口系统(包括一套4英寸×2英寸的卧式采油树)，与惠州26-1平台连接的10英寸输油管线及其他辅助设施。该油田从项目启动到投产仅用了14个月，工程投资比批准预算节省了8%。该油田采用的水下井口技术为今后边际油田缩短建设周期、降低开发投资、提高经济效益提供了良好的经验。该项目由中方人员出任项目经理，项目的开发成功充分体现了中方专家组织合作项目的能力。 （秦小彤）

海洋油气开发与生产
Offshore Oil and Gas Development and Production

【概况】 2000年中国海洋石油有限公司共有23个

海上油气田在生产，其中：

合作生产的油气田14个：

渤海海域：埕北油田（9月30日改为自营）、渤中34-2/4油田(9月30日改为自营)；

南海东部海域：惠州21-1油田、惠州26-1油田、惠州32-2油田、惠州Z32-3油田、惠州32-5油田、西江24-3油田、西江30-2油田、陆丰13-1油田、L 陆丰22-1油田、流花11-1油田；

南海西部海域：崖城13-1气田。

自营生产的油气田9个：

渤海海域：绥中36-1油田、锦州20-2凝析气田、歧口18-1油田、歧口17-3油田、歧口17-2油田、锦州9-3油田；

南海西部海域：涠洲11-4油田、涠洲12-1油田；

东海海域：平湖油气田(为国内合作油田)。

2000年国内生产原油1 810万吨，完成国家计划1 500万吨的120.7%；生产天然气42.51亿立方米，完成国家计划42亿立方米的102%。

【渤海油气田开发与生产】 截至2000年12月31日，渤海海域净探明可采储量102 240万桶油当量。2000年净日产水平为71 437桶油当量。

绥中36-1油田 截至2000年12月31日，绥中36-1油田原油探明可采储量约为30 700万桶，2000年油田平均日净产量约为29 431桶，总生产井数156口。

自1999年7月22日至2000年12月底，绥中36-1二期6个平台共完成钻井169口（1999年完成82口井，2000年完成87口井），其中D区32口井、F区34口井、E区30口井、G区31口井、C区25口井、H区17口井。H区还有17口开发井将于2001年钻探。二期原油储量为23 241万桶，绥中36-1II期D、E、F三个平台于2000年10月30日开始陆续投产，剩下的C、G、H平台将于2001年10～12月投产。绥中36-1二期工程的建成投产，为大幅度提升渤海海域的原油产量迈出了可喜的第一步。

锦州区块 截至2000年12月31日，锦州9-3油田原油探明储量为4 610万桶，2000年原油日均产量17589桶，总生产井数43口。

截至2000年12月31日，锦州20-2凝析气田天然气探明储量为65.68.亿立方米，凝析油储量为1 136万桶。总开发井数11口，2000年日均产量为8 273桶油当量，其中生产天然气3.807 7亿立方米，向锦西外输3.732亿立方米。

渤西油田群 截至2000年12月31日，该区块大约有4 415.4万桶的原油探明储量和10.81亿立方米的天然气探明储量。目前渤西区块拥有三个在生产油田（歧口17-3、歧口18-1、歧口17-2）以及两个在开发油田（歧口18-2、歧口18-9），总开发井数44口，2000年日均产量12 416桶油当量，其中生产天然气1.2796亿立方米，向天津外输1.2145亿立方米，保证了下游发电厂和民用气的需求。

歧口17-2油田是渤西油田群联合开发体系中的一个以河流相沉积、多油水系统为特征的复杂油田。油田于2000年6月15日投产，探明原油储量2 476.3万桶，天然气3.05亿立方米。全油田共有开发井29口，其中包括3口大斜度井、1口水平井。作为渤西油田群联合开发的二期工程，歧口17-2油田的顺利投产，对缓解天津市民用气供需矛盾发挥了重要作用。

埕北油田 根据日中合同，该油田从2000年9月终止合同，转入自营油田管理。截至2000年12月31日，探明原油储量为1 756.4万桶。总开发井数52口，2000年日均产量为2 004桶。

渤中34-2/4油田 根据该油田生产情况，经中日双方协商，该油田已于2000年9月提前终止合同，转入自营管理。截至2000年12月31日，原油探明储量为1 535.6万桶，总开发井数26口，2000年日均产量为1 724桶。

蓬莱19-3油田 PL19-3油田是合作油田，作业者Phillips公司，2000年11月完成了蓬莱19-3一期ODP报告中、英文版本。2000年10月开始了蓬莱19-3油田II期OOIP/ODP(原油地质储量/油田开发总体方案)报告的研究和编制工作。此油田原油探明储量为11 768.9万桶，该油田一期预计2002年第四季度投产。

渤南油气田群联合开发 渤南油气田群为自营油气田，2000年初启动可行性研究。此油气田群由四个油气田组成：渤中28-1、渤中26-2、渤中13-1和曹妃甸18-2油田，原油储量为31.959百万桶，天然气储量为62.41亿立方米。

秦皇岛32-6油田 截至2000年12月31日，该油田探明储量为10 373.4万桶。该油田正在工程建设阶段，2000年钻井47口，计划2001年投产。

南堡35-2油田　南堡35-2油田属于边际油田，原油探明储量为6 726.0万桶。2000年正在进行开发可行性研究。　（姚素芳）

【胜利油田浅海油气开发】 胜利浅海油田有各类采油平台63座，油井215口，注水井17口，海底输油管线47条、总长64.5千米，海底注水管线13条、总长12.5千米，海底电缆47条、总长76.4千米，气管线1条10.5千米；油气接转站3座，联合站1座，石油专用码头1座。固定资产原值63.72万元，净值48.55亿元。

油田开发情况。全年生产原油217.71万吨，为年计划的100.79%，比上年增加16.68万吨。实际交油213.61万吨，为年度计划的101.05%，比上年增油16.41万吨。新建产能36.5万吨。天然气工业产量完成3 757万立方米，交气量1 957万立方米。新增探明石油地质储量2 078万吨。

产能建设。全年建成平台12座，投产10座；铺设投产海底电缆6条、海底管线5条、注水管线9条；投产4个井组和2个单井共25口井，新增日产油能力1 359吨。全年开钻20口，完钻交井15口，交井资料准率达99%，工程质量合格率达100%。

【东海油气田开发与生产】 该地区目前仅平湖油气田在生产，春晓油气田群正在进行评价。截至2000年12月31日，平湖油气田原油储量为449.4万桶，天然气储量18.49亿立方米。开发井数7口油井，6口气井。2000年日均产量4 853桶油当量，其中生产天然气2.8487亿立方米。2000年增加两口开发调整井（水平井），分别于8月和10月投产。两口新井的顺利投产，大幅度提高了油田的日产油能力。

平湖组气藏3口气井分别于2000年2月、3月、12月投产，初期日产气能力分别为34万立方米、20万立方米、26万立方米。至此，6口气井全部投产，平湖组凝析气藏进入全面开发阶段。

【东海海域油气开发】 中国石化集团公司以参股方式参与了平湖油气田开发。东海平湖油气田于1998年11月投入原油生产，1999年3月投入天然气生产。截至2000年底，已累计采出原油142.7万立方米、采出程度13.14%，累计采出天然气3.8亿立方米、采出程度为3.4%；2000年全年生产原油64.6万立方米。现有开发井14口，其中油井7口，气井7口。

2000年，中国石化集团公司开展了春晓气田开发工程预可行性研究工作，项目由上海海洋石油局地质勘探处、规划设计院以及春晓气田开发工程项目组承担，于2000年11月完成。

（中国石化集团公司）

【南海西部油田开发与生产】 截至2000年12月31日，南海西部海域净探明可采储量约57 320万桶油当量，2000年净日产约70 486桶油当量。东方1-1气田为目前最大的海上天然气田，天然气储量为361.36亿立方米，预计2003年投产。

涠洲区块　截至2000年12月31日，该区块原油探明储量为6 481.1万桶，总开发井数53口，2000年日均产量45 828桶。

崖城13-1气田　截至2000年12月31日，天然气储量为232.38亿立方米，凝析油储量为506.1万桶。气田已顺利向用户供气五年，2000年产气34.9亿立方米，其中向香港外输27.37亿立方米、向海南外输5.26亿立方米；南山终端年产凝析油7.2万立方米。

东方1-1气田　东方1-1气田为自营气田。截至2000年12月31日，天然气净探明储量为361.35亿立方米。2000上半年根据天然气市场情况开展东方1-1气田向海南化肥厂、洋浦电厂、海口市、广西钦洲电厂、广东湛江电厂供气的机会研究。目前该项目已全面进入工程建设阶段。

文昌区块　截至2000年12月31日，文昌13-1/2油田探明储量5 962.5万桶，目前正在进行工程建设，设计开发井数20口，2000年钻井11口，计划2002年投产。文昌8-3油田探明储量1 157.8万桶，目前处于开发评价阶段。

乐东区块　该区块包括乐东15-1、乐东22-1两个气田。截至2000年12月31日，探明天然气储量14.17亿立方米。目前正在开发评价阶段，计划2001年完成ODP研究。

【南海东部油田开发与生产】 截至2000年12月31日，该地区剩余探明可采储量13 681.9万桶油当量，2000年净日产水平90 097桶原油。该地区为中国海洋石油有限公司最重要的石油生产区。

惠州油田　惠州区块包括5个在生产油田：惠州21-1、惠州26-1、惠州32-2、惠州32-3、惠州32-5油田，共有开发井57口；5个在评价油田：惠州25-1、惠州27-1、惠州33-1、惠州19-3/2油田。截至2000年12月31日，惠州油田探明储量为5 996万桶，其中未开发油田探明储量为1 489.3万桶。2000年日均产量44 167桶。

惠州26-1N 油区2000年6月10日正式投产，它是5个油田之一的惠州26-1油田的延伸部分，采用水下回接技术，使惠州油田群的日产量在原有水平上增加1万桶。

西江区块 该区块包括两个在生产油田：西江24-3、西江30-2油田。截至2000年12月31日，西江区块原油探明储量为2 927.3万桶，开发井数39口，2000年日均产量为30 226桶。

流花11-1油田 截至2000年12月31日，油田探明储量为769.6万桶，油田开发井数23口，2000年日均产油9 911桶。

陆丰13-1油田 截至2000年12月31日，该油田探明储量为251.1万桶，油田开发井数15口，2000年日均产量2 890桶。

陆丰22-1油田 截至2000年12月31日，该油田探明储量为106.0万桶，油田开发井5口，日产油2 903桶。

番禺4-2/5-1油田 作业者为圣太菲公司。2000年继续进行可行性研究。2000年1月确定了PY4-2油田和PY5-1油田联合开发。计划2001年1月底提交储量报告，2001年4月完成ODP。

（姚素芳）

海洋油气科技发展工作
Scientific & Technological Development Work for Offshore Oil and Gas

【科技工作概况】 2000年是“九五”计划的最后一年，也是全面完成国家和中国海洋石油总公司“九五”科研项目并取得丰硕成果的一年。2000年完成国家“863”计划及科技攻关计划共11个课题26个子课题和总公司5个科技攻关项目的结题与验收。现已全面圆满完成“九五”国家与总公司的各项研究任务。

2000年中国海油公司在渤海海域的勘探研究又取得重大进展，近一年半的油气发现已超过过去30年勘探发现的总和。由于继续贯彻“三新三化”（新思想、新技术、新方法；标准化、国产化、简易化），使生产的经济效益显著提高，成本进一步降低。

经过“九五”期间的科技攻关，在海上高分辨率地震勘探技术、海上多波地震勘探处理技术、三维盆地智能模拟技术、有机地化与古湖泊学综合油气评价技术、渤海断裂分析与综合评价技术、南海高温超压地层钻井技术、海上大位移井钻井技术、海洋成像测井技术、可移动平台筒型基础技术和海洋环境条件自动观测技术等10大技术上已取得重大成果，其中高分辨率地震勘探技术被国家验收专家委员会评为总体上达到国际领先技术水平。共申请了13项专利、发表论文50余篇。

在取得科研成果的同时又取得很好的应用效果及直接经济效益，其中：

高分辨率地震勘探技术已广泛应用于海上地震勘探，为准确探明含油构造及储层发挥重要作用；高温超压地层钻井技术为东方1-1-11井的钻探发挥了重要作用，为南海天然气勘探进行了技术准备；大位移井钻井技术已成功应用于秦皇岛32-6油田，为海上边际油田开发提供了有效而实用的高技术；成像测井系统的研制成功，标志着成像测井技术达到了国际先进水平；可移动平台筒型基础技术已成功地应用于锦州9-3的系揽平台和即将用于文昌油田。该项技术可广泛推广应用于海洋平台建设并大幅度降低平台建设成本。

总公司标准化工作已转为以企业标准化为主，总公司企标委的5个专业技术标准化委员会已全面正常开展工作。由国家石化局组织，成立了全国石油工业标准化委员会（行标），原挂靠中国海洋石油总公司的海洋石油行业标委会将改成海洋石油工程专标委。在此之前总公司成立的企标委已顺应此形势，工作重点已转移到企业标准化上来。总公司企标委已由研究中心牵头组成勘探、开发、海工、安全环保及信息5个专标委。2000年共开展了20项标准的编制修订工作。为建立健全企业标准化工作，组织编写了总公司标准化工作管理办法、总公司标准化委员会章程、企业标准制修订细则和标准的实施与监督管理办法等4个管理文件。该项基础性工作对规范技术管理与生产、保证生产质量及现代企业制度已起到重要作用。

2000年，海洋石油学会在总公司深入改革重组上市和机构大幅度变化的情况下，坚持学术活动面向生产，紧密围绕改革发展与生产、科研实际开展活动，较好地完成了2000年学会活动计划。其中以总公司学会为主召开了渤海湾盆地浅层油气勘探、钻井完井过程中油气层保护、稠油油田中高含水期开发、应用新技术降低海洋工程成本和蓬莱19-3油田开发（与有限公司开发生产部联合）五个重点会议；以地区、专业公司为主召开了高温高压钻井、海上油气藏动力学、物探新技术、三维可视化资料解释及综合评价技术等五个技术研讨会。为配合总公司成立的电子商务办公室开展电子商务方面培训及讲座，学会办公室组织总公司有关部门参加了中国石油学会召开的“中国石油电子商务应用交流会”及“传统工业与网络经济——电子商务在石油石化系统应用前景研讨会”。同时，成功地组织了2000年中国国际石油天然气会议中的“海上生产作业”与“安全环保”两个专业会议（分会场），以及科技联谊会、SPE技术讲座等。

2000年5月，中国海油与中国科学院在北京签订了“十五”科技合作意向书。通过这种高层次的产研合作，将促进科技成果尽快应用于生产实际。（王伟元）

2000年签订的中国海上对外合作石油合同（协议）

序号	区块号	面积（平方千米）	签字日期	批准日期	地区公司	签约公司名称及作业者	合同者参与股份	合同类型
141	62/01	1 469	2000.02.12	2000.02.29	南海西部公司	阿科（中国）有限公司	100%	招商
142	16/21	2 241	2000.03.28	2000.04.06	南海东部公司	柏灵顿资源中国有限公司	100%	招商
143	15/12	1 895	2000.04.26	2000.04.30	南海东部公司	壳牌勘探(中国)有限公司	100%	PSC
144	09/18	2 255	2000.09.15	2000.10.20	渤海公司	科麦奇中国石油有限公司	100%	PSC
145	WC13-1/2	69	2000.10.13	2000.10.24	南海西部公司	哈斯基石油中国有限公司/CNOOC	40%/60%	PSC
146	02/16	2 630	2000.11.08	2000.12.08	渤海公司	圣太菲中国能源有限公司		JSA

（中国海洋石油总公司）

【中国石化集团公司海洋油气科技工作】 1. 东海西湖凹陷浙东中央背斜带大中型气田目标评价

本专题属“九五”国家科技攻关课题，编号99-110-04-01。专题以苏堤区带（构造带）成藏条件和储量评价为重点，分别从地震、钻井、测井、测试等方面开展科技攻关，应用高频旋回分析、模糊数学、储层神经网络解释和生储盖三层结构分析等先进技术和目前国内外流行的含油气系统分析方法，对苏堤区带油气运移、聚集和保存条件进行了详细研究，并对大型油气田的勘探目标春晓气田开展了初步的气藏评价工作，同时开展了西泠、龙井区带（构造带）的油气评价工作，取得了丰硕的成果。专题研究达到了国际先进水平。

2. 东海西湖凹陷平湖构造带储量评价和经济评估研究

该专题属“九五”国家科技攻关课题，编号99-110-04-02。专题针对平湖构造带以断块型油气田为主的特征，对不同时期、不同采集条件的三维地震资料进行联片处理和精细解释；利用自行研制的断层封堵分析软件，综合评价主要断层的性质和对油气的封堵能力，指出了油气的富集断块和可能的运移方向；对陆相地层砂体变化大的特点，运用层序地层学理论，结合振幅分析、AVO异常分析、测井约束反演等手段，成功地研究了各种沉积相砂体的空间展布规律，预测了油气藏的主体部位。专题研究认为，平湖构造带断块油气藏具有群体连片的特点，勘探效益明显。

3. 东海陆架盆地天然气资源前景评价

该专题为“九五”国家科技攻关课题，编号99-110-04-03。专题根据二十多年来东海陆架盆地的地震和钻井资料，首次在盆地西部建立了部分中生代地层（侏罗系、白垩系）层序，论证了东海陆架盆地为中、新生代复合型盆地，为探索盆地演化和中新统油气资源提供了重要依据；专题应用含油气系统理论，全面评价了盆地天然气成藏系统，指出西湖——基隆含气系统烃源充注能力强，生烃强度每平方千米可达30亿～50亿立方米，每平方千米纵向生气丰度为2亿～3.3亿立方米，具备了大、中型气田的烃源物质条件。东海陆架盆地天然气总资源量为75 100亿立方米，其中西湖凹陷为42 100亿立方米，是天然气资源最富集的成气凹陷。（中国石油化工集团公司）

中国滩海石油、天然气主要指标

指标名称	计量单位	2000年
原油产值	万元	140 481
天然气产值	万元	17 536
天然气工业增加值	万元	89 632
原油产量	万吨	88
天然气产量	万立方米	31 263
采 油 井	口	606
采 气 井	口	36
注 水 井	口	173
其 他 井	口	12
地震测线	千米	180
年末职工人数	人	518

（中国石油天然气集团公司）

统 计 资 料
Statistical Data

表1 海洋石油天然气工业总产值和增加值

单位：万元

部 门	1999年		2000年	
	总 产 值	增 加 值	总 产 值	增 加 值
总 计	2 286 930	1 309 085	3 837 751	2 237 906
中国海洋石油总公司	1 958 073	1 086 931*	3 317 417	1 949 827*
中国石油天然气总公司	116 390	95 312	158 017	89 632
中国石油化工集团公司	212 467	126 842	362 317	198 447

注：* 中还包括其他地区的部分资料。

表2 海洋石油、天然气产量

单位：万吨，万立方米

部门	原油		天然气	
	1999年	2000年	1999年	2000年
总计	1 891.23	2 080.36	477 646	460 127
中国海洋石油总公司	1 589.20	1 774.65	439 195	425 107
中国石油天然气总公司	101.00	88.00	36 501	31 263
中国石油化工集团公司	201.03	217.71	1 950	3 757

表3 海洋石油、天然气产值

单位：万元

部门	原油		天然气	
	1999年	2000年	1999年	2000年
总计	1 857 821	3 415 250	320 987	314 337
中国海洋石油总公司	1 602 099	2 929 501	303 466	296 801
中国石油天然气总公司	98 799	140 481	17 521	17 536
中国石油化工集团公司	156 923	345 268		

海洋交通运输业
Marine Communications and Transportation

综 述
Summary

【概况】 2000年，国内外经济的全面增长，为水运生产创造了良好的条件，带动了水运形势的全面好转。其主要特点如下：

(1) 港航基础设施和装备大为改善。到2000年底，全国港口共拥有万吨级及以上泊位达到784个，比上年增加88个。沿海港口万吨级及以上泊位中，1万～3万（不含3万）吨级泊位437个，3万～5万（不含5万）吨级泊位105个，5万～10万（不含10万）吨级泊位90个，10万吨级以上泊位19个。沿海港口专业化、现代化水平不断提高，万吨级以上专业化泊位达到了331个，其中煤炭泊位82个，原油泊位37个，成品油及液化气泊位42个，粮食泊位24个，集装箱泊位79个。水上运输船舶大型化，货船平均吨位达到223.3吨/艘，比上年末增加25.4吨/艘。中国船公司拥有的从事国际航运的舰艇超过0.3万艘、2 200万载重吨位。

(2) 水上货运大幅增长，平均运距增长。2000年，水上货运量完成12.2亿吨，比上年增长了6.8%；货物周转量完成23 734亿吨千米，比上年增长11.6%。货运量和货物周转量在综合运输体系中的比重分别为9.2%和54.9%，比上年分别提高了0.3个和2.1个百分点。货运平均运距达到1 945千米，比上年增加了5.2千米。

(3) 港口货物吞吐量平稳增长，外贸运输增长较快。全国沿海、内河港口共完成货物吞吐量22.1亿吨，比上年增长12.8%，其中沿海港口完成12.9亿吨，比上年增长16.3%。

全国主要港口外贸货物吞吐量累计完成5.7亿吨，比上年增长33.2%。其中，沿海主要港口外贸吞吐量完成5.2亿吨，比上年增长34.8%。

(4) 沿海港口大型化趋势更明显。2000年货物吞吐量超过3 000万吨的8个港口完成的货物及外贸货物吞吐量分别占沿海主要港口的68%和71%。上海港货物吞吐量突破2亿吨大关，达到20 440万吨，宁波、广州港货物吞吐量也相继突破亿吨，分别达到11 547万吨和11 128万吨。

(5) 散货运输仍占较大比重。货物吞吐总量中，液体散货3.47亿吨、干散货11.63亿吨、件杂货4.17亿吨、集装箱2.11亿吨、滚装0.67亿吨，分别占总吞吐量的15.74%、52.74%、18.91%、9.57%、3.04%。

(6) 集装箱运输继续保持高速增长。全国主要港口完成集装箱吞吐量2 263万标准箱，比上年增长30.6%。其中，沿海港口完成2 061万标准箱，比上年增长32.2%。2000年集装箱吞吐量超过100万标准箱的港口达到了7个，其中上海港达到561万标准箱、深圳港达到399万标准箱，形成了较大规模。

(7) 港口旅客吞吐量继续下降。全国主要港口旅客吞吐量共完成8 553万人，比上年下降13%，其中沿海港口共完成5 793万人，比上年下降10%。

海洋运输
Marine Transport

【国内航运业发展概况】 2000年，中国经济稳步增长，运输需求显著增加。货运量和货物周转量呈上升趋势。

2000年国内沿海、内河完成货运量9.94亿吨，货物周转量6 662亿吨千米，其中沿海运输增长较快，完成货运量3.07亿吨，货物周转量5 110亿吨千米。沿海运输中大宗散货运输稳步增长，内贸集装箱运输继续保持高速增长势头，2000年完成吞吐量304万标准箱，为上年的1.65倍。运输结构从件杂货向集装箱化方向发展，煤、油、矿等散装运输以及商品汽车滚装运输、液化气运输等专业化运输方式进一步发展，沿海运力结构向大型化、专业化方向发展。

2000年国内沿海、内河完成旅客运输量1.89亿人，与上年基本持平，但是沿海客运进一步萎缩，并集中在渤海湾、琼州海峡和舟山地区。运输方式中常规客运逐步减少，并向旅游化、舒适化、高速化、客滚化、区域化方向发展。

行业管理得到了进一步加强，组织了对渤海

湾客滚市场的安全评估，对从事客滚运输的船舶、公司和船员进行了逐条检查、评估，对达不到要求的，一律不准从事运输。对长江、琼州海峡和舟山群岛等客运集中地区，组织了安全检查。

【煤炭运输】 2000年，受国民经济高速增长和世界原油价格大幅上扬的影响，中国煤炭经济形势出现了重大转机，国内外的需求量大幅度增加，水上煤炭运输出现了近年来少有的好形势，江海主要煤炭港口下水煤炭完成21 855万吨，比上年增长21%，其中外贸出口更为突出，全年出口完成7 325万吨，比上年增长31%。水上煤炭运输带动了整个水上运输形势和全面好转，甚至对国际航运市场产生了一定的影响。在2000年全国煤炭订货交易会上，交通水运系统重点港航单位预订运输货源数为1.76亿吨，实施完成1.98亿吨，为年初预订货源数的112.5%，比上年增长了23.7%。

2000年中国沿海货运船队（不含国际、国内兼营船舶）739万载重吨，其中主要从事沿海煤炭运输的散货船运力约430万吨，年承运量在1.6亿吨左右，较好地满足了煤炭运输的实际需求。

【石油运输】 2000年，国内石油消耗和需求增长较快，石油运输总体呈现高速增长的态势，运量、吞吐量均有较大幅度的增长。尤其是1～3季度，国际原油价格持续上涨和居高不下，国内成品油需求旺盛，原油运输保持了强劲的增长势头。进入第四季度后，国际原油市场价格小幅回落，受此影响，国内成品油市场趋于平淡，原油加工量和进口量骤减，国内原油运输趋于冷淡。全年外贸石油运输明显好于往年。

全国港口原油发运及接卸完成10 159.6万吨，比上年增长29.9%，其中外贸出口完成398.5万吨，比上年下降17.7%；外贸进口完成6 800万吨，比上年增长69.3%；海洋原油完成1134.1万吨，比上年减少9.4%。海进江原油完成1 708万吨，比上年增长21.8%。中国海运(集团)总公司、中国长江航运(集团)总公司、中国远洋运输(集团)总公司三家中央直属航运企业石油运量完成9 712万吨，比上年增长13.8%，其中外贸运量完成2 195.4万吨，比上年增长15. 3%；内贸运量完成7 516.6万吨，比上年增长13.4%；原油运量完成7 488万吨，比上年增长19.4%；成品油运量完成2 224万吨，比上年减少1.6%。

此外，国内海洋原油产量与上年基本持平，但随着陆续开发的海洋新油田的投产，运量也有所增长。

【矿石运输】 2000年水上矿石运输属于增长幅度较大的年份。江海主要港口金属矿石吞吐量完成1.6亿吨，其中外贸完成7 634万吨，分别比上年增长19.0%和19.1%。金属矿石港口吞吐量已占整个主要港口的9.5%。

中国水上金属矿石运输主要产生于进口金属矿石的一程外贸运输和接卸以及国内二、三程接卸中转和运输。国产金属矿石水上运量较小，主要为海南矿运输。

2000年接卸进口金属矿石的主要港口已有21个，共完成7 442万吨，比上年增长18.3%。其中，宁波、上海、青岛三个港口能够接卸13万吨以上的大型矿船，其接卸量已占进口总量的3/4。

国内金属矿石运输主要为海南矿沿海一程和长江二程运输。近几年，基本上保持在270万吨左右，2000年接近常年水平。

【化肥和粮食运输】 2000年江海主要港口化肥和农药吞吐量完成2 494万吨，比上年增长12.8%，其中外贸完成1 386万吨，比上年增长4.2%。

“九五”期间，国产化肥和农药的产量不断增加，逐步替代国外进口产品，满足农业生产的需要，并有部分产品进入国际市场，国外进口化肥和农药呈逐年下降趋势。2000年水上外贸运输反映了这样一个特点，全年外贸仅增长4.2%，内贸增幅达到25.6%。

2000年，化肥及农药吞吐量沿海主要港口完成1 802万吨，比上年增长2.8%，形成沿海港口“南增北减”的形势。华南港口全年接卸710万吨，比上年增长23.4%；华东港口495万吨，比上年减少10.0%。北方港口全年接卸597万吨，比上年下降5.1%。

2000年，国内粮食水上调运基本上保持了快速增长，外贸进出口增长接近1倍，江海主要港口粮食吞吐量完成6 928万吨，比上年增长36.0%，其中外贸完成2 385万吨，比上年增长87.7%。

【国际集装箱运输】 2000年，全国集装箱吞吐量达2 300万标准箱，比上年增长28.1%，其中上海港年吞吐量达561.2万标准箱，跃居世界排名第六位。

全国各港国际航班总计3 522班/月，比上年增长23.9%，其中，远洋干线航班669班/月，近洋航班2 853班/月。外资班轮航班1 673班/月，占国际航班总数的47.5%，其中远洋航班467班/月，占远洋航班总数的69.8%。

集装箱化比率不断提高。从集装箱生成系数来看，1990年为“每亿美元外贸进出口额生成0.135万标准箱”，2000年增长到0.479万标准箱。

集装箱运输在取得长足发展的同时，也暴露出一些问题，表现在以下几个方面：

(1) 港口能力已显不足。集装箱码头能力已不适应集装箱运输发展需要，建设新的码头，已成当务之急。截至2000年底，全国有集装箱专用泊位90多个，吞吐能力为1 400万标准箱，但全国港口国际集装箱吞吐量已超过2 000万标准箱，需求超过现有能力。

(2) 口岸效率亟待提高。集装箱运输最适宜多式联运。内陆货主均希望在当地报关、清关，需要海关之间互相联网、相互认可，减少在口岸的开箱查验，启用更先进的查验设备，尽可能地提高通关效率。

(3) 干线班轮有所增长，但是枢纽港地位没有形成。2000年，全国港口每月干线航班为669班，比上年增长27.6%，同期近洋航班增幅为23%。远洋航班的增加，势必减少境外中转，但如何把国内几个大港变为国际中转港，需要漫长的过程。上海561万标准箱的吞吐量中，国际中转货仅占0.7%，没有形成国际中转大港地位。

(4) 港航EDI建设取得很大进展，但航运业整体科技含量有待进一步提高。沿海港口均建立了港航EDI中心，船舶舱单传送的无纸化已基本实现。下一步要实现更多的运输单证无纸化，加快港航企业的信息化建设，提高科技含量。

(5) 中资班轮公司竞争力有待提高。除中远、中海有一定国际竞争力以外，国内注册的其他从事集装箱运输的船公司大都不具备竞争优势，普遍存在船龄较长、人员素质不高等问题，企业融资能力较差，设备更新不及时，科技含量低。

(6) 市场秩序有待完善。一是在上海、江苏、浙江口岸经营班轮运输的航运公司，有的不按规定报备运价；二是近洋航线新进入者经常采用低价竞争策略，价格成为今后市场监管的重要内容，规范市场竞争秩序是今后的一项主要工作。

【国内集装箱运输】 2000年，国内集装箱运输仍保持着良好的增长势头。全国集装箱内支线运输港口吞吐量为196万标准箱，内贸集装箱港口吞吐量为304万标准箱，共计500万标准箱，占全国港口集装箱吞吐量的20%。

(1) 内支线集装箱班轮运输。2000年，中国国际集装箱运输发展迅速，全国国际航线集装箱港口吞吐量达到2 000万标准箱，比上年增长42%。集装箱内支线运输，作为国际航线集疏运服务的喂给运输，也随着国际集装箱运输的发展得到相应的发展，形成了与干线相匹配的内支线网络。

截至2000年底，全国共有47个港口开展了集装箱内支线装卸业务。内支线运输服务形成了长江、渤海湾和华东沿海内支线三大区域，华南沿海和珠江干线内支线运输得到一定的发展。全国集装箱内支线航班密度达到每月2 393班，增长74.9%。2000年全国集装箱内支线港口吞吐量196万 标准箱，比上年增长32.7%，占全国港口集装箱吞吐量的7.8%。

(2) 内贸集装箱运输。内贸集装箱运输自1996年开始起步，发展迅猛，平均年增长幅度在150%以上。2000年，内贸集装箱港口吞吐量达到304万标准箱，比上年增长65%；内贸集装箱运力规模和运量都有所增加；内贸集装箱班轮挂靠港口由1999年底的45个，增加到67个；航班密度由1999年的320班增加到500余班。

【水路危险货物运输】 中国水路危险货物运输分为国际海上危险货物运输和国内水路危险货物运输。2000年，全国主要港口完成危险货物(包括石油及石化产品)吞吐量约为9 000万吨。从事散装危险品运输的船舶和码头呈快速增加之势。截至2000年底，全国已有包括原油、成品油、液化气和散装化学品大小营运船舶3 000多艘，约600万载重吨，占总运力10%左右，其中海运船舶近900艘，约450万载重吨；从事原油、成品油、液化气和散装化学品装卸作业码头约270座，吞吐能力约2亿吨，占总吞吐能力1/6左右。水路危险品运输市场主要分布在东部和东南沿海的珠江三角洲、长江下游和环渤海湾地区。

沿海港口生产
Coastal Ports Production

【综述】 2000年全国港口完成货物吞吐量22.1亿吨，与上年相比增长12.9%。全国沿海港口完成货物吞吐量12.9亿吨，与上年相比增长16.3%；内河港口完成货物吞吐量9.1亿吨，与上年相比增长8.3%。

2000年港口生产主要有以下特点：

(1) 全国港口生产情况良好，大部分港口完成了全年的生产计划，货物吞吐量继续持续增长。2000年全国主要港口完成货物吞吐量17亿吨，比上年增长17.3%。其中，沿海主要港口完成货物吞吐量12.6亿吨，内河主要港口完成货物吞吐量4.4亿吨，与上年相比分别增长19.4%和11.5%。有三个港吞吐量超过亿吨，上海港货物吞吐量突破2亿吨，宁波、广州港相继突破1亿吨。

(2) 外贸货物吞吐量保持快速增长的态势。由于国家进一步改善出口环境，外贸进出口强劲。全国主要港口外贸货物吞吐量累计完成5.7亿吨，比上年增长33.2%，其中沿海主要港口外贸吞吐量累计完成5.2亿吨，比上年增长34.8%，内河主要港口完成货物吞吐量累计0.5亿吨，比上年增长17.1%。

(3) 国际标准集装箱吞吐量大幅攀升，继续呈现高速增长势头。全国港口集装箱吞吐量2 348万标准箱，比上年增长28.1%，其中，主要港口完成集装箱吞吐量2 263万标准箱，与上年相比增长30.6%；沿海主要港口完成2 061万标准箱，比上年增长32.2%，内河主要港口完成202万标准箱，与上年相比增长16.6%。2000年上海、深圳、青岛、天津、广州、厦门、大连七个港口国际集装箱吞吐量超过100万标准箱。

(4) 港口旅客吞吐量略有下降。2000年全国主要港口旅客吞吐量为8 553万人，为上年的87%。其中，沿海主要港口旅客吞吐量5 793万人，为上年的90%。

【港口引航】 2000年进出中国港口的船舶明显增多，全国总引领船舶13万艘次，其中，外国籍船舶10万艘次，集装箱船舶3.6万艘次，特种和超大型船舶2万艘次，与上年相比都有不同程度的增长。

引航技术研究取得明显成绩。为适应船舶大型化、高密度的新需要，各港引航站在航道、码头条件有限的条件下采取各种措施，提高通航能力和码头靠泊吨级。大连港引航站通过研究使原油码头靠泊能力由10万吨级提高到20万吨，并经交通部审定通过；宁波港将吃水20.3米、主机不能正常运行的27万吨矿船安全引靠北仑港并成功卸货脱险，得到世界环保组织赞赏；广州、深圳港引航站认真研究方案，将轰动国内外的无动力船舶“明斯克”号航空母舰安全引领到预定地点。

引航安全水平进一步提高。各港引航站狠抓安全管理，积极开展“水上运输安全管理年”活动，引进国外先进设备，装备先进的卫星定位、电子导航系统。龙口、威海、岚山、日照、温州、惠州、连云港、深圳、钦州九港引航站的安全率达100%。上海港引进小水线面引航工作艇，使用直升机30多次接送引航员，确保了在恶劣条件下船舶能及时进出港。

【外轮理货】 2000年，中国外轮理货业狠抓质量管理、信息系统建设工作，使管理上台阶，服务上档次，促进了外轮理货持续稳步发展。全年理货14.6万艘次，理货总吨数22 023万吨，集装箱箱量1 710.6万标准箱，装拆箱总量152.7万标准箱，理货船舶到数率9.8%，理货数字准确率99.5%。

【营口港】 2000年全港累计完成货物吞吐量2 217万吨，比上年增长16.5%。其中外贸完成980.2万吨，比上年增长30.9%。粮食完成403.6万吨，比上年增长21.0%；非金属矿石完成285.4万吨，比上年增长5.1%；钢材完成282.0万吨，比上年增长27.8%；金属矿石完成243.7万吨，比上年增长71.5%；煤炭完成134.5万吨，比上年增长2.0%；石油完成235.5万吨，比上年减少7.6%；化肥完成75.2万吨，比上年减少1.1%。集装箱吞吐量完成15.7万标准箱，比上年增长55.4%。其中外贸完成3.5万标准箱，内贸完成12.3万标准箱，外贸所占比例23%，比上年下降8个百分点。

为了实现港口融资发展，2000年3月14日，营口港成立了营口港务股份有限公司。当年完成招商引资额3 510万美元，签订的合作项目有集装箱智能库、营口和田港国际石油化工有限公司、营口顺达包装袋有限公司。

2000年新建和改造工程项目主要有：①航道疏浚工程。航道改造后将达到5万吨级船舶通航标准，水深13.0米，150米宽。到2000年年底，航道水深基本达到-10.5米，150米宽。②疏港路改扩建工程。公路改造完成后路宽33米，达到一级公路标准。2000年底路基回填部分完成。③3万吨散粮筒仓工程，到年底筒仓基础全部完工。

【秦皇岛港】 2000年，港口货物吞吐量首次跨上9 000万吨台阶，实际完成9743.3万吨，比上年增长17.9%，创历史最高水平。其中，煤炭完成8 378万吨，煤炭总量和内、外煤运量再创历史最高纪录；石油完成675万吨；杂货完成689万吨；集装箱完成1.3万标准箱。

港口基建。戊己码头工程根据货源市场需要，对"总平面和概算"进行了调整，完成了全部水工及设备采购，戊码头已具备了投产条件。新建4万立方米储油罐和1.1万平方米杂货仓库，新建改建堆场6.0万平方米。

【天津港】 2000年，天津港生产实现历史性突破。完成货物吞吐量9 566万吨，比上年增长31%；集装箱完成170.8万标准箱，比上年增长31%。港口基本建设投资完成12.1亿元；实现利润2.6亿元，比上年略有增长。全年完成协议外资额2 980万美元。

2000年，港口基本建设保持强劲发展势头。世界最大、最现代化的焦炭专业化装船码头——南疆焦炭泊位和南疆非矿泊位已建成投产，煤码头建设进展顺利，南疆散货物流中心建设已开工，保证了天津港"北煤南移"以及最终实现"南散北集"的战略调整；煤码头配套的外部铁路——蓟港铁路已经全线贯通，为天津港又打开了一条外部集疏远大通道；客运滚装码头改造工程也于年底竣工，进一步完善了港口的接卸功能；三突堤东侧25号、26号泊位改造为10万吨级泊位工程投产和27号集装箱泊位深水化改造的完成，以及10万吨级深水航道工程的正式开工等，标志着天津港向着现代化深水大港的方向迈出了坚实的一步。

科教兴港、信息化建设步伐加快。2000年，职业教育、各类培训共完成9 574人次，举办各类培训班320期。各项技术创新和科技成果在港口建设、设备管理、节能降耗等方面得到广泛应用；港口EDI技术系统得到广泛使用，船舶调度全面实现了计算机管理，有关业务信息推出了网上查询服务，大大提高了港口现代化管理的综合竞争能力。

【青岛港】 2000年货物吞吐完成8 635.7万吨，比上年增长19.0%。其中：外贸吞吐量完成5 763万吨，比上年增长55.1%，位居全国沿海港口第二大外贸货物进出口港；旅客吞吐量7.3万人次。完成利税1.29亿元，比上年增长5%。国有资产保值增值率达到101%。强化作业现场管理，深入开展"安全质量管理年"活动。港口经济效益继续保持了持续、快速、稳定发展。

装卸运输生产：黄岛、前湾新港区充分发挥规模化生产、集约化经营、专业化管理的优势。四大货种均创历史新高；其他货种齐头并进。煤炭吞吐量全年完成1 339万吨，比上年增长5.2%，其中外贸出口完成583万吨，比上年增长73.6%；原油吞吐量完成2 387万吨，比上年增长35.5%，其中进口原油完成1 561.万吨，比上年增长109.4%；矿石全年完成1 578万吨，比上年增长33.8%，其中外贸进口完成1 255万吨，比上年增长23.8%；集装箱全年完成212万标准箱，比上年增长37.5%。粮食、化肥、钢铁、纯碱、冻鱼等货种均比上年有大幅度增长。全年引领船舶11 009艘次，其中超过长200米以上的大型船舶2 018艘次，确保了船舶的安全及时靠离和生产的顺利进行。

建设和改造：为加快全国进口原油战略储备基地的建设，满足原油进出口的大幅度增长的需要，油罐五期工程B区、C区、D区的12个5万立方米和E区的4个10万立方米钢质浮顶式油罐建成投产。油罐五期工程的建成，使港口原油存储能力达到180万立方米。前港区煤堆场、前湾一期车场、集装箱冷藏箱区改造工程全面竣工。经青岛市政府批准的一、二号码头连体改造和粮食储罐工程于11月开工建设。52泊位改造、101库整体迁移、危险品库建设等工程正在加紧施工。

积极扩大对外开放：先后与世界500强企业英国铁行集团合资8 660.75万美元，成立了青岛前湾集装箱码头有限责任公司；与世界500强企业日本三井株式会社、中化集团山东公司合作，投资200万美元建成了硫酸罐；与世界500强企业芬兰富腾公司合作。利用外资200万美元，敲定了利用油码头接卸龙泽液化气项目。全年合同利用外资9 060.75万美元，实际利用外资5 094.2万美元。港口国际化步伐进一步加快。

坚持技术创新和信息化建设：建立了中国沿海港口惟一的国家级技术中心。全年取得技术革新成果703项。先后制作了大型导标2座、现代化的四通道集装箱检查桥1座。成功制造了5台龙门式集装箱轮胎吊，实现了港机修理到港机制造的跨越，并成为国内第三个能够制造集装箱轮胎吊的厂家。集装箱生产管理系统、局生产管理信息系统、局视频监控系统等信息化建设项目投入运行。

【连云港港】 2000年完成货物吞吐量2 708.2万吨比上年增长34.3%，其中外贸吞吐量完成1 455.6吨，比上年增长46.1%。实现营业收入6.4亿元，上午增长20.4%。新开行"西安—洛阳—郑州—连云港""五定"班列，实现郑州、西安、连云港三地直通转关；开辟连云港至美西国际远洋集装箱班轮航线，对外交往日益扩大，与连云港港有航运往来关系的国家和地区增至160余个，涉及1 000余个港口。

【上海港】 2000年，全港完成货物吞吐量20 440.2万吨，其中港务局所属码头完成11 729.1万吨，分别比上年增长9.7%和16.0%。外贸吞吐量全港完成7 632.9万吨，港务局完成6 181.3万吨，集装箱吞吐量完成561.2万标准箱，分别比上年增长21.4%、31.6%和33.1%。上海港集装箱航班已从年初的每月729班增加到1 004班，增长幅度为37.7%。全局外贸吞吐量和集装箱在全局吞吐总量中的比重分别升为52.7%和44.1%。

新港区建设：外高桥港区三期工程项目建议书由交通部和上海市联合上报国家计委，并通过了中国国际工程咨询公司的评估。该工程的码头已全部完工，通过了局的中间交工验收。外高桥港区四期工程的预可报告通过了交通部组织的专家预审，港外市政配套规划方案和用地方案获市规划部门的批复同意。该工程水陆同时开工，码头水工部分10月底开始打桩，430根引桥沉桩已经完成。

港政管理：全年统计货物吞吐量8 720万吨，征收港口建设费12 108万元，征收货物港务费917万元，分别比上年增长2.0%、24.3%和42.9%。加强对专用码头的管理力度，向专用码头提出824条整改意见，向6家专用码头单位发出了整改通知书。还参加了深水港平面布局方案、航行条件及泥沙回淤等专题的讨论。

【宁波港】 2000年，全港完成货物吞吐量达11 547万吨，比上年增长19.5%。旅客吞吐量563.7万人，比上年增长21.5%。集装箱吞吐量为90.2万标准箱，比上年增长了50.0%。第五代、第六代集装箱船舶首次在宁波港成功靠泊，集装箱航线、航班不断拓展和增加，已拥有集装箱航线48条，其中国际远洋线10条，国际近洋支线27条，月航班突破210班。

2000年，宁波港进一步加大了港口建设力度。完成了铁矿石堆场南延工程，原有900米集装箱泊位的技术改造基本完成，北仑1 238米大型深水国际集装箱泊位建设进展顺利，大榭25万吨原油中转码头前期工作取得进展。

【舟山港】 2000年，全港完成货物吞吐量3 189.1万吨，比上年增长53.1%，其中外贸货物吞吐量完成883.2万吨，比上年增长108.5%。旅客吞吐量完成617.2万人，比上年增长6.0%。油品吞吐量完成1 786.3万吨，比上年增长84.8%；老塘山港区完成煤炭吞吐量260.3万吨；矿建材料吞吐量完成693.3万吨，比上年增长40.7%。增开舟山至上海国际集装箱内支线班轮，引进了海砂出口和湄州湾电煤驳运等协作经营项目，共出口海砂116万吨。全年成交各类船舶565艘，交易额4.12亿元。组织国际邮轮挂港，全年共挂靠国际邮轮10航次，安全接送国外游客2 558人次。

基础设施建设。投资13.2亿元的嵊泗马迹山建设的矿砂中转码头，25万吨级卸船码头及3.5万吨级装船码头等水工部分已经竣工。册子原油中转项目基础工程已经启动，定海客运码头改造工程完成总投资90.0%；普陀山客运码头改扩建工程通过了中间交工验收；老塘山港区一期泊位扩建工程完成水工部分工程量60.7%。

【深圳港】 2000年，全港完成货物吞吐量5 697.4万吨，比上年增长22.2%，其中外贸货物吞吐量完成3 007.3万吨，比上年增长27.6%；集装箱吞吐量完成399.4万标准箱，比上年增长

33.8%。旅客吞吐量完成249.3万人，比上年下降6.4%。深圳港货物吞吐量仍稳居全国内地沿海港口第八位，集装箱吞吐量仍排第二位。

分货类的大宗散杂货吞吐量有升有降。粮食、化肥、木材、水泥、钢材吞吐量分别增长16.0%、32.6%、68.3%、1.7%、0.9%，矿建材料吞吐量下降21.4%。

集装箱吞吐量增长的主要原因：①港口腹地经济持续稳定增长。②开辟新的航线，增加航班密度。截至年底，有29家中外船公司在深圳港开通了53条国际集装箱班轮航线，其中2000年新增航线15条。10家船公司开辟了香港班轮航线12条。③积极拓展国际中转业务。全年全港国际中转集装箱吞吐量完成34.6万标准箱，比上年增长15.8%。④深港两地互相促进，共同发展。两港之间的集装箱吞吐量为102万标准箱，增长13.3%。⑤新建的集装箱码头泊位和堆场投入使用，缓解了设计能力不足与实际吞吐量增长的矛盾。⑥集装箱码头公司投入资金加大配套设施建设，提高港口管理的科技含量。

2000年，深圳港新建成3个泊位，新增吞吐能力325万吨，其中集装箱吞吐能力30万标准箱。至年底，全港共有500吨级以上泊位128个，其中经营性泊位79个，万吨级以上经营性泊位32个，集装箱专用泊位10个；货物年设计总吞吐能力为5 860万吨，其中集装箱吞吐能力为320万标准箱，码头最大靠泊能力7.5万吨级。

【广州港】 2000年，全港累计完成货物吞吐量11 127.7万吨，比上年增长9.6%；国际集装箱吞吐量达到143.0万标准箱，比上年增长21.2%；旅客吞吐量完成15.0万人；完成总收入16.04亿元，比上年增加1.34亿元。

集装箱运输抓好新班轮航线的开辟工作和新业务的开拓。开辟了“广州一东南亚”航线，推动中远集运、长荣、太平等集装箱船公司实现仓位共享；确定了今后3～5年集装箱运输发展的方向和目标，制定了进一步加快集装箱运输发展的十项措施；成功开通了穗港航线，支线网络建设取得突破；调整了港口生产布局，对新沙8～10号泊位实施集装箱专业泊位改造，11月启动新沙集装箱码头外贸功能。全年完成内贸集装箱吞吐量50.8万标准箱，比上年增长31.3%。

国家重点建设项目新沙一期工程6～10号泊位于5月通过国家验收正式投产。广州港出海航道一期工程于11月全面完工，航道水深11.5米，标志着广州港的发展进入一个新的发展时期。

大力挖掘港口现有潜力，加大技术改造的力度。全年安排技改项目180项，重点技术改造投资实际完成1亿多元，比上年增加58.7%。重点安排了集装箱系统、成品油系统、新港散粮系统、船舶系统改造等8项技改项目。

积极做好与新加坡港务集团合资建设经营集装箱码头项目的有关工作，项目可行性研究报告和资产评估报告已获通过。11月，广州港与新加坡港务集团就合作开展物流服务和港口网络服务分别签署了合作意向书和谅解备忘录。

沿海港口建设
Coastal Ports Construction

【概况】 2000年沿海港口基本建设实际完成投资50.6亿元，比上年下降15.6%。其中交通部统一安排投资完成21.2亿元；各省、自治区、直辖市交通部门安排投资完成29.4亿元。

2000年交通部共安排沿海大中型项目11个，共建成泊位23个。其中深水泊位12个，中级泊位3个，小泊位8个，共新增吞吐能力3 749万吨。

沿海港口建设取得进展 “九五”期间原计划(口径主要为原中央直属及双重领导港口)建设中级以上泊位134个，其中深水泊位105个，新增吞吐能力2.12亿吨。实际建成中级以上泊位130个，其中深水泊位97个，新增吞吐能力1.9亿吨，分别为原计划的97%、92%和90%。“九五”期间沿海港口建设共投资416亿元。到2000年底，全社会沿海港口共有各类中级以上生产性泊位1 846个，其中万吨级以上泊位651个；总吞吐能力11.7亿吨，其中专业化集装箱泊位吞吐能力1 200万标准箱。煤炭、原油、集装箱、散粮、散水泥等几个主要运输系统的建设取得较大进展，长江口深水航道整治工程开工建设并达到8.5米水深。一批陆岛交通码头建成，基本解决了3 000人以上岛屿的进出岛交通问题。技术改造力度加大，“九五”期间通过技术改造净增吞吐能力2 500万吨，其中集装箱化改造新增集装箱泊位18个，吞吐能力303万标准箱，约占“九五”期集装箱扩能总量的35%。

【深圳盐田港区二期工程竣工验收】 该工程是国家和深圳市的重点建设项目，1997年3月开工建设，2000年7月1日通过国家竣工验收，工程质量总评为优良。

二期工程建设5万吨级集装箱泊位3个，设计年吞吐能力为120万标准箱，工程总投资39亿港元。3个码头泊位总长度950米，码头结构型式为钢管桩梁板结构，码头顶面高程5米，码头前沿底面高程-14～-15米。回旋水域直径为620米，底面高程-14米。航道底宽170米，底面高程-14米。堆场、道路面积58万平方米，面层结构型式为高强混凝土联锁块结构，堆场平面布置集装箱箱位12 186标准箱。装卸工艺采用岸边集装箱装卸桥一牵引车、半挂车一轮胎式龙门起重机的工艺流程。配置的主要装卸设备有12台岸边集装箱装卸桥(吊具下起重量41吨、外伸距48～52.5米、轨距30米)、30台轮胎式龙门起重机（吊具下起重量40.5吨、轨距23．4米)、2台重箱叉车(起重量40吨)、8台空箱叉车(可堆高8层)。由于3个泊位共配置12台岸边集装箱起重机，当有大型集装箱船舶进港时，可调配6台岸边集装箱装卸桥在一个泊位同时作业，大大地提高了码头装卸效率，减少船舶在港停留时间，降低营运成本。

该工程的建设单位为盐田国际集装箱码头有限公司，设计单位为中交第三航务工程勘察设计院，主要施工单位为中港第四航务工程局、中港第二航务工程局、中港广州航道局、深圳市特皓建设基础工程有限公司，监理单位为中北监理所。

【天津港南疆港区焦炭泊位工程竣工验收】 该工程是国家重点建设项目，1998年11月开工建设，2000年7月竣工验收，工程质量总评为优良。

该工程码头为5万吨级焦炭泊位，设计年吞吐能力750万吨，工程总概算48 794万元。码头泊位长度359.95米，码头结构型式为钢筋混凝土高桩梁板结构，承台宽21.8米，码头顶面高程6.0米，码头前沿底面高程-13.8米。港池底面高程-11.0米。堆场、道路面积9.3万平方米，面层结构型式为高强混凝土联锁块，设有4块专业化堆场，堆存量为18.3万吨。装卸工艺采用自卸汽车－卸车坑－皮带机－堆场－皮带机－装船机装船的工艺流程。主要设备有3台臂长33米的斗轮堆取料机(台时效率1 800吨/时)、2台轨距16米的装船机(台时效率1800吨/时)。

该工程的建设单位为天津港务局，主要设计单位为中交第一航务工程勘察设计院，主要施工单位为中港天津航道局、中港一航局一公司和中国港湾建设(集团)总公司，监理单位为天津港监理咨询有限公司。

【上海港外高桥港区二期工程竣工验收】 该工程是建设上海国际航运中心、解决上海港集装箱码头吞吐能力不足的重要举措之一。该工程1997年8月开始征地动迁，1997年9月进行陆域吹填砂，2000年1月31日通过了交通部组织的竣工验收。

外高桥港区二期工程共建设3个顺岸式全集装箱泊位，设计年通过能力近期为60万标准箱，远期为80万标准箱。码头泊位总长度899.17米，可同时停泊2艘第三、第四代集装箱船和1艘第一代集装箱船。码头结构和前沿水深按停靠第五代集装箱船的靠泊要求设计。码头前沿设计底高程-14.2米，近期按-13.2米实施。国家批复工程总概算为193 915万元。

该工程码头结构采用高桩梁板结构，码头与陆域通过4座引桥和引堤连接，引桥长190米，引堤长164.2米。上游2座引桥、引堤各宽15米，下游4座引桥、引堤各宽20米。港区陆域纵深约1 200米，陆域总面积98.74万平方米，其中集装箱堆场面积38.24万平方米。码头前沿配备6台(50吨－50米)集装箱桥吊，堆场配备20台（跨距23.47米、吊具下40吨）轮胎式龙门起重机以及其他装卸设备等，装卸工艺先进、合理。

工程建设过程中，建设单位坚持项目法人责任制、招标投标制、合同管理制和工程监理制，积极采用新技术、新工艺，工程建设质量得到明显提高，工程质量总评为优良。工程的建成投产，对进一步提高上海港的集装箱吞吐能力，促进上海和长江三角洲地区以及长江流域地区经济发展起到积极的推动作用。

【支持保障系统建设】 “九五”期间，船舶及支持系统共完成交通部统一安排投资63.5亿元。沿海港口和重要水域建成交管系统17个，新建、改造航标300余座，并建成无线电指向标——差分全球定位系统20个台站，基本实现了航标成链的目标。全球海上遇险和安全系统投入运行。救助基础设施和技术装备得到改善，海上立体救助系统起步建设，一批先进的海上救助打捞船舶投入使用。

“九五”期间，主要建设了公路、水运和船舶运输三个国家工程科研中心等重点试验室，以卫星通信为主的全国交通专用长途通信网及GMDSS（海上遇险和安全系统）；完善了沿海重要水域的水上安全监督保障体系，建设了一批水上安全监督、水上通信系统、水上助航、海上救助与打捞等交通支持保障系统的基础设施。支持保障系统薄弱、落后的状况得到进一步的改观。

2000年，主要建设了厦门海事局船舶交通管理系统和宁波船舶交通管理系统。深圳蛇口船舶交通管理系统和琼州海峡船舶交通管理系统工程建成并通过验收。到2000年底，全国沿海主要港口和重要水域共建成船舶交管系统14个，并取得了一定的社会效益。

灯塔、航标。2000年，完成了对大连灯塔工基地、烟台灯塔工基地、日照航标站的建设。到2000年底，新建和改造各类航标500余座，全国海上干线航标达到2 345座，基本实现“沿海港口和重要水道航标成链”的发展目标。

救捞、海事基地和码头、业务用房及专用船舶。2000年，主要建设了烟台救捞局顺岸码头、潜水训练基地，秦皇岛救助站码头，上海救捞局福州救捞基地和上海搜救直升机场，广州救捞局湛江救助码头和从化深潜水培圳基地，交通部海事局海事信息系统和陆上搜救协调通信网工程，上海海事局船位报告系统，辽宁海事局、厦门海事局的业务用房，广东海事局航标海测基地等工程。建成了烟台救捞局顺岸码头、潜水训练基地，北方海区溢油防治示范工程，广州救捞局北海救助站一期工程；建造了上海海事局4吨级海上巡视船、浙江海事局45米巡逻船、福建、厦门等海事局的巡逻船共10条，以及航标巡标船、测量船、登陆艇、近海和远洋救助拖轮、快速救生艇、起重船及挖泥船等，并交付使用。船舶得到了大面积更新，海事管理救助手段明显加强，对维护港口交通秩序、清障护航、查处违章、提供航海安全保障和海上快速施救起到了重要作用。

海上搜救直升机场工程。为提高中国海上的救生、救助、打捞实力和水平，实现海上立体搜索、救生的目标，中国第一个海上搜救直升机场工程，2000年5月28日正式开工建设，到2000年底，已完成投资4 800万元。

水上交通安全
Maritime Traffic Safety

【综述】 2000年，全国发生水上交通事故585件，死亡550人，沉船234艘，直接经济损失13 596.31万元，比上年分别下降了29.7%、28.5%、6.0%、45.8%。

2000年，在水上交通安全方面主要采取了以下措施：

(1) 进一步加强水上交通安全工作的组织领导；

(2) 开展了强大的安全宣传教育工作；

(3) 建立健全水上交通安全管理责任制体系；

(4) 加大交通安全大检查的力度；

(5) 明确监控重点，落实管理措施；

(6) 加强新增水域和船种的安全管理；

(7) 开展客滚船运输安全评估工作，提高客滚船运输安全管理水平；

(8) 开展第二批国际航运公司 ISM审核。2000年，有106家国际航运公司建立了SMS，并通过了海事局组织的ISM审核。至此，全国已有165家国际航运公司通过了ISM审核；有的已经承担起其他公司国际航行船舶的安全和防污染管理工作，使中国分属于231家公司的1 400余艘国际航行船舶，基本上纳入了ISM规则所规定的安全管理体系。

(9) 降低中国籍船舶在国外高滞留率成效显著。为降低中国籍船舶在国外滞留率，全国海事系统建立和实施了降滞率目标责任制，严格检查要求，严格检查程序，落实检查制度，规范检查范围。2000年，中国籍船舶在国外滞留率比上年进一步好转，降滞目标在巴黎备忘录地区已经实现，在美国已经脱离了“黑名单”；脱离东京备忘录地区的“黑名单”工作也有新的进展。

【开展“水上运输安全管理年”活动】 2000年，交通部在全国范围内开展了“水上运输安全管理年”活动。为保证此项工作的顺利开展，先后召开了三次电视电话会议。全国各地、各单位根据交通部的统一部署，加强了水上交通安全管理的组织领导，大力开展水上交通安全宣传教育工作，建立了水上交通安全管理责任制体系，不断加大水上交通安全大检查力度；以“四区一线”

和“四客一危”为重点，采取针对性管理措施，加强新增水域和船种的安全管理，提高客滚船运输安全管理水平。通过“水上运输安全管理年”活动的开展，水上运输安全管理的整体水平有所提高，安全工作有所加强。

【水上交通部分典型事故案例】 2000年1月8日16时57分，福建省官头海运总公司所属“宝中128”轮(总吨10 908)从上海港空载出口，由于船长操纵不当，致使船尾碰撞停放在上海港煤炭装卸公司码头上的两台门机，造成门机、码头和皮带机廊道等受损，经济损失约965万元。

6月2日18时25分，大连海运公司所属“海荣”轮(总吨5 168，船长126.85米，船宽17.96米，船员30人，本航次装载700吨钢材和豆饼)在天津驶往越南途中，与马耳他籍“JOINT MIRIAM”轮(散货船，总吨6 976，本航次空载从韩国仁川到天津新港)在成山角东北约40海里处(38°4.0′N，122°23.5′E)发生碰撞。“海荣”轮机舱破损进水沉没，船员弃船，无人员伤亡，经济损失约2 000万元。

7月15日14时35分，珠海九源船务公司所属的液化气船“长威”轮(船长67米，总吨998，本航次载800 吨液化气)，在珠海港内锚地锚泊时翻沉，12名船员全部获救，经济损失约700万元。

12月27日上午，大连远洋运输公司所属“嘉定关”轮(总吨4 997，船长109.6米，船宽17.8米，船员27人，装载圆木5 340.39立方米)在从马来西亚驶往张家港途中，因天气恶劣，船体出现裂缝，导致船舱大量进水，船舶向右大幅度倾斜。该轮于12月29日16时48分，在香港正南约85海里(20°49.8′N，13°44.6′E)处海域沉没，27名船员全部获救。船壳投保300万美元，货物投保80万美元。

【加大巡航力度，确保航行安全】 2000年，全国直属海事系统认真贯彻全国通航工作会议精神，牢固树立“安全第一”的思想和“责任重于泰山”的意识，将巡航检查，加强现场监督管理工作作为重要工作来抓。各地海事局集中力量，精心组织，强化现场监督管理，加大巡航覆盖面，提高了巡航检查工作的质量。全年共完成海区巡航3 945次，累计巡航时间12 015小时，巡航里程82 135海里，参加巡航人数22 675人次，纠正违章369次，处理异常情况25次，参与救助58次；巡航工作的各项指标均高于往年。通过加强现场监督和管理，各局辖区内的通航秩序明显好转，同时通过依法行政，扩大了海事系统执法影响力，树立了海事系统的执法权威。

【海事系统基本建设概况】 2000年，全国海事系统基本建设下达投资31 949万元，其中沿海海事系统27 399万元(港建费23 725万元，预算内基金2 174万元，内河基金1 500万元)。下达海事系统船舶建造投资11 220万元，其中沿海海事系统投资9 363万元(港建费6 690万元，预算内基金2 673万元)。

重点工程建设和完成情况

辽宁海事局技术管理中心土建已经封顶；北方海区溢油示范工程土建工程完工、主要外购设备已全部到货，进入验收准备阶段；宁波海监局VTS工程土建完工，外购设备招标工作完成；宁波大榭监督设施工程浮码头已经完成，监督站土建基本完成；厦门海事局VTS工程土建已经封顶；广东仑头航标、海测基地码头工程三通平等施工准备工作已经完成。

上海海事局千吨级巡逻船选厂招标工作、主要进口设备和国内设备采购及搭载直升飞机配置设备工作基本完成，该船已于2000年9月开工建造；宁波海事局45米巡逻船开工建造，主要进口设备采购已经完成。湛江海事局20米高速玻璃钢巡逻船已交付使用。

广东海事局南海海区千吨级巡逻船设计任务书已上报部综合规划司；测量船已完成招标选厂工作。厦门海事局30米巡逻船技术设计工作已经完成。完成了深圳45米巡逻船、长江26米巡逻船后评估工作。

水监信息系统工程一期工程完成了初步设计、技术规格书制定、《水监信息系统工程业务信息标准》和招投标工作，并于9月28日签订了合同；网络硬件设备部分到位，正在进行发货、检验及调试的准备工作。硬件设备、软件系统培训工作已经完成。

建设项目的竣工验收情况

对营口海事局VTS一期工程、深圳海事局蛇口VTS工程、海南海事局琼州海峡VTS工程、叼龙咀灯塔、营口海事局盘锦监督站等基建项目进行了验收，全部为优良工程。

【20米玻璃钢高速巡逻船投入运行】 2000年，为适应海上安全巡逻的需要，交通部海事局组织人员在对国外海上高速巡逻艇进行深入研究的基础上，研制开发了20米玻璃钢高速巡逻船，并在上海、湛江海事局投入运行。

该船总体设计为单层底、高舷墙、单甲板、单上层、上层大角度后倾直线折角线型，以柴油机驱动的全玻璃钢船体结构的高速巡逻船（速度达到25.5节）。其主要特点：

(1) 外观威严、简洁、明快、动感强，驾驶工作舱密性好、视野广、空间大、实用而美观。

(2) 尖舱用作锚具和淡水调节小舱，船舱为舵机舱，主甲板下除机舱外，还设有乘员舱、储物舱(中空舱)，分隔均匀又提高了抗沉性，上层设有驾驶公务舱、卫生间，舱室布置紧凑而实用。

(3) 为满足海上适航性和快速性的要求，采用带斜升高的尖舭压浪折角线快艇线型；为充分发挥主机功率，提高推进效率，尾部设计为双隧道尾型；为改善全速航行时的阻力和航态，尾部设小角度压浪板，具有良好的阻力性能和适航性，浮态和航态均较合理。

(4) 为保证该船强度和抗振、抗浪及抗拍击，结构设计除考虑总体强度外，对局部强度和振动因素高度重视。全船整体设计为板格型混合结构式，在主机轴系及推进器布置和桨、舵、桨型、桨叶、桨荷分布上采取了必要的技术处置，既保证了具备良好航行性能，又防止产生共振和次级谐振现象。

(5) 该船的主要机电设备选型力求先进、适用、经济。主机选用了瑞典VOLVO(富豪)公司生产的TAMD122P-A型船用柴油机，齿轮箱选用了ZF325型齿轮箱。整个动力装置具有重量轻、结构紧凑、操作简便、运转平稳可靠、耗油量小、动力性能优越、结构质量比小等特点。

【海事信息系统工程建设】 “水监信息系统一期工程”是交通部重点信息系统工程建设项目之一。建设范围包括部海事局局域网(一级网)和直属海事系统20个海事局的局域网及其间的广域网接口，开发和推广使用船员管理、船舶管理、通航管理、事故与应急管理、船载客货管理、办公及法规管理、公用信息等海事业务应用系统。1999年11月交通部批准立项，投资概算3 239.96万元，建设时间从2000年10月至2002年2月。2000年上半年，部海事局组织设计单位完成了一期工程初步设计报告和技术规格书的编制，组织有关科研单位进行了水监信息标准工作的研究。7月，通过招投标方式确定由山东中创软件股份有限公司承建。至2000年底，已完成了硬件设备订购、海事业务应用软件需求调研、计算机技术人员培训等工作。

2000年，交通部海事局和部分直属海事机构组织对中国海区航标测绘管理信息系统、交通安全管理体系审核管理信息系统、船舶溢油指挥决策信息系统、船舶报告信息系统等一批信息类工程项目进行了开发和建设。

【中国沿海差分GPS系统建成】 根据交通部制定的《中国沿海RBN-DGPS台站建设规划》，2000年海事局着重进行了第三期RBN-DGPS台站的建设工作。

2000年5月，海事局组织有关专家对从国外引进的RBN-DGPS系统监控设备与国产发射设备进行联调、检验。7月，分别在成山头、老铁山、定海、天大山、蒿枝港、防城、洋浦7个三期RBN-DGPS台站进行系统设备的安装、调试及现场人员培训。至此中国沿海20个RBN-DGPS台站的建设工作全部完成，系统已进入正式运行阶段，各台站设备工作正常。

沿海RBN-DGPS第三期台站建成后，为了掌握台站的覆盖范围、定位精度以及设备稳定性等性能指标，海事局于7月底在广州召开《全国沿海RBN-DGPS综合测试方案》审定会，下达了《关于全国沿海只RBN-DGPS综合测试方案的通知》。海事局所属各航标区、导航处和海测大队根据任务要求，从2000年8～12月按照重点测试沿海RBN-DGPS系统海上传播的信号强度、信噪比以及覆盖范围的原则，对重点港口、重要水道在不同距离、不同时间段的定位精度进行了测试。测试结果表明：中国RBN-DGPS系统台站布局合理，台站设备工作正常，信号稳定，在海上作用距离可到300千米左右，使用亚米级DGPS接收机，定位精度优于5米（95%置信度，2倍中误差）。

随着三期台站的建成并对外开放，中国沿海RBN-DGPS系统已形成了从鸭绿江口到西沙群岛，覆盖全部沿海港口、重要水域、水道的差分GPS导航服务网，完全达到并超过了预期的建设目标。RBN-DGPS系统的建设将对中国航运事业的发展、海洋开发和国防建设产生积极、重大的影响。

【海区航标管理】 2000年海区航标管理工作，贯彻交通部关于“水上运输安全管理年”活动的要求，各海区制定了航标系统开展“水上运输安全管理年”活动指导意见，把安全管理年活动落实到对设备、设施的维护保养和质量管理上。加强航标的行业管理力度，对港口和业主等设置的航标严格按照《航标条例》进行审查、验收和监督。共审批了营口港航道工程，锦州港、黄骅港、广州港出海航道工程等4起设标申请，保证了非专业单位设置和管理的航标符合国家标准和规范。同时，加强直属航标区(处)的航标管理，调整了部分港口、航道的航标配布，撤除了96座失去效能的航标。

截至2000年底，直属海事局管理的沿海各类航标共2 028座，比上年增加了153座。其中，灯塔145座、灯桩498座、立标108座、导标221座、灯船11艘、灯浮标881座、浮标19座、雾号12座、雷达信标110座、DGPS台站23座。航标正常维护量692 262座天，航标维护正常率平均达到99.98%，航标正常率平均达到99.92%，无线电指向标和DGPS信号可利用率平均达到99.59%，均超过了部颁标准。重建、改建了8座灯塔、5座灯桩；完成大连、烟台、镇海、广州灯塔工基地的建设，日照、汕头航标业务用房，秦皇岛、烟台航标堆场的建设，基础设施进一步得到改善。

2000年，坚持“科技兴航测”的发展战略，加大科技投入，引进一批先进灯器和测试设备。开展了航标新能源应用研究、航标新光源(LED)的研究，AIS应用研究、航标电池选型，开展了航标遥测遥控工程可行性研究等一批应用研究项目。上海航标区和镇海航标处已经在9座灯塔、灯桩和2座浮标上建立并运行了遥测遥控装置。建成航测信息系统一期工程，公用信息模块、航标区管理作业模块、测绘生产管理模块3个软件通过了初步验收并投入试运行。信息系统的建成提高了航标管理和维护的信息传递速度，加强了管理手段，为实现航标的自动化，全面提高航标管理水平和航海保障水平提供了技术基础。

2000年12月22日，中国、日本、俄罗斯、韩国在莫斯科签署了新的政府间远东地区无线电导航协调网协定。交通部海事局组团参加了国际航标协会理事会、远东地区无线电导航协调网理事会、IALA运行、工程、无线电技术委员会的相关会议和风险管理研讨会，加大了对外交流合作，及时跟踪和参与国际航标技术发展。

2000年6月18日，完成中国航标展馆布展工作并举行揭幕仪式。这是世界上为数不多的航标专业展馆。《中国航标史》于2000年10月正式出版面世。

【救助打捞工作概况】 2000年，救捞系统以“保证救助”为宗旨，认真履行保障海上活动安全的职责，全面完成了救助值班、救助抢险、打捞清障、海上消防、清除溢油污染等各项任务。全年完成交通部下达的救助值班任务7 818艘天；救助出动149次；救助各类遇险船舶122艘(其中外轮27艘)；救生17次(其中涉外5次)，救生32人(其中外籍人员9人)；随船获救1 568人(其中外籍船员311人)；打捞沉船12艘(其中外轮1艘)；打捞沉物9件。

2000年救捞工作有以下特点：

(1) 救助值班力量大幅度增加。平时值班船数量由往年的13艘增加至16艘，台风春运季节由往年的17艘增加至19艘，渤海海峡、成山头、舟山群岛、台湾海峡、珠江口、琼州海峡6个重点海区全年改派大功率救助拖轮值班。为进一步加强冬季海上安全保障力量，11月1日起，“九五”期间新造大功率救助拖轮也参与值班。救捞职工救助意识普遍增强，值班质量明显提高。

(2) 救助出动次数明显增多，人命搜救成功率大大提高。为确保海上救助万无一失，把事故损失降低到最低限度，各救捞局在救助活动中普遍加大了力量投入，出动的船舶数量和技术性能均高于往年；被救船舶中，老旧船仍占较大比例。

(3) 救助油船、液化气船和清除海上溢油污染成效显著。上海救捞局5月27日成功救助印度籍4万吨级爆炸起火的油轮，10月15日紧急抢修东海平湖油田断裂的水下油气管并消除了海上溢油污染；广州救捞局7月15日打捞沉没于珠海水域满载820吨液化气的“长威”轮，10月12日救助在三亚近海主机失灵的巴拿马籍液化气船，11月14日紧急打捞沉没于虎门大桥附近装有230吨重油的“德航218”等，有效地保护了环境、避免了人民生命财产的重大损失。

环境保护
Environmental Protection

【污染防治】 2000年，全国交通行业投入污染防治资金近2亿元，处理污水达1 000余万吨，其中港口接收处理船舶油污水4 000余万吨，回收污油3万余吨，回收船舶垃圾3万余艘次。此外，在公路、港口建设生态环境保护、粉尘、噪声等污染防治上也取得了较大成绩。

【船舶防污染】 2000年3月31日，交通部与国家环保总局联合发布了《中国海上船舶溢油应急计划》和北海、东海、南海、台湾海峡水域溢油应急计划，这是贯彻实施新修订的《海洋环境保护法》和履行OPRC90公约的重大举措，同时也极大地推动了中国海上污染应急体系的建立和发展。

2000年6月，根据中韩两国领导人1998年发表的联合声明，组织起草了《中华人民共和国政府与大韩民国政府关于黄海油污防备、反应合作协定》(草案)，该草案已获得国务院的批准，将进一步协调国务院有关部门，共同组成工作组开展与韩方的谈判和协定签署事宜。

为了探索海洋环境联合执法的新路子，交通部与国家环保总局于2000年12月，在大连和青岛开展了对船舶、陆源污染的联合检查。交通部海事局积极开展了有关油船强制保险和建立油污损害赔偿基金课题的研究，在广泛听取航运、石油公司、港口、保险等部门意见的基础上，起草了有关油船造成油污损害赔偿限额标准和基金征收标准，为国务院制定有关法规做好前期准备。参与了IMO与联合国环境署(UNEP)开展的全球船舶压载水管理项目，起草了该项目的中国工作组工作计划，该计划已报IMO审查批准。

加强了监督检查力度，2000年直属海事系统共查处船舶违章事件617件，处理船舶污染事件40余起。

【北方海区海上船舶溢油防治示范工程】 烟台海事局建设的该项工程从1996年7月正式立项，到1998年8月开始动工，至2000年11月基本竣工。初步建立了与北方海区溢油应急计划相适应的溢油应急反应体系。

工程配有先进的溢油监视设备，通过对卫星连续监视图片的处理，可以跟踪监视溢油漂移轨迹；可以把溢油现场信息通过计算机网络直接向指挥中心快速传递；可以通过运行终端计算机中的溢油模型，将海面溢油漂移轨迹的预测结果非常直观地在屏幕上显示出来，并且其先进的分析监测仪器和辅助设备，可以查找肇事船舶、鉴定污染范围和污染程度。同时，该工程还配有用于控制溢油在海面扩散的围油栏3 000余米，现代化溢油回收清除设备28台套，每小时可回收各类不同粘度溢油300吨，具备了控制与清除中小规模溢油事故的能力。

北方海区海上船舶溢油防治示范工程，是中国政府履行有关国际防污公约一系列重要举措的重要组成部分，它的建成标志着中国北方海域的海上溢油防治能力跨入了国际先进行列。

为使溢油防治示范工程早见效、早受益，烟台海事局在工程建设期间，采取了边建设、边投入应急反应的方针，他们在学习和引进发达国家先进技术及设备的同时，最大限度地发挥其功能。自2000年以来，烟台海事局已成功指挥了“冷藏一号”等7起船舶溢油事故的应急清除作业，回收污油水220吨，同时还及时查处了“通利”轮等12起船舶溢油事故，为国家挽回了经济损失。

2000年6月18日，烟台港发生了一起有史以来最大的港内溢油污染事故，停靠在烟台港的俄罗斯籍“冷藏一号”轮瞬时溢油100余吨。当时形势十分危急，若不及时控制清除，溢油很有可能扩散出港池，直接威胁到烟台附近海域的养殖区和旅游区，造成更大的污染。烟台海事局在指挥执法人员调查取证的同时，立即组织清污队伍，投入数台进口撇油器和溢油回收装置，经过24小时的紧急作业，回收污油水70余吨，避免了海上污染的扩散。

海洋交通科技
Science and Technology in Marine Traffic

【重大科技创新项目简介】

(1)“九五”国家重点科技（攻关）项目所

有专题的验收工作全部完成。

截至2000年底，交通部完成了所承担的“国际集装箱运输电子信息传输和运作系统及示范工程”、“国道主干线设计集成系统研究开发”、“深水枢纽港建设关键技术及示范工程”等3个“九五”国家重点科技(攻关)项目33个专题的验收工作。这3个项目共投入科研经费16 060万元，其中国家拨款5 900万元。共完成成套科研成果33项，其中国际领先6项，国际先进13项。

通过实施“国际集装箱运输电子信息传输和运作系统及示范工程”项目，建立了符合中国国情并与国际接轨的集装箱运输EDI标准体系，开发了一套生成UN/EDIFACT国际标准报文的应用软件。通过建立上海、天津、青岛、宁波口岸和中国远洋运输(集团)总公司等5个EDI中心示范工程，已拥有320个注册用户，实现了集装箱运输的报文无纸化，报文速度平均提高20倍，比纸面单证节约费用60%左右。每年为主要港口产生的间接经济效益达4.5亿元。该系统已在福州、厦门、烟台等港口推广。

“深水枢纽港建设关键技术及示范工程”的实施，为示范工程节约工程费用12 661万元。

(2)“九五”国家重大技术装备研制及国产化“大型煤炭海运船舶及港口装卸成套设备”项目2个专题通过鉴定验收。

在该项目的2个专题中，上海港机厂承担的“480吨门式起重机”，是中国自行研制的最大的船用门机；山东山推工程机械股份有限公司承担研制的“161.8千瓦(220马力)推耙机”，其技术性能达到20世纪90年代国外同类产品先进水平，国产化率不低于80%，并形成年产10台的生产能力。

(3) 8个部重点科技项目通过鉴定。

2000年，交通部有8个部重点科技项目通过鉴定，其中上海船舶运输科学研究所3项，分别为“船舶动态信息采集与传输关键技术研究”、“船舶运输控制系统通用可编程序控制单位及系统研究”和“水运交通枢纽电视监控图像与识别技术的研究”；交通部水运科学研究所2项，分别为“煤码头防风网防尘技术应用研究”和“有源噪声控制在港口应用的研究”；交通部公路科学研究所2项；重庆公路科学研究所1项。

【重大科技成果简介】 国际集装箱运输电子信息传输和运作系统及示范工程 该项目在上海、天津、青岛及宁波四港和中国远洋运输集团建成五个EDI中心，使中远集团系统国内外100余个用户、宁波地区集装箱80余个用户、上海港200余个用户、天津港130余个用户、青岛港120余个用户入网开展电子集装箱信息交换；完成了集装箱运输EDI系统总体设计和网络技术研究等12项专题研究和开发。主要成果包括：①集装箱运输EDI系统总体设计与实施；②集装箱运输电子报文的研制、开发和应用。

深水枢纽港建设关键技术及示范工程 该项目针对中国深水枢纽港向外海深水区建设的状况，重点结合示范工程建设开展有关海上软土地基处理、深水码头结构、海上防波堤以及有关港工建筑物耐久性方面研究，形成海上深层水泥搅拌加固软基、大圆筒码头结构等4项有关模型试验、计算理论、设计方法、施工以及原型观测等成套技术，共32项成果，其中5项成果达到国际领先水平。主要成果包括：①土体极限分析的基本理论；②海上CDM设计方法：③深水航道对波浪传播影响规律研究；④深水防波堤新型结构型式研究；⑤大圆筒结构模型试验研究；⑥海工高性能混凝土成套技术研究；⑦钢筋混凝土电化学脱盐防腐保护成套技术；⑧氯离子在混凝土中渗透规律及钢筋锈蚀评定技术研究。

【科技成果推广工作】 由中国远洋运输(集团)总公司承担的“中远出口货运业务管理信息系统推广”项目，2000年1月25日在青岛市验收。该项目的实施，实现了中远集团内部各国际货运公司与主要货主实现电子定舱联网，通过计算机实现运费核算自动处理，实现长江各网点与上海之间进出口舱单的EDI通信、装船动态查询。

由大连海事大学承担的“海洋溢油卫星遥感监测技术推广”项目，2000年1月12日在大连市验收。该项目在宁波、大连、珠江口、厦门海域利用卫星遥感技术监测大面积海洋溢油，建立了溢油监测系统，利用计算机联网传输溢油卫星影像，提供了可靠的各类油污信息，为海事系统培训了业务人员，在海洋环境保护中取得实际成果。

统 计 资 料
Statistical Data

表1 海洋货物运输量

单位：万吨

地区	1999		2000	
	货运量	远洋	货运量	远 洋
全国总计	47 714	22 621	53 653	22 949
天津	3 833	3 687	4 103	3 930
河北	504	143	572	227
辽宁	2 469	1 098	3 015	1 306
上海	13 335	5 853	14 236	3 415
江苏	1 551	469	1 627	491
浙江	4 687	172	5 602	233
福建	3 313	1 114	3 364	970
山东	3 001	1 998	3 746	2 781
广东	9 788	4 350	11 260	5 334
广西	188	92	215	114
海南	1 270		1 906	283
其他	3 775	3 645	4 007	3 865

表2 海洋货物周转量

亿吨千米

地区	1999		2000	
	周转量	远洋	周转量	远 洋
全国总计	19 843.7	17 014.4	22 183.0	17 072.6
天津	4 496.7	4 478.2	4 306.5	4 290.0
河北	180.8	132.8	268.0	219.6
辽宁	452.7	322.0	572.3	446.6
上海	5 275.5	4 336.9	6 038.4	3 085.9
江苏	267.1	156.0	283.2	165.4
浙江	458.8	53.7	616.0	121.0
福建	548.1	316.8	578.7	338.4
山东	1 624.1	1 565.4	2 791.3	2 715.8
广东	2 024.2	1 295.5	2 181.2	1 379.7
广西	17.3	14.7	10.5	7.5
海南	139.5		269.0	52.5
其他	4 358.9	4 342.3	4 267.9	4 250.3

表3 海洋国际标准集装箱运量

单位：万标准箱，万吨

地区	1999		2000	
	箱 数	重 量	箱 数	重 量
全国总计	758.6	7 187.8	967.9	8 933.2
河北	1.2	8.8	0.5	6.6
辽宁	1.1	16.1	1.7	15.3
上海	375.0	4 097.0	560.3	5 513.7
江苏	26.0	249.9	24.5	214.6
浙江	17.6	96.5	11.8	122.8
福建	45.3	480.2	51.3	550.6
山东	27.2	225.2	27.6	281.1
广东	251.4	1 873.3	282.7	2 144.7
广西	2.0	14.8	2.3	20.0
海南	8.2	77.0	0.3	3.6
其他	3.7	49.0	4.9	60.2

表4 海洋旅客运输量

单位：万人次，亿人千米

地区	1999		2000	
	客运量	旅客周转量	客运量	旅客周转量
全国总计	5 090	34.8	6 380	37.1
辽宁	595	11.9	616	10.7
上海	42	0.6	913	4.1
浙江	1 820	7.1	1 869	7.0
福建	416	0.6	510	0.8
山东	863	4.1	822	3.3
广东	1 090	8.0	1 137	8.0
广西	34	0.5	36	0.6
海南	230	1.8	477	2.6

海洋盐业和盐化工
Marine Salt Industry and Salt Chemical Industry

【概况】 2000年，全国共产原盐3 518.08万吨，其中海盐2 364.35万吨（表1），海盐产量仍居世界第一位。海盐产量在1993～1999年连续七年高产情况下，2000年产量又创历史最高水平，继续形成供大于求的局面。2000年全国海盐区海盐产量为：北方盐区，天津250.22万吨，河北456.85万吨，辽宁277万吨，江苏191.18万吨，山东1 050万吨；南方盐区，浙江50.24万吨，福建44.02万吨，广东18.6万吨，广西12.88万吨，海南13.36万吨。2000年海盐盐化工产品产量达46.0万吨。盐田水产养殖，以多品种混养为主，有所恢复。据统计，2000年全国海盐工业增加值为21.86亿元，职工人数为15.89万人。

2000年中国盐业在保证加碘盐供应、消除碘缺乏病工作中取得了重大的成绩：为全国提供高质量的加碘盐642.98万吨，实现了全民基本食用加碘盐目标，通过评估“中国已基本实现2000年消除碘缺乏病的阶段目标”，实施加碘盐项目的成果得到国际社会充分肯定，取得了广泛的社会效益和经济效益，为消除碘缺乏病做出了重大贡献。

表1　2000年全国海盐产量及盐田生产面积

单位：万吨，公顷

	海盐产量	其中加碘盐产量	盐田生产面积
全国海盐	2 364.35	251.67	359 858
北方盐区	2 225.25	172.92	325 799
辽　宁	277.00	46.98	53 060
山　东	1 050.00	60.19	103 286
河　北	456.85	25.51	78 572
天　津	250.22	8.09	37 185
江　苏	191.18	32.15	53 696
南方盐区	139.10	78.75	34 059
浙　江	50.24	19.05	9 095
福　建	44.02	14.32	10 927
广　东	18.60	24.30	7 231
广　西	12.88	12.88	3 136
海　南	13.36	8.20	3 670

【海盐生产】 随着海盐生产技术水平的提高，海盐生产抗御降雨损失能力的增强，再加上今年北方沿海气象条件有利于海盐生产，使2000年海盐生产再创历史水平，达到2 364.35万吨，分别比前两年（1998年、1999年）产量增加44.54%和15.32%。

连续几年的高产，使盐业产大于销的局面更加严峻。南方海盐区，因成本高和市场经济的调节作用，福建、浙江、广东等省大力进行产品结构的调整，拆废、压缩小盐场，使南方海盐区的年产量由以前的220万吨，降至2000年的139.1万吨。北方海盐区多数生产企业销盐不畅，产品价格受市场经济的影响，特别是为两碱工业提供的原盐价格仅能保本甚至低于生产成本和盐款回笼不及时，造成海盐生产企业严重困难，部分企业严重亏损，海盐生产企业的滩田严重失修，企业发展后劲严重不足。为此需大力进行产品结构的调整，转产、拆废、压缩小盐场，合理安排海盐生产，限制盲目超产。提高产品质量，增加经济效益仍将是海盐生产企业目前以至今后的指导方针。

【海盐盐化工】 2000年，中国海盐盐化工业仍未从根本上摆脱低迷态势，总体呈亏损局面。全行业海盐盐化工产品总产量约46.0万吨（表2）。北方海盐区利用苦卤为原料，综合利用海水资源，不但保护了海洋环境，利用了资源，有的产品满足或缓解了社会需求，有的还填补了国内空白，替代了进口或直接出口创汇，对盐业的综合发展和支援国民经济建设起了重要的作用。

近两年，盐化工的发展呈现如下特点：①工业溴产量稳定增加，2000年产量已达到5.6万吨；

表2　2000年海盐区主要盐化工产品产量

单位：吨

地 区	氯化钾	工业溴	氯化镁	无水硫酸钠	硫酸钾
辽 宁	3 197	673	23 201	7 051	
山 东		46 813	53 044	2 246	13 267
河 北	7 012	4 669	54 678		
天 津	18 565	3 303	165 109		
江 苏	6 282	473	60 615		
合 计	35 056	55 931	356 647	9 297	13 267

②硫酸钾生产开始启动，目前已形成5万吨生产能力，并根据市场需要生产硫酸钾或氯化钾；③不断研究开发钾、溴、镁的系列产品，并取得一些阶段性成果；④盐化工产品总产量稳步增长，但增幅趋缓；⑤南方海盐区盐化工生产，受市场经济的调节作用，均已停产或转产。

（果文会）

【加碘盐】 1993年国务院召开了中国2000年实现消除碘缺乏病目标动员会，正式启动了《中国2000年消除碘缺乏病规划纲要》，并确立了食盐加碘是消除碘缺乏病的主导措施。中国盐业总公司在政府的领导下，与卫生部等有关部门通力协作，并在有关国际组织、国际社会的支持下，组织全国盐业广大职工，认真落实“食盐加碘是消除碘缺乏病的主导措施”和“食盐专营”政策，把发展盐业经济、实现盐业现代化与社会效益紧密结合。经过七年的努力，成功实施了加碘盐工程，实现了食盐产业结构调整和盐业现代化建设。2000年为全国提供高质量的加碘盐642.98万吨，实现了全民基本食用加碘盐目标。根据1999年卫生部检测和2000年7月评估结果，中国庄严向国际社会宣布：“中国已基本实现2000年消除碘缺乏病的阶段目标”，基本达到了《中国2000年消除碘缺乏病规划纲要》的目标要求。加碘盐工程促进了盐业现代化的建设，取得了广泛的社会效益，为消除碘缺乏病做出了重大贡献。

加碘盐项目　2000年，中国加碘盐项目已基本完成。据年底统计，该项目完成固定资产投资8.69亿元，其中世界银行贷款1.34亿元（1 614万美元），亚洲开发银行贷款1.45亿元，碘盐基金1.83亿元，其余地方自筹。形成810万吨加碘盐生产能力；新增50千克机械包装能力376万吨；新增0.5～1千克包装能力308万吨，完成了0.5～1千克包装机的技术引进、消化吸收和国内制造；完成改造碘盐生产线能力244万吨；基本完成了各省检测站的建设。

科研　完成了“九五”国家科技攻关项目“食盐加碘技术及设备的研究”，共11个专题，总资金1 615万元。包括加碘工艺和设备的研究、包装工艺和设备的研究、包装材料的研究、碘量仪研究、碘剂稳定剂和松散剂的研究、碘盐生产示范线的研究等。攻关成果应用于于食盐加碘项目，达到加碘盐生产布局合理、能力平衡、产品质量合格，并减少了碘剂消耗，提高了包装技术装备水平。

评估　2000年6月，卫生部、国家轻工局、教育部等五部局派出评估组分赴31个省（直辖市、自治区），对消除碘缺乏病工作进展情况进行调研评估。评估结果是：①实现消除碘缺乏病阶段目标的有：北京、上海、天津、黑龙江、吉林、河北、河南、山西、山东、安徽、江西、湖北、湖南、江苏、浙江、广东、广西；②基本实现消除碘缺乏病阶段目标的有：辽宁、内蒙古、宁夏、陕西、福建、云南、贵州；③未实现消除碘缺乏病阶段目标的有：新疆、西藏、重庆、四川、青海、甘肃、海南。④实现和基本实现消除碘缺乏病阶段目标的省、市、自治区24个，占77%，以县（市、区、旗）统计占87.1%。据此，国政府向国际社会宣布：中国已基本实现2000年消除碘缺乏病的阶段目标。

总结暨再动员会　2000年10月，在北京人民大会堂召开了“2000年中国实现消除碘缺乏病总结暨再动员会”，总结了中国盐业几年来，在中国实现消除碘缺乏病工作中的突出成绩和贡献，以及今后的努力方向。联合国儿童基金会召集参加会议的联合国开发计划署、儿童基金会、工业发展组织，世界卫生组织、世界银行、澳大利亚基金、柬埔寨、越南、泰国、巴布亚新几内亚、印度等组织和国家的50余人召开座谈会，详细向各国介绍中国的情况、经验和尚需解决的问题。中国盐业的经验受到与会代表的一致好评。

国际社会充分肯定　2000年加碘盐项目和中国消除碘缺乏病工作的成果，得到国际社会充分肯定。世界银行将中国加碘盐项目成果列为“非常满意”、“典范工程”；联合国儿童基金会向

海洋船舶业
Marine Shipbuilding Industry

综 述
Summary

【概况】 2000年，中国船舶工业在全球经济增速放缓，出口形势十分严峻，世界经济萧条航运市场需求大幅减少的情况下，出口创汇总额仍保持了较好的增长势头，并在造船完工量、承接新船订单、手持新船订单及各项重要经济指标上实现全面增长，这一成绩充分体现了我国船舶工业在党中央、国务院的正确领导下，以“三个代表”的重要思想为指导，加大改革力度，努力提高国际竞争力取得的重大成就。

【工业规模】 截止2000年中国有各种规模造修船和配套企业近2000家，职工近40万人，其中销售收入在500万元人民币以上的企业共445家，职工24.29万人，销售收入365.68亿元，利税3.52亿元。其中海船造修厂98家，职工14万人，2001年全国有56家船厂在建造出口机动海船。

【造船能力及产量】 截止2001年全国共有5 000吨级以上的造船设施75座，累加吨位524万吨，以按国际通行计算口径计算，目前中国船舶工业钢制海船制造能力可达到700万载重吨。

目前，中国船舶工业已基本形成包括科研设计、生产、配套、修理在内的比较完整的产业体系，除豪华游船等少数最复杂的船型外，世界上大多数船型中国都能建造，并已打入国际市场。在船舶种类方面，除一般的散货船、油船和干货船外，还能建造具有国际先进水平的成品油船、化学品船、滚装船、大型冷风集装箱船、液化石油气船、高速水翼船、超大型游船、半潜式钻井平台、大型自卸船、高速车渡船、30万吨级VLCC型油轮等高技术、高附加值船舶。

据中国船舶工业行业协会统计2000年中国造船产量336万综合吨，比1999年造船产量303万综合吨增长10.9%；承接新船定单399艘525万综合吨，其中出口船占60%。

表1 中国造船产量统计

年 份	全国造船产量(万综合吨)
1999年	303
2000年	336

【造船业地区分布与主要企业】 造船企业主要分布在上海市、江苏省、辽宁省、广东省、浙江省、山东省、福建省、天津市等沿海省、市，在广西、安徽、湖北、湖南、四川、重庆、江西等省、市、自治区也有部分中小型造船企业。此外，在黑龙江、吉林、河南、海南、贵州、云南、陕西几个省也有少量小型船厂。

在上述56家大中型造船厂中，从工业总产值、造船完工量、手持订单和出口交货值来看（见统计资料表），最主要的造船厂有中国船舶工业集团公司的沪东中华造船（集团）公司、江南造船（集团）公司、上海外高桥造船有限责任公司、广

为中国实现消除碘缺乏病工作中取得重大贡献的中国盐业总公司颁发“全球儿童健康特殊贡献奖”；国家外经贸部和联合国儿童基金会为中国盐业总公司颁发“技术合作项目贡献奖”；国际消除碘缺乏病理事会为中国盐业总公司董志华总经理颁发“个人突出贡献奖”。

2000年5月在荷兰海牙召开的第八届国际盐业会议上，中国盐业总公司总经理董志华所作“食盐加碘为消除碘缺乏病作贡献”的发言，成为会议的中心议题，中国的经验对促进全球消除碘缺乏病、增进各国盐业同行的交流和友谊，为全球盐业在21世纪有一个更快的发展起到重要的作用。

（果文会）

州广船国际股份有限公司、上海船厂，中国船舶重工集团的大连新船重工有限责任公司、大连造船重工有限责任公司、渤海船舶重工有限公司，此外江苏省的南通中远川崎船舶工程有限公司、江苏新世纪造船股份有限公司、江苏扬子江船厂有限公司、中商集团口岸船舶工业公司、江苏江都船舶集团公司、长江航运集团金陵船厂、江苏江扬船舶集团公司和福建省的马尾造船股份有限公司、厦门造船厂，山东省的烟台莱佛士造船有限公司，浙江省的浙江船厂也有相当的实力。

船舶建造
Shipbuilding

【巨型油轮VLCC建造顺利】 继1999年8月20日下午，中国船舶重工集团公司所属大连新船重工责任有限公司为伊朗国家油轮公司建造5艘30万吨超大型油轮（VLCC）合同签字以来，VLCC-1主船体2000年8月18日开工，当年完成钢材加工20 149吨、构架制作129个、分段大组65个、分段涂装1个(全船分段为328个)，当年本产品施工进度完成7.9%，该船预计2002年4月交工。

【大型集装箱船建造获重大突破】 2000年6月8日，中国船舶工业集团公司、中国船舶重工集团公司与中海运（集团）总公司签定了8艘5618TEU超巴拿马型集装箱船建造合同，沪东造船集团和大连新船重工责任有限公司分别建造4艘该型船，标志着中国船舶工业在高技术船舶建造领域取得了又一项重大突破。建造大型集装箱船是中国船舶工业长期以来的企盼，5618TEU集装箱船舶的新一带产品，是世界上先进的高技术船舶。这批船舶建造取得成功，对于中国船舶工业调整产品结构，促进产业升级将产生深远的影响。这8艘船将入中国船级社船级，挂五星红旗。

【VS468型多用途工作船】 VS468型多用途工作船是大连造船重工有限责任公司1999年3月与挪威BOA有限公司签订的具有当代世界先进水平的多用途工作船。由大连造船重工有限责任公司与挪威Skipskonsulent AS船舶设计公司联合设计。该船总长70米、型宽16米、型深7.6米、航速16节、船员16人，为单甲板、双层底和翼舱结构型式，设有两套推进系统，每套系统包括一台主机（功率5 520千瓦）、减速齿轮箱、导管式可调螺旋桨和襟翼舵等，配有大型拖缆绞车、艏、艉侧推和方位推力器。船上设备种类繁多，自动化程度高，海上用途广泛，具备拖船兼供应船功能，主要用于拖曳钻井平台并为其提供补给（如燃油、甲醇、泥浆、水泥、盐水和淡水）、输送钻具等，另外还具备消防和救助伤员等功能，特别适合于在挪威北海油田为钻井平台或海上结构物服务。

该船型目前世界上仅有为数不多的几大著名船厂能够建造，在中国尚属首次建造。

【12 300滚装船】 12 300吨滚装船是大连造船重工有限责任公司为瑞典Stena Ro/Ro航运公司建造的代表目前世界最先进水平的大型高速滚装船。该船总长195.3米，型宽25.6米，型深：至上甲板16.3米、至主甲板8.6米，设计吃水6.6米，载重量12 300载重吨，主机输出功率24 000千瓦，航速23节，车道总长3 000米。具有球鼻艏、平底艉、三层载货甲板、双高效舵、双可调桨及双艏侧推装置，驾驶室及甲板室设在艏部。作为新一代高速滚装船，12 300吨Ro/Ro船集世界先进技术于一身：高速化、高自动化、高舱容量、高安全性、高灵便性。24小时无人机舱，各系统均采用自动控制，在8级大风的恶劣海况下可自动定位，驾驶室环视野360°，仅需一人驾驶，由电脑操作，按电子海图预设航线自动航行，为国际目前要求自动化程度最高的船型之一。可装载集装箱运输车、小汽车、大卡车、载重达85吨的特殊用途车、重型坦克等，并具备装载1～9类危险品的多功能载货能力。目前仅有为数不多的几家世界著名船厂能够建造此型船。

【中国成功建造第一艘超低温金枪鱼钓船】 2000年由浙江舟山扬帆集团有限公司承建的500吨YF8301型超低温金枪鱼船钓船顺利交船，该船长56.4米，宽8.7米，型深3.75米，排水量P66.4吨，航速11节，适航于一类航区；主功率：882千瓦，保鲜舱室温-55℃；设有无人值守机舱，驾驶室集控装置。该项目打破了国外的技术封锁，替代了进口，填补了国内的空白。

表2　大中型造船厂及其分布一览表

上海市（6家）	沪东中华造船（集团）公司、江南造船(集团)公司、上海外高桥造船有限责任公司、东海船舶修造厂、上海爱德华造船有限公司、上海船厂
江苏省（8家）	南通中远川崎船舶工程有限公司、江苏新世纪造船股份有限公司、江苏扬子江船厂有限公司、中商集团口岸船舶工业公司、江苏江都船舶集团公司、长江航运集团金陵船厂、江苏省镇江船厂、江苏江扬船舶集团公司
辽宁省（4家）	大连新船重工有限责任公司、大连造船重工有限责任公司、渤海船舶重工有限责任公司、大连辽南船厂
广东省（6家）	广州广船国际股份有限公司、广州文冲船厂有限公司、黄埔造船厂、新中国船厂有限公司、汕头大洋船舶工业总公司、广东省新会造船厂
浙江省（5家）	浙江船厂、舟山扬帆船舶工业集团公司、杭州东风船舶有限公司、宁波恒富船业（集团）有限公司北仑船厂、国营海东造船厂
山东省（8家）	烟台莱佛士造船有限公司、青岛北海船舶重工有限责任公司、山东黄海造船有限公司、青岛前进船厂、国营青岛造船厂、烟台北方造船厂、山东威海造船厂、荣城市造船工业集团公司
广西壮族自治区（3家）	西江造船厂、桂江造船厂、梧州造船厂
安徽省（3家）	芜湖造船厂、、长江航运集团江东造船厂、芜湖大江船舶有限公司
湖北省（3家）	武昌造船厂、长江航运集团青山船厂、宜昌船厂、
天津市（3家）	天津市造船厂、天津新港船厂、天津新河船厂
福建省（4家）	马尾造船股份有限公司、厦门造船厂、福建省东南造船厂、龙海国安船业有限公司、
重庆市（3家）	国营重庆造船厂、长江航运集团川江船厂、国营船东造船厂

表3　大中型修船厂及其分布一览表

上海市	华润大东船务工程公司、中海工业有限公司立丰船厂、中海工业有限公司立新船厂、长江轮船总公司吴淞船厂、上海船厂、申佳船厂、长江轮船总公司吴淞船厂、中海工业有限公司外轮修理厂、上海粤海长兴船务工程公司、东海船舶修造厂、江南造船（集团）公司
江苏省	南通远洋船务工程有限公司、澄西船舶修造厂
辽宁省	大连中远船务工程有限公司、大连新船重工有限责任公司、大连造船重工有限责任公司、大连辽南船厂
广东省	有联（蛇口）船厂有限公司、广州文冲船厂有限公司、中海工业有限公司菠萝庙船厂、中海工业有限公司城安围船厂、广州远洋船舶修理厂有限公司、广州广船国际股份有限公司、黄埔造船厂、湛江海滨船厂
浙江省	舟山市普陀区龙山船厂、凯灵船厂
山东省	青岛北海船舶重工有限责任公司、青岛灵山船业股份有限公司、青岛前进船厂
天津市	天津新港船厂、渤海胜宝旺船厂（天津）有限公司、新河船厂
福建省	厦门造船厂、福安市双福船业有限公司、福安市环澳船舶发展公司、福建省船舶工业公司富安公司、龙海国安船业有限公司、联江文湾海运船舶修造厂、福建省白马船厂
河北省	山海关船厂

【大型高附加值液货船技术开发项目】 大型高附加值液货船国家重大引进技术消化吸收“一条龙”技术开发项目总投资12.94亿元，其中技术改造投资总额11.7亿元（含外汇1 836万美元，银行贷款10.11亿元，自筹1.74亿元）技术开发总额1.24亿元（国拨4 300万元，自筹8 100万元）。共有 9 个子项目分别由 8 个单位承担。

大连新船重工承担10万～15万吨大型油船开发，形成年造 4 艘10～15万吨大型油船能力，年出口创汇达 2 亿美元；20万～30万吨超大型油船，形成年造 2 艘30万吨超大型油船能力，出口创汇 1 亿美元以上。

大连造船重工承担第三、四代化学品船开发，形成年造3万～6万吨化学品船10艘的能力，产值达到20亿元以上，出口创汇近 2 亿美元。

江南重工承担半冷半压式液化气船，形成年产 5 艘大型液化气船的生产能力。产值达2.5亿美元。

沪东-中华集团承担10万吨级超巴拿马油船，形成年产5艘超巴拿马油船生产能力，产值达8亿元以上。

大连船用柴油机厂承担大功率柴油机制造技术，形成年产（23台机）26.25万千瓦（35万马力）的能力。销售收入46 480万元，出口创汇300万美元。

大连船用推进器厂承担大型螺旋桨设计制造，形成年产整体桨1812吨的生产能力。销售收入达14 496万元。

大连船用阀门厂承担大型阀件及相关系统，形成年产蝶阀10 000组等目标。实现销售收入13 500万元。

上海航海仪器厂承担船舶导航自动化和机舱自动化系统。实现销售收入 1 亿元，利润1 000万元。

项目完成后，达到自行设计建造大型高附加值液货船、批量建造和出口大型高附加值液货船能力，使中国大型高附加值液货船设计建造技术达到世界先进水平，实现出口船舶国产化率75%～80%。

船舶工程建设
Ship Engineering Construction

【20万吨级浮式储油轮】 继大连新船重工有限责任公司为中国海洋石油总公司建造 2 艘15万吨级浮式储油轮后（FPSO），大连新船重工有限责任公司又为美国建造20万吨级ＦPSO。为中国海洋石油总公司建造FPSO-1（秦皇岛32-6FPSO，16万吨级）1999年10月15日签订合同，主船体2000年3月8日开工，8月28日进坞合拢，当年完成钢材加工26 000吨、构架制作309个、分段大组309个、分段涂装259个、分段吊装合拢279个（全船分段为309个），当年该产品施工进度完成52%；2001年2月27日出坞。FPSO-2船（文昌13-1/13-2FPSO，16万吨级）为中国海洋石油总公司建造，2000年4月10日签订合同，当年8月18日开工，12月4日上船台铺底合拢，当年完成钢材加工18 662吨、构架制作179个、分段大组173个、分段涂装47个、分段合拢36个（全船分段为255个），当年本产品施工进度完成15%。

FPSO为海上油田中枢储油轮，与一般相同吨位船舶产品相比，其管材和电缆数量为船舶的3倍，工艺流程设备更是一般船舶产品所没有的，产品本身所用的材料级别比船舶产品高，施工工艺及检验程序要求高，基本上是设计、采办、施工交叉进行，设计修改率高。新船重工有限公司克服了重大困难，已交工了令用户满意的FPSO，为建造FPSO积累了丰富的经验。

【BINGO-9000半潜式钻井平台高技术产业化示范工程项目】 BINGO-9000半潜式钻井平台是目前世界上最大，最先进的第五代钻井平台，属海洋钻井平台国际性创新产品。该产品的开发列入国家计委高技术产业化示范工程项目。新船重工有限公司通过平台设计与建造关键技术的开发和相关设备的添置与改造，完成已签订合同的4座BIN-9000半潜式钻井平台一期工程的设计建造与技术优化，并由此带动国内掌握国际上最先进的第五代钻井平台设计建造技术，形成年产4座BIN-9000半潜式钻井平台的能力。预计，2003年全部竣工验收。

【外高桥造船基地一期工程进展顺利】 上海外高桥造船基地于1999年10月8日正式开工以来，2000年全年完成投资12.5亿元，累计完成投资将近工程投资总额的一半，船坞工程和四大生产中心等主要生产设施项目施工也达到50%左右；有关企业的二期“双加”工程大部分项目已完成投产验收，开始发挥效益。

船舶科技
Shipbuilding Science and Technology

【4.6万吨化学品/成品油轮设计与建造获国家科技进步二等奖】 2000年，大连造船重工有限责任公司为马来西亚环球海事航运公司和宏愿航运公司设计并批量建造的4.6万吨化学品／成品油轮，继获得辽宁省优秀新产品一等奖和中国船舶重工集团公司科技进步一等奖之后，又获得国家科技进步二等奖。该型船是国内首次按照国际标准和规范自行设计建造的最大出口化学品船，也是目前世界上交付使用的最大的多功能化学品船，被列入国家“九五”时期科技攻关项目。可装载478种化学品和60余种石油制品，可同时装运16种化学品。首制船交付使用一年多时间里，到过15个国家和地区的19个港口，经过苏伊士运河、巴拿马运河和横跨太平洋的考验，受到船东和挪威船级社的一致好评。该型船线型设计优良，节能效果明显；结构设计合理并有创新，货物装卸系统、洗扫舱系统、有毒货品蒸汽回收系统、消防系统、干燥系统、液位遥测系统等的设计建造都有独到之处。其中，洗扫舱残余量达0.06立方米，达到国际较高水平；特涂及不锈钢管加工方法系工厂自行研究的国内独家应用的技术。该型船的设计和建造成功，标志着中国已进入该类高附加值船舶设计建造的先进行列。按GBI1697-89《海洋运输船舶主要性能水平评级》标准，属特级船舶，主要技术性能指标及建造质量达到20世纪90年代国际同类船舶的先进水平。

【16 500立方米半冷半压式液化气船获国家科技进步二等奖】 江南造船（集团）有限责任公司是国内惟一能设计建造大型液化气船的船厂，所建造的16 500立方米半冷半压式液化气船是迄今为止中国建造的最大型液化气船之一。该船设置三个C型独立舱，能同时装载3种不同密度(三品位)液化气和部分化学品，最低设计工作温度-48℃，最大工作压力0.6兆帕。该船各项技术指标先进，具有良好的快速性、稳定性，能满足入级GL规范及IGC国际散装液化气船构造和设备规则。该船具有90年代国际同期先进水平，是高附加值、高技术船舶，该船船价为同吨位散货船的3倍，具有良好的经济效益，它的建造成功推动了中国船舶工业高新技术的发展。该船荣获2000年国家科技进步二等奖、1999年度中国船舶工业总公司科技进步一等奖、1999年度国家级新产品、1998年度上海市优秀新产品一等奖。

（中国船舶重工集团公司）

统 计 资 料
Statistical Data

表4 中国现有5 000吨级以上造船设施（船台、造船坞）统计表

吨位：万吨

地 区	30万吨以上		15万～30万吨		10万～15万吨		5万～10万吨		3万～5万吨		0.5万～3万吨	
	座数	吨位	座数	吨位	座数	吨位	座数	吨位	座数	吨位	座数	吨位
上海市	4	140			1	10			2	7.5	13	12.62
辽宁省	2	60	2	32			1	6	1	3		
江苏省	2	60	1	15	1	10	4	26	3	9.5	10	13.3
浙江省							2	13			2	3
山东省	1	30									5	4.3
福建省							1	7	1	3.5	1	1.5
安徽省									1	3		
天津市									1	3	2	3
广东省									1	4.5	3	4.5
合 计	9	290	3	47	2	20	12	88	10	34	40	55

表5 中国现有30万吨级以下3万吨级以上造船设施（船台）统计表

序号	企业名称	船台类型	主尺度（米）		最大能力（万吨）	备注
			长	宽		
上海市						
1	上海造船厂	2号船台	205	38	3.5	
2	江南造船厂	2号船台	321	40	6	
3	沪东中华造船(集团)公司	6万吨级船台	255	45	6	
4	沪东中华造船(集团)公司	4万吨级船台	219	39	4	
江苏省						
1	江都船舶集团公司	1号船台	268	39	10	
2	江都船舶集团公司	2号船台			8	待查证
3	江扬船舶集团公司	2号船台	176	28	5	
4	金陵造船厂	平船台	210	64	3.5	平船台横向下水
5	金陵造船厂	平船台	160	61	3	平船台横向下水
6	中商集团口岸船厂	3万吨级船台	200	30	3	预计2001年建成
福建省						
1	厦门造船厂	3.5万吨级船台	195	36	7	3.5万吨级船台可造7万吨级船
2	马尾造船厂	3.5万吨级船台	200	35	3.5	
广东省						
1	广州广船国际股份有限公司	3号船台	210	36	4.5	
安徽省						
1	芜湖造船厂	3000吨级船台	200	26	3	
辽宁省						
1	辽宁渤海船舶重工有限责任公司	10万吨级船台	264	50	1.5	
2	辽宁渤海船舶重工有限责任公司	7万吨级跨室内造船台	216	168		
3	大连新船重工有限责任公司	17万吨半坞式船台	306	50	17	
4	大连新船重工有限责任公司	H3船台	200	76.4		
5	大连造船重工有限责任公司	1号船台	255	27	3	
6	大连造船重工有限责任公司	2号船台	290	34.5	6	
天津市						
1	天津新港造船厂	3万吨级船台	263.7	28.22	3	

表6　中国现有30万吨级以下3万吨级以上造船设施（船坞）统计表

序号	企业名称	船台类型	主尺度（米）			最大能力（万吨）	备　注
			长	宽	深		
浙江省							
1	浙江龙山船厂	干船坞				6	已建成但配套设施没有未接船，也未形成生产能力
2	浙江造船厂	半坞式船台	220	36			
辽宁省							
1	辽宁渤海船舶重工有限责任公司	干船坞	221.98	40.48	9.8	4	造船用
上海市							
1	江南造船集团	1号干船坞	240	40	12	7	修造并用
2	江南造船集团	3号干船坞	232	40	11.3	7	修造并用
江苏省							
1	靖江造船厂	干船坞	220	34		5	
2	江都船舶集团公司	干船坞	268	39		8	

表7　2000年全国造船企业手持新船订单前10名

序号	单　位　名　称	手持新船订单（万综合吨/艘）
1	大连新船重工有限责任公司	252.6/15
2	沪东中华造船（集团）公司	142/22
3	江苏江扬船舶集团公司	105/25
4	江南造船（集团）有限公司	104.31/21
5	靖江造船厂	88.28/23
6	江苏江都船舶集团公司	50/16
7	广州广船国际股份有限公司	49.3/16
8	大连造船重工有限责任公司	48.8/18
9	上海造船厂	36.68/8
10	江苏扬子江船厂有限公司	34/24

表8　2000年全国造船企业造船完工量前10名

序号	单　位　名　称	造船完工量（万综合吨/艘）
1	沪东造船集团公司	64.26/10
2	大连新船重工有限责任公司	48.14/7
3	江南造船（集团）有限公司	33.54/10
4	大连造船重工有限责任公司	27.32/33
5	广州广船国际股份有限公司	18.8/8
6	上海造船厂	10.32/4
7	江苏江都船舶集团有限公司	9.85/4
8	中国长江航运集团金陵船厂	7.7/19
9	江苏江扬船舶集团公司	7.61/4
10	中华造船厂	7.48/8

表9 2000年全国造船企业承接新船订单前10名

序号	单位名称	承接新船订单（万综合吨/艘）
1	沪东造船集团公司	66.96/10
2	大连新船重工有限责任公司	65.36/10
3	江南造船（集团）有限公司	50.23/9
4	靖江造船厂	41.3/13
5	大连造船重工有限责任公司	39.17/31
6	江苏扬子江船厂有限公司	31.9/22
7	辽宁渤海船舶重工有限责任公司	22.6/6
8	广州广船国际股份有限公司	21.72/6
9	江苏江都船舶集团公司	19.2/6
10	上海造船厂	17.48/4

表10 2000年全国造船企业出口交货值前10名

序号	单位名称	全年出口交货值（万元）
1	江南造船（集团）有限公司	191 851
2	广州广船国际股份有限公司	168 098
3	沪东造船集团公司	159 390
4	大连造船重工有限责任公司	135 012
5	中华造船厂	98 483
6	大连新船重工有限责任公司	84 863
7	中国长江航运集团金陵船厂	62 054
8	广州文冲船厂	52 510
9	靖江造船厂	50 800
10	江苏扬子江船厂有限公司	48 557

表11 2000年全国造船企业造船工业总产值前10名

序号	单位名称	造船工业总产值（现价，万元）
1	江南造船（集团）有限公司	221 696
2	沪东造船集团公司	221 280
3	大连造船重工有限责任公司	164 543
4	广州广船国际股份有限公司	153 359
5	大连新船重工有限责任公司	142 346
6	江苏江扬船舶集团公司	128 450
7	辽宁渤海船舶重工有限责任公司	114 460
8	中华造船厂	114 037
9	中国长江航运集团金陵船厂	66 448
10	上海造船厂	65 763

表12 2000年修船工业总产值前10名企业

序号	单位名称	修船工业总产值（万元）
1	中海工业有限公司	69 483
2	南通远洋船务工程有限公司	44 879
3	澄西船舶修造厂	38 484
4	广州文冲船厂	26 991
5	大连中远船务工程有限公司	26 448
6	山海关船厂	22 200
7	北海船厂	17 258
8	大连新船重工有限公司	17 030
9	上海造船厂	14 676
10	上海华润大东船务工程公司	13 953

表13 2000年修船出口创汇前10名企业

序号	单位名称	修船出口创汇（万美元）	序号	单位名称	修船出口创汇（万美元）
1	南通远洋船务工程有限公司	4 899.6	6	北海船厂	1 961
2	澄西船舶修造厂	3 922	7	山海关船厂	1 871
3	中海工业有限公司	2 458.2	8	上海造船厂	1 661
4	广州文冲船厂	2 423	9	上海华润大东船务工程公司	1 348.5
5	大连中远船务工程有限公司	2 012	10	广州远洋船舶修理厂有限公司	456

滨海旅游业
Coastal Tourism Industry

综　述
Summary

【概况】2000年，中国的经济持续稳步发展，中国旅游业发展态势良好。随着春节、“五一”、“十一”三个假日旅游黄金周的形成，旅游业发展迅速，对拉动内需、刺激消费产生了积极的作用。国务院及各地方政府均高度重视旅游业的发展，旅游产业地位进一步提高。国务院转发了国家旅游局等部门《关于进一步发展假日旅游的若干意见》等文件，支持旅游业的发展。各省（自治区、直辖市）政府将旅游业做为新兴的支柱产业和经济发展新的增长点，从政策上给予扶持。

2000年，全国各地继续进行创建中国优秀旅游城市活动，继续深入开展旅游区（点）质量等级评定工作。全国11个沿海省份更是充分利用自已得天独厚的旅游资源，大力发展滨海都市旅游，城市旅游基础设施建设日趋完善，旅游服务质量日益提高，旅游促销方式多样化，旅游景区的开发也走上保护与开发并举、注重生态环境、大力开发生态旅游的良性可持续发展的道路。

2000年，全国各省、自治区、直辖市接待的入境旅游者总计为3 112.35万人次，而11个滨海省份共计接待入境旅游者为2 197.38万人次，占总数的72%，且11个滨海省份的接待量全部超过30万人次。

2000年，全国各省、自治区、直辖市接待的外国旅游者总计为1 467.99万人次，其中11个滨海省份共接待外国旅游者795.68万人次，占总数的54.2%，且有10个滨海省份接待量超过20万人次。

2000年，旅游外汇收入超过1亿美元的省（自治区、直辖市）有21个，11个滨海省份全部囊括其中。而广东省更是以旅游外汇收入达41.12亿美元，位居全国第一。

【中国优秀旅游城市建设】继上海、天津等17座滨海旅游城市入选首批“中国优秀旅游城市”之后，2000年，又有7个沿海城市（地级市）晋身于“中国优秀旅游城市”行列，它们是丹东市、福州市、泉州市、汕头市、惠州市、中山市及江门市。2000年，上海、天津等首批中国优秀旅游城市积极开展“二次创优”活动，不断加强城市基础设施建设。如天津市政府累计投资近60亿元用于改造和完善城市基础设施。金街、津河、五大道得到彻底的改造，已成为都市亮丽的新景观；市内违章建筑被拆除，市容市貌得到改进，交通秩序明显好转。

秦皇岛市连续5年开展营造绿色森林活动，至2000年底，全市人均公用绿地7平方米，城市绿化覆盖率达到39.94%，市容市貌得到明显改观。在首批中国优秀旅游城市不断进行“二次创优”的同时，丹东、福州等滨海城市也加大创建中国优秀旅游城市工作的力度。丹东市成立了由市委主要领导牵头、各相关部门参加的创优工作委员会，对创优工作进行布置、组织协调，使该市的城市旅游功能明显改善，于2000年9月通过了国家旅游局的验收，成为中国优秀旅游城市中的一员；福州、泉州、汕头、惠州、中山、江门等市也都充分利用沿海优势，大力加强城市旅游功能建设，各市市委市政府对创优工作高度重视，政策上给予倾斜，资金上给予扶持，使各市旅游大环境有了较大的改善，先后被国家旅游局授予“中国优秀旅游城市”称号。

滨海和海岛旅游
Coastal and Island Tourism

【2000年神州世纪游活动】2000年，人类社会开始进入了一个新的千年。为了应对当今国际旅游市场的激烈竞争，进一步提升中国旅游的知名度，国家旅游局隆重推出了2000年神州世纪游活动。全国各地围绕这一活动的主题，举办了丰富多彩的节庆活动，各沿海省区市也充分利用这一契机，举办各种节庆活动，大力推销滨海都市旅游产品，推出滨海旅游新线路。

2000年7月，浙江省在舟山朱家尖举办了第二届国际沙雕节。本届国际沙雕节以沙雕为载体，与佛教文化、海岛自然景观相呼应，打出了“北有冰雕、南有沙雕”的牌子，使沙雕节真正成为品牌项目。沙雕节历时9天，共接待国内外游客12.38万人次，门票收入598.44万元。

继举办鼓浪屿文化节、集美龙舟节等活动后，2000年8月，厦门又举办了“海之韵”旅游节。“海之韵”旅游节充分展示了厦门东海岸迷人的阳光、大海、沙滩、绿地，使东海岸成为厦门新的旅游热点。

2000年7月14～22日，青岛市举办了第二届中国青岛海洋节。海洋节举办了开幕式、海洋科技与产业、海洋文化、海洋体育、海洋美食与购物、海之情旅游节与滨海旅游等7大类50余项120余个活动，接待旅客200余万人次。其间举办了2000年海洋科技与经济发展国际论坛，就“近海资源保护与可持续发展”展开了专题讨论。2000年，山东省还举办了第十届青岛国际啤酒节、第十七届潍坊国际风筝会、首届中国威海国际钓鱼节等活动。

2000年月10月1日，有“花园城市”之称的珠海市，利用国庆及珠海航展的有利契机，举办了首届国际沙滩文化节。沙滩文化节活动丰富多彩，有展现各国风情的沙雕节以及沙滩排球、沙滩足球、美食节、烟花汇演和篝火狂欢晚会等。

2000年月11月3～25日，由国家旅游局和海南省政府联合主办的首届中国海南岛欢乐节在海南全省范围内隆重举行。欢乐节期间，全省各市县共举办了37项大型活动，其中包括第四届岛屿观光政策论坛大会、亚洲太平洋地区岛屿可持续旅游业国际会议等。欢乐节期间，全省共接待国内外游客93万人次，旅游收入达7亿元。

【中国国际旅游交易会】 2000年10月18～21日，由国家旅游局、上海市人民政府、国家民航总局共同举办的2000年中国国际旅游交易会在上海光大会展中心举行。本届交易会展场总面积23 900平方米，展台总数1 208个，吸引了五大洲42个国家和地区近1万名业内人士和参展商，其中应邀与会的海外买家1 160余名。与此同时，19个国家和地区的110余名贵宾应邀出席本届国际旅游交易会，其中包括世界旅游组织秘书长、6个国家的旅游部长、2位驻华大使以及部分国家旅游副部长等官员。本届旅游交易会参展商除了各国政府旅游管理部门、旅行社、旅游饭店、航空公司和一些旅游景区（点）外，还增加了主题公园、游船公司、会议展览公司、大众传媒机构、旅游教育、旅游出版、演艺单位等，几乎覆盖了现代旅游经济的各个专业。

【广东、海南为入境旅游者提供便利签证措施】 为了吸引到香港、澳门特别行政区旅游的众多外国游客“顺便”游览珠江三角洲地区，发挥粤港澳三地区旅游互补和长期形成的环形旅游线路优势，推进广东省旅游业的发展，广东省于2000年6月在珠江三角洲广州、深圳、珠海、惠州、东莞、中山、江门、佛山、肇庆以及汕头对到港澳游览的外国游客实行144小时便利措施。具体办法是，对整团入境且在境内停留时间不超过144小时的游客，边防检查部只在团队名单上加盖入境验讫章即可。经有关部门批准，海南省则对21个国家的公民旅游团实行免签证政策，具体方法是，包括日本、新加坡、马来西亚、德国、英国、意大利等在内的21个国家的公民组团来琼旅游，不超过15天的，可获免签证待遇。

【广西旅游铁路大篷车宣传促销活动】 2000年，广西壮族自治区借中国国内旅游交易会在新疆乌鲁木齐举办之契机，组织举办了“广西旅游铁路大篷车”巡游宣传促销活动。“大篷车”从广西首府南宁出发，以乌鲁木齐为目的地，途经长沙、武汉、郑州、西安、兰州等市，“大篷车”在沿途各省市开展形式新颖、声势浩大的旅游宣传促销活动，所到之处均产生轰动效应。这是广西旅游业发展史上规模声势最大、行程最远、时间最长、效果最好的大型旅游促销活动。

旅游资源管理及旅游景区(点)建设
Management of Tourist Resources and Construction of Tourist Areas (Spots)

【旅游规划】 随着旅游业的迅猛发展，全国各地都越来越重视旅游规划的编制工作。各省（自治区、直辖市）纷纷聘请世界知名旅游专家学者为本地区编制旅游规划，努力做到高起点、高质量地发展旅游业。2000年10月26日，国家旅游局发布了《旅游发展规划管理办法》，对全国各地旅游规划的编制工作提出了具体要求。《办法》提出，旅游发展规划应当坚持可持续发展和市场导向的原则，注重对资源和环境的保护，防止污染和其他公害，因地制宜，突出特点，合理利用，提高旅游业发展的社会、经济和环境效益。

在《旅游发展规划管理办法》的总体要求和国家旅游局的具体指导下，中国各沿海省（区、市）的旅游发展总体规划全面启动。根据国家旅游局开展“三区联动”开发（三区指生态旅游示范区、旅游扶贫试验区、国家旅游度假区）的战略设想，各沿海省区市充分利用沿海优势，将规划建设一批国家旅游度假区。

1999年底，山东省与世界旅游组织签署了编制山东省旅游总体规划的协议，并通过招标确定丹麦一家公司负责规划的编制工作。经过一年多的努力，2000年，规划初稿完成，并于2000年11月在济南召开了初步评审会议。

2000年，海南省完成了《海南省旅游产业“十五”计划和2020年远景规划纲要》编制工作，规划到2020年，把海南省建成亚洲最佳、国际著名的热带海岛度假旅游胜地。

【旅游区（点）质量等级评定工作】 为了规范旅游区（点）的管理，提高其服务水平，保护旅游区（点）和旅游者的合法权益，促进旅游资源的永续利用和旅游业的可持续发展，根据国家质量技术监督局于1999年6月14日颁布的《旅游区(点)质量等级的划分与评定》这一国家标准，2000年，国家旅游局大力开展了旅游区(点)质量等级评定工作，得到了全国各地各类旅游区(点)的积极响应。

《旅游区(点)质量等级的划分与评定》是中国旅游部门管理旅游区(点)的第一项国家标准，它的实施有力地体现了旅游区(点)管理应以游客为本的服务宗旨，有助于改善中国旅游区(点)政出多门、体制混乱的客观格局，解决旅游部门对旅游区(点)的行业管理严重滞后等问题，规范和提高旅游区(点)的管理和服务的专业化水平。旅游区(点)质量等级评定工作的开展，得到了全国各地的高度重视，各省市区纷纷成立了相应的工作机构，并派出质评人员参与国家和地方两级旅游局组织的评定培训，组织实施自评、申报、初评，初评合格向国家旅游局推荐。各地在参评过程中，严格依照标准对参评单位提出整改要求，如在旅游区（点）显著位置建立游客服务中心、内设休息场所、免费为游客提供旅游咨询服务、免费提供旅游区（点）简介、公布服务监督投诉电话并受理游客投诉、完善旅游区（点）导游图、景点介绍牌、安装电脑触摸屏和IC电话设施等。旅游区（点）质量等级共分为四级，最高级为AAAA级，以下依次为AAA级、AA级与A级。

2000年，国家旅游局组成专门的旅游区(点)质量等级评定小组，对全国31个省（自治区、直辖市）的几百家旅游区（点）进行了评定，并公布了首批187家AAAA级旅游区（点）。187家AAAA级旅游区（点）中，包括11个沿海省份的89家，其中，江苏省有13家旅游区（点）被评为AAAA级，位居全国第一名；其次，山东省及广东省各有11家旅游区（点）为AAAA级，并列第二名；浙江、河北、福建、广西分别有10家、9家、8家、7家旅游区（点）跻身AAAA级行列。

【旅游区（点）开发与建设】 2000年，全国各地进行了大规模的旅游资源开发与建设，各沿海省份充分利用国家实施三区联动的机会，大力建设滨海旅游度假区，同时兴建了一大批具有滨海特色的旅游区（点），丰富滨海旅游产品。天津市购进“基辅”号航空母舰，用于供游人参观。“基辅”号航空母舰舰长273.1米，宽52.8米，型深21.6米，舰上装备了多型对海及防空武器，可搭载12架战斗机及21架直升机，可载士兵1 200余名。

深圳在沙头角海滨，开发建设了明思克航母世界旅游区。旅游区由海上部分“明思克”号航空母舰及陆地部分明思克广场组成，“明思克”号航空母舰是前苏联退役的航空母舰，首期向游客开放近3万平方米的观光区，有各种武器系统、作战指挥系统、鱼雷发射舱、导弹发射系统及官兵生活区。还有俄罗斯航天展、“辉煌红海军”展及甲板上的米格23、米格24武装直升机展等。同时，明思克航空母舰上还设置了可参与性军事娱乐项目，如作战模拟演示、太空模拟发射及舰炮发射等。

广东阳江市海陵岛是著名的海滨度假胜地，

沙滩绵延14.55千米，水清沙白，风景如画。2000年，该岛接待国内外游客超过100万人次。作为国家首批AAAA级旅游景区，海陵岛进一步加强了景区的软硬件建设，一是树立新的服务形象，成立统一的服务中心，实行旅游定点管理制度，杜绝宰客现象；二是加强绿化建设，沿街发行防护林，种植热带风景树，对岛内中心空地建绿化广场；三是改善交通运输状况，全岛取消了三轮车、摩托车载客，全部由公交车、电瓶车和黄包车代替；四是改观了购物形象，改建了有浓郁海滨特色的步行街，门面统一装饰、统一建筑风格，为游客提供了一个舒适的购物环境。

海南三亚南山文化旅游区的中华第一砚——“日月同辉龙凤砚”历时6年精雕细刻完成。砚体长9.9米，宽3米，高1.5米，重35吨，是中国迄今最大的砚王，已被载入世界吉尼斯纪录。同年11月完成了三亚市南山湾的海上观音像填海工程。该海上观音像高108米，佛像为三尊手势各异白衣观音像的合一体，为传统艺术与现代艺术完美结合的经典佛像作品，佛像建设占地面积庞大，建成后有望成为世界最大的观音殿堂。可吸引东南亚游客，增进和促进对外文化及相关事业快速发展，2000年12月海南省还在海口市落成“海南千年塔”。该塔是国内第一座为纪念新千年而建造的全钢结构鱼形观景塔，塔高131.10米，为2000年建造的世界上最高的纪念观光塔，已被载入世界吉尼斯纪录。

【亚洲—太平洋地区岛屿可持续旅游业国际会议在琼召开】 2000年12月6日至8日，由世界旅游组织、联合国环境规划署联合主办、中国国家旅游局和海南省人民政府联合承办的亚洲—太平洋地区岛屿可持续旅游业国际会议在三亚市召开。这是世界旅游组织和联合国环境规划署为岛屿国家和有岛屿国家举行的第三次国际盛会。世界旅游组织秘书长弗朗西斯科·弗朗加利、国家旅游局局长何光暐、海南省省长汪啸风以及亚太地区33个国家和地区的150多名代表出席了会议。会议围绕“亚洲太平洋岛屿旅游业发展趋势”这一主题，作了10个指导性发言和针对这一地区24个小岛的个案分析，同时通过了以发展可持续旅游业为主题的《海南宣言（草案）》。

【第四届岛屿观光政策论坛在琼举行】 2000年11月3～5日，由韩国济州道、中国海南省、印度尼西亚巴厘省和日本冲绳县共同创立的“岛屿观光政策论坛”第四届大会在中国海南省举行。除上述四地政要、专家、学者外，日本兵库县、美国夏威夷州也派员参加了会议。此次岛屿观光论坛的主题是“生态与旅游”。与会者一致认为，发展生态旅游将使各岛旅游业得到可持续发展。

（王 军）

统计资料
Statistical Data

表1　沿海省市（区）接待入境旅游者人数

单位：人

地　区	1999	2000
辽宁	292 392	395 161
大连	260 208	338 286
河北	120 679	170 839
天津	320 777	356 203
山东	436 648	481 298
青岛	228 029	260 597
江苏	56 396	75 319
上海	1 656 757	1 814 027
浙江	848 750	1 022 647
宁波	112 041	123 629
福建	1 212 305	1 425 210
厦门	402 817	474 921
广东	8 006 719	11 087 731
广西	46 192	67 562
海南	311 268	299 706
合计	13 308 883	17 175 703

表2　沿海省市（区）国际旅游外汇收入

单位：万美元

地　区	1999	2000
辽宁	19 151	25 676
大连	18 003	23 427
河北	6 723	7 144
天津	20 903	23 176
山东	20 933	25 497
青岛	11 445	14 213
江苏	4 972	6 403
上海	136 433	161 267
浙江	35 222	44 269
宁波	4 449	5 588
福建	66 687	83 899
厦门	25 027	29 920
广东	307 039	384 849
广西	1 013	1 410
海南	7 739	7 757
合计	626 815	771 347

表3　2000年沿海省市旅游饭店基本情况

地 区	饭店数（座）	客房数（间）	床位数（张）	客房出租率（%）
辽 宁	431	87 588	159 318	55.24
河 北	225	15 703	31 581	47.02
天 津	121	12 315	23 100	46.43
山 东	558	50 576	98 664	51.00
江 苏	803	50 079	96 543	56.42
上 海	354	56 029	100 300	61.93
浙 江	594	55 733	111 016	64.31
福 建	401	26 607	54 375	52.80
广 东	1 506	163 147	318 449	60.35
广 西	403	32 861	65 196	55.59
海 南	379	34 446	70 795	55.88
合 计	10 481	948 185	1 855 965	55.85

表4　2000年沿海省市旅游旅行社数

地 区	旅行社总数	国际旅行社	国内旅行社
辽 宁	504	49	455
河 北	384	34	350
天 津	196	19	177
山 东	667	50	617
江 苏	636	69	567
上 海	478	40	438
浙 江	540	46	494
福 建	338	36	302
广 东	498	174	324
广 西	260	49	211
海 南	152	39	113
合 计	4 653	605	4 048

其他海洋产业
Other Marine Industries

海水淡化与综合利用
Seawater Desalination and Multipurpose Use

【日产千吨级反渗透海水淡化系统及工程技术开发】 “日产千吨级反渗透海水淡化系统及工程技术开发”是1999年国家重点科技攻关计划项目，由国家海洋局杭州水处理技术研究开发中心承担并于2000年度圆满完成。该工程单机产水量1 000吨/日；出水水质符合GB5749-85标准；水回收率大于35%；耗电量每吨淡水耗电3.38千瓦时。

通过该项目的实施，建立了国内第一个自行设计、建造的日产千吨级反渗透海水淡化示范工程，开发了千吨级反渗透海水淡化装置及工程技术软件，形成了具有自主知识产权的专有技术及产业；首次在国内使用压力交换式能量回收装备，通过高压泵、压力提升泵和能量回收装置的合理设计和配置，采用计算机控制、工控机操作，对海水取水泵、高压泵、压力提升泵和反渗透装置等实现自动开机、保护和停机的连锁，确保了系统的安全运行；总体设计先进，工业运行参数合理可行，配套设备选用匹配合理，运行安全可靠，维修方便；经测试及运行考核，其性能及技术经济指标，均达到专题合同要求，工程技术和主要技术经济指标达到国际先进水平。

此项目的完成，不仅使国内反渗透海水淡化工程和技术水平都上了一个新台阶，也必将推进国内膜分离技术和反渗透海水淡化产业的发展。该示范工程的建立为中国缺淡水资源的沿海城市、地区与海岛利用海水资源、开发淡水资源，提供了一个实际的典范。

【纳滤关键技术】 该项目是国家“九五”重点科技计划项目，由国家海洋局杭州水处理研究开发中心承担，并于2000年底完成。由于纳滤膜的分离特性介于反渗透（RO）和超滤（UF）之间，即二价和高价离子以及分子量大于200的有机物具有很高的截留率，而对单价离子的截留率则相对较低。其分离原理是膜表面具有一层活性皮层，在压力推动下水分子和部分单价离子从膜受压侧透过膜进入膜的低压侧，而二价或高价离子和分子量大于200的有机物被截留，从而达到分离的目的。由于过程无相变，并且工作压力低，透水量大，所以是高效节能的分离工艺。研制成功的Φ100卷式CA复合纳滤膜组件、Φ130 CTA中空纤维纳滤膜组件、Φ100卷式复合纳滤膜组件的各项性能指标均达到指标要求。建立了国内首条年产2 000支Φ100的卷式纳滤膜组件生产线和年产1 000支Φ130 CTA中空纤维纳滤膜组件的生产线。完成了纳滤膜组件在染料除盐、浓缩和水软化中的应用示范项目，建立的示范工程运行情况良好，组件性能稳定，设计合理，经济效益明显，为纳滤技术的推广应用提供了设计依据。在纳滤膜研制中，成功地解决了3种纳滤膜的配方、成膜条件、制膜工序的简化、干纤维膜制备、聚砜支撑膜的制备和单面复合等关键技术。产品达到了国外20世纪90年代同类产品的性能指标，填补了国内空白，可以取代国外同类产品。随着人们对饮用水水质的要求提高，采用纳滤膜技术进行深度处理将受到很大的重视。而由于纳滤膜技术的独特分离特性，在无机盐与有机物的分离、有机物浓缩以及染料、色素和生化物质的纯化等领域中具有广阔的应用发展前景。

【反渗透复合膜组器技术产业化】 由国家海洋局杭州水处理技术研究开发中心承担的国家“九五”攻关课题“反渗透复合膜组器技术产业化”于2000年底圆满完成。本课题对膜组器制作用材的优化和标准化，膜组器生产工艺系统优化和运行试验，工艺设备研制及关键设备的引进、消化、吸收和创新，裁剪、卷制、固化、工艺控制及测试技术的研究开发，生产技术的标准化，膜元件生产工艺设备的适应性、匹配性及其功能性研究，膜元件生产系统的规范化，膜元件的应用示范等方面进行了全面的攻关。成功地解决了反渗透复合膜组器技术产业化过程中的剪裁、卷制、黏结密封、制作工艺和材料的标准化等关键技术，其技术水平达国内领先。建立了反渗透复合膜组器中试生产线，生产能力为年产5 000支φ100和3 750支φ200的膜元件，4英寸、8英寸复合膜组器的脱盐率均为98.8%。

【新型高脱盐反渗透复合膜关键技术】 由国家海洋局杭州水处理技术研究开发中心承担的国家“九五”科技攻关课题“新型高脱盐反渗透复合膜关键技术”于2000年底顺利完成。本课题对支撑膜和复合膜制膜设备进行了改进和调整，成功地解决了制膜配方、高性能聚砜支撑膜的制备、单面复合、成膜条件、黏结密封等关键技术。连续制备出了高性能的反渗透复合膜；同时研制和开发了卷式反渗透复合膜元件的卷制设备和技术，卷制出了高性能的反渗透复合膜元件，各项指标均达到了合同指标要求。建立了国内首条自行设计、加工、制造的年产2 000支φ100和φ200反渗透复合膜元件的中试生产线，并完成了反渗透复合膜元件在纯水制备中的应用示范项目。该产品填补了国内空白。 （王亮梅　鲁学仁）

【沧化18 000吨/日反渗透高浓度苦咸水淡化厂】 河北省沧州地区淡水资源严重匮乏，人均水资源量仅为全国人均的8%。经水文地质部门勘测，该地区50～200米浅地层地下水储量丰富，但含盐量在10 000～20 000毫克/升，且成分复杂。

广西玉柴集团和河北沧化集团于2000年9月采用反渗透技术，在沧化集团建成18 000吨/日高浓度苦咸水淡化厂。其主要技术指标为：淡化水产量18 000吨/日；反渗透系统回收率75%；每制取一吨淡水耗电2.92千瓦时；淡水水质符合GB5749-85生活饮用水标准，其中溶解固体小于500毫克/升。

该淡化厂的建成不仅改善和扩大了沧化集团新厂区的供水系统，缓解了供水紧张局面，提高了供水水质，从系统整体上提高了供水的安全性和保障率，同时每年可给沧州市节约淡水约600万吨。 （杨　涛　鲁学仁）

【膜分离技术在电镀镍漂洗水回收中的应用】 长沙力元新材料股份有限公司是国内电镀泡沫镍的主要生产基地，产品出口欧洲和日本等国家，共建有泡沫镍生产线17条，年产值上亿元。

该公司1999年12月和国家海洋局杭州水处理技术开发中心合作，共建了一套1 200立方米/日电镀镍漂洗水处理系统。采用纳滤和反渗透相结合的三级膜分离技术，对电镀漂洗水中的硫酸镍、氯化镍和水资源进行回收利用。由于钠离子浓度太高会对泡沫镍的性能有一定的影响，第一级采用纳滤膜回收硫酸镍，同时去除废水中大部分钠离子。第一级纳滤系统对漂洗水浓缩了10倍，镍的截留率达96%以上，第一级透过液（45～50立方米/小时）直接回用或经离子交换树脂处理后（镍浓度低于0.5毫克/升）回用于生产工艺，第一级浓缩液（约5立方米/小时）进入第二级进行浓缩。第二级采用苦咸水反渗透膜，对第一级纳滤系统浓缩液再浓缩5倍，镍的截留率在99%以上，第二级透过液（约4立方米/小时）回流到第一级作为进水，第二级浓缩液（约1立方米/小时）进入第三级。第三级采用操作压力更高的海水反渗透膜，对第二级苦咸水反渗透系统浓缩后的浓缩液再浓缩2倍以上，镍的截留率在99%以上，第三级透过液（约0.5立方米/小时）回流到第一级作为进水，第三级浓缩液（约0.5立方米/小时）进入负压蒸馏，得硫酸镍固体。

该项目建成后已投入正常运行。处理流量50立方米/小时，总浓缩倍数为100倍以上，浓缩液流量低于0.5立方米/小时。漂洗水中镍离子浓度从50～300毫克/升浓缩到20～39克/毫升，漂洗水中镍的总回收率在94%以上，水的回收率超过99%，基本实现了零排放，彻底消除了电镀废水的排放以及排放所造成的污染，实现了电镀行业的清洁生产，带来显著的经济、环境和社会效益。 （楼永通　鲁学仁）

海洋能源开发
Ocean Energies Development

【海洋能开发技术简况】 中国海洋能技术研究在“八五”期间完成适用于潮汐电站的140千瓦全贯流式水轮发电机组、大万山20千瓦岸式波力试验电站、5千瓦浮式后弯管波力发电试验装置和小麦岛8千瓦摆式波力试验电站的研建以后，进入20世纪最后5年。

潮汐能技术在20世纪80年代中期江厦潮汐试验电站建成至90年代中期，浙江、福建两省对几个大中型潮汐电站进行了考察选址、规划设计及可行性调查研究。“八五”后期潮汐能利用的科学技术水平，在设计研究和机械制造等方面已基本具备研建中型（万千瓦级）潮汐电站的条件。国家有关各站、委、局均将建设中型潮汐电站列入了长期发展规划和“九五”计划。同时浙闽两省积极争取国家立项，研建中型潮汐电站。尤其是福建省福鼎市对研建八尺门潮汐电站积极性特别高涨。但是由于主要是投资不落实等原因，终究没能立项和研建。受此影响，近几年未有政府支持下的较大规模的潮汐能利用活动。但在浙江、上海等地，仍有专家和有识之士为研建长江口北支和钱塘江口等潮汐电站向人大、政协提案或向媒体呼吁。

“九五”期间，在国家重点科技攻关计划支持下，继续开展了100千瓦岸式波力试验电站、70千瓦潮流试验电站和30千瓦摆式波力试验电站等３个专题的研究工作。

【100千瓦岸式波力试验电站】

研建单位：中国科学院广州能源研究所

电站地点：广东省汕尾市遮浪镇海岸

研建时间：1996年12月至2000年12月

电站简介：该电站研建为国家“九五”重点科技攻关项目。该电站为振荡水柱式波力发电示范装置。电站工作原理是通过与海水相连通的气室将波浪能转换为空气动能，然后推动空气涡轮带动发电机发电。该装置的特点是涡轮发电机组不与海水直接接触，免受海水浸蚀。并且采用了在往复气流中无需调整阀门仍可单向旋转的Wills涡轮。故该装置具有结构简单，效率较高的优点，被国际上认为是最有前途的一种波浪能转换方式，国外目前建成的波浪发电示范装置大多采取此种。

该电站装机容量100千瓦，2000年12月进入实海况并网运行试发电阶段。当入射波波高 $H_{1/10}$ =1～3米，平均周 $\overline{T}$ =3.5～7 秒时，平均发电功率 $\overline{N}$ =5～40千瓦，最大发电功率 N_m =100千瓦。电站的设计、性能、控制、自动保护等处均处于国际先进水平。

【30千瓦摆板式波力试验电站】

研建单位：国家海洋局海洋技术研究所

电站地点：山东省即墨市大管岛

研建时间：1996年至2000年2月

电站简介：该电站研建为国家“九五”重点科技攻关项目。该电站为摆板式波力发电示范装置。它是借助岸边天然礁石和工程手段结合形成收缩边墙、导流渠和后墙等电站水工建筑物。电站工作原理为当入射波被收缩边墙聚集进入导流渠后，推动被支承于导流渠上方的摆板顺浪摆动，再前进被后墙反射形成驻波，并推动摆板反向摆动。这一过程周而复始，使摆板做周期性往复运动，把波浪能转换为摆轴正反向旋转的机械能。并且该电站采用STS三端换能电机将不规则的机械能转换成规则的电能。该电站只有摆板在水中，具有结构简单，效率较高，维修方便的优点。电站装机容量30千瓦，2000年2月投入实海况试发电，并与7.5千瓦风力发电机联网运行，为该岛居民供电。该电站在该原理波能技术上已达到国际先进水平。

【70千瓦潮流试验电站】

研建单位：哈尔滨工程大学

电站地点：浙江省舟山市岱山县龟山水道

研建时间：1996年9月至2000年4月

电站简介：该电站研建为国家“九五”重点科技攻关项目。该电站为摆线式水轮机潮流发电示范装置。该电站为漂浮式，由水轮机、载体（船型）、锚泊、控制和电力转输几部分组成。该电站的工作原理是水轮机叶片“吸收”潮流能并转化为扭矩，再驱动发电机发电。

该电站的竖轴直叶可调双转子水轮机具有启动流速低、启动力矩大，效率较高的优点。水轮机叶片2×4只，转子直径2.2米，叶片长2.5米。装机容量70千瓦，起动流速1.6米/秒，工作流速1.6～4.2米/秒，设计流速4.0米/秒。载体长18米，宽９米，重60吨。重力锚（钢筋混凝结构）在载体前后各2只（每只重27～29吨），由锚链通过缓冲浮筒再与载体相连。

该装置按任务设计目标2000年曾投放于最大流速４米/秒的区域试验。遇二次台风和急流袭击，水轮机机构损坏，一只锚链拉断，锚移位。尔后，调整设计方案将装置移至较安全的区域（最大流速2.5米/秒）试运行，发电功率可达20千瓦。

【中欧合作舟山潮流能开发技术可行性研究】

参加单位：欧盟方有意大利阿基米德桥公司、意大利那布勒斯大学、英国爱丁堡大学；中方有国家海洋局第二海洋研究所、哈尔滨工程大学、浙江省科技情报研究所。

研究时间：1997年5月至1998年12月

研究海域：浙江舟山市海域

研究内容简介：该研究获得欧盟第六框架计划支持，并纳入中欧科技合作计划。现已进行的可行性研究为整个研究计划的第一阶段研究工作。

该项目的主要研究内容和分工是：

（1）调查舟山三个强潮流水道的潮流资源和地质等自然环境条件，并收集海洋水文气象历史资料，进行资源和环境条件综合分析评价，推荐潮流能开发最佳试验水道。中方承担。

（2）适合舟山潮流特性的水轮机机型设计、优化和试验研究；水轮机与发电机连接机构设计；电力储存及输电系统的设计选型。欧方为主承担，中方参加。

（3）浙江舟山能源供求现状分析及发展预测，研究潮流开发的作用和地位。中方承担。

经过中欧双方科学家的现场调查、实验室试验、分析研究和互访交流研讨，较好地完成了计划的任务要求。中方通过对三个强潮流水道的潮流资源和环境条件调查后，经过综合分析评价，推荐龟山水道为最佳试验水道。欧方则提出了一种竖轴可调叶片的KOBOLD涡轮机新机型。欧方对中方的工作给予较高的评价。通过合作交流使中方对欧盟各国潮流能开发技术研究的现状和发展趋势有了更深入的了解，也为今后进一步合作打下了良好的基础。

“九五”科技攻关研究的以上成果表明，小型波力发电技术示范研究正由10千瓦级迈向100千瓦级，小型潮流发电技术已进入10千瓦级示范研究阶段。预计再经过5～10年的努力，可望小型波力发电技术进入1 000千瓦级装置示范研究，并将出现100千瓦实用化电站。小型潮流发电技术可进入100千瓦级装置示范研究和小型潮流发电装置群体体系研究阶段。

潮汐能技术“九五”期间虽然没有列入国家研究计划，但潮汐能技术在国内外海洋能技术中是最为成熟、最早实现商业化生产的。据国外专家预测，21世纪初（有的认为2020年前）世界上将有100万千瓦级的大型潮汐电站建成，最可能发生在英国、加拿大或俄罗斯。如果国外潮汐能利用取得以上预测的进展，可以相信中国在2010年前后将会有1～2座中型潮汐电站开始研建。

（王传昆）

Local Management

CHINA

361~484

海　南　省
Hainan Province

综　述
Summary

【行政区划】 海南省北隔琼州海峡与广东相望。其行政区划包括海南岛（含周围的岛屿）和西沙、南沙、中沙群岛的岛礁及其海域。管辖海口市、琼山市、文昌市、琼海市、万宁市、陵水黎族自治县、三亚市、乐东黎族自治县、东方市、昌江黎族自治县、儋州市、洋浦经济开发区、临高县、澄迈县、屯昌县、定安县、琼中黎族自治县、通什市、保亭黎族自治县、白沙黎族自治县和西沙、南沙、中沙群岛办事处。其中海口市和三亚市为地级市，洋浦经济开发区为地厅级，其余为县处级。沿海市县（包括区、处）为15个，即：海口、琼山、文昌、琼海、万宁、陵水、三亚、乐东、昌江、儋州、临高、澄迈等市县和洋浦经济开发区及西沙、南沙、中沙群岛办事处（详见表1）。全省陆域面积为3.54万平方千米，管辖海域面积按《联合国海洋法公约》的规定和中国的主张约200万平方千米，是全国管辖海域面积最大、也是惟一由全国人大授权管辖海域的省份。

表1　2000年海南省沿海市县一览表

沿海地级市(区)	沿海县级市	沿海县(办事处)	沿海自治县
海口市 三亚市 洋浦经济开发区	琼山市 万宁市 文昌市 东方市 琼海市 儋州市	澄迈县 临高县 西沙、南沙、中沙办事处	陵水黎族自治县 乐东黎族自治县 昌江黎族自治县

海南省是一个海岛省。岛、礁、滩、洲约有600余个。其中海南岛最大，东北至西南长约270千米，西北至东南宽约180千米，总面积达3.39万平方千米，岛岸线长1 528千米，是中国第二大岛，面积仅次于台湾省。全省海岸线长达1 811千米（含岛岸线）港湾有84处，开辟为港口的已有43处。全省-5米到-10米等深浅海域达2 330.55平方千米，相当于陆地面积的6.8%。

海南省省会设在海南岛北端的海口市，是海南省社会经济、文化、交通的中心。海口市在琼州海峡南侧东端，与广东省海安港相对，中间琼州海峡相隔18海里。从海口市至越南的海防市约222海里。三亚市在海南岛的西南端，是中国热带滨海旅游、度假、休闲的重要基地。从三亚市榆林港至菲律宾的马尼拉港航程约650海里。

西沙、南沙、中沙群岛办事处是海南省负责管辖西沙、南沙、中沙群岛及其海域行政事务的派出机构，设在西沙群岛面积最大的永兴岛。西沙群岛和中沙群岛在海南岛东南面约300余千米的南海海面上。中沙群岛除黄岩岛露出水面外，大部分均为礁盘，淹没在水下。南沙群岛位于南海的南部，是分布范围最广、暗礁、暗沙、暗滩最多的一组群岛。太平岛是这组群岛中最大的岛屿，曾母暗沙是中国最南端的领土。

【自然概况】 海南省由海岛和海域构成，其地形显著特点都是岛中间高耸，四周低平。海南岛以五指山、鹦哥岭为突起核心，向四面递级下降形成山坡丘陵、平台、平原的地形地貌。

海南省的山脉和河流水系全部集中在海南岛。海南岛山脉海拔超过1 000米的山峰有81座，海拔超过1 500米的山峰有五指山、鹦哥岭、俄鬃岭、猴猕山、雅加大岭、吊罗山等。这些群山被地质学家统分为三大山脉。即五指山山脉、鹦哥岭山脉和雅加大岭山脉。五指山山脉位于岛中部，主峰海拔高达1 867.1米，是海南岛最高的峰。鹦哥岭山脉位于五指山西北部，主峰海拔高达1 811.6米。雅加大岭山脉位于海南岛西部，主峰海拔高达1 519.1米。海南岛由于中部高四周低，处于热带气候带，形成入海河流154条，主要河流有38条（集水面积超过100平方千米）。南渡江、昌化江、万泉河为海南岛三大河流，其集水面积超过 3 000平方千米。

海南岛属热带亚热带气候带。2000年全年平均气温为23.2～26.3℃，比常年偏高0.4～0.8℃，气温春、夏、秋季偏高，冬季接近常年，改变了连续13年暖冬的状况。2000年海南省海洋水文情况与往年比变化不大。全省各海区表层平均水温与多年平均值比升高0.2～0.9℃。各海区年平均表层海水盐度除北部和东部近岸较常年偏低外，其他海区盐度值变化不大。潮汐本年度海南岛近岸平均潮高12厘米，平均潮差117厘米（榆林76基面）。近十年来海南省各海区相对海平面均有上升趋势，这与全球海平面上升趋势相一致。海浪由于受0016台风“悟空”影响，海南岛近岸海区年最大波高与1999年相比均明显增大。其中，南部近岸最大波高平均比1999年增大1.0米，西部平均增大0.9米，南海中部和南海南部海区差异不大。2000年年南海中部海区年平均波高1.2米，南海南部海区平均波高为1.0米，海南岛南部近岸年平均波高为0.7米（1/10大波波高，下同）。西部近岸平均波高为0.8米，与1999年持平。

2000年海南省海域海洋环境质量优良，除近岸个别岸段海域外，水质达国家一类海水水质标准。海南岛近岸海水水质总体状况良好，在人口集中城镇毗邻海域、主要海洋经济区的港湾和一些养殖密度较大的潟湖海水水质污染趋势有所加重，但大部分区域也能达到二类海水水质标准。

海南省位于祖国南端，有陆地有海洋，既是全国最大的海洋省，又是“热带宝地”。土地、生物、渔业、药物、盐业、矿产、旅游等资源较为丰富，且特色显著。海南省已开发利用的土地约为327.74万公顷，未被开发利用的土地约25.8万公顷。农作物、经济作物、水果种类繁多，形成商品率比较高。海南省植物较多，是热带雨林、热带多雨林的原生地。到目前为止，海南岛发现植物4 000余种，约占全国总数的1/7，其中630种为海南特有。海南省陆生脊椎动物种类有500余种，有世界上罕见的珍贵动物黑冠长臂猿和坡鹿。海南省有“天然药库”美称，4 000余种植物，可入药的达2 000余种。最著名的有“四大南药”，即槟榔、益智、砂仁、巴戟。动物药材有鹿茸、猴膏、牛黄、穿山甲等。至2000年底海南省共发现矿产达88种，有工业储量的矿种66种，产地300处，其中储量较大的为海洋天然气和滨海玻璃砂矿。

海南省是中国海洋面积最大的省份，且处于热带亚热带气候带，海洋资源储量丰富。具有开发价值的有渔业资源、海盐资源、海洋药物资源、滨海海岛旅游资源、海洋矿产资源和海洋能源资源（包括海洋油气、可燃冰、海流能、温差能、波浪能等）等。

【海洋机构】 机构是职能的载体，为使海洋管理的职能得到进一步的落实，加强对所辖海域的管理，2000年5月海南省在行政机构改革中设立了海南省海洋与渔业厅，负责海洋和渔业行政管理工作。之后，除海口市仍由海口市国土海洋资源局负责海洋管理事务外，其他沿海市县也先后设立海洋与渔业局，负责所在市县海洋与渔业管理职能，编制11～17人不等。机构名称分别为：琼山市海洋与渔业局、文昌市海洋与渔业局、琼海市海洋与渔业局、万宁市海洋与渔业局、陵水黎族自治县海洋与渔业局、三亚市海洋与渔业局、乐东黎族自治县海洋与渔业局、东方市海洋与渔业局、昌江黎族自治县海洋与渔业局、儋州市海洋与渔业局、洋浦经济开发区海洋与渔业局、临高县海洋与渔业局、澄迈县海洋与渔业局。除三亚市海洋与渔业局和洋浦经济开发区海洋与渔业局为正处级行政机构外，其余为正科级(详见表2)。

表 2 2000年海南省沿海省、市、县级海洋机构一览表

厅级海洋管理机构	处级海洋管理机构	科级海洋管理机构
海南省海洋与渔业厅	海口市国土海洋资源局三亚市海洋与渔业局、洋浦经济开发区海洋与渔业局	琼山市海洋与渔业局 文昌市海洋与渔业局 琼海市海洋与渔业局 万宁市海洋与渔业局 陵水黎族自治县海洋与渔业局 乐东黎族自治县海洋与渔业局 东方市海洋与渔业局 昌江黎族自治县海洋与渔业局 儋州市海洋与渔业局 临高县海洋与渔业局 澄迈县海洋与渔业局

【海洋经济与发展状况】 随着海南经济的发展、海洋产业产品市场需求的增加，为了充分利用海南省海洋的资源优势，2000年1月海南省委省政府出台了《关于进一步加快海洋渔业发展的意

见》，提出了加快发展海洋渔业、建设海洋经济强省的宏伟目标。为实现这一宏伟目标，在实施中坚持以市场为导向，以资源为依托，坚持海洋和渔业经济结构调整和产业优化升级。在第一产业方面全力实现以捕捞为主向捕捞和养殖相结合的调整，捕捞业由近海捕捞为主向近海捕捞与外远海捕捞相结合的调整。在第二产业中坚持资源开发和环境保护协调发展原则，对破坏资源的砂矿业进行整顿和定量开采，对制盐化工业和海洋油气开采加工业坚持高新技术为支撑点，认真选择具有突破性项目逐步实施。在第三产业中突出滨海旅游业，加强规划布局、增设景点项目内容，相互依托，有力促进以滨海旅游业为主体的海洋经济第三产业迅速发展，并逐步显示出较强的后劲。2000年海南省海洋经济总产值达181亿元人民币，其中第一、第二和第三产业分别为68亿元、35亿元和78亿元。海洋经济的快速发展，促进了沿海地区经济的繁荣和人员就业及生活水产的提高（详见表3、表4）。

表 3 2000年海南省沿海市县人口及从业人员情况一览表

单位：万人

省市县名称	年 末总人口	农 业人 口	非农业人 口	社会从业人口	单位从业人员
海南省	643.23	468.98	174.25	270.11	47.92
海口市	57.34	8.95	48.39	36.29	18.14
三亚市	47.51	30.15	17.36	21.58	3.85
洋 浦	3.7		3.7	0.75	0.21
琼山市	68.85	53.41	15.44	30.04	3.80
文昌市	53.46	44.41	9.05	21.17	2.30
琼海市	44.81	35.76	9.05	17.68	1.69
万宁市	55.16	47.34	7.82	17.87	2.44
陵水县	32.40	26.66	5.74	13.95	1.32
乐东县	45.37	38.67	6.76	19.91	1.96
东方市	36.54	27.98	8.56	16.75	2.23
昌江县	22.57	15.72	6.85	8.49	2.10
儋州市	86.59	64.98	21.61	32.02	3.92
临高县	40.65	33.79	6.86	16.64	1.33
澄迈县	48.28	39.22	9.06	16.97	2.63

表4 2000年海南省沿海国内生产总值、工业总产值一览表

单位：亿元

省、市、县	国 内生产总值	第一产业	第二产业	第三产业
海南省	518.48	198.56	102.45	219.47
海口市	133.61	3.19	34.66	95.76
三亚市	29.54	12.77	6.17	10.60
洋 浦	2.33	0.89	0.73	0.71
琼山市	45.86	19.41	14.78	11.67
文昌市	34.20	16.27	8.68	9.25
琼海市	41.33	20.15	7.94	13.24
万宁市	28.00	11.46	7.23	9.31
陵水县	11.70	7.47	1.28	2.95
乐东县	19.02	12.87	1.33	4.82
东方市	20.10	8.99	5.30	5.81
昌江县	14.03	5.26	5.51	3.26
儋州市	56.21	30.08	10.11	15.62
临高县	17.32	13.15	1.96	2.21
澄迈县	23.10	11.34	8.11	3.65

海洋资源开发与海洋经济
Development of Marine Resources and Marine Economy

【海洋渔业】 海南省海域面积辽阔，可供捕捞的渔场资源丰富，适用于养殖的浅海、滩涂回旋余地大。2000年全省上下认真贯彻落实海南省委、省政府《关于进一步加强海洋渔业发展的意见》，紧紧围绕渔业增效、渔民增收的中心工作，调整和优化渔业产业结构。特别是加快了由近海捕捞为主向近海捕捞和外海远洋相结合的调整及由海洋捕捞为主向海洋捕捞与海水养殖结合的调整，取得了显著的成效。全年全省水产品总量达93.1万吨，较1999年增产12.3万吨，增长18%。产值68.57亿元，比1999年增长23%。其中海洋捕捞产量59.9万吨，产值48.58亿元。分别比1999年增长28%和39%；淡水捕捞产量2.01万吨，产值1.52亿元，比1999年增长10%和3%；淡水养殖产量13.5万吨，产值7.09亿元，比1999年增长14%和18%。全省渔业增加值达45亿元，较1999年增加8亿元，增长22%。2000年全省渔业劳动力达20万人，较1999年增加0.6万人，增长5%。渔业劳均和人均收入分别为102 824元和4 667元，较1999年增长718元和342元。

海洋捕捞业 海洋捕捞业是海南省海洋渔业

的传统支柱产业。2000年全省在捕捞结构调整、渔场转移、渔船更新改造，渔具渔法改革等方面效果明显，成绩显著。2000年全省海洋捕捞渔船13 445艘，182 818吨，468 465千瓦，到西沙、南沙、中沙海域渔场作业的285艘，远洋捕捞4艘。捕捞产量达59.9万吨，比1999年增加8.8万吨，增长17%，海洋捕捞产值48.58亿元，比1999年增加8.6亿元，增长21%。在全年捕捞生产中在以下三个方面发生了显著的变化。一是刺、钓作业发展较快，刺网作业产量达294 312吨，比1999年增加80 617吨，增长37.7%；钓业作业年产量70 887吨，比1999年增加8 376吨，增长13.4%。对资源影响较严重的底拖网、小型灯光围网资源出现负增长。二是渔船的更新改造进展快，2000年全年淘汰旧小渔船958艘，投入外海作业渔船1 353艘，比1999年度增加514艘。外海捕捞产量20.9万吨，比1999年增加10.8万吨，增长106.9%。三是远洋渔业迈出了可喜的第一步。2000年，全省有2家企业4艘渔轮投入远洋渔业生产。一是海南省海洋渔业总公司投入中远渔302、303号（均为196吨，294千瓦），在南太平洋和密克罗尼亚从事钓捕金枪鱼生产，捕获金枪鱼产量64吨，产值57.7万美元，盈利19万元人民币；二是海南魁北克海洋渔业有限公司投入渔船琼加华渔006（400吨、608千瓦）和琼加华渔008号（445吨、608千瓦）在西南太平洋从事金枪鱼延绳钓捕捞生产，捕获金枪鱼100吨，其他鱼类102吨，产值958万元人民币，盈利126万元人民币。

海水养殖业 2000年海南省海水养殖业发展迅速，养殖面积1.46万公顷，比1999年增加0.16万公顷，产量达7.7万吨，产值11.38亿元，比1999年增长28%和39%。其中鱼类0.11万公顷，对虾0.78万公顷，青蟹0.14万公顷，贝类0.16万公顷，藻类0.23万公顷，海水网箱4.2万只，鲍鱼沉箱34万箱。2000年海南省对虾养殖产量明显比往年增加，对虾产量达2.3万吨，高位池平均每公顷产6 345千克，最高每公顷产达15 000千克。为提高低位虾池产量，2000年海南省改造低位虾池 2 000公顷，改造后低位虾池的每公顷产从1 935千克提高到6 000千克。鲍产量达309吨，比1999年增长24倍。

水产品加工运销业 随着渔业生产的快速发展，海南省水产加工运销业也日益壮大成长。2000年海南省已拥有国家、集体、个体、外资、合资等各种类型的水产加工运销企业180余家，水产品加工能力576 045吨，较上年增加67 374吨，提高13%；水产冷库132座，较上年增加12座。冻结能力、制冰能力、冷藏能力分别达到1 534吨/日、4 282吨/日和22 545吨/次，分别比1999年提高5%、23%和13%。由于各加工企业采取得力措施，实际加工水产品数量有所突破，2000年实际加工数量186 498吨，比1999年增加69 003吨，增长59%；冷藏总量196 132吨，比上年增加50 987吨，增长35%；制冰总量522 035吨，比1999年增加127 939吨，增长32%。全年水产品运销出岛量达40余万吨，占水产品总产量的48%，较上年同比增长20%。其中通过空运保鲜活销往上海、北京等20余个大中城市的水产品达1.8万吨。为了满足市场的需求，海南省各有关加工企业开展不同式样的多品种加工。2000年主要加工品种有冷冻水产品、干制品、腌熏制品、动物蛋白饲料、水产医药品等15个品种。

【港口和海洋交通运输业】 至2000年底全省已开辟港口24个，渔港42个，其中设口岸的港口 9个，一类口岸港口5个，即海口港、洋浦港、八所港、三亚港、清澜港；二类口岸港口4个，即海口新港、琼海潭门港、陵水新村港、澄迈马村港。全省港口有泊位54个，其中万吨级泊位10个。2000年全省港口建设完成投资3亿元。洋浦港二期工程是“九五”重点项目，计划总投资7.77亿元，工期4年，新建3个3.5万吨级泊位码头，设计年吞吐能力为120万吨。2000年完成投资1.2亿元，累计完成投资3.5亿元。2000年全省有船务公司75家，船只256艘，8 175万载重吨。2000年海南省港口货物吞吐量1 976万吨，比上年增长17.5%，港口旅客吞吐量561万人次，增长29.6%（详见表5）。

【滨海海岛旅游业】 2000年海南省提出到2020年要把海南省建设成为中国的旅游强省，成为亚洲最佳、国际著名的热带海岛度假旅游胜地。为实现这一目标，从2000年起全面规划，启动高品位、高档次、高标准的旅游景点。2000年随着“万泉河旅游”全面启动、首家五星级海滨温泉酒店的开业、海南千年塔开放迎客等一系列新的

表5　2000年海南省海洋开发资料统计

统计项目		2000年
海洋捕捞产量(吨)	鱼　类	505 775
	贝　类	41 070
	虾蟹类	30 998
	其　他	21 910
	合　计	598 857
海洋养殖产量(吨)	鱼　类	7 537
	贝　类	18 888
	藻　类	23 820
	虾蟹类	26 762
	合　计	77 007
海洋货物运输量(万吨)	总　量	1 976
	远洋运输量	283
海洋旅客运输量(万人次)	总　量	477
沿海主要港口吞吐量(万吨)	洋　浦	46
	海口新港	500
	海　口	808
	八　所	378
	三　亚	48
海盐生产	面积(公顷)	5488
	产量(万吨)	14.3
海滨矿产量(吨)	总　量	239 900
海洋油气产量	海洋天然气(万立方米)	340 000
	海洋石油(万吨)	1
滨海旅游	接待境外游客(万人次)	48.68
	接待境外游客收入(亿美元)	1.09
滨海旅游接待能力	酒店(座)	123
	客房(间)	18 707
	床位(张)	35 762
海洋滩涂开发	可利用面积(万公顷)	40
	已利用面积(万公顷)	1.5

景点投放市场，旅游管理部门强化对旅游市场的整顿和对导游人员的培养，积极开展客源市场的促销宣传，组织重大旅游活动，为海南省旅游增添了活力，取得了较好的成绩。2000年海南省接待入境旅游者达48.68万人次，与上年比增长7%，外汇收入1.09亿美元，比上年增长3.6%；接待国内游客958.89万人次，收入69.51亿元人民币，比1999年同比增长8.5%和8.9%。目前，海南省拥有星级旅游酒店92家，其中五星酒店4家，即海南寰岛泰得大酒店、金海岸罗顿大酒店、三亚凯莱度假大酒店、兴隆康乐园大酒店。四星级13家，三星级50家，二星级190家，一星级6家。2000年旅游酒店开房平均率达55.4%。2000年全省39家国际旅行社中有33家通过业务年检，全省144家国内旅行社中有95家通过业务年检。

【海洋矿产业】 海南省矿产资源丰富多样，到2000年底，已发现矿产有88种，有工业储量价值达66种，其中海洋石油天然气和滨海砂矿尤为富有。玻璃用砂大型矿床有4处，储量约41.87万吨，居全国第一位；已探明钛铁砂矿床有24处，储量居全国第三位；锆英砂矿石储量居全国第二位，达117.6万吨；海洋石油天然气居全国第三位；饰面花岗岩居全国第五位。此外，尚有铁矿、铝土矿、饮用天然矿泉水和热矿水储量都居全国前列。2000年全省滨海砂矿开采有黑刚玉砂、独居石、钛精矿、铜精矿、锆英石、氧化钴等，产量达239 900吨，产值5 644万元，工业增加值2 169.30万元。

【海洋油气业】 海南省陆地和海域石油天然气远景储量相当丰富，据初步估算远景储量天然气达58万亿立方米，石油292亿吨，开发前景广阔。目前，已开采的有莺歌海崖13-1气田，已探明并进行启动开采工作的有东方1-1气田、乐东22-1、乐东15-1气田。此外，琼北福山凹陷地区进行的石油、天然气勘探开采工作取得新突破。2000年石油产量达1万吨，初具工业生产规模。2000年莺歌海崖13-1气田采气生产进展顺利，生产天然气34亿万立方米，总产值达26亿万元(当年价)。

【海洋盐业】 海南省海水盐度高，滩涂广阔，尤其是西南部，发展海盐业有较大的优势。2000年全省有盐业生产企业9家，原盐生产量14.28万吨，比上年增长12.8%，销量13.13万吨，减少6.7%，工业产值3 803.3万元(当年价)，增长1.4%，上缴税金605.69万元。2000年盐业企业在继续抓产业结构调整优化的同时，在管理方面在运销企业实行吨盐工资费用承包制，按销量提取工资费用，取得良好效果。省属盐场原盐销量比上年增长29.8%，利润增长33.1%。

海南省盐化工业比较落后，2000年仅有的一家生产烧碱的厂家已停产。

海洋公益事业
Marine Public Welfare Facilities

【概况】 2000年海南省海洋公益事业在国家海洋局的支持和海南省人民政府的正确领导及各有关部门的努力下有了长足的进步。海洋环境监测预报服务工作顺利开展，中国南海区海洋环境监测系统建设分项目如期启动，海洋基线调查成果验收，完成海南省渔业环境监测站的组建，大洲岛国家海洋生态自然保护区的有效治理整顿等等，把海南省海洋公益事业推进了新的台阶。

【海洋环境监测】 海洋环境监测是发展国家和地区海洋事业的基础性工作。秀英、南沙等沿海8个海洋观测站坚持每天定时定点对海洋基本要素进行观察记录整理的同时，开展对重点海域岸段、港湾的专项和应急监测。8、10月份两次分别组织对海口、清澜、陵水、三亚、八所和洋浦6个港湾的水质监测，航程400余海里。共采集样品500个，获取调查和实验数据1 600余个，编写报告114份；完成定期对龙昆沟入海排污口和假日海滩海水浴场水质监测，共进行17次，获监测数据640余个，编写报告17份；第一次开展对新村港渔业养殖区环境监测，共进行5次，获取监测数据336个，发出监测通报5份，为系统开展渔业水域环境监测积累了经验。此外，还开展溢油和养殖区的应急监测。

【海南省海洋环境监测系统分项目建设】 海南省海洋环境监测系统建设分项目的建设是中国海洋环境监测系统的一个组成部分。根据《中国海洋环境监测系统建设项目总体技术方案》的要求，成立了中心站项目领导小组，完成制订报批实施方案，编制了海区分项责任书，明确了工作职责和任务分工。并开展海口站、莺歌海站、清澜站设施及相关设施的改造设计、施工等基础性工作。同时还签订了有关仪器设备的供货安装、调试、验收、培训及技术保障协议，为完成项目建设奠定了坚实的基础。

【海洋污染基线调查】 第二次全国海洋污染基线调查，是开展海洋环境保护管理和为决策提供基础数据而进行的一项基础性调查工作。“海南省海洋污染基线调查”是第二次全国海洋污染基线调查项目的一个子项，是国家“九五”期间的海洋监测工作的重点项目，在继上年完成所有外业调查取得样品分析和数据整理后，按要求完成了《第二次全国污染基线调查海南省海洋污染基线调查研究报告》和《海南省污染源调查研究报告》两篇成果报告，并于8月份通过国家组织的专家评审和国家海洋局的验收。第二次全国污染基线调查海南省海洋污染调查和研究工作任务的顺利完成，既全面了解和掌握了进入海南省海域的主要污染物种类与数量、查明了主要污染物在海洋环境中的分布、确定了污染范围和程度、为海洋开发利用提供依据，又培养和锻炼了海南省海洋监测技术队伍，促进了业务水平迅速提高。

【海洋预报】 2000年海南省海洋预报工作紧紧围绕为海南经济发展和人民群众生活服务的宗旨，为提高人民生活质量和社会减灾防灾服务，重点加强海洋风暴潮预报服务。这项工作主要由海南省海洋监测中心和海南省海洋预报台承担。2000年制作、发布各类海洋环境预报3 650份。成功地预报2000年度进入南海6个热带气旋引起严重影响的风暴潮灾害一次，特别是对0016号强台风“悟空”和10月中旬的百年不遇的特大风暴潮灾害的监测预报，做到准确、及时，为减少灾害损失作出了积极的贡献。此外，海南省海洋预报台还积极开展中长期海洋环境预报和对外特定生产单位特定海区预报服务。计制作和发布南海海洋环境旬报36份。与有关生产单位签订海洋预报服务合同6份，并较好地履行合同条款，受到生产单位的好评。

海洋环境保护
Marine Environmental Protection

【概况】 2000年海南省海洋环保工作紧紧围绕贯彻执行《中华人民共和国海洋环境保护法》开展工作，在强化宣传的同时，严格执法，有效地保护了海南海洋的环境和生态。其一是开展对海洋倾废物对海洋污染损害的管理工作。2000年全省发放海洋倾废许可证 3 张，倾倒量50万立方米。二是制定了海洋工程建设项目海洋环境影响报告书审批程序和海岸工程建设项目环境影响报告书审核程序，并按规定程序对新建海岸工程建设项目的环境影响报告书（含表格）进行审核。三是组织实施并完成2000年省辖海域海洋环境航空监察执法和打击破坏水生野生动物及珊瑚礁违法行为的联合执法检查行动。4、5月间先后完成对海南岛周围海面、港口、海洋倾倒区、海岸带、崖131油气生产平台、西沙群岛及其附近海面等进行航空监察，并按计划发布海洋巡航监测通报 3 份。8月份，由省人大、省政协牵头，组织有省海洋与渔业、工商、公安等部门参加的打击破坏水生野生动物和珊瑚礁违法行为的联合执法，共出动宣传车 5 辆次，发送张贴宣传材料600余张（份），查处违法经营店铺（处）79家，没收珊瑚礁28吨，珊瑚工艺制品15件，拆除以珊瑚礁为原料的石灰窑10间。四是针对个别海域海洋环境恶化的情况进行规划监测整治，如10月份对万宁市老爷海海水养殖区的整治，当年规划，并于10月份实施。第四季度针对海口市假日海滩及附近海域大便大肠菌群超出国家二类水质标准11倍的实际，提出整治规划，并实施整治。五是组织编制发布2000年海洋环境状况公报，对该年海洋环境质量现状进行客观的分析评价，并预测来年的重大环境要素变化的可能及重大灾害环境的走向，为经济发展提供海洋环境的依据。

海洋灾害与防御
Marine Disasters and Prevention

【概况】 2000年海南省海洋灾害较常年偏重。主要有9月份台风“悟空”诱发的风暴潮一次，10月份南海低气压和冷空气的相互作用引起普遍暴雨出现的洪灾，局部赤潮 1 起，码头溢油 1 次，1、4、9、10、12月份均在南海发生巨浪灾害，沉船、毁船共61艘(其中渔船57艘、商货轮 4 艘)，搁浅 3 艘，死亡22人，失踪 4 人，损失严重。此外，2000年海南岛沿海部分岸段仍存在海水侵蚀后退的现象。海口市海甸岛和新海村岸段有不同程度的侵蚀，其中新海区岸段后退达10米左右。由于政府有关部门采取积极防御措施，减少了海洋灾害袭击的损失。主要是海洋与渔业部门在总结往年防御海洋灾害经验的基础上，针对2000年度海洋灾害变化的趋势，加强领导责任制，早作部署，早落实措施。3、4月份组织了本年度海洋灾害趋势预测工作，部署海洋防灾、减灾工作任务；5月份检查省海洋预报台、沿海市县各港口、码头及生产单位海洋防灾、减灾工作和安全生产情况，落实海洋环境预报和海洋灾害预报警报工作的制度、措施，以及各有关单位防灾减灾责任制，并及时解决海洋环境资料、预报警报产品、信息传送系统的有关问题。

【风暴潮灾害】 2000年9月9日，第十号台风“悟空”在海南省陵水县黎安镇登陆。海南省北部、东部、东南部沿岸海面产生50～100厘米的风暴潮增水，9月8～9日，秀英港最大增水6厘米；清澜港最大增水10厘米；9月9日7～10时，清澜和坞场岸段潮位超警戒水位12～17厘米，台风诱发的风暴潮在文昌、琼海、万宁、陵水四市县沿岸形成潮灾，海水养殖受灾面积达700余公项，水产品损失惨重。由“悟空”产生的巨浪打沉渔船56艘，搁浅2艘，死亡22人，失踪4人，万吨轮“南渡江”号在临高后水湾避风时走锚搁浅。2000年洪灾冲毁养殖面积9 468公顷，直接经济损失65 098万元。

海洋科技与教育
Marine Science & Technology and Marine Education

【概况】 2000年海南省海洋科技项目的立项和投入在国家及省有关部门的支持下逐步加强。当年涉海科研立项38项，其中国家级项目10项，省部级 8 项，中外合资项目2项，其他项目18项。当年计划投资1.78亿元和150万美元，实际到位1.56亿元和100万美元，按计划实施项目30项，续实施项目111项，当年到位资金1.96亿元和250万美元，完成46项。当年引进技术18项，设备 4 台(套)。三亚市鲍鱼和石斑鱼人工育苗及养成项目、临高县深海潜网高产养殖示范基地、大网目变水层拖网试验等百项农业新技术水产项目都取得突破性进展。

2000年海南省在加强海洋科技投入的同时，也注重抓好海洋科技人才的引进、培养，海洋渔业技术培训和技术推广也有了长足进步。2000年海南大学毕业水产养殖专业本科生45人，招收水产养殖专业本科生50人，和其他院所合作培养水产养殖专业硕士生1名，引进水产专业博士生、教授和博士后、副教授各1名。海南省农业技术学校（中专）新招水产专业（三年制）学生40人，当年毕业水产养殖专业学生38人。三亚海洋学校新招收水产养殖专业（三年制）中专班75人，当年水产养殖专业毕业生70人。在渔业技术培训方面，海南省各市县及有关部门较好地完成该年度的培训任务。先后举办各类渔业技术培训班950期，培训84 960人次，完成计划的125%。此外，海南省海洋与渔业厅在省市县教育部门的支持下，在10所重点渔业乡镇中学举办“9+1”渔业职业教育班（即九年义务教育结束后，未能继续升学，准备回乡从业的学生在校学习一年渔业知识后，再回乡从事渔业生产），计有20个班2 081名学生参加了学习培训。

海洋国际合作与交流
Marine International Cooperation and Interflow

【概况】 随着改革开放的深入和海南省海洋事业的发展，海南省海洋与渔业领域中的国际间交往和合作日益增多，成果可喜。6月19～26日海南省海洋与渔业厅厅长江泽林陪同省委书记杜青林到奥地利、丹麦、墨西哥等国考察渔业发展情况，并与国外有关公司达成合作开发海洋渔业等意向。7月份经农业部批准上海水产大学与日本东京大学、宇都宫大学合作，在海南省琼山市龙塘镇南渡江水域、琼海市万泉河水域采集淡水鱼标本。7月份希腊斯隆达公司代表帕瓦辛提女士及丹麦北欧玛公司北京代表处代表到海南省三亚市考察海水鱼类育苗场选址情况。12月8～9日，海南省海洋与渔业代表团一行5人到澳大利亚考察海洋渔业管理、机构设置及渔业科研院校情况。

在海洋科研方面，海南省与联合国开发署合作使用网络系统管理海域，文昌市清澜湾示范区项目进展顺利。2000年完成《清澜湾海洋环境监测计划》、《清澜湾海洋功能区划》2个专题报告的编制，协助项目技术牵头单位完成有关专题报告的图件绘制、报告修订和出版。同时，开始进行示范区海洋发展战略、海洋功能区划、海洋环境监测计划等3个专题报告的报批工作。11月份海南省海洋与渔业厅与联合国环境署联合举办了海南—UNEP珊瑚生态监测培训班。2000年中美联合开展的海洋保护区合作锚系浮标项目在三亚国家珊瑚礁自然保护区实施，共放置安装6套用于保护珊瑚礁的锚系浮标系统，美方有2位专家亲临现场安装指导和操作培训。此外，海南省与联合国合作开展的海南海藻资源调查，在陵水县新村湾和三亚市鹿回头湾发现较为丰富的海藻资源。

海洋立法与管理
Marine Legislation and Management

【概况】 为实现海洋管理法制化、规范化，2000年海南省海洋行政主管部门加强地方海洋管理立法工作和审批海域规范程序的制定。当年海南省海洋与渔业厅完成了《海南省海域使用管理办法》和配套法规《海南省海域使用金征收管理暂行办法》的起草工作，并报省政府审批。同时制定实施了《海南省海域使用管理程序》。2000年海南省批准海域使用项目113宗，使用海域面积356.73公顷。其中，海水养殖项目105宗，使用面积334.74公顷；港口码头建设项目5宗，使用海域1.21公顷；海洋旅游项目1宗，使用海域20公顷。收取海域使用金307 846元。使用面积较大的项目有：临高县农副公司养殖项目，用海15.53公顷，三亚南山公司旅游用海项目20公顷，陵水县周昌毅的养殖项目用海13.33公顷。当年共换发海域使用新证65本。2000年8月，《海南省大比例尺海洋功能区划》通过国家海洋局组织的专家评审，为海南省海域使用审批提供科学依据。此外根据国家海洋局的部署，海南省9、11月进行全省海域使用普查登记工作。

【海洋自然保护区管理】 海洋自然保护区是特殊的海域管理区域。2000年海南省加强了对国家级海洋自然保护区的管理工作，重点是加强对大洲岛国家海洋生态自然保护区的治理整顿。大洲岛国家海洋生态自然保护区近几年来环境混乱，岛上滨海乱搭乱建现象严重，已引起有关方面的关注。2000年有关部门致力于该区域的治理整顿，在多次上岛了解摸清情况、提出整顿方案后，与当地政府协商治理计划、议程并逐步实施，为该保护区良好的发展环境和秩序创造了条件。

（陈家博）

广西壮族自治区
Guangxi Zhuang Autonomous Region

综 述
Summary

【地理、人口、经济】 广西壮族自治区地处祖国的南疆，是中国惟一临海的少数民族自治区，位于20°54′～26°23′N，104°28′～112°04′E。陆地面积23.66万平方千米，濒临的北部湾海域面积12.97万平方千米。沿海地区从东到西行政区划为三个地级市，其陆地面积为20 299平方千米，占广西全区陆地面积的8.5%。2000年末沿海三市总人口525.3万人，占广西总人口的11.2%。该区域2000年国内生产总值（GDP）227.15 亿元，占广西的11.08%；人均国内生产总值为6 544元（全广西人均生产值为4 319元）。广西海洋产业2000年总产值110.45亿元，其中，海洋水产104.914亿元、海洋交通3.86亿元、海盐0.48亿元、滨海砂矿0.026亿元、海洋旅游1.17亿元。2000年，广西海洋产业总产值比1999年增长5.3%。

【行政区划】 沿海行政区划为3个区域，3个地级市，4个县，1个县级市，8个市辖区，120个镇（表1）。

表1 广西沿海市县一览表

地级市名称	市 辖 区 名 称	县、县级市名称
北 海 市	海城区、银海区、铁山港区	合浦县
防城港市	防城区、港口区	东兴市、上思县
钦 州 市	钦南区、钦北区、钦城区	灵山县、浦北县

【海洋自然概况】 广西大陆海岸线东起洗米河口，西至北仑河口，全长1 595千米，直线距离185千米，海岸线曲直比高达8.6∶1。拥有1 005平方千米滩涂。20米水深以内的浅海6 488.31平方千米，10平方千米以上海湾 8 个。沿海岛屿有679个，500平方米以上的岛屿651个，岛屿岸线长531千米，岛屿面积84平方千米。沿岸潮汐类型为非正规全日潮和正规全日潮，最大潮差6.25米，平均潮差2.42米，近海海水盐度19.31～32.09，pH值为 8 左右。

广西沿海沿岸从东到西有123条中小河流，总流域面积为50平方千米，它汇成21条干流流入大海，年总径流量为250亿立方米。

广西大陆海岸线迂回曲折，使广西沿海有天然港群之称。据初步估计，沿海可开发的大小港口21个，可建成120个以上的万吨级深水泊位，全部开发后年吞吐量可达1.4亿吨。

广西沿海地区地处低纬，气候处于南亚热带过渡区域，是全国光热水资源最丰富地区之一。该区域年平均气温为21.8～22.6℃（全国平均气温为5～25℃），年平均降雨量在1 600毫米以上，其中防城港市东兴一带，年降雨量可达2 800毫米左右，为中国降雨量最多的地区之一，10℃年积温为7 800～8 300℃(全国为2 000～8 500℃)，全年基本无霜。

【海洋资源】 北部湾不仅是中国著名的渔场，也是中国海洋生物物种资源的宝库，这里栖息着鱼类500余种、虾类200余种、头足类近50种、蟹类190余种，其中有儒艮、中国鲎、文昌鱼、海马、海蛇等珍稀或重要药用生物。举世闻名的合浦珍珠也产自这一海域。面积占全国40%左右的红树林分布于广西沿海滩涂。分布于涠洲岛周围浅海、处于中国成礁珊瑚分布带北部边缘的珊瑚礁，作为重要的热带海洋生态系，具有极大的科研和生态价值。

北部湾油气资源蕴藏量丰富，初步预测其油气资源量为12.59亿吨。目前，已经开发的油气田有涠10-3、涠6-1、涠11-4。在涠洲岛建成了石油分离终端站。广西滨海地区矿产资源丰富，已知的有28种，主要有石英砂矿远景储量10亿吨以上、陶瓷矿保有储量约为300万吨、石膏矿保有储量 3 亿余吨、石灰石矿保有储量1.5亿吨。此外，钛铁矿比较丰富，沿岸已知产地 8 处，其中的 3 处初步勘查估算地质储量近2 500万吨。

广西沿海地区是广西重要的旅游资源分布区，

对外国人开放的旅游景点有17处。北海有列入国家级旅游度假区的“银滩”，全长24千米；东兴万尾岛有风景诱人的“金滩”；还有以独特的火山岩地质、地貌、景色千姿百态而赢有大、小蓬莱美誉的涠洲岛、斜阳岛和山口国家级红树林生态自然保护区的海上森林胜境；钦州“龙径环珠”的“七十二泾”和龙门诸岛等景观都是国内少见的旅游资源。

【海洋机构】 2000年，广西机构改革，广西海洋综合管理体制和机构进一步改变，海洋行政管理部门与国土、矿产合并，但海洋保留牌子和公章，对外可行使海洋行政的职责。

广西壮族自治区海洋机构：(1)广西海洋局(对外海域处、海环处，对内为广西国土资源厅两个处)；(2)广西海洋监察大队(挂有牌子)；(3)广西海洋监测预报中心（广西海洋预报台，使用南海分局北海中心站编制）；(4)北海市海洋办；(5)合浦县海洋办；(6)钦州市海洋局，钦南区海洋分局；(7)钦州港区海洋局；(8)防城港市海洋局；(9)防城区海洋局，防城港口区海洋局；(10)东兴市海洋局；(11)合浦山口国家红树林生态自然保护区管理处；(12)广西壮族自治区北仑河口海洋自然保护区；(13)广西红树林研究中心。 （韦 忠）

海洋资源开发与海洋经济
Development of Marine Resources and Marine Economy

【海洋经济状况】 2000年全区海洋经济总产值达到110.45亿元，比1999年增长5.3%，比1991年增长803.1%。海洋产业结构变化不大。海洋水产（含捕捞、养殖、加工）产值占94.99%左右，海洋交通运输占3.49%，滨海旅游占1.06%左右，海洋盐业占0.43%，滨海砂矿占0.03%，广西沿海三市的海洋经济发展不平衡，从西向东，逐渐发达。2000年北海市为58.9亿元，钦州市为26.18亿元，防城港市为19.91亿元。

【海水养殖】 2000年海洋水产总产值 104.914亿元（1999年海洋水产总产值92.75亿元），其中海水养殖总面积、总产量、总产值有较大幅度提高。2000年全区海水养殖面积61 410公顷，产量706 088吨，产值580 172万元。分别比1999年增长12.21%、30.2%、13.89%。 （杨 菲）

【港口与运输业】 2000年，沿海主要港口完成货物吞吐量1 767.7万吨，比上年增长15.91%。其中，防城港完成货物吞吐量919万吨，再创历史新高，比上年增长13.74%；钦州港完成货物吞吐量139.7万吨，比上年增长7.46%；北海港完成货物吞吐量265万吨，比上年增长5.12%，完成旅客吞吐量52万人(其中离港28.7万人)，滚装汽车3.4万辆，旅客吞吐量比上年增长8.33%。

沿海运输船舶263艘、4.44万载重吨、3 065客位，分别为1999年的65.1%、105%、102.92%。完成沿海客运量30万人、旅客周转量4 203万人千米、货运量101万吨、货物周转量29 747万吨千米，分别为1999年的93.17%、86.77%、105.65%、116.43%。远洋运输船舶241艘、10.98万载重吨、830客位，分别为1999年的108.56%、112.62%、100%；共完成远洋客运量6万人次、旅客周转量1 588万人千米、货运量114万吨、货物周转量74 754万吨千米，分别为1999年的375%、285.61%、123.78%、50.70%。

（赵 瑛 李之宁）

【海洋盐业】 2000年广西盐业总产值为0.4176亿元。现有7个国有盐场，盐田面积4 745.33公顷，其中2000年生产面积3 256.10公顷，年产原盐12.29万吨。由于广西产盐达不到国家的标准，盐场结构正向有利于盐场发展方向调整，35%的盐田正改造为养虾塘。 （杨 菲）

【滨海旅游业】 2000年，广西滨海旅游业有很大的发展。广西北海、钦州、防城港三个滨海城市共接待海外游客123万人次，接待国内游客113万人次，旅游外汇收入1 410万美元。

2000年，北海市政府斥资800万元，对北海银滩建设规划设计进行国际招标，吸引了国内外40余家知名设计单位参加竞标。同时，编制银滩公园改造、火山公园建设、星岛湖及合浦县旅游规划，《银滩西部景区旅游资源开发与生态环境保护规划》经国家计委批准，获得1 200万元国家专项资金拔款的支持。防城港市《防城港市旅游发展总体规划》5月编制完成；《京岛旅游总体规划》和《江山半岛旅游度假区总体规划》已召开3次会议征求意见。钦州市12月22日评审通过了《钦州市旅游发展规划》和《钦州七十二泾旅游区总体规划》。《钦州市旅游发展规划》提出了钦州市旅游业发展的总体构想，按照产业发展的要求，坚持以景区景点建设为中心，突出特色，加大旅游产品开发力度，尽快形成和完善“1234”旅游产品的新格局；《钦州七十二泾旅游区总体规划》提出了可具操作性开发建设利用方案，明确了旅游区的功能定位是以休闲度假、观光、娱乐为主，并突出亚热带滨海特色。

（廖燕玲）

海洋公益事业
Marine Public Welfare Facilities

【海洋观测预报】 广西海洋监测预报中心（海洋预报台）每天通过北海电视台、广西卫视台及邮政968信息台发布北部湾及广西沿海海域的海浪、海温和潮汐预报，全年预报质量保持在80％以上。年内，广西海洋预报台完成和规范预报程序，继续完善和充实预报历史资料档案，供长期预报使用。2000年，广西北海中心海洋站下设北海、涠洲岛、防城港海洋站，提供广西海洋水文、气象观测的每天实时报资料和月报资料，提供沿海的海洋水文、气象观测资料服务。年内完成表层海水温度月报资料72份、潮汐月报资料72份、海浪月报资料24份、风月报资料48份。年测报错情率0.00％。涠洲岛海洋站试运行全自动化观测系统。该系统采用集散控制结构形式，是全天候、全自动的海洋、气象观测仪器，对海洋水文、气象项目实行无人化观测，可完成资料的采集、处理、储存、汇总、编报及远程资料传输、为用户服务等功能。

（广西海洋监测预报中心）

【海洋环境监测】 广西海洋环境监视网各成员单位联合调查、处理了多起资源损害、环境污染事件，联合进行了涠洲岛珊瑚礁死亡原因调查，以广西海洋通报的形式向有关政府提出防治建议，并协助有关部门对广西赤潮以及珍珠养殖海洋污染进行了调查。据不完全统计，全年全区进行监视、监察共438人次，发布海洋通报10期。完成辖区全年度的海浪、海温、潮汐、风暴潮的预报任务，平均准确率在81％。（梁　群）

【自然保护区建设】 1999年11月北仑河口海洋自然保护区获得国家级自然保护区评审委员会专家评议一致通过升格为国家级自然保护区。在当地政府的重视下，初步改革了该保护区管理机构，增加了保护区人员经费和业务经费，使保护区管理工作得到进一步提高与加强。

1998～1999年该保护区继续开展GEF小型基金课题“中国西南端海岸木榄红海榄衰退原因及恢复方法研究”。目前，该保护区的本底调查皆已完成。

【山口红树林生态自然保护区】 2000年建设了保护区综合楼，解决了保护区管理站的办公问题。该保护区继续开展国外合作与交流，2000年，山口保护区与美国鲁克利湾国家河口研究保护区合作。组织编写了《山口国家级红树林生态自然保护区管理规划》等材料，为双方下一步正式合作奠定基础。（覃立团）

【大比例尺海洋功能区划】 大比例尺海洋功能区划是科学合理开发利用海洋资源、保护海洋环境的基础性工作。《广西壮族自治区大比例尺海洋功能区划工作实施方案》经广西政府审查上报、国家海洋局批准实施后，自治区政府正式部署开展海洋功能区划工作，成立了以广西由自治区人民政府副主席为组长、其他涉海部门为成员的广西海洋功能区划领导小组。组成了由广西海洋局韦忠为组长、杨中华等为副组长的海洋功能编写组，开展编写工作。先后写出4稿，送有关部门和沿海市县政府审查。（黄飞波）

海洋灾害与防御
Marine Disasters and Prevention

【海洋环境污染】 海上滥采砂矿污染海洋环境。2000年春季开始，钦州茅尾海非法采矿，数百条小型采矿船在海上开展采矿作业。采矿、洗矿造成的混浊水面，使海水受悬浮物污染，致使附近海区养殖的大蚝、文蛤、泥蚶被蒙上一层浮泥，造成生物觅食困难、生长速度减慢、偏瘦。同时，由于选矿积成的沙堆，造成航道及港池淤积。

【热带风暴】 2000年内，没有台风直接影响广西沿海海域。广西沿海只受16号热带风暴外围轻度影响，最大风力9级，大风没有造成明显灾害。由热带风暴、西南大风和偏北大风引发的3米及以上的大浪天数约96天。大风过程最大风暴潮增水59厘米。

【涠洲岛赤潮】 2000年5月，北海市涠洲岛南湾附近海域发生赤潮，赤潮生物为水花铜绿微囊藻。赤潮持续6天，面积3平方千米左右，未造成大的经济损失。 （海洋环境保护处）

海洋科技与教育
Marine Science & Technology and Marine Education

【海洋科研与开发】 2000年，广西实施海洋科技项目共8项，项目总投资5 000余万元，投入科研经费280万元，研究内容涉及广西沿海盐酸田改造及对虾高产养殖模式技术开发、文蛤人工育苗与集约化高产养殖技术研究、南珠深海养殖及深加工技术开发等方面。

实施“科技兴海”创新计划。2000年，广西沿海组织实施北海市珍珠、文蛤养殖与加工产品开发项目，先后建立了营盘千亩南珠科技示范基地和铁山港南珠科技园，科技示范户平均每万插核贝收珠比一般养殖户提高60%。

“对虾高产技术开发”经过两年多的实施，基本完成了预定的目标：项目示范区内67公顷以上大面积对虾暴发病的防治成功率达90%以上，防病有效率达98%，技术水平居国内领先。对虾养殖平均每公顷产5 475千克，最高每公顷产10 200千克。建立了射流自吸式增氧机的产品质量检测体系，共生产出750瓦和550瓦射流自吸式增氧机5 000台，产值990万元。射流自吸式增氧机已向8个国家申请专利，已获美国专利。

【海洋科技教育】 广西建立有广西海洋研究所、广西南珠研究开发中心、广西红树林研究中心、广西海洋监测预报中心等综合性或专业性海洋科研机构，研究领域基本涉及整个海洋领域。尤其是在红树林生态系研究、南珠基础及应用研究等方面居于国内先进水平，其中红树林胚轴光眠机理研究为国际首创，在国际上也产生了一定的影响。同时，配合科技兴海“创新计划”的实施，开展科技培训班35期，培训对虾养殖管理人员1万余人。在2000年北海市科技活动周和科技成果双交会上，邀请全国政协常委、原北海市副市长任玉岭为全市400余名干部作“西部开发与北海发展机遇”的报告，增强了北海市各级领导干部的海洋开发意识。 （伍启清）

海洋国际合作与交流
Marine International Cooperation and Interflow

【中美海洋与海岸带综合管理协调组研讨会】中国和美国海洋与海岸带综合管理协调组研讨会于2000年6月28～29日在南宁召开，国家海洋信息中心主任王宏代表中国国家海洋局，美国国家海洋大气局局长助理勒依代表美国国家海洋局共同主持会议。中国国家海洋局国际合作司、海洋环境保护司、国家海洋信息中心、国家海洋局第三海洋研究所、广西海洋局、天津市海洋局、海南省海洋与渔业厅的代表，IUCN（国际自然保护联盟）及美国的 Hogesn Gregor 先生参加了会议。

会议强调了最近完成的海岸带综合管理计划的重要性。双方同意通过建立生态基线评价，制定环境和生态监测网，鼓励合理的滨海生态旅游，改进诸如地理信息系统决策支持系统的应用以加强当地的管理能力。会议同意，经双方共同努力，争取国际援助，以促进中国北部湾生态环境的建设工作。

【UNDP南中国海北部海岸带综合管理能力建设防城港示范区项目】 由联合国开发计划署(UNDP)资助、国家海洋局组织实施的南中国海北部海岸带综合管理能力建设项目，开始于1997年7月，结束于2000年7月。防城港是该项目所确定的三个示范区之一，主要探索在以港口建设为主导功能的地区如何运用海岸带综合管理的理论、技术和方法进行综合管理，以建立持续的财政机制，保持当地的生物多样性，保障当地经济的可持续发展。示范区项目工作主要由广西海洋局和防城港市政府共同组织实施，国家海洋局第三海洋研究所、广西海洋研究所等单位参加相关工作。示范区圆满完成了项目合同要求的各项任务，使海岸带综合管理在该示范区初具规模，海洋可持续发展意识和海洋法制意识得到加强。

【美国鲁克利湾河口研究保护区代表考察山口红树林生态自然保护区】 根据中国国家海洋局与美国国家海洋大气局1999年7月在美国加利福尼亚州圣迭戈形成的中美海洋与海岸带管理协调小组第二次会议纪要和2000年6月底在中国广西南宁形成的中美海洋与海岸带管理协调小组长期项目研讨会会议纪要以及其后双方多次的协商，美国派出了以佛罗里达州鲁克利湾河口研究保护区麦克·谢利博士为团长的4人代表团，于2000年12月6～14日，对中国广西合浦国家级山口红树林生态自然保护区、北海涠洲岛（斜阳岛）及其周围海域的珊瑚礁等进行了实地考察，并与广西海洋局等中方有关部门进行了三次专题座谈。

通过座谈和实地考察涠洲岛、斜阳岛、山口红树林保护区，代表团对《北部湾广西海洋生态环境综合管理建设项目》及背景情况有了直观的了解，初步感受到了中国和美国在社会经济发展程度及自然保护工作条件和进程方面的差异。因此，他们认为，从社会经济层面了解社区和各方利益相关者对有关资源管理活动的意见是非常重要的。同时，他们也感到山口的红树林、涠洲岛和斜阳岛的珊瑚礁以及这里的地质地貌甚至风土人情都非常有特色，对人类很重要，值得中国和国际社会对其加以保护。

双方表示今后要进一步加强交流与合作。麦克·谢利博士表示愿意与美国国家海洋大气局一起帮助山口保护区获得更多的国际援助。

（刘　斌）

海洋立法与管理
Marine Legislation and Management

【海洋立法】 2000年机构改革后，由原土地、地矿、海洋三部门组建的广西区国土资源厅继续与广西区财政厅开展《广西壮族自治区海域使用管理条例》的起草和修改工作，并调整和补充了起草小组成员。经过半年的调研和修改，完成了《条例》的征求意见稿。

根据国家有关海域使用管理法规和《广西壮族自治区海域使用管理办法》，结合当地实际，防城港市制定颁布了《防城港市海域使用管理规定》。

【海域使用管理】 广西各级海洋行政主管部门重视争取政府对海域使用管理工作的支持，沿海各市、县(区)人民政府以召开海洋管理工作会议或下发文件等方式，明确规定了各地根据实际情况实施海域使用管理制度的具体意见，协调了海域使用管理法规与其他法规的关系，支持海洋部门开展海域使用管理工作。全区全年共发放海域使用证1 182本，海域使用确权面积3 200公顷，征收海域使用金250万元。

【海洋执法监察】 2000年，广西海洋监察大队认真进行调查研究和跟踪监测监视，掌握辖区各港口及有关涉海工程情况，调查处理违法事件。2000年，广西海洋监察大队共巡航监察135天，处理违章施工事件1起、发布季度巡航通报8份、北海海域污染事件通报2份、违章通报1份、登船检查6次、海洋资源开发监视8次、海洋污染监视8次。沿海各市、县(区)海洋部门的海洋监察员也进行了各种形式的执法监察，维护了该区的海洋环境，规范了海洋开发秩序。

【广西近岸海域联合执法】 2000年6月21～27日，广西区国土资源厅、国家海洋局南海分局、广西海洋局和广西海洋监察大队联合开展了广西首次海陆空立体联合执法大检查。主要检查目标是：(1)海域使用中的围、填海活动，尤其是破坏海岸线、毁坏红树林的开发利用活动；(2)沿岸海域上的开采海砂和海洋矿产资源活动；(3)重点陆源排污口；(4)海上石油平台、倾废作业船；(5)海域使用金的征收、使用与管理。

此次海陆空海洋监察执法检查活动历时7天，共有近100人参加。中国海监B-3807飞机、中国海监72号船参与了执法监察，广西区环保局、林业局、水产畜牧局应邀参加，广西日报、广西卫星电视台等媒体的记者应邀随同采访报道。通过执法检查，广泛宣传了海洋法规，全区沿海干部群众对海域使用管理和海洋环境保护的认识有所提高，督促当地政府认真执行海域使用和海洋环境保护法规，并对一些典型的违法事件进行调查和处理。

【海洋倾废管理】 2000年广西海监开展海洋倾废监视检查50次，其中船舶巡航约5 000千米，车辆巡视12 460千米，登船检查15艘次，签发了倾倒许可证正本7份，废弃物倾倒量80万立方米。2000年，广西海洋部门签发疏浚物倾倒许可证3份，选划临时倾倒区3个，批准倾倒量25万立方米，并对违章倾倒行为作出行政处罚。

【海洋执法宣传】 针对广西群众海洋意识淡薄、依法用海观念不强、“三无”现象严重的问题，广西海洋主管部门在海域使用管理工作中注意做好执法宣传工作。2000年，组织广西日报、广西电视台等多家新闻媒体进行宣传，全区共发稿件20余件。北海市、钦州市和防城港市先后也进行了宣传活动。通过大力宣传，广大群众对海域使用管理工作有了进一步的认识，大部分群众都能主动配合开展海域使用登记发证工作。

（黄飞波）

表2 2000年广西沿海地区国内生产总值及工农业生产总值一览表

单位：亿元

地区名称	国内生产总值				工业总产值（当年价）	农业总产值（当年价）
		第一产业	第二产业	第三产业		
全区合计	2 050.15	538.70	748.00	763.45	1 800.24	828.97
北海市	68.70	16.51	19.44	32.75	55.63	29.90
合浦县	45.60	19.78	12.37	13.45	37.77	35.16
防城港市	37.32	11.96	9.91	15.45	23.76	19.44
东兴市	12.07	3.20	1.95	6.92	4.88	5.29
钦州市	63.46	32.75	9.50	21.21	22.05	52.85
沿海合计	227.15	84.20	53.17	89.78	144.09	142.64

表3 广西沿海工农业总产值、国内生产总值（现行价）及人口情况比较表

沿海地市	年份	工业（亿元）		农业（亿元）		国内生产总值（亿元）				年末总人口（万人）			从业人员（万人）	
		总产值	增加值	总产值	增加值	合计	第一产业	第二产业	第三产业	合计	农业人口	非农业人口	合计	其中职工人数
北海市	1999	48.29	13.35	27.74	15.92	107.68	34.96	29.75	42.97	139.5	101.2	38.3	80.5	10.9
	2000	55.63	15.59	29.90	16.51	68.70	16.51	19.44	32.75	49.47	27.26	22.21	27.98	6.16
钦州市	1999	62.03	14.21	105.54		123.88	65.87	23.00	35.00	314.82	97.3	33.00		
	2000	22.05		52.85		63.46	32.75	9.50	21.21	117.06	98.89	18.17	75.68	5.40
防城港市	1999	28.07	8.55	23.68		46.79	15.00	11.57	20.22					
	2000	23.76		19.44		37.32	11.96	9.91	15.45	46.69	34.38	12.31	25.10	3.79

说明：沿海地市只统计市辖区数据（表3～表7同），故合浦县和东兴市的数据不在沿海城市内。

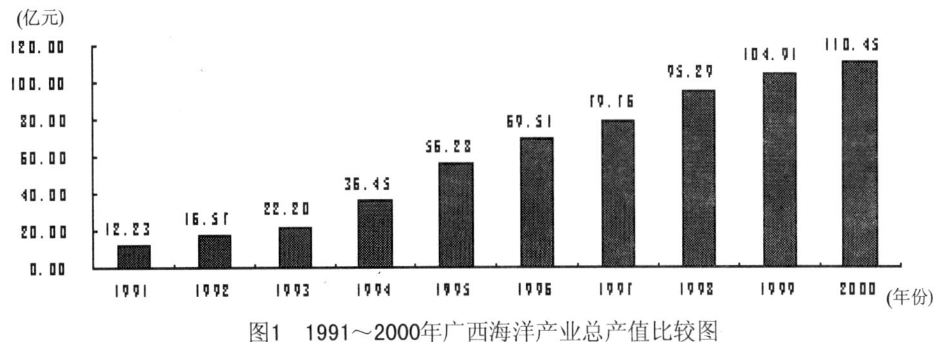

图1 1991～2000年广西海洋产业总产值比较图

表4 1991～2000年广西海洋经济发展状况一览表

单位：亿元

年　份	海洋产业总产值	海洋水产	海洋交通运输	海洋盐业	滨海砂矿	海洋旅游
1991	12.23	8.25	1.02	0.36		0.014
1992	16.57	12.16	1.53	0.36		0.031
1993	22.20	15.52	2.03	0.32		0.046
1994	36.45	22.34	2.28	0.34		0.094
1995	56.28	42.00	3.38	0.29	0.11	0.141
1996	69.51	63.97	3.43	0.33	0.04	1.73
1997	79.76	73.24	3.60	0.24	0.27	2.41
1998	95.29	84.31	3.52	0.40	0.02	7.04
1999	104.91	92.75	3.63	0.46	0.02	8.05
2000	110.45	104.91	3.86	0.48	0.03	1.17

表5 广西海洋产业总产值在全区国内生产总值中的比重

单位：亿元

年　份	海洋产业总产值	国内生产总值	海洋产值与国内生产总值的比值(%)
1991	12.23	518.59	2.36
1992	16.57	646.60	2.56
1993	22.20	893.58	2.48
1994	36.45	1 241.83	2.94
1995	56.28	1 606.15	3.50
1996	69.51	1 869.62	3.72
1997	79.76	2 015.20	3.96
1998	95.29	1 903.04	5.01
1999	104.91	1 953.27	5.37
2000	110.45	2 050.15	5.39

注：这里列出的海洋产业总产值为海洋水产、海洋运输、滨海旅游、海盐、滨海砂矿五大产业的合计产值。海洋石油由国家海洋石油总公司统一开采，其产值不纳入地方经济。1998年后,滨海旅游的统计方法有所变化,故与历年变化值较大。

(韦　忠　杨　菲)

广 东 省
Guangdong Province

综 述
Summary

【概况】 广东海域面积45万平方千米，相当于全省陆地面积的2.5倍；大陆海岸线3 368千米，占全国的1/5；共有海岛1 431个，其中面积大于500平方米的有759个；大小港湾510个，主要航道23条；海洋生物3 000余种，具有经济价值的鱼类200余种；已经查明的滨海砂矿1.62亿吨、海上石油储量5亿吨、天然气储量3 500亿立方米；可供开发的旅游资源近100处；海洋能储量总功率3 536兆瓦。

沿海有广州、深圳、珠海、汕头等14个沿海市、35个沿海县(区)，海洋经济开发带内的国民经济总产值占全省的73%，是广东率先基本实现现代化的主导区域。

2000年，广东省海洋产业总产值达1 513.6亿元，比1999年增长22.3%，海洋产业增加值724.9亿元，占该省国内生产总值的7.5%，其中渔业总产值335.6亿元，增长6.3%；海洋交通运输业为162.4亿元，增长33.7%；滨海旅游业为425.8亿元，增长13.9%；海洋油气业为274.2亿元，增长69.4%；滨海电业为273.7亿元，增长21.1%；盐业为0.6亿元，减少22%；海洋砂矿业为0.4亿元，减少38%；造船业为39.8亿元，增长10.8%；海洋药业为1.1亿元，增长12%。

海洋资源开发与海洋经济
Development of Marine Resources and Marine Economy

【海洋渔业】 2000年广东省渔业总产量达593万吨，其中海洋捕捞191.5万吨，连续两年负增长；海水养殖169万吨，比上年增长5.1%；淡水养殖219万吨，比上年增长5.1%。水产品总产值达383.4亿元，占该省农业总产值的23%；渔民人均纯收入5 750元，渔民劳均纯收入12 500元，分别是该省农民人均、劳均纯收入的1.6倍和2.1倍。

目前，广东有十大特色品种养殖居全国首位，成为渔民增收的主渠道，如对虾养殖3.8万公顷，产量7.5万吨，占全国的34%；鲍鱼养殖283公顷，产量1 442吨，占全国的24%；海水珍珠养殖 3 602公顷，产量26吨，占全国的72%；鳗鱼养殖 7 590公顷，产量7万吨，占全国的44%；罗氏沼虾养殖1.2万公顷，产量4.5万吨，占全国的46%；桂花鱼养殖1万公顷，产量6.6万吨，占全国的67%；海水优质鱼养殖20.3万吨，占全国产量的47.6%；鲈鱼养殖0.5万公顷，产量6.8万吨，占全国的70%；罗非鱼养殖3.1万公顷，产量25万吨，占全国的40%；甲鱼养殖0.3万公顷，产量2.3万吨，占全国的24%。

【海洋药物与保健品】 目前，广东省已经开发出20余种海洋保健品和功能食品。中山大学已研究出“海产品抗氧化及脱腥技术”，并获得国家发明专利（专利号：ZL95107286.2），利用该发明技术现已开发出“五堂海马胶囊”、“虫草鲍鱼精”、“鳗鱼油胶囊”、“剑兰春海马酒”等一系列海洋功能食品，均获得国家卫生部功能食品证书，从而带动了汕尾市陆丰地区海马、鲍鱼等多种海洋生物的科学养殖及深加工产业的发展。

海 洋 公 益 事 业
Marine Public Welfare Facilities

【广东省海洋与渔业环境监测中心】 通过近2年的努力，目前监测中心基础设施建设已具规模，配有较强的专业技术力量，获得了农业部渔业污染事故调查处理甲级证书和国家海洋局海域使用评价证书，起步工作已基本完成，具有了独立开展工作的能力。

赤潮监测监视 为加强赤潮监测、监视的专业能力，广东省海洋与渔业环境监测中心积极推动基层赤潮监测站的建设，逐步建立覆盖全省的赤潮监测监视网络，使赤潮监测及预警工作的常规化、制度化得到组织建设上的依托，并为赤潮机理的研究和未来赤潮预测预报模型的建立积累基础数据。目前，广东省已有10个沿海市县申请建立监测站，其中深圳、阳江、汕头站已开展常规监测工作。

海洋与渔业环境监测 2000年，广东按照《广东省海洋与渔业环境监测2000年实施方案》，对重点海水养殖区的珠海桂山湾、饶平柘林湾、深圳湾、大鹏湾、海陵湾、阳江闸坡海水浴场、深圳大梅沙、小梅沙海水浴场和重点陆源排污口邻近海域茂名澳内海进行常规监测调查。监测项目包括石油类、无机氮、无机磷等14项，掌握这些重点区域的环境质量状况，并发布“海洋与渔业环境监测信息”，监督陆源污染排海情况，为沿岸海水养殖业的合理布局、旅游业及社会公众提供技术支持。在开展常规监测工作的同时，还开展了内陆淡水、海水养殖水质测试分析，及时为处理污染死鱼事故以及水产养殖单位选择养殖水源提供科学数据。据统计，2000年1～11月份，共测试分析样品78个，出具检验报告13份，提供科学数据673件。

海洋渔业资源动态监测 2000年，广东省在原有监测内容的基础上，增加了经济效益监测和增设主要经济鱼类生物学测定的站点，并加强休渔结束后的生产现场考察，及时了解和掌握休渔措施对资源动态的影响情况。

【海洋自然保护区建设】 根据广东省人大、省政府关于加快自然保护区建设方案，制定了海洋与水产类型自然保护区建设十年规划及实施方案，积极推进海洋水产类型自然保护区管理体系建设。广东省计划从2000年起10年内，建设保护区23个，其中国家级的2个，省级的4个，总面将达87 031公倾。2000年已启动建设国家级惠东港口海龟自然保护区和省级雷州白蝶贝自然保护区。

【沿海人工鱼礁建设】 面对近海渔业资源严重衰退的形势，广东省决定实施人工鱼礁建设这一有效恢复渔业资源的工程，目前《广东省沿海人工鱼礁建设规划报告书》已通过了专家审定，2000年6月中旬在阳江市双山岛海域开展了游钓人工鱼礁试点。

海洋环境保护
Marine Environmental Protection

【海洋环境管理机制】 广东地方海洋管理部门通过加强对广东海洋环境的调查、监测、评价、科学研究等基础工作和技术队伍的建设，在强化海洋环境法制建设方面，建立党委和政府领导，权力和纪检机关监督、有关部门分工负责、全社会公共参与、海洋管理部门统一监督管理的环保工作机制，切实强化政府对海洋环境质量负责和污染者的法律责任，着手编制广东海洋环境保护规划，以综合安排保护海洋环境资源的各项长期工作；制定了重点海域排污总量控制的主要污染物排海总量控制指标、主要污染源分配排放控制数量、广东海洋环境质量标准等适应广东海洋产业实际的贯彻执行《海洋环境保护法》的配套地方法规和规章；加强海洋环境执法队伍的现代化建设，提高执法人员的素质和水平。

【海洋资源自然保护区】 广东海域已建立了4个海洋珍稀动物、生物资源为主要保护对象的海洋和野生动物保护区、3个以海岸滩涂生态系统及动植物为主要保护对象的自然保护区。对8个重点贝类护养增殖区，正在加以示范推广；筹建中的珠江口中华白海豚自然保护区，将会对海岸带、防护林以及红树林、珊瑚礁等生态系统的保护起到积极的作用。

海洋灾害与防御
Marine Disasters and Prevention

【概况】 广东的地理位置和气候条件，形成了处于台风、暴潮和赤潮等海洋灾害的多发区。海洋灾害出现的次数、强度和影响程度均居全国首位。仅海洋渔业，每年直接经济损失就达亿元以上。

【防灾减灾工作】 建立健全广东海域的海洋灾害监测和预报网络。对海洋环境要素监测，以广东省海洋与渔业环境监测网络为主，布点覆盖全省沿海地区；对海洋灾害的监测，由国家和地方共建监测网络，提高对海洋灾害的立体监测和中、长期预报能力；加强海洋减灾的科研攻关，对沿海重大减灾工程建设，特别是把沿海防潮闸坝及护岸工程、沿海防护林带工程等列为社会基础保障范畴，优先加以安排；加强中央和地方海洋安全和海上搜救的联合和协作，科学地制定防御海洋灾害的应急计划，建立海洋灾害防御快速反应机制和防污处理应急系统，提高抵御海洋自然灾害的能力。

海洋科技与教育
Marine Science & Technology and Marine Education

【海洋科技】 广东省十分重视海洋与渔业的科技工作。2000年，广东省出台了《关于对“科教兴海”、“科教兴渔”的实施意见》，对海洋与渔业科技工作提出了“统分结合、突出重点、上下联动、左右支持”的十六字方针。“统分结合”的“统”是指统一规划，统一布局，统一任务下达；“分”是指分工合作，分阶段实施；“突出重点”是指各市要根据本单位、本地区的特点，抓好一两个关键技术进行攻关；“上下联动”是指中央驻粤机关单位和该省、市、县海洋与渔业部门一起推动科技工作，推进海洋与渔业的两个根本性转变；“左右支持”就是要横向联合，包括与中央驻粤科研单位和高等院校的联合，形成一种机制，把中央驻粤科研单位和高等院校科技力量聚集起来，提高广东的“科技兴海”、“科技兴渔”水平。

【规划的编制与落实】 2000年，广东省启动《广东省1999～2010年科技兴海规划》的实施工作，编制《广东省2000年海洋与水产科技重点项目计划》并组织实施；广东省海洋与渔业局与该省科技厅合作，联合组织实施《广东省农业科技发展“十五”计划和2015年远景规划》。

【海洋开发研究中心】 按照《关于对“科技兴海”、“科技兴渔”的实施意见》的要求，2000年广东省海洋与渔业局联络该省科技厅、湛江海洋大学就广东省海洋开发研究中心的组建工作、框架结构、职能定位和2000～2002年的工作重点及分工进行研究，提出了可操作的“广东省海洋开发研究中心的运作方案”，并经该省省政府批准后开始运作，构建了广东省海洋开发研究中心。同时，广东省海洋与渔业局建立了5个海洋科技产业化示范园区：万山海洋综合开发试验区科技园、湛江海洋高新科技园、南澳国家科技兴海示范基地、广州市海珠区国家科技兴海示范基地、汕尾海洋生态保护和综合开发示范区，以加快全省科技兴海步伐。

【广东省大亚湾水产试验中心】 该中心占地面积30 442平方米，建有鱼类孵化育苗间(1 250立方米)、轮虫培育车间(615立方米)、海胆、鲍鱼培育池(320立方米)、藻类培育池(745立方米)、海水养殖网箱、海水池塘，拥有国内一流的生化、鱼病研究室及饵料培养室、气象观测室等。大亚湾水产增养殖项目实施5年来，已培育出壳径0.5厘米以上的紫海胆苗140余万粒，获得了广东省2000年度科学技术奖三等奖；近两年来累计培育出全长2.5厘米以上的赤点石斑鱼苗1.5万余尾，斜带石斑鱼苗（俗称青斑）15万余尾。目前，该中心对杂色鲍、花鲈、牙鲆、军曹鱼、花尾胡椒鲷、星斑裸颊鲷、红笛鲷、美国红鱼等多个品种的人工孵化育苗已获得重大突破。

【广东海洋与水产高科技园】 以广东省海洋与渔业局所属事业单位为核心，联合驻粤的科研院所和大学共同建设，对广东海洋与水产的科技力量进行重新配置、高位稼接、优化组合，形成合力，加速海洋与水产技术的组装集成和科技成果的转化，促进海洋与水产传统产业的改造升级，促进产业化经营。该科技园以仪器设备共享中心为凝聚力，以科技成果孵化为依托，以成果的转化和示范推广为重点，以全面提升该省海洋与渔业的科技水平为目标，达到高科技、高水平、高标准、高辐射、高效益的“五高”要求，体现现代、科技、示范三重意义，实现体制和科技两方面的创新。研究一批、开发一批、储备一批，集研学产、农科教为一体，建成有强大科技贡献能力、促进市场开发能力、全国一流水平的高科技园区。目前，广东省正在组织有关专家开展科技调研、论证，提出促进海洋与渔业科技进步的政策性措施。

【海洋教育】 2000年，广东省成功举办了第一期广东省领导干部海洋知识培训班；在“九五”期间，该省海洋执法总队为全省执法人员举办上岗资格、海洋监察等各类培训班52期，2 312人次参加了培训，选派450人参加了上级部门组织的培训班；该省海洋与渔业服务中心面向全省渔技干部、技术人员、专业户开展技术培训38期，培训人数达5 670人次。通过大力加强干部培训工作，广大干部职工政治素质和业务能力得到明显的提高。2000年7～8月，广东省在深圳大鹏湾东山珍珠养殖场举办了首届中学生暑期海滨夏令营活动，进行了海洋知识讲座和竞赛、海洋标本采集和制作、大亚湾核电站及红树林参观、大亚湾古城游览、海滨游泳等系列活动。

海洋国际合作与交流
Marine International Cooperation and Interflow

【概况】 2000年，广东省海洋与渔业局组织有关单位参加了由中国科学技术部、葡萄牙科学技术部和澳门特别行政区政府主办的尤里卡计划研讨会和展览会。中国科技部部长朱丽兰、澳门特别行政区政府行政长官何厚铧、葡萄牙科学技术部部长Jose Marino Gago参观了展览会。在这次展览会上，广东省与国外科技界和企业界达成意向性共识10项，签订协议1项，深圳旺业实业有限公司与香港科技大学、德国柏林技术大学签订了合作研究协议。

海洋立法与管理
Marine Legislation and Management

【海洋立法】 2000年，广东省编写了《广东省海洋与渔业系统法制工作“十五”规划和2015年远景目标纲要》，对“十五”期间的海洋立法安排作出了详细计划，并对远景立法目标作出规划。

【海洋综合管理与开发】 2000年广东省全面推进海洋综合管理和海洋综合开发，全省已发放海域使用证158本，面积6 173公顷；发放养殖使用证1 829本，面积16 748公顷；收取海域使用费500余万元。主要工作包括：①配合国家海洋局搞好海域勘界试点工作；②重点突破湛江市港务局等几个重大用海项目发证缴费工作，实现了港口码头发证工作的突破；③召开海域使用管理现场会；④进行海湾养殖容量整治，初见成效。

【海洋执法监察】 2000年，广东的海洋执法监察主要做了以下工作：①积极推进统一综合执法，全面加强海洋与渔业执法队伍建设。②加强海砂开采执法管理。广东省海监渔政检查总队在珠江口连续组织了5次联合执法检查行动，先后共调集渔政海监船17艘、26艘快艇、240人次，组成声势浩大的联合执法队伍，对违规采砂船进行了全面的执法检查，联检行动共查处了41艘违规采砂船。珠海、湛江等地也依法查处了一批违规采砂船。据统计，2000年该省共查处非法开采海砂船118艘（次），罚没款25万元左右。海砂开采秩序得到了整顿，采砂企业纷纷向海洋行政管理部门申请办理有关海域使用手续，并停止违规采砂行为，从而有效遏止了无偿用海及开发利用海洋矿产资源的现象。③加大了对海域使用“三乱”和“三无”行为的打击力度。查获违法占用海域、填海工程违规案件7宗，罚款1.2万元。

（罗蒲清）

统 计 资 料

Statistical Data

表1 2000年广东省沿海国内生产总值（现行价）一览表

单位：亿元

地区 \ 项目	国内生产总值			
		第一产业	第二产业	第三产业
全省总数	9 662.23	1 000.06	4 868.75	3 793.42
沿海市县合计	7 368.36	584.61	3 503.15	3 280.60
广州市区	2 165.11	65.54	903.43	1 196.14
番禺市				
深圳市区	1 665.47	17.34	874.01	774.12
珠海市区	283.77	4.14	160.62	119.01
斗门县	45.88	9.71	22.17	14.00
汕头市区	223.46	6.12	94.55	122.79
潮阳市	168.56	25.74	82.19	60.63
澄海市	77.40	14.21	37.48	25.71
南澳县	5.40	1.84	1.65	1.91
惠州市区	137.28	2.40	104.75	30.13
惠东县	88.49	20.57	42.95	24.97
惠阳市	105.34	15.03	57.07	33.24
汕尾市区	28.13	8.25	8.67	11.21
海丰县	66.68	17.60	20.12	28.96
陆丰县	37.30	16.04	10.51	10.75
东莞市区	492.72	31.08	269.15	192.49
中山市区	313.52	24.28	170.45	118.79
江门市区	148.36	2.46	71.94	73.96
新会市	112.32	17.73	53.61	40.98
台山市	108.80	19.14	49.21	40.45
恩平市	42.12	8.73	15.19	18.20
阳江市区	40.98	14.72	14.21	12.05
阳东县	32.65	15.03	9.38	8.24
阳西县	25.11	12.79	5.68	6.64
湛江市区	204.22	17.04	112.57	74.61
徐闻县	27.52	16.09	3.57	7.86
遂溪县	44.46	22.37	9.54	12.55
廉江市	59.64	23.81	14.24	21.59
吴川市	29.07	8.76	9.13	11.18
雷州市	48.23	23.95	7.21	17.07
茂名市区	116.31	8.09	69.53	38.69
电白县	98.28	26.24	35.67	36.37
潮州市区	45.93	1.12	22.80	22.01
饶平县	61.87	19.72	22.31	19.84
揭阳市区	70.51	5.56	43.82	21.13
揭东县	99.82	20.05	55.82	23.95
惠来县	47.65	21.32	17.95	8.38

表2　2000年广东沿海工农业总产值一览表

单位：亿元

项目 地区	工业			农业		
	总产值(现价)	总产值(不变价)	增加值	总产值(现行价)	总产值(不变价)	增加值
全省总数	16 904.47	16 510.54	3 422.60	1 701.18	1 002.81	1 000.06
沿海市县合计	11 930.96	11 262.70	2 187.63	1 053.86	664.95	584.61
广州市区	2 626.16	2 304.43	535.08	116.84	61.29	65.54
番禺市						0.00
深圳市区	2 672.42	2 689.21	505.45	31.14	12.06	17.34
珠海市区	561.91	643.78	102.15	7.32	3.67	4.14
斗门县	112.67	178.94	12.92	15.32	9.30	9.71
汕头市区	395.99	299.80	78.44	9.43	4.48	6.12
潮阳市	332.20	315.98	78.04	45.40	22.74	25.74
澄海市	179.64	179.60	34.76	26.13	13.40	14.21
南澳县	6.71	5.35	0.89	7.47	4.64	1.84
惠州市区	480.69	665.05	81.30	4.24	2.14	2.40
惠东县	119.18	104.61	29.42	31.19	16.21	20.57
惠阳市	172.16	156.25	15.91	123.57	108.54	15.03
汕尾市区	22.59	21.12	4.18	15.71	10.20	8.25
海丰县	68.62	59.49	11.91	28.01	9.49	17.60
陆丰县	32.21	27.76	4.95	28.40	19.14	16.04
东莞市区	1 093.30	878.41	161.73	54.64	27.38	31.08
中山市区	738.12	745.16	117.11	37.00	28.71	24.28
江门市区	254.95	295.31	49.34	2.71	5.16	2.46
新会市	295.01	289.02	48.85	33.62	19.67	17.73
台山市	266.23	272.07	44.79	41.50	23.63	19.14
恩平市	59.40	57.50	14.56	16.06	8.53	8.73
阳江市区	52.90	57.12	8.19	12.87	9.70	14.72
阳东县	27.43	23.15	5.26	22.47	12.92	15.03
阳西县	18.10	17.20	3.84	21.85	15.15	12.79
湛江市区	244.87	128.85	40.52	26.01	17.66	17.04
徐闻县	6.95	6.12	1.63	24.84	19.87	16.09
遂溪县	26.25	24.05	7.86	34.58	23.80	22.37
廉江市	41.88	38.93	11.96	4.24	2.83	23.81
吴川市	34.02	31.80	7.10	14.30	10.33	8.76
雷州市	14.76	13.77	3.53	39.07	28.72	23.95
茂名市区	308.25	123.28	22.42	12.34	10.03	8.09
电白县	91.70	76.17	23.29	53.01	42.09	26.24
潮州市区	80.26	84.48	18.25	1.96	1.22	1.12
饶平县	76.38	72.72	15.39	37.68	19.83	19.72
揭阳市区	156.10	141.64	32.19	8.81	5.53	5.56
揭东县	196.09	175.99	41.46	31.08	16.80	20.05
惠来县	64.86	58.59	12.96	33.05	18.09	21.32

表3　2000年广东省沿海人口、从业人员一览表

单位：万人

项目 地区	年末总人口			从业人员	
		农业人口	非农业(人口)		职工总数
全省总数	1 121.56	627.17	494.39	1 614.23	548.22
沿海市县合计	3 160.50	2 311.83	848.67	1 115.37	206.06
广州市区	273.20	124.10	149.10	433.34	
番禺市					
深圳市区					
珠海市区	43.61	15.00	28.61	27.20	27.00
斗门县	23.90	23.90			2.94
汕头市区	62.48	27.34	35.14	206.31	11.31
潮阳市	249.41	206.82	42.59		8.11
澄海市	83.43	66.00	17.43		4.31
南澳县	7.39	5.60	1.79		0.90
惠州市区	37.43	9.20	28.23	4.71	3.03
惠东县	69.00	48.00	21.00	11.28	11.01
惠阳市	33.00	20.00	13.00	23.62	17.50
汕尾市区	43.62	25.33	18.29	22.37	3.68
海丰县	74.60	55.30	19.30	33.38	3.08
陆丰县	147.35	137.00	10.35	58.60	4.60
东莞市区	153.61	114.00	39.61	97.88	16.80
中山市区	133.75	115.62	18.13		
江门市区	48.54	14.36	34.18	11.50	11.15
新会市	87.23	59.84	27.39	8.43	8.26
台山市	100.33	64.71	35.62	5.43	5.39
恩平市	46.63	29.75	16.88	4.05	4.01
阳江市区	45.00	18.00	27.00		
阳东县	52.00	48.00	4.00	29.69	2.53
阳西县	46.29	36.56	9.73	24.76	1.87
湛江市区	137.19	90.52	46.67		16.20
徐闻县	66.11	52.91	13.20		3.90
遂溪县	103.67	85.78	17.89		5.10
廉江市	148.18	122.54	25.64		5.90
吴川市	98.63	79.04	19.59		3.40
雷州市	147.64	122.75	24.89		5.90
茂名市区	70.53	37.00	33.53	9.00	7.05
电白县	155.30	129.00	26.30		
潮州市区	34.20	15.80	18.40		
饶平县	84.65	84.65		44.42	3.13
揭阳市区	38.40	20.90	17.50		5.17
揭东县	109.32	109.32		59.40	2.83
惠来县	104.88	97.19	7.69		

（罗蒲清）

福建省
Fujian Province

综 述
Summary

【概况】 福建是中国东南沿海主要海洋省份，拥有200米等深线海域面积13.6万平方千米，比全省陆地面积约大12%左右，大陆海岸线北起福鼎沙埕港，南至诏安宫口港，总长3 324千米，居全国第二，直线长度535千米，曲折率达1:6.21。沿海有大小港湾125处，深水港湾22处，其中沙埕港、三沙湾、罗源湾、兴化湾、湄洲湾、厦门港、东山湾等7处为福建省天然深水良港，能直接满足5万吨级以上船舶自由进出港，约占全国深水港湾的1/6。全省有大潮高潮时面积大于500平方米的岛屿1 546个，居全国第二，岛屿岸线总长度2 804.40千米，岛屿总面积1 400.13平方千米，有人居住的岛屿101个、人口约136万余。全省滩涂面积为2 068平方千米。沿海从北至南主要有赛江、闽江、晋江、九龙江等河流入海。

表1 福建省沿海市县一览表（2000年底）

设区市名称	县级行政单位名称
福州市	马尾区 福清市 长乐市 连江县 罗源县 平潭县
厦门市	思明区 开元区 鼓浪屿区 杏林区 湖里区 集美区 同安区
莆田市	涵江区 莆田县 仙游县
泉州市	丰泽区 洛江区 石狮市 晋江市 南安市 惠安县 金门县
漳州市	龙海市 云霄县 诏安县 漳浦县 东山县
宁德市	蕉城区 福安市 福鼎市 霞浦县

注：2000年下半年开始泉州市增加泉港区

福建省海洋资源十分丰富，拥有“渔、港、景、油、能”五大优势资源。福建省近海有海洋生物3 312种，其中鱼类752种，发展海洋水产业具有得天独厚的条件。海岸带和近海海域蕴藏着大量矿产资源。已发现的矿产有60余种，其中有工业利用价值的20余种，矿产地300余处。海底油气资源丰富，油气资源总量2.9亿吨。全省沿海风能资源丰富，并有利用潮汐、波浪、海流、温差发电的广阔前景。沿海风光秀丽，气候宜人，拥有丰富多彩的自然和人文旅游资源，是天然的度假和旅游胜地，海洋开发的前景十分广阔。

人口状况 福建沿海地区2000年末人口1 890.77万人，占福建省总人口3 410.00万人的55.45%，比1999年1 878.98万人增加了11.79万人。沿海地区的人口密度为639.46人/平方千米，远大于全省(275.80人/平方千米)平均人口密度。人口出生率和自然增长率分别为11.6‰和5.75‰。居住在城镇的人口占全省总人口的41.9%，比全国平均水平36.1%高出5.8个百分点。随着社会经济的发展，福建沿海地区人口分布经过漫长历史的演变而逐步形成“南北稀疏、中间密集”的特点。

综合经济实力 改革开放以来，福建沿海地区经济快速发展，目前已成为福建省经济发展水平最高、经济实力最强的地区。2000年本区的国内生产总值为2 966.25亿元(按当年价计算，以下同)，其中，第一产业产值占本区国内生产总值的11.49%，第二产业产值占49.08%，第三产业产值占39.43%；全区财政收入1 601 734万元，占全省的75.89%。

沿海第一产业发展较快，结构进一步优化。2000年全区第一产业产值占全省第一产业产值的53.22%，农业和农村产业结构调整取得了一定的成效，农林牧副渔全面发展。沿海第二产业快速发展，第二产业的实力和规模继续扩大，第二产业产值占全省第二产业产值的85.09%，第二产业中工业持续快速发展，目前拥有15个工业部门的38个工业行业大类。改革开放以来，本区的三资企业、乡镇企业、股份制企业、个体私有企业迅速崛起，成为拉动工业经济增长的主导力量，新增的工业产值中绝大部分来自这些非国有企业。

全省沿海第三产业平稳发展，本区的第三产业产值占全省第三产业产值的74.56%。旅游、交通运输、邮电通信、贸易、金融、保险等生产、生活配套、保障、服务等行业发展较快，已基本适应经济社会发展与对外交往的需求。

【海洋综合经济实力】 在福建省委、省政府“建设海洋经济强省”一系列重大决策的推动下，2000年福建省海洋经济获得快速发展，较好地完成了“九五”提出的奋斗目标。海洋综合经济实力明显增强。海洋产业总产值由1995年的436亿元提高到2000年的1 038亿元，年均增长19%。海洋产业增加值由1995年的201.5亿元提高到2000年的460亿元，年均增长18%，占全省国内生产总值（GDP）的11.7%，其增幅快于全省GDP增幅5个百分点。海洋渔业、海洋交通运输业、滨海旅游业在全省经济中占有重要地位。

海洋主要产业（产品）快速增长。海洋水产品产量由1995年的248.5万吨提高到2000年的470.5万吨，年均增长13.69%；港口货物吞吐总量由1995年的3 460万吨提高到2000年的6 944万吨，年平均增长14.9%；海洋货物运输量由1995年的2 091万吨提高到2000年的3 400万吨，年均增长10.3%；海洋船舶制造吨位由1995年的3万吨提高到2000年的9.2万吨，年均增长25%；滨海旅游接待境内外旅游者由1995年的1 150万人次提高到2000年的2 482万人次，年均增长16.6%。

海洋产业结构逐步优化 以海洋渔业、海洋盐业和海洋交通运输业为主的传统海洋产业格局逐步得到改变，滨海旅游业、海洋精细加工业等新兴海洋产业有了长足发展。2000年，在全省海洋产业产值中，海洋渔业占23%，滨海旅游业占23%，海洋港口运输业占24%。全省海洋第一、二、三产业增加值的比例为31：17：52。

海洋科技水平不断提高 福建省海洋科技力量较强，海洋中高级人才拥有数居全国第二位，海洋科技进步对海洋经济发展的贡献率已达到50%。全省拥有15家从事海洋科研、教学、设计、勘探的单位和一批从事海洋生产开发的民营科技队伍，拥有各类海洋科技人员近2 000人，同时拥有一批海洋科技带头人。初步形成以福州、厦门两个高新技术产业开发区为龙头的闽东南高新技术产业带，形成海洋药物和生物技术领域高新技术产业优势。

海洋外向型经济建设取得进展 全省共兴办各类海洋三资企业637家，累计利用外资6.7亿美元。2000年，海洋产业出口创汇额达15.8亿美元，占全省出口创汇额的12.3%。其中水产出口创汇6.3亿美元，滨海旅游业外汇收入达8.9亿美元。

海洋资源开发与海洋经济
Development of Marine Resources and Marine Economy

【海洋水产资源开发】 2000年，全省各地围绕“培育水产支柱产业”、“建设海洋经济强省”的目标，加大渔业结构调整力度，使水产业继续保持良好的发展势头。2000年全省水产业总产值达575亿元，比1999年增长17.9%，水产业增加值达330亿元。名优水产品养殖业、精深水产品加工业和轻型、节能、高效捕捞作业的快速发展，有效地优化了农业结构，增加了渔（农）民收入。渔

表2 福建省海洋开发资料统计

项目			1999年	2000年
水产品产量（万吨）			502.32	527.89
海水产品产量（万吨）	鱼类		165.14	166.88
	贝类		212.23	231.84
	虾蟹类		30.52	88.06
	藻类		36.16	31.78
	其他		4.49	4.23
	合计		448.54	470.5
海洋捕捞产量(万吨)			206.65	207.80
海水养殖产量(万吨)			241.89	262.71
海水养殖面积(万公顷)			12.203	13.028
渔区年人均收入(元)			4354	4 500
渔业总产值(亿元，当年价)			303.48	575
沿海主要港口货物吞吐量（万吨）	福州港务局		1 480.56	2 425.48
	厦门港务局		1 773.38	1 965.26
	泉州港务局		1 521.19	1 712.18
	湄州港务局		136.12	201.34
	宁德港务局		181.55	221.19
	漳州港务局		192.27	418.72
	合计		5 285.08	6 944.17
海洋旅客运输量(万人)			416	510
造船产量(吨)				84 534
船舶工业总产值(亿元)			16.2	16.74
原盐生产产量(万吨)			42.38	28.37
滨海旅游（人次）	境外	外国人	353 045	428 946
		华侨	55 990	68 520
		港澳同胞	532 385	567 989
		台湾同胞	414 622	477 894
		合计	1 356 042	1 613 349
	内地(万人次)		2 513	2 942
全省旅游接待能力	旅游星级涉外饭店		152	204
	客房（间）		17 505	22 357
	床位（张）		33 871	43 065

业第一产业产值达320亿元，占大农业产值的33.05%，所占比例比上年增加3个百分点。全省渔民人均年收入达4 500元，比上年增长3.35%，比农民人均年收入高出1 200元。全省水产品总产量达527.89万吨，比增5.09%，水产品人均占有量达158千克，继续居全国第一位。水产品产量的增加为福建省人民提供了充裕的优质蛋白，优化了食物结构。

深入开展水产品流通与加工年活动，促进以加工流通为主体的第二、三产业产值的快速增长。全年水产业第二、三产业产值达255亿元，占水产业总产值的44%，比上年提高6个百分点。外向型渔业对提高渔业发展的拉动力增强。新增浅海开发面积7 992公顷，其中新增大黄鱼养殖25万箱，新增产值20亿元以上。全省水产品出口创汇6亿美元，比上年增长7.53%，居全国第二位。

【海洋运输与港口建设】 2000年面对航运市场激烈竞争、营运成本大幅升高、运价低迷的现实，全省海运企业采取了外拓市场、内抓管理的经营策略，海洋客货运输稳步发展。全年完成旅客运输量510万人、7 643万人千米，分别比上年增长22.6%和21.7%。2000年由于假日经济的拉动，旅游运输得到发展，以海上旅游为特色的客运体系正在形成。2000年全省完成货物运输量3 179万吨、355.6亿吨千米，分别比上年增长1.5%和减少13.9%，货物运输平均运距1 112千米，比上年减少15.2%。其中沿海货运在巩固传统货源的基础上，采取积极措施争取新客户，开辟新航线，全年完成货运量2 394万吨、周转量240.29亿吨千米，分别比上年增长8.9%和3.9%，集装箱和国内大宗散货等重点运输均保持较快发展势头。

2000年油运市场“僧多粥少”的局面仍未改变，竞争相当激烈，在这种情况下，全省油运企业在逆境中求发展，一方面加大市场开拓力度，广泛收集货源市场信息，做好揽载工作，另一方面通过与国内外经纪人的多方联系，利用其信息灵、门路广的特点，拓展揽货运输业务；另外针对油运市场变化莫测、货源不稳定等特点，自营和期租并举，以提高船舶运率、实载率，加速船舶周转，较好地完成了年度计划。至2000年底全省拥有油船76艘、12.56万吨位，艘数比上年减少3.8%，吨位增长5.5%，平均吨位增长9.7%，累计完成石油制品353万吨、35.41亿吨千米。

2000年全省拥有海洋机动船舶1 917艘、172.19万吨位、1.57万客位，分别比上年增长0.3%、17.5%和减少11.4%，其中集装箱船舶125艘、19.09万吨位、14 787标准箱位，分别比上年增长9.6%、7.3%、37.5%，全年完成集装箱运输量51.31万标准箱、550.58万吨，分别比上年增长13.1%和14.7%，其中远洋集装箱运输量完成45.29万标准箱、435.29万吨，分别比上年增长11.2%和3.1%。沿海集装箱运输量增长迅猛，共完成6.02万标准箱、115.29万吨，分别比上年增长30.3%和99.3%。

2000年全省沿海港口拥有生产性码头（千吨级以上泊位）126个，其中万吨级以上泊位40个，综合通过能力达到6 400万吨，其中集装箱135.8万标准箱。全省沿海港口吞吐量达到6 944万吨，比上年增长31.4%。其中外贸吞吐量完成2 776万吨，比上年增长39.0%。全省沿海港口集装箱码头吞吐量完成166.74万标准箱，比上年增长31.5%。

【旅游资源开发】 改革开放以来，福建省滨海旅游业发展迅猛。旅游资源得到大规模开发，旅游基础配套设施不断完善。随着沿海国民经济和社会事业的发展，滨海旅游业已成为福建省旅游业的主要部分，其接待境外游客占全省70%以上，国内游客占70%，旅游总收入占80%以上。2000年，全省接待入境旅游者161.33万人次，比上年增长19%，其中外国人42.89万人次，增长21.5%；华侨6.85万人次，增长22.4%；港澳同胞56.79万人次，增长6.7%；台胞47.78万人次，增长15.3%；旅游外汇收入89 382.03万美元，增长23.3%。接待入境旅游者和旅游创汇两项指标连续12年在全国各省市中名列第四位。接待国内游客2 941.5万人次，增长17.1%；国内旅游收入230.79亿元，增长21.7%。旅游总收入304.77亿元，增长21.9%，占全省国内生产总值的7.77%。

旅游节庆活动 为开展旅游宣传，开发旅游资源，开拓旅游市场，各地举办了形式多样的旅游节庆活动，如福建湄洲妈祖文化旅游节、第二届泉州旅游节等。湄洲妈祖文化旅游节以“弘扬中华妈祖文化，融合海峡两岸亲情，促进旅游经济发展”为宗旨，举行了纪念妈祖诞辰1040年祭奠仪式和“巨龙腾海祭妈祖”民俗游灯、妈祖文化书画摄影展、妈祖特种邮政纪念明信片展、经贸洽谈签约、妈祖文化工程建设项目开工竣工仪式等活动。厦门相继举办了鼓浪屿文化节、集美龙舟节、思明“海之韵”旅游节等活动。

旅游景区建设 福建省旅游开发总公司投资2 500万元对青芝山旅游资源进行再开发，同时开发黄岐畚箕山，推出遥望马祖、快艇游海、海上观日等项目，并向游客开放长300余米的战备防空洞。连江晓澳镇与《郑成功》摄制组合资兴建占地13.32公顷、总投资980万元、集滨海度假、农业观光、影视剧制作于一体的影视城，主要建有福州码头、厦门街、荷兰总督府、跑马场等，将再现明末清初闽台两地的社会风貌。与之配套的设施还有郑成功指挥船、荷兰战船及水上游乐场、花果观赏园等。

【船舶工业】 2000年全省有大小修造船企业108家，从业人员1.5万多人。拥有大小船台、船坞37座，合计船台能力10.6万吨，坞容量21.32万吨。其中万吨级至3.5万吨级船台4座，万吨级到2万吨级船坞8座，万吨级以下船坞23座、船台6座。省船舶工业集团实现工业产值167 376万元（不变价），修船产量1 444艘、88 443万元，造船产量15艘、84 534吨。全省船舶工业行业共投入技改资金17 877万元。2000年省船舶集团公司系统承造各种出口船15艘，进出口总额4 506万美元，其中出口额3 122万美元，位居全省自营出口企业第一。出口市场由香港特别行政区和韩国、日本扩大到东南亚、南美和欧洲。出口船舶由驳船、客货船、大功率拖船、仿古船发展到大吨位、高科技含量的多用途集装箱货轮。全省船舶工业企业的产业集中度有所增强,基本形成了以福州、厦门骨干船舶企业为重点、带动全省多层次、多种经济成分的修造船企业共同发展的格局，基本形成了融常规船舶设计、造修船、大型钢结构制造以及对外贸易为一体的比较完整的产业体系。

【盐业资源开发】 福建是中国南方海盐生产基地，尤以生产的食盐质量优异、富含矿物质、晶体颗粒洁白、细腻、均匀、杂质少、产品素以“细、白、干”闻名省内外。生产方式采用手工操作，纯自然生产条件。远销日本、新加坡、韩国、菲律宾、马来西亚等国家和香港特别行政区。截止2000年底，全省拥有大小盐场185个，其中国有盐场18个，乡（镇）办盐场58个，村办盐场109个。全省盐田生产面积1.1874万公顷。2000年原盐生产能力75万吨，实际生产原盐41.5万吨。

福建省盐产品主要分为食用盐（含农、牧、渔用盐）和工业用盐，其中食用盐为主导产品。盐品种有日晒盐、精制盐、加碘盐、强钙精盐、低钠盐、调味盐、大颗粒工业盐等。

近年来，福建省的盐业由于村办小盐场点多面广、生产规模极小、技术设备落后、劳动生产率低及工业盐品质差和价格等原因，造成产品市场竞争能力较差，面临转产改制的困境。但是，随着福建省盐业产业和产品结构调整力度的加大以及先进工艺技术的应用，必将促进盐业整体素质和经济运行质量与效益的提高。

【滨海矿产资源开发】 福建省沿海石英砂、花岗石材、叶蜡石及高岭土等是滨海具有优势的矿产。地热、矿泉水分布点多，具有良好的开发前景，具有一定的发展潜力。改革开放以来，石材生产逐步从手工为主转变为以机械生产为主，板材加工业从无到有，从小到大，现有大小工厂3 000余家，遍布沿海各地，年产量近3 000万平方米，居全国第一位。石雕业发展迅速，传统工艺配上现代技术，增加了品种，提高了产品档次。高岭土和叶蜡石是福建省陶瓷工业的主要原料，近十年来，福建省陶瓷工业就是依托高岭土和叶蜡石而得到迅速发展。2000年，全省墙面地砖产量达4亿多平方米，釉成砖、日用和卫生陶瓷成倍增长，全省高岭土年产量约80万吨，沿海占70%以上。滨海砂产品有10余种，主要分布在平潭、惠安、晋江、漳浦、东山和诏安等沿海地区，已在玻璃、水泥、冶金、机械、石化等工业得到广泛应用。精选玻璃砂、水泥标准砂、铸造型砂、各类海砂产量基本满足本省的需要并外销省外或出口。在福州、漳州等地地热资源陆续被发现和探明，为大规模开采提供了条件。地热资源也得到较好的开发，每年地热和矿泉水两项产值超亿元。

【沿海防护林建设】 全省沿海县（市、区、管委会）全部达到原国家林业部颁发的县级沿海防护林体系工程建设标准。现在沿海地区初步建成带网片、多林种、乔灌草、林果竹结合、生态、社会、经济三大效益兼顾的防灾减灾生物防御体系。沿海防护林体系为改善生态环境、防灾减灾发挥了重要的作用。沿海地区大面积荒山已不复存在，生态环境大为改善。全省大陆海岸上现有国家特殊保护林带长2 478.39千米，占宜林岸线总长度的91.5%；面积50 110公顷，占总面积的85.7%。乡级以上岛屿的现有国家特殊保护林带长406.51千米，占宜林岸线总长度的97.0%；面积8 415.73公顷，占总面积的89.5%。全省沿海特殊保护林带现有林58 525.73公顷中，有林地56 461.33公顷，占96.5%；疏林地268.27公顷，占0.5%；未成林造林地1 190.2公顷，占2.0%；灌木林地605.93公顷，占1.0%。

福建省平潭岛和东山岛历史上为风沙灾害区，政府极其重视沿海防护林建设。东山岛创造的“带前更新”和“半带更新”经验为全国提供了示范。沿海风沙灾害基本得到控制。先后被中央绿化委员会授予全国绿化先进单位和被中央绿化委员会、林业部授予林业建设先进单位。成为全国平原绿化达标县和全省首批消灭荒山的县份之一。

【滩涂围垦开发】 到2000年，全省沿海已建成大、小围垦973处，总面积86 873.33公顷，其中大型围垦29处，面积37 246.67公顷，占围垦面积43%。在建围垦3 633.33公顷，已审批未开工围垦4 513.33公顷，正在进行前期工作计划围垦11 520公顷。已围垦86 873.33 公顷的开发利用状况：农业种植41 740公顷，占总围垦面积48.06%，是沿海人多地少县(市)主要产粮基地之一；水产养殖21 493.33 公顷，占24.74%，是福建省主要海产品养殖基地；其他（如盐田、工商贸建设用地等）开发16 166.67公顷，占18.6%；未垦面积7 473.33公顷，占8.6%，其中未开发水田4 273.33公顷，旱地2 566.67公顷，路、沟渠等占633.33公顷。效益状况：农业种植产值9 000～12 000元/公顷·年，水产养殖产值120 000～150 000元/公顷·年；有的是开发盐田，产值较低；有的把垦区作为开发区，其社会效益与经济价值较显著。

【海洋能资源开发】 福建省是全国利用潮汐能最早的省份之一。20世纪80年代，在平潭兴建幸福洋试验潮汐电站，1989年4台机组投产发电，由于发电与养殖未协调好和其他方面的原因，未能正常发电和发挥应有的经济效益。20世纪90年代，在平潭幸福洋试验潮汐电站设计研建的基础上，完成了连江大官坂万千瓦级潮汐电站的可行性研究。同时，省计委委托省工程咨询总公司完成了《福鼎市八尺门潮汐电站预可行性研究报告》的评估工作，并正式报告了省计委立项。根据福建省现有工作基础，已具备研建万千瓦级潮汐电站的条件。

福建省风能资源开发利用目前还处于试验阶段，虽然没有形成较大规模和较好的社会效益，但为下阶段风能开发工作积累了一定的经验。福建省目前具有一定规模的风电场工程仅有平潭莲花、东山岛风力发电试验站。风能开发因技术的原因和国产设备不过关等因素，近十几年没有大的发展。虽然如此，平潭莲花山和东山岛风力发电试验站的投运还是为福建省今后开发风力资源、培训建设和管理人才积累了一定经验。随着沿海突出部和岛屿开发的深入和经济的发展，福建省风能资源的利用将再次提到议事日程上来。

海洋公益事业
Marine Public Welfare Facilities

【海洋观测预报】 福建省海洋预报单位现主要有福建省人民政府与国家海洋局共建的福建海洋预报台及所属的霞浦工作站、北礵、三沙、北茭、平潭、崇武、厦门、东山等7个海洋站。海洋预报台通过观测分析所获得的海洋信息，每天在福建、厦门电视台、福建省广播电台播出，并在《福建日报》、《厦门日报》等新闻媒体刊登，同时通过电脑网络、传真等通信手段传送到省海洋行政主管部门。汛期更加强与政府、防汛、海洋部门联系，及时提供海洋灾害预报信息。在2000年的海洋防灾减灾工作中，福建海洋预报台站发挥了积极作用，得到有关部门的表扬。2000年霞浦海洋工作站被评为霞浦县防灾减灾先进单位。霞浦县政府多次表扬该站“预报及时、准确”。宁德市、霞浦县对该站的海洋预报非常重视，市、县海上防台风预案均将霞浦工作站列为指定预报单位，并要求汛期增报沿海风力。

【海洋自然保护区】 将地处厦门海区的文昌鱼市级自然保护区、中华白海豚省级海洋自然保护区和大屿—鸡屿白鹭省级海洋自然保护区3个地方级海洋自然保护区联合申报国家级海洋自然保护区，组织有关专家论证，国务院于2000年批准合并这3个地方级海洋自然保护区，建立厦门珍稀海洋生物国家级自然保护区。

【海洋污染基线调查】 福建省海洋污染基线调查是在世纪之交进行的第二次全国海洋污染基线调查的重要组成部分，也是福建省迄今为止规模最大的基础性海洋环境污染调查，该项目于2000年10月通过国家审查验收。通过调查，基本掌握了通过不同途径进入福建海域的主要污染物种类与数量，查明了主要污染物在海洋环境各介质中的空间分布，确定了污染范围和污染程度。对海域的环境质量状况进行了评价，探讨了福建省海域污染发展趋势及其对资源的影响以及在沿海经济发展中的相互关系。调查成果结合本省实际，更具实用价值，为下世纪福建省的海环境保护工作奠定了坚实的基础，对福建省沿海地区可持续发展和海洋综合管理等均具有重要意义，调查成果在总体上处于国内同类调查的先进水平。

海洋环境保护
Marine Environmental Protection

【海洋环境监测】 2000年对福建省7个主要港湾（福宁湾、三都湾、罗源湾、闽江口、兴化湾、湄洲湾、厦门湾）进行水质、沉积物、海洋生物质量监测。监测的项目有pH、DO、COD、无机氮、活性磷酸盐、悬浮物、有机质、硫化物、重金属等。监测结果表明：福建省大部分港湾海域水质良好，局部海域个别污染物超标，超标的主要污染物物质是无机氮、活性磷酸盐，其次是石油类；沉积物硫化物在网箱养殖区超标严重，重金属含量普遍超标，主要超标污染物为锌和铅；牡蛎体内铜和锌残留量超标，缢蛏体内锌残留量超标，其他贝类重金属残留量符合要求。鱼类、甲壳类、藻类等水产品中重金属的残留量较低。全省沿海海洋经济生物质量状况尚好。

海洋灾害与防御
Marine Disasters and Prevention

【台风暴潮灾害】 2000年福建省先后遭受了第10号强台风暴潮“碧利斯”的正面袭击，以及第4、8、13、20号台风（热带风暴）的影响，闽江、晋江、九龙江、木兰溪、鳌江等全省主要江河先后发洪，晋江干流发生了1936年以来的第三大洪水。灾害的主要特点是：

（1）雨量大。第10号强台风暴潮登陆期间，全省57个县、市降了暴雨到特大暴雨，最大日降雨量为安溪县383毫米；过程降雨量超过300毫米的有16个县、市，其中超过500毫米的有莆田、福清、永春3个县、市，以莆田县520毫米为最大。

（2）受灾范围广。第10号强台风暴潮使全省九地市受灾。据统计，2000年全省有84个县(市、区)受灾，受灾面达95%。

（3）沿海诸江河普遍发洪。闽江、九龙江、晋江、木兰溪、鳌江等全省主要江河普遍发生超危险水位或超警戒水位的洪水。闽江干流竹岐站洪峰水位14.88米，超过危险水位0.38米，在危险水位以上持续13小时。晋江干流石砻站洪峰水位12.43米，超警戒水位1.43米，还原后洪峰流量7 230立方米/秒，为1936年以来的第三大洪水。闽江水口水库入库洪峰流量2.49万立方米/秒，洪水频率约为十年一遇。

（4）暴雨、洪水及强台风暴潮灾害酿成巨大损失。全省九地市84个县（市、区）947个乡镇、735.4万人受灾，7个城市受淹，倒塌房屋14.2万间，死亡（含失踪）的人数达79人。农作物受灾30.29万公顷，成灾17.17万公顷，绝收6.41万公顷，减收粮食41.2万吨，停产工矿企业3 645个，公路中断829条次，毁坏路基1 703.2千米，损坏输电、通信线路1 019.8千米，损坏中型水库3座、小型水库212座，损坏堤防2 557处、长度400.8千米，堤防决口877处、长度52.3千米，损坏护岸6 610处，大小船只流失（损害）达300余艘，造成直接经济损失35.6亿元。

【海洋污染损害事件】 2000年6月6日闽油一号与海南东方洋货轮在王官头长门海面相撞，造成近百吨的柴油泄漏，涉及四个乡镇的大面积海洋环境污染，直接经济损失5 000万元，间接经济损失3 000余万元。

海洋科技与教育
Marine Science & Technology and Marine Education

【海洋科技】 2000年福建省的海洋科技工作得到了较快的发展，在某些领域还取得了突破性的进展。首先加大了对海洋科技人才的培养力度，通过科技项目的扶持引导，进一步激励了海洋科技人员的工作积极性和主动性，涌现了一批海洋优势学科带头人。其次，加大了海洋科技普及工作力度，在各涉海产业和沿海群众中提高了海洋科技意识。此外开展了海洋各职业技术教育，提高了海洋各产业中劳动者素质。省政府加大海洋科技专项投入，集中力量解决海洋资源开发中的技术难点，促进海洋开发产业化和海洋产业升级。例如，福建省海洋与渔业科技人员应用现代生物转基因技术、染色体倍性操作技术结合经典的遗传育种技术，对大黄鱼和牡蛎多倍体育种技术研究取得阶段性进展，新培育出赤点石斑鱼、紫海胆、褐毛鲿、牙鲆、军曹鱼等一批高健康、生长快、品质优的海水增养殖苗种，深受市场青睐，对调整养殖品种结构、促进福建省浅海水域资源开发作出了积极贡献。在海洋科研调查方面，组织实施了福建省海洋污染基线调查、福建省大比例尺海洋功能区划、海区养殖和捕捞容量调查等。通过海洋科技攻关，福建省海洋渔业、海洋港口及交通运输、海洋化工、滨海旅游、海洋矿业及海洋药物、海洋功能食品开发、海洋能利用等各方面都取得了较大的进展，使海洋在全省经济建设和社会发展中的战略地位日益提高，已成为全省国民经济的一个重要组成部分。

【海洋教育】 福建省是中国海洋教育力量较强的省份之一，尤其是厦门大学海洋学院是中国海洋教育的“摇篮”。各海洋教育单位致力于经济与教育的紧密结合，通过深化教育体制改革，全面提高了教学质量，使得海洋教育事业得到了较快的发展。全省主要海洋教学单位有厦门大学海洋学院、厦门大学亚热带海洋研究所、集美大学水产学院、集美大学航海学院等。

海洋国际合作与交流
Marine International Cooperation and Interflow

【概况】 2000年福建省充分利用对外开放前沿的有利条件，采取有力措施，积极推进海洋国际合作与技术交流。全省共迎来境外海洋与渔业来访团组12个35人次，组织海洋与渔业系统内13个批次54人分赴欧美、日本考察、交流、培训。全年新办海洋与渔业三资企业79家，合同利用外资1.43亿美元。

海洋立法与管理
Marine Legislation and Management

【海洋综合管理】 2000年组建了福建省海洋与渔业局，承担全省海洋行政管理职能。成立了由分管副省长任组长、各涉海机构负责人参加的省海洋开发管理领导小组。在全面了解海洋工作的基础上，制订周密可行的工作方案，抓好开局起步工作。海洋污染基线调查已基本结束；海洋自然保护区工作进展较快，深沪湾海底古森林遗迹自然保护区的确权工作已经开始；对省级宁德樟湾红树林生态系海洋自然保护区进行了初步调查；“福建省海洋环境与渔业资源监测中心”获准成立；大比例尺海洋功能区划工作有序开展；海域勘界已完成了闽粤勘界工作调查和相关资料的收集等项工作，闽浙海域勘界的前期调查准备工作也在抓紧进行；实施海域使用证制度和海域有偿使用制度的前期准备工作正在逐步落实，对惠安东园经济开发公司海域使用金首期10.92万元的征收试点工作圆满完成，填补了全省海域使用许可与有偿使用两项制度实施的空白。

【海洋立法】 加快海洋地方立法步伐。针对福建省海域管理立法滞后的状况，省人大、省政府把海洋管理立法工作摆上优先位置，实施海域使用证制度和海域有偿使用制度的前期准备工作正在逐步落实；“福建省实施《中华人民共和国海洋环境保护法》办法”被列为省人大立法调研项目；重新研究制定的“福建省海域使用管理办法”已呈报省人大；根据国家海洋自然保护区要“一区一法”的精神，研究拟定的“福建省深沪湾海底古森林遗迹自然保护区管理办法”，已上报省政府批准。

统 计 资 料
Statistical Data

表3 2000年福建省沿海地区国内生产总值、工农业总产值一览表

单位：亿元

地区名称	国内生产总值				工业总产值		农业总产值	
	合计	第一产业	第二产业	第三产业	2000年	90不变价	2000年	90不变价
福州市	1 003.27	135.18	466.73	401.36	750.11	757.80	217.42	108.71
福清市	196.59	31.23	111.88	53.48	199.08	219.40	51.62	26.86
长乐市	83.48	15.51	44.75	23.22	80.24	59.48	24.60	10.98
闽侯市	67.43	12.79	37.50	17.15	57.12	56.42	20.08	8.99
连江县	70.77	26.25	18.66	25.87	5.37	3.67	40.07	21.07
罗源县	31.55	10.02	15.24	6.29	8.46	7.23	16.46	10.87
平潭县	30.98	12.56	3.98	14.45	1.17	0.53	20.75	8.28
厦门市	501.87	21.24	265.02	215.61	699.68	771.19	33.83	16.43
莆田	198.45	36.74	96.68	65.04	116.70	91.01	59.01	40.20
莆田县	69.28	17.05	33.99	18.24	58.08	44.43	26.97	18.30
仙游县	45.00	9.19	19.43	16.38	14.91	11.34	15.49	8.49
泉州市	1 045.08	80.69	559.62	404.77	466.23	326.17	135.43	65.85
石狮市	94.19	5.18	50.52	38.50	30.09	23.50	10.58	5.75
晋江市	279.49	10.69	153.60	115.19	113.02	89.65	18.15	8.99
南安市	183.17	14.48	101.53	67.16	49.74	37.82	22.65	12.25
惠安市	124.13	15.87	69.20	39.07	46.36	36.85	27.88	12.26
漳州市	477.36	113.66	185.57	27.42	167.97	172.12	196.17	136.24
龙海市	94.08	19.13	45.37	29.57	51.05	37.25	32.43	19.93
云霄县	32.54	9.29	10.81	12.44	2.20	1.74	15.35	9.92
漳浦县	67.10	17.21	25.27	24.62	24.04	24.69	32.50	29.24
诏安县	43.50	16.11	15.30	12.09	3.93	3.13	26.02	13.97
东山县	34.22	10.36	12.28	11.59	10.84	10.07	17.85	9.85
宁德市	218.73	65.91	75.87	51.31	46.92	48.02	109.55	58.98
蕉城区	37.97	8.69	10.91	18.37	3.04	2.74	10.13	8.75
福安市	45.52	11.17	20.53	13.82	21.86	16.83	18.43	10.43
福鼎市	36.88	10.50	14.30	12.08	9.83	14.73	17.36	9.12
霞浦县	34.01	14.01	8.22	11.79	2.20	2.73	23.84	13.58

注：工业总产值为规模以上工业企业总产值。

表4　2000年福建省沿海人口及从业人员数一览表

单位：人

地　区	2000年年末总人口数	其　中：农业人口	单位从业人员数
福　州　市	5 892 348	4 240 391	721 933
福州市区	1 484 931	1 031 015	453 916
福清市	1 195 770	1 102 864	92 906
长乐市	672 893	636 006	36 887
连江县	617 499	596 033	21 466
罗源县	252 771	238 889	13 882
平潭县	386 124	366 802	19 322
厦　门　市	1 312 670	802 957	509 713
莆田市	2 989 693	2 777 597	212 096
莆田市区	362 950	272 720	90 230
莆田县	1 627 289	1 547 287	80 002
仙游县	999 454	957 590	41 864
泉　州　市	6 546 226	5 918 286	627 940
泉州市辖区	941 992	727 592	214 400
石狮市	296 524	246 852	49 672
晋江市	1 019 183	880 095	139 088
南安市	1 474 523	1 412 284	62 239
惠安县	914 032	852 450	61 582
漳　州　市	4 502 746	4 183 769	318 977
漳州市辖区	505 265	407 714	97 551
龙海市	779 107	730 560	48 547
云霄县	409 691	388 378	21 313
漳浦县	804 104	762 291	41 813
诏安县	567 385	544 358	23 027
东山县	202 404	185 880	16 524
宁　德　市	3 235 705	3 073 586	162 119
蕉城区	412 973	376 797	36 176
福安市	599 488	568 037	31 451
福鼎市	558 508	538 508	20 000
霞浦县	510 004	490 564	19 440

注：本表“年末总人口数”为户籍统计数。

表5　2000年福建省沿海省、市、县海洋机构一览表

序号	海洋机构
1	福建省海洋与渔业局
2	福州市水产局
3	福州市马尾区农村发展局
4	长乐市水产局
5	福清市水产局
6	连江县海洋与水产局
7	平潭县海洋与水产局
8	厦门市人民政府海洋管理办公室
9	厦门市水产局
10	厦门市同安区水产局.
11	厦门市湖里区农林水产局
12	厦门市杏林区农业局
13	泉州市水产局
14	晋江市水产局
15	石狮市渔业办公室
16	洛江区农水局
17	南安市水产局
18	丰泽区水产管理中心
19	惠安县水产局
20	漳州市水产局
21	诏安县海洋与水产局
22	漳浦县水产局
23	龙海市水产局
24	云霄县海洋与水产局
25	东山县水产局
26	莆田市水产局
27	莆田市涵江区水产局
28	仙游县农业局
29	莆田县水产局
30	宁德市海洋与水产局
31	宁德市蕉城区海洋与水产局
32	福安市海洋与水产局
33	福鼎市海洋与水产局
34	霞浦县海洋与水产局

（林旭东　廖信宁）

厦 门 市
Xiamen City

综 述
Summary

【概况】 厦门市位于台湾海峡西侧、福建省南部、九龙江入海口，24°24′N～24°55′N，117°53′E～118°25′E，南北长57千米，东西宽68千米，陆地面积1 565平方千米，海域面积约390平方千米，海岸线长度约234千米，有大小岛屿31个，人口131万。厦门市下辖鼓浪屿、思明、开元、湖里、集美、杏林、同安7个区。厦门海岸地貌具有海岸曲折、湾中有湾、湾中有岛的特征。厦门气候属南亚热带海洋性季风气候类型，湿热同季，日照充足，年平均气温20～22℃，年平均降水量900～2 000毫米，年平均风速3.4米/秒，年平均水温21.3℃，每年平均有5～6次台风影响该区。厦门海域潮汐类型属于正规半日潮，平均高潮位5.68米,平均潮差3.98米。

厦门自然条件优越，海洋资源丰富，各类海洋生物近2 000种，其中有经济价值的常见鱼类157种，软体动物89种，甲壳类动物127种，藻类139种，拥有国家一类保护动物中华白海豚和文昌鱼。厦门港口资源丰富，拥有深水岸线约27千米，可建40个万吨级以上的深水泊位。厦门滨海旅游资源丰富，拥有鼓浪屿一万石山国家级风景名胜区等一批自然景观和人文景观。厦门市海洋科技力量雄厚，海洋科技实力较强，为厦门发展海洋经济创造了良好的条件。

厦门海域地处东海至南海、东北亚至东南亚的海上交通要冲，区位优势十分重要。2000年，厦门市充分发挥对外开放优势，大力发展海洋经济，取得了良好的经济效益。以港口为依托大力发展外向型经济，实施“科技兴市”、“以海兴城”战略。2000年厦门国内生产总值501亿元，人均国内生产总值3.82万元，其中海洋产业产值占国内生产总值比重约为20％；港口货物吞吐量达108.46万标准箱，跃居全国第六位；全市接待境外游客55.88万人次，创汇3.00亿美元，接待国内游客790.92万人次，创收139.08亿元。 （许金练）

海洋资源开发与海洋经济
Development of Marine Resources and Marine Economy

【概况】 改革开放以来，厦门市充分发挥对外开放优势，以港口为依托，大力开发海洋资源，海洋经济得到了长足的发展。目前，厦门市已经形成以临海型城市经济为主体，包括港口航运业、滨海旅游业、海洋水产业和海洋高新技术产业四大体系的海洋经济，成为全市国民经济的重要组成部分。2000年全市海洋产业增加值为100.20亿元，海洋产业产值占国内生产总值比重约为20％，有关统计参见表1、表2。

表1 2000年厦门市海洋开发资料统计

项目 \ 年份		2000年
海洋捕捞产量（吨）	鱼 类	19 987
	贝 类	372
	虾 类	2 794
	其 他	2
	合 计	23 155
海水养殖产量（吨）	鱼 类	3 990
	贝 类	131 607
	藻 类	1 051
	虾蟹类	3 074
	其 他	604
	合 计	140 326
海水养殖面积（公顷）	贝 类	7 616
	藻 类	775
	鱼 类	334
	虾蟹类	2 522
	其 他	87
	其他海产品养殖	11 334
滩涂可养利用情况（公顷）	总 面 积	153.46
	已利用面积	107.42

表2 2000年海洋工程基建完成情况一览表

单位：万元

项目	开工时间	计划总投资	本年计划投资	累计完成投资	累计新增固定资产	本年完成投资				建设规模
							建筑工程	安装工程	设备工器具购置	
鹭江道（和平码头—镇海路口段）	2000-07	13 000	12 500	17 016		17 016	1 042			城市一级道路长590米宽44米
海沧污水处理厂	1998-05	19 460	4 744	17 483	74	3 343	784	832	702	10万吨/日
东渡三期工程	1998-11	78 838	18 000	32 186	2492	11 630	10 195		1 435	2万吨级通用泊位3个；5千吨级杂货泊位1个，1千吨级杂货泊位3个，设计年吞吐量210万吨
厦门岛东部污水系统一期工程	1998-05	38 369	10 000	25 722	47	6 804	4 760	410	728	10万吨/日
北溪引水左干渠改造工程	1998-08	28 660	10 000	14 251		3 205	3 205			长37千米明渠改造
象屿保税区15、16泊位	1999-04	35 000	6 484	16 453		3 837	3 832		5	1万吨级多用泊位1个，1万吨级通用泊位1个，设计吞吐能力90万吨
厦门港及附近水域船舶交通管理系统	1999-09	5 100	3 820	2 245		1 773	1 568		168	三站一中心建筑面积9 455平方米
环岛路（演武路—厦大白城段）	2000-07	20 600	11 000	8 000		7 700	5 490			城市一级道路1.5千米
西海域海堤除险加固工	2000-10	6 264	6 264	3 724		3 724	3 104			新建海堤1 600米，加固扩建海堤1 454米
鼓浪屿环岛路	2000-04	3 256	3 206	1 260		1 260	1 260			长2.26千米，宽8米
国际会展中心首期工程	1998-09	121 095	51 804	114 337		45 590	25 714	19 876		总建筑面积15.5万平方米，2 000个国际标准展览摊位，200个国家标准展览摊位
闽台渔轮避风港	2000-09	13 965	5 336	2 844		966	186			200米西堤、695米北堤和吹填192万立方米，以及陆域配套设施

【港口航运业】 厦门港口资源丰富，拥有深水岸线约27千米，可建40个1万至10万吨级的深水泊位。2000年的港航建设日臻完善，海上高速公路建设步伐加快，厦门湾10万吨级航道一期工程已全部竣工交付使用。扩大锚地面积28平方千米，为船舶提供补给、避风、维修等良好条件。2000年厦门港口货物吞吐量1 965.26万吨，其中，进口量1 168.57万吨，出口量796.69万吨，比1999年增长18.90%。2000年港口建设投资共完成3.8亿元，为厦门海港创造了良好的环境。居全省第一位、全国沿海港口第十八位，比上年增长10.82%。集装箱吞吐量完成108.46万标准箱，居全省第一、全国第六位，比上年增长27.8%。对台试点直航完成30万标准箱，占全港集装箱吞吐量的28.23%，比上年增长14.10%。

港口建设也为航运带来生机。厦门港目前共有中外航运企业25家，总运力596艘、68.4万吨，全港各航线航班计260班/月。2000年货运船舶596艘，客运船舶89艘、4 720客位，详见表3。

表3　2000年港口航运、货运输总量及周转量

指　　标	2000年	2000年比1999年增（减）%
水　运(万吨千米)	2 976 708	16.5
航　空(万吨千米)	8 107.5	3.7
港口游客吞吐量(万人)	28.8	-5.7
港口货物吞吐量(万吨)	1 965.3	10.8
集装箱吞吐量(万标箱)	108.5	27.8
空港旅客吞吐量(万人)	355.2	5.1
空港货物吞吐量(万吨)	9.9	1.3

【滨海旅游业】 厦门气候宜人，海洋水文气象条件良好，海水清洁，山海风光秀丽，海岛清幽，有众多优美迷人的岛屿和礁石等自然景观，沙滩连绵，草木葱茏，景色优美，使厦门成为以海岛风光为特色的中国东南沿海重要的旅游城市和旅游口岸。厦门市滨海旅游以深入开展创建中国优秀旅游城市活动为中心，进一步实施“政府主导型”战略，强化旅游行业管理，多渠道增加旅游投入，加强旅游设施建设，提高旅游服务质量，进一步开拓国际国内旅游市场，努力克服东南亚金融危机所带来的负面影响，使创建“中国优秀旅游城市”活动取得显著的成绩。旅游客源市场保持了稳中有升的态势。国家旅游局正式授予厦门市首批“中国优秀旅游城市”称号。同时，全市旅游经济工作也取得较好成绩。2000年在入境旅游方面，全年接待海外旅游者55.88万人次，其中过夜海外旅游者47.49万人次，比上年增长17%；创汇3.00亿美元，比上年上升14.50%。在国内旅游方面全年接待国内旅游者735.04万人次，创收114.25亿元，比上年分别增长15.10%和6.32%，其中，过夜国内旅游合计629.02万人次，增长15.22%。入境旅游、国内旅游两方面合计，接待旅游者790.92万人次，旅游总收入达139.08亿元，比上年分别增长14.85%和7.71%，详见表4。

表4　2000年境外来厦旅游情况一览表

项　目		人　次	人·天数
境外游客		424 920	1 748 025
其中	外国人	209 698	873 710
	华侨	3 982	17 387
	港澳同胞	65 384	277 513
	台湾同胞	145 856	579 415

【海洋水产业】 2000年，厦门水产业围绕“增加渔业收入，保持渔（农）村稳定”为中心，狠抓“科技兴渔”产业化和基础设施工程建设，培育新的经济增长点，促进了水产业生产发展。

2000年水产业克服了9914号强台风带来的不利影响，积极恢复灾后生产，全市水产品总量为18.41万吨，比上年增长9.81%，其中海洋捕捞2.32万吨，同比下降15.79%，海水养殖14.03万吨，同比增长16.55%。在水产品总量中，海洋捕捞、海水养殖、淡水产品所占比重分别为13%、76%、11%。

【海洋新技术产业】 经过改革开放20多年以来的迅速发展，厦门的临海工业逐步向海洋新技术产业靠拢，已形成了以海洋资源为原料的工矿企业、依托海运的加工工业以及为海洋开发服务的加工工业三大类型。拥有海洋医药、生物工程、石油化工、港口火力发电、修造船、港口机械、港口钢铁、海洋精细化工、建材、渔业机械、通讯导航设备、盐化工等门类较为齐全的产业，形成了一批在全国同行业、同类产品中具有重要地位的大中型骨干企业和龙头产品，如聚酯切片及化纤、叉车、鲎试剂、鱼肝油、平板玻璃等，成为与海洋相关联的城市经济的重要支柱产业。　（许金练）

海洋公益事业
Marine Public Welfare Facilities

【海洋环境监测观测】 2000年初，厦门海洋站被确定为国家海洋环境监测示范站。2000年10月，首次进行了海水水质实验监测，标志着厦门的海洋自然环境观测和海洋污染监测开始有机的结合，是厦门海洋观测、监测工作的转折点。

2000年，厦门海洋环境预报台已有VST卫星地面小站、静止展宽卫星云图接收处理系统、极轨卫星接收系统、301气象传真机收集及处理系统、短期预报工作站等预报业务设备。预报产品有潮汐、表层海水温度、海浪等项目的短期预报，灾害性海浪、风暴潮等海洋灾害的预报警报及年、月预测等。

2000年，除台风期间向政府有关部门提供实时资料信息外，还向企事业单位提供观测、监测资料的成品、半成品服务19次，主要用于港航测量、海洋科研及滨海工程建设等。海洋日常预报发送预报传真3 507份，电子邮件237份，发送年、月测单222份，在台风及农历八月大潮时，发出预报警报传真834份。　（张煦荣）

海洋环境保护
Marine Environmental Protection

【概况】 厦门市在抓好海洋资源开发和利用的同时，加强了海洋环境和生态资源的保护，加大了执法力度，取得了明显成效。2000年城市污水处理率达到97.75%，城市生活垃圾处理率达到60.51%。共审核和核准海岸、海洋工程建设项目29个，批准使用海域面积70余万平方米。组织清除违反海域功能区划的吊蛎养殖130余公顷、养殖网箱868格、滩涂育苗地40余公顷、挤占航道的捕捞设施120余处。查处海洋环保和海域使用行政案件35件，罚款金额16万元。共发放海洋倾废许可证73份、倾倒疏浚物166.5万立方米。　（张煦荣）

【海洋珍稀物种国家级保护区】 厦门海洋珍稀物种国家级保护区于2000年4月经国务院批准成立。该保护区由厦门白鹭自然保护区、厦门中华白海豚自然保护区、厦门文昌鱼自然保护区三个部分组成。分别由厦门市环保局、厦门市水产局和厦门市海管办进行管理。　（黄超群　周鲁闽）

海洋灾害
Marine Disasters

【概况】 2000年，厦门海洋灾害以台风风暴潮灾害为主，大浪发生日数比常年偏少，海洋灾害发生次数与常年基本持平，灾情较轻。受碧利斯（0010号）台风影响，在风、雨、浪、潮共同作用下，造成全市直接经济损失2 800万元。其中农作物受灾面积3 670公顷，成灾面积1 200公顷；损坏堤防4处、护岸12处、水闸2座、塘坝17座、抽水泵站6座及灌溉设施26处；树木受损565株；牲畜受损1 000余头。　（张煦荣）

海洋科技与教育
Marine Science & Technology and Marine Education

【概况】 厦门市充分利用海洋科技力量雄厚、拥有一批国家、省、市级海洋科研、教育机构的优势，建立了海洋综合管理的科学支撑体系，加强管理与科学的有效结合，为厦门海洋开发建设和综合管理提供持续有效的智力支持。与此同时，厦门海洋科研院校不断得到发展，为厦门市培养了大量涉海专门人才，取得良好的科研成果。

【厦门第二次海域污染基线调查】 1998年5月正式启动的厦门第二次污染基线调查，在厦门海域共布设各类测站数十个，采集各类样品1 000余份，测项达100余项次，获取各种基础数据5 000余组。在调查的内容、项目、手段和方法等方面严格按照第二次全国海洋污染基线调查的统一要求进行，基本做到了与国际接轨。调查报告全面、客观地反映了20世纪末厦门海域环境质量的整体状况，为下世纪厦门市的海洋环境保护工作奠定了坚实基础。该项调查中的污染源调查部分不仅查清了全市各类污染源的分布、入海污染物的种类和数量，还建立了厦门市海洋污染源信息管理系统。该项调查于2000年10月24日在厦门通过了专家评审。

【海洋管理科研与调研】 2000年，厦门海管办实施了《厦门岛东北部海岸开发总体布局研究》、《厦门地区沙滩动态观测及保护对策》、《厦门市海域权属和勘界的调查与政策研究》和《海域功能区划GIS地理信息系统》等4个海洋管理科研课题的研究工作。提出和制定了《2000年海域水产养殖清理整顿实施方案》、《加强海域使用管理，清理水产养殖，开展海上“创卫”活动实施方案》、《拆除石胃头至香山海域海蛎育苗设施方案》、《西海域渔船违章占道捕捞整治实施方案》及贯彻《中华人民共和国海洋环境保护法》的有关调研建议等。

【海洋专家组】 2000年12月，厦门市海洋专家组进行调整，调整后的海洋专家组由海洋、经济、法律、规划、环保、工程、港口、水产等专业的13个成员和5个顾问组成。2000年海洋专家组参与对“环岛路三期北段工程线位选择方案”和鼓浪屿区提出的“调整鼓浪屿南面‘鳗苗捕捞区’为‘海上功能区’”的专题论证；对象屿码头、“双环”码头的海域使用管理审核验收；参加了“厦门市高崎闽台渔轮避风港工程”、“鼓浪屿西北面环岛路与岸线综合整治工程”、“轮渡集美旅游码头”等项目的海域使用可行性论证报告表的审核以及“厦门环岛路（演武路一白城段）海域使用可行性报告书”的专家评审。

【海洋院校、研究所】 厦门市现有国家海洋局第三海洋研究所、厦门大学海洋与环境学院、福建省海洋研究所、福建省水产研究所、集美大学水产学院、航海学院、厦门市水产研究所、厦门市港口职业学校、厦门市工业学校、厦门市旅游职业学校、厦门集美水产学校等。拥有涉海专业人才1 000余人，高级人才200余人。海洋科技和教育实力居于全国前列，为厦门的海洋经济、海洋科研、海洋管理提供了人才和教育保障。2000年厦门市涉海专业大、中专毕业生有2 000余名。

（黄超群　周鲁闽）

海洋立法与管理
Marine Legislation and Management

【概况】 厦门市海洋立法与管理工作以厦门海洋综合管理为中心，坚持海洋环境保护和海洋资源可持续开发利用的根本目标，认真贯彻《中华人民共和国海洋环境保护法》、《厦门市海域使用管理规定》和《厦门市海洋功能区划》等法律、法规、规章，提高涉海管理协调力度，推行海域使用证制度和有偿使用制度，强化海洋管理监察执法，发挥公众参与作用，加强海洋宣传教育，为保护海洋生态环境、促进海洋经济的可持续发展而努力工作。

【涉海法律、法规、规章】 厦门市人民政府海洋管理办公室（简称厦门海管办）先后对《国家海域使用管理法（征求意见稿）》、《国家无居民海岛管理规定（征求意见稿）》、《中华人民共和国渔业法修正案（草案）》、《环境影响评价法（草案）》、《福建省海洋使用管理规定》、《中华人民共和国港口岸线管理条例》、《厦门海沧大桥管理办法》、《厦门市港口岸线管理规定》等法规、规章提出修改意见和建议。2000年3月1日，《厦门市港口管理条例》开始实行，该条例共分八章五十条，分别对港口规划、建设，管理、保护、引航、法律责任等作出规定。

【海域使用证和海域有偿使用制度】 在办理、受理用海项目的过程中，厦门海管办坚决按照《厦门市海洋功能区划》所确定的用海原则和海域使用功能，严格遵守《厦门市海域使用管理规定》和“两公开、一监督”办事制度的程序和要求，对每一用海项目的申请材料进行认真的审查，在规定的时限内完成踏勘现场和项目审核工作，汇总申报材料上报上级机关，及时完成各用海项目海域使用审核和报批工作。一年来，共办理、受理海域使用申请和技术咨询项目33项。其中已批准的项目12项，使用面积70余万平方米，正在办理的项目3项，受理咨询项目18项，征缴海域使用金230余万元。

海域使用可行性论证制度 2000年4月，厦门海管办建立了海域使用可行性论证管理制度，并先后完成了厦门市高崎闽台渔轮避风港工程、鼓浪屿西北面环岛路与岸线综合整治工程、轮渡集美旅游码头等项目的海域使用可行性论证报告表的审核以及厦门环岛路（演武路一白城段）海域使用可行性报告书的评审和批复。

【厦门市“十五”海洋管理工作思路】 2000年10月，厦门市完成了厦门市“十五”海洋管理工作思路编制。该思路针对厦门市海洋事业发展面临的主要问题，提出“十五”海洋管理工作的总体目标，并就海域使用管理、海洋环境保护监督管理、海洋管理监察及其主要工作措施和分区治理计划等提出具体规划。

2000年9月，为加大厦门海洋管理工作的协调力度，厦门市政府调整了厦门市海管办兼职副主任。调整后的兼职副主任共有12名，分别由市监察、计委、建委、交通、土房、规划、水产、环保、市政、港务、海事、公安等部门的副职领导担任。

【厦门海域采、卸沙综合整治】 厦门海管办与中国海监六支队、厦门矿管部门一起依法对厦门海域海砂采、卸行为进行执法检查，共取缔违法违章沙厂7家，规范30家，基本上制止了向厦门海域违章卸沙、无证采砂行为。同时，针对厦门市重点基础设施建设用砂供需矛盾突出的问题，厦门市海管办协调相关单位，开展了厦门海域增设同安湾临时海砂开采区的调查论证和报批工作。

【东部海域及岸线整治与管理】 加强东部海域及岸线整治与管理是1999年市委、市政府为民办实事项目。为了把好事办实、实事办好，厦门市海管办于2000年规范了东部海域6个船舶停靠点；组织有关部门共出动公务船6艘、渔船82艘、运输车80车次、人员500余人，清除了石胄头至香山的海上吊蛎以及会展中心前方海域育苗设施；协调、敦促湖里区政府完成好五通村吊蛎的规范工作。

【海洋管理监察】 厦门市海管办依法行政，及时制止、纠正、处理了海域违法违章行为，强化了厦门海洋管理监察执法。一年来共组织海上巡航147次、综合执法行动10余次、岸线巡查123次，查处违章案件35起，协助调查案件13件，制作调查笔录50份，立案调查20起，做出终结报告20份，开出违章整改通知书5份。重点查处违章、违法案件20件，申请法院强制执行3件。海洋管理监察工作有效地维护了厦门海域正常的用海秩序。

【公众参与海洋管理】 厦门市海管办高度重视、认真办理人大、政协涉海议案、提案8件，协办件4件。针对人大、政协议案、提案内容，及时召开专题会议进行研究，制定计划，分工协作。如对人大代表马志忠提出的关于《加强厦鼓海域水上船只管理》的建议和政协委员郑捷提出的《海域白色污染也必须整治》的提案，及时给予答复；对市人大《加快制定厦门市海域、岸线、滩涂控制性详细规划、严格按规划办事》的重要议案，提交初步成果；办理的市民盟“关于必须对西海域水产养殖进行清理”的提案被推荐为办理的优秀提案。与此同时，今年厦门市海管办共处理来信、来电、来访142件、153人次，继续开通24小时热线电话，方便广大群众反映问题、提出建议。对群众来信、来访，基本做到领导阅处、专人办理、及时反馈。

【海洋管理宣传】 利用《中华人民共和国海洋环境保护法》修订实施的契机，针对东部海域及岸线整治与管理项目的落实、厦门海域采、卸沙整治工作等海洋环保、海洋管理监察的难、热点问题，开展宣传工作。在宣传中，充分发挥广播、电视、报纸等新闻媒体的重要作用，适时组织对海洋专家的采访，加大舆论宣传力度。一年来，中央、省、市的报纸、广播、电视等新闻媒体对厦门海洋综合管理工作做了全面、客观的报道，共刊登厦门海洋管理的信息达150余条（次）。

（黄超群　周鲁闽）

浙　江　省
Zhejiang Province

综　述
Summary

【概况】 浙江省地处中国东部沿海、长江三角洲南翼。根据国务院有关文件，浙江省大陆海岸线长度为2 253.7千米，与海相接的地级或副省级市有嘉兴、杭州、绍兴、舟山、宁波、台州、温州等7个；沿海县及县级市、区有33个。其中舟山市及所辖的嵊泗县、岱山县、定海区、普陀区以及温州市的洞头县均由海岛组成，台州市的玉环县大部分为海岛。浙江省内海面积为3.09万平方千米，领海面积1.15万平方千米。浙江省是海岛最多的省份，按照海岛资源综合调查量算，陆域面积在500平方米以上的海岛有3 061个，分布在5个市、24个县（市、区）。其中陆域面积在10平方千米以上的有28个，合计面积为1 358.1平方千米，占全省海岛总面积的79.3%。

浙江省委、省政府历来十分重视海洋资源的开发。早在80年代初，省委和省政府就提出了要念好“山海经”，进入20世纪90年代以后，省委、省政府明确提出加快实施海洋开发战略、建设“海洋经济大省”的宏伟目标，并采取了一系列政策措施，有力地推进了沿海地区乃至全省经济社会的发展。2000年浙江省沿海市、县人口、从业人员及国内生产总值情况如表1所示。

（方康保　应　晓）

表1　2000年浙江省沿海市、县人口、从业人员及国内生产总值一览表

单位：万人，亿元

市、县名称	年末总人口	农业人口	非农业人口	单位从业人员	国内生产总值	第一产业	第二产业	第三产业
全省合计	4 501.22	3 506.2	995.01	383.65	6 036.34	664.16	3 183.47	2 188.71
沿海合计	2 309.84	1 692.6	617.16	244.23	4 949.44	355.85	2 314.68	1 552.52
杭州市区	179.18	35.49	143.69	60.79	677.85	14.57	313.67	349.6
萧山市	114.19	90.11	24.08	7.43	227.91	21.9	126.52	79.48
宁波市区	124.05	46.83	77.22	33.87	436.06	12.7	219.44	203.92
余姚市	82.96	68.22	14.74	4.65	148.2	18.66	86.86	42.69
慈溪市	101.09	86.66	14.43	5.38	163.98	14.61	98.27	51.1
奉化市	49.08	40.52	8.56	2.56	56.6	8.74	30.5	17.36
象山县	53.24	43.74	9.5	8.4	73.86	18.45	37.02	18.38
宁海县	58.36	51.95	6.41	2.2	63.76	11.05	38.11	14.61
鄞　县	72.16	60.99	11.17	4.79	153.88	11.56	107.28	35.04
温州市区	119.23	65.34	53.89	24.48	332.05	5.71	191.93	134.41
瑞安市	120.06	102.39	17.67	5.64	151.65	10.3	89.69	51.65
乐清市	115.49	104.72	10.77	4.35	145.62	11.01	86.59	48.02
洞头县	12.6	11.19	1.41	0.71	9.38	3.15	2.82	3.41
平阳县	84.03	70.95	13.08	5.77	68.74	4.25	39.21	24.13

续表

市、县名称	年末总人口	农业人口	非农业人口	单位从业人员	国内生产总值	第一产业	第二产业	第三产业
苍南县	122.21	100.2	22.01	4.88	78.45	9.35	42.42	26.68
平湖市	48.23	38.59	9.64	3.16	76.04	8.66	46.86	20.52
海宁市	64.03	51.08	12.95	4.36	118.89	11.43	71.79	35.67
海盐县	36.49	28.91	7.58	3.75	57.13	7.81	35.3	14.03
绍兴市区	59.09	30.17	28.92	9.65	119.16	7.34	54.6	57.23
上虞市	77.54	64.39	13.15	4.96	144.94	17.15	89.25	38.54
绍兴县	72.42	62.33	10.09	3.64	185.32	12.07	119.49	53.76
舟山市区	68.81	46.86	21.95	9.14	805.83	17.92	31.02	31.65
岱山县	21.1	17	4.1	1.29	21.77	9.53	5.33	6.91
嵊泗县	8.5	6.2	2.3	0.86	14.34	5.35	3.3	5.7
台州市区	143.16	115.49	27.67	12.65	256.61	20.21	160.27	76.12
温岭市	113.8	97.79	16.01	5.69	179.86	25.7	94.58	59.58
临海市	109.83	96.5	13.33	5.45	80.75	13.61	41.66	25.48
玉环县	38.89	21.84	17.05	2.41	78.36	15.14	42.48	20.73
三门县	40.02	36.23	3.79	1.32	22.45	7.92	8.42	6.12

海洋资源开发与海洋经济
Development of Marine Resources and Marine Economy

【概况】 2000年，浙江省各有关部门继续认真贯彻落实1998年全省海洋经济工作会议的精神和《中共浙江省委、浙江省人民政府关于加快海洋开发若干政策的通知》（省委〔1998〕14号），加强对海洋经济工作的领导，进一步完善海洋综合开发和综合管理的机制，积极推动海洋经济的发展。据统计，全省海洋渔业、海洋交通运输业、海洋旅游业、海水制盐及盐化工业、海砂开采、海洋药物和海洋食品加工业等海洋产业的产值（现值）达到660亿元，增加值257亿元，分别比1999年增长15.8%和7.1%。全省沿海县（市、区）的国内生产总值为4 949.44亿元，比上年增长32%，占全省国内生产总值6 036.34亿元的81%。全省海洋开发情况示于表2。

（方康保　应　晓）

【港口海运】 2000年，沿海水运基础设施建设完成投资2.6亿元，建成沿海港口泊位6个，其中万吨级以上泊位3个，新增吞吐能力419.5万吨；建成陆岛交通泊位15个，新增吞吐能力49万吨/468万人次。沿海主要港口完成货物吞吐量1.745亿吨，比上年增长25.2%，其中外贸吞吐量6 373万吨，集装箱吞吐量101.7万标准箱，分别比上年增长42.1%和53.8%。拥有沿海运输船舶2 603艘、219.3万净载重吨位；远洋运输船舶24艘、35.3万净载重吨位、2 696个标准箱箱位。沿海水运生产稳步增长，完成水路货物运输5 369万吨、远洋运输233万吨；沿海货物周转量4 950 124万吨千米、远洋1 210 021万吨千米，分别比上年增长19%、35.5%、22%和25%。完成客运1 869万人次、69 831万人千米。

【宁波港】 宁波港地处太平洋西海岸、中国大陆海岸线中部和长江T型航线的交汇点上，地理位置适中，内外辐射便捷。目前已与世界上90余个国家和地区的560多个港口有贸易运输往来。宁波港现有各类泊位184个，其中500吨级以上泊位133个，包括万吨级以上泊位29个。在万吨级以上泊位中，5万吨级至25万吨级的大型深水泊位18个。5万吨级液体化工专用泊位，不仅在国内而且在亚洲地区都有一定的知名度和影响力，年吞吐能力300万吨。从1992年以来，液体化工进出口吞吐量一直位居全国之首。

表2 浙江省海洋开发资料统计

统计项目		2000年
海洋捕捞产量（万吨）	合 计	339.57
	鱼 类	222.45
	贝 类	29.53
	藻 类	0.15
	虾蟹类	86.78
	其 他	0.66
海水养殖产量（万吨）	合 计	70.88
	鱼 类	2.71
	贝 类	61.03
	藻 类	2.57
	虾蟹类	4.57
海洋水产业总产值（亿元）	合 计	468.24
	海洋渔业	226.15
	其中：捕捞业	155.41
	养殖业	70.74
	水产品加工业	74.93
	渔具等修造业	20.56
	水产品批发业	120.44
	渔业服务业	26.16
海洋运输	沿海海洋货运（万吨）	5 369
	远洋海洋货运（万吨）	253
	沿海海洋客运（万人次）	1 869
沿海主要港口货物吞吐量（万吨）	合 计	17 451
	乍浦港	906
	宁波港	11 547
	舟山港	3 189
	海门港	950
	温州港	859
滨海旅游	接待境外游客人天数（人·天）	726 928
	国际旅游外汇收入（万美元）	14 311.52
海盐生产	面积（公顷）	7 736.36
	产量（万吨）	50
	工业总产值(不变价，万元)	12 368.45
潮汐、风能发电	潮汐电站数量（个）	2
	潮汐电站年发电量（千瓦时）	6 033 000
	风能电站数量（个）	2
	风能电站年发电量（千瓦时）	153 675

2000年，宁波港全港货物吞吐量首次突破亿吨，达到11 547万吨，比1999年增长19.5%，跻身世界亿吨大港行列。港口货物吞吐量居中国大陆沿海港口第二位；集装箱吞吐量达90.2万标准箱，比1999年增长50%。全年增幅居中国大陆主要集装箱港口第一位。截至2000年12月底，宁波港核定的年吞吐能力为10 178万吨，比1978年97万吨的年通过能力增长了100倍。

【远洋运输】 浙江远洋运输公司（简称“浙远公司”）由浙江省交通厅与中国远洋运输（集团）公司（简称“中远公司”）于1980年3月合资组建，根据国家体制改革的要求，双方于2000年9月28日终止合作经营，中远公司持有的50%股份全部转让给浙江省，随之，浙远公司改制工作全面启动。2000年，国际干散货航运市场全面回升。浙远公司抓住有利时机，调整船队结构，扩大船队规模；发挥杭州、宁波、温州、台州、绍兴货运网络优势，开拓市场，加大揽货力度；完善SMS体系，加强安全管理，与国际接轨。2000年，公司完成货运量187万吨，周转量55亿吨海里，集装箱运量5.6万标准箱，分别比上年增长96%、398%和10%，实现利润451万元。 （齐潮生）

【海洋修造船业】 2000年，全省造船合计1 122艘，造船综合吨位8 783吨，实现工业总产值213 957万元，工业增加值22 302万元。当前浙江船舶工业还存在技术基础比较落后、缺乏应有的位置和必要的投入等问题，一定程度上制约了船舶工业的发展。 （方康保）

【浙江海事局】 2000年 8月30日，浙江海事局成立。浙江海事局是根据《国务院办公厅转发交通部水上安全监督体制改革实施方案的通知》要求，经交通部与浙江省人民政府协商在浙江成立的水上安全监督机构，是交通部直属的20个海事局之一。其主要职责是依据国家法律、法规，实施浙江省宁波、舟山、台州、温州4市行政区域内的所有水域（包括沿海水域），以及嘉兴、绍兴两市的沿海（包括杭州湾）港口、水域的水上安全监督、船舶防污染、水上搜救和行政执法。浙江海事局下设宁波、嘉兴、舟山、温州、台州5个分支机构。

【乍浦港陈山码头】 2000年3月1日起，浙江省履行对上海石化总厂陈山码头行业管理权限。上海石化总厂陈山原油码头位于浙江省平湖市乍浦行政区域，是经交通部同意、省政府批复的乍浦港总体布局规划内的一个货主码头。浙江省交通厅专题请示了交通部，交通部批复明确由乍浦港务管理局实施对陈山原油码头的港口行政管理工作。省交通厅、省口岸办与上海市政府交通办公室、上海市口岸办就码头管理交接工作进行了协商，并于2000年2月25日在嘉兴召开管理交接工作座谈会，签订了交接协议。　　（齐潮生）

【海洋渔业】 2000年，浙江省海洋渔业在调整中继续发展，全省海洋水产品总产量410.45万吨，比上年增长5.40%；海洋水产业总产值468.24亿元，比上年增长18.70%。全省海洋渔业人口96.75万人，渔业专业劳动力34.26万人（其中海洋捕捞劳力19.96万人，海水养殖劳力6.37万人），渔业兼业劳动力9.65万人；海洋渔村人均收入5 905元，比上年减少20元。

海洋捕捞 2000年浙江国内捕捞面临两大变化：一是6月1日起《中日渔业协定》正式实施，导致对马渔场等外海渔场丧失、入渔日本专属经济区海域受到严格限制；二是国内柴油与国际市场接轨，海洋捕捞渔区渔用柴油价格持续大幅上涨，平均每吨价格从上年的2 500元涨到3 500元，导致海洋捕捞成本支出显著增加（同比增长13.38%）。针对这些情况，一方面加强宣传教育培训，认真做好《中日渔业协定》海域入渔许可管理工作，确保协定在浙江的贯彻执行；另一方面，以“主攻养殖、拓展远洋、深化加工、搞活流通、发展休闲渔业”浙江省渔业发展方针为指导，强化海洋渔业结构战略性调整，控制海洋捕捞生产，引导渔民转产转业。2000年全省海洋捕捞生产渔船36 540艘，比上年减少529艘，转产捕捞渔民3 721人；全省实现国内捕捞产量319.23万吨，比上年增加6.25万吨，增长1.99%，渔获物以虾类（71.98万吨）、带鱼（64.91万吨）、鱿鱼（22.41万吨）、蟹类（14.81万吨）、鲳鱼（13.50万吨）、小黄鱼（10.69万吨）等为主。同时，远洋渔业继续快速发展，先后有430艘渔船（其中捕捞渔船418艘）、12 323个渔民在北太平洋、日本海、西南大西洋、南太平洋、印度尼西亚等海域生产，远洋捕捞产量达到20.34万吨，比上年增长11.39%。

海水养殖 作为沿海渔农村生产结构调整的重要方向，2000年海水养殖依然保持了快速发展的势头。全年新增养殖面积1.89万公顷，使全省海水养殖面积达到10.64万公顷，同比增长21.55%；实现养殖产量70.88万吨，同比增长21.85%；新增养殖劳力6 103人，同比增长10.60%。三门、温岭等地青蟹养殖异军突起，养殖面积达到7 370公顷，产量从上年的0.10万吨增长到1.67万吨。深水抗风浪网箱养殖开始受到重视，全省成立了深水网箱重点攻关课题组，年内已在普陀佛渡、椒江大陈等海域养殖深水网箱30只，其中4只从挪威引进，其余为本省自行研制开发。

水产品加工 水产品精深加工和综合利用取得长足发展，2000年全省海洋渔区有水产品加工企业1 005家，加工量90.04万吨，加工产值81.54亿元，虾类制品、鱼糜、鱼片、鱼油、鱿鱼丝、海鲜火锅、海鲜调味料、鱼粉、海洋药物等均已形成了系列化、规模化生产，产品畅销海内外。水产品质量和食用安全问题得到进一步重视，水产品出口加工重点企业已全面推广应用HACCP质量管理体系；海洋捕捞生产和运输船上已普遍采用了深冷海水保鲜、无冰保鲜、鱼虾蟹保活技术，使加工水产品的原料质量更有保障。同时，实施了对鱼粉生产企业的许可管理，经严格质量考核，有128家企业获得了鱼粉生产许可证。2000年全省海水产品出口12.33万吨，创汇3.77亿美元。

海洋渔业资源增殖保护 2000年继续在舟山、宁波附近海域放流中国对虾（暂养苗）5 051.2万尾、黑鲷10万尾、大黄鱼112.3万尾。全省海洋捕捞渔区继续严格贯彻执行3个月伏季休渔制度，全省10 893艘应休渔渔船，除浙南个别拖网渔船于9月16日开捕当日提前出海被及时查处外，其它各地均未发现违规现象，是执行伏休制度以来最好的一年。鉴于从1992年起开始在浙江拖虾渔区应用的电脉冲惊虾仪已从有效的辅助渔具，逐渐成为变相的电捕类渔具，对海洋鱼虾类资源造成了严重的破坏，根据资源专家审定意见，浙江省于3月下旬发文决定全面禁止使用脉冲惊虾仪，并于2000年底作了专项部署。

（纪志康　商玉坤）

【海洋旅游】 浙江是一个海洋旅游大省。自20世纪90年代中期以来，浙江省各旅游管理部门加大了对旅游资源开发的力度，使海洋旅游业有了较快的发展。已初步形成了五大海洋旅游功能区：一是嵊泗—杭州湾休养度假旅游区，包括嵊泗和平湖、海盐、萧山等沿海有关景区，以休闲度假旅游产品为主，客源主要来自上海、杭州及本地区；二是普陀金三角海天佛国旅游区，包括舟山市的岱山、定海、普陀以及宁波沿海景点，国内客源主要来自上海、浙江省和福建，境外客源主要是东南亚的菲律宾、泰国和日本等；三是象山港—三门湾海洋港湾旅游区，包括象山港、三门湾沿岸景区、景点以及在此范围内的岛屿，客源主要依托本地区、杭州和上海；四是大陈—一江山历史名岛旅游区，包括大陈、一江山等历史名岛、大鹿岛以及椒江、温岭、玉环等沿海景点、乐清湾等地，客源主要依托本地区；五是南麂—洞头海洋生态、渔家风情旅游区，包括乐清雁荡山、南麂、洞头、灵昆诸岛以及温州全市沿海景区景点，主要客源为本地区和外地商务人员。浙江省各旅游管理部门在海洋旅游业开发建设中，对各类旅游资源进行了选择性、创意性、综合性开发，使海洋旅游业出现了一批独具特色、有影响、上规模的旅游产品，如海宁、萧山国际观潮节，舟山国际沙雕节，平湖九龙山、象山松兰山省级旅游度假区，平阳南麂岛海洋生态旅游、洞头岛渔家乐民俗风情节，舟山桃花岛武侠传奇旅游节。这一大批具有海洋特色、地方特色、市场影响大的旅游产品的推出，为浙江海洋旅游业发展注入了新的动力。据不完全统计，2000年，浙江省海洋旅游业实现产值122.64亿元，增加值54.002 3亿元。从目前浙江省海洋旅游发展总体格局看，舟山市仍是浙江省海洋旅游发展的龙头，其旅游接待量占全省的50％以上，旅游业已经成为舟山市的支柱产业。 （方康保 应 晓）

【海洋盐业】 2000年，全省产盐50万吨，销售食盐、小工业盐62万吨，创年销量历史纪录。

消除碘缺乏病阶段目标顺利实现。全省33万吨食盐加碘工程于2000年5月下旬通过省计委组织的项目竣工验收。至5月底，全省11个市、地全部通过省政府地方病防治领导小组组织的消除碘缺乏病阶段目标评估。6月15～20日，国家消除碘缺乏病阶段目标评估组对浙江省2000年消除碘缺乏病目标进行了考核评估，湖州、鄞县和宁波晶泰盐业公司代表全省接受检查。经检查考核，全省平均得分92分，实现到2000年消除碘缺乏病阶段目标。

盐业结构调整稳步推进。以产品结构、企业结构、产业结构调整为重点，积极推进盐业结构调整。认真贯彻实施食用盐新国标，配套出台《浙盐质量升级实施意见》，制订颁布工业晶盐地方质量标准及其收购价。积极推进食盐包装改革，普及碘盐彩色复合小包装。同时，增加精制盐小包装碘盐供应量，全年达到0.8万吨。继续加大低产劣质小型盐场的废转力度，2000年全省158公顷盐田转产为海水养殖业。省盐务局下拨盐业技改资金、盐田养殖基金、抗灾救灾资金、盐业海塘维修资金共计250万元。

依法治盐成效显著。2000年7月，省高级人民法院、省人民检察院、省公安厅联合制定下发了《关于办理非法经营食盐等涉盐犯罪案件有关问题的通知》，明确了涉盐犯罪的量刑标准。全省各地积极贯彻落实《通知》精神，加大打击涉盐犯罪活动力度，成效显著。同时，加强省外盐运输“扎口”管理和联合执法行动，全面整治盐业市场。在公安、铁路、交通部门的配合下，仅沪杭甬高速公路沿线就截获来自上海、江苏方向的私盐3 000余吨。2000年，全省查处各类盐业违法案件2 581件，查获各类盐产品8 241吨。

食盐专营措施进一步落实。一是确保盐的市场供应。2000年初，由于省内盐源偏紧，重点加强省外调入盐的计划管理，抓住运销关键环节，建立从盐源选择、计划衔接、交货时间、质量检测、合理库存、盐资筹措、统一结算到质量事故处理环环紧扣的质量保证体系，确保了省外盐调运质量自始至终处于受控状态，全年调入省外盐30万吨，保障了市场供应，提高了食盐专营水平。二是在继续抓好盐业“五统一”管理的基础上，认真规范“三证”制度。按照国家有关部门的要求，全省四家国家食盐定点生产企业积极整顿质保体系，健全规章制度，加强技术培训，整治环境卫生，强化安全生产，至年底顺利通过年检换证。同时，对全省食盐转批零售企业进行清理整顿，调整了食盐转批网点。各级食盐专营企业加强了基础设施建设，投资兴建、改造了一批碘盐分装车间、仓储设施，普遍配备了质检室，提高了碘盐质量保证能力和保障有效供应能力。 （娄 栋）

【东海油气勘探】 2000年，东海油气勘探开发围绕启动大规模油气开发目标进行深入的勘探评价，开展了三维地震勘探2 692平方千米，勘探完成了春晓五井、天外天二井等7个勘探井，油气勘探又取得新进展。

地球物理勘探 中国石油化工集团新星石油公司上海海洋石油局（简称上海海洋石油局）为了进一步查明东海西湖凹陷油气田的地质构造及沉积特征，分别开展了平湖油气田南部工区524平方千米、北部团结亭工区150平方千米，孔雀亭工区372平方千米、春晓西部工区1 142平方千米的三维地震调查。中国海洋石油总公司东海公司（东海石油公司）对东海西湖凹陷黄岩（残雪/断桥）地区377平方千米开展了三维地震调查和1 208千米二维地震资料研究工作。通过地震勘探取得了一批新的研究成果，为下一步勘探优选井位、提高钻进成功率，打下了良好的基础。

钻井勘探 2000年4月，上海海洋石油局在春晓油气田钻探了春晓四井，井深3 750.1米，未见油气，终孔地层为始新统平湖组。2000年5月，钻探春晓五井，井深3 800.2米，终孔地层为始新统平湖组。获天然气46.38万立方米/日，凝析油54.62立方米/日的工业油气流。2000年下半年，在天外天油气田钻探天外天二井，井深3 700米，测试获油17.61立方米/日，天然气72.4万立方米/日。同年在宝石区块施工宝石一井，井深3 806.5米，未见油气。在东海温东对外合作区块(32/32区块)，2000年6月超准公司钻探LS-36-1-2井，井深2 900米，测试获天然气34.69万立方米/日。东海石油公司在西湖凹陷中的宁波区块钻探了 NB2-1-1井，井深3 715米，终孔为始新统平湖组。在绍兴区块钻探了SX6-1-1井，井深1 740米。终孔钻遇红层，两口井均未见油气。

油气资源评价与开发可行性研究 上海海洋石油局等单位于2000年4～5月完成了《春晓凝析气田开发一期工程气藏工程研究》、《春晓凝析气田开发一期工程经济评价研究》、《春晓凝析气田开发一期工程钻采工程可行性研究》；2000年6月完成《东海春晓凝析气田开发一期工程预可行性研究》；2000年12月，春晓地区（春晓、天外天、残雪和断桥油气田）的探明储量已达568×10^{8}立方米，达到了一期开发工程的储量要求。 （王洲平）

【海洋矿产开发】 浙江省海洋矿产资源已发现并开发利用的除海洋石油、天然气外，仅有海砂资源及海底蛎壳资源及海岛上的建筑石料资源。海砂资源主要分布在舟山、宁波及温州洞头等地的海域，蛎壳资源主要分布于乐清湾、洞头附近浅海底部，建筑石料资源主要分布于舟山、洞头等地海岛。

蛎壳资源曾经少量开发，主要用于烧制石灰。2000年已全部停采。

海砂资源开发经国土资源部批准并颁发采矿许可证的采砂企业有舟山向往石桥采砂装运工程有限公司等4家。舟山向往石桥采砂装运工程有限公司为中日合资企业，申请在舟山册子岛东部与里钓山之间海域和长白山以北海域开采海砂，采砂海域面积5.35平方千米，年采海砂1 000万吨，开采时限2年，采矿许可证有效期从1998年8月至2001年7月。因海砂质量及海洋潮流影响等原因，2000年该企业未在上述规定的海域开采海砂。舟山巨能实业有限公司为股份制企业，申请在舟山西蟹峙西南和摘箬山以南海域1.1148平方千米范围海域内开采海砂，年生产规模300万吨，采矿许可证有效期从2000年4月至2002年4月。2000年该企业未正常生产。宁波经济技术开发区宁波港物资公司系国有企业，申请在宁波与舟山之间金塘水道东部海域0.5388平方千米范围海域内开采海砂，年生产规模500万吨，采矿许可证有效期从2000年6月至2002年6月。2000年该企业生产海砂11.25万立方米。舟山市瑞昌采砂有限公司为个人集资的股份制企业，申请在舟山崎头洋海域1.197平方千米范围海域内开采海砂，年生产规模200万吨。该企业2000年实际生产海砂100万吨。舟山向往石桥采砂装运工程有限公司也在该海域内开采部分海砂。

建筑石料生产主要集中在舟山、大榭、洞头等地海岛。2000年上述地区共生产花岗岩88.88万吨，凝灰岩288万吨。其中舟山群岛生产花岗岩87万吨，凝灰岩281万吨；大榭岛生产凝灰岩5.7万吨；洞头县生产花岗岩1.8万吨，凝灰岩1.2万吨。 （魏夕生）

海洋公益事业
Marine Public Welfare Facilities

【海洋环境监测预报体系建设】 浙江省是海洋灾

害最为频发、最为严重的省份之一。1998年以前，浙江省的海洋环境监测与观测预报系统很不完善，既没有本省地方的海洋环境监测站和海洋观测站，也未能开展常规的海洋环境监测工作，更没有开展全省的海洋预报。1998年，根据省委省政府关于“积极筹建海洋环境监测与灾害预警系统”的要求和国家海洋局全国海洋环境监测预报系统建设发展规划，原省海洋局制订了《浙江省沿海海洋环境监测和预报系统建设方案》，获国家海洋局批准并同意投资1 800万元进行该系统建设。系统主要业务机构将由1个省级中心、4个市级海洋预报台、5个市级海洋环境监测站、4个县级海洋预报台、13个重点县级海洋环境监测站组成。从1997年开始，原浙江省海洋局就组织技术力量，积极开展风暴潮试预报和重点海域海洋环境监测工作，对9711、9806、2000年的“派比安”、“桑美”等台风引起的风暴潮做出了较准确及时的试预报，为省政府防台决策提供了科学依据。同时报批和筹建省海洋监测预报中心。2000年3月，省编委批准成立浙江省海洋环境监测预报中心，该中心为省海洋与渔业局直属全额拨款县处级事业单位，是省政府履行海洋环境保护和海洋公益服务职能的主要技术支撑机构，也是正在筹建中的浙江省海洋环境监测预报系统的核心部分。5月份，制定了“浙江省海洋环境监测预报系统建设方案”，已获国家有关部门批准。9月份正式成立省海洋环境监测预报中心筹建小组，确定第一目标是开展海洋预报。同时，积极推进全省海洋环境监测预报台站建设。宁波市海洋环境监测站已于10月22日挂牌，温州市、嵊泗县、玉环县的预报台也相继挂牌，舟山朱家尖、岱山、洞头海洋站正在筹建中。 （朱华潭）

海洋灾害与防御
Marine Disasters and Prevention

【台风暴潮】 2000年影响浙江省的台风出现早、次数多。全年有2个台风登陆，3个台风影响，平历史记录。第4号(启德)台风于7月10日2时30分在浙江省玉环登陆；8月10日19时30分，8号台风(杰拉华)又在浙江省象山县爵溪镇登陆；10号(碧利斯)台风虽没有直接在浙江省登陆，但由于台风范围大，降雨延续时间较长，对浙江省造成的影响也较大；12号(派比安)台风于8月30日20时前后，紧擦舟山市普陀、穿过舟山群岛北上；14号(桑美)台风9月13～15日影响浙北沿海。12、14号台风影响浙江省时，正值天文大潮，浙北沿海出现了接近历史的高潮位，舟山市的定海、普陀、岱山和嵊泗城区进潮受淹，该市的非标准老海塘损毁严重；14号台风还带来暴雨，致使宁波市区部分地区、鄞奉平原和上虞市永和、谢桥、丰惠等镇严重受淹。受台风等影响，浙江省有68个县（市、区）不同程度受灾，受灾乡镇1 081个；受灾人口980.62万人，因灾死亡23人；受淹城市17个，倒塌房屋1 085万间；农作物受灾面积42.95万公顷，成灾24.21万公顷，绝收3.75万公顷，减产粮食52.25万吨；水产养殖受灾面积4.07万公顷，损失水产品9.95万吨；停产企业1.26万家，铁路中断1条次，公路中断870条次，毁坏公路路基2 200.8千米；损坏供电线路1 231.2千米，毁坏通讯线路686.1千米；损坏小型水库64座，损坏堤防3 587处1 086.9千米，堤防决口2 069处103千米，损坏机电泵站1 370座，毁坏护岸5 280处，损坏水闸431座，冲毁塘坝1 092座，损坏水电站106座，毁坏灌溉设施4 187处，损坏水文测站27处、机电井151眼。共计直接经济损67.43亿元，其中水利工程直接经济损失11.9亿元。

第4号（启德）台风是2000年登陆中国大陆的第一个台风，也是1984年后在浙江省登陆最早的台风。4号台风于2000年7月6日8时在巴士海峡生成， 7日14时增强为台风，9日8时向偏北方向移动，穿过台湾省，减弱为强热带风暴，于10日2时30分在浙江省玉环登陆，登陆时中心气压980百帕，近中心最大风速30米/秒。登陆后经温岭、路桥、黄岩、临海、三门、宁海、奉化、余姚、慈溪等县市，过杭州湾，在11时左右离浙江进入上海市。受4号台风影响，浙江省东部沿海地区降了暴雨、大暴雨，局部特大暴雨。强热带风暴登陆时正值天文小潮期，沿海、河口潮位不高。此次台风使台州、温州、舟山市的部分地区受不同程度影响。

第8号（杰拉华）台风于2000年8月1日在关岛以北的洋面上生成后向西北偏西方向移动，2日发展成台风。于8月10日19时30分在象山县爵溪镇登陆，登陆后经过象山、奉化、余姚、上虞等地，10日22时减弱为强热带风暴，于11日10时经湖州离开浙江省。此次台风特点：一是从生成到登陆强度大；二是风力大；三是局部雨量大；四是不稳定；五是登陆后减弱快。由于台风减弱快，沿海地区损失较小。

第10号（碧利斯）台风于2000年8月19日14时在菲律宾以东的洋面上生成，19日20日发展成强热带风暴，20日14时加强为台风。8月22日22时30分在台湾省台东市登陆，穿过台湾海峡后于8月23日10时30分在福建省晋江市再次登陆，17时减弱为强热带风暴，23时再减弱为热带风暴，24日8时在瑞金市进一步减弱为热带低压。此次台风虽没在浙江省登陆，但雨量较大，沿海和浙南地区下了大到暴雨，局部大暴雨，有13个省级报汛站的过程降雨量超过200毫米，造成温州、丽水市的部分地区受影响。

第12号（派比安）台风于2000年8月27日2时在冲绳岛东南的洋面上生成，28日20时发展成强热带风暴，30日2时发展为台风。30日20时前后，紧擦普陀并穿过舟山群岛北上，于30日23时30分左右离开浙江沿海。此次台风风力大，舟山群岛出现了12级以上大风，最大风速超过了40米／秒；由于正逢天文大潮，浙江的中部和北部沿海主要潮位站均超过警戒潮位，30日22时50分定海潮位站达到10.27米（舟山高程为舟山假定基面，下同），为历史实测第四高潮位。同时，全省普降中到大雨，局部暴雨。据初步统计，此次台风造成直接经济损失11.56亿余元，舟山损失较重。

第14号（桑美）台风于2000年9月3日14时在关岛以东洋面上生成，4日2时发展成强热带风暴，20时发展为台风，5日14时减弱为强热带风暴，9日8时再次加强为台风。台风移动方向6日开始缓慢向西北方向移动，直至14日4时以较快的速度转向北、东北方向并离开浙江省。此次台风强度大，移动速度慢而方向不定，持续时间长，且遇天文大潮，浙北沿海出现了接近历史记录的高潮位，定海站最高潮位10.47米，为舟山历史实测第二高潮位（历史最高10.68米），镇海站最高潮位5.13米（黄海高程），为历史第二高潮位（历史最高5.22米），宁波三江口5.01米（黄海高程，历史最高5.18米）。宁波、舟山等地普降暴雨到大暴雨，宁波平原河网均超警戒水位，姚江大闸最高水位达4.20米，超过历史记录。舟山市局部、岱山高亭镇、沈家门局部地段及宁波市区沿江局部地段受到潮水侵袭，非标准老海塘受损严重。据统计，此次台风造成直接经济损失40.4亿元。

为加强沿海防台风工作，2000年6月26～28日，国家防汛防旱总指挥部在浙江省宁波市召开了全国防台工作会议，国家防汛防旱总指挥部秘书长、水利部副部长周文智到会讲话，沿海11个省（市）的防汛防旱指挥部负责人参加会议。浙江省防汛防旱指挥部指挥、副省长章猛进到会致贺。会议通报了2000年全国防台风形势，提出了防台风工作的具体要求。浙江省防汛防旱指挥部负责人在会议上作了典型发言。会议期间，代表们参观了浙江省沿海标准海塘建设，对浙江省海塘建设力度之大、标准之高、进度之快给予高度评价。

【标准海塘建设】 为了提高海塘防台御潮能力，保障沿海人民生命和财产安全，适应经济社会发展的要求，“9711”号台风后，浙江省委、省政府提出了“建千里海塘，保千万生灵”的号召，决心用3～4年时间，投资50亿元，把沿海防御能力偏低的1 000千米重要海塘建设成高标准海塘。经过1998、1999两年的建设，已取得了很大成绩，2000年是实现建成千里标准海塘目标的决战年。从1998～2000年浙江省共下达了标准海塘建设计划1 121千米（含宁波市），其中1998年350千米，1999年463.65千米，2000年307.35千米，列入1998、1999年省标准海塘建设计划的海塘绝大多数已完工，部分已通过验收，列入2000年省标准海塘建设计划的海塘大多已基本完工，质量总体良好。到2000年12月底，已完成土方2 925万立方米、石方2 890万立方米、混凝土404万立方米，已基本建成标准海塘1 020千米。至此，通过沿海人民3年多的艰苦奋斗，基本实现了浙江省委、省政府提出的用3～4年时间建成沿海1 000千米高标准海塘的目标。

2000年是台风多发年，在8～9月份，浙江省相继遭受了杰拉华（8号）、派比安（12号）和桑美（14号）台风袭击，舟山、宁波市于1998年至2000年建成的标准海塘经受了12、14号台风的考验，经检查，标准海塘完好无损，发挥了显著的防台减灾效益。据浙江省防汛防旱指挥部办公室统计分析，已建成标准海塘2000年减灾效益达24.7亿元。同时，沿海千里标准海塘的建成，明显地改善了浙江沿海的投资环境，促进了浙江经

济的可持续发展。（沈水土）

【赤潮灾害防灾减灾工作】 2000年，浙江记录到赤潮7起，经济损失约1.5亿元。舟山海域、象山湾、台州列岛等地发生次数较多。主要赤潮有：2000年5月4日，舟山海域暴发赤潮，面积近1 000平方千米。2000年5月12～16日，台州列岛附近海域发生面积约为1 000平方千米的赤潮。5月18日在该海域再次暴发赤潮，呈褐色条状和片状分布，长约80千米，宽约57千米，面积约4 560平方千米，赤潮生物以具齿原甲藻为主。5月20日赤潮区域扩展至5 800平方千米。5月24日赤潮区有所北移，但面积进一步扩大。2000年5月中旬，舟山海域再次暴发赤潮，面积近8 000平方千米。5月30日，象山湾海域发生褐色、紫红色条状分布的赤潮，面积近200平方千米。

为做好赤潮的监视监测，随时掌握赤潮发生发展趋势，及时发布赤潮信息，减少赤潮灾害损失，浙江省海洋与渔业主管部门主动与国家海洋局东海分局、国家海洋局第二海洋研究所进行蹉商，组织运用卫星遥感、海监飞机、海监船等先进设备技术加强对浙江省海域赤潮的监视监测，并多渠道收集赤潮灾害情况，及时通报给沿海市、县及有关部门。全省共发布各类赤潮通报、信息、简报等20余期，专报信息4期，为赤潮防范、减少灾害损失发挥了重要作用。（傅国君）

海洋科技
Marine Science and Technology

【概况】 2000年,浙江省共安排省级科技兴海重点科技项目20项。本年度实施较好并取得较快进展的项目有:一是启动了“深水网箱设备研制和养殖试验”项目，设置了示范试点，为促进全省深水网箱有序发展奠定了良好的基础；二是“太平洋牡蛎三倍体苗种生产技术”、“墨西哥湾扇贝苗种生产及养殖开发研究”、“岱衢族大黄鱼生产性人工育苗”等技术相继开发成功，为实施种子种苗工程和养殖生产提供了优质的苗种；三是喜恩开、葡多安、高纯壳聚糖、康特速敷料膜等海洋药物和海洋功能食品相继问世并获得新药证书和生产批文，逐步进入市场，加快了海洋新兴产业开发的步伐；四是“利用海洋遥感信息预报渔海况技术研究”、“国产化深水网箱设备及养殖技术开发”项目初获成功，为加快运用高新技术改造海洋传统产业，提供了有益的经验和技术示范；五是“利用GIS技术开发海塘工程管理信息系统”，“两潮耦合（风暴潮、天文潮）预报风暴潮技术”项目，已达到了实用化阶段，被基层单位所采纳。特别是风暴潮和天文潮两潮耦合数值预报模式，经过6次风暴潮验证，显示良好的实用价值，可投入业务预报。该项目获省科技进步二等奖。

年内对“九五”科技兴海项目进行了全面验收。“九五”期间，共安排省级科技兴海项目47项，省级示范区共实施科技兴海项目200余项。在科技兴海项目的实施管理上，形成了政府、企业、社会共同投入发展海洋科技的良性运行机制，使一大批社会资金进入科技兴海的主战场。据验收结果分析，80％以上的项目完成了预定的目标任务，提高了成果的转化效率，科技进步对促进海洋经济发展的贡献率已达到50％。通过科技兴海项目的实施，完成了《玉环浅海抗风浪网箱养殖技术》、《高品质低污染壳聚糖系列产品工业化开发》、《反渗透海水淡化示范工程》、《南麂岛海珍品浅海养殖技术开发》等一批科技兴海示范工程项目，初步突破了浅海滩涂增养殖和抗风浪养殖技术、海洋生物资源深度开发利用技术。并已经在海产甲壳动物废弃物综合利用技术、低值鱼类的综合开发利用、泥蚶全人工养殖技术开发与推广、浅海网箱养鱼技术示范与推广等方面，找准关键技术与突破口，形成了自身的技术优势，促进了产业的发展，实现了产业化开发。至2000年，已有平阳南麂海珍品养殖、玉环抗风浪网箱养殖、普陀六横岛浅海规模养殖、象山港综合养殖与开发、上虞市海涂资源综合开发等5个示范区，被科技部及有关部、委确定为全国科技兴海示范基地，宁波大学被确定为全国科技兴海技术转移宁波中心。其数量在沿海省市中名列前茅。（张建荣）

海洋国际合作与交流
Marine International Cooperation and Interflow

【概况】 2000年浙江省对外贸易经济合作发展态

势良好。据海关统计，全省完成外贸进出口总额278.34亿美元，其中出口194.44亿美元，进口83.9亿美元，分别比1999年增长52%、51%和54.4%。全省新批外商投资企业1 642家，实现合同外资25.1亿美元，实际外资16.1亿美元，分别比1999年增长47.5%、16.8%和5.2%。全省完成对外承包劳务合同额4.8亿美元，营业额4.3亿美元，分别比1999年增长70%和28%。全省新批境外投资项目107个，总投资1 704.7万美元，其中中方投资1 514万美元。涉海产业是浙江省发展对外经济合作的重要领域。

【水海产品出口】 2000年，浙江省累计出口水海产品价值4.83亿美元，是浙江省的大宗出口商品之一。其中出口的主要产品是；活鱼价值1 283万美元；冻鱼、冻鱼片7 150.4吨，出口金额15 846万美元；鲜、冻对虾161.2吨，出口金额2 540万美元；冻虾仁3 537.6吨，出口金额15 749万美元；其他水海产品4673.1吨，出口金额12 882万美元。出口的主要国家和地区有：日本、韩国、西班牙、美国、意大利。舟山市是浙江省出口水海产品的重点地区。该市2000年共出口水产品价值34 928万美元，占全省水海产品出口总额的72.3%，比1999年增长72.2%。出口的主要产品有冻鱼（片）、烤鳗、冻虾仁、冻梭子蟹、鱿鱼干等。

【涉海企业利用外资】 2000年浙江省共批准涉海企业利用外资项目6个，投资总额737万美元，合同外资金额230万美元。从投资方式看，有合资企业4家，分别是浙江新世纪远洋渔业有限公司、浙江新时代国际渔业有限公司、舟山源红水产有限公司和宁波龙氏水产有限公司；有合作企业1家即舟山昌远水产食品有限公司；独资企业1家即宁波荣义水产有限公司。这6家外商投资企业中，有4家从事海洋捕捞，有2家从事海水养殖。截止2000年底，浙江省累计批准涉海企业利用外资项目21个，其中有合资项目15个、合作项目2个、独资项目4个。投资总额为7 277.45万美元，合同外资金额3 335万美元。

【涉海企业的国际投资与合作】 2000年，浙江省批准了1个境外渔业合作项目——赴印度尼西亚开展渔业合作项目。该项目总投资114万美元，是由舟山远洋渔业（有限）总公司以实物形式出资114万美元设立的独资项目。截至2000年底，浙江省累计批准境外渔业合作项目15个，总投资4 639万美元，其中中方投资额为3 614万美元。远洋捕捞是浙江省从事国际渔业合作的重要内容。2000年，仅舟山市就有舟山远洋渔业（有限）总公司、舟山兴业有限公司、普陀大舟海洋渔业有限公司、舟山东海远洋渔业有限公司4家渔业企业派遣渔船64艘，支付合作（入渔）费280万美元，在印度尼西亚、阿根廷、马尔维纳斯和缅甸海域从事渔业捕捞，总产量34 711吨，总产值23 264万元。 （程世昌）

【国际劳务合作】 2000年，浙江省累计外派渔工、海员2 208人次，占当年全省外派劳务总量的25.9%。年末在外渔工和海员人数1 751人，占当年年末在外总人数的12.66%。外派渔工的主要国家和地区是印度尼西亚、日本、摩洛哥和中国台湾省等；外派海员的主要国家和地区是新加坡、马来西亚和香港特别行政区。舟山市是浙江省外派渔工和海员劳务的重点地区之一，2000年派遣渔工和海员劳务1 093人次，占全省外派渔工和海员劳务总数的49.5%，完成营业额636万美元。

（程世昌 阮根夫）

【乍浦港和班伯里港成为友好港】 中华人民共和国交通部于2000年9月26日批准浙江省乍浦港与澳大利亚班伯里港建立友好港关系。双方将通过友好往来，按照平等互利的原则，发展两港的贸易和航运事业，在港口建设、经营、管理等方面进行广泛的交流与合作。中华人民共和国乍浦港和澳大利亚班伯里港建立友好港关系协议于2000年10月13日在澳大利亚班伯里港签订，一式两份，每份都用中英文写成，两种文本同等作准。

（齐潮生）

海洋立法与管理
Marine Legislation and Management

【机构沿革】 在浙江省政府机构改革中，省委、省政府决定，撤销省海洋局和省水产局，组建浙江省海洋与渔业局，属省政府主管海洋与渔业工作的直属机构。新组建的浙江省海洋与渔业局于2000年6月22日正式挂牌运行。主要职能是研究起草有关海洋与渔业行政管理的地方性法规、规章草案，经审议通过后组织实施；组织实施对海洋的综合管理；负责海洋环境的监督管理与渔业水域生态环境保护工作；实施辖区内的巡航监视，依法行使海洋监察、渔政渔港监督管理、渔船检验、水产品质量、水产种苗的监督管理等。沿海市、县海洋管理机构的模式与省里相同。

【海域使用管理】 对交通运输类用海项目实行海域使用统一管理。2000年6月，浙江省海洋与渔业局在对贯彻执行《浙江省海域使用管理办法》（省政府第98号令颁布）情况进行全面总结的基础上，向省政府法制办提出将交通运输类用海项目纳人海域使用管理范围的意见。9月3日，浙江省政府法制办、省交通厅、省海洋与渔业局正式行文，明确将交通运输类用海项目实行海域使用管理，加大了海域使用管理的力度。

浙江省大比例尺海洋功能区划修编工作进展顺利。1991年，根据国家海洋局的部署，由省科委和省计经委组织编制了《浙江省海洋功能区划》及其有关图件。1999年下半年，在基本完成县、市两级大比例尺海洋功能区划的基础上，开始修编浙江省海洋功能区划工作。至2000年底，省级海洋功能区划的重要组成部分杭州湾、乐清湾、三门湾和象山港 4 个重点海域的功能区划工作进展顺利，其中象山港海洋功能区划已编制完成并通过评审，其余 3 个重点海域的区划已完成初稿，省级区划报告完成征求意见稿。整个修编工作按计划在2001年上半年完成。

为掌握浙江省海区海底电缆、管道分布状况，原浙江省海洋局用两年时间，组织开展了海底电缆管道的普查工作，核实了浙江省海域海底电缆管道的确切条数、路由走向、用途等，查清了全省海底电缆管道的铺设状况。2000年4月份，省海洋局发布《浙江海域海底电缆管道登记公告》，公布了116条海底电缆管道的路由走向及用途，落实了航行通告海图登录工作，为今后合理利用海底资源、保护海底电缆管道和维护业主的合法权益提供了依据。

全省沿海防潮警戒水位核定工作基本完成。宁波、舟山、温州、台州、嘉兴等沿海市及部分县相继完成防潮警戒水位核定工作。至此，全省沿海防潮警戒水位核定工作基本完成。新确定的防潮警戒水位在防潮抗灾中已发挥作用。

【海洋资源与环保】 2000年，对1998、1999年下达的70多个项目实施情况进行了专项检（抽）查，结果表明，项目实施进展良好.基本完成了计划进度目标，在此基础上，经层层筛选，逐个评审，分 3 批下达了24个海洋开发和管理项目，下拨补助资金1 091万元。这些项目的实施共带动资金投入14 547万元，有效地促进了海洋开发和管理。同时又选择基础较好的温岭市龙门乡、舟山市普陀区桃花镇、嵊泗县嵊山镇等 3 个乡镇为浙江省第二批“蓝色工程”示范区，并进入实施阶段。

开展五峙山列岛鸟类自然保护区升级工作。按照《浙江省自然保护区发展规划》的要求，就舟山五峙山列岛鸟类自然保护区由区级上升为省级开展了调研论证工作。11月17日，升级评审会在杭州举行，专家组通过了五峙山列岛省级自然保护区的建区论证报告。

妥善处理岱山海域溢油事故。10月15日上午10时左右，上海石油天然气总公司1998年埋设的东海平湖油气田海底输油管道在距岱山岛油管登陆点KP2.45处因管道断裂发生溢油事故。事故发生后，浙江省海洋与渔业局立即派出工作组，协助国家海洋局东海分局前往调查处理。此次溢油事故给当地渔业生产造成直接损失725万元，最后以上海石油天然气总公司作出一定的经济赔偿而得到妥善处理。

【海洋宣传工作】 全国人大常委会审议通过的新《海洋环境保护法》，于2000年4月1日起施行。为了贯彻实施好新《海洋环境保护法》，由原省海洋局和省政府法制办公室发起，会同省环保局、省交通厅、原省水产局于3月28日在杭州联合召开了浙江省贯彻实施新《海洋环境保护法》座谈会，省有关部门领导或代表及新闻记者40多人参加了会议，省人大常委会副主任李志雄到会讲话。原省海洋局还就新《海洋环境保护法》实施的目的、意义、作用及新旧《海洋环境保护法》的区别等问题，以答记者问的形式在浙江人民广播电台播出。宁波、温州、舟山、台州等大部分沿海市县也就贯彻实施新《海洋环境保护法》开展了广泛的宣传活动。 （方康保等）

宁 波 市
Ningbo City

综 述
Summary

【概况】 宁波市位于中国东海之滨、长江三角洲南翼，北濒杭州湾与上海相望，南临三门湾与台州相连，东有舟山群岛为屏障，东方大港——北仑港就坐落于市区东南，地理位置得天独厚。宁波为全国最早对外开放的14个沿海城市和5个计划单列市之一。全市现辖余姚、慈溪、奉化、鄞县、宁海和象山 6 个县（市）及海曙、江东、江北、北仑和镇海5个区，辖区人口540.94万。辖区海域面积9 758平方千米，海岸线长达1 562千米，拥有大小岛屿531个。海洋赋予宁波优越的区位优势和丰富的海洋资源，突出体现在“港、渔、油、景、涂”五大优势上。

港口资源是宁波的生命线。宁波港地处中国大陆海岸线中部、中国沿海和长江黄金水道 T 型结构的交汇点，内外辐射便捷，是世界上少见的天然深水良港。渔业资源是宁波沿海群众的“富民本”。宁波东部沿海就是全国著名的舟山渔场，渔业资源丰富，中部象山港是中国沿海难得的鱼虾贝藻等海洋生物栖息、生长、繁育的优良场所，是具有国家意义的“大鱼池”。石油资源是宁波产业发展的潜力所在，宁波是东海油气就近上岸的最佳后方基地。滩涂资源是宁波可持续发展的基础。宁波拥有潮间带滩涂面积10.4万公顷，面积之大居浙江省首位，围涂造地和从事养殖的开发条件优越，是宁波建设沿海工业区的重要后备土地资源。以奉化溪口名人故里、象山松兰山海滨旅游区、镇海海防历史遗迹等为代表的一批旅游景点，构成了宁波丰厚独特的海洋自然景观和历史人文景观。

以港口海运业为先导、海洋渔业为基础、港口工业为支柱、临港商贸、滨海农业、滨海旅游业为特色的六大产业，构成了宁波完整的海洋产业体系。2000年，宁波市海洋产业产值已达255.53亿元，比上年增长了34.36%；全市海洋产业增加值达99.24亿元，已占到全市国内生产总值的10.3%，比上年上升了1.03个百分点。

以建设海洋强市为目z标，宁波的国民经济持续快速发展，综合经济实力显著增长。2000年，全市国内生产总值达1 175.8亿元，财政收入143亿元，城镇居民收入提高到10 921元。宁波正在向建设现代化的国际港口城市大步迈进。 （赵世养）

海洋资源开发与海洋经济
Development of Marine Resources and Marine Economy

【海洋渔业】 据年报显示，2000年宁波市实现水产品产量81.61万吨，比上年增加5.99万吨，增幅为7.99%。其中：海洋捕捞为57.6万吨，比上年增加1.08万吨，增幅为1.19%；海水养殖为18.24万吨，比上年增加4.45万吨，增幅为32.16%。2000年全市实现渔业产值54.45亿元，比上年增长15.04%。其中：海洋捕捞25.89亿元，海水养殖21.66亿元，分别比上年增长4.23%和33.95%。2000年全市实现远洋捕捞产量2.19万吨，比上年增长36.32%。

海水养殖面积连续 5 年快速增长，首次跃居全省第一。2000年全市海水养殖面积已达40 236公顷，比上年增加9 267公顷，增幅达29.83%。其中：以低坝高网为主的滩涂养殖达25 883公顷，围塘养殖10 442公顷，浅海养殖3 911公顷，分别比上年增长20.03%、35.73%和125.29%。浅海中的海水网箱养殖超过5万只，达到57 087只，比上年增长64.68%，位居全省第一。

2000年全市加工水产品32.38万吨。全市八大重点水产品交易市场2000年共成交水产品45.28万吨，成交额34.43亿元，分别比上年增长8.29%和19.15%。

2000年全市渔民人均收入为7 862元，比上年增长5.76%。其中海洋渔村人均收入达8 051元，比上年增长5.81%。

通过多年的渔业产业结构调整和优化，2000年全市水产养殖产值首次超过了捕捞产值；全市渔业产值按可比价也首次超过了农业中的种植业，实现了两大历史性突破。

【海洋运输】“九五”期间，宁波港继续加大港口建设力度：先后建成投产7座万吨级以上泊位，完成900米长集装箱码头改造，加大港口集疏运网络投入。到2000年底，全港已拥有包括20万吨级矿石码头、25万吨级原油码头、8万吨级粮油码头、5万吨级液化码头和5万吨级煤炭码头等生产性码头184座，其中万吨级以上码头29座，年核定吞吐能力达到10 178万吨，已初具综合性国际港口雏形。宁波港以其沿海与长江T型联合航运体系，把全国及世界各地的物资通过水陆、水水中转源源不断输向腹地，腹地经济的发展又为港口提供了充足的货源。“九五”期间宁波港货物吞吐量由1995年的5 540万吨提高到2000年的11 547万吨，年平均增长11%，位居全国大陆港口第二，跻身世界上为数不多的亿吨港行列。宁波港把国际集装箱运输作为港口持续发展的重中之重，集装箱吞吐量快速增长。至2000年底，集装箱吞吐量已达90.22万标箱，是1995年16万标箱的5.6倍。集装箱航线从1995年的8条增加到2000年的48条，月航班突破200班，已覆盖东亚、东南亚、欧洲、地中海等地区。依托港口优势，滨海工业迅速崛起，北仑区域约20余千米黄金海岸，已有1 000万美元以上的外商投资大项目50余个，初步形成了一个以石化、钢铁为主导，电力、机械、轻纺、建材等多种产业辅助发展的新兴大工业经济带。

【滨海旅游】充分挖掘海洋旅游资源，发展滨海旅游产业是宁波跨世纪经济发展战略的一个重点。继1998年首届开渔节后，2000年宁波又成功地举办了第三届中国开渔节，现在中国开渔节已成为宁波市三个重大节庆之一。开渔节活动期间，仅象山松兰山度假区、红岩长廊景区、皇城沙滩景区、石浦渔港景区就接待中外旅客2万余人次，旅游经济收入超过1 000万元。2000年宁波以滨海旅游为特色的旅游业蓬勃发展。至年底全市已有涉外旅游饭店76家，其中星级饭店就有69家，全年国内旅游人数达到1 230万人，滨海旅游收入达57.80亿元，比上年增长10.14%。（赵世养）

海洋公益事业
Marine Public Welfare Facilities

【首届宁波市海洋经济发展研讨会】2000年6月28日，首届宁波市海洋经济发展研讨会在市联谊宾馆成功举行。来自国务院发展研究中心、国家海洋局及东海分局等54个单位的专家和领导，就宁波海洋经济发展思路、管理体制、海洋产业发展方向及布局、科技兴海计划的实施等问题进行了研讨。宁波市市委常委、副市长郭正伟介绍了宁波市海洋经济发展现状。赵法箴院士、杨金森研究员等5位专家作了学术报告。会上交流论文20余篇，为宁波市海洋经济发展提出了许多宝贵的意见和建议。

【象山港区域管理与发展联席会议制度】2000年8月7日，宁波市人民政府召开象山港区域管理与发展联席会议第一次全体会议。会上，市政府有关领导在听取了市海洋与水产局关于象山港科技兴渔示范基地、近期综合管理与开发情况的汇报后，要求各部门形成合力，加强海域管理，促进象山港区域经济的可持续发展。根据象山港的发展需要，建立了象山港区域管理与发展联席会议制度。

【新“中国渔政703”船交付使用】2000年12月10日，崭新的“中国渔政703”船稳稳靠上宁波甬江白沙码头，标志着渔政703船顺利交接。新船总投资850万元，排水量420吨、航速达15.5节，续航能力在2 800海里以上。该船还配备了先进的定位导航系统、通信系统，有较好的操作性和适航性能。

【海洋管理与渔业发展“十五”计划】宁波市海洋管理与渔业发展“十五”计划编制完成。该计划确定了“十五”期间海洋管理与渔业发展的总体目标和指导方针，确定了今后5年的工作目标，要建立六大产业区和五大体系。预计到2005年，全市海洋经济增加值达到250亿元，年递增15%；新增养殖面积6 600余公顷，水产品总产量达到90万吨；渔业总产值达到72亿元，渔业产值占大农业的比例达到40%；水产品出口创汇1.8亿美元；渔民人均收入达到1万元，提前进入富裕行列。（赵世养）

海洋环境保护
Marine Environmental Protection

【宁波市海洋环境监测中心】 2000年10月22日，宁波市海洋环境监测中心挂牌成立。国家海洋局东海分局局长李晓明、宁波市委常委、副市长郭正伟分别在共建协议上签字，并为中心授牌。国家海洋局副局长陈连增出席了仪式。该中心的成立填补了宁波市海洋环境监测系统的空白。中心主要职责是对海洋生态环境特别是水体污染较重、养殖密度高、赤潮频发的海区，进行全面监测，及时做好赤潮的预测、预警工作，并承担宁波市海洋环境监测评价、总量控制和环境容量研究，为沿海养殖业的健康发展提供保障。（赵世养 涂金珠）

【赤潮监视监测】 宁波市政府重视开展赤潮监控区的监视监测工作，建立了由市政府统一领导、市海洋环境监测中心及渔监、港监、渔民、石油平台等参与的灾害主体监测系统。在赤潮多发期，市海洋与水产局开设预警专线电话；开展赤潮的发生、发展、消亡过程预测，向宁波市政府和有关涉海部门通报赤潮监测预警信息。

（涂金珠）

海洋灾害与防御
Marine Disasters and Prevention

【海洋预报】 宁波是海洋风暴潮灾害较频繁的地区之一，为了促进宁波市海洋减灾防灾工作的开展，提高对台风风暴潮的防御能力，每天在宁波电视台黄金时段播送“宁波地区海洋环境预报”，内容包括宁波海域海洋水温、浪高、潮位、高潮时和低潮时。在防台、抗台过程中，预报准确、发布及时、信息传递迅速。市海洋预报台积极与有关部门配合，拓展服务范围，为海事、港务、海上工程建设等部门提供专项预报服务。

（涂金珠）

海洋科技与教育
Marine Science & Technology and Marine Education

【大黄鱼人工繁殖、养殖技术】 宁波市海洋与水产局1997～1999年主持完成了“大黄鱼人工繁殖、养殖技术研究及推广”项目。该项目在实施中采用科研、推广、行政、生产相结合的组织形式，实行边试验、边推广、边吸收应用、边创新提高的技术路线，全面超计划完成各项经济指标。2000年获市人民政府颁发的农业丰收计划一等奖，市科技进步二等奖和省人民政府颁发的省科技进步三等奖。（赵世养 顾增余）

【其他科技项目】 大黄鱼全人工鱼苗和斑节对虾精夹植入繁殖技术由宁波市在省内率先突破，并迅速形成生产规模；鲈鱼、黑鲷、香鱼、黑斑口虾蛄、青蟹、羊栖菜等10余个品种的人工育苗均获成功；泥蚶、梭子蟹工厂化育苗和河蟹土池规模化育苗技术得到大面积推广。浅海梭子蟹笼式养殖技术推广获宁波市人民政府颁发的农业丰收三等奖。（顾增余）

【大型专业远洋鱿鱼钓船投产】 宁波海洋渔业总公司委托广州渔轮厂、宁波渔轮厂设计建造的GY8393型“天顺”轮、8350G2型“天祥”轮，在1999年6、7月间建成后投入北太平洋试生产了3个月，于1999年11月下旬航行去西南大西洋，正式投入生产。两船分别作业104天、110天，生产阿根廷滑鱿鱼2 021吨、2 072吨，平均日产量19.25吨、18.85吨，两船总产值2 443万元、利润800万元，标志着新建两艘大型远洋鱿鱼钓渔船投产成功。同时，也表明中国自行设计建造大型专业远洋鱿鱼钓渔船技术已接近国际先进水平，受到国际渔业界的关注。（赵世养）

海洋立法与管理
Marine Legislation and Management

【首次海域使用调查登记】 2000年5月18日，宁波市政府召开全市海域使用调查登记工作动员会，对调查登记工作作了全面部署。8月28日，市调查登记领导小组对登记情况进行抽查；11月14日，市政府又召开了全市海域使用调查登记交流会，调查登记工作在全市全面展开，工作进展顺利。各县（市）区、大榭、宁波经济技术开发区已先后完成调查登记的审核、汇总工作，为改变海域使用中多年存在的“三无”（无序、无度、无偿）现象和实施海域有偿使用制度打下了基础。（赵世养）

统计资料
Statistical Data

表1 宁波市沿海市县一览表

沿海县级市	沿海（区）县
慈溪、余姚、奉化	象山、宁海、鄞县

表2 宁波市海洋机构一览表

单位名称	建立时间	在职人员（人）
宁波市海洋与水产局	1998年3月	87
慈溪市水产局	1998年起承担海洋管理职能	32
余姚市水产局	1998年起承担海洋管理职能	15
奉化市水产局	1998年起承担海洋管理职能	44
象山县水产局	1998年起承担海洋管理职能	61
宁海县水产局	1998年起承担海洋管理职能	25
鄞县水产局	1998年起承担海洋管理职能	16

表3 宁波及各县（市）区人口及从业人员情况一览表

单位：万人

市区县	年末总人口	农业人口	非农业人口	单位从业人口	职工人数
全市	540.94	398.91	142.03	61.85	60.20
市区	124.05	46.83	77.22	33.87	32.71
余姚市	82.96	68.22	14.74	4.65	4.45
慈溪市	101.09	86.66	14.43	5.38	5.30
奉化市	49.08	40.52	8.56	2.56	2.53
象山县	53.24	43.74	8.50	8.40	8.29
宁海县	58.36	51.95	6.41	2.20	2.15
鄞县	72.16	60.99	11.17	4.79	4.76

表4 宁波及各县（市）区国内生产总值、工农业总产值（现行价）一览表

单位：亿元

市区县	国内生产总值				工业		农业	
	合计	第一产业	第二产业	第三产业	总产值	增加值	总产值	增加值
全　市	1 175.753 8	95.773 3	658.840 8	421.139 7	1 427.697 7	325.787 7	148.374 5	95.773 3
市　区	436.062 5	12.702 0	219.444 6	203.951 9	697.403 1	164.796 7	19.288 1	12.702 0
余姚市	148.204 9	18.655 7	86.859 3	42.689 9	143.570 3	34.401 4	26.634 6	18.655 7
慈溪市	163.981 7	14.609 3	98.271 3	51.101 1	167.079 8	34.110 7	20.776 2	14.609 3
奉化市	56.596 0	8.735 4	30.502 3	17.358 3	51.434 6	11.167 8	13.686 7	8.375 4
象山县	73.856 5	18.454 7	37.017 6	18.384 2	54.737 6	11.407 4	35.501 5	18.454 7
宁海县	63.764 2	11.051 7	38.107 2	14.605 3	66.508 0	14.679 8	15.628 4	16.859 0
鄞　县	153.882 1	11.564 5	107.281 8	35.035 8	246.964 4	55.224 0	11.051 7	11.564 5

表5　宁波市海洋开发资料统计一览表

统计项目		数额
海洋捕捞产量（吨）	鱼类	40.514 7
	贝类	6.161 4
	虾蟹类	10.673 9
	其他	0.252 9
	合计	57.602 9
海水养殖产量（吨）	鱼类	1.452 6
	贝类	14.759 1
	虾蟹类	1.470 1
	藻类	0.554 9
	合计	18.236 7
海洋货物运输量（万吨）	总量	693.5
	其中远洋	36.93
沿海港口货物吞吐量（万吨）	总量	11 547.11
	其中集装箱吞吐量（万标准箱）	90.22
海盐生产	产量（万吨）	6.11
	产值（万元）	41.25
沿海修造船	产值（万元）	28 448
滨海旅游收入（万元）		577 994.6
滨海旅游	涉外旅馆数（个）	77
	境外旅游人数（人）	123 629
水产品加工	加工总量（万吨）	22.65
	加工产值（万元）	90 464
沿海石油加工	产值（万元）	68.543 5
浅海滩涂开发	新开发面积（公顷）	9 244

（赵世养）

舟 山 市
Zhoushan City

综 述
Summary

【概况】 舟山市位于29° 32′～31° 14′ N，121° 31′～123° 25′ E之间。坐落于浙江省东北部、杭州湾外缘的东海海域中，北与上海市相接，南与宁波市相望。全市由1 390个岛屿组成，陆地总面积1 257平方千米，区域总面积2.22万平方千米。市政府驻地——舟山岛，位于舟山群岛的南部，总面积502平方千米，市辖定海、普陀两区和岱山、嵊泗两县，63个乡镇。2000年末，全市总人口98.41万（户籍人口）。

舟山是一个名副其实的海洋大市，海洋资源十分丰富，渔、港、景等资源优势独特。舟山海域可供开发的鱼、虾、贝、藻类资源达450余种，素有“东海鱼仓”之美称；可开发利用的岛屿深水岸线183.2千米，占浙江省的78.93%。港内航道四通八达，锚地众多，是建设大型国际深水良港的理想选址。境内有国家级、省级风景名胜区各两个，集名山、古刹、沙滩、阳光于一体，是不可多得的避暑、观光、休闲胜地。

在江泽民总书记“开发海洋，振兴舟山”题词后，舟山把开发海洋作为经济和社会发展的根本战略，渔、港、景资源优势日益得到发挥，促进了舟山经济的全面发展。2000年，国内生产总值114亿元，比1999年增长12.0%。第一、二、三产业比重由1999年的30.8∶31.5∶37.7调整为2000年的29.0∶33.2∶37.8。工业总产值127.89亿元，增长28.9%；财政收入10.77亿元，增长31.5%；城镇居民人均可支配收入8 886元，增长9.6%；渔农民人均纯收入4 228元，增长5.3%。2000年全市渔业总产量达134.92万吨，总产值63.8亿元，居全省首位，尤其是远洋渔业产量达13.38万吨，增长9.9%，已占全国1/4和全省4/5 强。港口货物吞吐量3 189万吨，比1999年增长53.1%，居全国沿海第九位、浙江省第二位。全市游客接待量459.7万人次，比1999年增长15.7%，其中接待海外游客6.118万人次，旅游总收入18.13亿元，增长9.2%，位居浙江省第三。

全国海域使用管理示范区工作，于2000年11月4日通过了国家海洋局组织的验收；作为国家无居民海岛开发保护试点的岱山县在全国率先出台了《无居民海岛开发保护管理暂行规定》；嵊泗县在舟山率先开展了海洋预报；加强了海底管线和海砂开采的执法管理；开展了舟山海洋管理信息系统的研究开发。积极申报浙江省海洋开发管理专用资金项目，2000年，共有30个项目被列为省海洋开发与管理项目，争取到补助资金436万元。 （马苏群）

海洋资源开发与海洋经济
Development of Marine Resources and Marine Economy

【捕捞渔业】 2000年，舟山的机动渔船在规模上朝大型化、钢质化方向发展。年末全市机动渔船拥有数10 791艘，比上年减少2.98%，总吨位798 263吨，比上年增加15.48%，其中147千瓦以上钢质渔船3 265艘，比上年增加25.63%。全年捕捞量126.16万吨，比上年增长2.51%。在主要捕捞作业中，除帆张网作业增产19.77%外，拖虾作业、对拖作业、定置张网作业等分别减产5.67%、20.97%和5.41%。主要捕捞品种中，带鱼、小黄鱼、蟹类分别增产24.96%、17.65%和16.39%，而虾类、鳀鱼、鲐鲹鱼等分别减产8.67%、37.31%和59.02%。 （楼加金）

【海水养殖】 2000年10月，舟山市委、市政府召开了全市养殖工作会议，制定扶持水产养殖业发展的若干优惠政策，使舟山的水产养殖出现了继20世纪80年代对虾养殖热之后又一轮热潮。养殖规模迅速扩大，养殖技术、方式及经营体制有了新的改进和提高。养殖品种扩展到20余种。

2000年舟山市海水养殖面积6 753公顷，产量5.19万吨，比1999年分别增长20.5%和37.7%。其中，浅海养殖648.8公顷，产量2.12万吨，比

1999年增长47.5%和12.8%；滩涂养殖2 796.3公顷，产量0.64万吨，比1999年增长25.9%和51.1%；围塘养殖3 307.9公顷，产量2.43万吨，比1999年增长12.4%和65%。

2000年梭子蟹以沙池暂养、围塘养殖和浅海笼养的方式，养殖面积达2 000公顷，产量6 000吨，均比1999年增长100%；大黄鱼以浅海网箱养殖和围塘养殖方式，养殖面积达151.5公顷，产量330吨，分别比1999年增长13.6%和17.8%。

【养殖育苗】 2000年，舟山有水产养殖育苗厂20家，育苗总水体1.5万立方米，当年进行育苗生产的有12家，育苗总水体8 000立方米。全年共育出各类虾苗4.79亿尾，各种鱼类苗种80万尾，蟹类苗种310千克。此外还有贻贝自然海区半人工采苗568吨，及少量试验性人工育苗厚壳贻贝、角蝾螺苗种。育苗生产中创产值489.9万元，生产净利达189.1万元。（舒云华）

【港口运输】 2000年，总投资13.2亿元的嵊泗马迹山矿砂中转码头中的25万吨级卸船码头及3.5万吨级装船码头等水工部分已经竣工；册子原油中转项目基础工程已启动；定海客运码头改造工程完成总投资的90%以上；普陀山客运码头改扩建工程通过了中间交工验收；老塘山港区一期泊位扩建工程完成水工部分工程量的60.7%。全年全港完成货物吞吐量3 189.12万吨，其中完成外贸货物吞吐量883.22万吨，分别比1999年增长53.14%和108.47%，港口货物吞吐量位居全国沿海第九位。旅客吞吐量完成617.19万人次，较1999年增长5.99%。海上集装箱运输增开了舟山至上海国际集装箱内支线班轮，发挥了港口综合优势。引进海砂出口和湄州湾电煤驳运等协作经营项目，共出口海砂116万吨。船舶交易市场全年成交各类船舶565艘，交易额4.12亿元。还组织了国际邮轮挂港，全年共挂靠国际邮轮10航次，安全接送国外游客2 558人次。（锁旭东）

【15 000吨级船台】 经浙江省计划经济委员会批准于1999年10月正式开工建设的万吨级船舶技术改造项目，于2000年6月在浙江扬帆船舶集团有限公司竣工投产。项目总投资5 398万元，建成15 000吨级船台1座、万吨级舾装码头1座等造船基础设施，并配置了100吨门式吊车、60吨塔式吊车以及等离子数控切割机、1 500吨压力机等一批较为先进的起重设备和加工设备。从而使浙江扬帆船舶集团有限公司成为舟山市第一家具有建造万吨级出口船舶能力的国有船舶工业企业。（方万年）

【海岛旅游开发】 舟山群岛山海景观独特，名胜古迹众多，旅游资源极其丰富。已经开发和建设的各类景观千余处，其中主要风景名胜点258个，分布在“海天佛国”普陀山、“沙雕公园”朱家尖、“列岛晴沙”嵊泗、“东海蓬莱”岱山、“金庸笔下的桃花岛”等二十几个岛屿上。目前舟山有两个国家级风景名胜区：普陀山（含朱家尖岛东部及洛迦山）和嵊泗列岛；两个省级风景名胜区：岱山岛和桃花岛；一个省级历史文化名城：定海。舟山群岛已经形成食、住、行、游、购、娱配套服务的旅游网络，成为华东旅游网、浙东旅游线中不可缺少的重要组成部分。

2000年，游客接待量达459.7万人次，其中海外游客6.12万人次，旅游经济收入达18.13亿人民币。与旅游业发展密切相关的交通、水电、通信等基础设施已经配套并趋于完善。全市共有旅游涉外饭店41家，国际国内旅行社41家，旅游从业人员3万余人。

景点建设 2000年，普陀山景区的宝陀讲寺、万佛宝塔和法华洞景点开发进展顺利，完成与工程有关的土地征用、坟墓拆迁等工作；完成千步沙海滨公园网球场、游园建设，编制《南天门景区整修规划》。朱家尖景区投资180万元对乌石塘景点进行了规模较大的修建或点缀；岱山景区投资150万元设计建造了徐福广场；嵊泗景区投资100万元完成了大悲山二期工程和鉴真东渡博物馆，投资2 000余万元对基湖沙滩观景带进行了修建和扩建；金庸笔下桃花岛景区桃花峪扩大了绿化面积，并增设了安全栏、游步道、登山道等；定海开放了小沙三毛祖居及浙江省第一家乡镇级博物馆——马岙博物馆。

首届全国航海运动大赛 由国家体育总局水上运动管理中心主办、舟山市人民政府和嵊泗县人民政府共同承办的首届全国航海运动大赛，于2000年7月13～16日在嵊泗县基湖沙滩举行。共设帆板、滑水、摩托艇3个大项。来自北京、上海、浙江、广东、海南、辽宁、四川、湖南、山东及武汉体院等省市单位160余名运动员参加了这项赛事。

百名画家画岱山 2000年初，岱山县人民政府出资近百万元，与上海海上书画研究所共同举办百名画家画岱山活动，旨在通过画家墨笔浓缩海岛新貌，反映岱山人民在改革开放中所取得的巨大成就，展示山水景色，塑造岱山产品在国内外的整体形象。上海100名知名画家亲临岱山写生创作，共创作山水、人物、字画等高质量作品121幅，除在上海美术馆展出外，并汇编成《蓬莱之梦》画集于当年公开出版发行。（崔立红）

【海盐制造】 2000年，舟山盐业围绕深化食盐专营这一中心任务，依法治盐，按照“优质高产，以丰补歉，总量平衡”的要求组织生产。全市55个盐场，盐田总面积4 216.42公顷，实有生产面积4 098.94公顷，全年产盐26.2万吨，完成浙江省年度计划19.7万吨的132.98%。销售各类盐产品15.35吨，完成省年度计划14万吨的109.63%，其中碘（食）盐11.19万吨，出口日本108吨。原盐质量平均氯化钠含量92.65%，国际一级品率60.27%。制订《舟盐质量升级计划（2000～2002）》，加强质量管理工作。更新薄膜210吨，使结晶区黑膜覆盖率达到92%。新增电动旋卤打花机20台。2000年10月1日起，开始执行食盐GB5461-2000新国标。

全年加工生产碘盐5.71万吨。4月经浙江省评估小组及舟山市碘缺乏病防治工作组考核，碘盐管理、健康教育二项指标均达标，实现清除碘缺乏病阶段目标。同年，舟山市盐业公司被中国盐业总公司再次确认为国家食盐定点生产企业。2000年共查处各类盐业违法案件64起，查获私盐175吨、卤水255吨，收缴罚没款3.36万元。

（陆国良）

海洋公益事业
Marine Public Welfare Facilities

【岛际交通】 2000年，交通部门新辟航线4条，其中高速航线3条，营运高速客轮7艘、300客位。现共有高速客轮34艘、2 004客位。投入资金7 395万元，建造200～1 000吨级不等交通码头12座、20车位的车渡码头2座。全市现有交通码头166个。乡镇交通渡船126艘，全部实现钢质化。

汽车轮渡是岛际交通和通往大陆地区的重要方式，舟山市现有轮渡航线10条，渡轮25艘、334车位、6 851客位，全年共通航48 168航次，完成车运量764 651辆次、客运量514万人、货运量334万吨。其中鸭蛋山至宁波白峰航线共有渡轮9艘，193车位、3 485客位，昼夜通航86班次。2000年共通航3 0161航次，完成车运量583 929辆次、客运量395万人、货运量295万吨，被交通部和浙江省政府评为文明航线，成为舟山本岛通往大陆的主动脉。（傅国强）

【海岛通信网络】 2000年，固定电话系统在新建网络资源同时，建成接入网集中网管系统，完成第二期全市电信环境动力集中监控系统工程，新开舟山第二本地交换机汇接中心，完成本地网光缆环网扩容工程，敷设定海至普陀48芯光缆，继续进行县（区）局和市话分局、农村支局程控交换机版本升级。移动通信系统完成GSM四至六期扩容工程，在朱家尖南沙、普陀山后寺、金塘、芦花、万良等地扩容和开通移动基站，随着马目移动基站的开通，实现全市乡乡镇镇通移动通信。全市城乡固定电话交换机总容量突破30万门，电话用户22.68万户，全市固定电话普及率达26.06部/百人，主线普及率达22.95线/百人，仍保持在浙江省第三位。数据网络服务业务快速发展，数据通信用户增多。年末，全市模块机房和接入网共132个，偏僻渔农村和悬水小岛装机难问题日趋解决。全市数字移动电话用户达17.82万，为上年的231.7%。（王志宏）

【渔业通信】 2000年舟山市加强了渔业无线电管理，使之逐步纳入法制化管理轨道。全市有1.1万余艘渔船配备了无线电单边带电台3 800余台、船用对讲机9 500余台、雷达4 000余台、卫星导航仪6 000余台，核发渔业无线电管理执照8 500本，持证率达90%以上。舟山市渔政处投入80万元，购置了4台大功率单边带电台以及转接器、计算机、气象传真仪等设备，于1999年底筹建海上有无线转接话务通信台，并于2000年正式开通24小时单边带与电话的转接，每天2次播发生产、鱼发、气象等信息服务。该转接台通过一年的运行，转接单边带电台与电话联系3.5万余次，发送各类服务信息1 500余条，保障各类抢险救灾和处理应急情况通信联系7次。该转接通信台的建成，为促进远洋捕捞业发展发挥了积极作用。

（唐伟平）

【海岛供电】 2000年，舟山市基本形成由舟山本岛、岱山、嵊泗3个电网组成的电力网络结构。全年发电量11.64亿千瓦时，供电量10.78亿千瓦时，全社会用电总量8.74亿千瓦时，完成电力工业总产值4.68亿元，电力销售收入6.40亿元，实现利税总额1.38亿元。年末，全市电力企业职工3 328人，固定资产原值15.49亿元。发电装机容量24.32万千瓦，其中汽轮发电机组容量22.35万千瓦，柴油发电机组容量1.94万千瓦，风力发电机组容量0.03万千瓦。35千伏及以上输电线路48条，总长度455.66千米；海底供电电缆137.35千米。

电网建设与改造 2000年，舟山电力部门全年共投入资金1 000多万元，新架35千伏输电线路16千米，新增变电容量2.4万千伏安。

舟山本岛区域电网为舟山最大电网，用电量占全市80.7%，拥有发电厂2座，发电装机容量18.6万千瓦。与大陆联网后，供电可靠性进一步增强。2000年，本岛电网发电量首次突破10亿千瓦时，供电量9.43亿千瓦时。至年末，本岛已形成110千伏主网架，通过跨海架空和海底电缆向周边43个岛屿供电。

岱山县电网2000年发电装机容量3.54万千瓦，发电量1亿千瓦时。全网供电量8 000多万千瓦时。

嵊泗县电网。上海向嵊泗直流供电工程，敷设2×61千米35千伏海底电缆至泗礁岛，在嵊泗建设直流换流站1座，总投资2.3亿元。2000年8月，嵊泗换流站35千伏变电所开工。年底，嵊泗县电网发电装机容量1.72万千瓦，发电量5 560万千瓦时，供电量4 714.32万千瓦时。（唐定康）

海洋环境保护
Marine Environmental Protection

【海洋生态环境】 2000年浙江省舟山海洋生态环境监测站对浙江暨舟山渔场近岸海域约4.7万平方千米的海域进行了海洋生态环境监测，即27°10′～29°30′N，15米等深线以西的浙江中、南部近岸海域和29°30′～31°20′N，122°40′E以西的舟山渔场（含浙江北部）近岸海域。在监测海域设监测站位55个，其中包括舟山海域监测站位18个。另外在舟山本岛及附近岛屿设潮间带生态环境监测断面7个。监测项目包括水质监测指标22项、海洋沉积物监测指标12项以及海洋生物监测指标8项。

监测结果，2000年舟山近岸海域水质以超四类水质为主，占66.7%，与1999年（超四类海水55%、四类海水17%、三类海水11%、二类海水17%）相比，超四类水质比例增加了11个百分点，二类水质比例持平，均无一类海水水质。其中，舟山岛沿海水质相对较差，嵊泗海区次之，岱山海区水质相对较好。主要超标污染指标为无机氮和活性磷酸盐，其中无机氮实测最高值超过一类海水水质标准的5.5倍。

舟山近岸海域2000年度生物环境总体上属中污染，富营养化问题较为突出。海域生物环境不容乐观。

2000年舟山本岛及附近岛屿潮间带监测结果，28.6%断面为三类水质，14.3%断面为四类水质，其余57.1%断面为超四类水质，水质状况较1999年有较大改善。总体上潮间带生物环境质量状况较差，生物量及栖息密度较低。

（邵君波）

【赤潮监测】 2000年舟山近岸海域共发生赤潮4起，面积近5 000平方千米（详见表1）。引发赤

表1　2000年舟山近岸海域赤潮发生记录

发生时间	经纬度	发生地点	特征	面积	赤潮生物种类
5月3日	30°50′48″N，123°17′06″E～30°39′42″N，123°29′48″E	嵊山洋东侧	条带状红色	200平方千米	不详
5月18～26日	29°45′～30°30′N，122°33′～123°E	中街山列岛附近海域	条状及片状褐色	4 560平方千米	原甲藻：6×10^5个/升，多甲藻：8×10^4个/升
6月1日		舟山渔场		150平方千米	不详
9月4日		舟山渔场		70平方千米	不详

潮的种类主要为原甲藻。5月12～18日由浙江中南部近岸海域引发的赤潮，其面积达到8 000平方千米左右，是中国历年来赤潮面积最大、持续时间最长的一次。 （唐静亮）

海洋灾害与防御
Marine Disasters and Prevention

【4次热带风暴、台风侵袭舟山】 2000年7月9日至9月15日，两个月时间内舟山共受4次台风影响，特别是8月30日至9月15日半个月时间内连遭“派比安”、“桑美”两次强台风正面袭击，在历史上尚属少见。

第4号强热带风暴“启德” 7月6日在巴士海峡生成，10日凌晨2时30分在浙江玉环登陆后继续北上，10日上午8时沿东径121度线擦过舟山。实测最大风力普陀区、嵊泗县11级，定海区、岱山县9级；台风过程降雨：定海区56.5毫米，普陀区29.5毫米，岱山县24.6毫米，嵊泗县72毫米；最高潮位7月10日4时20分为1.47米(黄海高程)。给舟山造成直接经济损失1 832万元，其中：倒塌房屋65间，农作物受灾面积2 344公顷，减收粮食0.1万吨，水产养殖面积损失10公顷，毁坏路基3.6千米，损坏输电线路3.75千米，海空交通中断，海塘受损52条长26千米，海塘决口97处长80米，损坏水闸1座。

第8号热带风暴“杰拉华” 2000年8月1日在关岛东北方向大约850千米的洋面上生成后，8月10日19时30分，在宁波象山登陆。台风过程舟山实测最大风速38米/秒，台风过程降雨：定海区11.6毫米，普陀区5.7毫米，岱山县0.9毫米，嵊泗县21.4毫米。8月10日晚上7时40分实测最高潮位2.0米(黄海高程)。造成直接经济损失1.4亿元，海塘不同程度受损81条长15千米，其中决口27处长8.54千米；损坏水闸32座；损坏码头58座；损坏渔船160艘；农作物(经济作物)受灾面积11万亩；水产养殖受灾面积近0.8万亩；损坏输电线路93千米，使舟山局部地区停电长达10小时；倒塌房屋918间。受灾人口达40余万，257家企业被迫停产，所有航线全部停航，交通中断。

第12号台风“派比安” 于8月27日2时在冲绳岛以东洋面上生成，8月30日20时左右紧擦舟山市普陀区，穿过舟山群岛北上。该台风在到达舟山时中心气压965百帕，近中心最大风力12级以上，实测最大风速达48米/秒。实测台风过程雨量：定海区136.5毫米，普陀区117毫米，岱山县123毫米，嵊泗县65毫米。台风过程最高潮位：8月30日(农历八月初三)晚10时55分为舟山本岛2.74米（黄海高程），超警戒潮位0.44米。造成直接经济损失10.25亿元，死亡4人，失踪5人。海塘受损106条240处长112千米，其中决口23条108处长8.5千米；损坏水闸132座，损坏灌溉设施122处，损坏水文设施2处。损坏码头80余座；渔船避风堤塘损坏80余处。船只沉没160艘，船只不同程度损坏1 500艘；农作物受灾面积1.078万公顷，粮食绝收1 000公顷，水产养殖受灾面积2 250公顷，直接养殖产量损失近万吨。台风期间舟山市海、陆、空交通全部中断，公路、路基毁坏75处75.3千米；输电线路损坏109千米；通信线路损坏63千米。定海城区、沈家门城区局部受淹，岱山高亭镇老城区全部受淹，沿海地势低洼地普遍受淹。倒塌房屋884间，受灾人口84.5万人，停工企业672家。

第14号台风“桑美” 于9月3日14时在关岛以东洋面上生成，9月12日夜开始侵袭舟山，侵袭时强度保持在950～960百帕，中心最大风力在12级以上。台风过程实测最大风速为38米/秒。台风过程降雨：定海区356.5毫米，普陀区254.5毫米，岱山县178.5毫米，嵊泗县126.8毫米。据定海潮位站实测，13日(农历八月十六)晚11时最高潮位为黄海高程2.94米，超警戒潮位0.64米，连续3天超警戒潮位。“桑美”台风在对舟山持续破坏了3天3夜后，于15日下午穿过舟山以东海域北上。给舟山造成直接经济损失14.68亿元。受灾人口达64万人，其中成灾人口30.5万人；渔、农业直接经济损失5.39亿元。农作物受灾面积6 640公顷，成灾面积3 510公顷，减收粮食1.21万吨。3 400余公顷蔬菜受淹，2.4万公顷经济果木不同程度受到破坏。全市盐场不同程度进水，损失原盐1.92万吨、中高卤水11万立方米、黑色薄膜68.2万平方米；水利基础设施受破坏造成直接经济损失3.24亿元。海塘不同程度受损319条长134.4千米，其中决口和挡浪墙冲垮71条；167座水闸受损；工业直接经济损失5.1亿元。全市73千米公路和村道不同程度损坏，公路中断396处，147座交通运输码头严重损坏。160家企业厂区、车间、仓库被淹，1 618家工厂被迫停产。损坏电力线路215千米；有1 150户住房倒塌，4个县区城镇都发生海水倒灌，受淹面积5.5平方千米，最深处达1米，许多市政设施遭到破坏。　（周中楠）

【盐业受灾】 2000年，舟山盐业遭受8月30日“派比安”和9月13日“桑美”两次台风侵袭，90%盐田被淹，普陀登步大联盐海塘倒塌，定海北蝉海丰盐场、岱山秀山盐场、普陀顺母盐场海塘决口。两次台风共损失原盐4万吨，造成直接经济损失3 400万元。　（陆国良）

【养殖受灾】 2000年8月10～11日，“杰拉华”台风袭击舟山，81条海塘局部被毁，养殖面积530公顷受淹，养殖经济损失290万元。

2000年8月30～31日，“派比安”强台风侵袭舟山，风力在12级以上，又恰遇农历八月初二大潮汛，在暴风、大雨中围塘和滩涂养殖的水产品（对虾、梭子蟹、大黄鱼、文蛤、蛏子等）被大潮冲走。受淹面积2 253.3公顷，损失养殖产品0.22万吨，经济损失达4 725万元。

2000年9月11～15日，农历8月半大潮汛期间，“桑美”强台风猛袭舟山，风力超过12级，在狂风、暴雨、巨浪中2 433.3公顷养殖面积受淹，损失养殖水产品1.75万吨，经济损失达1.91亿元。　（舒云华）

【油污事件】 2000年10月15日上午10时左右，上海石油天然气总公司石油储运分公司（即岱山原油中转站）发现原油终端出现异常情况，油压不断下降，上海总公司随即组织直升飞机和多艘船舶沿输油管线进行检查，同时通知海上生产平台尽快停产。从发现漏油到油井关闭，漏油时间约持续3小时30分钟，泄漏轻质原油100吨左右。事故发生后，上海石油天然气总公司正式启用应急指挥中心，启动应急程序，同时将事故情况通报国家海洋局东海分局、浙江省海洋与渔业局、舟山市和岱山县人民政府。到19日16时，在距岱山岛油管登陆点2.45千米处发现海底输油管道泄漏点，上海总公司随即组织力量进行抢修。

原油泄漏面积一度达到3平方千米以上，由于泄漏点靠近岱山本岛岱东沿海，使当地渔、盐、养殖业遭受重大损失。一大批渔具受污损坏，盐业生产被迫停顿，养殖场暂养蟹等成批死亡。据不完全统计，当地直接经济损失在700万元以上。　（翁良才）

【海洋预报工作】 舟山市海洋局在完成“舟山市防潮警戒水位核定”课题后，为加强海洋环境保护和海洋防灾减灾能力，在调查研究基础上，着手编制舟山市海洋环境监测预报中心共建方案，并在浙江省海洋预报中心（筹）、上海海洋预报中心和宁波中心海洋站支持下，及时向防汛部门提供汛期风暴潮预报信息和赤潮监测资料。2000年8月，嵊泗县与宁波中心海洋站达成共建海洋站协议，并于12月1日开始正式发布嵊泗海域海洋预报，每天预报辖区内主要岛屿的高潮时间、相应潮高及各主要海区的浪高、浪向等信息。

（姚万强　翁良才）

【围堤建设】 2000年，舟山建设设计重现期分别为50年和20年的标准海塘共38条、56.687千米（见表2）。

已建的标准海塘在一年内连续遭受“杰拉华”、“派比安”、“桑美”等台风(热带风暴)的侵袭，明显显示出其防浪防潮的坚固性，有效保障了社会经济的稳定。因此，舟山市委、市政府决定加大建设力度，把其余的受益千亩以上海

表2　2000年舟山标准海塘建设情况表

设计标准 \ 县（区）		定海区	普陀区	岱山县	嵊泗县	市本级
50年一遇设计重现标准	条数（条）	9	10	4	2	1
	长度（千米）	15.124	16.699	6.925	2.73	0.64
20年一遇设计重现标准	条数（条）		8	4		
	长度（千米）		10.131	4.15		
合计	条数（条）	9	18	8	2	1
	长度（千米）	15.124	26.83	11.075	2.73	0.64

塘和一些受益千亩以下重要海塘用两年时间全部建成标准海塘。（毛广明 陈开平）

海洋科技与教育
Marine Science & Technology and Marine Education

【海洋科技】 2000年舟山市组织实施各级各类科技项目343项，其中省级以上81项、市级140项，向国家科技部、浙江省科技厅争取科技补助经费600余万元。18项科技项目通过市级以上科技主管部门的鉴定、评审和验收，26项科技成果获市级以上科技进步奖。

重点科研攻关项目 被列为国家及浙江省重点科技项目“舟山岱衢族大黄鱼生产性育苗”，在1999年完成亲鱼渔场调查、性腺成熟度、捕捞渔具、现场授精等技术难题后，2000年突破育苗技术关，首次人工育成30余万尾岱衢族大黄鱼苗种。“梭子蟹全人工养殖”又有新突破，2000年全市共育成仔蟹600万只，养殖面积达到1 000公顷，平均个体达250克以上。嵊泗县黄龙鱼品有限公司开发生产的精制鱼油，采用鱼油脱胶不加氮气低温精炼和复合酶水解鳀鱼蛋白质的生产工艺，使每吨鲜鳀鱼的产值比单一生产鱼粉提高近10倍，在鳀鱼的综合利用方面达到国内领先水平。该公司已建成3 000吨精制鱼油生产线，2000年共生产精制鱼油341吨，创产值191万元。该公司还与舟山市机械设计研究所合作，开发生产高蛋白、低脂肪的精制鱼粉，改变了国内不能生产低脂肪鱼粉的局面，产品质量可与进口低脂肪鱼粉媲美。2000年生产精制鱼粉4 707吨，创产值2 001.8万元。此外，对虾防病养殖、高淡蓄水养殖等一大批重点科研项目获得成功，并广泛应用于渔业生产。

海水养殖 列为国家科技兴海示范基地的六横岛浅海规模化养殖，利用六横岛良好的港湾条件和海水交换能力，通过浮式防浪堤和舟桥式防浪滞流堤建设，改善了水域养殖环境，网箱养殖的规模不断扩大，至2000年底已达到4 000余只网箱，成为大黄鱼、石斑鱼、黑鲷、真鲷、梭子蟹等优质鱼蟹类的多品种养殖基地。2000年，创产值5 000万元，为渔民增收开辟了新路。由浙江桃渔集团承担的省级项目大黄鱼土池养殖技术中试，2000年共投放苗种116.5万尾，养殖成活率超过90%，总产大黄鱼320吨，创产值1 612万元，获利350万元。浙江省科技兴海重点项目、舟山市重点科研项目深水大型潜水网箱养殖技术及其成套设备开发成功后，至2000年底投放10个网箱进行养殖，经济效益良好。

科技兴海 舟山市普陀区自1997年被列入浙江省级科技兴海示范区以来，全区已累计组织实施科技兴海项目35项，其中省级以上9项，投入资金1亿余元，海洋产业产值每年递增10%，海洋产业的科技贡献率每年增长速度达到2%，2000年该区海洋产业产值已达30亿元。

亚洲首座潮流发电站 位于岱山县龟山门水道的70千瓦潮流实验电站是国家重点科技攻关项目，总投资165万元。这座摆线式水轮机潮流能电站由载体、锚块、锚链、浮桶、水轮等5个部分组成，哈尔滨工程大学研究设计并负责执行。2000年3月开始在设定的海面做潮流发电船的锚位测量工作，同年5月29日抛锚点浮漂全部定位完成，6月6日潮流实验电站锚泊就位工作完成，进入调试阶段。专家认为，该发电站的建成，是中国海洋新能源开发的一大突破，也属亚洲第一座潮流发电站。（孙汉振）

【海水淡化】 嵊泗县继嵊山镇完成日产500吨级反渗透式海水淡化装置后，又引进国家重点科技攻关计划项目“日产千吨级反渗透海水淡化系统及工程技术开发”在菜园镇落户，2000年投资800万元，由国家海洋局杭州水处理技术研究开发中心和嵊泗县自来水公司共同承建。同年6月3日完成工程技术设计，6月28日完成工程施工设计，7月25日厂房建成，8月22日全部设备运抵现场，开始正式安装，9月2日完成海水淡化系统的设备和管道安装工作，年底开始调试。（张海斌）

【海洋教育】 2000年，舟山市教委成立了海洋教育领导小组，确定以市教育教研中心为主持单位，开展《海洋教育：区域教育特色构建的理论与实践》课题研究。该课题被确立为浙江省“十五”教科规划重点研究课题，全市35所中小学校被确立为子课题研究学校。研究的内容包括海洋国防教育、海洋气象、海洋经济技术、海洋旅游及海洋历史、地理、文学、美术、劳技等。各子课题学校根据本校的师资、条件等确定研究重点，开展海洋教育活动，形成本校特色。如普陀二中成立海洋科普小组，组织学生考察实践、邀请专家指导、收集网上资料、撰写论文并进行答辩等，该校被评为浙江省惟一的初中创新实验学校；定海区大成中学结合当地传统文化，开展海洋刻纸艺术教育，组织学生下渔村体验生活、采风、写生，形成了独特的海洋刻纸艺术和校园文化，作品被送往美国参加文化交流。定海四中"以'海岛风情'为主线的乡土美术教学的研究与实践"获浙江省基础教育科研优秀成果一等奖。

【涉海院校】 **浙江海洋学院**　是一所以海洋为特色、多学科相结合的省属本科院校，实行浙江省和舟山市共建共管、重大事项以省为主的管理体制。2000年3月，经浙江省人民政府批复，舟山卫校和浙江水产学校先后并入该院；6月，学校机构和人事、后勤社会化改革全面实施；10月，学校新区扩建工程启动。学校下设有11个学院（校）、3个直属系；设有12个本科专业和24个专科专业，涵盖工学、理学、农学、文学、管理学、医学等学科。2000年，毕业生593人，招生1 690人，在校学生共3 813人；教职工660人，其中专任教师239人。学校占地17.56万平方米，校舍面积近12万平方米，藏书44.17万册，固定资产值1.12亿元。

舟山航海学校　4.5公顷，建筑面积17 140平方米，在编教职工112人，秋季招生484名，在册学生1 259人。2000年有63名毕业生外派境外工作。2000年该校继续完善ISO9001和船员教育培训质量体系，进一步深化教育教学改革，拓宽办学路子，开设船舶驾驶、轮机管理、饭店服务与管理、计算机财会、驾轮合一、水产养殖、制冷机械专业及综合实验班。学校首次组织毕业生参加上海成人高职联考，20名学生被上海海运学院录取。学生就业形势较好。学校还开展各类培训133期，5 266人参加培训。新申办GMDSS和海上医护两个培训项目获国家海事局认可。（李浩军）

【海岛科普】 2000年9月3～13日，舟山市科协主办"崇尚科学文明、反对迷信愚昧"大型科普展览，参观者达9 538人次。一年里，舟山市及所属4县（区）科协共组织265人次专家和医务工作者参加科技下岛、下乡活动21次，举办海水养殖、畜禽饲养、果树蔬菜栽培等短训班21次，累计2 135名渔农村专业户参加培训，向渔农民发放各种科技书刊2 000余册，技术资料38 750份，提高了渔农民科技知识和实用科学技术。

（钟来琪）

海洋国际合作与交流
Marine International Cooperation and Interflow

【第二届国际沙雕节】 2000年7月7日至8月15日在浙江省舟山市普陀区朱家尖举办了第二届中国舟山国际沙雕节。本届沙雕节以"世纪奇观"为主题，以沙雕艺术为主线，23座5～10米高的沙雕作品生动展示了世界各地的世纪奇观。来自英国、美国、新加坡、墨西哥、荷兰、丹麦、日本、俄罗斯、印度、西班牙和中国等国家的11支专业沙雕队参加了国际组沙雕比赛，俄罗斯参赛者获得国际组比赛第一名，丹麦、墨西哥和中国参赛者分别获国际组第二、三、四名。来自四川美院、山东工艺美术学院、中央美院、上海油雕院、广州美院、香港、澳门、上海园林、上海南江和舟山等中国11支沙雕队参加了国内组沙雕比赛，上海南江队、舟山一队、舟山二队和中央美院队赛手分别获国内组第一、二、三、四名。为丰富沙雕节内容，组委会安排了丰富多彩的配套活动，如：朱家尖国家生态公园观光、普陀山朝觐观光、沙滩摄影、征文比赛、沙滩足球比赛、海上运动表演、时装泳装模特表演、吉尼斯表演、商品交易、冰雕展示和沙滩卡拉OK、沙滩摇滚等，共吸引海内外游客15万人次，产生综合经济效益达1亿元。

（崔立红）

【远洋捕捞】 远洋捕捞是舟山渔业的优势。远洋渔业已成为舟山外向型渔业的重要组成部分和渔业经济新的增长点。2000年，全市10家远洋渔业企业投入远洋渔船299艘，从业人员9 000余人，产量13.36万吨，产值10.01亿元，分别比1999年减少10.22％和9.25％。其中，北太鱿钓240艘，产量7.29万吨；南美鱿钓22艘，产量2.98万吨；印尼双拖44艘，产量2 044万吨；大洋性超低温金枪鱼钓2艘，产量210吨；西非悬臂单拖4艘，产量0.51万吨；缅甸帆布网2艘，产量0.13万吨。远洋渔业产量、产值分别占全市渔业总产量、总产值的9.91%和6.06%。近年来，地方远洋渔业开始异军突起，2000年全市地方远洋渔船208艘，产量10.65万吨，产值8.17亿元。（乐嘉靖）

【对外交往】 2000年，舟山市积极开展对外交流活动。5月，第3批65名水产加工技术研修生赴日本气仙沼市进行为期一年的研修学习。8月，以市委书记王辉忠为团长的舟山市友好访问团一行7人，赴挪威和法国进行了友好访问，与挪威加强了水产养殖技术合作，与法国进行了佛教文化交流，促进了两地人民的友好往来。10月，以副市长夏夫根为团长的一行9人，赴日本气仙沼市进行了友好访问，访问期间，还举办了舟山渔民画展。11月，以冯淑仙副市长为团长的舟山市教育代表团一行6人，赴美国访问考察。

2000年，舟山市还接待了来自泰国、法国和美国等重要代表团13批49人次。其中，5月，泰国佛拉差帕学院代表团一行6人，前来舟山进行水产养殖考察；11月，美国里士满市代表团一行20人来舟山访问，并与舟山市签订了两市《2001～2002年友好交流协议书》。通过国际间合作交流，向外推出了一批舟山市重点招商项目，提高了舟山在国外的知名度。（陈国强）

海洋立法与管理
Marine Legislation and Management

【海洋执法监察】 2000年舟山市海洋局会同有关部门正式开始对舟山所属海域的开发利用活动实施执法监察。同年2月底至3月初会同市矿产资源管理处和舟山港务监督、公安边防支队对舟山峙头洋海域海砂开采活动进行了专项监察，并依据《中华人民共和国矿产资源法》，对2艘非法采砂船分别处以罚款5 000元和6 000元，对全市20余艘海砂开采船作历时10天停产整顿，规范采砂秩序。6月16～18日会同东海分局海监总队所属海监4支队、航空监察队和舟山市渔政处，组织开展以伏季休渔为重点的海空联合执法监察，巡航海区为：6月16日为28°30′～29°30′N，6月17日29°30′～30°30′N，6月18日为30°30′～31°30′N，在125°E以西海域往返巡航，未发现违规作业事件。10月上旬，会同舟山市矿产资源管理处、舟山港务监督等执法实体对无证采砂船进行执法监察，责令其停止开采。10月中旬，配合浙江省海洋与渔业局，会同舟山渔政、环保、港监对岱山平湖油气田海底油管漏油事件进行现场监察，在30°15′07″N，22°14′18″E处发现成片漂油带，长约3千米，宽约1千米，并对现场进行拍照、录像和海水取样。（姚万强）

【实施新世纪海洋人才工程】 为深入实施科教兴市战略，加大整体性人才资源开发，舟山市市委、市政府于2000年7月提出了“实施新世纪海洋人才工程”（以下简称“工程”），每年安排专项资金100万元，用于高层次人才的引进，以及奖励作出重大贡献的人才。

该“工程”提出，人才培养引进的重点是海洋渔业、海岛工业、港口、交通、贸易、旅游等海岛经济建设和社会发展的各类人才。实施该“工程”的目标是，到2005年培养和造就一支与舟山经济建设和社会发展目标基本相适应的海洋人才队伍；全市中专以上学历或取得初级以上专业技术职称人员达7万余人，其中大专以上学历占60%以上，中级以上专业技术职称人员达到1.5万人以上。到2010年，建立起比较完善的人才资源开发管理体制和运行机制，基本形成浙江省海洋经济人才的主要集聚地。具体措施是，重点培养10名在浙江省学术和技术领域具有一定知名度、能进入省“151人才工程”序列的高级人才；培养100名在渔业、港口、旅游等行业具有浙江省先进专业技术水平的人才；培养1 000名在各自学科里起骨干带头作用的优秀人才。与此同时，每年选送一批中青年企业经营管理者到国内高等院校学习培养，选送一批优秀专业技术人才赴国（境）外研修或短期培训，选送一批相当于高中学历的学生到高等院校进行针对性紧缺专业培养。还要大力开发渔农村人才资源，依托现有学校和培养机构，对乡村人才进行现代渔农村科技、水产养殖技能、生产经营管理等知识培训。

（何仁义）

统计资料

Statistical Data

表3 舟山市基本情况一览表

县、区	辖区内			年末人口（万人）						全社会从业人员数（万人）			
				1999年			2000年			1999年		2000年	
	乡镇数(2000年)	岛屿数	区域面积(平方千米)	合计	农业人口	非农业人口	合计	农业人口	非农业人口	合计	其中职工数	合计	其中职工数
定海区	21	127.5	1 444	36.00	23.86	12.14	36.35	23.72	12.63	30.00	5.46	31.37	4.94
普陀区	18	454.5	6 728	32.50	23.71	8.79	32.46	23.14	9.32	17.72	4.32	17.51	4.15
岱山县	11	404	5 220	21.39	17.42	3.97	21.10	17.00	4.10	11.94	1.47	10.47	1.26
嵊泗县	13	404	8 824	8.53	6.28	2.25	8.50	6.20	2.30	4.82	0.87	4.86	0.89
合计	63	1390	22 216	98.42	71.27	27.15	98.41	70.06	28.35	64.48	12.12	64.21	11.24

表4 舟山市海洋开发资料统计

统计项目			1999年	2000年
海洋捕捞产量（万吨）		鱼类	81.49	81.20
		贝类	8.60	8.77
		虾蟹类	38.25	36.06
		其他	0.49	0.13
		合计	128.83	126.16
海水养殖	产量（万吨）	鱼类	0.15	0.18
		贝类	2.60	3.69
		藻类	0.48	0.30
		虾蟹类	0.54	1.02
		合计	3.77	5.19
	面积（公顷）		5 604	6753
沿海港口		货物吞吐量(万吨)	2 082	3 189.12
		旅客运输量(万人次)	1 480	1 560
		旅客周转量（万人千米）	54 595	55 786
		货物运输量(万吨)	1 443	1 679
		货物周转量（万吨千米）	1 005 555	1 164 924
海盐生产		面积（公顷）	4 111	4 114
		产量（万吨）	14.25	26.20
盐加工		产量（万吨）	5.21	5.71
滨海旅游人数		国内（万人次）	391.9	453.6
		境外(人次)	55 619	61 180
国内外旅游收入		国内（亿元）	16.62	18.13
		境外(万美元)	2 466.2	2 970
滨海城市旅游接待能力		涉外饭店个数	36	41
		客房数（间）	3 120	3 480
		床位数（张）	6 218	6 920
水产品加工		总量(万吨)	15	26.92
		产值(万元)	219 528	318 689
		增加值(万元)	43 925	57 626
滨海矿砂开采量(万吨)		石料	870	917.90
		砂	230	79.34
海洋能源		风能发电（千瓦时）	229 100	143 675

表5 舟山市沿海县（区）国内生产总值、工农业总产值一览表

单位：亿元

市区县	年份	国内生产总值				工业		农业	
		合计	第一产业	第二产业	第三产业	总产值	增加值	总产值	增加值
全市合计	1999	101.37	31.20	31.96	38.21	114.93	31.96	67.44	31.20
	2000	114.02	33.03	37.91	43.08	177.75	37.91	74.52	33.03
定海区	1999	39.23	5.28	16.38	17.57	67.88	16.39	10.36	5.28
	2000	43.31	5.03	18.69	19.59	80.61	18.69	10.11	5.03
普陀区	1999	33.17	12.60	10.41	10.15	43.38	10.41	30.07	12.60
	2000	37.27	12.89	12.32	12.06	54.34	10.32	32.00	12.89
岱山县	1999	19.29	8.95	4.35	5.99	17.83	4.35	18.28	8.95
	2000	21.77	9.53	5.33	6.91	23.21	5.33	21.83	9.53
嵊泗县	1999	12.96	4.87	2.68	5.41	11.19	2.68	9.44	4.87
	2000	14.34	5.34	3.30	5.70	13.61	3.30	10.38	5.34

表6 舟山市海洋产值统计一览表

单位：万元

产业	1999年			2000年		
	总产值		增加值	总产值		增加值
	产值额	比重(%)		产值额	比重(%)	
捕捞渔业	581 390.00	45.00	257 263.00	653 500.00	40.16	318 821.00
海水养殖	56 000.00	4.30		68 741.64	4.22	
渔业服务业	2 158.00	0.20	1 187.00	2 580.00	0.16	1 200.00
渔业机械及渔具制造业	4 655.00	0.40	1 123.00	3 886.00	0.24	971.00
砂石开采业	16 160.00	1.30	4 008.25	13 140.00	0.81	5 998.15
海盐业	7 900.00	0.80	2 437.00	6 941.90	0.61	2 141.40
盐加工业	3 196.30		1 316.40	3 028.80		1 247.40
水产饲料业	8 763.00	0.70	1 544.00	11 488.00	0.71	2 545.00
水产加工业	210 765.00	16.30	42 381.00	307 201.00	18.88	55 081.00
食品饮料业	11 390.00	0.90	5 061.00	68 460.00	4.21	8 616.00
医药制造业	34 610.00	2.70	9 022.00	18 702.20	1.15	5 100.00
船舶修造业	29 326.00	2.30	7 820.00	78 032.00	4.79	16 386.00
其他产品制造业	379.00		94.00	6 526.00	0.40	1 377.24
海洋化工				6 526		1 377.24
港口运输业	109 964.00	8.50	58 262.00	135 000.00	8.29	72 083.00
水产品批发业	6 724.00	0.50	4 086.90	7 810.00	0.48	5 622.00
综合技术服务业	22 665.00	1.70	1 521.80	36 485.11	2.24	2 800.79
旅游外汇收入	20 418.41	1.60		24 585.96	1.51	
国内旅游收入	166 200.00	12.80		181 300.00	11.14	
合计	1 292 663.70	100	397 127.35	1 627 408.60	100	499 989.98

注：1. 滨海工业、相当部分涉海服务业及渔业机械仪器制造业产值在行业总产值中无法提炼，故产值偏小；

2. 旅游外汇收入按中国银行当年底中间价折算成人民币（1999年为1：8.279 3，2000年为1：8.278 1）。（何仁义）

上 海 市
Shanghai City

综 述
Summary

【概况】 上海，简称沪，位于31° 14′ N、121° 29′ E,地处长江三角洲前缘，东濒东海、南临杭州湾、西接江苏、浙江两省，北界长江入海口，位于中国南北海岸中部，交通便利，腹地广阔，地理位置优越，是一个良好的江海港口。

上海全市面积6 340.5平方千米，占中国总面积的0.06%；南北长约120千米，东西宽约100千米。其中陆地面积6 218.65平方千米，水面面积121.85平方千米。上海市江海岸线总长度449.66千米，大于500平方米的海岛13个，总面积为1 339平方千米。

上海地区属亚热带轻季风气候，四季分明，气候暖湿，雨量充沛，年平均气温15.0～15.3℃，年平均水温17.0～17.4℃，年平均降雨量1 083毫米。

2000年，上海市全市人口为1 321.6万人。上海保持了国民经济持续快速健康发展的良好势头，圆满完成“九五”计划各项经济指标。全年实现国内生产总值4 551.15亿元，比1999年增长10.8%；人均国内生产总值达到34 560元，人均GDP已达4 180美元。地方财政收入完成497.96亿元，比1999年增长15.3%。国有及国有控股企业三年解困目标实现，国有资产总量比“八五”期末增长2.9倍。全年工业实现利润比1999年增长40%，企业亏损面降至14.4%；进出口总额增长35%；第三产业占全市GDP比重首次超过50%。显示上海经济进入新增长期。

表1 上海市沿海区县一览表

年 份	沿 海 区 县
2000年	宝山区、浦东新区、南汇县、奉贤县、金山区、崇明县

上海积极服务参与西部大开发。上海市委、市政府主要领导先后率团走访河南、陕西、宁夏、内蒙、新疆、甘肃、青海、西藏等 8 个省、自治区，全市已同西部地区达成529项合作协议，投资402亿元。

信息产业列为上海市第一支柱产业。信息产品制造业、软件业和信息服务业的增加值比1999年增长28.8%，占全市国内生产总值的比重从1999年的6.1%提高到7.7%，预计2005年将占全市国内生产总值的1/4。

上海市城市建设突飞猛进。上海市政府积极推进“一城九镇”建设。轨道交通明珠线、地铁二号线东延伸段和市中心“三纵三横”主干道网络框架都在2000年底建成通车。高速公路战役也

表2 2000年上海市及沿海区县工农业总产值、国内生产总值（现行价）

市区县	工业		农业		国内生产总值			
	总产值	增加值	总产值	增加值	合计	第一产业	第二产业	第三产业
上海市	6 604.61	1 956.66	216.50	83.20	4 551.15	83.20	2 163.68	2 304.27
宝山区	384.68	83.31	11.50	3.13	117.16	3.13	56.65	57.38
浦东新区	1 822.19	461.29	12.50	5.72	293.29	5.73	140.18	147.38
南汇县	212.25	42.29	33.10	11.91	119.75	11.91	65.79	42.05
奉贤县	210.13	48.79	23.90	7.94	86.13	7.95	49.55	28.63
金山区	321.53	87.89	17.10	6.55	71.28	6.55	34.99	29.74
崇明县	65.54	16.84	32.50	13.39	53.99	13.39	20.22	20.38

表3 2000年上海市及沿海区县人口及从业人员情况一览表

单位：万人

市区县	年末总人口			从业人员	
	合计	农业人口	非农业人口	合计	职工人数
上海市	1 321.7	335.5	986.2	745.2	390.1
宝山区	81.0	18.1	62.9	33.1	5.9
浦东新区	165.1	30.5	134.6	46.5	12.4
南汇县	69.1	50.8	18.3	45.9	5.3
奉贤县	50.5	35.9	14.6	31.0	4.7
金山区	53.0	34.1	18.9	31.0	4.7
崇明县	65.3	50.2	15.1	36.1	4.2

在2000年末打响。苏州河水黑臭消除。大型公共绿地已建成828公顷，绿化覆盖率达21％以上。1992年普查出的全市365万平方米危棚简屋改造任务于2000年11月底宣告圆满完成，上海市政府同时提出新一轮旧房改造任务2 000万平方米。

上海市海洋产业主要包括：海洋交通运输业、修造船业、海洋水产业、滨海旅游业和海洋油气业等。主要海洋产业总产值2000年为601.5亿元，比1999年增长15.9％，占全国海洋产业总产值的14.5％。 （管永华）

海洋资源开发与海洋经济
Development of Marine Resources and Marine Economy

【海洋渔业】 2000年，上海市海洋水产业总产值为13.10亿元,比1999年增长8.3％。其中海洋捕捞为11.71亿元，海洋养殖为0.42亿元,海洋水产加工为0.97亿元。

2000年拥有各类海洋机动渔船945艘，总吨位10.22万吨。海洋捕捞产量为12.02万吨，其中黄海为0.79万吨，东海为4.15万吨，其他海域为7.07万吨。

2000年海水养殖面积7.22平方千米，产量2 112吨，均为滩涂养殖。其中虾蟹类养殖面积3.84平方千米，产量1 247吨；其他类养殖面积3.39平方千米，产量865吨。

2000年全市拥有海洋水产加工企业13个，海水产品加工能力48 647吨，海水产品加工总量13 683吨。

表4 上海市海洋开发资料统计表

统计项目		2000年
海洋捕捞产量（万吨）	鱼类	6.73
	贝类	3.15
	虾蟹类	2.02
	其他类	0.12
	合计	12.02
海水养殖产量（万吨）	虾蟹类	0.12
	其他类	0.09
	合计	0.21
海洋货物运输量（万吨）	沿海	14 808.7
	远洋	7 808.0
海洋旅客运输量（万人次）		1 093.1
上海港货物吞吐量（万吨）		20 440.2
境外来沪旅游人数（万人次）		181.4

【海洋运输】 2000年，上海港货物吞吐量完成20 440万吨，比1999年增长9.6％，成为中国第一个突破2亿吨的港口，保持世界第三大港地位。集装箱年吞吐量完成561.2万标准箱，比1999年增长33.1％，净增近140万标准箱，连续11年保持27％以上的递增幅度。其中重箱完成420万标准箱，比1999年增长31.8％，重箱比重占74.8％。进口集装箱266.1万标准箱，出口集装箱295.1万标准箱，比1999年分别增长35.3％和31.2％。到

2000年底，上海港集装箱班轮航班密度每月已达1 004班，比1999年增加275班，其中国际航线每月456班，内支线每月421班，内贸每月127班。上海港集装箱吞吐量在世界排名中由第七位上升为第六位。上海港港口通过能力和技术含量得到进一步发展。

【修造船业】 2000年，上海船舶工业公司系统共建造船舶62艘、121.6万载重吨，年造船量首次突破100万吨大关，吨位比1999年增长41.2%，约占全国造船产量的40%；修船1 374艘。全年完成工业总产值（不变价）83.5亿元，同比增长2.2%。完工船舶中有32艘、104.5万载重吨出口，出口船舶总吨位占年造船总吨位的86%。上海船舶工业加大技术创新力度，积极开发建造适合国际、国内市场需求的新型高技术船舶。完工船舶中有7.08万吨自卸船，1 714箱多用途集装箱船，2.2万立方米半冷半压式大型液化石油气运输船，9 000吨多用途船，1 000立方米绞吸式挖泥船等，都属于具有较高技术含量的新产品。为增强上海造船工业的竞争能力，上海船舶工业系统积极推进企业重组，具有百年历史的上海求新造船厂于2000年8月份正式并入江南造船集团有限责任公司，实现资产和经营一体化管理。国务院批准的"九五"重点工业建设项目——上海外高桥造船基地，一年多累计完成建设投资16亿元，占投资总额的50%以上，两座大型干船坞及吊车、中心厂房等建造进展顺利。 （管永华）

海洋公益事业
Marine Public Welfare Facilities

【海洋预报服务】 2000年，上海市海洋环境预报台通过上海电视台发布南黄海、东海区海浪预报366份，东海区表层海温预报36份；通过上海人民广播电台发布南黄海、东海区海浪预报732份，东海区表层海温预报72份；发布热带气旋巨浪警报246份。并对0008（杰拉华）、0012（派比安）、0014（桑美）向上海市政府有关部门和防汛部门等发布风暴潮警报12份，风暴潮消息16份，发送传真350份，平均预报误差达到10.5厘米，准确、及时的预报为有关防汛职能部门的指挥决策提供了科学依据。 （龚茂珣）

海洋环境保护
Marine Environmental Protection

【海洋环境监测】 上海海域包括长江口和杭州湾北岸海域。2000年上海海洋环境监测全年共进行了三个水期的监测，分别为2月份、5月份和10月份。2月份监测设站位32个（共49个，包括甬江口和象山港的17个），监测项目46项，监测介质为水文、水质和沉积物，获得监测数据2 100余个。5月份设监测站位52个，监测项目28个，监测介质为水文和水质，共获得监测数据1 600余个。10月份设监测站位11个，监测项目31个，监测介质为水文、水质和沉积物，共获得监测数据800余个，同时还对长江口进行了6个站位海洋生态监测，取得了许多珍贵的资料。

通过监测分析表明，上海近岸海域受人类活动影响较大，海洋环境污染较严重，特别是南区、西区和竹园排污口附近海域均超过四类海水水质标准，主要污染物质为无机氮、无机磷、重金属和油类等；上海近海海域（20～40米等深线海域）受人类海洋活动有一定的影响，海洋环境为轻度污染，为2～3类海水水质标准；上海外海海域受人类活动的影响较小，海水水质为清洁海域。海洋沉积物中的重金属总汞、砷、铅和镉在上海长江口海域有局部超标现象。从海洋生态监测来看，反映环境污染的生物学指标——生物多样性指数在崇明东滩和金山三岛海洋生态自然保护区海域为最高，环境良好；长江口口门附近海域次之；南区、西区多样性指数为零，生态环境趋于恶化。

【海洋环境公报】 2000年，上海市海洋局发布了三期"海洋环境质量监测通报"、《2000年上海市海洋环境质量公报》，对保护上海海洋环境提出了建议与对策。

【海洋石油勘探环境保护】 2000年度审批了6份在东海海域实施海洋石油勘探作业的《溢油应急计划》。对上海海洋石油局的"勘探三号"石油钻井平台和东海石油公司租用的"南海五号"钻井平台实施海洋环境保护及防污染设备的登检工作。对东海平湖油气田生产平台产出的油污水经分离后，进行每月一次定期的送样监测分析工作。

2000年4月，东海石油公司的“绍兴6-1-1井”的钻井井位恰位于环球海底光缆（FLAG光缆）路由上，为确保国际通信的畅通和东海油气勘探的顺利进行，上海市海洋局多次协调了两家的关系，最终双方达成了共识，既保护光缆的安全使用，又使井位勘探作业顺利进行。2000年底，还编制完成了《全国海洋石油勘探开发重大海上溢油事故应急计划》（送审）。

【溢油事故的应急处理】 2000年10月15日平湖油气田输油管道破裂，发生了重大溢油事件，上海市海洋局得到这一信息后，立即启动了海洋溢油应急计划，及时派出海洋环境监测船和环境监测人员赶赴事故海域进行应急监测监视，并通知各有关方面做好防范措施，减轻溢油造成的损失。同时还派遣了海洋环境管理人员赴石油生产单位和事故现场进行指导、协调和处理海洋溢油事故，充分体现了管理就是服务。

（戚建人）

海洋灾害与防御
Marine Disasters and Prevention

【风暴潮】 2000年，上海沿海不同程度地遭受了0008（杰拉华）、0012（派比安）、0014（桑美）等3个热带气旋引发的风暴潮影响。其中，受12号台风的影响，上海市沿海8月30日午夜的高潮位普遍达到了历史第二记录，实测值分别是：外高桥0时40分5.97米，吴淞0时42分5.87米，黄浦公园1时15分5.70米，仅次于9711号台风创下的历史记录。受14号台风的影响，上海市沿海9月13日夜间部分岸段的高潮位达历史第三记录，实测值分别是：外高桥0时24分5.40米（警戒水位4.80米），吴淞0时45分5.40米（警戒水位4.80米），黄浦公园1时14分5.22米（警戒水位4.55米），14日部分岸段则创下了午潮的历史记录，实测值分别是：外高桥12时15分4.94米，吴淞12时20分4.92米，黄浦公园12时59分4.83米。尤其值得关注的是，台风原地打转36个小时，造成上海市沿海13日中午至15日中午潮位比正常连续偏高80～150厘米，极为罕见。2000年12、14号台风造成灾害损失见表5。

表5　“派比安”和“桑美”台风影响上海市期间损失情况统计表

受损项目	派比安	桑　美
经济损失	1.22亿元	0.15亿元
死亡人口	1人	0
倒伏树木	6 100棵	1 700棵
断电事故	100余起	40余起
高空物坠落	40余件	0
倒塌房屋	200间	0
积水路段数	100余条段	40余条段
进水户数	3 000余户	720余户
屋漏保修	近300户	2 200户
农田受淹	17 880公顷	747公顷
海塘受损	34处30余千米	30处近10千米
市区208千米防汛墙	有1处长约10米溃决；81处长约7.3千米较严重渗漏水、倒灌、漫溢；61处有渗漏水现象	50余处长约5.7千米发生不同程度渗漏水、倒灌、漫溢、管涌等现象
新增市区87千米防汛墙	有6处长约50米溃决；有59处长约16.8千米不同程度漫溢、渗漏水	
市区内河防汛墙	局部漫溢、渗漏水	局部漫溢、渗漏水
黄浦江上游地区堤防	奉贤县长22.6千米江堤中，均有不同程度问题，以西渡镇长8 970米江堤问题最为严重	西渡水泥厂黄浦江堤防长约150米渗漏，白庙水闸闸顶过水

（龚茂珣）

【赤潮】 2000年，长江口海域发现3次较大的赤潮。5月3日，在长江口花鸟外海域发现红色条带状赤潮，面积约400平方千米。5月中下旬，在长江口至嵊山海域发生约6 000～8 000平方千米的特大赤潮，呈褐色块状、片状及条带状分布，持续时间长达7～10天。6月1日，在嵊山附近海域发现红褐色块状、条状分布的赤潮，面积约150平方千米。赤潮发生后，上海市海洋局组织协调有关单位，开展连续的船舶、飞机监视监测，并先后向沿海有关部门发出4期东海海洋赤潮通报，并及时通过上海东方电视台以及中央电视台等新闻媒体向公众发布赤潮公报，要求有关各方采取应急防范措施，减少赤潮灾害造成的损失。

（戚建人）

海洋科技与教育
Marine Science & Technology and Marine Education

【2000年上海市海洋科技论坛】 2000年11月1～2日，由华东师范大学主持召开了“2000年上海市海洋科技论坛”，上海市科协、有关高校、科研单位、产业部门的有关专家和代表出席了会议。

【全国河口海岸学术研讨会】 2000年12月6～8日，由华东师范大学主持召开了“全国河口海岸学术研讨会”，来自教育部有关高校、国家海洋局、水利部、交通部、中国科学院的有关专家和代表出席了会议。

【第147次香山会议】 2000年10月16～18日，由华东师范大学主持召开了“第147次香山会议”，来自教育部9所大学、国家海洋局、水利部、国家自然科学基金委、中国科学院、中国环境科学研究院、台湾中山大学、香港科技大学的有关专家出席了会议。 （管永华）

表6 主要科研项目

序号	项目名称	任务来源	完成单位	获奖等级
1	上海浦东国际机场工程建设与研究	上海市机场建设有限公司	华东师范大学	上海市科技进步一等奖
2	海浪统计理论与海浪谱估计		华东师范大学	中国高校评奖委自然科学一等奖
3	东海区帆式张网捕捞性能与作业管理	农业部	东海水产研究所	农业部二等奖
4	双船表中层绳索拖网的开发研究	农业部	东海水产研究所	农业部二等奖
5	东黄海鱿鱼资源开发的研究	农业部	东海水产研究所	上海市二等奖
6	东海区鲐鱼类资源数量变动的研究	农业部	东海水产研究所	农业部三等奖
7	水污染对我国主要渔业水域的经济损害分析	农业部	东海水产研究所	农业部三等奖
8	利用盐田设施增养殖青蛤技术	农业部	东海水产研究所	农业部三等奖
9	海洋深部地壳结构探测技术	科技部	上海海洋石油局	国家“863”海洋高科技项目
10	东海西湖凹陷浙东中央背斜带大中型气田目标评价	科技部	上海海洋石油局	国家“九五”科技攻关项目
11	东海西湖凹陷平湖构造带群体型气田储量评价和经济评估研究	科技部	上海海洋石油局	国家“九五”科技攻关项目
12	东海陆架盆地油气资源前景评价	科技部	上海海洋石油局	国家“九五”科技攻关项目
13	上海市风浪实测资料统计分析及风浪谱分析研究	上海市水务局	上海市水务局	
14	上海沿海地区台风灾害损失的研究和对策研究		上海海洋预报中心	上海市科技基金资助项目

（管永华）

海洋立法与管理
Marine Legislation and Management

【海洋立法】 向上海市政府法制办公室、上海市建委法规处等有关部门上报了《上海市海域使用管理办法》、《上海市海洋观测预报管理办法》、《上海市大比例尺海洋功能区划管理办法》等法规的立法建议，其中《上海市海域使用管理办法》被列入2000上海市正式的立法调研项目。

配合上海市政府法制办公室对《上海市海域使用管理办法》进行立法调研；配合上海市建委法规处对《上海市海洋观测预报管理办法》和《上海市大比例尺海洋功能区划管理办法》进行立法调研。

根据上海市政府关于规章清理意见，按照法制统一的原则，对《上海市金山三岛海洋生态自然保护区管理办法》进行了进一步的修订。

【规划编写】 根据国家计委有关“十五”规划编制方法和程序若干意见的通知精神和上海市“十五”规划工作会议的总体安排，2000年 3月份，上海市海洋局组织有关部门编制了《上海市海洋资源保护、开发和利用“十五”计划和到2015年规划》、《上海市海洋生态环境建设规划》、《卫星技术在海洋领域应用的“十五”计划和2015年规划》、《上海市海洋信息“十五”计划和到2015年规划》和《上海市海洋防灾抗灾减灾“十五”计划与到2015年规划》等五部规划纲要的编制工作。2000年6月份，邀请了中国工程院院士陈吉余等组成的专家组对《上海市海洋资源保护、开发利用“十五”计划和到2015年规划》（初稿）进行了评审。专家们一致认为：此规划内容比较丰富全面、结构比较清晰完整，同时也提出了一些修改意见。根据专家们的意见作了再次修改后，报送上海市计委、上海市建委。

【海域使用管理】 依据《国家海域使用管理暂行规定》，开展对上海市海域使用申请工作。在1999年海域调查登记的基础上，向用海单位下发了《关于填写海域使用申请表的通知》（沪海综[1999]417号）。上海万港实业公司、上海市老港处置场、上海华夏公司“931”垦区、上海华夏公司三甲港海滨乐园、上海化学工业区发展有限公司、金山海滨浴场、上海金海马有限公司、上海石化2、3、4、5号排放口、上海石化六次围堤顺坝、上海石化第二热电厂煤码头、上海石化金山化工码头、崇明东滩鸟类保护区等12家单位主动填写了海域使用申请表。

根据《海域使用可行性论证管理办法》（国海管发[1998]439号）的规定和《关于公布海域使用可行性论证资格单位的通知》（国海管字[1999]516号）文的精神，对上海市崇明东滩鸟类自然保护区、上海市金山海滨浴场、上海化学工业发展有限公司三家已填海域使用申请表的单位进行可行性论证。金山海滨浴场已进行了可行性论证。对上海万港实业公司、上海市老港处置场、上海华夏公司、上海金海马有限公司、上海石化等五家单位下发了《进行海域使用可行性论证的通知》（沪综管[2000]001号）。

【海洋自然保护区管理】 依据《上海市金山三岛海洋生态自然保护区管理办法》，为了加快推进保护区规划工作的落实，上海市海洋局会同上海市金山区规划局、区商业旅游委员会、金山嘴工业区管委会等部门，专门就如何管理好保护区及尽快落实规划的审定、报批进行了磋商研究。组织有关专家对金山三岛进行了实地考察，编写了《金山三岛海洋生态自然保护区功能区划分方案》。为了进一步加强对金山三岛海洋生态自然保护区的保护，邀请有关新闻媒体对保护区的管理、机构落实等方面进行专题报道。（管永华）

【海底电缆管道管理】 2000年共受理并批准26件海底电缆修理施工作业申请，具体为：中日光缆6起、中美光缆4起、环球光缆3起、亚欧光缆7起、亚太2号2起；受理审批东海平湖油气田海底输油气管道调查施工、维修作业申请4起。上述申请获批准后，在《中国海洋报》发布了管理公告，计16期。

受国家海洋局委托，东海分局在上海主持召开“亚太光缆2号（APCN2）上海北段和南段路由协调会暨桌面研究报告专家评审会”，完成国家海洋局要求的协调工作。并完成了“亚太光缆 2号（APCN2）上海北段路由调查资料”的保密审查。

（袁超英）

【海洋倾废管理】 2000年上海海域共签发废弃物倾倒普通许可证194份，倾倒三类疏浚物3 318万立方米、废弃物45.9万吨和骨灰911盒。使用的倾倒区为：吴淞口北倾倒区、长江口鸭窝沙北疏浚物倾倒区、长江口骨灰倾倒区、长江口深水航道专用倾倒区、金山疏浚物临时倾倒区等 5 个倾倒区。其中长江口深水航道一期工程的疏浚物倾倒量为2 914万立方米，吴淞口北倾倒区418万立方米，鸭窝沙北倾倒区10万立方米，金山疏浚物临时倾倒区7.4万立方米。在倾倒作业中查处了10起违章违规行为并进行了处罚，共处罚款21.1万元。

为了掌握海洋倾倒区的环境现状及对周围海域环境、资源的影响，2000年度对东海辖区内的吴淞口北海洋倾倒区实施了跟踪监测。通过跟踪监测表明，吴淞口北海洋倾倒区在倾倒作业时对倾倒船周围海域的环境有所影响，但长江巨大的径流，对污染物的迁移稀释起重要作用，限量倾倒和加强海洋倾倒的有效管理使倾倒对长江口邻近海域的生态环境影响不大。

（戚建人）

【海洋监察】 2000年，“中国海监”船舶巡视73航次146天计702小时，航程6 500余海里；“中国海监”飞机飞行42架次计135小时；“中国海监”车辆加强陆上检查，上海市近岸海域的执法监察工作继续得到加强。

海洋环境保护执法监察　在新修订的《中华人民共和国海洋环境保护法》生效之际，于2000年3月下旬组织开展了对以海洋倾废、排污口为主要内容的海域环境专项执法监督检查，开展了一系列宣传活动。

“中国海监”飞机对上海市南区、西区排污口排放的陆源污染物可见污水带扩散形状及面积进行了航空监视。

海洋倾废执法监察　除船舶巡视、陆上定点监视、随航核实等方式外，对倾废活动频繁的海域，有针对性地开展专项整治行动，严肃查处违法违规倾废行为。对1999年度立案的4起违规案件，作出了给予罚款处罚的决定，共计罚款7.6万元；2000年查获违法倾废案件10起，其中罚款7起计15.74万元，撤案1起，正在立案查处的2起，维持了正常的海洋倾废秩序。

海洋石油勘探开发环保执法监察　在加强对平湖油气田生产平台实施了例行性检查的同时，安排了“中国海监”飞机、船舶对平台的专项监视。

海洋生态自然保护区监督监视　2000年11月，会同金山区商业旅游委员会对金山三岛海洋生态自然保护区进行了检查与实地考察，及时将检查情况报告上海市政府，并通报有关部门。

海洋资源开发利用监督检查　对国际海底光缆路由加大了“中国海监”飞机、船舶的巡航监视密度。采取海上登临检查采砂船只与陆上调查相结合的方式，开展了杭州湾、长江口近岸海域海砂开采的专项执法检查。

及时发布9期计663份《东海海洋执法监察通报》。

涉外海洋执法监察　涉外海洋科学研究监督检查有了实质性进展。2000年4月，组织登临检查了结束海洋科学调查任务的外国“罗杰”号船；2000年10月，对同济大学等重点涉外海洋科研单位进行首次执法检查。此外，还派员随航监督在中国管辖海域进行科学研究活动的外国调查船。

对海底电缆管道外国施工船舶的监督检查　除对进入中国管辖海域进行光缆维修、平湖油气田管道铺设及维修等施工作业的6国11艘船舶严格船位报告制度外，还派出海洋监察员于2000年9月19～22日、9月28日至10月8日对新加坡籍“Pacific Supplier”船、10月22日至11月2日对英国籍“Toisa Coral”船进行了随航监督。查获违规案件2起。

执法监察基础建设　海洋监察员培训、管理。60名执法人员参加了上海市政府法制办举办的《行政执法行为学》和《行政管理人员的法律责任》两门课程的学习，开展了海洋监察员“德、能、勤、绩”的年度考核评审工作，按规定清理注销海洋监察证21本。

在查处海洋违法违规案件中，严格遵守《中华人民共和国行政处罚法》的规定，符合海洋行政处罚程序及执法文书格式的要求，对1999年以来的案卷进行了自查。此外，严格执行《罚款决定与罚款收缴分离实施办法》的规定，组织了首例行政处罚听证会。

（蒋博文）

江 苏 省
Jiangsu Province

综 述
Summary

【自然概况】 江苏省，简称苏，位于中国大陆东部沿海中心，陆域范围介于116° 18′～121° 57′ N，30° 45′～35° 20′ E之间，地居长江、淮河下游，东濒黄海，西连安徽，北接山东，南与浙江和上海毗邻。全省土地面积10.26万平方千米，占全国土地面积的1.06%。江苏海洋北起南黄海海州湾外的平岛，南至长江口北支，介于31° 37.0′～35° 08.4′ N之间，海域面积约3.75万平方千米，占全省土地面积的37%。海岸线长954千米。全省有包括前三岛等基岩岛屿和兴隆沙、永隆沙等沙岛16个，岛屿岸线长68千米，面积68平方千米。在江苏沿海中部，分布有全国首屈一指的海底沙脊群——辐射状沙洲，面积约 1 268.38平方千米。

表1 江苏省沿海市县一览表

沿海地级市	沿 海 县	县 级 市	市 辖 区
连云港市	赣榆县、东海县、灌南县、灌云县		连云区、云台区
盐城市	响水县、滨海县、射阳县	大丰市、东台市	
南通市	如东县、海安县	启东市、通州市、海门市	

【行政区划】 2000年是江苏行政区划变更较大的一年，共调整了扬州、南京、淮阴、无锡、苏州 5 个地级市市区行政区划，撤并乡镇425个。至年底，全省计有13个地级市、30个县、28个县级市、51个市辖区、1 191个镇、275个乡。其中，沿海有 3 个地级市，即连云港、盐城、南通市；5 个县级市，即隶属盐城的东台、大丰市和隶属南通的启东、通州、海门市；2个市辖区，即隶属连云港的云台区和连云区；9个市辖县，即隶属连云港的赣榆、东海、灌云、灌南县，盐城的响水、滨海、射阳县，南通的海安、如东县。2000年，全省年末总人口（常住人口）7 327.24万人，其中沿海地区年末总人口为2 049.5万人，占全省总人口的28.0%。

【海域类型】 江苏海域海岸类型多样，以淤泥质海岸为主。连云港市所在的海州湾基岩港湾与沙质海滩，是宝贵的海滨旅游资源。基岩港湾海岸提供了建设综合性大型海港的条件，宜于发展海洋经济，扩大对外开放。岸外水域与岛屿，适宜于发展海水养殖与海珍品养殖。占江苏海岸90%的淤泥质海岸主要集中于盐城、南通两市，适于养殖、围垦及发展滨海农牧业。围垦成陆后则是江苏最大的后备土地资源。辐射状沙洲沙脊间潮汐通道相对稳定，宜于建设大型海港。南通市濒江临海，与上海市隔江相望，拥有优越的水陆交通条件，有利于接受浦东开发的辐射，发展本地经济。

【气候条件】 江苏海岸地处暖温带与北亚热带的过渡地带，开发利用方式兼有南北之利。苏北灌溉总渠以北发展盐业的气候条件优于渠南，渠南发展农林牧业的热量水分条件优于渠北。由于具有过渡性的特点，生物种类多样，陆上植物以及潮间带与近海生物，既有温暖带种，又有亚热带种，且有利于作物与养殖品种的驯化。开发利用方式与资源种类的南北差异，形成不同岸段产业结构的差异与生物多样性。

【海洋资源】 江苏海洋资源种类繁多，拥有港航、土地、生物、旅游、盐化工和油气资源。资源的密度指数在全国11个沿海省市区中位于第 2 位，丰度指数居全国第6位，资源综合指数位居全国第 4 位。根据多年的调查，江苏沿海有港航资源10余处。沿岸和近海海涂面积约5 100平方千米。南黄海石油地质储量约70亿吨。近海和潮间带有浮游植物288种，潮间带和底栖动物309种，游泳动物174种（鱼类150种）。

海洋资源开发与海洋经济
Development of Marine Resources and Marine Economy

【概况】 2000年是江苏省委、省政府作出加快发展海洋经济、建设“海上苏东”战略决策的第五个年头，也是“九五”计划的最后一年。全省海洋经济规模继续扩大，结构趋于优化，增长质量和效益有新的提高，涌现了一批有竞争力的海洋开发企业。2000年，全省主要海洋产业总产值为235亿元。按行业划分，其中海洋渔业产值114亿元，占总产值的49％；海洋旅游业产值87亿元，占37％；修造船业10亿元、交通运输业11亿元、海洋盐业7亿元、海洋医药业7亿元，合计占14％。按地区划分，其中连云港市64亿元，占27％；盐城市54亿元，占23％；南通市115亿元，占49％；其他 2 亿元，占 1 ％。沿海地区国内生产总值为1 341亿元，占全省国内生产总值15.6％。同时，沿海地区基础设施不断改善。至2000年底，新开工建设了一批交通、水利、能源、通信重点工程，新建宁连、宁通一级公路及部分路段实现高速化；开工建设连徐、宁靖盐、汾灌高速公路、新长铁路、大丰港、田湾核电站和泰东河、淮河入海水道、南水北调东线应急工程；完成了东陇海复线二期、墟沟港一期、狼山港二期、泰州引江河、南通华能电厂二期、城乡电网改造和部分通信网络扩容；实施干线公路网化工程和县乡村公路通达工程，基本实现了行政村村村通公路（或航道）。

【海洋渔业】 2000年，面对海洋捕捞主要经济鱼类资源进一步衰退的现状，江苏省继续加大海洋渔业结构调整力度，充分利用浅海滩涂资源优势，大力发展以高涂围养为重点的海水养殖业，稳定压缩海洋捕捞业，积极拓展远洋渔业。全省海洋水产品总产量90.87万吨，比上年增加0.61万吨。其中海水养殖产量24.87万吨，比上年增加2.93万吨，增长11.8％；海洋捕捞产量66.00万吨，比上年减少2.32万吨，减幅3.5％。养殖与捕捞结构由上年的0.243：0.757 调整为0.274：0.726。海水养殖面积继续扩大，达到14.42万公顷，比上年增加2.9万公顷。养殖区域从潮上带拓展到潮间带、浅海域；养殖品种增加到37个，其中初具生产规模的16个，产量超万吨或产值超亿元的品种 9 个。文蛤、鳗鱼、条斑紫菜、对虾等主要品种已形成从种苗、养殖、加工到出口销售的产业化生产经营格局，成为江苏水产品出口的主要品种，在全国也占有一定的比重。

表2 江苏省海洋开发资料统计

海洋捕捞产量（吨）	鱼 类	421 061
	贝 类	81 298
	虾蟹类	112 393
	其 他	35 340
	合 计	660 000
海水养殖产量（吨）	鱼 类	8 414
	贝 类	216 472
	虾蟹类	12 887
	其 他	10 948
	合 计	248 721
海洋货物运输量（万吨）	总 量	1 627
	其中远洋	491
主要港口货物吞吐量（万吨）	连 云 港	2 867
	射 阳 港	251
	陈 家 港	20
	南通市计	3 859
	合 计	6 998
海盐生产	面积（公顷）	56 422
	产量（万吨）	199
海盐化工品产量（吨）	氯 化 钾	6 283
	工 业 溴	474
	氯 化 镁	60 615
	其 他	55 121
滨海城市国际旅游收入（万美元）		6 402
滨海城市国际旅游接待能力	饭店个数	58
	客 房 数	6 046
	床 位 数	11 133
浅海滩涂开发利用情况（公顷）	总 面 积	569 192
	已利用面积	429 551

2000年继续实施海洋捕捞减船转产计划，共压减机动渔船1 402艘，吨位 4 万余吨，至当年底全省海洋机动渔船18 450艘，总吨位31.3万吨。江苏海区拥有长江口、吕泗、大沙和海州湾 4 个渔场，渔业生产历史悠久，渔港分布密集，全省共有经县级以上人民政府确认的海洋渔港41个，其中国有渔业基地 2 个，已达到和规划在2010年前达到国家一级群众渔港标准的 8 个，已达到和

规划在2010年前达到国家二级群众渔港标准的12个。2000年射阳黄沙港渔港被农业部新批准为国家一级群众渔港规划建设，当年底江苏经农业部批准建设的国家一级群众渔港达到3家，分别为连云港连岛渔港、启东大洋港渔港和射阳黄沙港渔港。渔港是渔业生产的后勤基地，渔船的停靠、修造、避风和物资补给，以及水产品冷藏、加工和贸易，主要依赖于渔港。渔港的发展还带动了渔区城镇建设和社区经济的发展。

【海洋交通运输业】 2000年江苏省以港口建设为标志的海洋交通运输业有新发展，基础设施不断改善，运输能力得到加强。全省海洋货物运输量1 627万吨，其中沿海货物运输量1 136万吨，远洋货物运输量491万吨。海洋运输企业年末职工总人数1 794人，实现年营运收入22 633万元，利税总额121万元。沿海主要港口年货物吞吐量6 998万吨，其中外贸货物吞吐量1 988万吨，国际标准箱33.3万箱，吞吐量189万吨。

江苏省沿海已开发的主要港口有连云港、燕尾港、陈家港、射阳港和大丰港等。除连云港已形成大型港口外，其余均为中小型港口。长江内有南通港、太仓港和常熟港等。连云港已有老港区、庙岭、墟沟三个港区，现有泊位30余个，其中万吨级以上20余个，设计通过能力近2 500万吨。2000年增开了连云港到日本航线、经射阳到上海内支线，开辟了到美国西海岸集装箱班轮航线，年港口吞吐量达2 708万吨，其中集装箱12万标准箱。南通港位于长江口北岸，共有生产性泊位64个(其中深水泊位22个)，吞吐能力3 338万吨。其中，港务局公用性泊位39个，其中深水泊位9个，最大靠泊能力2.5万吨，泊位岸线总长约3 500米，仓库面积近20 000平方米，拥有锚地两个，可同时停泊38艘万吨轮。2000年货物吞吐量为3 859万吨，已步入全国十大海港和五大内河港的行列。被列为部省重点建设项目的大丰港，规划总投资3.2亿元，2000年完成了码头引堤二期工程及港区中央大道建设，长55千米疏港公路建成通车，完成调动区通电、通水、通信工程，评审通过了港区总体规划及旅游区规划，区内路网主框架初步建成，至当年底累计投资1.3亿元。

【滨海旅游业】 2000年江苏滨海旅游业稳定发展，沿海三市充分利用本地区丰富多样的旅游资源，加强重点景区景点深度开发，加快配套设施建设步伐，加大旅游市场开拓力度，有效提高了全省滨海旅游发展水平。至2000年底，沿海三市累计接待国内外旅游者956.2万人次，实现旅游总收入87.2亿元，其中2000年接待国际旅游者80 678人次，实现国际旅游外汇收入6 403万美元，全省滨海城市涉外饭店达58个，沿海地区旅行社总数636个。目前，已开发的旅游区主要有花果山、孔望山、宿城、海头湾海滨浴场、丹顶鹤和麋鹿自然保护区、如东“海上迪斯科”采文蛤专项旅游及风筝节比赛活动等，并具有一定的国内和国际知名度。连云港市根据丰富的古代历史文化遗迹和优质的海水资源特点，大力发展假日旅游，成功举办了“连云港之夏”、“花果山金秋登山节”等大型旅游节庆活动。盐城市以发展沿海滩涂湿地生态旅游带为主导方向，以两个国家级自然保护区为重点，新建了一批集休闲、观赏、娱乐等为一体的多功能海滨旅游景点。南通市发挥地处江海交汇的区位优势，举办“南通人游南通”、启东圆陀角“迎千年曙光”等系列活动，吸引了众多的国内外游客。

【临海工业】 2000年，南通、盐城、连云港3市工业增加值分别达到300亿元、190亿元和100余亿元，占当地国内生产总值的比重分别超过40%、33.5%和34.8%。沿海地区已经形成较好的工业基础和门类比较齐全的工业体系，其中南通以纺织、电子元器件、精细化工和船舶、食品等工业为主，盐城以机械、纺织、化工、轻工等占较大比重，连云港以医药、化工、纺织、食品、建材为支柱产业。涉海工业逐步发展壮大。2000年，海洋水产品综合加工能力进一步提高，沿海地区海洋水产加工企业达375家，年加工海洋水产品总量15万吨；以连云港碱厂等企业为骨干的盐化工和苦卤化工系列产品生产增长较快，原盐生产能力达到260万吨，总产值近5.4亿元；以南通为主体的沿海修造船业总产值达到9.7亿元，中远南通船厂已成为国内最大远洋船舶修造基地；海洋药物的开发研究初具规模，海洋医药及保健食品产值达到7.5亿元；继2×12.5万千瓦装机容量的射阳港电厂一期工程投入运营之后，连云港田湾核电站项目在抓紧实施，沿海电力工业正在加快建设；以沿海港口城市和小城镇为依托，港口城市工业和乡镇企业得到大力发展。

海洋公益事业 Marine Public Welfare Facilities

【概况】 自1998年8月18日江苏省成功地在江苏卫星电视台发布了全省海洋环境预报后，2000年，经国家海洋局批准，中央电视台发布海浪预报时增列了连云港市。江苏省海洋环境预报内容主要有三项，即海浪、潮汐、海温。遇热带风暴加发风暴潮预报警报。经统计，2000年1月1日至12月31日共发布海浪、潮汐、海温日常预报各366次，大浪警报66份次，对0008、0012、0014等3个影响热带气旋，发布警报单15份。根据国家海洋预报中心组织的质量评定，江苏港口波浪预报平均准确率达81.2%，其中连云港准确率79.3%，射阳港82.5%，吕泗港81.0%；海区海浪预报平均准确率为87.1%，其中黄海中部为86.1%，黄海南部为88.2%。台风及冷空气所引起的海浪预报与实况基本上相吻合，预报平均准确率82.6%。潮汐预报按24小时预报误差小于等于20厘米为基准统计，连云港站潮位预报平均准确率为93.7%，吕泗海洋站平均准确率为94.1%。风暴潮预报平均准确率为94.2%。海温预报按24小时误差小于等于1.5° C为基准统计，连云港站预报平均准确率为90.1%，射阳站为82.3%，吕泗海洋站为89.5%。沿海预报平均准确率连云港为91.1%，盐城为83.4%，南通为89.7%。

海洋环境保护 Marine Environmental Protection

【概况】 2000年是江苏省海洋行政机构重组之年，海洋环境工作比往年有所重视。江苏省海洋与渔业局结合新修订的《中华人民共和国海洋环境保护法》和《中华人民共和国渔业法》的颁布施行，开展了较大规模的学习、宣传和贯彻活动，并组织了首次海监渔政联合执法行动，同时，海洋环境监测体系的建设被提到了议事日程。根据20世纪90年代末海洋污染基线调查的零点资料，2000年，江苏海洋环境总体质量有所下降，表现在入海污染物增加，海水生物和沉积物污染趋于严重，近岸海域环境质量差于远岸海域，南部海域环境质量差于北部海域。陆源污染仍然是近岸和近海海域环境污染的主要因素，主要污染物质是无机氮、磷酸盐、油类，以及有机物和重金属。在区域排污、河流入海排污和临海工业排污3个陆源污染源中，河流入海排污量占全部排污量的70%。使用海洋倾倒区2个，倾倒量863万立方米。海域水体中的污染物主要是营养盐、汞、铅、有机物和油。海底沉积物的环境质量总体良好。海洋自然保护区的建设步伐加快，连云港市上报省政府同意新建了“前三岛鸟类自然保护区”，国家级射阳丹顶鹤自然保护区成为“东亚—澳大利亚涉禽保护区网络”成员，国家级大丰麋鹿保护区的麋鹿总数发展到360余头，成为世界上最大的野生麋鹿种群栖息地。

海洋科技与教育 Marine Science & Technology and Marine Education

【概况】 2000年，江苏省继续深入实施“科技兴海”战略，依托全省各有关科技、教育单位，加强对海洋渔业、医药、化工等重点领域的科技集成和攻关，取得了一批成果。一批省属科研单位加快改制步伐，积极改革内部管理体制和运行机制，激发科研人员积极性，提高了科研成果的产出率和转化率。“科技兴海”重点开展了利用海洋生物研究开发防治糖尿病、微血管病变等新药的研究，200吨高纯度四溴双酚A生产工艺及中试装置、鳗鱼油及其钙制剂的技术开发研究，在滩涂盐碱地引进种植果蔬型仙人掌、沙棘等实施盐土改良综合技术，海洋渔业科技实施了青蛤大规格苗种培育、锯缘青蟹工厂化育苗及高涂蓄水养殖、卤虫卵深加工、龙须菜人工养殖、缢蛏人工繁育等技术开发，试验浅海软体网箱养殖，东沙滩涂文蛤覆盖网养殖等。江苏省农科院与上海海丰农场合作万资开发海丰东大滩涂养殖项目，面积1 333公顷，投资600万元进行基础工程设施配套，省农科院以技术入股，经过2年多的运行，效益显著，一年的时间即收回成本。

【海洋科技试验示范基地建设】 从1996年陆续批准的江苏省3个“科技兴海”示范县、4个研究开发中心和5个基地，经过努力，连云港海珍品、射阳滩涂综合开发、大丰现代生态农业、如东海水增养殖和启东海洋综合开发等5个科技兴海试验示范基地建设，已取得了阶段性成果，通过了专家评估。南通启东“科技兴海”示范市（县）建设进展顺利。该市在滩涂已建起了5个国家级和省级海洋科技示范园区，形成了以园区带动渔民开发海洋、发展经济的新格局。由江苏省海洋水产研究所和启东市共同投资2 000万元、占地1.2平方千米的省现代渔业（吕泗）科技示范园——海水增养殖技术与苗种中心一期工程已投入运营。如东“科技兴海”试验示范基地建设成效显著，建成万亩养殖加工出口一体化科技示范园、4 000公顷高密度贝类养殖、2 000公顷藻类综合开发科技示范园及年可创产值10亿余元的海洋食品科技示范园，海洋经济发展的科技贡献率达60%。盐城市大丰海涂现代农业试验示范基地，采用生产过程无害化，建立滩涂生态农业基地，开发绿色产品，实现滩涂的可持续利用。射阳滩涂综合开发基地，大力发展“名、特、优”产品的种植、养殖、加工和出口一条龙产业，逐步建立苏北海产品加工出口基地。连云港市2000年共组织实施海洋科技新上项目17项，在研71项。全国“科技兴海”技术转移连云港中心，运用细胞工程技术开展多倍体对虾、河蟹育苗获得成功。

【海洋技术产业化建设】 海洋盐业、化工、医药、食品加工、修造船业等海洋产业化发展势头良好。省里每年从海洋开发专项资金中拿出360万元，对海洋医药、化工、食品工业的有关项目进行贴息；鱼、虾、贝、藻等主要养殖品种均有不同程度的增长，尤其是网箱养鱼、健康养虾、高涂蓄水综合养殖等新的养殖方式有了新的突破，得到大面积推广；沿海一批国有和集体企业改制顺利进行，推动了海洋产业化的发展。南通双林生物制品有限公司在加拿大生物研究中心、中国药科大学、南京大学等单位指导下，变废为宝，从虾、蟹壳中提取开发甲壳素系列产品及几丁聚糖，公司年实现销售收入4 000余万元，创利税600万元。盐城市大力发展海洋科技，培植主导产业，在推进滩涂无公害生产的前提下，着力抓“龙头”加工业，不仅继续培植壮大龙宝、丰宝、宏达、海晶、绿禾等5个年产值超亿元龙头企业集团，还积极实施了意杨板、中药材、海鲜调味品、即食海蛰等加工项目。盐城市沿海已有海副产品加工企业近300家，形成40余个系列、500多种产品的生产能力。连云港2000年海洋盐业、化工及海产品加工等比1999年增长23.5%。开展了退盐转农，退盐转养，开发荒滩、低涂、水库6 200公顷从事水产养殖。海洋化工发展较快，全市已有20多家海洋化工企业，40余种产品，仅市属化工企业实施了11项海洋化工项目。海洋医药开发取得进展，康缘公司开发的治疗心血管病新药多烯康软胶囊，年销售收入2 500万元。江苏省海水增养殖技术与种苗中心已建成国家级紫菜种质库，列入了农业部的紫菜育种、繁殖、加工产业链开发的跨越计划。此外，该中心于当年4月进行海水池塘循环水高效养殖南美白对虾1公顷，共投放虾苗87万尾，总产量达14.6吨，销售收入65.7万元，亩产商品虾1 040千克，亩产值4.7万元，纯利润3.7万元，亩单产和效益均创全国同行最高水平。江苏省发阳水产实业有限公司是由滩涂开发、盐业等4个单位出资组建的股份公司，公司规划开发3 333公顷滩涂，总投资3 200万元，已完成一期开发工程，面积2 000公顷，投资1 649万元，一期工程的投资回报率达15.2%，年均亩滩涂产值达3 500元。

【海洋科技教育与培训】 2000年底，在原江苏省连云港水产学校基础上组建的淮海工学院海洋与水产学院正式挂牌成立，学院占地面积近20公顷，在校学生1 500余人，教职工141人，专任教师81人，设有水产养殖学、生物技术、环境保护、水产品加工等10个本专科专业，与校本部食品工程系、化学工程系共同构筑江苏省海洋与渔业教育阵地，提升了本省海洋高等教育层次，将为沿海地区培养和输送大批专业技术人员。围绕水产品种、技术和知识更新3项工程，结合海洋渔业养殖新品种、新技术的推广和养殖品种种质退化、病害增加等实际情况，2000年开展了有关水产品种种质分子生物学鉴定技术、长江系中华绒螯蟹品系选育及健康养殖技术、海涂贝类繁养技术、渔业药物管理与规范、海洋知识更新等培训、高研班，培训学员250余人，同时编写了相关教材和讲义。委托国家海洋局东海分局培训海洋监察人员30人，经考试和考核，并经国家海洋局批准，28人获得海洋监察员上岗执法证书。

海洋国际合作与交流
Marine International Cooperation and Interflow

【概况】 20世纪80年代初，原江苏省水产局（现江苏省海洋与渔业局前身）与日本开始了以补偿贸易方式进行的海洋国际合作与交流。到80年代末，沿海各地的海水养殖业如对虾、鳗鱼、紫菜、文蛤等品种的养殖已形成规模，建立了比效稳固的创汇支柱产业。江苏省沿海渔业合资企业的建立始于1984年，17年来已由单一水产品养殖逐步发展到集加工、贸易及跨行业的综合性集团企业。2000年水产品外贸出口量为4.6万吨，出口创汇1.2亿美元，主要品种包括鳗鱼、紫菜、冻鱼、冻虾等，出口美国、日本、欧盟等33个国家和地区。2000年全省新增渔业三资企业17个，合同利用外资540万美元，实际利用外资525万美元。到2000年底，全省渔业三资企业350家，累计合同利用外资26 424万美元，实际利用外资10 447万美元。

由于近海渔业资源严重衰减，江苏80年代中期开始发展远洋渔业，先后向波斯湾海域（伊朗）、南太平洋海域（贝劳）派出规模较大的船队进行作业生产，南太平洋项目最多时派船37艘（270匹马力渔轮），取得了良好的社会、经济效益。但近年来远洋渔业不断萎缩，经济效益大幅度下降。2000年江苏省海洋与渔业局强化对远洋渔业管理，规范经营秩序，开展了以远洋渔业企业资格和远洋自捕鱼运回销售为主要内容的远洋渔业企业清理工作，远洋渔业经济效益有所提高，基本实现了无亏损。年内新增（扩大）远洋渔业项目3个，分别为贝劳金枪鱼项目、大洋性鱿鱼钓项目和几内亚流网项目，新增船只10艘，人员112人。2000年在外渔船49艘，船员4 000人次，捕鱼14 500吨，实现产值9 061万元，利润713万元。经审核并报农业部批准，18艘渔船具备2000年度鲜销运营资格，分别在日本、韩国、新加坡等国进行不定期的国际销售业务。

江苏省海洋与渔业局组建后，加大了海洋与渔业对外交流与合作。全年共派出团组12批29人次赴美国、法国、日本等国和中国台湾省进行外事考察和技术研修活动，接待来自美国、荷兰等国和香港特别行政区及台湾省的官员、专家、客商11批28人次。在对外交往中注意搞好外事安全、保密工作和礼仪教育，加强出国人员护照和签证管理，全年未发生任何外事事件。外事与外经、外贸的关联度加大，利用外事活动宣传并推出了一批企业和产品，了解和收集了一批经贸信息。

海洋立法与管理
Marine Legislation and Management

【概况】 “九五”期间，江苏省全民海洋意识普遍增强，省、市、县海洋管理机构从无到有，海洋综合管理按照“建设海洋经济大省”的要求稳步推进。启动了海域使用管理工作，开展了海域使用的普查登记，组织了海洋污染基线调查，建立了海况定时发布制度，组建了全省海洋统计信息网络。特别是2000年6月省海洋与渔业局组建后，海洋管理工作有了新的开局。启动了省大比例尺海洋功能区划工作，组织了首次中国海监、中国渔政江苏海域联合执法行动，强化了海洋环境保护，加强了海洋预报等公益性服务事业建设，海域使用许可制度从试点走向正规化，海洋综合管理进一步得到加强。

【江苏省海洋与渔业局组建】 根据《中共中央、国务院关于江苏省人民政府机构改革方案的通知》（中委[2000]69号）和《中共江苏省委、江苏省人民政府关于印发〈江苏省省级党政机构机关改革实施意见〉的通知》（苏发[2000]16号）精神，为理顺关系，转变职能，由原省水产局、省科委海洋局共同组建了省海洋与渔业局，为省政府直属正厅级工作机构。省海洋与渔业局于6月22日成立并揭牌。新组建的省海洋与渔业局的主要职责是：草拟我省海洋与渔业管理的法规规章和方针政策，组织编制海洋功能区划、海域利用规划、海洋产业与渔业发展总体规划；管理国家授权的海域使用，监督海洋生态环境保护和渔业水域生态环境保护；依法实施海洋监察、渔船检验和渔政渔港监督管理，维护海洋与渔业权益；指导渔业结构调整、产业化经营和可持续发展；负责海洋与渔业科技与教育、外事与外经、统计和信息工作，负责管理海洋与渔业的基础设施建设，做好公益性服务等。省海洋与渔业局内设办公室（政策法规处）、计划财务处、海域管理处、渔业处、海监渔政处（资源环境保护处）、科技教育处和人事处共7个职能处室。同时，经省编办批准，江苏省海监总队、江苏省渔政监督管理总队也宣告组建，并纳入公务员制度管理。

【海域使用管理】 江苏省海洋与渔业局成立后，积极推行海域使用许可证制度和海域有偿使用制度。正式启用了“江苏省人民政府海域使用专用章”，省政府办公厅下发《关于启用江苏省人民政府海域使用专用章的通知》（苏政办发[2000]138号），规定今后颁发海域使用许可证、省政府对海域使用的批文以及向国家有关部门申报1万亩以上海域使用项目文件的，一律使用该章。省财政厅印制了海域使用金专用收据。省海洋与渔业局、省财政厅联合草拟了《江苏省海域使用金征收标准和管理办法》。开展海域使用现状普查，针对以前海域使用方面存在的发证交叉重叠、证件不全和权限不明等情况，对海域使用证和水产养殖证的发放进行初步清理和调整。截至2000年底，全省海域已登记使用面积205 956公顷，确权面积24 519公顷，占登记面积的11.9%，共发放海域使用证91张，批准使用面积19 010公顷。

【大比例尺海洋功能区划工作启动】 2000年11月份，江苏省政府建立省大比例尺海洋功能区划联席会议制度，姜永荣任联席会议主席，联席会议由省政府办公厅、省计委、省交通厅、省环保厅、省军区和省海洋与渔业局等18个部门组成，下设办公室，李国平兼任办公室主任。成立区划技术组和编写组，由中国科学院南京地理与湖泊研究所、南京大学、南京师范大学、河海大学、南京农业大学等高校院所的有关专家组成。先后制定“江苏省大比例尺海洋功能区划实施方案”、“江苏省大比例尺海洋功能区划框架性意见”、“江苏省大比例尺海洋功能区划二级提纲”和“江苏省大比例尺海洋功能区划联席会议议事规则”等技术性文件。12月12日，省政府召开全省大比例尺海洋功能区划联席（扩大）会议，动员部署全省大比例尺海洋功能区划工作，讨论并落实工作计划及分工。12月22～23日，省区划办在南京举办培训班，培训区划管理人员和基层工作人员80余人次，至当年底，省大比例尺海洋功能区划工作在沿海17个县（市、区）全面展开。

【海监渔政首次联合执法】 江苏省海监总队组建以后，即开始履行海洋监察执法职能。2000年9月26日，江苏省海洋与渔业局同国家海洋局东海分局、农业部东海区渔政局共同组织中国海监、中国渔政对江苏海域的首次联合执法行动，联合执法行动启航仪式在连云港举行。此次行动是为了贯彻执行《中华人民共和国海洋环境保护法》和《中华人民共和国渔业法》等法律法规，全面行使海洋综合管理和渔业管理职能而开展的，主要针对江苏海域陆域排污、渔船排污、疏浚倾倒、海砂开采、海域使用、伏季休渔、海水养殖、海上设施排污等情况进行了全面检查，共动用海监飞机1架、中国海监船1艘、中国渔政船9艘，35名海监人员、150多名渔政人员参加了执法监察行动，中国海监总队、农业部东海区渔政局以及江苏省政府、省人大有关领导参加了这次活动。这次联合执法行动规格高、规模大、效果好，取得了圆满成功，标志着江苏省海洋综合执法工作迈出了第一步。 （刘 伟 侯锁富）

统 计 资 料
Statistical Data

表3 江苏省沿海市、县（市、区）海洋机构一览表

机构名称	主管部门	机构级别	成立时间
江苏省海洋与渔业局	江苏省政府	厅 级	2000年
连云港市海洋局	连云港市政府	处 级	1997年
赣榆县海洋局	赣榆县政府	科 级	1997年
东海县海洋局	东海县政府	科 级	1997年
连云区海洋局	连云区政府	科 级	1997年
云台区海洋局	云台区政府	科 级	1997年
灌南县海洋局	灌南县政府	科 级	1997年
灌云县海洋局	灌云县政府	科 级	1997年
盐城市海洋局	盐城市科委	科 级	1997年
响水县海洋局	响水县政府	科 级	1997年
滨海县海洋局	滨海县政府	科 级	1997年
射阳县海洋局	射阳县政府	科 级	1997年
大丰市海洋局	大丰市政府	科 级	1997年
东台市海洋局	东台市政府	科 级	1997年
南通市海洋处	南通市科委	副处级	1997年
启东市海洋局	启东市政府	科 级	1997年
如东县海洋局	如东县政府	科 级	1997年
通州市海洋办	通州市科委	股 级	1997年
海门市海洋办	海门市科委	股 级	1997年
海安县海洋办	海安县科委	股 级	1997年

表4 2000年江苏省沿海市、县人口及从业人员情况一览表

单位：万人

地区名称	年末总人口	农业人口	非农业人口	从业人员	职工人数
全省合计	7 327.24	4 287.17	3 040.07	3 504.87	673.25
沿海合计	1 617.7	1 149.0	468.7	803.8	128.0
连云港市区	62.5	15.5	47.0	28.2	15.3
赣榆县	104.8	88.7	16.1	46.4	3.8
灌南县	71.2	61.7	9.5	34.5	2.9
灌云县	104.2	84.0	20.2	44.6	5.3
东海县	112.7	98.5	14.2	54.7	4.6
盐城市区	63.0	24.0	39.0	29.5	12.3
滨海县	107.0	86.5	20.5	38.8	3.8
射阳县	105.0	84.5	21.0	39.4	7.6

续 表

地区名称	年末总人口	农业人口	非农业人口	从业人员	职工人数
大丰市	74.1	55.6	18.5	39.0	6.6
东台市	117.3	89.8	27.5	51.4	6.9
响水县	56.5	44.1	12.4	20.5	3.4
南通市区	65.1	16.5	48.6	43.5	19.7
通州市	144.3	105.1	39.2	78.0	8.4
启东市	116.2	92.0	24.2	78.2	7.7
海门市	103.6	67.1	36.5	62.3	5.9
海安县	98.2	64.1	34.1	52.5	6.9
如东县	111.5	71.3	40.2	62.3	6.9

表5 2000年江苏省沿海国内生产总值、工农业总产值一览表

单位：亿元

市县名称	国内生产总值				工业		农业	
	合计	第一产业	第二产业	第三产业	总产值	增加值	总产值	增加值
南通市	159.87	2.37	91.74	65.76	248.94	81.06	5.79	2.37
通州市	133.49	22.01	63.86	47.62	126.40	55.05	41.27	22.02
启东市	120.20	27.22	49.47	43.51	86.96	43.18	54.79	27.22
海门市	119.63	17.08	57.63	44.92	89.11	50.76	32.46	17.08
海安县	67.76	18.39	25.33	24.04	46.63	20.21	33.82	18.39
如东县	77.18	25.65	26.09	25.44	53.52	21.49	47.69	25.65
盐城市	69.63	4.83	33.25	31.55	84.97	27.60	9.68	4.83
东台市	93.01	33.4	31.45	28.16	69.41	15.10	73.63	23.40
大丰市	76.15	24.50	28.69	22.96	71.01	9.60	55.54	24.50
响水县	20.99	8.76	5.08	7.15	11.78	4.10	17.88	8.76
滨海县	40.71	16.28	11.62	12.81	1.69	9.80	33.16	16.28
射阳县	69.52	24.26	26.15	19.11	53.14	23.93	51.89	24.26
连云港市	103.31	6.82	58.95	37.54	109.12	47.74	13.53	6.82
赣榆县	61.99	20.45	25.61	15.93	39.43	22.81	38.65	20.45
灌云县	47.78	15.30	14.52	17.96	29.87	11.74	30.41	15.30
灌南县	22.36	9.51	6.77	6.08	12.05	5.56	18.38	9.51
东海县	57.30	21.59	20.21	15.50	38.72	17.57	39.74	21.59

（刘 伟 侯锁富）

山 东 省
Shandong Province

综 述
Summary

【概况】 山东省陆域面积约15.72万平方千米，辖17个市地，139个县市区，其中沿海有7个市地、36个县市区。另外，青岛、烟台、威海3市还设有经济技术开发区和高技术产业开发区，县级建制。

表1 山东省沿海市县一览表

沿海市地	沿海县级市	沿海县
青岛市	胶州、即墨、胶南	
烟台市	莱阳、海阳、蓬莱、龙口、招远、莱州	长岛
威海市	荣成、文登、乳山	
潍坊市	寿光、昌邑	
日照市		
东营市		垦利、广饶、利津
滨州地区		无棣、沾化

全省有县级以上海洋科研单位39个，其中隶属于国家部委的7个；海洋科技人员约1万余名。山东省海洋与水产厅于2000年改为山东省海洋与渔业厅，是主管海洋事务和渔业行政的省政府组成部门。沿海市(地)县(市)和部分市辖区原来设有海洋与水产局，2000年，除滨州地区及所辖无棣县、沾化县仍称海洋与水产局外，其他市、县(区)均改为海洋与渔业局。

山东省委、省政府高度重视海洋资源开发。全省涉海部门、单位和沿海市地、县市区继续深入贯彻全省“海上山东”建设工作会议精神，积极推进科技兴海，加大依法治海力度，实现了海洋经济持续快速发展。2000年，全省海洋产业产值达到1 066.71亿元，海洋产业增加值为520.62亿元。

海洋综合开发步伐进一步加快，海洋产业结构不断优化，加快了海洋产业化进程。海洋渔业在克服海洋渔业资源衰退、海水养殖病害蔓延等困难的过程中稳步发展。2000年，全省海水产品总产量达到595.1万吨，海洋渔业总产值达到551.77亿元，海水养殖面积28.01万公顷，产量287.3万吨。海洋石油工业发展迅速，2000年海洋石油产量292万吨，产值44.38亿元。滨海旅游业发展也比较快，2000年全省滨海旅游业总收入227.38亿元。海洋交通运输业、造船业、海盐业等传统海洋产业也取得较快发展。

表2 山东省沿海市地、县市区海洋机构一览表

沿海市地海洋机构	沿海县、市、区海洋机构
青岛市海洋与渔业局	城阳区海洋与渔业局
	崂山区海洋与渔业局
	胶州市海洋与渔业局
	即墨市海洋与渔业局
	胶南市海洋与渔业局
烟台市海洋与渔业局	莱山区海洋与渔业局
	蓬莱市海洋与渔业局
	龙口市海洋与渔业局
	长岛县海洋与渔业局
	芝罘区海洋与渔业局
	福山区海洋与渔业局
	莱州市海洋与渔业局
	招远市海洋与渔业局
	牟平区海洋与渔业局
	海阳市海洋与渔业局
	莱阳市海洋与渔业局
威海市海洋与渔业局	环翠区海洋与渔业局
	荣成市海洋与渔业局
	文登市海洋与渔业局
	乳山市海洋与渔业局
潍坊市海洋与渔业局	寒亭区海洋与渔业局
	寿光市海洋与渔业局
	昌邑市海洋与渔业局
东营市海洋与渔业局	东营区海洋与渔业局
	河口区海洋与渔业局
	广饶县海洋与渔业局
	垦利县海洋与渔业局
日照市海洋与渔业局	东港区海洋与渔业局
	岚山办事处海洋与渔业局
滨州地区海洋与水产局	无棣县海洋与水产局
	沾化县海洋与水产局

为了加强“海上山东”建设工作的领导，省

政府决定成立“海上山东”建设领导小组。领导小组办公室设在省海洋与渔业厅，为该领导小组的日常办事机构。为担负起“海上山东”建设领导小组办公室职责，2000年，海洋与渔业厅加强了与涉海部门的沟通与联系，抓好“海上山东”建设4大工程实施方案的督促落实，组织编写了“十五”海洋开发规划，编发了《“海上山东”建设动态》，促进海洋各产业的协调发展。全省海洋三次产业结构比例日趋合理，海洋产业产值不断提高。（钟世蔼）

海洋资源开发与海洋经济
Development of Marine Resources and Marine Economy

【海洋渔业】 2000年，山东省海洋捕捞业认真贯彻中央农村经济工作会议精神，加大调整力度，以提高质量、增加效益为主导，大力推进产业结构调整，严格控制近海捕捞强度，鼓励发展远洋渔业，保持了海洋捕捞的稳定发展。海洋捕捞产量308万吨，比上年减少24万吨，下降7%。年末海洋机动渔船总数为45 290艘，比上年减少1 721艘；总功率142万千瓦。远洋渔船201艘，总功率12万千瓦，远洋渔业总产量13万吨，国外经营总收入10 089万美元，实现利润729万美元。海洋捕捞业的特点是：控制近海捕捞，捕捞产量负增长。针对渔业资源衰退加剧，特别是国家多次大幅度提高油料价格致使海洋捕捞的比较效益下降的严峻形势，山东省实施农业部提出的海洋捕捞零增长措施，积极控制近海捕捞强度，调整和限制对资源破坏严重的作业方式，制定和出台了一系列优惠政策和措施，积极鼓励捕捞渔民从事养殖业和其他非渔产业。重点渔区和企业高度重视远洋渔业，新增远洋渔业渔船20艘，到2000年末，山东省远洋渔船达到201艘，渔业产量13万吨。继续开展近海渔业资源增殖放流：为尽快恢复近海资源，2000年山东省扩大了资源增殖放流品种、数量，为增加近海渔业资源起到了积极作用。近海资源衰退加快：由于近海捕捞强度一直居高不下，特别是近几年对鳀鱼等饵料鱼资源的过度开发，加剧了近海资源衰退，海洋捕捞优质产品所占比重一直偏低。

2000年海水养殖大力培植主导产业，着重调整优化第一产业，使养殖方式、品种多样化。全省海水养殖面积28.01万公顷，产量287.3万吨。对虾、扇贝“二次创业”稳步推进。对虾养殖呈现以对虾为主，虾鱼、虾蟹、鱼虾蟹混养等虾池综合养殖发展的新格局，海水养虾、地下水卤水勾兑养虾、两茬养虾、新品种养殖得到大力推广。全省对虾养殖面积5.81万公顷，其中，高产高效健康养殖面积达0.57万公顷，滲水养虾267余公顷，日本对虾养殖2.8万公顷，多茬养虾2.67万公顷，虾池多品种综合养殖2万公顷。对虾养殖产量达到2.5万余吨，比去年增加5 200吨。扇贝养殖已实现了栉孔扇贝由“春分秋收”改为“秋分春收”的“换季”养殖和以海湾扇贝为主多品种养殖的重大转变，促进了产量、效益的提高。全省扇贝放养面积近1.53万公顷，其中栉孔扇贝换季养殖面积达到0.4万公顷，海湾贝养殖面积达到0.93万公顷，扇贝养殖产量达64万吨，比1999年增加10万吨。以牙鲆、大菱鲆、鲈鱼和河豚等鱼类为主的海水鱼养殖发展迅猛，全省形成了工厂化养殖、网箱养殖、池塘养殖和大棚养殖一起上的良好态势。全省海水网箱养鱼已发展到6万箱以上，比上年翻了两番；工厂化养鱼面积28公顷，存养量1 300万尾；池塘养鱼达到0.07万余公顷；大棚养鱼形成热潮，发展到550个，面积50余公顷。海水鱼养殖成为渔业经济新的增长点。优质高效品种大菱鲆养殖迅速向着产业化方向发展。海珍品养殖持续升温，全省新增鲍鱼养殖6 000万头；新增海参养殖2.6亿头。

2000年，山东省水产品加工与流通各项经济指标均创历史最高水平。水产品上市量达292万吨，同比增长16.3%；交易额204亿元，同比增长15.3%。水产品对外贸易总量112万吨，进出口总值15.88亿美元，同比分别增长了39%、38.1%。其中，出口创汇10.5亿美元，占全省农产品出口创汇总额的32.8%，对外贸易顺差5.1亿美元，各项指标均居全国第一。年初，针对加入WTO、中日韩渔业协定等问题，山东省海洋与渔业厅多次组织专家和企业家进行研究和探讨，确立了发展海洋产品精深加工及综合利用、加快科技创新和产品创新、提高产品质量、加强信息网络建设、积极拓展国内外市场的工作思路，并开展了一系列的工作：一是出台了《海洋产品精深加工战略》，并围绕产业结构调整，以海带为主线狠抓了低值产品精深加工及综合利用。二是强化了对产品质量的监督管理，完成“山东水产品质量监督检验中心”的筹建工作，建成了全国渔业系统的第一家省级质检中心，加强了对水产品质量的监督管理。三是积极开拓西南、西北市场，搞活水产品流通。（杨宝清 庄丽禾 孙兆胜）

【滨海旅游业】2000年，全省接待海外游客72.31万人次，旅游创汇3.15亿美元，分别比上年增长16.26%和18.82%；全年接待国内游客7 006.9万人次，国内旅游收入386.49亿元，分别比上年增长9%和35.53%。全省旅游总收入达412.65亿元，相当于全省GDP的4.85%。青岛、烟台、威海、日照4个沿海城市共接待海外游客45.44万人次，占全省总人数的62.83%；旅游外汇收入2.47亿美元，占全省外汇总收入的78.43%；接待国内游客2 948万人次，国内旅游收入190.62亿元，分别占全省的42.07%和49.32%。

沿海各旅游城市依托丰富的旅游资源，突出海洋特色，深度开发旅游资源，精心策划海洋旅游活动，加快资源优势向产品优势、经济优势转变，实现了海洋旅游的新发展。

沿海城市旅游项目建设和海洋节庆活动有：第十届青岛国际啤酒节、第二届中国青岛海洋节、成山头海上迎日出活动、中国威海首届国际钓鱼节、威海世界渔村项目等。

2000年，全省旅行社发展迅猛，全年新批旅行社294家，其中私营旅行社110家。全省旅行社总数达677家，居全国首位。（孔榕榕）

【海洋油气业】 胜利浅海2000年新增探明含油面积13.4平方千米，探明石油地质储量2 078万吨；新增控制含油面积17.5平方千米，控制石油地质储量3 133万吨；新增预测含油面积21.2平方千米，预测石油地质储量2 347万吨。

海洋油气勘探埕岛地区勘探：埕岛地区是典型的复式油气聚集区，具有明显的浅、中、深三层地质结构。2000年在上、下第三系和前第三系潜山等3个层系勘探中都有新发现。

垦东地区勘探：“垦东12鼻状构造”是在中生界古地形背景上继承性发育的鼻状构造，上第三系地层披覆于中生界潜山上，形成构造岩性油气藏，计算控制储量3 758万吨。

浅海地区重点探井也发现数量可观的石油和天然气。

海洋油气开发生产：胜利浅海油田有各类采油平台63座，油井215口，注水井17口，海底输油管线47条、总长64.5千米，海底注水管线13条、总长12.5千米，海底电缆47条、总长76.4千米，气管线1条、长10.5千米；油气接转站3座，联合站1座，石油专用码头1座。固定资产原值63.72万元;净值48.55亿元。油田开发情况：全年生产原油217.71万吨，为年计划的100.79%，比上年增加16.68万吨。实际交油213.61万吨，为年度计划的101.05%，比上年增油16.41万吨。新建产能36.5万吨。天然气工业产量完成3 757万立方米，交气量1 957万立方米。油田注水完成17.64万立方米。新增探明石油地质储量2 078万吨。

（王亚宁）

【海洋盐业及盐化工业】 山东省是中国最大的盐业生产基地，制盐工业分布在沿海7市25个县区。山东省盐业资源丰富，可利用滩涂面积3 223.6平方千米，尤其是从莱州市虎头崖往西经昌邑、寒亭、寿光、广饶、垦利6个县区的滨海滩涂有丰富的地下卤水资源。卤水的最低浓度70°玻美度，最高浓度19°玻美度，是海水浓度的6～8倍，资源量约82亿立方米。地势平坦，气象条件优越，年平均蒸发量2 200毫米，年平均降水量600毫米以下，雨季集中，特别适合于盐业生产。山东省海盐、盐业化工生产均占全国首位。

山东省盐生产工艺和科学技术达到国内先进水平，大中型企业盐田结构趋于合理，直接生产作业基本实现机械化。盐田总面积11.5万公顷，海盐生产能力1 200万吨，2000年生产海盐1 110万吨，均占全国的1/4以上。海盐平均含纯达到96.2%以上。为实现国家2000年消除碘缺乏病阶段性目标，先后投资8 860.5万元，重点改造了羊口盐场、寿光菜央子盐场等10个生产企业和11个分装企业，并按照合理布局、保证质量的原则，确定了10家食盐定点生产企业，在全省形成了56万吨食盐生产能力。食盐品种齐全，包括精制盐、再制盐、洗涤精制盐、食品工业专用盐、强化营养盐、保健盐、低钠盐和养殖用盐等多种系列产品。

山东省海盐化工业实施大企业集团带动战略，走联合创新、集团化、规模化发展之路，获得迅速发展。盐化工生产能力和实际产量均达到

20万吨以上。制溴技术和管理水平居国内领先地位，先后建设了无棣、广饶、卫东、菜央子、岔河、寒亭二场、鲁北、灶户、敖里盐场等30余家以生产溴及溴的衍生产品为主的盐业化工厂。溴素的生产能力6.5万吨，2000年生产4.7万吨，产量和市场占有率均为全国的85%。（赵玉科）

海洋公益事业 Marine Public Welfare Facilities

【海洋环境监测与预报服务】 2000年山东省为做好莱州湾污染物总量控制制度实施的前期基础工作，由省海洋与渔业厅组织北海监测中心、潍坊市海洋与渔业局对小清河入海口近海海域进行两次专项监测，编制了小清河口海域海洋环境监测报告。省厅还组织有关技术部门对山东近岸海域进行了海洋环境趋势性监测，基本掌握了山东省沿海的海洋环境质量状况。海洋与渔业监测机构建设也取得较大进展，东营、烟台等市相继建立了海洋与渔业环境监测站。

海洋预报服务：山东省海洋预报台每天通过山东卫视向社会发布海浪预报，每月上中下旬定时向沿海有关部门发送中长期预报，并及时发布风暴潮和大浪预警报。（魏　玉）

【海洋环境保护】 ①加大工作力度，做好海洋与渔业污染事故的调查处理工作。2000年山东省共调查处理海洋与渔业污染事故34起，赔偿款到位526万元。②承担了全球环境基金莱州湾示范项目。省政府签署了三省一市《渤海环保宣言》；为促进该项目实施，成立了渤海项目山东省项目办公室，草拟了项目实施方案。③积极介入，开拓性地开展了海洋、海岸工程环境评价和审核工作。④海洋自然保护区选划管理取得新的进展。山东省在加强对现有海洋自然保护区管理的同时，组织新建了青岛大公岛海洋生态市级保护区和海阳千里岩岛海洋生态县级保护区两处海洋自然保护区。

【海洋灾害与防御】 山东省属暖温带季风气候，海洋灾害类型多，发生频繁，风灾、浪灾、风暴潮灾较为严重，影响范围由于气候季节的交换，沿海各地各有不同。

2000年，由于海洋灾害与其他海损事故，山东省海洋渔业共发生海损事故141起，死亡失踪渔民52人，直接经济损失529.7万元。

2000年9月第14号台风严重影响山东半岛沿海，省海洋与渔业厅立即以传真电报发出紧急通知，全力组织防台抗台，由于措施得力，防范有效，14号台风袭击山东沿海期间未发生重大海损事故。（渔政处　船检局）

海洋科技与教育 Marine Science & Technology and Marine Education

【海洋渔业】 山东省拥有雄厚的海洋与渔业科技力量。在海洋与渔业科学研究的许多领域居国内领先地位，有些达到国际先进水平。

为了加快“海上山东”建设，山东省委、省政府把科技兴海作为一项重大战略措施来抓。2000年，山东省重点进行了海洋农牧化的研究与开发以及海洋化工、海洋药物的开发技术研究，取得了很好的成效，促进了海洋科技成果的产业化，推动了海洋高新技术产业的发展，培养了一批海洋新兴产业的龙头和骨干。2000年全省海洋产业产值816亿元，年增加值414亿元，占全省GDP的5.6%。科技进步贡献率达45%。

2000年，省科学技术发展计划和农业良种产业化开发计划重点安排海洋水产增养殖、加工技术研究开发，海洋药物、海洋化工、海洋环境服务技术研究开发等项目40余项，直接投入科研经费900余万元；全省取得海洋科技成果60余项，其中50余项达到国内外先进水平。海水养殖、海洋化工、海洋药物和海洋食品工程四大海洋高新技术产业有了进一步的发展，潍坊海盐及盐化工基地、青岛海水增养殖高效优质苗种繁育基地、荣成海洋功能食品研究开发基地、长岛海珍品增养殖基地和威海贝类养殖示范基地等5个国家级科技兴海基地得到了进一步完善，建立了威海市省级海洋高科技示范园。山东省海洋水产研究所承担的“海水稚鱼系列微粘合饵料的研制”课题获得了2000年山东省科技进步一等奖，“牙鲆性成熟调控与繁育技术研究”等3项课题分别获得了山东省科技进步二等奖，“山东北部近海梤江珧资源合理开发利用研究”等7项课题分别获得了

山东省科技进步三等奖。（薛久明）

【海洋油气业】 全年完成科研课题13项，其中海四联脱水工艺优化研究、埕岛油田天然气开发潜力研究、动态数值模拟跟踪系统推广应用等项目取得更大进展。有7项科技成果分别获胜利石油管理局科技进步和新技术推广奖。《实施三大创新战略高速高效建成中国浅海最大油田》获第十三届中国石油企业管理现代化优秀成果一等奖。先后完成了CBIID等25座平台仪表柜的更换调试工作，有23座平台实现了无人值守。开发研制了应用于泥滩的水中检波器、水听器和水陆检波器自动转换等装备，在其他方面研制适合盐田、虾池等复杂地区施工的聚能弹等特殊震源及烂泥滩条件下的钻井技术，并形成了一套针对滩海地区地下构造形态、特殊地表条件的观测系统设计和滩海二次定位技术。此外，块状观测系统在浅海地震勘探中的应用、胜利703震源船的改造与应用、测量数量控制与整理上交软件的开发、地震采集辅助数据生成系统的应用、海况调查技术的应用与静校正、浅海极浅层地震勘探与井场调查、VSP测井震源的应用等科研成果也都取得了较大进展，为地震生产的顺利进行奠定了坚实基础。

（王亚宁）

海洋国际合作与交流 Marine International Cooperation and Interflow

【海洋渔业】 2000年，山东省在海洋与渔业领域与国际间交往频繁，一年来接待了数批国外高级团组，这对促进山东省对外合作与交往起到了积极的作用。3月份山东省邀请了泰国朱拉隆重功大学水产养殖专家萨凯博士一行3人来鲁举办了对虾生态养殖技术讲座。全省沿海近600人次参加了听讲，反响强烈。9月韩国庆尚南道渔业考察团一行5人来山东省考察访问。双方就在山东省进行赤贝养殖等事宜达成合作意向。5月应省政府邀请，以丹麦粮食、农业与渔业大臣丽塔·比尔格德女士为团长的丹麦政府代表团一行55人来鲁进行了友好访问和商务洽谈。山东省就渔业经贸合作事项与丹麦渔业界人士进行了洽谈，双方就渔业合作达成了一致意见。古巴渔业部长奥兰多·罗麦先生一行3人也专程来鲁实地考察。双方就对虾养殖、海洋捕捞、饲料加工、卤虫卵贸易、渔船修造等领域合作进行了深入探讨。8月份以梅野弘幸为团长的日本福冈鲜鱼市场交流考察团一行7人来山东省进行了友好访问，日本客人此次来访，旨在进一步加强双方在国际鲜销渔业领域的合作，增进友谊，促进国际鲜销渔业事业的发展。10月份，为促进中日水产交流与合作，以日本福冈市农林水产局长竹本忠弘为团长的福冈市渔业交流团来山东省进行了友好访问。双方就中日渔业协定生效后渔业资源保护及遵守作业秩序等问题交换了意见，在加强鲜销渔船管理和增进双方在水产领域的合作方面达成了共识。到2000年底，渔业引进外资举办合资企业近890家，利用外资额3.7亿余美元，出口水产品22.65万吨，创汇4亿美元。

（张 锋）

【海洋油气业】 2000年共引进项目4个：

（1）与EMER公司签定合同引进的“胜利作业三号平台”项目。胜利作业三号自升式修井作业平台，是国内自行设计建造的第一艘齿轮齿条升降的三腿自升式修井作业平台，是“九五”国家重大技术装备科技攻关项目。该平台克服了以往修井作业平台不能实现连续升降的缺点，海上修井作业范围扩大，作业水深达5～25米，可同时对9口井的采油平台修井作业，修井井深可达4 500米。该平台由胜利油田钻井工艺研究院与上海交通大学等单位联合设计，由青岛北海船厂生产制造。历经两年多的时间，于2002年3月26日竣工投产。

（2）胜利船舶公司万匹马力多用途工作船项目分别与芬兰WARTSILA公司、挪威ROLLS-ROYCE公司等10余家公司签定合同，引进主机、艏艉侧推、柴油发电机组及应急发电机组、舵机、甲板机械、动力定位、对外消防、分油机组、主拖缆、水喷淋、液位遥测、阀门遥控、通信导航系统等设备。

（3）浅海海底管线电缆监测维修装置项目。该项目是国家“863”科技攻关项目，分别从德国SCHOTTEL公司、英国TSS公司和美国底特律公司引进了船用推进器及桨叶、海底管线跟踪检测系统和船用柴油发动机等重要部位及装置。该装置是一种能潜入海底进行管线检测和维修的多功能、新型的特种海上装置，为油田浅海石油勘探开发提供了一种先进、实用、高效的装备。该装置建成可解决目前浅海油田海底管线、电缆难以检测维修的困难，它与滩海铺管铺缆船配套，可形成完整的海底管线电缆的施工、检测和维修系统。

(4) 胜利海洋船舶公司2 942千瓦多用途工作船项目分别与芬兰WARTSILA公司、挪威ROLLS-ROYCE公司等7家公司签定合同，引进主机、艏艉侧推、柴油发电机组及应急发电机组、舵机、甲板机械、分油机组、水泥空压机等设备。

（王亚宁）

海洋立法与管理
Marine Legislation and Management

【海域使用管理立法】 威海市政府批准出台了《威海市海域使用金征收管理暂行办法》，并印发了《关于市区毗邻海域登记发证有关问题的通知》。至此，全省7个沿海市地都相继制定出台了贯彻执行《山东省海域使用管理规定》的配套文件，山东省海域使用管理工作开始驶入法制化、规范化轨道。

为了支持和配合国家海洋局海洋立法工作，山东省海洋与渔业厅还先后草拟了对《中华人民共和国海域使用管理法（草案）》和《无居民海岛管理规定（征求意见稿）》的修改意见，并多次赴京参加了《中华人民共和国海域使用管理法（草案）》的修改和有关说明材料的起草工作。

【海域使用管理情况】 截至年底，全省海域使用登记率超过95%，累计颁发海域使用证3 695本，发证率达到80.2%。

为了及时监督审查各地在审批海域使用中有无违规或越权发证等问题，山东省海洋与渔业厅建立了海域使用管理情况季报制度，要求沿海各市地按时将海域使用确权发证及海域使用金征收情况上报省厅。截至年底，已将全省绝大部分已确权发证的海域使用项目逐一分类录入微机，为海域使用管理信息系统建设奠定了基础。

山东省海洋与渔业厅加强了对跨区域和重大的海域使用纠纷案件的协调处理工作，并加强了对全省海域使用管理的监督、检查和指导。通过组织实施海域有偿使用制度，海域使用金征管工作开始起步。按照先易后难的原则，各市地都已不同程度地进行了海域使用金实质性征收，将海域使用管理推进到了一个新阶段。据不完全统计，全省征收总额达1 100万元。

【海域使用管理示范区】 通过加强管理和指导，烟台市作为国家海域管理示范区，全面完成了国家下达的示范任务，全市海域使用登记率已超过98%，颁发海域使用证2 900余本，累计征收海域使用金1 000余万元，总结制定出了一系列海域使用管理具体操作的配套制度。11月份，国家海洋局和财政部在舟山组织召开了示范区验收会，烟台示范区顺利通过了验收。

【海岛开发保护管理试点】 长岛县作为国家海洋局设立的海岛开发保护管理试点县，按照年度试点任务，较好地完成了无居民海岛使用现状普查，起草了海岛开发保护规划，经县政府批准印发了《长岛县无居民海岛开发保护管理规定》，为全面完成试点任务打下了坚实基础。

【大比例尺海洋功能区划编制工作】 山东省大比例海洋功能区划工作分为全省和地市两部分进行。全省部分，近30万字的山东省大比例尺海洋功能区划报告及功能区登记表初稿已完成，区划图绘制也已完成，并进行了第一次修改。按照国家海洋局的统一规定，省级海洋功能区划下步由国家组织验收。沿海市地海洋功能区划工作是全省功能区划的有机组成部分。渤海岸段滨州、东营、潍坊、烟台4市地功能区划报告、区划图已编写、绘制完成，待向有关部门征求意见后送审。黄海岸段日照、威海两市的区划报告初稿基本完成，区划图正在绘制之中。海洋功能区划管理信息系统软件编制工作也已基本完成，有关数据录入后，将大大提高海域使用审批工作的规范化、科学化。

（徐国强）

（山东省海洋与渔业厅 钟世蔼
李明文　刘东朴　马永兴组编）

表3　2000年山东省沿海地区国内生产总值、工农业总产值一览表

单位：亿元

地区名称*	国内生产总值	工业总产值	农业总产值
烟台市辖区	296.47	405.30	30.81
龙口市	123.80	295.00	27.22
莱阳市	90.41	143.53	24.59
莱州市	121.33	205.52	37.91
蓬莱市	72.00	139.42	27.81
招远市	84.52	209.32	11.17
海阳市	44.49	69.11	29.51
长岛县	10.26	2.41	9.75
烟台市合计	843.28	1 469.61	198.77
日照市	209.51	230.91	85.54
青岛市辖区	628.87	997.88	39.81
胶州市	103.30	114.43	33.54
即墨市	109.81	71.00	41.63
胶南市	109.10	106.45	40.94
青岛市合计	951.08	1 289.76	155.92
威海市辖区	148.94	267.49	22.08
文登市	151.45	345.90	35.33
荣成市	175.50	393.90	58.35
乳山市	85.01	154.60	28.97
威海市合计	560.90	1 161.89	144.73
潍坊市辖区	183.32	195.71	24.56
寿光市	102.33	93.17	49.47
昌邑市	69.70	148.70	33.80
潍坊市合计	355.35	437.58	107.83
东营市辖区	406.94	505.81	13.37
垦利县	18.13	39.14	7.97
利津县	22.02	43.19	12.52
广饶县	45.60	104.79	18.08
东营市合计	492.69	692.93	51.94
滨州市			
无棣县	31.40	22.06	13.06
沾化县	23.30	8.94	12.32
滨州市合计	54.70	31.00	25.38
山东省沿海总计	3 467.51	5 313.68	770.11

* 地区名称系指沿海省、市、区、县名称；沿海城市仅统计市区数据。

（山东省海洋与渔业厅）

青 岛 市
Qingdao City

综 述
Summary

【概况】 青岛市地处亚欧大陆与太平洋的海陆交汇地带，位于119° 30′ ~121° 00′ E，35° 35′ ~37° 09′ N，三面环海，是中国重要港口和山东省沿黄流域的主要出海口岸之一。全市总面积为10 654平方千米，下辖市南区、市北区、四方区、李沧区、崂山区、城阳区、黄岛区7个区和即墨、胶州、胶南、平度、莱西5个县级市。截至2000年底，全市共有706.65万人，比上年增长0.52%。青岛为海滨丘陵城市，地势东高西低，海岸线总长为862.64千米，其中大陆岸线730.64千米，占山东省海岸线的1/4强，沿海分布49处港湾和69个岛屿，管辖海洋面积1.38万平方千米。2000年底，全市共有耕地54.62万公顷，沿海滩涂3.8万公顷。青岛海区港湾众多，岸线曲折，滩涂广阔，水质肥沃，是多种水生物繁衍生息的场所，具有很高的经济价值和开发利用潜力。

表1 青岛市沿海区（市）及其海洋管理机构

区（市）名称	海洋管理机构
青岛市	青岛市海洋与水产局
胶南市	胶南市海洋与水产局
胶州市	胶州市海洋与水产局
即墨市	即墨市海洋与水产局
崂山区	崂山区海洋与水产局
城阳区	城阳区海洋与水产局
黄岛区	黄岛区海洋与水产局

2000年，青岛市海洋产业经济快速发展，海洋产业结构调整成效显著，海洋管理初步实现了规范化、法制化和科学化，依法管海的新局面基本形成。主要海洋产业总产值达256.6亿元，比上年增长23%；完成海洋产业增加值118.7亿元，比上年增长20%，海洋产业增加值占全市国内生产总值的10.3%。其中，海洋渔业总产值为102.2亿元，比上年增长13%，占海洋产业总产值的40%，居于海洋产业的主导地位；滨海旅游业完成100.5亿元，比上年增长24%，占海洋产业总产值的39.2%；交通运输业完成34.2亿元，比上年增长67%，占海洋产业总产值的13.3%；盐业实现总产值14.5亿元，比上年增长27%；占海洋产业总产值的5.7%。

海洋资源开发与海洋经济
Development of Marine Resources and Marine Economy

【海洋与渔业】 2000年，青岛市海洋渔业根据全国和省市农村工作会议精神，围绕“结构调优、效益调高、品质调好、品种调新”发展目标，对水产业结构实施了战略性调整，水产业的素质和效益得到明显提高。以精品和集约化养殖为代表的8大养殖基地建设和以网箱养鱼为主要内容的第四次水产养殖浪潮已经在青岛全面形成。远洋渔业得到较快发展，水产品精深加工的“品牌”化战略实施初具成效。2000年，全市共完成水产品总产量126.5万吨，实现水产品总产值74.7亿元，分别比上年增长4.5%和12.2%。全市海水养殖面积达5.54万公顷，水产养殖产量达78.3万吨，分别比上年增加7.8%和8%。全市水产品进出口贸易总量达到61万吨，进出口总额达到7.8亿美元，比上年增长42.6%，其中水产品出口贸易总量预计将达到23万吨，总额达到4.6亿美元，分别比上年增长了40%和42%。

水产养殖 加快水产养殖结构调整，水产养殖向精品养殖和集约化养殖方向发展。以网箱养鱼为切入口的精品养殖发展迅速。2000年全市水产养殖面积5.54万公顷，水产养殖产量达78.3万吨，分别增长7.8%和8%，其中海水养殖面积3.97万公顷、产量73.2万吨，分别增长8.2%和7.8%；淡水养殖面积1.57万公顷，产量5.1万吨，比上年增加1.2%和11.8%。精品养殖发展迅速，在全市形成了网箱养鱼、对虾养殖、扇贝养殖、滩贝养殖、鲍珍养殖、裙带菜养殖、紫菜养

表2 青岛市沿海区、市人口及从业人员情况一览表

单位：万人

年份	1999					2000			
统计项目	年末总人口数	农业人口	非农业人口	从业人员	职工人数	年末总人口数	农业人口	非农业人口	职工人数
青岛市	232.2	70.8	161.4	136.0	78.3	234.7	67.3	167.4	76.7
胶州市	75.4	61.5	13.9	43.0	9.9	75.8	61.5	14.3	10.9
即墨市	106.3	94.6	11.7	59.5	8.9	106.6	94.6	12.0	8.2
胶南市	83.6	71.3	12.3	35.8	7.0	83.6	70.9	12.7	7.4

表3 青岛市国内生产总值、工农业总产值一览表

单位：亿元

区市名称	年份	国内生产总值				工业		农业	
		合计	第一产业	第二产业	第三产业	总产值	增加值	总产值	增加值
青岛市	1999	546.86	20.55	280.13	246.18	962.9	280.13	37.93	20.55
	2000	628.87	21.01	324.93	282.93	997.88	257.35	39.81	21.01
胶州市	1999	84.03	18.14	38.83	27.06	170.10	38.83	32.31	18.14
	2000	103.30	18.58	51.95	32.77	114.43	28.01	33.54	18.58
即墨市	1999	92.68	22.17	39.50	31.01	152.31	39.50	38.87	22.17
	2000	109.81	22.70	47.29	39.82	71.00	17.99	41.63	22.70
胶南市	1999	90.85	23.02	42.11	25.51	149.80	42.11	38.99	23.23
	2000	109.10	23.81	54.32	30.97	106.45	31.30	40.94	23.81

殖、淡水养殖8大养殖基地。以精品养殖为代表的第四次水产养殖浪潮基本形成。网箱已发展到2万箱，占全省的40%；新建工厂化养殖基地3 000平方米，海水工厂化养殖面积达到8 000平方米；对虾养殖7 583公顷，新引进南美白对虾、蓝对虾和日本对虾等新品种，重点推广了封闭式养虾、生态养虾、双茬及三茬养虾等新模式，产量5 978吨；全市共养扇贝2 939公顷，其中海湾扇贝2 070公顷，栉孔扇贝869公顷，引进华贵栉孔扇贝200万粒并试养成功；杂色蛤养殖面积15 033公顷，产量33.7万吨；鲍参养殖2 800公顷，其中鲍参精养面积1 470公顷，岩礁底播面积1 330公顷；新发展紫菜养殖面积107公顷。淡水养殖在胶州罗非鱼良种场和城阳、莱西两个万亩淡水养殖基地的带动下取得较快发展，并引进了俄罗斯鲟、匙吻鲟等新品种，进一步优化了养殖品种和结构。

海洋捕捞 进一步调整海洋捕捞生产结构，养护和合理利用近海渔业资源，停止审批新增从事国内捕捞生产的渔船，严格控制渔船的更新改造，严厉查处三无船只和私增功率渔船，坚决清除“家庭船厂”和“沙滩船厂”，从源头上控制捕捞强度。全年投入捕捞船只9 632艘，总功率21.37万千瓦。全年捕捞产量48.2万吨，其中鱼类23.8万吨，占49.5%，虾蟹类11.4万吨，占23.6%，贝类11万吨，占22.8%，其他类2万吨，占4.1%，积极洽谈购买超低温金枪鱼延绳钓船，探索发展金枪鱼远洋渔业。

表4 青岛市海洋开发资料统计

统计项目		1999年	2000年
海洋捕捞产量（万吨）	鱼类	20.13	23.83
	贝类	10.23	10.96
	藻类	0.03	0.06
	虾蟹类	12.97	11.37
	合计	43.36	48.18
海水养殖产量（万吨）	鱼类	0.57	0.95
	贝类	65.41	70.13
	藻类	1.14	1.19
	虾蟹类	0.81	0.99
	合计	67.93	73.29
海洋货物运输量（万吨）	沿海	186	529.3
	远洋	1 763	2 498.7
海洋旅客运输量（万人次）		604.0	614.5
青岛港货物吞吐量（万吨）		7 256.9	8 636.0
海盐生产面积及产量	面积（公顷）	84.1	84.1
	产量（万吨）	44.3	44.2
海盐化工产量（万吨）		62.62	66.4
海水捕捞产量（万吨）		43.36	48.18
滨海城市国际旅游收入（万元）		95 021.3	118 163.8
滨海城市旅游接待能力	饭店个数	77	89
	客房数（间）	11 715	11 610
	床位数（张）	20 878	20 097
浅海滩涂开利用情况（公顷）	总面积	37 600	37 600
	已利用面积	20 616	21 372
滨海旅游人数（万人次）	国内	1 131	1 300
	国外	22.77	26

基础设施建设 2000年水产基础建设项目立项资金1.4亿元。水产苗种基地建设有了较快发展，全市有育苗厂70余家，育苗水体达5.4万立方米，育苗量282亿粒（尾、头）。建成了水产养殖病害防治中心和贝类质检中心。贝类净化中试基地建成并成功进行了十余项中试，已开工建设了贝类净化厂。完成琅琊渔港和城阳红岛渔港修扩建一期工程，开工建设了即墨女岛修扩建工程周戈庄渔港码头及青岛罗非鱼良种场建设项目。胶南积米崖修扩建项目和青岛海湾扇贝良种场正在开展设计和论证工作。

【港口建设与海洋运输】 老港区已改造成为客贸兼顾，以钢材、杂货、集装箱为主，具有装卸、加工、仓储、包装、商贸、旅游等多功能的综合性港区。20万吨的矿石码头完工，总投资17亿元，新增能力1 600万吨。前湾港被国家批准为一类开放口岸，青岛港正跨入亿吨大港的行列。2000年，青岛港已拥有码头14座，泊位72个（其中商用46个），大型机械560台，总资产达亿元；完成吞吐量8 653万吨，比上年增长19.0%。其中，外贸吞吐量5 763万吨，增长55.1%，居全国沿海港口第二位；旅客吞吐量7.3万人次，港口总收入18.5亿元，增长33.0%，完成利税1.29亿元，增长5%。国有资产保值增值率达到101%。港口经济效益保持了持续、快速、稳定发展。在此基础上全市的海洋运输也取得了迅猛发展，北方航运中心初具规模。2000年，青岛港完成货物吞吐量8 636万吨，其中集装箱吞吐量达212万标准箱，营业收入达14亿元。以青岛远洋运输公司为代表的海运企业全年共完成营业收入20.2亿元，完成货运量3 028万吨，货运周转量达2 811亿吨千米，是上年同期的18倍。海洋运输业全年共完成产值34.2亿元，同比增长67%，进一步促进了海洋产业的快速发展。

【船舶修造业】 青岛市共有修造船厂10余家，职工近万人，具有建造5 000吨级民用船舶和维修万吨级船舶的能力，其中干坞修船排水量居全国第四位。2000年，青岛市修造船业在稳步推进海西湾大型船舶修造基地建设的同时，依靠技术优势，积极开拓市场，推动了修造船业的更新发展，取得了良好的经济效益，全年共造船26艘，修船426艘，完成工业总产值5.2亿元，工业增加值1.78亿元，造船综合吨达50 000吨，实现利税总额0.14亿元。其中，青岛北海船厂全年造船完工13艘、载重45 961吨，并通过了ISO9002质量体系认证和复审，走上了工序加工专业化道路；修船完工110艘，其中外轮79艘，实现修船产值1.78亿元，增长48.71%，扭转了连续几年修船亏损局面，并开拓了德国、柬埔寨、瑞典、伊朗、巴基斯坦等国际修船市场。

【海洋旅游】 2000年1月7日，青岛市政府下发了《青岛市人民政府关于加快旅游业发展的通知》等旅游立法和法规政策，有力地推动了全市旅游业的发展。新批了黄金海岸环行空调旅游观光巴士线路和崂山旅游观光巴士线路，经省政府批准成立了薛家岛、琅琊台、田横岛等省级旅游度假区，形成了以中国青岛国际啤酒节和青岛海洋节两大节庆为重点，月月有活动，季季有高潮的旅游节庆活动格局。旅游网站正式开通，并成为山东省信息最丰富的旅游网站。到2000年底，全市接待海外游客26.06万人，旅游创汇1.43亿美元，接待国内游客1 286万人次，收入88.7亿元。

【盐业生产】 根据山东省和青岛市政府关于调整和完善盐业经营管理体制的通知精神，青岛市加快了盐业行政管理和食盐专营工作体制改革，先后对莱西市、胶州市、黄岛区、即墨市、胶南市和平度市的盐务管理办公室及其所属单位的人员和资产进行了上收划转，实现了青岛盐务管理办公室对各市、区级盐务管理办公室的垂直和直接领导。同时，加大盐政稽查工作力度，开展了严厉打击涉盐违法行为统一行动月和盐业百日打假行动。全市全年共查处盐业违法案件2 712起，查处率100%，没收私盐和假冒食盐2 424吨，罚款45万元；受理盐业违法举报案件397起，查处率100%。实行食盐专营，加大食盐销售力度，全面落实食盐销售计划。全年销售食盐4.18万吨，增长42%，完成年计划的116%，销盐计划完成率居全省各地市第四名，碘盐合格率100%。2000年，青岛市共生产原盐44.2万吨，精制盐5.12万吨，加碘精盐2.05万吨，出口精盐2 828吨，产品销售收入 9 190万元，工业增加值5 259万元，工业总产值8 738万元，利润484万元；原盐优一级品率100%，精制盐优一级品率100%。

【海洋药物与保健品制造业】 青岛市在海洋生物活性物质提取、功能食品及海洋药物开发方面具有一流的实力和基础，联合国教科文组织中国海洋生物工程中心和国家海洋药物工程技术中心设在青岛海洋大学，国家海洋药物中试基地设在青岛第三制药厂。青岛海洋大学、中国科学院海洋研究所、国家海洋局第一海洋研究所等科研机构都在从事海洋药物及保健品的研究与开发。2000年，青岛市海洋药物继续围绕中试这一关健环节，重点开发了新一代抗艾滋病类、防治心脑血管疾病及延缓衰老类的新型药物及海洋滋补保健品，以青岛国风药业为核心的海洋药物和保健品制造集团和以青岛海洋大学为代表的科研教学机构在海洋药物的科学研究、成果转化及海洋药物产业化方面均取得了长足进展，其中青岛海洋大学“1类抗艾滋病新药911的临床研究”等5个海洋药物项目受到国家“十五”高技术发展计划（863计划）的资助，国家自然科学基金会批准了“新型抗艾滋病药物911、HPB-1、FD作用机制研究”重点项目及与海洋药物相关的其他基础性研究项目。青岛市海洋药物研究与保健品制造业继续走在全国前列。

海洋公益事业
Marine Public Welfare Facilities

【第二届中国青岛海洋节】 2000年7月12～31日，青岛市政府主办了第二届中国青岛海洋节。此次海洋节以建设现代化国际海洋城为目标，坚持高起点、高水平、高品位，全面展示青岛海洋资源、海洋科技、海洋产业的雄厚实力和地区海洋文化的丰富内涵，突出国际性、群众性，增强全社会的海洋环境保护、海洋资源开发利用、海洋现代科技应用意识，加快海洋科技向海洋产业转化，促进海洋经济发展。同时，进一步提升青岛在海内外的知名度，促进青岛旅游业向更高水平发展。本届海洋节的主题口号是“拥抱海洋世纪，共铸蓝色辉煌”；节徽是龙；吉祥物为斑海豹“洋洋”。设开幕式、海洋科技与产业、海洋文化、海洋体育、海洋美食与购物、海之情旅游节与海滨旅游、闭幕式7大板块，设中山公园中心会场和中苑海上广场电视观光塔及田横岛度假村3个分会场，主要活动50余项，具体项目120余个。海洋科技与产业系列活动是本届海洋节的重点与亮点，其中举办的“海洋科技与经济发展国际论坛”系本届海洋节的灵魂。本届海洋节期间，共接待参节市民及海内外游客总数达200万人次，其中来青国内游客近100万人次，海外游客3万多人次。节日期间，吸引了100余家新闻媒体的300余名中外记者，山东卫视在开幕当天进行了“瞩目青岛12小时直播”。

【2000年海洋科技与经济发展国际论坛】 7月30～31日，由国务院发展研究中心、国土资源部、国家环保总局、国家海洋局、中国科学技术协会、中国科学院、中国海洋学会和青岛市人民政府共同主办，青岛市人民政府调查研究室等单位承办的2000年海洋科技与经济发展国际论坛在青岛海天大酒店举行。论坛主题是“近海资源保护与可持续发展”。中共中央政治局委员、全国人大常委会副委员长姜春云为论坛发来贺信。全国人大常委会副委员长、中国科协主席周光召，国务院发展研究中心副主任、党组书记陈清泰，国土资源部副部长蒋承崧，国家海洋局局长王曙光，国家环保总局副局长汪纪戎，中科院副院长、北京大学校长许智宏，中国科学院副院长陈宜喻和中国科学院、中国工程院27位院士，联合国教科文组织，联合国环境规划署的官员，美国、韩国等国家的海洋专家，中国各沿海城市海洋科研单位及香港等地的代表共250余人参加了论坛。论坛先后举办了主题报告会、院士圆桌会、论文交流会以及海洋新纪元特别对话电话直播等活动。论坛共收到国家有关部委的主题报告7篇，院士及国内外海洋专家论文41篇，中央电视台、山东卫视台和青岛电视台及国内主要报刊向国内外报道了论坛盛况。

【积极参与北京申办2008年奥运会】 1998年11月25日，北京市人民政府正式向中国奥委会递交举办2008年奥运会的申请书，同年12月，青岛市便开始参与到北京申奥活动中去。为取得2008年奥运帆船比赛承办权而进行了不懈努力。北京奥申委副秘书长李国彬、国家体育总局局长伍绍祖、国际奥委会执委何振梁、国际帆联副主席戴卫·凯利特（澳大利亚）和技术总部主任杰罗姆·佩尔森（荷兰）分别于2000年先后来青岛考察申办工作，并对青岛海洋环境和比赛海域状况给予了肯定性评价。2000年7月25日，青岛市政府接到北京奥申委发来的“同意青岛市承办2008年奥运会帆船比赛”的函件，青岛市正式成为北京2008年奥运帆船比赛候选城市。11月15日，北京奥申委收到了由国际单项体育组织签发的28个奥运项目中的第一份认证书——国际帆联“确认青岛已经具备了提供帆船比赛各种必要设施的能力”的认证书。12月4日，市政府正式下文，宣布北京申办2008年奥运会帆船比赛青岛赛区筹委会成立，山东省副省长、青岛市市长杜世成任筹委会主任。

海洋环境保护
Marine Environmental Protection

【海洋环境监测与城市污水处理】 2000年，青岛市通过开展调查和加强立法等措施，进一步加大了海洋环境保护力度。一是积极开展海洋环境监测调查工作。编写了“胶州湾养殖及环境质量调查及对策研究”、“胶州湾重点河口海域环境质量现状调查与评价”、“胶州湾海域环境质量现状调查与评价”3份专项调查技术报告，为胶州湾环境保护提供决策和管理依据。制定了《2000年青岛市海洋环境监测工作方案》，完成了对重点陆源排污口邻近海域监测，重点水产养殖区监测和第一海水浴场监测，先后开展了海西湾修造船基地工程环境影响评价，青岛——薛家岛湾旅游交通码头工程项目环境影响评价等环评工作和李村河口附近海域疏浚工程海域跟踪监测等环境影响补充调查工作，有效地控制了大型海岸工作对海洋环境的污染。二是加大城市污水处理能力。2000年，青岛已建成了海泊河、李村河、团岛等5个污水处理厂，实施前海截污工程，市区污水集中处理能力达到39.5万吨/日，污水处理率达到51%。投入防治工业污染资金40亿元，对重点污染企业实行了“关、停、并、转、迁”，实现了全市工业污染源达标排放。2000年，青岛市城市环境综合整治定量考核在全国46个重点考核的城市中名列第二位。被国家环保总局命名为“国家环保模范城市”。

海洋科技与教育
Marine Science & Technology and Marine Education

【概况】 青岛市是中国主要的海洋科研教育机构集中地和中国进行海洋科研、教学和国际学术交流的基地，海洋科技密集度居全国之首，素有“海洋科技城”之称。2000年，青岛市共有25个海洋科研、教育和管理机构，占全国的近1/4，全国惟一的综合性海洋院校青岛海洋大学及青岛远洋船员学院、青远公司船员职业学校、海军潜艇学院、海军航空技术学院等海洋教学单位设在青岛。全市直接从事海洋科研、教学、管理的专业人员有5 000余人，其中有高级职称的海洋科技专家1 100余人，占全国同类人员的35%。有中国科学院院士、中国工程院院士14位。青岛市海洋学科门类齐全，特点突出，设备完善。在海洋生物、海洋水产、海洋地质、海洋化学、物理海洋、环境海洋、海洋腐蚀与保护等学科的研究与教学方面，居全国一流水平；拥有从学士、硕士到博士完善的人才培养体系和多项技术开发中心，具有发展海洋科技产业城的技术优势。青岛每年拥有几十项甚至上百项全国领先或达到世界水平的海洋科研成果。2000年，青岛市委、市政府把发展海洋科技产业提高到新的战略高度，新建立了青岛海洋生物产业园和高新技术出口基地，成立了青岛生命科学院并首期引进8个生物科学项目，引进天力克生物技术研究所等研发机构12家，投资3 000多万元的北京大学学术中心建设顺利实施，有力地促进了青岛并带动了全国海洋科技产业的发展。

海洋立法与管理
Marine Legislation and Management

【海洋管理法规体系建设】 为使海洋管理纳入法制化轨道，推进海洋管理科学化进程，青岛市把建立和完善海洋法规体系作为一项重要工作来抓，取得了显著成效。2000年，青岛完成了《青岛市海域使用金征收管理办法》、《青岛市海洋自然保护区管理办法》和《胶州湾增养殖生产管理办法》3部政府规章的起草和送审工作，进一步建立健全了海洋管理法规体系，为依法管海提供了强有力的法制保障。

【海域使用确权管理工作】 青岛依据《青岛市海域使用管理条例》，以海岸工程用海确权管理为重点，全面推行海域使用两项制度，使全市的海域使用确权管理工作取得较大进展，特别是海岸工程大项目的确权管理工作取得突破性进展。2000年，全市48个海岸工程项目已办理海域使用手续30个，全市共办理海域使用证86个，累计办理海域使用证410个，确权发证率达到85%。

【海洋执法监察工作】 2000年，青岛市海域使用监督检查力度进一步加大，先后查处了北海船厂非法改变海域属性、黄岛油港公司非法填海、中苑海上广场娱乐有限公司非法填海造地、海军潜二支队非法填海造地、黄岛誉鑫货代仓储有限公司非法采砂等10余起案件，调查处理了3起用海纠纷，有效维护了海上正常的开发秩序。

（青岛市海洋与水产局）

天 津 市
Tianjin City

综 述
Summary

【概况】 行政区划 天津市地处渤海湾西岸，海河水系与蓟运河水系的尾闾，是海陆交互作用强烈的地区。天津市位于38° 34′ ～40° 15′ N，116° 43′ ～118° 04′ E，属于国际时区的东八区。南北长189千米，东西宽117千米，周长900千米，总面积11 919.7平方千米，其中海岸线长约153千米，陆界长700余千米，滩涂370平方千米，按现行规定，管理海域面积3 000平方千米。天津市辖18个区县，其中沿海区3个：塘沽区、汉沽区、大港区，面积约2 200平方千米。

自然概况 天津市东临渤海湾，北依燕山，西接首都北京，南北与河北省接邻，地处华北平原的东北部，海河流域下游。是海河五大支流南运河、子牙河、大清河、永定河和北运河的汇合处和入海口，素有“九河下梢”、“河海要冲”之称。天津市腹地广阔，是华北、西北广大地区最近的出海口，是欧亚大陆桥中国境内距离最短的东部起点。

天津位于中纬度欧亚大陆东岸。夏季受海洋影响，冬季受内陆作用，四季分明，属于海洋型海陆过渡气候，冬冷少雪，夏热多雨，春秋气候温和，多风少雨。具有明显的暖温带半湿润季风性气候特点。天津海洋资源主要有盐业、天然气、石油和鱼类等。

表1 2000年天津市沿海地区人口及从业人员情况一览表

单位：万人

沿海市区	年 份	年末总计人口	农业人口	非农业人口	职工人数
天津市	1999 2000	910.2 912.0	381.5 379.5	528.7 532.5	211.8 201.8
塘沽区	1999 2000	46.3 46.5	6.6 6.4	39.7 40.1	18.8 12.7
汉沽区	1999 2000	16.8 16.8	4.5 4.5	12.3 12.3	4.5 4.2
大港区	1999 2000	32.5 33.1	10.3 10.2	22.2 22.9	14.0 13.4

【海洋机构】 根据中共天津市委办公厅津党办发[2000]56号文批复天津市海洋局职能配置、内设机构和人员编制的规定，设置天津市海洋局（天津市海洋局同时加挂国家海洋局天津海洋管理办公室的牌子）。天津市海洋局是主管全市海洋行政事务的市政府职能部门，由天津市规划和国土资源局管理。天津市海洋局内设4个处室即办公室、发展计划处、海域管理处和海洋环境处。其所属事业单位有天津古海岸与湿地国家及自然保护区管理处、天津市海洋监察大队和天津市海洋预报台。

【主要工作】 2000年，天津市海洋局以海洋规划、立法、管理为重点，积极履行海洋行政管理职责，使海域使用、海洋环境管理和海域执法监察取得重要进展。

以落实《天津市海域使用管理办法》为契机，大力加强海域使用管理工作。天津市海洋局组织制定了大比例尺海洋功能区划，使海域使用建立在科学合理的基础之上。12月由谢世楞院士主持召开的区划项目预审会，专家们对天津市区划给予较高的学术评价。认为已达到全国领先水平。此区划报告经国家海洋局审核同意，市政府正式批准执行。

市财政局、市海洋局制定了《天津市海域使用金征收管理办法》，经天津市政府批准执行，为进一步加强海域管理，落实海域有偿使用制度创造了条件。加强海域使用管理，为天津市经济建设服务。天津港10万吨级深水航道工程项目上马，由于清淤量大，原有倾废区已不能满足需要，根据天津港启用临时倾倒B区的申请，先后两次在青岛举行可行性论证会，对项目进行论证和审查。2000年办理海洋倾废疏浚物许可证8个，疏浚量365万立方米，骨灰播撒许可证5个，播撒骨灰398具，新增海域使用面积93.3公顷。

保护海洋环境，实现可持续发展。围绕新颁布《中华人民共和国海洋环境保护法》（以下简称《海环法》），大力开展海洋环境保护工作。深入广泛宣传《海环法》，研究制定贯彻意见。

在实际工作中认真履行了法律赋予的职能，对天津港10万吨级深水航道海洋工程项目进行了环境影响评价报告书的核准工作，并及时将核准结果批复天津港务局。这一案例被作为全国贯彻《海环法》的首例在国家级新闻媒体给予了报道。

完成了天津市海洋第二次污染基线调查，为监测21世纪该市海洋环境提供了零点资料。6月，编写完成《天津市海洋第二次污染基线调查总报告》，并通过专家组验收。

认真规划，为渤海全面综合整治做好准备。先后完成了《近岸海域生态环境建设规划》和《天津二十一世纪议程》海洋部分的修订工作。2000年3月，市海洋局关于综合整治渤海环境的思路，在新华社内参上发表，引起温家宝副总理、邹家华副委员长的重视，并先后作出重要批示。国家计委和国家海洋局确定把渤海综合整治纳入“十五”规划，5月，国家海洋局在天津市召开了“十五”综合整治渤海的方案研讨会。该市还积极参加了联合国开发计划署、全球环境基金和国际海事组织批准资助的渤海示范区项目，市领导为此签署了《渤海宣言》。

落实政府规章，推动海洋保护区建设和管理。为贯彻落实《天津古海岸与湿地国家级自然保护区管理办法》，市海洋局向全市13个区县、乡镇及村庄，发放宣传材料6 000余份，大大增强所在地群众的保护意识。此外，积极开展与美国切斯匹克湾河口生态自然保护区的交流与合作。制定了保护管理制度和监察管理制度，加强对核心区巡视检查。重新修缮了保护区的宣传告示牌等设施，开展相关课题的研究，使保护区得到较好保护。

依法行政，建立良好的海洋管理秩序。9月，经市政府批准，海洋局保留铺设海底电缆管道管理、在海洋自然保护区从事涉及保护对象活动等8项行政审批审核事项，为加强海洋管理奠定了良好的基础；加强执法监察工作：天津市在巡航监视中发现违法用海、污染环境的事件，及时调查取证，认真严肃处理。

加强海洋监测和预报。天津市分别于5月和8月，对重点海区的35个站位进行监测，海洋预报台的预报质量有了提高，增加广播电台播发渠道，更好地为沿海地区经济和人民生活服务，并着手做好海洋环境和海洋灾害预报、公报发布和前期准备工作。

【海洋经济】 天津市海洋经济继1999年开始回升以来，2000年又有较大幅度的增长，其中石油、石油天然气、交通运输业等保持较高的增长态势。 （王春荣）

表2 2000年天津市沿海地区国内生产总值、工农业总产值一览表

单位：亿元

市、区	年份	国内生产总值				工业		农业	
		合计	第一产业	第二产业	第三产业	总产值	增加值	总产值	增加值
天津市	1999 2000	1 450.10 1 639.36	71.01 73.54	711.93 820.17	667.12 745.65	2 751.40 3 080.74	747.28	150.10 156.30	73.54
塘沽区	1999 2000	322.88 409.21	1.28 1.50	202.48 272.10	119.12 135.61	514.00 665.13	202.16	2.51 2.49	1.13
汉沽区	1999 2000	18.74 21.67	2.18 2.42	9.82 1.93	6.74 7.32	29.06 30.05	9.13	5.03 5.65	2.42
大港区	1999 2000	84.96 99.49	0.62 0.57	67.76 84.22	16.58 14.70	209.55 292.04	67.65	1.45 1.58	0.56

表3 2000年天津市海洋开发资料统计

统计项目		1999年	2000年
海洋捕捞产量（万吨）	鱼类	0.93	1.03
	贝类	1.36	1.61
	虾蟹类	1.07	0.84
	合计	3.36	3.51
海洋养殖产量（万吨）	鱼类	0.08	0.10
	鱼蟹类	0.27	0.38
	合计	0.33	0.47
海洋货物运输量（万吨）	沿海	466.3	0.00
	远洋	3 761.7	4 218.0
海洋旅客运输量（万人次）		48.7	47.22
天津港货物吞吐量（万吨）		7 297.7	9 566.3
海盐生产	面积（公顷）	37 480.0	37 185.0
	产量（万吨）	250.2	250.2
海盐化工产量（万吨）	氯化镁	12.22	16.51
海洋石油产量（万吨）		349.7	425.90
滨海旅游人数（万人次）	国外	32.08	35.62

海洋资源开发与海洋经济
Development of Marine Resources and Marine Economy

【概况】 天津市海洋经济继1999年开始回升以来，2000年又有较大幅度增长，实现产值136.9亿元，比上年增加了32.3%；完成增加值91.3亿元，同比增长了39%；其中，石油化工占全市海洋产业总产值的46%，其次为石油天然气22%，港口及海洋运输业13%，滨海国际旅游业6.3%。显示天津市的海洋产业主要以第二、三产业为主的特点。

港口及海洋运输业 港口全年完成产值38.22亿元，增加值22.9亿元，其中天津港完成津港增加值13.74亿元。天津港全年共完成货物吞吐量9 566.3万吨，国际集装箱吞吐量170.8万标准箱。目前，天津港区面积200平方千米，其中陆域面积25平方千米，拥有生产泊位64个，设计通过能力达到5 813.7万吨。天津港客货运服务质量体系于1997年通过ISO9002-GB/T19002标准认证，是国内首家通过国际国内双重认证的港口。

石油天然气 2000年天津原油产量425.9万吨、天然气7.29亿立方米。石油天然气共实现产值66.30亿元，是1999年的1.83倍。

滨海旅游 2000年天津市接待入境游客35.6万人，旅游外汇收入较1999年增长10.9%，达到2.3亿美元。旅游外汇收入在1998～1999年连续两年徘徊的基础上，有了明显增长。

海洋水产 2000年海洋水产在稳定近海捕捞产量的基础上，加强海水养殖管理，海水养殖产量呈现较大幅度增长。海洋捕捞产量3.5万吨，海水养殖产量4 742吨。其中海水养殖产量较1999年增加39.0%。海洋水产实现产值6.7亿元。

海盐业 2000年天津市海盐产量250.2万吨，海盐总产值达到4.8亿元。

修造船 2000年由于产业结构调整，天津修造船业仍处于不景气阶段。产业增加值继1999年呈负增长以来，略有好转，但仍亏损运营。

此外，海洋化工和石油化工作为天津市的特色海洋产业，在天津市海洋经济中占有重要地位。2000年海洋化工和石油化工总产值达到159.3亿元，较1999年增加35.8亿元，同比增长了29.0%。2000年海洋化工和石油化工产值占天津市海洋总产值的53.8%。 （张敬国）

海洋公益事业
Marine Public Welfare Facilities

【海洋环境监测】 2000年，天津市海洋局根据国家海洋局《2000年海洋环境监测工作方案》的要求，结合天津市实际，制定了《2000年天津市海洋环境监测工作方案》，对2000年天津市海洋监测工作进行了安排布置，以确保海洋环境监测工作的顺利进行。

2000年监测任务分枯水期和丰水期两次进行。5月枯水期监测为天津市所辖海域的海洋环境趋势性监测。本次监测中，天津市海洋局会同天津市海洋监察大队对天津市所辖近岸重点海域完成了4个航次的常规监测工作，共监测水文气象、水质10个站点，监测项目共24项，其中水质项目14个，水文项目10个。获得监测数据240余个，并以这些数据为基础，完成了《天津市海洋环境质量月报》。

丰水期监测开展于8月，本次监测是对天津

市所辖海域水文气象、海水水质和底质的全面监测。监测任务共分近岸重点海域监测、重点陆源排污口临近海域监测、天津市倾倒区海域监测和重点水产养殖区临近海域监测等几个部分进行。本次监测中，天津市海洋局会同天津市海洋监察大队对天津市所辖海域进行了10个航次的常规监测工作，共监测水文气象、水质34个站次，底质5个站次。监测项目共31项，其中水文气象项目11个，水质项目10项，底质项目10个。获得监测数据1 000余个，天津市海洋局对这些数据进行整理后，完成并发布了《2000年天津市海洋环境质量年报》。

在进行常规监测的同时，天津市海洋局逐步开展应急监测。2000年7月，渤海湾天津市所辖海域发生赤潮，天津市海洋局与国家海洋局及北海分局密切配合，较好地完成了应急监测任务。

（王 磊）

海洋环境保护
Marine Environmental Protection

【环境评价工作】 天津港10万吨级深水航道工程项目的环境影响评价工作。6月26日市海洋局主持召开《天津港深水航道工程环境影响报告书》审查会，交通部一航院、国家海洋信息中心、天津海事局、国家海洋局塘沽海洋站、天津市海慧海洋工程所、天津港务局等单位的专家出席了会议，会议组成专家组对交通部天津水运科学研究所编制的《天津港深水航道工程环境影响报告书》进行了审查，并通过了专家论证。这是新的《中华人民共和国海洋环境保护法》颁布以来，市海洋局主持召开的第一个海洋工程项目环境影响报告书评审会。

专家认为天津港深水航道工程实施后，天津港可以直接接纳10万吨级船舶进港，对天津港、天津市乃至腹地的经济发展意义十分重大。天津水运科学研究所编制的《天津港深水航道工程环境影响报告书》的评估方法、数据的引用符合国家颁布的有关评价程序和规范要求。

专家强调指出天津港深水航道工程疏浚量大，持续时间长，海洋行政主管部门必须加强对建设单位和施工单位的监督管理，严格控制疏浚物倾倒到位，减少对海洋环境的污染。

天津市海洋局依据《中华人民共和国海洋环境保护法》的规定和专家评审意见进行核准，将批复意见批复天津港务局，并抄送市环保局。

【倾倒区选划工作】 天津港10万吨级深水航道临时倾倒区选划工作。按照国家海洋局海环字[2000]26号“关于天津港深水航道疏浚物临时倾倒区的批复”和海环字[2000]55号“关于天津港深水航道疏浚物临时倾倒区选划大纲的审批意见”。天津市海洋局经商北海分局，在青岛主持召开了“天津港深水航道三类疏浚物临时倾倒区选划工作大纲审查会”和“天津港深水航道三类疏浚物临时倾倒区选划报告审查会”，会议通过了青岛海洋大学教授李永祺任组长的专家组意见。天津港启用临时倾倒区的申请，经天津市海洋局审查后，上报国家海洋局，并获得国家海洋局批准。

2000年市海洋监察大队共办理海洋倾废疏浚物许可证 8 个，疏浚量365万立方米，骨灰播撒许可证5个，播撒骨灰398具。

2000年天津市海洋局编制了《2000年天津海洋监察年报》，设计、印制了天津市海洋局执法监察文书。

（张士琦）

海洋立法与管理
Marine Legislation and Management

【《天津市海域使用金征收管理办法》颁布实施】 根据《天津市海域使用管理办法》（天津市人民政府令第16号）的有关规定，天津市财政局、天津市海洋局于2000年8月7日发布了《天津市海域使用金征收管理办法》（以下简称《办法》）。该《办法》明确指出：所有依法取得海域使用权的单位和个人，必须按照本办法规定缴纳海域使用金。《办法》针对不同的用海项目按照类别制定了相应的海域使用金征收标准，并规定了减免海域使用金的具体政策。本《办法》是天津市第一个体现国家行使海域资源所有者权益的法规性文件。它对天津市海洋经济的高速发展、海洋资源的可持续利用以及海域使用者合法权益的维护都具有非常重要的意义。本《办法》自发布之日起实施。

（王 磊）

【天津市大比例尺海洋功能区划工作】 外业调查

天津市大比例尺海洋功能区划工作于1999年正式启动，在延续工作的基础上，2000年7月，市海洋局领导亲自带领有关人员和专家，徒步完成了天津市海岸线区域情况的实地勘察，完成了海岸带区域情况外业调查。勘察工作自与河北省交界的歧口为起点，由南向北推进，直至河北省涧河口，累计行程600千米。采用精确的GPS定位技术，对海岸线区域的构造物逐一测量，并与工作底图、现状图和区划图进行核对、填图。掌握了海岸线区域的现实使用情况，取得了自20世纪80年代海岸带调查以来最新的第一手资料。

资料收集 市海洋功能区划协调办公室（协调办）组织有关部门编制、汇总了大量的有关区划基础资料，其中文字资料100余件，图件资料50余件（套）。海洋局组织专家深入涉海单位、沿海村镇进行30余次的社会调查，并累计用了4个多月的时间，对天津市海洋功能区划的重点区域进行的实地勘察、调研，共测量和采集上千个数据，掌握了翔实的第一手资料，为编制工作顺利进行提供了可靠的信息保障。6月完成了《天津市大比例尺海洋功能区划报告》和相关图件、登记表的征求意见稿。并于同年7月向市有关委办局、滨海三区政府、有关单位共计26个部门送交报告和图件，征求修改意见，并根据反馈意见进行了认真研究和修改。

专家咨询会 8月24日，协调办组织召开了天津市大比例尺海洋功能区划专家咨询组咨询会。与会专家认真听取了工作报告和技术报告，并进行了认真讨论。专家们对天津市开展大比例尺海洋功能区划所取得的阶段性成果给予充分肯定和很高的评价，同时也提出了中肯的意见和建议。协调办及时组织进行了修改落实。

10月完成了文字报告和图鉴的编写绘制等工作成果，主要有：①《天津市大比例尺海洋功能区划报告（送审稿）》；②《天津市大比例尺海洋功能区划登记表（送审稿）》；③《天津市大比例尺海洋功能区划图（送审稿）》；④专项报告12个：地质地貌、社会经济、环境、灾害、港口、矿产、水文水资源、土地资源、生物水产、海化与盐业、旅游、保护区；⑤《天津市海域、海岸带开发利用现状图》；⑥《天津市大比例尺海洋功能区划专项报告》共12部；⑦天津市大比例尺海洋功能区划专项区划图》共8套。

成果预审和评审会 10月25日协调办召开了“天津市大比例尺海洋功能区划成果预审会”，聘请有关专家组成预审组，国家海洋局海岛处的领导到会予以指导。经过预审组认真研究审查，认为天津市的功能区划工作符合国家和市政府的文件要求，区划成果的编写符合国家有关标准，并对组织方式和编写内容的一些创新给予了充分肯定。同时，也提出了许多中肯的修改意见。12月18日召开了该项成果的评审会。评审委员会一致通过了评审意见，认为：①该项工作是按照国家海洋局的统一部署，在天津市政府直接领导下，各有关部门和涉海部门指导、支持下共同完成的。组织成立了协调办公室、编写组、专家咨询组，组织形式有所创新，措施得当，从而保证了该项工作的协调性、完整性。②本成果包括：天津市大比例尺海洋功能区划报告、功能区登记表、功能区划现状图和区划图（纸介质和电子介质两种）。该项工作是在广泛进行社会调查、海域调查、海岸线区域考察、生物资源调查并搜集有关资料、深入细致调查研究的基础上，突出了本地区的区位特点。报告内容全面、丰富，资料翔实，正确地反映了天津市的自然环境、社会和经济特点，从而保证了海洋功能区划的现实性和可靠性，并具有指导性和前瞻性。基础条件分析客观实际，针对性较强，符合天津市海洋开发的实际情况和发展趋势。③功能区划科学合理，符合《海洋功能区划技术导则》的要求，并结合天津情况，对分类体系作了适当补充。该项工作技术路线正确，采用了分解法、叠加综合法和调整优化法相结合的功能区划方法，方法合理。该项工作采用了数字化技术，首次建立了天津市近海海域图形数据库，为成果的动态化管理奠定了基础。④该区划充分考虑了滨海新区的总体规划，体现了海陆一体化管理的思路。功能区的综合系统分析、优化动态方面有创新。把功能区和水质区有机地结合在一起，使天津区划工作富有创造性，对全国有借鉴和示范作用。

天津市海洋功能区划成果系统完整，各种功能区划分合理、具体，符合天津市海洋开发的实际情况，能满足区划时段内海洋经济工作的需要，具有较强的可操作性。提出的实施措施切实可行，本成果达到了国内领先和国际先进水平。

2001年1月9日天津市大比例尺海洋功能区划

成为全国第一个通过国家海洋局审核的省份。2月23日市政府以津政函[2001]40号文件批复了天津市大比例尺功能区划文本报告，成为第一个通过政府批准的省份。（薛艳晨）

【海洋执法监察】 天津市贯彻落实新修订的《中华人民共和国海洋环境保护法》，加大对该市海洋环境的执法监察力度，按照计划对天津市海域进行巡航监视，对未向市海洋局提交海洋环境影响报告书，环境保护设施未经市海洋局批准和验收的情况下，擅自在大港油田港67井海堤外海域进行施工的违法事件，补报了环境影响报告书并给予警告的行政处罚。

12月，天津市对因南京恒风船务公司恒风发8船和上海航道局第二工程局航浚1008船发生碰撞，造成1008船将舱内约400立方米疏浚物泄露在南横堤附近航道南边线外的事故，给予责任双方罚款，有利地保护了天津市的海洋环境。

开展海砂执法大检查工作。按照国家海洋局的统一部署，天津市海洋局与地矿局对该市的海砂开采进行了联合大检查。

【天津古海岸与湿地国家级自然保护区建设与管理】 2000年1月为贯彻落实《天津古海岸与湿地国家级自然保护区管理办法》，保护区管理处工作人员带着各种宣传材料，走访了保护区所在地的13个区县、乡镇及村庄，行程600余千米，发放各种宣传材料6 000余份。在落实《管理办法》，扩大保护区的影响，促使广大公众提高自然保护的意识方面收到较好的效果。9月，保护区管理处围绕贯彻《管理办法》，有效管理保护区，制定了“天津古海岸与湿地国家级自然保护区保护管理制度”和“天津古海岸与湿地国家级自然保护区监察执法工作制度”，经多次修改征求意见后，11月经市海洋局审批同意以内部管理制度试行。

3月，保护区管理处在天津市津南区科委的支持下，对巨葛庄贝壳堤核心区的现场进行了整治，津南科委买断近400平方米土地使用权，还土近1 000立方米，加强了对保护区核心区的管理和保护工作，从而，遏制了随意挖采贝壳现象的发生。10月，接到上古林贝壳堤遭破坏报案后，执法人员立即赶赴现场，进行调查取证。并立即召开有市地矿局、大港科委、大港古林街等有关部门人员参加的现场会，对当事人进行了耐心教育和严肃批评，维护了法律的尊严。

9～10月天津古海岸与湿地国家级自然保护区主标志碑的建设，是保护区基础设施建设重点项目之一。保护区主碑建设工作，从方案设计到工程预算以及工程招标等，都是在国家海洋局、市海洋局的直接领导和关怀下有条不紊地进行。管理处的工作人员经过深入调研，严格把关，圆满地完成了主标志碑建设的前期准备工作。

（高晓云）

河 北 省
Hebei Province

综 述
Summary

【概况】 河北省沿海地区包括秦皇岛、唐山、沧州3市，抚宁、昌黎、乐亭、滦南、唐海、海兴6县和丰南、黄骅两个县级市，以及山海关区、海港区、北戴河区、山海关经济技术开发区、京唐港经济技术开发区、南堡经济技术开发区、黄骅港经济技术开发区和中捷、南大港2个县级农场。

河北省大陆岸线长487千米，海岛132个，海岛岸线长199千米。其海岸线主要由基岩质、砂质和淤泥质海岸构成。海岸线平直，浪差小，风浪一般在3级以下，气候属暖温带半湿润大陆性季风气候。河北省海岸带总面积11 379.88平方千米，其中陆地面积3 756.8平方千米，潮间带面积1 167.9平方千米，浅海面积6 455.6平方千米。

2000年省级机构改革后，河北省成立了国土资源厅、海洋局，一套人马，两个牌子。河北省海洋局由具有行政职能的处级事业单位成为正厅级省政府组成部门，强化了海洋行政管理职能，加大了海洋综合管理力度。中国海监河北省总队（含秦、唐、沧三个支队）和昌黎黄金海岸国家级自然保护区管理处作为省海洋局下辖的两个事业单位，分别负责河北省毗邻海域的海洋监察工作和保护区的管理工作。秦、唐、沧三市和沿海县（市、区、农场）均设有海洋局。

河北省委、省政府高度重视海洋工作，2000年8月，省政府召开了“河北省发展海洋经济研讨会”，会议全面部署了今后海洋经济发展的重点方向。编制了“河北省海洋经济发展规划 ”，并于2001年经省政府批准，作为“十五”国民经济发展规划的专项规划之一下发实施。

2000年，河北省海洋工作在省委、省政府的正确领导下，在国家海洋局、北海分局的大力指导、帮助下，深入贯彻实施海洋法律、法规，立足河北省情，在海域使用管理、海洋环境保护、海洋监察执法、科技兴海等方面，均取得了一定的成就。

表1 河北省沿海市县一览表

沿海市	沿海县级市、县及县级单位
秦皇岛市	山海关区、山海关开发区、海港区、北戴河区、抚宁县、昌黎县
唐山市	丰南市、滦南县、乐亭县、唐海县、京唐港经济技术开发区、南堡经济技术开发区
沧州市	黄骅市、海兴县、中捷友谊农场、南大港农场、黄骅港经济技术开发区

表2 河北省沿海市县海洋机构一览表

省及沿海市	沿海县（市）区	海洋管理机构
河北省		河北省国土资源厅(海洋局)
秦皇岛市		秦皇岛市海洋经济局
唐山市		唐山市海洋局
沧州市		沧州市海洋局
	山海关区	山海关区海洋局
	山海关开发区	山海关开发区海洋局
	海港区	海港区海洋局
	北戴河区	北戴河区海洋局
	昌黎县	昌黎县海洋局
	抚宁县	抚宁县海洋局
	乐亭县	乐亭县海洋局
	滦南县	滦南县海洋局
	唐海县	唐海县海洋局
	丰南市	丰南市海洋局
	黄骅市	黄骅市海洋局
	海兴县	海兴县海洋局
	中捷友谊农场	中捷友谊农场海洋局
	南大港农场	南大港农场海洋局

表3 沿海市县人口及从业人员情况

地区名称	年末总人口			从业人员	
		农业人口	非农业人口		职工人数
秦皇岛市	275.42	203.18	72.24	143.22	31.26
昌黎县	54.64	47.05	7.59	28.28	2.77
抚宁县	50.42	46.14	4.28	26.5	2.68
唐山市	704.04	512.17	191.87	365.24	80.38
滦南县	57.05	51.88	5.17	29.31	2.87
乐亭县	48.7	43.24	5.46	28.68	3.29
唐海县	13.83	10.92	2.91	11.64	4.8
丰南市	55.09	40.27	14.82	27.58	3.65
沧州市	663.92	554.36	109.56	321.91	40.56
黄骅市	48.31	38.76	9.55	19.3	5.3
海兴县	19.79	17.58	2.21	9.8	1.1
沿海合计	1 991.21	1 565.55	425.66	1 011.46	178.66

表4 河北省沿海市县国内生产总值、工农业总产值一览表

单位：亿元

沿海市县	国内生产总值				工业		农业	
	合计	第一产业	第二产业	第三产业	总产值	增加值	总产值	增加值
秦皇岛市	285.39	39.01	103.91	142.47	165.44	85.7	69.56	37.73
昌黎县	33.96	13.32	9.9	10.74	30.96	8.64	23.92	13.32
抚宁县	34.21	7.68	16.9	9.63	58.23	15.41	15.56	7.68
唐山市	915.15	173.75	462.35	279.05		429.24	311.18	173.32
乐亭县	65.96	19.66	28.45	17.85	90.47	25.77	34.87	19.66
滦南县	60.88	27.31	15.22	18.35	42.96	12.38	49.49	27.32
唐海县	21.92	4.89	10.82	6.21	28.97	10.39	10.25	4.49
丰南市	92.21	24.5	39.63	28.08	150.95	37.08	41.09	24.5
沧州市	461.34	81.18	231.14	149.02			141.87	81.18
黄骅市	49.83	4.72	30.06	15.05	85.93	28.04	8.56	4.79
海兴县	8.13	1.7	4.14	2.29	11.57	3.73	3.31	1.7
合计	2 028.98	397.72	952.52	678.74	665.48	656.38	709.66	395.69

海洋资源开发与海洋经济
Development of Marine Resources and Marine Economy

【海洋资源开发与海洋经济概况】“九五”以来，河北省进一步加大“两环开放带动战略”实施力度，加强了环渤海产业带的培育，围绕港口和港城，加速了以集疏运通道为主的基础设施建设，有力地推动了海洋资源的开发，促进了海洋经济的发展。目前已初步形成港口及海洋运输、海洋渔业、海盐及海洋化工、滨海旅游、修造船业、海洋生物利用等门类齐全的海洋产业体系。其中，港口及海洋运输业、滨海旅游业、海洋渔业、海盐及海洋化工业成为支柱产业。海洋产业产值从提出“两环开放带动战略”的1993年的49.9亿元增加到2000年的138亿元，年均增长15.6%。

港口与海洋交通运输业 “九五”以来，全省重点加强了以三大港群为支点的运输通道建设，石黄高速、京秦和唐港高速公路，神黄铁路一期工程相继建成投产，神黄铁路二期和黄骅大港工程正在加紧建设。现有秦皇岛港、京唐港、黄骅港、新开河港、山海关港、大清河港、省航运局码头等7个港口，综合吞吐能力1.4亿吨。2000年，海洋交通运输业产值为19.43亿元，比1995年增长34%。秦皇岛港是中国第二大港口，最大的能源输出港，年吞吐能力超亿吨。“九五” 以来，港口建设累计投资6亿元，港口运输已通达22个国家和地区及国内的80余个港口，货物运输由单一的煤炭、原盐发展到水泥、钢材等十几种货物。2000年完成货物吞吐量9 743万吨，营运收入16亿元。作为西煤外运的第二条大通道的黄骅港经国家批准已正式开工建设，一期工程2个5万吨和1个3.5万吨级泊位，年吞吐能力可达3 000万吨，预计2001年底投入简易运营。适宜建深水大港的曹妃甸港址也已进入港址论证阶段。

海洋渔业 2000年海产品总产量达到56.7万吨，是1995年（21万吨）的2.7倍，总产值达到25.4亿元，是1995年（15.9亿元）的1.6倍。2000年沿海渔民人均纯收入达到4 986元，率先进入小康。海洋捕捞业稳步发展，捕捞渔船已发展到9 008艘，并全部实现机动化。海水养殖面积由1995年的5万公顷增加到2000年的7.7万公顷，产量由5万吨增加到22万吨。其中养虾面积2.07万公顷，总产量1.28万吨，居全国第二位，总效益达2亿元以上。海水名特优养殖初具规模。海育淡养的河蟹养殖面积达1.33万公顷，成为全国五大产区之一；河豚鱼养殖面积达0.14万公顷，是全国最大

表5 河北省海洋开发资料统计

统 计 项 目		2000年
海洋捕捞产量（万吨）	鱼 类	168 970
	虾蟹类	71 980
	贝 类	74 875
	其 他	31 310
	合 计	347 135
海水养殖产量（万吨）	鱼 类	32 009
	虾蟹类	36 815
	贝 类	135 654
	其 他	15 376
	合 计	219 853
海盐生产	面积（公顷）	81 681
	产量（万吨）	457.47
海盐化工品产量	烧碱（万吨）	31.4
	纯碱（万吨）	99.58
	氯化钾（吨）	7 012
	工业溴（吨）	4 621
	氯化镁（吨）	54 678
	其他盐化工产品（吨）	286 348
沿海主要港口货物吞吐量（万吨）	秦皇岛港	9 743
	新开河港	69
	京 唐 港	901.8
	黄 骅 港	74.3
	合 计	10 788.1
滨海城市国际旅游收入（万美元）	秦皇岛市	6 096
	唐 山 市	1 029
	沧 州 市	19
	合 计	7 144
滨海城市国内旅游收入（亿元）	秦皇岛市	29
	唐 山 市	12
	沧 州 市	5.4
	合 计	46.4
浅海滩涂开发利用情况（万公顷）	总 面 积	12.43
	已利用面积	5.58

的生产基地；美国红鱼、海湾扇贝、大菱鲆、太平洋牡蛎等新养殖品种在该省安家落户。沿海已建水产冷冻加工厂200余家，年加工海产品4万余吨，产值近5亿元。秦皇岛贝类加工、海兴的鱼粉加工已成为地方的特色产业。

海盐业 该省沿海有丰富的海盐资源，盐产量仅次于山东，居全国第二位。盐田总面积8.17万公顷，有效生产面积6.80万公顷，原盐产量457.47万吨，比1995年提高56.5%。实现工业总产值8.07亿元，工业增加值5.25亿元。

海洋化工业 全省临海化学工业发展较快，目前，已初步形成了由石油开采及加工、农用化肥、基本化工原料、无机盐、精细化工等构成的工业结构。秦皇岛、唐山、沧州3市共有化工企业80家，实现工业增加值8.07亿元，利税3亿元，分别占全省化学工业的16.8%和25.4%。

滨海旅游业 2000年，国际游客达17.1万人次，比1995年增加11.5万人次，创汇7 144万美元，是1995年的4.9倍；国内游客1 125万人次，比1995年增加284万人次，实现产值46.4亿元，是1995年的2.9倍。

修造船业 2000年，修造船业产值为2.71亿元，比1995年增长-8.5%。随着海洋事业的发展和对外开放力度的不断加大，该产业显示出强大后劲。

海洋立法与管理
Marine Legislation and Management

【地方海洋立法与管理】 **海洋功能区划** 自1998年河北省开展功能区划工作以来，此项工作一直是该省海洋工作的重中之重。2000年省级机构改革后，在省政府撤并各类领导小组的情况下，保留并调整了该省海洋功能区划协调领导小组，进一步加强了对功能区划工作的组织领导。按照国家海洋局对功能区划工作的总体要求和该省的实际情况，及时调整了工作实施方案，将区划基期调整为1998年，将区划范围调整为海岸线向陆5千米、岸端凸起连线向海10海里范围内的陆域、海域、海岛，并在工作成果中增加了专题报告。组织专家组一行15人，历时18天进行了野外实地勘察。在野外作业中，本着“提前谋划、逐个解剖、综合分析、集中处理”的原则，与有关涉海部门和企事业单位进行座谈，根据实际需要，向有关涉海部门和企事业单位搜集一些基础资料，然后进行实地踏勘，根据了解的情况和掌握的资料，经过分析处理，草绘功能区划现状图。通过采取上述方法，基本掌握了当前海洋开发现状、矛盾和问题，以及发展规划与设想，并对区划工作中的重点、热点、难点问题编写了专题报告。在此基础上，采取按岸段自然属性和行政区域分片论述的方法，认真编写功能区划报告，以突出河北特色，并就功能区划（征求意见稿）征求了有关部门的意见。海洋功能区划的编制，强化了该省海洋资源的宏观管理。

海域使用管理 2000年，河北省积极推行海域使用许可和有偿制度，认真落实海域使用可行性论证制度，海域使用管理工作不断加强并逐步走向规范。加强了海域使用审批管理。对新上用海项目，依据国家有关规定和海洋功能区划进行审批，对原有用海项目积极补办审批手续，年内，全省共换发和新发海域使用许可证119个，批准使用海域面积1 400公顷，征收海域使用金256万元。为了规范海域使用审批管理工作，在深入开展基础调研的基础上，加强了审批制度建设，研究制定了《河北省海域使用申请审批管理工作程序》、《河北省海域使用金征收使用管理办法》两个规范性文件，预计明年一季度可出台，把海域使用许可和有偿使用逐步纳入规范化管理。认真落实海域使用可行性论证制度。为了贯彻国家海洋局下发的海域使用管理3项配套制度，着重抓了海岸及海洋工程项目的可行性论证和审批工作。针对用海单位对海域使用可行性论证不理解的问题，一方面积极宣传有关规章制度，做好用海单位的工作；另一方面从审批把关入手，凡工程项目未经海域使用可行性论证的，一律不批准项目用海，促进了海域使用可行性论证制度的落实，新上工种项目全部实行可行性论证。另外，完成了秦皇岛市海域使用管理示范区建设，并通过了国家海洋局验收。开展了海域使用调查登记工作，摸清了海域使用现状，特别是唐山市用海单位登记率超过80%，并全部输入微机统一管理，为搞好海域使用管理打下了基础。

海域勘界 按照国家海洋局部署和要求，开展了冀辽海域勘界试点工作。省政府几次召开了海域勘界协调会，对勘界工作进行部署，并成立了海域勘界领导小组，加强了对勘界工作的组织领导。年内，积极配合国家海洋局海域勘界办公室开展了冀辽界线的勘界调研和实地勘查工作，并于 9 月初组织召开了涉界市县海洋局长会议，对省际界线进行了研究，初步形成了该省海域勘界的具体意见，并提出了后续工作要求。根据会议要求，绘制了冀辽试点线划界方案示意图，正式向国家海洋局海域勘界办公室提出了该省对冀辽海域勘界的主张。

海洋环境保护
Marine Environmental Protection

【海洋环境保护】 **渤海综合整治** 中央领导十分重视渤海综合整治工作，国家海洋局组织有关专家编制了《渤海综合整治规划》和《渤海综合整治“十五”计划实施方案》，并于2000年3月通过专家评审。河北省海洋局与省计委研究，将该省渤海综合整治工作列入该省国民经济“十五”计划和2015年社会发展规划。将根据国家要求组织专家编制该省渤海综合整治规划和计划。

海洋环境监测 国家计委1999年批准了“中国海洋环境监测系统—— 海洋站和志愿船观测系统”建设项目。国家海洋局2000年制定了《中国海洋环境监测体系框架方案》。根据国家海洋局《关于实施中国海洋环境监测系统建设项目有关事宜的通知》精神，该省与北海分局联合编制了《河北省海洋环境监测系统共建实施方案》（草案），具体建设工作正在协调中。

该省对海洋环境实施监测是第一次，根据国家要求，结合该省实际情况，组织有关专家制定了《河北省2000年度海洋环境监测实施计划》，配合国家监测站位在唐山和沧州新增加了7个监测站位，总监测站位达到16个，主要开展对重点陆源排污口邻近海域监督监测和重点海水浴场监测，监测项目17个。通过监测，初步了解该省海洋环境现状，为对该省海洋环境实施有效保护打下了基础，为发布该省2000年海洋环境质量公报提供了基础数据资料。

《河北省海洋污染基线调查报告》编制 《河北省海洋污染基线调查报告》是《第二次全国海洋污染基线调查（渤海区）》分项调查课题，是省海洋局与北海分局共同完成的国家重点课题。根据国海监发[1997]301号文件《国家海洋局发沿海各省（市）办公厅“关于开展第二次全国海洋污染基线调查的通知”》，经过多次协商和讨论，编制了《河北省海洋污染基线调查实施方案》，并于1998年5月正式实施。调查目的：开展此项调查是促进海洋资源的可持续利用、保护海洋环境，使其海洋资源的开发利用真正做到有偿、有序、有度，为近岸海域综合管理、调整海域功能区划、实施入海污染物总量控制以及制定海洋环境保护规划和政策提供基础性依据；调查范围：该省管辖的全部海域；调查对象：近岸区主要是排污河入海口、旅游开发区，外海区主要是石油平台、海洋倾废区、海洋经济生物养殖区附近海域；调查内容：陆域污染源、海上污染源和大气污染源。共布设水质测站31个，沉积物测站15个，水质生物采样测站 5 个；调查成果：河北省海洋污染基线调查报告和图集。

海洋预报 “河北省海洋预报台”由该省与北海分局共建，省编委冀机编办[1999]32号文：同意以国家海洋局北海分局秦皇岛中心海洋站为依托，共建河北省海洋预报台，实行“一个机构，两块牌子”以国家海洋局北海分局为主的管理体制。1999年6月16日挂牌，7月1日正式通过秦皇岛市、唐山市电视台对外发布海洋预报。同时秦皇岛日报、唐山日报刊登预报消息。

预报内容：①常规预报：每天定时发布重点海域潮汐（高潮、潮时，低潮、潮时）、海浪（最大浪高）、水温（平均水温）。②警报：风暴潮、赤潮、巨浪。③其他有偿服务：根据涉海企业单位要求承揽特殊预报。

2000年6～9月通过秦皇岛电视台向社会公开发布老龙头浴场、东山浴场、西浴场、老虎石浴场、南戴河浴场水温、海浪和潮汐预报；8月国家海洋局在秦皇岛西浴场建设了中国第一块海洋预报电子显示屏，每天向游人发布浴场海浪、潮汐和水温预报和一周水质状况，受到社会各界好评。

海洋生态保护 第一南大港滨海湿地省级自然保护区建设的前期实地调研工作顺利进行；第二黄骅古贝壳堤省级自然保护区管理进一步加强；第三昌黎黄金海岸国家级保护区加强基础工作建设。①与国家海洋环境监测中心联合建设的国家级北方海洋生态站工作顺利，其目的是用系统的监测资料分析渤海生态系统变化的趋势和原因，对生态系统的质量进行评价，对其变化趋势进行预测，为科学管理海洋，制定海洋发展规划，保护海洋资源，实现海洋生物资源的可持续发展提供最根本的依据。《北方海洋生态站生态监测报告》已完成，并提交国家海洋局验收；②昌黎黄金海岸国家级保护区管理处承担的林业部GEF基金项目“旅游海滩地貌过程与退化机理研究”完成外业调查和部分内业整理；③《昌黎黄金海岸国家级保护区2001～2010年发展规划》完成征求意见稿。

国家海洋局、环渤海的辽宁省、山东省、河北省和天津市，借2000年7月26～29日在大连举行“东亚海洋环境保护与管理计划”第七次指导委员会会议之机，签署了《渤海环境保护宣言》，该省何少存副省长代表省政府于2000年7月24日在宣言书上签字。渤海环境保护的指导思想：强调和贯彻环境保护和资源开发相协调；原则：陆海兼顾和统筹安排的原则，适度开发与合理保护的原则，行政和立法管理并重的原则，环境和资源可持续发展的原则。目标：渤海环境保护和保全的初期目标是，达到生态环境破坏得到基本控制，环境质量得到明显好转。最终目标是实现渤海经济与社会和海洋环境与资源的整体协调和持续发展。该省承担的东亚海国际合作项目“河北省秦皇岛旅游海滩保护”，通过组织协调，完成了项目办公室和项目组的组建。

【领导专家视察情况】 由国家海洋局副局长孙志辉、北海分局局长王志远、国家海洋局海域管理司副司长孙书贤等领导组成的考察组于2000年7月7日到该省进行海洋工作考察。省国土资源厅副厅长王保民向考察组汇报了该省海洋工作情况。省国土资源厅副厅长王海敏、纪检专员唐继生汇报时在座。海洋环境处、海域处、省海监总队等处室的同志参加；省政府副省长何少存、副秘书长赵国昌在白楼宾馆与考察组进行了座谈。孙志辉从海域使用监督管理、海洋环境保护监督管理、海洋权益和海洋科技等4个方面通报了国家海洋局2000年和今后一个时期海洋工作的重点。何少存副省长围绕国家海洋局海洋工作的重点和要求，提出了该省海洋工作中存在的问题和应采取的措施。

2000年12月19日国家海洋局东亚海项目办公室主任李文海、俞沪明博士等一行3人对该省实施渤海示范项目进行调研。国家项目办的同志介绍了申报项目内容和要求。省国土资源厅祁兰夫副厅长介绍了该省申报的“河北省秦皇岛旅游海滩保护”编制和项目办公室的组建情况。省交通厅、省计委、省旅游局、省水产局、省测绘局、省科学院、河北师大以及省海洋局的海洋环境处、科技处的同志参加了座谈。

（河北省国土资源厅）

辽 宁 省
Liaoning Province

综 述
Summary

【自然概况】 辽宁省位于中国大陆海岸线最北端，濒临黄海和渤海。西衔河北省，东与朝鲜半岛隔江相望。土地面积147 500平方千米，2000年人口4 135万人。全省海岸线长2 920千米，其中大陆岸线长2 292.4千米，岛屿岸线长627.6平方米。在黄海和渤海的近岸海域中，有面积在500千米以上的海岛266个，其中有人居住的海岛30个，岛屿面积191.5平方千米，岛上有居民9.7万余人。全省管辖的近岸海域面积达6.8万平方千米，滩涂面积2.7万平方千米。辽东湾和海洋岛两大渔场面积达600余万公顷，在全省海洋渔业资源开发中具有重大意义。沿海 6 市土地面积57 672平方千米，占全省土地面积39%。人口1 715万人，占全省人口的41.5%。

表1 辽宁省沿海行政区划表

省辖市	县级市	县	区
大 连	庄河、普兰店、瓦房店	长 海	金州、甘井子、旅顺口
丹 东	东 港		
锦 州	凌 海		
营 口	盖 州		老边、鲅鱼圈
盘 锦		盘山、大洼	
葫芦岛	兴 城	绥 中	龙 港

注：大连市为经济计划单列市。

【行政区划】 辽宁省共有14个地级市，17个县级市，27个县，56个区。其中沿海地级市有 6 个，即大连、丹东、锦州、营口、盘锦、葫芦岛；沿海县级市有7个，即东港、庄河、普兰店、盖州、瓦房店、凌海、兴城；有长海、盘山、大洼、绥中 4 个沿海县；有金州、甘井子、旅顺口、老边、鲅鱼圈、龙港 6 个沿海区。

表2 2000年沿海地区人口及从业人员情况

单位：万人

地区名称	年末总人口	农业人口	非农业人口	从业人员	职工人数
辽 宁	4 135.5	2 233.3	1 902.2	328.9	75.50
大 连	267.8	60.1	207.7	131.0	98.00
丹 东	76.3	16.0	60.3	39.00	30.00
锦 州	83.3	15.5	67.8	55.00	39.00
营 口	66.4	15.4	51.0	33.00	27.00
盘 锦	55.1	6.7	48.4	35.00	30.00
葫芦岛	91.6	44.6	47.0	45.00	24.00
瓦房店	102.5	71.2	31.3	45.00	13.00
普兰店	82.5	65.1	17.4	37.00	6.00
庄 河	89.7	73.4	16.3	31.00	6.00
东 港	63.8	53.0	10.8	30.00	6.00
凌 海	62.0	52.5	9.50	26.20	3.90
盖 州	88.4	70.5	17.9	35.10	8.50
兴 城	54.7	42.4	12.3	22.50	3.60
市合计	1 184.1	586.4	597.7		
长 海	8.9	6.4	2.5	4.00	1.00
大 洼	38.8	30.2	8.6	13.50	1.00
盘 山	28.2	24.5	3.7	10.50	6.00
绥 中	61.9	53.3	8.6	30.30	3.80
县合计	137.8	114.4	23.4		

丹东市 位于辽宁省东南部，濒临黄海，北接吉林省，东隔鸭绿江与朝鲜民主主义人民共和国相望。全市土地面积15 222平方千米，人口240.9万人。辖东港市、凤城市、宽甸满族自治县、元宝区、振安区、振兴区。其中东港为沿海县级市，大陆海岸线长93千米。

大连市 位于辽东半岛南端，东临黄海，西滨渤海，全市土地面积12 574平方千米，人口551.5万人。辖瓦房店市、普兰店市、庄河市、长海县、中山区、西岗区、沙河口区、甘井子区、旅顺口区、金州区。大陆海岸线长1 906千米。

营口市 西临渤海的辽东湾。全市土地面积5 402 平方千米，人口226.2万人。辖大石桥市、盖州市、站前区、西市区、老边区、鲅鱼圈区，其中盖州市、老边区、鲅鱼圈区为沿海县（市、区）。大陆海岸线长96千米。

锦州市 南接渤海的辽东湾。全市土地面积10 301平方千米，人口306.4万人。辖凌海市、北宁市、义县、黑山县、古塔区、凌河区、太河区。其中凌海市为沿海市。大陆海岸线长97.7千米。

盘锦市 位于辽宁省西南部，人口122.1万人，总面积4 071平方千米，辖盘山县、大洼县、兴隆台区、双台子区。辽河油田、双台子河口国家级自然保护区坐落其中。大陆海岸线长118千米。

葫芦岛市 位于渤海辽东湾的西岸，西与河北省相接。全市土地面积10 415平方千米，人口268.6万人。辖兴城市、绥中县、建昌县、连山区、南票区、龙港区。其中兴城市、绥中县、龙港区为沿海县(市、区)。大陆海岸线长237千米。

【海洋管理机构】 在2000年政府机构改革中，省政府决定，成立辽宁省海洋与渔业厅，是主管全省海洋事务和渔业行政的省政府组成部门。设置业务处室主要有海域管理处、海洋环保处、渔业处、渔政处、科技教育处，以及办公室、人事处、计划财务处等。省辖沿海6个市建立了海洋管理机构，负责管理市辖海域的海洋事务。大连市海洋局是市科委下属的二级局，内设开发处、监察处、规划处、办公室，下设大连市海洋监察大队，属事业性行政执法单位；丹东市海洋水产局，内设海洋业务科室一个，即海洋科；营口市海洋水产局下设海洋管理办公室，属自收自支事业单位；盘锦市海洋水产局下设海洋管理办公室，属事业单位；锦州市海洋水产局内设海洋管理处，具体管理海洋事务；葫芦岛市海洋管理办公室隶属于市科委，是市政府管理海洋事务的机构。

表3 辽宁省海洋管理机构表

沿海地市	沿海县(市、区)
大连市海洋局	长海县水产局、瓦房店市科委海洋办、普兰店市科委海洋办、旅顺口区海洋与渔业局、庄河市科委海洋办、甘井子区水产局、金州区水产局
丹东市海洋水产局	东港市海洋水产局
锦州市海洋水产局	锦州市经济技术开发区农业发展局、凌海市海洋水产局
营口市海洋水产局	盖州市海洋水产局、鲅鱼圈区海洋与渔业局、老边区海洋水产局
盘锦市海洋水产局	大洼县科委海洋办、盘山县海洋水产局
葫芦岛市海洋管理办公室	兴城市水产局、绥中县海洋水产局、龙港区科委海洋办公室、连山区科委海洋办公室

【海洋经济发展】 辽宁是海洋大省，海岸线绵长，近岸海域辽阔，海洋资源丰富，拥有巨大的开发潜力和广阔的发展前景。改革开放以来，辽

表4 辽宁省海洋开发资料统计

统 计 项 目		2000年
海洋捕捞产量（万吨）	鱼 类	68.3
	贝 类	23.3
	藻 类	0.1
	虾蟹类	36.4
	其 他	14.0
	合 计	142.1
海水养殖产量（万吨）	鱼 类	1.9
	贝 类	113.3
	藻 类	35.2
	虾蟹类	1.5
	其 他	0.2
	合 计	152.1
海洋货物运输量（万吨）	沿 海	1 709
	远 洋	1 306
	合 计	3 015
沿海主要港口货物吞吐量（万吨）	大连港	9 699
	丹东港	528
	锦州港	1 005.5
	营口港	2 268.3
	盘锦港	55
	葫芦岛港	84
	合 计	13 639.8
海 盐 生 产	面积（公顷）	29 079
	产量（万吨）	177
滨海国际旅游人数（万人次）		39. 5
滨海城市国际旅游收入(万元)		21 311
滨海城市旅游接待能力	饭店个数	153
	客房个数	19 575
	床位数	35 356
海盐化工产量(吨)	烧 碱	
	氯化镁	23 201
	工业溴	673
	氯化钾	3 197
	无水硫酸钠	7 051
浅海滩涂开发利用情况(公顷)	总面积	383 713
	已利用面积	197 161

宁的滨海区位优势得到了充分发挥，全省海洋经济实力逐步增强，海洋产业连年保持着快速的发展势头。2000年，全省海洋产业产值达到500亿元，较1999年增长50亿元，占全国海洋产业总产值的12.2%，占全省国内生产总值的10.3%，占全省农业总产值的40.5%。

当前海洋产业仍以传统产业为主，海洋水产业占海洋产业总产值的64.6%，其次是滨海旅游业占5.7%，修造船业占17.5%，海洋化工业占1.5%，海洋交通运输业占9.8%，海洋油气业占0.8%。

海洋资源开发与海洋经济
Development of Marine Resources and Marine Economy

【海洋水产】 辽宁濒临黄、渤二海，著名的辽东湾、海洋岛两大渔场水产资源丰富。2000年，全省水产品总产量达338.5万吨，比“八五”末期增长69%。其中海水产品产量达302.3万吨，渔业总产值达到280.1 亿元，比“八五”末期增长90%，占全省农业总产值的比重由15%增加到26%，渔业出口创汇达4.5亿美元。渔民人均收入达5 800元，一大批渔民通过发展渔业走上致富之路。水产品市场繁荣，价格稳定，进一步丰富城乡人民的菜篮子。全省人均水产品占有量达82千克，是全国人均占有量的2.3倍。全省已建成各类水产品市场120处，形成了从产区到销区，辐射全省的市场格局。

海水养殖 海水养殖在全省水产业中占有举足轻重的地位。2000年全省海水养殖产量达152.1万吨，占海水产品的50.4%。海水养殖面积23.65万公顷，其中浅海养殖面积11.19万公顷，产量102.5万吨；滩涂养殖面积8.42万公顷，产量41.7万吨；港湾养殖面积4.03万公顷，产量7.8万吨。养殖品种结构进一步优化，一批名特优新品种迅速发展起来，产品结构日趋合理。

海洋捕捞 2000年，根据国家关于海洋捕捞政策，对全省近海捕捞生产作业方式及船只进行了调整。一是继续压缩近海捕捞强度，保护近海资源，全面强化伏季休渔管理，鼓励大功率渔轮转港生产，确保海洋捕捞产量零增长。全省海洋捕捞产量150.2万吨，比上年减少4.8%。二是稳步发展远洋渔业，全省在外渔轮总数由1995年的79艘增加到272艘。远洋捕捞产量17万吨，创产值13亿元。三是大力发展大洋性捕捞生产作业，经济效益不断提高。四是继续抓好黄海北部对虾增殖放流工作，取消虾苗购销合同，全面步入市场运行。在苗源十分紧张的情况下，共放流1厘米以上仔虾4.1亿尾，收到较好效果。

水产加工 一抓精、二抓深、三抓外。“精”是精品加工，变粗加工为精加工。“深”是深度加工，如深海鱼油等，提高产品档次。“外”是开拓国际市场，对外加工，变原料出口为加工成品出口，提高产品附加值，实现增值增效。2000年水产品加工产量达77.2万吨，用于加工的水产品达142.7万吨。截至2000年末，全省拥有水产加工企业445家，水产加工冷库365座，来料加工企业191家。

【港口建设与海洋运输】 辽宁宜港岸线资源丰富，适宜建港的大陆岸线有1 000余千米，其中深水岸线400千米，中水岸线300千米，浅水岸线300千米。经勘察有优良商港港址38处，其中可建设10万～30万吨级深水泊位的港址11处；1万～5万吨级深水泊位的港址14处；可建设万吨级以下泊位的港址13处，目前全省已建成商港12个。有渔港港址资源77处，已开发利用的20处，可建二级渔港的港址37处。

现已形成以大连为中心，营口、锦州、丹东为枢纽，旅顺、葫芦岛、绥中、盘锦、庄河、瓦房店等为网络，中小结合，层次分明，功能齐全，分布合理的海洋交通运输布局。

2000年全省港口货物吞吐量达1.37亿吨，旅客吞吐量743万人次，集装箱121.8万标准箱，分别为上年的111%，85%，140%。其中沿海港口吐量1.36亿吨，滚装汽车69.1万辆。至年末，拥有生产性码头泊位258个，码头长度3.48万米，港口综合能力1.25亿吨，其中公用码头泊位204个，码头长度2.96万米，港口综合通用能力1.05亿吨。

大连港 2000年，全港拥有生产泊位73个，其中万吨级以上泊位39个，另有万吨级浮桶泊位3个。拥有铁路专用线150.3千米；输油管线89.6千米；码头岸线24.7千米。全民在册职工1.98万人。2000年大连港的生产、经营和建设都呈现出良好的发展态势。港口生产继续稳定增长，货物吞吐量突破9 000万吨大关，完成9 084万吨，比上年增长6.8%，特别是外贸吞吐量增幅较大，扭转了连续下滑的局面，达3 371万吨，增长39.8%，为1995年以来最高点。特别是2000年4月，香港《亚洲货运》杂志社第14届货运业大奖评选揭晓，大连集装箱码头有限公司金榜题名，继1999年后，蝉联“最佳集装箱码头”大奖，再次成为中国大陆惟一获此殊荣的集装箱码头，而且排名由第11位升至第6位。

营口港　随着国家宏观经济形势的好转，港务局抓住机遇，加强生产，增加主营业务收入。同时立足于投资效益好、见效快，对港口发展有促进作用的优良项目，积极招商引资。2000年全港拥有生产性泊位27个，码头泊位总长505米。拥有装卸机械702台，工作船舶17艘。2000年完成货物吞吐量2 271万吨，比上年增加314万吨，增长16.5%。其中外贸976.9万吨，增长16.5%；内贸1 240万吨，增长7.5%。集装箱完成15.7万标准箱，增长55.4%。

锦州港　2000年是锦州港的“全面创新年”，延续了“九五”期间吞吐量平均每年34.7%的高速增长势头，吞吐量一举突破1 000万吨，跨入国家大港行列。锦州港也是中国为数不多的实际吞吐能力超过设计能力的港口，在全国沿海45家主要港口中的综合排名由1995年的第38位上升到第22位。集装箱专用泊位投产，投入1 600余万元购置了集装箱岸桥，并开通了多条航线，为适应货物运输集装箱化，使锦州港成为东北西部、内蒙东部地区的集装箱基本港打下了基础。

丹东港　2000年，全港吞吐量486万吨，比上年增长29.7%。集装箱吞吐量4.37万标准箱，增长69.1%。旅客吞吐量7.2万人次，增长17.4%，全年实现经营收入8 100万元。

【盐与盐化工】　辽宁是全国海盐重要产区之一，近年来加大了对盐田基本建设投资力度，加快企业技术改造，使盐的产量和质量有了很大提高。2000年，盐业生产面积29 079公顷，生产原盐277万吨，为上年的97.3%。加碘食盐产量47万吨，其中精盐21.6万吨，粉洗盐19.9万吨。盐化工主要产品产量分别是氯化钾3 197吨，溴素673吨。

2000年，全省产区碘盐合格率97%，销区碘盐合格率88%。全省产区销售总量253.4万吨，为上年的118.9%，其中食盐销售51.4万吨。全省产区期末滩存盐174.5万吨，为上年的95.6%。食盐分配调拨计划的编制、下达与实施进一步合理完善。全省认真贯彻国务院“食盐实行专营，工业盐实行计划管理”的要求，加强了对盐业市场的管理。全省精制盐及碘盐小包装生产能力不断提高，全省基本实现了食用碘盐的目标。

表5　2000年沿海地区国内生产总值

单位：亿元

地　区 名　称	国　内 生产总值	第一 产业	第二 产业	第三 产业
辽　宁	4 669.06	503.44	2 344.40	1 821.22
大　连	790.10	40.17	343.62	406.31
丹　东	82.94	1.94	32.14	48.86
锦　州	88.20	5.91	41.70	40.59
营　口	64.53	8.43	30.62	25.48
盘　锦	254.54	2.58	212.78	39.18
葫芦岛	96.04	7.02	52.23	36.79
瓦房店	115.50	17.04	68.74	29.72
普兰店	104.67	19.67	61.43	23.57
庄　河	78.09	21.32	36.59	20.18
东　港	71.62	17.22	28.40	26.00
凌　海	28.47	10.75	9.02	8.70
盖　州	39.60	11.47	16.93	11.20
兴　城	29.83	5.93	12.09	11.81
市合计	1 844.13	169.45	946.29	728.39
长海县	10.49	6.95	0.77	2.77
大洼县	28.80	16.58	6.59	5.63
盘山县	27.50	14.50	7.45	5.55
绥中县	25.98	9.34	6.25	10.39
县合计	92.77	47.37	21.06	24.34

【海洋矿产开发】　辽宁海洋矿产资源比较丰富，主要有石油、天然气、煤、铁、硫、钾、盐、锰结核、滨海砂矿等。

石油天然气资源主要分布在辽东湾和渤海湾，其特点是油气资源储量丰富，储油构造、特别是盖层条件良好。据初步测算，石油资源量6亿～7.5亿吨，天然气1 000亿立方米，开发潜力很大。已探明石油储量1.25亿吨，天然气135亿立方米。目前较大的油田有辽河油田、绥中36-1油田等，2000年完成产值509亿元（1990年不变价）；原油生产1 401万吨，居全国第三位；原油加工3 876万吨，居全国第一。

滨海砂矿主要品种有金刚石、沙金、锆英

石、独居石、石榴子石、型砂、砂砾等。其中沙金在鸭绿江口发现多处矿点分布，地质条件好，有较好的开发远景。金刚石砂矿主要矿点在长兴岛沿海地段。绥中县滨海砂矿储量约有 2 亿余立方米。

【滨海旅游】 辽宁海岸类型多样，怪石嶙峋、礁林错落、秀峰异洞、水质清澈，天然海水浴场众多。海蚀景观主要分布在黄海北部的金州、旅顺沿岸，辽东湾东岸的盖州及西岸的兴城、绥中一带。著名的有金州区海滨喀斯特地貌景观、大连市南部的蚀洞，锦州的笔架山，兴城的菊花岛及绥中的姜女坟等。滨海湿地自然景观主要分布在辽东湾顶部、辽河入海口及鸭绿江至大洋河口的平原淤泥海岸地带。这一带地势低洼、河网密布、芦苇丛生、鱼虾繁茂，有丹顶鹤等鸟类14目35种。辽宁天然海水浴场72处，海岸线资源149.6千米，占辽宁海岸线总长的 6 %，开发潜力较大的有金州、旅顺、盖州、鲅鱼圈、瓦房店、兴城和绥中等地。近几年来，各级政府十分重视和积极开发旅游资源，不断加强滨海旅游区建设，发展全省滨海旅游业。2000年，全省滨海旅游接待港澳同胞27 153人次，台湾同胞36 450人次，外国游客331 558人次。

海洋公益事业
Marine Public Welfare Facilities

【海洋环境观测、监测】 辽宁海洋科技力量比较雄厚，初步形成一支具有相当规模的海洋观测、监测的科技队伍。开展海洋环境及灾害观测、监测服务业务的主要是国家海洋环境监测部门、气象部门、沿海海洋站、港口和军队有关部门。沿海气象台（站）、中心海洋站主要承担海洋气象与海区环境观测监测、预报预警业务；各涉海部门和军队等依据需要开展相关服务业务。根据优化结构后的全国海洋站网布局，辽宁沿海现有东港、小长山、老虎滩、温坨子、鲅鱼圈、葫芦岛、芷锚湾等 7 个海洋站，还有分散在各部门的基本站和辅助站。纳入“全国验潮站网”的有丹东、大东港、小长山、海洋岛、芷锚湾等13个验潮站。鲅鱼圈测冰雷达站实施了对辽东湾的冰情监测。

表6　2000年沿海城市工农业总产值

单位：亿元

地区名称	工业总产值	工业增加值	农业总产值	农业增加值
辽　宁	8 319.51	2 114.89	967.36	503.44
大　连	1 467.80	311.40	79.56	40.17
丹　东	97.52	30.25	3.71	1.94
锦　州	189.33	35.33	7.84	5.91
营　口	143.40	25.83	9.41	8.44
盘　锦	348.47	190.91	3.56	2.58
葫芦岛	245.28	45.97	11.86	7.02
瓦房店	309.60	72.10	32.20	17.04
普兰店	300.70	57.30	34.30	19.67
庄　河	183.00	32.08	36.90	21.32
东　港	100.01	22.91	28.52	17.22
凌　海	35.90	7.76	20.80	10.75
盖　州	78.96	16.20	19.00	11.47
兴　城	25.55	10.90	11.05	5.94
长海县	1.58	0.30	12.57	6.95
大洼县	31.72	5.77	28.66	16.58
盘山县	35.82	6.07	23.40	14.50
绥中县	21.43	5.60	17.49	9.34
县合计	90.55	17.74	82.12	47.37

【海洋预报、预警与公益服务】 辽宁省海洋预报台成立后，从1998年1月起，每天向全省发布海洋气象信息，2000年总计发布3 600多项预报产品，深受全省人民及海洋工作者欢迎，收视率达11%。鲅鱼圈测冰雷达站，在冬季及时向国家海洋预报中心及有关部门通报辽东湾冰情。大连海上搜救中心成立以来，担负着全省海域内紧急搜救任务，被称为渔民的保护神。

海洋灾害与防御
Marine Disasters and Prevention

【海洋灾害】 辽宁是中国海洋灾害较重的省份之一。不仅灾害种类多，而且发生的频率也较高，并具有突发性。全省海洋灾害主要种类有赤潮、海冰、冷水团、风暴潮、海岸侵蚀、海水入侵、海域污染等。沿海 6 个市每年都不同程度受到海洋灾害的影响。

赤潮　辽宁已成为全国赤潮多发区之一，自

20世纪80年代以来，沿海几乎每年都有赤潮灾害发生。近年来赤潮灾害呈现的特点：一是发生频繁，持续时间长。每年发生赤潮次数逐年上升，而且赤潮来的时间早，终止时间晚；二是发生范围广、面积大。赤潮发生范围由辽东湾近岸海域的点状出现，向北黄海远离海岸扩散，并有新的赤潮生物出现，面积在100平方千米以上的赤潮已不鲜见。

海岸侵蚀 辽宁滨海地区存在着严重的海岸侵蚀现象。大致为两个方面:一是海岸地质构造及特定的自然地理环境造成的，如泥沙结构的冲涮岸段、风暴潮、海平面上升等；二是不合理开发和人为破坏的结果，如大量挖取海滩沙石及建筑不合理的海岸工程等。营口盖州至太平湾有近100千米海岸发生严重侵蚀现象，海岸线每年后退3～5米。近年对盖州团山镇至归州乡50千米海岸线考察结果，其中10千米岸线，海水已侵蚀近岸农田，形成 3 米多高陡坎，海岸线急剧后退，沿岸水土流失严重，海水入侵，水质变坏，严重威胁着沿岸人民生命财产安全。

海冰 辽宁省地处中纬度大陆性季风气候区，加上特定的地形条件，冬季西伯利亚寒冷空气南下，对辽东湾影响很大。沿岸海水结冰宽度由几千米到几十千米。冬季海面封冻及初冬、初春沿岸流冰，直接影响海上交通运输及渔业生产，威胁着人民生命财产安全。因此，海冰是辽宁海洋灾害之一，对海冰的监测预报是防灾减灾的一项重要工作。

【湿地保护】 辽宁是中国沿海湿地纬度最高的省份。全省共有湿地面积900万公顷，按《国际湿地公约》的分类，全省湿地分为：浅海水区域（包括河口水域），面积640万公顷；潮间带滩涂面积47万公顷；河流82万公顷；湖泊水库61万公顷；稻田50万公顷，主要集中在盘锦地区；各种沼泽20万公顷，其中芦苇沼泽面积为17万公顷。辽宁湿地类型繁多，蕴藏培育了极其丰富的生物资源。有浮游植物280余种，浮游及底栖动物690余种，水生动物170余种，鱼类390余种，两栖类16种，爬行类 9 种，鸟类310种，其中水禽145种，兽类40种，高等植物230种。

对湿地的利用，主要是水产养殖、盐场、苇田、石油开采及农业综合开发。其中浅海及滩涂养殖面积达26万公顷；盐场7万公顷；苇田17万公顷。当前全省湿地面临着人口增加的干扰，污染、围垦、淤积、干旱和过度排涝、不合理开发等的严重威胁，使其丧失原有功能，面积逐渐减少甚至消失。

【自然保护区】 随着人们海洋意识的提高，全省海洋自然保护区工作已引起各级政府和有关部门的重视。

丹东鸭绿江口国家级自然保护区 保护区包括芦苇湿地、滩涂和浅海海域等多种生态类型。保护区总面积77 000公顷，其中芦苇沼泽面积6 133公顷，滩涂面积24 200公顷，浅海面积46 666 公顷。

鸭绿江口国家级自然保护区是由多种生态系统组成的统一体，具有完整性和连续性。其生态系统既有内陆湿地和水域生态系统类型，又有海洋和海岸生态系统类型，该保护区属于自然生态系统类。保护区内生态系统类型具有多样性，如芦苇沼泽生态系统、河流水生生态系统、海岸滩涂生态系统及海洋水生生态系统。各种生态系统结构完整、功能稳定，形成一个巨大的复合生态系统，区内一些生态系统尚未或很少受人类活动影响，保持着良好的自然性和完整性。为多种生物提供了适宜的生存环境。这里是丹顶鹤、黑鹤、白鹳、大天鹅、白枕鹤、灰鹤等多种珍稀鸟类迁徙中的停歇地，整个保护区内共发现动植物千余种，还有繁多的昆虫和微生物，繁多的生物种类，使其成为一座庞大的生物基因库。

双台河口国家级自然保护区 双台河口国家级自然保护区位于辽宁省盘锦市西南，地处辽东湾顶端、双台河入海处，总面积 8 万公顷。1985年为市级自然保护区，1987年升为省级自然保护区，1988年经国务院批准为国家级自然保护区。该保护区是一个以保护丹顶鹤、黑嘴鸥等多种珍稀水禽及完整的滨海湿地生态系统为主的野生动物类型自然保护区，是中国目前保存较完好的滨海芦苇沼泽湿地之一，具有较好的原生型自然景观和野生动物资源。区内拥有丰富的水利资源，有大凌河、太子河、大辽河等河流携带大量泥沙汇入渤海，泥沙的沉积致使海洋退却形成了大面积发育滩涂，时至今日仍在发展，是中国丰富的“湿地资源宝库”。

区内有野生动物409种，其中哺乳类20种，鸟类249种，两栖类5种，爬行类10种。属于国家重点保护的动物有25种，有些属于世界濒危物种，具有重要的保护价值，是不可多得的野生动物物种基因库，也是世界上具有十分重要意义的保护区。建区以来，重点抓了野生动物及其栖息环境的保护，下大力气进行野生动物保护的宣传教育，开展科学研究和资源调查。为了加快保护区的建设和科学研究，该区除了和有关科研单位进行合作外，还和世界野生生物基金会，日本野鸟之会等国际野生动物保护、科研组织进行合作，几年来，有数十名外国专家来保护区进行考察并合作研究，取得了可喜的成果。

绥中原生砂质海岸及生物多样性海洋自然保护区 该保护区为县级自然保护区，地处葫芦岛市绥中县。保护区总面积455平方千米，海洋生态结构完整，地貌类型齐全，子系统发育完善，拥有保护、研究和观赏价值的沉积地貌客体。保护区集海滩、河口三角洲、洲坝-潟湖、岩脊滩、沙性植物、防护林以及濒危文昌鱼、历史遗迹姜女坟等为一体的海岸-海洋复合体，具有很高的保护价值。

保护区的主要保护对象有原生砂质海岸及海岸防护林带，即六股河-团山角；天然生长的刺参、魁蚶等海珍品栖息地及环境；文昌鱼、芷锚湾及姜女坟礁石区。

海洋科技与教育
Marine Science & Technology and Marine Education

【科技兴渔】 辽宁省拥有雄厚的科技力量。截止2000年，全省共有海洋水产研究所22家，教育单位3个，省属海洋水产研究所1个。共有科技人员679名，其中具有高级职称的85人。全省水产技术推广单位69家，389人，其中具有高级职称的39人。在海洋与渔业科学研究的许多领域居国内领先水平，有的达到国际先进水平。

2000年全省海洋科技投入共370万元，海洋科技领域共获得省级科技进步奖5项。省海洋水产研究所承担的“黄海北部环境对虾放流存活的影响和提高增殖效果的措施研究”、大连水产学院承担的“太平洋牡蛎三倍体规模生产技术研究”分别获省科技进步二等奖；大连水产养殖公司承担的“鲍鱼脓疱病防治研究”、大连碧龙海珍品有限公司承担的“皱纹盘鲍育苗生产中流水孵化培育及稚鲍电剥离技术的研究与应用”、沈阳市卫生防疫站承担的“对虾中多酚氧化酶特性研究及延长对虾保鲜期的有效措施”分别获省科技进步三等奖。

海洋国际合作与交流
Marine International Cooperation and Interflow

【外向型渔业】 2000年，辽宁省渔业发挥行业优势，扩大开发，先后与世界100多个国家和地区建立了业务往来，兴办一批渔业“三资”企业，引进了先进技术和优秀人才，促进了渔业国际化进程，拓宽了海洋产业发展领域。首先是瞄准国际市场，积极开发新的出口品种。其次，广泛招商引资。大连市连续4年举办大型国际渔业博览会，与世界上30余个国家和地区广泛接触，新增“三资”企业200余家，有力地促进了海洋渔业外向型经济发展。

海洋立法与管理
Marine Legislation and Management

【海洋综合管理】 辽宁省紧紧围绕强化海域使用管理，强化海洋环境保护，强化海上执法监察三项基本职能，积极推进海域使用许可证制度和有偿使用制度，加大海洋环境管理，查处违规事件，为海洋经济建设服务。海域使用管理是海洋综合管理的核心。2000年，在做好基础性工作前提下，积极推行海域使用“两项制度”，重点对港口、油田等用海大企业加强管理，规范用海行为。全省海域使用管理出现了良好势头，海域使用金收缴工作取得了历史性突破，全省收缴海域使用金超过1 200万元，海域使用无度、无序、无偿的局面得到初步改变。开展海域使用管理示范区工作是国家海洋局在海域使用管理上的重大举措。1997年葫芦岛市被确定为国家级海域使用管理示范区之后，省、市、县三级海洋管理部门高度重视，认真落实各项示范内容。市、县两级政府分别成立了示范区工作领导小组。三年来，葫芦岛示范区全面完成了海域使用登记核查工作，完善了审批制度，建立了海域使用可行性论证制度，为进一步加强海域使用管理奠定了基础；编制了全市大比例尺海洋功能区划和部分地区的海域使用规划，为海域使用审批提供了依据；建立了海域使用管理信息系统，为海域使用科学化、现代化管理迈出了坚实的一步。全市海域使用管理的各项工作取得了明显的成效，对全省海域使用管理起到了推动作用。2000年11月，葫芦岛市海域使用管理示范区顺利通过了国家海洋局和财政部的验收。海洋功能区划是有效实施海域管理的基础，2000年，辽宁省大比例尺海洋功能区划工作进入了实质性编写阶段。在各级海洋管理部门的支持配合下，经过技术承担单位的积极努力，完成了丹东、锦州、营口、盘锦、葫芦岛5市区划的编制工作，全部通过了技术评审和验收审核。年内还完成了辽宁省省级区划初稿的编制工作，为海域管理工作提供了基础和依据。海域界线不清是造成海域使用权争议甚至发生纠纷的主要原因之一。根据国家海洋局关于进行省际间海域勘界试点工作的总体部署，2000年辽宁省配合国家海洋局开展了辽宁省与河北、山东两省的海域勘界工作。为此，辽宁省政府成立了海域勘界工作领导小组及办事机构，在大连、葫芦岛相关部门的配合下，进行了艰苦细致的收集资料工作，在绥中、沈阳召开3次座谈会，充分听取各方面的意见，提出了辽-冀勘界的主张线和辽宁省对辽-冀勘界的意见。2000年底，辽-冀海域勘界进入双方协调阶段，辽-鲁勘界已进入收集资料的准备阶段。

在海洋环境管理方面，大力宣传并认真贯彻执行《中华人民共和国海洋环境保护法》、《中华人民共和国海洋石油勘探开发环境保护条例》和《中华人民共和国海洋倾废管理条例》及其实施办法，积极开展海洋环境及生态保护管理工作。一是加强海洋倾废管理工作，努力实现规范化管理。对旅顺军港、葫芦岛军港、绥中36-1油田、营口港等单位进行了监督管理，体现了依法办事，为经济建设、为国防、为军队的服务意识。二是积极做好海岸工程环境影响报告书审核工作。对葫芦岛市龙港区海防堤工程的环境影响报告书进行了审核，提出了正式审核意见；对营口港务局航道扩建工程的环境评价情况进行了调研，提出了审查意见。三是海洋生态保护工作有了新突破。大连老偏岛—玉皇顶海洋生态市级自然保护区和海王九岛海洋景观市级自然保护区在调研、选划论证和评审的基础上，经过海洋部门的积极工作，已得到了大连市政府的批准，明确由海洋部门管理。丹东市海洋水产局关于鸭绿江口滨海湿地自然保护区的管理体制问题也做了大量争取工作，经丹东市政府常务会议决定，成立了由政府牵头，有关部门参加的保护区管委会，实现了对保护区的共管，解决了海洋同环保部门争执多年而没有解决的问题，为海洋部门监督管理生态环境创造了条件。四是组织了辽宁省海洋环境质量公报编制、发布和重点海域海洋环境监测工作。根据国家海洋局的要求，在第二次污染基线调查的基础上，认真落实“公报”制度，组织了《20世纪末辽宁省海洋环境质量公报》编制工作，于2000年12月中旬通过新闻发布会向社会正式发布。五是组织开展近岸重点海域的环境监测工作。2000年6月、10月开展了对庄河至丹东滩涂贝类养殖区水质监测和葫芦岛锌厂西排污口以及五里河排污口邻近海域环境质量监测，整个工作进展顺利，工作质量较好，形成了“公报”和“通报”。六是做好黄渤海环境整治的起步工作。积极参与讨论修改国家海洋局和国家计委提出的《渤海整治规划》及其实施方案，协助国家海洋局圆满地召开了“东亚海环境保护及管理项目指导委员会第七次会议暨渤海论坛”，辽宁省列入了“大连西海岸污染防治计划”和“辽宁特定区域入海污染物总量控制试点计划”。

努力做好海洋监察工作。2000年，在海域使用、海砂勘察开采以及海洋倾废、海洋石油勘探开发等方面认真开展海洋监察工作。对全省近200家用海单位进行了检查，立案处罚了8家违规用海行为。2000年初，在全省集中进行了一次海砂开采管理大检查，会同地矿部门联合查处违规开采行为，遏制了违规开采势头。在海域使用中，对几起较大的围海、填海项目，依法实施了海洋监察工作，纠正了违规行为，补办了有关手续。大连市海洋部门会同边防、渔政等部门开展联合执法，对近岸水产养殖活动进行了两次清理。通过开展海洋执法监察工作，为海域使用和海洋环境保护的行政管理提供了保证。

（辽宁省海洋与渔业厅）

大 连 市
Dalian City

综 述
Summary

【概况】 大连是中国北方重要的港口、工业、贸易和旅游城市。全市辖6个区、3个县级市和1个海岛县，总面积12 573.85平方千米，人口551万人，其中市内6个区2 414.96 平方千米，人口267万人。

地理位置优越。大连位于辽东半岛南端，其地域范围为38° 43′ ～40° 12′ N、120° 58′ ～123° 31′ E。西隔渤海与华北远邻，东隔黄海与朝鲜半岛相望，南隔渤海海峡与山东半岛对峙，北依资源丰富、人口密集、工农业生产发达、进出口需求旺盛的东北三省和内蒙古东北部广阔腹地。大连又处于环渤海地区的圈首、京津的门户、东北亚经济区的中心区域，与日本、韩国、朝鲜、俄罗斯远东地区相邻，在对外开放中占有地缘优势。

资源比较丰富。大连市矿产资源种类繁多，已发现56种，其中金刚石质量优良，储量居亚洲之首、世界第十位。大连是中国北方的重要水产品、水果和水稻产地。海洋资源丰富，海岸线长1 906千米，其中陆岸线1 288千米，岛岸线长618千米，岛屿226个，领海基线以内属大连管理的可开发利用的海域面积为2.3万平方千米。海岸和滩涂类型齐全，比例协调，功能多样。宜港岸线占辽宁省宜港岸线总长的70%。南部海岸和东部海岸有利于建设港口及发展旅游和海水养殖业；西部渤海海岸，不仅宜于晒盐，也是海滨砂砾的集散地，还宜于开拓海滨浴场、发展旅游业。沿海有海洋生物3大类209科414种，鱼、虾、贝、藻等种类繁多，资源丰富，特别是海珍品在国内外享有盛誉。大连是中国四大产盐基地之一，宜盐滩涂18.8万公顷，占辽宁省宜盐滩涂面积的50.8%，大量的原盐资源潜力，为发展盐化工提供了基础条件。全市共有潮汐电站站址20余处，其中4处属于三类资源。

涉海工业基础雄厚。大连是中国重要的工业基地之一，尤其是涉海工业的发展在国内外享有一定的知名度。具有90余年历史的大连造船厂的主导产品，如远洋船舶及主机、集装箱起重运输机械等在国际市场上有一定的竞争力。大连港是中国最大的综合国际商港之一，拥有煤炭、原油、木材、集装箱、管道运输等多种码头。

2000年，大连市认真贯彻落实党中央、国务院关于扩大内需、促进发展的一系列方针政策，以建设社会主义现代化国际名城为目标，推动国民经济和社会事业持续健康发展。全市实现国内生产总值1 110.8亿元，首次突破1 000亿元，按可比价格计算，比上年增长11.8%，已连续9年保持两位数递增。全市国内生产总值中，第一产业发展保持相对稳定，实现增加值105.4亿元，增长3.8%；第二产业运行质量明显改善，实现增加值517.2亿元，增长13%；第三产业整体水平继续提升，实现增加值488.2亿元，增长12.3%。三种产业增加值构成比例为9.5：46.5：44。2000年农业总产值达192. 9亿元，生产粮食106.3万吨、蔬菜223.4万吨、水果72.8万吨、水产品205.7万吨；完成工业总产值1 838亿元，工业增加值473.1亿元；对外招商力度继续加大，全市完成外贸自营进出口总额102.1亿美元，比上年增长46.4%，其中出口52.14亿美元，出口商品供货总值460.9亿元，增长10.9%，新批外商投资企业697家，实际利用外资13.06亿美元。

海洋资源开发与海洋经济
Development of Marine Resources and Marine Economy

【港口、运输业】 **大连港** 2000年，共有生产泊位73个，其中万吨级以上泊位39个，另有万吨级浮筒泊位3个；铁路专用线150.3千米；输油管线89.6千米；生产用仓库33.3万平方米；堆场192.4万平方米；圆筒仓2座，容积13.7万立方米；储油罐108.1万立方米；港作船舶48艘；铁路机车16台；装卸机械798台。

2000年，大连港生产、经营、建设呈现良好的发展态势。港口生产继续稳定增长，货物吞吐量突破9 000万吨大关，比上年增长6.8％。外贸吞吐量增幅较大，完成3 371.1万吨，比上年增长39.8％，达到1995年以来的最高点。新开通红海线、波斯湾线、美西线3条国际集装箱班轮干线以及大连—哈尔滨、大连—长春集装箱直达班列，大连—延吉集装箱班列试运行。合资组建大连口岸物流网，进一步提高集装箱服务水平和作业效率。大连集装箱码头有限公司创下单船作业效率每小时150自然箱的国内最高纪录。至12月28日，大连港集装箱吞吐量突破100万标准箱大关，成为中国内地第七个集装箱吞吐量超过100万标准箱的港口。全年吞吐量为101.1万标准箱。由于铁路增开列车和全面提速，航空运输发展迅猛，加之国家整顿水上客运市场等因素，大连港旅客吞吐量出现9年来首次下滑。全年完成旅客吞吐量564.4万人次，比上年下降14％。旅客减少较多的航线有：大连—上海，减幅为27.4％；大连—塘沽，减幅为16％；大连—烟台，减幅为13.1％。

地方港口和企业码头 2000年，以大连港为枢纽港发展起来的地方港口和企业码头有35家，拥有各类生产泊位101个，其中万吨级以上深水泊位16个，有16个地方港口、企业码头准予停靠国际贸易船舶，从事国际贸易货物装卸作业。最早纳入地方交通行业管理的港口是1971年建成投产的庄河港。大连地方港埠企业有客货(滚装)综合码头、大件(滚装)运输专用码头、石油化学品专用码头和专门从事海上旅游运输的码头。地方港口和码头年货物吞吐能力3 000万吨，当年实现货物吞吐量2 325万吨，旅客吞吐量22万人次，分别占全市水路货物吞吐量和旅客吞吐量的24％和31.9％。

海运 2002年全地区海上客货运量均比上年有不同程度增长，实现客运量598万人次，货运量2 934万吨，分别比上年增长3.3％和21.3％。客运量的增加主要得益于市地方交通和非交通部门；货运量增长则主要靠部属交通企业和市非交通部门所属企业的带动。从客货周转量看，市交通部门所属企业旅客周转量比上年增长18.7％，部属企业和市非交通部门所属企业旅客周转量则分别下降15.6％和11.7％；部属企业货物周转量比上年增长41.5％，大大高于市交通和非交通部门所属企业。

【船舶建造业】 **大连造船厂** 2000年，大连造船厂进一步调整产品结构，坚持国内、国际两个市场并举，坚持高新技术产品开发与批量化相结合。共承接9艘船舶建造任务，总造价20.15亿元。其中：3万吨多用途集装箱船4艘、4.5万吨化学品船3艘、4.6万吨成品油轮2艘；出口船7艘。为塞浦路斯和哥伦比亚承造3万吨多用途集装箱船，标志着中国船舶产品已开始进入两国市场；为新加坡和南京长江海运公司承造的4.5万吨化学品船和4.6万吨成品油轮，标志着工厂自主开发的优势产品已形成批量生产态势，使企业生产保证系数再度上升，为“十五”期间的新发展创造了良好条件。修船经营承揽船舶31艘，承接金额达5 099.3万元。

大连新船重工有限责任公司 2000年8月18日，由大连造船新厂整体改制建立大连新船重工有限责任公司。2000年大连新船重工有限责任公司各项经济指标完成情况良好，增长幅度较大，实现工业总产值16.5亿元。造船总吨位、承接合同总量、出口交货值等指标，居全国同行业前列，其中手持船舶订单15艘、252.6万载重吨，列全国首位、世界各大船厂第21位。修船生产实现产值1.4亿元，比计划翻了一番多，首次进入全国八强行列。造船生产实现预定目标，提前1个月完成全年交船计划。

【海洋渔业】 2000年大连海洋渔业经济继续保持较好的发展态势，完成水产品产量205.7万吨，实现水产品产值87.3亿元，分别比上年增长2.9％和8.2％；实现渔业总产值156亿元，增长9.7％；人均水产品占有量375.8千克，增长2.6％；渔民人均收入7 000元，增长2.5％；新增渔业固定资产5.9亿元，增长37.2％。

调整和优化区域布局、生产结构和品种结构 2000年，大连市调整水产养殖的区域布局和生产结构。浮筏养殖受市区南部海域功能规划调整的影响，清减浮筏近7 000台。有关单位采取向深水大流区打筏子以及向黄渤海新区发展的措施，又增加浮筏7 000台，使浮筏养殖规模基本稳定在31万台。海底地播增殖生产进一步加大投入，新增投苗面积1.7万公顷。网箱养鱼由上年的1 810箱增加到5 000箱，工厂化养鱼由5.9万平方米扩大到10万平方米，产量分别增长860倍和180倍，呈现快速发展的良好势头。继续调低栉孔扇贝的放养规模，由上年的4.5万台减至3万台。继续增加海湾扇贝养殖比重，由5.8万台增至9.5万台，产量15.3万吨，比上年增长45.7%。

远洋渔业整体实力进一步壮大　2000年，是大连市远洋渔业结构调整力度最大、整体实力提升最快的一年。全市新增远洋渔船68艘，使总数达到173艘。远洋捕捞产量10.1万吨，比上年增长1%；当地销售水产品7.34万吨，增长87.2%；运回国内2.74万吨，下降40%；国外经营总收入8 400万美元，总盈利930万美元，分别增长27.2%和47.6%。

水产品加工向集约化、专业化、区域化方向发展　2000年，大连市形成一批各具特色的水产品加工基地：以庄河市黑岛镇为中心的精深水产品加工区；以甘井子区大连湾渔港为依托的冷冻水产品加工区；以开发区、金州区为主体的鱼糜产品加工区；以大连水产养殖集团和甘井子区凌井水产食品有限公司为主体的大连市南部藻类精深加工区。这些加工区的形成推动了渔业产业化的发展。

美国红鱼落户滨城　美国红鱼具有生长速度快、抗病力强、广盐耐高温、肉质上乘的特点，适于池塘和网箱养殖。2000年，大连湾海珍品养殖公司从国家海洋局第一海洋研究所引进数百尾美国红鱼种鱼，人工繁殖很快获得成功。5月21日，将1万尾体长8厘米、体重10克左右的鱼苗，放入2.6公顷虾池中进行养成试验，至8月下旬,最大个体重已达750克,平均个体重500克以上,实现当年育苗,当年养成和受益。美国红鱼的试养成功，为北方海区虾池和网箱养鱼增加一个重要品种，具有很好的发展前景。

【滨海旅游业】　2000年，大连市滨海旅游业依靠稳定的政治环境和社会条件、开放和快速发展的经济形象以及优美的城市环境，外抓促销，内抓管理和服务，取得了新的进步和发展。全市接待海外旅游者33.8万人次，比上年增长29.5%；接待国内旅游者1 800万人次，比上年减少200万人次。全市实现旅游总收入90亿元，比上年增长21.6%，占全省总数的31%；占全市国内生产总值的8.1%，比上年提高0.7个百分点。

旅游基础设施得到加强　2000年，市政府以建设海滨花园城市为思路，把整个城市作为一个大的旅游景点来规划、经营又有新的发展。森林动物园二期工程野生动物园、俄罗斯风情一条街、具有日本特色的南山旅游风情街、海军广场、金石国际会议中心、市民网球馆、热带雨林馆、星海蹦极跳、成园山庄温泉浴、希尔顿酒店、旅顺博物馆、旅顺水上人间、金州阿尔滨戏水宫等旅游设施建设和改造项目相继完工并投入使用，新开工建设了金石高尔夫球场二期、现代博物馆、虎滩极地馆、旅顺蛇展馆等较大型的旅游项目。

5个景区(点)被评为国家AAAA级景区(点)　2000年11月，大连金石滩国家旅游度假区、虎滩乐园、森林动物园、冰峪沟省级旅游度假区和圣亚海洋世界5个景区(点)，被国家旅游局首批评定为AAAA级景区(点)，列副省级城市第一名。

“海上看大连”旅游线路开通　2000年4月20日，大连开辟了“海上看大连”旅游线路。该线路共有6条，共投入游船48艘、1 371个客位。至年末，共完成客运量26万人次，营运收入730万元。

【海洋盐业】　2000年，全市总计盐田面积为35 497公顷，其中生产面积为32 480公顷，原盐产量162.9万吨。大连市政府下发《关于理顺全市盐业专营管理体制的通知》，对全市盐业专营管理体制做出明确规定，以进一步强化食盐专营，搞好食盐加碘和消除碘缺乏危害。大连市盐业公司改制为国有独资的有限责任公司——大连市盐业有限公司。大连市盐政稽查队全面加强食盐市场专营管理。全年查处食盐违法案件232起，没收私盐2 958吨，上交罚没款35.9万元，移交司法机关处理盐业违法犯罪分子5人，从而规范了大连市食盐专营市场，提高了碘盐普及率。市内碘盐计划完成率和普及率均达100%，庄河、普兰店、瓦房店三市碘盐计划完成率和碘盐普及率由上年的50%提高到60%。全市民用食盐销量17.9万吨，比上年增长8%。

海洋公益事业
Marine Public Welfare Facilities

【海洋环境污染与治理】　2000年大连市全市环境保护总投资为25.83亿元，环保投资占国内生产总值的2.3%。全市废水排放量4.7亿吨，比上年增加0.9%。其中工业废水3.3亿吨。全市有废水处理装置445套，正常运行430套，运转率96%。全年工业废水达标排放量3.2亿吨，达标排放率99%。

近海海域水质保持良好，主要污染物为无机氮、油类和磷酸盐。① 大连湾海域。除无机氮、油类外，各项监测指标年均值符合二类海水标准。与1999年相比，无机氮年均值有所下降，油类年均值基本持平，磷酸盐年均值略有升高。②南部沿海海域。各项污染物年均值均符合二类海水标准，与1999年相比，无机氮、油类年均值基本持平，磷酸盐年均值略有上升。③大窑湾海域。各项监测指标一次值及年均值均符合二类海水标准，与1999年相比，油类、无机氮年均值有所下降，磷酸盐年均值基本持平。④其他海域。复州湾、普兰店湾、金州湾二类海域功能区悬浮物年均值以及红土堆子湾二类海域功能区无机氮、活性磷酸盐、悬浮物年均值，超过国家二类海水标准。其他各海域功能区主要监测指标年均值符合所在功能区标准。

【建立海洋自然保护区】 2000年8月，大连市政府批准建立2个市级海洋自然保护区：长海海王九岛海洋景观自然保护区和大连老偏岛——玉皇顶海洋生态自然保护区，填补了本市海洋自然保护区的空白。

长海海王九岛海洋景观自然保护区总面积2 143公顷。其中核心区范围是：大王家岛海岸线向陆200米及周围礁盘景观，其他8个岛坨海岸线以上向陆部分及其周围景观，面积为461公顷。主要保护对象是：岛礁型基岩海岸；海蚀柱、海蚀洞等海滨地貌；黄嘴白鹭、海鸥等鸟类；海岸景观。

大连老偏岛——玉皇顶海洋生态自然保护区位于星海湾南约4.7海里，总面积1 580公顷。其中核心区范围是：玉皇顶海岸线向外延伸100米范围内，大坨子、二坨子、三坨子、四坨子海岸线向外延伸200米范围内，老偏岛海岸线向外延伸50米范围内，面积为270公顷。主要保护对象是：刺参、皱纹盘鲍、紫海胆、紫石房蛤、香螺、魁蚶、马尾藻及周围海洋生态系统；老偏岛的喀斯特地貌；玉皇顶及大坨子、二坨子、三坨子、四坨子的海蚀地貌景观。

海洋国际合作与交流
Marine International Cooperation and Interflow

【渔业】 2000年6月14～17日，大连首届国际海鲜大会举办，国内70余家企业参展，12个国家和地区近千名外商参会，签订协议20余个，完成交易额2.4亿元。全市有16个团组50人次参加日本、美国、韩国、爱尔兰等国的国际渔业经贸洽谈会；接待来自20多个国家和地区的140个渔业团组，共800人次，分别在大连召开中日河豚鱼养殖研讨会、中日韩3国裙带菜协议会等，进一步加大渔业的国际间交流。当年，全市渔业实际使用外资5 361万美元，兴办外商投资企业48家；出口水产品21.2万吨，创汇2.5亿美元。由于投资环境进一步改善，其中有9个渔业外商投资企业的外商增加投资共1 200万美元。

【海运】 2000年12月11日，中远集团大连远洋运输公司与日本日立船厂在北京签订30万吨原油轮的建造合同。这是该公司首次订造超大型原油轮(VLCC)，由此成为国内首家订造VLCC的航运企业。

【旅游】 至2000年末，大连市海外客源市场已覆盖世界近170个国家和地区，但主要客源市场仍是日本、韩国及台湾省和香港、澳门特别行政区，与上年相比，位次也未发生变化。大连市旅游局全年共派出10批海外促销团组，分赴香港、澳门特别行政区和台湾省及东南亚、日本、韩国、俄罗斯、美国、加拿大等地进行宣传；邀请日本、泰国、新加坡、韩国等国家和台湾省及香港特别行政区20余批旅行商和代理商来大连考察。此外，还在日本、美国等国家和香港特别行政区的媒体作广告宣传。全年共接待海外包机69架、国际豪华游船5艘。

海洋立法与管理
Marine Legislation and Management

【加强海洋综合管理】 2000年，大连市以振兴海洋产业、繁荣海洋经济为工作思路，加强海洋综合管理。海洋开发规划与功能区划工作成果显著，“十五”海洋开发建设规划编制完成，待市政府公布实施。推行海域有偿使用和海域使用证制度工作力度加大，征收海域使用金超过1 000万元目标。海洋行政执法能力明显增强，有50名海洋监察执法人员持证着装上岗，查处违反《大连市海域使用管理暂行规定》，未经批准擅自填海等违规行为4起，加强海洋环境污染事件的监察和海洋使用纠纷及违章事件的处理。

【完善海域使用管理的政策法规】 早在1997年，为进一步完善海域使用管理的政策法规，市财政局和市海洋局联合制定《大连市征收海域使用金实施意见》；市海洋局制定《关于核发〈海域使用证〉的实施意见》；市海洋局、市物价局、市财政局联合制定《大连市海洋倾废管理实施意见》。这3个《实施意见》与1995年在全国率先以政府规章的形式出台的《大连市海域使用管理暂行规定》相配套，对全市海洋资源开发实施综合管理起到重要作用。

【推行海域有偿使用和海域使用证制度】 从1997年起，大连市海洋局开始推行海域有偿使用和海域使用证制度，此项工作一直走在全国前列。截至2000年末，全市累计颁发《国家海域使用许可证》2 150套，批准用海面积57.6万公顷，其中当年颁发235套、批准16万公顷；累计征收海域使用金2 100万元，约占全国征收总额的42%，其中当年征收1 206万元，突破计划征收1 000万元的目标。

【海域使用普查登记】 2000年，大连市海洋局对市直管220千米长海岸线的海域使用状况进行普查登记，逐户落实并详细登记用海单位(个人)名称、用海面积、使用性质、用海时间、办证与否等基本情况。至年末，共有156家用海单位进行登记。按用海类别划分：养殖用海81家；工程用海62家；旅游用海13家。

表1 大连市沿海区市县及其海洋机构情况

区市县名称	海洋管理机构
长海县	长海县水产局
金州区	金州区水产局
甘井子区	甘井子区水产局
旅顺口区	旅顺口区科委海洋办
庄河市	庄河市科委海洋办
瓦房店市	瓦房店市科委海洋办
普兰店市	普兰店市科委海洋办

表2 大连市沿海区市县人口及从业人员情况

单位：万人

区市县	年末总人口数	农业人口	非农业人口	职工人数
大连市	551.4	276.1	275.3	88.8
长海县	8.8	2.5	6.3	0.5
金州区	65.5	35.0	30.5	4.1
甘井子区	53.1	13.7	39.4	1.6
旅顺口区	20.9	10.8	10.1	2.4
庄河市	89.7	73.4	16.3	3.4
瓦房店市	102.5	71.2	31.3	3.7
普兰店市	82.5	65.1	17.4	2.8

表3 大连市海洋开发资料统计

项目		数量
海洋捕捞产量（万吨）	鱼类	52.1
	贝类	11.6
	虾蟹类	14.5
	其他	8.2
	合计	86.4
海水增养殖产量（万吨）	鱼类	1.2
	贝类	81.4
	虾蟹类	8.7
	藻类	27.3
	合计	118.6
海洋旅客运输量（万人次）		598
大连港货物吞吐量（万吨）		9 084.1
海洋货物运输量（万吨）		2 934
海盐生产情况	面积（公顷）	32 480
	产量（万吨）	162.9
滨海旅游人数（万人次）	国内	1800
	国外	33.8

（翟 兵）

香港特别行政区
Hong Kong Special Administrative Region

综述
Summary

【概况】香港位于珠江三角洲入口，陆地面积约1 098平方千米，海域面积约1 656 平方千米，海岸线约长1 174千米。2000年，香港总人口达686.6万，整体人口密度为6 320人/平方千米。本地生产总值开支约为12 717亿港元（按当时市值计算），居民生产总值约为12 932亿港元，人均本地居民生产总值为190 274港元。

香港地理位置优越，地处通往中国内地大门的有利位置，又位于连接亚洲之间的国际时区，加上与内地之间的经济联系不断加强，巩固了香港作为世界贸易、金融、商业和通信中心的地位。虽受亚洲金融风暴影响，香港现时仍是世界第十大贸易实体、世界第十大银行中心（以对外银行交易计算）、第七大外汇交易市场（以成交额计算）及亚洲第二大股票市场（以资本市值计算）。以吞吐量计算，香港的集装箱港更是全球最繁忙的集装箱港；以乘客量和国际货物处理量计算，香港国际机场亦是世界最繁忙的机场之一。2000年，香港经济进一步复苏，美国传统基金会连续第七年评定香港为世界上最自由的经济体系。世界经济论坛评选香港为亚洲第二、全球第八最具竞争力的经济体系。随着中国经济起飞，香港与内地之间的经济联系不断加强。2000年，内地占香港贸易总额的39%，是香港最大的贸易伙伴。

为使香港继续发展成一个国际大都会，多个大型建设项目正在进行中，如科学园、数码港、迪士尼主题公园（工程已于2000年全面展开）及天水围湿地公园等。此外，为提升香港为物流枢纽的竞争力，港口及航运局于2000年5月成立物流服务发展委员会，便于从事港口、航空、货运及物流服务的公营及私营机构交流意见。为确保香港的海洋资源得以保护及持续发展，香港港口及航运局、海事处、环境保护署（以下简称环保署）及渔农自然护理署（以下简称渔护署）等共同合作管理香港水域，保护海洋资源。

海洋资源开发与海洋经济
Development of Marine Resources and Marine Economy

【渔业】香港海岸线长，海洋是重要的天然资源。鲜活鱼是香港最主要的原产品之一。2000年，捕获量和养殖量总共约达161 670吨，总值达17亿港元。

内地渔业管理局于2000年6月1日至8月1日再次在南海实施休渔期，以保护渔业资源。休渔期间，渔民只可用刺网、延绳钓和手钓方法捕鱼，本港约有1 400艘渔船受影响。为协助渔业界度过休渔期，特区政府向受影响的渔民提供支持服务、低息贷款和社会保障援助。

海洋捕捞 2000年，渔获量约为157 010吨，价值达16亿港元(见表1)，其中90%的总渔获量来自香港以外水域。香港现时约有5 250艘渔船，其中舢舨和非机动船占2 690艘，共有11 900名本港渔民及5 200名内地渔工在船上作业。本港渔船主要在东海及南海的大陆架附近的水域作业，主要的捕鱼方法是拖网，渔获量占年内海鱼卸下量的85%，达133 458吨。其他主要的捕鱼方法有延绳钓、刺网、围网等。年内，供本地食用的渔获约69 120吨，占本地消耗量的38%。

表1 2000年香港海鱼捕捞情况概览

总海鱼捕获量（吨）	157 010
总批发市值（亿港元）	16
拖网渔获量（吨）	133 458
渔船数目（艘）	5 250
渔民人数（人）	17 100

水产养殖 香港的水产养殖包括海鱼养殖、内陆塘鱼养殖及蚝只养殖。香港的海鱼养殖通

常用悬于浮排的网箱养殖海鱼。现时在香港有1 418人在26个指定的海鱼养殖区从事海产养殖，面积共209公顷。2000年，海鱼养殖业供应的活鱼达1 770吨，约值1亿港元(见表2)。

表2 2000年香港海产养殖情况概览

总海鱼养殖量（吨）	1 770
总批发市值(亿港元)	1
从事海鱼养殖业人数（人）	1 418
其他海产（蚝）养殖量（吨）	76

随着都市化，香港的淡水养殖业日渐萎缩，现时鱼塘占地约1 060公顷，主要集中在新界西北部。2000年，塘鱼总产量为 2 820吨，占本地淡水鱼消耗量的6%。

渔业发展 为使香港渔业得以持续发展，渔护署分两期实施放置人工鱼礁计划，以增加渔业资源及保护海洋环境。第一期计划分别于海下湾及印洲塘海岸公园放置人工鱼礁，工作已于1999年完成。观察所得，鱼礁区内有超过135种鱼类（包括多种高价鱼如星斑和青衣等）在觅食、栖息及繁育。第二期计划预计于2001年初，在海岸公园范围以外的牛尾海及大滩海敷设人工鱼礁，并划定为禁止捕鱼区。2000年，渔护署亦试验在人工鱼礁区投放鱼苗，以增加渔业资源。由于香港近岸水域及邻近南中国海大陆架旁一带水域的渔业资源已捕捞过度，为协助渔民到更远水域捕鱼，渔护署委托顾问研究香港发展远洋渔业的可行性，预计会在2001年年初完成。

另外，为协助养鱼户，渔护署进行水产养殖研究，并提供技术支援，以发展高效率的养鱼方法。该署亦不断研制新鱼粮，减少传统鱼粮所造成的污染。

【港口运输】 以抵港与离港船舶的数目、货物吞吐量及出入境旅客流量而言，香港是世界上最繁忙的港口之一。2000年，抵港与离港船舶约为43万航次，处理约1 810万个标准箱，装卸货物超过1.74亿吨，运载旅客约1 924万人次(见表3)。

表3 2000年香港港口客货运输情况概览

进出船只（艘）	远洋轮船	抵港	37 320
		离港	36 749
	内河客船及货船	抵港	178 984
		离港	179 483
进出口集装箱（万标准箱）	经集装箱码头	卸货	550.6
		装货	609.6
	不经集装箱码头	卸货	347.3
		装货	302.2
进出口货物（万吨）	远洋轮船	卸货	8 800.3
		装货	4 293.4
	内河货船	卸货	1 893.2
		装货	2 477.3
经水路出入境旅客人数（万人次）		抵港	942.1
		离港	981.8

海洋公益事业
Marine Public Welfare Facilities

【海洋监察及预报】 环保署在香港海域（包括海湾及避风塘）共设有93个水质监测站及69个海床沉积物监测站，内陆水域另设有82个抽样站。此外，该署亦负责监察香港41个泳滩。监察工作主要是记录海域内化学、物理及微生物的参数。所有资料均以年报形式定期公布，该署网页亦载有泳滩、海水及河水的水质资料，供市民查询。在泳季期间，该署更会每星期向传媒发布一次泳滩水质。2000年，香港沿岸水质有显著改善。维多利亚港的大肠杆菌含量，平均为100毫升4 800个，较1999年的100毫升6 100个为佳，但仍未达到可接受标准。

香港沿岸水质污染严重，容易出现赤潮(红潮)，香港政府在1983年已成立了一个赤潮报告网络，以监测赤潮的出现。渔护署加强了赤潮监察及管理措施，尽量减少赤潮对海鱼养殖的影响。监察方法由肉眼监察赤潮，改为积极监察浮游植物，在赤潮形成前预先加以防范。另外，渔护署成立了一队外展队，以便对赤潮报告迅速反应。

【海洋天气预报】 香港天文台在香港67处地点均

有天气观测员及自动气象站，以监测各地区的天气变化。天文台也参与世界气象组织之下的志愿观测船舶规划，并建有一支以本港为基地的志愿天气观测船队，以观察海上天气情况。此外，天文台通过世界气象组织所管理的全球电信网络以及日本地球同步气象卫星和中国“风云二号”卫星接收信息，为市民及渔民提供气象预测，包括海洋气象、热带气旋及潮汐时间表等。市民可通过因特网、电话及传真查询天气情况及其他气象资料。如遇恶劣天气，天文台会通过传媒发布消息。

海洋环境保护
Marine Environmental Protection

【污水处理】 随着城市不断发展，水质污染问题日益严重，香港每日产生逾200万吨污水，需要一套完善的污水处理设施。1989年，政府构思了一项“策略性污水排放计划”，为市民提供现代化的污水处理服务。该项计划将市区所排放的污水集中输送到昂船洲污水处理厂处理。昂船洲污水处理厂共分4阶段兴建，已于1997年5月正式启用。计划中包括一条长达25千米的污水收集隧道，收集九龙、荃湾、将军澳及柴湾的污水，隧道挖掘工程也已于2000年11月竣工。这个地下收集系统将于2001年投入服务，余下的各项计划预计于2008年年底前完成。

【漂浮垃圾及海上倾倒废物】 针对漂浮垃圾的问题，海事处利用13艘政府船只及53艘合约式租用船只收集香港海域的垃圾。除收集垃圾外，政府在繁忙地点加设垃圾收集站并加强教育宣传运动，对漂浮垃圾的源头加以预防。

2000年，香港发展工程所产生的淤泥达3 500万立方米，比1999年增加3倍多。这些淤泥不适用于填海或其他用途，只可按许可证规定倾卸入指定的海上卸泥区。为防止非法倾物入海的活动，环保署只允许设有自动监测系统的船只进行卸泥活动，方便记录所有卸物入海活动。此外，环保署也在海上巡逻，以追查非法倾物入海活动。2000年，一共有3宗非法倾物入海的定罪个案。

【湿地护理】 每年有数以百万计的鸟类来回于西伯利亚及中国东北的繁殖地和远至澳大利亚的越冬地，位于香港西北部的米埔湿地，为这些途经的鸟类提供食物及栖息地，是多种候鸟的中途补给站。香港达72%的雀鸟品种可在米埔找到，而全球多种濒危的雀鸟也在米埔出现，如濒危的黑脸琵鹭，全球约有25%在香港越冬。1995年9月，香港米埔及后海湾内湾的湿地根据《拉姆萨尔公约》被列为国际重要湿地，面积共1 500公顷。为更有效管理米埔及保育其资源，香港政府于1997年完成一份管理计划，把米埔湿地分为5个区域：核心区、生物多样化管理区、公众参观区、资源善用区及私人土地区，由世界自然(香港)基金会与渔护署紧密合作管理。观鸟会、长春社等自然环保团体也经常参与保护米埔湿地的活动。

此外，香港政府为弥补因发展新市镇而失去的湿地生境，在天水围北部64公顷的湿地缓冲区兴建一个湿地公园，并将其提升为一个集教育、旅游用途于一身的世界级景点。湿地公园工程分两期进行，第一期包括一个5 000 平方米的园林地区及展览馆，第二期将包括一个占地6 000 平方米的访客中心及一个户外公园。第一期工程已于2000年12月完工并开放予市民参观，第二期工程将于2005年完工，预计每年可接待40万名游客。

香港另一片重要湿地是位于西北部的塱原湿地，为本港现存面积最大的淡水湿地，是多种鸟类的栖息之地。塱原湿地兴建九广铁路上水至落马洲支线的计划有争议，多个环保组织及民间团体也表示反对。世界自然(香港)基金会于 1999年12月提出反对，并于2000年6月与香港观鸟会提议把塱原划为“自然保育区”。同年7月，该会反对落马洲支线的环境影响评估报告。之后，环保署于10月否决了九广铁路落马洲支线的环评报告。

【海岸公园及保护区】 香港地处华南海岸珠江口的亚热带地区，海洋环境适合热带及温带的动物生长。同时，西面水域受珠江淡水影响，盐度较低，东面海域则拥有海洋特质，使香港的海洋生物特别丰富且多样化。然而，香港水质污染问题严重，加上过量捕捞，使海洋生态受到严重威胁。为保护香港海洋生态及资源，政府于1995年颁布《海岸公园条例》，于1996年开始指定海岸公园及海岸保护区，重点护理存护价值高的海域。2000年，香港共有3个海岸公园（分别是海下湾海岸公园、印洲塘海岸公园和沙洲及龙鼓洲海岸公园）及1 个海洋保护区（鹤咀海岸保护区），总面积2 160公顷，所有在海岸公园及保护区内的活动均受限制。2000年还通过由郊野公园及海岸公园管理局草拟的辟设东平洲海岸公园的规划草图，面积约有270公顷。

2000年9月16日，政府为响应国际海岸清洁日，分别在3个海岸公园及鹤咀海岸保护区举行清洁运动，由志愿潜水人员及义工清理弃置于海底的垃圾。当日，共清理超过15吨的废弃渔具及垃圾。

【海洋生物保护】 **海豚** 香港水域全年都有海豚出没，主要为中华白海豚（*Sousa chinensis*，又名印度太平洋驼背豚）及江豚（*Neophocaena phocaenoides*），其中以中华白海豚较为人知，被香港政府定为香港回归中国的吉祥物。中华白海豚分布于印度洋及西太平洋沿岸水域，如南非、印度及澳大利亚等地区。在内地，中华白海豚集中栖息于少数主要河口，如珠江、九龙江及长江口水域。在香港，中华白海豚主要出没于西部水域，常见于香港国际机场以北、青山及龙鼓洲一带。在香港出没的中华白海豚有88～145条，其数量伴随着季节的变更而改变。栖息地消失（如填海工程）、污染（如挖沙工程）及船运使它们的生存受到威胁，政府正进行一系列措施如改善水质、设置人工鱼礁等，以保护中华白海豚的生境。中华白海豚在香港受《野生动物保护条例》保护。政府除了在沙洲龙鼓洲成立了海岸公园之外，现正对大屿山西南及索古群岛一带进行评估，以便进一步把该区规划为保护海豚的另一个海岸公园。同时，为确保所有发展项目都能妥善处理海豚可能受到的影响，所有可能影响中华白海豚的发展计划，均须经由渔护署评估组审核。另外，政府与非政府组织如海洋公园鲸豚保护基金合作，进行对中华白海豚的研究及社区教育，进一步保护中华白海豚。

另一种常在香港水域出没的海豚是江豚，是鼠海豚的一种，初步估计最少有150条在香港水域出没。渔护署于1998年委托海洋公园鲸豚保护基金进行一项关于江豚存护生物学的研究，将于2001年完成。

珊瑚 香港接近珊瑚生长的北面边缘，共有约50种石珊瑚在香港水域内生长，主要是块状、壳状及层状的珊瑚。零散的珊瑚群落散布在香港及离岛的浅水沿岸，主要集中在东面水域。香港的珊瑚受到污染、采捕及全球暖化等威胁。珊瑚在香港受《动植物濒危物种保护条例》保护，而所有在海岸公园及海岸保护区的珊瑚也受《海岸公园条例》保护，拥有受保护的珊瑚（包括所有生或死的样本，但骨骼除外）必须领有牌照。

为保育香港的珊瑚，渔护署与珊瑚普查基金会合作统筹香港珊瑚普查，在2000年夏季由来自政府、各大专院校、环保团体及其他民间组织的业余潜水员进行为期两个月的珊瑚普查。普查结果通过传单、传媒、研讨会及因特网发布，加强保护珊瑚的教育。另外，为保护珊瑚群落，政府在珊瑚覆盖率较高的海域设置浮标，提醒船只不要在该处碇泊。

海龟 香港水域共有3种海龟出没，其中只有绿海龟(*Chelonia mydas*)在香港繁殖，属高度濒危品种。南丫岛深湾的沙滩是香港惟一已知的海龟产卵地，也是南中国海现存少数的海龟产卵地之一。为保护绿海龟免受人类活动影响，政府已把深湾的沙滩列为管制区，在每年的6月1日至10月31日海龟的繁殖期，均限制人们进入沙滩的范围。香港政府已对深湾一带做过评估，初步考虑把该区划为重点保护海龟的海岸公园或海岸保护区。

海洋灾害与防御
Marine Disasters and Prevention

【台风】 香港属亚热带气候，约有半年时间属温带气候性质。一年内平均有30个热带气旋在北太平洋西部、东海及南海上形成，其中半数达到台风强度。热带气旋一般在5～11月出现，以9月最为频密。2000年间共有30个热带气旋影响北太平洋西部及南海区域，其中有13个达到台风强度。全年共有7个热带气旋影响香港，其中5个在南海形成。2000年最高悬挂三号强风信号，分别由6月的小型热带低气压、8月的强烈热带风暴玛莉亚（0013号）及9月的台风悟空（0016号）所引致。

为预防台风所带来的灾害，每当有热带气旋集结在香港800千米的范围内，天文台会通过传媒发出热带气旋警告，市民可通过天文台的电话查询系统及互联网得到天气资料。警告内容包括已发出的热带气旋警告信号及其影响、最新位置、台风中心未来动向、香港境内风力、雨量、水位及市民应采取的防风措施等。2000年起，热带气旋开始使用一套由台风委员会14个国家及地区订定、具有地区特色的名称。为确保海上船舶的安全，天文台的天气预测总部由海岸无线电台通过中频航行专用电报(NAVTEX)，向在区内航行的船舶每日发出两次船舶天气预报。

【赤潮】 在香港，藻华或赤潮是常见现象，大部分是无害的，除非赤潮由有毒害的微藻形成，或是出现数量庞大的微藻，在缺乏水流时，才会导致鱼类因缺氧而死亡或影响市民健康。2000年，香港一共记录到45次赤潮。大部分赤潮均出现在东部水域，包括吐露港及赤门海峡、大鹏湾及牛尾海，赤潮的出现通常在春季最为频繁。海水污染是导致赤潮的原因之一，污水中的氮和磷使海水产生富营养化现象，促使微藻生长。为更有效预测赤潮的形成，环保署每月定期在25个监测站采集浮游植物样本。2000年，一共记录到有93种浮游植物，其中以硅藻类为主。1991～2000年期间，大部分采样站的浮游植物总量密度均有显著增加。为减少赤潮对市民及渔户的影响，政府会尽早向养鱼户发出有害藻华的预警报告，指导他们采取适当的预防措施。同时，在有赤潮出现的海滩悬挂警告旗号和封闭泳滩，直至海水中有害的藻类完全消散后，泳滩才会重新开放。

海洋科技与教育
Marine Science & Technology and Marine Education

【概况】 香港的海洋科技由多个政府部门及教育机构共同发展。渔护署进行多项研究计划，包括水产养殖、人工鱼礁计划及湿地公园设计等，促进海洋科技及保育的发展。环保署也进行有关水质污染的研究，制定污水处理策略。

香港各大专院校均开展海洋科学的研究，培训有关人才。香港现有两个附属于大学的海岸实验室，分别为香港中文大学的海洋科学实验室和香港大学的太古海洋科学研究所。香港中文大学海洋科学实验室位于吐露港旁，隶属于生物系，设有养殖室及多个室外养殖池，主要研究海洋生物生理学、海洋生物技术、海产养殖、浮游生物学、珊瑚生态及海藻生态等课题。因兴建科学园的道路工程，海洋科学实验室需要拆迁，特区政府现正在科学园旁兴建新的实验室，将于2001年落成。香港大学太古海洋科学研究所位于鹤咀，隶属于生态学及生物多样性学系，主要从事海洋生物分类及生态等研究。另外，海洋生物学亦是香港科技大学的研究重点，研究范围包括分子生物学、毒理学等。其海岸与大气研究中心也有从事气象、海岸工程、遥感等研究，现有一个海岸海洋实验室在兴建中。香港城市大学的海岸污染及环保研究中心，也从事环境毒理学、污染监察等研究。

政府多个部门、环保团体及其他民间组织每年均举办多项活动以推行海洋教育，提高市民大众保护海洋生态及资源的意识。活动包括展览、生态导览、讲座、研讨会及清洁海岸等。多个团体到各中、小学校推行活动，以使新一代增加对海洋的认识及保育意识。海洋公园鲸豚保护基金自成立以来一直致力于推动保护海洋哺乳类动物及海洋生态的活动。每年均举办鲸豚保护日，提高市民对海洋保育的意识。2000年，该会举办了野外观豚活动及红树林植树日等活动，让市民亲身接触香港的海洋生态。世界自然(香港)基金会经常安排学校、团体及公众人士到米埔湿地参与导览活动，制作多套环境教育教材分发给各学校。该会也在海下湾海岸公园范围内兴建一所综合性的教育中心。此中心由香港赛马会赞助，将于2002年落成。香港观鸟会也定期到米埔举办观鸟活动，提倡湿地及鸟类保护。另一环保组织香港海洋环境保护协会于1991年成立，至今推行了多项有关保护海洋的活动。从1998年起，该会每年与世界自然(香港)基金会、香港潜水总会以及《潜水家导报》杂志合办一项名为“孩子与海洋”的大型图片展览会，提倡青少年积极参与保护海洋的活动。长春社、地球之友等环保团体也定期印制有关环境保护的传单及小册子，让更多市民认识保护生态资源的重要性。同时，环保署还设立环境及自然保育基金，供各界团体申请，资助各种与环保和自然保育事业有关的教育、研究、减少废物示范计划及其他计划和活动。

海洋国际合作
Marine International Cooperation

【国际航运组织】 香港以“中国香港”的名义、以联系会员身份参与国际海事组织的多项活动。2000年，共参与外交会议1次及伦敦国际海事组织会议14次。参与事务包括海员培训和发证标准、散装货船安全、无线电通信、修订《国际海运危险货物规则》、航行安全、防污等事宜。

海事处的海上救援协调中心根据国际协议，负责香港水域、南海水域范围以内所发生的海上遇险事故的搜救工作。该中心为渔民协会、游艇会和广东省的航运从业员以及公众举办安全研讨会。年内，该中心总共处理278宗船舶紧急求助个案。该中心得到国际的认同，被选为国际海事组织与国际民用航空组织搜救联席工作小组的成员之一。2000年，海事处继续参与《亚太地区港口国监督谅解备忘录》的工作， 经常派专家到亚太地区向当地的港口国监督人员讲解检验要领。

【海洋科学及保护合作】 为有效防治港内油污，香港与深圳、广州、珠海、澳门等地方港口建立信息网络，以便其中一方港口出现油污时可立即互通消息。2000年6月5日世界环境日，海事处联同附近港口举行跨界海上溢油应急演习，加强各地区在出现严重事故时的合作。1999年，粤港两地为改善水质污染，拟定了粤港联合实施方案，旨在15年内把污染负荷量降至可接受水平。2000年中，类似的管理策略研究在大鹏湾展开，为期两年。同时，粤港两地合作改善东江水质，保护中华白海豚。此外，香港也与厦门交换中华白海豚的资料和管理经验，有效保护在中国海域的中华白海豚。香港也参与国际珊瑚礁考察，负责香港地区珊瑚群落的普查。同时，香港两所主要大学香港中文大学和香港大学，均有代表参加在印度尼西亚巴厘举办的第九届国际珊瑚研讨大会，并在会上对香港珊瑚群落的研究作了汇报。

海洋管理与立法
Marine Management and Legislation

【海洋管理】 香港水域由多个政府部门负责管理。新成立的环境食物局负责整体环保政策，辖下有食物环境卫生署、环保署、渔护署等部门。环保署负责执行环保政策及计划、审查环保规划和评估工作等，执行并检讨环保法例。渔护署负责管理和推行渔业及有关研究，同时负责自然保育的工作、划定和保护重要的生态保护区。海事处则负责海上航行安全以及清理海上垃圾和油污。渠务署则负责设计、建造及维修污水处理设施。土木工程署负责策划、设计及兴建公众海事设施，2000年间分别完成多个码头的建造工程。此外，渔护署、食物环境卫生署、卫生署、康乐及文化事务署、环保署、香港天文台、政府化验所、海事处和新闻处组成了“红潮跨部门工作小组”，监察及警告赤潮的出现。

【海洋立法】 香港政府制定多条法例以保护海洋资源。《海岸公园条例》划定具生态价值的地区为海岸公园或保护区，所有在该范围内的活动均受到限制，以保护该区的珊瑚及海洋生物。无许可证下，一切捕鱼活动(包括钓鱼等)及标本收集都属违法。而所有海洋哺乳类动物均受香港的《野生动物保护条例》保护。珊瑚的出入口亦受《动植物濒危物种保护条例》限制。

为保护米埔内后海湾拉姆萨尔湿地及野生动物，米埔及邻近的沼泽区已被列入《野生动物保护条例》的“限制进入地区”，限制一般市民随意进入。而《渔业保护条例》则管制捕鱼方法，防止进行破坏性捕鱼活动，以使渔业可持续发展。 （陈君凌 朱嘉濠）

附录

Appendixes

CHINA

OCEAN YEARBOOK

附录1　2000年海洋科研项目获奖成果

Appendix 1　Award-Winning Achievements of the Marine Scientific Research Projects During 2000

【海洋创新成果奖】 国家进行科技奖励制度改革后，国家海洋局根据海洋工作的特点，对原有奖项进行了相应的调整，重新设立了“海洋创新成果奖”，制定了海洋创新成果奖暂行办法、评审办法，推选出第一届海洋创新成果奖评审委员会。2000年进行了第一次评审工作，共评出了海洋创新成果奖奖励项目18项，其中一等奖3项，二等奖15项。此次评奖还得到了沿海省市的重视及青岛海洋大学、中国科学院海洋研究所等单位的重视，使其一些水平较高的成果参加国家海洋局的评奖。2000年海洋创新成果奖获奖项目如表1。

表1　2000年海洋创新成果奖一览表

项目名称	奖励等级	主要完成单位	主要完成人
国家海洋信息系统建设	一等奖	国家海洋信息中心	侯文峰 石绥祥 徐 丰 姚湜予 扈玉清 王 宏 林绍花 刘法孔 胡恩和 杨 鹰 何广顺 刘百桥 夏登文 郭丰义 徐炎光 耿 森
中韩黄海水循环动力学合作研究	一等奖	国家海洋局第一海洋研究所	汤毓祥 王保栋 邹娥梅 杨晓东 刘 峰 陶义忠 王仁颐
紫菜种苗工程	一等奖	中国科学院海洋研究所	费修绠 许 璞 于义德 连绍兴 汤晓荣 梅俊学 鲍 鹰 唐志洁 李世英 卢 山 李笑红 国琼彭 国 宏 段德麟
渤、黄海区环境污染基线调查	二等奖	国家海洋局北海分局 山东省海洋与渔业厅 辽宁省海洋与渔业厅 天津市海洋局 河北省国土资源厅 青岛市海洋与水产局	刘宇中 林山青 李逢熙 姜锡仁 陈江麟 贾传明 张 友 杨应斌 张洪亮 王培刚
FZF2-3型海洋资料浮标系统	二等奖	山东省科学院海洋仪器表研究所 国家海洋局南海分局	王军成 王孝坤 张喜验 李 民 赵 力 盛岩峰 陈天福 姜明建 齐振华 张 志
盐生植物碱蓬加工利用研究	二等奖	国家海洋局第一海洋研究所	李光友 刘发义 石红旗 石书河 沈继红 边 际 吕培顶 张沂萍
对地遥感模拟仿真研究	二等奖	国家海洋局第二海洋研究所 国家海洋局第一海洋研究所 中科院遥感应用研究所 中国气象局气象卫星中心	潘德炉 丁永耀 郑兰芬 董超华 毛天明 刘建强 李淑菁 吴北婴 毛志华 黄海清
30千瓦摆式波力电站研建	二等奖	国家海洋局海洋技术研究所	杨庆保 李 宏 李殿森 刘桂松 姜华荣 李秀英 刘淑青 李继刚
20世纪末中国海洋环境质量公报	二等奖	国家海洋环境监测中心	史鄂侯 王 飞 马德毅 许丽娜 王健国 马加蕊 战秀文 隋吉学 张 燕 王孝强
赤潮卫星遥感业务化监测技术	二等奖	国家海洋环境监测中心	赵冬至 王健国 赵 玲 丛丕福 张丰收 郭 皓 陈则玲 李亚楠 傅云娜
海洋管理通论	二等奖	国家海洋局	鹿守本
船用反渗透海水淡化装置	二等奖	国家海洋局杭州水处理技术开发中心	陈益棠 张国亮 薛德明 曲敬绪 章宏梓 周倪民 吴国锋

续 表

项目名称	奖励等级	主要完成单位	主要完成人
半圆型防波堤设计和应用	二等奖	交通部第一航务工程勘察设计院 天津港务局 大连理工大学 天津港湾工程研究所 长江口航道建设有限公司	谢世楞 王美茹 刘永绣 谢善文 李元音 贾东华 武 蕾
泥蚶全人工养殖技术开发和推广	二等奖	浙江省海洋水产养殖研究所 乐清市水产科学研究所	林志强 林志华 谢起浪 章纪勇 周志明 王铁杆 周朝生 牟哲松 柴雪良
沿岸海平面低频变化的模拟与预报	二等奖	中国科学院海洋研究所	崔茂常 胡敦欣 练树民 王 凯 朱 海
对虾苗期细菌病害诊断与控制：养殖水体环境条件、养殖技术与虾苗健康的关系	二等奖	青岛海洋大学 山东省莱州市大华水产有限公司	徐怀恕 杨学宋 李 筠 纪伟尚 张晓华 李 军 郑家声 王祥红
对虾白斑症病毒（WSSV）病的流行病学与检测诊断技术研究	二等奖	青岛海洋大学 东京水产大学	战文斌 福田颖穗 王远红 周 丽 管华诗 大久保铃木信一 俞开康 邢 婧 张利峰 陈 静 张志栋
卫星--浮标水声测量系统	二等奖	中国科学院声学研究所	李 平 李锡禄 王富堂 万世敏 雷良颖 郑 颖 孙枕戈 孙 南 郝隆盛 蒋晓勇

（国家海洋局科学技术司）

表2 2000年中国科学院海洋研究所、南海海洋研究所获得的省部级二等奖以上、国家级奖励情况

成果名称	授奖单位	奖励类别	等级	主要完成单位	主要获奖人
海水增养殖生物优良种质和抗病力的基础研究	山东省	科技进步奖	1	中国科学院海洋研究所 青岛海洋大学	曾呈奎 李永祺 相建海
海洋腐蚀与环境相关性研究及其防腐蚀新技术	山东省	科技进步奖	2	中国科学院海洋研究所	侯保荣 张经磊 李言涛
对虾暴发性流行病等主要病害综合防治技术研究	广西壮族自治区	科技进步奖	2	广西防城港海洋科技开发中心 中国科学院海洋研究所	朱校斌 吴世海 莫永杰
对虾病害综合防治研究及过滤海水防病养虾系统的建立与应用	中国科学院	科技进步奖	2	中国科学院南海海洋研究所	胡超群 张吕平 任春华

（刘保忠 陈东娇）

表3　2000年青岛海洋大学获得的省部级二等奖以上、国家级奖励情况

编号	获奖名称	获奖类型	等级	获奖级别	完成人
1	大型海藻生物技术研究及其应用	国家科技进步奖	2	国家级	戴继勋
2	中国沿岸现代海平面变化及其应用研究	国家科技进步奖	2	国家级	陈宗镛
3	时滞差分方程和微分方程的振动理论	山东省科技进步奖	2	省部级	张炳根
4	海浪统计理论与海浪研究	中国高校科技奖	1	省部级	孙　孚
5	对虾养殖白斑症病毒的研究	中国高校科技奖	1	省部级	战文斌
6	海洋界面化学	中国高校科技奖	2	省部级	张正斌
7	热带太平洋环流中几个重要问题的研究	中国高校科技奖	2	省部级	吴德星
8	时滞微分方程和差分方程的定性分析	中国高校科技奖	2	省部级	张炳根
9	对虾苗期细菌病毒诊断与控制	中国高校科技奖	2	省部级	徐怀恕
10	海洋文化概论	山东省社科优秀成果	2	省部级	曲金良
11	天然海洋生物硒制品的开发研究	山东省科技进步奖	2	省部级	毛文君

（谢正侠）

表4　2000年获中国海洋石油总公司科技进步奖项目

序号	获奖项目名称	奖励等级	主要完成单位	主要完成人
1	海底大位移井钻井技术	中国海洋石油总公司科技进步一等奖	中海石油研究中心	张　钧　周守为　姜　伟　蒋世全　梅文荣　金晓剑　曹世敬　莫成孝　董星亮　王长利　宋永强　陈　海　霍建忠　岳江河　邓建明
2	海上中深层高分辨率地震勘探技术	中国海洋石油总公司科技进步一等奖	中海石油研究中心	何汉漪　徐光周　温书亮　张洪昌　张学功　胡天跃　刘永江　张云鹏　邵启群　何樵登　陆文凯　赵　伟　梁勋奎　许世勇　王　蓓
3	海洋石油综合数据库建立与应用	中国海洋石油总公司科技进步二等奖	中海石油研究中心	俞红兵　方　旻　夏志英　董本松　孙茂华　吴　刚　吴琚铃　章川徽　张　勇　张建霞　李孟成　李　磊　黄　燕　李元凤　邹金梅
4	高温超压地层精确的压力预测与监测技术	中国海洋石油总公司科技进步二等奖	湛江分公司	王振峰　董伟良　谢玉洪　徐　发　杨计海　陈锡泉　罗晓容　骆宗强　吴洪深　温伟明　贾爱贵　邱细斌　刘　劲　陈殿远　欧本田
5	渤海油田防砂完井新技术	中国海洋石油总公司科技进步二等奖	天津分公司	周守为　陈　壁　姜　伟　岳江河　吴成浩　刘良跃　杨立平　林少宏　朴庆利　邓建明　张　亮　范白涛　马英文　刘刚芝　李贵川　李伟东
6	渤海延长测试与早期试生产系统	中国海洋石油总公司科技进步二等奖	天津分公司	黄庆玉　吕新才　吴　思　周守为　戴焕栋　姜　伟　梅争荣　李文彬　刘菊娥　曾恒一　刘振江　郭金明　王　翎　马庆九　刘晓光
7	中国东海平湖气田开发工程	中国海洋石油总公司科技进步二等奖	上海分公司	曹学军　杨炳益　顾鸿高　陈伟杰　李治国　肖　龙　侯金林　汤军锋　李平政　巩志明　周　巍　郑玉平　林　蔚　沈　怡　陈晓丹

（闫江梅）

【2000年海洋船舶业获奖情况】 2000年，大连造船重工有限责任公司为马来西亚环球海事航运公司和宏愿航运公司设计并批量建造的4.6万吨化学品／成品油轮，继获得辽宁省优秀新产品一等奖和中国船舶重工集团公司科技进步一等奖之后，又获得国家科技进步二等奖。

江南造船(集团)有限责任公司建造的16 500立方米半冷半压式液化气船获2000年国家科技进步二等奖、1999年度中国船舶工业总公司科技进步一等奖、1999年度国家级新产品、1998年度上海市优秀新产品一等奖。

（中国船舶重工集团公司）

【2000年度交通部水运工程质量获奖项目】 经交通部组织有关专家严格评审，上海外高桥港区二期工程、盐田港二期码头及堆场工程、山海关船厂15万吨级船坞工程 3 个工程项目获2000年度交通部水运工程质量奖。

2000年获奖项目有以下特点：一是工程规模大。3 个获奖项目均为水运工程大中型项目。二是技术含量高。每个项目的设计和施工都采用许多新技术、新工艺，反映了水运工程技术的发展方向。三是工程质量好。无论是工程实体质量，还是工程建设中的质量管理，都达到了较高水平，代表了交通行业水运工程的质量水平。四是经济效益佳。每个工程项目投产后，都很快达到或超过了设计能力，取得了可喜的经济效益，为企业的发展注入了活力。 （黄　勇）

附录2　中国海洋学术团体

Appendix 2　Marine Learned Societies of China

【中国海洋学会】 2000年中国海洋学会在中国科协与国家海洋局的领导与支持下，认真贯彻海洋学会“五大”精神，积极开展各项活动，取得了显著的成绩。

组织建设工作

以深化改革求发展的精神，狠抓海洋学会组织建设，是2000年中国海洋学会工作的重点。

(1) 中国海洋学会于2月底在山东泰安召开了五届一次秘书长工作会议。会议传达了中国科协五届五次全会精神；讨论海洋学会“十五”工作要点和2000年工作计划；修改学会分支机构组织细则，讨论学会会员重新登记和收取会费问题，以及分支机构的改革和调整问题。杨文鹤理事长在会上强调，中国海洋学会要深化改革，加强组织建设，建立适应社会主义市场经济体制发展的组织体制和运行机制，使会员增强组织观念，使海洋学会增强凝聚力。

(2) 2000年3月8日中国海洋学会在国家海洋局召开了五届二次常务理事会。国家海洋局王曙光局长到会，希望中国海洋学会做好团结广大科技工作者的工作，为中国海洋事业的发展做出贡献。常务理事会听取并通过了“1999年中国海洋学会工作总结”，审议并通过了“中国海洋学会十五期间工作要点”、“关于会员重新登记和会员缴纳会费办法”和“中国海洋学会分支机构组织细则”。杨文鹤理事长提出筹措海洋青年优秀论文奖励基金、筹建中介服务机构、每两年办一次海洋技术开发国际展的设想，得到常务理事的赞同。

(3) 在理事长领导下，中国海洋学会办事机构遵循民主办会精神，采取措施，建立制度，强化海洋学会常务理事会的领导地位，充分发挥其决策指导作用。

(4) 重视并加强分支机构换届工作。对于学术分支机构领导班子换届的指导思想是：补充新的领导成员，使班子有较大的更新调整面；注意吸收年青的科技骨干进班子，做到老、中、青三结合；班子成员分布面要宽，尽可能来自不同类型单位、不同地域、不同海洋学科等。藉领导班子换届之机，分支机构总结上届学会工作经验教训，推动下一届学会工作的开展，从而增强了海洋学会的活力和凝聚力。

(5) 做好会员重新登记与收缴会费工作，对老会员实施重新登记，并同时发展新会员。在此基础上对会员队伍结构情况作出统计分析，提出今后海洋学会发展工作的重点。设计了新的会员证，制订了缴纳会费的办法，2001年起将全面实施收缴会费。

(6) 中国海洋学会为对学术分支机构实施评估，按中国科协学会评估指标体系的框架编拟海洋学会分支机构调查提纲。各分支机构按调查提纲要求进行自查，写出近5年全面的有定性定量分析的分支机构及其工作的情况报告报海洋学会组织工作委员会进行综合评估，评出优、良、中、差等级。

(7) 在国家海洋局领导及有关部门的支持下，中国海洋学会办事机构实施了体制改革，学会秘书处配备了新的领导班子，精简了办事人员。

(8) 推荐优秀人才工作。经民主评审推荐耿美玉、戴民汉、李家彪、张占海为第七届中国青年科技奖候选人。向科协推荐黄韦艮、张经、施平等三位科学家为国际海洋科学研究委员会（民间科技组织）后备人选，促进中国科学家在国际海洋科技交流与合作中发挥更大的作用。

学术交流活动

(1) 中国海洋学会于4月25～26日在南京召开了海洋工程环境管理与对策研讨会，严恺等8位院士和其他海洋工程环境及管理专家与会深入探讨海洋工程环境保护的有关问题。会议认为：随着中国沿海地区经济的快速发展，沿海工业化和城市化进程加快，海洋资源的开发利用活动日益广泛。但是，由于对海洋工程缺乏有效的环境管理，特别是一些不符合海洋功能区划规定的开发活动，使局部海域环境受到严重损害，海洋环境质量不断恶化，造成海洋资源的浪费和海洋生态平衡的破坏，影响了沿海地区社会经济的可持续发展。为此，与会专家建议：①尽快制定海洋工程建设项目环境管理条例和有关法规；②海洋工程环境管理法规应基于海洋功能区划、海域使用和污染总量控制制度；③尽快建立完善海洋工程环境管理技术支撑体系，统一实施海洋环境监测、评价、后评估等技术方法和标准。

（2）4月28～29日，由中国海洋学会主办，海军航保部、中国舰船研究院、国家海洋局第一海洋研究所协办的《2000年海洋科学技术及应用高级研讨会》在北京召开，80余名专家和学者与会。通过军地双方的领导和专家学者相互交流，深入探讨了在新形势下加快军事海洋学研究和相关成果的转化、促进海洋科技为维护国家海洋权益和保障国家海上安全服务等内容，为军事海洋学的发展起到了积极的作用。为促进军事海洋学的研究与开发，专家呼吁：中国海洋学会拟增设一个军事海洋学分会，持续组织军事海洋学这一交叉学科的学术活动。

（3）中国海洋学会依靠国家海洋局海洋环境预报中心、海洋环境监测中心等职能单位，组织专家参加中国科协的“减轻自然灾害学术研讨会”，并在呈送国家领导人和国务院有关部门参阅的《减轻自然灾害白皮书》中，就海洋灾害中的风暴潮和赤潮两个灾种撰写了1999年灾情总结和2000年发生趋势预测及防御对策的报告。

（4）中国海洋学会组团参加中国科协2000年学术年会。会议主题是“西部大开发，科教先行与可持续发展”，海洋学会有11位专家在“地球科学”与“资源环境科学”领域发表了科研成果。

（5）海洋生物工程专业委员会于12月3～4日在青岛召开了“海洋生物技术与海水农业2000年学术年会”，90余人与会交流论文70余篇，主要涉及海洋生物工程、海洋药物、海洋生物活性物质和海水农业等领域的研究成果。海水农业在改造海滩和盐碱荒地方面，已从传统的方法发展到充分利用先进的生物技术培养和驯化耐海水、耐盐碱的植物上。不少论文具有国际和国内领先的研究水平。还有长期与科研院校合作，并在转化吸收高新科技成果上取得重大经济效益的企业家到会交流。

（6）海岸带开发管理分会2000年8月7～10日在西宁召开了海岸带开发管理学术研讨会，40余人与会，会议交流论文20余篇。专家们认为，由于中国海岸带地区生态脆弱，应考虑生态效益、经济效益和社会效益的有机结合，要实施海岸带的可持续发展战略。为此，国家、沿海省市要尽快立法，地方可先行立法。会议还就省际划界问题、海岸带开发中的环境保护等问题进行了研讨。

（7）风暴潮及海啸分会2000年学术年会于4月12～16日在昆明市举行。40名与会学者交流论文或论文摘要35篇。冯士筰、谢世楞两位院士分别作了“国际物理海洋和海洋灾害研究的最新进展”、“核电站水域工程设计标准问题以及风暴潮数值预报方法研究”的专题报告。

（8）海气相互作用专业委员会于1月11～12日在青岛召开了山东和青岛地区天气与海洋长期变化趋势学术研讨会，40余位专家与会，主要讨论了：热带海洋水温异常的实况诊断；西北太平洋水温变化与山东旱涝；山东和青岛长期天气和海况预报会商。

（9）海洋物理分会举办的“海洋物理2000学术年会”于5月20～22日在上海举行，有20余位专家与会，围绕海洋声学、海底声学、海洋光学和海洋遥感等方面的内容进行了交流，会议收到论文13篇，并向有关刊物推荐了6篇优秀论文。就海洋物理学科如何为国民经济服务进行了讨论。

（10）海洋调查专业委员会联合有关研究所于10月15～19日在温州召开了“中国海洋环境科学研讨会”，50多名专家学者与会。会议收到58篇涉及海洋水文、气象、化学、环境、地质和海洋灾害等方面的论文，其中24篇在大会上做了交流发言。会议的特点是结合工作任务所取得的重大前沿阶段性成果，进行跨专业的学术交流，对促进学科交叉、学科发展收到了好的效果。

（11）海水淡化与水再利用分会于4月18～20日邀请日本造水促进中心后藤藤太朗博士到杭州访问讲学。他详细介绍了日本的水再生规划、海水淡化与氯碱工业联产的可能性、海水淡化区域需求、污染海水的预处理等内容。

海洋科普宣传

中国海洋学会认真贯彻落实“全国科普工作会议”精神，结合有关大型宣传活动，广泛开展各种形式的海洋科普活动，取得了良好社会效应，为强化全民的海洋意识做出了贡献。

（1）中国海洋学会于6月在西宁召开第八届科普工作会议。会议传达了全国科普工作会议精神，学习讨论江泽民总书记给全国科普工作会议贺信和中央领导的讲话；审议海洋学会上届科普工作报告；讨论修改《中国海洋学会2000～2005年科普工作纲要（征求意见稿）》与《关于海洋科普教育基地管理办法（征求意见稿）》；听取科普工作形势报告，交流科普工作经验；表彰13位先进科普工作者。会议对海洋学会海洋科普工作的开展有积极的指导作用。

(2) 4月4日，海洋学会配合国家海洋局举办的“海洋环保法”宣传日活动，编写、设计与制作展板18块，向社会各界普及海洋知识、宣传海洋环保法。

(3) 4月22日，中国海洋学会参与中国科协在西单商场门前组织的“国际地球日”宣传活动，围绕“保护我们的地球”主题，以展板、咨询、散发宣传品等形式宣传海洋，其中有以“保护海洋，拯救地球”为题的8块展板；请海洋专家为公众作海洋环境方面的咨询答疑等。

(4) 海洋学会与国家海洋局极地考察办公室联合举办的“中国南北极考察摄影展”于10月3～8日在中国美术馆展出，国土资源部和国家海洋局的领导参加了开幕式并为开幕式剪彩。展览分序厅、南极厅、北极厅三个大厅，从不同角度精选的200余幅图片反映南北极的资源及自然风貌以及中国16年来在南北极科学考察中所取得的丰硕成果。

(5) 海洋学会受中国科学院计算机网络中心委托，编制科普网页《海洋馆》。《海洋馆》科普网页用40余万文字，1 250余幅图片和绘画，制成1 000余网页，内容包括：海洋的形成、地球上的海洋、海峡与海湾、崎岖美丽的海岸、海上明珠——海岛、海洋——生命的摇篮、水族大观园、丰富的宝藏、永不停息的海洋、探索海洋的人们、海洋大开发、海洋自然灾害与防范预报、保护海洋，拯救地球等。

(6) 7月22～24日，海洋地质分会组织了“千禧年小洋岛海洋地质青少年科普夏令营”。夏令营活动使青少年增长了海洋知识、地质知识，陶冶了情操，增强了体质，取得了预期效果。

举办培训班

中国海洋学会海水淡化与水再利用分会根据市场需要，于11月21～30日在杭州市举办了“全国2000年水处理技术培训班”。来自上海、浙江、江苏、广东、辽宁、山西、湖北和福建等省市的48名学员参加了培训。培训班聘请杭州水处理中心有经验的专家，培训系统讲解了膜法水处理的基础知识、组器、预处理、工艺设计和应用等；邀请各方专家讲授了海水淡化技术，电渗析技术，滤孔滤膜和离子交换技术；就国内外膜技术的进展和应用举办了专题讲座。学员还参观了杭州（火炬）西斗门膜工业公司。培训班理论联系实际，注重解决生产和应用中的问题，学员普遍感到收获很大，考试合格的学员发给了结业证书。（刘　萍）

【中国海洋湖沼学会】 中国海洋湖沼学会名誉理事长（按姓氏笔划为序）曾呈奎、文圣常、刘瑞玉、陈吉余；理事长秦蕴珊；副理事长(按姓氏笔划为序)刘永定、苏纪兰、汪品先、陈宜瑜、梁瑞驹、管华诗、相建海；秘书长相建海（兼）；常务副秘书长张首临；学会办公室主任张首临（兼）。

该学会编辑出版的主要刊物有《海洋与湖沼》（中、英文版）、《湖泊科学》、《水生生物学报》。

2000年，该学会及下属分科学会、专业委员会和地方学会密切配合国家科教兴国战略，瞄准世界科学前沿，大力开展学术交流活动，不仅进一步提高了学术活动质量，而且更注重了社会主义市场经济下的社会效益，体现了新形势下学会工作改革的进一步深化。全年共举办学术会议9次，参加人数2 721人次，交流学术论文553篇。2000年该学会组织的主要学术活动有2000年7月31日庆祝中国海洋湖沼学会、中国科学院海洋研究所成立50周年暨学术交流大会 在青岛召开。全国人大副委员长、中国科协主席周光召院士，中国科学院副院长、北京大学校长许智宏院士，中国科学院党组成员、副院长陈宜瑜院士，中共山东省委常委、青岛市党政领导以及来自全国科技教育界的20余名中国科学院、中国工程院院士与1 000余名海洋湖沼科技工作者出席了大会。出席大会的还有俄罗斯、美国、日本、韩国等国的海洋科学家。中国科学院院士曾呈奎、汪品先及有关专家作了精彩报告；在2000年，该学会以青岛市文登路小学和南京路小学的科普基地为依托，开展多种形式的科普宣传和青少年科技活动，取得了显著的成绩；举办了一系列海洋科学知识科普讲座7次，听讲人数 5 000余人；面向社会举办科普展览1次，参观人数近15 000人次，社会效益显著。这一年，学会办公室还编著了《中国海洋湖沼学会五十年》。 （张首临）

【中国水产学会】中国水产学会是1963年成立的由水产及与水产有关的科技工作者自愿结成的全国学术性社会团体，其业务主管单位是中国科学技术协会，挂靠单位是农业部，登记管理机关是民政部。该学会是党和政府联系广大水产科技工作者的桥梁和纽带，是国家发展水产科学技术事业的重要力量。该学会现有会员15 000人，下设17个专业委员会，全国33个省（自治区、直辖市、计划单列市）设有水产学会。学会宗旨是以邓小平理论和党的基本路线为指导，团结和动员水产科技工作者以经济建设为中心，坚持科学技术是第一生产力的思想，实施科教兴国和可持续发展战略，促进水产科学技术的繁荣和发展，促进水产科学技术的普及和推广，促进水产科技人才的成长和提高，促进水产科学技术与经济的结合，为社会主义物质文明和精神文明建设服务；反映水产科技工作者的意见，维护水产科技工作者的合法权益，为水产科技工作者服务；充分发挥跨部门、跨行业的特点，为加速实现中国社会主义现代化建设事业做出贡献。该会坚持民主办会的原则和“百花齐放、百家争鸣”的方针。提倡各种学术观点的自由讨论和“献身、创新、求实、协作”的精神。该学会业务范围主要是围绕水产及水产有关科技领域开展以下活动：①组织开展国内和国际学术交流。举办各种形式的学术会议、讲座、展览会、科技考察等活动，促进中国内地同港、澳、台地区以及国外的科技团体、科技工作者的友好往来和科技合作；②传播科学思想和方法，普及水产科学知识，推广先进水产科学技术；开展向青少年传播水产科学技术的活动；③开展水产方面的科学论证，提出政策性建议；④为国内外提供水产科技和信息咨询服务，促进科技成果转化。⑤接受委托，承担项目评估、成果鉴定、质量认证、专业技术职务资格评审等；⑥开展水产科技继续教育和培训工作；⑦推荐人才，表彰奖励优秀水产科技工作者；⑧组织出版水产学术期刊、科普读物和声像制品；⑨依法兴办经济实体；⑩承办渔业行政主管部门委托办理的其他事项。

该学会的最高权力机构是全国会员代表大会。理事会是会员代表大会的执行机构，在代表大会闭会期间领导本会开展日常工作。常务理事会由理事会选举产生，在理事会闭会期间行使理事会职权。秘书处是负责处理本会日常事务办事机构，负责组织实施年度工作计划，协调各分支机构、刊物编辑委员会开展工作和发展会员。目前秘书处下设办公室、学术交流处、科学普及处、信息咨询处和渔业战略发展研究中心五个处室，共有专职办事人员21名。

中国水产学会第七届常务理事会：

理事长：唐启升

副理事长（以姓氏笔划为序）：

王衍亮 刘身利 朱作言 张铭羽 卓友瞻 周应祺 林浩然 相建海 贺寿仑 赵法箴 徐 洵 钱志林 管华诗

秘书长：张铭羽(兼)

副秘书长：曲善庆 王淑欣

中国水产学会下设学术工作委员会、科技咨询委员会、科普工作委员会、基金管理委员会、水产名词审定委员会、淡水养殖专业委员会、海水养殖专业委员会、海洋渔业资源专业委员会、渔业信息专业委员会、渔船渔业港监督专业委员会、水产动物营养与饲料专业委员会、水产品加工利用与渔业冷专业委员会、渔业史研究会、鱼病研究会、鲑鱼类研究会和观赏鱼研究会等16个专业委员会(研究会)，有工程师职称以上的会员15 000余人，单位会员120余家。并与亚洲水产学会、世界水产养殖学会、美洲水产学会、澳大利亚鱼类生物学会、世界观赏鱼联合会及其他一些国际组织建立了友好关系。

该学会有《水产学报》、《海洋渔业》、《淡水渔业》、《科学养鱼》等出版物，其中《水产学报》是国内水产学术领域的权威性期刊。该学会还不定期出版发行国内外研讨会的论文集及普及性的科学丛书。

主要活动

(1) 积极开展国内外渔业科技学术交流。2000年3月2～4日在湖北省武汉市召开了主题为“21世纪渔业科技创新”的2000年中国水产学会学术年会暨养殖展览会。共有近300名代表在会进行了学术交流，展览会汇集了全国80余家有关水产养殖的企业参览，来自全国各地近万名代表参观了此展览。大会共收到论文341篇，有278篇入选年会交流。

2000年1月16～19日由中国生物工程开发中心和欧盟中欧生物技术合作中心与该会在广州共同举办的“中欧水产生物技术研讨会”。有来自欧盟十个国家的15名著名水产生物专家代表和来自中国16个研究机构和大学的18名著名水产生物专家参加了研讨会，其中包括中科院朱作言院士、林浩然院士和徐洵院士。2000年3月3～4日由该会与法国海洋开发研究院、法国农业科学研究院共同举办的“中法水产养殖学术交流研讨会”在武汉举行。来自法国的12名水产养殖专家和业主及来自中国的25名专家和代表参加了研讨会。

由中国水产学会主办的第三次世界渔业大会于2000年10月31日至11月3日在北京国际会议中心召开。有来自中国、美国、俄罗斯、加拿大、澳大利亚、日本、法国、挪威、伊朗和马来西亚等54个国家和地区的800余人参加了大会。开幕式大会由中国水产学会理事长、本次大会组委会执行主席涂逢俊主持。全国人大常务委员会副委员长周光召、农业部副部长刘成果、国家海洋局局长王曙光、农业部渔业局局长杨坚等国内外有关人士出席了开幕式。在为期4天的大会上，共有471篇论文参加大会交流（其中口头交流366篇）。大会获得成功，达到预期的目的。

应世界水产养殖学会的邀请，经中国科学技术协会批准，中国水产学会于2000年5月2～8日组团赴法国参加了世界水产养殖学会年会暨展览会。在有来自全世界的3 000余名水产养殖专家参加的大会上，中国代表通过大会的口头发言和墙报交流等方法，向世界介绍了中国的水产养殖现状，推广了中国的水产养殖技术。受到大会组委会和与会代表的普遍重视。

经农业部批准，该会于2000年8月21～31日和美洲水产学会共同组织了中美渔业合作研讨会。会议旨在通过中美渔业专家的交流，增进两国渔业界的相互了解、寻求中美渔业合作。有来自美方50余名专家和中方的11名代表参加了研讨会，会上中美专家和代表分别就各自国家的渔业状况、淡水养殖状况、海水养殖状况、鲟鱼等鱼种养殖状况专题进行了口头交流。

(2) 紧密结合生产实际，做好渔业科学技术普及工作。①面向社会、面向基层、面向大众，本着“实际、实用、实效”的工作主题，开展科普培训工作。2000年6月4日中国水产学会在山东省济南市召开了“全国鲟鱼养殖技术研讨会”，会上有关专家对鲟鱼生物学特性、养殖技术、饲料开发及发展前景等问题做了详实的报告；②积极组织出版科普读物。组织专家面对西部编辑了鲟鱼、虹鳟、淡水虾等4本科普教材，现已完稿，预计2000年12月份可出版。1999年该会还向广大生产者发行和赠送了6 000余套《传统养殖鱼类疾病的诊断与防治》。此外，依据中国科协农业百项技术推广重点项目，和中央农业广播电视学校联合组织组织拍摄《水产名特优品种健康养殖新技术》系列录像片并将制成光盘。预计2001年4月份可出版发行；③组织专家编写《2000病虫害防治绿皮书》水产部分。其中《2000年水产养殖病害流行趋势与防治对策》总结了1999年水产养殖病害的流行态势、原因分析以及2000年病害流行趋势的预测及防治对策与建议，对各级水产部门领导了解2000年养殖病害情况、预测灾情、做好防治工作等方面有一定的参考价值。

(3) 积极参与中国西部开发，为西部科技合作牵线搭桥。

(4) 配合农业部渔业局中心任务，完成渔业局交办渔业信息体系工作。在政府职能转变机构改革中，农业部渔业局将渔业统计、市场信息体系建设的具体工作交该会承担。一年来在渔业局领导下，该会配合渔业局中心工作，做了以下几项工作：①承担FAO-INFOYU项目，加快了水产品市场信息网络的建设。和农业部信息中心合作开发了水产品市场价格的新网络报送软件，实现了各地在当地上网进行价格报送及远程报送，方便了批发市场网络建设，实现每周2次进行水产品市场价格汇总，每月进行一次市场分析，并把汇总和分析情况报送渔业局，并发送中央电视台农业频道和一些有关媒体；②做好渔业统计的月报、季报、半年报及年报的统计、汇总工作，编辑出版了《中国渔业统计年鉴》和《中国水产品进出口》。及时、高质量编辑出版INFOYU渔业贸易快讯(中英文版)，为国内外渔业同行提供了直接、有效的渔业政策、经济及贸易（包括国际、国内市场分析和市场价格）等多方面的信息，受到了国内外渔业界的普遍欢迎，也为领导在渔业决策上提供了参考；③承担渔业局办公自动化、政务信息网的设计、维护工作。

(5) 加强自身建设，探索建立适应市场经济发展要求的内部运行机制。为适应市场经济的发展和改革的要求，建立适应社会主义市场经济发展的运行机制，强化自立自强的造血功能。一年来，该会严格按照核定的章程和业务范围开展活动，已建立健全以章程为主的民主决策制度、财务管理制度、考核奖惩制度、重大事项报告制度。并通过财务审计和各项年度检查，在3月份民政部正式批复了该会完成法人变更和重新登记工作。此外，对学会秘书处在机构设置、用人机制、分配机制方面进行了改革和完善。重新划分了各部门职责，做到分工合理，拓展了学会工作领域。明确各部门岗位的责任目标、任务指标、考核奖惩和分配办法，实行全员聘任、竞争上岗、双向选择，通过一年的实施，基本上了达到人力资源的合理配置，人尽其才，才尽其用。

（赵文武）

【中国渔业协会】 中国渔业协会是中国渔业界非盈利性的独立社会团体法人，成立于1954年。主要任务是协助政府解决中国与邻国的渔业关系，发展同各国（地区）渔业界的民间友好往来及经济技术合作。

1955年1月，中国渔业协会与日本日中渔业协议会开始了第一次民间渔业谈判。同年4月15日双方签订了《中国渔业协会和日中渔业协议会关于黄东海渔业协定》。1970年6月20日，针对渔业资源的变化和作业秩序方面存在的问题，对协定条款做了补充修改。同年12月31日，中日民间签订了《中国渔业协会和日中渔业协议会关于灯光围网渔船捕鱼的规定》。

中日建交后，1975年8月15日两国政府部门签订了中日政府间渔业协定。根据双方协定的规定，同年9月22日中国渔业协会和日中渔业协议会签订了《中国渔业协会和日中渔业协议会渔业安全作业协议书》，就两国渔业航行和作业安全、维护正常作业秩序等问题作了具体的规定。

近年来，为了妥善解决与韩国的渔业海事纠纷和海损事故，1994年中国渔业协会与韩国水产业协同组合中央会签订了《关于渔船海损事故处理协议书》。此后，中国渔业协会成为执行与日、韩渔业安全作业协议书，通过民间渠道处理涉外渔业海事纠纷和海损事故，并开展对外渔业合作的专门机构。

为更好地维护东海、黄海海区的渔业作业秩序，保护渔业资源，维护中国渔业权益，从1993年开始，同日本以西延绳钓渔业协会就有关渔场作业秩序问题举行会谈和交流，进行了经常性的协调工作。同时，与中国水产（集团）总公司等单位联合开展了对日本以西底拖网渔业协会的渔业劳务合作。

历届担任过中国渔业协会会长的有杨煜、肖鹏、张延喜、卓友瞻。现任会长为农业部渔业局局长杨坚。

1999年，农业部根据国务院和民政部对社团整顿的要求和当前中国渔业工作发展的需要，决定中国渔业协会在原有的工作基础上，扩大其职能范围，将筹建中的中国远洋渔业协会及其他还没有行业性协会协调的工作统由中国渔业协会管理。并在中国渔业协会下设了两个分会：远洋渔业分会和鳗业工作委员会。

2000年，中国渔业协会完善了秘书处的组织建设，在秘书处下设了4个部：综合事务部、远洋渔业部、养殖部和合作交流部，并明确了任务分工。

目前，中国渔业协会的任务是协助政府搞好行业管理，规范行业行为，协调会员间的关系，向政府反映会员的意见和要求，维护会员的合法权益；沟通渔业生产与科研、教学、推广部门的密切联系，为会员提供经营管理和渔业技术的培训和咨询，并提供渔业信息服务；协助执行政府间的渔业协定，发展同各国（地区）渔业界的民间友好往来、科学技术交流和经济技术合作，为推进中国渔业的持续发展服务。 （胡复元）

【中国太平洋学会】 2000年该学会会长于光远；执行会长张海峰；副会长张序三、谭文瑞、陈鲁直、李慎之、肖向前、罗钰如、葛有信；秘书长鹿守本。

其下设分支机构有：港口与航运专业委员会、金融专业委员会、进化与发展专业委员会、黄河文化专业委员会、民间传统专业委员会、法律专业委员会太平洋区域安全专业委员会、太平洋论坛、裕民经济与技术研究中心。

该学会主办刊物：《太平洋学报》。

2000年9月21日中国太平洋进化与发展专业委员会在上海举办了“关于台湾海峡局势报告会”，特邀上海社科院亚太所所长、海峡两岸研究中心特约研究员周建明做学术报告。专业委员会领导、上海社科院常委副院长左学全主持会议，市政协副主席、市台盟主席郑励志、全国人大代表、原上海社科院院长张仲礼、专业委员会领导庄锡昌、辛元欧等80余人出席了会议。

2000年10月27日中国太平洋学会与青岛市人民政府在北京召开了“青岛——中国民营企业家恳谈会暨合作项目签约仪式”。全国人大副委员长费孝通、全国人大外事委副主任、济南军区原政治委员宋清渭上将以及中国太平洋学会、青岛市、全国工商联、中国民生银行等有关领导和北京市各区县民营企业家260人参加了恳谈会。会上，中国太平洋学会名誉会长、著名经济学家于光远阐述了“私营经济将在社会主义整个阶段存在”的观点，引起了与会代表的共鸣。中国太平洋学会与青岛市政府就有关项目举行了签约仪式。

2000年11月6日中国太平洋进化与发展专业委员会与上海市造船工程学会、上海市航海学会、上海港口协会等在上海召开科技论坛期间联合举办了“世纪之交上海海洋事业发展思考与建议专题讨论会”，专业委员会顾问、中国太平洋学会理事杨槱院士及专业委员会领导乐美龙、辛元欧等出席并作会议发言，参加会议的人员近350人。宋德驰教授关于“抓紧上海集装箱深水枢纽建设，将上海建设成为全球航运物流中心”的发言成为会议讨论的热点。会后，上海深水港建设办公室把宋教授的发言整理成文在内参上发表，以供领导部门参考。

2000年12月16日中国太平洋学会与中央党校有关部门合作共同举办了“中国资本市场与金融风险研讨会”即“新疆山城集团阿斯巴甜项目创业介绍会”。国家计委、国家经贸委、国家科技部等部门领导，中央党校、中国人民银行、中国银行、中国科学院、中国社会科学院等单位专家学者和十几家新闻单位的记者和一些企业的负责人参加了会议。会议对项目进行了论证，并认为具有广泛的市场前景。

2000年中国太平洋学会教育培训部共举办了“全国民营经济理论与实务高级培训班”9期，试办了“全国首期公有制企业高层管理人员特培班（两个月）”，共培训学员832名。这些学员来自全国29个省、直辖市、自治区，多数为民营企业家，其中有5名全国人大代表、政协委员，有少数民族地区民营企业家200余名，还有少量各地统战部、工商联、私企协会的管理干部。举办此类形式的培训班，对民营企业领导进行教育，是个新的创举。作为学术性民间组织，如何在新的形势下拓宽自己的活动领域，为社会做些有益的工作，举办这样的培训班就是一个新的尝试。学会将继续抓好这一工作，为中国民营经济的发展多做贡献。（张　滨）

【中国造船工程学会】 中国造船工程学会于1943年2月1日在重庆成立，是中国成立最早的学术团体之一。现学会地址在北京月坛北街 5 号中国造船工程学会是中国船舶及海洋工程科技工作者自愿组成的公益性、学术性法人社会团体，是中国科学技术协会的组成部分，是发展中国船舶及海洋工程科技事业的重要社会力量。

该学会宗旨是团结、组织船舶及海洋工程专业的科技工作者，积极开展国内和国际学术交流等活动，不断提高本会各专业学科水平，努力促进船舶及海洋工程科技进步，为增强国力服务。

该学会现有个人会员2.9万人，团体会员近800个单位，主要来自中国船舶工业集团公司、中国船舶重工集团公司、交通部、海军、农业部、中国海洋石油总公司、中国石油天然气集团公司、中国石油化学集团公司、中国远洋运输（集团）总公司和有关高等院校等系统。有18个省（区）、市成立有造船工程学会。

学会的主要任务是积极组织开展国内和国际学术交流、科学普及、咨询服务、继续教育、编辑出版、厂会协作、维护会员权益和反对伪科学等活动；接受政府船舶行业主管部门授权，开展船舶设计资质认证、科技成果评审和科技咨询等工作。

中国造船工程学会的领导机构是理事会，下设 3 个工作委员会，15个专业学术委员会，此外，学会在扬州和上海有 2 个学术活动中心，并有《中国造船》、《船舶工程》和《舰船知识》 3 个编辑部。

学会已参加和保持联系的国际学术组织有：

国际海事学会联合会（AMLS）、计算机在造船中应用国际会议（ICCAS）、国际轮机系统工程组织(ICMES)、国际近海工程与极区工程会议（OMAE）、国际船模实验水池会议（ITTC）、国际船舶结构大会（ISSC）和国际船舶使用设计大会（PRADS）等国际学术组织。还与美国、英国、德国、荷兰、俄罗斯、瑞典、乌克兰、日本、韩国、新加坡等国的造船、轮机学会建立了双边友好学术交流关系。此外，该学会还与台湾省、香港和澳门特别行政区的海事界保持友好往来，专家学者互访频繁。

学会编辑出版了《船舶工程词典》、《英汉船舶与近海工程词典》、《日汉船舶科技词典》、《法汉船舶科技词典》、《德汉船舶科技词典》、《俄汉船舶科技词典》和舰船科普读物、手册等。（金向军）

【中国海洋法学会】 2000年对中国海洋法学会来说是承上启下、继往开来的一年。在21世纪，中国海洋法学会将团结国内外海洋法界人士，共创学会工作的新局面。

2000年主要活动如下：

(1) 召开第二届代表大会。2000年8月，中国海洋法学会在北京召开了第二届代表大会，国内外海洋法界共100余人参加了大会。会议听取、审议并通过了第一届理事会的工作报告，并选举产生了第二届理事会，修改并通过了新的学会章程。原国家海洋局局长张登义当选为新一届学会会长，高之国、许光建、曹云石、姜志军、周忠海为副会长，张海文为秘书长，贾宇为副秘书长。会议还推举国际法院法官倪征日奥先生、国际海洋法法庭法官赵理海先生为学会名誉会长，国家海洋局原副局长陈炳鑫、军事科学院原政委张序三为学会顾问。

(2) 举办学术研讨和交流活动。在第二届代表大会召开的同时，还进行了学术研讨和交流活动。邀请了有关政府部门、国际组织、国内学术研究机构等单位作学术报告。

(3) 设立了中国海洋法学会优秀论文著作奖。这个奖项是以国际法院法官倪征日奥先生的个人捐赠为基础，用以促进、鼓励国内海洋法的研究。

(4) 编发学会《会员通讯》。2000年，学会不定期编发《会员通讯》，使会员及时掌握国内外海洋法界最新研究动态和该会的工作情况，更好地为广大会员服务。

(5) 开展会员重新登记和缴纳会费工作。2000年开展了重新登记会员工作，建立了会员档案信息，为每一位会员制作了会员证。

（李明杰）

【中国大洋矿产资源研究开发协会】 2000年，中国大洋协会根据事业发展的需要，研究探讨了理事会的组成和协会的运行机制，探索并建立了全新的项目管理模式，为“十五”期间协会实施全方位发展战略奠定了基础。

(1)在《国际海底区域资源开发战略》的基础上，中国大洋协会办公室制定了《国际海底资源研究开发2020年长远规划》、《国际海底资源研究开发“十五”计划》、《中国大洋协会2001年工作要点》。根据这些基础材料，起草了给国务院的《关于国际海底区域工作有关问题的请示》，请示经有关部委签发后，已由国家海洋局报请国务院批准。

(2)为适应国家机构改革和体制转换的需要，适应中国大洋事业不断发展、深海资源内涵不断丰富的形势，根据三届四次理事会的要求，协会办公室重点研究了协会的组织管理体制和运行机制，提出下届理事会的组成形式应符合社会主义市场经济、符合新的国家机构和政府运行体制、符合面向多种海底资源的新形势的三符合原则。

(3)研究探讨了适合社会主义市场经济规律的项目管理体系，充分发挥专家的作用，建立各层次的专家咨询机构和专家管理层次。

2000年是启动事业单位机构改革工作的第一年，相应的规章、制度尚不完全配套，为加快改革步伐，提高办公效率，制定了竞争上岗，固定岗位与流动岗位相结合的改革方案。主要内容包括：

1) 管理体制和运行机制：中国大洋协会办公室是中国大洋协会的办事机构，执行大洋协会理事会、常务理事会的决定，其业务工作接受国家海洋局指导，党务、人事和行政工作由国家海洋局管理。

2) 基本任务：①执行大洋协会理事会、常务理事会的决定，承办大洋协会的日常工作；②开展国际海底区域和中国大洋资源研究开发有关政策、法律、经济和科学技术等方面的研究，向国家政府部门提供咨询和决策建议；③拟订中国大洋资源研究开发的发展战略、长远规划、阶段计划和有关标准规范；④组织中国有关单位开展大洋资源的调查与评价、开发利用的试验研究和环境保护活动；⑤负责国家大洋专项投资和资产的管理工作；⑥负责大洋勘探专用船舶及仪器设备的管理；⑦开展深海勘查技术和采矿技术研究，带动中国深海高新技术的发展；⑧履行先驱投资者的国际义务，促进国际交往和国际合作；⑨承担国家海洋局交办的相关工作。

3）机构设置和人员编制：大洋协会办公室设秘书处、计划财务处，其中主任1名，副主任2名，部门领导职数6名。

大洋协会办公室本着既要积极又要稳妥的原则，在人员管理中认真扎实地推行聘用制度，充分调动各类人员的积极性和创造性，推动中国大洋资源研究开发事业不断发展。

(3)大洋协会在国家综合部委的指导下，代表中国政府履行了向国际海底管理局承诺的义务，中国在第六届国际海底管理局大会上继续以最大投资国之一的身份当选为理事国。根据国际海底管理局通过的勘探规则，协会办公室进行了《勘探合同》文本的准备工作，报请国家有关部门批准。　（中国大洋矿产资源研究开发协会）

【中国信息协会海洋分会】 2000年5月下旬，由中国信息协会海洋分会主办、中国极地研究所协办的“海洋信息交流暨技术成果、海洋产品展示会”在中国极地研究所（上海）召开。

此次活动参与成员有来自不同行业（涉及专职海洋信息机构、海洋科研院所、企业界及省市县级海洋行政管理部门等行业系统）的23家单位近50名代表。

会议组织了“中国极地考察与信息工作”、“海洋信息工作论述”、“如何推进海洋经济持续发展”等三个主题发言，并重点讲解和演示了国家海洋信息中心主办的“中国海洋信息网”、上海水产大学主办的“中国水产网”的建设与运作情况，令与会者耳目一新。代表们一致对两个各具特色的网络给予高度评价，并愿与网络主办单位增强合作，为完善网络功能、强化服务功效作出共同努力。

会议还广泛交流了与会单位的改革新动态及科研技术、成果等方面的信息。中国科学院南海海洋所、国家海洋局第一海洋研究所、上海水产大学、海洋化工研究院等几家科研院所向代表们分发和展示了他们的成果、产品资料及部分样品，受到大家好评。

会议还精心安排了“雪龙”号极地考察船参观及浦东开发区的观光活动，给代表们留下了深刻印象。　（徐志道）

附录3 海洋界知名人物、工程院院士名录

Appendix 3 Name List of Celebrities and Academicians of the Chinese Academy of Engineering in the Marine Community

【全国先进人物】“全国先进工作者”、“雪龙”船船长袁绍宏 国家海洋局中国极地研究所“雪龙”号船船长袁绍宏于2000年底获全国先进工作者称号。袁绍宏作为“雪龙”号极地科学考察船的船长，先后驾船七赴南北极进行科学考察，安全航行10万余海里、破冰1万余海里，10余次穿越风疾浪大涌高的西风带，为中国的极地考察事业做出了杰出的贡献。袁绍宏在任“雪龙”号船船长以前，曾在一艘外轮上任船长。当时的薪水十倍于他目前的收入，但是在国家的需要与个人的利益之间，袁绍宏果断地选择了前者。袁绍宏任“雪龙”号船船长期间，为船上的每一名员工都制定了详细而又明确的岗位责任制，确保船只在航渡中的安全。而每次航渡到了过西风带等关键时刻，他都会坚守在驾驶台上，几天几夜不合眼。袁绍宏任“雪龙”号船船长时，中国在南极的两个科学考察站——长城站与中山站的附近没有可供“雪龙”号船停泊的锚地，这给“雪龙”号船对两站进行物资补给带来了很大的不便。在第14、15两个航次中，袁绍宏带领全船人员，在两个考察站附近进行了仔细的勘测，终于找到了中国人自己的锚地，每次都顺利地完成任务。在刚刚结束的中国第16次南极考察中，“雪龙”号船又成功地使用了两站附近新勘测出来的锚地，使船只对考察站的补给工作效率大大提高。

中央国家机关优秀党务工作者颜楚山 男，1948年3月出生，1972年3月入党，现任国家海洋局监测中心党委书记。他以大局为重，同党政领导班子成员一道，带领全体职工克服重重困难，为监测中心的改革、发展和稳定起到了关键性作用。

颜楚山原在北海分局担任党委副书记兼任纪委书记和政治部主任，有较强的政治理论功底。在主抓处级干部和青年干部理论培训工作中，因成绩显著，受到国家海洋局通报表彰。在负责分局党建和思想政治工作中，他每年坚持带队深入基层，调查研究，亲自掌握第一手材料，积极主动为加强分局党建工作献计献策。到监测中心后，坚持发扬党的优良传统和作风，走群众路线。针对单位反映出的人心散、风不正、气不顺、劲不足、福利低的现状，他重视从调查研究入手，同中层领导干部和科技人员进行广泛交谈，还利用业余时间，走访离休干部，了解掌握中心的情况。他同中心主任和其他行政领导多次研究，明确开展工作的新思路。以党委换届为契机，确立以单位的发展为主题，重在发展，不纠缠历史问题，认真总结过去的经验教训，理顺了职工的思想情绪。在加强党建和思想政治工作中，为稳定监测中心的大局，化解矛盾，倾注了大量的心血。

颜楚山高度重视抓好党政领导班子的思想政治建设，带领“一班人”保持勤政廉政。他不断完善和加强党委领导下的主任负责制，并使该体制在监测中心得到了真正实施，发挥了党政领导班子的整体作用。他作风民主，勇于开展批评与自我批评。在日常生活中平易近人，从不搞特殊化，受到了广大群众的好评。

中央国家机关优秀共产党员杜碧兰 女，1935年5月出生，1980年10月入党，现任国家海洋局海洋战略研究所研究员，八届、九届全国人大代表。

她积极参加各项社会政治活动。1998年国际海洋年期间，曾在中央电视台“走近科学”栏目中作过“全球气候变暖引起的海平面上升问题”谈话，并在“新闻联播”就“渤海环境污染问题”接受过专访。她积极参政议政。在九届人大三次会议的“海南团审议会”上，向江总书记汇报了“实施海洋强国战略”的建议和“南海油气资源和渔业资源开发”等问题，受到了总书记的重视，并按其要求提交了材料。

杜碧兰积极参加全国人大环境与资源保护委员会工作。在《海洋环境保护法》、《水土保持法》、《大气污染防治法》等调研和执法检查工作中提出了许多有益的建议；推动了《中华人民

共和国专属经济区和大陆架法》在全国人大常委会上的通过；积极推动《海洋环境保护法》的修改工作。

她努力参加本单位科研业务工作及国际学术交流。1998年以来主持研究了多项重大课题：编写了“海洋资源开发与环境保护”和“海平面上升对中国沿海地区影响”的报告，并发表了多篇有价值的学术论文；获国家科技进步二等奖2项、国家海洋局科技进步奖6项。

海军青年精武建功成才标兵朱平云 海军青年精武建功成才标兵、海军航空工程学院科研部飞行器检测与应用技术研究所高级工程师朱平云，作为课题组长代表“海军导弹检测维修方舱”课题组参加了全军后勤重大科技成果奖表彰大会并受到表彰，受到江泽民主席的亲切接见并合影留念。

朱平云1988年从海军航空工程学院通信与电子系统专业硕士研究生毕业后留校任教。

1990年，“导弹修理工程车”作为后勤编制体制的重点装备项目被列入全军“八五”重点科研课题。朱平云担任这一科研项目的技术负责人。在短短6个月时间内，他做了600余项调查，请教了近千名专家、教授和部队官兵，在此基础上他提出：采用国际上先进的“ATE”（即“自动测试设备”的英文缩写）技术，将导弹修理厂搬上工程车，对所有型号的导弹分机进行综合自动检测。

经过3年多的不懈攻关，课题组成功地解决了全程控、通用性、扩展性和可靠性等难题，采用图形化测试界面等技术研制成功中国第一台海防导弹修理工程车，填补了国内导弹机动支持维修保障设备的空白，使海军导弹彻底告别只能在军工厂内维修的历史。

在此基础上，朱平云又采用先进的“ATE”技术研制成功海军导弹检测维修方舱，将一个偌大的工厂，缩小成仅8平方米的标准工程车，将百余人的庞大修理厂浓缩成几个人的修理小分队，节省装备购置经费以千万元计，提高效率近10倍。这一成果1999年荣获全军科技进步一等奖。

此外，朱平云还研制成功“某型智能磁控管老炼仪”解决了多年来困扰部队的一大难题。如今，这一设备已装备部队40余套，为国家节约经费数百万元。

朱平云常说：“我们专业技术干部要始终把目光盯在提高部队战斗力上，假如在战场因为装备技术上的原因而流血甚至牺牲生命，那是我们技术干部的最大耻辱。”正因为如此，朱平云的科研课题全部是来自部队需要的，而且科研成果全部装备部队，迅速转化成战斗力。

为了提高雷达测试设备的精度和效率，朱平云和许爱强副教授一起，借用海军导弹维修检测方舱的设计思想，研制雷达通用检测设备，用一套设备对所有型号的雷达进行检测。他们仅用一年的时间就完成了“末制导雷达通用检测设备”研制任务。检测设备采用国际上标准的程控接口技术、程控仪器和虚拟现实技术，全鼠标操作方式大大减少了检测操作号手，测试结果自动显示，速度快、精度高，缩短了导弹发射前的技术准备时间，提高了部队快速反应能力。目前，这套设备已完成上级下达的6套生产任务，赢得了机关领导和部队官兵的高度评价，1999年获国家科技进步三等奖。

“不为名，不图利，只为提高部队战斗力”是朱平云开展科研工作的一贯准则。“多路可编程信号发生器”项目获得了军队科技进步三等奖，该发生器可以产生多种测试信号，在导弹发射前测试其是否处于正常状态，现已生产6套设备装备部队，极大地提高了导弹部队快速反应能力。

近年来，朱平云还先后为机关业务部门执笔起草了《导弹修理厂设备配套标准》等技术方面的材料达20余万字，尽管这些材料都没有署名，可他却全部按时完成了任务。

【中国工程院院士】 **李庆忠院士** 男，1930年10月10日生于江苏省昆山市，中国工程院院士，1952年毕业于清华大学物理系，先后在新疆中苏石油公司、松辽石油勘探指挥部、胜利油田、美国Exxon（埃克森）石油公司休斯敦数据处理中心（EDPC）、美国休斯敦西方地球物理公司等单位工作，曾参加了大庆会战、华北石油会战等国家大型油田的建设工作。现任中国石油天然气集团公司石油地球物理勘探局副总工程师。

李庆忠院士作为中国石油地球物理探测领域的惟一一位中国工程院院士，深入系统研究了三维地震勘测及偏移成像的理论和方法，为中国乃至世界的石油地球物理探测事业做出了突出贡献。20世纪五六十年代，国内外地震勘探始终使用几何地震学作基础，认为地震波以射线前进，造成地下反射界面时反射角等于入射角。这种理论对复杂地质结构会造成很大误差。李庆忠院士于1965年至1969年，系统研究并发展了波动地震学的基本概念，并于1972年发表了题为《地震波的基本性质复杂断块油田的反射波，异常波和干扰波》的21万字长篇论文。该文最早提出积分法绕射扫描迭加偏移归位的方法，1975年在北京大学国产150计算机上投产，成功地处理了商河西地区的资料，获得中国第一批叠加偏移剖面，其构造成像准确、断层清晰，使该区两年内探明石油储量5 400万吨。

1965年，他首次提出了三维地震勘探的方法及其原理，这一方法能够像CT一样使地下结构得到正确的偏移归位成像，并于1965年到1967年在胜利油田辛镇构造上首次进行了三维地震勘探的早期实验，与俞寿朋等共同研究了复杂断块区的地震勘探方法，采用一套小三角形测网，进行了反射波的空间归位、剖面搬家、断面闭合等方法，提高了精确度，基本搞清了东辛构造的形态；1978年他总结此项工作并代表中国在美国SEG第48届年会上第一次宣读论文，得到国内外学者专家的热烈欢迎与好评。

1966年在山东组织了第一片束状施工的三维地震勘探，导致了辛立村油田的发现，探明该油田储量1 100万吨，1年建成了15万吨的规模；1974年，他首创使用两步法实现了偏移成像的方法，当时其效率比国际上一步法高数百倍。两步法使得三维地震数据在中国中小型电子计算机上也能实现偏移归位成像，该方法的论文比国外早发表了5年。

刘鸿亮院士 男，1932年6月生于辽宁省大连市，环境工程专家，1954年清华大学毕业后留校任教，1982年至今在中国环境科学研究院工作，先后担任中国环境研究院教授、副院长、院长、学术委员会主任等职务，1994年当选为中国工程院院士，现任中国环境研究院环境委员会常务副主任，中国工程院农业、轻纺与环境工程学部主任，国家环保总局科技顾问委员会副主任，清华大学、湖南大学、大连理工大学教授、博士生导师。曾兼任国际湖泊环境委员会常务理事。

刘鸿亮院士治学严谨，学术造诣深厚，他培养出了中国第一代放射性三废处理的专业性人才。对中国的湖泊调查、湖泊环境数据库、湖泊富营养化机制、湖泊污染综合防治技术等方面做了大量研究工作，是中国湖泊环境研究领域的首席学术带头人。“六五”、“七五”、“八五”、“九五”期间连续担任国家科技攻关课题组组长，并取得了多项研究成果。先后获得国家科技进步奖2项，部级科技进步奖一、二、三等各1项及“中华环境资源奖”，在国内外学术刊物上发表论文30余篇，出版专著和译著10余本，译著《湖泊管理》、著作《湖泊环境营养化调查规范》是在中国首次发表的有关湖泊环境方面的专著。

附录4　1999～2000年逝世的海洋界知名人士

Appendix 4　Noted Personages in the Marine Community in China Who Passed Away Between 1999 and 2000

【罗钰如的骨灰撒放大陈岛海域】 1999年12月30日上午，国家海洋局原局长、党组书记罗钰如同志的骨灰撒向了大陈岛海域，实现了一位老红军战士的一个遗愿。

罗钰如同志1915年1月出生于山西省介休县一个穷苦农民家庭，1933年考入清华大学化学系，1936年2月参加革命，1938年1月入伍，当年6月加入中国共产党，参加了“一二·九”、“一二·一六”两次大规模的抗议示威活动，并担任交通联络工作。解放战争期间，他先后参加了四保临江，解放长春、沈阳的战斗，参加了平津战役，荣立大功一次。解放后，他于1949年底随肖劲光司令调海军工作，先后任中央军委海军司令部办公室主任、海军工程学院副院长等职。“文革”期间在遭受无情打击和批判的情况下，始终坚持真理，恪尽职守，体现了一名共产党员的坚强党性。1973年11月起，调任国家海洋局。

罗钰如同志生前全身心地致力于中国海洋事业的开拓，为加速中国海洋事业的建设和发展，提高中国在国际海洋事务中的地位，维护中国海洋权益，反对霸权主义发挥了重要作用。他率先提出了“海洋国土”的概念，大力提倡“保持海洋生态平衡”的观念得到了专家、学者和社会有关人士的广泛赞同，也得到了党中央和国务院领导的高度重视。他在主持国家海洋局工作期间，积极倡导、支持和组织实现“查清中国海、进军三大洋、登上南极洲”的宏伟目标。他深入祖国海疆，取得了大量的第一手资料。为早日建成南极长城站，他不顾70高龄，亲临南极洲考察，为中国和平利用南极做出了杰出的贡献。他先后4次组船参加确定中国洲际导弹全程试验的落点区域和保障工作。他还组织领导了全国海岛、海岸带调查，为综合开发利用海洋资源，保护海洋环境，实现海洋经济可持续发展做出了积极努力。

罗钰如同志对海洋和海岛一直怀有深厚感情，特别是对于他生前亲自从国家科委争取的欧共体风力发电大陈岛能源基地的建设和生产更是念念不忘，他生前多次希望到大陈岛考察，由于种种原因而未能成行。临终前留下遗嘱，将他的部分骨灰撒在大陈岛海域。

【赵理海先生逝世】 赵理海先生是中国著名国际法学家、北京大学法学院教授、国际海洋法法庭法官、中国海洋法学会名誉会长。1916年7月3日生于山西闻喜县。赵先生早年就读于燕京大学，1939年获文学学士学位。毕业后赴美留学，于1941年在芝加哥大学获文学硕士学位。此后，他到哈佛大学法学院和政治系学习，并于1944年在哈佛获得国际法博士学位。1945年底，赵先生学成回国，从此便开始了他长达55年的国际法教学和研究生涯。1945～1947年，赵先生任武汉大学法学院教授；1947～1949年任中央大学法学院教授；1949～1957年任南京大学教授；1957年开始，任北京大学法律系教授；1983年他还受聘于美国纽约大学法学院任客座教授。

赵理海先生除在学校担任教学和科研任务外，还担任了大量的社会工作。1956～1966年任中国政治法律学会历史；1982～1986年任中国法学会理事；1986～1991年任该学会顾问；从1994年起任该学顾问；从1983年起任希腊国际公法与国际关系学会国际理事会理事；1981～1989年任海洋国际问题研究会副会长，后担任中国海洋法学会名誉会长；1991～1996年任中国大洋矿产资源开发协会高级法律顾问。

1988年至1993赵先生任第七届全国政协委员、全国政协法制委员会委员；从1989年起担任民盟中央法制委员会副主任；从1988年起担任中国和平统一促进会理事。

在长期的国际法教学和科研过程中，赵先生撰写了多部有深远影响的专著，如：《中美条约与国际法》、《国际公法》、《联合国宪章的修改问题》、《海洋法的新研究》、《国际法基本理论》、《当代国际法问题》、《海洋法问题研究》等等；同时配合外交斗争写了大量维护国家利益的论文。

赵先生半个多世纪来辛勤耕耘，努力播种，为中国培养了大批国际法方面的人才，为国际法，特别是海洋法在中国的传播、教学和发展做出了重大贡献。他渊博的知识、严谨的治学态度、孜孜不倦的工作精神在学术界堪称楷模。

1996年赵先生当选为国际法法庭法官。尽管年事已高，身体不好，但他凭着坚强的毅力，克服了种种困难，每年多次奔波于北京和汉堡之间，不遗余力的投身于法庭的工作。他的献身精神和高风亮节深为各国同行所尊敬和敬仰，在国内外均享有盛誉，同时为祖国争了光。

2000年9月，赵先生再次赴汉堡出席国际海洋法法庭会议。回国后于2000年10月10日在北京病逝。他将毕生精力全部奉献给了他所热爱的事业和工作，享年84岁。

【国家海洋局原副局长陈国珍逝世】 中国共产党优秀党员，全国政协第四、五、六、七届委员，中国著名化学家，国家海洋局原副局长，厦门大学博士生导师陈国珍教授，因病于2000年2月2日在北京逝世，享年84岁。

陈国珍同志1916年12月1日出生于福建省厦门市。1938年毕业于厦门大学，1951年获英国伦敦大学哲学博士学位。1951年至1959年期间，先后任厦门大学化学系教授、系主任、校长助理，厦门市政协常委，被选为福建省人大代表，曾获福建省劳动模范称号，1959年加入中国共产党。1962年至1980年期间，先后任第二机械工业部生产局总工程师、科技局和教育局局长，并兼任原子能研究所研究员。1980～1987年，任国家海洋局副局长兼学术委员会、科学技术委员会主任。

陈国珍同志把毕生的精力献给了中国的海洋事业、国防科研事业和教育事业。在厦门大学从事教育工作期间，他进行了分光光度分析与荧光分析的科研工作，建立了某些化学元素的新分析方法，填补了这方面的空白，还主持了海水分析化学的系统研究工作；在二机部任职期间，参加了中国第一颗原子弹的生产任务，负责产品质量的测试工作，此外他还参加了钚弹、氢弹和核潜艇反应堆的生产工作，为中国第一颗原子弹的爆炸试验成功和国防科技工作做出了重要贡献；他重视海洋基础科学研究工作，组织力量开展海洋调查和科学考察，狠抓海洋科技队伍的全面建设，为海洋科技人才的培养，倾注了大量的心血；他参与起草了《中华人民共和国海洋环境保护法》等法律及相关条例。退休后，仍兼任厦门大学教授和博士生导师，培养出12名博士生和3名博士后。他一生著作颇多，主持编写的专著有11部，在国内外学术刊物上发表论文100余篇。他曾担任过中国化学学会理事、中国核学会理事、中国海洋学会常务理事、中国海洋化学学会理事长等社会工作。

陈国珍同志热爱党、热爱祖国、热爱人民、他拥护党的十一届三中全会以来的路线、方针、政策，在政治上、思想上和行动上自觉与党中央保持一致。他对革命事业忠心耿耿，有着强烈的革命事业心和高度的政治责任感；他工作勤奋，兢兢业业，无私奉献；他作风正派，光明磊落，严以律己，宽以待人，生活简朴，廉洁奉公；他善于调查研究，注重理论联系实际；他尊重知识，尊重人才，治学严谨，诲人不倦；他识大体，顾大局，团结同志，联系群众，平易近人，深受群众的爱戴。

【国家海洋局原副局长张玉麟逝世】 中国共产党员、国家海洋局原副局长、离休干部(享受副部级待遇)张玉麟同志，因病医治无效，于2000年9月16日在北京逝世，享年81岁。

张玉麟同志，1919年11月28日出生于广州市。1937年3月参加革命工作，1942年8月加入中国共产党。

1929年9月至1932年底，张玉麟同志就读于天津水产专科学校。1937年3月，张玉麟同志参加了薄一波同志领导的山西牺牲救国同盟会，历任牺盟会太原四区、兵工厂委员会秘书，牺盟会运城中心区、晋东牺盟会总会秘书。1939年至1945年10月，先后任太行冀西专署行政科科长，晋冀鲁豫边区政府社会科科长，太行第三专署路西办事处主任，太行三地委路西工委委员，兼祁县县委书记、县长，太行第八专署秘书主任、副专员兼路南办事处主任，后兼沁河独立团团长、太行第八军分区路南指挥部分指挥，太行八地委路南工委委员等职。在解放战争时期，张玉麟同志历任太行区党委土改实验工作团委员，太行区三地委常委兼长治市委书记，后随部队南下到福建，历任南下区党委宣传部宣传科长，南下区服务团第一大队政治委员，福州接管渔业机构军事代表等职。

1949年10月后，张玉麟同志历任福建省人民政府实业厅水利处处长、福建省青委及团省工委书记等职。1952年6月至1981年3月，先后任厦门大学副校长、党委副书记、书记等职。1960年，张玉麟同志兼任国家科委海洋组成员，1981年3月调任国家海洋局副局长、党组成员。他坚决贯彻执行党的十一届三中全会确定的各项方针、政策，在政治上，思想上和行动上同党中央保持一致。为了加速中国海洋事业的建设和发展，全身心地致力于海洋调查工作，为了摸清海岛海岸带资源状况，他不顾年高体弱多病，仍投身组织海岛海岸带综合调查。他重视海洋环境保护工作，对海洋环境保护法的起草工作极为关心，并提出了建设性的修改意见，为推动海洋事业的发展做了大量卓有成效的工作。

1982年12月，张玉麟同志离休后，参加了中央组织部的工作组，先后到四川进行机构改革，到新疆进行整党及回北京参加轻工部查案工作。1987年又去青海协助选拔中共十三大代表。他多次为灾区捐款捐物，仅1998年就为灾区捐款1万元，被评为中央国家机关抗洪救灾先进个人。

张玉麟同志忠诚党的事业，为国家教育事业和海洋事业的发展，献出了毕生的精力。他热爱党，热爱祖国，热爱人民。他一生追求光明，追求真理，为人正直，作风正派，敢于坚持原则，不计较个人名利得失。他工作一贯积极，能力强，有魄力，有强烈的革命事业心和高度的政治责任感。他严于律己，宽以待人，生活简朴，廉洁奉公。他襟怀坦白，平易近人，团结同志，关心群众，受到了群众的尊敬和拥戴。

附录5 中国海洋行政机构和涉海企事业单位简介

Appendix 5 A Brief Introduction to China's Marine Administrative Organs and Ocean-Related Institutions and Enterprises

【概况】 中国涉海机构主要有国家海洋局和沿海省市海洋管理机构、农业部渔业局、中国海洋石油总公司、中国石油化工集团公司、国土资源部、交通部、中国科学院、中国气象局、中国船舶工业集团公司、中国船舶重工集团公司、中国盐业总公司以及高等和中等海洋院校。其中国家海洋局是国土资源部管理的监督管理全国海洋事务的职能部门。下面对有关机构及其下属部分部门作一简单介绍。

国家海洋局及其下属机构简介

【国家海洋局】 国务院规定，国家海洋局是主管全国海洋事务的职能机构。国家海洋局围绕“权益、资源、环境、监察”等方面全面履行其职能，经过近40年的努力，已形成了适应形势和职能需要、结构合理的组织机构系统和工作队伍，并拥有了包括船舶、飞机、浮标、重点实验室、卫星和各种先进仪器设备在内的工作手段。2000年，国家海洋局与有关部门一起正在运筹建设现代化海洋强国的战略，建立和完善海洋规划、海洋法律、海洋管理三大体系，努力实现海洋工作管理体制系统化、执法监督一体化、行政管理法制化和行为规范国际化的“四化”目标。

【国家海洋局北海分局】 国家海洋局北海分局成立于1965年7月，是国家海洋局设在青岛北海区海洋行政管理的机构。负责国家海洋法律、法规在该海区的监督实施，依法对北海区实施海洋行政管理，完成国家下达的维护海洋权益、保障海洋资源的合理利用与开发、保护海洋环境、预防及减轻海洋灾害等任务。

北海分局负责管辖苏鲁交界的绣针河口以北中国海域，包括渤海和南黄海北部海域。现有职工1 700余人，其中海洋技术人员987人，高级科技人员100余人。学科涉及法律、管理、海洋经济、水文、气象、物理、生物、化学、地质、电子信息等专业。

维护国家海洋权益是北海分局的神圣职责。近年来，北海分局根据国家海洋局的指示，先后多次出色地组织完成了对外国船舶在中国专属经济区进行科研调查等活动的跟踪监视任务，为维护国家的海洋权益做出了突出的贡献，充分展示了国家海上执法监察能力。

北海分局积极履行海洋行政管理、海洋科技调查和海洋公益服务等职责，努力为国民经济建设和国防建设服务。近年来，先后开展了海洋石油勘探开发环境保护管理、海洋倾废区选划与海洋废弃物倾倒管理、海底电缆管道铺设管理、海域使用规划与管理及涉外海洋科学研究管理等工作；组织实施了海上维权执法行动、海域使用联合执法行动、北海区海域使用执法大检查、北海区海砂执法大检查以及海洋石油勘探开发执法大检查等；承担并完成了海岸带和海涂资源调查、海岛资源调查，全国第一、二次海洋污染基线调查，中国大陆架及专属经济区调查；参加了“中日黑潮合作调查”，“大洋多金属结核勘查”，联合国世界气象组织的“全球大气试验”，“大型海洋资料浮标的研制开发”，“联合国UNDP项目”和中美、中法联合研究；承揽并完成了“中韩光缆路由调查”、“埕岛天然气集输工程路由调查”、“辽河油田水深勘测”、核电厂选址等海洋工程项目；组织完成了黄渤海海区各地三类废弃物倾倒区选划；开展了“胶州湾陆源排污入海总量控制研究”、“渤海溢油对海洋生物影响的研究”、“海上溢油估算及飘移扩散规律的研究”、“赤潮航空高光谱遥感监测技术研究”等。并6次远征南极，完成南极建站物资运输和南大洋考察，为维护国家海洋权益、开发海洋资源、保护海洋环境和防灾减灾做出了重要贡献。

（国家海洋局北海分局）

【国家海洋局东海分局】 国家海洋局东海分局是国家海洋局设在东海海区负责监督管理海域使用和海洋环境保护、依法维护海洋权益、管理东海海监队伍的国家海洋行政主管部门，代表国家海洋局在东海区行使海洋行政管理职能。管辖北起江苏连云港南至福建东山的南黄海和东海海域。主要职责是：①监督管理海域使用，颁发海域使用许可证，实施海域有偿使用制度；审批海底电缆管道路由调查和铺设；监督涉外海洋设施建造及海底工程；主管海洋石油勘探开发和海洋倾废污染损害海洋的环境保护，签发海洋倾倒许可证，负责海洋石油勘探开发和海洋环境工程的环境影响报告书的审批和审核；负责监督陆源污染物排海和海洋生态的环境保护工作。②组织实施管辖海域的巡航监视、监查工作。依法查处侵犯中国海洋权益、违法使用海域、损害海洋环境与资源、破坏海洋设施、扰乱海上秩序等违法违规行为。③负责海洋环境观测监测、海洋基础与综合调查、海洋标准计量检定和技术监督等工作；负责海洋灾害预报警报、海洋环境预报和海洋环境质量评价工作；发布海区海平面公报、海洋灾害公报、海洋灾害年度预测和海洋环境公报。

东海分局下设东海监测中心，上海海洋预报中心，厦门、宁波、温州海洋预报台及中国海监第四、第五、第六支队等单位，技术力量雄厚。现有职工1 719人，专业技术人员656人，拥有专业的海洋执法队伍和海洋技术队伍，拥有执法调查专用船 9 艘，海监飞机 2 架；拥有海洋勘探、调查、测试分析、观测预报等方面的先进仪器设备。具有海洋地质勘探、水下地形测量、海洋环境监测、水动力要素观测、气象要素观测、生物种类鉴定、放化残毒分析、海洋环境要素预报、海洋灾害预测预报的能力。

（国家海洋局东海分局）

【国家海洋局南海分局】 国家海洋局南海分局是国家海洋局设在广州的南海区海洋行政管理机构，依法对南海海域实施海洋综合管理，行使维护海洋权益、开发海洋资源、保护海洋环境和减灾防灾服务的职能，并负有对所在南海区内广东、广西、海南 3 省海洋管理工作实施指导、协调、监督和服务，以及对中国海监南海总队实施管理的职责，同时组织完成国家下达的海洋科研调查、监测、监视、海况预报和执法监察等任务。

分局机关内设12个职能处室，另直辖17个处级建制单位；中国海监南海总队内设 4 个职能处室，直辖第七、八、九支队，根据分局事业单位机构改革部署和海洋工作发展的需要，通过整合，2000年组建成立国家海洋局南海海洋工程勘察与环境研究院和 5 个业务中心：国家海洋局南海环境监测中心、国家海洋局南海工程勘察中心、国家海洋局南海预报中心、国家海洋局南海信息中心和国家海洋局南海海洋标准计量中心。同年，南海分局与广东省海洋与渔业局共建广东省海洋预报台，牌子加挂在国家海洋局南海预报中心，实行一个机构、两个牌子的管理。

南海分局建局30余年来，不断成长壮大，已建立起一支较为完善的海洋管理队伍和一支实力较强的海洋科技开发与公益服务的专业队伍。现有员工1 405人（编制1 790人），从事水文、化学、地质、地球物理、气象、生物、遥测浮标、环境科学、计量检定、通信导航、信息服务等各类专业技术人员有447人，其中高级、中级和初级技术职称人员分别为61、214、172人；拥有装备先进、集海洋执法和科研调查多功能于一体的“中国海监”船11艘，船员365人；具有遍布两广的海洋监测站网和遥测海洋环境数据的浮标网，形成了由船舶、飞机、浮标、海洋站组成的立体、多维的海洋监测监视网、海洋执法管理系统、海洋水文与环境预报系统、海洋灾害预警预报系统和海洋信息资料服务系统；同时还有一批现代化水平较高的海洋监测、调查、测试分析和计量鉴定的仪器设备。（李仲钦）

【国家海洋环境预报中心】 国家海洋环境预报中心是公益服务性事业单位。其主要职能是负责中国海洋环境预报、海洋灾害预报和警报的发布及业务管理，为海洋经济发展、海洋管理、国防建设、海洋防灾减灾等提供服务和技术支持。

国家海洋环境预报中心对外发布海洋环境预报，可使用国家海洋预报台名称，并可在有关工作中继续沿用国家海洋环境预报研究中心名称。

国家海洋环境预报中心业务机构设置：海洋水文预报一室、海洋水文预报二室、海洋气象预报室、极地远洋预报室、声像技术室、通信台、卫星遥感部、计算机部、海气相互作用研究室、资料室等10个业务部门。现有预报技术科研人员278名，其中：中国科学院院士 1 名，研究员和教授级工程师28名，副研究员和高级工程师74名，中级技术职称人员175名，具有硕士学位授予权，先后培养30余名硕士生。

该中心成立30余年来，认真履行海洋环境预报公益服务职责，通过中央电视台、中央人民广播电台、有线传真、无线传真广播、因特网、邮政信函等方式向社会公众发布海浪、风暴潮、海温、海冰、赤潮、厄尔尼诺预报预测信息；通过内部传真方式向国务院有关部委、沿海省市人民政府发送风暴潮、灾害性海浪、严重海冰、异常海温等海洋灾害预报警报；先后完成国家运载火箭发射试验、大洋科学考察、南北极科学考察队、海军舰艇编队出国访问等30余项重大海上航行作业安全海洋预报保障任务；每年组织全国海洋环境预报部门进行海洋灾害中长期预测会商，对重大海洋灾害过程进行调查分析评估，汇编《中国海洋灾害公报》；每天对全球海洋水文气象实时资料进行接收处理分发传输，为海洋预报部门提供实时资料服务。1980年以来先后为海洋石油生产、海洋工程作业、海洋运输、海洋渔业捕捞等海洋经济建设进行专项海洋预报服务。

该中心在进行海洋环境预报服务同时，还进行海洋环境预报应用研究，先后承担国家“七五”科技攻关项目——海洋环境数值预报研究，国家“八五”科技攻关项目——灾害性海洋环境数值预报及关键性技术研究等课题，国家“863”项目海洋领域研究课题，国家自然科学基金课题和国家专项研究课题。30余年来取得科技成果90余项，其中风暴潮预报服务及现行预报技术、表层海水温度预报方法研究及预报技术、海浪预报服务及预报技术、海洋环境数值预报计算机系统等17项科技成果获国家级和省部级科技进步奖。

（国家海洋环境预报中心业务处）

【国家海洋信息中心】 国家海洋信息中心（国家海洋局海洋科技情报研究所、国家海洋资料中心、海洋档案馆、国际海洋学院中国业务中心）创办于1958年，是国家海洋局直属的归口管理全国海洋信息资源、为加强海洋综合管理、促进海洋经济发展、维护中国海洋权益和为增强国防军事建设提供技术支撑与信息服务的综合性海洋信息技术和公益性事业单位。其主要职责是组织协调全国海洋信息工作，负责各类海洋信息的搜集、处理、贮存和服务，建设各类海洋数据库，提供各种海洋信息、信息产品和信息服务，代表国家参加有关国际组织。多年来国家海洋信息中心紧紧围绕落实国家海洋局所赋予的职能，以海洋管理技术支撑和公益服务为主线，为建立完善、高效的海洋信息管理与服务体系，为建成海洋领域的国家海洋业务中心，不仅在基础和公益性工作、重大项目的完成等方面取得了明显进步，而且在维护国家海洋权益，为国家和地方海洋宏观决策提供科学依据和技术支撑等方面，也取得了显著成绩。

2000年，国家海洋信息中心率先进行了重大体制改革。改革后的业务部门主要有：海洋数据中心、网络中心、海洋档案馆、海洋文献馆、海洋环境评价预报部、海域经济资源部、海洋战略权益部、海洋遥感与基础地理信息部、国际海洋学院中国业务中心办公室及国家海洋局天津外语培训中心等9个部门。

目前，该中心在海洋信息技术支撑和服务等方面已具备了相当的规模和能力。形成了一支水平较高，结构较为合理的海洋信息工作队伍，拥有一批数量可观、性能良好的技术装备和基础设施，现正在筹建“国家海洋局数字海洋实验室”，所有这些，为海洋信息工作迈入新世纪奠定了基础。

中心充分利用外事这一国际窗口交流技术、获得海洋信息和进行人才培养。参加或举办多种类型的国际组织会议，选派中青年科技人员出国定向进修或参加短期技术培训，同时有几十个国外代表团来中心，交流经验。现在中心已与世界上十几个有关海洋的国际组织、32个国家和地区的170余个单位建立了长期的合作和交流关系。世界海洋委员会西太秘书处也设在国家海洋信息中心。

（海 鉴）

【国家海洋环境监测中心】 国家海洋环境监测中心暨国家海洋局海洋环境保护研究所是国家海洋局直属的公益事业单位，创建于1954年4月，主要负责全国海洋环境监测业务管理、海洋环境保护科学技术研究和海域使用管理技术支持，是中国目前惟一从事海洋环境监测业务化管理和海洋环境保护科学技术研究的专业机构。

根据国家海洋局确定的职能和基本任务，国家海洋环境监测中心目前主要从事海洋生物、化学、地质、水文、海冰、遥感与地理信息系统、环境科学、环境工程等专业学科研究和技术应用，现设有监测与环境管理技术室、海域使用管理技术室、海洋监察技术室（海洋遥感与地理信息系统室）、海洋污染控制室、海洋环境化学室、海洋生物室、中心实验室、信息资料室等8个业务室，设有鲅鱼圈雷达海冰海浪观测站，同时还肩负国家海域使用管理技术总站、国家海洋局大连海洋工程勘察设计与环保开发中心（甲级）、国家海洋环境监测中心国际培训部、海洋环境工程学院、海洋环境工程研究院、国家海洋局海洋环境科学与工程重点实验室等职能，具有对外提供技术仲裁数据的资质和能力。

中心现有人员编制388人，其中中国工程院院士1人，研究员和教授级高级工程师34人，副研究员和高级工程师120人，硕士和博士40余人，已初步形成任务与学科相结合、科学技术研究与业务化管理相结合、应用基础与应用技术研究相结合的老中青专家组成的科技骨干队伍。

“九五”期间，中心与大连海事大学共同成立了海洋环境工程学院、海洋环境科学与工程研究院，培养本科生150余名，联合设立了环境海洋学、环境科学硕士和博士学位点；与海军大连舰艇学院联办了物理海洋学硕士学位点。

中心自20世纪80年代以来，获科技成果400余项，获各种奖励150余项，其中获国家级和省部级奖励53项。同时，直接为国民经济建设服务，取得良好的经济效益和社会效益。

中心持有国家建设部、国家环保总局、国家技术监督局等颁发的各类资质证书，是国家科技事业单位国家一级档案管理单位；中心与中国海洋环境科学学会联合主办的《海洋环境科学》期刊，近几年先后被评为全国优秀期刊、环境科学类核心期刊、自然科学海洋类核心期刊，并被收入美国《化学文摘》和《动物学记录》等国际著名检索机构。　（国家海洋环境监测中心）

【国家海洋标准计量中心】　国家海洋标准计量中心始建于1990年，是国家海洋局的直属事业单位，并同时兼为国家海洋计量站和国家级成果鉴定检测机构。在业务上受国家质量技术监督局的指导与监督。

国家海洋标准计量中心现有专业技术人员50余名。其中工程技术带头人2人、高级技术人员16人。

中心的主要任务和职责是宣传国家有关技术监督的方针、政策、法律法规并贯彻执行；承担海洋技术监督的业务规划、计划的拟订、承担海洋国家标准、行业标准、国家规程、部门规程的制(修)定及归口管理；负责研究和建立海洋学特殊量值的计量基准、标准、计量检定系统、量值传递、检定测试工作；负责研制、维修专用计量标准的配套设备；负责海洋仪器、设备标准物质等产品的检测、鉴定和环境实验及发放生产许可证的技术申报工作；负责对海洋调查、监测、预报等工作的技术监督；为实现海洋技术监督提供技术培训、咨询和技术服务并负责考核发证的技术工作；对各海区计量站和其他授权从事海洋技术监督工作的部门给予业务指导。

目前国家海洋标准计量中心已建立温度、盐度标准实验室，温度仪器检定室，化学实验室、标准海水实验室，温、盐、深现场测量仪器检定室，以及模拟海洋气候条件、机构振动、冲击、摇摆等条件的环境试验室。经国家技术监督部门考核发证可以作为社会公用的海洋计量标准装置有六项，即：海水倒温表检定装置、海水温、盐、深检定装置，船用pH计检定装置，水位计(验潮仪)检定设备。　（国家海洋标准计量中心）

【中国海监总队】　经中编办批准，中国海监总队于1998年月10月19日正式成立。中国海监总队是国家海洋局领导下的由中国海监北海总队、中国海监东海总队、中国海监南海总队、沿海各省、区、市海监总（支）队共同组成的海上执法队伍。

中国海监总队依照法律、法规和国务院的规定，对中国内海、领海、毗连区、大陆架及专属经济区实施巡航监视和监督管理，并对违法、违规行为依法进行处罚。其主要职责为：根据第八届全国人大常委会第十九次会议批准的《联合国海洋法公约》及中国有关法律，对经批准进入中国管辖海域的外国调查船及其他运输工具的科学考察、海底电缆、管道铺设等活动实施监视；对未经批准进入中国管辖海域的外国船只、平台及其他运载工具等按有关规定查处，必要时可进行监视和搜索；负责对海洋石油勘探开发和海洋倾废活动等造成的污染损害事件进行调查取证，并依法处理；对未经批准进行海洋资源的勘查、开发活动及破坏海洋资源的事件进行调查取证；负责海洋监察队伍的建设和管理，并对沿海省、区、市海洋监察工作进行业务指导和监督；负责培训和管理海洋监察员，核发海洋监察员公务证书；负责海洋监察行动和进行监察的船舶、飞机的调度、指挥；根据国家需要，配合有关部门参与海上救助及其他军事保障等工作。

中国海监总队伍是一支多职能的海上执法队伍，配置良好的执法装备；高素质的监察执法人员；现代化的执法信息保障系统；优良和多功能的技术支持系统，将更好地完成国家赋予的使命。（中国海监总队办公室）

【国家卫星海洋应用中心】 2000年10月9日国家海洋局根据中编办字（2000）80号文件关于“同意成立国家卫星海洋应用中心”的批复，设立国家卫星海洋应用中心，简称“卫星中心”，隶属国家海洋局。其主要基本任务是：

(1) 拟订海洋系列卫星及其应用研究的规划，负责对全国重大海洋卫星遥感应用项目和系列海洋卫星发展进行综合论证；

(2) 管理海洋卫星遥感业务及其应用的技术工作，组织开展海洋卫星遥感应用技术研究；

(3) 拟订海洋卫星遥感应用业务化系统的建设规划，组织实施海洋卫星遥感应用业务；

(4) 负责海洋卫星地面应用系统及海洋卫星地面接收站的建设和管理，负责海洋卫星专用软件的研制及其系统更新、升级；

(5) 负责中国海洋卫星数据的实时接收、处理、产品存档与分发服务与海洋卫星信息产品的发布；

(6) 建设和管理海洋卫星数据库和信息系统，负责数据和系统的更新、升级；

(7) 负责制订海洋卫星数据格式、数据处理及产品形式的标准、规范；

(8) 负责海上辐射校正场和真实性检验场的规划、建立和维护管理，负责海上和陆地试验场工作任务的组织实施；

(9) 组织开展海洋卫星遥感的国际技术合作和学术交流；

(10) 承担国家海洋局交办的其他任务。

（国家卫星海洋应用中心）

【国家海洋局第一海洋研究所】 该所主要开展国家海洋公益服务研究、海洋科学基础研究、应用基础研究、高新技术研究。新任命赵晓涛为该所副书记。现有院士2人、博士48人、硕士100人；研究员级60人、副研究员级142人；外聘国内外知名学者23人。拥有物理海洋学、环境海洋学、海洋生物学、海洋地质学4个硕士学位授权点，同青岛海洋大学共同拥有港口、海岸及近海工程学博士学位授权点，有博士生导师14人。拥有海洋工程勘察设计、海洋测绘甲级证书，海洋环境评价乙级证书、国家计量认证合格证书，ISO9002质量保证证书。

该所以国家重点实验室申报为重点，以抓好重点研究项目为中心，坚持“抓住机遇、深化改革、扩大开放、促进发展、保持稳定”的方针，坚持为国民经济建设、海洋综合管理和海上国防建设服务的宗旨。被科技部定为首批科技体制改革试点单位，4月份签订了公益类“科技体制改革试点任务书”，重点进行学科结构调整，科研和管理机构调整，发展优势学科，设立人才发展基金，改革分配制度，强化激励机制，改革运行机制，精简分流人员。

全年承担232个课题和专题，其中“973”计划6个课题；“863”计划8个课题和5个子课题；“863”计划青年基金3个课题；国家专项19个课题、32个专题；海洋国防专项6个课题；国家“九五”科技攻关5个课题；国家星火计划1个课题；科技部专项2个课题；国际合作5个课题；国家自然科学基金29个课题、省部级22个课题；新获国家自然科学基金面上项目5个课题、海外杰出青年基金1个课题、国家海洋局青年基金5个课题。撰写科研报告55个；发表研究论文123篇；鉴定、验收科技成果38个，获省部级科技进步一等和二等奖各1个。（路应贤）

【国家海洋局第二海洋研究所】 国家海洋局第二海洋研究所创建于1966年，是一座享誉国内外、学科齐全、科技力量雄厚、设备先进的综合型公益性海洋研究机构。主要从事中国近海及大洋、极地海洋环境与资源的调查、勘测、预报和应用基础研究。具有与国际接轨并跻身于世界先进行列的海底探测技术和海洋环境调查技术与能力和海洋遥感技术与海洋动力过程研究；具备为海底、海上和海岸等工程进行选址、勘测、设计、环境质量评价、数值模拟与预测预报能力在海底探测、海洋遥感、物理海洋、海洋环境、海洋工程和海洋产业等方面形成了一支稳定的科技队伍和一批在国内外有影响的造诣颇深的学术带头人。全所现有科技人员296人，其中两院院士 2 人，研究员61人，是国务院学位委员会首批批准的硕士学位授予单位，并招收多专业的博士生。建有两个国家海洋局重点实验室（国家海洋局海底科学重点实验室和国家海洋局海洋动力过程与卫星海洋学重点实验室），加强了海洋基础性科学研究和技术研发能力。该所是浙江遥感中心挂靠单位，主编出版海洋综合性学术期刊《东海海洋》，主持完成众多高水平、综合性的重大项目，为中国海洋科学的发展作出了重要贡献。目前是大洋多金属资源勘查研究、国家海洋高技术项目“863”、国家重点基础研究项目“973”国家自然科学基金重大、重点项目和国际合作项目等的主要承担者和技术骨干。

2000年，该所共承担计划科研项目90项128个课题，其中国家重点基础研究项目“973” 4 项10个课题，国家高技术研究项目“863” 2 个领域 8 项专题10个子课题，重大基础研究项目1项2个课题，攀登计划 1 项，国家自然科学基金17个课题（含重大基金 2 项、重点基金2项），国家科技攻关 4 项 6 个课题，国家专项11项37个课题，局科研计划22项目，省部自然科学基金12个课题，均按计划高质量、全面完成了任务。

此外，该所承担了 4 项科技兴海项目，其中在完成“辣素防污漆的实海试验”后，已获得浙江省创新基金和科技部创新基金的资助，为其产业化打下良好基础；“对虾仔虾的淡养驯化及在微咸水中养殖技术”作为一项新的养殖技术，在浙江萧山养殖并取得成功，为对虾养殖闯出了一条新路：“青蟹黄水病的防治技术研究”和“酶法制取低值鱼、贝类及下脚料水解蛋白研究”均已高质量完成，产生了显著的经济效益和良好的社会效益。

2000年，该所积极配合国家海洋局工作计划安排，在海砂调查、开采方面开展了下列工作：①起草、制定了与海砂开采相关的技术文件，其中《海砂开采使用海域论证报告暂行编写大纲》、《海砂开采动态监测简明规范（试行）》已由建设部正式文件发布实施；②参与编制了中国海砂分布图，由该所负责的东海、南海海砂分布图已按时提交光盘；③在取得国土资源部颁发的矿产勘察证后，对宁波北仑附近 2 个海域进行海砂勘察，对海砂品质、储量、开采条件等进行评价，提交了勘查报告，现该海域海砂开采已投入正常生产；④在取得国家海洋局海域使用论证书后，对舟山5个海域进行了海域使用论证，使得地方两公司获海砂开采许可并投入生产。

为配合国家海洋局环保司对中国沿海典型海湾实施专项环境监测，该所自1999年8月起，先后开展了杭州湾、隘顽湾、三门湾、乐清湾的海洋环境专项监测，其中杭州湾、隘顽湾为污水排放口环境监测，三门湾、乐清湾为水产养殖区专项监测。每年分别在4、6、8、10月份监测 4 次，其监测结果和评价报告提交浙江省海洋与渔业局，由其向上级部门和沿海各地县发布浙江省海洋环境公报，作为决策依据，为渔业、旅游服务。

该所2000年还圆满完成了包括光缆工程任务在内的面向海洋经济建设的诸多任务。

2000年，该所已完成鉴定验收项目25个，涌现出一批优秀的科研成果。获省部级科技进步二等奖 2 项（其中获国家海洋局科技进步二等奖 1 项，“对地遥感模拟仿真研究”；“浙江省沿海两潮耦合数值预报技术产品研究”获浙江省科技进步二等奖 1 项。

在国际和地区合作方面，该所共接待了来自美国、日本、德国、澳大利亚和中国香港特别行政区、台湾省等12个国家、地区和国际组织的来宾共39批、116人次。较去年全年增加了13批。外宾在该所共作各种学术报告27场，活跃了学术空气。年内在杭州召开了“中德海洋科技合作联委会第十一次会议”、“中国大陆架外部边缘界定研讨会”，都取得圆满成功，受到国内外与会代表的一致好评。同时该所共向国外派出各类人员36批50人次赴日本、韩国、德国等12个国家和地区参加合作研究，出席国际学术会议和访问考察等。

（孙煜华）

【国家海洋局第三海洋研究所】 国家海洋局第三海洋研究所成立于1959年，隶属于国家海洋局，是一所公益性综合型海洋科学研究所，2000年在职职工326人。其中，中国工程院院士 1 人，副高级以上科技人员119人，博士/硕士43人。现持有国家质量技术监督局颁发的《中华人民共和国计量认证合格证书》；国家建设部颁发的甲级

《海洋工程勘察设计证书》、乙级《环境工程设计证书》；国家环保总局颁发的甲级《建设项目环境影响评价证书》；国家海洋局颁发的甲级《海域使用可行性论证资格证书》；国家测绘局颁发的乙级《测绘资格证书》。该所是国务院学位委员会第二批批准的硕士学位授予单位。全所占地面积6.3万平方米,实验、办公楼及附属设施和生活用房建筑面积4.4万平方米，各类仪器设备近2 000台/套，资产总价值5 200余万元（原值），馆藏中外科技书刊8万多册，主办中国自然科学核心期刊《台湾海峡》。

该所主要从事海洋生物技术应用基础研究，海洋自然生态和实验生态研究，海洋－大气化学与全球变化研究，海洋环境动力学和军事海洋学研究；海洋声学技术研究，海洋环境评价与海岸带管理技术研究，海洋环境监测技术与海洋标准研究，海洋环境数值预报，海洋微波遥感及海洋污染光学遥感研究，台湾海峡、南中国海及周边海域环境调查，南北极海洋环境调查，放射性同位素海洋学研究及核技术应用，海洋工程勘察设计，环境工程设计等。工作海区涉及台湾海峡、南海、东海、大洋、南北两极等海域。

2000年承担了国家攀登计划预研项目、国家“九五”攻关项目、国家“863”计划、国家“973”计划项目、国家海洋局科技专项、福建省重大科技计划项目等大、中型项目，总经费2 000余万元人民币；执行各类科研项目100余项，申请2项国家专利，1项美国专利。

（国家海洋局第三海洋研究所）

【国家海洋局天津海水淡化与综合利用研究所】 国家海洋局天津海水淡化与综合利用研究所1984年经国务院批准成立，是目前中国惟一专门从事海水资源开发利用发展战略、公用基础和产业化关键技术研究的国家级研究机构。其主要研究领域为：海水（苦咸水）淡化、海水直接利用、海洋环境工程、海水化学资源综合利用、膜技术与水处理、海洋防腐等。为国家海洋行业甲级设计单位，全面推行ISO9001质量管理体系。

建所以来，始终面向国家水资源安全保障战略需求，顺应海洋经济建设的需要，致力建设成为一个国内一流，且具开放性、权威性的国家重点海洋科研机构。经过不懈努力，通过承担“863”计划、国家及地方科技攻关等重大项目，奠定了在海水资源开发利用领域的龙头地位和领先水平。已成为中国在该领域综合实力最强、水平最高的研究机构之一。

该所拥有一支高素质、专业齐备的专业队伍和国内一流的科研、检测手段。

自1984年建立以来，主要开展了压汽蒸馏、低温多效海水淡化装置与技术，反渗透海水（苦咸水）淡化技术与装置，纯水、超纯水制备技术研究，海水直接利用（包括海水直流冷却、海水循环冷却、大生活用海水）技术研究，海水、盐湖卤水、地下卤水化学资源提取与综合利用技术研究以及海洋工程防腐技术研究等。曾荣获国家科技进步三等奖和省部级科技进步奖近20项，国家发明专利数十项，在相关技术工程化、产业化的推广应用方面，也取得了骄人的成绩。

该所现设有海水淡化室、海水直接利用室、海洋环境室、综合利用室、海洋防腐工程技术中心等研究、开发机构和一个占地1.24平方千米实验基地。现有在职职工400余人，其中高级职称以上人员100余人。

该所具备国家甲级设计资质，并通过英国劳氏质量体系认证，承担了一大批海水、苦咸水淡化以及海水循环冷却、化学资源提取、海洋防腐等重大工程项目的设计、咨询和施工。

（海水淡化与综合利用所）

【国家海洋局海洋技术研究所】 该所创建于1965年，主要从事海洋调查、观测、监测、监视技术的研究和相应仪器设备与系统的研制和开发。现有职工500余人，其中科技人员350余名，有研究员和高级工程师130余名。几十年来，取得了一批有较高学术和技术水平的研究成果，研制了数百项海洋调查观测和监测监视仪器设备和系统。质量管理体系通过了英国劳氏质量认证（LRQA）。

从事的专业技术：①卫星遥感应用技术，重点是光学遥感器的辐射校正技术；②温度、盐度、深度、电磁场等测量传感器技术和仪器系统；③水声应用技术，重点是动力环境参数和声学参数测量及声学定位技术；④浮标技术，重点是锚系资料浮标、潜标、漂流浮标、抛弃式浮标技术；⑤台站水文气象和水质自动监测技术；⑥数据通信、网络、数据处理及系统集成平台技术；⑦电源、新能源、船用甲板机械及工业技术开发，重点是船用电动绞车、特殊电源和表面处理技术，先后研制了几十套舰船用绞车、20余种特殊电源，为工厂设计了百余条涂装生产线。

在海洋监测高技术研究方面，“九五”期间，主持并完成了多项国家“863”计划海洋监测技术主题高技术研究项目和“863”重大项目Z40的研究任务。高精度CTD剖面仪和定标检测设备、多功能声学多普勒海流剖面仪（ADCP）、近海环境自动监测系统等多项成果接近或达到世界先进水平。海洋技术研究所是国家海洋高技术研究的主要力量之一。

海洋技术研究所为维护国家海洋权益、发展海洋经济、保护海洋环境、加强国防建设、促进海洋科学进步，作出了积极的贡献。

（海洋技术研究所）

【国家海洋局杭州水处理技术开发中心】 国家海洋局杭州水处理技术开发中心（以下简称水处理中心）是中国最早成立的膜技术研究开发单位，是中国海水淡化和水再利用学会和浙江省膜学会挂靠单位，是中国分离膜的科研生产基地和国内外学术交流中心。1992年水处理中心被国家科委确定为国家液体分离膜工程技术研究中心的依托单位。水处理中心拥有4条生产电渗析、反渗透、纳滤、超滤和微滤膜及组器的生产线，在海水淡化、苦咸水脱盐、纯水制备及废水处理等方面实现了工程技术最佳化，在化工分离、冶金、医药与生物制药等领域也做出了的业绩，以高效、洁净、节能的技术特征展示了广阔的发展前景。水处理中心先后共承担过国家科技项目20余项，部省级15项和社会委托100余项，在攻关、基金、高科技产业化方面都取得了国家级成果。获得国家科技进步奖2项，部省级奖40余项，水处理技术专利20余项，已开发出高科技新产品23个系列，有2类产品分别销往东南亚和中东7国。其中，“反渗透膜组器及工程技术开发”获国家科技进步一等奖，“中空纤维反渗透组件”获国家级新产品奖。

水处理中心已取得AAA级企业信用等级证书，并通过ISO9001质量体系认证。现有职工300人，技术人员占80%，其中中国工程院院士1人，享受国家特殊津贴专家8人，是硕士学位授予单位之一。单位资产超亿元，年销售额近亿元。（杭州水处理中心）

【中国极地研究所】 中国极地研究所是中国从事极地科学研究的惟一专业研究所，是中国极地科学考察事业的极地科学研究中心、极地信息中心和极地后勤支援保障基地，属国家海洋局直属事业单位，成立于1989年，编辑出版《极地研究》（中、英文）科学期刊。

该所瞄准国际南极研究优先领域，根据国家批准的中国极地科学考察计划，已圆满完成了国家“八五”、“九五”科技攻关项目中承担的冰川学、海冰生态学、高空大气物理学和南大洋海洋学等学科领域的研究课题，并在某些领域达到了国际先进水平，得到了国内外专家们的重视和好评。为达这科研和管理的现代化，正在进行“计算机网络系统”和“国家极地信息管理系统”的建设和开发工作。

该所拥有设备先进的冰雪研究低温实验室、冰雪分析洁净实验室、高空大气物理实验室、低温生物实验室。该所的计算机网络系统采用较先进的快速以太网技术和开放式网络体系，传输速率可达100兆/秒，与国家极地信息管理系统联机，具有文件、报文实时收发、数据共享、资源共享等多种能力，与因特网相连，为国际、国内极地信息交流提供了一个良好的平台，并为领导层提供决策支持。该所目前正在建设中国极地科学数据管理系统。

根据国家批准的中国极地科学考察计划和规划，十分注重极地科学考察的国际合作性和全球性特点，该所已同日本、美国、澳大利亚、挪威、德国、韩国等国的有关极地科研单位或大学签定了冰川学、海冰生态学、高空大气物理学和南大洋海洋学等合作研究协议或合作研究意向书。同时进行广泛的人员和信息的国际交流，已同国外57个单位建立了资料交换关系。

该所拥有中国惟一的极地科学考察船“雪龙”号和极地物资采购、科研设备集结，运往南极的基地。（中国极地研究所）

【国家海洋局海洋发展战略研究所】 该所是国家海洋局的直属事业单位，成立于1987年，全所编制30人，其中科研人员编制25人。科研人员中全部为高中级技术职称，其中高级科研人员占2/3以上。战略所积极参与了国家海洋政策、法律、权益、经济、环境保护等多方面研究工作，为国家海洋局及有关部委提供了多方面海洋政策研究及决策咨询，开展了广泛的国际合作与交流。经过10余年的建设和发展，在海洋政策、海洋法律、海洋经济及资料信息等领域形成了自己的优势和特色，现已成为国内及亚太地区海洋政策与法律问题的权威研究机构之一。

在海洋政策研究方面，先后完成了多项国家海洋政策和规划研究课题。其中一些科研成果已被政府采纳，转化为指导中国海洋事业发展的重要的政策性文件。其中包括1998年国务院公布的《中国海洋政策》白皮书、1996年出台的《中国海洋21世纪议程》、《全国科技兴海规划纲要》以及正在进行的“中国海洋事业‘十五’计划及2015年规划纲要”等。

为维护国家海洋权益，在国际法、国内法两方面做了系统的、全面的研究，如岛屿主权、海域划界、图们江口出海权、南海问题、国际海底区域等问题。先后完成了黄海、东海、北部湾划界研究，主持和参与了《领海及毗连区法》、《专属经济区和大陆架法》、《海洋环境保护法》及《海域使用管理法》等法律的制订、修订和起草工作。另外，在海域划界计算机技术开发研究方面取得了突破性进展。

发展海洋经济是中国海洋工作的中心任务，该所在海洋资源、环境经济评价和管理技术方面取得了多项研究成果，如海洋资源、环境价值量核算、海岸带综合管理技术、气候变化对沿海地区海平面影响及对策、实施《伦敦倾废公约》及对策、海洋高新技术产业化问题研究等，为国家的海洋管理提供了科学依据。

此外，该所还开展了广泛的国际合作与交流，除了双边合作项目外，还积极参与了UNDP、IMO、UNEP等国际和地区性组织主持的海洋环境保护和海岸带综合管理示范区项目的研究工作。

（海洋发展战略研究所）

【国家海洋局极地考察办公室】 国家海洋局极地考察办公室（原名为国家南极考察委员会办公室）成立于1981年，是承担中国极地考察具体工作的职能部门。其基本任务是组织协调和管理中国极地考察、研究工作。

国家海洋局极地考察办公室下设秘书处、计划处、财务处、科技处、条件保障处、外事处。极地考察办公室还负责管理驻智利南极代表处、亚布力训练基地。20世纪80年代以来，中国先后在西南极乔治王岛建成常年科学考察站——长城站，在东南极的拉斯曼丘陵建立中山站，拥有了“雪龙”号极地考察破冰船，在上海浦东建立了中国极地研究所，在黑龙江省亚布力滑雪场开辟了极地考察训练基地，在智利设有南极代表处。至2001年，中国已成功地组织了18次南极考察。

（夏立民）

【国家海洋局学会办公室】 见附录2中国海洋学术团体。

【中国大洋矿产资源研究开发协会】 见附录2中国海洋学术团体。

【海洋出版社、中国海洋报社】 海洋出版社成立于1978年6月2日，是中央级出版社，直属于国家海洋局领导。1999年3月，经国家海洋局决定，海洋出版社和中国海洋报社实行一个领导班子、两个牌子的体制，书报刊一体化经营。

该社的任务是出好海洋专业书报刊，介绍和推广国内外海洋科学技术新成就，普及海洋知识，加强国际交流，促进和推动海洋事业发展。出书范围是出版海洋综合管理、开发研究的科技著作、应用技术和知识性图书；与海洋相关的基础科学、通用技术、工具书、科普读物、海洋专业大专院校教材和职工培训教材；与海洋相关的其他科技图书。

多年来，该社认真贯彻党的新闻出版方针、政策、坚持社会效益第一、社会效益与经济效益统一原则，出版了大量高品位、高质量、高科技图书，有120余种书刊获得了国家、省部级和地区优秀图书奖，出版的报刊深受读者欢迎，为海洋事业和社会主义精神文明建设做出了贡献。

根据海洋专业书刊具有鲜明的地域性特点，该社立足国内，面向世界，积极开展对外业务。先后与27个国家和地区的20余家出版公司合作，出版了英、日、德等文种书、刊百余种。使中国海洋书刊在世界图书市场占有一席之地，通过对外合作，扩大了中国海洋科研成果和学术著作在国际上的影响，起到了交流和窗口作用。

该社设图书编辑一室、二室、三室、美术及电子出版物编辑室、海洋学报编辑室、海洋世界杂志社、海洋开发与管理编辑部、国际部、总编室、办公室、出版部、发行部、图书市场开发部、财务部和中国海洋报总编辑办公室、新闻部、副刊部、社会工作部，另设有海洋出版社印刷厂、书店等。基本上形成了立足海洋、面向全国，走向世界的具有海洋特色的书报刊出版体系。

（海洋出版社）

【国家海洋局宁波海洋学校】 宁波海洋学校是国家海洋局直属的一所多学科的中等技术专业学校（1993年被评为省部级重点中专学校），学校地处宁波市。

学校创建于1980年,现设有海洋水文气象、海洋环境保护与监测、水处理技术、计算机通信、计算机及应用、船舶驾驶、轮机管理、文秘与档案(办公自动化)、机电技术应用，经贸英语等专业，面向全国招生，每年有近500名学生毕业。宁波海洋学校也是国家海洋局的成人教育中心，担负着海洋系统的成人函授教育和职业培训任务，每年为地方各海洋管理部门培训大批海洋管理干部。同时，学校也是交通部认可的宁波国际船员培训中心，担负着船员基本技能证书和B 类适任证书培训,每年为海(航)运部门培训大批合格船员。曾为日本航运公司培训一批国际船员。

宁波海洋学校有一支海洋工程开发的科技队伍,每年都承接多项海洋工程任务，较高的工程质量赢得用户的好评。

学校现有师生员工2 000人。其中包括高级讲师27名,讲师46名在内的百余名师资队伍。该校已与日本国尾道海技学院建立了友好学校关系，并先后接待了美、日、比等国家的多批专家来该校进行学术交流。

学校占地 7 万平方米，校舍建筑面积 4 万多平方米，有4 800平方米的教学大楼，3 000平方米的综合实验楼，3 000平方米图书馆，还有标准运动场、计算机中心、电教室、语音室和水上实习基地等教学设施，为学生的实验、实习提供了十分有利的条件。

（宁波海洋学校）

【中韩海洋科学共同研究中心】 1995年5月12日，中韩两国根据有关协议在青岛设立了中韩海洋科学共同研究中心。

中心的设立是为了扩大发展中韩两国科学领域的合作，共同提高海洋科学技术水平，保护海洋环境，促进海洋资源的开发和利用。

该中心是两国政府支持的海洋研究开发和人员交流的合作机构，并设立两国间的管理委员会，作为中心的最高决策机构，对重要事项进行审议，决策和调整。中心的业务自行运营，重大事项由依托部门第一海洋研究所和韩国海洋研究所（KORDI）商有关部门决策。中心的设立和运营由双方在互惠的基础上阶段性共同投入资金，研究及工作所使用的建筑物和土地由中方提供，日常运营费用由韩方提供，研究费用由双方共同分担。

中心主要促进对黄海及邻近海域的研究。包括海洋共同调查研究，促进科学家和技术专业人员间的交流，促进资料、情报及研究成果的交流，召开研讨会、专题讨论会、讲习班，学术论文及研究成果的出版，为海上调查和共同研究提供装备及调查船，海洋科学技术和管理领域的教育与培训以及其他共同关心事项，中心将要进行如下研究开发课题：海洋基础科学，海洋环境，海洋资源，海洋管理，其他共同关心领域。

2000年，该中心已完成研究项目：中韩主要海洋研究机构和科学家简介，中国水产业现状，两种贝类生态生理的研究，黄海海洋学文献目录，中韩海洋法规比较研究，黄海沿岸油类污染区域生物净化技术适用性研究，黄海冷水团中营养元素的动力学模型研究，中韩英海洋学用语集，韩国机构改革资料。

2000年正在推进和支持的研究项目：中韩海洋药物和保健食品研究开发情况及合作方案研究，中韩黄海沉积动力学与古环境演变研讨会，黄海近岸污染减轻对策研究——近岸环境监测与评价研究，夏季长江冲淡水分布特征及移动研究，中韩共同开发研究海洋调查与观测仪器的前期调查研究，中韩海洋资料交换及资料处理技术合作。

中心成立 5 年来，在自身建设，促进中韩海洋科技交流和合作，共同研究黄海方面作了一些有积极意义的工作，制订了中心运营办法，多次举办了学术研讨会，完成多项研究课题。

（中韩海洋科学共同研究中心）

农业部渔业局

【中国水产科学研究院】 中国水产科学研究院是农业部直属、全国规模最大的综合性水产科学研究机构。该院院长王衍亮；副院长李明旗、司徒建通、李杰人、张显良。

2000年，该院科研体制改革全面进行，全院按党中央、国务院“关于加强技术创新，发展高科技，实现产业化”的要求，重点在黄海水产研究所、南海水产研究所和珠江水产研究所进行了力度较大的以劳动工资、人事制度与科研管理制度的全面改革，其他直属单位也按部署在相应方面作了重大改革。同时进行了水产科研创新体系建设试点工作。通过改革充分调动了直属研究单位科研工作的积极性和科研人员的凝集力，增强了危机意识，从而对提高科研工作效率、成果应用率与转化率有明显的成效。初步建立起“开放、流动、竞争、协作”的渔业科研体系和以水产科技创新体系为主体的由单纯的科研型转变为科研经营型的科研格局，从一切依赖国家走向主动转变科研体制，为经济建设服务。2000年，渔业科研在渔业生产“瓶颈”技术——苗种技术和病害技术方面有进一步的突破。研究范围涵盖水产资源、养殖新技术、捕捞、鱼病防治新技术、饲料营养、渔业环保、遗传育种、生物技术、水产品贮藏与加工、渔业工程、渔业机械仪器、渔业经济、渔业信息技术等领域。到2000年度，该院有农业部重点开放实验室 4 个，院级重点开放实验室 8 个，国家级、部级质量监督检测中心 6 个，院级工程技术中心 5 个，国际水产培训中心 2 个。

到2000年，该院共有职工3 360人，在职职工2 107人，其中，科技人员1 242人，具有高级技术职务的340人，有中国工程院院士 2 人，有突出贡献的中青年专家34人，享受政府特殊津贴专家173人。

该院科研、生产占用资产进一步增值，拥有万元以上仪器设备500余台(套)，图书馆藏书20余万册(其中，外文图书 7 万册)，期刊13万册(其中，外文期刊 8 万多册)，生产性资产和渔业生产设备进一步增加。

2000年度，该院各单位与20余个国际组织、国家建立了密切的合作关系，并为50余个国家和地区培训了数百名水产技术人员。培训国内渔业技术推广－生产人员上万人。该院共计承担各类科研任务334项，其中，国家级项目98项，部、省级项目115项。有 5 项成果获国家和省、部级奖励。绝大多数成果已在生产中推广应用，获得了重大的社会、经济效益。

中国水产科学研究院目前继续在渔业资源调查技术、渔业机械仪器、捕捞技术、健康养殖生产技术、品种选育、遗传育种、水产品保鲜与加工、养殖鱼病防治与预警、渔业环保、渔业信息等科技领域保持领先优势。

中国水产科学研究院与各地渔业技术推广、生产单位密切合作，在全国各地建立了渔业科研－推广－生产－经营基地。今后的目标是：以改革促服务，不断提高服务质量，采取各种有效措施，扩大服务覆盖面，为全国渔业经济发展提供全面的技术支撑；以发展高科技为主要目标，不断致力于水产科技创新，提高自身的科技素质与科技水平，成为解决全局性、关键性的重大水产科学技术问题的主力军；加快成果转化、扩散与嫁接，在全国开展范围更大、层次更深的科研、推广、生产领域的合作，提高科技产业化程度，建立全国最大的渔业科技企业集团。

（刘大安）

【中国水产科学研究院黄海水产研究所】 该所建于1947年。现有职工581人，在职360人。其中，中国工程院院士2人，高级技术职称86人。有 3 人被评为国家级有突出贡献专家，3 人入选国家“百千万人才工程”，1 人获“中华农业科教奖”，9 人被评为部级有突出贡献专家，3 人获“省级专业技术拔尖人才”称号，53人享受政府特殊津贴；现有博士生、硕士生导师22人，聘请14位国内外知名专家任客座研究员。

该所现有部级重点开发实验室 1 个、研究中心 3 个、研究室10个、海水增养殖实验基地 1 个、开发总公司 1 个、挂靠机构 4 个；拥有世界先进水平的海洋科学调查船“北斗”号；万元以上仪器设备200余台；馆藏中外文图书10万余册，中外文期刊3.2万余册；编辑出版学报级刊物《海洋水产研究》。

全年共承担各类课题88项。其中，年内新上课题23项。共组织申报各类课题60余项。其中，跨越计划1项，国家自然科学基金项目 6 项，中华农业科教基金“十五”重点资助行动计划项目1项，科研院所社会公益研究专项和科学研究类专项 4 项，“948”引进项目 7 项，各类标准项目28项，省、市科研项目15项；年内获得批准23项。争取科研经费3 058万元。“大菱鲆苗种生产技术研究”课题获中国水产科学研究院科技进步二等奖，“青岛近岸养殖水域环境质量调查与区域研究”课题获青岛市科技进步三等奖。有6项“863”项目通过国家科技部组织的验收；4项“九五”国家科技攻关专题通过农业部和国家海洋局组织的验收。

年内，新增1人享受政府特殊津贴；1人入选“国家百千万人才工程”第一、二层次人选；2人获农业部“有突出贡献中青年专家”称号；1人获博士学位，6人获硕士学位，另有4人考取攻读博士学位，2人考取攻读硕士学位。

2000年共接待国外19个国家和国际组织的专家共6批、7人次。赴国外等国家出席国际会议、考察、合作研究人员共23人次。赴已与136个国家、地区、国际组织和单位建立了科技合作、技术交流、资料交换、人才培养等项合作。

（刘世禄）

【中国水产科学研究院东海水产研究所】 东海水产研究所创建于1958年，是面向东海区渔业、为发展渔业生产提供科学技术的综合性科学研究机构。该所设有海洋渔业资源、海洋捕捞、水产品加工、海水养殖、渔业环境、渔业科技信息和鱼类学等研究室；拥有国内惟一的拖网模型试验水池、设施完善的奉贤海水养殖实验基地和较为齐整的大型精密仪器设备。2000年，该所有职工261人，其中，研究人员164人，研究员8人，副研究员、高级工程师31人。

该所设有“长江口渔业生态重点开放实验室”、联合国“FAO鱼病情报交流和诊断服务中心”、“农业部绳索网具产品质量监督检验测试中心”、“农业部水产品质量监督检验测试中心”，已申报拟建的“全国贝类卫生安全质量控制中心”、“东海区渔业资源动态监测网海区监测站”和“农业部渔业环境监测中心东海区监测站”等机构。

该所主要从事海洋渔业及相关学科的应用基础、应用技术和开发研究。现已在外海和远洋渔业资源研究、海洋捕捞技术、渔用新材料研制及测试技术、水产品营养研究与保鲜加工综合利用和鱼类学研究领域形成优势。编辑出版的公开刊物有《海洋渔业》、《现代渔业信息》等。

1978年以来，该所已取得重要科技成果170余项，其中：74项获国家和部级奖励。突出的成果有：“东海、黄海及外海远东拟沙丁鱼资源调查和开发利用”、“东海北部及毗邻海区绿鳍马面鲀等底鱼资源调查及探捕”、“渔具模型试验水池的研究与设计”、“几内亚比绍海域渔业资源调查”、“遥感技术在海洋环境与资源调查中的开发”等。到90年代末，该所在中国水产科学研究院领导下，开始致力于科技产业的发展，加大科技成果的转化和生产利用，取得了科技、开发、生产应用多项成果。

2000年，通过鉴定的项目有“863”、贝类净化、东海黄海主要经济鱼类变动的调查——东海黄海马鲛鱼种群数量变动及东海区黄鳍马面鲀数量变动与绿鳍马面鲀种间关系的研究，养殖虾生物营养制剂及渔船、中层绳索拖网的开发研究。东海区海洋渔业资源数据库系统的研究、东海区主要捕捞品种渔业资源动态研究共9个项目。国家一级刊物上发表各类论文10余篇，“东海黄海区鱼资源开发利用研究”获上海市科技进步二等奖。

【中国水产科学研究院南海水产研究所】 南海水产研究所为中国水产科学研究院所属的海洋渔业科技研究所，现有职工345名，其中，科技人员177人，研究员10人，副研究员35人。获得国家、部级专家称号7名，享受政府特贴殊津27人，获全国、省级劳动模范称号5人次，获广东省科技奖2人。

（刘大安）

南海水产研究所面向南海区，是从事热带亚热带水产基础与应用基础研究、水产高新技术研究和水产重大应用技术研究的社会公益性和基础性国家级科学研究机构，重点承担国家级或省部级等全局性、基础性、关键性、阶段性重大水产科技任务。该所设有“中国水产科学研究院海洋渔业生态环境与污染监控技术重点开放实验室”、海洋渔业资源与渔捞技术研究室、海水增养殖与生物病害研究室、海洋渔业环境保护研究室、营养饲料与水产品加工研究室和“农业部渔业环境监测中心南海区监测站”、社会与劳动保障部农业——164号特有工种职业技能鉴定站。在广东省深圳市和海南省三亚市分别设有野外实验基地。内设学科齐全，实验手段先进。在海洋渔业资源、渔业水域生态环境、增养殖技术与遗传育种、渔业重大病害防治、海洋食品工程与水产品质量安全等研究领域已形成学科优势和较深厚的积累。在科技成果转化方面，设有南海水产研究所科技服务公司和饲料与健康养殖技术开发中心。科技公司重点为渔业管理、渔业规划、渔业生产、渔业工程、渔业技术推广、渔业技术示范、渔业技术培训等提供技术服务。饲料公司已发展形成以三微产品(微生物环境调节剂、微生物饲料添加剂、微生物肥料)和绿色渔药系列等龙头产品，产品远销全国各地及东南亚沿海国家。

全所固定资产达到5 000余万元，拥有万元以上的科研仪器200余台(套)。全所科技图书的藏书量达到8万余册，其中，中外期刊1 600余种。编辑出版有《南海水产研究》和《水产文摘》两种刊物。

2000年，共承担各类科研项目71项，其中，省(部)级以上项目31项，纵向课题的数量和到位经费分别比1999年增长58%和44%。通过农业部科教司组织的专家组成果鉴定1项。获广东省科学技术二等奖1项，获水科院科技进步二等奖21项。全年共申报各类项目50项，争取到新课题26项，新上课题的数量、总经费和年度到位经费与1999年同比分别增长73%、273%和175%。全年共完成创收额1 242.4万元，与1999年相比增加1.8%。

南海水产所在全国各地举办水产养殖技术培训班25场次，培训人员3 000余人次。深圳基地和海南中心培育各类虾苗近亿尾，产值320万元。

（刘大安）

【中国水产科学研究院渔业机械仪器研究所】 该所创建于1963年，隶属于农业部，是中国惟一从事渔业装备研究的专业研究机构。

该所设有渔船与捕捞机械研究室、食品加工机械与制冷设备研究室、饲料机械研究室、助渔导航仪器研究室和创新中心（下辖渔业水体净化技术和装备实验室、机电一体化实验室、固液分离实验室、助渔导航通信实验室）。这些机构在进行相关学科的应用研究和开发研究的同时，开展各类技术服务和技术贸易。

国家渔业机械仪器质量监督检验中心、农业部环保机械设备检验测试中心和全国水产标准化技术委员会渔业机械、渔业仪器分技术委员会也设在该所。其主要任务有：受国家或部的委托对产品监督、抽查；对行业内的产品质量进行监督；受理委托检验；对产品质量的仲裁检验；生产许可证发放，产品质量评审；承担国家、行业标准的修订与试验验证；研究新的检验手段与方法。

该所还有一个实验工厂，除了生产日常的产品外，主要负责科研产品的小试、中试任务。

另外还编辑出版国内外公开发行的专业期刊《渔业现代化》杂志。

建所以来，已完成国家各级科研项目160余项，其中50余项荣获国家和省部级科学技术进步奖，在中国水产养殖机械、饲料机械、加工机械、捕捞机械、渔船设计和渔用仪器等专业领域已形成技术优势。

面对21世纪，该所根据国家的渔业发展战略，结合本所的实际情况确定了以水产品加工装备、全封闭工厂化养殖技术与设备、环保设备和以助渔导航为基础的渔业信息技术为主攻方向，力争为中国的渔业现代化作出更大的贡献。

（海 网）

中国科学院涉海机构

【中国科学院海洋研究所】 中国科学院海洋研究所始建于1950年8月，是国内规模最大、多学科综合性海洋研究机构之一。全所现有职工623人。其中科技人员463人；中国科学院院士3人；中国工程院院士1人；研究员88人；副研究员、高级工程师81人；在学研究生170余人；博士后16人。拥有5个博士点和8个硕士点；还设有海洋科学博士后流动站。

该所立足于国家战略需求，瞄准国际海洋学科发展前沿，确定了蓝色农业优质、高效、持续发展的理论基础与关键技术、海洋环境与生态系统动力过程和大陆边缘地质演化与资源环境效应三大研究领域；蓝色农业的生物学基础理论、蓝色农业的关键生物技术、海洋环流动力学过程、中国近海生态、环境及生物多样性保护、东亚大陆边缘岩石圈结构、构造动力学与海底资源和西太平洋边缘海沉积过程与古环境演变6个研究方向。

2000年该所在科研课题的争取方面成绩显著。在国家重大基础研究课题“973”海洋领域的4个项目中，该所主持2项。2000年共完成论文310篇，出版专著6部；获得重大科技成果16项，申请国家专利16项，获得国家专利授权6项；获得中国科学院科技进步奖一等奖1项；山东省科技进步奖一等奖、二等奖和三等奖各1项；国家海洋局创新科技成果奖一等奖和二等奖各1项。

2000年海洋所的编辑出版物《海洋与湖沼》、《海洋科学集刊》、《中国海洋湖沼学报》(英文版)、《海洋科学》4刊共发稿23期，390万字。编辑《青岛科学》3期，12万字。出版专著2部，约110万字。

（中国科学院海洋研究所）

【中国科学院南海海洋研究所】 中国科学院南海海洋研究所成立于1959年1月，所址广州，是目前中国规模最大的综合性海洋研究机构之一。全所现有职工469人，其中科技人员326人。有研究员45人（博士导师20人），副研究员106人。有海洋生物学和物理海洋学博士学位授予点2个，物理海洋学、海洋地质学、海洋生物学、海洋化学、水产养殖、环境科学硕士授予点共6个，已初步形成了一支具有热带海洋学科特色的、有创新能力的高素质科技人才队伍。

南海所根据中国实施“科技兴海”战略和维护海洋权益的要求，以南海区域海洋过程的理论创新为重点，推动海洋应用技术的重大突破，开展海洋矿产资源勘查、海洋生物资源开发利用、海洋工程环境与军事环境评价和预测等方面的社会可持续发展的重大科学问题研究，促进应用开发和成果转化，为国家发展海洋经济和维护海洋权益作出战略性和综合性的重大贡献。

全所设有5个研究室，3个开放实验室（站），4个临海实验站（分别位于湛江、汕头、大亚湾和海南三亚），其中，大亚湾实验站为中国科学院开放实验站和生态网络系统重点站；海南实验站被列为国家重点野外台站试点站。拥有设备先进的1 100吨级“实验2”号地球物理考察船和3 300吨级“实验3”号海洋科学综合考察船。1998年该所获ISO9002质量认证证书，成为全国海洋科研机构首家获得ISO9002质量体系认证的科研单位，并具有全国建设项目环境影响评价资格证书(甲级)和海域使用可行性论证资格证书，为完成科研和开发任务提供了良好的保证。

建所40余年来，该所在南海及西太平洋热带海域开展了海洋地质地球物理、水文、气象、生物、化学、物理等基础学科的综合调查研究，共取得科研成果469项，获国家、中国科学院、部委和省市级成果奖200项，成为国内外积累南海和相邻热带海域科学资料和研究成果最为系统全面的单位之一，为海洋科学发展和南海的资源开发作出了重要贡献。该所还在近海、港湾、航道工程建设、海洋油气资源开发工程环境、工程地质调查、工程建设环境质量评价、海洋生物（鱼、虾、贝、藻）病害防治和养殖技术、海洋生物保健食品和药物，以及海洋探测技术等方面进行了大量的应用研究与开发工作，取得了较好的社会、经济效益。

该所目前已与世界41个国家和地区建立了学术联系和技术合作，已完成和在研合作项目30余项。

（莫伟才）

【中国科学院北海研究站】 中国科学院北海研究站是中国科学院派驻青岛的一个综合性科研单位，主要从事水下目标回波特性、海洋环境噪声、舰船噪声、海洋声传播等水声物理的基础理论和实验研究。建站40年来，共完成了300余项科研项目，多次获得国家、中国科学院、国防科工委、中船总、海军等部委及省市科技成果奖。现为中科院一期创新工程单位，建立了“声场声信息国家重点实验室《青岛声学实验室》”，设有“水声物理研究中心”、“技术开发研究中心”和“后勤服务中心”，下属6个全民企业和3个股份制企业。拥有一批精干的基础理论研究和市场开拓能力很强的科技人员，先进的科研、生产设备以及完善可靠的质量管理体系。多年来，承担的国家“七五”、“八五”、“九五”科技预研项目和““863””、“973”基金课题等研究，取得了重要成果。研究开发的新技术、新产品，已逐步形成产业化和规模化。主要的有：环境噪声的测量、分析、控制与治理，系列自动化检测设备的研制和生产，海上石油钻井平台自动报警系列产品，以及其他电子仪器仪表的研制，在海洋精细化工技术及产品的研究、开发、生产和机械加工方面，也已形成一定规模。（海 网）

海洋交通涉海机构

【交通部涉海直属单位】 交通部海事局、交通部环境保护中心、中国海事服务中心、辽宁海事局、营口海事局、河北海事局、天津海事局、山东海事局、烟台海事局、江苏海事局、连运港海事局、上海海事局、浙江海事局、福建海事局、厦门海事局、广东海事局、汕头海事局、深圳海事局、湛江海事局、广西海事局、海南海事局、黑龙江海事局、交通部海上救助打捞局、交通部上海海上救助打捞局、交通部广州海上救助打捞局、交通部烟台海上救助打捞局、中国船级社、交通部科学研究院、交通部水运科学研究所、交通部天津水运工程科学研究所、交通部规划研究院、人民交通出版社、中国交通报社、北京交通管理干部学院、中国交通通信中心、大连海事大学。

协会学会：中国港口协会、中国船东协会、中国集装箱工业协会、海峡两岸航运交流协会。

【中华人民共和国海事局(交通部海事局)】 经国务院批准的中华人民共和国海事局(交通部海事局，以下简称“海事局”)已经成立。海事局是在原中华人民共和国港务监督局(交通安全监督局)和原中华人民共和国船舶检验局(交通部船舶检验局)的基础上合并组建而成的。海事局为交通部直属机构，实行垂直管理体制。根据法律、法规的授权，海事局负责行使国家水上安全监督和防止船舶污染、船舶及海上设施检验、航海保障管理和行政执法，并履行交通部安全生产等管理职能。

海事局的主要职责包括：①拟定和组织实施国家水上安全监督管理和防止船舶污染、船舶及海上设施检验、航海保障以及交通行业安全生产的方针、政策、法规和技术规范、标准。②统一管理水上安全和防止船舶污染。监督管理船舶所有人安全生产条件和水运企业安全管理体系；调查、处理水上交通事故、船舶污染事故及水上交通违法案件；归口管理交通行业安全生产工作。③负责船舶、海上设施检验行业管理以及船舶适航和船舶技术管理；管理船舶及海上设施法定检验、发证工作；审定船舶检验机构和验船师资质、审批外国验船组织在华设立代表机构并进行监督管理；负责中国籍船舶登记、发证、检查和进出港(境)签证；负责外国籍船舶入出境及在中国港口、水域的监督管理；负责船舶载运危险货物及其他货物的安全监督。④负责船员、引航员适任资格培训、考试、发证管理。审核和监督管理船员、引航员培训机构资质及其质量体系；负责海员证件的管理工作。⑤管理通航秩序、通航环境。负责禁航区、航道(路)、交通管制区、港外锚地和安全作业区等水域的划定；负责禁航区、航道(路)、交通管制区、锚地和安全作业区等水域的监督管理，维护水上交通秩序；核定船舶靠泊安全条件；核准与通航安全有关的岸线使用和水上水下施工、作业；管理沉船沉物打捞和碍航物清除；管理和发布全国航行警(通)告，办理国际航行警告系统中国国家协调人的工作；审批外国籍船舶临时进入中国非开放水域；负责港口对外开放有关审批工作以及中国便利运输委员会日常工作。⑥航海保障工作。管理沿海航标无线电导航和水上安全通信；管理海区港口航道测绘并组织编印相关航海图书资料；归口管理交通行业测绘工作；组织、协调和指导水上搜寻救助，负责中国海上搜救中心的日常工作。⑦组织实施国际海事条约；履行“船旗国”及“港口国”监督管理义务，依法维护国家主权；负责有关海事业务国际组织事务和有关国际合作、交流事宜。⑧组织编制全国海事系统中长期发展规划和有关计划；管理所属单位基本建设、财务、教育、科技、人事、劳动工资、精神文明建设工作；负责船舶港务费、船舶吨税有关管理工作；负责全国海事系统统计和行风建设工作。

在有关法律、法规进行相应的修改之前，海事局仍继续以“中华人民共和国港务监督局”和“中华人民共和国船舶检验局”的名义对外开展执法管理工作。

【交通部上海船舶运输科学研究所】 交通部上海船舶运输科学研究所成立于1962年，是直属于交通部的船舶运输综合技术研究与开发机构，是面向全国交通运输行业的最大的民用船舶运输综合技术研究，试验和开发基地。

该所专业门类齐全，学科配套，技术力量雄厚。主要研究和开发领域有：航海安全、通信、导航和助航、交通运输自动化、环保工程、船舶及节能新技术、计算机应用技术等；该所还开展新技术、新设备及系统工程的论证、评价研究；承接设计项目和提供技术咨询服务，进行对外合作研究、合作开发、合作生产和合资经营。该所现有职工1 200余人，其中科技人员700余人，包括高级工程技术人员200余人

该所的主要科研成果有：舰船及工业用微机监控装置，舰船主机遥控装置，船用、陆用油水分离器、自动称重灌包机，全球气象及船位监控系统以及上海黄浦江大桥交通监控系统工程，上

海市黄浦江雾中导航系统等。“八五”以来，该所承担国家、部、市重大科研项目105项。承担国家重大经济建设工程项目43项，承担国防建设重大军工项目41项，取得重大科研成果149项，专利12项，获奖成果82项，成果转化应用141项，成果转化率达94%。

【交通部水运科学研究所】 交通部水运科学研究所创建于1956年，是交通部在北京的直属科研开发机构，也是全国水运行业中专业门类较为齐全的综合性研究所。全所在编职工490人，其中专业人员326人，高级科技人员100余人。

该所主要从事运输技术经济与管理，运输系统工程，江海船型，运输装卸工艺系统，起重、输送成套技术装备，管道物流系统，电气自动化与通信技术及计算机应用，环境保护和劳动安全卫生等技术的研究、设计和应用开发，已逐步形成了以船舶及港口运输系统、装卸工艺及装备和自动化系统、环境保护及劳动安全技术为主的三大研究开发中心。2000年科研生产经营额为7 690万元。该所编辑出版学术期刊：《交通部水运科学研究所学报》、《集装箱运输信息》、《水运科技信息》3种学术期刊。

多年来，该所取得科研成果200余项，其中约60余项获国家级和部级奖，有10项成果获国家专利。这些成果主要有：JD-40型、ST-400型集装箱正面吊运机，集装箱装卸桥，内河煤炭出口码头装卸运输控制，1 220吨/小时链门式连续卸船机，分节驳顶推船队运输成套技术，水上过驳作业研究，煤炭海运港口系统及重大技术装备的研究，国际集装箱运输系统（多式联运）工业性试验，3.5万吨浅吃水经济型散货船以及港湾充气式围油栏，溢油分散剂-浓缩型JD86等。（海　网）

【交通部天津水运工程科学研究所】 交通部天津水运工程科学研究所是国家级重点科研院所，是交通部工程泥沙重点实验室，具有工程咨询甲级、建设项目环境影响评价甲级、水运工程试验检测中心甲级等多项资质。现有职工350人，其中有博士 6 人、硕士21人、专业技术管理人员227人、高级科研人员81人。该所占地17.5万平方米，建筑面积8.6万平方米，拥有各种大型试验厅13座，拥有国内一流的大型不规则造波机和环形水流槽。所图书馆藏书 5 万卷册，定期出版学术刊物《水道港口》和《交通环保》。

该所设有港口航道泥沙、波浪及水工建筑物、港口结构、环境评价与治理研究等交通部重点研究专业，并已通过了英国劳氏认证公司ISO9001：2000标准质量体系认证。该所已建立了局域网并开通国际互联网、交通部信息网等网络系统，具有广泛获取信息的能力。

该所十分重视科技产业的发展，“天津水运工程勘察设计院”是该所下设的具有全国甲级勘测证书、设计乙级证书的单位，具有设计施工总承包资质，承揽水运、建筑、环保工程勘察设计任务。各公司以科研为依托，承接老码头改造、工程监理、电子、电器技术服务、软件开发、防腐保温工程、特种工程、仓储、货运代理、印刷、汽车修理等业务。

该所自建所以来，先后承担了国家和交通部系统数十项重点项目的研究工作：珠江口航道整治技术的研究、长江三峡水利枢纽通航水流条件的试验研究、天津港、上海洋山港、营口港、秦皇岛港、盐田港等港口的新建和扩建工程等。多次获得国家、省部级科技进步奖。“九五”期间获得了480项科研成果，获部级以上奖励24项。

该所十分重视国内与国际间的交流与合作，是长沙交通学院研究生培养基地；也是天津港实验基地。先后与众多外国学者、专家进行互访、讲学，并开展技术合作。

（天津水运工程研究所）

【中交第一航务工程勘察设计院】 该院隶属国家经贸委中国港湾建设（集团）总公司，是原交通部直属的以水运工程为主的综合性勘察设计单位，多年来被建设部评为全国勘察设计行业综合实力百强和全国工程设计计算机应用先进集体，是档案管理国家一级标准达标单位，持有国家建设部等部委颁发的工程勘察、设计、咨询、监理、工程总承包、工程测量等甲级资格证书和英国劳埃德质量认证公司颁发的ISO9001质量体系证书。

该院1958年成立，现有职工近900人，2/3以上是工程技术人员，其中1名国家工程院院士，1名勘察大师，2名设计大师，4名国家有突出贡献的中青年专家，6名天津市授衔专家，26人享受政府特殊津贴。该院技术力量雄厚，可承担国内外各种港口、航道、通航建筑物、口岸设施、海岸及海洋建筑、修造船厂、铁路、公路、桥梁、工业与民用建筑等工程的可行性研究、规划、勘察、设计、咨询、监理、岩土工程、基础施工、工程桩测试和工程总承包等业务。多年来，先后完成了3 000余项水运工程的勘察设计工作，其中200余项属国家大中型工程。属国内第一或规模最大的有50余项，属首次采用新技术的有70余项，荣获国际、国家和部级设计奖、勘察奖、质量奖和科技进步奖的有50余项。其中6项工程设计获国家优秀设计金质奖。

该院2000年，先后承担了天津港工程、黄骅港煤码头工程、连云港核电工程、缅甸蒂洛瓦船厂工程、秦皇岛港工程等410余项不同阶段的勘察设计任务。新签勘察设计合同4 987万元，完成产值5 512万元，实现财务收入4 601万元。设计完成图纸7 949.5标准张，钻探进尺92 906.05标准米，工程测量120.43标准平方千米。

该院2000年完成了5项“九五”攻关课题和18项自行开发项目。其中，“深水航道对波浪传播影响规律研究”课题成果处于国际领先水平，“船舶进出口通航条件研究”在国内尚属首次，达到了国际先进水平。“海上深层水泥搅拌加固软基技术”中的“设计计算方法研究”改进了国际惯用方法，填补了国内空白，达到了国际领先水平。秦皇岛港煤码头四期工程、大连中远港口船坞基地首期工程分获全国第九届优秀工程设计金奖和铜奖及交通部优秀设计一等奖，“半圆型防波堤的研究与应用”获国家优秀海洋工程成果二等奖，天津港十万吨级航道工程可研报告获国家优秀工程咨询三等奖，青岛港前湾港区二期工程等9项工程获天津市、交通部、建设部优秀勘察、设计及咨询成果一、二、三等奖。

同时，加速计算机网络建设，年内增设、调整网点509个，增加服务器3台，可基本满足全院各单位信息传输的需要。在网上发布了规范、航运动态、一航院通讯、通用图、计算机应用软件等信息和资料。开发了院内电子邮件系统，并已经在工作中得到广泛应用。在INTERNET上注册了域名，并发布了网页，成功实现了院内局域网和INTERNET网的连接。　　（中交一航院）

中国气象局

【中国气象局涉海机构】

总体规划研究设计室
国家气象中心
国家卫星气象中心
国家气候中心
中国气象科学研究院
中国气象行政管理局
中国气象局培训中心
中国气象出版社
中国气象报社
中国气象学会
中国华云技术开发公司

海洋油气业涉海机构

【中国海洋石油总公司（CNOOC）】 总部在北京。控股一家在香港注册的独立油气勘探生产公司——中国海洋石油有限公司。

下属单位

1家研究中心：中海石油研究中心

8家专业技术服务公司：中海石油南方钻井公司、中海石油北方钻井公司、中海石油物探公司、中国海洋石油测井公司、中海石油技术服务公司、中海石油南方船舶公司、中海石油北方船舶公司、海洋石油工程股份有限公司。

5家基地公司：中国海洋石油渤海公司、中国海洋石油南海西部公司、中国海洋石油南海东部公司、中海华东能源有限公司、中海实业公司。

其他：中海石油化学有限公司、中海油气开发利用公司、中海信托投资有限责任公司、中国近海石油服务（香港）有限公司、中国海洋石油报社，海外有休斯敦、新加坡、东京三个代表处。

与壳牌公司合营一家石油化工公司：中海壳牌石油化工有限公司。

【中海物探工程勘察公司】 中海物探工程勘察公司是中国海洋石油总公司所属的一家专门从事海洋、陆地工程勘察作业、土工试验、工程分析及技术咨询的综合性专业公司。具有国家建设部颁发的甲级工程勘察证书及甲级海洋专项工程勘察证书，技术力量雄厚，设备先进齐全，具备承担各类海上及陆地大型工程建设项目的基础勘察及分析研究能力。公司拥有综合性海洋工程调查船 3 艘，可实施海洋工程物探调查、海洋工程地质调查、海洋环境调查，对调查资料诸如多道数字地震、海底地形地貌、浅层地质剖面、磁力变化、流浪潮等可进行现场实时采集、记录、处理分析及提供成果图件。装备有大型钻机的海洋工程地质钻探船具备在300米水深钻探150米及完成包括CPT原位测试项目和现场土工实验的作业能力。公司所属的资料处理中心具有从国外引进的多种资料处理及工程分析软件系统，可为各类工程勘察提供技术服务和咨询。近几年还将其勘察服务业务延伸至海底管线的管外检测。其野外资料采集、工程解释报告及土工分析技术在国内均处于领先地位。

1990年以来，公司勘察业务覆盖了南海、东海、南黄海及渤海，同时多次进军东南亚、日本、韩国及俄罗斯远东地区海上工程勘察市场，多次成功地为多家中外石油公司组织和实施了海上工程勘察作业。

建立健全质量管理制度，不断提高质量意识和工作质量水平是公司遵循的一贯目标。1991年工程勘察公司因全面质量管理达标获建设部颁发的“工程勘察设计单位全面质量管理达标合格证书”。1996年通过了挪威船级社ISO9002质量体系资质论证并获证书。2000年，公司的安全管理体系符合国际船舶安全营运和防止污染管理规定的要求而获得国家海事局颁发的符合证明书。使得全员从质量控制及安全生产上均有章可循、违章必究，公司几年来未出现重大的质量和安全重大事故。

目前，公司中大多数中高级工程技术人员具有多年从事海洋工程勘察工作经验，能在大型项目中承担项目主持人、项目经理、技术监督。为了提高员工的素质，他们对机关管理人员、工程技术人员及操作岗位工人进行了各类培训，尤其是岗位持证培训及上岗培训。对提高职工专业技术素质起到了很好的作用。

（中国海洋石油总公司）

【中国石化集团公司涉海单位】

胜利石油管理局，局长：宋万超

下属二级单位有：胜利海洋石油钻井公司

胜利油田有限公司，董事长：宋万超，总经理：曹耀峰

下属二级单位有：胜利海洋石油开发公司，胜利海洋石油船舶公司

新星公司上海海洋石油局，局长：刘申叔

下属二级单位：上海海洋石油规划设计研究院，上海海洋石油物探公司，上海海洋石油钻井工程公司，上海海洋石油计算中心，上海海洋石油技术装备处　（中国石化集团公司）

中国船舶业涉海机构

【中国船舶重工集团公司第七研究院第七一〇研究所】 中国船舶重工集团公司第七研究院第七一〇研究所，是中国舰船及海洋工程综合技术应用重点骨干研究所。总部位于湖北省宜昌市，在上海、武汉设有分支科研机构。

该所主要从事舰船与海洋工程、工业自动化控制、光声磁技术应用、火箭发动机、流体动力、电子与仿真、电子对抗、计算机软件及系统集成工程等领域的研究与开发。建所40余年来，共获得包括国家科技进步一等奖在内的各级科研成果奖302项（其中国家级40余项、省部级120余项）。经过几代人艰苦奋斗，如今已发展成为集产学研于一体、年产值过亿元的高科技产业现代化研究所，并跻身于湖北省“最佳文明单位”行列。

该所具有很强的新产品和新技术开发能力，现有专业技术人员570余人，其中国家级和省部级中青年专家17人，享受政府特殊津贴人员25人，硕士生导师10人，研究生42人；投资近亿元建成的中国室内最深的现代化试验水池、消声水池、亚洲最大的弱磁实验室、国家二级磁计量站等先进科研设施已投入使用；GJB9001质量体系长期保持有效运行；该所常年选派人员赴美、德、法、俄、意等国家考察进修，邀请外国专家来所讲学，紧密跟踪世界先进技术。

（中国船舶重工集团公司）

地方海洋管理机构

【沿海省、市、自治区海洋管理机构】

海南省海洋与渔业厅

广西海洋局

广东省海洋与渔业局

福建省海洋局

厦门市人民政府海洋管理办公室

浙江省海洋与渔业局
宁波市海洋与水产局
上海市海洋局
江苏省海洋与渔业局
山东省海洋与渔业厅
青岛市海洋与水产局
河北省海洋局
天津市海洋局
辽宁省海洋与渔业厅
大连市海洋局
吉林省海洋管理办公室

其 他

【青岛海洋地质研究所】 青岛海洋地质研究所是国土资源部中国地质调查局所属的海洋地质专业调查、研究机构。2000年11月，经中编办和国土资源部批准，更为现名。其发展方向是以海洋区域地质调查研究为基础，以海洋油气与固体矿产地质和海洋环境地质调查研究为重点，以高新技术为依托，为国家和社会公众服务的海洋地质调查与研究一体化的地质事业单位。

至2000年底，该所有在职职工209人，在职职工中各类专业技术人员146人，具有高级职称（研究员、副研究员）71名，主要学历结构为博士后1人，博士11人、硕士36人。

该所的主要调查研究机构有：海洋区域地质调查研究室、海洋油气与固体矿产资源调查研究室、海洋环境地质调查研究室、实验测试中心、资料信息室。国土资源部海洋沉积开放研究实验室、中国地质调查局海岸带地质研究中心也设在该所。主要开发经营机构有：青岛海洋地质工程勘察院、青岛海洋地质研究所培训中心等。该所是教育部批准的与吉林大学、中国地质大学（武汉）共建的海洋地质硕士学科点和与青岛海洋大学共建的海洋地球化学硕士学科点。

目前青岛海洋地质研究所拥有的海上调查和实验分析测试设备主要有：浅地地震仪、浅地层剖面仪、回声测深仪、旁侧声呐、海上质子磁力仪、多波束测深系统、卫星定位仪（GPS）及取样设备；稳定同位素质谱仪、X射线衍射仪、原子吸收分光光度计、等离子发射光谱仪（ICP）、古地磁仪、低本底液体闪烁谱仪、激光光谱仪、电子自旋共振波谱仪（ESR）、四路α谱仪、高温差热仪、卡帕桥、碳-14、铅-210及铀系测年等先进大型实验测试精密仪器。

青岛海洋地质研究所主办有《海洋地质与第四纪地质》、《海洋地质动态》等学术刊物。其中《海洋地质与第四纪地质》为国家新闻出版总署中国期刊方阵的“双效期刊”，在山东省科技期刊质量评估中连年被评为“优秀”；该刊在中国科技期刊中影响因子排序逐年上升。

该所目前馆藏中文图书近20 000余册，其中外文图书7 600余册。中文期刊380余种，外文期刊270余种，馆藏合计（合订本）近7 000余册。

2000年，青岛海洋地质研究所共承担调查项目、科研课专题62项，其中包括：国家专项、“863”、科技部基础研究项目、国土资源部地质大调查项目，各类基金项目等，取得了重要的调查和研究成果。主要开发经营机构青岛海洋地质工程勘察院完成勘察施工项目140余个，在为地方经济建设服务，实现较好经济效益的同时，进一步扩大了青岛海洋地质研究所和青岛海洋工程地质勘察院的社会影响。

2000年青岛海洋地质研究所分别与韩国、俄罗斯、德国、美国等国家以及CCOP国际组织和中国台湾省开展合作与交流活动，接待来访专家学者17人次，有11人次出访和参加国际会议，并成功举办了“油气勘探与开发资料管理国家研讨班”。 （王建华）

【广州海洋地质调查局】 广州海洋地质调查局是直属国土资源部的一个多学科、多功能的综合性海洋地质调查机构，主要从事国家基础性、公益性与战略性海洋地质调查与研究。其前身是地质部南京海洋地质研究所，组建于1964年。

该局长期从事海洋地质工作，获得了近百项国家级和部级科技成果奖，培养和造就了一大批富有奉献精神的海洋地质各方面的专家、高级科技人才。目前，该局承担和参与的重大科研勘察项目有：南沙海域油气资源调查和战略性评价研究，大洋多金属结核资源调查，国家高技术研究发展计划（“863”计划）海洋领域的“海洋地形地貌和地质构造探测技术”专题，以及中国专属经济区和大陆架勘测专项，海洋区域地质调查，珠海-深圳近岸海洋环境地质调查及灾害防治调查研究等。

【化工部海洋化工研究院】 化工部海洋化工研究院系化工部直属的从事海洋化工新材料及新工艺研究开发的机构，主要为海洋开发、远洋运输、和海军建设服务。“化工部海洋涂料质量监督检验中心”也设于该院。

【辽宁省海洋水产研究所】 辽宁省海洋水产研究所成立于1953年。该所主要研究方向为海洋渔业资源评估管理，海洋经济动、植物增养殖技术，海洋渔业环境护管理等。有从事海洋生物学、生态学、渔业资源学、海水养殖学、海水化学和渔业环境保护学等专业的研究人员近百名。在海洋渔业资源管理研究和海洋经济动、植物增养殖等专业有较强的科研力量。近年来，该所科研人员撰写出版了《渔业生物数学》、《渔业资源增殖——理论、方法、评估、管理》、《海参增养殖》、《渤黄海的对虾及其资源管理》等专著。在腔肠动物研究方面取得了很好成果，在食用水母的基础理论和应用技术研究方面达到了国际先进水平。成果在渔业生产上应用，取得了显著的社会效益。《海蜇生活史与横裂生殖研究》的研究成果，荣获国家自然科学四等奖。

随着成果的开发应用，该所生产出了甲壳类苗种培育用的微囊、微颗粒饲料，适合于水产养殖、家禽、家畜养殖用的双向牵伸网等科技产品。还可根据生产单位需要，生产海水养殖用的贝类、甲壳类、鱼类等优质种苗。

【山东省海水养殖研究所】 山东省海水养殖研究所建于1950年，现有职工242人，其中科技人员117人。主要从事鱼、虾、贝、藻等海洋经济动植物的养殖技术和病害防治研究。该所建有“山东省水产养殖病害防治中心”、“山东省水产养殖病害重点实验室”，建立起细菌性、病毒性、对虾疾病检测系统。40余年来，“海带筏式全人工养殖法”、“海带自然光育苗法”、“对虾工厂化育苗技术”、“对虾养殖和放流技术”、“河蟹孵化及池塘养殖技术”、“扇贝增养殖技术”等项目获国家或省重大科技成果奖。

【山东省海洋药物科学研究所】 该所是国内建立最早的以海洋药物、海洋保健品的研制开发为主，同时开展化学合成药、植物药(以中药为主)方面研究工作的专业研究所。

该所聚集了一批中青年科学技术的专业人才，形成了一支基础较好、实力较强的科研队伍。

研究所设有青岛市海洋活性物质重点实验室、生物合成室、天然药物研究室、青岛市新药药理毒理研究中心以及信息情报研究中心。信息情报研究中心同时还负责为中国药学会承办全国惟一的海洋药物专业刊物《中国海洋药物》杂志。药理毒理研究中心附设有经省市科委、省实验动物中心批准的二级动物实验室。

多年来，研究所的科研工作取得了显著的成绩，共完成科研课题百余项，承担过国家“七五”攻关项目 1 项，“八五”攻关项目 2 项，“九五”攻关项目 1 项。通过省、部、市级鉴定和取得国家颁发的新药证书或国家专利证书项目 9 项，快胃片、养心氏片、深海龙丸等产品获得省科委、省经委、省医药管理局、市科委、市经委等上级部门颁发的科技进步奖、优秀新产品奖。研制开发新品种15个，并全部实现产业化，取得了良好的社会效益和经济效益。

随着科技体制改革的不断深入，1996年山东省海洋药物科学研究所与行业的知名企业青岛国风药业股份有限公司成功实现了紧密联合，走上了科企联姻、优势互补、快速发展的轨道。

【山东省科学院海洋仪器仪表研究所】 山东省科学院海洋仪器仪表研究所创建于1966年，是中国海洋仪器仪表研究、开发、生产中心。现有职工400人，科技人员250名，其中高级研究人员100余名。设有10个专业研究室，一个重点实验室，一个信息资料室，一个实验工厂和一个中试基地。该所在海洋监测技术的研究处于国内领先地位，主要从事全自动海洋遥测水文浮标系统、海洋温盐深仪器、海洋波浪仪器、海洋气象仪器、水下光学仪器以及海洋石油平台自动观测系统等海洋监测、调查工具的研制和生产任务。

建所以来，共完成科研成果400余项，获奖成果45项，其中FZF2-1型海洋资料浮标系统（国家海洋局北海分局主持，山东省科学院海洋仪器仪表所负责总体技术）和HFB-1B型海洋水文气象遥测浮标站，分别获国家科技进步二等奖和国家科技进步三等奖。

【天津市港湾研究所】 天津市港湾研究所是一个紧密结合港口、海岸、海洋及其他土木工程实际，门类齐全的综合研究所。该所的前身为交通部第一航务工程局科学研究所，始建于1959年，现设有土工（一、二室）、建材、水工、结构（设计）、施工技术、仪器自动化、电算、技术情报等研究室，并开办天津软基技术开发公司、天津市波明新技术发展公司和天鹰仪器厂；出版向国内外发行的《港口工程》期刊。

该所以软土地基加固及地基基础工程、海工特种混凝土、混凝土结构物无破损检测、海工钢结构防腐、水工波浪模型试验及水动力数学模型、各类棒及地下连续墙施工工艺、机电电子一体化自动控制等为技术专长，拥有一批独自开发的科研新成果、专利技术、大型计算程序和先进的室内外科研检测手段。并拥有一定的施工力量，能使科研新成果、新技术迅速转化为生产力。该所研究开发的有关港湾工程建设的新结构、新材料、新工艺、新技术等成果报告近千篇，承担了国内外用户委托论证、工程设计与施工等项目数百项，取得了令人瞩目的技术、经济和社会效益。

【浙江省海洋水产研究所】 浙江省海洋水产研究所成立于1953年3月，是省级综合性海洋水产研究机构。其中科研部分内设海水增养殖、资源、捕捞（包括渔机）、加工和科技信息、渔业环境监测等科室；开发部分管技术开发、转让和咨询。该所拥有一座占地40公顷，设备较为完善，能开展多项研究的省重点增养殖基地，并每年提供对虾、海湾扇贝、泥蚶、河豚等苗种及生产经营。此外，另有水产养殖病害防治中心、东海区浙江渔业资源动态监测站、水产工程设计所、渔业船舶设计（丙）单位等能对外开展业务的单位。

【浙江省海洋水产养殖研究所】 浙江省海洋水产养殖研究所创建于1958年，是一家专门从事海水增养殖技术研究的省级科研单位，隶属于浙江省海洋与渔业局。该所地处浙江省温州市，并在乐清江拥有一座配备各类研究仪器、设施的综合性试验基地——清江试验场。

该所现有职工43人，其中科技人员25人，具有高中级职称的35人。此外，还有两名美国水产养殖专家担任本所的客座研究员。该所以研究贝、虾、鱼、蟹类苗种生产技术为重点，结合海水养殖技术的研究、开发，并兼顾浅海滩涂渔业资源和环境的调查，开展水产加工、保鲜、保活以及养殖工程的试验研究。建所以来，先后承担了70余项科研项目，取得50余项成果，多次受到省和国家有关部门的奖励，在某些领域中的研究处于国内和国际领先水平。与近20个国家的有关机构开展过合作研究与开发和交流，编辑发行过3种专业期刊，在促进浙江省和国家的海洋水产养殖科学进步和渔业生产发展中起到了重要的作用。

【广州热带海洋气象研究所】 广州热带海洋气象研究所是以热带天气气候研究为主的专业研究所，创建于1976年，隶属于中国气象局，其前身为广东省热带海洋气象研究所。它是广州区域气象中心的组成单位。全所有职工80人，其中高、中级科技人员40人。

该所主要从事热带数值天气预报、热带大气环流与气候模拟、华南主要灾害性天气及其影响系统、热带天气边界层和大气环境质量评价、云物理和人工影响天气、计算机软件开发及其应用等领域的研究。

该所主办的学术季刊《热带气象学报》由气象出版社出版，国内外公开发行。该所还拥有一个藏书刊2万余册的图书馆（国外期刊达40余种），且具有开展低层大气探测的各种工具。

（海　网）

【广西海洋研究所】 广西海洋研究所成立于1978年，是广西惟一的综合性海洋科学研究机构。全所共有在职职工97人，其中专业技术干部74人，具有高级职称的12人，中级职称48人。下设红树林研究中心、海洋生物技术研究中心、海洋环境工程中心、海水养殖应用研究中心、海水增养殖试验基地、鱼虾病防治研究中心、行政办公室、人事教育科、业务管理科等研究、开发及管理机构。所内有科研试验大楼和综合办公大楼各一栋，并有图书资料室、档案室和生物标本室。1993年建成一个面积11.3余公顷的多功能海水增养殖试验基地。建所以来，共承担国家和自治区等有关部门委托的科研课题125项，已经完成98项，获地厅级以上科技进步奖38项，发表科技论文325篇，论著 9 部。一批有影响的项目如红树林生态研究、方格星虫的繁育、海蛇综合利用、中华乌塘鳢工厂化育苗、珠母贝多倍体育种技术等均有新的突破，2000年在世界上首次培育出大獭蛤（象鼻螺）苗种，为海水养殖品种的更新作出了重要贡献。2000年承担的项目主要有马氏珠母贝优良品种快速繁育体系、广西边境海岸红树林的恢复生态学研究、红树植物木榄种群的分形生态研究、药物直接诱导马氏珠母贝四倍体的产生及机理、应用分子标记技术建立马氏珠母贝优良品种快速繁育体系、文蛤人工育苗与集约化高产养殖技术研究等，发表科技论文14篇，专著 1 部，获科技进步奖 4 项次。有“工程咨询资格证书”。可为社会提供海水养殖鱼虾贝类种苗、鱼虾贝类养殖技术指导及病害诊治、海岸和海洋工程可行性论证、红树林生态系的恢复及重建技术等。

（杨家林）

【钢铁研究总院青岛海洋腐蚀研究所】 青岛海洋腐蚀研究所成立于1975年，位于青岛市高科园小麦岛，隶属于钢铁研究总院，是专门从事海洋腐蚀与防护的专业研究所，是国家海水腐蚀试验网站组长单位和大气腐蚀试验网站重点站，同时还是国际标准化组织金属腐蚀委员会（ISO/TC156）在国内的归口单位，并拥有腐蚀与防护方向硕士研究生培养点。主要从事海洋腐蚀基础理论研究及防腐蚀技术、新产品的研究、开发和应用。

该所拥有国际一流、国内最先进、最标准的海上腐蚀试验设施、海洋大气曝晒场和先进的腐蚀电化学、化学测试仪及坩埚炉、工频炉以及各种机加工设备。建立了海水、大气、牺牲阳极化学、电化学分析系统。自“六五”以来，该所一直承担国家基金委重大项目“材料在中国自然环境中的腐蚀数据积累及规律性研究”，并建有中国海水腐蚀、大气腐蚀的数据库。

随着科研体制的转轨，该所的工作重点逐步由科研转向工程及产业开发，已由单一的科研事业单位发展成为集科研、产业与工程为一体的科技企业。

该所的技术与产品已广泛应用于港工设施、海洋工程、埋地管线、家用电器以及石化、电力、煤炭、黄金、市政、环保等各个领域，取得了十分显著的经济效益和社会效益，为国民经济建设做出了贡献。

（海　网）

【福建海洋研究所】 福建海洋研究所位于风景优美的海岛城市——厦门，是福建省科技厅直属的多学科、综合性的海洋科学研究开发机构。该所设有海洋生物研究室、海洋化学研究室、海洋地质地貌研究室、海洋水文气象研究室 4 个研究科室和教育部、福建省海洋环境科学联合重点实验室以及海洋勘察中心，现有高级职称科技人员17人，中级职称28人。福建海洋研究所在台湾海峡区域海洋学、海洋生物、近海环境、港口工程、海水增养技术、水产养殖新品种的培育、新型饵料、病害防治及防病药物的研究与开发等诸多方面，取得了多项成果，主持与合作承担了福建省海岛资源综合调查、闽南一台湾浅海渔场上升流区生态系研究、全省大比例尺海洋功能区划等多个重大项目。

该所现任所长梁红星，所党委书记张钒。

福建海洋研究所占地面积为8 400平方米，拥有一幢面积为3 661平方米的科研大楼。

福建海洋研究所拥有排水量800吨级海洋综合调查船一艘可在中国全海域进行综合性海洋考察，可乘载海洋科考人员30人。

福建海洋研究所各专业研究领域如下：

(1) 海洋水文：从物理海洋学角度研究台湾海峡以及近海和港湾的潮流、海浪、温盐问题和水文环境问题。

(2) 海洋地质地貌：台湾海峡地质地球物理勘探，海洋工程（港口、航道、码头、滨海电石等）地质勘查和地形测量。从地质学角度研究、分析、评估近海和港海与海洋工程有关的泥沙淤积、岸滩稳定性问题。海域合作论证，遥感及地理信息系统开发。

(3) 海洋化学：台湾海峡及其邻近海域海洋环境化学要素调查及其营养要素生物地球化学过程研究，海洋工程环境影响评价，水产养殖中鱼虾病害防治及药物饲料研制。

(4) 海洋生物生态：海洋生物（包括浮游、底栖、微生物）研究，水产养殖资源开发、海洋药物资源研究。

（福建海洋研究所）

【江苏省海洋水产研究所】 江苏省海洋水产研究所成立于1978年。现有职工96人，其中科技人员64人，具有中高级技术职称的科技人员36人。主要研究方向有海洋渔业资源调查、渔业环境监测与保护、鱼虾蟹贝藻苗种繁育与增养殖技术研究、病害防治技术研究、海藻种质鉴定保护与良种推广，以及海洋生物技术、海水化学、新渔药研制等。设有资源环境监测、鱼虾养殖、贝类养殖和藻类栽培4个专业研究室，以及国家级紫菜种质库、江苏省海水增养殖技术及种苗中心、如东东凌海水养殖试验场。设有“国家特有工种职业技能鉴定站”和“江苏省水产养殖病害中心海洋工作站”等科技服务机构。经省科技厅批准，正式作为南通市科普教育基地。同时，与苏州大学合作，作为苏州大学教学实验基地。

2000年在研科研课题(项目)35项，制(修)订部、省行业标准5项，同时作为省农业三项更新工程等9个项目的技术依托单位。有2个项目通过了省科技厅、省海洋与渔业局组织的验收鉴定，5个项目通过了验收，3个项目通过了阶段性验收。其中“紫菜种苗工程”获国家海洋科技创新一等奖。省农业品种更新项目“条斑紫菜引种与栽培种质更新”引进、保存条斑紫菜种质30株（系），选育出3个新品系及次生代新种质，在海安、大丰及如东等地累计推广新种质更新1 346.3公顷，约占全省栽培面积的25.20%。省科委应用基础研究项目“紫菜诱变育种研究”，建立了以丝状体人工诱变为主的简便、实用而且安全可靠的紫菜诱变育种方法。紫菜诱变育种原理、方法的研究及诱变育种技术产业化规模达到了国内领先水平。省农业技术更新工程项目“海水池塘循环水高效养殖技术”建立了一种全新的循环海水高效养殖模式，属国内首创，并创下了最高亩产1 482千克的中国池塘养殖对虾记录。其成果不仅在海水虾类养殖中得到推广，而且在低盐及内陆淡水虾类养殖中也得到了推广应用，并已取得成效。

该所以现有科研成果和专有技术为基础，解决紫菜产业发展关键技术，培育和保存了条斑紫菜、坛紫菜等4种344株（系）细胞无性系种质，成功选育并推广3个综合性状良好的紫菜新品系，推广栽培面积累计达1 333余公顷，总产量提高10%以上，综合经济效益提高10%～15%；推广名特优新海水种苗及全新的养殖模式，文蛤、缢蛏、青蛤等经济贝类种苗培育技术等研究成果相继在生产上得到应用，全省贝类养殖面积达9.3万公顷；推广循环海水高效养殖模式，直接推广面积73.3余公顷，带动全省池塘养殖对虾666.7公顷。科研与生产紧密结合，试行科研与生产项目股份合作制，并以资产量化管理为重点，试行盘活部分经营性资产，初步将经营性和非经营性资产划分确定，正式组建了3个公司，重点围绕产业开发开展生产经营，实现了资产的保值，为今后体制改革与创新打下扎实基础。该所以科技创新为先导，以科研成果产业化为目标，促进了江苏省渔业结构调整，为渔业发展开辟了新的经济增长点。

（沈颂东）

【山东海汇生物有限工程公司】 山东海汇生物有限工程公司是一家专门致力于海洋生物的开发、生产和销售的高新技术企业。下辖青岛新高海洋研究所，青岛海汇生物工程有限公司，青岛海汇生物药业有限公司，山东海汇生物工程有限公司销售分公司、即墨分公司、哈尔滨分公司等实体，另外还在深圳、杭州、重庆等城市设立了数个经营办事机构。

公司成立于1997年10月，员工60余人，拥有一支熟悉国内外海洋活性物质、精通海洋药物开发、生产、经营和管理的高素质人才队伍。中国科学院资深院士曾呈奎为公司高级顾问，海藻专家张燕霞教授为公司的总工程师。科研队伍共由11人组成，其中教授4人，副教授3人，工程师4人。公司高级管理人员12人，平均年龄40岁，全部为本科以上学历。

公司先后斥资3 000余万元，与青岛海洋大学、中国科学院海洋研究所、中国水产科学研究院黄海研究所等单位的有关专家共同研究开发海洋生物制品。目前已形成甲壳素、海藻多糖、软骨素3大系列，涵盖海洋食品、海洋保健品、海洋药物、生化药品等十几个领域的高新生物制品。其中甲壳素和海藻多糖已被列为美国FDA免检产品，海赋健胶囊、海水螺旋藻片、海利康营养胶囊、海赋力胶囊、甲壳素和硫酸软骨素已被认定为高新技术产品，部分生化药品曾获部优和省优称号。

【青岛金瀛海洋科技发展有限公司】 青岛金瀛海洋科技发展有限公司座落于青岛市薛家岛省级旅游度假区连山岛，是在科技兴海示范基地基础上，由中国科学院海洋研究所、澳门金泉实业公司和青岛福瀛建设集团合资兴建的集海洋科研、海洋科普、苗种繁育及旅游观光为一体的海洋综合开发基地，注册资金1 500万元。该公司以中国科学院海洋研究所雄厚的技术力量为依托，采用高科技生物技术和一流的养殖设备，致力于海水养殖良种选育与种苗繁育，鱼、虾、贝、藻类新品种的引进，海水养殖新技术和新产品的开发及滨海旅游度假、海洋科技观光等相关服务项目的开发。

公司所属的连山岛海珍品苗种繁育中心、近海海珍品养殖旅游基地、室内封闭式工厂化养殖基地及对虾繁育基地，拥有生产科研车间15 000平方米，研发力量雄厚。主要经营品种有：南美蓝对虾、南美白对虾、日本对虾、鲍、扇贝、海参、黑鲪、花鲈、牙鲆等。

中国科学院海洋研究所早在20世纪80年代将北美的海湾扇贝成功引入中国，开创了海湾扇贝工厂化育苗和养殖技术之先河；而于1988年和2000年引进的南美白对虾和南美蓝对虾，以其显著的养殖优点，备受广大养殖业主的青睐。

为促进海洋技术新型产业的发展以及中国水产养殖业由传统产业向新型现代产业的转化，金瀛海洋科技发展有限公司在中国科学院海洋研究所生物增养殖技术中试基地建设的基础上，继续全面开展国外养殖品种的引进和国内优良养殖种类的改良工作。

【浙江省舟山市林业科学研究所】 浙江省舟山市林业科学研究所成立于1972年。全所现有职工22人，其中科技人员11人（高级职称 3 人，中级职称 5 人）。主要从事海岛林业、果树、花卉、园林绿化等方面的研究开发，是浙江省一家颇具知名度的地市级林业研究机构。该所设有四个开发中心，两个花卉盆景园，两个花卉苗木生产和科研基地，其中，科研和生产基地占地30余公顷。中国第一个海岛型树木引种驯化专类园——舟山海岛引种驯化树木园及中国苏铁植场露地栽培最北缘(30° N）地带的基因库——苏铁植物专类园也设在该所。

建站以来，该所始终坚持“立足海岛、服务林业”的宗旨，利用舟山海岛得天独厚的气候优势和自身的技术优势，在林业、果树、花卉和园林绿化等方面开展了大量卓有成效的研究开发工作。共承担了50余项部、省、厅、市各级科研项目，有29项成果获得了市(厅)以上各级奖励，其中省、部级科技成果奖13项。不但成功引进了1 000余种国内外各类珍稀、观赏、经济、用材、防护树种和花卉，还对普陀水仙、苏铁、舟山新木姜子、舟山佛香柚等极具开发潜力的地方花卉、珍稀树种和果树品种进行了挖掘研究，产生了可观的经济效益和良好的社会效益，该所在浙江省林业科研机构中享有很高的声誉，多次被评为“浙江省林业科技先进集体”。2000年，国家林业局投资200万元在该所建立了浙江省地市级林木良种基地和中心苗圃，以进一步发展舟山海岛林业种苗事业，为海岛生态公益林、沿海防护林建设，城镇绿化和农村产业结构调整提供优质苗木和城市绿化新品种苗木。　（海　网）

附录6 国外海洋工作简况

Appendix 6 Summary of Foreign Marine Work

海洋发展战略

【国外海洋发展战略简介】 进入21世纪，在联合国和一系列国际宣言的倡导下，世界海洋国家不同程度地把海洋开发与保护问题提到了政府重要工作议程之中，纷纷调整国家海洋政策，新建或改组本国海洋管理和科研机构，制定新时期海洋发展战略。以发展海洋事业促进本国经济增长，已成为新世纪的全球海洋发展战略趋势。

美国海洋发展战略

1. 国家海洋政策报告：回归海洋、美国的海洋未来。

该报告提出的制定美国海洋新政策的4项核心原则是：

(1) 保持海洋的经济利益——后代应继承一个健康的、富饶的海洋。

(2) 增强全球安全感——海洋自由是保持美国实力和维护国家安全的不可分割的整体。

(3) 保护海洋资源——采取防御性措施，进行有效管理，增强海洋和沿海环境保护，再也不是一种选择，而是一种必需。

(4) 开发海洋——勘探和开发海洋对于美国社会福利与生存至为关键。

针对这4项原则的具体建议为：

(1) 为了保持经济利益，政府与社区共同制定可持续发展计划，采用减少过度捕捞奖励的新办法，制定环境无害水产养殖原则，加强对具有药物功效的海洋资源确认和筛选的支持。

(2) 为了增加全球安全感，总统、副总统和政府内阁应与参议院合作，保证美国尽快加入海洋法公约，提高探测并阻止来自海上威胁的能力，保持并扩大传统的航行自由和飞越世界各地的努力，扩大24海里的“毗连区”，增强联邦法律实施力度。

(3) 为了保护海洋资源，联邦政府协调州和当地政府对海岸带的经济“迅速增长”工作采取新步骤，减少都市和农村陆源排污，加强重要鱼类生境的保护和恢复工作，这些生境包括重要的鱼类生境和可提供关键生态系功能或蕴藏美国重要历史或文化资源的沿海区和海域。

(4) 为了更好地认识和利用海洋，制定全国协调一致的计划，提高和促进海洋科学教育；加强远海观测、海底观测和近海观测能力，提高对大洋环流和海气相互作用的认识，改善天气预报，深入认识气候变化；开展基础研究和应用研究，制定包括必要基础设施的多部门综合计划，采取综合有关海洋科学学科的协调研究策略，在海洋与沿海问题基础研究和应用研究两方面取得进展；制定国家战略，扩大海洋勘探，加大对从海表面到海底观测和勘探海洋的尖端技术和潜水器研制的投资，研究远距离勘探海洋的方法，包括建立新观测站，研制新传感器，利用创新技术等。

2. 国家海洋大气局海洋战略规划——NOAA2005年展望

2000年美国国家海洋大气局对《1995～2005年海洋战略规划》进行了第三次修改，修改后的战略规划题为《NOAA2005年展望》。其主要使命是：

(1) 环境评价与预测

战略目标为：高级短期警报和预报服务；开展季节至年际气候预报；预测和评价十年至百年的气候变化；确保安全航行。

(2) 环境管理

战略目标为：建立可持续发展的渔业经济；恢复受保护的生物物种；保护健康的海岸。

围绕以上使命和目标，NOAA拟采取的战略措施为：

(1) 提供现代化的天气服务业务；保证对警报和预报至关重要的业务卫星连续覆盖率；通过科学技术及计划的进展、国际合作，增强观测系统和预报系统，促进美国天气研究计划高级水文预报系统、空间天气及高空观测系统的科学技术进展，并投入使用，改善服务；通过有效的通信和NOAA产品的使用，改善面向公众、面向应急事件的管理人员、媒体和民间预报规划者的用户服务。

(2) 应用气候预报系统，发布美国季度至年际气候预报；增强为季度至年际气候变化预报模式初始化，并验证提供数据所需的全球观测系统和数据系统；对有利于水温和降雨分布可预报性改善的过程研究和摸拟研究予以投资；评价气候变化对人类活动和经济潜力的影响，加强公众教育，以便气候预报能为公众理解，并指导人们的行动。

(3) 加强国内外天气网、观测程序和信息管理系统，确保长期气候记录，利用国内和国际观测网、卫星和古气候资料，记录现在和过去的变化以及气候系统的变化（包括极端事件的变化和气候的急剧变化）；指导修复臭氧层，为与臭氧层消耗化合物及其替代物有关的政策选择提供科学依据；提高农村地区对高空表层臭氧事件的认识，加强探测清洁空气质量的监测网，认识空中悬浮微粒的特性，为改善空气质量提供科学依据，开发气候长期变化（包括极端事件和气候急剧变化）预报模式，进行科学评价，提供人类影响信息。

(4) 为了支持由卫星定位、潮高海流、雷达、声呐和助航设施集成的新型电子导航系统，有必要建立、维护和传递数字海图数据库；采用全海底覆盖技术，更新全国沿海海图测量；采用现代技术，测定全国海岸线，为航海管理者和沿海管理者提供服务；向船只实时提供港口定位、潮汐、海流、天气状况观测资料和预报；将已废弃的大地参考坐标系转变为有水准标志的GPS系统和连续作业的参考站，支持测绘、制图和测量的数字革命。

(5) 消除并防止过度捕捞和过大投资，保持渔业社区的经济可持续性；发展对环境无害、经济效益高的海水养殖。

(6) 尽量减小受保护物种灭绝的可能性，该项任务将通过制定和实施合作伙伴关系、保护与恢复计划，完成减轻或避免海洋生物与人类活动之间有害相互影响的研究和管理行动；维护健康的物种和生态系，通过海洋生物多样性保护和物种恢复的生态方法，NOAA将开展受保护物种状况评价和预测。

(7) 保护、恢复沿海生境及其生物多样性；清洁沿海水域，维护海洋生物资源，确保娱乐安全、海洋食品健康和经济活力；经济持续发展的沿海社区应加强规划，促进地区繁荣、经济发展与自然环境协调，最大限度地减少自然灾害的损失，为公众利用和享受沿海资源提供便利。

日本海洋开发战略计划

21世纪日本海洋开发的基本构想主要包括下述6个方面：① 探求新的海洋开发可能性；② 研究地球环境变化，探索海洋奥秘；③ 推进海洋开发长期计划；④ 确保优美海洋景观，创造优美环境；⑤ 从全球出发，推进海洋开发；⑥ 加大海洋基础开发。

各领域基本推进方针为：

(1) 进一步推进资源管理型渔业及“创造培育型渔业”，为扩大海洋生物资源，积极开发资源培育及管理技术，完善渔港、渔场设施。同时，加强与周边国家协作，共同加强海洋生物资源的科学、管理及利用。

(2) 海洋矿物资源开发推进方针。继续勘探矿物资源贮藏状况，不断开发勘探技术。协助南太地区发展中国家勘查有关海洋；加强海洋石油、天然气探采，确保石油、天然气稳定供给，密切保持与能源保有国之间联系，提高资源利用技术。

(3) 海洋能利用推进方针。积极开发复合海洋能利用技术，如潮波、深层水利用等。同时，进一步加强开发适合发展中国家海洋能利用的技术系统。

(4) 海洋空间利用推进方针。继续建造人工岛、浮体式海洋构造物、平静海域、安全舒适海岸等复合海洋空间。保护自然环境，创造优美环境。以沿岸海域为中心，实施全国综合开发计划，根据地区、海域特征充分发挥沿岸地区积极性，美化国土。

(5) 考虑地球环境问题及环境保护推进方针。加强海洋观测及调查研究，揭开地球各种现象奥秘；加强海洋污染防治对策研究，加强陆地向海洋排放污染物管理，完善减少排放负荷设施，根据国际标准，强化防止船舶等向海洋投放废弃物管理规定。

(6) 海洋调查研究、技术开发推进方针。进一步充实和加强海洋各种现象研究，开发能够在深海高水压、波浪冲击压、生物附着、腐蚀、信息传递障碍等各种海洋严酷条件下能进行各种海洋调查研究的技术，完善其研究体制及各种设施、设备等。

(7) 国际问题推进方针。加强国际合作，积极参与双边、多边的国际合作项目，同时在资金、技术、调查研究等方面，通过海外开发局项目与发展中国家加强合作。

【深海钻探计划（ODP）】 ODP一直处于国际海洋科学合作的前缘，至今已有22个国家加入ODP并取得了巨大成就，为导致地球上生物大绝灭（包括恐龙在内）的“行星撞击学说”提供了有利的证据。在诸多方面改写了地球科学的历史。主要成就有：

(1) 通过在活动裂谷边缘钻探，获得了岩石图增生机制，物质平衡的演化过程及聚敛型板块边界的构造，力学和地球化学过程。

(2) 大大丰富了全球气候变化的高分辨率记录，并建立了冰盖的产生、生长及衰亡历史；目前正在利用新的地层学和地球化学仪器设备，通过侧向钻探和深部横断面继续研究大洋循环模式。

(3) 通过对大陆边缘和环礁的钻探，加深了人类对新生代海平面变化的规模、持续时间及其变化机制的了解。

2000年是深海钻探计划调查范围最广阔的一年。共完成6个航次（188～193）的调查，188航次赴南极东部普里兹湾调查，分别在普里兹湾陆架、陆坡和海隆的3个站位钻探，取得了南极东部陆架冰期前向冰期环境的过渡、晚第三纪末期冰期—间冰期陆坡滨岸侵蚀区和冰海沉积环境的改变等记录。189航次在塔斯马尼亚以南较浅的塔斯曼海隆钻了5个站位，在现代45°～50°S 和古代70°S 发现了保护完好和近乎完整的新生代富含碳酸盐的海相层序。190和191航次的科学目的是地球动力学方面的研究。190航次在横贯南海海槽的两个横断构造钻了6个站位，在俯冲板块边缘和向陆的加积楔处钻孔取样。钻探结果使科学家大大改变了对这两个横断构造演化的认识。191航次的主要目的是在日本和沙茨克海隆间的太平洋西北部的一个站位钻孔并下套管，建立一个国际大洋网络系统地震观测点并成功地在5 000米水深的海底之下500米处安装了地震检波器。翁通——爪哇海台是世界上最大的火山海台，可能代表了距今200万年前地球上最大的岩浆事件。192航次调查结果和过去得到的证据表明，海台大部分形成于海平面以下数百米处。193航次是2000年的最后一个航次，在会聚边缘（巴布亚新几内亚北面的乌努斯海盆）主要为长英质火山岩的海底取样，并研究该热液系统横向、纵向和时间上的变化。由于本航次采用了两种新研制的钻探工具：冲击式钻进套管系统和金刚石岩心管，使钻探很成功。

【海洋生物多样性研究】 自从1993年联合国“生物多样性公约”正式生效后，引起国际社会的高度重视。国际Species 2000计划已经把海洋生物多样性保护列为世界最急需保护和研究的3个领域之一，同时各国相继开展了生物多样性研究。目前国际上正在开展的重大研究项目有：“生物多样性与遗传资源”，其研究目的一是加强非洲、加勒比海和太平洋地区发展中国家渔业和生物多样性的管理，并进一步发展鱼类生物数据库；二是开展海岸带鱼类多样性的研究。另外，2000年启动的“国际生物多样性观察年”（IBOY）计划中开展的海洋生物多样性研究项目有：①不同纬度带大西洋深海中的生物多样性（DIVA），该项目将采用样线调查的方式，考察大西洋深海海床，以加强人们对深海生物多样性的认识。研究范围覆盖南极、欧洲、北美和南美；②海洋生物地球信息系统（OBIS），该项目的主要目的是根据分类学家所掌握的有关物种分布的地理资料，做出可追加资料的海洋生物地理信息的数字化地图，覆盖范围包括亚澳、欧洲、非洲、北美和南美。③海洋中的生物多样性——指示物种，该项目将确定出一系列用以持续监测不同海洋环境下的生物多样性和生态系统的指示物种，并制定出监测标准草案。④沙质海岸上的生物多样性、生产力和旅游间的相互关系（LITUS），海岸带具有丰富的动、植物种多样性，是极具生产力的生态系统，也是受自然和人类环境压力的脆弱地区。该项目将对从热带、亚热带地区到北极圈的砂质沿海地区的动物区系进行调查研究。

【日本“太古代公园”计划】 日本“太古代公园”计划（The Archaean Park Project）是一个与洋中脊有关的研究项目，其全称为：“太古代公园：热液通道下的生物群与地学环境的相互关系”（Archaean Park:interaction between

Sub-Vent Biosphere and Geo-environment）。该计划由日本科技厅设基金支持，共有15个研究机构参加，计划5年完成（2000～2004年）。

大洋中脊热液区下面的高温与缺氧的环境与太古代生命起源时的情况相似，该计划就是通过钻探和监测来探索发生在海底热液系统内的底部生物圈和地壳流体运动，因此而得名。

2000年该计划重点开展以下活动：①在Toyoha矿进行了试验钻探工作；②开发研制了在热液区原地取样、监测和生物培养的设备；③制订了详细的航次计划；④进行站位调查。

2000年该计划的主要研究是围绕着海底钻探机械系统——BMS（Boring Machine System)而开展。这一系统可以用来直接取热液孔下面的微生物、岩石和流体样品。这套钻探系统设计每天最大钻探深度为20米，平均每天钻穿10米，岩心的直径大约为44毫米。目前的技术挑战是如何提高岩心采收率。所打的钻孔将由以后的ROV和人工操纵潜水中找到，以用来进行各种长期的测量和原地监测，并进行地球物理的、地质的和地球化学调查，以描述生物圈的横向分布和结构，通过海底监测可以评估热液柱扩散对海洋生物量的影响。

【海岸带综合管理科学】 海洋和海岸带综合管理是海洋自然科学与人文科学结合的产物，是海洋科学向应用方向发展的一个重要领域，已经成为国际上关注的海洋科学主要领域之一。为此，政府间海洋学委员会建立了海岸带综合管理计划，目的是把自然科学和社会科学结合起来，科学家和管理人员及决策者结合起来，海委会和其他国际组织结合起来，达到为海洋科学与海洋可持续利用服务的目的。这是海洋学委员会从单纯海洋调查科研国际机构向包括海洋科研调查、海洋服务、海洋与海岸带管理、海洋法律与政策制定转变的一部分，这种转变也推动了海洋和海岸带管理本身成为新的应用性科学。自此，20世纪90年代以来，全世界沿海国家的海洋与海岸带综合管理取得了较快进展，到2000年，国际的、地区的和国家的等各种层次的综合管理模式研究和实践以及海岸带综合管理学科建设的初级阶段基本完成，形成了跨越自然科学和社会科学的新兴海洋边缘学科。已有95个沿海国家在385个地区开展了海岸带综合管理工作。其中，美国的夏威夷海岸带管理模式、阿拉斯加管理模式、加拿大管理模式、澳大利亚管理模式以及日本和荷兰管理模式均取得了一些非常成功的经验。

海洋开发

【海洋油气开发】 科学与技术的发展使海上油田勘探和生产在近10年取得了很大收效。1990～2000年10年间，全球共发现37个可采储量大于5亿桶的大型油田和40个可采储量大于850亿立方米的大型气田。其中在中东和亚洲地区在伊朗西南部发现了Azadegan油田，这是近10年来发现的世界上最大的油田，其可采储量为60亿桶。2000年10月，伊朗和日本已达成联合开采该油田的协议。在沙特阿拉伯发现了Ha-Imiyab和Raghib两个大型油田，这是在沙特阿拉伯中部古生界油气勘探的重大突破。10年间在中东和亚洲地区共发现14个大型气田，其中伊朗3个，其他位于阿塞拜疆。

在非洲地区安哥拉海上发现了 Kizomba 油田；在尼日利亚发现了 Eyer 和 Saugy 油田；在阿尔及利亚发现了Ourhoud 油田。

在非洲共发现3个大型气田，其中两个位于尼日尔三角洲，一个位于利比亚西部。

欧洲地区：在挪威发现了Grane、Horn和Skarv-Idun 3个大型油田，最大的油田位于挪威南部，可采地质储量达7亿桶，产层为古生界水下扇体。另在挪威Voring and More Norwegian边缘盆地发现了3个大型气田，其中深水区的Ormen Lange 气田是最大的气田。

北美地区：在美国发现的Crazy Horse和Mad Dog 两大油田均位于深水区。

在墨西哥发现了Zaap，Jujo-Taecominoacan和 Litoral de Tabasco 大型油田。

南美地区：在哥伦比亚发现了Cusiana和Cupiagua两个大型油田；在巴西海上发现了Poncador，Albacora East和1-RJS-539 3个大型油田，其中的 Poncador 和 Cusiana为20世纪90年代全球发现的5个大型油田中的两个。

在玻利维亚 Foredeep 盆地深部发现了Itao-San Alberto气田。

东南亚－澳大利亚地区：在印度尼西亚发现了West Seno油田；在该地区共发现了13个大型气田，最大的气田为印度尼西亚Irian Jaya 最南端的Bintuni 盆地的 Tangguh-Vorwata 气田，可采储量为3 115立方米。

1990～2000年10年间全球大型油气田发现的特点是：①深水区发现大气田的比例增大。由于高新技术的应用，在围绕全球大陆周围的深水环境中发现的大型油气田越来越多；②在所发现的大型油气田中，气田的比例高于油田；③和过去相比，近10年来发现的大型油气田的圈闭中，地层圈闭明显增加。截至2000年，在全球发现的427个大型油气田中，有93个大型油气田为地层圈闭。

【海洋生物资源开发】 据联合国粮农组织（FAO）报告，全球鱼类产量从1950年1 900万吨增加到2000年约1.3亿吨。其中包括3 600万吨养殖产量。FAO称，世界海洋渔业种群的1/4正在过度捕捞，但根据配额和其他法规，商业渔民也抛弃年度渔获量的25%。为保护全球的海洋环境和渔业资源，2000年联合国渔业会议提交了一份宣言，目的是促进对世界鱼类种群管理有更负责任的态度。该宣言说“有效管理计划”要求立即采用，以减少过度捕捞，达到可持续水平。渔业管理组织和资源保护学家之间需要更大的合作，以保护海洋环境。在此倡导下，世界许多沿海国家相继出台了渔业保护措施。美国国家海洋渔业局（NMFS）正在准备法规来实行季节区域管理（SAM）项目，以合理限制某些区域的捕鱼作业。SAM 项目打算为西北大西洋濒危幼鲸提供保护，以拯救鲸类。NMFS 还准备根据国家环境政策条例（NEPA）为 SAM 法规准备一份环境影响说明（EIS）来分析管理海洋环境资源。

日本有关渔业资源管理和保护已由各都、道、府、县各自执行，除了农村水产大臣之外，都、道、府、县知事都有权各自发放渔业许可证，决定或制定渔法限制和安排休渔期等措施。为了更好地进行资源管理，日本水产厅已作出决定计划在日本200海里专属经济区内划分 6 个管理海区，这 6 个管理海区是：太平洋北部海区；太平洋南部海区；日本海北部海区；日本海南部海区；九州西部海区；濑户内海海区，并在各管理海区内分别成立新的“资源管理委员会”，分别制定其资源管理计划。

澳大利亚海洋渔业建立了两种广度管理措施：投入控制和产出控制。投入控制即包括许可证发放数量、船只的大小和主机能力。网具的长度和网目尺寸和可以作业的区域和时间的限制，如在某些地点，在周末或公共假日不准商业渔民作业。

产出控制直接限制可以从水中捕获的鱼数量，实行产出控制管理措施的第一步是制定这些种类的总许可渔获量（TAC），TAC一旦制定，可以以竞争为基础，或者在渔业参与人员中分派，以致所有渔民具有各人配额。

韩国海洋渔业水产部已在2000年内完成近海渔业的体制改革计划，进入真正的专属经济区体制。计划中除了确立养殖渔业年产百万吨的目标以外，沿岸近海渔业也要靠苗种流放等增加鱼类资源，每船生产量增加到3.3吨。

【海水资源利用】 深层海水利用越来越被人们所看好，日本从20世纪90年代起开始进行深层海水利用试验研究，目前已取得很大进展。如今在日本深层水利用的起源地高知县开发利用深层水的企业已有40余家，一个地域性的新兴产业已逐步初具规模。

深层海水是指水深在200米以下、阳光照射不到的深海海水，与表层海水相比，它有稳定的低温、清洁和富营养等优点。2000年日本投资24亿日元，计划在 5 年内（2000～2005）对深层海水的汲取技术、资源能源利用技术和环境影响评估计划等进行研究，具体研究开发的项目包括用于发电、低温仓库和农业的冷却系统、把深层海水作为空调冷却源的技术、以及海水淡化、浓缩盐分、水产养殖、固化二氧化碳等技术。

为了实施这一计划，日本设立了由政府、大学和民间企业等有关方面参加的利用深层海水新产业委员会。

2000年日本仅高知县用深层水做的豆腐日产量就达1.2万盒，并向县外销售。而将深层海水脱盐后所制造的瓶装水以及用深层水制造的酱油、酱菜、果冻、糕点、酒类和天然盐等产品也陆续投放市场。此外，利用深层海水生产的化妆品亦从2000年起向全国发售，月产量已达15万瓶左右，并远销欧洲和中国台湾省、香港特别行政区等地市场。高知县为进一步扩大对深层水的利用，正在计划建设日取深层海水4 000吨的设施，每天从大洋深处抽取海水供应有关企业和厂商。

日本其他县也对这一资源利用看好，纷纷对深层海水进行开发利用。据报道，为了保护已培育起来的海洋深层水系列产品市场，日本有关方面正着手有关开发利用法规的研究制订。

海洋观测技术

【海洋动力学同步观测】 最近10年间，在海洋动力学观测方面国外有了进一步发展。其代表产品是美国Woods Hole仪器系统有限公司的Seapac2100型和Inetr Ocean系统公司的S4ADW型流、浪、潮自记仪，两者均用人工磁场电磁海流计测量海流在水平方向的两个分量，用粒密石英压力传感器测量压力，通过计算得出流、浪、潮各要素。美国 Falmouth 科学公司推出的一种三维海流波浪计（3D-ACMWAVE），用三维声学海流计代替电磁海流计测量三个流速分量，用微切削加工的硅压力传感器代替石英压力传感器测量压力。美国 EDO 公司的 APC-600型声学剖面海流计和SonTek 公司的 Argonaut-XR 型垂向累积声学多普勒海流计利用座底式声学多普勒海流剖面技术（ADCP）进行海流剖面测量，同时在设备上增加第五个声束或压力传感器测量波浪和潮汐。另外还有RD仪器公司的ADCP方向性波浪计。

利用全球定位系统（GPS）技术的锚泊浮标已应用于测量瞬时海平面和平均海平面以及布放海区海流速度和方向变化。具代表性的是挪威OCEANOR 公司的使用差分GPS技术的Smart-800型波向浮标，通过测量浮标在南北、东西和垂直方向上的速度计算波浪参数。

【悬浮泥沙综合测量技术】 悬浮泥沙的迁移和沉积是港口、航道及各类海洋工程建设和使用中十分关注的一个问题。国外近年来一方面发展利用光学、声学和其他物理方法测量悬浮泥沙技术，另一方面开始把悬浮泥沙测量仪器和海洋动力要素测量仪器组合成为一个系统，对悬浮泥沙本身的特性以及引起其运移的海洋动力条件进行综合研究，其中比较典型的系统有：由沉积物仪器开发公司（SIRAD）和Valeport 公司等研制的海床基测量系统Stable 1号和2号。这两台设备已由英国自然环境研究委员会Proudman 海洋试验室用于监测北海长条形沙坡边缘沉积物的迁移。由美国Woods Hole 集团研制的沉积物迁移自治记录装置 STAR，是该公司为新西兰国家水域和大气研究所研制的新型海床基自动监测系统，计划布放在新西兰沿海，测量海底边界层的动态特性，研究沉积物的迁移及其对沿海建筑物的影响。STAR系统上安装了一台Seapac 数据采集器，它与16种传感器接口，并管理视频照相机、声学后向散射仪和声学多普勒海流计。

【海洋污染连续监测技术】 近年来，国外大力发展对海洋污染监测具有实质性意义的，能够在水下使用的营养盐现场测量仪器。具有代表性的有：英国南安普敦海洋学中心研制的 SUV6型紫外线硝酸盐传感器，美国蒙特雷湾水旅馆研究所研制开发的Osmo Analyzer 渗透泵硝酸盐分析仪以及英国 W·S 海洋系统有限公司研制的 NAS-2EN型和 NAS-2EP 型营养盐分析仪，法国国家科学研究中心试验的营养盐现场自动分析仪 ANAIS 采用可逆流动注射分析技术测量硝酸盐、磷酸盐和硅酸盐，可在 50～1 000米之间进行剖面测量。

此外，20世纪90年代以来，国外海洋污染自动监测系统发展迅速。这些系统多数以污染监测浮标的形式出现，少数以岸基污染监测站的形式出现。在污染监测浮标中，一部分是在原有的海洋气象/水文浮标上增加相应的化学/生物传感器发展起来的，另一部分是以原有的多参数水质监测仪为基础加上通信设备、电源和浮标体组成的。已经实现的测量项目有水温、盐度、溶体氧、pH值、浊度、磷酸盐、亚硝酸盐、铵盐、硅酸盐、氯化物、碳氢化合物、放射性、有机污染物采样、痕量金属采样等。　（于保华）

图书在版编目（CIP）数据

中国海洋年鉴. 2001 /《中国海洋年鉴》编纂委员会，《中国海洋年鉴》编辑部编. —北京：海洋出版社，2002.12
ISBN 7-5027-5739-2

Ⅰ. 中… Ⅱ. ①中… ②中… Ⅲ. 海洋－中国－2001—年鉴
Ⅳ. P7-54

中国版本图书馆 CIP 数据核字（2002）第 088805 号

2001 ZHONGGUO HAIYANG NIANJIAN
海洋出版社 出版发行
http: //www.oceanpress.com.cn
（100081 北京市海淀区大慧寺 8 号）
国家海洋信息中心印刷厂印刷 新华书店发行所经销
2002 年 12 月第 1 版 2002 年 12 月第 1 次印刷
开本：787×1092 1/16 印张：35.25 （插页：32 页）
字数：1 000 千字 印数：1～2 800 册
定价：160.00 元